变分法基础

（第 4 版）

Fundamentals of the Calculus of Variations

（Fourth Edition）

老大中　著

国防工业出版社

·北京·

内 容 简 介

本书是变分法方面的专著，书中系统地介绍变分法的基本理论及其应用。

编写本书的目的是希望为高等院校的研究生和高年级大学生提供一本学习变分法课程的教材或教学参考书，使他们能够熟悉变分法的基本概念和计算方法。本书内容包括预备知识、固定边界的变分问题、可动边界的变分问题、泛函极值的充分条件、条件极值的变分问题、参数形式的变分问题、变分原理、变分问题的直接方法、力学中的变分原理及其应用以及含向量、张量和哈密顿算子的泛函变分问题。其中许多内容是作者多年来的研究成果，特别是提出完全泛函的极值函数定理，统一了变分法中的各种欧拉方程，创立含向量、向量的模、任意阶张量和哈密顿算子的泛函的变分理论，给出相应的欧拉方程组及自然边界条件，扩大了变分法的应用范围。本书也可供有关专业的教师和科技人员参考。

本书概念清楚，逻辑清晰，内容丰富，深入浅出，便于自学，既注重方法的介绍，又不失数学的系统性、科学性和严谨性。书中列有大量例题和习题，并附有中英文索引。为了帮助读者解决学习中遇到的困难，本书给出了各章共360道习题的全部解答过程及答案，供读者参考。

图书在版编目（CIP）数据

变分法基础 / 老大中著. —4版. —北京：国防工业出版社，2024.1

ISBN 978-7-118-12887-1

Ⅰ. ①变…　Ⅱ. ①老…　Ⅲ. ①变分法　Ⅳ. ①O176

中国国家版本馆 CIP 数据核字（2024）第 001139 号

※

国防工業出版社出版发行

（北京市海淀区紫竹院南路 23 号　邮政编码 100048）

三河市天利华印刷装订有限公司印刷

新华书店经售

*

开本 787×1092　1/16　**印张** 34½　**字数** 1340 千字

2024 年 1 月第 4 版第 1 次印刷　**印数** 1—3000 册　**定价** 138.00 元

（本书如有印装错误，我社负责调换）

国防书店：（010）88540777　　书店传真：（010）88540776

发行业务：（010）88540717　　发行传真：（010）88540762

第 4 版前言

本书第 3 版出版后，国家图书馆、许多省市图书馆和国内许多大学图书馆又给予收藏。网上查询结果表明，在全国 42 所“双一流”大学中，有 41 所大学的图书馆收藏了本书的不同版本。本书已累计印刷 17500 册，第 3 版已印刷 4 次，仍然供不应求，广大读者对本书甚是喜爱，这让作者倍受感动。在此再次谨向收藏、使用和关心本书的单位和读者致以谢意。

经过与本书责任编辑王京涛编审和崔云副编审多次协商，决定出版本书第 4 版，两位编辑全面审阅了书稿，对本书的写作提出很好的建议，并给予作者很多帮助，在此向他们表示衷心感谢。同时也向本书的责任校对王晓军先生和封面设计蒋秀芹女士对本书所做的辛勤工作表示诚挚的谢意。

第 4 版与第 3 版相比较，各章都做了不同程度的修改，规范化了一些写法，内容有所增加。例如，第 1 章主要增加了若干例题和 11 道习题，还增加了广义斯托克斯公式。第 2 章主要增加了少量例题和 13 道习题。第 3 章主要增加了曲线的包络和极值曲线判别等内容，并增加了相应的例题，还增加了 5 道习题。第 4 章增加了少量内容并增加了 5 道习题。第 5 章增加了 1 道习题。第 6 章增加了可动边界参数形式泛函极值的少量内容，并给出相应的例题。第 7 章和第 8 章做了少许改动。第 9 章增加了 5 道习题。第 10 章增加了若干例题和 5 道习题。当然，在所增加的内容中也包含了一些术语，为方便读者检索，把它们放在了书后的索引。

书中共有 360 道习题(未计入子习题)，全部给出解题过程及答案，供读者参考。

本书第 3 版出版后，为宣传、普及和应用变分法知识，作者曾以北京理工大学宇航学院的名义在 2016 年 7 月举办了变分法基础暑期讲习班，主要面向全国高校教师、理工科研究生、高年级大学生、科学工作者和工程技术人员，有 60 多人参加了该讲习班，在讲习班上讲授了第 3 版的大部分内容。作者在 2018 年至 2021 年被聘为银川能源学院能源与动力工程专业带头人期间，曾以讲座的形式为该校电力学院的部分师生讲解了第 3 版的部分内容。

本书第 3 版于 2017 年 3 月获北京理工大学第十二届校级优秀教材一等奖。以本书第 3 版为蓝本的英文版 Fundamental Theories and Their Applications of the Calculus of Variations 一书于 2021 年由施普林格出版社和北京理工大学出版社联合出版，该书由中国科学院院士、北京理工大学前校长胡海岩先生作序。

本书第 4 版在写作过程中，得到大连理工大学徐维勤教授、王安杰教授、清华大学李东海教授、李家好教授、广东海洋大学王荣辉教授、北京理工大学杨策教授、张涵之助理教授、湛江科技学院张彦迪副教授、银川能源学院邢蕾副教授、作者的同学辽宁阜新化工厂前厂长赵宝庭高级工程师、新疆大学冯彦生教授、兰州理工大学常务副校长俞树荣教授、天华化工机械及自动化研究设计院前副总工程师、橡塑机械研究所前所长娄晓鸣高级工程师和兰州石油化工职业技术学院郭艳霞教授、大连理工大学马学虎教授、金德国际物流(大连)有限公司李金钟总经理、北京矿冶研究总院王青芬高级工程师、云南电网有限责任公司电力科学研究院彭庆军高级工程师、江苏省无锡市锡山高级中学许卫国高级教师、湖北省武汉市黄陂区第一中学姜付锦特级教师等人的关注、鼓励、建议和帮助。许多读者来信指出本书第 3 版的不当之处或给予作者建议。北京阅微精创教育科技有限公司苏宝文总经理带领相关技术人员对本书进行了精美的设计与排版。在此一并表示衷心感谢。

由于作者水平所限，书中错误和不妥之处在所难免，欢迎读者批评指正，以期将来再做修改。

作者 E-mail 地址：laodazhong@tsinghua.org.cn
laodazhong@bit.edu.cn

老大中

2022 年 3 月初稿于北京理工大学中关村校区
2022 年 6 月修改于北京良乡理工睿府
2023 年 3 月第一次排版稿　校对于滇西应用技术大学傣医药学院
2023 年 5 月第二次排版稿　校对于北京良乡理工睿府和阅微精创公司
2024 年 1 月样书　校对于滇西应用技术大学傣医药学院

第3版前言

本书第 2 版出版后，国家图书馆又给予收藏。国内许多大学的图书馆都收藏了本书第 1 版或第 2 版，或这两版都收藏，其中在全国 39 所 985 大学中，有 37 所大学的图书馆收藏了本书。当然更多收藏本书的还是广大读者，有些读者甚至把本书像文物一样来收藏，真是出乎作者的意料。第 2 版已印刷了 3 次，还是供不应求。在此再次谨向收藏、使用和关心本书的单位和读者致以谢意。

应本书责任编辑王京涛同志之约，决定再版本书。其实，早在 2007 年 5 月本书第 2 版排版之际，作者就已着手第 3 版的写作了。借此机会作者把近年来尚未公开发表的变分法研究成果奉献给读者。

这次再版，修正了本书第 2 版中所发现的错误和不当之处。回想在第 2 版付梓之前，为保证本书质量，作者就曾七次修改书稿，出版社的编辑更是不辞辛苦，八次审改、校对书稿。不仅如此，作者在 2007 年 5 月曾经与排版、校对和插图等技术人员一起工作了三天，即便这样，也未能避免书中的个别错误和不当之处。这一版在写作上必然还会出现错误和不当之处，希望读者海涵和批评指正。

与第 2 版相比，前 9 章做了不同程度的修改，删去了部分内容，增加、改写了部分内容。例如，第 4 章第 4 节例题做了适当修改，其余部分全部改写。第 7 章扩展了希尔伯特伴随算子的内涵，提出其他三种伴随算子的定义，为泛函分析注入了新的内容。第 9 章增加了哈密顿正则方程一节。作者的同学辽宁阜新化工厂前厂长赵宝庭高级工程师和丹东化纤设计院设备室主任赵珊珊高级工程师参与了第 9 章的修改。

这一版最重要的变化是增加了第 10 章含向量、张量和哈密顿算子的泛函变分问题，为此提出一系列新的概念、新的理论和新的思想方法。这一章首先讨论 n 阶张量并联式和串联式两种内积运算的性质，在此基础上提出含 n 阶张量的泛函变分基本引理；接着讨论以标量、向量、向量的模和哈密顿算子即用梯度、散度和旋度表示的泛函变分问题，给出相应的欧拉方程组和自然边界条件；然后分别在向量和二阶张量范围内列举了数十个含梯度、散度和旋度的泛函的变分算例，以此来说明怎样获得此类泛函的欧拉方程组和自然边界条件；最后分别讨论了两类含 n 阶张量、张量的迹、转置张量、哈密顿算子以及哈密顿算子串等泛函的变分问题，获得相应的欧拉方程组和自然边界条件。给出若干实例来说明欧拉方程组的用法。与其说这些算例验证了本章提出的理论的正确性，还不如说本章提出的理论在这些实际问题中得到应用更合适。为使读者对照参考文献方便，所引用的实例基本保持原貌，仅有个别地方做了改动。本章由赵珊珊和本人共同撰写，是我们多年来通力合作研究变分法所取得的成果。正是她的许多奇思妙想，才使本章呈现出书中的样子。

书中共有 315 道习题(未计入子习题)，全部给出解题过程及答案，供读者参考。

如果说科学技术是第一生产力，那么数学科学就是第一生产力的第一要素，而变分法就是其中的组成部分。作为变分法的爱好者，一直致力于把个人兴趣和实际需要相结合，努力做到从源头上创新，为创造社会财富提供新的源泉。作者能为变分法的发展做出贡献而深感愉悦和欣慰，也在原创过程中和为取得的研究成果而在精神上得到数学美的享受。

本书论述的科学技术范围广泛，仅就第 10 章而言，就涉及数学物理方法、线性与非线性弹性理论、流体力学、传热学、低温物理学、电磁场理论、电动力学、量子力学、信息科学、声学、医学、生物学、材料学等十几门学科，全书涉及数十个学科，这与变分法这门数学学科高度的抽象性和广泛的适用性有关。

变分法不仅受到中国学生的喜欢，同样也受到外国学生的喜欢，例如，在作者教过的学生中，就有卢旺达来华留学生德利(NSHIMIYIMANA, Jean de Dieu)和贝加明。

本书在写作过程中，得到过多人的帮助。作者的学生、清华大学直博生何婷女士为本书收集了部分例题和习题。清华大学李东海教授、北京理工大学前党委书记谈天民教授和陈晋南教授审阅了第 10 章的部分内容，美国科罗拉多州立大学 John D. Williams 教授和北京理工大学青年教师谢侃博士审阅了第 10 章的部分英文书稿，并提出有益的意见和建议。作者的同学天华化工机械及自动化研究设计院副总工程师、橡塑机械研究所所长娄晓鸣高级工程师和兰州石油化工职业技术学院郭艳霞教授审阅了第 10 章的全部内容和第 4 章的部分内容。许多读者来信指出本书第 2 版的舛误之处或给予作者建议。第 2 版出版后曾得到北京理工大学的奖励。国家图书馆、清华大学图书馆和北京理工大学图书馆为作者查阅文献提供了极大便利。北京阅微精创教育科技有限公司的技术人员对本书进行了精美的设计排版。在此一并表示衷心感谢。

变分法就像宋词所说的那样：“悠然心会，妙处难与君说”，很多学者也都认为变分法这门学科妙不可言，事实也的确如此，所以作者长期在研习它。但作者觉得变分法更像本家老聃在道德经里的一句话“玄之又玄，众妙之门”。看到本书，就等于掌握了开启变分法这扇众妙之门的钥匙，随时都可开启并进入这扇众妙之门，从中体验无穷的妙趣。

金刚经说得好：“说法者，无法可说，是名说法。”对本书而言，也是如此。

作者 E-mail 地址：laodazhong@tsinghua.org.cn　(永久网址)

laodazhong@bit.edu.cn

老大中

2014 年 8 月初稿于辽宁铁岭

2014 年 12 月修改于北京

第 2 版前言

本书第 1 版出版后，收到了许多读者来信，对本书给予肯定，国家图书馆和国内许多大学的图书馆都收藏了本书，并被列为专著，这使作者深受感动与鼓舞，在此谨向收藏、使用和关心本书的单位和读者致以谢意。

本书第 1 版于 2004—2006 年曾用作三届北京理工大学航空宇航推进理论与工程专业硕士研究生的《变分法》选修课教材。在此期间，作者还多次给有关专业的本科生、硕士生和博士生讲授了本书的部分内容。

应国防工业出版社之约，决定本书出第 2 版。这次再版，修正了第 1 版中所发现的错误和不当之处，增加、改写了部分例题和习题。书中共有 226 道习题(未计入子习题)，全部给出解题过程及答案，供读者参考。

增加了部分内容，增设了第 9 章力学中的变分原理及其应用；把原书第 5 章第 4 节的哈密顿原理放到了第 9 章中；增加、改写了书中出现的科学家简介；等等。

不少初学者都认为变分法比较抽象难学，常为变分法中出现的各种概念所困惑，这说明他们还没有充分掌握变分法的基本观点和思想方法。不错，《简明不列颠百科全书》也认为变分法是最吸引人、最重要而又最难的数学分支之一。作为数学的一个分支，变分法确实有些抽象，这是正常的，因为数学的特点之一就是它的高度抽象性。比较难学也是事实，但难学也是可以学会的，学会了就不觉得难了。

子曰：“吾道一以贯之。”这是《论语·里仁》里的一句话，意思是孔子说他是用一个基本观点把他的学说贯穿起来的。“一以贯之”这句话可以称得上是古代圣贤的“心学”。事实上，并不是任何事情都可以“一以贯之”的。那么，学习变分法是否可以“一以贯之”呢？回答应该是肯定的。泛函取极值的必要条件是一阶变分等于零，这就是变分法的“一以贯之”。掌握了这个主旨，变分法就不那么难学了。

根据“一以贯之”这个基本观点，本书作者论述了变分法中含有任意个自变量、任意个多元函数和任意阶多元函数偏导数的完全泛函的变分问题，提出并证明了完全泛函的变分问题的定理，采用偏微分算子，给出了完全欧拉方程组，该方程组包括了变分问题的各种欧拉方程。所提出的这个定理的作用还难以预料，相信读者一定能够运用这个定理解决更多的问题。本书作者认为，这是作者近年来对变分法这门学科做出的最重要的研究成果，也是对变分法这门学科的发展做出的最重要贡献。

还是从“一以贯之”这个基本观点出发，本书作者还论述变分法中依赖于单自变量的多个未知函数及其高阶导数且待定边界的泛函的变分问题，提出并论证了当泛函的一阶变分为零的情况下，可动端点的各变分项一般并非相互独立，而是至少要有一项为零或至少要给出一个已知条件的新见解，给出了此类泛函的变分问题的若干新的定理和推论。这是本书作者近年来对变分法这门学科的发展做出的另一个贡献。

变分法这门学科就像一座富矿，其中有许多宝藏尚待人们去探索、发现和开采。数学是历史发展进程的标志，是人类智慧的结晶，是人类永远的知识财富和精神财富，永远都不会过时，而变分法就是其中的重要组成部分。

虽经作者一再努力，力求使本书精益求精，但限于作者水平，书中可能还会有不当之处，希望读者批评指正。

作者 E-mail 地址：laodazhong@tsinghua.org.cn；laodazhong@bit.edu.cn

老大中

2006 年 12 月于北京

第1版前言

变分法是17世纪末发展起来的一门数学分支。本书主要介绍古典变分法，它理论完整，在力学、物理学、光学、摩擦学、经济学、宇航理论、信息论和自动控制论等诸多方面有广泛的应用。20世纪中叶发展起来的有限元法，其数学基础之一就是变分法。如今，变分法已成为研究生、大学生、工程技术人员和科学工作者必备的数学基础。

编写本书的目的是为高等院校的研究生和高年级大学生提供一本学习变分法的教材或教学参考书，使他们能够熟悉变分法的基本概念和计算方法，其中包括预备知识、固定边界的变分问题、泛函极值的充分条件、可动边界的变分问题、条件极值的变分问题、参数形式的变分问题、变分原理和变分问题的直接方法。书中的一部分内容是作者的研究成果。本书也可作为有关专业的教师、科学研究人员和工程技术人员的参考书。

具有高等数学知识的读者就可阅读本书，当然，如果读者具有线性代数、物理学和力学等基础知识，阅读本书就会更容易。

在作者看来，衡量对于一门数学学科知识的掌握程度，有两个基本的检验手段：一是看是否清楚基本概念，因为概念是构建科学大厦的基石；二是看是否会计算习题，因为计算习题的过程就是消化知识的过程，同时也是加深理解概念的过程，只有会计算习题，才能达到会应用的目的。对于变分法这门数学分支来说，如果只会机械地背诵书上的概念和定理，而不动手演算习题，恐怕掌握不好这门知识。书中例题和习题比较丰富。各章均配有相当数量的习题，大多数习题选自本书所附的参考文献，在此谨向这些参考文献的作者表示感谢。为了帮助读者加深对基本概念的理解和解决学习中遇到的困难，本书提供了各章共145道习题(没计入子习题)的全部解答或证明，其中包括参考文献2(注：即第二版参考文献3)中几乎全部习题的解答，供读者参考，同时这些习题解答也可看作是书中例题的补充。

变分法是一门饶有趣味的数学学科，作者本人就曾在变分法的学习和教学过程中体验到这种趣味。但作者认为学以致用才是更重要的目的。希望读者以愉悦的心情阅读本书，能从本书中学到所需要的知识，并能把这些知识应用到实践中去。在计算机高速发展的时代，为了提高计算精度和应用的普遍性，特别是在第8章中，一些例题和习题的解尽量给出分数和代数的形式，这很容易变成小数形式和具体形式。

为使读者了解变分法的发展历史，本书还对其中所涉及的37位科学家进行了300字以内的简要介绍，其中的译名以1993年全国自然科学名词审定委员会公布的《数学名词》为准。

本书初稿曾经用作三届北京理工大学工科硕士研究生的讲座材料，并给博士研究生和大学四年级学生讲授过部分内容。

作者在本书编写过程中曾得到北京理工大学前党委书记谈天民教授的指导与帮助。国防工业出版社张文峰处长对本书出版给予了大力支持。研究生李雪芳、李秀明帮助作者校验了部分习题。在此谨表示衷心感谢。

限于作者水平，书中若有不妥或错误之处，恳请读者批评指正。

作者的通讯地址：laodazhong@tsinghua.org.cn

老大中

2003年9月于北京

目　录

第 1 章　预备知识……1
1.1　泰勒公式……1
1.1.1　一元函数的情形……1
1.1.2　多元函数的情形……1
1.2　含参变量的积分……3
1.3　场论基础……5
1.3.1　方向导数及梯度……5
1.3.2　向量场的通量和散度……10
1.3.3　高斯定理与格林公式……13
1.3.4　向量场的环量与旋度……18
1.3.5　斯托克斯定理……26
1.3.6　梯度、散度和旋度表示的统一高斯公式……29
1.4　直角坐标与极坐标的坐标变换……30
1.5　变分法基本引理……33
1.6　求和约定、克罗内克符号和排列符号……37
1.7　张量的基本概念……41
1.7.1　直角坐标旋转变换……41
1.7.2　笛卡儿二阶张量……43
1.7.3　笛卡儿张量的代数运算……44
1.7.4　张量的商定律……45
1.7.5　二阶张量的主轴、特征值和不变量……46
1.7.6　笛卡儿张量的微分运算……47
1.8　常用不等式……48
1.9　名家介绍……52
习题 1……56
第 2 章　固定边界的变分问题……60
2.1　古典变分问题举例……60
2.2　变分法的基本概念……62
2.3　最简泛函的变分与极值的必要条件……69
2.4　最简泛函的欧拉方程……77
2.5　欧拉方程的几种特殊类型及其积分……84
2.6　依赖于多个一元函数的变分问题……95
2.7　依赖于高阶导数的变分问题……99
2.8　依赖于多元函数的变分问题……107
2.9　完全泛函的变分问题……116
2.10　欧拉方程的不变性……121

2.11 名家介绍 …… 127
习题 2 …… 130
第 3 章 泛函极值的充分条件 …… 140
3.1 极值曲线场 …… 140
3.2 雅可比条件和雅可比方程 …… 142
3.3 魏尔斯特拉斯函数与魏尔斯特拉斯条件 …… 148
3.4 勒让德条件 …… 151
3.5 泛函极值的充分条件 …… 152
3.5.1 魏尔斯特拉斯充分条件 …… 152
3.5.2 勒让德充分条件 …… 155
3.6 泛函的高阶变分 …… 159
3.7 名家介绍 …… 163
习题 3 …… 164
第 4 章 可动边界的变分问题 …… 168
4.1 最简泛函的变分问题 …… 168
4.2 含有多个函数的泛函的变分问题 …… 180
4.3 含有高阶导数的泛函的变分问题 …… 188
4.3.1 泛函含有一个未知函数二阶导数的情形 …… 188
4.3.2 泛函含有一个未知函数多阶导数的情形 …… 191
4.3.3 泛函含有多个未知函数多阶导数的情形 …… 195
4.4 含有多元函数的泛函的变分问题 …… 200
4.5 具有尖点的极值曲线 …… 206
4.6 单侧变分问题 …… 211
4.7 名家介绍 …… 219
习题 4 …… 220
第 5 章 条件极值的变分问题 …… 223
5.1 完整约束的变分问题 …… 223
5.2 微分约束的变分问题 …… 227
5.3 等周问题 …… 231
5.4 混合型泛函的极值问题 …… 239
5.4.1 简单混合型泛函的极值问题 …… 240
5.4.2 二维、三维和 n 维问题的欧拉方程 …… 245
5.5 名家介绍 …… 250
习题 5 …… 250
第 6 章 参数形式的变分问题 …… 254
6.1 曲线的参数形式及齐次条件 …… 254
6.2 参数形式的等周问题和测地线 …… 256
6.3 可动边界参数形式泛函的极值 …… 262
习题 6 …… 265
第 7 章 变分原理 …… 267
7.1 集合与映射 …… 267

7.2　集合与空间……270
7.3　标准正交系与傅里叶级数……278
7.4　算子与泛函……280
7.5　泛函的导数……287
7.6　算子方程的变分原理……289
7.7　与自共轭常微分方程边值问题等价的变分问题……291
7.8　与自共轭偏微分方程边值问题等价的变分问题……296
7.9　弗里德里希斯不等式和庞加莱不等式……301
7.10　名家介绍……305
习题7……309
第8章　变分问题的直接方法……312
8.1　极小(极大)化序列……312
8.2　欧拉有限差分法……314
8.3　里茨法……317
8.4　坎托罗维奇法……321
8.5　伽辽金法……322
8.6　最小二乘法……332
8.7　算子方程的特征值和特征函数……333
8.8　名家介绍……343
习题8……344
第9章　力学中的变分原理及其应用……349
9.1　力学的基本概念……349
9.1.1　力学系统……349
9.1.2　约束及其分类……350
9.1.3　实位移与虚位移……350
9.1.4　应变与位移的关系……351
9.1.5　功与能……351
9.2　虚位移原理……356
9.2.1　质点系的虚位移原理……356
9.2.2　弹性体的广义虚位移原理……357
9.2.3　弹性体的虚位移原理……359
9.3　最小势能原理……363
9.4　余虚功原理……365
9.5　最小余能原理……368
9.6　哈密顿原理及其应用……369
9.6.1　质点系的哈密顿原理……369
9.6.2　弹性体的哈密顿原理……380
9.7　哈密顿正则方程……390
9.8　赫林格–赖斯纳广义变分原理……395
9.9　胡海昌–鹫津久一郎广义变分原理……397
9.10　莫培督–拉格朗日最小作用量原理……399
9.11　名家介绍……403

习题 9 …… 404
第 10 章 含向量、张量和哈密顿算子的泛函变分问题 …… 410
10.1 张量内积运算的基本性质与含张量的泛函变分基本引理 …… 410
10.2 含向量、向量的模和哈密顿算子的泛函的欧拉方程 …… 414
10.3 梯度型泛函的欧拉方程 …… 429
10.4 散度型泛函的欧拉方程 …… 439
10.5 旋度型泛函的欧拉方程 …… 451
10.6 含并联式内积张量和哈密顿算子的泛函变分问题 …… 464
10.6.1 并联式内积张量的梯度、散度和旋度变分公式推导 …… 464
10.6.2 含并联式内积张量和哈密顿算子的泛函的欧拉方程及自然边界条件 …… 467
10.6.3 含并联式内积张量和哈密顿算子的泛函的算例 …… 470
10.6.4 含并联式内积张量和哈密顿算子串的泛函的欧拉方程 …… 476
10.6.5 其他含并联式内积张量和哈密顿算子的泛函的欧拉方程 …… 478
10.7 含串联式内积张量和哈密顿算子的泛函变分问题 …… 483
10.7.1 串联式内积张量的梯度、散度和旋度变分公式推导 …… 483
10.7.2 含串联式内积张量和哈密顿算子的泛函的欧拉方程及自然边界条件 …… 486
10.7.3 含串联式内积张量和哈密顿算子串的泛函的欧拉方程 …… 490
10.7.4 其他含串联式内积张量和哈密顿算子的泛函的欧拉方程 …… 493
10.8 结论 …… 498
10.9 名家介绍 …… 498
习题 10 …… 501
附录 索引 …… 509
参考文献 …… 530

Contents

Chapter 1 Preliminaries ······ 1
1.1 The Taylor Formulae ······ 1
1.1.1 Case of a Function of One Variable ······ 1
1.1.2 Cases of Functions of Several Variables ······ 1
1.2 Integrals with Parameters ······ 3
1.3 Fundamentals of the Theory of Field ······ 5
1.3.1 Directional Derivative and Gradient ······ 5
1.3.2 Flux and Divergence of Vector Field ······ 10
1.3.3 The Gauss Theorem and Green's Formulae ······ 13
1.3.4 Circulation and Rotation of Vector Field ······ 18
1.3.5 The Stokes Theorem ······ 26
1.3.6 The United Gauss Formula Expressed by Gradient, Divergence and Rotation ······ 29
1.4 Coordinate Transformations between Cartesian Coordinates and Polar Coordinates ······ 30
1.5 Fundamental Lemmas of the Calculus of Variations ······ 33
1.6 Summation Convention, Kronecker Symbol and Permutation Symbol ······ 37
1.7 Basic Conceptions of Tensors ······ 41
1.7.1 Rotation Transformations of Rectangle Coordinates ······ 41
1.7.2 The Cartesian Second Order Tensors ······ 43
1.7.3 Algebraic Operations of Cartesian Tensors ······ 44
1.7.4 Quotient Laws of Tensors ······ 45
1.7.5 Principal Axes, Eigenvalues and Invariants of Second Order Tensors ······ 46
1.7.6 Differential Operations of the Cartesian Tensors ······ 47
1.8 Some Inequalities in Common Use ······ 48
1.9 Introduction to the Famous Scientists ······ 52
Problems 1 ······ 56
Chapter 2 Variational Problems with Fixed Boundaries ······ 60
2.1 Examples of the Classical Variational Problems ······ 60
2.2 Fundamental Conceptions of the Calculus of Variations ······ 62
2.3 Variations of the Simplest Functionals and Necessary Conditions of Extrema of Functionals ······ 69
2.4 The Euler Equations of the Simplest Functional ······ 77
2.5 Several Special Cases of the Euler Equation and Their Integrals ······ 84
2.6 Variational Problems Depending on Several Functions of One Variable ······ 95
2.7 Variational Problems Depending on Higher Order Derivatives ······ 99
2.8 Variational Problems Depending on Functions of Several Variables ······ 107
2.9 Variational Problems of Complete Function ······ 116

2.10 Invariance of the Euler Equation ······ 121
2.11 Introduction to the Famous Scientists ······ 127
Problems 2 ······ 130
Chapter 3 Sufficient Conditions of Extrema of Functionals ······ 140
3.1 Extremal Curve Fields ······ 140
3.2 The Jacobi Conditions and Jacobi Equation ······ 142
3.3 The Weierstrass Functions and Weierstrass Conditions ······ 148
3.4 The Legendre Conditions ······ 151
3.5 Sufficient Conditions of Extrema of Functionals ······ 152
3.5.1 The Weierstrass Sufficient Conditions ······ 152
3.5.2 The Legendre Sufficient Conditions ······ 155
3.6 Higher Order Variations of Functionals ······ 159
3.7 Introduction to the Famous Scientists ······ 163
Problems 3 ······ 164
Chapter 4 Problems with Variable Boundaries ······ 168
4.1 Variational Problems of the Simplest Functional ······ 168
4.2 Variational Problems of Functionals with Several Functions ······ 180
4.3 Variational Problems of Functionals with Higher Order Derivatives ······ 188
4.3.1 Cases of Functionals with One Unknown Function and Its Second Derivative ··· 188
4.3.2 Cases of Functionals with One Unknown Function and Its Several Order Derivatives ······ 191
4.3.3 Cases of Functionals with Several Unknown Functions and Their Several Order Derivatives ······ 195
4.4 Variational Problems of Functionals with Functions of Several Variables ······ 200
4.5 Extremal Curves with Cuspidal Points ······ 206
4.6 One-Sided Variational Problems ······ 211
4.7 Introduction to the Famous Scientists ······ 219
Problems 4 ······ 220
Chapter 5 Variational Problems of Conditional Extrema ······ 223
5.1 Variational Problems with Holonomic Constraints ······ 223
5.2 Variational Problems with Differential Constraints ······ 227
5.3 Isoperimetric Problems ······ 231
5.4 Extremal Problems of Mixed Type Functionals ······ 239
5.4.1 Extremal Problems of Simple Mixed Type Functionals ······ 240
5.4.2 Euler Equations of 2-D, 3-D and n-D Problems ······ 245
5.5 Introduction to the Famous Scientists ······ 250
Problems 5 ······ 250
Chapter 6 Variational Problems in Parametric Forms ······ 254
6.1 Parametric Forms of Curves and Homogeneous Condition ······ 254
6.2 Isoperimetric Problems in Parametric Forms and Geodesic Line ······ 256
6.3 Extrema of Functionals with Variable Boundaries and Parametric Forms ······ 262

Problems 6 ······ 265
Chapter 7 Variational Principles ······ 267
7.1 Sets and Mappings ······ 267
7.2 Sets and Spaces ······ 270
7.3 Normal Orthogonal System and Fourier Series ······ 278
7.4 Operators and Functionals ······ 280
7.5 Derivatives of Functionals ······ 287
7.6 Variational Principles of Operator Equations ······ 289
7.7 Variational Problems of Equivalence with Boundary Value Problem of Self Conjugate Ordinary Differential Equation ······ 291
7.8 Variational Problems of Equivalence with Boundary Value Problem of Self Conjugate Partial Differential Equation ······ 296
7.9 The Friedrichs Inequality and Poincaré Inequality ······ 301
7.10 Introduction to the Famous Scientists ······ 305
Problems 7 ······ 309
Chapter 8 Direct Methods of Variational Problems ······ 312
8.1 Minimizing (Maximizing) Sequence ······ 312
8.2 The Euler Finite Difference Method ······ 314
8.3 The Ritz Method ······ 317
8.4 The Kantorovich Method ······ 321
8.5 The Galerkin Method ······ 322
8.6 The Least Square Method ······ 332
8.7 Eigenvalues and Eigenfunctions of Operator Equations ······ 333
8.8 Introduction to the Famous Scientists ······ 343
Problems 8 ······ 344
Chapter 9 Variational Principles in Mechanics and Their Applications ······ 349
9.1 Fundamental Conceptions in Mechanics ······ 349
9.1.1 System of Mechanics ······ 349
9.1.2 Constraints and Their Classification ······ 350
9.1.3 Actual Displacement and Virtual Displacement ······ 350
9.1.4 Relations of Strains and Displacements ······ 351
9.1.5 Work and Energies ······ 351
9.2 Principle of Virtual Displacement ······ 356
9.2.1 Principle of Virtual Displacement for System of Particles ······ 356
9.2.2 Principle of Generalized Virtual Displacement for Elastic Body ······ 357
9.2.3 Principle of Virtual Displacement for Elastic Body ······ 359
9.3 Principle of the Minimum Potential Energy ······ 363
9.4 Principle of Complementary Virtual Work ······ 365
9.5 Principle of the Minimum Complementary Energy ······ 368
9.6 The Hamilton Principles and their Applications ······ 369
9.6.1 The Hamilton Principle of System of Particles ······ 369
9.6.2 The Hamilton Principle of Elastic Body ······ 380

9.7 The Hamilton's Canonical Equations ········· 390
9.8 The Hellinger-Reissner Generalized Variational Principles ········· 395
9.9 The Hu Haichang-Kyuichiro Washizu Generalized Variational Principles ········· 397
9.10 The Maupertuis-Lagrange Principle of Least Action ········· 399
9.11 Introduction to the Famous Scientists ········· 403
Problems 9 ········· 404
Chapter 10 Variational Problems of Functionals with Vector, Tensor and Hamiltonian Operators ········· 410
10.1 Basic Properties of the Tensor Inner Product Operations and Fundamental Lemma of the Variation of Functional with Tensors ········· 410
10.2 The Euler Equations of Functionals with Vector, Modulus of Vector and Hamiltonian Operators ········· 414
10.3 The Euler Equations of Gradient Type Functionals ········· 429
10.4 The Euler Equations of Divergence Type Functionals ········· 439
10.5 The Euler Equations of Rotation Type Functionals ········· 451
10.6 Variational Problems of Functionals with Parallel-type Inner Product Tensors and Hamiltonian Operators ········· 464
10.6.1 Variational Formula Derivations of Gradients, Divergences and Rotations of Parallel-type Inner Product Tensors ········· 464
10.6.2 The Euler Equations and Natural Boundary Conditions of the Functionals with Parallel-type Inner Product Tensors and Hamiltonian Operators ········· 467
10.6.3 Some Examples of the Functionals with Parallel-type Inner Product Tensors and Hamiltonian Operators ········· 470
10.6.4 The Euler Equations of the Functionals with Parallel-type Inner Product Tensors and the Hamiltonian Operator trains ········· 476
10.6.5 Other Euler Equations of the Functionals with Parallel-type Inner Product Tensors and the Hamiltonian Operators ········· 478
10.7 Variational Problems of Functionals with Series-type Inner Product Tensors and Hamiltonian Operators ········· 483
10.7.1 Variational Formula Derivations of Gradients, Divergences and Rotations of Series-type Inner Product Tensors ········· 483
10.7.2 The Euler Equations and Natural Boundary Conditions of the Functionals with Series-type Inner Product Tensors and Hamiltonian Operators ········· 486
10.7.3 The Euler Equations of the Functionals with Series-type Inner Product Tensors and the Hamiltonian Operator Trains ········· 490
10.7.4 Other Euler Equations of the Functionals with Series-type Inner Product Tensors and the Hamiltonian Operators ········· 493
10.8 Conclusions ········· 498
10.9 Introduction to the Famous Scientists ········· 498
Problems 10 ········· 501
Appendix Index ········· 509
References ········· 530

第 1 章　预备知识

工欲善其事，必先利其器。学习变分法需要一些必备的数学基础知识，如一元函数和多元函数的泰勒级数展开，含参变量的积分，向量分析与场论，坐标变换，变分法的基本引理和张量的基本概念等。本章简要介绍这些数学基础知识。

1.1　泰勒公式

1.1.1　一元函数的情形

定理 1.1.1　若函数 $f(x)$ 在点 x_0 的某个开区间 (a,b) 内具有 $n+1$ 阶连续导数，则当 x 在 (a,b) 内时，$f(x)$ 可表示为

$$f(x)=f(x_0)+f'(x_0)(x-x_0)+\frac{f''(x_0)}{2!}(x-x_0)^2+\cdots+\frac{f^{(n)}(x_0)}{n!}(x-x_0)^n+R_n \tag{1-1-1}$$

式中

$$R_n=\frac{f^{(n+1)}(\xi)}{(n+1)!}(x-x_0)^{n+1} \tag{1-1-2}$$

式中，ξ 为介于 x_0 和 x 之间的某个值。

定理 1.1.1 称为一元函数的**泰勒中值定理**或**泰勒定理**。式(1-1-1)称为 $f(x)$ 在点 x_0 按 $(x-x_0)$ 的幂展开到 n 阶的**泰勒公式**或称为**泰勒级数展开**。式(1-1-2)称为**拉格朗日型余项**。当 $x\to x_0$ 时，R_n 是一个比 $|x-x_0|^n$ 更高阶的无穷小，或者说 R_n 是一个比 $|x-x_0|$ 高 $n-1$ 阶的无穷小。

定理 1.1.2　设可导函数 $f(x)$ 在其定义区间内某点 x_0 有极值，则在该点必有 $f'(x_0)=0$。定理 1.1.2 称为**一元函数的极值定理**。

1.1.2　多元函数的情形

一元函数的泰勒中值定理可推广到多元函数的情形。下面先讨论二元函数余项为拉格朗日型的泰勒公式。

定理 1.1.3　设函数 $f(x,y)$ 在点 (x_0,y_0) 的某个凸邻域内连续且有直到 $n+1$ 阶的连续偏导数，并设 $x=x_0+\Delta x$，$y=y_0+\Delta y$ 为该邻域内的任意一点，则总存在一个 $\theta\,(0<\theta<1)$，使下面的 n 阶泰勒公式成立

$$\begin{aligned}f(x,y)=&f(x_0,y_0)+\left(\Delta x\frac{\partial}{\partial x}+\Delta y\frac{\partial}{\partial y}\right)f(x_0,y_0)+\frac{1}{2!}\left(\Delta x\frac{\partial}{\partial x}+\Delta y\frac{\partial}{\partial y}\right)^2 f(x_0,y_0)+\\&\cdots+\frac{1}{k!}\left(\Delta x\frac{\partial}{\partial x}+\Delta y\frac{\partial}{\partial y}\right)^k f(x_0,y_0)+\cdots+\frac{1}{n!}\left(\Delta x\frac{\partial}{\partial x}+\Delta y\frac{\partial}{\partial y}\right)^n f(x_0,y_0)+R_n\end{aligned} \tag{1-1-3}$$

式中，一般项为

$$\left(\Delta x\frac{\partial}{\partial x}+\Delta y\frac{\partial}{\partial y}\right)^k f(x_0,y_0)=\sum_{r=0}^{k}C_k^r(\Delta x)^r(\Delta y)^{k-r}\frac{\partial^k f(x_0,y_0)}{\partial x^r\partial y^{k-r}} \tag{1-1-4}$$

即按牛顿二项式定理将式(1-1-4)展开成为$k+1$项之和，$C_k^r=\dfrac{k!}{r!(k-r)!}$为从$k$个元素中选取$r$个元素的组合数。

式(1-1-3)中，余项为

$$R_n=\frac{1}{(n+1)!}\left(\Delta x\frac{\partial}{\partial x}+\Delta y\frac{\partial}{\partial y}\right)^{n+1} f(x_0+\theta\Delta x, y_0+\theta\Delta y) \tag{1-1-5}$$

式中，R_n为$f(x,y)$在点(x_0,y_0)的n**阶拉格朗日型余项**。

定理 1.1.3 称为**二元函数的泰勒中值定理**。

令$\rho=\sqrt{\Delta x^2+\Delta y^2}$，$\Delta x=\rho\cos\alpha$，$\Delta y=\rho\sin\alpha$。由于$f(x,y)$的各$n+1$阶偏导数都连续，在点($x_0,y_0$)的闭邻域内，$f(x,y)$的各$n+1$阶偏导数的绝对值都不超过一个正数$M$。因此，对于该邻域内任意一点($x_0+\Delta x, y_0+\Delta y$)，余项的绝对值为

$$|R_n|\leqslant\frac{M}{(n+1)!}\left(|\Delta x|+|\Delta y|\right)^{n+1}=\frac{M\rho^{n+1}}{(n+1)!}\left(|\cos\alpha|+|\sin\alpha|\right)^{n+1}\leqslant 2M\rho^{n+1} \tag{1-1-6}$$

这表明R_n是一个比ρ高n阶的无穷小。

定理 1.1.4 设可导函数$f(x,y)$在其定义域内某点(x_0,y_0)有极值，则在该点必有$f_x(x_0,y_0)=f_y(x_0,y_0)=0$。定理 1.1.4 称为**二元函数的极值定理**。

上述定理可推广到m元函数的情形，并有下述定理。

定理 1.1.5 设函数$f(x_1,x_2,\cdots,x_m)$在点($x_1^0,x_2^0,\cdots,x_m^0$)的某个凸邻域内连续且有直到$n+1$阶的连续偏导数，并设($x_1,x_2,\cdots,x_m$)为该邻域内的任意一点，则总存在一个θ($0<\theta<1$)，使下面的n阶泰勒公式成立

$$\begin{aligned}
&f(x_1,x_2,\cdots,x_m)=f(x_1^0,x_2^0,\cdots,x_m^0)+\\
&\frac{1}{1!}\left(\Delta x_1\frac{\partial}{\partial x_1}+\Delta x_2\frac{\partial}{\partial x_2}+\cdots+\Delta x_k\frac{\partial}{\partial x_k}+\cdots+\Delta x_m\frac{\partial}{\partial x_m}\right)f(x_1^0,x_2^0,\cdots,x_m^0)+\\
&\frac{1}{2!}\left(\Delta x_1\frac{\partial}{\partial x_1}+\Delta x_2\frac{\partial}{\partial x_2}+\cdots+\Delta x_k\frac{\partial}{\partial x_k}+\cdots+\Delta x_m\frac{\partial}{\partial x_m}\right)^2 f(x_1^0,x_2^0,\cdots,x_m^0)+\cdots+\\
&\frac{1}{n!}\left(\Delta x_1\frac{\partial}{\partial x_1}+\Delta x_2\frac{\partial}{\partial x_2}+\cdots+\Delta x_k\frac{\partial}{\partial x_k}+\cdots+\Delta x_m\frac{\partial}{\partial x_m}\right)^n f(x_1^0,x_2^0,\cdots,x_m^0)+R_n
\end{aligned} \tag{1-1-7}$$

式中

$$\Delta x_k=x_k-x_k^0\quad(k=1,2,\cdots,m) \tag{1-1-8}$$

$$R_n=\frac{1}{(n+1)!}\left(\Delta x_1\frac{\partial}{\partial x_1}+\Delta x_2\frac{\partial}{\partial x_2}+\cdots+\Delta x_m\frac{\partial}{\partial x_m}\right)^{n+1} f(x_1^0+\theta\Delta x_1, x_2^0+\theta\Delta x_2,\cdots,x_m^0+\theta\Delta x_m) \tag{1-1-9}$$

当$\rho=\sqrt{(\Delta x_1)^2+(\Delta x_2)^2+\cdots+(\Delta x_m)^2}\to 0$时，$R_n$是一个比$\rho$高$n$阶的无穷小。定理 1.1.5 称为**多元函数的泰勒中值定理**。

定理 1.1.6 设可导函数$f(x_1,x_2,\cdots,x_m)$在其定义域内某点($x_1^0,x_2^0,\cdots,x_m^0$)有极值，则在该点

必有 $f_{x_k}(x_1^0,x_2^0,\cdots,x_m^0)=0$，其中 $k=1,2,\cdots,m$。定理 1.1.6 称为**多元函数的极值定理**。

n 阶泰勒展开式(1-1-7)可写成下面简洁的形式

$$f(x_1,x_2,\cdots,x_m)=\sum_{i=0}^{n}\frac{1}{i!}\left(\sum_{k=1}^{m}\Delta x_k\frac{\partial}{\partial x_k}\right)^i f(x_1^0,x_2^0,\cdots,x_m^0)+R_n \tag{1-1-10}$$

式(1-1-1)和式(1-1-3)可以看作是式(1-1-7)中 m 分别等于 1 和 2 的情况。

1.2　含参变量的积分

设函数 $f(x,y)$ 是矩形域 $D[a\leqslant x\leqslant b,\ c\leqslant y\leqslant d]$ 上的有界函数，对于 $[c,d]$ 上任何固定的 y_0，函数 $f(x,y_0)$ 就是 x 的函数，若这个函数在 $[a,b]$ 上可积，则 $\int_a^b f(x,y_0)\mathrm{d}x$ 就唯一确定一个数，这个数与 y_0 有关，当 y_0 在 $[c,d]$ 上变动时，所得到的积分值一般来说是不同的，可表示为

$$\varphi(y)=\int_a^b f(x,y)\mathrm{d}x \tag{1-2-1}$$

式(1-2-1)是 y 的函数，定义域为 $[c,d]$，通常 y 称为**参数**，在积分过程中被看作常量，并且积分 $\int_a^b f(x,y)\mathrm{d}x$ 称为**含参变量积分**。下面讨论含参变量积分的连续性、可导性与可积性等性质，这些性质可用一些定理来表示。

定理 1.2.1　(连续性)　设函数 $f(x,y)$ 在闭区域 $D[a,b;\ c,d]$ 上连续，则函数

$$\varphi(y)=\int_a^b f(x,y)\mathrm{d}x$$

在闭区间 $[c,d]$ 上连续。这个性质也可以改写成

$$\lim_{y\to y_0}\int_a^b f(x,y)\mathrm{d}x=\int_a^b\lim_{y\to y_0}f(x,y)\mathrm{d}x \tag{1-2-2}$$

即极限与积分的运算次序可以交换，此性质称为**积分号下求极限**。

证　对于任意给定 $y\in[c,d]$，取 Δy，使 $y+\Delta y\in[c,d]$，有

$$\varphi(y+\Delta y)-\varphi(y)=\int_a^b[f(x,y+\Delta y)-f(x,y)]\mathrm{d}x$$

$$|\varphi(y+\Delta y)-\varphi(y)|=\left|\int_a^b[f(x,y+\Delta y)-f(x,y)]\mathrm{d}x\right|\leqslant\int_a^b|f(x,y+\Delta y)-f(x,y)|\mathrm{d}x$$

因函数 $f(x,y)$ 在闭区域 $[a,b;\ c,d]$ 上连续，故在该区域内必定一致连续，即对于任给 $\varepsilon>0$，必有 $\delta>0$，使得对于 D 内任意两点 (x_1,y_1) 和 (x_2,y_2)，只要 $|x_2-x_1|<\delta$，$|y_2-y_1|<\delta$，就有不等式 $|f(x_2,y_2)-f(x_1,y_1)|<\varepsilon$ 成立。

若 $x_1=x_2=x$，对于 D 内给定两点 (x,y) 和 $(x,y+\Delta y)$，当 $|(y+\Delta y)-y|=|\Delta y|<\delta$ 时，则不等式 $|f(x,y+\Delta y)-f(x,y)|<\varepsilon$ 也成立。于是，对于任意 $y\in[c,d]$，取 $y+\Delta y\in[c,d]$，且 $|\Delta y|<\delta$，则有

$$|\varphi(y+\Delta y)-\phi(y)|\leqslant\int_a^b|f(x,y+\Delta y)-f(x,y)|\mathrm{d}x<\int_a^b\varepsilon\mathrm{d}x=\varepsilon(b-a)$$

即函数 $\varphi(y)$ 在闭区间 $[c,d]$ 上连续。

设 $y_0\in[c,d]$，由函数连续的定义，有

$$\lim_{y\to y_0}\int_a^b f(x,y)\mathrm{d}x=\lim_{y\to y_0}\varphi(y)=\varphi(y_0)=\int_a^b f(x,y_0)\mathrm{d}x=\int_a^b\lim_{y\to y_0}f(x,y)\mathrm{d}x$$

由此可见，函数 $f(x,y)$ 满足定理 1.2.1 所设条件，积分与极限的运算可以交换次序。证毕。

定理 1.2.2 (积分顺序的可交换性) 若 $f(x,y)$ 在矩形域 $D[a,b;\ c,d]$ 上连续，则

$$\int_c^d \mathrm{d}y\int_a^b f(x,y)\,\mathrm{d}x=\int_a^b \mathrm{d}x\int_c^d f(x,y)\,\mathrm{d}y \tag{1-2-3}$$

即积分顺序可以交换，此性质称为**积分号下求积分**。

证 因式(1-2-3)两边的两个累次积分都等于二重积分 $\iint_D f(x,y)\,\mathrm{d}x\,\mathrm{d}y$，故式(1-2-3)成立。证毕。

定理 1.2.3 (求导与积分顺序的可交换性) 若 $f(x,y)$ 及 $f_y(x,y)$ 在矩形域 $D[a,b;\ c,d]$ 上连续，则积分 $\varphi(y)=\int_a^b f(x,y)\,\mathrm{d}x$ 在 $[c,d]$ 上可导，且有

$$\frac{\mathrm{d}}{\mathrm{d}y}\int_a^b f(x,y)\,\mathrm{d}x=\int_a^b f_y(x,y)\,\mathrm{d}x \tag{1-2-4}$$

即积分与求导次序可以交换，此性质称为**积分号下求微商**。

证 设 $F(y)=\int_a^b f_y(x,y)\,\mathrm{d}x$，因函数 $f_y(x,y)$ 在 D 上连续，故它在 D 上的二重积分可以交换积分次序，从而对区间 $[c,d]$ 上的任意 y，有

$$\int_c^y F(y)\,\mathrm{d}y=\int_c^y\left[\int_a^b f_y(x,y)\,\mathrm{d}x\right]\mathrm{d}y=\int_a^b\left[\int_c^y f_y(x,y)\,\mathrm{d}y\right]\mathrm{d}x$$

$$=\int_a^b[f(x,y)-f(x,c)]\,\mathrm{d}x=\varphi(y)-\varphi(c)$$

由于 $F(y)$ 在 $[c,d]$ 上连续，因此对上式两端求导，得

$$\varphi'(y)=F(y)=\int_a^b f_y(x,y)\,\mathrm{d}x$$

证毕。

有时还会遇到这样一种含参变量的积分，它的上、下限也是参变量的函数，即

$$\varphi(y)=\int_{\alpha(y)}^{\beta(y)} f(x,y)\,\mathrm{d}x \tag{1-2-5}$$

关于它有下列定理：

定理 1.2.4 设函数 $f(x,y)$ 与 $f_y(x,y)$ 都在闭矩形域 $D[a,b;\ c,d]$ 上连续，又函数 $\alpha(y)$，$\beta(y)$ 在区间 $[c,d]$ 上可导，且当 $c\leqslant y\leqslant d$ 时，有 $a\leqslant\alpha(y)\leqslant b$，$a\leqslant\beta(y)\leqslant b$，那么函数

$$\varphi(y)=\int_{\alpha(y)}^{\beta(y)} f(x,y)\,\mathrm{d}x$$

在区间 $[c,d]$ 上可导，且有

$$\varphi'(y)=\frac{\mathrm{d}}{\mathrm{d}y}\int_{\alpha(y)}^{\beta(y)} f(x,y)\,\mathrm{d}x=\int_{\alpha(y)}^{\beta(y)} f_y(x,y)\,\mathrm{d}x+f(\beta(y),y)\beta'(y)-f(\alpha(y),y)\alpha'(y) \tag{1-2-6}$$

式(1-2-6)称为**莱布尼茨公式**。

证 对 $[c,d]$ 内任何 y，当 y 有改变量 Δy 时，$\alpha(y)$ 和 $\beta(y)$ 分别有改变量

$$\Delta\alpha=\alpha(y+\Delta y)-\alpha(y),\quad \Delta\beta=\beta(y+\Delta y)-\beta(y)$$

而 $\varphi(y)$ 有改变量

$$\Delta\varphi(y)=\varphi(y+\Delta y)-\varphi(y)$$

$$=\int_{\alpha+\Delta\alpha}^{\beta+\Delta\beta} f(x,y+\Delta y)\,\mathrm{d}x-\int_{\alpha}^{\beta} f(x,y)\,\mathrm{d}x$$

$$=\int_{\alpha}^{\beta} f(x,y+\Delta y)\,\mathrm{d}x+\int_{\beta}^{\beta+\Delta\beta} f(x,y+\Delta y)\,\mathrm{d}x-\int_{\alpha}^{\alpha+\Delta\alpha} f(x,y+\Delta y)\,\mathrm{d}x-\int_{\alpha}^{\beta} f(x,y)\,\mathrm{d}x$$

$$=\int_{\alpha}^{\beta}[f(x,y+\Delta y)-f(x,y)]\,\mathrm{d}x+\int_{\beta}^{\beta+\Delta\beta} f(x,y+\Delta y)\,\mathrm{d}x-\int_{\alpha}^{\alpha+\Delta\alpha} f(x,y+\Delta y)\,\mathrm{d}x$$

将上式两端同除以Δy，并对上式右端后面两个积分用中值定理，得

$$\frac{\Delta\varphi}{\Delta y}=\int_{\alpha}^{\beta}\frac{f(x,y+\Delta y)-f(x,y)}{\Delta y}\mathrm{d}x+f(\bar{\beta},y+\Delta y)\frac{\Delta\beta}{\Delta y}-f(\bar{\alpha},y+\Delta y)\frac{\Delta\alpha}{\Delta y}$$

式中，$\bar{\alpha}$在α与$\alpha+\Delta\alpha$之间，$\bar{\beta}$在β与$\beta+\Delta\beta$之间，由$f(x,y)$的连续性及$\alpha(y)$，$\beta(y)$在区间$[c,d]$上的可导性，得

$$\lim_{\Delta y\to 0} f(\bar{\beta},y+\Delta y)\frac{\Delta\beta}{\Delta y}=f(\beta(y),y)\beta'(y)$$

$$\lim_{\Delta y\to 0} f(\bar{\alpha},y+\Delta y)\frac{\Delta\alpha}{\Delta y}=f(\alpha(y),y)\alpha'(y)$$

由定理 1.2.3 可得

$$\lim_{\Delta y\to 0}\int_{\alpha}^{\beta}\frac{f(x,y+\Delta y)-f(x,y)}{\Delta y}\mathrm{d}x=\int_{\alpha}^{\beta} f_y(x,y)\,\mathrm{d}x$$

所以

$$\varphi'(y)=\frac{\mathrm{d}}{\mathrm{d}y}\int_{\alpha(y)}^{\beta(y)} f(x,y)\,\mathrm{d}x=\int_{\alpha(y)}^{\beta(y)} f_y(x,y)\,\mathrm{d}x+f(\beta(y),y)\beta'(y)-f(\alpha(y),y)\alpha'(y)$$

证毕。

显然，当$\alpha(y)$与$\beta(y)$都是常数时，$\alpha'(y)=\beta'(y)=0$，定理 1.2.4 就转化成定理 1.2.3，即定理 1.2.3 是定理 1.2.4 的一种特殊情况。

1.3 场论基础

场是现实世界中的物理量与空间和时间关系的一种表现形式，是物质存在的一种形态。如果在空间中某个区域内的每一点，都对应着某物理量的一个确定的值，则在此空间区域内称为存在着该物理量的**场**。某物理量在场内的分布可表示为空间位置的函数，这样的函数称为该物理量的**点函数**。当然物理量在场内还可能随时间变化而变化，因而点函数还可以与时间有关。随时间变化的场称为**非稳定场**，不随时间变化的场称为**稳定场**，随空间位置变化的场称为**非均匀场**，不随空间位置变化的场称为**均匀场**。如果一个物理量具有数量的性质，那么这个物理量所形成的场就称为**数量场**或**标量场**。如果一个物理量具有向量的性质，那么这个物理量所形成的场就称为**向量场**或**矢量场**。如果一个物理量具有张量的性质，那么这个物理量所形成的场就称为**张量场**。在物理量的场中，取值为数量的函数称为**数量函数**或**标量函数**，取值为向量的函数称为**向量函数**或**矢量函数**，取值为张量的函数称为**张量函数**。点函数、数量函数、向量函数和张量函数都可简称函数。

1.3.1 方向导数及梯度

具有大小和方向的量称为**向量**或**矢量**。向量大小的数值称为**向量的长度**或**向量的模**。向量$\boldsymbol{a}$的模用$|\boldsymbol{a}|$来表示。模等于 1 的向量称为**单位向量**或**单位矢(量)**。模等于零的向量称为**零向量**或**零矢量**，记作$\boldsymbol{0}$。

函数$\varphi=\varphi(M)=\varphi(x,y,z)$的一阶偏导数$\frac{\partial\varphi}{\partial x}$，$\frac{\partial\varphi}{\partial y}$，$\frac{\partial\varphi}{\partial z}$分别表示它在点$M$沿$x$、$y$、$z$轴三个特殊方向上的变化率。然而，在许多问题中，函数$\varphi=\varphi(x,y,z)$沿其他方向的变化率也是有实际意义的，因此有必要研究它在其他方向的导数。

设M_0是函数$\varphi(M)$中一个确定的点，过此点引一条直线L，在此直线上取与M_0相邻的一动点M，点M_0到点M的距离为$\overline{M_0M}$，当$M\to M_0$时，若

$$\frac{\varphi(M)-\varphi(M_0)}{\overline{M_0M}}$$

的极限存在，则它称为函数$\varphi(M)$在点M_0沿着L方向的**方向导数**，并且记作

$$\frac{\partial\varphi(M_0)}{\partial L}=\lim_{\overline{M_0M}\to 0}\frac{\varphi(M)-\varphi(M_0)}{\overline{M_0M}} \tag{1-3-1}$$

由此可见，方向导数是函数$\varphi(M)$在某个给定点沿某方向对距离的变化率。当$\frac{\partial\varphi}{\partial L}>0$时，函数$\varphi$沿$L$方向增加；当$\frac{\partial\varphi}{\partial L}<0$时，函数$\varphi$沿$L$方向减少；当$\frac{\partial\varphi}{\partial L}=0$时，函数$\varphi$沿$L$方向无变化。

过点M_0可取无穷多个方向，每个方向都有与之对应的方向导数。在直角坐标系中，可按下面定理给出的公式计算方向导数。

定理 1.3.1　若数量场$\varphi=\varphi(x,y,z)$在点$M_0(x_0,y_0,z_0)$处可微，$\cos\alpha$、$\cos\beta$、$\cos\gamma$为L方向的方向余弦，则φ在点M_0处沿L方向的方向导数必存在，且由下面公式给出

$$\frac{\partial\varphi}{\partial L}=\frac{\partial\varphi}{\partial x}\cos\alpha+\frac{\partial\varphi}{\partial y}\cos\beta+\frac{\partial\varphi}{\partial z}\cos\gamma \tag{1-3-2}$$

式中，$\frac{\partial\varphi}{\partial x}$、$\frac{\partial\varphi}{\partial y}$、$\frac{\partial\varphi}{\partial z}$为函数$\varphi$在点$M_0$处的各偏导数。

证　设动点M的坐标为$M(x+\Delta x,y+\Delta y,z+\Delta z)$，点$M_0$与$M$的距离为$\rho=\sqrt{(\Delta x)^2+(\Delta y)^2+(\Delta z)^2}$。因$\varphi$在点$M_0$可微，故$\varphi$的增量可表示为

$$\Delta\varphi=\varphi(M)-\varphi(M_0)=\frac{\partial\varphi}{\partial x}\Delta x+\frac{\partial\varphi}{\partial y}\Delta y+\frac{\partial\varphi}{\partial z}\Delta z+\omega\cdot\rho$$

式中，ω在$\rho\to 0$时趋于零，将上式两端除以ρ并取极限，得

$$\frac{\partial\varphi}{\partial L}=\lim_{\rho\to 0}\frac{\Delta\varphi}{\rho}=\frac{\partial\varphi}{\partial x}\cos\alpha+\frac{\partial\varphi}{\partial y}\cos\beta+\frac{\partial\varphi}{\partial z}\cos\gamma$$

于是方向导数存在且为式(1-3-2)。证毕。

式(1-3-2)中的方向导数$\frac{\partial\varphi}{\partial L}$可表示为两个向量的数量积，即

$$\frac{\partial\varphi}{\partial L}=\left(\frac{\partial\varphi}{\partial x}\boldsymbol{i}+\frac{\partial\varphi}{\partial y}\boldsymbol{j}+\frac{\partial\varphi}{\partial z}\boldsymbol{k}\right)\cdot(\cos\alpha\boldsymbol{i}+\cos\beta\boldsymbol{j}+\cos\gamma\boldsymbol{k}) \tag{1-3-3}$$

令$\boldsymbol{L}^0$为L的单位向量

$$\boldsymbol{L}^0=\cos\alpha\boldsymbol{i}+\cos\beta\boldsymbol{j}+\cos\gamma\boldsymbol{k} \tag{1-3-4}$$

而令向量$\boldsymbol{G}$为

$$\boldsymbol{G}=\frac{\partial \varphi}{\partial x}\boldsymbol{i}+\frac{\partial \varphi}{\partial y}\boldsymbol{j}+\frac{\partial \varphi}{\partial z}\boldsymbol{k} \tag{1-3-5}$$

需要指出的是，式(1-3-5)确定的向量$\boldsymbol{G}$在给定点是一个固定的向量，它只与函数φ有关，而$\boldsymbol{L}^0$则是在给定点引出的L方向上的单位向量，它与函数φ无关。利用式(1-3-4)和式(1-3-5)，可将式(1-3-2)表示为

$$\frac{\partial \varphi}{\partial L}=\boldsymbol{G}\cdot\boldsymbol{L}^0=|\boldsymbol{G}|\cos(\boldsymbol{G},\boldsymbol{L}^0) \tag{1-3-6}$$

式(1-3-6)表明，向量$\boldsymbol{G}$在$\boldsymbol{L}^0$方向的投影等于函数φ在该方向的方向导数。更为重要的是，当选择$\boldsymbol{L}^0$的方向与$\boldsymbol{G}$方向一致时，即$\cos(\boldsymbol{G},\boldsymbol{L}^0)=1$时，方向导数取得最大值$|\boldsymbol{G}|$，因此$\boldsymbol{G}$方向就是函数$\varphi(M)$变化率最大的方向。向量$\boldsymbol{G}$称为函数$\varphi(M)$在给定点$M$处的**梯度**，记作$\mathrm{grad}\,\varphi=\boldsymbol{G}$或$\nabla\varphi=\boldsymbol{G}$，grad 是英文 gradient 的缩写，意为梯度，记号∇形如古希伯莱的一种乐器纳布拉(nabla)，称为**哈密顿算子**、**纳布拉算子**或**∇算子**(读作 nabla 算子)，有时也称为 **Del 算子**。在直角坐标系中它可表示为

$$\nabla=\boldsymbol{i}\frac{\partial}{\partial x}+\boldsymbol{j}\frac{\partial}{\partial y}+\boldsymbol{k}\frac{\partial}{\partial z}=\frac{\partial}{\partial x}\boldsymbol{i}+\frac{\partial}{\partial y}\boldsymbol{j}+\frac{\partial}{\partial z}\boldsymbol{k} \tag{1-3-7}$$

或

$$\nabla=\boldsymbol{e}_1\frac{\partial}{\partial x_1}+\boldsymbol{e}_2\frac{\partial}{\partial x_2}+\boldsymbol{e}_3\frac{\partial}{\partial x_3}=\frac{\partial}{\partial x_1}\boldsymbol{e}_1+\frac{\partial}{\partial x_2}\boldsymbol{e}_2+\frac{\partial}{\partial x_3}\boldsymbol{e}_3 \tag{1-3-8}$$

式(1-3-7)和式(1-3-8)中，$\boldsymbol{e}_1=\boldsymbol{i}$，$\boldsymbol{e}_2=\boldsymbol{j}$，$\boldsymbol{e}_3=\boldsymbol{k}$，$x_1=x$，$x_2=y$，$x_3=z$；$\boldsymbol{i}$，$\boldsymbol{j}$，$\boldsymbol{k}$或$\boldsymbol{e}_1$，$\boldsymbol{e}_2$，$\boldsymbol{e}_3$称为沿着直角坐标(系)的**单位基向量**或**单位基矢量**，简称**单位向量**或**单位矢量**。

∇既是一个微分算子，又可以看作一个向量，具有向量和微分的双重性质，故它称为**向量微分算子**或**矢量微分算子**。于是，函数φ的梯度可表示为

$$\mathrm{grad}\,\varphi=\nabla\varphi=\boldsymbol{G}=\frac{\partial \varphi}{\partial x}\boldsymbol{i}+\frac{\partial \varphi}{\partial y}\boldsymbol{j}+\frac{\partial \varphi}{\partial z}\boldsymbol{k} \tag{1-3-9}$$

式(1-3-9)表明，一个标量函数φ的梯度是一个向量函数。

梯度的模为

$$|\mathrm{grad}\,\varphi|=|\nabla\varphi|=|\boldsymbol{G}|=\sqrt{\left(\frac{\partial \varphi}{\partial x}\right)^2+\left(\frac{\partial \varphi}{\partial y}\right)^2+\left(\frac{\partial \varphi}{\partial z}\right)^2} \tag{1-3-10}$$

设c为常数，φ、ψ、$f(\varphi)$和$f(r)$都是点M的标量函数，$\boldsymbol{r}$是任意矢径，r是$\boldsymbol{r}$的模，$\boldsymbol{r}_0$是$\boldsymbol{r}$的单位向量，则梯度运算基本公式如下

$$\nabla c=\boldsymbol{0} \tag{1-3-11}$$

$$\nabla(\varphi\pm\psi)=\nabla\varphi\pm\nabla\psi \tag{1-3-12}$$

$$\nabla(c\varphi)=c\nabla\varphi \tag{1-3-13}$$

$$\nabla(\varphi\psi)=\psi\nabla\varphi+\varphi\nabla\psi \tag{1-3-14}$$

$$\nabla\left(\frac{\varphi}{\psi}\right)=\frac{\psi\nabla\varphi-\varphi\nabla\psi}{\psi^2} \tag{1-3-15}$$

$$\nabla f(\varphi)=f'(\varphi)\nabla\varphi \tag{1-3-16}$$

$$\nabla f(r)=f'(r)\nabla r=f'(r)\frac{\boldsymbol{r}}{r}=f'(r)\boldsymbol{r}_0 \tag{1-3-17}$$

下面证明式(1-3-12)～式(1-3-17)。

证

$$\nabla(\varphi\pm\psi)=\frac{\partial}{\partial x}(\varphi\pm\psi)\boldsymbol{i}+\frac{\partial}{\partial y}(\varphi\pm\psi)\boldsymbol{j}+\frac{\partial}{\partial z}(\varphi\pm\psi)\boldsymbol{k}$$

$$=\left(\frac{\partial\varphi}{\partial x}\boldsymbol{i}+\frac{\partial\varphi}{\partial y}\boldsymbol{j}+\frac{\partial\varphi}{\partial z}\boldsymbol{k}\right)\pm\left(\frac{\partial\psi}{\partial x}\boldsymbol{i}+\frac{\partial\psi}{\partial y}\boldsymbol{j}+\frac{\partial\psi}{\partial z}\boldsymbol{k}\right)=\nabla\varphi\pm\nabla\psi$$

$$\nabla(\varphi\psi)=\frac{\partial}{\partial x}(\varphi\psi)\boldsymbol{i}+\frac{\partial}{\partial y}(\varphi\psi)\boldsymbol{j}+\frac{\partial}{\partial z}(\varphi\psi)\boldsymbol{k}$$

$$=\left(\psi\frac{\partial\varphi}{\partial x}+\varphi\frac{\partial\psi}{\partial x}\right)\boldsymbol{i}+\left(\psi\frac{\partial\varphi}{\partial y}+\varphi\frac{\partial\psi}{\partial y}\right)\boldsymbol{j}+\left(\psi\frac{\partial\varphi}{\partial z}+\varphi\frac{\partial\psi}{\partial z}\right)\boldsymbol{k}=\psi\nabla\varphi+\varphi\nabla\psi$$

令上式中的$\psi=c$，则有

$$\nabla(c\varphi)=c\nabla\varphi$$

$$\nabla\frac{\varphi}{\psi}=\frac{\partial}{\partial x}\left(\frac{\varphi}{\psi}\right)\boldsymbol{i}+\frac{\partial}{\partial y}\left(\frac{\varphi}{\psi}\right)\boldsymbol{j}+\frac{\partial}{\partial z}\left(\frac{\varphi}{\psi}\right)\boldsymbol{k}$$

$$=\frac{1}{\psi^2}\left(\psi\frac{\partial\varphi}{\partial x}-\varphi\frac{\partial\psi}{\partial x}\right)\boldsymbol{i}+\frac{1}{\psi^2}\left(\psi\frac{\partial\varphi}{\partial y}-\varphi\frac{\partial\psi}{\partial y}\right)\boldsymbol{j}+\frac{1}{\psi^2}\left(\psi\frac{\partial\varphi}{\partial z}-\varphi\frac{\partial\psi}{\partial z}\right)\boldsymbol{k}$$

$$=\frac{1}{\psi^2}(\psi\nabla\varphi-\varphi\nabla\psi)$$

由复合函数的求导法则，有

$$\nabla f(\varphi)=\frac{\partial f(\varphi)}{\partial x}\boldsymbol{i}+\frac{\partial f(\varphi)}{\partial y}\boldsymbol{j}+\frac{\partial f(\varphi)}{\partial z}\boldsymbol{k}=\frac{\partial f(\varphi)}{\partial\varphi}\frac{\partial\varphi}{\partial x}\boldsymbol{i}+\frac{\partial f(\varphi)}{\partial\varphi}\frac{\partial\varphi}{\partial y}\boldsymbol{j}+\frac{\partial f(\varphi)}{\partial\varphi}\frac{\partial\varphi}{\partial z}\boldsymbol{k}$$

$$=f'(\varphi)\left(\frac{\partial\varphi}{\partial x}\boldsymbol{i}+\frac{\partial\varphi}{\partial y}\boldsymbol{j}+\frac{\partial\varphi}{\partial z}\boldsymbol{k}\right)=f'(\varphi)\nabla\varphi$$

在式(1-3-16)中，令$\varphi=r$，则有

$$\nabla f(r)=f'(r)\nabla r$$

因为$\boldsymbol{r}=x\boldsymbol{i}+y\boldsymbol{j}+z\boldsymbol{k}$，$r=|\boldsymbol{r}|=\sqrt{x^2+y^2+z^2}$，所以

$$\frac{\partial r}{\partial x}=\frac{x}{\sqrt{x^2+y^2+z^2}}=\frac{x}{r}，\quad\frac{\partial r}{\partial y}=\frac{y}{r}，\quad\frac{\partial r}{\partial z}=\frac{z}{r}$$

$$\nabla r=\frac{\partial r}{\partial x}\boldsymbol{i}+\frac{\partial r}{\partial y}\boldsymbol{j}+\frac{\partial r}{\partial z}\boldsymbol{k}=\frac{x\boldsymbol{i}+y\boldsymbol{j}+z\boldsymbol{k}}{r}=\frac{\boldsymbol{r}}{r}=\boldsymbol{r}_0$$

将上式代入式(1-3-16)，即得式(1-3-17)。证毕。

由式(1-3-17)得

$$\nabla f^{(n)}(r)=f^{(n+1)}(r)\nabla r \tag{1-3-18}$$

将式(1-3-9)代入式(1-3-6)，得

$$\frac{\partial\varphi}{\partial L}=\mathrm{grad}\,\varphi\cdot\boldsymbol{L}^0=\nabla\varphi\cdot\boldsymbol{L}^0 \tag{1-3-19}$$

式(1-3-19)表明，函数φ沿L方向的导数等于φ的梯度与L方向的单位向量$\boldsymbol{L}^0$的数量积。

若函数$\varphi(x,y,z)=C$，则该式称为**等值面方程**，它表示一族曲面，与常数C对应的每个值都表示一个曲面。在每个曲面上的各点，虽然坐标值不同，但函数值却相等，这些曲面称为函数φ的**等值面**。同理，若函数$\psi(x,y)=C$，则该式称为**等值线方程**，它表示一族曲线，与常数C对应的每个值都表示一条曲线，这些曲线称为函数ψ的**等值线**。因为函数φ沿其等值面保

持不变，所以当向量 $\boldsymbol{L}^0$ 在函数 φ 的等值面上时，或者说向量 $\boldsymbol{L}^0$ 是等值面的切线时，有

$$\frac{\partial\varphi}{\partial L}=\mathrm{grad}\,\varphi\cdot\boldsymbol{L}^0=0 \tag{1-3-20}$$

即在切线方向上函数 φ 的方向导数为零，这表明梯度向量 $\mathrm{grad}\,\varphi$ 与等值面的法线重合。由于函数 φ 沿着梯度向量的方向增加得最快，故可知梯度向量指向函数 φ 增加的方向，即函数 φ 的等值面的法线方向，用 N 表示法线方向。法线方向上的单位向量称为**单位法线向量**或**单位法向量**，通常用 $\boldsymbol{n}$ 来表示单位法向量。因为任意一个向量都可以表示为该向量的模乘以与该向量方向相同的单位向量，所以，根据式(1-3-9)和式(1-3-10)，函数 φ 的等值面的单位法向量 $\boldsymbol{n}$ 可表示为

$$\boldsymbol{n}=\frac{\boldsymbol{G}}{|\boldsymbol{G}|}=\frac{\mathrm{grad}\,\varphi}{|\mathrm{grad}\,\varphi|}=\frac{\nabla\varphi}{|\nabla\varphi|} \tag{1-3-21}$$

函数 φ 的等值面的单位法向量 $\boldsymbol{n}$ 还可表示为

$$\begin{aligned}\boldsymbol{n}&=\cos(N,x)\boldsymbol{i}+\cos(N,y)\boldsymbol{j}+\cos(N,z)\boldsymbol{k}\\&=\cos\alpha\boldsymbol{i}+\cos\beta\boldsymbol{j}+\cos\gamma\boldsymbol{k}=l\boldsymbol{i}+m\boldsymbol{j}+n\boldsymbol{k}\\&=n_x\boldsymbol{i}+n_y\boldsymbol{j}+n_k\boldsymbol{k}=n_1\boldsymbol{e}_1+n_2\boldsymbol{e}_2+n_3\boldsymbol{e}_3\end{aligned} \tag{1-3-22}$$

式中，α、β 和 γ 分别为 φ 的等值面的法向向量与三个坐标轴的夹角；$l=n_1=n_x=\cos\alpha$、$m=n_2=n_y=\cos\beta$ 和 $n=n_3=n_z=\cos\gamma$ 分别是单位法向量 $\boldsymbol{n}$ 的三个方向余弦。

单位法向量 $\boldsymbol{n}$ 的模可表示为

$$\begin{aligned}|\boldsymbol{n}|&=\sqrt{\cos^2(N,x)+\cos^2(N,y)+\cos^2(N,z)}\\&=\sqrt{\cos^2\alpha+\cos^2\beta+\cos^2\gamma}=\sqrt{l^2+m^2+n^2}=1\end{aligned} \tag{1-3-23}$$

根据式(1-3-6)、式(1-3-9)、式(1-3-10)及式(1-3-21)，如果用不同的形式来表示，则函数 φ 沿 N 方向的方向导数可写成下面诸形式

$$\begin{aligned}&\frac{\partial\varphi}{\partial N}=\boldsymbol{G}\cdot\boldsymbol{n}=|\boldsymbol{G}|\cos(\boldsymbol{G},\boldsymbol{n})=|\boldsymbol{G}|=\mathrm{grad}\,\varphi\cdot\boldsymbol{n}=\nabla\varphi\cdot\boldsymbol{n}=\\&|\mathrm{grad}\,\varphi|\boldsymbol{n}\cdot\boldsymbol{n}=\frac{\mathrm{grad}\,\varphi\cdot\mathrm{grad}\,\varphi}{|\mathrm{grad}\,\varphi|}=\frac{\nabla\varphi\cdot\nabla\varphi}{|\nabla\varphi|}=|\mathrm{grad}\,\varphi|=|\nabla\varphi|\end{aligned} \tag{1-3-24}$$

式(1-3-24)表明，函数 φ 沿梯度方向的方向导数恒大于等于零，即梯度总是指向函数 φ 增大的方向。显然有 $\cos(\boldsymbol{G},\boldsymbol{n})=\cos 0=1$，即 φ 的梯度方向与 φ 的等值面的法向方向相同。

在直角坐标系中，函数 φ 沿 N 方向的方向导数还可写成如下形式

$$\frac{\partial\varphi}{\partial N}=\nabla\varphi\cdot\boldsymbol{n}=\frac{\partial\varphi}{\partial x}n_x+\frac{\partial\varphi}{\partial y}n_y+\frac{\partial\varphi}{\partial z}n_z=|\nabla\varphi|=\sqrt{\left(\frac{\partial\varphi}{\partial x}\right)^2+\left(\frac{\partial\varphi}{\partial y}\right)^2+\left(\frac{\partial\varphi}{\partial z}\right)^2} \tag{1-3-25}$$

将式(1-3-24)代入式(1-3-21)，可得

$$\mathrm{grad}\,\varphi=\nabla\varphi=\frac{\partial\varphi}{\partial N}\boldsymbol{n} \tag{1-3-26}$$

由式(1-3-22)和式(1-3-24)可得

$$\frac{\partial}{\partial N}=\boldsymbol{n}\cdot\nabla=l\frac{\partial}{\partial x}+m\frac{\partial}{\partial y}+n\frac{\partial}{\partial z}=n_x\frac{\partial}{\partial x}+n_y\frac{\partial}{\partial y}+n_z\frac{\partial}{\partial z} \tag{1-3-27}$$

式中，$\dfrac{\partial}{\partial N}$ 称为**法向导数算子**或**微分算子**。

把数量场中每一点的梯度与该数量场中的各点对应起来，就得到一个向量场，这个向量场

称为由该数量场产生的**梯度场**。

例 1.3.1 设向量 $\boldsymbol{a}$ 与任一矢径 $\boldsymbol{r}$ 的微分 $\mathrm{d}\boldsymbol{r}$ 以及标量函数 φ 的关系为 $\mathrm{d}\varphi=\boldsymbol{a}\cdot\mathrm{d}\boldsymbol{r}$，证明

$$\boldsymbol{a}=\nabla\varphi \tag{1-3-28}$$

证 函数 φ 的全微分为

$$\mathrm{d}\varphi=\frac{\partial\varphi}{\partial x}\mathrm{d}x+\frac{\partial\varphi}{\partial y}\mathrm{d}y+\frac{\partial\varphi}{\partial z}\mathrm{d}z=\left(\frac{\partial\varphi}{\partial x}\boldsymbol{i}+\frac{\partial\varphi}{\partial y}\boldsymbol{j}+\frac{\partial\varphi}{\partial z}\boldsymbol{k}\right)\cdot(\mathrm{d}x\boldsymbol{i}+\mathrm{d}y\boldsymbol{j}+\mathrm{d}z\boldsymbol{k})=\nabla\varphi\cdot\mathrm{d}\boldsymbol{r}$$

将上式代入给定的条件，有

$$\mathrm{d}\varphi=\boldsymbol{a}\cdot\mathrm{d}\boldsymbol{r}=\nabla\varphi\cdot\mathrm{d}\boldsymbol{r}$$

或

$$(\boldsymbol{a}-\nabla\varphi)\cdot\mathrm{d}\boldsymbol{r}=0$$

因为 $\mathrm{d}\boldsymbol{r}$ 为任意向量，故有 $\boldsymbol{a}=\nabla\varphi$，证毕。

设有向量场 $\boldsymbol{a}$，若存在单值函数 φ 满足 $\boldsymbol{a}=\nabla\varphi$，则向量场 $\boldsymbol{a}$ 称为**有势场**或**位势场**，简称**势场**或**位场**。φ 称为有势场 $\boldsymbol{a}$ 的**标量位势**，简称**标(量)势**。若函数 $\psi=-\varphi$，则 ψ 称为有势场 $\boldsymbol{a}$ 的**势函数**或**位函数**，可见，有势场 $\boldsymbol{a}$ 与势函数 ψ 的关系为

$$\boldsymbol{a}=-\nabla\psi \tag{1-3-29}$$

有势场是一个梯度场，它有无穷多个势函数，这些势函数之间只差一个常数。

例 1.3.2 证明

$$\nabla\varphi\cdot\nabla\varphi=\left(\frac{\partial\varphi}{\partial x}\right)^2+\left(\frac{\partial\varphi}{\partial y}\right)^2+\left(\frac{\partial\varphi}{\partial z}\right)^2=\left|\nabla\varphi\right|^2=(\nabla\varphi)^2 \tag{1-3-30}$$

证 因 $\boldsymbol{i}$、$\boldsymbol{j}$ 和 $\boldsymbol{k}$ 是单位向量且相互垂直，故有

$$\boldsymbol{i}\cdot\boldsymbol{i}=\boldsymbol{j}\cdot\boldsymbol{j}=\boldsymbol{k}\cdot\boldsymbol{k}=1,\quad \boldsymbol{i}\cdot\boldsymbol{j}=\boldsymbol{j}\cdot\boldsymbol{i}=\boldsymbol{i}\cdot\boldsymbol{k}=\boldsymbol{k}\cdot\boldsymbol{i}=\boldsymbol{j}\cdot\boldsymbol{k}=\boldsymbol{k}\cdot\boldsymbol{j}=0$$

于是

$$\begin{aligned}\nabla\varphi\cdot\nabla\varphi&=\left(\frac{\partial\varphi}{\partial x}\boldsymbol{i}+\frac{\partial\varphi}{\partial y}\boldsymbol{j}+\frac{\partial\varphi}{\partial z}\boldsymbol{k}\right)\cdot\left(\frac{\partial\varphi}{\partial x}\boldsymbol{i}+\frac{\partial\varphi}{\partial y}\boldsymbol{j}+\frac{\partial\varphi}{\partial z}\boldsymbol{k}\right)\\&=\frac{\partial\varphi}{\partial x}\boldsymbol{i}\cdot\frac{\partial\varphi}{\partial x}\boldsymbol{i}+\frac{\partial\varphi}{\partial y}\boldsymbol{j}\cdot\frac{\partial\varphi}{\partial y}\boldsymbol{j}+\frac{\partial\varphi}{\partial z}\boldsymbol{k}\cdot\frac{\partial\varphi}{\partial z}\boldsymbol{k}\\&=\left(\frac{\partial\varphi}{\partial x}\right)^2+\left(\frac{\partial\varphi}{\partial y}\right)^2+\left(\frac{\partial\varphi}{\partial z}\right)^2=\varphi_x^2+\varphi_y^2+\varphi_z^2=\left|\nabla\varphi\right|^2=(\nabla\varphi)^2\end{aligned}$$

证毕。

将式(1-3-30)两端开平方，即可得到式(1-3-10)。

1.3.2 向量场的通量和散度

设有向量场 $\boldsymbol{a}$，在场内取一有向曲面 S，$\mathrm{d}S$ 是 S 上的曲面元素，在 $\mathrm{d}S$ 上任取一点 M，$\boldsymbol{n}$ 是点 M 处外法向方向的单位向量，若将 $\boldsymbol{a}\cdot\boldsymbol{n}\mathrm{d}S$ 对曲面 S 积分

$$\varPhi=\iint_S\boldsymbol{a}\cdot\mathrm{d}\boldsymbol{S}=\iint_S\boldsymbol{a}\cdot\boldsymbol{n}\mathrm{d}S=\iint_S a_n\,\mathrm{d}S \tag{1-3-31}$$

则 $\boldsymbol{\varPhi}$ 称为向量 $\boldsymbol{a}$ 沿外法线向量 $\boldsymbol{n}$ 的方向通过曲面 S 的**通量**。

曲面 S 在三个坐标面上的投影分别为

$$\begin{cases}\mathrm{d}y\,\mathrm{d}z=\cos(N,x)\,\mathrm{d}S=\cos\alpha\,\mathrm{d}S=l\,\mathrm{d}S\\\mathrm{d}z\,\mathrm{d}x=\cos(N,y)\,\mathrm{d}S=\cos\beta\,\mathrm{d}S=m\,\mathrm{d}S\\\mathrm{d}x\,\mathrm{d}y=\cos(N,z)\,\mathrm{d}S=\cos\gamma\,\mathrm{d}S=n\,\mathrm{d}S\end{cases} \tag{1-3-32}$$

有向曲面 $\mathrm{d}\boldsymbol{S}$ 可表示为

$$\mathrm{d}\boldsymbol{S}=\boldsymbol{n}\,\mathrm{d}S=\boldsymbol{i}\,\mathrm{d}y\,\mathrm{d}z+\boldsymbol{j}\,\mathrm{d}z\,\mathrm{d}x+\boldsymbol{k}\,\mathrm{d}x\,\mathrm{d}y \tag{1-3-33}$$

向量 $\boldsymbol{a}$ 通过曲面 S 的通量还可以写成以下形式

$$\begin{aligned}\varPhi&=\iint_S[a_x\cos(N,x)+a_y\cos(N,y)+a_z\cos(N,z)]\,\mathrm{d}S\\&=\iint_S(a_x\,\mathrm{d}y\,\mathrm{d}z+a_y\,\mathrm{d}z\,\mathrm{d}x+a_z\,\mathrm{d}x\,\mathrm{d}y)\end{aligned} \tag{1-3-34}$$

当曲面 S 是封闭曲面时，具有特别重要的意义。为了明显起见，采用在积分号上加圆圈的方法，即用

$$\varPhi=\oiint_S a_n\,\mathrm{d}S=\oiint_S\boldsymbol{a}\cdot\mathrm{d}\boldsymbol{S} \tag{1-3-35}$$

来表示通过封闭曲面 S 的通量。

设有向量场 $\boldsymbol{a}=\boldsymbol{a}(M)$，在场中一点 M 的某个邻域内作包含此点的任一封闭曲面 ΔS，ΔS 所围成的体积为 ΔV，计算向量 $\boldsymbol{a}$ 穿过 ΔS 面上的通量，当 ΔV 以任意方式向点 M 收缩时，如果比式

$$\lim_{\Delta V\to 0}\frac{\Delta\varPhi}{\Delta V}=\lim_{\Delta V\to 0}\frac{\oiint_{\Delta S}\boldsymbol{a}\cdot\mathrm{d}\boldsymbol{S}}{\Delta V}$$

的极限存在，则此极限称为向量函数 $\boldsymbol{a}$ 在点 M 的**散度**，记作 $\mathrm{div}\,\boldsymbol{a}$，div 为英文 divergence 的缩写，意为散度。当采用哈密顿算子时，可写作 $\nabla\cdot\boldsymbol{a}$，即

$$\mathrm{div}\,\boldsymbol{a}=\nabla\cdot\boldsymbol{a}=\lim_{\Delta V\to 0}\frac{\Delta\varPhi}{\Delta V}=\lim_{\Delta V\to 0}\frac{\oiint_{\Delta S}\boldsymbol{a}\cdot\mathrm{d}\boldsymbol{S}}{\Delta V} \tag{1-3-36}$$

显然点 M 的散度与所取的封闭曲面 ΔS 的形状无关，它是一个不依赖于坐标系选取的数量，因此是一个标量。由式(1-3-36)可见，散度是通量对体积的变化率。散度为零的向量场称为**无源场**或**无散场**，也称为**管状场**。

虽然向量场的散度是一个不依赖于坐标系选取的标量，但在具体计算向量场的散度时，常需要用向量的分量来表示，而向量的分量和坐标的选择有关。因此需要讨论向量的散度与其分量的关系。

在直角坐标系中，设向量 $\boldsymbol{a}=a_x\boldsymbol{i}+a_y\boldsymbol{j}+a_z\boldsymbol{k}$，取式(1-3-36)中的微元体积 ΔV 是以 Δx、Δy 和 Δz 为边长的微元六面体，如图 1-3-1 所示，并设微元六面体的中心坐标为 (x, y, z)。作为一阶近似，在 x 方向存在如下关系

$$a_x\big|_{x+\frac{\Delta x}{2}}=a_x\big|_x+\frac{\partial a_x}{\partial x}\frac{\Delta x}{2},\quad a_x\big|_{x-\frac{\Delta x}{2}}=a_x\big|_x-\frac{\partial a_x}{\partial x}\frac{\Delta x}{2}$$

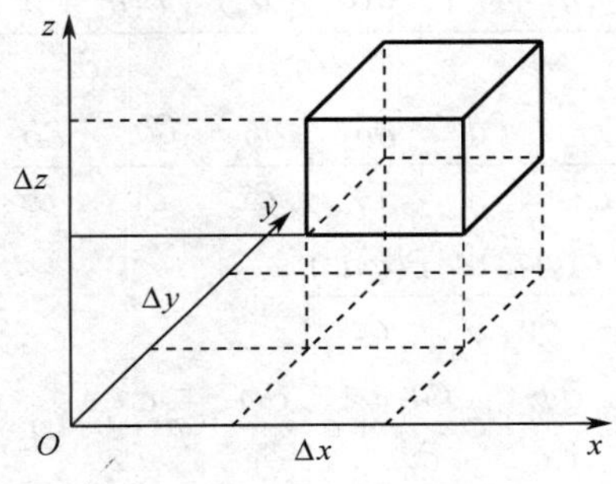

图 1-3-1　微元体积

在 x 轴方向流出微元六面体的净通量为

$$\left(a_x\Big|_{x+\frac{\Delta x}{2}} - a_x\Big|_{x-\frac{\Delta x}{2}}\right)\Delta y \Delta z = \frac{\partial a_x}{\partial x}\Delta x \Delta y \Delta z$$

同样，在 y 轴和 z 轴方向也可以得到类似的关系，于是流出微元体积 ΔV 的净通量为

$$\oiint_{\Delta S} \boldsymbol{a}\cdot \mathrm{d}\boldsymbol{S} = \frac{\partial a_x}{\partial x}\Delta x \Delta y \Delta z + \frac{\partial a_y}{\partial y}\Delta x \Delta y \Delta z + \frac{\partial a_z}{\partial z}\Delta x \Delta y \Delta z$$

将上式两端除以微元体积 $\Delta V = \Delta x \Delta y \Delta z$ 并取极限，得

$$\operatorname{div}\boldsymbol{a} = \lim_{\Delta V\to 0}\frac{\oiint_{\Delta S}\boldsymbol{a}\cdot \mathrm{d}\boldsymbol{S}}{\Delta V} = \frac{\partial a_x}{\partial x} + \frac{\partial a_y}{\partial y} + \frac{\partial a_z}{\partial z}$$

又

$$\nabla\cdot\boldsymbol{a} = \left(\frac{\partial}{\partial x}\boldsymbol{i} + \frac{\partial}{\partial y}\boldsymbol{j} + \frac{\partial}{\partial z}\boldsymbol{k}\right)\cdot(a_x\boldsymbol{i} + a_y\boldsymbol{j} + a_z\boldsymbol{k}) = \frac{\partial a_x}{\partial x} + \frac{\partial a_y}{\partial y} + \frac{\partial a_z}{\partial z}$$

故

$$\operatorname{div}\boldsymbol{a} = \nabla\cdot\boldsymbol{a} = \frac{\partial a_x}{\partial x} + \frac{\partial a_y}{\partial y} + \frac{\partial a_z}{\partial z} \tag{1-3-37}$$

式(1-3-37)就是散度在直角坐标系中的表达式。在计算向量场的散度时，应用该式通常要比直接引用定义式更方便。

式(1-3-37)表明，一个向量函数 $\boldsymbol{a}$ 的散度是一个标量函数。在向量场中任意一点，向量 $\boldsymbol{a}$ 的散度等于它在各坐标轴上的分量对各自坐标变量的连续偏导数之和。

散度具有下列性质：

(1) 两个向量函数之和的散度等于各向量函数的散度之和

$$\operatorname{div}(\boldsymbol{a}+\boldsymbol{b}) = \operatorname{div}\boldsymbol{a} + \operatorname{div}\boldsymbol{b} \tag{1-3-38(a)}$$

$$\nabla\cdot(\boldsymbol{a}+\boldsymbol{b}) = \nabla\cdot\boldsymbol{a} + \nabla\cdot\boldsymbol{b} \tag{1-3-38(b)}$$

(2) 数量函数与向量函数之积的散度等于数量函数与向量函数的散度之积加上数量函数的梯度与向量函数之内积

$$\operatorname{div}(\varphi\boldsymbol{a}) = \varphi\operatorname{div}\boldsymbol{a} + \boldsymbol{a}\cdot\operatorname{grad}\varphi \tag{1-3-39(a)}$$

$$\nabla\cdot(\varphi\boldsymbol{a}) = \varphi\nabla\cdot\boldsymbol{a} + \boldsymbol{a}\cdot\nabla\varphi \tag{1-3-39(b)}$$

证 设 $\boldsymbol{a} = a_x\boldsymbol{i} + a_y\boldsymbol{j} + a_z\boldsymbol{k}$，$\boldsymbol{b} = b_x\boldsymbol{i} + b_y\boldsymbol{j} + b_z\boldsymbol{k}$，则

$$\boldsymbol{a}+\boldsymbol{b} = (a_x+b_x)\boldsymbol{i} + (a_y+b_y)\boldsymbol{j} + (a_z+b_z)\boldsymbol{k}, \quad \varphi\boldsymbol{a} = \varphi a_x\boldsymbol{i} + \varphi a_y\boldsymbol{j} + \varphi a_z\boldsymbol{k}$$

于是

$$\begin{aligned}\nabla\cdot(\boldsymbol{a}+\boldsymbol{b}) &= \frac{\partial(a_x+b_x)}{\partial x} + \frac{\partial(a_y+b_y)}{\partial y} + \frac{\partial(a_z+b_z)}{\partial z}\\ &= \frac{\partial a_x}{\partial x} + \frac{\partial a_y}{\partial y} + \frac{\partial a_z}{\partial z} + \frac{\partial b_x}{\partial x} + \frac{\partial b_y}{\partial y} + \frac{\partial b_z}{\partial z} = \nabla\cdot\boldsymbol{a} + \nabla\cdot\boldsymbol{b}\end{aligned}$$

$$\begin{aligned}\nabla\cdot(\varphi\boldsymbol{a}) &= \frac{\partial(\varphi a_x)}{\partial x} + \frac{\partial(\varphi a_y)}{\partial y} + \frac{\partial(\varphi a_z)}{\partial z}\\ &= \varphi\frac{\partial a_x}{\partial x} + a_x\frac{\partial\varphi}{\partial x} + \varphi\frac{\partial a_y}{\partial y} + a_y\frac{\partial\varphi}{\partial y} + \varphi\frac{\partial a_z}{\partial z} + a_z\frac{\partial\varphi}{\partial z} = \varphi\nabla\cdot\boldsymbol{a} + \boldsymbol{a}\cdot\nabla\varphi\end{aligned}$$

证毕。

为了在某些公式中使用方便，可以引进下面的标量微分算子

$$\boldsymbol{a}\cdot\nabla=(a_x\boldsymbol{i}+a_y\boldsymbol{j}+a_z\boldsymbol{k})\cdot\left(\frac{\partial}{\partial x}\boldsymbol{i}+\frac{\partial}{\partial y}\boldsymbol{j}+\frac{\partial}{\partial z}\boldsymbol{k}\right)=a_x\frac{\partial}{\partial x}+a_y\frac{\partial}{\partial y}+a_z\frac{\partial}{\partial z} \tag{1-3-40}$$

式(1-3-40)既可以作用在标量函数上，又可以作用在向量函数上。注意，$\boldsymbol{a}\cdot\nabla\neq\nabla\cdot\boldsymbol{a}$。

例 1.3.3 求梯度的散度$\nabla\cdot\nabla(\varphi\psi)$。

解 梯度的散度为

$$\begin{aligned}\nabla\cdot\nabla(\varphi\psi)&=\nabla\cdot(\varphi\nabla\psi+\psi\nabla\varphi)=\varphi\nabla\cdot\nabla\psi+\nabla\varphi\cdot\nabla\psi+\psi\nabla\cdot\nabla\varphi+\nabla\psi\cdot\nabla\varphi\\&=\varphi\nabla^2\psi+2\nabla\varphi\cdot\nabla\psi+\psi\nabla^2\varphi=\varphi\Delta\psi+2\nabla\varphi\cdot\nabla\psi+\psi\Delta\varphi\end{aligned} \tag{1-3-41}$$

式中，算子$\Delta=\nabla\cdot\nabla=\nabla^2$，作用在标量函数上的算子$\Delta$称为**标量拉普拉斯算子**，简称**拉普拉斯算子**或**调和算子**。在直角坐标系中，它可表示为

$$\Delta=\nabla\cdot\nabla=\nabla^2=\frac{\partial^2}{\partial x^2}+\frac{\partial^2}{\partial y^2}+\frac{\partial^2}{\partial z^2} \tag{1-3-42}$$

1.3.3 高斯定理与格林公式

定理 1.3.2 设向量$\boldsymbol{a}$在一封闭曲面S的内部有连续一阶偏导数，则$\boldsymbol{a}$在S上的通量等于该向量的散度对S所围成体积V上的积分，即

$$\oint\!\!\!\oint_S\boldsymbol{a}\cdot\mathrm{d}\boldsymbol{S}=\oint\!\!\!\oint_S\boldsymbol{a}\cdot\boldsymbol{n}\,\mathrm{d}S=\iiint_V\operatorname{div}\boldsymbol{a}\,\mathrm{d}V=\iiint_V\nabla\cdot\boldsymbol{a}\,\mathrm{d}V \tag{1-3-43}$$

式中，$\boldsymbol{n}$为S上单位外法线向量；∇为哈密顿算子。

式(1-3-43)称为**高斯–奥斯特罗格拉茨基定理**，简称**高斯定理**，也称为散度形式的**高斯公式**或**散度定理**，它建立了空间区域V上连续函数的三重积分与其边界面S上的曲面积分之间的关系。高斯公式在理论研究和实际工作中有着广泛的应用，是一种有力的数学工具，许多公式都是从高斯公式出发而得到的。

证 将封闭曲面S所围成的体积V分成n个由封闭曲面ΔS_1，ΔS_2，$\cdots$，ΔS_n所围成的体积元ΔV_1，ΔV_2，$\cdots$，ΔV_n。取第k个曲面ΔS_k和它所包围的体积ΔV_k，根据散度的定义，存在下列关系

$$\operatorname{div}\boldsymbol{a}=\frac{\oint\!\!\!\oint_{\Delta S_k}\boldsymbol{a}\cdot\mathrm{d}\boldsymbol{S}}{\Delta V_k}+\varepsilon_k$$

即

$$\Delta V_k\operatorname{div}\boldsymbol{a}=\oint\!\!\!\oint_{\Delta S_k}\boldsymbol{a}\cdot\mathrm{d}\boldsymbol{S}+\varepsilon_k\Delta V_k$$

式中，散度为在体积元中某一点M的值；ε_k为足够小的量，且当$\Delta V_k\to0$时，$\varepsilon_k\to0$。将上式对k从1到n求和，得

$$\sum_{k=1}^{n}\Delta V_k\operatorname{div}\boldsymbol{a}=\sum_{k=1}^{n}\oint\!\!\!\oint_{\Delta S_k}\boldsymbol{a}\cdot\mathrm{d}\boldsymbol{S}+\sum_{k=1}^{n}\varepsilon_k\Delta V_k$$

在封闭曲面S的内部，相邻两体积元公共面上的两个外法线方向相反，这两个积分相互抵消，这样，上式右端第一项只剩下对封闭曲面S的积分。同时，令$n\to\infty$，使得$\Delta V_k\to0$，则上式左端是以体积分$\iiint_V\operatorname{div}\boldsymbol{a}\,\mathrm{d}V$为极限。又对于向量$\boldsymbol{a}$，可认为当$n$充分大时，必存在一无穷小量$\varepsilon$，使得

$$|\varepsilon_1|<\varepsilon,\quad|\varepsilon_2|<\varepsilon,\cdots,\quad|\varepsilon_n|<\varepsilon$$

而当$n\to\infty$时，有

$$\lim_{n\to\infty}\varepsilon = 0$$

因此

$$\left|\sum_{k=1}^{n}\varepsilon_k \Delta V_k\right| \leqslant \sum_{k=1}^{n}\varepsilon \Delta V_k = \varepsilon\sum_{k=1}^{n}\Delta V_k = \varepsilon V$$

由于无穷小与有界函数的乘积还是无穷小，故上式的极限是零，于是

$$\iiint_V \mathrm{div}\,\boldsymbol{a}\,\mathrm{d}V = \oiint_S \boldsymbol{a}\cdot\mathrm{d}\boldsymbol{S}$$

证毕。

设

$$\boldsymbol{a} = P(x,y,z)\boldsymbol{i} + Q(x,y,z)\boldsymbol{j} + R(x,y,z)\boldsymbol{k}$$
$$\boldsymbol{n} = \cos(n,x)\boldsymbol{i} + \cos(n,y)\boldsymbol{j} + \cos(n,z)\boldsymbol{k} = \cos\alpha\boldsymbol{i} + \cos\beta\boldsymbol{j} + \cos\gamma\boldsymbol{k}$$

将以上两式代入高斯公式，可得

$$\oiint_S (P\cos\alpha + Q\cos\beta + R\cos\gamma)\,\mathrm{d}S = \iiint_V \left(\frac{\partial P}{\partial x} + \frac{\partial Q}{\partial y} + \frac{\partial R}{\partial Z}\right)\mathrm{d}V \tag{1-3-44}$$

这个高斯公式是常见的一种形式。

设有平面向量场 $\boldsymbol{a}$，在场内取一有向曲线 $\varGamma$，$\mathrm{d}\varGamma$ 是 $\varGamma$ 上的曲线元素，在 $\mathrm{d}\varGamma$ 任取一点 M，$\boldsymbol{n}$ 是点 M 处外法线方向的单位向量，若将 $\boldsymbol{a}\cdot\boldsymbol{n}\,\mathrm{d}\varGamma$ 对于曲线 $\varGamma$ 积分

$$\varPhi = \int_\varGamma \boldsymbol{a}\cdot\boldsymbol{n}\,\mathrm{d}\varGamma = \int_\varGamma a_n\,\mathrm{d}\varGamma \tag{1-3-45}$$

则 $\varPhi$ 称为向量场 $\boldsymbol{a}$ 沿法向向量 $\boldsymbol{n}$ 的方向通过曲线 $\varGamma$ 的**通量**，如图 1-3-2 所示。

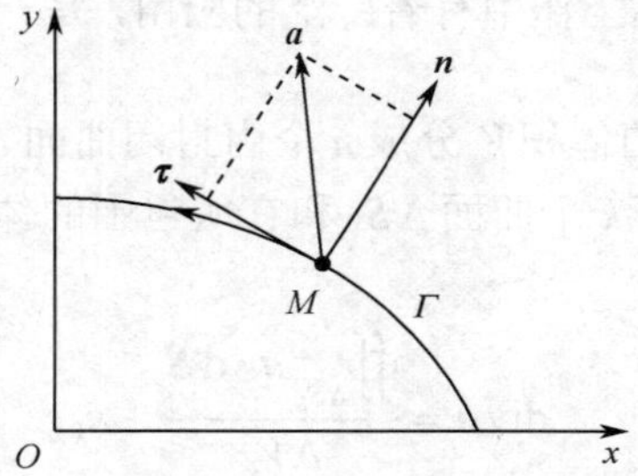

图 1-3-2　向量的通量、切向与法向向量

由图 1-3-2 可见，在直角坐标系中，曲线 $\varGamma$ 的法向单位向量 $\boldsymbol{n}$、切向单位向量 $\boldsymbol{\tau}$ 与该曲线存在下列关系

$$\begin{aligned}\boldsymbol{n} &= \boldsymbol{n}_x + \boldsymbol{n}_y = n_x\boldsymbol{i} + n_y\boldsymbol{j} = \cos(\boldsymbol{n},x)\boldsymbol{i} + \cos(\boldsymbol{n},y)\boldsymbol{j}\\ &= \cos(\boldsymbol{\tau},y)\boldsymbol{i} + \cos(\boldsymbol{\tau},-x)\boldsymbol{j} = \frac{\mathrm{d}y}{\mathrm{d}\varGamma}\boldsymbol{i} - \frac{\mathrm{d}x}{\mathrm{d}\varGamma}\boldsymbol{j}\end{aligned} \tag{1-3-46}$$

$$\begin{aligned}\boldsymbol{\tau} &= \boldsymbol{\tau}_x + \boldsymbol{\tau}_y = \tau_x\boldsymbol{i} + \tau_y\boldsymbol{j} = \cos(\boldsymbol{\tau},x)\boldsymbol{i} + \cos(\boldsymbol{\tau},y)\boldsymbol{j}\\ &= \cos(\boldsymbol{n},-y)\boldsymbol{i} + \cos(\boldsymbol{n},x)\boldsymbol{j} = \frac{\mathrm{d}x}{\mathrm{d}\varGamma}\boldsymbol{i} + \frac{\mathrm{d}y}{\mathrm{d}\varGamma}\boldsymbol{j}\end{aligned} \tag{1-3-47}$$

设 $\boldsymbol{a} = P(x,y)\boldsymbol{i} + Q(x,y)\boldsymbol{j}$，并由式(1-3-46)，则通过曲线 $\varGamma$ 的通量 $\varPhi$ 可写成

$$\varPhi = \int_\varGamma \boldsymbol{a}\cdot\boldsymbol{n}\,\mathrm{d}\varGamma = \int_\varGamma a_n\,\mathrm{d}\varGamma = \int_\varGamma (P\,\mathrm{d}y - Q\,\mathrm{d}x) \tag{1-3-48}$$

设有平面向量场 $\boldsymbol{a} = \boldsymbol{a}(M)$，在场中一点 M 的某个邻域内作包含此点的任一封闭曲线 $\Delta\varGamma$，$\Delta\varGamma$ 所围成的面积为 ΔD，计算向量 $\boldsymbol{a}$ 经过 $\Delta\varGamma$ 线上的通量，当 ΔD 以任意方式向点 M 收缩时，

如果比式

$$\lim_{\Delta D\to 0}\frac{\Delta\varPhi}{\Delta D}=\lim_{\Delta D\to 0}\frac{\oint_{\Delta\varGamma}\boldsymbol{a}\cdot\boldsymbol{n}\,\mathrm{d}\varGamma}{\Delta D}$$

的极限存在，则此极限称为向量函数$\boldsymbol{a}$在点M的**散度**，记作$\mathrm{div}\boldsymbol{a}$，当采用哈密顿算子时，可写作$\nabla\cdot\boldsymbol{a}$，即

$$\mathrm{div}\boldsymbol{a}=\nabla\cdot\boldsymbol{a}=\lim_{\Delta D\to 0}\frac{\Delta\varPhi}{\Delta D}=\lim_{\Delta D\to 0}\frac{\oint_{\Delta\varGamma}\boldsymbol{a}\cdot\boldsymbol{n}\,\mathrm{d}\varGamma}{\Delta D}\tag{1-3-49}$$

显然点M的散度与所取的封闭曲线$\Delta\varGamma$的形状无关，它是一个不依赖于坐标系选取的数值，因此是一个标量。

令$\boldsymbol{b}=\varphi\boldsymbol{a}$，利用散度的性质(2)，将式(1-3-39(b))代入式(1-3-43)，可得

$$\begin{aligned}\iiint_V\mathrm{div}(\varphi\boldsymbol{a})\,\mathrm{d}V&=\iiint_V\nabla\cdot(\varphi\boldsymbol{a})\,\mathrm{d}V=\iiint_V(\varphi\nabla\cdot\boldsymbol{a}+\boldsymbol{a}\cdot\nabla\varphi)\,\mathrm{d}V\\&=\oiint_S\varphi\boldsymbol{a}\cdot\mathrm{d}\boldsymbol{S}=\oiint_S\varphi(\boldsymbol{a}\cdot\boldsymbol{n})\,\mathrm{d}S\end{aligned}\tag{1-3-50}$$

定理 1.3.3 设平面向量$\boldsymbol{a}$在一封闭曲线$\varGamma$的内部有连续一阶偏导数，则$\boldsymbol{a}$在$\varGamma$上的通量等于该向量的散度对$\varGamma$所围成面积D上的积分，即

$$\oint_\varGamma\boldsymbol{a}\cdot\boldsymbol{n}\,\mathrm{d}\varGamma=\oint_\varGamma a_n\,\mathrm{d}\varGamma=\iint_D\mathrm{div}\boldsymbol{a}\,\mathrm{d}D=\iint_D\nabla\cdot\boldsymbol{a}\,\mathrm{d}D\tag{1-3-51}$$

式中，$\boldsymbol{n}$为$\varGamma$上外法线方向的单位向量；∇为哈密顿算子。

式(1-3-51)称为**格林公式或格林定理**，它建立了平面区域D上的二重积分和沿该区域边界$\varGamma$的曲线积分之间的联系。证明的方法与高斯定理的证明方法相同，只需将封闭曲面S换成封闭曲线$\varGamma$，并将S围成的体积V换成$\varGamma$围成的面积D即可。

设$\boldsymbol{a}=Q(x,y)\boldsymbol{i}-P(x,y)\boldsymbol{j}$，并注意到$\boldsymbol{n}=\dfrac{\mathrm{d}y}{\mathrm{d}\varGamma}\boldsymbol{i}-\dfrac{\mathrm{d}x}{\mathrm{d}\varGamma}\boldsymbol{j}$，则格林公式可写成

$$\oint_\varGamma[P(x,y)\,\mathrm{d}x+Q(x,y)\,\mathrm{d}y]=\iint_D\left(\frac{\partial Q}{\partial x}-\frac{\partial P}{\partial y}\right)\mathrm{d}x\,\mathrm{d}y\tag{1-3-52}$$

这里曲线积分沿着曲线$\varGamma$的正向，二重积分展布在区域D上。曲线$\varGamma$的正向是设想一个人绕着曲线$\varGamma$行走，使得$\varGamma$围成的区域D总是保持在其左侧。

令$P=-y$，$Q=x$，则有

$$D=\iint_D\mathrm{d}x\,\mathrm{d}y=\frac{1}{2}\oint_\varGamma(x\,\mathrm{d}y-y\,\mathrm{d}x)\tag{1-3-53}$$

式(1-3-53)是利用曲线积分计算平面区域D的面积公式。

若$x=x(t)$，$y=y(t)$，则式(1-3-53)可写成

$$D=\iint_D\mathrm{d}x\,\mathrm{d}y=\frac{1}{2}\oint_\varGamma(x\dot{y}-y\dot{x})\,\mathrm{d}t\tag{1-3-54}$$

令$P=u\dfrac{\partial u}{\partial y}$，$Q=-u\dfrac{\partial u}{\partial x}$，则有

$$\iint_D\left(\frac{\partial^2u}{\partial x^2}+\frac{\partial^2u}{\partial y^2}\right)u\,\mathrm{d}x\,\mathrm{d}y+\iint_D\left[\left(\frac{\partial u}{\partial x}\right)^2+\left(\frac{\partial u}{\partial y}\right)^2\right]\mathrm{d}x\,\mathrm{d}y=-\oint_\varGamma\left(u\frac{\partial u}{\partial y}\mathrm{d}x-u\frac{\partial u}{\partial x}\mathrm{d}y\right)\tag{1-3-55}$$

设函数φ、ψ和λ在区域V内有连续二阶导数，令$\boldsymbol{a}=\varphi\lambda\nabla\psi$，根据散度的性质，有

$$\nabla\cdot\boldsymbol{a}=\nabla\cdot(\varphi\lambda\nabla\psi)=\varphi\nabla\cdot(\lambda\nabla\psi)+\lambda\nabla\varphi\cdot\nabla\psi\tag{1-3-56}$$

根据式(1-3-24)，有

$$\boldsymbol{a}\cdot\boldsymbol{n}=\varphi\lambda\nabla\psi\cdot\boldsymbol{n}=\varphi\lambda|\nabla\psi|\boldsymbol{n}\cdot\boldsymbol{n}=\varphi\lambda\frac{\partial\psi}{\partial n}\tag{1-3-57}$$

将式(1-3-56)和式(1-3-57)代入式(1-3-43)并注意到式(1-3-24)，得

$$\begin{aligned}\iiint_V\nabla\cdot(\varphi\lambda\nabla\psi)\,\mathrm{d}V&=\iiint_V[\varphi\nabla\cdot(\lambda\nabla\psi)+\lambda\nabla\varphi\cdot\nabla\psi]\,\mathrm{d}V\\&=\oiint_S\varphi\lambda\frac{\partial\psi}{\partial n}\mathrm{d}S=\oiint_S\varphi\lambda|\nabla\psi|\mathrm{d}S=\oiint_S\varphi\lambda\nabla\psi\cdot\boldsymbol{n}\,\mathrm{d}S\end{aligned}\tag{1-3-58}$$

若令式(1-3-58)中的$\lambda=1$，则可得到**格林第一公式**或**奥斯特罗格拉茨基公式**，也称为**格林第一定理**或**奥氏公式**，即

$$\begin{aligned}\iiint_V\nabla\cdot(\varphi\nabla\psi)\,\mathrm{d}V&=\iiint_V(\varphi\nabla\cdot\nabla\psi+\nabla\varphi\cdot\nabla\psi)\,\mathrm{d}V=\iiint_V(\varphi\Delta\psi+\nabla\varphi\cdot\nabla\psi)\,\mathrm{d}V\\&=\oiint_S\varphi\frac{\partial\psi}{\partial n}\mathrm{d}S=\oiint_S\varphi|\nabla\psi|\mathrm{d}S=\oiint_S\varphi\boldsymbol{n}\cdot\nabla\psi\,\mathrm{d}S\end{aligned}\tag{1-3-59}$$

将式(1-3-59)中的φ和ψ易位，得

$$\begin{aligned}\iiint_V\nabla\cdot(\psi\nabla\varphi)\,\mathrm{d}V&=\iiint_V(\psi\Delta\varphi+\nabla\psi\cdot\nabla\varphi)\,\mathrm{d}V=\oiint_S\psi\frac{\partial\varphi}{\partial n}\mathrm{d}S\\&=\oiint_S\psi|\nabla\varphi|\mathrm{d}S=\oiint_S\psi\nabla\varphi\cdot\boldsymbol{n}\,\mathrm{d}S\end{aligned}\tag{1-3-60}$$

式(1-3-60)是格林第一公式的另一种形式。

将格林第一公式两种不同形式相减，便得到**格林第二公式**，也称为**格林第二定理**，即

$$\iiint_V(\varphi\Delta\psi-\psi\Delta\varphi)\,\mathrm{d}V=\oiint_S\left(\varphi\frac{\partial\psi}{\partial n}-\psi\frac{\partial\varphi}{\partial n}\right)\mathrm{d}S=\oiint_S(\varphi\nabla\psi-\psi\nabla\varphi)\cdot\boldsymbol{n}\,\mathrm{d}S\tag{1-3-61}$$

当$\varphi=\psi$时，由式(1-3-59)得到**格林第三公式**，也称为**格林第三定理**，即

$$\iiint_V[\varphi\Delta\varphi+(\nabla\varphi)^2]\,\mathrm{d}V=\oiint_S\varphi\frac{\partial\varphi}{\partial n}\mathrm{d}S=\oiint_S\varphi\nabla\varphi\cdot\boldsymbol{n}\,\mathrm{d}S\tag{1-3-62}$$

在式(1-3-60)中，令$\psi=1$，则

$$\iiint_V\Delta\varphi\,\mathrm{d}V=\oiint_S\frac{\partial\varphi}{\partial n}\mathrm{d}S=\oiint_S\nabla\varphi\cdot\boldsymbol{n}\,\mathrm{d}S\tag{1-3-63}$$

在直角坐标系中，式(1-3-63)可以写成

$$\iiint_V\left(\frac{\partial^2\varphi}{\partial x^2}+\frac{\partial^2\varphi}{\partial y^2}+\frac{\partial^2\varphi}{\partial z^2}\right)\mathrm{d}V=\oiint_S\left(\frac{\partial\varphi}{\partial x}\mathrm{d}y\mathrm{d}z+\frac{\partial\varphi}{\partial y}\mathrm{d}z\mathrm{d}x+\frac{\partial\varphi}{\partial z}\mathrm{d}x\mathrm{d}y\right)\tag{1-3-64}$$

若$\Delta\varphi=0$，则由式(1-3-62)和式(1-3-63)分别得

$$\iiint_V(\nabla\varphi)^2\,\mathrm{d}V=\oiint_S\varphi\frac{\partial\varphi}{\partial n}\mathrm{d}S=\oiint_S\varphi\nabla\varphi\cdot\boldsymbol{n}\,\mathrm{d}S\tag{1-3-65}$$

$$\oiint_S\frac{\partial\varphi}{\partial n}\mathrm{d}S=\oiint_S\nabla\varphi\cdot\boldsymbol{n}\,\mathrm{d}S=0\tag{1-3-66}$$

同理，若将式(1-3-56)和式(1-3-57)代入式(1-3-51)，也会得到与式(1-3-58)～式(1-3-66)类似的公式，只需将对封闭曲面S的积分换成对封闭曲线$\varGamma$的积分，将对S围成的体积V的积分换成对$\varGamma$围成的面积D的积分，并将三维的哈密顿算子和拉普拉斯算子换成二维的即可。

从历史上看，格林公式是独立提出来的，因而是一个原始公式，但由于它和高斯公式密切相关，故可认为高斯公式是平面格林公式在空间的推广，而格林公式是高斯公式在平面上的特殊情况。

若将格林第一公式中的φ换成$\Delta\varphi$，则有

$$\begin{aligned}\iiint_V \nabla\cdot(\Delta\varphi\nabla\psi)\,\mathrm{d}V &= \iiint_V (\Delta\varphi\nabla\cdot\nabla\psi+\nabla\Delta\varphi\cdot\nabla\psi)\,\mathrm{d}V \\ &= \iiint_V (\Delta\varphi\Delta\psi+\nabla\Delta\varphi\cdot\nabla\psi)\,\mathrm{d}V \\ &= \oiint_S \Delta\varphi\frac{\partial\psi}{\partial n}\,\mathrm{d}S = \oiint_S \Delta\varphi\boldsymbol{n}\cdot\nabla\psi\,\mathrm{d}S\end{aligned} \tag{1-3-67}$$

若将格林第一公式中的ψ换成$\Delta\psi$，则有

$$\begin{aligned}\iiint_V \nabla\cdot(\varphi\nabla\Delta\psi)\,\mathrm{d}V &= \iiint_V (\varphi\nabla\cdot\nabla\Delta\psi+\nabla\varphi\cdot\nabla\Delta\psi)\,\mathrm{d}V \\ &= \iiint_V (\varphi\Delta^2\psi+\nabla\varphi\cdot\nabla\Delta\psi)\,\mathrm{d}V \\ &= \oiint_S \varphi\frac{\partial\Delta\psi}{\partial n}\,\mathrm{d}S = \oiint_S \varphi\boldsymbol{n}\cdot\nabla\Delta\psi\,\mathrm{d}S\end{aligned} \tag{1-3-68}$$

将式(1-3-68)中的φ和ψ易位，得

$$\begin{aligned}\iiint_V \nabla\cdot(\psi\nabla\Delta\varphi)\,\mathrm{d}V &= \iiint_V (\psi\nabla\cdot\nabla\Delta\varphi+\nabla\psi\cdot\nabla\Delta\varphi)\,\mathrm{d}V \\ &= \iiint_V (\psi\Delta^2\varphi+\nabla\psi\cdot\nabla\Delta\varphi)\,\mathrm{d}V \\ &= \oiint_S \psi\frac{\partial\Delta\varphi}{\partial n}\,\mathrm{d}S = \oiint_S \psi\boldsymbol{n}\cdot\nabla\Delta\varphi\,\mathrm{d}S\end{aligned} \tag{1-3-69}$$

取式(1-3-69)中的第三个等式两端和式(1-3-67)中的第三个等式两端，得

$$\begin{aligned}\iiint_V \psi\Delta^2\varphi\,\mathrm{d}V &= -\iiint_V \nabla\psi\cdot\nabla\Delta\varphi\,\mathrm{d}V + \oiint_S \psi\frac{\partial\Delta\varphi}{\partial n}\,\mathrm{d}S \\ &= \iiint_V \Delta\varphi\Delta\psi\,\mathrm{d}V + \oiint_S\left(\psi\frac{\partial\Delta\varphi}{\partial n}-\Delta\varphi\frac{\partial\psi}{\partial n}\right)\mathrm{d}S\end{aligned} \tag{1-3-70}$$

若标量函数φ在封闭曲面S内具有连续的一阶偏导数，且S所围成的体积为V，则有下列**梯度公式**

$$\oiint_S \varphi\,\mathrm{d}\boldsymbol{S} = \oiint_S \varphi\boldsymbol{n}\,\mathrm{d}S = \oiint_S \boldsymbol{n}\varphi\,\mathrm{d}S = \iiint_V \mathrm{grad}\,\varphi\,\mathrm{d}V = \iiint_V \nabla\varphi\,\mathrm{d}V \tag{1-3-71}$$

式(1-3-71)称为梯度形式的**高斯公式**、**梯度公式**或**梯度定理**。

证 设$\boldsymbol{a}=\varphi\boldsymbol{C}$，其中$\boldsymbol{C}$是一个任意常向量，将该式取散度并利用梯度的性质(2)，得

$$\nabla\cdot\boldsymbol{a}=\nabla\cdot(\varphi\boldsymbol{C})=\boldsymbol{C}\cdot\nabla\varphi$$

将上式代入高斯公式，得

$$\oiint_S \varphi\boldsymbol{C}\cdot\mathrm{d}\boldsymbol{S} = \iiint_V \boldsymbol{C}\cdot\nabla\varphi\,\mathrm{d}V$$

因$\boldsymbol{C}$是任意常向量，故可从积分号内提出，得

$$\boldsymbol{C}\cdot\oiint_S \varphi\,\mathrm{d}\boldsymbol{S} = \boldsymbol{C}\cdot\iiint_V \nabla\varphi\,\mathrm{d}V$$

因$\boldsymbol{C}$是任意常向量，故

$$\oiint_S \varphi\,\mathrm{d}\boldsymbol{S} = \iiint_V \mathrm{grad}\,\varphi\,\mathrm{d}V = \iiint_V \nabla\varphi\,\mathrm{d}V$$

证毕。

顺便指出，根据式(1-3-71)，可以写出梯度的另一定义式

$$\mathrm{grad}\,\varphi=\nabla\varphi=\lim_{V\to 0}\frac{1}{V}\oiint_S \varphi\,\mathrm{d}\boldsymbol{S}=\lim_{V\to 0}\frac{1}{V}\oiint_S \boldsymbol{n}\varphi\,\mathrm{d}S \tag{1-3-72}$$

式(1-3-72)可根据积分中值定理得到，这是以积分形式定义的梯度表达式。

例 1.3.4 设$v\Delta(p\Delta u)=u\Delta(p\Delta v)$，求证

$$\nabla\cdot[v\nabla(p\Delta u)-u\nabla(p\Delta v)+p\Delta v\nabla u-p\Delta u\nabla v]=0$$

证 令$\varphi = p\Delta u$，$\psi = p\Delta v$，根据散度的性质，有

$$v\Delta(p\Delta u) = v\Delta\varphi = \nabla\cdot(v\nabla\varphi) - \nabla v\cdot\nabla\varphi \tag{1}$$

式(1)最后一项还可写成

$$\nabla v\cdot\nabla\varphi = \nabla\cdot(\varphi\nabla v) - \varphi\nabla\cdot\nabla v = \nabla\cdot(\varphi\nabla v) - \varphi\Delta v \tag{2}$$

将式(2)代入式(1)，有

$$v\Delta(p\Delta u) = v\Delta\varphi = \nabla\cdot(v\nabla\varphi - \varphi\nabla v) + \varphi\Delta v \tag{3}$$

将u、v易位，并由$\psi = p\Delta v$，可得

$$u\Delta(p\Delta\psi) = u\Delta\psi = \nabla\cdot(u\nabla\psi - \psi\nabla u) + \psi\Delta u \tag{4}$$

因式(3)和式(4)相等，两式相减，并注意到$\varphi\Delta v = \psi\Delta u = p\Delta u\Delta v$，得

$$\nabla\cdot(v\nabla\varphi - u\nabla\psi + \psi\nabla u - \varphi\nabla v) = 0 \tag{5}$$

或

$$\nabla\cdot[v\nabla(p\Delta u) - u\nabla(p\Delta v) + p\Delta v\nabla u - p\Delta u\nabla v] = 0 \tag{6}$$

证毕。

1.3.4 向量场的环量与旋度

给定一个向量场$\boldsymbol{a}$，在场内取一有向曲线L，作线积分

$$\Gamma = \int_L \boldsymbol{a}\cdot\mathrm{d}\boldsymbol{l} = \int_L \boldsymbol{a}\cdot\boldsymbol{\tau}\,\mathrm{d}l \tag{1-3-73}$$

式中，$\boldsymbol{\tau}$为微元曲线$\mathrm{d}l$的切向单位向量；Γ称为向量$\boldsymbol{a}$沿有向曲线L的**环量**。

特别地，若L为一有向封闭曲线，则线积分

$$\Gamma = \oint_L \boldsymbol{a}\cdot\mathrm{d}\boldsymbol{l} = \oint_L \boldsymbol{a}\cdot\boldsymbol{\tau}\,\mathrm{d}l \tag{1-3-74}$$

称为向量$\boldsymbol{a}$沿有向封闭曲线L的**环量**。

如果一个向量场的环量不等于零，则可认为该向量场中存在产生这种场的涡旋源。如果在一个向量场中沿任何封闭曲线上的环量恒等于零，则在该向量场中不可能有涡旋源。这种类型的向量场称为**无旋场**，力学或物理学上则把它称为**保守场**。

在向量场$\boldsymbol{a}$中任取一点$M(x,y,z)$，过点M作任一微小曲面ΔS，$\boldsymbol{n}$为该曲面在点M处的法向向量，曲面ΔS的周界为ΔL，其正方向与$\boldsymbol{n}$构成右手螺旋关系。当ΔS在点M保持$\boldsymbol{n}$的方向不变并以任意方式向点M收缩时，若向量场$\boldsymbol{a}$沿ΔL的正向环量$\Delta\Gamma$与面积ΔS之比的极限

$$\lim_{\Delta S\to 0}\frac{\Delta\Gamma}{\Delta S} = \lim_{\Delta S\to 0}\frac{\oint_{\Delta L}\boldsymbol{a}\cdot\mathrm{d}\boldsymbol{l}}{\Delta S} \tag{1-3-75}$$

存在，则它称为向量场$\boldsymbol{a}$在点M沿$\boldsymbol{n}$方向的**环量面密度**，记作$\mathrm{rot}_n\,\boldsymbol{a}$或$\mathrm{curl}_n\,\boldsymbol{a}$，表示向量$\mathrm{rot}\,\boldsymbol{a}$或$\mathrm{curl}\,\boldsymbol{a}$向$\boldsymbol{n}$方向的投影，rot为英语rotation或rotor的缩写，curl为美式英语的写法，意为旋度。当采用哈密顿算子时，可写作$(\nabla\times\boldsymbol{a})_n$。于是，式(1-3-75)又可写成

$$\mathrm{rot}_n\,\boldsymbol{a} = \mathrm{curl}_n\,\boldsymbol{a} = (\nabla\times\boldsymbol{a})_n = \lim_{\Delta S\to 0}\frac{\Delta\Gamma}{\Delta S} = \lim_{\Delta S\to 0}\frac{\oint_{\Delta L}\boldsymbol{a}\cdot\mathrm{d}\boldsymbol{l}}{\Delta S} \tag{1-3-76}$$

显然点M的环量面密度的定义与坐标系的选择无关，它是一个不依赖于坐标系选取的数量，因此是一个标量。由式(1-3-76)可见，环量面密度是有向封闭曲线的环量对该封闭曲线所围成的面积的变化率。

设向量$\boldsymbol{a} = a_x\boldsymbol{i} + a_y\boldsymbol{j} + a_z\boldsymbol{k}$，$\boldsymbol{\tau} = \frac{\mathrm{d}x}{\mathrm{d}l}\boldsymbol{i} + \frac{\mathrm{d}y}{\mathrm{d}l}\boldsymbol{j} + \frac{\mathrm{d}z}{\mathrm{d}l}\boldsymbol{k}$，将其代入环量表达式并根据斯托克斯

公式，得

$$\oint_{\Delta L}\boldsymbol{a}\cdot\mathrm{d}\boldsymbol{l}=\oint_{\Delta L}(a_x\,\mathrm{d}x+a_y\,\mathrm{d}y+a_z\,\mathrm{d}z)=$$

$$\iint_{\Delta S}\left[\left(\frac{\partial a_z}{\partial y}-\frac{\partial a_y}{\partial z}\right)\mathrm{d}y\,\mathrm{d}z+\left(\frac{\partial a_x}{\partial z}-\frac{\partial a_z}{\partial x}\right)\mathrm{d}z\,\mathrm{d}x+\left(\frac{\partial a_y}{\partial x}-\frac{\partial a_x}{\partial y}\right)\mathrm{d}x\,\mathrm{d}y\right]= \tag{1-3-77}$$

$$\iint_{\Delta S}\left[\left(\frac{\partial a_z}{\partial y}-\frac{\partial a_y}{\partial z}\right)\cos(\boldsymbol{n},\boldsymbol{i})+\left(\frac{\partial a_x}{\partial z}-\frac{\partial a_z}{\partial x}\right)\cos(\boldsymbol{n},\boldsymbol{j})+\left(\frac{\partial a_y}{\partial x}-\frac{\partial a_x}{\partial y}\right)\cos(\boldsymbol{n},\boldsymbol{k})\right]\mathrm{d}S$$

由二重积分中值定理，得

$$\iint_{\Delta S}\left[\left(\frac{\partial a_z}{\partial y}-\frac{\partial a_y}{\partial z}\right)\cos(\boldsymbol{n},\boldsymbol{i})+\left(\frac{\partial a_x}{\partial z}-\frac{\partial a_z}{\partial x}\right)\cos(\boldsymbol{n},\boldsymbol{j})+\left(\frac{\partial a_y}{\partial x}-\frac{\partial a_x}{\partial y}\right)\cos(\boldsymbol{n},\boldsymbol{k})\right]\mathrm{d}S$$

$$=\left[\left(\frac{\partial a_z}{\partial \eta}-\frac{\partial a_y}{\partial \zeta}\right)\cos(\boldsymbol{n},\boldsymbol{i})+\left(\frac{\partial a_x}{\partial \zeta}-\frac{\partial a_z}{\partial \xi}\right)\cos(\boldsymbol{n},\boldsymbol{j})+\left(\frac{\partial a_y}{\partial \xi}-\frac{\partial a_x}{\partial \eta}\right)\cos(\boldsymbol{n},\boldsymbol{k})\right]\Delta S \tag{1-3-78}$$

式中，ξ、η 和 ζ 都在 ΔS 内。

于是

$$\mathrm{rot}_n\,\boldsymbol{a}=(\nabla\times\boldsymbol{a})_n=\lim_{\Delta S\to 0}\frac{\Delta\Gamma}{\Delta S}=\lim_{\Delta S\to 0}\frac{\oint_{\Delta L}\boldsymbol{a}\cdot\mathrm{d}\boldsymbol{l}}{\Delta S}=$$

$$\left(\frac{\partial a_z}{\partial \eta}-\frac{\partial a_y}{\partial \zeta}\right)\cos(\boldsymbol{n},\boldsymbol{i})+\left(\frac{\partial a_x}{\partial \zeta}-\frac{\partial a_z}{\partial \xi}\right)\cos(\boldsymbol{n},\boldsymbol{j})+\left(\frac{\partial a_y}{\partial \xi}-\frac{\partial a_x}{\partial \eta}\right)\cos(\boldsymbol{n},\boldsymbol{k}) \tag{1-3-79}$$

当 $\Delta S\to 0$ 且向点 M 收缩时，$\xi\to x$，$\eta\to y$，$\zeta\to z$，式(1-3-79)变为

$$\mathrm{rot}_n\,\boldsymbol{a}=(\nabla\times\boldsymbol{a})_n=\lim_{\Delta S\to 0}\frac{\Delta\Gamma}{\Delta S}=\lim_{\Delta S\to 0}\frac{\oint_{\Delta L}\boldsymbol{a}\cdot\mathrm{d}\boldsymbol{l}}{\Delta S}$$

$$=\left(\frac{\partial a_z}{\partial y}-\frac{\partial a_y}{\partial z}\right)\cos(\boldsymbol{n},\boldsymbol{i})+\left(\frac{\partial a_x}{\partial z}-\frac{\partial a_z}{\partial x}\right)\cos(\boldsymbol{n},\boldsymbol{j})+\left(\frac{\partial a_y}{\partial x}-\frac{\partial a_x}{\partial y}\right)\cos(\boldsymbol{n},\boldsymbol{k}) \tag{1-3-80}$$

将式(1-3-80)改写为

$$\lim_{\Delta S\to 0}\frac{\oint_{\Delta L}\boldsymbol{a}\cdot\mathrm{d}\boldsymbol{l}}{\Delta S}=\left[\left(\frac{\partial a_z}{\partial y}-\frac{\partial a_y}{\partial z}\right)\boldsymbol{i}+\left(\frac{\partial a_x}{\partial z}-\frac{\partial a_z}{\partial x}\right)\boldsymbol{j}+\left(\frac{\partial a_y}{\partial x}-\frac{\partial a_x}{\partial y}\right)\boldsymbol{k}\right]\cdot(\cos\alpha\boldsymbol{i}+\cos\beta\boldsymbol{j}+\cos\gamma\boldsymbol{k}) \tag{1-3-81}$$

式中，$\cos\alpha=\cos(\boldsymbol{n},\boldsymbol{i})$，$\cos\beta=\cos(\boldsymbol{n},\boldsymbol{j})$，$\cos\gamma=\cos(\boldsymbol{n},\boldsymbol{k})$。

式(1-3-81)右端第二组向量就是 ΔS 在点 M 的单位法向量 $\boldsymbol{n}$。第一组向量称为向量场 $\boldsymbol{a}$ 在点 M 的**旋度**，记作

$$\mathrm{rot}\,\boldsymbol{a}=\left(\frac{\partial a_z}{\partial y}-\frac{\partial a_y}{\partial z}\right)\boldsymbol{i}+\left(\frac{\partial a_x}{\partial z}-\frac{\partial a_z}{\partial x}\right)\boldsymbol{j}+\left(\frac{\partial a_y}{\partial x}-\frac{\partial a_x}{\partial y}\right)\boldsymbol{k} \tag{1-3-82}$$

于是，式(1-3-76)可表示为

$$\lim_{\Delta S\to 0}\frac{\oint_{\Delta L}\boldsymbol{a}\cdot\mathrm{d}\boldsymbol{l}}{\Delta S}=\mathrm{rot}\,\boldsymbol{a}\cdot\boldsymbol{n}=\mathrm{rot}_n\,\boldsymbol{a} \tag{1-3-83}$$

因 $\boldsymbol{n}$ 是任意的，所以式(1-3-83)给出了向量 $\mathrm{rot}\,\boldsymbol{a}$ 在任意方向的投影的定义，且与坐标系的选择无关。由此可以清楚地看出，当 $\boldsymbol{n}$ 与 $\mathrm{rot}\,\boldsymbol{a}$ 方向相同时，环量面密度最大，旋度的方向就

是环量面密度最大的方向，其模就是最大环量面密度的数值。

向量 $\mathrm{rot}\,\boldsymbol{a}$ 向三个坐标轴的投影为

$$\begin{cases} \mathrm{rot}_x\,\boldsymbol{a} = \dfrac{\partial a_z}{\partial y} - \dfrac{\partial a_y}{\partial z} \\ \mathrm{rot}_y\,\boldsymbol{a} = \dfrac{\partial a_x}{\partial z} - \dfrac{\partial a_z}{\partial x} \\ \mathrm{rot}_z\,\boldsymbol{a} = \dfrac{\partial a_y}{\partial x} - \dfrac{\partial a_x}{\partial y} \end{cases} \tag{1-3-84}$$

利用哈密顿算子，向量 $\boldsymbol{a}$ 的旋度也可以写成

$$\mathrm{rot}\,\boldsymbol{a} = \nabla\times\boldsymbol{a} = \left(\frac{\partial a_z}{\partial y} - \frac{\partial a_y}{\partial z}\right)\boldsymbol{i} + \left(\frac{\partial a_x}{\partial z} - \frac{\partial a_z}{\partial x}\right)\boldsymbol{j} + \left(\frac{\partial a_y}{\partial x} - \frac{\partial a_x}{\partial y}\right)\boldsymbol{k} \tag{1-3-85}$$

式(1-3-85)也可以写成便于记忆的行列式形式

$$\nabla\times\boldsymbol{a} = \begin{vmatrix} \boldsymbol{i} & \boldsymbol{j} & \boldsymbol{k} \\ \dfrac{\partial}{\partial x} & \dfrac{\partial}{\partial y} & \dfrac{\partial}{\partial z} \\ a_x & a_y & a_z \end{vmatrix} \tag{1-3-86}$$

旋度的模为

$$|\mathrm{rot}\,\boldsymbol{a}| = |\nabla\times\boldsymbol{a}| = \sqrt{\left(\frac{\partial a_z}{\partial y} - \frac{\partial a_y}{\partial z}\right)^2 + \left(\frac{\partial a_x}{\partial z} - \frac{\partial a_z}{\partial x}\right)^2 + \left(\frac{\partial a_y}{\partial x} - \frac{\partial a_x}{\partial y}\right)^2} \tag{1-3-87}$$

旋度的基本运算公式有

$$\nabla\times(c\boldsymbol{a}) = c\nabla\times\boldsymbol{a} \qquad (c\ \text{为常数}) \tag{1-3-88}$$

$$\nabla\times(\boldsymbol{a}+\boldsymbol{b}) = \nabla\times\boldsymbol{a} + \nabla\times\boldsymbol{b} \tag{1-3-89}$$

$$\nabla\times(\varphi\boldsymbol{a}) = \varphi\nabla\times\boldsymbol{a} + \nabla\varphi\times\boldsymbol{a} \tag{1-3-90}$$

$$\nabla\cdot(\boldsymbol{a}\times\boldsymbol{b}) = \boldsymbol{b}\cdot\nabla\times\boldsymbol{a} - \boldsymbol{a}\cdot\nabla\times\boldsymbol{b} \tag{1-3-91}$$

$$\nabla\times\nabla\varphi = \boldsymbol{0} \tag{1-3-92}$$

$$\nabla\cdot(\nabla\times\boldsymbol{a}) = 0 \tag{1-3-93}$$

$$\nabla\times(\varphi\nabla\psi) = \nabla\varphi\times\nabla\psi \tag{1-3-94}$$

$$\nabla(\boldsymbol{a}\cdot\boldsymbol{b}) = (\boldsymbol{b}\cdot\nabla)\boldsymbol{a} + (\boldsymbol{a}\cdot\nabla)\boldsymbol{b} + \boldsymbol{b}\times(\nabla\times\boldsymbol{a}) + \boldsymbol{a}\times(\nabla\times\boldsymbol{b}) \tag{1-3-95}$$

$$\nabla\times\nabla\times\boldsymbol{a} = \nabla(\nabla\cdot\boldsymbol{a}) - \Delta\boldsymbol{a} \tag{1-3-96}$$

$$\nabla\times(\boldsymbol{a}\times\boldsymbol{b}) = (\boldsymbol{b}\cdot\nabla)\boldsymbol{a} + (\nabla\cdot\boldsymbol{b})\boldsymbol{a} - (\boldsymbol{a}\cdot\nabla)\boldsymbol{b} - (\nabla\cdot\boldsymbol{a})\boldsymbol{b} \tag{1-3-97}$$

式中，算子 $\Delta = \nabla\cdot\nabla = \nabla^2$。作用在向量函数上的算子 Δ 称为**向量拉普拉斯算子**，简称**拉普拉斯算子**。需要指出的是，虽然标量算子和向量算子都可以用 Δ 来表示，但两者是本质上不同的两种二阶微分算子。

令式(1-3-93)中的 $\nabla\times\boldsymbol{a} = \boldsymbol{b}$，则有 $\nabla\cdot\boldsymbol{b} = 0$，该式表明，在无源场 $\boldsymbol{b}$ 的定义域内，必可找到一个向量函数 $\boldsymbol{a}$，使 $\nabla\times\boldsymbol{a} = \boldsymbol{b}$ 成立。这个向量函数 $\boldsymbol{a}$ 称为无源场 $\boldsymbol{b}$ 的**向量位势**或**矢量位势**，也称为**向量势**或**矢量势**，简称**矢势**。无源场的矢势不是唯一的。若 $\boldsymbol{a}$ 是 $\boldsymbol{b}$ 的一个矢势，则任何一个具有二阶连续偏导数的标量函数 φ 的梯度与 $\boldsymbol{a}$ 的向量和 $\boldsymbol{a}^* = \nabla\varphi + \boldsymbol{a}$ 也是 $\boldsymbol{b}$ 的矢势。证明如下

$$\nabla\times\boldsymbol{a}^* = \nabla\times(\nabla\varphi + \boldsymbol{a}) = \nabla\times\nabla\varphi + \nabla\times\boldsymbol{a} = \nabla\times\boldsymbol{a} = \boldsymbol{b}$$

证毕。

如果在向量场 $\boldsymbol{a}$ 中 $\nabla\cdot\boldsymbol{a}=0$ 和 $\nabla\times\boldsymbol{a}=\boldsymbol{0}$ 同时成立，则 $\boldsymbol{a}$ 称为**调和场**。或者说，调和场是指既无源又无旋的向量场。

在调和场中，由于 $\nabla\times\boldsymbol{a}=\boldsymbol{0}$，则必然存在势函数 φ，使得 $\boldsymbol{a}=-\nabla\varphi$，又由于 $\nabla\cdot\boldsymbol{a}=0$，则有

$$\nabla\cdot\boldsymbol{a}=\nabla\cdot(-\nabla\varphi)=-\Delta\varphi=-\left(\frac{\partial^2\varphi}{\partial x^2}+\frac{\partial^2\varphi}{\partial y^2}+\frac{\partial^2\varphi}{\partial z^2}\right)=0 \tag{1-3-98}$$

式(1-3-98)可以写成

$$\Delta\varphi=\frac{\partial^2\varphi}{\partial x^2}+\frac{\partial^2\varphi}{\partial y^2}+\frac{\partial^2\varphi}{\partial z^2}=0 \tag{1-3-99}$$

式(1-3-99)是一个二阶偏微分方程，称为**三维拉普拉斯方程**，简称**拉普拉斯方程**，$\Delta\varphi$ 称为**调和量**。满足拉普拉斯方程且具有二阶连续偏导数的势函数 φ，称为**调和函数**。

例 1.3.5 证明 $\nabla\times(\varphi\boldsymbol{a})=\varphi\nabla\times\boldsymbol{a}+\nabla\varphi\times\boldsymbol{a}$。

证 根据两个函数相乘的求导法则和算子 ∇ 的微分性质，有

$$\nabla\times(\varphi\boldsymbol{a})=\nabla\times(\varphi_c\boldsymbol{a})+\nabla\times(\varphi\boldsymbol{a}_c)$$

在上式右端，把带有下标 c 的函数暂时看成常量，待运算结束后再把下标去掉，即

$$\nabla\times(\varphi\boldsymbol{a})=\varphi_c\nabla\times\boldsymbol{a}+\nabla\varphi\times\boldsymbol{a}_c=\varphi\nabla\times\boldsymbol{a}+\nabla\varphi\times\boldsymbol{a}$$

证毕。

例 1.3.6 证明 $\nabla\cdot(\boldsymbol{a}\times\boldsymbol{b})=\boldsymbol{b}\cdot(\nabla\times\boldsymbol{a})-\boldsymbol{a}\cdot(\nabla\times\boldsymbol{b})$。

证 根据微分运算法则，有

$$\nabla\cdot(\boldsymbol{a}\times\boldsymbol{b})=\nabla\cdot(\boldsymbol{a}\times\boldsymbol{b}_c)+\nabla\cdot(\boldsymbol{a}_c\times\boldsymbol{b})$$

再根据三向量混合积的下列轮换位置的性质

$$\boldsymbol{a}\cdot\boldsymbol{b}\times\boldsymbol{c}=\boldsymbol{c}\cdot\boldsymbol{a}\times\boldsymbol{b}=\boldsymbol{b}\cdot\boldsymbol{c}\times\boldsymbol{a}$$

于是，有

$$\nabla\cdot(\boldsymbol{a}\times\boldsymbol{b}_c)=\boldsymbol{b}_c\cdot(\nabla\times\boldsymbol{a})=\boldsymbol{b}\cdot(\nabla\times\boldsymbol{a})$$

$$\nabla\cdot(\boldsymbol{a}_c\times\boldsymbol{b})=-\nabla\cdot(\boldsymbol{b}\times\boldsymbol{a}_c)=-\boldsymbol{a}_c\cdot(\nabla\times\boldsymbol{b})=-\boldsymbol{a}\cdot(\nabla\times\boldsymbol{b})$$

将上两式相加，得

$$\nabla\cdot(\boldsymbol{a}\times\boldsymbol{b})=\nabla\cdot(\boldsymbol{a}\times\boldsymbol{b}_c)+\nabla\cdot(\boldsymbol{a}_c\times\boldsymbol{b})=\boldsymbol{b}\cdot(\nabla\times\boldsymbol{a})-\boldsymbol{a}\cdot(\nabla\times\boldsymbol{b})$$

证毕。

例 1.3.7 证明 $\nabla\times\nabla\varphi=\boldsymbol{0}$，$\nabla\cdot(\nabla\times\boldsymbol{a})=0$，$\nabla\times(\varphi\nabla\psi)=\nabla\varphi\times\nabla\psi$。

证

$$\nabla\times\nabla\varphi=\begin{vmatrix}\boldsymbol{i} & \boldsymbol{j} & \boldsymbol{k}\\ \dfrac{\partial}{\partial x} & \dfrac{\partial}{\partial y} & \dfrac{\partial}{\partial z}\\ \dfrac{\partial\varphi}{\partial x} & \dfrac{\partial\varphi}{\partial y} & \dfrac{\partial\varphi}{\partial z}\end{vmatrix}=\left(\frac{\partial^2\varphi}{\partial y\partial z}-\frac{\partial^2\varphi}{\partial z\partial y}\right)\boldsymbol{i}+\left(\frac{\partial^2\varphi}{\partial z\partial x}-\frac{\partial^2\varphi}{\partial x\partial z}\right)\boldsymbol{j}+\left(\frac{\partial^2\varphi}{\partial x\partial y}-\frac{\partial^2\varphi}{\partial y\partial x}\right)\boldsymbol{k}=\boldsymbol{0}$$

$$\nabla\cdot(\nabla\times\boldsymbol{a})=\begin{vmatrix}\dfrac{\partial}{\partial x} & \dfrac{\partial}{\partial y} & \dfrac{\partial}{\partial z}\\ \dfrac{\partial}{\partial x} & \dfrac{\partial}{\partial y} & \dfrac{\partial}{\partial z}\\ a_x & a_y & a_z\end{vmatrix}=\frac{\partial}{\partial x}\left(\frac{\partial a_z}{\partial y}-\frac{\partial a_y}{\partial z}\right)+\frac{\partial}{\partial y}\left(\frac{\partial a_x}{\partial z}-\frac{\partial a_z}{\partial x}\right)+\frac{\partial}{\partial z}\left(\frac{\partial a_y}{\partial x}-\frac{\partial a_x}{\partial y}\right)=0$$

$$\nabla\times(\varphi\nabla\psi)=\nabla\varphi\times\nabla\psi+\varphi\nabla\times\nabla\psi=\nabla\varphi\times\nabla\psi$$

证毕。

例 1.3.8 证明$\nabla(\boldsymbol{a}\cdot\boldsymbol{b})=(\boldsymbol{b}\cdot\nabla)\boldsymbol{a}+(\boldsymbol{a}\cdot\nabla)\boldsymbol{b}+\boldsymbol{b}\times(\nabla\times\boldsymbol{a})+\boldsymbol{a}\times(\nabla\times\boldsymbol{b})$。

证 由二重向量乘积公式可知

$$\boldsymbol{a}\times(\boldsymbol{c}\times\boldsymbol{b})=\boldsymbol{c}(\boldsymbol{b}\cdot\boldsymbol{a})-\boldsymbol{b}(\boldsymbol{a}\cdot\boldsymbol{c})=\boldsymbol{c}(\boldsymbol{a}\cdot\boldsymbol{b})-(\boldsymbol{a}\cdot\boldsymbol{c})\boldsymbol{b}$$
$$\boldsymbol{b}\times(\boldsymbol{c}\times\boldsymbol{a})=\boldsymbol{c}(\boldsymbol{a}\cdot\boldsymbol{b})-\boldsymbol{a}(\boldsymbol{b}\cdot\boldsymbol{c})=\boldsymbol{c}(\boldsymbol{a}\cdot\boldsymbol{b})-\boldsymbol{b}(\boldsymbol{c}\cdot\boldsymbol{a})$$

将∇看作$\boldsymbol{c}$，有

$$\begin{aligned}\nabla(\boldsymbol{a}\cdot\boldsymbol{b})&=\nabla(\boldsymbol{a}_c\cdot\boldsymbol{b})+\nabla(\boldsymbol{a}\cdot\boldsymbol{b}_c)=\boldsymbol{a}_c\times(\nabla\times\boldsymbol{b})+(\boldsymbol{a}_c\cdot\nabla)\boldsymbol{b}+\boldsymbol{b}_c\times(\nabla\times\boldsymbol{a})+(\boldsymbol{b}_c\cdot\nabla)\boldsymbol{a}\\&=(\boldsymbol{b}\cdot\nabla)\boldsymbol{a}+(\boldsymbol{a}\cdot\nabla)\boldsymbol{b}+\boldsymbol{b}\times(\nabla\times\boldsymbol{a})+\boldsymbol{a}\times(\nabla\times\boldsymbol{b})\end{aligned}$$

证毕。

例 1.3.9 证明$\nabla\times(\boldsymbol{a}\times\boldsymbol{b})=(\boldsymbol{b}\cdot\nabla)\boldsymbol{a}+(\nabla\cdot\boldsymbol{b})\boldsymbol{a}-(\boldsymbol{a}\cdot\nabla)\boldsymbol{b}-(\nabla\cdot\boldsymbol{a})\boldsymbol{b}$。

证 由二重向量乘积公式可知

$$\boldsymbol{c}\times(\boldsymbol{a}\times\boldsymbol{b})=\boldsymbol{a}(\boldsymbol{b}\cdot\boldsymbol{c})-\boldsymbol{b}(\boldsymbol{a}\cdot\boldsymbol{c})=\boldsymbol{a}(\boldsymbol{c}\cdot\boldsymbol{b})-(\boldsymbol{a}\cdot\boldsymbol{c})\boldsymbol{b}=(\boldsymbol{b}\cdot\boldsymbol{c})\boldsymbol{a}-\boldsymbol{b}(\boldsymbol{c}\cdot\boldsymbol{a})$$

将∇看作$\boldsymbol{c}$，有

$$\begin{aligned}\nabla\times(\boldsymbol{a}\times\boldsymbol{b})&=\nabla\times(\boldsymbol{a}_c\times\boldsymbol{b})+\nabla\times(\boldsymbol{a}\times\boldsymbol{b}_b)=\boldsymbol{a}_c(\nabla\cdot\boldsymbol{b})-(\boldsymbol{a}_c\cdot\nabla)\boldsymbol{b}+(\boldsymbol{b}_c\cdot\nabla)\boldsymbol{a}-\boldsymbol{b}_c(\nabla\cdot\boldsymbol{a})\\&=(\boldsymbol{b}\cdot\nabla)\boldsymbol{a}+(\nabla\cdot\boldsymbol{b})\boldsymbol{a}-(\boldsymbol{a}\cdot\nabla)\boldsymbol{b}-(\nabla\cdot\boldsymbol{a})\boldsymbol{b}\end{aligned}$$

式中

$$(\boldsymbol{b}\cdot\nabla)\boldsymbol{a}=\left(b_x\frac{\partial}{\partial x}+b_y\frac{\partial}{\partial y}+b_z\frac{\partial}{\partial z}\right)\boldsymbol{a}=b_x\frac{\partial\boldsymbol{a}}{\partial x}+b_y\frac{\partial\boldsymbol{a}}{\partial y}+b_z\frac{\partial\boldsymbol{a}}{\partial z}$$

证毕。

例 1.3.10 证明$\nabla\times(\nabla\times\boldsymbol{a})=\nabla(\nabla\cdot\boldsymbol{a})-\Delta\boldsymbol{a}$。

证 由二重向量乘积公式可知

$$\boldsymbol{c}\times(\boldsymbol{a}\times\boldsymbol{b})=\boldsymbol{a}(\boldsymbol{c}\cdot\boldsymbol{b})-(\boldsymbol{a}\cdot\boldsymbol{c})\boldsymbol{b}$$

将∇看作$\boldsymbol{a}$和$\boldsymbol{c}$，$\boldsymbol{b}$看作$\boldsymbol{a}$，有

$$\nabla\times(\nabla\times\boldsymbol{a})=\nabla(\nabla\cdot\boldsymbol{a})-(\nabla\cdot\nabla)\boldsymbol{a}=\nabla(\nabla\cdot\boldsymbol{a})-\Delta\boldsymbol{a}$$

证毕。

例 1.3.11 在直角坐标系中，设$\boldsymbol{a}=a_x\boldsymbol{i}+a_y\boldsymbol{j}+a_z\boldsymbol{k}$，证明$\Delta\boldsymbol{a}=\boldsymbol{i}\nabla^2a_x+\boldsymbol{j}\nabla^2a_y+\boldsymbol{k}\nabla^2a_z$。

证 由向量旋度的定义，有

$$\nabla\times\boldsymbol{a}=\left(\frac{\partial a_z}{\partial y}-\frac{\partial a_y}{\partial z}\right)\boldsymbol{i}+\left(\frac{\partial a_x}{\partial z}-\frac{\partial a_z}{\partial x}\right)\boldsymbol{j}+\left(\frac{\partial a_y}{\partial x}-\frac{\partial a_x}{\partial y}\right)\boldsymbol{k}\tag{1}$$

故有

$$\begin{aligned}\nabla\times\nabla\times\boldsymbol{a}=&\left[\frac{\partial}{\partial y}\left(\frac{\partial a_y}{\partial x}-\frac{\partial a_x}{\partial y}\right)-\frac{\partial}{\partial z}\left(\frac{\partial a_x}{\partial z}-\frac{\partial a_z}{\partial x}\right)\right]\boldsymbol{i}+\\&\left[\frac{\partial}{\partial z}\left(\frac{\partial a_z}{\partial y}-\frac{\partial a_y}{\partial z}\right)-\frac{\partial}{\partial x}\left(\frac{\partial a_y}{\partial x}-\frac{\partial a_x}{\partial y}\right)\right]\boldsymbol{j}+\\&\left[\frac{\partial}{\partial x}\left(\frac{\partial a_x}{\partial z}-\frac{\partial a_z}{\partial x}\right)-\frac{\partial}{\partial y}\left(\frac{\partial a_z}{\partial y}-\frac{\partial a_y}{\partial z}\right)\right]\boldsymbol{k}\end{aligned}\tag{2}$$

式(2)第一项方括号中展开式为

$$\left(\frac{\partial^2 a_x}{\partial x^2}+\frac{\partial^2 a_y}{\partial y\partial x}+\frac{\partial^2 a_z}{\partial z\partial x}\right)-\left(\frac{\partial^2 a_x}{\partial x^2}+\frac{\partial^2 a_x}{\partial y^2}+\frac{\partial^2 a_x}{\partial z^2}\right)=\frac{\partial}{\partial x}\nabla\cdot\boldsymbol{a}-\Delta a_x \tag{3}$$

同理，式(2)第二项和第三项方括号中展开式分别为

$$\left(\frac{\partial^2 a_x}{\partial x\partial y}+\frac{\partial^2 a_y}{\partial y^2}+\frac{\partial^2 a_z}{\partial z\partial y}\right)-\left(\frac{\partial^2 a_y}{\partial x^2}+\frac{\partial^2 a_y}{\partial y^2}+\frac{\partial^2 a_y}{\partial z^2}\right)=\frac{\partial}{\partial y}\nabla\cdot\boldsymbol{a}-\Delta a_y \tag{4}$$

$$\left(\frac{\partial^2 a_x}{\partial x\partial z}+\frac{\partial^2 a_y}{\partial y\partial z}+\frac{\partial^2 a_z}{\partial z^2}\right)-\left(\frac{\partial^2 a_z}{\partial x^2}+\frac{\partial^2 a_z}{\partial y^2}+\frac{\partial^2 a_z}{\partial z^2}\right)=\frac{\partial}{\partial z}\nabla\cdot\boldsymbol{a}-\Delta a_z \tag{5}$$

将式(3)～式(5)代入式(2)，得

$$\begin{aligned}\nabla\times\nabla\times\boldsymbol{a}&=\left(\boldsymbol{i}\frac{\partial}{\partial x}\nabla\cdot\boldsymbol{a}+\boldsymbol{j}\frac{\partial}{\partial y}\nabla\cdot\boldsymbol{a}+\boldsymbol{k}\frac{\partial}{\partial z}\nabla\cdot\boldsymbol{a}\right)-(\boldsymbol{i}\Delta a_x+\boldsymbol{j}\Delta a_y+\boldsymbol{k}\Delta a_k)\\&=\nabla(\nabla\cdot\boldsymbol{a})-\Delta\boldsymbol{a}\end{aligned} \tag{6}$$

在直角坐标系中有

$$\Delta\boldsymbol{a}=\boldsymbol{i}\Delta a_x+\boldsymbol{j}\Delta a_y+\boldsymbol{k}\Delta a_k \tag{7}$$

证毕。

例 1.3.12　已知向量 $\boldsymbol{a}=a_x\boldsymbol{i}+a_y\boldsymbol{j}+a_z\boldsymbol{k}$，证明

$$\begin{aligned}(\nabla\times\boldsymbol{a})\cdot(\nabla\times\boldsymbol{a})&=\left(\frac{\partial a_z}{\partial y}-\frac{\partial a_y}{\partial z}\right)^2+\left(\frac{\partial a_x}{\partial z}-\frac{\partial a_z}{\partial x}\right)^2+\left(\frac{\partial a_y}{\partial x}-\frac{\partial a_x}{\partial y}\right)^2\\&=|\nabla\times\boldsymbol{a}|^2=(\nabla\times\boldsymbol{a})^2\end{aligned} \tag{1-3-100}$$

证　因 $\boldsymbol{i}$、$\boldsymbol{j}$ 和 $\boldsymbol{k}$ 是单位向量且相互垂直，故有

$$\boldsymbol{i}\cdot\boldsymbol{i}=\boldsymbol{j}\cdot\boldsymbol{j}=\boldsymbol{k}\cdot\boldsymbol{k}=1,\quad \boldsymbol{i}\cdot\boldsymbol{j}=\boldsymbol{j}\cdot\boldsymbol{i}=\boldsymbol{i}\cdot\boldsymbol{k}=\boldsymbol{k}\cdot\boldsymbol{i}=\boldsymbol{j}\cdot\boldsymbol{k}=\boldsymbol{k}\cdot\boldsymbol{j}=0$$

于是

$$\begin{aligned}&(\nabla\times\boldsymbol{a})\cdot(\nabla\times\boldsymbol{a})=\left[\left(\frac{\partial a_z}{\partial y}-\frac{\partial a_y}{\partial z}\right)\boldsymbol{i}+\left(\frac{\partial a_x}{\partial z}-\frac{\partial a_z}{\partial x}\right)\boldsymbol{j}+\left(\frac{\partial a_y}{\partial x}-\frac{\partial a_x}{\partial y}\right)\boldsymbol{k}\right]\cdot\\&\left[\left(\frac{\partial a_z}{\partial y}-\frac{\partial a_y}{\partial z}\right)\boldsymbol{i}+\left(\frac{\partial a_x}{\partial z}-\frac{\partial a_z}{\partial x}\right)\boldsymbol{j}+\left(\frac{\partial a_y}{\partial x}-\frac{\partial a_x}{\partial y}\right)\boldsymbol{k}\right]\\&=\left(\frac{\partial a_z}{\partial y}-\frac{\partial a_y}{\partial z}\right)\boldsymbol{i}\cdot\left(\frac{\partial a_z}{\partial y}-\frac{\partial a_y}{\partial z}\right)\boldsymbol{i}+\left(\frac{\partial a_x}{\partial z}-\frac{\partial a_z}{\partial x}\right)\boldsymbol{j}\cdot\left(\frac{\partial a_x}{\partial z}-\frac{\partial a_z}{\partial x}\right)\boldsymbol{j}+\left(\frac{\partial a_y}{\partial x}-\frac{\partial a_x}{\partial y}\right)\boldsymbol{k}\cdot\left(\frac{\partial a_y}{\partial x}-\frac{\partial a_x}{\partial y}\right)\boldsymbol{k}\\&=\left(\frac{\partial a_z}{\partial y}-\frac{\partial a_y}{\partial z}\right)^2+\left(\frac{\partial a_x}{\partial z}-\frac{\partial a_z}{\partial x}\right)^2+\left(\frac{\partial a_y}{\partial x}-\frac{\partial a_x}{\partial y}\right)^2=(\mathrm{rot}_x\,\boldsymbol{a})^2+(\mathrm{rot}_y\,\boldsymbol{a})^2+(\mathrm{rot}_z\,\boldsymbol{a})^2\\&=|\nabla\times\boldsymbol{a}|^2=(\nabla\times\boldsymbol{a})^2\end{aligned}$$

证毕。

将式(1-3-100)两端开平方，即可得到式(1-3-87)。

例 1.3.13　用分量展开法证明

$$(\boldsymbol{a}\times\nabla)\times\boldsymbol{b}=(\nabla\boldsymbol{b})\cdot\boldsymbol{a}-\boldsymbol{a}(\nabla\cdot\boldsymbol{b}) \tag{1-3-101}$$

证　设 $\boldsymbol{a}=a_x\boldsymbol{i}+a_y\boldsymbol{j}+a_z\boldsymbol{k}$，$\boldsymbol{b}=b_x\boldsymbol{i}+b_y\boldsymbol{j}+b_z\boldsymbol{k}$，将式(1-3-101)等号左边展开，有

$$(\boldsymbol{a}\times\nabla)\times\boldsymbol{b}=\begin{vmatrix}\boldsymbol{i} & \boldsymbol{j} & \boldsymbol{k}\\ a_x & a_y & a_z\\ \dfrac{\partial}{\partial x} & \dfrac{\partial}{\partial y} & \dfrac{\partial}{\partial z}\end{vmatrix}\times(b_x\boldsymbol{i}+b_y\boldsymbol{j}+b_z\boldsymbol{k})$$

$$=\left[\left(a_y\frac{\partial}{\partial z}-a_z\frac{\partial}{\partial y}\right)\boldsymbol{i}+\left(a_z\frac{\partial}{\partial x}-a_x\frac{\partial}{\partial y}\right)\boldsymbol{j}+\left(a_x\frac{\partial}{\partial y}-a_y\frac{\partial}{\partial x}\right)\boldsymbol{k}\right]\times(b_x\boldsymbol{i}+b_y\boldsymbol{j}+b_z\boldsymbol{k})$$

$$=\left(a_y\frac{\partial b_y}{\partial z}-a_z\frac{\partial b_y}{\partial y}\right)\boldsymbol{k}-\left(a_y\frac{\partial b_z}{\partial z}-a_z\frac{\partial b_z}{\partial y}\right)\boldsymbol{j}-\left(a_z\frac{\partial b_x}{\partial x}-a_x\frac{\partial b_x}{\partial z}\right)\boldsymbol{k}+\left(a_z\frac{\partial b_z}{\partial x}-a_x\frac{\partial b_z}{\partial z}\right)\boldsymbol{i}\quad(1)$$

$$+\left(a_x\frac{\partial b_x}{\partial y}-a_y\frac{\partial b_x}{\partial x}\right)\boldsymbol{j}-\left(a_x\frac{\partial b_y}{\partial y}-a_y\frac{\partial b_y}{\partial x}\right)\boldsymbol{i}$$

$$=\left[\left(a_z\frac{\partial b_z}{\partial x}-a_x\frac{\partial b_z}{\partial z}\right)-\left(a_x\frac{\partial b_y}{\partial y}-a_y\frac{\partial b_y}{\partial x}\right)\right]\boldsymbol{i}+\left[\left(a_x\frac{\partial b_x}{\partial y}-n_y\frac{\partial b_x}{\partial x}\right)-\left(a_y\frac{\partial b_z}{\partial z}-a_z\frac{\partial b_z}{\partial y}\right)\right]\boldsymbol{j}$$

$$+\left[\left(a_y\frac{\partial b_y}{\partial z}-a_z\frac{\partial b_y}{\partial y}\right)-\left(a_z\frac{\partial b_x}{\partial x}-a_x\frac{\partial b_x}{\partial z}\right)\right]\boldsymbol{k}$$

将式(1-3-101)等号右边展开，有

$$(\nabla\boldsymbol{b})\cdot\boldsymbol{a}-\boldsymbol{a}(\nabla\cdot\boldsymbol{b})=\left(\boldsymbol{i}\frac{\partial\boldsymbol{b}}{\partial x}+\boldsymbol{j}\frac{\partial\boldsymbol{b}}{\partial y}+\boldsymbol{k}\frac{\partial\boldsymbol{b}}{\partial z}\right)\cdot\boldsymbol{a}-\boldsymbol{a}\left(\frac{\partial b_x}{\partial x}+\frac{\partial b_y}{\partial y}+\frac{\partial b_z}{\partial z}\right)$$

$$=\left[\boldsymbol{i}\frac{\partial(b_x\boldsymbol{i}+b_y\boldsymbol{j}+b_z\boldsymbol{k})}{\partial x}+\boldsymbol{j}\frac{\partial(b_x\boldsymbol{i}+b_y\boldsymbol{j}+b_z\boldsymbol{k})}{\partial y}+\boldsymbol{k}\frac{\partial(b_x\boldsymbol{i}+b_y\boldsymbol{j}+b_z\boldsymbol{k})}{\partial z}\right]\cdot(a_x\boldsymbol{i}+a_y\boldsymbol{j}+a_z\boldsymbol{k})$$

$$-(a_x\boldsymbol{i}+a_y\boldsymbol{j}+a_z\boldsymbol{k})\left(\frac{\partial b_x}{\partial x}+\frac{\partial b_y}{\partial y}+\frac{\partial b_z}{\partial z}\right)$$

$$=\boldsymbol{i}\frac{a_x\partial b_x+a_y\partial b_y+a_z\partial b_z}{\partial x}+\boldsymbol{j}\frac{a_x\partial b_x+a_y\partial a_y+a_z\partial b_z}{\partial y}+\boldsymbol{k}\frac{a_x\partial b_x+a_y\partial b_y+a_z\partial b_z}{\partial z}$$

$$-a_x\boldsymbol{i}\left(\frac{\partial b_x}{\partial x}+\frac{\partial b_y}{\partial y}+\frac{\partial b_z}{\partial z}\right)-a_y\boldsymbol{j}\left(\frac{\partial b_x}{\partial x}+\frac{\partial b_y}{\partial y}+\frac{\partial b_z}{\partial z}\right)-a_z\boldsymbol{k}\left(\frac{\partial b_x}{\partial x}+\frac{\partial b_y}{\partial y}+\frac{\partial b_z}{\partial z}\right)\quad(2)$$

$$=\boldsymbol{i}\frac{a_y\partial b_y+a_z\partial b_z}{\partial x}+\boldsymbol{j}\frac{a_x\partial b_x+a_z\partial b_z}{\partial y}+\boldsymbol{k}\frac{a_x\partial b_x+a_y\partial b_y}{\partial z}$$

$$-a_x\boldsymbol{i}\left(\frac{\partial b_y}{\partial y}+\frac{\partial b_z}{\partial z}\right)-a_y\boldsymbol{j}\left(\frac{\partial b_x}{\partial x}+\frac{\partial b_z}{\partial z}\right)-a_z\boldsymbol{k}\left(\frac{\partial b_x}{\partial x}+\frac{\partial b_y}{\partial y}\right)$$

$$=\left[\left(a_z\frac{\partial b_z}{\partial x}-a_x\frac{\partial b_z}{\partial z}\right)-\left(a_x\frac{\partial b_y}{\partial y}-a_y\frac{\partial b_y}{\partial x}\right)\right]\boldsymbol{i}+\left[\left(a_x\frac{\partial b_x}{\partial y}-a_y\frac{\partial b_x}{\partial x}\right)-\left(a_y\frac{\partial b_z}{\partial z}-a_z\frac{\partial b_z}{\partial y}\right)\right]\boldsymbol{j}$$

$$+\left[\left(a_y\frac{\partial b_y}{\partial z}-a_z\frac{\partial b_y}{\partial y}\right)-\left(a_z\frac{\partial b_x}{\partial x}-a_x\frac{\partial b_x}{\partial z}\right)\right]\boldsymbol{k}$$

由此可见，式(1)和式(2)最后一个等号右边相等，即式(1-3-101)成立。证毕。

式(1-3-101)也可以写成

$$(\boldsymbol{a}\times\nabla)\times\boldsymbol{b}+\boldsymbol{a}(\nabla\cdot\boldsymbol{b})=(\nabla\boldsymbol{b})\cdot\boldsymbol{a}\qquad(1\text{-}3\text{-}102)$$

例 1.3.14 用分量展开法证明

$$(\boldsymbol{a}\times\nabla)\times\boldsymbol{b}=\boldsymbol{a}\times(\nabla\times\boldsymbol{b})+(\boldsymbol{a}\cdot\nabla)\boldsymbol{b}-\boldsymbol{a}(\nabla\cdot\boldsymbol{b})\qquad(1\text{-}3\text{-}103)$$

证 设$\boldsymbol{a}=a_x\boldsymbol{i}+a_y\boldsymbol{j}+a_z\boldsymbol{k}$，$\boldsymbol{b}=b_x\boldsymbol{i}+b_y\boldsymbol{j}+b_z\boldsymbol{k}$，利用例 1.3.13 的对$(\boldsymbol{a}\times\nabla)\times\boldsymbol{b}$展开结果，有

$$(\boldsymbol{a}\times\nabla)\times\boldsymbol{b}=\begin{vmatrix}\boldsymbol{i} & \boldsymbol{j} & \boldsymbol{k}\\ a_x & a_y & a_z\\ \dfrac{\partial}{\partial x} & \dfrac{\partial}{\partial y} & \dfrac{\partial}{\partial z}\end{vmatrix}\times(b_x\boldsymbol{i}+b_y\boldsymbol{j}+b_z\boldsymbol{k})$$

$$=\left[\left(a_z\frac{\partial b_z}{\partial x}-a_x\frac{\partial b_z}{\partial z}\right)+\left(a_y\frac{\partial b_y}{\partial x}-a_x\frac{\partial b_y}{\partial y}\right)\right]\boldsymbol{i}+\left[\left(a_x\frac{\partial b_x}{\partial y}-a_y\frac{\partial b_x}{\partial x}\right)+\left(a_z\frac{\partial b_z}{\partial y}-a_y\frac{\partial b_z}{\partial z}\right)\right]\boldsymbol{j} \tag{1}$$

$$+\left[\left(a_y\frac{\partial b_y}{\partial z}-a_z\frac{\partial b_y}{\partial y}\right)+\left(a_x\frac{\partial b_x}{\partial z}-a_z\frac{\partial b_x}{\partial x}\right)\right]\boldsymbol{k}$$

将$\boldsymbol{a}\times(\nabla\times\boldsymbol{b})+(\boldsymbol{a}\cdot\nabla)\boldsymbol{b}-\boldsymbol{a}(\nabla\cdot\boldsymbol{b})$展开，有

$$\boldsymbol{a}\times(\nabla\times\boldsymbol{b})+(\boldsymbol{a}\cdot\nabla)\boldsymbol{b}-\boldsymbol{a}(\nabla\cdot\boldsymbol{b})$$

$$=(a_x\boldsymbol{i}+a_y\boldsymbol{j}+a_z\boldsymbol{k})\times\begin{vmatrix}\boldsymbol{i} & \boldsymbol{j} & \boldsymbol{k}\\ \dfrac{\partial}{\partial x} & \dfrac{\partial}{\partial y} & \dfrac{\partial}{\partial z}\\ b_x & b_y & b_z\end{vmatrix}+\left(a_x\frac{\partial}{\partial x}+a_y\frac{\partial}{\partial y}+a_z\frac{\partial}{\partial z}\right)(b_x\boldsymbol{i}+b_y\boldsymbol{j}+b_z\boldsymbol{k})$$

$$-(a_x\boldsymbol{i}+a_y\boldsymbol{j}+a_z\boldsymbol{k})\left(\frac{\partial b_x}{\partial x}+\frac{\partial b_y}{\partial y}+\frac{\partial b_z}{\partial z}\right)$$

$$=(a_x\boldsymbol{i}+a_y\boldsymbol{j}+a_z\boldsymbol{k})\times\left[\left(\frac{\partial b_z}{\partial y}-\frac{\partial b_y}{\partial z}\right)\boldsymbol{i}+\left(\frac{\partial b_x}{\partial z}-\frac{\partial b_z}{\partial x}\right)\boldsymbol{j}+\left(\frac{\partial b_y}{\partial x}-\frac{\partial b_x}{\partial y}\right)\boldsymbol{k}\right]$$

$$+\left(a_x\frac{\partial}{\partial x}+a_y\frac{\partial}{\partial y}+a_z\frac{\partial}{\partial z}\right)b_x\boldsymbol{i}+\left(a_x\frac{\partial}{\partial x}+a_y\frac{\partial}{\partial y}+a_z\frac{\partial}{\partial z}\right)b_y\boldsymbol{j}+\left(a_x\frac{\partial}{\partial x}+a_y\frac{\partial}{\partial y}+a_z\frac{\partial}{\partial z}\right)b_z\boldsymbol{k}$$

$$-a_x\left(\frac{\partial b_x}{\partial x}+\frac{\partial b_y}{\partial y}+\frac{\partial b_z}{\partial z}\right)\boldsymbol{i}-a_y\left(\frac{\partial b_x}{\partial x}+\frac{\partial b_y}{\partial y}+\frac{\partial b_z}{\partial z}\right)\boldsymbol{j}-a_z\left(\frac{\partial b_x}{\partial x}+\frac{\partial b_y}{\partial y}+\frac{\partial b_z}{\partial z}\right)\boldsymbol{k}$$

$$=a_x\left(\frac{\partial b_x}{\partial z}-\frac{\partial b_z}{\partial x}\right)\boldsymbol{k}-a_x\left(\frac{\partial b_y}{\partial x}-\frac{\partial b_x}{\partial y}\right)\boldsymbol{j}-a_y\left(\frac{\partial b_z}{\partial y}-\frac{\partial b_y}{\partial z}\right)\boldsymbol{k}+a_y\left(\frac{\partial b_y}{\partial x}-\frac{\partial b_x}{\partial y}\right)\boldsymbol{i}$$

$$+a_z\left(\frac{\partial b_z}{\partial y}-\frac{\partial b_y}{\partial z}\right)\boldsymbol{j}-a_z\left(\frac{\partial b_x}{\partial z}-\frac{\partial b_z}{\partial x}\right)\boldsymbol{i}$$

$$+\left(a_y\frac{\partial}{\partial y}+a_z\frac{\partial}{\partial z}\right)b_x\boldsymbol{i}+\left(a_x\frac{\partial}{\partial x}+a_z\frac{\partial}{\partial z}\right)b_y\boldsymbol{j}+\left(a_x\frac{\partial}{\partial x}+a_y\frac{\partial}{\partial y}\right)b_z\boldsymbol{k}$$

$$-a_x\left(\frac{\partial b_y}{\partial y}+\frac{\partial b_z}{\partial z}\right)\boldsymbol{i}-a_y\left(\frac{\partial b_x}{\partial x}+\frac{\partial b_z}{\partial z}\right)\boldsymbol{j}-a_z\left(\frac{\partial b_x}{\partial x}+\frac{\partial b_y}{\partial y}\right)\boldsymbol{k}$$

$$=\left[a_y\left(\frac{\partial b_y}{\partial x}-\frac{\partial b_x}{\partial y}\right)-a_z\left(\frac{\partial b_x}{\partial z}-\frac{\partial b_z}{\partial x}\right)+\left(a_y\frac{\partial}{\partial y}+a_z\frac{\partial}{\partial z}\right)b_x-a_x\left(\frac{\partial b_y}{\partial y}+\frac{\partial b_z}{\partial z}\right)\right]\boldsymbol{i}$$

$$+\left[a_z\left(\frac{\partial b_z}{\partial y}-\frac{\partial b_y}{\partial z}\right)-a_x\left(\frac{\partial b_y}{\partial x}-\frac{\partial b_x}{\partial y}\right)+\left(a_x\frac{\partial}{\partial x}+a_z\frac{\partial}{\partial z}\right)b_y-a_y\left(\frac{\partial b_x}{\partial x}+\frac{\partial b_z}{\partial z}\right)\right]\boldsymbol{j}$$

$$+\left[a_x\left(\frac{\partial b_x}{\partial z}-\frac{\partial b_z}{\partial x}\right)-a_y\left(\frac{\partial b_z}{\partial y}-\frac{\partial b_y}{\partial z}\right)+\left(a_x\frac{\partial}{\partial x}+a_y\frac{\partial}{\partial y}\right)b_z-a_z\left(\frac{\partial b_x}{\partial x}+\frac{\partial b_y}{\partial y}\right)\right]\boldsymbol{k} \tag{2}$$

$$=\left[\left(a_y\frac{\partial b_y}{\partial x}-a_x\frac{\partial b_y}{\partial y}\right)+\left(a_z\frac{\partial b_z}{\partial x}-a_x\frac{\partial b_z}{\partial z}\right)\right]\boldsymbol{i}+\left[\left(a_z\frac{\partial b_z}{\partial y}-a_y\frac{\partial b_z}{\partial z}\right)+\left(a_x\frac{\partial b_x}{\partial y}-a_y\frac{\partial b_x}{\partial x}\right)\right]\boldsymbol{j}$$

$$+\left[\left(a_x\frac{\partial b_x}{\partial z}-a_z\frac{\partial b_x}{\partial x}\right)+\left(a_y\frac{\partial b_y}{\partial z}-a_z\frac{\partial b_y}{\partial y}\right)\right]\boldsymbol{k}$$

由此可见，式(1)和式(2)最后一个等号右边相等，即式(1-3-103)成立。证毕。

利用式(1-3-102)，式(1-3-103)还可以写成

$$(\boldsymbol{a}\times\nabla)\times\boldsymbol{b}+\boldsymbol{a}(\nabla\cdot\boldsymbol{b})=\boldsymbol{a}\times(\nabla\times\boldsymbol{b})+(\boldsymbol{a}\cdot\nabla)\boldsymbol{b}=(\nabla\boldsymbol{b})\cdot\boldsymbol{a} \tag{1-3-104}$$

将$\boldsymbol{a}$和$\boldsymbol{b}$，式(1-3-104)变为

$$(\boldsymbol{b}\times\nabla)\times\boldsymbol{a}+\boldsymbol{b}(\nabla\cdot\boldsymbol{a})=\boldsymbol{b}\times(\nabla\times\boldsymbol{a})+(\boldsymbol{b}\cdot\nabla)\boldsymbol{a}=(\nabla\boldsymbol{a})\cdot\boldsymbol{b} \tag{1-3-105}$$

将式(1-3-104)和式(1-3-105)代入式(1-3-95)，得

$$\nabla(\boldsymbol{a}\cdot\boldsymbol{b})=(\nabla\boldsymbol{b})\cdot\boldsymbol{a}+(\nabla\boldsymbol{a})\cdot\boldsymbol{b} \tag{1-3-106}$$

式(1-3-95)、式(1-3-104)、式(1-3-105)和式(1-3-106)表明，某些向量运算表达式可以有不同的表现形式。

1.3.5 斯托克斯定理

将式(1-3-85)代入式(1-3-81)，可得以向量形式表示的**斯托克斯公式**

$$\oint_L \boldsymbol{a}\cdot\mathrm{d}\boldsymbol{l}=\iint_S \operatorname{rot}\boldsymbol{a}\cdot\mathrm{d}\boldsymbol{S}=\iint_S \operatorname{rot}\boldsymbol{a}\cdot\boldsymbol{n}\,\mathrm{d}S=\iint_S \nabla\times\boldsymbol{a}\cdot\mathrm{d}\boldsymbol{S}=\iint_S \boldsymbol{n}\cdot\nabla\times\boldsymbol{a}\,\mathrm{d}S \tag{1-3-107}$$

式中，曲面S的方向这样确定：在封闭曲线L上任取一点，记该点L的外法线方向为$\boldsymbol{n}_L$，L的切线方向为$\boldsymbol{\tau}$，S的法向量为$\boldsymbol{n}$，则$\boldsymbol{n}$、$\boldsymbol{n}_L$和$\boldsymbol{\tau}$构成右手系。

斯托克斯公式也称为**斯托克斯定理**，揭示了向量场线积分和面积分的转换关系。由此可以看出，前面介绍过的格林公式仅是斯托克斯定理在平面域上的一个特例。当然也可以直接证明斯托克斯定理，证明方法与高斯定理的证明方法类似，下面给出证明。

证 将曲面S分成n个微元曲面$\Delta S_1,\Delta S_2,\cdots,\Delta S_n$，围成各微元曲面的微元周界即封闭曲线为$\Delta L_1,\Delta L_2,\cdots,\Delta L_n$。取第$k$个曲面$\Delta S_k$和它的周界$\Delta L_k$，根据旋度的定义，存在下列关系

$$\operatorname{rot}\boldsymbol{a}\cdot\boldsymbol{n}=\frac{\oint_{\Delta L_k}\boldsymbol{a}\cdot\mathrm{d}\boldsymbol{l}}{\Delta S_k}+\varepsilon_k$$

即

$$\Delta S_k\operatorname{rot}\boldsymbol{a}\cdot\boldsymbol{n}=\oint_{\Delta L_k}\boldsymbol{a}\cdot\mathrm{d}\boldsymbol{l}+\varepsilon_k\Delta S_k$$

式中，旋度是在微元面积中某一点M处的值，左端表示旋度在微元面积ΔS_k上的通量；ε_k是个足够小的量，且当$\Delta S_k\to 0$时，$\varepsilon_k\to 0$。将上式对k从1到n求和，得

$$\sum_{k=1}^{n}\Delta S_k\operatorname{rot}\boldsymbol{a}\cdot\boldsymbol{n}=\sum_{k=1}^{n}\oint_{\Delta L_k}\boldsymbol{a}\cdot\mathrm{d}\boldsymbol{l}+\sum_{k=1}^{n}\varepsilon_k\Delta S_k$$

在封闭曲线ΔL_k的内部，各微元面积相邻两条封闭曲线公共边上的$\boldsymbol{a}$相同，而两条曲线方向相反，两者的积分相互抵消，这样，上式右端第一项只剩下对封闭曲线L的积分。同时，令

$n \to \infty$，使得$\Delta S_k \to 0$，则上式左端是以面积分$\iint_S \mathrm{rot}\,\boldsymbol{a}\cdot\boldsymbol{n}\,\mathrm{d}S$为极限。又对于向量$\boldsymbol{a}$，可认为当$n$充分大时，必存在一无穷小量$\varepsilon$，使得

$$|\varepsilon_1| < \varepsilon\,，\ |\varepsilon_2| < \varepsilon\,, \cdots，\ |\varepsilon_n| < \varepsilon$$

而当$n \to \infty$时，有

$$\lim_{n\to\infty} \varepsilon = 0$$

因此

$$\left|\sum_{k=1}^{n} \varepsilon_k \Delta S_k\right| \leqslant \sum_{k=1}^{n} \varepsilon \Delta S_k = \varepsilon \sum_{k=1}^{n} \Delta S_k = \varepsilon S$$

由于无穷小与有界函数的乘积还是无穷小，故上式的极限是零，于是

$$\iint_S \mathrm{rot}\,\boldsymbol{a}\cdot\boldsymbol{n}\,\mathrm{d}S = \oint_L \boldsymbol{a}\cdot\mathrm{d}\boldsymbol{l}$$

证毕。

斯托克斯定理还有另外一种向量形式，可表示为

$$\oiint_S \boldsymbol{n}\times\boldsymbol{a}\,\mathrm{d}S = \iiint_V \nabla\times\boldsymbol{a}\,\mathrm{d}V \tag{1-3-108}$$

式(1-3-108)称为旋度形式的**高斯公式**或**旋度定理**。

证 设$\boldsymbol{b} = \boldsymbol{a}\times\boldsymbol{c}$，式中，$\boldsymbol{c}$是一个任意常向量，将该式取散度，根据式(1-3-91)，得

$$\nabla\cdot\boldsymbol{b} = \boldsymbol{c}\cdot(\nabla\times\boldsymbol{a})$$

由高斯定理得

$$\oiint_S (\boldsymbol{a}\times\boldsymbol{c})\cdot\boldsymbol{n}\,\mathrm{d}S = \iiint_V \boldsymbol{c}\cdot(\nabla\times\boldsymbol{a})\,\mathrm{d}V$$

或

$$\boldsymbol{c}\cdot\oiint_S (\boldsymbol{n}\times\boldsymbol{a})\,\mathrm{d}S = \boldsymbol{c}\cdot\iiint_V (\nabla\times\boldsymbol{a})\,\mathrm{d}V$$

因$\boldsymbol{c}$是任意常向量，故有

$$\oiint_S (\boldsymbol{n}\times\boldsymbol{a})\,\mathrm{d}S = \iiint_V (\nabla\times\boldsymbol{a})\,\mathrm{d}V$$

证毕。

例 1.3.15 证明

$$\boldsymbol{a}\times\nabla\varphi = (\boldsymbol{a}\times\nabla)\varphi \tag{1-3-109}$$

证 设$\boldsymbol{a} = a_x\boldsymbol{i} + a_y\boldsymbol{j} + a_z\boldsymbol{k}$，将式(1-3-109)等号两边分别展开，有

$$\boldsymbol{a}\times\nabla\varphi = \begin{vmatrix} \boldsymbol{i} & \boldsymbol{j} & \boldsymbol{k} \\ a_x & a_y & a_z \\ \dfrac{\partial\varphi}{\partial x} & \dfrac{\partial\varphi}{\partial y} & \dfrac{\partial\varphi}{\partial z} \end{vmatrix} = \left(a_y\frac{\partial\varphi}{\partial z} - a_z\frac{\partial\varphi}{\partial y}\right)\boldsymbol{i} + \left(a_z\frac{\partial\varphi}{\partial x} - a_x\frac{\partial\varphi}{\partial y}\right)\boldsymbol{j} + \left(a_x\frac{\partial\varphi}{\partial y} - a_y\frac{\partial\varphi}{\partial x}\right)\boldsymbol{k} \tag{1}$$

$$\begin{aligned}(\boldsymbol{a}\times\nabla)\varphi &= \begin{vmatrix} \boldsymbol{i} & \boldsymbol{j} & \boldsymbol{k} \\ a_x & a_y & a_z \\ \dfrac{\partial}{\partial x} & \dfrac{\partial}{\partial y} & \dfrac{\partial}{\partial z} \end{vmatrix}\varphi = \left[\left(a_y\frac{\partial}{\partial z} - a_z\frac{\partial}{\partial y}\right)\boldsymbol{i} + \left(a_z\frac{\partial}{\partial x} - a_x\frac{\partial}{\partial y}\right)\boldsymbol{j} + \left(a_x\frac{\partial}{\partial y} - a_y\frac{\partial}{\partial x}\right)\boldsymbol{k}\right]\varphi \\ &= \left(a_y\frac{\partial\varphi}{\partial z} - a_z\frac{\partial\varphi}{\partial y}\right)\boldsymbol{i} + \left(a_z\frac{\partial\varphi}{\partial x} - a_x\frac{\partial\varphi}{\partial y}\right)\boldsymbol{j} + \left(a_x\frac{\partial\varphi}{\partial y} - a_y\frac{\partial\varphi}{\partial x}\right)\boldsymbol{k}\end{aligned} \tag{2}$$

可见式(1)等于式(2)，证毕。

例 1.3.16 证明

$$(\nabla\times\boldsymbol{a})\cdot\boldsymbol{b}=(\boldsymbol{b}\times\nabla)\cdot\boldsymbol{a} \tag{1-3-110}$$

证 设$\boldsymbol{a}=a_x\boldsymbol{i}+a_y\boldsymbol{j}+a_z\boldsymbol{k}$，$\boldsymbol{b}=b_x\boldsymbol{i}+b_y\boldsymbol{j}+b_z\boldsymbol{k}$，将式(1-3-110)等号两边分别展开，有

$$\begin{aligned}(\nabla\times\boldsymbol{a})\cdot\boldsymbol{b}&=\begin{vmatrix}\boldsymbol{i}&\boldsymbol{j}&\boldsymbol{k}\\ \dfrac{\partial}{\partial x}&\dfrac{\partial}{\partial y}&\dfrac{\partial}{\partial z}\\ a_x&a_y&a_z\end{vmatrix}\cdot(b_x\boldsymbol{i}+b_y\boldsymbol{j}+b_z\boldsymbol{k})\\ &=b_x\left(\frac{\partial a_z}{\partial y}-\frac{\partial a_y}{\partial z}\right)+b_y\left(\frac{\partial a_x}{\partial z}-\frac{\partial a_z}{\partial x}\right)+b_z\left(\frac{\partial a_y}{\partial x}-\frac{\partial a_x}{\partial y}\right)\end{aligned} \tag{1}$$

$$\begin{aligned}(\boldsymbol{b}\times\nabla)\cdot\boldsymbol{a}&=\begin{vmatrix}\boldsymbol{i}&\boldsymbol{j}&\boldsymbol{k}\\ b_x&b_y&b_z\\ \dfrac{\partial}{\partial x}&\dfrac{\partial}{\partial y}&\dfrac{\partial}{\partial z}\end{vmatrix}\cdot(a_x\boldsymbol{i}+a_y\boldsymbol{j}+a_z\boldsymbol{k})\\ &=\left[\left(b_y\frac{\partial}{\partial z}-b_z\frac{\partial}{\partial y}\right)\boldsymbol{i}+\left(b_z\frac{\partial}{\partial x}-b_x\frac{\partial}{\partial z}\right)\boldsymbol{j}+\left(b_x\frac{\partial}{\partial y}-b_y\frac{\partial}{\partial x}\right)\boldsymbol{k}\right]\cdot(a_x\boldsymbol{i}+a_y\boldsymbol{j}+a_z\boldsymbol{k})\\ &=\left(b_y\frac{\partial a_x}{\partial z}-b_z\frac{\partial a_x}{\partial y}\right)+\left(b_z\frac{\partial a_y}{\partial x}-b_x\frac{\partial a_y}{\partial z}\right)+\left(b_x\frac{\partial a_z}{\partial y}-b_y\frac{\partial a_z}{\partial x}\right)\\ &=b_x\left(\frac{\partial a_z}{\partial y}-\frac{\partial a_y}{\partial z}\right)+b_y\left(\frac{\partial a_x}{\partial z}-\frac{\partial a_z}{\partial x}\right)+b_z\left(\frac{\partial a_y}{\partial x}-\frac{\partial a_x}{\partial y}\right)\end{aligned} \tag{2}$$

可见式(1)等于式(2)。证毕。

例 1.3.17 证明

$$\oint_L\varphi\,\mathrm{d}\boldsymbol{l}=\iint_S(\boldsymbol{n}\times\nabla\varphi)\,\mathrm{d}S=\iint_S(\boldsymbol{n}\times\nabla)\varphi\,\mathrm{d}S \tag{1-3-111}$$

证 令$\boldsymbol{a}=\varphi\boldsymbol{c}$，式中，$\boldsymbol{c}$是任意常向量，对该式取旋度，根据式(1-3-88)，有

$$\nabla\times\boldsymbol{a}=\nabla\times(\varphi\boldsymbol{c})=\nabla\varphi\times\boldsymbol{c}+\varphi\nabla\times\boldsymbol{c}=\nabla\varphi\times\boldsymbol{c}$$

将其代入式(1-3-107)，得

$$\oint_L\varphi\boldsymbol{c}\cdot\mathrm{d}\boldsymbol{l}=\boldsymbol{c}\cdot\oint_L\varphi\,\mathrm{d}\boldsymbol{l}=\iint_S\boldsymbol{n}\cdot(\nabla\varphi\times\boldsymbol{c})\,\mathrm{d}S=\iint_S\boldsymbol{c}\cdot(\boldsymbol{n}\times\nabla\varphi)\,\mathrm{d}S=\boldsymbol{c}\cdot\iint_S(\boldsymbol{n}\times\nabla\varphi)\,\mathrm{d}S$$

因$\boldsymbol{c}$是任意常向量并注意到式(1-3-109)，故有

$$\oint_L\varphi\,\mathrm{d}\boldsymbol{l}=\iint_S(\boldsymbol{n}\times\nabla\varphi)\,\mathrm{d}S=\iint_S(\boldsymbol{n}\times\nabla)\varphi\,\mathrm{d}S$$

证毕。

例 1.3.18 证明

$$\oint_L\varphi\nabla\psi\cdot\mathrm{d}\boldsymbol{l}=-\oint_L\psi\nabla\varphi\cdot\mathrm{d}\boldsymbol{l}=\iint_S(\nabla\varphi\times\nabla\psi)\cdot\boldsymbol{n}\,\mathrm{d}S \tag{1-3-112}$$

证 令$\boldsymbol{a}=\varphi\nabla\psi$，对该式取旋度，根据式(1-3-90)和式(1-3-92)，有

$$\nabla\times\boldsymbol{a}=\nabla\times(\varphi\nabla\psi)=\nabla\varphi\times\nabla\psi+\varphi\nabla\times\nabla\psi=\nabla\varphi\times\nabla\psi \tag{1}$$

将式(1)代入式(1-3-107)，得

$$\oint_L\varphi\nabla\psi\cdot\mathrm{d}\boldsymbol{l}=\iint_S(\nabla\varphi\times\nabla\psi)\cdot\boldsymbol{n}\,\mathrm{d}S \tag{2}$$

将式(2)的φ和ψ易位，得

$$\oint_L \psi\nabla\varphi\cdot \mathrm{d}\boldsymbol{l}=\iint_S(\nabla\psi\times\nabla\varphi)\cdot\boldsymbol{n}\,\mathrm{d}S=-\iint_S(\nabla\varphi\times\nabla\psi)\cdot\boldsymbol{n}\,\mathrm{d}S \tag{3}$$

或

$$-\oint_L \psi\nabla\varphi\cdot \mathrm{d}\boldsymbol{l}=-\iint_S(\nabla\psi\times\nabla\varphi)\cdot\boldsymbol{n}\,\mathrm{d}S=\iint_S(\nabla\varphi\times\nabla\psi)\cdot\boldsymbol{n}\,\mathrm{d}S \tag{4}$$

由式(2)和式(4)可得到式(1-3-112)。证毕。

例 1.3.19 证明

$$\oint_L \mathrm{d}\boldsymbol{l}\times\boldsymbol{a}=\iint_S(\boldsymbol{n}\times\nabla)\times\boldsymbol{a}\,\mathrm{d}S \tag{1-3-113}$$

证 令$\boldsymbol{a}=\boldsymbol{b}\times\boldsymbol{c}$，式中，$\boldsymbol{c}$为常向量，根据斯托克斯定理，有

$$\oint_L(\boldsymbol{b}\times\boldsymbol{c})\cdot\mathrm{d}\boldsymbol{l}=\iint_S[\nabla\times(\boldsymbol{b}\times\boldsymbol{c})]\cdot\boldsymbol{n}\,\mathrm{d}S \tag{1}$$

在式(1)等号左边，根据三向量混合积公式并注意到$\boldsymbol{c}$为常向量，有

$$\oint_L(\boldsymbol{b}\times\boldsymbol{c})\cdot\mathrm{d}\boldsymbol{l}=\oint_L\boldsymbol{c}\cdot(\mathrm{d}\boldsymbol{l}\times\boldsymbol{b})=\boldsymbol{c}\cdot\oint_L\mathrm{d}\boldsymbol{l}\times\boldsymbol{b} \tag{2}$$

在式(1)等号右边，根据式(1-3-97)，有

$$\iint_S\nabla\times(\boldsymbol{b}\times\boldsymbol{c})\cdot\boldsymbol{n}\,\mathrm{d}S=\iint_S[(\boldsymbol{c}\cdot\nabla)\boldsymbol{b}-\boldsymbol{c}(\nabla\cdot\boldsymbol{b})]\cdot\boldsymbol{n}\,\mathrm{d}S=\boldsymbol{c}\cdot\iint_S[(\nabla\boldsymbol{b})\cdot\boldsymbol{n}-\boldsymbol{n}(\nabla\cdot\boldsymbol{b})]\mathrm{d}S \tag{3}$$

式中

$$\begin{aligned}(\boldsymbol{c}\cdot\nabla)\boldsymbol{b}&=\left[(c_x\boldsymbol{i}+c_y\boldsymbol{j}+c_z\boldsymbol{k})\cdot\left(\boldsymbol{i}\frac{\partial}{\partial x}+\boldsymbol{j}\frac{\partial}{\partial y}+\boldsymbol{k}\frac{\partial}{\partial z}\right)\right]\boldsymbol{b}=\left(c_x\frac{\partial}{\partial x}+c_y\frac{\partial}{\partial y}+c_z\frac{\partial}{\partial z}\right)\boldsymbol{b}\\&=c_x\frac{\partial\boldsymbol{b}}{\partial x}+c_y\frac{\partial\boldsymbol{b}}{\partial y}+c_z\frac{\partial\boldsymbol{b}}{\partial z}=(c_x\boldsymbol{i}+c_y\boldsymbol{j}+c_z\boldsymbol{k})\cdot\left(\boldsymbol{i}\frac{\partial\boldsymbol{b}}{\partial x}+\boldsymbol{j}\frac{\partial\boldsymbol{b}}{\partial y}+\boldsymbol{k}\frac{\partial\boldsymbol{b}}{\partial z}\right)\\&=\boldsymbol{c}\cdot(\nabla\boldsymbol{b})=\boldsymbol{c}\cdot\nabla\boldsymbol{b}\end{aligned} \tag{4}$$

将式(2)和式(3)代入式(1)，可得

$$\boldsymbol{c}\cdot\oint_L\mathrm{d}\boldsymbol{l}\times\boldsymbol{b}=\boldsymbol{c}\cdot\iint_S[(\nabla\boldsymbol{b})\cdot\boldsymbol{n}-\boldsymbol{n}(\nabla\cdot\boldsymbol{b})]\mathrm{d}S \tag{5}$$

将式(5)中的$\boldsymbol{b}$换成$\boldsymbol{a}$，因$\boldsymbol{c}$是任意常向量并利用式(1-3-101)，故有

$$\oint_L\mathrm{d}\boldsymbol{l}\times\boldsymbol{a}=\iint_S(\boldsymbol{n}\times\nabla)\times\boldsymbol{a}\,\mathrm{d}S \tag{6}$$

证毕。

式(1-3-111)～式(1-3-113)都称为**斯托克斯公式**。

式(1-3-107)、式(1-3-110)和式(1-3-113)可写成统一的形式

$$\oint_L\mathrm{d}\boldsymbol{l}\otimes(\ )=\oint_L\boldsymbol{\tau}\otimes(\ )\mathrm{d}l=\iint_S(\mathrm{d}\boldsymbol{S}\times\nabla)\otimes(\ )=\iint_S(\boldsymbol{n}\times\nabla)\otimes(\ )\mathrm{d}S \tag{1-3-114}$$

式中，$\otimes$可以是空白、点或叉，括号内相应的变量为数量函数φ或向量函数$\boldsymbol{a}$。

式(1-3-114)称为**广义斯托克斯公式**或**统一斯托克斯公式**。在面积分中的有向曲面元素$\mathrm{d}\boldsymbol{S}$与哈密顿算子∇的叉乘和线积分中的有向曲线元素$\mathrm{d}\boldsymbol{l}$处于同样的地位；也可以视为面积分中的单位法向量$\boldsymbol{n}$与哈密顿算子∇的叉乘和线积分中的单位切向量$\boldsymbol{\tau}$处于同样的地位，这样理解容易记忆和应用。

1.3.6 梯度、散度和旋度表示的统一高斯公式

现在把式(1-3-71)、式(1-3-43)和式(1-3-108)集中写在一起，有

$$\iiint_V\mathrm{grad}\,\varphi\,\mathrm{d}V=\oiint_S\boldsymbol{n}\varphi\,\mathrm{d}S \tag{1-3-115}$$

$$\iiint_V\mathrm{div}\,\boldsymbol{a}\,\mathrm{d}V=\oiint_S\boldsymbol{n}\cdot\boldsymbol{a}\,\mathrm{d}S \tag{1-3-116}$$

$$\iiint_V \mathrm{rot}\,\boldsymbol{a}\,\mathrm{d}V = \oiint_S \boldsymbol{n}\times\boldsymbol{a}\,\mathrm{d}S \tag{1-3-117}$$

或

$$\mathrm{grad}\,\varphi = \lim_{V\to 0}\frac{1}{V}\oiint_S \boldsymbol{n}\varphi\,\mathrm{d}S \tag{1-3-118}$$

$$\mathrm{div}\,\boldsymbol{a} = \lim_{V\to 0}\frac{1}{V}\oiint_S \boldsymbol{n}\cdot\boldsymbol{a}\,\mathrm{d}S \tag{1-3-119}$$

$$\mathrm{rot}\,\boldsymbol{a} = \lim_{V\to 0}\frac{1}{V}\oiint_S \boldsymbol{n}\times\boldsymbol{a}\,\mathrm{d}S \tag{1-3-120}$$

利用哈密顿算子，式(1-3-115)～式(1-3-117)可统一写成下列形式

$$\iiint_V \nabla\otimes(\ )\,\mathrm{d}V = \oiint_S \boldsymbol{n}\otimes(\ )\,\mathrm{d}S \tag{1-3-121}$$

式中，$\otimes$可以是空白、点或叉，括号内相应的变量为数量函数φ或向量函数$\boldsymbol{a}$。

式(1-3-121)称为梯度、散度和旋度表示的**广义高斯公式或统一高斯公式**。在体积分中的哈密顿算子∇和面积分中的单位法向量$\boldsymbol{n}$处于同样的地位，便于记忆和应用。

利用哈密顿算子，式(1-3-118)～式(1-3-120)可统一写成下列形式

$$\nabla\otimes(\ ) = \lim_{V\to 0}\frac{1}{V}\oiint_S \boldsymbol{n}\otimes(\ )\,\mathrm{d}S \tag{1-3-122}$$

将空白、点或叉及相应的数量函数φ或向量函数$\boldsymbol{a}$代入式(1-3-122)时，可分别得到梯度、散度和旋度的定义。这些定义的优点是它们与坐标系的选择无关，并且可用一个统一的符号表示。

1.4 直角坐标与极坐标的坐标变换

在变分法中经常遇到圆形或环形求解区域，此时宜采用极坐标。为此，应把以直角坐标(x,y)表示的微分方程转换为由极坐标(r,θ)表达。如图 1-4-1 所示，直角坐标与极坐标之间的关系为

$$x = r\cos\theta,\quad y = r\sin\theta,\quad r^2 = x^2 + y^2,\quad \theta = \arctan\frac{y}{x} \tag{1-4-1}$$

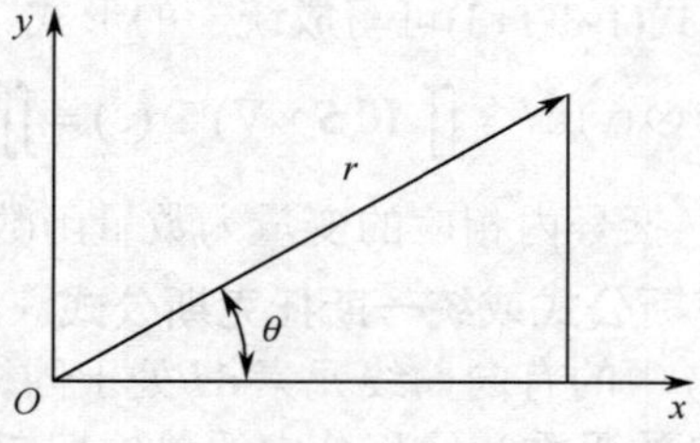

图 1-4-1　直角坐标与极坐标的关系

由此求得r、θ与x、y的导数关系

$$\frac{\partial r}{\partial x} = \frac{x}{r} = \cos\theta,\quad \frac{\partial r}{\partial y} = \frac{y}{r} = \sin\theta \tag{1-4-2}$$

$$\frac{\partial\theta}{\partial x} = \frac{\partial}{\partial x}\arctan\frac{y}{x} = -\frac{\sin\theta}{r} = -\frac{y}{r^2} \tag{1-4-3}$$

$$\frac{\partial\theta}{\partial y}=\frac{\partial}{\partial y}\arctan\frac{y}{x}=\frac{\cos\theta}{r}=\frac{x}{r^2} \tag{1-4-4}$$

根据复合函数求导法则，有

$$\frac{\partial u}{\partial x}=\frac{\partial u}{\partial r}\frac{\partial r}{\partial x}+\frac{\partial u}{\partial\theta}\frac{\partial\theta}{\partial x}=\frac{x}{r}\frac{\partial u}{\partial r}-\frac{y}{r^2}\frac{\partial u}{\partial\theta} \tag{1-4-5}$$

$$\frac{\partial u}{\partial y}=\frac{\partial u}{\partial r}\frac{\partial r}{\partial y}+\frac{\partial u}{\partial\theta}\frac{\partial\theta}{\partial y}=\frac{y}{r}\frac{\partial u}{\partial r}+\frac{x}{r^2}\frac{\partial u}{\partial\theta} \tag{1-4-6}$$

将式(1-4-5)和式(1-4-6)两端平方相加，并利用式(1-3-30)，得

$$\nabla u\cdot\nabla u=|\nabla u|^2=\left(\frac{\partial u}{\partial x}\right)^2+\left(\frac{\partial u}{\partial y}\right)^2=\left(\frac{\partial u}{\partial r}\right)^2+\frac{1}{r^2}\left(\frac{\partial u}{\partial\theta}\right)^2 \tag{1-4-7}$$

对于轴对称问题，式(1-4-7)的最后一项为零，有

$$\nabla u\cdot\nabla u=|\nabla u|^2=\left(\frac{\partial u}{\partial x}\right)^2+\left(\frac{\partial u}{\partial y}\right)^2=\left(\frac{\partial u}{\partial r}\right)^2 \tag{1-4-8}$$

对式(1-4-5)和式(1-4-6)求二阶偏导数，得

$$\frac{\partial^2 u}{\partial x^2}=\frac{1}{r}\frac{\partial u}{\partial r}-\frac{x^2}{r^3}\frac{\partial u}{\partial r}+\frac{2xy}{r^4}\frac{\partial u}{\partial\theta}+\frac{x^2}{r^2}\frac{\partial^2 u}{\partial r^2}+\frac{y^2}{r^4}\frac{\partial^2 u}{\partial\theta^2}-\frac{2xy}{r^3}\frac{\partial^2 u}{\partial r\partial\theta} \tag{1-4-9}$$

$$\frac{\partial^2 u}{\partial y^2}=\frac{1}{r}\frac{\partial u}{\partial r}-\frac{y^2}{r^3}\frac{\partial u}{\partial r}-\frac{2xy}{r^4}\frac{\partial u}{\partial\theta}+\frac{y^2}{r^2}\frac{\partial^2 u}{\partial r^2}+\frac{x^2}{r^4}\frac{\partial^2 u}{\partial\theta^2}+\frac{2xy}{r^3}\frac{\partial^2 u}{\partial r\partial\theta} \tag{1-4-10}$$

$$\frac{\partial^2 u}{\partial x\partial y}=-\frac{xy}{r^2}\left(\frac{\partial^2 u}{\partial r^2}-\frac{1}{r}\frac{\partial u}{\partial r}-\frac{1}{r^2}\frac{\partial^2 u}{\partial\theta^2}\right)+\frac{y^2-x^2}{r^2}\left(\frac{1}{r^2}\frac{\partial u}{\partial\theta}-\frac{1}{r}\frac{\partial^2 u}{\partial r\partial\theta}\right) \tag{1-4-11}$$

将式(1-4-9)和式(1-4-10)相加，得

$$\nabla^2 u=\Delta u=\frac{\partial^2 u}{\partial x^2}+\frac{\partial^2 u}{\partial y^2}=\frac{1}{r}\frac{\partial u}{\partial r}+\frac{\partial^2 u}{\partial r^2}+\frac{1}{r^2}\frac{\partial^2 u}{\partial\theta^2}=\frac{1}{r}\frac{\partial}{\partial r}\left(r\frac{\partial u}{\partial r}\right)+\frac{1}{r^2}\frac{\partial^2 u}{\partial\theta^2} \tag{1-4-12}$$

对于轴对称问题，u 只是 r 的函数，上面方程对 θ 的偏导数为零，偏微分符号可改写成常微分符号，故有

$$\nabla^2 u=\Delta u=\frac{\partial^2 u}{\partial x^2}+\frac{\partial^2 u}{\partial y^2}=\frac{1}{r}\frac{\mathrm{d}u}{\mathrm{d}r}+\frac{\mathrm{d}^2 u}{\mathrm{d}r^2}=\frac{1}{r}\frac{\mathrm{d}}{\mathrm{d}r}\left(r\frac{\mathrm{d}u}{\mathrm{d}r}\right) \tag{1-4-13}$$

将式(1-4-13)再对自变量求导两次，得

$$\begin{aligned}\nabla^2\nabla^2 u=\Delta^2 u&=\left(\frac{\partial^2}{\partial x^2}+\frac{\partial^2}{\partial y^2}\right)\left(\frac{\partial^2 u}{\partial x^2}+\frac{\partial^2 u}{\partial y^2}\right)\\&=\left(\frac{\partial^2}{\partial r^2}+\frac{1}{r}\frac{\partial}{\partial r}+\frac{1}{r^2}\frac{\partial^2}{\partial\theta^2}\right)\left(\frac{\partial^2 u}{\partial r^2}+\frac{1}{r}\frac{\partial u}{\partial r}+\frac{1}{r^2}\frac{\partial^2 u}{\partial\theta^2}\right)\end{aligned} \tag{1-4-14}$$

式中，$\nabla^2\nabla^2=\Delta^2$ 称为**双调和算子或重调和算子**。满足 $\Delta^2 u=0$ 的函数 u 称为**双调和函数或重调和函数**，将其展开后，得

$$\begin{aligned}\Delta^2 u=\frac{\partial^4 u}{\partial x^4}+2\frac{\partial^4 u}{\partial x^2\partial y^2}+\frac{\partial^4 u}{\partial y^4}=\frac{\partial^4 u}{\partial r^4}+2\frac{1}{r}\frac{\partial^3 u}{\partial r^3}-\frac{1}{r^2}\frac{\partial^2 u}{\partial r^2}+\frac{1}{r^3}\frac{\partial u}{\partial r}+\\\frac{1}{r^4}\frac{\partial^4 u}{\partial\theta^4}+2\left(2\frac{1}{r^4}\frac{\partial^2 u}{\partial\theta^2}-\frac{1}{r^3}\frac{\partial^3 u}{\partial r\partial\theta^2}+\frac{1}{r^2}\frac{\partial^4 u}{\partial r^2\partial\theta^2}\right)\end{aligned} \tag{1-4-15}$$

在轴对称情况下，对 θ 的偏导数等于零，式(1-4-15)可简化成

$$\Delta^2 u=\frac{\partial^4 u}{\partial x^4}+2\frac{\partial^4 u}{\partial x^2\partial y^2}+\frac{\partial^4 u}{\partial y^4}=\frac{\mathrm{d}^4 u}{\mathrm{d}r^4}+\frac{2}{r}\frac{\mathrm{d}^3 u}{\mathrm{d}r^3}-\frac{1}{r^2}\frac{\mathrm{d}^2 u}{\mathrm{d}r^2}+\frac{1}{r^3}\frac{\mathrm{d}u}{\mathrm{d}r} \tag{1-4-16}$$

设$\Delta^2 u=f(r)$，则式(1-4-16)可写成

$$\Delta^2 u=\frac{\mathrm{d}^4 u}{\mathrm{d}r^4}+\frac{2}{r}\frac{\mathrm{d}^3 u}{\mathrm{d}r^3}-\frac{1}{r^2}\frac{\mathrm{d}^2 u}{\mathrm{d}r^2}+\frac{1}{r^3}\frac{\mathrm{d}u}{\mathrm{d}r}=f(r) \tag{4-1-17}$$

作变换$r=\mathrm{e}^t$，即$t=\ln r$，对r求导，得$\frac{\mathrm{d}t}{\mathrm{d}r}=\frac{1}{r}$，于是

$$\frac{\mathrm{d}u}{\mathrm{d}r}=\frac{\mathrm{d}u}{\mathrm{d}t}\frac{\mathrm{d}t}{\mathrm{d}r}=\frac{1}{r}\frac{\mathrm{d}u}{\mathrm{d}t} \tag{1-4-18}$$

$$\frac{\mathrm{d}^2 u}{\mathrm{d}r^2}=\frac{1}{r^2}\left(\frac{\mathrm{d}^2 u}{\mathrm{d}t^2}-\frac{\mathrm{d}u}{\mathrm{d}t}\right) \tag{1-4-19}$$

$$\frac{\mathrm{d}^3 u}{\mathrm{d}r^3}=\frac{1}{r^3}\left(\frac{\mathrm{d}^3 u}{\mathrm{d}t^3}-3\frac{\mathrm{d}^2 u}{\mathrm{d}t^2}+2\frac{\mathrm{d}u}{\mathrm{d}t}\right) \tag{1-4-20}$$

$$\frac{\mathrm{d}^4 u}{\mathrm{d}r^4}=\frac{1}{r^4}\left(\frac{\mathrm{d}^4 u}{\mathrm{d}t^4}-6\frac{\mathrm{d}^3 u}{\mathrm{d}t^3}+11\frac{\mathrm{d}^2 u}{\mathrm{d}t^2}-6\frac{\mathrm{d}u}{\mathrm{d}t}\right) \tag{1-4-21}$$

将式(1-4-18)～式(1-4-21)代入式(1-4-17)，得

$$\frac{1}{r^4}\left(\frac{\mathrm{d}^4 u}{\mathrm{d}t^4}-4\frac{\mathrm{d}^3 u}{\mathrm{d}t^3}+4\frac{\mathrm{d}^2 u}{\mathrm{d}t^2}\right)=f(r) \tag{1-4-22}$$

或

$$\frac{\mathrm{d}^4 u}{\mathrm{d}t^4}-4\frac{\mathrm{d}^3 u}{\mathrm{d}t^3}+4\frac{\mathrm{d}^2 u}{\mathrm{d}t^2}=\mathrm{e}^{4t}\,f(\mathrm{e}^t) \tag{1-4-23}$$

式(1-4-23)对应的齐次方程为

$$\frac{\mathrm{d}^4 u}{\mathrm{d}t^4}-4\frac{\mathrm{d}^3 u}{\mathrm{d}t^3}+4\frac{\mathrm{d}^2 u}{\mathrm{d}t^2}=0 \tag{1-4-24}$$

式(1-4-24)是常系数四阶微分方程，其特征方程是

$$k^4-4k^3+4k^2=0 \tag{1-4-25}$$

解之，得两对二重实根$k=0$和$k=2$。于是，齐次方程的解是

$$U=At+Bt\,\mathrm{e}^{2t}+C\,\mathrm{e}^{2t}+D \tag{1-4-26}$$

式中，A、B、C和D皆为待定系数。

因$t=\ln r$，故式(1-4-26)可写成

$$U(r)=A\ln r+Br^2\ln r+Cr^2+D \tag{1-4-27}$$

根据式(1-4-23)等号右边$\mathrm{e}^{4t}\,f(\mathrm{e}^t)$的具体形式，可求出特解$F(\mathrm{e}^t)=F(r)$，于是，式(1-4-17)的通解为

$$u=U(r)+F(r) \tag{1-4-28}$$

若令式(1-4-23)的$f(\mathrm{e}^t)$等于常数E，则可设特解为$F(r)=F(\mathrm{e}^t)=GE\,\mathrm{e}^{4t}$，代入式(1-4-23)，得

$$256GE\,\mathrm{e}^{4t}-256GE\,\mathrm{e}^{4t}+64GE\,\mathrm{e}^{4t}=E\,\mathrm{e}^{4t} \tag{1-4-29}$$

比较两边系数，得$G=1/64$。于是，通解为

$$u=A\ln r+Br^2\ln r+Cr^2+D+\frac{Er^4}{64} \tag{1-4-30}$$

若上述圆形区域在圆心处有孔，则成为环形区域，这时在内、外两个边界上共有四个边界条件，足以确定四个积分常数。若在圆心处无孔，则 $r=0$ 时，u 和 u'' 都应是有限值，故在式(1-4-30)中必须有

$$A=B=0$$

此时，式(1-4-30)简化为

$$u=Cr^2+D+\frac{Er^4}{64} \tag{1-4-31}$$

式中，常数 C、D 由边界条件确定。

1.5 变分法基本引理

为了后面各章研究变分问题的方便，下面介绍几个变分法的基本引理。

引理 1.5.1 设函数 $f(x)$ 在区间 $[a,b]$ 上连续，任意函数 $\eta(x)$ 在区间 $[a,b]$ 上具有 n 阶连续导数，且对于某个正数 m ($m=0,1,\cdots,n$)，当满足条件

$$\eta^{(k)}(a)=\eta^{(k)}(b)=0 \quad (k=0,1,\cdots,m)$$

时，如果积分

$$\int_a^b f(x)\eta(x)\,\mathrm{d}x=0 \tag{1-5-1}$$

总成立，则在区间 $[a,b]$ 上必有

$$f(x)\equiv 0 \tag{1-5-2}$$

引理 1.5.1 也称为**拉格朗日引理**。

证 用反证法。若 $f(x)$ 在区间 $[a,b]$ 上不恒为零，则由 $f(x)$ 的连续性可知，在区间 (a,b) 内至少有一点 ξ，如图 1-5-1 所示，使 $f(x)\neq 0$，不妨设 $f(\xi)>0$，故必存在包含 ξ 的闭区间 $[a_0,b_0]$，当 $a<a_0\leqslant\xi\leqslant b_0<b$ 时，有 $f(x)>0$。此时，取函数 $\eta(x)$ 如下

$$\eta(x)=\begin{cases}[(x-a_0)(b_0-x)]^{2n+2} & x\in[a_0,b_0]\\ 0 & x\notin[a_0,b_0]\end{cases} \tag{1-5-3}$$

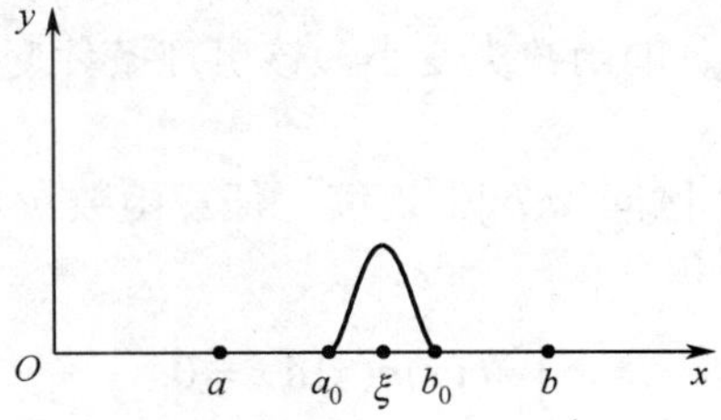

图 1-5-1 引理 1.5.1 图

显然式(1-5-3)在区间 $[a,b]$ 上具有 n 阶连续可导函数，满足条件 $\eta^{(k)}(a)=\eta^{(k)}(b)=0$ ($k=0,1,\cdots,m$)，因此，根据式(1-5-2)和式(1-5-3)，有

$$\int_a^b f(x)\eta(x)\,\mathrm{d}x=\int_{a_0}^{b_0} f(x)(x-a_0)^{2n+2}(b_0-x)^{2n+2}\,\mathrm{d}x>0 \tag{1-5-4}$$

这与式(1-5-1)相矛盾，故 $f(x)>0$ 是不可能的。同理可证，$f(x)<0$ 也是不可能的。又因为 $f(x)$ 在区间 $[a,b]$ 上连续，故有 $f(a)=f(b)=0$。综上所述，必有

$$f(x)\equiv 0 \quad x\in[a,b]$$

证毕。

在上面的证明中函数$\eta(x)$采取了式(1-5-3)的形式，但$\eta(x)$的取法并不是唯一的，例如，可以取$\eta(x)=A\varphi(x)$，其中A是适当选取的常数，而函数$\varphi(x)$的表达式如下

$$\varphi(x)=\begin{cases}\mathrm{e}^{\frac{1}{(x-x_0)^2-\delta^2}} & x\in(x_0-\delta,x_0+\delta)\\ 0 & x\notin(x_0-\delta,x_0+\delta)\end{cases} \tag{1-5-5}$$

式中，$a_0=x_0-\delta$，$b_0=x_0+\delta$。

式(1-5-5)常称为**软化子**。简单地说，软化子是一种光滑函数，它在有界区间内不为零，而在有界区间外等于零。注意，在利用式(1-5-5)求证时，原来的闭区间$[a_0,b_0]$要改成开区间，这样做并不影响所研究问题的性质。式(1-5-5)的图形如图 1-5-2 所示。软化子有许多表达式，下面再给出两个表达式

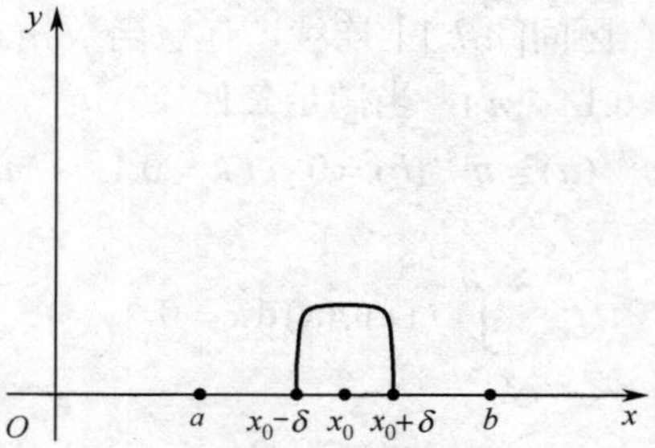

图 1-5-2　软化子图形

$$\varphi(x)=\begin{cases}\mathrm{e}^{\frac{-1}{\delta^2-x^2}} & 当|x|\leqslant\delta\\ 0 & 当|x|>\delta\end{cases} \tag{1-5-6}$$

$$\varphi(x)=\begin{cases}\mathrm{e}^{\frac{-\delta^2}{\delta^2-(x-x_0)^2}} & x\in(x_0-\delta,x_0+\delta)\\ 0 & x\notin(x_0-\delta,x_0+\delta)\end{cases} \tag{1-5-7}$$

当m或n增大时，所取$\eta(x)$的函数类变小，该引理条件变弱。特别是当取$m=n=0$时，有下面的引理：

引理 1.5.2　设函数$f(x)$在区间$[a,b]$上连续，任意函数$\eta(x)$在区间$[a,b]$上连续，且满足边界条件$\eta(a)=\eta(b)=0$，总使积分

$$\int_a^b f(x)\eta(x)\,\mathrm{d}x=0 \tag{1-5-8}$$

成立，则在区间$[a,b]$上必有$f(x)\equiv 0$。

引理 1.5.3　设函数$f(x,y)$在闭区域D内连续，任意函数$\eta(x,y)$及其一阶偏导数在区域D内都连续，且在区域D的边界线L上$\eta(x,y)$等于零，总使积分

$$\iint_D f(x,y)\eta(x,y)\,\mathrm{d}x\,\mathrm{d}y=0 \tag{1-5-9}$$

成立，则在区域D上必有$f(x,y)\equiv 0$。

证　设在区域D内某一点(ξ,ζ)处，函数$f(x,y)$取正值。由$f(x,y)$的连续性可知，必存在某个以(ξ,ζ)为中心，以ρ为半径的圆。在该圆内，$f(x,y)>0$，且该圆包含在区域D内。取函数$\eta(x,y)$如下

$$\eta(x,y)=\begin{cases}\rho^2-(x-\xi)^2+(y-\zeta)^2 & (x-\xi)^2+(y-\zeta)^2<\rho^2\\ 0 & (x-\xi)^2+(y-\zeta)^2\geqslant\rho^2\end{cases}\tag{1-5-10}$$

不难验证，$\eta(x,y)$ 满足引理 1.5.3 的一切条件，但此时积分值为正，且此圆包含于区域 D 内，这与引理 1.5.3 的条件相矛盾，故 $f(x,y)$ 在区域 D 内处处为零，引理 1.5.3 得证。证毕。

引理 1.5.4 设函数 $f(x,y)$ 在闭区域 D 内连续，任意函数 $\eta(x,y)$ 所有 n 阶偏导数在区域 D 内都连续，L 为区域 D 的边界，只要

$$\left.\frac{\partial^k\eta}{\partial x^i\partial y^{k-i}}\right|_L=0\,,\quad\begin{pmatrix}k=0,1,2,\cdots,n-1\\ i=0,1,2,\cdots,k\end{pmatrix}$$

总使积分

$$\iint_D f(x,y)\eta(x,y)\,\mathrm{d}x\,\mathrm{d}y=0\tag{1-5-11}$$

成立，则在区域 D 上，必有 $f(x,y)\equiv 0$。

引理 1.5.3 和引理 1.5.4 还可以推广到 n 元函数积分的情形。

引理 1.5.5 设函数 $\eta(x)$ 在区间 $[a,b]$ 上连续可微，且 $\eta(a)=0$（或 $\eta(b)=0$），则有

$$\int_a^b\eta'^2(x)\,\mathrm{d}x\geqslant\frac{2}{(b-a)^2}\int_a^b\eta^2(x)\,\mathrm{d}x\tag{1-5-12}$$

证 设函数 $f(x)$、$g(x)$ 在区间 $[a,b]$ 上连续，λ 为实变量。于是

$$y(\lambda)=\int_a^b[f(x)\lambda+g(x)]^2\,\mathrm{d}x\geqslant 0$$

或

$$y(\lambda)=\lambda^2\int_a^b[f(x)]^2\,\mathrm{d}x+2\lambda\int_a^b f(x)g(x)\,\mathrm{d}x+\int_a^b[g(x)]^2\,\mathrm{d}x\geqslant 0$$

上式等号右端是关于 λ 的二次三项式，这表明抛物线 $y=y(\lambda)$ 与实轴最多只有一个交点，根据一元二次方程求根判别式，有

$$\left[\int_a^b f(x)g(x)\,\mathrm{d}x\right]^2\leqslant\int_a^b[f(x)]^2\,\mathrm{d}x\int_a^b[g(x)]^2\,\mathrm{d}x\tag{1-5-13}$$

式(1-5-13)称为**布尼亚可夫斯基不等式**或**施瓦茨不等式**，是 1859 年首先由布尼亚可夫斯基建立的，1875 年施瓦茨才发现该不等式，但该不等式却常以施瓦茨的名字命名。施瓦茨不等式是数学分析中最重要的不等式之一，它是有限和形式的柯西不等式在积分形式上的推广，它后来才被发现是赫尔德积分形式的不等式的特例。

对于 $\eta(a)=0$，利用施瓦茨不等式和下面积分

$$\eta(x)=\int_a^x\eta'(x)\,\mathrm{d}x\quad(a\leqslant x\leqslant b)$$

可得

$$\int_a^b\eta^2(x)\,\mathrm{d}x=\int_a^b\left[\int_a^x 1\cdot\eta'(x)\,\mathrm{d}x\right]^2\mathrm{d}x\leqslant\int_a^b\left[\int_a^x 1^2\,\mathrm{d}x\int_a^x\eta'^2(x)\,\mathrm{d}x\right]\mathrm{d}x$$

$$\leqslant\int_a^b\left[(x-a)\int_a^b\eta'^2(x)\,\mathrm{d}x\right]\mathrm{d}x=\frac{1}{2}(b-a)^2\int_a^b\eta'^2(x)\,\mathrm{d}x$$

将上式整理，可得式(1-5-12)。

同理，对于 $\eta(b)=0$，有

$$-\eta(x)=\int_x^b\eta'(x)\,\mathrm{d}x\quad(a\leqslant x\leqslant b)$$

可得

$$\int_a^b \eta^2(x)\,dx = \int_a^b \left[\int_x^b 1\cdot\eta'(x)\,dx\right]^2 dx \leqslant \int_a^b \left[\int_x^b 1^2\,dx \int_x^b \eta'^2(x)\,dx\right] dx$$

$$\leqslant \int_a^b [(b-x)\int_a^b \eta'^2(x)\,dx]\,dx = \frac{1}{2}(b-a)^2 \int_a^b \eta'^2(x)\,dx$$

将上式整理，也可得式(1-5-12)。证毕。

引理 1.5.5 可以推广到更一般的情形，即有下面的引理：

引理 1.5.6 设函数$\eta(x)$在区间$[a,b]$上$n+1$阶连续可微，且$\eta^{(n)}(a)=0$（或$\eta^{(n)}(b)=0$），则有

$$\int_a^b [\eta^{(n+1)}(x)]^2\,dx \geqslant \frac{2}{(b-a)^2}\int_a^b [\eta^{(n)}(x)]^2\,dx \tag{1-5-14}$$

当$n=0$时，式(1-5-14)就退化成式(1-5-12)。

引理 1.5.7 设函数$f(x)$在区间$[a,b]$上连续，任意函数$\eta(x)$在区间$[a,b]$上具有一阶连续导数，且$\eta(a)=\eta(b)=0$，若积分

$$\int_a^b f(x)\eta'(x)\,dx = 0 \tag{1-5-15}$$

总成立，则在区间$[a,b]$上必有

$$f(x) \equiv \text{常数} \tag{1-5-16}$$

引理 1.5.7 也称为**黎曼定理**或**杜布瓦–雷蒙引理**。该引理是杜布瓦–雷蒙于 1879 年发表的。

证 1 用反证法。若$f(x)$在区间$[a,b]$上不是常数，则由$f(x)$的连续性，在该区间上至少有两点ξ，ζ，使$f(x)$取不相等的值，不妨设$f(\xi)>f(\zeta)$。设a_0和b_0是一对满足不等式

$$f(\xi) > a_0 > b_0 > f(\zeta)$$

的数，取n足够大，可以作互不相交，位于在区间$[a,b]$内的一对区间$\left[x_0, x_0+\frac{\pi}{n}\right]$和$\left[x_1, x_1+\frac{\pi}{n}\right]$，并在区间$\left[x_0, x_0+\frac{\pi}{n}\right]$内，不等式$f(\xi)>a_0$成立，而在区间$\left[x_1, x_1+\frac{\pi}{n}\right]$内，不等式$f(\zeta)<b_0$成立。此时，取函数$\eta(x)$的导数如下

$$\eta'(x) = \begin{cases} \sin^2[n(x-x_0)] & x\in\left[x_0, x_0+\dfrac{\pi}{n}\right] \\ \cos^2[n(x-x_1)] & x\in\left[x_1, x_1+\dfrac{\pi}{n}\right] \\ 0 & x\text{在区间}[a,b]\text{其余的点上} \end{cases} \tag{1-5-17}$$

显然，函数$\eta(x)=\int_a^x \eta'(x)\,dx$连续，有连续导数$\eta'(x)$，并且

$$\eta(a)=0$$

$$\eta(b) = \int_a^b \eta'(x)\,dx = \int_{x_0}^{x_0+\frac{\pi}{n}} \sin^2[n(x-x_0)]\,dx - \int_{x_1}^{x_1+\frac{\pi}{n}} \sin^2[n(x-x_0)]\,dx = 0$$

根据引理条件，有

$$\int_a^b f(x)\eta'(x)\,dx = 0$$

但另一方面，有

$$\int_a^b f(x)\eta'(x)\,\mathrm{d}x=\int_{x_0}^{x_0+\frac{\pi}{n}} f(x)\sin^2[n(x-x_0)]\,\mathrm{d}x-\int_{x_1}^{x_1+\frac{\pi}{n}} f(x)\sin^2[n(x-x_0)]\,\mathrm{d}x$$

$$>(a_0-b_0)\int_0^{\frac{\pi}{n}}\sin^2 nx\,\mathrm{d}x>0 \tag{1-5-18}$$

这与式(1-5-15)相矛盾，故 $f(x)$ 必等于常数。证毕。

证 2 将式(1-5-15)分部积分，得

$$\int_a^b f(x)\eta'(x)\,\mathrm{d}x=[f(x)\eta(x)]\Big|_a^b-\int_a^b f'(x)\eta(x)\,\mathrm{d}x=-\int_a^b f'(x)\eta(x)\,\mathrm{d}x=0$$

由引理 1.5.2 可知，$f'(x)\equiv 0$，积分得 $f(x)\equiv c$。证毕。

引理 1.5.8 设函数 $f(x)$ 在区间 $[a,b]$ 上连续可导，任意函数 $\eta(x)$ 在区间 $[a,b]$ 上具有 $n-1$ 阶连续导数，且 $\eta^{(k)}(a)=\eta^{(k)}(b)=0$（$k=1,2,\cdots,n-1$），都有积分

$$\int_a^b f(x)\eta^{(n)}(x)\,\mathrm{d}x=0 \tag{1-5-19}$$

成立，则在区间 $[a,b]$ 上 $f(x)$ 是 $n-1$ 次多项式。

证 对式(1-5-19)采用分部积分法

$$\begin{aligned}\int_a^b f(x)\eta^{(n)}(x)\,\mathrm{d}x&=[f(x)\eta^{(n-1)}(x)]\Big|_a^b-\int_a^b f'(x)\eta^{(n-1)}(x)\,\mathrm{d}x\\&=-[f'(x)\eta^{(n-2)}(x)]\Big|_a^b+\int_a^b f''(x)\eta^{(n-2)}(x)\,\mathrm{d}x=\cdots\\&=(-1)^{i-1}[f^{(i-1)}(x)\eta^{(n-i)}(x)]\Big|_a^b+(-1)^i\int_a^b f^{(i)}(x)\eta^{(n-i)}(x)\,\mathrm{d}x=\cdots\\&=(-1)^n\int_a^b f^{(n)}(x)\eta(x)\,\mathrm{d}x=0\end{aligned}$$

由引理 1.5.2 可知，$f^{(n)}(x)\equiv 0$，故 $f(x)$ 是 $n-1$ 次多项式。证毕。

1.6 求和约定、克罗内克符号和排列符号

空间向量 $\boldsymbol{a}$ 可表示为

$$\boldsymbol{a}=a_1\boldsymbol{e}_1+a_2\boldsymbol{e}_2+a_3\boldsymbol{e}_3=\sum_{i=1}^3 a_i\boldsymbol{e}_i \tag{1-6-1}$$

为了使式(1-6-1)表达得更简洁，可以这样约定：在表达式的某项中，某指标(上标或下标)出现两次时，就表示对该指标在取值范围内求和，同时把求和符号省略，这样的约定称为**爱因斯坦求和约定**。在某项中重复出现的指标称为**哑指标**或简称**哑标**。于是式(1-6-1)可缩写成

$$\boldsymbol{a}=a_i\boldsymbol{e}_i \tag{1-6-2}$$

哑标仅表示求和，使用什么符号表示哑标无关紧要，但应避免使用已有特定含义的符号。

在 n 维空间中，任意一组 n 个线性无关的向量称为它的一个**基**，基中每个向量都称为**基矢量**或**基向量**。在直角坐标系中，由三个互相垂直的具有单位长度的基向量组成的基称为**直角笛卡儿基**，简称**笛卡儿基**。

在三维直角坐标系中，基向量 $\boldsymbol{e}_1$、$\boldsymbol{e}_2$ 和 $\boldsymbol{e}_3$ 相互垂直且每个基向量的模为 1，即

$$\boldsymbol{e}_1\cdot\boldsymbol{e}_1=1,\quad \boldsymbol{e}_2\cdot\boldsymbol{e}_2=1,\quad \boldsymbol{e}_3\cdot\boldsymbol{e}_3=1,\quad \boldsymbol{e}_1\cdot\boldsymbol{e}_2=0,\quad \boldsymbol{e}_2\cdot\boldsymbol{e}_3=0,\quad \boldsymbol{e}_3\cdot\boldsymbol{e}_1=0$$

这六个关系式可以简洁地表示为

$$\boldsymbol{e}_i\cdot\boldsymbol{e}_j=\delta_{ij} \tag{1-6-3}$$

式中

$$\delta_{ij}=\begin{cases}1 & i=j\\0 & i\neq j\end{cases} \tag{1-6-4}$$

符号 δ_{ij} 称为**克罗内克符号**。该定义表明 δ_{ij} 具有对称性，与指标排列顺序无关，即

$$\delta_{ij}=\delta_{ji} \tag{1-6-5}$$

克罗内克符号的分量是单位矩阵的各个元素，在三维空间中可表示为

$$\begin{vmatrix}\delta_{11} & \delta_{12} & \delta_{13}\\ \delta_{21} & \delta_{22} & \delta_{23}\\ \delta_{31} & \delta_{32} & \delta_{33}\end{vmatrix}=\begin{vmatrix}1 & 0 & 0\\ 0 & 1 & 0\\ 0 & 0 & 1\end{vmatrix} \tag{1-6-6}$$

可以通过以下例子掌握克罗内克符号的运算规律。例如

$$\delta_{ii}=\delta_{11}+\delta_{22}+\delta_{33}=3 \tag{1-6-7}$$

$$\begin{cases}\delta_{1m}a_m=\delta_{11}a_1+\delta_{12}a_2+\delta_{13}a_3=a_1\\ \delta_{2m}a_m=\delta_{21}a_1+\delta_{22}a_2+\delta_{23}a_3=a_2\\ \delta_{3m}a_m=\delta_{31}a_1+\delta_{32}a_2+\delta_{33}a_3=a_3\end{cases} \tag{1-6-8}$$

式(1-6-8)的一般表达式为

$$\delta_{im}a_m=a_i \tag{1-6-9}$$

再如

$$\begin{cases}\delta_{1m}T_{mj}=\delta_{11}T_{1j}+\delta_{12}T_{2j}+\delta_{13}T_{3j}=T_{1j}\\ \delta_{2m}T_{mj}=\delta_{21}T_{1j}+\delta_{22}T_{2j}+\delta_{23}T_{3j}=T_{2j}\\ \delta_{3m}T_{mj}=\delta_{31}T_{1j}+\delta_{32}T_{2j}+\delta_{33}T_{3j}=T_{3j}\end{cases} \tag{1-6-10}$$

式(1-6-10)的一般表达式为

$$\delta_{im}T_{mj}=T_{ij} \tag{1-6-11}$$

式(1-6-9)和式(1-6-11)表明，在 δ 符号的两个指标中，如果有一个和同项中其他因子的指标相重，则可把该因子的那个重指标换成 δ 的另一个指标，而 δ 自动消失。由于 δ_{ij} 是个张量，又考虑到它的置换性质和算子的作用，故 δ_{ij} 也称为**置换张量**或**置换算子**。在式(1-6-11)中，在同一项中不重复出现的指标 i 和 j 称为**自由指标**或**指定指标**。应当注意，出现在表达式每项中的自由指标必须相同。

在直角坐标系中，两向量 $\boldsymbol{a}$ 和 $\boldsymbol{b}$ 的数量积可写成

$$\boldsymbol{a}\cdot\boldsymbol{b}=a_i\boldsymbol{e}_i\cdot b_j\boldsymbol{e}_j=a_ib_j\boldsymbol{e}_i\cdot\boldsymbol{e}_j=a_ib_j\delta_{ij}=a_ib_i \tag{1-6-12}$$

类似地，向量函数 $\boldsymbol{a}$ 的散度可写成

$$\nabla\cdot\boldsymbol{a}=\boldsymbol{e}_i\frac{\partial}{\partial x_i}\cdot a_j\boldsymbol{e}_j=\frac{\partial a_j}{\partial x_i}\delta_{ij}=\frac{\partial a_i}{\partial x_i} \tag{1-6-13}$$

例 1.6.1 证明恒等式 $\mathrm{div}(r^n\boldsymbol{r})=(n+3)r^n$，式中，$r=|\boldsymbol{r}|=\sqrt{x_ix_i}$。

证 散度 $\mathrm{div}(r^n\boldsymbol{r})$ 可写成

$$\mathrm{div}(r^n\boldsymbol{r})=\left(\boldsymbol{e}_i\frac{\partial}{\partial x_i}\right)\cdot(r^nx_j\boldsymbol{e}_j)=\left(\frac{\partial r^n}{\partial x_i}x_j+r^n\frac{\partial x_j}{\partial x_i}\right)\delta_{ij}$$

$$=\left(nr^{n-1}\frac{\partial r}{\partial x_i}x_j+r^n\delta_{ij}\right)\delta_{ij}=nr^{n-1}\frac{\partial r}{\partial x_i}x_i+r^n\delta_{ii}$$

而

$$\frac{\partial r}{\partial x_i}=\frac{\partial\sqrt{x_j x_j}}{\partial x_i}=\frac{1}{2\sqrt{x_j x_j}}\frac{\partial(x_j x_j)}{\partial x_i}=\frac{1}{2r}\left(\frac{\partial x_j}{\partial x_i}x_j+x_j\frac{\partial x_j}{\partial x_i}\right)=\frac{1}{r}\delta_{ij}x_j=\frac{x_i}{r}$$

于是有

$$\operatorname{div}(r^n\boldsymbol{r})=nr^{n-1}\frac{x_i x_i}{r}+r^n\delta_{ii}=(n+3)r^n$$

证毕。

在三维直角坐标系中，基向量满足下列叉积关系

$$\boldsymbol{e}_1\times\boldsymbol{e}_2=\boldsymbol{e}_3;\quad \boldsymbol{e}_2\times\boldsymbol{e}_3=\boldsymbol{e}_1;\quad \boldsymbol{e}_3\times\boldsymbol{e}_1=\boldsymbol{e}_2;\quad \boldsymbol{e}_2\times\boldsymbol{e}_1=-\boldsymbol{e}_3;\quad \boldsymbol{e}_3\times\boldsymbol{e}_2=-\boldsymbol{e}_1;\quad \boldsymbol{e}_1\times\boldsymbol{e}_3=-\boldsymbol{e}_2$$

且当 $i=j$ 时，有 $\boldsymbol{e}_i\times\boldsymbol{e}_j=\boldsymbol{0}$ 。

以上各关系可统一表示为

$$\boldsymbol{e}_i\times\boldsymbol{e}_j=\begin{cases}\boldsymbol{e}_k & \text{如果 } i\neq j\neq k \text{ 且 } i,j,k \text{ 按正循环次序置换}\\ -\boldsymbol{e}_k & \text{如果 } i\neq j\neq k \text{ 且 } i,j,k \text{ 按逆循环次序置换}\\ \boldsymbol{0} & \text{如果任意两个指标相同}\end{cases} \tag{1-6-14}$$

式(1-6-14)可以方便地表示为

$$\boldsymbol{e}_i\times\boldsymbol{e}_j=\varepsilon_{ijk}\boldsymbol{e}_k \qquad (i,j,k=1,2,3) \tag{1-6-15}$$

式中，ε_{ijk} 称为**里奇符号**、**排列符号**、**置换符号**或**交错张量**，可表示为

$$\varepsilon_{ijk}=\begin{cases}1 & \text{当}(i,j,k)\text{按}(1,2,3)\text{、}(2,3,1)\text{按}(3,1,2)\text{的次序排列时}\\ -1 & \text{当}(i,j,k)\text{按}(3,2,1)\text{、}(1,3,2)\text{按}(2,1,3)\text{的次序排列时}\\ 0 & \text{当}(i,j,k)\text{中任意两个或三个指标相同时}\end{cases} \tag{1-6-16}$$

或

$$\varepsilon_{ijk}=\frac{1}{2}(i-j)(j-k)(k-1) \qquad (i,j,k=1,2,3) \tag{1-6-17}$$

将式(1-6-15)两端点乘 $\boldsymbol{e}_k$，得

$$(\boldsymbol{e}_i\times\boldsymbol{e}_j)\cdot\boldsymbol{e}_k=\varepsilon_{ijk} \qquad (i,j,k=1,2,3) \tag{1-6-18}$$

式(1-6-18)的左端就是三向量的混合积。由此可知排列符号 ε_{ijk} 的物理意义是以基向量 $\boldsymbol{e}_i$、$\boldsymbol{e}_j$ 和 $\boldsymbol{e}_k$ 为三个棱边而形成的立方体的体积。

两个向量的叉积可以用排列符号来表示

$$\boldsymbol{a}\times\boldsymbol{b}=a_i\boldsymbol{e}_i\times b_j\boldsymbol{e}_j=a_ib_j\varepsilon_{ijk}\boldsymbol{e}_k=a_ib_j\varepsilon_{jki}\boldsymbol{e}_k=a_ib_j\varepsilon_{kij}\boldsymbol{e}_k \tag{1-6-19}$$

类似地，向量函数 $\boldsymbol{a}$ 的旋度可写成

$$\nabla\times\boldsymbol{a}=\boldsymbol{e}_i\frac{\partial}{\partial x_i}\times a_j\boldsymbol{e}_j=\varepsilon_{ijk}\frac{\partial a_j}{\partial x_i}\boldsymbol{e}_k \tag{1-6-20}$$

排列符号和克罗内克符号之间有下列关系

$$\begin{aligned}\varepsilon_{ijk}\varepsilon_{ist}&=\begin{vmatrix}3 & \delta_{is} & \delta_{it}\\ \delta_{ji} & \delta_{js} & \delta_{jt}\\ \delta_{ki} & \delta_{ks} & \delta_{kt}\end{vmatrix}=3\delta_{js}\delta_{kt}+\delta_{ji}\delta_{ks}\delta_{it}+\delta_{ki}\delta_{is}\delta_{jt}-\delta_{it}\delta_{js}\delta_{ki}-3\delta_{jt}\delta_{ks}-\delta_{kt}\delta_{is}\delta_{ji}\\ &=3\delta_{js}\delta_{kt}+\delta_{jt}\delta_{ks}+\delta_{ks}\delta_{jt}-\delta_{js}\delta_{kt}-3\delta_{jt}\delta_{ks}-\delta_{kt}\delta_{js}=\delta_{js}\delta_{kt}-\delta_{ks}\delta_{jt}=\begin{vmatrix}\delta_{js} & \delta_{jt}\\ \delta_{ks} & \delta_{kt}\end{vmatrix}\end{aligned} \tag{1-6-21}$$

式(1-6-21)称为 $\varepsilon-\delta$ **恒等式**，其一般形式为

$$\varepsilon_{ijk}\varepsilon_{rst}=\begin{vmatrix}\delta_{ir} & \delta_{is} & \delta_{it}\\ \delta_{jr} & \delta_{js} & \delta_{jt}\\ \delta_{kr} & \delta_{ks} & \delta_{kt}\end{vmatrix} \tag{1-6-22}$$

证　三阶行列式$\left|A_{ij}\right|(i,j=1,2,3)$的展开式为

$$\left|A_{ij}\right|=\begin{vmatrix}A_{11} & A_{12} & A_{13}\\ A_{21} & A_{22} & A_{23}\\ A_{31} & A_{32} & A_{33}\end{vmatrix}$$

交换行列式的行或列，则其正负号变化，即

$$\begin{vmatrix}A_{21} & A_{22} & A_{23}\\ A_{11} & A_{12} & A_{13}\\ A_{31} & A_{32} & A_{33}\end{vmatrix}=\begin{vmatrix}A_{12} & A_{11} & A_{13}\\ A_{22} & A_{21} & A_{23}\\ A_{32} & A_{31} & A_{33}\end{vmatrix}=-\left|A_{ij}\right|$$

将行列式的行交换，这可用排列符号表示

$$\begin{vmatrix}A_{i1} & A_{i2} & A_{i3}\\ A_{j1} & A_{j2} & A_{j3}\\ A_{k1} & A_{k2} & A_{k3}\end{vmatrix}=\varepsilon_{ijk}\left|A_{ij}\right|$$

若将行列式的列交换，则有

$$\begin{vmatrix}A_{1r} & A_{1s} & A_{1t}\\ A_{2r} & A_{2s} & A_{2t}\\ A_{3r} & A_{3s} & A_{3t}\end{vmatrix}=\varepsilon_{rst}\left|A_{ij}\right|$$

若同时交换行和列，则有

$$\begin{vmatrix}A_{ir} & A_{is} & A_{it}\\ A_{jr} & A_{js} & A_{jt}\\ A_{kr} & A_{ks} & A_{kt}\end{vmatrix}=\varepsilon_{ijk}\varepsilon_{rst}\left|A_{ij}\right|$$

令$A_{ij}=\delta_{ij}$，则行列式$\left|A_{ij}\right|=\left|\delta_{ij}\right|=1$，或

$$\begin{vmatrix}\delta_{ir} & \delta_{is} & \delta_{it}\\ \delta_{jr} & \delta_{js} & \delta_{jt}\\ \delta_{kr} & \delta_{ks} & \delta_{kt}\end{vmatrix}=\varepsilon_{ijk}\varepsilon_{rst}\left|A_{ij}\right|=\varepsilon_{ijk}\varepsilon_{rst}$$

证毕。

当出现两对或三对哑标时，式(1-6-22)退化为

$$\varepsilon_{ijk}\varepsilon_{ijt}=2\delta_{kt} \tag{1-6-23}$$

$$\varepsilon_{ijk}\varepsilon_{ijk}=6 \tag{1-6-24}$$

例 1.6.2　证明$\varepsilon-\delta$恒等式$\varepsilon_{ijk}\varepsilon_{ist}=\delta_{js}\delta_{kt}-\delta_{ks}\delta_{jt}$。

证　由式(1-6-3)和式(1-6-18)得

$$\boldsymbol{e}_j\times\boldsymbol{e}_k=\varepsilon_{jki}\boldsymbol{e}_i=\varepsilon_{ijk}\boldsymbol{e}_i,\quad \boldsymbol{e}_s\times\boldsymbol{e}_t=\varepsilon_{str}\boldsymbol{e}_r=\varepsilon_{rst}\boldsymbol{e}_r \tag{1}$$

$$(\boldsymbol{e}_j\times\boldsymbol{e}_k)\cdot(\boldsymbol{e}_s\times\boldsymbol{e}_t)=\varepsilon_{ijk}\boldsymbol{e}_i\cdot\varepsilon_{rst}\boldsymbol{e}_r=\varepsilon_{ijk}\varepsilon_{rst}\boldsymbol{e}_i\cdot\boldsymbol{e}_r=\varepsilon_{ijk}\varepsilon_{rst}\delta_{ir}=\varepsilon_{ijk}\varepsilon_{ist} \tag{2}$$

根据三向量混合积公式$\boldsymbol{a}\cdot\boldsymbol{b}\times\boldsymbol{c}=\boldsymbol{c}\cdot\boldsymbol{a}\times\boldsymbol{b}=\boldsymbol{b}\cdot\boldsymbol{c}\times\boldsymbol{a}$，式(2)左端可表示为

$$(\boldsymbol{e}_j\times\boldsymbol{e}_k)\cdot(\boldsymbol{e}_s\times\boldsymbol{e}_t)=\boldsymbol{e}_s\cdot[\boldsymbol{e}_t\times(\boldsymbol{e}_j\times\boldsymbol{e}_k)]=-\boldsymbol{e}_s\cdot[(\boldsymbol{e}_j\times\boldsymbol{e}_k)\times\boldsymbol{e}_t] \tag{3}$$

根据三向量三重矢积公式$(\boldsymbol{a}\times\boldsymbol{b})\times\boldsymbol{c}=(\boldsymbol{c}\cdot\boldsymbol{a})\boldsymbol{b}-(\boldsymbol{b}\cdot\boldsymbol{c})\boldsymbol{a}$和式(1-6-5)，式(3)右端可表示为

$$-\boldsymbol{e}_s\cdot[(\boldsymbol{e}_j\times\boldsymbol{e}_k)\times\boldsymbol{e}_t]=-\boldsymbol{e}_s\cdot[(\boldsymbol{e}_j\cdot\boldsymbol{e}_t)\boldsymbol{e}_k-(\boldsymbol{e}_k\cdot\boldsymbol{e}_t)\boldsymbol{e}_j]=$$
$$\delta_{kt}\boldsymbol{e}_s\cdot\boldsymbol{e}_j-\delta_{jt}\boldsymbol{e}_s\cdot\boldsymbol{e}_k=\delta_{kt}\delta_{sj}-\delta_{jt}\delta_{sk}=\delta_{js}\delta_{kt}-\delta_{ks}\delta_{jt} \tag{4}$$

将式(4)代入式(2)，得

$$\varepsilon_{ijk}\varepsilon_{ist}=\delta_{js}\delta_{kt}-\delta_{ks}\delta_{jt} \tag{5}$$

证毕。

例 1.6.3 证明式(1-6-23)和式(1-6-24)。

证 将 $\varepsilon-\delta$ 恒等式 $\varepsilon_{ijk}\varepsilon_{ist}=\delta_{js}\delta_{kt}-\delta_{ks}\delta_{jt}$ 中的下标 s 换成 j，有

$$\varepsilon_{ijk}\varepsilon_{ijt}=\delta_{jj}\delta_{kt}-\delta_{kj}\delta_{jt}=3\delta_{kt}-\delta_{kt}=2\delta_{kt}$$

再将上式的下标 t 换成 k，有

$$\varepsilon_{ijk}\varepsilon_{ijk}=2\delta_{kk}=2\times3=6$$

证毕。

有时为了缩写含有对一组指标变量 x_i 取偏导数的表达式，约定当逗号后面跟有一个下标 i 时，就表示某量对一组指标变量 x_i 取一阶偏导数，依此类推，当逗号后面跟有 n 个下标时，就表示对一组指标变量取 n 阶偏导数，这样的约定称为**逗号约定**。逗号约定可表示为

$$\varPhi_{,i}=\frac{\partial\varPhi}{\partial x_i}=\partial_i\varPhi \tag{1-6-25}$$

式中，$\varPhi$ 表示某变量。例如

$$T_{i,i}=\frac{\partial T_i}{\partial x_i}=\frac{\partial T_1}{\partial x_1}+\frac{\partial T_2}{\partial x_2}+\frac{\partial T_3}{\partial x_3}$$

$$T_{i,jk}=\frac{\partial^2 T_i}{\partial x_j\partial x_k}$$

$$T_{i,kk}=\frac{\partial^2 T_i}{\partial x_k\partial x_k}=\frac{\partial^2 T_i}{\partial x_1^2}+\frac{\partial^2 T_i}{\partial x_2^2}+\frac{\partial^2 T_i}{\partial x_3^2}$$

高斯定理可表示为

$$\iiint_V\nabla\cdot\boldsymbol{a}\,\mathrm{d}V=\iiint_V\frac{\partial a_i}{\partial x_i}\mathrm{d}V=\iiint_V a_{i,i}\,\mathrm{d}V=\oiint_S\boldsymbol{a}\cdot\boldsymbol{n}\,\mathrm{d}S=\oiint_S n_i a_i\,\mathrm{d}S \tag{1-6-26}$$

1.7 张量的基本概念

张量是向量概念的推广。张量的一个重要特点是它所表示的物理量和几何量与坐标系的选择无关。但是，为了便于在某些坐标系中研究张量，它就由其分量的集合确定，而这些分量与坐标系有关。本节主要讨论笛卡儿二阶张量的代数运算和微分运算，这些是张量分析的最基本内容，也是研究力学变分原理的必要工具。

1.7.1 直角坐标旋转变换

在直角坐标系 $Oxyz$ 中，一个向量 $\boldsymbol{a}$ 可以用它的三个分量 a_x、a_y、a_z 来表示。由于坐标系是人为选定的，当然也可以取另一坐标系 $Ox'y'z'$，$\boldsymbol{a}$ 的三个分量成为 $a_{x'}$、$a_{y'}$、$a_{z'}$。同一个向量 $\boldsymbol{a}$，在不同的坐标系中可以用不同的分量来表示。

设 $Ox_1x_2x_3$ 和 $Ox_1'x_2'x_3'$ 分别是旧的和新的右旋直角坐标系。$\boldsymbol{e}_1$、$\boldsymbol{e}_2$、$\boldsymbol{e}_3$ 和 $\boldsymbol{e}_1'$、$\boldsymbol{e}_2'$、$\boldsymbol{e}_3'$ 分别

是两个坐标系中坐标轴上的单位向量，则有

$$\boldsymbol{e}_i \cdot \boldsymbol{e}_j = \boldsymbol{e}'_i \cdot \boldsymbol{e}'_j = \delta_{ij} \tag{1-7-1}$$

新旧坐标中的单位向量之间存在下列关系

$$\begin{cases} \boldsymbol{e}'_1 = \alpha_{11}\boldsymbol{e}_1 + \alpha_{12}\boldsymbol{e}_2 + \alpha_{13}\boldsymbol{e}_3 \\ \boldsymbol{e}'_2 = \alpha_{21}\boldsymbol{e}_1 + \alpha_{22}\boldsymbol{e}_2 + \alpha_{23}\boldsymbol{e}_3 \\ \boldsymbol{e}'_3 = \alpha_{31}\boldsymbol{e}_1 + \alpha_{32}\boldsymbol{e}_2 + \alpha_{33}\boldsymbol{e}_3 \end{cases} \tag{1-7-2}$$

式中，$\alpha_{ij} = \boldsymbol{e}'_i \cdot \boldsymbol{e}_j$ 为两个坐标系中不同坐标轴夹角的余弦，即方向余弦，称为**变换系数**，其第一个指标表示新坐标，第二个指标表示旧坐标。

利用爱因斯坦求和约定，式(1-7-2)可写成

$$\boldsymbol{e}'_i = \alpha_{ij}\boldsymbol{e}_j\,,\quad \boldsymbol{e}_i = \alpha_{ji}\boldsymbol{e}'_j \tag{1-7-3}$$

设向量 $\boldsymbol{a}$ 在旧坐标系中的三个分量为 a_1、a_2、a_3，在新坐标系中的三个分量为 a'_1、a'_2、a'_3。向量 $\boldsymbol{a}$ 在新旧坐标系中可表示为

$$\boldsymbol{a} = (\boldsymbol{a} \cdot \boldsymbol{e}_j)\boldsymbol{e}_j = a_j\boldsymbol{e}_j \tag{1-7-4}$$

$$\boldsymbol{a} = (\boldsymbol{a} \cdot \boldsymbol{e}'_i)\boldsymbol{e}'_i = a'_i\boldsymbol{e}'_i \tag{1-7-5}$$

将式(1-7-4)代入式(1-7-5)，两端分别点乘 $\boldsymbol{e}'_i$，则新坐标系下的分量与旧坐标系下的分量之间有下列关系

$$a'_i = a'_i\boldsymbol{e}'_i \cdot \boldsymbol{e}'_i = \boldsymbol{e}'_i \cdot \boldsymbol{e}_j a_j = \alpha_{ij}a_j \tag{1-7-6}$$

式中，i 为自由指标。将式(1-7-6)展开，有

$$\begin{cases} a'_1 = \boldsymbol{a} \cdot \boldsymbol{e}'_1 = (a_j\boldsymbol{e}_j) \cdot \boldsymbol{e}'_1 = \alpha_{11}a_1 + \alpha_{12}a_2 + \alpha_{13}a_3 \\ a'_2 = \boldsymbol{a} \cdot \boldsymbol{e}'_2 = (a_j\boldsymbol{e}_j) \cdot \boldsymbol{e}'_2 = \alpha_{21}a_1 + \alpha_{22}a_2 + \alpha_{23}a_3 \\ a'_3 = \boldsymbol{a} \cdot \boldsymbol{e}'_3 = (a_j\boldsymbol{e}_j) \cdot \boldsymbol{e}'_3 = \alpha_{31}a_1 + \alpha_{32}a_2 + \alpha_{33}a_3 \end{cases} \tag{1-7-7}$$

式(1-7-7)给出了向量的解析定义，即对于某个直角坐标系 $Ox_1x_2x_3$ 有三个量 a_1、a_2、a_3，在坐标变换时根据式(1-7-7)把它们变换成为另一个直角坐标系 $Ox'_1x'_2x'_3$ 中的三个量 a'_1、a'_2、a'_3，则此三个量组成一个新的量 $\boldsymbol{a}$，称为**向量**或**矢量**。向量的模并不随坐标变换而变化，这种与坐标选取无关的量称为**不变量**。对于标量只需用一个实函数就能表示，对于向量则必须用三个实函数才能表示。向量的分量只需要一个自由指标表示。

当然，式(1-7-7)也可以写成矩阵形式

$$\begin{bmatrix} a'_1 \\ a'_2 \\ a'_3 \end{bmatrix} = \begin{bmatrix} \alpha_{11} & \alpha_{12} & \alpha_{13} \\ \alpha_{21} & \alpha_{22} & \alpha_{23} \\ \alpha_{31} & \alpha_{32} & \alpha_{33} \end{bmatrix} \begin{bmatrix} a_1 \\ a_2 \\ a_3 \end{bmatrix} \tag{1-7-8}$$

式(1-7-8)称为三维笛卡儿基的**旋转矩阵**，它描述了从一个笛卡儿基变换到另一个笛卡儿基的结果。

同理，将式(1-7-5)代入式(1-7-4)，两端分别点乘 $\boldsymbol{e}_j$，则得

$$a_j = \alpha_{ij}a'_i \tag{1-7-9}$$

式(1-7-9)是式(1-7-6)的逆变换，它可写成矩阵形式

$$\begin{bmatrix} a_1 \\ a_2 \\ a_3 \end{bmatrix} = \begin{bmatrix} \alpha_{11} & \alpha_{21} & \alpha_{31} \\ \alpha_{12} & \alpha_{22} & \alpha_{32} \\ \alpha_{13} & \alpha_{23} & \alpha_{33} \end{bmatrix} \begin{bmatrix} a'_1 \\ a'_2 \\ a'_3 \end{bmatrix} \tag{1-7-10}$$

1.7.2 笛卡儿二阶张量

将以坐标变换为基础的向量的定义加以推广，可得到张量的定义。

设某量 $\boldsymbol{T}$ 是由 3 个分量 T_j 构成的有序总体，如果从一个直角坐标系 $Ox_1x_2x_3$ 按照如下变换规律

$$T_i' = \alpha_{ij} T_j \tag{1-7-11}$$

变换到另一个直角坐标系 $Ox_1'x_2'x_3'$ 中的 3 个分量 T_i'，则该量 $\boldsymbol{T}$ 称为**一阶张量**。由此可见，向量就是笛卡儿一阶张量。一阶张量需要一个自由指标来表示。

设某量 $\boldsymbol{T}$ 是由 9 个分量 T_{lm} 构成的有序总体，如果从一个直角坐标系 $Ox_1x_2x_3$ 按照如下变换规律

$$T_{ij}' = \alpha_{il}\alpha_{jm} T_{lm} \tag{1-7-12}$$

变换到另一个直角坐标系 $Ox_1'x_2'x_3'$ 中的 9 个分量 T_{ij}'，则该量 $\boldsymbol{T}$ 称为**笛卡儿二阶张量**，简称**二阶张量**。T_{lm} 和 T_{ij}' 称为笛卡儿二阶张量的**分量**。上面出现的克罗内克符号就是二阶张量。二阶张量需要两个自由指标表示。二阶张量通常用下列几种方式表示

$$\boldsymbol{T} = \{T_{ij}\} = T_{ij} = \begin{bmatrix} T_{11} & T_{12} & T_{13} \\ T_{21} & T_{22} & T_{23} \\ T_{31} & T_{32} & T_{33} \end{bmatrix} \tag{1-7-13}$$

式中，张量与其分量都使用了同一符号 T_{ij}，要注意 T_{ij} 在使用上所表示的不同含义。

张量是不变量，即它与坐标系的选取无关，但其分量却随坐标系的选取而变化。把标量与向量也归并到张量中去，标量为零阶张量，向量为一阶张量，应力为二阶张量，还有三阶、四阶乃至更高阶张量。对于三维空间，n 阶张量有 3^n 个分量。一般地，对于 m 维空间，n 阶张量有 m^n 个分量。可见张量是对不变量更一般的描述。

例 1.7.1 证明克罗内克符号是二阶张量。

证 在直角坐标系中两个单位向量的数量积为 $\delta_{ij}' = \boldsymbol{e}_i' \cdot \boldsymbol{e}_j'$，利用单位向量的坐标变换关系，有 $\boldsymbol{e}_i' = \alpha_{il}\boldsymbol{e}_l$，$\boldsymbol{e}_j' = \alpha_{jm}\boldsymbol{e}_m$，于是

$$\delta_{ij}' = \alpha_{il}\boldsymbol{e}_l \cdot \alpha_{jm}\boldsymbol{e}_m = \alpha_{il}\alpha_{jm}\boldsymbol{e}_l \cdot \boldsymbol{e}_m = \alpha_{il}\alpha_{jm}\delta_{lm}$$

证毕。

在一定的坐标系中，若两个张量的对应分量相等，则这两个张量称为**相等**。全部分量为零的张量称为**零张量**。分量为 δ_{ij} 的张量称为**单位张量**，记作 $\boldsymbol{I}$，可表示为

$$\boldsymbol{I} = \begin{bmatrix} 1 & 0 & 0 \\ 0 & 1 & 0 \\ 0 & 0 & 1 \end{bmatrix} \tag{1-7-14}$$

设 $\boldsymbol{T} = T_{ij}$ 是一个二阶张量，那么 $\boldsymbol{T}_c = T_{ji}$ 也是一个二阶张量，$\boldsymbol{T}_c$ 称为 $\boldsymbol{T}$ 的**共轭张量**或**转置张量**。$\boldsymbol{T}$ 的转置张量记作 $\boldsymbol{T}^{\mathrm{T}}$。

设 $\boldsymbol{T} = T_{ij}$ 是一个二阶张量，如果其分量满足 $T_{ij} = T_{ji}$ 的关系，那么该张量称为**二阶对称张量**。二阶对称张量只有 6 个独立的分量，且满足 $\boldsymbol{T} = \boldsymbol{T}_c$ 的关系。弹性力学中的应力张量和应变张量都是二阶对称张量，克罗内克符号也是二阶对称张量。

设 $\boldsymbol{T} = T_{ij}$ 是一个二阶张量，如果其分量满足 $T_{ij} = -T_{ji}$ 的关系，那么该张量称为二阶**反对称张量**或**斜对称张量**。二阶反对称张量只有 3 个独立的分量，且满足 $\boldsymbol{T} = -\boldsymbol{T}_c$ 的关系。二阶反对

称张量可表示为

$$\boldsymbol{T}=T_{ij}=\begin{bmatrix}0 & T_{12} & T_{13}\\ -T_{12} & 0 & T_{23}\\ -T_{31} & -T_{23} & 0\end{bmatrix} \tag{1-7-15}$$

式中，主对角线元素均为零。

定理 1.7.1 二阶张量可以唯一地分解成为一个对称张量和一个反对称张量之和。此定理称为**张量分解定理**。

证 存在性：二阶张量 $\boldsymbol{T}$ 可写成

$$\boldsymbol{T}=\frac{1}{2}(\boldsymbol{T}+\boldsymbol{T}_c)+\frac{1}{2}(\boldsymbol{T}-\boldsymbol{T}_c) \tag{1-7-16}$$

式中，$\boldsymbol{T}_c$ 为 $\boldsymbol{T}$ 的共轭张量。显然，右边第一项是对称张量，第二项是反对称张量，这表明张量的分解是存在的。

唯一性：设二阶张量 $\boldsymbol{T}$ 已分解成为一个对称张量 $\boldsymbol{S}$ 和一个反对称张量 $\boldsymbol{A}$ 之和。需证 $\boldsymbol{S}$、$\boldsymbol{A}$ 必具有式(1-7-16)所确定的表达式。因

$$\boldsymbol{T}=\boldsymbol{S}+\boldsymbol{A}$$

对上式取共轭，有

$$\boldsymbol{T}_c=\boldsymbol{S}_c+\boldsymbol{A}_c=\boldsymbol{S}-\boldsymbol{A}$$

将以上两式相加和相减，得

$$\boldsymbol{S}=\frac{1}{2}(\boldsymbol{T}+\boldsymbol{T}_c)，\quad \boldsymbol{A}=\frac{1}{2}(\boldsymbol{T}-\boldsymbol{T}_c)$$

可见张量的分解方式是唯一的。证毕。

1.7.3 笛卡儿张量的代数运算

（1）加法运算。

设 $A_{ij}=\alpha_{li}\alpha_{mj}A'_{lm}$ 和 $B_{ij}=\alpha_{li}\alpha_{mj}B'_{lm}$ 是两个同阶(此处为二阶)的笛卡儿张量，把第一个张量的每一个分量与第二个张量相应的分量相加(或相减)，其结果作成一个具有相同结构的新张量。例如

$$C_{ij}=A_{ij}\pm B_{ij}=\alpha_{li}\alpha_{mj}(A'_{lm}\pm B'_{lm})=\alpha_{li}\alpha_{mj}C'_{lm} \tag{1-7-17}$$

因为式(1-7-17)满足二阶张量的定义，所以 C_{ij} 为二阶张量。由此可见，两个同阶的笛卡儿张量之和(或差)仍为同阶张量，其分量等于两个张量的分量之和(或差)。

（2）乘法运算。

可以把同一空间的任意个张量连乘，而不要求它们具有同样的结构，但次序不能乱，也不能有相同的指标，这样的运算称为张量的**外积**或**外乘法**。例如分量为 A_{ij} 和 B_{lmn} 的两个张量，它们的外积是一个五阶张量，它的组成为

$$C_{ijlmn}=A_{ij}B_{lmn} \tag{1-7-18}$$

（3）张量的缩并。

设有一个 n($n\geqslant 2$)阶张量，若令某两个指标相同并对此重复指标求和，则可得到一个 $n-2$ 阶的新张量，这种运算称为张量的**缩并**。每缩并一对指标，张量阶数减 2。例如，一个二阶张量为 T_{ij}，令 $i=j$，则有

$$T_{ii}=T_{11}+T_{22}+T_{33} \tag{1-7-19}$$

可见二阶张量T_{ii}的缩并是零阶张量，它是二阶方阵的主对角线各元素之和。

将两个笛卡儿张量的外积加以缩并，以产生一个新张量的运算称为笛卡儿张量的**内积**或**内乘法**。向量的内积可看成张量的外积与缩并。例如

$$a_i b_i = a_1 b_1 + a_2 b_2 + a_3 b_3 = \boldsymbol{a} \cdot \boldsymbol{b} \tag{1-7-20}$$

为零阶张量即标量，这正好是两个向量的数量积。

将若干个独立向量并写在一起称为**并向量**或**并矢**，它是张量的外积运算。两个向量的并向量是二阶张量，n个向量的并向量是n阶张量。

证　设有并向量$\boldsymbol{ab}$，它在旧坐标系下的分量为$a_i b_j$，当变换坐标系时，由向量变换关系式(1-7-6)可知，$a_i' = \alpha_{il} a_l$，$b_j' = \alpha_{jm} b_m$，故并向量$\boldsymbol{ab}$在新坐标系下的分量为

$$a_i' b_j' = \alpha_{il} \alpha_{jm} a_l b_m$$

可见，并向量$\boldsymbol{ab}$的分量满足二阶张量的定义式(1-7-12)，由此可以得出结论：并向量就是二阶张量。同理可证n个向量的并向量就是n阶张量。证毕。

1.7.4　张量的商定律

张量的商定律是用来判定一组量是否构成张量的一种间接的法则。这样进行判断不需要满足坐标变换，只需在一个固定坐标系中判别。商定律可以用下面两个定理来表述。

定理 1.7.2　如果一组数的集合$A_{i_1 i_2 \cdots i_m}$和任意n阶张量$B_{j_1 j_2 \cdots j_n}$的外积

$$A_{i_1 i_2 \cdots i_m} B_{j_1 j_2 \cdots j_n} = C_{i_1 i_2 \cdots i_m j_1 j_2 \cdots j_n}$$

恒为$m+n$阶张量，则$A_{i_1 i_2 \cdots i_m}$必为m阶张量。

证　以$m=3$，$n=2$为例，设

$$A_{ijk} B_{lm} = C_{ijklm}$$

式中，B_{lm}为二阶张量；C_{ijklm}为五阶张量。将上式两边同乘以二阶张量B_{lm}，得

$$A_{ijk} B_{lm} B_{lm} = C_{ijklm} B_{lm}$$

等式右边是五阶张量与二阶张量的两次缩并内积，得到的是三阶张量D_{ijk}，等式左边$B_{lm} B_{lm}$的两次缩并是个标量，设为λ。因为B_{lm}是任意二阶张量，总存在着这样的B_{lm}，可使得$\lambda \neq 0$，故有

$$\lambda A_{ijk} = D_{ijk} = C_{ijklm} B_{lm}$$

由此证得A_{ijk}是三阶张量。该证明是在$m=3$，$n=2$的情况得到的，若把m和n换成任意其他正整数，该定理的证明过程可完全相同。证毕。

定理 1.7.3　如果一组数的集合$A_{i_1 i_2 \cdots i_m j_1 j_2 \cdots j_n}$和任意$n$阶张量$B_{j_1 j_2 \cdots j_n}$的内积

$$A_{i_1 i_2 \cdots i_m j_1 j_2 \cdots j_n} B_{j_1 j_2 \cdots j_n} = C_{i_1 i_2 \cdots i_m}$$

恒为m阶张量，则$A_{i_1 i_2 \cdots i_m j_1 j_2 \cdots j_n}$必为$m+n$阶张量。

此定理的证明方法与定理 1.7.2 相类似。定理 1.7.2 和定理 1.7.3 称为**张量识别定理**或**张量的商定理**，有时也称为**张量特性的间接检验**。

如果v和w是实数，且$v \neq 0$，则商定义为$u = \dfrac{w}{v}$，它也可以写成$w = uv$。类似地，$\boldsymbol{C} = \boldsymbol{A} \cdot \boldsymbol{B}$可以解释为$\boldsymbol{A}$作为$\boldsymbol{C}$和$\boldsymbol{B}$的商，因为向量和张量没有定义除法运算，所以$\dfrac{\boldsymbol{C}}{\boldsymbol{B}}$无意义。由于二阶张量可以解释为两个一阶张量的商，故定理 1.7.3 称为**张量的商定理**。

例 1.7.2 证明排列符号是三阶张量。

证 两个向量的叉积可表示为

$$\boldsymbol{a}\times\boldsymbol{b}=a_i\boldsymbol{e}_i\times b_j\boldsymbol{e}_j=a_ib_j\varepsilon_{ijk}\boldsymbol{e}_k=c_k\boldsymbol{e}_k=\boldsymbol{c}$$

式中，$c_k=a_ib_j\varepsilon_{ijk}$。这里$a_ib_j$是由任意向量$a_i$和$b_j$并向量形成的任意二阶张量，而$c_k$已知是一阶张量。根据商定理可知，排列符号$\varepsilon_{ijk}$必为三阶张量。证毕。

1.7.5 二阶张量的主轴、特征值和不变量

设$\boldsymbol{T}$为二阶张量，对任意非零向量$\boldsymbol{a}$作张量和向量的右向内积，有

$$\boldsymbol{T}\cdot\boldsymbol{a}=\boldsymbol{b} \tag{1-7-21}$$

若向量$\boldsymbol{b}$与向量$\boldsymbol{a}$方向一致，即

$$\boldsymbol{b}=\lambda\boldsymbol{a} \tag{1-7-22}$$

则向量$\boldsymbol{a}$的方向称为张量$\boldsymbol{T}$的**特征方向或主轴方向**，λ称为张量$\boldsymbol{T}$的**特征值或主值**。根据张量识别定理可知λ为标量。将式(1-7-22)代入式(1-7-21)并移项，得

$$\boldsymbol{T}\cdot\boldsymbol{a}-\lambda\boldsymbol{a}=0 \tag{1-7-23}$$

将式(1-7-23)展开，得

$$\begin{cases}(T_{11}-\lambda)a_1+T_{12}a_2+T_{13}a_3=0\\ T_{21}a_1+(T_{22}-\lambda)a_2+T_{23}a_3=0\\ T_{31}a_1+T_{32}a_2+(T_{33}-\lambda)a_3=0\end{cases} \tag{1-7-24}$$

式(1-7-24)是关于a_1、a_2和a_3的齐次线性代数方程组。若使此方程组有非零解，必须使下面行列式等于零，即

$$\begin{vmatrix}T_{11}-\lambda & T_{12} & T_{13}\\ T_{21} & T_{22}-\lambda & T_{23}\\ T_{31} & T_{32} & T_{33}-\lambda\end{vmatrix}=0 \tag{1-7-25}$$

将行列式(1-7-25)展开，得

$$\lambda^3-(T_{11}+T_{22}+T_{33})\lambda^2+\left(\begin{vmatrix}T_{22} & T_{23}\\ T_{32} & T_{33}\end{vmatrix}+\begin{vmatrix}T_{11} & T_{13}\\ T_{31} & T_{33}\end{vmatrix}+\begin{vmatrix}T_{11} & T_{12}\\ T_{21} & T_{22}\end{vmatrix}\right)\lambda-\begin{vmatrix}T_{11} & T_{12} & T_{13}\\ T_{21} & T_{22} & T_{23}\\ T_{31} & T_{32} & T_{33}\end{vmatrix}=0 \tag{1-7-26}$$

这是关于特征值λ的三次代数方程，该方程有三个根，或者是三个实根，或者是一个实根，两个共轭复根。特征值λ的三个根λ_1、λ_2和λ_3与λ的系数之间有下列关系

$$\begin{cases}I_1=T_{ii}=T_{11}+T_{22}+T_{33}=\lambda_1+\lambda_2+\lambda_3\\ I_2=\begin{vmatrix}T_{22} & T_{23}\\ T_{32} & T_{33}\end{vmatrix}+\begin{vmatrix}T_{11} & T_{13}\\ T_{31} & T_{33}\end{vmatrix}+\begin{vmatrix}T_{11} & T_{12}\\ T_{21} & T_{22}\end{vmatrix}=\dfrac{1}{2}(T_{ii}T_{jj}-T_{ij}T_{ji})=\lambda_1\lambda_2+\lambda_2\lambda_3+\lambda_3\lambda_1\\ I_3=\begin{vmatrix}T_{11} & T_{12} & T_{13}\\ T_{21} & T_{22} & T_{23}\\ T_{31} & T_{32} & T_{33}\end{vmatrix}=\varepsilon_{ijk}T_{1i}T_{2j}T_{3k}=\lambda_1\lambda_2\lambda_3\end{cases} \tag{1-7-27}$$

式中，I_1为矩阵$[T_{ij}]$主对角线各分量之和，称为张量$\boldsymbol{T}$的**迹**，记作$\mathrm{tr}\,\boldsymbol{T}$；$I_3$为矩阵$[T_{ij}]$的行列式，记作$\det\boldsymbol{T}$。由于三个特征值不随坐标轴的选取而变，所以$I_1$、$I_2$、$I_3$为不变量，它们分别称为张量的**第一、第二和第三不变量**。

特征值λ的三次代数方程的实根可能有三种情况，即三个不相等的实根，一个实根加两个相等的实根和三个相等的实根。对于对称张量，若三个实根不相等，则可证明三个主方向互相

正交。

证 设 $\boldsymbol{n}_1$、$\boldsymbol{n}_2$ 和 $\boldsymbol{n}_3$ 分别为对称张量 $\boldsymbol{T}$ 的三个主方向，λ_1、λ_2 和 λ_3 分别为其三个特征值，则有

$$\boldsymbol{T}\cdot\boldsymbol{n}_1=\lambda_1\boldsymbol{n}_1$$
$$\boldsymbol{T}\cdot\boldsymbol{n}_2=\lambda_2\boldsymbol{n}_2$$

第一式点乘 $\boldsymbol{n}_2$，第二式点乘 $\boldsymbol{n}_1$，得

$$\boldsymbol{n}_2\cdot\boldsymbol{T}\cdot\boldsymbol{n}_1=\lambda_1\boldsymbol{n}_2\cdot\boldsymbol{n}_1$$
$$\boldsymbol{n}_1\cdot\boldsymbol{T}\cdot\boldsymbol{n}_2=\lambda_2\boldsymbol{n}_1\cdot\boldsymbol{n}_2$$

由于 $\boldsymbol{T}$ 是对称张量，故上两式相等。两式相减，可得

$$(\lambda_1-\lambda_2)(\boldsymbol{n}_1\cdot\boldsymbol{n}_2)=0$$

又因 $\lambda_1\neq\lambda_2$，所以

$$\boldsymbol{n}_1\cdot\boldsymbol{n}_2=0$$

即 $\boldsymbol{n}_1$ 与 $\boldsymbol{n}_2$ 正交。同理可证 $\boldsymbol{n}_1$ 与 $\boldsymbol{n}_3$ 正交，$\boldsymbol{n}_2$ 与 $\boldsymbol{n}_3$ 正交。证毕。

1.7.6 笛卡儿张量的微分运算

设 $T_{j\cdots m}(x_i)$ 是某一张量场中的张量函数，并设它是单值和连续可微的，当坐标系从 x_i 变换到 x'_p 时，张量分量按变换规律

$$T'_{q\cdots t}(x'_p)=\alpha_{qj}\cdots\alpha_{tm}T_{j\cdots m}(x_i) \tag{1-7-28}$$

变换，式中，$T_{j\cdots m}(x_i)$ 为 n 阶张量的分量，而 x_i 按坐标变换律变换，即

$$x_i=\alpha_{pi}x'_p \tag{1-7-29}$$

现在来求该张量场中 n 阶张量的分量对坐标 x'_p 的偏导数，即张量的梯度，由于 $\alpha_{qj}\cdots\alpha_{tm}$ 为常数，故

$$\nabla\boldsymbol{T}'=\operatorname{grad}\boldsymbol{T}'=\frac{\partial T'_{q\cdots t}(x'_p)}{\partial x'_p}=\alpha_{qj}\cdots\alpha_{tm}\frac{\partial T_{j\cdots m}(x_i)}{\partial x_i}\frac{\partial x_i}{\partial x'_p}=\alpha_{pi}\alpha_{qj}\cdots\alpha_{tm}\frac{\partial T_{j\cdots m}(x_i)}{\partial x_i} \tag{1-7-30}$$

这就是 $n+1$ 阶张量的分量的变换规律。由此可见，若 $T_{j\cdots m}(x_i)$ 是 n 阶张量，那么它对坐标 x_i (i 为自由指标)的一阶偏导数将是 $n+1$ 阶张量。

例 1.7.3 设 T_i 为笛卡儿一阶张量，试证 $\dfrac{\partial T_i}{\partial x_j}$ 为笛卡儿二阶张量，其中 $i\neq j$。

证 根据一阶张量的变换规律，有 $T_i=\alpha_{mi}T'_m$，于是

$$\frac{\partial T_i}{\partial x_j}=\alpha_{mi}\frac{\partial T'_m}{\partial x'_n}\frac{\partial x'_n}{\partial x_j}$$

但根据坐标变换关系，$x'_n=\alpha_{nj}x_j$，于是

$$\frac{\partial T_i}{\partial x_j}=\alpha_{mi}\alpha_{nj}\frac{\partial T'_m}{\partial x'_n}$$

上式满足二阶张量的变换规律，所以 T_i 对坐标 x_j ($i\neq j$)的偏导数为比 T_i 高一阶的张量。证毕。

当 $i=j$ 时，j 成为哑指标，上式变为

$$\frac{\partial T_i}{\partial x_i} = \alpha_{mi}\alpha_{ni}\frac{\partial T'_m}{\partial x'_n} = \delta_{mn}\frac{\partial T'_m}{\partial x'_n} = \frac{\partial T'_m}{\partial x'_m}$$

它是一个标量。由此可见，若 $T_{j\cdots m}$ 为 n 阶笛卡儿张量，那么它对与某个指标相同的坐标变量的偏导数，将得到一个 $n-1$ 阶的笛卡儿张量，此即张量的散度，可表示为

$$\nabla\cdot\boldsymbol{T} = \mathrm{div}\,\boldsymbol{T} = \frac{\partial T_{ki_2i_3\cdots i_n}}{\partial x_k} \tag{1-7-31}$$

张量的散度是张量的梯度加上一个缩并的结果。

例 1.7.4 设 $\boldsymbol{A} = A_{j_1j_2}\boldsymbol{e}_{j_1}\boldsymbol{e}_{j_2}$ 和 $\boldsymbol{B} = B_{k_1k_2}\boldsymbol{e}_{k_1}\boldsymbol{e}_{k_2}$ 均为二阶张量，求证

$$\nabla\cdot(\boldsymbol{A}\cdot\boldsymbol{B}) = (\nabla\cdot\boldsymbol{A})\cdot\boldsymbol{B} + \boldsymbol{A}:\nabla\boldsymbol{B}$$

证 两个二阶张量的点积取散度的计算，记 $\partial_i = \dfrac{\partial}{\partial x_i}$，根据爱因斯坦求和约定，哈密顿算子可表示为 $\nabla = \dfrac{\partial}{\partial x_i}\boldsymbol{e}_i = \partial_i\boldsymbol{e}_i$，再根据由式(1-6-25)表示的逗号约定，即 $\varPhi_{,i} = \dfrac{\partial\varPhi}{\partial x_i} = \partial_i\varPhi$，注意运算中单位向量的排列和运算关系，有

$$\begin{aligned}
\nabla\cdot(\boldsymbol{A}\cdot\boldsymbol{B}) &= \partial_i\boldsymbol{e}_i\cdot(A_{j_1j_2}\boldsymbol{e}_{j_1}\boldsymbol{e}_{j_2}\cdot B_{k_1k_2}\boldsymbol{e}_{k_1}\boldsymbol{e}_{k_2}) = (A_{j_1j_2,i}B_{k_1k_2} + A_{j_1j_2}B_{k_1k_2,i})(\boldsymbol{e}_i\cdot\boldsymbol{e}_{j_1})(\boldsymbol{e}_{j_2}\cdot\boldsymbol{e}_{k_1})\boldsymbol{e}_{k_2} \\
&= A_{j_1j_2,i}B_{k_1k_2}(\boldsymbol{e}_i\cdot\boldsymbol{e}_{j_1})(\boldsymbol{e}_{j_2}\cdot\boldsymbol{e}_{k_1})\boldsymbol{e}_{k_2} + A_{j_1j_2}B_{k_1k_2,i}(\boldsymbol{e}_i\cdot\boldsymbol{e}_{j_1})(\boldsymbol{e}_{j_2}\cdot\boldsymbol{e}_{k_1})\boldsymbol{e}_{k_2} \\
&= A_{j_1j_2,i}B_{k_1k_2}(\boldsymbol{e}_i\cdot\boldsymbol{e}_{j_1})(\boldsymbol{e}_{j_2}\cdot\boldsymbol{e}_{k_1})\boldsymbol{e}_{k_2} + A_{j_1j_2}B_{k_1k_2,i}(\boldsymbol{e}_{j_1}\cdot\boldsymbol{e}_i\cdot)(\boldsymbol{e}_{j_2}\cdot\boldsymbol{e}_{k_1})\boldsymbol{e}_{k_2} \\
&= (\partial_i\boldsymbol{e}_i\cdot A_{j_1j_2}\boldsymbol{e}_{j_1}\boldsymbol{e}_{j_2})\cdot B_{k_1k_2}\boldsymbol{e}_{k_1}\boldsymbol{e}_{k_2} + A_{j_1j_2}\boldsymbol{e}_{j_1}\boldsymbol{e}_{j_2}:\partial_i\boldsymbol{e}_iB_{k_1k_2}\boldsymbol{e}_{k_1}\boldsymbol{e}_{k_2} \\
&= (\nabla\cdot\boldsymbol{A})\cdot\boldsymbol{B} + \boldsymbol{A}:(\nabla\boldsymbol{B})
\end{aligned}$$

证毕。

场论中的高斯公式可以推广到张量中去。设 $\boldsymbol{T}$ 为 m 阶张量，则高斯公式可写为

$$\iiint_V \mathrm{div}\,\boldsymbol{T}\,\mathrm{d}V = \iiint_V \nabla\cdot\boldsymbol{T}\,\mathrm{d}V = \oiint_S \boldsymbol{n}\cdot\boldsymbol{T}\,\mathrm{d}S \tag{1-7-32}$$

证 设 $T_{i_1i_2\cdots i_m}$ 为张量 T 的任一分量，则有

$$\iiint_V \frac{\partial T_{i_1i_2\cdots i_m}}{\partial x_i}\mathrm{d}V = \oiint_S n_iT_{i_1i_2\cdots i_m}\,\mathrm{d}S \tag{1-7-33}$$

令 $i = i_1 = 1$ 或 2 或 3，式(1-7-33)都成立，故有

$$\iiint_V \frac{\partial T_{ki_2\cdots i_m}}{\partial x_k}\mathrm{d}V = \oiint_S n_kT_{ki_2\cdots i_m}\,\mathrm{d}S \tag{1-7-34}$$

式(1-7-34)就是式(1-7-32)。证毕。

1.8 常用不等式

设 p 和 q 都是实数，且 $p>1$，满足

$$\frac{1}{p} + \frac{1}{q} = 1 \tag{1-8-1}$$

则 p 和 q 称为**共轭指数**或**相伴数**。

由式(1-8-1)可知，必有 $q>1$，且有如下等式

$$q = \frac{p}{p-1}，\quad q-1 = \frac{1}{p-1} = \frac{q}{p}，\quad \frac{p+q}{pq} = 1，\quad pq = p+q，\quad (p-1)(q-1) = 1 \tag{1-8-2}$$

设 p 和 q 为共轭指数，$a\geqslant 0$，$b\geqslant 0$，则下列不等式成立

$$ab\leqslant \frac{a^p}{p}+\frac{b^q}{q} \tag{1-8-3}$$

式(1-8-3)称为**杨氏不等式或杨不等式**。

证 1　考察 Oxy 平面上由方程 $y=x^{p-1}$ 所定义的曲线，它也可以表示为 $x=y^{\frac{1}{p-1}}=y^{q-1}$，作积分

$$S_1=\int_0^a y\,\mathrm{d}x=\int_0^a x^{p-1}\,\mathrm{d}x=\frac{a^p}{p}$$

$$S_2=\int_0^b x\,\mathrm{d}y=\int_0^b y^{q-1}\,\mathrm{d}y=\frac{b^q}{q}$$

不论 a、b 是什么样的正数，总有

$$ab\leqslant S_1+S_2=\frac{a^p}{p}+\frac{b^q}{q}$$

只有当 $b^q=a^p$ 时，式(1-8-3)才以等式成立。证毕。

证 2　如果 $b=0$，则不等式显然成立。设 $b>0$，不等式(1-8-3)等价于

$$\frac{a^p}{pb^q}+\frac{1}{q}-ab^{1-q}=\frac{a^p}{pb^q}+\frac{1}{q}-\left(\frac{a^p}{b^q}\right)^{\frac{1}{p}}\geqslant 0$$

令 $t=\dfrac{a^p}{b^q}$，$f(t)=\dfrac{a^p}{pb^q}+\dfrac{1}{q}-ab^{1-q}=\dfrac{t}{p}+\dfrac{1}{q}-t^{\frac{1}{p}}$，当 $t=1$ 时，$f(1)=\dfrac{1}{p}+\dfrac{1}{q}-1=0$，不等式的等号成立。将 $f(t)$ 分别求一阶和二阶导数，得 $f'(t)=\dfrac{1}{p}-\dfrac{1}{p}t^{\frac{1}{p}-1}$，$f''(t)=\dfrac{p-1}{p^2}t^{\frac{1}{p}-2}>0$，当一阶导数为零时，$t=1$，因二阶导数大于零，可知 $f(1)=0$ 是极小值，故 $f(t)\geqslant f(1)=0$。证毕。

设 C 是复数域，$p>1$，$\dfrac{1}{p}+\dfrac{1}{q}=1$，$x_k$，$y_k\in C$，则有

$$\sum_{k=1}^{\infty}|x_k y_k|\leqslant\left(\sum_{k=1}^{\infty}|x_k|^p\right)^{\frac{1}{p}}\left(\sum_{k=1}^{\infty}|y_k|^q\right)^{\frac{1}{q}} \tag{1-8-4}$$

当 $k>n$ 时，$x_k=y_k=0$，则可得到有限和的形式。当右端的两个级数收敛时，可推出左端的级数收敛。式(1-8-4)称为**赫尔德不等式**，是赫尔德在 1889 年给出的。

证　令

$$a_k=\frac{|x_k|}{\left(\sum_{i=1}^{n}|x_i|^p\right)^{\frac{1}{p}}}，\quad b_k=\frac{|y_k|}{\left(\sum_{i=1}^{n}|y_i|^q\right)^{\frac{1}{q}}}$$

则有 $\sum\limits_{k=1}^{n}a_k^p=1$，$\sum\limits_{k=1}^{n}b_k^q=1$，由杨不等式 $a_k b_k\leqslant\dfrac{a_k^p}{p}+\dfrac{b_k^q}{q}$ 求和，得

$$\sum_{k=1}^{n}a_k b_k\leqslant\frac{\sum_{k=1}^{n}a_k^p}{p}+\frac{\sum_{k=1}^{n}b_k^q}{q}=\frac{1}{p}+\frac{1}{q}=1$$

将 a_k 、 b_k 分别用与 x_k、 y_k 的关系表示，有

$$\frac{\sum_{k=1}^{n}|x_k||y_k|}{\left(\sum_{i=1}^{n}|x_i|^p\right)^{\frac{1}{p}}\left(\sum_{i=1}^{n}|y_i|^q\right)^{\frac{1}{q}}}\leqslant 1$$

或

$$\sum_{k=1}^{n}|x_k||y_k|\leqslant\left(\sum_{k=1}^{n}|x_k|^p\right)^{\frac{1}{p}}\left(\sum_{k=1}^{n}|y_k|^q\right)^{\frac{1}{q}}$$

当上式右端两个级数收敛时，令 $n\to\infty$，即可得到不等式(1-8-4)。证毕。

赫尔德不等式也可以写成积分形式

$$\int_{t_0}^{t_1}|x(t)y(t)|\,\mathrm{d}t\leqslant\left[\int_{t_0}^{t_1}|x(t)|^p\,\mathrm{d}t\right]^{\frac{1}{p}}\left[\int_{t_0}^{t_1}|y(t)|^q\,\mathrm{d}t\right]^{\frac{1}{q}} \tag{1-8-5}$$

证　在杨不等式(1-8-3)中，令

$$a=\frac{|x(t)|}{\left[\int_{t_0}^{t_1}|x(t)|^p\,\mathrm{d}t\right]^{\frac{1}{p}}},\quad b=\frac{|y(t)|}{\left[\int_{t_0}^{t_1}|y(t)|^q\,\mathrm{d}t\right]^{\frac{1}{q}}}$$

仿上面的证明方法即可推导出式(1-8-5)。证毕。

设 R 是实数域，任意实数 x_k， $y_k\in R$， $k=1,2,\cdots$，则有

$$\sum_{k=1}^{\infty}x_k y_k\leqslant\left(\sum_{k=1}^{\infty}x_k^2\right)^{\frac{1}{2}}\left(\sum_{k=1}^{\infty}y_k^2\right)^{\frac{1}{2}} \tag{1-8-6}$$

当 $k>n$ 时， $x_k=y_k=0$，可得到有限和的形式。当右端的两个级数收敛时，可推出左端的级数收敛。式(1-8-6)称为**柯西不等式**，是赫尔德不等式中 $p=q=2$ 的情形。

证　令

$$a_k=\frac{x_k}{\left(\sum_{i=1}^{n}x_i^2\right)^{\frac{1}{2}}},\quad b_k=\frac{y_k}{\left(\sum_{i=1}^{n}y_i^2\right)^{\frac{1}{2}}}$$

则有 $\sum_{k=1}^{n}a_k^2=1$， $\sum_{k=1}^{n}b_k^2=1$，由杨不等式或不等式 $(a_k-b_k)^2\geqslant 0$，有

$$a_k b_k\leqslant\frac{a_k^2+b_k^2}{2}$$

求和，得

$$\sum_{k=1}^{n}a_k b_k\leqslant\frac{\sum_{k=1}^{n}a_k^2}{2}+\frac{\sum_{k=1}^{n}b_k^2}{2}=\frac{1}{2}+\frac{1}{2}=1$$

将 a_k 、 b_k 分别用与 x_k、 y_k 的关系表示，有

$$\sum_{k=1}^{n}a_k b_k=\frac{\sum_{k=1}^{n}x_k y_k}{\left(\sum_{i=1}^{n}x_i^2\right)^{\frac{1}{2}}\left(\sum_{i=1}^{n}y_i^2\right)^{\frac{1}{2}}}\leqslant 1$$

或

$$\sum_{k=1}^{n}x_k y_k\leqslant\left(\sum_{k=1}^{n}x_k^2\right)^{\frac{1}{2}}\left(\sum_{k=1}^{n}y_k^2\right)^{\frac{1}{2}}$$

当上式右端两个级数收敛时，令 $n\to\infty$，即可得到不等式(1-8-6)。证毕。

将式(1-8-6)两端平方，柯西不等式也可写成下面的形式

$$\left(\sum_{k=1}^{\infty}x_k y_k\right)^2\leqslant\left(\sum_{k=1}^{\infty}x_k^2\right)\left(\sum_{k=1}^{\infty}y_k^2\right) \tag{1-8-7}$$

设 R 是实数域，任意实数 x_k， y_k， $z_k\in R$， $k=1,2,\cdots$， 利用柯西不等式，则有

$$\begin{aligned}\sum_{k=1}^{n}(x_k-y_k)^2&=\sum_{k=1}^{n}[(x_k-z_k)+(z_k-y_k)]^2\\&=\sum_{k=1}^{n}(x_k-z_k)[(x_k-z_k)+(z_k-y_k)]+\sum_{k=1}^{n}(z_k-y_k)[(x_k-z_k)+(z_k-y_k)]\\&=\sum_{k=1}^{n}(x_k-z_k)(x_k-y_k)+\sum_{k=1}^{n}(z_k-y_k)(x_k-y_k)\\&\leqslant\left[\sum_{k=1}^{n}(x_k-z_k)^2\right]^{\frac{1}{2}}\left[\sum_{k=1}^{n}(x_k-y_k)^2\right]^{\frac{1}{2}}+\left[\sum_{k=1}^{n}(z_k-y_k)^2\right]^{\frac{1}{2}}\left[\sum_{k=1}^{n}(x_k-y_k)^2\right]^{\frac{1}{2}}\\&=\left\{\left[\sum_{k=1}^{n}(x_k-z_k)^2\right]^{\frac{1}{2}}+\left[\sum_{k=1}^{n}(z_k-y_k)^2\right]^{\frac{1}{2}}\right\}\left[\sum_{k=1}^{n}(x_k-y_k)^2\right]^{\frac{1}{2}}\end{aligned}$$

从而有

$$\left[\sum_{k=1}^{n}(x_k-y_k)^2\right]^{\frac{1}{2}}\leqslant\left[\sum_{k=1}^{n}(x_k-z_k)^2\right]^{\frac{1}{2}}+\left[\sum_{k=1}^{n}(z_k-y_k)^2\right]^{\frac{1}{2}} \tag{1-8-8}$$

或

$$d(x,y)\leqslant d(x,z)+d(z,y) \tag{1-8-9}$$

由此可见， $d(x,y)$ 满足三角不等式。

设 C 是复数域，$p\geqslant 1$，数列 $\{x_k\}$ 和数列 $\{y_k\}$ 满足 x_k，$y_k\in C$，且 $\sum_{k=1}^{\infty}|x_k|^p<\infty$，$\sum_{k=1}^{\infty}|y_k|^p<\infty$，则有如下不等式

$$\left(\sum_{k=1}^{\infty}|x_k+y_k|^p\right)^{\frac{1}{p}}\leqslant\left(\sum_{k=1}^{\infty}|x_k|^p\right)^{\frac{1}{p}}+\left(\sum_{k=1}^{\infty}|y_k|^p\right)^{\frac{1}{p}} \tag{1-8-10}$$

式(1-8-10)称为**闵可夫斯基不等式**，是闵可夫斯基于 1896 年建立的。

证 当 $p=1$ 时，根据复数模的性质可知，对于任意 $k\in\mathbf{N}$，有 $|x_k+y_k|\leqslant|x_k|+|y_k|$，从而式(1-8-10)成立。

设 $p>1$，令 $z_k = x_k + y_k$，$k\in\mathbf{N}$，则有

$$|z_k|^p = |x_k + y_k||z_k|^{p-1} \leqslant \left(|x_k|+|y_k|\right)|z_k|^{p-1} \tag{1-8-11}$$

对任意 $n\in\mathbf{N}$，两端求和，得

$$\sum_{k=1}^{n}|z_k||z_k|^{p-1} \leqslant \sum_{k=1}^{n}|x_k||z_k|^{p-1} + \sum_{k=1}^{n}|y_k||z_k|^{p-1} \tag{1-8-12}$$

对式(1-8-12)右端第一项应用赫尔德不等式，并注意 $(p-1)q=p$，得

$$\sum_{k=1}^{n}|x_k||z_k|^{p-1} \leqslant \left(\sum_{k=1}^{n}|x_k|^p\right)^{\frac{1}{p}}\left[\sum_{k=1}^{n}|z_k|^{(p-1)q}\right]^{\frac{1}{q}} = \left(\sum_{k=1}^{n}|x_k|^p\right)^{\frac{1}{p}}\left(\sum_{k=1}^{n}|z_k|^p\right)^{\frac{1}{q}}$$

同理可得

$$\sum_{k=1}^{n}|y_k||z_k|^{p-1} \leqslant \left(\sum_{k=1}^{n}|y_k|^p\right)^{\frac{1}{p}}\left(\sum_{k=1}^{n}|z_k|^p\right)^{\frac{1}{q}}$$

将以上两式代入式(1-8-12)，得

$$\sum_{k=1}^{n}|z_k|^p \leqslant \left[\left(\sum_{k=1}^{n}|x_k|^p\right)^{\frac{1}{p}} + \left(\sum_{k=1}^{n}|y_k|^p\right)^{\frac{1}{p}}\right]\left(\sum_{k=1}^{n}|z_k|^p\right)^{\frac{1}{q}} \tag{1-8-13}$$

式(1-8-13)右端的求和项均为正，两端同除以 $\left(\sum_{k=1}^{n}|z_k|^p\right)^{\frac{1}{q}}$，且考虑到 $1-\frac{1}{q}=\frac{1}{p}$，得

$$\left(\sum_{k=1}^{n}|z_k|^p\right)^{\frac{1}{p}} = \left(\sum_{k=1}^{n}|x_k+y_k|^p\right)^{\frac{1}{p}} \leqslant \left(\sum_{k=1}^{n}|x_k|^p\right)^{\frac{1}{p}} + \left(\sum_{k=1}^{n}|y_k|^p\right)^{\frac{1}{p}} \tag{1-8-14}$$

令 $n\to\infty$，则得式(1-8-10)。证毕。

同理，闵可夫斯基不等式也可以写成积分形式

$$\left[\int_{t_0}^{t_1}|z(t)|^p\,\mathrm{d}t\right]^{\frac{1}{p}} = \left[\int_{t_0}^{t_1}|x(t)+y(t)|^p\,\mathrm{d}t\right]^{\frac{1}{p}} \leqslant \left[\int_{t_0}^{t_1}|x(t)|^p\,\mathrm{d}t\right]^{\frac{1}{p}} + \left[\int_{t_0}^{t_1}|y(t)|^p\,\mathrm{d}t\right]^{\frac{1}{p}} \tag{1-8-15}$$

令不等式(1-8-14)和不等式(1-8-15)中的 $p=2$，则有

$$\left(\sum_{k=1}^{n}|z_k|^2\right)^{\frac{1}{2}} = \left(\sum_{k=1}^{n}|x_k+y_k|^2\right)^{\frac{1}{2}} \leqslant \left(\sum_{k=1}^{n}|x_k|^2\right)^{\frac{1}{2}} + \left(\sum_{k=1}^{n}|y_k|^2\right)^{\frac{1}{2}} \tag{1-8-16}$$

$$\left[\int_{t_0}^{t_1}|z(t)|^2\,\mathrm{d}t\right]^{\frac{1}{2}} = \left[\int_{t_0}^{t_1}|x(t)+y(t)|^2\,\mathrm{d}t\right]^{\frac{1}{2}} \leqslant \left[\int_{t_0}^{t_1}|x(t)|^2\,\mathrm{d}t\right]^{\frac{1}{2}} + \left[\int_{t_0}^{t_1}|y(t)|^2\,\mathrm{d}t\right]^{\frac{1}{2}} \tag{1-8-17}$$

不等式(1-8-16)和不等式(1-8-17)均称为**柯西不等式**。

1.9 名家介绍

莱布尼茨(Leibniz, Gottfried Wilhelm, 1646.7.1—1716.11.14)　德国数学家、物理学家和哲学家等，数理逻辑的创始人。生于莱比锡，卒于汉诺威。1661 年入莱比锡大学学习法律，又曾到耶拿大学学习几何。1666 年获法学博士学位。1673 年当选为英国皇家学会会员。1676 年，任汉诺威图书馆馆长。1700 年当选为法兰西科学院院士，1700 年促成组建了柏林科学院并任首任院长。研究领域涉及逻辑学、数学、力学、地质学、法学、历史学、语言学、生物学以及

外交、神学等诸多方面。曾制做了乘法计算器，被认为是现代机器数学的先驱者。1693 年，发现了机械能的能量守恒定律。与牛顿并称为微积分的创立者。系统阐述了二进制记数法，并把它和中国的八卦联系起来。在哲学方面，著有《单子论》，内含辩证法的因素。

泰勒(Taylor, Brook, 1685.8.18—1731.12.29)　英国数学家、哲学家。生于埃德蒙顿，卒于伦敦。1709 年获剑桥大学法学博士学位。1712 年当选为英国皇家学会会员，1714—1718 年任学会秘书。和哈雷(Halley, Edmund, 1656.10.29—1742.1.14)、牛顿是亲密的朋友。在数学方面，主要从事函数性质研究，于 1715 年出版了《增量方法及其逆》一书，书中发表了将函数展成级数的一般公式，这一级数后来被称为泰勒级数。还研究插值法的某些原理，并用这种计算方法研究弦的振动问题、光程微分方程的确定问题等。在音乐和绘画方面也极有才能。曾把几何方法应用于透视画方面，1715 年出版《直线透视原理》和 1719 年出版《直线透视新原理》。另外，还撰有哲学遗作，发表于 1793 年。

拉格朗日(Lagrange, Joseph Louis Comte de, 1736.1.25—1813.4.10)　法国数学家、力学家和天文学家，分析力学的奠基人。生于意大利都灵，卒于巴黎。1755 年任都灵炮兵学校数学教授，1759 年当选为柏林科学院院士。1772 年当选为法兰西科学院院士。1776 年当选为圣彼得堡科学院名誉院士。1776—1787 年任柏林科学院院长。在数学分析、代数方程理论、变分法、概率论、微分方程、分析力学、天体力学、偏微分方程、数论、球面天文学和制图学等方面均取得了重要成果。著有《分析力学》(1788)、《解析函数论》(1797)、《函数计算讲义》(1801)、《关于物体任何系统的微小振动》《关于月球的天平动问题》和《彗星轨道的摄动》等书。在数学史上被认为是对分析数学的发展产生全面影响的数学家之一。

拉普拉斯(Laplace, Pierre Simon Marquis de, 1749.3.23—1827.3.5)　法国数学家、物理学家和天文学家。生于诺曼底的博蒙昂诺日，卒于巴黎。从 1767 年起，曾在多所高校任教授。1785 年当选为法兰西科学院院士，1789 年成为英国皇家学会会员。1816 年入法兰西学院，次年任院长。天体力学的主要奠基人，天体演化学的创立者之一，概率论分析的创始人，应用数学和热化学的先驱。发表数百篇论文，著有《概率分析理论》。1796 年发表《宇宙体系论》，独立提出太阳系起源的星云学说，被后人称之为“康德(Kant, Immanuel, 1724.4.22—1804.2.12)—拉普拉斯”星云学说。1799 年到 1825 年陆续出版五大卷巨著《天体力学》。书中大量运用了拉普拉斯方程、拉普拉斯变换和生成函数等数学工具。因研究太阳系稳定性的动力学问题被誉为法国的牛顿和天体力学之父。

高斯(Gauss, Johann Carl Friedrich, 1777.4.30—1855.2.23)　德国数学家、天文学家、物理学家。生于不伦瑞克，卒于格丁根。1799 年获赫尔姆斯泰特大学博士学位。从 1807 年直到 1855 年去世，一直任格丁根大学教授兼格丁根天文台台长。1804 年当选为英国皇家学会会员，还是法国科学院和其他许多科学院院士。数学成就遍及各个领域，在数论、高等代数、非欧几何、微分几何、超几何级数、复变函数、椭圆函数论、向量分析、概率论和变分法等方面均有一系列开创性贡献，创立和发展了最小二乘法、曲面论和位势论等。发表论文 155 篇，著有《算术研究》《天体运动论》《曲面的一般研究》和《地磁图》等。人类历史上最伟大的数学家之一，被誉为数学王子。其名言有“数学，科学的皇后；算术，数学的皇后。”

柯西(Cauchy, Augstin Louis, Baron, 1789.8.21—1857.5.23)　法国数学家和力学家。生于巴黎，卒于索镇。1807 年和 1810 年先后毕业于巴黎综合工科学校和巴黎桥梁公路学院。1809 年成为工程师。1813 年回到巴黎综合工科学校任教，1816 年任该校教授，并当选为法国科学院院士。还是英国皇家学会会员和几乎所有外国科学院的院士。还担任过巴黎大学理学院、法兰西学院和都灵大学的教授。成就遍及数学分析、复变函数、误差理论、代数、几何、微分方程、力学和天文学等诸多领域。在数学方面最重要的贡献在三个领域：

微积分学、复变函数和微分方程。经典分析的奠基人之一，现代复变函数理论的创建人之一，并为弹性力学奠定了严格的理论基础。至少出版过 7 部著作和 800 多篇论文。

格林(George Green，1793.7.14—1841.5.31)　英国数学家、物理学家。生于诺丁汉郡，卒于剑桥。1833 年自费入剑桥大学学习，1837 年获学士学位。1839 年任剑桥大学教授。自学成才的科学家。1828 年，写成重要著作《数学分析在电磁理论中的应用》，书中引入了位势概念，提出了著名的格林函数与格林定理，发展了电磁理论。在晶体中光的反射和折射等方面有较大的贡献。还发展了能量守恒定律，得出了弹性理论的基本方程。变分法中的狄利克雷原理、超球面函数的概念等最初都是由他提出来的。他的名字经常出现在大学数学、物理教科书或当代文献中，以他的名字命名的术语有格林定理、格林公式、格林函数、格林曲线、格林算子、格林测度和格林空间等。

奥斯特罗格拉茨基(Остроградский, Михаил Васильевич, 1801.9.24—1862.1.1)　俄罗斯数学家、力学家。生于帕先纳亚，卒于波尔塔瓦。1816—1820 年在哈尔科夫大学学习。1822 年留学巴黎索邦和法兰西学院。1827 年回到俄国。1828 年在圣彼得堡各大学和军事学院任教，同年获博士学位。1830 年当选为圣彼得堡科学院候补院士，1831 年成为院士。还是纽约科学院、都灵科学院、罗马科学院院士和巴黎科学院通信院士。研究涉及分析学、理论力学、数学物理、概率论、数论、传热学、代数学、变分学和天体力学等领域。最重要的数学工作是 1828 年证明了三重积分与曲面积分之间关系的公式，即奥—高公式。他也是一位优秀的教育家，写过大量教科书，主要有《初等几何教程》、《三角学概要》、《天体力学教程》和《代数和超越分析讲义》等。

布尼亚可夫斯基(Буняковский, Виктор Яковлевич, 1804.12.16—1889.12.12)　俄罗斯数学家。生于巴尔(Бар)，卒于圣彼得堡。1820—1825 年赴国外留学，1825 年在巴黎获数学博士学位。回国后从事教育工作，先后在第一武备学校(1827)、海军学校(1827—1862)、交通道路学院(1830—1846)任教，1846—1859 年任圣彼得堡大学教授。1830 年当选为圣彼得堡科学院院士，1864—1889 年任该科学院副院长和名誉副院长。1858 年以后还兼任政府统计和保险问题的总顾问。研究内容涉及数论、概率论及其应用、统计学、数学分析、几何学、代数学和分析力学等领域。共发表论文 168 篇。著有《纯粹和应用数学辞典》(1839)、《算术》(1844)、《概率论的数学基础》(1846)和《算术教学大纲和提要》(1849)等。在他逝世后，圣彼得堡科学院设立了以他的名字命名的优秀数学著作奖。

哈密顿(Hamilton, Sir William Rowan, 1805.8.4—1865.9.2)　爱尔兰数学家、物理学家和天文学家。生、卒于都柏林。1823 年入都柏林三一学院学习。1827 年任三一学院天文学教授，并获爱尔兰皇家天文学家称号。1832 年当选为爱尔兰科学院院士。1835 年受封爵位。1837 年当选为爱尔兰皇家科学院院长。还是法国科学院、美国科学院院士、圣彼得堡科学院通信院士和英国皇家学会会员。对分析力学的发展做出了重要贡献，在 1834 年发表的《动力学的一般方法》中提出了最小作用原理。建立了光学的数学理论，并把这种理论用于动力学中。数学上的主要贡献是 1843 年发现了“四元数”，并建立了其运算法则。还在微分方程和泛函分析方面取得了成就。论著有 140 多篇，其中最重要的著作是 1853 年出版的《四元数讲义》。

斯托克斯(Stokes, Sir George Gabriel, 1819.8.13—1903.2.1)　英国数学家和物理学家。生于爱尔兰斯莱戈的斯克林，卒于剑桥。1841 年毕业于剑桥大学。1849 年起任剑桥大学卢卡斯数学教授，直至 1903 年去世。1851 年当选为英国皇家学会会员。1854—1885 年任英国皇家学会秘书，1885—1890 年任英国皇家学会会长。主要研究领域为分析学、发散级数、微分方程、流体力学、声学、光学和光谱学等。1845 年用牛顿第二定律导出了黏性流体的动力学方程，即著名的纳维–斯托克斯方程。1851 年推导出固体小球通过黏性介质运动时的阻力公式。1862 年对晶体双折射动力学的数学研究做出了贡献。著有《衍射的动力学理论》(1849)、《斯托克斯数学和物理学论文集》(5卷，1880—1905)、《论光》(1884—1887)和《自然神学》(1891)等。

克罗内克(Kronecker Leopold, 1823.12.7—1891.12.29) 德国数学家。生于布雷劳斯(Breslau)附近的利格尼茨(Liegnitz，现属波兰的莱格尼查)，卒于柏林。1841 年入柏林大学，1849 年获柏林大学哲学博士学位，1861 年任该校终身教授，同年当选为柏林科学院院士，还是法国科学院和圣彼得堡科学院院士。1880 年起任克雷尔杂志主编。1884 年当选为英国皇家学会会员。在数论、群论和代数理论方面做出过贡献，特别对二次型理论和椭圆函数的研究有重要成果，1870 年给出群的概念的最初定义。在其导师库默尔(Ernst Eduard Kummur, 1810.1.29—1893.5.14)提出的理想数的基础上得出了群论的公理结构，成为后来研究抽象群的出发点。他是直觉主义学派的先驱之一。有后人编辑的《克罗内克全集》(5卷，1895，1968)。

黎曼(Riemann, Georg Friedrich Bernhard, 1826.9.17—1866.7.20) 德国数学家。生于汉诺威的布瑞塞林兹，卒于意大利的塞拉斯卡。1846 年入格丁根大学，师从高斯。1847—1849 年在柏林大学就读，听过狄利克雷、雅可比等的讲课。1851 年获格丁根大学博士学位。1859 年任格丁根大学教授，同年当选为柏林科学院通信院士、1866 年当选为法兰西科学院通信院士和英国皇家学会会员。其科学成就广泛，在数论、复变函数论、傅里叶级数、微分几何、代数几何和微分方程等方面都有贡献，并写过物理学方面的论文。提出了黎曼积分并创立了黎曼几何，后者为爱因斯坦的广义相对论提供了最合适的数学工具。主要著作有《单复变函数的一般理论的基础》(1851)、《数学物理的微分方程》和《椭圆函数论》等，1876 年出版有《黎曼全集》。

杜布瓦-雷蒙(Du Bois-Reymond, Paul David Gustav, 1831.12.2—1889.4.7) 德国数学家。生于柏林，卒于弗赖堡(Freiburg)。1853 年入苏黎世大学学医，后转到柯尼斯堡(Könisberg)大学学习数学和物理。1859 年获柏林大学博士学位。之后到柏林 Friedrich-Werder 文科中学任教。1865 年到海德堡(Heidelberg)大学任教。1870—1874 年任弗赖堡大学教授，1874—1884 年任杜宾根(Tübingen)大学教授，1884—1889 年任柏林工业大学教授。主要研究微分方程、分析学、实变函数论和变分法等，尤其对傅里叶级数和偏微分方程做出了较大贡献。首次用特征线法对二阶线性偏微分方程进行分类，1868 年首次证明定积分中值定理。提出了测度概念的雏形并在 1888 年提出了积分方程这个术语。著有《关于傅里叶级数》(1873)和《一般函数论》(1882)等。

施瓦茨(Schwarz, Karl Hermann Amandus, 1843.1.25—1921.11.30) 德国数学家。生于赫尔姆斯多夫(Hermsdorf)，卒于柏林。1864 年毕业于柏林工业学院，获哲学博士学位。1867 年任哈雷大学教授。1869 年任苏黎世工业大学教授。1875 年主持格丁根大学数学讲座。1892 年任柏林大学教授。法国科学院、柏林科学院和巴伐利亚科学院院士。其数学成就主要涉及分析学、微分方程、几何学和变分法等方面，对极小曲面的研究有突出贡献。以他的名字命名的不等式在数学中经常被使用。给出了泊松积分的严格理论。在微分方程解析理论方面引入了特种函数，后称为施瓦茨函数。1873 年，首次得出了混合导数等式的证明。在保角映射研究中给出了任意多角形变换成半平面的函数的一般解析公式。著有《数学论文集》(1890)两卷。

里奇(Ricci, Curbastro Gregorio, 1853.1.12—1925.8.6) 意大利数学家。生于卢戈(Lugo)，卒于博洛尼亚。1869 年入罗马大学学习，1872 年入博洛尼亚大学学习，1873 年入比萨高等师范学院学习，1875 年获博士学位。1877—1778 年在德国慕尼黑做访问学者。1880 年 12 月在帕多瓦大学任数学物理教授，长达 45 年之久。在微分学、黎曼几何、实数论、高等代数等方面都有所贡献。1884—1894 年间创立绝对微分学，1916 年爱因斯坦将其称为张量分析。1896 年发表内蕴几何学论文，对任意黎曼流形上的线汇和绝对微分的运用做了进一步工作，发现了在广义相对论中有重要作用的缩约张量，即里奇张量。1900 年与他的学生列维–齐维塔(Levi–Civita, Tullio, 1873.3.29—1941.12.20)发表重要论文《绝对微分法及其应用》，全面论述绝对微分学及其在分析、几何、力学及物理上的应用。

赫尔德(Hölder, Otto Ludwig, 1859.12.22—1937.8.29)　德国数学家。生于斯图加特(Stuttgart)，卒于莱比锡。1877 年入柏林大学学习，1882 年获杜宾根大学理学博士学位，1984 年获格丁根大学哲学博士学位。1884 年任格丁根大学讲师，1889 年任杜宾根大学副教授，1894 年任柯尼斯堡大学教授，1899 年任莱比锡大学教授。1827 年当选为巴伐利亚科学院通信院士。在代数学、分析学、位势论、函数论、级数论、群论、数论、几何学和数学基础等诸多方面都有贡献。他提出的赫尔德不等式和赫尔德积分不等式在数学分析和泛函分析中有重要作用。论证了哈密顿变分原理对于非完整系统同样有效。著有《几何学中的观点和思想》(1900)和《数学方法》(1924)等著作。

杨(Young, William Henry, 1863.10.20—1942.7.7)　英国数学家。生于伦敦，卒于瑞士洛桑(Lausanne)。先后在剑桥大学和格丁根大学学习。曾在印度加尔各答、利物浦、阿柏斯泰特和洛桑等地任教。1907 年当选为英国皇家学会会员。研究工作涉及数学分析、实变函数论和三角级数论等方面。证明杨–豪斯多夫(Hausdorff, Felix, 1868.11.8—1942.1.26)定理及杨判据，还证明杨不等式，它们都有一系列推广。1906 年与其夫人合著的《点集理论》是论述康托尔(Cantor, Georg Ferdinand Ludwig Philip, 1845.3.3—1918.1.6)集合论最早的一部著作，还著有《微分学基本理论》(1910)。

闵可夫斯基(Minkowski, Hermann, 1864.6.22—1909.1.12)　俄罗斯–德国数学家和物理学家。生于立陶宛的阿列克索塔斯(Alexotas)，卒于格丁根。先后就学于柏林大学和柯尼斯堡大学，与希尔伯特结为挚友，1885 年获柯尼斯堡大学博士学位。1892 年成为教授，1894 年任柯尼斯堡大学教授，1896 年任瑞士苏黎世大学教授，1902 年任格丁根大学教授。研究范围涉及多个方面，在数论、凸体理论和数学物理等方面有巨大贡献。最有名的贡献是在数学物理方面引入闵可夫斯斯基四维时空，为爱因斯坦狭义相对论提供了数学基础。1883 年在学期间因二次型的研究获法兰西科学院大奖。著有《数的几何学》(1896)、《丢番图逼近》(Diophantus of Alexandria, 约 210—290 或约 246—330)(1907)和《空间与时间》(1908)等著作。

爱因斯坦(Einstein, Albert, 1879.3.14—1955.4.18)　德国–瑞士–美国物理学家。生于德国乌尔姆，卒于美国普林斯顿。1905 年获苏黎世大学哲学博士学位。曾在伯尔尼专利局任职。苏黎世大学、布拉格德意志大学和苏黎世工业大学教授。1913 年任柏林大学教授和威廉帝国研究所所长。1913 年成为普鲁士科学院院士，1921 年成为英国皇家学会会员。1921 年获诺贝尔物理学奖。1933 年迁居美国，任普林斯顿高级研究所教授。1905 年建立狭义相对论，1916 年推广为广义相对论。提出光的量子概念，并用量子理论解释了光电效应、辐射过程和固体的比热。在阐明布朗运动、发展量子统计法方面都有成就。后期致力于相对论统一场论的建立。著有《论动体的电动力学》、《相对论的数学理论》和《论理论物理学的方法》等。

习题 1

1.1 证明 $\Delta(\varphi\psi)=\varphi\Delta\psi+2\nabla\varphi\cdot\nabla\psi+\psi\Delta\varphi$。

1.2 证明 $\nabla\cdot(p\boldsymbol{a}+q\boldsymbol{b})=p\nabla\cdot\boldsymbol{a}+q\nabla\cdot\boldsymbol{b}$，式中，$p$ 和 q 均为常数。

1.3 求证 $\nabla\nabla\cdot(\varphi\boldsymbol{a})=\nabla\varphi\nabla\cdot\boldsymbol{a}+\varphi\nabla\nabla\cdot\boldsymbol{a}+\nabla\varphi\times\nabla\times\boldsymbol{a}+(\boldsymbol{a}\cdot\nabla)\nabla\varphi+(\nabla\varphi\cdot\nabla)\boldsymbol{a}$。

1.4 求证

$$\iiint_V \left(\frac{\prod_{i=1}^{n} \varphi_i}{\prod_{j=1}^{m} \varphi_j} \nabla u \cdot \nabla \prod_{j=1}^{m} \varphi_j + \prod_{i=1}^{n} \varphi_i \Delta u \right) \mathrm{d}V = \oiint_S \prod_{i=1}^{n} \varphi_i \frac{\partial u}{\partial n} \mathrm{d}S$$

习题 1.1 答案　　习题 1.2 答案　　习题 1.3 答案　　习题 1.4 答案

1.5 求证 $v\Delta^2 u = \Delta u \Delta v + \nabla \cdot [v\nabla(\Delta u)] - \nabla \cdot (\Delta u \nabla v)$，式中，$\Delta^2 = \Delta\Delta$。

提示：利用 $\nabla \cdot [\nabla(v\Delta u)]$ 展开起证。

1.6 求证 $v\Delta(p\Delta u) = u\Delta(p\Delta v) + \nabla \cdot [p\Delta v \nabla u - u\nabla(p\Delta v)] - \nabla \cdot [p\Delta u \nabla v - v\nabla(p\Delta u)]$。

1.7 求证(1) $\Delta(g\Delta u)v = \nabla \cdot [v\nabla(g\Delta u)] - \nabla v \cdot \nabla(g\Delta u)$；

(2) $\Delta(g\Delta u)v = \nabla \cdot [v\nabla(g\Delta u) - g\Delta u \nabla v] + g\Delta u \Delta v$。

1.8 证明 $\oint_\Gamma (u\cos\alpha + v\cos\beta)\mathrm{d}\Gamma = \iint_D \left(\frac{\partial u}{\partial x} + \frac{\partial v}{\partial y} \right) \mathrm{d}x\mathrm{d}y$。

习题 1.5 答案　　习题 1.6 答案　　习题 1.7 答案　　习题 1.8 答案

1.9 证明下列恒等式

$$\iiint_V (u\Delta^2 v - \Delta u \Delta v)\mathrm{d}V = \oiint_S \left(u\frac{\partial \Delta v}{\partial n} - \Delta v \frac{\partial \Delta u}{\partial n} \right) \mathrm{d}S$$

1.10 证明下列恒等式

(1) $\nabla(r^n) = nr^{n-2}\boldsymbol{r}$；(2) $\nabla \times (r^n \boldsymbol{r}) = \boldsymbol{0}$。

1.11 设 S 为体积 V 的边界曲面，$\boldsymbol{n}$ 为 S 的向外单位法向量，u 和 v 均为 V 中的调和函数，证明

(1) $\oiint_S \frac{\partial u}{\partial n}\mathrm{d}S = 0$；(2) $\oiint_S u\frac{\partial u}{\partial n}\mathrm{d}S = \iiint_V |\nabla u|^2 \mathrm{d}V$；(3) $\oiint_S u\frac{\partial v}{\partial n}\mathrm{d}S = \oiint_S v\frac{\partial u}{\partial n}\mathrm{d}S$。

1.12 求证 $\oiint_S r^n \boldsymbol{r} \cdot \mathrm{d}\boldsymbol{S} = \iiint_V (n+3)r^n \mathrm{d}V$。

习题 1.9 答案　　习题 1.10 答案　　习题 1.11 答案　　习题 1.12 答案

1.13 证明 $\oiint_S \Delta u \frac{\partial u}{\partial n}\mathrm{d}S = \iiint_V [(\Delta u)^2 + \nabla u \cdot \nabla \Delta u]\mathrm{d}V$。

1.14 证明 $\nabla \cdot (\boldsymbol{a} \times \nabla\varphi) = \nabla\varphi \cdot \nabla \times \boldsymbol{a}$。

1.15 证明 $(\boldsymbol{a} \cdot \nabla)\boldsymbol{a} = \nabla\left(\frac{a^2}{2}\right) - \boldsymbol{a} \times (\nabla \times \boldsymbol{a})$，式中，$a$ 是 $\boldsymbol{a}$ 的模。

1.16 证明斯托克斯公式$\oint_L \varphi \mathrm{d}\psi = \iint_S (\nabla\varphi \times \nabla\psi)\cdot \mathrm{d}\boldsymbol{S}$，式中，封闭曲线$L$为曲面$S$的边界线，$L$的绕向与$S$的正法向成右手系。

习题 1.13 答案　　习题 1.14 答案　　习题 1.15 答案　　习题 1.16 答案

1.17 证明$\nabla\cdot\boldsymbol{a}(\varphi) = \nabla\varphi\cdot\dfrac{\mathrm{d}\boldsymbol{a}(\varphi)}{\mathrm{d}\varphi}$。

1.18 证明$\nabla\times\boldsymbol{a}(\varphi) = \nabla\varphi\times\dfrac{\mathrm{d}\boldsymbol{a}(\varphi)}{\mathrm{d}\varphi}$。

1.19 利用高斯公式证明$\oiint_S (\boldsymbol{a}\times\nabla\varphi)\cdot\mathrm{d}\boldsymbol{S} = \iiint_V \nabla\varphi\cdot\nabla\times\boldsymbol{a}\,\mathrm{d}V$。

1.20 设P_1和P_2分别是曲线L的起点和终点，$\boldsymbol{a}$是向量，求证

$$\int_{P_1}^{P_2} (\mathrm{d}\boldsymbol{l}\cdot\nabla)\boldsymbol{a} = \boldsymbol{a}(P_2) - \boldsymbol{a}(P_1)$$

习题 1.17 答案　　习题 1.18 答案　　习题 1.19 答案　　习题 1.20 答案

1.21 设曲面方程为$\varphi(x,y,z,t)=0$，式中，x、y和z均为时间的函数，证明此运动曲面的法向速度为$v_n = \boldsymbol{v}\cdot\dfrac{\nabla\varphi}{|\nabla\varphi|} = -\dfrac{\varphi_t}{|\nabla\varphi|}$。

1.22 证明**向量格林第一公式**：$\iiint_V (\nabla\times\boldsymbol{a}\cdot\nabla\times\boldsymbol{b} - \boldsymbol{b}\cdot\nabla\times\nabla\times\boldsymbol{a})\mathrm{d}V = \oiint_S (\boldsymbol{b}\times\nabla\times\boldsymbol{a})\cdot\boldsymbol{n}\,\mathrm{d}S$。

1.23 证明**向量格林第二公式**

$$\begin{aligned}\iiint_V (\boldsymbol{b}\cdot\nabla\times\nabla\times\boldsymbol{a} - \boldsymbol{a}\cdot\nabla\times\nabla\times\boldsymbol{b})\mathrm{d}V &= \oiint_S (\boldsymbol{a}\times\nabla\times\boldsymbol{b} - \boldsymbol{b}\times\nabla\times\boldsymbol{a})\cdot\boldsymbol{n}\,\mathrm{d}S \\ &= \oiint_S [(\boldsymbol{n}\times\boldsymbol{a})\cdot\nabla\times\boldsymbol{b} - (\boldsymbol{n}\times\boldsymbol{b})\cdot\nabla\times\boldsymbol{a}]\mathrm{d}S\end{aligned}$$

1.24 证明$\iiint_V (\nabla\cdot\boldsymbol{b}\nabla\cdot\boldsymbol{a} + \boldsymbol{b}\cdot\nabla\nabla\cdot\boldsymbol{a})\mathrm{d}V = \oiint_S \boldsymbol{n}\cdot\boldsymbol{b}\nabla\cdot\boldsymbol{a}\,\mathrm{d}S$。

习题 1.21 答案　　习题 1.22 答案　　习题 1.23 答案　　习题 1.24 答案

1.25 证明$\iiint_V (\boldsymbol{a}\cdot\nabla\nabla\cdot\boldsymbol{b} - \boldsymbol{b}\cdot\nabla\nabla\cdot\boldsymbol{a})\mathrm{d}V = \oiint_S (\boldsymbol{a}\nabla\cdot\boldsymbol{b} - \boldsymbol{b}\nabla\cdot\boldsymbol{a})\cdot\boldsymbol{n}\,\mathrm{d}S$。

1.26 证明

$$\begin{aligned}\iiint_V (\nabla\cdot\boldsymbol{a}\nabla\cdot\boldsymbol{b} + \nabla\times\boldsymbol{a}\cdot\nabla\times\boldsymbol{b} + \boldsymbol{a}\cdot\Delta\boldsymbol{b})\mathrm{d}V &= \oiint_S \boldsymbol{n}\cdot(\boldsymbol{a}\nabla\cdot\boldsymbol{b} + \boldsymbol{a}\times\nabla\times\boldsymbol{b})\mathrm{d}S \\ &= \oiint_S [\boldsymbol{n}\cdot\boldsymbol{a}\nabla\cdot\boldsymbol{b} + (\boldsymbol{n}\times\boldsymbol{a})\cdot\nabla\times\boldsymbol{b}]\mathrm{d}S\end{aligned}$$

1.27 证明

$$\iiint_V (\boldsymbol{a}\cdot\Delta\boldsymbol{b}-\boldsymbol{b}\cdot\Delta\boldsymbol{a})\,\mathrm{d}V = \oiint_S (\boldsymbol{a}\nabla\cdot\boldsymbol{b}+\boldsymbol{a}\times\nabla\times\boldsymbol{b}-\boldsymbol{b}\nabla\cdot\boldsymbol{a}-\boldsymbol{b}\times\nabla\times\boldsymbol{a})\cdot\boldsymbol{n}\,\mathrm{d}S$$

$$=\oiint_S [\boldsymbol{n}\cdot\boldsymbol{a}\nabla\cdot\boldsymbol{b}-\boldsymbol{n}\cdot\boldsymbol{b}\nabla\cdot\boldsymbol{a}+(\boldsymbol{n}\times\boldsymbol{a})\cdot\nabla\times\boldsymbol{b}-(\boldsymbol{n}\times\boldsymbol{b})\cdot\nabla\times\boldsymbol{a}]\,\mathrm{d}S$$

1.28 证明(1) $\delta_{ij}\delta_{ik}=\delta_{jk}$；(2) 若 A_{ij} 为二阶对称张量，则 $A_{ij}\varepsilon_{ijk}=0$。

习题 1.25 答案　习题 1.26 答案　习题 1.27 答案　习题 1.28 答案

1.29 已知二阶张量 T_{ij} 为

$$T_{ij}=\begin{bmatrix} T_{11} & T_{12} & T_{13} \\ T_{21} & T_{22} & T_{23} \\ T_{31} & T_{32} & T_{33} \end{bmatrix}=\begin{bmatrix} 1 & 1 & 0 \\ 1 & 2 & 2 \\ 0 & 2 & 3 \end{bmatrix}$$

试求 (1) T_{ii}；(2) $T_{ij}T_{ij}$；(3) $T_{ij}T_{ji}$。

1.30 设二阶张量为

$$T_{ij}=\begin{bmatrix} 2 & 4 & -2 \\ 0 & 3 & 2 \\ 4 & 2 & 5 \end{bmatrix}$$

试将 T_{ij} 分解为对称张量与反对称张量之和。

习题 1.29 答案　习题 1.30 答案

第 2 章　固定边界的变分问题

变分法也称**变分方法**或**变分学**，是 17 世纪末开始发展起来的数学分析的一个分支，它是研究依赖于某些未知函数的定积分型泛函极值的一门科学。简言之，求泛函极值的方法称为**变分法**。求泛函极值的问题称为**变分问题**或**变分原理**。克莱罗于 1733 年发表了变分法的首篇论文《论极大极小的某些问题》。欧拉于 1744 年发表的著作《寻求具有某种极大或极小性质的曲线的技巧》标志着变分法这门学科的诞生。变分法一词由拉格朗日于 1755 年 8 月给欧拉的一封信中首次提出，他当时称为**变分方法**(the method of variation)，而欧拉则在 1756 年的一篇论文中提出了**变分法**(the calculus of variation)一词。变分法这门学科的命名由此得来。

变分法是泛函分析的一个重要组成部分，但变分法出现在前，而泛函分析出现在后。

本章通过举出几个古典变分问题的例子来说明泛函及变分的概念，主要讨论泛函的一阶变分、泛函取极值的必要条件、欧拉方程、欧拉方程的特殊情况以及在固定边界条件下不同类型的泛函的极值函数的求解方法，特别讨论完全泛函的变分问题。

2.1　古典变分问题举例

变分法的基本问题是求泛函的极值问题和相应的极值函数。为了说明变分法所研究的内容，先从几个古典变分实例出发引出泛函的概念。

例 2.1.1　最速降线(或捷线)问题。这是历史上最早出现的变分法问题之一，通常被认为是变分法历史的起点，也是变分法发展的一个标志，是伽利略于 1630 年首先提出来的，1638 年他又系统地研究过这个问题，但当时他给出的结果不对，认为这条曲线是一段圆弧。对变分法的实质性研究是约翰·伯努利在 1696 年 6 月号的《教师学报》上写给他哥哥雅可布·伯努利的一封公开信中征求该问题的解开始的。问题的提法是：设 A 和 B 是铅直平面上不在同一铅直线上的两点，在所有连接 A 和 B 两点的平面曲线中，求出一条曲线，使仅受重力作用且初速度为零的质点从点 A 到点 B 沿这条曲线运动时所需时间最短。这个问题引起了当时许多数学家的兴趣。牛顿于 1697 年 1 月 29 日得知这一消息后，当天就把这一问题解决了。莱布尼茨、伯努利兄弟和洛必达等人都研究了这个问题，各自用不同的方法求得了正确的结果，其中雅可布·伯努利从几何直观出发给出的解法更具有一般性，朝变分法的方向迈出了一个较大的步伐。除雅可布·伯努利的解法外，其他人的解法都发表在 1697 年 5 月号的《教师学报》上。

解　质点运动时间不仅取决于路径的长短，而且还与速度的快慢有关。连接 A 和 B 两点的所有曲线中以直线段 AB 为最短(见例 2.5.12 的解)，但它未必是质点运动时间最短的路径。现在来建立这个问题的数学模型。如图 2-1-1 所示，取 A 为平面直角坐标系的原点，x 轴置于水平位置，y 轴正向朝下。显然，最速降线应在这个平面内。于是 A 点的坐标就是(0,0)。设 B 点的坐标为(x_1,y_1)，连接 A 和 B 两点的曲线方程为

$$y = y(x) \quad (0 \leqslant x \leqslant x_1) \tag{1}$$

它在区间$[0,x_1]$的两个端点满足条件

$$y(0)=0\,,\quad y(x_1)=y_1 \tag{2}$$

设 $M(x,y)$ 为曲线 $y=y(x)$ 上的任意一点，则由能量守恒定律可得如下关系

$$mgy = \frac{1}{2}mv^2 \tag{3}$$

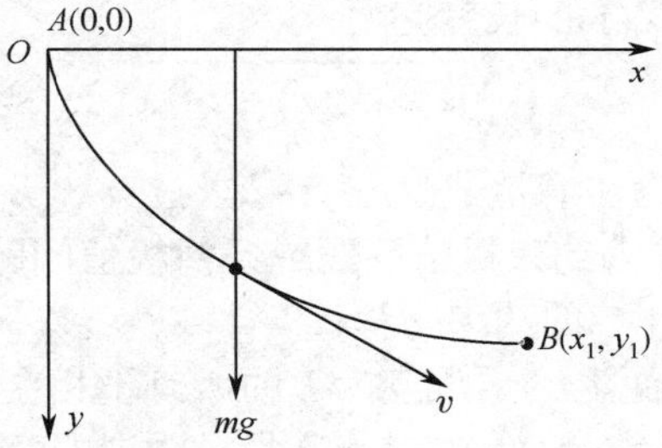

图 2-1-1 6700 速降线

式中，g 为重力加速度，故有

$$v = \sqrt{2gy} \tag{4}$$

另一方面，质点的运动速度还可表示为

$$v = \frac{\mathrm{d}s}{\mathrm{d}t} = \frac{\sqrt{(\mathrm{d}x)^2 + (\mathrm{d}y)^2}}{\mathrm{d}t} = \sqrt{1+y'^2}\,\frac{\mathrm{d}x}{\mathrm{d}t} \tag{5}$$

由式(4)和式(5)消去 v 并积分，质点沿曲线从 A 点滑行到 B 点所需的时间为

$$T = \int_0^{x_1} \sqrt{\frac{1+y'^2}{2gy}}\,\mathrm{d}x \tag{2-1-1}$$

显然，时间 T 是依赖于函数 $y = y(x)$ 的函数，$y = y(x)$ 取不同的函数，T 也就有不同的值与之对应。这样，捷线问题在数学上就归结为在满足式(2)的式(1)中，求使得式(2-1-1)取最小值的函数。这个问题已由伯努利兄弟等人于 1697 年解决，但这类问题的一般解法直到后来才由欧拉和拉格朗日创立。

例 2.1.2　短程线问题。这个问题是约翰·伯努利于 1697 年提出来的。其提法是：在光滑曲面 $f(x,y,z)=0$ 上给定 $A(x_0,y_0,z_0)$ 和 $B(x_1,y_1,z_1)$ 两点(图 2-1-2)，在该曲面上求连接这两点的一条最短曲线 C。像这样，位于给定曲面上已知两点之间长度最短的曲线就称为**短程线**或**测地线**。

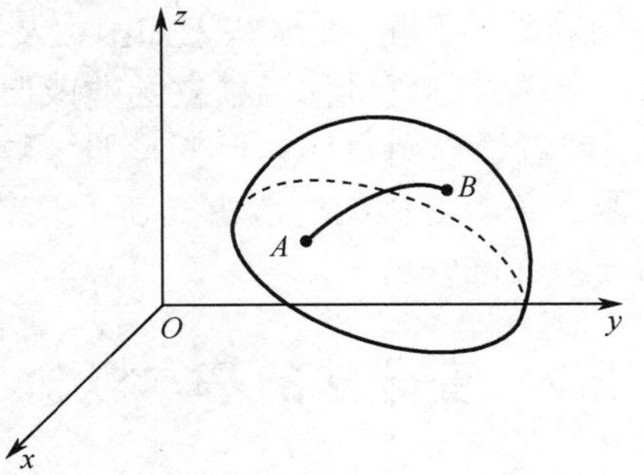

图 2-1-2　短程线

解　设这条曲线的方程可写成

$$y = y(x)，\quad z = z(x) \qquad x_0 \leqslant x \leqslant x_1 \tag{1}$$

式中，$y(x)$ 和 $z(x)$ 均为连续可微函数。

因为曲线在曲面 $f(x,y,z)=0$ 上，所以 $y(x)$ 和 $z(x)$ 应满足约束条件

$$f(x,y,z)=0 \tag{2}$$

由高等数学的理论可知，式(1)的长度为

$$L=\int_{x_0}^{x_1}\sqrt{1+y'^2(x)+z'^2(x)}\,\mathrm{d}x \tag{2-1-2}$$

这样，短程线问题可归结为在满足式(2)下，寻求过 A、B 两点的式(1)，使得式(2-1-2)取得最小值。短程线的变分问题称为**约束极值问题**或**条件极值问题**。地球上的测地线就属于该问题的特殊情况。式(2)称为式(2-1-2)的**约束方程**。

例 2.1.3　等周问题。在平面上给定长度为 L 的所有不相交的光滑封闭曲线中，求出一条能围成最大面积的曲线，这就是它命名的由来。这是最古老的变分问题之一，早在古希腊时期，人们就知道这条曲线是一个圆周。该问题于 1701 年由雅各布·伯努利解决，但它的变分特性直到 1744 年才由欧拉解决，但也有人认为 1732 年欧拉在阐述等周问题的通解时就给出了求解变分问题的一般方法。一般说来，使某泛函取极值而同时使另一泛函取给定值的问题称为**等周问题**。或者说，在一个泛函取给定值的约束条件下使另一个泛函取极值的问题称为**等周问题**。

解　设封闭曲线的参数方程为

$$x=x(t),\quad y=y(t)\qquad t_0\leqslant t\leqslant t_1 \tag{1}$$

式中，函数 $x(t)$，$y(t)$ 连续可微，且 $x(t_0)=x(t_1)$，$y(t_0)=y(t_1)$，t_0 与 t_1 对应于封闭曲线的始点与终点。

再设封闭曲线的长度是 L，即

$$L=\oint\sqrt{(\mathrm{d}x)^2+(\mathrm{d}y)^2}=\int_{t_0}^{t_1}\sqrt{\dot{x}^2(t)+\dot{y}^2(t)}\,\mathrm{d}t \tag{2}$$

根据格林公式，这条曲线所围成的面积是

$$A=\frac{1}{2}\oint(x\,\mathrm{d}y-y\,\mathrm{d}x)=\frac{1}{2}\oint(x\dot{y}-y\dot{x})\,\mathrm{d}t \tag{3}$$

于是，等周问题就是在满足式(2)的式(1)中，求使得式(3)取最大值的曲线。式(2)称为**等周条件**。

这三个古典变分的例子在历史上对变分法的发展都有着密切关系和巨大影响，它们在 17 世纪末和 18 世纪初产生，并且是验证数学分析的新方法的试金石。从上述例子可以看出，要求取极值的并且由定积分给出的变量 T、L 和 A 都取决于所取的未知曲线或未知曲面的选取。这些未知曲线或曲面通常是由若干个函数给出的，因此这些由定积分给出的变量可以看作是依赖于这些未知函数及未知函数的导数的变量，而这些未知函数及未知函数的导数在变分时是独立变化的，起着自变量的作用，这样的自变量称为**独立函数**或**自变函数**。简单地说，这种依赖于独立函数的函数就称为**泛函**，或者说以函数作为自变量的函数称为**泛函**。以积分形式出现的泛函称为**积分型泛函**或**积分泛函**。关于泛函的一般定义在下一节给出。

上述三个古典变分问题将在后面陆续解决。

2.2　变分法的基本概念

为了讨论问题的方便，下面给出一些与变分法有关的概念。

具有某种共同性质的函数构成的集合称为**类函数**或**函数类**，记作 F。例如，在例 2.1.1 中，所有的平面曲线都通过点 A 和点 B，而过点 A 和点 B 就是函数集合所具有的共同性质。在例 2.1.3 中，所有光滑封闭曲线的周长都是给定的 L，L 就是函数集合所具有的共同性质。

常见的类函数有：

在开区间 (x_0,x_1) 内连续的函数集，称为**在区间** (x_0,x_1) **上的连续函数类**，记为 $C(x_0,x_1)$。

在闭区间 $[x_0,x_1]$ 上连续的函数集，称为**在区间** $[x_0,x_1]$ **上的连续函数类**，记为 $C[x_0,x_1]$，其中函数在区间的左端点右连续，在区间的右端点左连续。这时它在区间端点的连续称为**单边连续**。

在开区间 (x_0,x_1) 内，n 阶导数连续的函数集，称为**在区间** (x_0,x_1) **上** n **阶导数连续的函数类**，记为 $F=\{y(x)|\,y\in C^n(x_0,x_1)$ 或 $C^n(x_0,x_1)$，并约定 $C^0(x_0,x_1)=C(x_0,x_1)$，即类函数的零阶导数就是该类函数本身。

符号 $C^n(x_0,x_1)$ 表示函数集在开区间 (x_0,x_1) 内每点的邻域有定义，在 (x_0,x_1) 中有小于或等于 n 的各阶连续导数的一切函数 $y(x)$ 的集合。如果对于每个 n，都有 $y(x)\in C^n(x_0,x_1)$，那么 $y(x)$ 称为**无穷可微函数**，记作 $y(x)\in C^n(x_0,x_1)\equiv\bigcap\limits_{n=0}^{\infty}C^n(x_0,x_1)$。

在闭区间 $[x_0,x_1]$ 上 n 阶导数连续的函数集，称为**在区间** $[x_0,x_1]$ **上** n **阶导数连续的函数类**，记为 $F=\{y(x)|\,y\in C^n[x_0,x_1],y(x_0)=y_0,y(x_1)=y_1\}$ 或 $C^n[x_0,x_1]$，其中函数 y 的 n 阶导数在区间端点单边连续，y_0 和 y_1 为固定常数，并约定 $C^0[x_0,x_1]=C[x_0,x_1]$。

在开区间 (x_0,x_1) 内和闭区间 $[x_0,x_1]$ 上 n 阶导数连续的函数类，均可记为 $F=\{y(x)\}$。

对于记号 F、C 和 C^n，同样也适用于多元函数。此时，要把上述区间换成函数所依赖的区域。

设 $F=\{y(x)\}$ 是给定的某一类函数，$\mathbf{R}$ 为实数集合。如果对于类函数 F 中的每一个函数 $y(x)$，在 $\mathbf{R}$ 中变量 J 都有一个确定的数值按照一定的规律与之对应，则 J 称为(类函数 F 中)函数 $y(x)$ 的**泛函**，记为 $J=J[y(x)]$、$J=J[y(\cdot)]$ 或 $J=J[y]$。函数 $y(x)$ 称为泛函 J 的**宗量**，有时也称为**泛函变量**、**宗量函数**或**变函数**。类函数 F 称为泛函 J 的**定义域**。附加在宗量函数上的条件称为**容许条件**。属于定义域的宗量函数称为**可取函数**或**容许函数**。换句话说，泛函是以类函数为定义域的实值函数。泛函是函数概念的推广。为了与普通函数相区别，泛函所依赖的函数用方括号括起来。泛函一词是阿达马于 1910 年在他的《变分法教程》一书中提出的。

由泛函的上述定义可见，泛函的值是数，它所依赖的自变量是函数，而函数的值与它所依赖的自变量都是数，所以泛函是变量与函数的对应关系，它是一种广义的函数，而函数是变量与变量的对应关系，这是泛函与函数的基本区别。再有，复合函数依赖于自变量 x，当 x 的值给定后，就能算出复合函数的一个相应值。而泛函则依赖于函数 $y(x)$，泛函的值既不取决于自变量 x 的某个值，也不取决于函数 $y(x)$ 的某个值，而是取决于类函数 F 中 $y(x)$ 与 x 的函数关系，即泛函依赖于整个函数 $y(x)$ 和 x 的某个区间，这是泛函与复合函数的基本区别。

设 $F=\{y(x)\}$ 是给定的函数类，J 是 F 中函数 $y(x)$ 的泛函，k 是任意常数，若 $J[ky(x)]=k^nJ[y(x)]$，则 $J[y(x)]$ 称为定义在 F 上的 **n 次齐次泛函**。

由于一元函数的几何图形是曲线，故一元函数也可称为**曲线函数**。同理，一般情况下，二元函数在几何上的表现形式是曲面，故二元函数也可称为**曲面函数**。

当 x 是多维域($x_1,x_2,\cdots,x_n$)上的变量时，以上定义的泛函也适用，这时泛函记为 $J=J[u(x_1,x_2,\cdots,x_n)]$。同样也可以把依赖于多个未知函数的泛函记为 $J=J[y_1(x),y_2(x),\cdots,y_m(x)]$，其中 $y_1(x)$，$y_2(x)$，$\cdots$，$y_m(x)$ 都是独立变化的。还有，可以把泛函记为 $J=J[u_1(x_1,x_2,\cdots,x_n),u_2(x_1,x_2,\cdots,x_n),\cdots,u_m(x_1,x_2,\cdots,x_n)]$，其中 $u_1(x_1,x_2,\cdots,x_n)$，$u_2(x_1,x_2,\cdots,x_n)$，$\cdots$，$u_m(x_1,x_2,\cdots,x_n)$ 也都是独立变化的。

例如，设曲面 S 由方程 $z=z(x,y)$ 给定，函数 $z(x,y)$ 具有连续偏导数，S 在 Oxy 平面上的

投影区域为 D，则该曲面的面积为

$$A=A[z(x,y)]=\iint_D\sqrt{1+z_x^2(x,y)+z_y^2(x,y)}\,\mathrm{d}x\,\mathrm{d}y \tag{2-2-1}$$

对于不同的函数 $z(x,y)$，面积 A 有确定的值与之对应，所以 A 是泛函。它的可取类函数为具有连续一阶偏导数的二元类函数。在给定的空间闭曲线上具有最小面积的曲面称为**极小曲面**。上式就是要求的泛函的极小曲面。早在 1760 年拉格朗日就已提出这样的问题：在三维空间中给定一条可求长度的简单闭曲线 C，是否存在以 C 为边界的极小曲面？1873 年，普拉托曾用实验的方法显示极小曲面，他将弯成空间闭曲线的铅丝浸入到肥皂溶液中，再把铅丝取出，沾在铅丝上的肥皂膜就是最小曲面。因此求泛函的极小曲面问题后来就称为**普拉托问题**。普拉托问题涉及对这种曲面存在性、唯一性和稳定性的研究。1931 年拉多和道格拉斯给出了极小曲面存在性的证明，然而得到的解有孤立奇点，1970 年奥斯曼最后证明了极小曲面的存在性。于是，第一个问题已得到解决。

为了研究泛函的极值，需引入函数的距离和邻域的概念。

设函数 $y(x)$，$y_0(x)$ 在区间 $[a,b]$ 上有连续 n 阶导数，则这两个函数 0 到 n 阶导数之差的绝对值中最大的那个数

$$d_n[y(x),y_0(x)]=\max_{0\leqslant i\leqslant n}\max_{a\leqslant x\leqslant b}\left|y^{(i)}(x)-y_0^{(i)}(x)\right| \tag{2-2-2}$$

称为函数 $y(x)$ 与 $y_0(x)$ 在区间 $[a,b]$ 上的 n **阶距离**或 n **级距离**。特别，当 $n=0$ 时

$$d_0[y(x),y_0(x)]=\max_{a\leqslant x\leqslant b}\left|y^{(0)}(x)-y_0^{(0)}(x)\right|=\max_{a\leqslant x\leqslant b}\left|y(x)-y_0(x)\right| \tag{2-2-3}$$

称为函数 $y(x)$ 与 $y_0(x)$ 在区间 $[a,b]$ 上的**零阶距离**或**零级距离**。显然，两条曲线重合的充要条件是两条曲线间的零阶距离等于零。当 $n=1$ 时

$$d_1[y(x),y_0(x)]=\max_{0\leqslant i\leqslant 1}\max_{a\leqslant x\leqslant b}\left|y^{(i)}(x)-y_0^{(i)}(x)\right| \tag{2-2-4}$$

称为函数 $y(x)$ 与 $y_0(x)$ 在区间 $[a,b]$ 上的**一阶距离**或**一级距离**。

显然，下面的不等式成立

$$d_0[y,y_0]\leqslant d_1[y,y_0]\leqslant\cdots\leqslant d_n[y,y_0] \tag{2-2-5}$$

式(2-2-5)表明，两个函数 $y(x)$ 与 $y_0(x)$ 的 i ($0\leqslant i<j\leqslant n$)阶距离小，但其大于 i 阶距离的 j 阶距离未必小。反之，j 阶距离小的两个函数，其小于 j 阶距离的 i 阶距离也一定小。

由上述定义可见，距离是两个函数及其导数接近程度的一种度量。

设已知函数 $y_0(x)$ 在闭区间 $[a,b]$ 上有连续的 n 阶导数，则所有与函数 $y_0(x)$ 在闭区间 $[a,b]$ 上的 n 阶距离小于正数 δ 的函数 $y(x)$ 所组成的集合称为函数 $y_0(x)$ 在闭区间 $[a,b]$ 上的 n **阶** δ **邻域**或 n **级** δ **邻域**，记为 $N_n[\delta,y_0(x)]$，可表示为

$$N_n[\delta,y_0(x)]=\{y(x)\,|\,y(x)\in C^n[a,b]\text{，且 }d_n[y(x),y_0(x)]<\delta\} \tag{2-2-6}$$

根据上述定义，函数 $y_0(x)$ 的 n 阶 δ 邻域内的任一函数 $y(x)$ 应在所讨论的区间内同时满足下列不等式

$$|y(x)-y_0(x)|<\delta\text{，}\quad|y'(x)-y_0'(x)|<\delta\text{，}\quad\cdots\text{，}\quad\left|y^{(n)}(x)-y_0{}^{(n)}(x)\right|<\delta$$

函数 $y_0(x)$ 的零阶 δ 邻域由所有满足 $|y(x)-y_0(x)|<\delta$ 的函数 $y(x)$ 所组成。而函数 $y_0(x)$ 的一阶 δ 邻域则由所有满足 $|y(x)-y_0(x)|<\delta$ 和 $|y'(x)-y_0'(x)|<\delta$ 的函数 $y(x)$ 所组成。所以 $y_0(x)$ 的一阶 δ 邻域是 $y_0(x)$ 的零阶 δ 邻域的一部分。函数 $y_0(x)$ 的零阶 δ 邻域称为该函数的**强** δ **邻域**或**强邻域**。函数 $y_0(x)$ 的一阶 δ 邻域称为该函数的**弱** δ **邻域**或**弱邻域**。显然函数的弱邻域是函数的强邻域的一部分。

曲线 $y=y(x)$ 的零阶 δ 邻域由所有位于 $y=y(x)$ 上下宽为 2δ 的带状区域内的曲线组成。

以上概念可以推广到多元函数的情形。

若 $y(x)\in N_n[\delta, y_0(x)]$，则 $y(x)$ 与 $y_0(x)$ 称为具有 n **阶的** δ **接近度**。若两条曲线具有 n 阶的 δ 接近度，则它们具有任何低于 n 阶的 δ 接近度。接近度的阶数越高，两条曲线的接近程度就越近。例如图 2-2-1 是仅具有零阶接近度的两条曲线，而图 2-2-2 是具有零阶和一阶接近度的两条曲线。有了接近度的概念可以精确地定义泛函的连续。

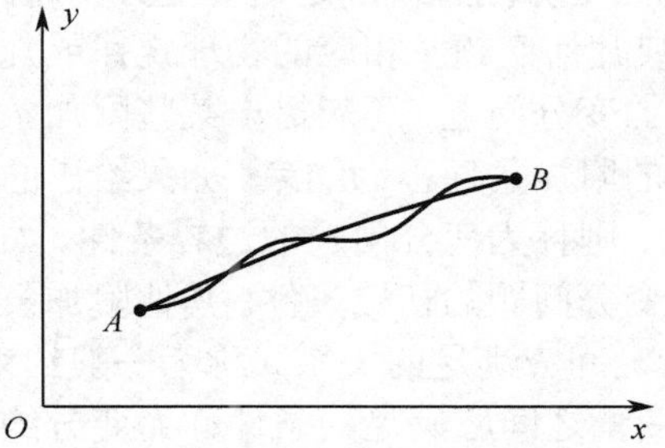

图 2-2-1　只有零阶接近度的两条曲线

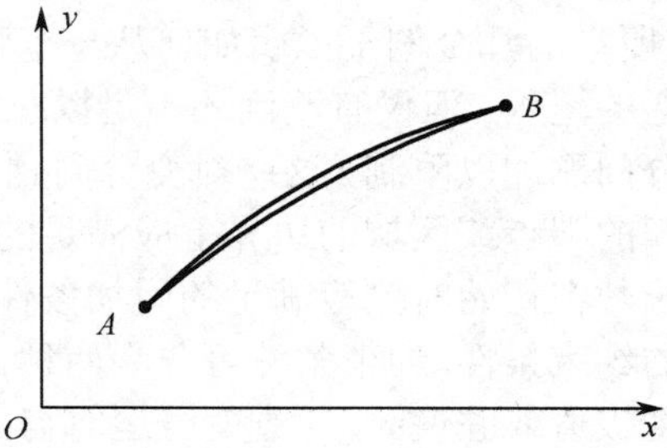

图 2-2-2　具有零阶和一阶接近度的两条曲线

设函数 $y(x)\in F=C^n[a,b]$，$J[y(x)]$ 是定义域为 F 的泛函。若对于任意给定的一个正数 ε，总可以找到一个 $\delta>0$，只要

$$d_n[y(x), y_0(x)]<\delta\text{，即 } y(x)\in N_n[\delta, y_0(x)]\subset F$$

都有

$$\left|J[y(x)]-J[y_0(x)]\right|<\varepsilon$$

成立，则泛函 $J[y(x)]$ 称为在函数 $y_0(x)$ 处具有 n 阶 δ 接近度的**连续泛函**。

例 2.2.1　设曲线 $y(x)=\dfrac{\sin(n^k x)}{n}$，其中 $k\geqslant 2$，n 是充分大的正整数，在区间 $[0,\pi]$ 上曲线 $y_1(x)\equiv 0$。试求两条曲线的零阶距离和一阶距离。

解　两条曲线的零阶距离为

$$d_0=\left|y(x)-y_1(x)\right|=\left|\frac{\sin(n^k x)}{n}-0\right|=\left|\frac{\sin(n^k x)}{n}\right|\leqslant\frac{1}{n}$$

两条曲线的一阶距离为

$$d_1=\left|y'(x)-y_1'(x)\right|=n^{k-1}\left|\cos(n^k x)\right|$$

在点 $x=\dfrac{\pi}{n^k}$ 处，有 $\left|y'(x)-y_1'(x)\right|=n^{k-1}$，从而一阶距离 d_1 对于充分大的正整数 n 可以任意大。任给 $\delta>0$，当 $n>1/\delta$ 时，就能使这两条曲线具有零阶 δ 接近度，但这两条曲线没有一阶 δ 接近度。

例 2.2.2　求所给两条曲线 $y(x)=x$ 和 $y_1(x)=\ln x$ 在区间 $[\mathrm{e}^{-1},\mathrm{e}]$ 上的零阶距离。

解　由定义，两条曲线的零阶距离为

$$d_0=\max_{\mathrm{e}^{-1}\leqslant x\leqslant \mathrm{e}}\left|y(x)-y_1(x)\right|=\max_{\mathrm{e}^{-1}\leqslant x\leqslant \mathrm{e}}\left|x-\ln x\right|\text{或 } d_0=\max_{\mathrm{e}^{-1}\leqslant x\leqslant \mathrm{e}}(x-\ln x)$$

将 d_0 求导并令其等于零，可解得 $x=1$，但在 $x=1$ 点处的零阶距离小于在右端点处的零阶距离，故两条曲线的零阶距离是 $d_0=\mathrm{e}-1$。

如果一个类函数中的某个函数能够使某个泛函取得极值或可能取得极值，则该类函数称为

变分问题的**可取类函数**或**容许类函数**。一般来说，可取类函数中的函数可以有无穷多个，其中任何一个都称为**可取函数**或**容许函数**。可取类函数中的可取函数并不表示某种固定不变的函数关系，而是可以在可取类函数中任意选择和变化。可取类函数对应的曲线(曲面)称为**可取曲线(曲面)类**或**容许曲线(曲面)类**(或簇)。类函数中能使泛函取得极值或可能取得极值的函数(或曲线)称为**极值函数、极值曲线**或**极带**，也称为**变分问题的解**。变分法的核心问题就是求解泛函的极值函数和极值函数所对应的泛函极值。如果可取曲线类的曲线端点预先给出且为定值，则所求泛函极值的问题称为**固定终点变分问题、固定端点变分问题**或**固定边界变分问题**。

2.1 节所举的几个例子说明如何从一个物理问题或几何问题及相应的物理定律或几何定理导出某问题的泛函。但仅有泛函还不足以求解所研究的变分问题，还应提出某些附加条件对所研究的变分问题加以限制，这些对变分问题加以限制的附加条件称为**约束**。如果给出的是未知函数在区间的端点或区域的边界上应满足的附加条件，则称为变分问题的**边界条件**。如果给出的是未知函数在初始时刻应满足的附加条件，则称为变分问题的**初始条件**。其他附加条件称为变分问题的**约束条件**。约束条件可分为两种，泛函变量之间应满足的关系式称为**一般约束条件**。当泛函达到极值或驻值时，通过变分运算得到的泛函变量之间应满足的条件称为**变分约束条件**或**变分条件**。例如在例 2.1.3 中，式(3)给出的等周条件就是一种约束条件。如果容许函数在边界上没有限制，则这样的边界称为**自由边界**，这样的边界条件称为**自由边界条件**。初始条件、约束条件与边界条件合称为变分问题的**定解条件**。泛函与一定的定解条件结合起来，就称为**定解问题**。一般情况下，一个定解问题可以没有约束条件，但不能没有边界条件或初始条件。

设 $J[y(x)]$ 为在某一可取类函数 $F=\{y(x)\}$ 中定义的泛函，$y_0(x)$ 为 F 中的一个函数。如果对于 F 中任一函数 $y(x)$，都有 $\Delta J=J[y(x)]-J[y_0(x)]\geqslant 0$ 或 $\leqslant 0$，则泛函 $J[y(x)]$ 称为在 $y_0(x)$ 上取得**绝对极小值**或**绝对极大值**，也称为**全局极小值**或**全局极大值**。相应的 $y_0(x)$ 称为取得**绝对极小值函数**或**绝对极大值函数**，也称为**全局极小值函数**或**全局极大值函数**。绝对极小值与绝对极大值统称**绝对极值**或**全局极值**。绝对极小值函数与绝对极大值函数统称**绝对极值函数**或**全局极值函数**。

例 2.2.3 设 $0\leqslant x_0<x_1$，试证泛函 $J[y(x)]=\int_{x_0}^{x_1}(x^2+y^2)\,\mathrm{d}x$ 在曲线 $y(x)\equiv 0$ 上取得绝对极小值。

证 因 $0\leqslant x_0<x_1$，故对于任意一个在 $[x_0,x_1]$ 上连续的函数 $y(x)$，有

$$\Delta J=J[y(x)]-J[0]=\int_{x_0}^{x_1}(x^2+y^2)\,\mathrm{d}x-\int_{x_0}^{x_1}x^2\,\mathrm{d}x=\int_{x_0}^{x_1}y^2\,\mathrm{d}x\geqslant 0$$

等式仅当 $y(x)\equiv 0$ 时成立。证毕。

如果作为比较的函数 $y(x)$ 仅限于 $y_0(x)$ 的某个邻域，且有 $\Delta J=J[y(x)]-J[y_0(x)]\geqslant 0$ 或 <0，则泛函 $J[y(x)]$ 称为在 $y_0(x)$ 上取得**相对极小值**或**相对极大值**，也称为**局部极小值**或**局部极大值**。相对极小值与相对极大值统称**相对极值**或**局部极值**。

泛函的极值还与泛函变量的接近度有关。设 $J[y(x)]$ 为在某一可取类函数 $F=\{y(x)\}$ 中定义的泛函，$y_0(x)$ 为 F 中的一个函数。如果在 $y_0(x)$ 的零阶 δ 邻域内，都有 $\Delta J=J[y(x)]-J[y_0(x)]\geqslant 0$ (或 <0)，则泛函 $J[y(x)]$ 称为在 $y_0(x)$ 上取得**强相对极小值**(或**强相对极大值**)或**强极小值**(或**强极大值**)。如果在 $y_0(x)$ 的一阶 δ 邻域内，都有 $\Delta J=J[y(x)]-J[y_0(x)]\geqslant 0$ (或 <0)，则泛函 $J[y(x)]$ 称为在 $y_0(x)$ 上取得**弱相对极小值**(或**弱相对极大值**)或**弱极小值**(或**弱极大值**)。强(弱)极小值与强(弱)极大值统称**强(弱)极值**。强极值与弱极值的区别在讨论泛函极值的必要条件时作用不大，但在研究泛函极值的充分条件时这种区别很重要。

每个绝对极值同时也是强相对极值或弱相对极值，但是反过来每个相对极值却未必是绝对

极值。

绝对极值、相对极值、强极值和弱极值统称**极值**。

由于一阶邻域是零阶邻域的一部分，而具有一阶接近度的两个函数必然具有零阶接近度，所以如果泛函 $J[y(x)]$ 在函数 $y_0(x)$ 上取得强极值，那么它也一定在 $y_0(x)$ 上取得弱极值。但反之却不尽然，即如果泛函 $J[y(x)]$ 在函数 $y_0(x)$ 上取得弱极值，却不一定在 $y_0(x)$ 上取得强极值。也就是说，在与 $y_0(x)$ 既在纵坐标上又在 $y_0'(x)$ 上(即切线方向上)都接近的那些曲线 $y(x)$ 中，可能没有这种曲线使得 $J[y(x)] < J[y_0(x)]$(或 $J[y(x)] > J[y_0(x)]$)，而在那些与 $y_0(x)$ 只在纵坐标接近而不一定在 $y_0'(x)$ 上接近的曲线 $y(x)$ 中，则可能找出这样的曲线使 $J[y(x)] < J[y_0(x)]$(或 $J[y(x)] > J[y_0(x)]$)。由此可知，对于泛函 $J[y(x)]$ 的弱的相对极值的必要条件，必为其强的相对极值的必要条件。因而，在讨论泛函极值的必要条件时，总是设 δ 邻域为一阶邻域。

由绝对极值、强极值和弱极值的定义可知，强极值的值域是绝对极值的值域的一部分，而弱极值的值域又是强极值的值域的一部分，故泛函能在取值域大的范围内取值，必然能在取值域小的范围内取值，但反之却未必成立。

对于任意定值 $x \in [x_0, x_1]$，可取函数 $y(x)$ 与另一可取函数 $y_0(x)$ 之差 $y(x) - y_0(x)$ 称为函数 $y(x)$ 在 $y_0(x)$ 处的**变分**或**函数的变分**，记作 δy，δ 称为**变分记号**、**变分符号**或**变分算子**，这时有

$$\delta y = y(x) - y_0(x) = \varepsilon\eta(x) \tag{2-2-7}$$

式中，ε 为拉格朗日引进的一个小参数，但它不是 x 的函数；$\eta(x)$ 为 x 的任意函数。

由于可取函数都通过区间的固定端点，即它们在区间的端点的值都相等，故在区间的端点，任意函数 $\eta(x)$ 都满足

$$\eta(x_0) = \eta(x_1) = 0 \tag{2-2-8}$$

也就是

$$\delta y(x_0) = \delta y(x_1) = 0 \tag{2-2-9}$$

式(2-2-9)为函数变分在固定端点应该满足的条件即固定边界条件。

因为可取函数 $y(x)$ 是泛函 $J[y(x)]$ 的宗量，故也可以这样定义变分：泛函的宗量 $y(x)$ 与另一宗量 $y_0(x)$ 之差 $y(x) - y_0(x)$ 称为宗量 $y(x)$ 在 $y_0(x)$ 处的**变分**。

对于任意定值 $x \in [x_0, x_1]$，若可取函数 $y(x)$ 与另一可取函数 $y_0(x)$ 具有零阶接近度，则 $y(x) - y_0(x)$ 称为函数 $y(x)$ 在 $y_0(x)$ 处的**强变分**。若 $y(x)$ 与 $y_0(x)$ 具有一阶(或一阶以上)接近度，则 $y(x) - y_0(x)$ 称为函数 $y(x)$ 在 $y_0(x)$ 处的**弱变分**。强变分与弱变分统称**变分**。

上述变分的定义也可以推广到多元函数的情形。

显然，根据变分的定义，函数 $y(x)$ 的变分 δy 是 x 的函数。注意函数变分 δy 与函数增量 Δy 的区别，如图 2-2-3 所示，函数的变分 δy 是两个不同函数 $y(x)$ 与 $y_0(x)$ 在自变量 x 取固定值时之差 $\varepsilon\eta(x)$，函数发生了改变；函数的增量 Δy 是由于自变量 x 取一个增量而使同一函数 $y(x)$ 产生的增量，函数仍是原来的函数。由此也可以看出变分符号 δ 的作用是用以表示相应的自变量 x 取某一定值时函数的微小改变。

因为在变分时自变量 x 保持不变，而函数本身形式改变所引起的函数值的改变量，故在变分运算时自变量的增量取零值，即 $\delta x = 0$。当自变量 x 为时间 t 时，上述变分称为**等时变分**，此时 $\delta t = 0$。

若可取函数由 $y(x)$ 变为 $y_1(x)$ 的同时，自变量 x 也取得增量 Δx，这里 Δx 是 x 的可微函数，函数的增量在舍去高阶无穷小后，可近似写成

$$\Delta y = \delta y + y'(x)\Delta x \tag{2-2-10}$$

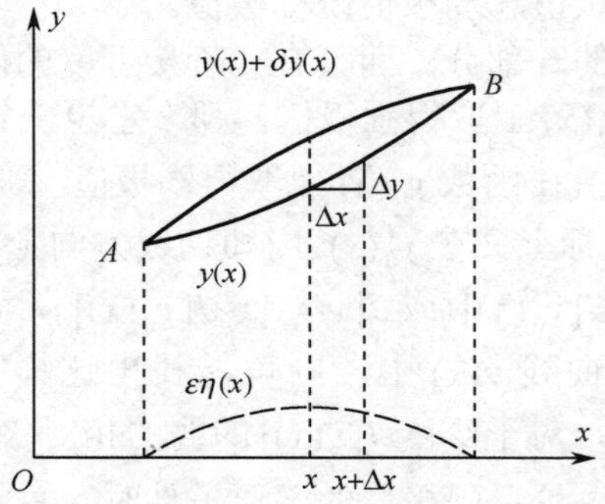

图 2-2-3　变分与微分的差别

则 Δy 称为函数 $y(x)$ 的**全变分**，Δ 称为**全变分符号**。全变分包括两部分：$y'(x)\Delta x$ 表示函数形式不变，由于自变量变化所引起的函数值的改变量(仅取线性部分)；δy 表示自变量不变，仅由函数形式改变所引起的函数值的改变量。当自变量 x 为时间 t 时，全变分又称为**不等时变分或非等时变分**。

变分符号 δ 不仅可以表示当自变量 x 取某一定值时函数的微小改变，同样也可以表示当 x 取某一定值时函数的导数的改变。如果函数 $y(x)$ 与另一函数 $y_0(x)$ 都可导，则函数的变分 δy 有以下性质

$$\delta y' = y'(x) - y_0'(x) = [y(x) - y_0(x)]' = (\delta y)' \tag{2-2-11}$$

由此得到变分符号 δ 与导数符号 $\dfrac{\mathrm{d}}{\mathrm{d}x}$ 之间的关系

$$\delta \frac{\mathrm{d}y}{\mathrm{d}x} = \frac{\mathrm{d}}{\mathrm{d}x}\delta y \tag{2-2-12}$$

即**函数导数的变分等于函数变分的导数**。换句话说，**求变分与求导数这两种运算次序可以交换**。在进行变分法的有关推导时要经常用到变分的这个性质。

上面的性质可推广到高阶导数的变分情形，即

$$\delta y'' = (\delta y)'',\quad \delta y''' = (\delta y)''',\ \cdots,\quad \delta y^{(n)} = (\delta y)^{(n)}$$

由式(2-2-7)和式(2-2-11)可得

$$\delta y' = (\delta y)' = \varepsilon \eta'(x) \tag{2-2-13}$$

对于高阶导数的变分，有

$$\delta y^{(n)} = (\delta y)^{(n)} = \varepsilon \eta^{(n)}(x) \tag{2-2-14}$$

由于哈密顿算子是一种求导运算的算子，故有

$$\delta \nabla \varphi = \delta \frac{\partial}{\partial x_i}\boldsymbol{e}_i \varphi = \frac{\partial}{\partial x_i}\boldsymbol{e}_i \delta \varphi = \nabla \delta \varphi \tag{2-2-15}$$

$$\delta \nabla \cdot \boldsymbol{a} = \delta \frac{\partial}{\partial x_i}\boldsymbol{e}_i \cdot a_j \boldsymbol{e}_j = \frac{\partial}{\partial x_i}\boldsymbol{e}_i \cdot \delta a_j \boldsymbol{e}_j = \frac{\partial}{\partial x_i}\boldsymbol{e}_i \cdot \delta \boldsymbol{a} = \nabla \cdot \delta \boldsymbol{a} \tag{2-2-16}$$

$$\delta \nabla \times \boldsymbol{a} = \delta \frac{\partial}{\partial x_i}\boldsymbol{e}_i \times a_j \boldsymbol{e}_j = \frac{\partial}{\partial x_i}\boldsymbol{e}_i \times \delta a_j \boldsymbol{e}_j = \frac{\partial}{\partial x_i}\boldsymbol{e}_i \times \delta \boldsymbol{a} = \nabla \times \delta \boldsymbol{a} \tag{2-2-17}$$

即哈密顿算子和变分符号可以交换次序。

同理，对于拉普拉斯算子，有

$$\delta\Delta\varphi=\delta\left(\frac{\partial^2\varphi}{\partial x^2}+\frac{\partial^2\varphi}{\partial y^2}+\frac{\partial^2\varphi}{\partial z^2}\right)=\frac{\partial^2\delta\varphi}{\partial x^2}+\frac{\partial^2\delta\varphi}{\partial y^2}+\frac{\partial^2\delta\varphi}{\partial z^2}=\left(\frac{\partial^2}{\partial x^2}+\frac{\partial^2}{\partial y^2}+\frac{\partial^2}{\partial z^2}\right)\delta\varphi=\Delta\delta\varphi \tag{2-2-18}$$

即拉普拉斯算子和变分符号也可以交换次序。

2.3 最简泛函的变分与极值的必要条件

设 $F(x,y(x),y'(x))$ 是三个独立变量 x，$y(x)$，$y'(x)$ 在区间 $[x_0,x_1]$ 上的已知函数，且二阶连续可微，其中 $y(x)$ 和 $y'(x)$ 是 x 的未知函数，则泛函

$$J[y(x)]=\int_{x_0}^{x_1}F(x,y(x),y'(x))\,\mathrm{d}x \tag{2-3-1}$$

称为**最简单的积分型泛函**，简称**最简泛函**，有时也称为**价值泛函**。泛函 $J[y(x)]$ 称为**泛函形式或变分积分**，被积函数 F 称为**泛函的核**、**变分被积函数**或**拉格朗日函数**。因对 F 的积分得到的 $J[y(x)]$ 值取决于函数 $y(x)$ 的形式，故 $J[y(x)]$ 是 $y(x)$ 的泛函。从式(2-3-1)可知，$J[y(x)]$ 其实不仅只是 $y(x)$ 的函数，而且还是 x 和 $y'(x)$ 的函数，但只要求出了 $y(x)$，$y'(x)$ 也就能求出来了，于是，式(2-3-1)只写成 $J[y(x)]$ 的形式。

在 $y=y(x)$ 的一阶邻域内，任取一曲线 $y=y_1(x)$，则有

$$\delta y=y_1(x)-y(x)\text{，}\quad \delta y'=y_1'(x)-y'(x) \tag{2-3-2}$$

最简泛函 $J[y]=\int_{x_0}^{x_1}F(x,y,y')\,\mathrm{d}x$ 的增量为

$$\begin{aligned}\Delta J&=J[y_1]-J[y]=J[y+\delta y]-J[y]\\&=\int_{x_0}^{x_1}F(x,y+\delta y,y'+\delta y')\,\mathrm{d}x-\int_{x_0}^{x_1}F(x,y,y')\,\mathrm{d}x\\&=\int_{x_0}^{x_1}[F(x,y+\delta y,y'+\delta y')-F(x,y,y')]\,\mathrm{d}x\end{aligned} \tag{2-3-3}$$

有时泛函的增量也称为泛函的**全变分**。

例 2.3.1 设 $y(x)=\mathrm{e}^x$，$y_1(x)=x^2$，求定义在空间 $C^1[x_0,x_1]$ 的泛函

$$J[y(x)]=\int_{x_0}^{x_1}y(x)y'(x)\,\mathrm{d}x$$

的增量。

解 泛函的增量为

$$\begin{aligned}\Delta J&=J[y_1(x)]-J[y(x)]=\int_{x_0}^{x_1}x^2 2x\,\mathrm{d}x-\int_{x_0}^{x_1}\mathrm{e}^x\mathrm{e}^x\,\mathrm{d}x\\&=\int_{x_0}^{x_1}(2x^3-\mathrm{e}^{2x})\,\mathrm{d}x=\frac{1}{2}(x_1^3-x_0^3-\mathrm{e}^{2x_1}+\mathrm{e}^{2x_0})\end{aligned}$$

由二元函数的泰勒中值定理得

$$F(x,y+\delta y,y'+\delta y')-F(x,y,y')=\bar{F}_y\delta y+\bar{F}_{y'}\delta y' \tag{2-3-4}$$

式中，$\bar{F}_y$ 与 $\bar{F}_{y'}$ 分别表示 F_y 与 $F_{y'}$ 在 $(x,\bar{y}(x),\bar{y}'(x))$ 处的值，$\bar{y}(x)$ 介于 $y(x)$ 与 $y_1(x)$ 之间，$\bar{y}'(x)$ 介于 $y'(x)$ 与 $y_1'(x)$ 之间。因而

$$|\bar{y}(x)-y(x)|<d_1[y_1(x),y(x)] \tag{2-3-5}$$

$$|\bar{y}'(x)-y'(x)|<d_1[y_1(x),y(x)] \tag{2-3-6}$$

对于任意 $\varepsilon_1>0$，$\varepsilon_2>0$，当 $d_1[y_1(x),y(x)]$ 充分小时，必有

$$\left|\bar{F}_y - F_y\right| < \varepsilon_1, \quad \left|\bar{F}_{y'} - F_{y'}\right| < \varepsilon_2 \tag{2-3-7}$$

因此，有

$$\begin{aligned}\Delta J &= \int_{x_0}^{x_1} (\bar{F}_y \delta y + \bar{F}_{y'} \delta y')\mathrm{d}x \\ &= \int_{x_0}^{x_1} (F_y \delta y + F_{y'} \delta y')\mathrm{d}x + \int_{x_0}^{x_1} [(\bar{F}_y - F_y)\delta y + (\bar{F}_{y'} - F_{y'})\delta y']\mathrm{d}x \\ &= \int_{x_0}^{x_1} (F_y \delta y + F_{y'} \delta y')\mathrm{d}x + \varepsilon d_1[y_1, y]\end{aligned} \tag{2-3-8}$$

式中

$$\varepsilon d_1[y_1, y] = \int_{x_0}^{x_1} [(\bar{F}_y - F_y)\delta y + (\bar{F}_{y'} - F_{y'})\delta y']\mathrm{d}x \tag{2-3-9}$$

且 ε 随 $d_1[y_1, y]$ 趋于零而趋于零。这是由于

$$\begin{aligned}&\left|\int_{x_0}^{x_1} [(\bar{F}_y - F_y)\delta y + (\bar{F}_{y'} - F_{y'})\delta y']\mathrm{d}x\right| \\ &\leqslant \int_{x_0}^{x_1} \left|\bar{F}_y - F_y\right|\left|\delta y\right|\mathrm{d}x + \int_{x_0}^{x_1} \left|\bar{F}_{y'} - F_{y'}\right|\left|\delta y'\right|\mathrm{d}x \\ &< (\varepsilon_1 + \varepsilon_2) d_1[y_1, y](x_1 - x_0) = \varepsilon' d_1[y_1, y]\end{aligned} \tag{2-3-10}$$

而 ε' 随 $d_1[y_1(x), y(x)]$ 趋于零而趋于零。

二元函数的泰勒中值定理也可写成下列形式

$$F(x, y + \delta y, y' + \delta y') - F(x, y, y') = F_y \delta y + F_{y'} \delta y' + R_1 \tag{2-3-11}$$

式中，R_1 为一阶拉格朗日形式余项，可表示为

$$R_1 = \frac{1}{2}\left[\frac{\partial F(x, y + \theta\delta y, y' + \theta\delta y')}{\partial y}\delta y + \frac{\partial F(x, y + \theta\delta y, y' + \theta\delta y')}{\partial y'}\delta y'\right] \tag{2-3-12}$$

式中，$0 \leqslant \theta \leqslant 1$。

这样最简泛函 $J[y] = \int_{x_0}^{x_1} F(x, y, y')\mathrm{d}x$ 的增量也可表示为

$$\Delta J = \int_{x_0}^{x_1} (F_y \delta y + F_{y'} \delta y')\mathrm{d}x + \int_{x_0}^{x_1} R_1 \mathrm{d}x = \int_{x_0}^{x_1} (F_y \delta y + F_{y'} \delta y')\mathrm{d}x + \varepsilon d_1[y_1, y] \tag{2-3-13}$$

式中

$$\varepsilon d_1[y_1, y] = \int_{x_0}^{x_1} R_1 \mathrm{d}x \tag{2-3-14}$$

且 ε 随 $d_1[y_1, y]$ 趋于零而趋于零。

由式(2-3-8)和式(2-3-13)可知，积分 $\int_{x_0}^{x_1} (F_y \delta y + F_{y'} \delta y')\mathrm{d}x$ 与 ΔJ 相差一个比 $d_1[y_1, y]$ 更高阶的无穷小量，是泛函增量的主要部分，记为 $L[y, \delta y]$。下面将进一步证明 $L[y, \delta y]$ 是关于 δy 的线性泛函。下面给出线性泛函的定义。

若连续泛函 $J[y(x)]$ 满足以下两个条件：

(1) $J[y_1(x) + y_2(x)] = J[y_1(x)] + J[y_2(x)]$

(2) $J[cy(x)] = cJ[y(x)]$

式中，c 为任意常数，则 $J[y(x)]$ 称为关于 $y(x)$ 的**线性泛函**。

因为

$$L[y,\delta y_1+\delta y_2]=\int_{x_0}^{x_1}[F_y(\delta y_1+\delta y_2)+F_{y'}(\delta y_1'+\delta y_2')]\mathrm{d}x$$
$$=\int_{x_0}^{x_1}[F_y\delta y_1+F_{y'}\delta y_1']\mathrm{d}x+\int_{x_0}^{x_1}[F_y\delta y_2+F_{y'}\delta y_2']\mathrm{d}x$$
$$=L[y,\delta y_1]+L[y,\delta y_2]$$
$$L[y,c\delta y]=\int_{x_0}^{x_1}[F_y(c\delta y)+F_{y'}(c\delta y')]\mathrm{d}x=c\int_{x_0}^{x_1}(F_y\delta y+F_{y'}\delta y')\mathrm{d}x=cL[y,\delta y]$$

所以$L[y,\delta y]$是关于δy的线性泛函。

若连续泛函$J[u,v]$满足以下三个条件：

(1) $J[u,v]=J[v,u]$

(2) $J[a_1u_1+a_2u_2,v]=a_1J[u_1,v]+a_2J[u_2,v]$

(3) $J[u,b_1v_1+b_2v_2]=b_1J[u,v_1]+b_2J[u,v_2]$

其中，若a_1、a_2、b_1和b_2均为任意常数，则$J[u,v]$称为关于u和v的**对称双线性泛函**；如果只满足后两个条件，则$J[u,v]$称为关于u和v的**双线性泛函**；在双线性泛函中，若令$u=v$，可得到$J[u,u]$，则$J[u,u]$称为**二次泛函**。

若式(2-3-1)具有二阶连续性，且其增量可表示为$\Delta J=L[y(x),\delta y]+d[y(x),\delta y]$，其中$d[y,\delta y]$为$\delta y$的高阶无穷小量，则这个泛函称为在$y=y(x)$处**可微**，并把$L[y,\delta y]$称为泛函$J[y(x)]$在$y(x)$上的**一阶变分**或**一次变分**，又称**泛函的变分**或**变分**，记作$\delta J[y(x)]$、$\delta J[y]$或δJ，即

$$\begin{aligned}\delta J&=\int_{x_0}^{x_1}[F_y(x,y,y')\delta y+F_{y'}(x,y,y')\delta y']\mathrm{d}x\\&=\int_{x_0}^{x_1}(F_y\delta y+F_{y'}\delta y')\mathrm{d}x=\int_{x_0}^{x_1}(F_y\varepsilon\eta+F_{y'}\varepsilon\eta')\mathrm{d}x\\&=\varepsilon\int_{x_0}^{x_1}(F_y\eta+F_{y'}\eta')\mathrm{d}x\end{aligned}\tag{2-3-15}$$

泛函的变分是拉格朗日于1762年提出的概念，是函数的变分这一概念的推广。

由上述定义可知，泛函J的变分δJ具有下面两个性质：

(1) 泛函的增量ΔJ与变分δJ之差是一个比一阶距离$d_1(y,y_1)$更高阶的无穷小，泛函的变分δJ是泛函增量ΔJ的线性主要部分(即线性主部)；

(2) 变分δJ的被积函数是关于η和η'的线性函数。

用泛函的变分δJ表示泛函增量ΔJ称为**泛函的线性化**，可表示为$\Delta J=\delta J$。

注意，在上述泛函的变分定义中，函数$y(x)$和$y'(x)$都是独立变量，这与高等数学中函数的微分定义有着本质的不同。表2.3.1给出了泛函和函数的对应关系。

表2.3.1　泛函和函数的对应关系

函数	泛函
函数 $f(x)$	泛函 $J[y(x)]$
变量 $y=f(x)$	变量 $J=J[y(x)]$
自变量 x	函数 $y(x)$
自变量 x 的增量 Δx	函数 $y(x)$ 的变分 δy
函数的微分 $\mathrm{d}y$	泛函的变分 δJ

例2.3.2　验证$J[y]=\int_{x_0}^{x_1}y^2\mathrm{d}x$不是线性泛函。

解　因为

$$J[cy]=\int_{x_0}^{x_1}(cy)^2\,\mathrm{d}x=c^2\int_{x_0}^{x_1}y^2\,\mathrm{d}x\neq c\int_{x_0}^{x_1}y^2\,\mathrm{d}x=cJ[y]$$

故 $J[y]$ 不是线性泛函。

例 2.3.3 验证 $J[y]=\int_{x_0}^{x_1}[p(x)y+q(x)y']\,\mathrm{d}x$ 是线性泛函，其中 $p(x)$ 和 $q(x)$ 是 x 的已知函数。

解 因为

$$J[cy]=\int_{x_0}^{x_1}[p(x)cy+q(x)cy']\,\mathrm{d}x=c\int_{x_0}^{x_1}[p(x)y+q(x)y']\,\mathrm{d}x=cJ[y]$$

$$\begin{aligned}J[y_1+y_2]&=\int_{x_0}^{x_1}[p(x)(y_1+y_2)+q(x)(y_1+y_2)']\,\mathrm{d}x\\&=\int_{x_0}^{x_1}[p(x)y_1+q(x)y_1']\,\mathrm{d}x+\int_{x_0}^{x_1}[p(x)y_2+q(x)y_2']\,\mathrm{d}x\\&=J[y_1]+J[y_2]\end{aligned}$$

故 $J[y]$ 是线性泛函。

例 2.3.4 验证 $J[y,z]=\int_{x_0}^{x_1}f(x)yz\,\mathrm{d}x$ 是对称双线性泛函，其中 $f(x)$ 是 x 的已知函数。

解 因为

$$J[y,z]=\int_{x_0}^{x_1}f(x)yz\,\mathrm{d}x=\int_{x_0}^{x_1}f(x)zy\,\mathrm{d}x=J[z,y]$$

$$\begin{aligned}J[a_1y_1+a_2y_2,z]&=\int_{x_0}^{x_1}f(x)(a_1y_1+a_2y_2)z\,\mathrm{d}x=\int_{x_0}^{x_1}f(x)a_1y_1z\,\mathrm{d}x+\int_{x_0}^{x_1}f(x)a_2y_2z\,\mathrm{d}x\\&=a_1\int_{x_0}^{x_1}f(x)y_1z\,\mathrm{d}x+a_2\int_{x_0}^{x_1}f(x)y_2z\,\mathrm{d}x=a_1J[y_1,z]+a_2J[y_2,z]\end{aligned}$$

$$\begin{aligned}J[y,b_1z_1+b_2z_2]&=\int_{x_0}^{x_1}f(x)y(b_1z_1+b_2z_2)\,\mathrm{d}x=\int_{x_0}^{x_1}f(x)yb_1z_1\,\mathrm{d}x+\int_{x_0}^{x_1}f(x)yb_2z_2\,\mathrm{d}x\\&=b_1\int_{x_0}^{x_1}f(x)yz_1\,\mathrm{d}x+b_2\int_{x_0}^{x_1}f(x)yz_2\,\mathrm{d}x=b_1J[y,z_1]+b_2J[y,z_2]\end{aligned}$$

故 $J[y]$ 是对称双线性泛函。

例 2.3.5 设 $J[y]=\int_{x_0}^{x_1}(y^2+y'^2)\,\mathrm{d}x$，试求 δJ。

解 令 $F=y^2+y'^2$，$F_y=2y$，$F_{y'}=2y'$，泛函的变分为

$$\delta J=\int_{x_0}^{x_1}(2y\delta y+2y'\delta y')\,\mathrm{d}x=2\int_{x_0}^{x_1}(y\delta y+y'\delta y')\,\mathrm{d}x$$

例 2.3.6 设 $J[y]=\int_{x_0}^{x_1}(y^3+y^2y'+y'^2)\,\mathrm{d}x$，试求 δJ。

解 令 $F=y^3+y^2y'+y'^2$，$F_y=3y^2+2yy'$，$F_{y'}=y^2+2y'$，泛函的变分为

$$\delta J=\int_{x_0}^{x_1}[(3y^2+2yy')\delta y+(y^2+2y')\delta y']\,\mathrm{d}x$$

例 2.3.7 求泛函 $J[y]=\int_{x_0}^{x_1}(xy^2+y'\mathrm{e}^y)\,\mathrm{d}x$ 的变分。

解 令 $F=xy^2+y'\mathrm{e}^y$，$F_y=2xy+y'\mathrm{e}^y$，$F_{y'}=\mathrm{e}^y$，泛函的变分为

$$\delta J=\int_{x_0}^{x_1}[(2xy+y'\mathrm{e}^y)\delta y+\mathrm{e}^y\,\delta y']\,\mathrm{d}x$$

设函数 $F=F(x,y,y')$ 关于 x，y，y' 连续，且有足够的可微性，计算 F 的增量

$$\Delta F = F(x, y+\delta y, y'+\delta y') - F(x,y,y') = F_y \delta y + F_{y'}\delta y' + \cdots \tag{2-3-16}$$

则

$$\delta F = F_y \delta y + F_{y'}\delta y' \tag{2-3-17}$$

称为**函数 F 的变分**。此时泛函的变分表达式(2-3-15)可写成

$$\delta J = \delta \int_{x_0}^{x_1} F(x,y,y')\,\mathrm{d}x = \int_{x_0}^{x_1} \delta F(x,y,y')\,\mathrm{d}x \tag{2-3-18}$$

式(2-3-18)表明，在 δF 是关于 δy 和 $\delta y'$ 的线性函数的条件下，变分符号 δ 和定积分符号 $\int_{x_0}^{x_1}$ 可以交换次序。在一定条件下，这种运算可以推广。例如，设泛函

$$J[y_1, y_2, \cdots, y_n] = \int_{x_0}^{x_1} F(x, y_1, y_2, \cdots, y_n, y_1', y_2', \cdots, y_n')\,\mathrm{d}x \tag{2-3-19}$$

若 $F \in C^1$， $y_i \in C^1$， $y_i' \in C^1$ $(i = 1,2,\cdots,n)$，则

$$\delta J = \int_{x_0}^{x_1} \delta F\,\mathrm{d}x = \int_{x_0}^{x_1} \left(\sum_{i=1}^{n} F_{y_i}\delta y_i + \sum_{i=1}^{n} F_{y_i'}\delta y_i' \right)\mathrm{d}x \tag{2-3-20}$$

设 F 、 F_1 和 F_2 是 x 、 y 、 y' 、…的可微函数，则变分符号 δ 有下列基本运算性质：

(1) $\delta(F_1 + F_2) = \delta F_1 + \delta F_2$；

(2) $\delta(F_1 F_2) = F_1 \delta F_2 + F_2 \delta F_1$；

(3) $\delta(F^n) = nF^{n-1}\delta F$；

(4) $\delta\left(\dfrac{F_1}{F_2}\right) = \dfrac{F_2\delta F_1 - F_1 \delta F_2}{F_2^2}$；

(5) $\delta[F^{(n)}] = (\delta F)^{(n)}$ $\left[F^{(n)} = \dfrac{\mathrm{d}^n F}{\mathrm{d}x^n}\right]$；

(6) $\delta \int_{x_0}^{x_1} F(x,y,y')\,\mathrm{d}x = \int_{x_0}^{x_1} \delta F(x,y,y')\,\mathrm{d}x$。

证 根据变分的定义及变分和求导可交换次序的性质，有

$$\delta(F_1+F_2) = \frac{\partial(F_1+F_2)}{\partial y}\delta y + \frac{\partial(F_1+F_2)}{\partial y'}\delta y' = \frac{\partial F_1}{\partial y}\delta y + \frac{\partial F_2}{\partial y}\delta y + \frac{\partial F_1}{\partial y'}\delta y' + \frac{\partial F_2}{\partial y'}\delta y'$$

$$= \left(\frac{\partial F_1}{\partial y}\delta y + \frac{\partial F_1}{\partial y'}\delta y'\right) + \left(\frac{\partial F_2}{\partial y}\delta y + \frac{\partial F_2}{\partial y'}\delta y'\right) = \delta F_1 + \delta F_2$$

$$\delta(F_1F_2) = \frac{\partial(F_1F_2)}{\partial y}\delta y + \frac{\partial(F_1F_2)}{\partial y'}\delta y' = \left(F_1\frac{\partial F_2}{\partial y} + F_2\frac{\partial F_1}{\partial y}\right)\delta y + \left(F_1\frac{\partial F_2}{\partial y'} + F_2\frac{\partial F_1}{\partial y'}\right)\delta y'$$

$$= F_1\left(\frac{\partial F_2}{\partial y}\delta y + \frac{\partial F_2}{\partial y'}\delta y'\right) + F_2\left(\frac{\partial F_1}{\partial y}\delta y + \frac{\partial F_1}{\partial y'}\delta y'\right) = F_1\delta F_2 + F_2\delta F_1$$

$$\delta(F^n) = \frac{\partial(F^n)}{\partial y}\delta y + \frac{\partial(F^n)}{\partial y'}\delta y' = nF^{n-1}\frac{\partial F}{\partial y}\delta y + nF^{n-1}\frac{\partial F}{\partial y'}\delta y'$$

$$= nF^{n-1}\left(\frac{\partial F}{\partial y}\delta y + \frac{\partial F}{\partial y'}\delta y'\right) = nF^{n-1}\delta F$$

$$\delta\left(\frac{F_1}{F_2}\right)=\frac{\partial}{\partial y}\left(\frac{F_1}{F_2}\right)\delta y+\frac{\partial}{\partial y'}\left(\frac{F_1}{F_2}\right)\delta y'=\frac{F_2\dfrac{\partial F_1}{\partial y}-F_1\dfrac{\partial F_2}{\partial y}}{F_2^2}\delta y+\frac{F_2\dfrac{\partial F_1}{\partial y'}-F_1\dfrac{\partial F_2}{\partial y'}}{F_2^2}\delta y'$$

$$=\frac{F_2\left(\dfrac{\partial F_1}{\partial y}\delta y+\dfrac{\partial F_1}{\partial y'}\delta y'\right)-F_1\left(\dfrac{\partial F_2}{\partial y}\delta y+\dfrac{\partial F_2}{\partial y'}\delta y'\right)}{F_2^2}=\frac{F_2\delta F_1-F_1\delta F_2}{F_2^2}$$

$$\delta(F^{(n)})=F^{(n)}-F_0{}^{(n)}=(F-F_0)^{(n)}=(\delta F)^{(n)}$$

$$\delta\int_{x_0}^{x_1}F\,\mathrm{d}x=\frac{\partial}{\partial y}\left(\int_{x_0}^{x_1}F\,\mathrm{d}x\right)\delta y+\frac{\partial}{\partial y'}\left(\int_{x_0}^{x_1}F\,\mathrm{d}x\right)\delta y'=\left(\int_{x_0}^{x_1}F_y\,\mathrm{d}x\right)\delta y+\left(\int_{x_0}^{x_1}F_{y'}\,\mathrm{d}x\right)\delta y'$$

$$=\int_{x_0}^{x_1}(F_y\delta y+F_{y'}\delta y')\,\mathrm{d}x=\int_{x_0}^{x_1}\delta F\,\mathrm{d}x$$

证毕。

设F、F_1和F_2是x、y、y'、…的可微函数，则全变分符号Δ有下列基本运算性质：

(1) $\Delta(F_1+F_2)=\Delta F_1+\Delta F_2$；

(2) $\Delta(F_1F_2)=F_1\Delta F_2+F_2\Delta F_1$；

(3) $\Delta(F^n)=nF^{n-1}\Delta F$；

(4) $\Delta\left(\dfrac{F_1}{F_2}\right)=\dfrac{F_2\Delta F_1-F_1\Delta F_2}{F_2^2}$；

(5) $[\Delta F^{(n)}]'=\Delta[F^{(n+1)}]+F^{(n+1)}(\Delta x)'$，性质(5)表明微分与全变分的运算次序不能互换；

(6) $\Delta\displaystyle\int_{x_0}^{x_1}F\,\mathrm{d}x=\delta\int_{x_0}^{x_1}F\,\mathrm{d}x+(F\Delta x)\Big|_{x_0}^{x_1}=\int_{x_0}^{x_1}\left(\Delta F+F\frac{\mathrm{d}}{\mathrm{d}x}\Delta x\right)\mathrm{d}x$，性质(6)表明，当$\dfrac{\mathrm{d}}{\mathrm{d}x}\Delta x\neq0$时，积分与全变分的运算次序也不能互换；

(7) $\mathrm{d}(\Delta x)=\Delta(\mathrm{d}x)$，性质(7)表明，对自变量而言，全变分和微分的运算次序具有交换性。

证 根据全变分的定义，有$\Delta F=F'\Delta x+\delta F$，于是

$$\Delta(F_1+F_2)=(F_1+F_2)'\Delta x+\delta(F_1+F_2)=(F_1'+F_2')\Delta x+\delta(F_1+F_2)$$
$$=F_1'\Delta x+F_2'\Delta x+\delta F_1+\delta F_2=(F_1'\Delta x+\delta F_1)+(F_2'\Delta x+\delta F_2)$$
$$=\Delta F_1+\Delta F_2$$

$$\Delta(F_1F_2)=(F_1F_2)'\Delta x+\delta(F_1F_2)=(F_1'F_2+F_1F_2')\Delta x+F_1\delta F_2+F_2\delta F_1$$
$$=F_1(F_2'\Delta x+\delta F_2)+F_2(F_1'\Delta x+\delta F_1)=F_1\Delta F_2+F_2\Delta F_1$$

$$\Delta(F^n)=(F^n)'\Delta x+\delta(F^n)=nF^{n-1}F'\Delta x+nF^{n-1}\delta F=nF^{n-1}(F'\Delta x+\delta F)=nF^{n-1}\Delta F$$

$$\Delta\left(\frac{F_1}{F_2}\right)=\frac{\mathrm{d}}{\mathrm{d}x}\left(\frac{F_1}{F_2}\right)\Delta x+\delta\left(\frac{F_1}{F_2}\right)=\frac{F_2F_1'-F_1F_2'}{F_2^2}\Delta x+\frac{F_2\delta F_1-F_1\delta F_2}{F_2^2}$$
$$=\frac{F_2(F_1'\Delta x+\delta F_1)-F_1(F_2'\Delta x+\delta F_2)}{F_2^2}=\frac{F_2\Delta F_1-F_1\Delta F_2}{F_2^2}$$

根据全变分的定义，有$\Delta[F^{(n)}]=F^{(n+1)}\Delta x+\delta[F^{(n)}]$，将该式对$x$求导，得

$$[\Delta F^{(n)}]'=\{F^{(n+1)}\Delta x+\delta[F^{(n)}]\}'=F^{(n+2)}\Delta x+F^{(n+1)}(\Delta x)'+\delta[F^{(n+1)}]\tag{2-3-21}$$

再次根据全变分的定义，有

$$\Delta[F^{(n+1)}]=F^{(n+2)}\Delta x+\delta[F^{(n+1)}]\tag{2-3-22}$$

将式(2-3-22)代入式(2-3-21)，得

$$[\Delta F^{(n)}]' = \Delta[F^{(n+1)}] + F^{(n+1)}(\Delta x)' \tag{2-3-23}$$

当 $n=0$ 时，有

$$(\Delta F)' = \Delta(F') + F'(\Delta x)' \tag{2-3-24}$$

用定积分 $\int_0^x F\,\mathrm{d}x$ 代替式(2-2-10)中的 y，则有

$$\Delta\int_0^x F\,\mathrm{d}x = \delta\int_0^x F\,\mathrm{d}x + F\Delta x \tag{2-3-25}$$

将式(2-3-25)中的积分上限 x 分别用 x_1 和 x_0 代替，可得到两个类似的关系式，然后将两式相减便得到下面的关系式

$$\Delta\int_{x_0}^{x_1} F\,\mathrm{d}x = \delta\int_{x_0}^{x_1} F\,\mathrm{d}x + (F\Delta x)\Big|_{x_0}^{x_1} \tag{2-3-26}$$

又

$$\delta\int_{x_0}^{x_1} F\,\mathrm{d}x = \int_{x_0}^{x_1} \delta F\,\mathrm{d}x = \int_{x_0}^{x_1} (\Delta F - F'\Delta x)\,\mathrm{d}x \tag{2-3-27}$$

$$(F\Delta x)\Big|_{x_0}^{x_1} = \int_{x_0}^{x_1} \mathrm{d}(F\Delta x) \tag{2-3-28}$$

将式(2-3-27)和式(2-3-28)代入式(2-3-26)，得

$$\Delta\int_{x_0}^{x_1} F\,\mathrm{d}x = \int_{x_0}^{x_1} (\Delta F - F'\Delta x)\,\mathrm{d}x + \int_{x_0}^{x_1} \mathrm{d}(F\Delta x) = \int_{x_0}^{x_1} [\Delta F + F(\Delta x)']\,\mathrm{d}x \tag{2-3-29}$$

证毕。

现在对泛函 $J[y(x)]$ 引入一个新的泛函 $\varPhi(\varepsilon) = J[y(x) + \varepsilon\delta y]$，其中 ε 为任意给定的小参数，有时它也用 α 表示。这时式(2-3-1)可写成

$$\varPhi(\varepsilon) = J[y + \varepsilon\delta y] = \int_{x_0}^{x_1} F(x, y + \varepsilon\delta y, y' + \varepsilon\delta y')\,\mathrm{d}x \tag{2-3-30}$$

利用 1.2 节中的定理 1.2.3，积分号下对 ε 求导，有

$$\varPhi'(\varepsilon) = \int_{x_0}^{x_1} [F_y(x, y + \varepsilon\delta y, y' + \varepsilon\delta y')\delta y + F_{y'}(x, y + \varepsilon\delta y, y' + \varepsilon\delta y')\delta y']\,\mathrm{d}x \tag{2-3-31}$$

令 $\varepsilon = 0$，并注意到式(2-3-15)，有

$$\varPhi'(0) = \int_{x_0}^{x_1} [F_y(x, y, y')\delta y + F_{y'}(x, y, y')\delta y']\,\mathrm{d}x = \delta J[y(x)] = 0 \tag{2-3-32}$$

由此可引出泛函 $J[y(x)]$ 变分的另一个概念如下：

对于泛函 $J[y(x)]$，可确定一个函数 $\varPhi(\varepsilon)$，使得 $\varPhi(\varepsilon) = J[y(x) + \varepsilon\delta y]$，如果它在 $\varepsilon = 0$ 处对 ε 的导数 $\varPhi'(0) = \left.\dfrac{\partial J[y(x) + \varepsilon\delta y]}{\partial\varepsilon}\right|_{\varepsilon=0}$ 存在，则 $\varPhi'(0)$ 称为**泛函** $J[y(x)]$ **在** $y = y(x)$ **处的变分**，简称**变分**，并记作 δJ，即

$$\delta J = \varPhi'(0) = \left.\frac{\partial J[y(x) + \varepsilon\delta y]}{\partial\varepsilon}\right|_{\varepsilon=0} \tag{2-3-33}$$

这样定义的泛函变分称为**拉格朗日定义的泛函变分**，它与前面定义的变分是等价的，且更便于计算泛函的变分。它的意义是，有时可用对函数的导数的研究来代替对泛函变分的研究。需要指出的是，在更广泛的类函数中，当 $\varPhi'(0)$ 存在时，对应变分

$$\delta J = \int_{x_0}^{x_1} (F_y\delta y + F_{y'}\delta y')\,\mathrm{d}x$$

却不一定存在，这是因为从泛函的增量中去求出线性主要部分有时无法实现，可以构造泛函用例子来证实这一点。

现在解释一下参数 ε 的几何意义。设 $y_1(x) = y(x) + \delta y$ 是与曲线 $y(x)$ 接近的曲线。引入参

数 ε 后，得到曲线 $y_1(x)=y(x)+\varepsilon\delta y$。当 ε 作微小变动时，给出若干与 $y(x)$ 接近的曲线。当 $\varepsilon=0$ 时，得 $y_1(x)=y(x)$，当 $\varepsilon=1$ 时，得 $y_1(x)=y(x)+\delta y$。与 $y(x)$ 接近的曲线 $y_1(x)$ 称为 $y(x)$ 的**邻(近)曲线**、**比较曲线**或**容许曲线**。

例 2.3.8 计算泛函 $J[y]=\int_0^1\frac{1}{x}\sin y\,\mathrm{d}x$，其中 $y=\frac{k}{x}$，k 为任意实常数。

解 令 $x=\frac{1}{t}$，$\mathrm{d}x=-\frac{\mathrm{d}t}{t^2}$，有

$$J[y]=\int_0^1\frac{1}{x}\sin y\,\mathrm{d}x=\int_1^{\infty}\frac{\sin kt}{t}\mathrm{d}t$$

其积分值都存在，取 $y=\frac{1}{x}$，$\delta y=\frac{1}{nx}$，有

$$\Phi(\varepsilon)=J[y+\varepsilon\delta y]=\int_0^1\frac{1}{x}\sin\frac{n+\varepsilon}{nx}\mathrm{d}x\quad(n\geqslant 2)$$

令 $\tau=\frac{n+\varepsilon}{nx}$，$\mathrm{d}\tau=-\frac{n+\varepsilon}{nx^2}\mathrm{d}x$，得

$$\Phi(\varepsilon)=\int_{\frac{n+\varepsilon}{n}}^{\infty}\frac{\sin\tau}{\tau}\mathrm{d}\tau=\frac{\pi}{2}-\int_0^{\frac{n+\varepsilon}{n}}\frac{\sin\tau}{\tau}\mathrm{d}\tau$$

补充定义 $\left.\frac{\sin\tau}{\tau}\right|_{\tau=0}=1$，则 $\frac{\sin\tau}{\tau}$ 在区间 $\left[0,1+\frac{\varepsilon}{n}\right]$ 上连续，于是

$$\Phi'(\varepsilon)=-\frac{1}{n+\varepsilon}\sin\frac{n+\varepsilon}{n},\quad \Phi'(0)=-\frac{1}{n}\sin 1$$

但这时，积分

$$\delta J=\int_0^1(F_y\delta y+F_{y'}\delta y')\mathrm{d}x=\int_0^1\frac{1}{x}\cos\frac{1}{x}\cdot\frac{1}{nx}\mathrm{d}x=\int_1^{\infty}\frac{\cos t}{n}\mathrm{d}t$$

却不存在。

例 2.3.9 设泛函 $J[y]=y^2(x_0)+\int_{x_0}^{x_1}(xy+y'^2)\mathrm{d}x$，试求拉格朗日定义的泛函变分。

解 根据拉格朗日定义的泛函变分，有

$$J[y+\varepsilon\delta y]=[y(x_0)+\varepsilon\delta y(x_0)]^2+\int_{x_0}^{x_1}[x(y+\varepsilon\delta y)+(y'+\varepsilon\delta y')^2]\mathrm{d}x$$

于是

$$\frac{\partial J[y+\varepsilon y]}{\partial\varepsilon}=2[y(x_0)+\varepsilon\delta y(x_0)]\delta y(x_0)+\int_{x_0}^{x_1}[x\delta y+2(y'+\varepsilon\delta y')\delta y']\mathrm{d}x$$

故有

$$\delta J=\left.\frac{\partial J[y+\varepsilon y]}{\partial\varepsilon}\right|_{\varepsilon=0}=2y(x_0)\delta y(x_0)+\int_{x_0}^{x_1}(x\delta y+2y'\delta y')\mathrm{d}x$$

定理 2.3.1 若泛函 $J[y(x)]$ 在 $y=y(x)$ 上达到极值，则在它在 $y=y(x)$ 上的变分 δJ 等于零。

证 对于 $y=y(x)$ 和任意固定的 δy，$J[y(x)+\varepsilon\delta y]=\Phi(\varepsilon)$ 是变量 ε 的函数，当 $\varepsilon=0$ 时，函数 $\Phi(\varepsilon)$ 取得极值，因此 $\Phi'(0)=0$，但根据式(2-3-15)和式(2-3-32)，可知 $J[y(x)]$ 在 $y=y(x)$ 上的变分 $\delta J=0$。证毕。

泛函 $J[y]$ 的变分 $\delta J=0$ 称为泛函取极值的**必要条件**或**驻值条件**，也称为泛函 $J[y]$ 的**变分方程**。有时泛函 $J[y]$ 的变分 $\delta J=0$ 也称为**变分原理**。

在一阶变分表达式(2-3-15)中，积分号下是 δy 和 $\delta y'$ 的线性函数。用分部积分法，可将变

分变为积分号下只是 δy 的线性函数，这样的变换称为**拉格朗日变换**；或者只是 $\delta y'$ 的线性函数，这样的变换称为**黎曼变换**。

拉格朗日变换如下：

对式(2-3-15)积分号下的第二项用分部积分，得

$$\int_{x_0}^{x_1} F_{y'}\delta y'\,\mathrm{d}x = F_{y'}\delta y\Big|_{x_0}^{x_1} - \int_{x_0}^{x_1}\delta y\frac{\mathrm{d}}{\mathrm{d}x}F_{y'}\,\mathrm{d}x \tag{2-3-34}$$

如果在点 x_0 和 x_1 上取变分等于零，那么

$$\int_{x_0}^{x_1} F_{y'}\delta y'\,\mathrm{d}x = -\int_{x_0}^{x_1}\delta y\frac{\mathrm{d}}{\mathrm{d}x}F_{y'}\,\mathrm{d}x \tag{2-3-35}$$

故有

$$\delta J = \int_{x_0}^{x_1}(F_y\delta y + F_{y'}\delta y')\,\mathrm{d}x = \int_{x_0}^{x_1}\left(F_y - \frac{\mathrm{d}}{\mathrm{d}x}F_{y'}\right)\delta y\,\mathrm{d}x \tag{2-3-36}$$

注意，上面在变分的定义中曾假定函数 $y = y(x)$ 可微，而并未假定 y' 也可微，因此拉格朗日变换是不合法的。

为了消除 y'' 存在的附加假设，黎曼提出另外一个变分变换，就是用记号

$$\int_{x_0}^{x} F_y\,\mathrm{d}x = N(x) \tag{2-3-37}$$

表示，那么有

$$\delta J = \int_{x_0}^{x_1}\left(\frac{\mathrm{d}N}{\mathrm{d}x}\delta y + F_{y'}\delta y'\right)\mathrm{d}x \tag{2-3-38}$$

再用分部积分，有

$$\int_{x_0}^{x_1}\frac{\mathrm{d}N}{\mathrm{d}x}\delta y\,\mathrm{d}x = N\delta y\Big|_{x_0}^{x_1} - \int_{x_0}^{x_1}N\delta y'\,\mathrm{d}x \tag{2-3-39}$$

令 δy 在点 x_0 和 x_1 上取变分等于零，得

$$\delta J = \int_{x_0}^{x_1}(F_{y'} - N)\delta y'\,\mathrm{d}x \tag{2-3-40}$$

黎曼变换不要求函数 y'' 存在这个附加条件。

2.4 最简泛函的欧拉方程

定理 2.4.1 使最简泛函

$$J[y(x)] = \int_{x_0}^{x_1} F(x, y, y')\,\mathrm{d}x \tag{2-4-1}$$

取极值且满足固定边界条件

$$y(x_0) = y_0,\quad y(x_1) = y_1 \tag{2-4-2}$$

的极值曲线 $y = y(x)$ 应满足必要条件

$$F_y - \frac{\mathrm{d}}{\mathrm{d}x}F_{y'} = 0 \tag{2-4-3}$$

的解，式中，F 为 x、y、y' 的已知函数并有二阶连续偏导数。

注意式(2-4-3)等号左边第二项是对自变量 x 的全导数。

式(2-4-3)称为式(2-4-1)的**欧拉方程**，是瑞士数学家欧拉在 1736 年(另有 1741 年或 1744 年之说)得到的。不过，当时欧拉的证明有些繁琐，他是用折线逼近曲线的方法导出欧拉方程的。后来法国数学家拉格朗日以十分简洁的方式改进了欧拉的证明，并于 1755 年 8 月 12 日把他的

证明以书信的形式告诉了欧拉。故式(2-4-3)也称为**欧拉–拉格朗日方程**。至此，变分法形成了数学分析的新分支。欧拉方程是泛函定义域内的变分条件。在变分法中，所有与具有式(2-4-1)结构的泛函相应的微分方程都可称为**欧拉方程**。

欧拉方程还可以写成

$$F_y - F_{xy'} - F_{yy'}y' - F_{y'y'}y'' = 0 \tag{2-4-4}$$

本定理的重要作用在于，它把求式(2-4-1)的极值问题转化为求解式(2-4-3)在满足式(2-4-2)下的定解问题。注意，常有人说欧拉方程就是微分方程，这只是一种习惯的说法，其实，这样的说法是不严谨的，因为当被积函数 F 中不含 y' 时，欧拉方程就不是微分方程，即使 F 中含有 y'，欧拉方程也不都是微分方程。后面将会看到欧拉方程不是微分方程的例子。

欧拉方程中出现的量 $[F]_y = F_y - \dfrac{\mathrm{d}}{\mathrm{d}x}F_{y'}$ 称为 F 对 y 的**变分导(函)数**。

证 因泛函 $J[y(x)]$ 在 $y = y(x)$ 达到极值，故有

$$\delta J = \int_{x_0}^{x_1}(F_y\delta y + F_{y'}\delta y')\,\mathrm{d}x = 0 \tag{1}$$

由固定边界条件可知

$$\delta y(x_0) = 0\text{，}\quad \delta y(x_1) = 0 \tag{2}$$

即在最简泛函变分时，全部容许曲线都要通过固定的边界点，而固定边界点是常数，其变分为零。

对式(1)右边第二项进行分部积分，得

$$\int_{x_0}^{x_1} F_{y'}\delta y'\,\mathrm{d}x = F_{y'}\delta y\Big|_{x_0}^{x_1} - \int_{x_0}^{x_1}\delta y\frac{\mathrm{d}}{\mathrm{d}x}F_{y'}\,\mathrm{d}x \tag{3}$$

将式(3)代入式(1)，得

$$\delta J = F_{y'}\delta y\Big|_{x_0}^{x_1} + \int_{x_0}^{x_1}\left(F_y - \frac{\mathrm{d}}{\mathrm{d}x}F_{y'}\right)\delta y\,\mathrm{d}x = 0 \tag{4}$$

由式(2)可知 $\delta y\Big|_{x_0}^{x_1} = 0$，故得

$$\delta J = \int_{x_0}^{x_1}\left(F_y - \frac{\mathrm{d}}{\mathrm{d}x}F_{y'}\right)\delta y\,\mathrm{d}x = 0 \tag{5}$$

由于 δy 的任意性并由变分法基本引理 1.5.2 可知，必有

$$F_y - \frac{\mathrm{d}}{\mathrm{d}x}F_{y'} = 0 \tag{6}$$

此即式(2-4-3)。证毕。

如果欧拉方程中的 $F_{y'y'} \neq 0$，则式(2-4-4)是一个二阶常微分方程，所讨论的变分问题归结为解如下的微分方程边值问题

$$\begin{cases} \dfrac{\partial F}{\partial y} - \dfrac{\mathrm{d}}{\mathrm{d}x}\dfrac{\partial F}{\partial y'} = 0 \\ y(x_0) = y_0, y(x_1) = y_1 \end{cases} \tag{2-4-5}$$

其通解含有两个任意常数

$$y = y(x, c_1, c_2) \tag{2-4-6}$$

它的图形称为欧拉方程的**积分曲线**，也称为式(2-4-1)的**极值曲线族**或**极值曲线簇**，其中两个任意常数可由边界条件来确定。

定理 2.4.1 也可叙述为：若有一条给出极值的曲线 $y=y(x)$ 存在，则它一定属于含两个参变数的曲线族即式(2-4-6)。

在极值曲线 $y=y(x)$ 上，使 $F_{y'y'}\neq 0$ 的点称为**正则点**或**正规点**。此时，所研究的问题称为**正则问题**。$F_{y'y'}\neq 0$ 这个不等式称为**勒让德条件**。在研究泛函极值的充分条件时，勒让德条件很重要。

有时，当函数 $y=y(x)$ 满足式(2-4-3)时，式(2-4-1)在 $y=y(x)$ 处也不一定取得极值，这是因为欧拉方程只是使式(2-4-1)取得极值的必要条件，而非充分条件。但至少处于平稳状态。在此意义下，满足欧拉方程的解的函数称为**平稳函数**或**逗留函数**，并且每个欧拉方程的解所表示的图形称为**平稳曲线**、**逗留曲线**或**极值曲线**。只有在极值曲线上，式(2-4-1)才有可能达到极值。泛函在平稳函数时取的值称为**平稳值**或**驻值**。由于欧拉方程只是式(2-4-1)取得极值的必要条件，而非充分条件，故要确定所求得的极值是极大值还是极小值，还需用极值的充分条件来加以判定，这个问题将在第 3 章讨论。

例 2.4.1 求泛函 $J[y]=\int_{x_0}^{x_1}(y'+x^2y'^2)\,\mathrm{d}x$ 的极值曲线，边界条件为 $y(x_0)=y_0$，$y(x_1)=y_1$；再求出 $y(1)=1$，$y(2)=2$ 时泛函的值。

解 令 $F=y'+x^2y'^2$，泛函的欧拉方程为

$$F_y-\frac{\mathrm{d}}{\mathrm{d}x}F_{y'}=0-\frac{\mathrm{d}}{\mathrm{d}x}(1+2x^2y')=0$$

即

$$\frac{\mathrm{d}}{\mathrm{d}x}(1+2x^2y')=4xy'+2x^2y''=0$$

从上式约去 $2x$，得

$$xy''+2y'=0$$

将上式积分，得

$$\int\frac{y''}{y'}\mathrm{d}x+\int\frac{2}{x}\mathrm{d}x=0$$

或

$$\ln y'+\ln x^2=\ln c_1$$

再次积分，得

$$y=-\frac{c_1}{x}+c_2$$

这就是所给泛函的极值曲线族。可见，一般情况下应有 $x\neq 0$。利用边界条件 $y(x_0)=y_0$，$y(x_1)=y_1$，可解出 $c_1=-\dfrac{y_1-y_0}{x_1-x_0}x_0x_1$，$c_2=\dfrac{y_1x_1-y_0x_0}{x_1-x_0}$。将这两个积分常数代入 y 的表达式，得

$$y=-\frac{y_1-y_0}{x(x_1-x_0)}x_0x_1+\frac{y_1x_1-y_0x_0}{x_1-x_0}$$

由边界条件 $y(1)=1$，$y(2)=2$，可得 $c_1=-2$，$c_2=3$，于是

$$y=-\frac{2}{x}+3,\quad y'=\frac{2}{x^2}$$

将其代入原泛函并积分，得

$$J[y]=\int_1^2\left(\frac{2}{x^2}+x^2\frac{4}{x^4}\right)\mathrm{d}x=\int_1^2\frac{6}{x^2}\mathrm{d}x=3$$

例 2.4.2 求泛函 $J[y]=\int_0^{\frac{\pi}{2}}(y'^2-y^2)\mathrm{d}x$ 的极值曲线，边界条件为 $y(0)=0$，$y\left(\frac{\pi}{2}\right)=1$。

解 令 $F=y'^2-y^2$，泛函的欧拉方程为

$$F_y-\frac{\mathrm{d}}{\mathrm{d}x}F_{y'}=-2y-2y''=0$$

即 $y''+y=0$，其通解是 $y=c_1\cos x+c_2\sin x$。利用边界条件可得 $c_1=0$，$c_2=1$。故极值曲线是 $y=\sin x$。

例 2.4.3 求泛函 $J[y]=\int_0^{2\pi}(y'^2-y^2)\mathrm{d}x$ 的极值曲线，边界条件为 $y(0)=1$，$y(2\pi)=1$。

解 由例 2.4.2 可知，其通解是 $y=c_1\cos x+c_2\sin x$。利用边界条件可得 $c_1=1$，$c_2=c$，其中 c 是任意常数，极值曲线是 $y=\cos x+c\sin x$，于是该泛函的变分问题有无穷多个解。

由例 2.4.2 和例 2.4.3 可以看出，泛函的极值曲线不仅与被积函数有关，还与积分区间以及边界条件有关。

例 2.4.4 求泛函 $J[y]=\int_1^2(y'^2-2xy)\mathrm{d}x$ 的极值曲线，边界条件为 $y(1)=0$，$y(2)=-1$。

解 泛函的欧拉方程为

$$y''+x=0$$

积分两次，得

$$y=-\frac{x^3}{6}+c_1x+c_2$$

由边界条件 $y(1)=0$，$y(2)=-1$，可解出 $c_1=\frac{1}{6}$，$c_2=0$，于是极值曲线为

$$y=\frac{x}{6}(1-x^2)$$

例 2.4.5 求泛函 $J[y]=\int_{x_0}^{x_1}(x^2y'^2+2y^2)\mathrm{d}x$ 的极值曲线。

解 泛函的欧拉方程为

$$4y-4xy'-2x^2y''=0$$

或

$$x^2y''+2xy'-2y=0$$

这种线性常微分方程称为**欧拉方程**。设 $x=\mathrm{e}^t$ 或 $t=\ln x$，并用 D 表示对 t 的求导运算，则原方程可化为

$$D(D-1)y+2Dy-2y=0$$

方程的特征方程为

$$r(r-1)+2r-2=0$$

即

$$r^2+r-2=0$$

可求出特征方程的两个根 $r_1=1$，$r_2=-2$。于是泛函的极值曲线为

$$y=c_1\mathrm{e}^t+c_2\mathrm{e}^{-2t}$$

代回到原来的变量，有

$$y = c_1 x + c_2 x^{-2}$$

式中的积分常数由边界条件确定。

例 2.4.6 求泛函 $J[y]=\int_0^1 (y'^2 - y^2 - y)\mathrm{e}^{2x}\mathrm{d}x$ 的极值曲线，边界条件为 $y(0)=0$，$y(1)=\mathrm{e}^{-1}$。

解 泛函的欧拉方程为

$$-\mathrm{e}^{2x} - 2\mathrm{e}^{2x}y - 4\mathrm{e}^{2x}y' - 2\mathrm{e}^{2x}y'' = 0$$

或

$$y'' + 2y' + y = -\frac{1}{2}$$

这是二阶常系数非齐次线性微分方程，其中齐次方程的特征方程为

$$r^2 + 2r + 1 = 0$$

得两个相等的实根 $r=-1$，方程的齐次方程的解为 $Y=(c_1+c_2x)\mathrm{e}^{-x}$，方程的特解为 $y^* = -\dfrac{1}{2}$。于是微分方程的通解为

$$y = Y + y^* = (c_1 + c_2 x)\mathrm{e}^{-x} - \frac{1}{2}$$

由边界条件 $y(0)=0$，$y(1)=\mathrm{e}^{-1}$，得 $c_1=\dfrac{1}{2}$，$c_2=\dfrac{1}{2}(1+\mathrm{e})$。于是极值曲线为

$$y = \frac{1}{2}\{[1+(1+\mathrm{e})x]\mathrm{e}^{-x} - 1\}$$

例 2.4.7 火箭飞行问题。设一质量为 m 的火箭作水平飞行，用 $s(t)$ 表示飞行距离，其升力 L 与重力 mg (g 为重力加速度)相平衡，空气阻力 R 与火箭飞行速度 $v=\dfrac{\mathrm{d}s}{\mathrm{d}t}$ 及升力 L 有以下关系

$$R = av^2 + b_0 L^2 \tag{1}$$

式中，$a>0$、$b_0>0$ 为常数。试求火箭飞行的最大距离。

解 因升力与重力平衡，故式(1)可改写成

$$R = av^2 + b_0 g^2 m^2 = av^2 + bm^2 \tag{2}$$

式中，$b=b_0 g^2$ 为常数。

火箭飞行时的推力为

$$T = -c\frac{\mathrm{d}m}{\mathrm{d}t} \tag{3}$$

式中，$c>0$ 为常数。火箭飞行时，随着推进剂的燃烧，其质量是在不断减少的，推进剂的燃速 $\mathrm{d}m/\mathrm{d}t<0$，故式(3)等号右边应有一负号。

由牛顿第二定律可知，火箭的运动方程为

$$m\frac{\mathrm{d}v}{\mathrm{d}t} = T - R = -c\frac{\mathrm{d}m}{\mathrm{d}t} - R \tag{4}$$

将上式两端同乘以 $\mathrm{d}t$，并注意到 $v=\mathrm{d}s/\mathrm{d}t$，可得

$$m\,\mathrm{d}v = -c\,\mathrm{d}m - R\frac{\mathrm{d}s}{v} \tag{5}$$

将阻力 R 的表达式代入式(5)，经整理得

$$ds = -\frac{v}{av^2 + bm^2}(c + mv')\,dm \tag{6}$$

式中，$v' = dv/dm$。

于是，从时刻$t = 0$到$t = t_1$，火箭的飞行距离为下列泛函

$$J[v(m)] = s(t_1) - s(0) = \int_{m_1}^{m_0} \frac{v}{av^2 + bm^2}(c + mv')\,dm \tag{7}$$

令$F = \frac{v}{av^2 + bm^2}(c + mv')$，则欧拉方程为

$$F_v - \frac{d}{dm}F_{v'} = \frac{(-av^2 + bm^2)(c + v)}{(av^2 + bm^2)^2} = 0 \tag{8}$$

求解式(8)，得

$$v = -c \tag{9}$$

因$c > 0$，得$v < 0$，此解不合理，舍去。还有两个解是

$$v = \pm\sqrt{\frac{b}{a}}m \tag{10}$$

显然，式(10)的解应取正号。于是容易求出其导数

$$v' = \sqrt{\frac{b}{a}} \tag{11}$$

将式(10)和式(11)代入式(7)，得

$$J[v(m)] = \int_{m_1}^{m_0}\left(\frac{c}{2\sqrt{abm}} + \frac{1}{2a}\right)dm = \frac{c}{2g\sqrt{ab_0}}\ln\frac{m_0}{m_1} + \frac{m_0 - m_1}{2a} \tag{12}$$

式(12)就是火箭飞行的最大距离。

例 2.4.8 证明式(2-4-4)具有下列形式

$$F_x - \frac{d}{dx}(F - y'F_{y'}) = 0 \tag{1}$$

证 求导数

$$\frac{dF}{dx} = F_x + F_y y' + F_{y'} y'' \tag{2}$$

$$\frac{d}{dx}(y'F_{y'}) = y''F_{y'} + y'\frac{d}{dx}F_{y'} \tag{3}$$

两式相减，得

$$\frac{d}{dx}(F - y'F_{y'}) = F_x + y'\left(F_y - \frac{d}{dx}F_{y'}\right) \tag{4}$$

由式(2-4-3)可知，式(4)等号右边的括号内各项的代数和等于零，故式(1)成立。证毕。

例 2.4.9 求圆锥面上的短程线方程。顶角为 2φ 的圆锥面上有两个任意给定的端点A与B，其中φ为圆锥母线与z轴的夹角。

解 选取球面坐标系(r,θ,φ)。因$\varphi =$常数，故弧微分为

$$(ds)^2 = (dr)^2 + (r\sin\varphi\,d\theta)^2$$

A、B两点间的弧长为泛函

$$S = \int_A^B ds = \int_{\theta_A}^{\theta_B}\sqrt{r'^2 + (r\sin\varphi)^2}\,d\theta$$

泛函的欧拉方程为

$$\frac{r\sin^2\varphi}{\sqrt{r'^2+(r\sin\varphi)^2}}-\frac{\mathrm{d}}{\mathrm{d}\theta}\frac{r'}{\sqrt{r'^2+(r\sin\varphi)^2}}=0$$

运算后得

$$\frac{r^3\sin^4\varphi-r''(r\sin\varphi)^2+2rr'^2\sin^2\varphi}{[r'^2+(r\sin\varphi)^2]^{\frac{3}{2}}}=0$$

显然上式的分母不为零，r 也不为零，故欧拉方程可化成

$$2r'^2+(r\sin\varphi)^2-r''r=0$$

令 $u=\dfrac{1}{r}$，$\psi=\theta\sin\varphi$，则有 $\mathrm{d}u=-\dfrac{\mathrm{d}r}{r^2}$，$\mathrm{d}\psi=\sin\varphi\,\mathrm{d}\theta$，于是

$$u'=\frac{\mathrm{d}u}{\mathrm{d}\psi}=-\frac{1}{r^2\sin\varphi}\frac{\mathrm{d}r}{\mathrm{d}\theta}=-\frac{r'}{r^2\sin\varphi}$$

$$r'=\frac{u'\sin\varphi}{u^2}$$

$$u''=\frac{\mathrm{d}^2u}{\mathrm{d}\psi^2}=\frac{\mathrm{d}u'}{\mathrm{d}\psi}=-\frac{r^2r''\,\mathrm{d}\theta-r'2rr'\,\mathrm{d}\theta}{r^4\sin\varphi}\frac{1}{\sin\varphi\,\mathrm{d}\theta}=-\frac{rr''-2r'^2}{r^3\sin^2\varphi}$$

$$rr''=-\frac{u''\sin^2\varphi}{u^3}+2\frac{u'^2\sin^2\varphi}{u^4}$$

将 r' 和 rr'' 的表达式代入欧拉方程，得

$$u''+u=0$$

其通解为

$$u=c_1\cos\psi+c_2\sin\psi$$

或

$$\frac{1}{r}=c_1\cos(\theta\sin\varphi)+c_2\sin(\theta\sin\varphi)$$

这就是所要求的在圆锥曲面上的短程线方程。其中积分常数 c_1 和 c_2 通过 A、B 两端点位置确定。如果把 r 和 ψ 看成极坐标，则这条短程线就是这个坐标系中的一条直线。

例 2.4.10 最优价格策略问题。某生产厂家要在一定时期内将某种商品的价格 $p(t)$ 由原来的 $p(t_0)=p_0$ 调整到 $p(t_1)=p_1$，已知单位时间的销售量 s 与价格 $p(t)$ 和价格的变化率 $p'(t)$ 有关。设由统计方法得出

$$s=-p+mp'+n$$

每周生产 s 件产品的生产费用

$$C=as^2+bs+c$$

求价格函数 $p(t)$，使全年的总利润

$$J[p]=\int_{t_0}^{t_1}(sp-C)\,\mathrm{d}t=\int_{t_0}^{t_1}[-(1+a)p^2+(2an+b+n)p-am^2p'^2$$
$$+(2am+m)pp'-(2amn+bm)p'-(an^2+bn+c)]\,\mathrm{d}t$$

达到最大，其中 a、b、c、m 和 n 为常数且都大于零。

解 泛函的欧拉方程为

$$-2(1+a)p+2am^2p''+(2an+b+n)=0$$

或

$$2am^2p''-2(1+a)p=-(2an+b+n)$$

微分方程的特征方程为

$$am^2r^2-(1+a)=0$$

可解得

$$r=\pm\frac{1}{m}\sqrt{\frac{1+a}{a}}$$

设方程的特解是 $y^*=A$，将其代入微分方程，可解得

$$A=\frac{2an+b+n}{2(1+a)}$$

于是，方程的通解为

$$p(t)=c_1\,\mathrm{e}^{\frac{1}{m}\sqrt{\frac{1+a}{a}}t}+c_2\,\mathrm{e}^{-\frac{1}{m}\sqrt{\frac{1+a}{a}}t}+\frac{2an+b+n}{2(1+a)}$$

式中，积分常数 c_1 和 c_2 由边界条件确定。事实上价格不可能连续不断地随时间变化，只能隔一段时间才能变化一次，但本题得到的解对制定价格时有参考作用。

例 2.4.11　油膜轴承问题。非定常短轴承油膜压力公式的变分修正泛函为

$$J=\int_{x_0}^{x_1}(-2a_1y+a_2y^2+a_3y'^2)\,\mathrm{d}\,x$$

式中，$-x_0=x_1=\lambda>0$，$y(x_0)=y(x_1)=0$，$a_1>0$，$a_2>0$，$a_3>0$。试求其极值曲线。

解　泛函的欧拉方程为

$$a_3y''a_2y=a_1 \tag{1}$$

令 $a_2/a_3=k^2$，$a_1/a_3=b$，则式(1)可写成

$$y''-k^2y=b \tag{2}$$

式(2)是二阶常系数非齐次线性微分方程。由边界条件 $y(-\lambda)=y(\lambda)=0$ 即 $y(x_0)=y(x_1)=0$，可得方程的齐次解

$$Y=c_1\cosh(kx)+c_2\sinh(kx) \tag{3}$$

设特解为 $y^*=b_0$，将其代入欧拉方程，可解出 $b_0=-b/k^2$。

将齐次解与特解叠加，可得方程的通解

$$y=Y+y^*=c_1\cosh(kx)+c_2\sinh(kx)-\frac{b}{k^2} \tag{4}$$

边界条件 $y(-\lambda)=y(\lambda)=0$，得 $c_2=0$，$c_1=\dfrac{b}{k^2\cosh(k\lambda)}$，于是方程的解为

$$y=\frac{b}{k^2\cosh(k\lambda)}[\cosh(kx)-\cosh(k\lambda)] \tag{5}$$

2.5　欧拉方程的几种特殊类型及其积分

由于式(2-4-4)中 F 的各偏导数 F_y、$F_{y'y'}$、$F_{y'y}$ 及 $F_{y'x}$ 可能含有 x、y 和 y'，在一般情况下，它不是一个线性微分方程，所以这种方程常常不能简单地解出，但当 F 不显含 x、y 和 y' 中的一个或两个时，问题有可能得到简化。本节就式(2-4-1)的被积函数 $F(x,y,y')$ 的几种特殊形式来进行讨论。

(1) F 不依赖于 y' 或仅依赖于 y，即 $F=F(x,y)$ 或 $F=F(y)$

这时，$F_{y'}\equiv 0$，所以欧拉方程 $F_y(x,y)=0$ 或 $F_y(y)=0$，这是一个函数方程，其解不含任意常数。这个函数方程的解不满足边界条件：$y(x_0)=y_0$，$y(x_1)=y_1$，变分问题无解。在极个别情况下，例如，只有当 $F_y(x,y)=0$ 或 $F_y(y)=0$ 的解通过点 (x_0,y_0) 与点 (x_1,y_1) 时，才能成为极值曲线。若使问题有解，就不能附加边界条件。

例 2.5.1 已知泛函 $J[y]=\pi\int_{x_0}^{x_1} y^2\,\mathrm{d}x$，$y(x_0)=y_0$，$y(x_1)=y_1$，求泛函 $J[y]$ 的极值。

解 泛函的欧拉方程为 $2y=0$ 或 $y=0$，当且仅当 $y_0=y_1=0$ 时，$y=0$ 才能使泛函 $J[y]$ 的值为极小值。否则泛函 $J[y(x)]$ 的极小值不能在连续函数类中达到。

例 2.5.2 已知泛函 $J[y]=\int_0^{\pi} y(2x-y)\,\mathrm{d}x$，$y(0)=0$，$y(\pi)=1$，求泛函的极值曲线。

解 泛函的欧拉方程为 $2x-2y=0$，即 $y=x$。由于边界条件得到满足，因此在直线 $y=x$ 上，泛函可取得极值。对于另外的边界条件，例如 $y(0)=0$，$y(\pi)=1$，直线 $y=x$ 不通过给定的边界点(0,0)和(π,1)，变分问题无解。

(2) F 线性地依赖于 y'，即 $F(x,y,y')=M(x,y)+N(x,y)y'$

这时欧拉方程为

$$\frac{\partial M}{\partial y}+\frac{\partial N}{\partial y}y'-\frac{\mathrm{d}N}{\mathrm{d}x}=0$$

将其展开，得

$$\frac{\partial M}{\partial y}+\frac{\partial N}{\partial y}y'-\frac{\partial N}{\partial x}-\frac{\partial N}{\partial y}y'=0$$

整理，得

$$\frac{\partial M}{\partial y}-\frac{\partial N}{\partial x}=0$$

从上式解出的 $y=y(x)$ 仍然是函数方程，它不一定满足边界条件。所以这里所讨论的变分问题的解通常不属于连续函数类。

若 $\dfrac{\partial M}{\partial y}-\dfrac{\partial N}{\partial x}\equiv 0$，则表达式 $M\,\mathrm{d}x+N\,\mathrm{d}y$ 是全微分。此时积分 $\int_{x_0}^{x_1}(M\,\mathrm{d}x+N\,\mathrm{d}y)$ 与积分路径无关，因而泛函

$$J[y]=\int_{x_0}^{x_1}\left(M+N\frac{\mathrm{d}y}{\mathrm{d}x}\right)\mathrm{d}x$$

的值不依赖于曲线 $y=y(x)$ 的选择，即泛函在容许曲线上为一定值，变分问题失去意义。

例 2.5.3 试求泛函 $J[y]=\int_{x_0}^{x_1}(xy^2+x^2yy')\,\mathrm{d}x$ 的极值曲线，边界条件为 $y(x_0)=y_0$，$y(x_1)=y_1$。

解 由于 $\dfrac{\partial M}{\partial y}=2xy=\dfrac{\partial N}{\partial x}$，即 $\dfrac{\partial M}{\partial y}\equiv\dfrac{\partial N}{\partial x}$，因此，被积函数为全微分。而积分

$$J[y]=\frac{1}{2}\int_{x_0}^{x_1}\mathrm{d}(x^2y^2)=\frac{1}{2}(x_1^2y_1^2-x_0^2y_0^2)$$

与积分路径无关，仅依赖于边界条件。变分问题没有意义。

例 2.5.4 试讨论泛函 $J[y]=\int_0^1(y^2+x^2y')\,\mathrm{d}x$ 的极值曲线是否存在，边界条件为 $y(0)=0$，

$y(1)=a$。

解 由于$\dfrac{\partial M}{\partial y}=y$，$\dfrac{\partial N}{\partial x}=x$，故欧拉方程为$\dfrac{\partial M}{\partial y}-\dfrac{\partial N}{\partial x}=0$，即$y-x=0$。这条极值曲线满足第一个边界条件$y(0)=0$，而第二个边界条件只有在$a=1$时才满足，如果$a\neq 1$，则满足边界条件的极值曲线不存在。

例 2.5.5 试讨论泛函$J[y]=\int_{x_0}^{x_1}(ax+by+cxy')\,\mathrm{d}x$是否有意义。

解 由于$\dfrac{\partial M}{\partial y}=b$，$\dfrac{\partial N}{\partial x}=c$，故欧拉方程为$\dfrac{\partial M}{\partial y}-\dfrac{\partial N}{\partial x}=0$，即$b-c=0$，除非$b=c$，否则泛函或欧拉方程就是不合理的。即使$b=c$，也无法求得$y$对$x$的函数关系，这样的泛函无法求解。

一般情况下，若泛函的被积函数是未知函数的导数的线性组合，则相应的欧拉方程不是微分方程，其解无意义。

(3) F不依赖于y，即$F=F(x,y')$

此时，欧拉方程为

$$\frac{\mathrm{d}}{\mathrm{d}x}F_{y'}(x,y')=0$$

将上式积分，得$F_{y'}(x,y')=c_1$，此积分称为欧拉方程的**首次积分**，由此可解出$y'=\varphi(x,c_1)$，再次积分得到可能是极值的极值曲线族

$$y=\int_{x_0}^{x_1}\varphi(x,c_1)\,\mathrm{d}x$$

例 2.5.6 在半径为r的球面上连接两定点的所有曲线中，求出长度最短的曲线。

解 取球面坐标系，考察中心在原点，半径为r的球面，有

$$x=r\sin\varphi\cos\theta,\quad y=r\sin\varphi\sin\theta,\quad z=r\cos\varphi \tag{1}$$

由弧微分$\mathrm{d}s$的关系式，得

$$(\mathrm{d}s)^2=(\mathrm{d}x)^2+(\mathrm{d}y)^2+(\mathrm{d}z)^2=(r\,\mathrm{d}\varphi)^2+(r\sin\varphi\,\mathrm{d}\theta)^2 \tag{2}$$

设$\theta=\theta(\varphi)$，有$\mathrm{d}\theta=\theta'(\varphi)\mathrm{d}\varphi$，将其代入式(2)，得到球面上以$\varphi$为参数的曲线方程，且弧长的微元长度为

$$\mathrm{d}s=\sqrt{(r\,\mathrm{d}\varphi)^2+(r\sin\varphi\,\mathrm{d}\theta)^2}=r\sqrt{1+\theta'^2\sin^2\varphi}\,\mathrm{d}\varphi \tag{3}$$

在球面上，起点为$(r,\varphi_0,\theta(\varphi_0))$，终点为$(r,\varphi_1,\theta(\varphi_1))$的两点间的弧长为下列泛函

$$J[\theta]=\int_{s_0}^{s_1}\mathrm{d}s=r\int_{\varphi_0}^{\varphi_1}\sqrt{1+\theta'^2\sin^2\varphi}\,\mathrm{d}\varphi \tag{4}$$

此时，$F=\sqrt{1+\theta'^2\sin^2\varphi}$不含$\theta$，泛函的欧拉方程化为$\dfrac{\mathrm{d}}{\mathrm{d}\varphi}F_{\theta'}=0$，即欧拉方程的首次积分为

$$\frac{\theta'\sin^2\varphi}{\sqrt{1+\theta'^2\sin^2\varphi}}=c_1 \tag{5}$$

由式(5)解出θ'并改写成微分形式，有

$$\mathrm{d}\theta=\frac{c_1\,\mathrm{d}\varphi}{\sin\varphi\sqrt{\sin^2\varphi-c_1^2}} \tag{6}$$

令 $\eta=\cot\varphi$，则有 $\mathrm{d}\varphi=-\sin^2\varphi\,\mathrm{d}\eta=-\dfrac{1}{1+\eta^2}\mathrm{d}\eta$，代入式(6)，得

$$\mathrm{d}\theta=\frac{-\mathrm{d}\eta}{\sqrt{\dfrac{1}{c_1^2}-1-\eta^2}} \tag{7}$$

令 $\dfrac{1}{c^2}=\dfrac{1}{c_1^2}-1$，代入式(7)并积分，得

$$\theta=\arccos(c\eta)+\theta_0=\arccos(c\cot\varphi)+\theta_0 \tag{8}$$

或

$$\sin\varphi\cos(\theta-\theta_0)=c\cos\varphi \tag{9}$$

式中，θ_0 为积分常数。

利用三角公式的和角公式，有

$$\cos(\theta-\theta_0)=\cos\theta\cos\theta_0+\sin\theta\sin\theta_0 \tag{10}$$

将式(1)和式(10)代入式(9)，得

$$x\cos\theta_0+y\sin\theta_0-cz=0 \tag{11}$$

这是一个过原点的平面方程。球面被过球心的平面所截得的圆称为**大圆**。大于半圆的弧称为**优弧**，小于半圆的弧称为**劣弧**。此题表明球面上连接两定点长度最短的曲线是过这两点的大圆上的劣弧。注意到 $\cos\theta_0$ 是偶函数，$\sin\theta_0$ 是奇函数，若把式(11)中的 θ_0 换成 $-\theta_0$，则有

$$x\cos\theta_0-y\sin\theta_0-cz=0 \tag{12}$$

例 2.5.7 试求泛函 $J[y]=\int_{x_0}^{x_1}\dfrac{\sqrt{1+y'^2}}{x-x_c}\mathrm{d}x$ 的极值曲线，其中 x_c 为常数。

解 因 $F=\dfrac{\sqrt{1+y'^2}}{x-x_c}$ 不含 y，故欧拉方程为

$$-\frac{\mathrm{d}}{\mathrm{d}x}F_{y'}=-\frac{\mathrm{d}}{\mathrm{d}x}\frac{y'}{(x-x_c)\sqrt{1+y'^2}}=0$$

首次积分为

$$\frac{y'}{(x-x_c)\sqrt{1+y'^2}}=c$$

为便于积分，令 $y'=\tan t$，则有

$$x-x_c=\frac{y'}{c\sqrt{1+y'^2}}=\frac{\sin t}{c}=c_1\sin t$$

此时 $\mathrm{d}y=\tan t\,\mathrm{d}x=c_1\sin t\,\mathrm{d}t$，积分得 $y=-c_1\cos t+c_2$。于是 $x-x_c=c_1\sin t$，$y-c_2=-c_1\cos t$。方程两端平方后相加，得

$$(x-x_c)^2+(y-c_2)^2=c_1^2$$

这是中心在点(x_c,c_2)上的一族圆。

例 2.5.8 试求泛函 $J[y]=\int_{x_0}^{x_1}\sqrt{(ax+b)(1+y'^2)}\,\mathrm{d}x$ 的极值曲线。

解 因 $F=\sqrt{(ax+b)(1+y'^2)}$ 不含 y，故欧拉方程的首次积分为

$$\sqrt{\frac{ax+b}{1+y'^2}}y' = c_1$$

因 $\dfrac{y'^2}{1+y'^2} \leqslant 1$，故 $c_1^2 \leqslant ax+b$。

将上式两端平方并解出 y'，得

$$y' = \frac{c_1}{\sqrt{ax+b-c_1^2}}$$

积分得

$$y = \frac{2c_1}{a}\sqrt{ax+b-c_1^2} + c_2$$

例 2.5.9 求泛函 $J[y] = \int_{x_0}^{x_1} \dfrac{x^m}{x^n + y'} \mathrm{d}x$ 的极值曲线，式中，$m>0$，$n>0$。

解 因 $F = \dfrac{x^m}{x^n + y'}$ 不含 y，故泛函的欧拉方程有首次积分

$$\frac{x^m}{(x^n + y')^2} = c$$

或

$$y' = -x^n + c_0 x^{\frac{m}{2}}$$

积分得

$$y = -\frac{x^{n+1}}{n+1} + c_1 x^{\frac{m}{2}+1} + c_2$$

例 2.5.10 缝纫机针尖最佳形状的确定。缝纫机在缝纫过程中，针尖是刺穿织物的主要零件之一。确定针尖的最佳形状，为的是使它在刺穿织物过程中能量消耗最小。当织物厚度超过针尖长度时，用变分法来解决上述课题。在一般情况下，针尖形状可以表示成某曲线 $y = y(x)$ 绕 y 轴旋转而成的曲面，如图 2-5-1 所示。针尖在刺穿织物过程中两者是相互作用的，显然在这种情况下，作用在旋转曲面微元 $\mathrm{d}F$ 上的基本力为沿针尖方向的轴向阻力 $\mathrm{d}P$，垂直于针尖轴向的织物弹性力 $\mathrm{d}Q$，法向压力 $\mathrm{d}N$ 及针尖接触织物产生的摩擦力 $f\mathrm{d}N$，此力沿曲面微元纵向截面切线方向，与针尖轴向成 α 角，其中 f 是针尖在刺穿织物过程中的摩擦系数。

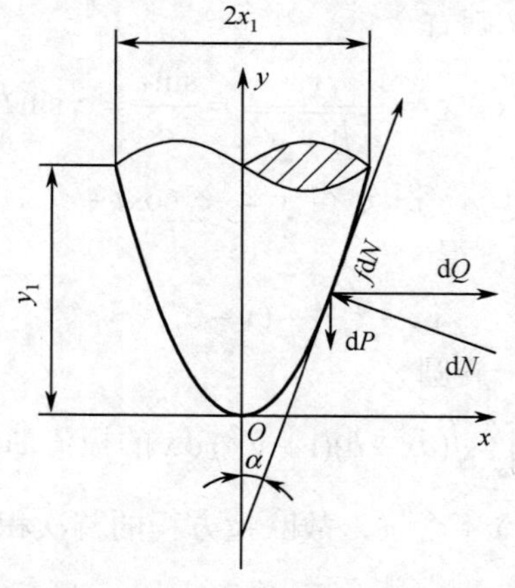

图 2-5-1 缝纫机针尖刺穿织物时受力图

解 将各力投影到坐标轴上，其平衡方程为

$$\begin{cases} f\,\mathrm{d}N\cos\alpha - \mathrm{d}P + \mathrm{d}N\sin\alpha = 0 \\ f\,\mathrm{d}N\sin\alpha + \mathrm{d}Q - \mathrm{d}N\cos\alpha = 0 \end{cases} \tag{1}$$

由式(1)解出 $\mathrm{d}P$ 与 $\mathrm{d}Q$ 的关系

$$\mathrm{d}P = \frac{f + \tan\alpha}{1 - f\tan\alpha}\mathrm{d}Q \tag{2}$$

弹性力 $\mathrm{d}Q$ 可以用织物张力 σ 和旋转微元曲面 $\mathrm{d}A$ 来表示

$$\mathrm{d}Q = \sigma\,\mathrm{d}A\cos\alpha = \frac{\sigma\cos\alpha 2\pi x\,\mathrm{d}x}{\sin\alpha} = 2\pi\sigma\cot\alpha\,\mathrm{d}x \tag{3}$$

将式(3)代入式(2)，并令 $y' = \cot\alpha$，然后积分，针尖刺穿织物所受阻力的泛函为

$$P = \int_0^{x_1} 2\pi\sigma y'\frac{1 + fy'}{y' - f}x\,\mathrm{d}x \tag{4}$$

在针尖刺穿织物处，若织物变形不大，则可近似认为张力与织物的应变成正比，即 $\sigma = E\varepsilon$，其中 E 为织物的弹性模量，而 $\varepsilon = x / x_1$，将其代入式(4)，则有

$$P = \frac{2\pi E}{x_1}\int_0^{x_1}\frac{y'(1 + fy')x^2}{y' - f}\mathrm{d}x \tag{5}$$

边界条件为 $y(0) = 0$，$y(x_1) = y_1$，$x_1 = \dfrac{d_0}{2}$，$y_1 = L_0$。

令 $y = fx + z$，有 $y' = f + z'$，则式(5)可写成

$$P = \int_0^{x_1}\frac{f(1 + f^2) + (1 + 2f^2)z' + fz'^2}{z'}x^2\,\mathrm{d}x \tag{6}$$

欧拉方程的首次积分为

$$\frac{z'^2 - (1 + f^2)}{z'^2}x^2 = -c_1^2 \tag{7}$$

或

$$z' = \pm\sqrt{\frac{1 + f^2}{x^2 + c_1^2}}x \tag{8}$$

将式(8)积分并换回到原来的变量，得

$$y = fx \pm \sqrt{(1 + f^2)(x^2 + c_1^2)} + c_2 \tag{9}$$

当 $y \geqslant 0$ 时，式(9)在根号前取正号，当 $y < 0$ 时取负号。由边界条件 $y(0) = 0$，$y(x_1) = y_1$，可得

$$c_1 = \frac{\sqrt{1 + f^2}}{2(y_1 - fx_1)}\left[x_1^2 - \frac{(y_1 - fx_1)^2}{1 + f^2}\right], \quad c_2 = -\sqrt{1 + f^2}c_1 \tag{10}$$

将式(10)代入式(9)，得

$$y = fx + \sqrt{1 + f^2}\left(\sqrt{(x^2 + c_1^2)} - c_1\right) \tag{11}$$

当 $c_1 \geqslant 0$ 即 $y_1 \leqslant (a + \sqrt{1 + a^2})x_1$ 时满足式(8)和边界条件，如果 $y_1 > (a + \sqrt{1 + a^2})x_1$，则变分问题失去意义。

针尖形状是由曲线绕针尖轴线旋转而成的双曲面，它在刺穿织物时所受阻力最小。在特殊情况下，若 $y_1 = (f + \sqrt{1 + f^2})x_1$，即 $c_1 = 0$ 时，则得直圆锥面针尖方程

$$y=(f+\sqrt{1+f^2})x \tag{12}$$

将式(12)求导并代入式(5)，得

$$P=\frac{2\pi Ex_1^2}{3}\frac{1+f\cot\alpha}{1-f\tan\alpha} \tag{13}$$

将式(13)求导并令其为零，经整理得

$$\tan^2\alpha+2f\tan\alpha-1=0 \tag{14}$$

方程的解为

$$\tan\alpha=\sqrt{1+f^2}-f \tag{15}$$

最佳磨铣角为

$$\alpha_{\text{opt}}=\arctan(\sqrt{1+f^2}-f) \tag{16}$$

将式(15)代入式(13)，得针尖刺穿织物的最小阻力

$$P_{\min}=\frac{2\pi Ex_1^2[1+2f(\sqrt{1+f^2}+f)]}{3} \tag{17}$$

从上可知，如果针尖加工成具有最佳磨铣角的双曲面或特殊情况的直圆锥面时，就能保证缝纫机在缝纫厚织物时针尖刺穿织物的过程中能量消耗最少，针尖使用寿命最长。

(4) F 只依赖于 y'，即 $F=F(y')$

这时 $F_y=0$，$F_{xy'}=0$ 及 $F_{yy'}=0$，欧拉方程为 $F_{y'y'}y''=0$。这个方程可分为两个方程，$F_{y'y'}=0$ 和 $y''=0$。如果 $y''=0$，则得到含有两个参数的直线方程 $y=c_1x+c_2$。如果 $F_{y'y'}=0$ 有一个或几个实根 $y'=k_i$，则 $y=k_ix+c$ 是一个包含在上面的两个参数直线族中的单参数直线族。如果 $F_{y'y'}=0$ 还有复根 $y'=a+b\mathrm{i}$，则 $y=(a+b\mathrm{i})x+c$ 不可能是极值曲线，这是因为所讨论的问题都是在实变量范围内进行的缘故。总之，在 $F=F(y')$ 情况下，极值曲线必然是直线族。此时，直线族的求解只与边界条件有关，而与被积函数的表现形式无关。

例 2.5.11 试求泛函 $J[y]=\int_{x_0}^{x_1}\sqrt{1+y'^2}\,\mathrm{d}x$ 的极值曲线，边界条件为 $y(x_0)=y_0$，$y(x_1)=y_1$，并求 $y(0)=0$，$y(1)=1$ 时的极值曲线。

解 令 $F=\sqrt{1+y'^2}$ 仅依赖于 y'，极值曲线为直线 $y=c_1x+c_2$。利用边界条件确定两积分常数 c_1 和 c_2

$$c_1=\frac{y_1-y_0}{x_1-x_0},\quad c_2=\frac{y_0x_1-y_1x_0}{x_1-x_0}$$

将两积分常数代入直线方程，可得

$$y=\frac{y_1-y_0}{x_1-x_0}x+\frac{y_0x_1-y_1x_0}{x_1-x_0}$$

或

$$y=y_0+\frac{y_1-y_0}{x_1-x_0}(x-x_0)$$

于是，有一条通过边界点的直线是极值曲线。此解表明，在连接已给定两点的所有平面曲线中，以直线为最短。当 $y(0)=0$，$y(1)=1$ 时，极值曲线为 $y=x$。

(5) F 仅依赖于 y 和 y'，即 $F=F(y,y')$

这时有 $F_{xy'}=0$，欧拉方程为

$$F_y - F_{yy'}y' - F_{y'y'}y'' = 0$$

注意到F不依赖于x，于是有

$$\frac{\mathrm{d}}{\mathrm{d}x}(F - y'F_{y'}) = F_y y' + F_{y'}y'' - y''F_{y'} - y'\frac{\mathrm{d}}{\mathrm{d}x}F_{y'}$$

$$= y'\left(F_y - \frac{\mathrm{d}}{\mathrm{d}x}F_{y'}\right) = y'(F_y - F_{yy'}y' - F_{y'y'}y'') = 0$$

首次积分为

$$F - y'F_{y'} = c_1$$

由此解出$y' = \varphi(y, c_1)$，积分后可得极值曲线族

$$x = \int \frac{\mathrm{d}y}{\varphi(y, c_1)} + c_2$$

例 2.5.12　捷线问题。求泛函

$$J[y] = \int_0^{x_1} \sqrt{\frac{1 + y'^2}{2gy}}\,\mathrm{d}x \tag{1}$$

的极值曲线，边界条件为$y(0) = 0$，$y(x_1) = y_1$。

解　因为$F = \sqrt{\dfrac{1 + y'^2}{2gy}}$不含$x$，所以欧拉方程首次积分为

$$\sqrt{\frac{1 + y'^2}{2gy}} - \frac{y'^2}{\sqrt{2gy(1 + y'^2)}} = c_1 \tag{2}$$

令$c = \dfrac{1}{2g{c_1}^2}$，将式(2)化简，得

$$y(1 + y'^2) = c \tag{3}$$

令$y' = \cot\theta$，则方程化为

$$y = \frac{c}{1 + y'^2} = c\sin^2\theta = \frac{c}{2}(1 - \cos 2\theta) \tag{4}$$

又因

$$\mathrm{d}x = \frac{\mathrm{d}y}{y'} = \frac{c\sin 2\theta\,\mathrm{d}\theta}{\cot\theta} = \frac{c\sin\theta\cos\theta\,\mathrm{d}\theta}{\cot\theta} = c(1 - \cos 2\theta)\,\mathrm{d}\theta \tag{5}$$

积分，得

$$x = \frac{c}{2}(2\theta - \sin 2\theta) + c_2 \tag{6}$$

由边界条件$y(0) = 0$，得$c_2 = 0$。令$t = 2\theta$，$a = \dfrac{c}{2}$，则捷线问题的解为

$$\begin{cases} x = a(t - \sin t) \\ y = a(1 - \cos t) \end{cases} \tag{7}$$

式(7)是**旋轮线**的参数方程，如图 2-5-2 所示，其中c由边界条件$y(x_1) = y_1$来确定。因此捷线是半径为a的圆沿x轴滚动时圆周上的某点所描出的轨迹中的一段。将式(7)代入式(1)，并令$x_1 = 2\pi a$，则旋轮线的周期为

$$
J = 2\int_0^{x_1}\sqrt{\frac{1+y'^2}{2gy}}\,\mathrm{d}x = 2\sqrt{\frac{a}{2g}}\int_0^{2\pi}\sqrt{\frac{1+\left(\frac{\sin t}{1-\cos t}\right)^2}{1-\cos t}}(1-\cos t)\,\mathrm{d}t =
$$

$$
2\sqrt{\frac{a}{2g}}\int_0^{2\pi}\sqrt{\frac{1-2\cos t+\cos^2 t+\sin^2 t}{1-\cos t}}\,\mathrm{d}t = 2\sqrt{\frac{a}{g}}\int_0^{2\pi}\mathrm{d}t = 4\pi\sqrt{\frac{a}{g}} \tag{8}
$$

旋轮线就是惠更斯于 1673 年所研究的**摆线**。由于钟表摆锤作一次完全摆动所用的时间相等，因此摆线又称**等时曲线**。

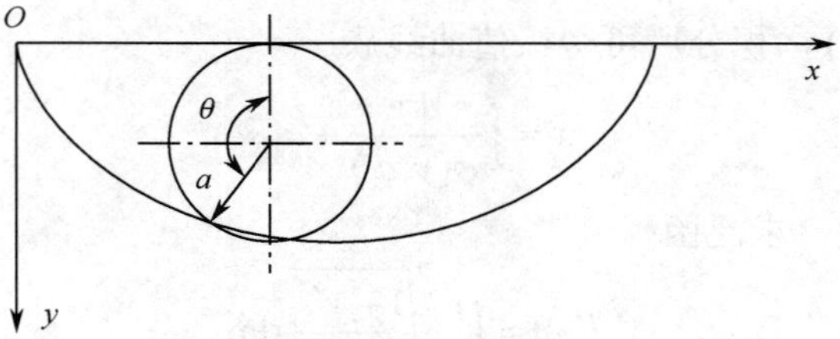

图 2-5-2 旋轮线

现在把摆线的始点放在一般位置，即设左端点坐标为 $A(x_0, y_0)$，右端点坐标为 $B\left(\frac{\pi\gamma^2}{2}, \gamma^2\right)$，此时式(1)可写成

$$
T = J = \frac{1}{\sqrt{2g}}\int_{y_0}^{\gamma^2}\frac{\mathrm{d}s}{\sqrt{y-y_0}} = \frac{\gamma}{\sqrt{2g}}\int_{y_0}^{\gamma^2}\frac{\mathrm{d}y}{\sqrt{\gamma^2-y}\sqrt{y-y_0}} =
$$

$$
\frac{\gamma}{\sqrt{2g}}\int_0^{\alpha}\frac{\mathrm{d}\beta}{\sqrt{\beta}\sqrt{\alpha-\beta}} = \frac{\gamma}{\sqrt{2g}}\int_0^1\frac{\mathrm{d}\varphi}{\sqrt{\varphi}\sqrt{1-\varphi}} = \frac{\gamma}{\sqrt{2g}}2\arcsin\sqrt{\varphi}\Big|_0^1 = \frac{\gamma\pi}{\sqrt{2g}} \tag{9}
$$

由式(9)可见，质点沿摆线降落所需的时间与始点位置无关，这表明摆线确实是等时曲线。当 $x = \frac{\pi\gamma^2}{2} = \pi a$ 时，有 $y = \gamma^2 = 2a = d$，其中 d 为圆的直径，代入式(9)，由此可得摆线运动周期

$$
T = 4\pi\sqrt{\frac{a}{g}} \tag{10}
$$

与式(8)的结果相同。

由数学分析可知，曲线上任意一点 M 的曲率为

$$
k = \frac{\dot{y}\ddot{x} - \dot{x}\ddot{y}}{(\dot{x}^2 + \dot{y}^2)^{\frac{3}{2}}} \tag{11}
$$

由式(7)可得

$$
\begin{cases}\dot{y}\ddot{x} - \dot{x}\ddot{y} = a^2(1-\cos t) = 2a^2\sin^2\theta \\ \dot{x}^2 + \dot{y}^2 = 2a^2(1-\cos t) = 4a^2\sin^2\theta\end{cases} \tag{12}
$$

将式(12)代入式(11)，得

$$
k = \frac{1}{4a\sin\theta} \tag{13}
$$

旋轮线上任意一点的曲率半径为

$$R=\frac{1}{k}=4a\sin\theta=4a\sin\frac{t}{2}=2d\sin\frac{t}{2} \tag{14}$$

历史上，旋轮线曾被比做几何学中的海伦(Helen)。据希腊神话传说，海伦是众神之王宙斯(Zeus)和女神勒达(Leda)所生的女儿，古希腊史诗中最为著名的女主人公，以美丽非凡著称于世。她是斯巴达王(the King of Sparta)墨涅拉俄斯(Menelaus)之妻，后被特洛伊(Troy)王子帕里斯(Paris)劫走，带至特洛伊[有考古学家认为它位于今土耳其恰纳卡莱(Çanakkale)省的希萨利克(Hissarlik)，但存争议]。为了夺回这位绝代佳人，古希腊英雄与特洛伊人进行了一场绵延10年之久的特洛伊战争(Trojan War)，后来希腊联军利用奥德修斯(Odysseus)所献木马计，在一夜之间攻破特洛伊城，取得了战争的胜利。古希腊叙事诗人荷马(Homer，约公元前850—前8世纪)所作的古希腊史诗《伊利亚特》又译《伊利昂记》(Iliad)主要就是叙述特洛伊战争最后一年的故事。马克思曾称这部史诗为“一种规范和高不可及的范本”，具有“永久的魅力”。

例 2.5.13　最小旋转面问题。如图 2-5-3 所示，在经过端点 $A(x_0,y_0)$ 及端点 $B(x_1,y_1)$ 的所有曲线中，求出一条曲线使它围绕 Ox 轴旋转时，所得的曲面具有最小面积。

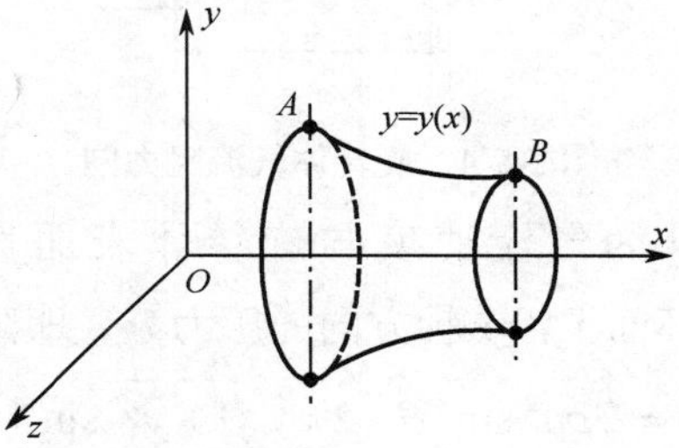

图 2-5-3　最小旋转面

解　旋转面的表面积为

$$S[y]=2\pi\int_{x_0}^{x_1} y\sqrt{1+y'^2}\,\mathrm{d}x$$

因 $F=y\sqrt{1+y'^2}$ 不含 x，故欧拉方程有首次积分

$$F-y'F_{y'}=y\sqrt{1+y'^2}-y'y\frac{y'}{\sqrt{1+y'^2}}=c_1$$

化简，得

$$y=c_1\sqrt{1+y'^2}$$

令 $y'=\sinh t$，代入上式，得

$$y=c_1\sqrt{1+\sinh^2 t}=c_1\cosh t$$

由于

$$\mathrm{d}x=\frac{\mathrm{d}y}{y'}=\frac{c_1\sinh t\,\mathrm{d}t}{\sinh t}=c_1\,\mathrm{d}t$$

积分，得

$$x=c_1t+c_2$$

消去 t，得

$$y=c_1\cosh\frac{x-c_2}{c_1}$$

这是**悬链线方程**。根据问题的实际意义，具有最小面积的旋转曲面是存在的，故**悬链面**即为所求，其中 c_1 和 c_2 可由端点 $A(x_0, y_0)$ 及端点 $B(x_1, y_1)$ 来确定。

例 2.5.14　气体流动的最小阻力问题。旋转体以速度 u 穿过稀薄气体在大气层外运动。要求设计旋转体的表面形状，使其具有最小阻力。假设气体分子与旋转体表面接触时无摩擦。

解　如图 2-5-4 所示，可以把旋转体看作静止，气体以速度 u 向 x 轴方向流动。由气流速度引起的压强在旋转体表面法向方向的分量为

$$p = 2\rho u^2 \sin^2 \theta \tag{1}$$

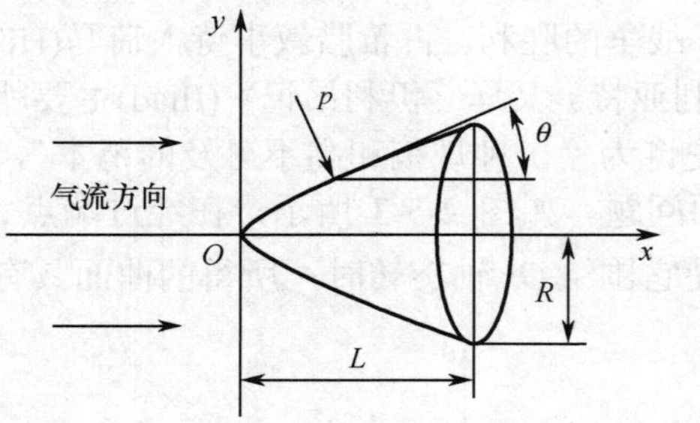

图 2-5-4　旋转体气流阻力图

式中，ρ 为气体的密度；θ 为气流速度与旋转体表面切向方向的夹角。在弧长为 $\mathrm{d}s = \sqrt{1 + y'^2}\,\mathrm{d}x$，半径为 y 的环面上沿 x 轴方向的压力分量即阻力为

$$\mathrm{d}F = 2\rho u^2 \sin^2 \theta \times 2\pi y \sqrt{1 + y'^2} \sin\theta \,\mathrm{d}x \tag{2}$$

假设 y' 较小，且

$$\sin\theta = \frac{y'}{\sqrt{1 + y'^2}} \approx y' \tag{3}$$

于是作用在旋转体表面 x 方向的全部阻力是泛函

$$J[y] = \int_F \mathrm{d}F = 4\pi \rho u^2 \int_0^L y y'^3 \,\mathrm{d}x \tag{4}$$

边界条件为 $y(0) = 0$，$y(L) = R$。因泛函的被积函数不含 x，故欧拉方程的首次积分为

$$y y'^3 - y'(3 y y'^2) = -2c^3 \tag{5}$$

或

$$\sqrt[3]{y}\,\mathrm{d}y = c\,\mathrm{d}x \tag{6}$$

将式(6)积分并解出 y，得

$$y = (c_1 x + c_2)^{\frac{3}{4}} \tag{7}$$

利用边界条件 $y(0) = 0$，$y(L) = R$，可得 $c_2 = 0$，$c_1 = \dfrac{R^{\frac{4}{3}}}{L}$，于是极值曲线为

$$y = R\left(\frac{x}{L}\right)^{\frac{3}{4}} \tag{8}$$

即流体所受阻力最小的边缘轮廓线应是四分之三次抛物线。

对于欧拉方程的特殊类型的积分问题，既可根据本节所列的公式求解，也可直接根据欧拉方程求解，应视求解问题的方便而定。

2.6 依赖于多个一元函数的变分问题

本节着重讨论含有两个未知函数的泛函取极值的必要条件。对于含有多个未知函数的情况可以类推。

定理 2.6.1 使泛函

$$J[y(x),z(x)]=\int_{x_0}^{x_1}F(x,y,y',z,z')\,\mathrm{d}x \tag{2-6-1}$$

取得极值且满足固定边界条件

$$y(x_0)=y_0,\quad y(x_1)=y_1,\quad z(x_0)=z_0,\quad z(x_1)=z_1 \tag{2-6-2}$$

的极值曲线 $y=y(x)$，$z=z(x)$ 必满足欧拉方程组

$$\begin{cases}F_y-\dfrac{\mathrm{d}}{\mathrm{d}x}F_{y'}=0\\[2mm] F_z-\dfrac{\mathrm{d}}{\mathrm{d}x}F_{z'}=0\end{cases} \tag{2-6-3}$$

证 当曲线 $y(x)$ 和 $z(x)$ 变到 $y+\delta y$、$z+\delta z$ 时，相应的泛函的变分为

$$\delta J=\int_{x_0}^{x_1}(F_y\delta y+F_{y'}\delta y'+F_z\delta z+F_{z'}\delta z')\,\mathrm{d}x \tag{2-6-4}$$

将式(2-6-4)右边积分中的第二项和第四项分别进行分部积分，可得

$$\delta J=(F_{y'}\delta y+F_{z'}\delta z)\Big|_{x_0}^{x_1}+\int_{x_0}^{x_1}\left(F_y-\frac{\mathrm{d}}{\mathrm{d}x}F_{y'}\right)\delta y\,\mathrm{d}x+\int_{x_0}^{x_1}\left(F_z-\frac{\mathrm{d}}{\mathrm{d}x}F_{z'}\right)\delta z\,\mathrm{d}x$$

根据泛函取得极值的必要条件 $\delta J=0$ 及 δy、δz 在 $x=x_0$、$x=x_1$ 处等于零，得

$$\delta J=\int_{x_0}^{x_1}\left(F_y-\frac{\mathrm{d}}{\mathrm{d}x}F_{y'}\right)\delta y\,\mathrm{d}x+\int_{x_0}^{x_1}\left(F_z-\frac{\mathrm{d}}{\mathrm{d}x}F_{z'}\right)\delta z\,\mathrm{d}x$$

又由于 δy、δz 在区间 (x_0,x_1) 内的任意性，根据变分法基本引理 1.5.2 可知，必有

$$\begin{cases}F_y-\dfrac{\mathrm{d}}{\mathrm{d}x}F_{y'}=0\\[2mm] F_z-\dfrac{\mathrm{d}}{\mathrm{d}x}F_{z'}=0\end{cases}$$

证毕。

推论 2.6.1 对于含有 n 个未知函数 $y_1(x),y_2(x),\cdots,y_n(x)$，使泛函

$$J[y_1,y_2,\cdots,y_n]=\int_{x_0}^{x_1}F(x,y_1,y_2,\cdots,y_n,y_1',y_2',\cdots,y_n')\,\mathrm{d}x \tag{2-6-5}$$

取得极值且满足边界条件

$$y_i(x_0)=y_{i0},\quad y_i(x_1)=y_{i1}\quad (i=1,2,\cdots,n) \tag{2-6-6}$$

的极值曲线 $y_i=y_i(x)$ $(i=1,2,\cdots,n)$ 必满足欧拉方程组

$$F_{y_i}-\frac{\mathrm{d}}{\mathrm{d}x}F_{y_i'}=0\quad (i=1,2,\cdots,n) \tag{2-6-7}$$

一般来说，式(2-6-7)可确定一族含有 $2n$ 个参数的积分曲线，它们可由边界条件确定。该积分曲线族就是这个变分问题的极值曲线族。

例 2.6.1 求泛函

$$J[y,z]=\int_0^{\frac{\pi}{2}}(2yz+y'^2+z'^2)\,\mathrm{d}x$$

的极值曲线，边界条件为$y(0)=0$，$y\left(\frac{\pi}{2}\right)=1$，$z(0)=0$，$z\left(\frac{\pi}{2}\right)=-1$。

解 令$F=2yz+y'^2+z'^2$，则泛函的欧拉方程组为

$$y''-z=0,\quad z''-y=0$$

解此二阶线性微分方程组，将上面的前一个方程求导两次，消去z''，得

$$y^{(4)}-y=0$$

同理可得

$$z^{(4)}-z=0$$

其通解为

$$\begin{cases}y=c_1\,\mathrm{e}^{x}+c_2\,\mathrm{e}^{-x}+c_3\cos x+c_4\sin x\\ z=c_1\,\mathrm{e}^{x}+c_2\,\mathrm{e}^{-x}-c_3\cos x-c_4\sin x\end{cases}$$

再利用边界条件，得

$$c_1=c_2=c_3=0,\quad c_4=1$$

故所求极值曲线为

$$y=\sin x,\quad z=-\sin x$$

例 2.6.2 求泛函$J[y,z]=\int_0^{\frac{\pi}{4}}(2z-4y^2+y'^2-z'^2)\,\mathrm{d}x$的极值曲线，边界条件为$y(0)=0$，$y\left(\frac{\pi}{4}\right)=1$，$z(0)=0$，$z\left(\frac{\pi}{4}\right)=1$。

解 泛函的欧拉方程组为

$$\begin{cases}y''+4y=0\\ z''+1=0\end{cases}$$

积分结果为

$$\begin{cases}y=c_1\cos 2x+c_2\sin 2x\\ z=-\dfrac{x^2}{2}+c_3x+c_4\end{cases}$$

利用边界条件可求得$c_1=0$，$c_2=1$，$c_3=\dfrac{32+\pi^2}{8\pi}$，$c_4=0$，故极值曲线为

$$\begin{cases}y=\sin 2x\\ z=-\dfrac{x^2}{2}+\dfrac{32+\pi^2}{8\pi}x\end{cases}$$

例 2.6.3 求泛函$J[y,z]=\int_{x_0}^{x_1}(y'^2+z^2+z'^2)\,\mathrm{d}x$的极值曲线，边界条件为$y(x_0)=y_0$，$y(x_1)=y_1$，$z(x_0)=z_0$，$z(x_1)=z_1$。

解 泛函的欧拉方程组为

$$\begin{cases}y''=0\\ z-z''=0\end{cases}$$

积分得

$$y=c_1x+c_2,\quad z=c_3\,\mathrm{e}^{x}+c_4\,\mathrm{e}^{-x}$$

利用边界条件，得$c_1=\dfrac{y_1-y_0}{x_1-x_0}$，$c_2=y_0-\dfrac{y_1-y_0}{x_1-x_0}x_0$，$c_3=\dfrac{z_1\mathrm{e}^{x_1}-z_0\mathrm{e}^{x_0}}{\mathrm{e}^{2x_1}-\mathrm{e}^{2x_0}}$，$c_4=\dfrac{z_1\mathrm{e}^{-x_1}-z_0\mathrm{e}^{-x_0}}{\mathrm{e}^{-2x_1}-\mathrm{e}^{-2x_0}}$。于是极值曲线为

$$\begin{cases} y=y_0+\dfrac{y_1-y_0}{x_1-x_0}(x-x_0) \\ z=\dfrac{z_1\mathrm{e}^{x_1}-z_0\mathrm{e}^{x_0}}{\mathrm{e}^{2x_1}-\mathrm{e}^{2x_0}}\mathrm{e}^{x}+\dfrac{z_1\mathrm{e}^{-x_1}-z_0\mathrm{e}^{-x_0}}{\mathrm{e}^{-2x_1}-\mathrm{e}^{-2x_0}}\mathrm{e}^{-x} \end{cases}$$

例 2.6.4 求泛函$J[y,z]=\int_{x_0}^{x_1}f(y',z')\,\mathrm{d}x$的极值曲线。

解 该泛函的欧拉方程组呈如下形式

$$F_{y'y'}y''+F_{y'z'}z''=0，\quad F_{y'z'}y''+F_{z'z'}z''=0$$

当$F_{y'y'}F_{z'z'}-(F_{y'z'})^2\neq 0$时，由这两个方程可得$y''=0$和$z''=0$，积分得$y=c_1x+c_2$，$z=c_3x+c_4$。这是空间中一族直线。

例 2.6.5 设泛函

$$J[\varphi(x),\varphi(y)]=\iint_D K(x,y)\varphi(x)\varphi(y)\,\mathrm{d}x\,\mathrm{d}y+\int_a^b\varphi(x)[\varphi(x)-2f(x)]\,\mathrm{d}x$$

式中，D为正方形域，即$D=\left\{(x,y)\Big|_{a\leqslant y\leqslant b}^{a\leqslant x\leqslant b}\right\}$，$K(x,y)$为$D$上已知的连续函数，且满足对称性，即$K(x,y)=K(y,x)$，$f(x)$为区间$[a,b]$上已知的连续函数。证明泛函$J$取得极值的必要条件是$\varphi(y)$为下面的弗雷德霍姆型积分方程

$$\int_a^b K(x,y)\varphi(x)\,\mathrm{d}x+\varphi(y)-f(y)=0$$

的解。该方程称为**第二类弗雷德霍姆积分方程**。

证 对泛函取一阶变分，注意到$K(x,y)=K(y,x)$以及被积函数的写法与积分变量的表示形式无关，有

$$\begin{aligned}\delta J&=\iint_D K(x,y)[\varphi(x)\delta\varphi(y)+\varphi(y)\delta\varphi(x)]\,\mathrm{d}x\,\mathrm{d}y+2\int_a^b[\varphi(x)-f(x)]\delta\varphi(x)\,\mathrm{d}x\\&=2\iint_D K(x,y)\varphi(x)\delta\varphi(y)\,\mathrm{d}x\,\mathrm{d}y+2\int_a^b[\varphi(y)-f(y)]\delta\varphi(y)\,\mathrm{d}y\\&=2\int_a^b\left[\int_a^b K(x,y)\varphi(x)\,\mathrm{d}x\right]\delta\varphi(y)\,\mathrm{d}y+2\int_a^b[\varphi(y)-f(y)]\delta\varphi(y)\,\mathrm{d}y\\&=2\int_a^b\left[\int_a^b K(x,y)\varphi(x)\,\mathrm{d}x+\varphi(y)-f(y)\right]\delta\varphi(y)\,\mathrm{d}y\end{aligned}$$

若泛函取得极值，必有$\delta J=0$，因$\delta\varphi(y)$是任取的，故

$$\int_a^b K(x,y)\varphi(x)\,\mathrm{d}x+\varphi(y)-f(y)=0$$

证毕。

例 2.6.6 设泛函

$$J[\varphi]=\frac{\iint_D K(x,y)\varphi(x)\varphi(y)\,\mathrm{d}x\,\mathrm{d}y+\int_a^b\varphi^2(x)\,\mathrm{d}x}{\left[\int_a^b f(x)\varphi(x)\,\mathrm{d}x\right]^2}$$

式中，D 为正方形域，即 $D=\left\{(x,y)\Big|_{a\leqslant y\leqslant b}^{a\leqslant x\leqslant b}\right\}$，$K(x,y)$ 为 D 上已知的连续函数，且满足对称性，即 $K(x,y)=K(y,x)$，$f(x)$ 为区间 $[a,b]$ 上已知的连续函数。证明泛函 J 取得极值的必要条件是下面的积分方程

$$\varphi(y)=\lambda f(y)-\int_a^b K(x,y)\varphi(x)\,\mathrm{d}\,x$$

成立，式中，λ 为待定常数。该方程称为**第三类弗雷德霍姆积分方程**。

证 对泛函取一阶变分，得

$$\delta J[\varphi]=\frac{\left[\int_a^b f(x)\varphi(x)\,\mathrm{d}\,x\right]^2 2\left[\int_a^b\int_a^b K(x,y)\varphi(x)\delta\varphi(y)\,\mathrm{d}\,x\,\mathrm{d}\,y+\int_a^b\varphi(y)\delta\varphi(y)\,\mathrm{d}\,y\right]}{\left[\int_a^b f(x)\varphi(x)\,\mathrm{d}\,x\right]^4}$$
$$-\frac{\left[\int_a^b\int_a^b K(x,y)\varphi(x)\varphi(y)\,\mathrm{d}\,x\,\mathrm{d}\,y+\int_a^b\varphi^2(x)\,\mathrm{d}\,x\right]2\int_a^b f(x)\varphi(x)\,\mathrm{d}\,x\int_a^b f(x)\delta\varphi(x)\,\mathrm{d}\,x}{\left[\int_a^b f(x)\varphi(x)\,\mathrm{d}\,x\right]^4}$$
$$=0$$

或

$$\int_a^b f(x)\varphi(x)\,\mathrm{d}\,x\left[\int_a^b\int_a^b K(x,y)\varphi(x)\delta\varphi(y)\,\mathrm{d}\,x\,\mathrm{d}\,y+\int_a^b\varphi(y)\delta\varphi(y)\,\mathrm{d}\,y\right]$$
$$-\left[\int_a^b\int_a^b K(x,y)\varphi(x)\varphi(y)\,\mathrm{d}\,x\,\mathrm{d}\,y+\int_a^b\varphi^2(x)\,\mathrm{d}\,x\right]\int_a^b f(x)\delta\varphi(x)\,\mathrm{d}\,x=0$$

令

$$\lambda=\frac{\left[\int_a^b\int_a^b K(x,y)\varphi(x)\varphi(y)\,\mathrm{d}\,x\,\mathrm{d}\,y+\int_a^b\varphi^2(x)\,\mathrm{d}\,x\right]}{\int_a^b f(x)\varphi(x)\,\mathrm{d}\,x}$$

则有

$$\int_a^b\int_a^b K(x,y)\varphi(x)\delta\varphi(y)\,\mathrm{d}\,x\,\mathrm{d}\,y+\int_a^b\varphi(y)\delta\varphi(y)\,\mathrm{d}\,y-\lambda\int_a^b f(y)\delta\varphi(y)\,\mathrm{d}\,y$$
$$=\int_a^b\left[\int_a^b K(x,y)\varphi(x)\,\mathrm{d}\,x+\varphi(y)-\lambda f(y)\right]\delta\varphi(y)\,\mathrm{d}\,y$$
$$=0$$

因 $\delta\varphi(y)$ 是任取的，故有

$$\int_a^b K(x,y)\varphi(x)\,\mathrm{d}\,x+\varphi(y)-\lambda f(y)=0$$

或

$$\varphi(y)=\lambda f(y)-\int_a^b K(x,y)\varphi(x)\,\mathrm{d}\,x=0$$

证毕。

例 2.6.7 证明泛函 $J[y,z]=\int_{x_0}^{x_1}F(x,y,y',z,z')\,\mathrm{d}\,x$ 的欧拉−泊松方程具有下列形式

$$F_x-\frac{\mathrm{d}}{\mathrm{d}\,x}(F-y'F_{y'}-z'F_{z'})=0 \tag{1}$$

且如果被积函数不显含 x 时，则泛函的欧拉方程有首次积分 $F-y'F_{y'}-z'F_{z'}=c$。

证 求各导数

$$\frac{\mathrm{d}F}{\mathrm{d}x}=F_x+F_y y'+F_z z'+F_{y'}y''+F_{z'}z'' \tag{2}$$

$$\frac{\mathrm{d}}{\mathrm{d}x}(y'F_{y'})=y''F_{y'}+y'\frac{\mathrm{d}}{\mathrm{d}x}F_{y'} \tag{3}$$

$$\frac{\mathrm{d}}{\mathrm{d}x}(z'F_{z'})=z''F_{z'}+z'\frac{\mathrm{d}}{\mathrm{d}x}F_{z'} \tag{4}$$

式(2)减去式(3)和式(4)，得

$$\frac{\mathrm{d}}{\mathrm{d}x}(F-y'F_{y'}-z'F_{z'})=F_x+y'\left(F_y-\frac{\mathrm{d}}{\mathrm{d}x}F_{y'}\right)+z'\left(F_z-\frac{\mathrm{d}}{\mathrm{d}x}F_{z'}\right) \tag{5}$$

由式(2-6-3)可知，式(5)等号右边的两组括号内的值分别等于零，故有

$$\frac{\mathrm{d}}{\mathrm{d}x}(F-y'F_{y'}-z'F_{z'})=F_x \tag{6}$$

式(6)就是式(1)。当F不显含x时，$F_x=0$，即式(6)等号右边为零。积分一次，得

$$F-y'F_{y'}-z'F_{z'}=c \tag{7}$$

证毕。

2.7 依赖于高阶导数的变分问题

本节讨论含有高阶导数的泛函的变分问题。先来讨论含有二阶导数的泛函，即

$$J[y(x)]=\int_{x_0}^{x_1}F(x,y,y',y'')\,\mathrm{d}x \tag{2-7-1}$$

式中，F 为三阶连续可微函数；y 为四阶连续可微函数。

定理 2.7.1 使式(2-7-1)取极值且满足固定边界条件

$$y(x_0)=y_0，\quad y(x_1)=y_1，\quad y'(x_0)=y'_0，\quad y'(x_1)=y'_1 \tag{2-7-2}$$

的极值曲线$y=y(x)$必满足微分方程

$$F_y-\frac{\mathrm{d}}{\mathrm{d}x}F_{y'}+\frac{\mathrm{d}^2}{\mathrm{d}x^2}F_{y''}=0 \tag{2-7-3}$$

式(2-7-3)称为**欧拉–泊松方程**或**欧拉方程**。一般情况下，式(2-7-3)是关于$y=y(x)$的四阶常微分方程，其通解含有四个任意常数，这些常数可由式(2-7-2)确定。

证 如果$y=y(x)$是使泛函$J[y(x)]$取得极值的曲线，则泛函$J[y(x)]$在$y=y(x)$上的变分$\delta J=0$，即

$$\delta J=\int_{x_0}^{x_1}\delta F\,\mathrm{d}x=\int_{x_0}^{x_1}(F_y\delta y+F_{y'}\delta y'+F_{y''}\delta y'')\,\mathrm{d}x=0 \tag{2-7-4}$$

将式(2-7-4)右边积分中第二项分部积分一次，第三项分部积分两次，得

$$\int_{x_0}^{x_1}F_{y'}\delta y'\,\mathrm{d}x=\int_{x_0}^{x_1}F_{y'}\,\mathrm{d}\delta y=F_{y'}\delta y\Big|_{x_0}^{x_1}-\int_{x_0}^{x_1}\frac{\mathrm{d}}{\mathrm{d}x}F_{y'}\delta y\,\mathrm{d}x$$

$$\begin{aligned}\int_{x_0}^{x_1}F_{y''}\delta y''\,\mathrm{d}x&=\int_{x_0}^{x_1}F_{y''}\,\mathrm{d}\delta y'=F_{y''}\delta y'\Big|_{x_0}^{x_1}-\int_{x_0}^{x_1}\frac{\mathrm{d}}{\mathrm{d}x}F_{y''}\delta y'\,\mathrm{d}x\\&=\left(F_{y''}\delta y'-\frac{\mathrm{d}}{\mathrm{d}x}F_{y''}\delta y\right)\Big|_{x_0}^{x_1}+\int_{x_0}^{x_1}\frac{\mathrm{d}^2}{\mathrm{d}x^2}F_{y''}\delta y\,\mathrm{d}x\end{aligned}$$

将以上两式代入式(2-7-4)，得

$$\delta J=\left(F_{y'}\delta y+F_{y''}\delta y'-\frac{\mathrm{d}}{\mathrm{d}x}F_{y''}\delta y\right)\Bigg|_{x_0}^{x_1}+\int_{x_0}^{x_1}\left(F_y-\frac{\mathrm{d}}{\mathrm{d}x}F_{y'}+\frac{\mathrm{d}^2}{\mathrm{d}x^2}F_{y''}\right)\delta y\,\mathrm{d}x=0 \tag{2-7-5}$$

注意到

$$\delta y\big|_{x_0}^{x_1}=0\,,\quad \delta y'\big|_{x_0}^{x_1}=0\,,\quad \delta J=0$$

于是得

$$\delta J=\int_{x_0}^{x_1}\left(F_y-\frac{\mathrm{d}}{\mathrm{d}x}F_{y'}+\frac{\mathrm{d}^2}{\mathrm{d}x^2}F_{y''}\right)\delta y\,\mathrm{d}x=0$$

由于δy的任意性，根据变分法基本引理 1.5.2 可知

$$F_y-\frac{\mathrm{d}}{\mathrm{d}x}F_{y'}+\frac{\mathrm{d}^2}{\mathrm{d}x^2}F_{y''}=0$$

证毕。

对于含有未知函数的n阶导数，或未知函数有两个或两个以上的固定边界变分问题，若被积函数F足够光滑，可得出以下推论：

推论 2.7.1 使依赖于未知函数$y(x)$的n阶导数的泛函

$$J[y]=\int_{x_0}^{x_1}F(x,y,y',\cdots,y^{(n)})\,\mathrm{d}x \tag{2-7-6}$$

取极值且满足固定边界条件

$$y^{(k)}(x_0)=y_0^{(k)}\,,\quad y^{(k)}(x_1)=y_1^{(k)}\quad (k=0,1,\cdots,n-1) \tag{2-7-7}$$

的极值曲线$y=y(x)$必满足欧拉–泊松方程

$$F_y-\frac{\mathrm{d}}{\mathrm{d}x}F_{y'}+\frac{\mathrm{d}^2}{\mathrm{d}x^2}F_{y''}-\cdots+(-1)^n\frac{\mathrm{d}^n}{\mathrm{d}x^n}F_{y^{(n)}}=0 \tag{2-7-8}$$

式中，F具有$n+1$阶连续导数，y具有$2n$阶连续导数，这是个$2n$阶微分方程，它的通解中含有$2n$个待定常数，可由$2n$个边界条件来确定。

因为一个函数的零阶导数就是对该函数没有求导，也就是该函数自身，所以式(2-7-8)可以写成如下求和的形式

$$\sum_{k=0}^{n}(-1)^k\frac{\mathrm{d}^k}{\mathrm{d}x^k}F_{y^{(k)}}=0 \tag{2-7-9}$$

推论 2.7.2 使依赖于两个未知函数$y(x)$的m阶导数、$z(x)$的n阶导数的泛函

$$J[y(x),z(x)]=\int_{x_0}^{x_1}F(x,y,y',\cdots,y^{(m)},z,z',\cdots,z^{(n)})\,\mathrm{d}x \tag{2-7-10}$$

取极值且满足固定边界条件

$$y^{(k)}(x_0)=y_0^{(k)}\,,\quad y^{(k)}(x_1)=y_1^{(k)}\quad (k=0,1,\cdots,m-1) \tag{2-7-11}$$

$$z^{(k)}(x_0)=z_0^{(k)}\,,\quad z^{(k)}(x_1)=z_1^{(k)}\quad (k=0,1,\cdots,n-1) \tag{2-7-12}$$

的极值曲线$y=y(x)$、$z=z(x)$必满足欧拉–泊松方程组

$$\begin{cases}F_y-\dfrac{\mathrm{d}}{\mathrm{d}x}F_{y'}+\dfrac{\mathrm{d}^2}{\mathrm{d}x^2}F_{y''}-\cdots+(-1)^m\dfrac{\mathrm{d}^m}{\mathrm{d}x^m}F_{y^{(m)}}=0\\ F_z-\dfrac{\mathrm{d}}{\mathrm{d}x}F_{z'}+\dfrac{\mathrm{d}^2}{\mathrm{d}x^2}F_{z''}-\cdots+(-1)^n\dfrac{\mathrm{d}^n}{\mathrm{d}x^n}F_{z^{(n)}}=0\end{cases} \tag{2-7-13}$$

或简写成

$$\begin{cases}\sum_{k=0}^{m}(-1)^k\dfrac{\mathrm{d}^k}{\mathrm{d}x^k}F_{y^{(k)}}=0\\ \sum_{k=0}^{n}(-1)^k\dfrac{\mathrm{d}^k}{\mathrm{d}x^k}F_{z^{(k)}}=0\end{cases}\tag{2-7-14}$$

推论 2.7.3 使依赖于 m 个未知函数 $y_i(x)$ ($i=1,2,\cdots,m$)的 n_i 阶导数的泛函

$$J[y_1(x),y_2(x),\cdots,y_m(x)]=\int_{x_0}^{x_1}F(x,y_1,y_1',\cdots,y_1^{(n_1)},y_2,y_2',\cdots,y_2^{(n_2)},\cdots,y_m,y_m',\cdots,y_m^{(n_m)})\,\mathrm{d}x\tag{2-7-15}$$

取极值且满足固定边界条件

$$y_i^{(k)}(x_0)=y_{i0}^{(k)},\quad y_i^{(k)}(x_1)=y_{i1}^{(k)}\quad (i=1,2,\cdots,m,\quad k=0,1,\cdots,n_i-1)\tag{2-7-16}$$

的极值曲线 $y_i=y_i(x)$ ($i=1,2,\cdots,m$)必满足欧拉–泊松方程组

$$F_{y_i}-\frac{\mathrm{d}}{\mathrm{d}x}F_{y_i'}+\frac{\mathrm{d}^2}{\mathrm{d}x^2}F_{y_i''}-\cdots+(-1)^{n_i}\frac{\mathrm{d}^{n_i}}{\mathrm{d}x^{n_i}}F_{y_i^{(n_i)}}=0\tag{2-7-17}$$

或简写成

$$\sum_{k=0}^{n_i}(-1)^k\frac{\mathrm{d}^k}{\mathrm{d}x^k}F_{y_i^{(k)}}=0\tag{2-7-18}$$

例 2.7.1 长度为 L 的两端简支弹性梁，承受均布载荷 q 的作用，如图 2-7-1(a)所示，试问梁取什么样的挠度曲线时，这个系统的总势能 J 最小？如果是两端固支的梁，如图 2-7-1(b)所示，而其他条件不变，则结果又如何？

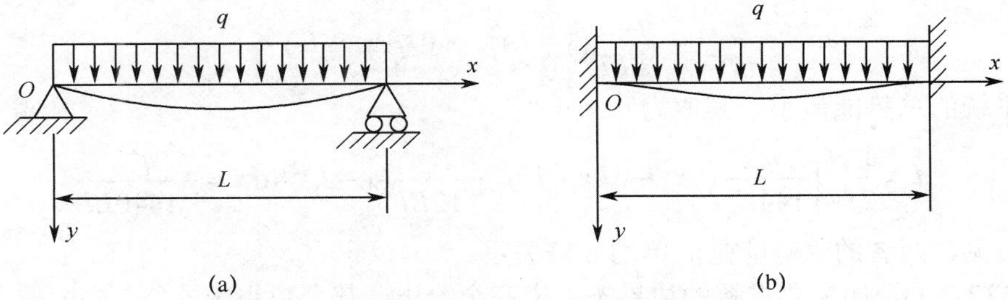

图 2-7-1 受均布载荷的梁的挠度曲线

解 设挠度曲线为 $y=y(x)$，梁的抗弯刚度为 EI，根据材料力学知识，该梁的弯曲应变能是

$$J_1=\frac{1}{2}\int_0^L EIy''^2\,\mathrm{d}x$$

由于梁的挠度引起的载荷势能为

$$J_2=-\int_0^L qy\,\mathrm{d}x$$

系统的总势能为

$$J=J_1+J_2=\frac{1}{2}\int_0^L(EIy''^2-2qy)\,\mathrm{d}x$$

当梁的两端为简支时，其边界条件为

$$y(0)=0,\quad y(L)=0,\quad y''(0)=0,\quad y''(L)=0$$

泛函的欧拉–泊松方程为

$$(EIy'')''-q=0$$

若 $EI=$ 常量，则有

$$EIy^{(4)}-q=0$$

其通解为

$$y=\frac{q}{24EI}x^4+c_1x^3+c_2x^2+c_3x+c_4$$

利用上面的边界条件，得

$$c_2=c_4=0\,,\quad c_1=-\frac{qL}{12EI}\,,\quad c_3=\frac{qL^3}{24EI}$$

于是，梁的挠度曲线为

$$y=\frac{qx}{24EI}(x^3-2Lx^2+L^3)\quad(0\leqslant x\leqslant L)$$

这时系统的总势能最小，其值为

$$J=\frac{1}{2}\int_0^L\left[\frac{q^2}{4EI}(x^2-Lx)^2-\frac{q^2x}{12EI}(x^3-2Lx^2+L^3)\right]\mathrm{d}x=-\frac{q^2L^5}{240EI}$$

当梁的两端为固支时，其边界条件为

$$y(0)=0\,,\quad y(L)=0\,,\quad y'(0)=0\,,\quad y'(L)=0$$

此时，其通解不变，代入上面边界条件，得

$$c_3=c_4=0\,,\quad c_1=-\frac{qL}{12EI}\,,\quad c_2=\frac{qL^2}{24EI}$$

于是，梁的挠度曲线为

$$y=\frac{qx^2}{24EI}(x-L)^2\quad(0\leqslant x\leqslant L)$$

这时系统的总势能最小，其值为

$$J=\frac{1}{2}\int_0^L\left[\frac{q^2}{144EI}(6x^2-6Lx+L^2)^2-\frac{q^2x^2}{12EI}(x-L)^2\right]\mathrm{d}x=-\frac{q^2L^5}{1440EI}$$

由此可见，两者的总势能是简单的 6 倍关系。

对于式(2-7-1)，如果要求解的边界条件未完全给出，其个数小于式(2-7-2)中的个数的变分问题，那么就得求式(2-7-1)的变分，利用泛函变分为零的条件得到补充的边界条件。

例 2.7.2 求泛函

$$J[y]=\int_{x_0}^{x_1}y''^2\,\mathrm{d}x \tag{1}$$

的极值曲线，边界条件为

$$y(x_0)=0\,,\quad y(x_1)=0 \tag{2}$$

解 泛函的欧拉方程为 $y^{(4)}=0$，其通解为

$$y=c_1+c_2x+c_3x^2+c_4x^3 \tag{3}$$

式(3)包含四个任意积分常数，用已给的两个边界条件不能确定它们，这时要对式(1)取变分，并分部积分两次，有

$$\delta J[y]=y''\delta y'\Big|_{x_0}^{x_1}-y'''\delta y\Big|_{x_0}^{x_1}+\int_{x_0}^{x_1}y^{(4)}\delta y\,\mathrm{d}x \tag{4}$$

在式(1)的极值曲线 y 处，式(4)必须为零，由于函数 δy 的任意性，可得到 $y^{(4)}=0$，这是泛函的欧拉方程，若式(4)右端的积分为零，则边界上的表达式 $[y''\delta y'-y'''\delta y]_{x_0}^{x_1}$ 也必须为零。

在两个固定端点，因为$\delta y(x_0)=\delta y(x_1)=0$，所以$y''(x_1)\delta y'(x_1)-y''(x_0)\delta y'(x_0)=0$必成立，再由于$\delta y'(x_0)$和$\delta y'(x_1)$是任意的，所以有

$$y''(x_0)=0，\quad y''(x_1)=0 \tag{5}$$

式(2)和式(5)共有四个边界条件，可以从式(3)中确定一条特殊的极值曲线$y(x)\equiv 0$。

欧拉–泊松方程的几种特殊情况：

(1) F不依赖于y，此时$F_y\equiv 0$，故欧拉–泊松方程为

$$\sum_{k=1}^{n}(-1)^k\frac{\mathrm{d}^k}{\mathrm{d}x^k}F_{y^{(k)}}=-\frac{\mathrm{d}}{\mathrm{d}x}F_{y'}+\frac{\mathrm{d}}{\mathrm{d}x^2}F_{y''}-\cdots+(-1)^n\frac{\mathrm{d}^n}{\mathrm{d}x^n}F_{y^{(n)}}=0 \tag{2-7-19}$$

从而得到首次积分

$$\sum_{k=1}^{n}(-1)^{k-1}\frac{\mathrm{d}^{k-1}}{\mathrm{d}x^{k-1}}F_{y^{(k)}}=F_{y'}-\frac{\mathrm{d}}{\mathrm{d}x}F_{y''}+\cdots+(-1)^{n-1}\frac{\mathrm{d}^{n-1}}{\mathrm{d}x^{n-1}}F_{y^{(n)}}=c \tag{2-7-20}$$

(2) F不依赖于x，此时可把y视为自变量，即x视为y的函数，令

$$x'=\frac{\mathrm{d}x}{\mathrm{d}y}，\quad x''=\frac{\mathrm{d}^2x}{\mathrm{d}y^2}，\quad \cdots，\quad x^{(i)}=\frac{\mathrm{d}^i x}{\mathrm{d}y^i}，\quad \cdots \tag{2-7-21}$$

则

$$\mathrm{d}x=x'\mathrm{d}y，\quad y'=\frac{1}{x'}，\quad y''=-\frac{x''}{x'^3}，\quad y'''=\frac{3x''^2-x'x'''}{x'^5}，\quad \cdots \tag{2-7-22}$$

于是有

$$J[x(y)]=\int_{x_0}^{x_1}F\left(y,\frac{1}{x'},-\frac{x''}{x'^3},\frac{3x''^2-x'x'''}{x'^5},\cdots\right)x'\mathrm{d}y \tag{2-7-23}$$

若令

$$F\left(y,\frac{1}{x'},-\frac{x''}{x'^3},\frac{3x''^2-x'x'''}{x'^5},\cdots\right)x'=\varphi(y,x',\cdots,x^{(n)}) \tag{2-7-24}$$

则式(2-7-23)可写成

$$J[x(y)]=\int_{y_0}^{y_1}\varphi(y,x',\cdots,x^{(n)})\mathrm{d}y \tag{2-7-25}$$

其首次积分为

$$\sum_{k=1}^{n}(-1)^{k-1}\frac{\mathrm{d}^{k-1}}{\mathrm{d}y^{k-1}}\varphi_{x^{(k)}}=\varphi_{x'}-\frac{\mathrm{d}}{\mathrm{d}y}\varphi_{x''}+\cdots+(-1)^{n-1}\frac{\mathrm{d}^{n-1}}{\mathrm{d}y^{n-1}}\varphi_{x^{(n)}}=c \tag{2-7-26}$$

(3) F仅依赖于$y^{(n)}$。此时欧拉–泊松方程为

$$\frac{\mathrm{d}^n}{\mathrm{d}x^n}F_{y^{(n)}}=0 \tag{2-7-27}$$

或

$$F_{y^{(n)}}=P_{(n-1)}(x) \tag{2-7-28}$$

式中，$P_{(n-1)}(x)$为x的$n-1$次多项式。

若用f表示$F_{y^{(n)}}$的反函数，则得

$$y^{(n)}=f[P_{(n-1)}] \tag{2-7-29}$$

积分n次后得

$$y=\underbrace{\iint\cdots\int}_{n} f[P_{(n-1)}(x)](\mathrm{d}x)^n+Q_{(n-1)}(x) \tag{2-7-30}$$

式中，$Q_{(n-1)}(x)$ 为任意 $n-1$ 次多项式。

例 2.7.3 求泛函 $J[y]=\int_{x_0}^{x_1} y''^n\,\mathrm{d}x$ 的极值曲线，式中，n 为大于 1 的整数。

解 泛函的欧拉方程为

$$\frac{\mathrm{d}^2 F_{y''}}{\mathrm{d}x^2}=\frac{\mathrm{d}^2}{\mathrm{d}x^2}ny''^{n-1}=0$$

或

$$\frac{\mathrm{d}^2 F_{y''}}{\mathrm{d}x^2}=\frac{\mathrm{d}^2 F_{y''}}{\mathrm{d}x^2}y''^{n-1}=0$$

积分两次，得

$$y''^{n-1}=cx+c_0$$

或

$$y''=(cx+c_0)^{\frac{1}{n-1}}$$

再积分两次，得

$$y=(c_1x+c_2)^{\frac{2n-1}{n-1}}+c_3x+c_4$$

例 2.7.4 求泛函 $J[y]=\int_{x_0}^{x_1}[y^{(n)}]^2\,\mathrm{d}x$ 的极值曲线，式中，n 为大于 1 的整数。

解 泛函的欧拉方程为

$$\frac{\mathrm{d}^n F_{y^{(n)}}}{\mathrm{d}x^n}=\frac{\mathrm{d}^n}{\mathrm{d}x^n}2y^{(n)}=0$$

积分 $2n$ 次，得

$$y=c_1x^{2n-1}+c_2x^{2n-2}+\cdots+c_{2n-1}x+c_{2n}$$

(4) 如果积分号下是某个函数的全微分，则变分问题无意义。

例 2.7.5 求泛函 $J[y]=\int_0^1(1+y''^2)\,\mathrm{d}x$ 的极值曲线，边界条件为 $y(0)=0$，$y(1)=1$，$y'(0)=1$，$y'(1)=1$。

解 因为 $F_y=F_{y'}=0$，故欧拉–泊松方程为

$$\frac{\mathrm{d}^2}{\mathrm{d}x^2}F_{y''}=0\text{，即}\frac{\mathrm{d}^2}{\mathrm{d}x^2}(2y'')=0\text{，或}\ y^{(4)}=0$$

其通解为 $y=c_1x^3+c_2x^2+c_3x+c_4$。

利用边界条件，得 $c_1=c_2=c_4=0$，$c_3=1$，于是极值曲线为 $y=x$。

例 2.7.6 试确定泛函 $J[y]=\int_0^{\frac{\pi}{2}}(y''^2-y^2+x^2)\,\mathrm{d}x$ 的极值曲线，边界条件为 $y(0)=0$，$y'(0)=0$，$y\left(\frac{\pi}{2}\right)=0$，$y'\left(\frac{\pi}{2}\right)=-1$。

解 因为 $F=y''^2-y^2+x^2$ 中不含 y'，故欧拉–泊松方程为

$$-2y+\frac{\mathrm{d}^2}{\mathrm{d}x^2}(2y'')=0\quad\text{或}\quad y^{(4)}-y=0$$

其通解为$y=c_1\mathrm{e}^{x}+c_2\mathrm{e}^{-x}+c_3\cos x+c_4\sin x$。

利用边界条件，得$c_1=c_2=c_4=0$，$c_3=1$，于是极值曲线为$y=\cos x$。

例 2.7.7 试确定泛函$J[y]=\int_{-l}^{l}\left(\frac{1}{2}\mu y''^2+\rho y\right)\mathrm{d}x$的极值曲线，它满足边界条件$y(-l)=0$，$y'(-l)=0$，$y(l)=0$，$y'(l)=0$，其中$\mu$和$\rho$均为常数。

解 因为$F=\frac{1}{2}\mu y''^2+\rho y$中不含$y'$，故泛函的欧拉−泊松方程为

$$F_y+\frac{\mathrm{d}^2}{\mathrm{d}x^2}F_{y''}=\rho+\mu y^{(4)}=0 \text{ 或 } y^{(4)}=-\frac{\rho}{\mu}$$

将上式积分四次，得

$$y=-\frac{\rho}{24\mu}x^4+c_1x^3+c_2x^2+c_3x+c_4$$

利用边界条件，最后可得

$$y=-\frac{\rho}{24\mu}(x^4-2l^2x^2+l^4)=-\frac{\rho}{24\mu}(x^2-l^2)^2$$

例 2.7.8 证明：如果泛函$J[y]=\int_{x_0}^{x_1}F(x,y,y',y'')\mathrm{d}x$中的$F$不显含$y$，则泛函的欧拉方程有首次积分

$$F_{y'}-\frac{\mathrm{d}}{\mathrm{d}x}F_{y''}=C \quad (\text{常数})$$

如果F不显含x，则泛函的欧拉方程有首次积分

$$F-y'\left(F_{y'}-\frac{\mathrm{d}}{\mathrm{d}x}F_{y''}\right)-y''F_{y''}=C$$

证 泛函的欧拉方程为

$$F_y-\frac{\mathrm{d}}{\mathrm{d}x}F_{y'}+\frac{\mathrm{d}^2}{\mathrm{d}x^2}F_{y''}=0$$

若F不显含y，则有$F_y=0$，故上式可写成

$$\frac{\mathrm{d}}{\mathrm{d}x}F_{y'}-\frac{\mathrm{d}^2}{\mathrm{d}x^2}F_{y''}=0$$

将上式积分一次，显然有

$$F_{y'}-\frac{\mathrm{d}}{\mathrm{d}x}F_{y''}=C$$

如果F不显含x，则有$F_x=0$，于是，有

$$\begin{aligned}&\frac{\mathrm{d}}{\mathrm{d}x}\left[F-y'\left(F_{y'}-\frac{\mathrm{d}}{\mathrm{d}x}F_{y''}\right)-y''F_{y''}\right]\\&=F_yy'+F_{y'}y''+F_{y''}y'''-y''\left(F_{y'}-\frac{\mathrm{d}}{\mathrm{d}x}F_{y''}\right)-y'\frac{\mathrm{d}}{\mathrm{d}x}\left(F_{y'}-\frac{\mathrm{d}}{\mathrm{d}x}F_{y''}\right)-y'''F_{y''}-y''\frac{\mathrm{d}}{\mathrm{d}x}F_{y''}\\&=F_yy'-y'\frac{\mathrm{d}}{\mathrm{d}x}\left(F_{y'}-\frac{\mathrm{d}}{\mathrm{d}x}F_{y''}\right)=y'\left(F_y-\frac{\mathrm{d}}{\mathrm{d}x}F_{y'}+\frac{\mathrm{d}^2}{\mathrm{d}x^2}F_{y''}\right)=0\end{aligned}$$

故

$$F - y'\left(F_{y'} - \frac{\mathrm{d}}{\mathrm{d}x}F_{y''}\right) - y''F_{y''} = C$$

证毕。

例 2.7.9 试求泛函 $J[y] = \int_0^1 (y'^2 + y''^2)\,\mathrm{d}x$ 的极值曲线，边界条件为 $y(0) = 0$， $y(1) = \sinh 1$， $y'(0) = 1$， $y'(1) = \cosh 1$。

解 泛函的欧拉方程为

$$y^{(4)} - y'' = 0$$

欧拉方程的特征方程为

$$r^4 - r^2 = r^2(r-1)(r+1) = 0$$

特征方程的根为 0、0、1、−1。欧拉方程的通解为

$$y = c_1\,\mathrm{e}^x + c_2\,\mathrm{e}^{-x} + c_3 x + c_4$$

由边界条件 $y(0) = 0$， $y(1) = \sinh 1$， $y'(0) = 1$， $y'(1) = \cosh 1$，可列出以下方程组

$$\begin{cases} c_1 + c_2 + c_4 = 0 \\ c_1\,\mathrm{e} + c_2\,\mathrm{e}^{-1} + c_3 + c_4 = \sinh 1 \\ c_1 - c_2 + c_3 = 1 \\ c_1\,\mathrm{e} - c_2\,\mathrm{e}^{-1} + c_3 = \cosh 1 \end{cases}$$

解得 $c_1 = \frac{1}{2}$， $c_2 = -\frac{1}{2}$， $c_3 = c_4 = 0$。于是极值曲线为

$$y = \frac{\mathrm{e}^x - \mathrm{e}^{-x}}{2} = \sinh x$$

例 2.7.10 求泛函 $J[y] = \int_{x_0}^{x_1} (y'^2 + yy'')\,\mathrm{d}x$ 的极值曲线，边界条件为 $y(x_0) = y_0$， $y(x_1) = y_1$， $y'(x_0) = y'_0$， $y'(x_1) = y'_1$。

解 由于积分号下是函数 yy' 的全微分，所以变分问题无意义。

例 2.7.11 求泛函 $J[y] = \int_{x_0}^{x_1} \{a^{-1}y^{(n)2} + [f(x) - y]^2\}\,\mathrm{d}x$ 的极值函数，式中，$f(x)$ 为 x 的已知函数。

解 泛函的欧拉方程为

$$-[f(x) - y] + (-1)^n a^{-1} y^{(2n)} = 0 \tag{1}$$

或

$$y^{(2n)} + (-1)^n ay = (-1)^n af(x) \tag{2}$$

这是非齐次 $2n$ 阶常系数线性微分方程。

由微分方程的理论可知，非齐次 $2n$ 阶常系数线性微分方程的通解是非齐次方程的特解和与其对应的齐次方程的解之和。式(2)的右侧可根据 $f(x)$ 的具体情形求出特解 y^*。

式(2)左侧的齐次方程为

$$Y^{(2n)} + (-1)^n aY = 0 \tag{3}$$

式(3)是 $2n$ 阶常系数线性微分方程，其特征方程为

$$r^{2n} - (-1)^n a = 0 \tag{4}$$

当 n 为奇数时，式(4)有两个实根和 $n-1$ 对共轭复根，即

$$r = a^{\frac{1}{2n}}, -a^{\frac{1}{2n}}, a^{\frac{1}{2n}}\left(\cos\frac{2k\pi}{2n} \pm \mathrm{i}\sin\frac{2k\pi}{2n}\right) \quad (k = 1, 2, \cdots, n-1) \tag{5}$$

令

$$\alpha_k = a^{\frac{1}{2n}}\cos\frac{2k\pi}{2n}, \quad \beta_k = a^{\frac{1}{2n}}\sin\frac{2k\pi}{2n} \quad (k = 1, 2, \cdots, n-1) \tag{6}$$

则式(3)的解为

$$Y = b_0\exp\left(a^{\frac{1}{2n}}x\right) + b_k\exp\left(-a^{\frac{1}{2n}}x\right) + \sum_{k=1}^{n-1}[b_k\,\mathrm{e}^{\alpha_k}\cos(\beta_k x) + c_k\,\mathrm{e}^{\alpha_k}\sin(\beta_k x)] \tag{7}$$

或写成

$$Y = \sum_{k=0}^{n} b_k\,\mathrm{e}^{\alpha_k}\cos(\beta_k x) + \sum_{k=1}^{n-1} c_k\,\mathrm{e}^{\alpha_k}\sin(\beta_k x) \tag{8}$$

当 n 为偶数时，式(4)没有实根，只有 n 对共轭复根，即

$$r = a^{\frac{1}{2n}}\left[\cos\frac{(1+2k)\pi}{2n} \pm \mathrm{i}\sin\frac{(1+2k)\pi}{2n}\right] \quad (k = 0, 1, \cdots, n-1) \tag{9}$$

令

$$p_k = a^{\frac{1}{2n}}\cos\frac{(1+2k)\pi}{2n}, \quad q_k = a^{\frac{1}{2n}}\sin\frac{(1+2k)\pi}{2n} \quad (k = 1, 2, \cdots, n-1) \tag{10}$$

则式(3)的解为

$$Y = \sum_{k=0}^{n-1}[b_k\,\mathrm{e}^{p_k}\cos(q_k x) + c_k\,\mathrm{e}^{p_k}\sin(q_k x)] \tag{11}$$

综合特解 y^* 和齐次解式(7)或式(11)，式(2)的通解为

$$\begin{aligned} y = {} & b_0\exp\left(a^{\frac{1}{2n}}x\right) + b_k\exp\left(-a^{\frac{1}{2n}}x\right) + \\ & \sum_{k=1}^{n-1}[b_k\,\mathrm{e}^{\alpha_k}(\cos\beta_k x) + c_k\,\mathrm{e}^{\alpha_k}\sin(\beta_k x)] + y^* \end{aligned} \quad (\text{当 } n \text{ 为奇数}) \tag{12}$$

$$y = \sum_{k=0}^{n-1}[b_k\,\mathrm{e}^{p_k}\cos(q_k x) + c_k\,\mathrm{e}^{p_k}\sin(q_k x)] + y^* \quad (\text{当 } n \text{ 为偶数}) \tag{13}$$

式中，积分常数由边界条件或初始条件确定。

2.8 依赖于多元函数的变分问题

在许多工程和物理问题中，会经常遇到依赖于多元函数的泛函的极值问题，如弹性力学中的平面问题和电磁学中的平面电场问题，都含有两个自变量 x、y。弹性动力学中的板的振动问题含有三个自变量 x、y、t。传热学中的非稳态热传导方程则含有四个自变量 x、y、z 和 t。本节着重讨论含有两个自变量的泛函的变分问题。

定理 2.8.1 设 D 是平面区域，$(x, y) \in D$，$u(x, y) \in C^2(D)$，使泛函

$$J[u(x, y)] = \iint_D F(x, y, u, u_x, u_y)\,\mathrm{d}x\,\mathrm{d}y \tag{2-8-1}$$

取极值，且在区域 D 的边界 L 上取已知值的极值函数 $u = u(x, y)$ 必满足偏微分方程

$$F_u-\frac{\partial}{\partial x}F_{u_x}-\frac{\partial}{\partial y}F_{u_y}=0 \tag{2-8-2}$$

这个方程称为**奥斯特罗格拉茨基方程**，简称**奥氏方程**，是 1834 年由俄罗斯数学家奥斯特罗格拉茨基首先得到的。奥氏方程是欧拉方程的进一步发展，有时也称为**欧拉方程**。

式(2-8-2)中的$\frac{\partial}{\partial x}F_{u_x}$和$\frac{\partial}{\partial y}F_{u_y}$是对自变量$x$和$y$的完全偏导数，它们分别为

$$\begin{cases}\frac{\partial}{\partial x}F_{u_x}=F_{u_x x}+F_{u_x u}u_x+F_{u_x u_x}u_{xx}+F_{u_x u_y}u_{yx}\\ \frac{\partial}{\partial y}F_{u_y}=F_{u_y y}+F_{u_y u}u_y+F_{u_y u_x}u_{xy}+F_{u_y u_y}u_{yy}\end{cases} \tag{2-8-3}$$

将式(2-8-3)代入式(2-8-2)，得到式(2-8-2)的展开式

$$F_{u_x u_x}u_{xx}+2F_{u_x u_y}u_{xy}+F_{u_y u_y}u_{yy}+F_{u_x u}u_x+F_{u_y u}u_y+F_{xu_x}+F_{yu_y}-F_u=0 \tag{2-8-4}$$

式(2-8-4)是二阶偏微分方程，其边界条件是u在D的边界L上取已知值。

证 设$u=\bar{u}(x,y)$是泛函$J[u(x,y)]$的极值曲面，作$u=\bar{u}(x,y)$的邻近曲面

$$u=\bar{u}(x,y)+\varepsilon\eta(x,y) \tag{2-8-5}$$

式中，ε为绝对值充分小的参数；$\eta(x,y)$为任意可微函数，且在边界上满足

$$\eta(x,y)\big|_L=0 \tag{2-8-6}$$

令

$$\delta u=\varepsilon\eta(x,y) \tag{2-8-7}$$

则有

$$\delta u\big|_L=0 \tag{2-8-8}$$

对式(2-8-7)求关于x和y的偏导数

$$\begin{cases}\frac{\partial}{\partial x}(\delta u)=\delta\left(\frac{\partial u}{\partial x}\right)=\varepsilon\eta_x(x,y)\\ \frac{\partial}{\partial y}(\delta u)=\delta\left(\frac{\partial u}{\partial y}\right)=\varepsilon\eta_y(x,y)\end{cases} \tag{2-8-9}$$

因为泛函$J[u(x,y)]$在$u=\bar{u}(x,y)$上达到极值，则对应的一次变分$\delta J=0$，即

$$\delta J=\iint_D(F_u\delta u+F_{u_x}\delta u_x+F_{u_y}\delta u_y)\,\mathrm{d}x\,\mathrm{d}y=0 \tag{2-8-10}$$

将式(2-8-10)右边积分中第二项和第三项改写为

$$F_{u_x}\delta u_x+F_{u_y}\delta u_y=\frac{\partial}{\partial x}(F_{u_x}\delta u)+\frac{\partial}{\partial y}(F_{u_y}\delta u)-\left(\frac{\partial}{\partial x}F_{u_x}+\frac{\partial}{\partial y}F_{u_y}\right)\delta u \tag{2-8-11}$$

将式(2-8-11)代入式(2-8-10)，得

$$\delta J=\iint_D\left(F_u-\frac{\partial}{\partial x}F_{u_x}-\frac{\partial}{\partial y}F_{u_y}\right)\delta u\,\mathrm{d}x\,\mathrm{d}y+\iint_D\left[\frac{\partial}{\partial x}(F_{u_x}\delta u)+\frac{\partial}{\partial y}(F_{u_y}\delta u)\right]\mathrm{d}x\,\mathrm{d}y \tag{2-8-12}$$

应用格林公式，将式(2-8-12)右边第二个积分化为

$$\iint_D\left[\frac{\partial}{\partial x}(F_{u_x}\delta u)+\frac{\partial}{\partial y}(F_{u_y}\delta u)\right]\mathrm{d}x\,\mathrm{d}y=\oint_L(F_{u_x}\delta u\,\mathrm{d}y-F_{u_y}\delta u\,\mathrm{d}x)$$

由式(2-8-8)可知，$\delta u\big|_L=0$，所以上式积分为零。于是，由式(2-8-12)得

$$\delta J = \iint_D \left(F_u - \frac{\partial}{\partial x} F_{u_x} - \frac{\partial}{\partial y} F_{u_y} \right) \delta u \,\mathrm{d}x\,\mathrm{d}y = 0$$

由于 $\delta u = \varepsilon\eta(x, y)$ 的任意性，根据变分法基本引理 1.5.3，得

$$F_u - \frac{\partial}{\partial x} F_{u_x} - \frac{\partial}{\partial y} F_{u_y} = 0$$

证毕。

例 2.8.1 已知 $(x, y) \in D$，求泛函

$$J[u] = \frac{1}{2}\iint_D (u_x^2 + u_y^2)\,\mathrm{d}x\,\mathrm{d}y$$

的奥氏方程。此泛函表示弹性薄膜变形能，称为**狄利克雷泛函**或**狄利克雷积分**。

解 1 由式(2-8-2)，可写出奥氏方程

$$\frac{\partial^2 u}{\partial x^2} + \frac{\partial^2 u}{\partial y^2} = 0$$

此即二维拉普拉斯方程。它是数理方程的基本问题之一，通常称为**狄利克雷问题**。这个问题最初是格林以猜想的形式提出来的，1833 年，狄利克雷在研究变密度椭球体的引力问题时正式提出了该问题，但在当时没有引起足够的重视。

解 2 原泛函可以写成向量的形式

$$J[u] = \iint_D \nabla u \cdot \nabla u \,\mathrm{d}x\,\mathrm{d}y$$

对上式取一阶变分，并利用格林公式，有

$$\begin{aligned}\delta J[u] &= 2\iint_D \nabla \delta u \cdot \nabla u \,\mathrm{d}x\,\mathrm{d}y = 2\iint_D [\nabla \cdot (\delta u \nabla u) - \Delta u \delta u]\,\mathrm{d}x\,\mathrm{d}y \\ &= 2\oint_L \frac{\partial u}{\partial n}\delta u \,\mathrm{d}L - 2\iint_D \Delta u \delta u \,\mathrm{d}x\,\mathrm{d}y = -2\iint_D \Delta u \delta u \,\mathrm{d}x\,\mathrm{d}y = 0\end{aligned}$$

因对于固定边界问题，$\delta u|_L = 0$，故上式在封闭曲线 L 上的积分为零，而在区域 D 内，δu 是任取的，若使泛函的一阶变分为零，必有

$$\Delta u = \frac{\partial^2 u}{\partial x^2} + \frac{\partial^2 u}{\partial y^2} = 0$$

可见，两种解法的结果一样，这是必然的。

此题可推广到 n 维空间中去。若 $(x_1, x_2, \cdots, x_n) \in \Omega$，则泛函

$$J[u(x_1, x_2, \cdots, x_n)] = \int_\Omega \sum_{i=1}^n u_{x_i}^2 \,\mathrm{d}x_1\,\mathrm{d}x_2 \cdots \mathrm{d}x_n$$

的奥氏方程为

$$\sum_{i=1}^n \frac{\partial^2 u}{\partial x_i^2} = 0 \quad \text{或} \quad \Delta u = 0$$

上式称为 **n 维拉普拉斯方程**。

例 2.8.2 写出泛函

$$J[u] = \iint_D [u_x^2 + u_y^2 + 2uf(x, y)]\,\mathrm{d}x\,\mathrm{d}y$$

的奥氏方程，其中在区域 D 的边界上 u 与 $f(x, y)$ 均为已知。

解 由式(2-8-2)或由例 2.8.1 的结果可知，奥氏方程为

$$\Delta u = \frac{\partial^2 u}{\partial x^2} + \frac{\partial^2 u}{\partial y^2} = f(x, y)$$

这就是数学物理方程中人们所熟知的二维泊松方程。

例 2.8.3 线弹性力学平面应变问题以位移分量表达的应变能为

$$J[u,v]=\frac{E}{2(1+\mu)}\iint_D\left[\frac{\mu}{1-2\mu}(u_x+v_y)^2+u_x^2+v_y^2+\frac{1}{2}(v_x+u_y)^2\right]\mathrm{d}x\,\mathrm{d}y$$

式中，E 为材料弹性模量，μ 为泊松比，两者均为常量。试证

$$\begin{cases}\Delta u+\dfrac{1}{1-2\mu}(u_{xx}+v_{xy})=0\\[2ex]\Delta v+\dfrac{1}{1-2\mu}(u_{xy}+v_{yy})=0\end{cases}$$

证 泛函的奥氏方程组为

$$\begin{cases}\dfrac{2\mu}{1-2\mu}(u_{xx}+v_{xy})+2u_{xx}+v_{xy}+u_{yy}=0\\[2ex]\dfrac{2\mu}{1-2\mu}(u_{xy}+v_{yy})+2v_{yy}+v_{xx}+u_{xy}=0\end{cases}$$

前一个奥氏方程可化为

$$\frac{1-(1-2\mu)}{1-2\mu}u_{xx}+\frac{2\mu}{1-2\mu}v_{xy}+2u_{xx}+v_{xy}+u_{yy}=\frac{1}{1-2\mu}u_{xx}+\frac{2\mu+1-2\mu}{1-2\mu}v_{xy}+u_{xx}+u_{yy}$$

$$=\Delta u+\frac{1}{1-2\mu}(u_{xx}+v_{xy})=0$$

后一个奥氏方程可化为

$$\frac{2\mu}{1-2\mu}u_{xy}+\frac{1-(1-2\mu)}{1-2\mu}v_{yy}+2v_{yy}+v_{xx}+u_{xy}=\frac{2\mu+1-\mu}{1-2\mu}u_{xy}+\frac{1}{1-2\mu}v_{yy}+v_{yy}+v_{xx}$$

$$=\Delta v+\frac{1}{1-2\mu}(u_{xy}+v_{yy})=0$$

证毕。

对于依赖于两个以上多元函数的泛函的极值问题，可以推出类似的奥氏方程。

推论 2.8.1 设 D 是平面区域，$(x,y)\in D$，$u(x,y)\in C^4(D)$，$F(x,y,u,u_x,u_y,u_{xx},u_{xy},\ u_{yy})\in C^3$，则泛函

$$J[u(x,y)]=\iint_D F(x,y,u,u_x,u_y,u_{xx},u_{xy},u_{yy})\,\mathrm{d}x\,\mathrm{d}y \tag{2-8-13}$$

的奥氏方程为

$$F_u-\frac{\partial}{\partial x}F_{u_x}-\frac{\partial}{\partial y}F_{u_y}+\frac{\partial^2}{\partial x^2}F_{u_{xx}}+\frac{\partial^2}{\partial x\partial y}F_{u_{xy}}+\frac{\partial^2}{\partial y^2}F_{u_{yy}}=0 \tag{2-8-14}$$

证 为使式(2-8-13)取极值，应有

$$\delta J[u]=\iint_D(F_u\delta u+F_{u_x}\delta u_x+F_{u_y}\delta u_y+F_{u_{xx}}\delta u_{xx}+F_{u_{xy}}\delta u_{xy}+F_{u_{yy}}\delta u_{yy})\,\mathrm{d}x\,\mathrm{d}y=0 \tag{2-8-15}$$

由定理 2.8.1 已推导出

$$\iint_D(F_u\delta u+F_{u_x}\delta u_x+F_{u_y}\delta u_y)\,\mathrm{d}x\,\mathrm{d}y=\iint_D\left(F_u-\frac{\partial}{\partial x}F_{u_x}-\frac{\partial}{\partial y}F_{u_y}\right)\delta u\,\mathrm{d}x\,\mathrm{d}y \tag{2-8-16}$$

因为

$$F_{u_{xx}}\delta u_{xx}+F_{u_{xy}}\delta u_{xy}+F_{u_{yy}}\delta u_{yy}=\frac{\partial}{\partial x}(F_{u_{xx}}\delta u_x)+\frac{\partial}{\partial y}(F_{u_{xy}}\delta u_x)+\frac{\partial}{\partial y}(F_{u_{yy}}\delta u_y)-$$

$$\delta u_x \frac{\partial}{\partial x} F_{u_{xx}} - \delta u_x \frac{\partial}{\partial y} F_{u_{xy}} - \delta u_y \frac{\partial}{\partial y} F_{u_{yy}} = \frac{\partial}{\partial x}(F_{u_{xx}} \delta u_x) + \frac{\partial}{\partial y}(F_{u_{xy}} \delta u_x) + \frac{\partial}{\partial y}(F_{u_{yy}} \delta u_y) -$$

$$\frac{\partial}{\partial x}\left(\delta u \frac{\partial}{\partial x} F_{u_{xx}}\right) - \frac{\partial}{\partial x}\left(\delta u \frac{\partial}{\partial y} F_{u_{xy}}\right) - \frac{\partial}{\partial y}\left(\delta u \frac{\partial}{\partial y} F_{u_{yy}}\right) + \delta u \left(\frac{\partial^2}{\partial x^2} F_{u_{xx}} + \frac{\partial^2}{\partial x \partial y} F_{u_{xy}} + \frac{\partial^2}{\partial y^2} F_{u_{yy}}\right)$$

在固定边界条件下，有

$$\delta u\big|_L = \delta u_x\big|_L = \delta u_y\big|_L = 0$$

应用格林公式，得

$$\iint_D \left[\frac{\partial}{\partial x}\left(F_{u_{xx}} \delta u_x - \delta u \frac{\partial}{\partial x} F_{u_{xx}} - \delta u \frac{\partial}{\partial y} F_{u_{xy}}\right) - \frac{\partial}{\partial y}\left(\delta u \frac{\partial}{\partial y} F_{u_{yy}} - F_{u_{xy}} \delta u_x - F_{u_{yy}} \delta u_y\right)\right] \mathrm{d}x \mathrm{d}y$$

$$= \oint_L \left[\left(F_{u_{xx}} \delta u_x - \delta u \frac{\partial}{\partial x} F_{u_{xx}} - \delta u \frac{\partial}{\partial y} F_{u_{xy}}\right) \mathrm{d}y + \left(\delta u \frac{\partial}{\partial y} F_{u_{yy}} - F_{u_{xy}} \delta u_x - F_{u_{yy}} \delta u_y\right) \mathrm{d}x\right] = 0$$

故

$$\iint_D (F_{u_{xx}} \delta u_{xx} + F_{u_{xy}} \delta u_{xy} + F_{u_{yy}} \delta u_{yy}) \mathrm{d}x \mathrm{d}y = \iint_D \left(\frac{\partial^2}{\partial x^2} F_{u_{xx}} + \frac{\partial^2}{\partial x \partial y} F_{u_{xy}} + \frac{\partial^2}{\partial y^2} F_{u_{yy}}\right) \delta u \, \mathrm{d}x \mathrm{d}y \tag{2-8-17}$$

将式(2-8-16)和式(2-8-17)代入式(2-8-15)，即可得到式(2-8-14)。证毕。

例 2.8.4 写出泛函

$$J[u] = \iint_D (u_{xx}^2 + u_{yy}^2 + 2u_{xy}^2) \mathrm{d}x \mathrm{d}y$$

的奥氏方程。

解 应用推论 2.8.1，可写出奥氏方程

$$\frac{\partial^2}{\partial x^2}(2u_{xx}) + \frac{\partial^2}{\partial y^2}(2u_{yy}) + \frac{\partial^2}{\partial x \partial y}(4u_{xy}) = 0$$

或

$$\frac{\partial^4 u}{\partial x^4} + 2\frac{\partial^4 u}{\partial x^2 \partial y^2} + \frac{\partial^4 u}{\partial y^4} = 0$$

该方程称为**重调和方程**或**双调和方程**。满足重调和方程的函数 u 称为**重调和函数**或**双调和函数**。它有时被缩写成 $\Delta\Delta u = 0$ 或 $\Delta^2 u = 0$ 。形如 $\Delta^2 u = f(x, y)$ 的方程称为**非齐次重调和方程**或**非齐次双调和方程**。

例 2.8.5 写出泛函

$$J[u] = \iint_D \left[\frac{D}{2}(u_{xx}^2 + u_{yy}^2 + 2u_{xy}^2) - uf(x, y)\right] \mathrm{d}x \mathrm{d}y$$

的奥氏方程，其中，D 为常数。

解 应用推论 2.8.1，可写出奥氏方程

$$\frac{D}{2}\left[\frac{\partial^2}{\partial x^2}(2u_{xx}) + \frac{\partial^2}{\partial y^2}(2u_{yy}) + \frac{\partial^2}{\partial x \partial y}(4u_{xy})\right] - f(x, y) = 0$$

或

$$D\Delta^2 u = D\left(\frac{\partial^4 u}{\partial x^4} + 2\frac{\partial^4 u}{\partial x^2 \partial y^2} + \frac{\partial^4 u}{\partial y^4}\right) = f(x,y)$$

这是非齐次重调和方程，当 $f(x,y)=0$ 时，它就退化为例 2.8.4 的情形。

推论 2.8.2 设 D 是平面区域，$(x,y)\in D$，$u(x,y)\in C^2$，$v(x,y)\in C^2$，则泛函

$$J[u(x,y),v(x,y)] = \iint_D F(x,y,u,v,u_x,v_x,u_y,v_y)\,\mathrm{d}x\,\mathrm{d}y \tag{2-8-18}$$

的奥氏方程组为

$$\begin{cases} F_u - \dfrac{\partial}{\partial x}F_{u_x} - \dfrac{\partial}{\partial y}F_{u_y} = 0 \\ F_v - \dfrac{\partial}{\partial x}F_{v_x} - \dfrac{\partial}{\partial y}F_{v_y} = 0 \end{cases} \tag{2-8-19}$$

推论 2.8.3 设 Ω 是 n 维空间域，$(x_1,x_2,\cdots,x_n)\in\Omega$，$u(x_1,x_2,\cdots,x_n)\in C^{2n}$，则泛函

$$J[u(x_1,x_2,\cdots,x_n)] = \int_\Omega F(x_1,x_2,\cdots,x_n,u,u_{x_1},u_{x_2},\cdots,u_{x_n})\,\mathrm{d}x_1\,\mathrm{d}x_2\cdots\mathrm{d}x_n \tag{2-8-20}$$

的极值函数 $u(x_1,x_2,\cdots,x_n)$ 满足奥氏方程

$$F_u - \frac{\partial}{\partial x_1}F_{u_{x_1}} - \frac{\partial}{\partial x_2}F_{u_{x_2}} - \cdots - \frac{\partial}{\partial x_n}F_{u_{x_n}} = 0 \tag{2-8-21}$$

或简写成

$$F_u - \sum_{i=1}^{n}\frac{\partial}{\partial x_i}F_{u_{x_i}} = 0 \tag{2-8-22}$$

这种类型的方程在弹性动力学平衡问题中常会遇到。

在式(2-8-21)中，取 $n=4$，令 $x=x_1$，$y=x_2$，$z=x_3$，$t=x_4$，则有泛函

$$J[u(x,y,z,t)] = \int_{t_0}^{t_1}\iiint_V F(x,y,z,t,u,u_x,u_y,u_z,u_t)\,\mathrm{d}x\,\mathrm{d}y\,\mathrm{d}z\,\mathrm{d}t \tag{2-8-23}$$

其极值函数满足奥氏方程

$$F_u - \frac{\partial}{\partial x}F_{u_x} - \frac{\partial}{\partial y}F_{u_y} - \frac{\partial}{\partial z}F_{u_z} - \frac{\partial}{\partial t}F_{u_t} = 0 \tag{2-8-24}$$

推论 2.8.4 设 $D+T$ 是平面区域和时间区域的合成域，$t\in T=[t_0,t_1]$，$(x,y)\in D$，$(x,y,t)\in D+T$，$u(x,y,t)\in C^4(D+T)$，$F(x,y,u,u_x,u_y,u_{xx},u_{xy},u_{yy},u_t)\in C^3$，则泛函

$$J[u(x,y,t)] = \int_{t_0}^{t_1}\iint_D F(x,y,u,u_x,u_y,u_{xx},u_{xy},u_{yy},u_t)\,\mathrm{d}x\,\mathrm{d}y\,\mathrm{d}t \tag{2-8-25}$$

的奥氏方程为

$$F_u - \frac{\partial}{\partial x}F_{u_x} - \frac{\partial}{\partial y}F_{u_y} - \frac{\partial}{\partial t}F_{u_t} + \frac{\partial^2}{\partial x^2}F_{u_{xx}} + \frac{\partial^2}{\partial x\partial y}F_{u_{xy}} + \frac{\partial^2}{\partial y^2}F_{u_{yy}} = 0 \tag{2-8-26}$$

证 为使式(2-8-25)取极值，应有

$$\delta J = \int_{t_0}^{t_1}\iint_D (F_u\delta u + F_{u_x}\delta u_x + F_{u_y}\delta u_y + F_{u_{xx}}\delta u_{xx} + F_{u_{xy}}\delta u_{xy} + F_{u_{yy}}\delta u_{yy} + F_{u_t}\delta u_t)\,\mathrm{d}x\,\mathrm{d}y\,\mathrm{d}t = 0 \tag{1}$$

仿推论 2.8.1 可推导出

$$\begin{aligned}\delta J &= \int_{t_0}^{t_1}\iint_D (F_u\delta u + F_{u_x}\delta u_x + F_{u_y}\delta u_y + F_{u_{xx}}\delta u_{xx} + F_{u_{xy}}\delta u_{xy} + F_{u_{yy}}\delta u_{yy})\,\mathrm{d}x\,\mathrm{d}y\,\mathrm{d}t \\ &= \int_{t_0}^{t_1}\iint_D \left(F_u - \frac{\partial}{\partial x}F_{u_x} - \frac{\partial}{\partial y}F_{u_y} + \frac{\partial^2}{\partial x^2}F_{u_{xx}} + \frac{\partial^2}{\partial x\partial y}F_{u_{xy}} + \frac{\partial^2}{\partial y^2}F_{u_{yy}}\right)\delta u\,\mathrm{d}x\,\mathrm{d}y\,\mathrm{d}t\end{aligned} \tag{2}$$

利用分部积分，式(1)最后一项可化为

$$
\begin{aligned}
\delta J &= \int_{t_0}^{t_1}\iint_D F_{u_t}\,\delta u_t\,\mathrm{d}x\,\mathrm{d}y\,\mathrm{d}t = \iint_D\left(\int_{t_0}^{t_1} F_{u_t}\,\mathrm{d}\delta u\right)\mathrm{d}x\,\mathrm{d}y \\
&= \iint_D\left(F_{u_t}\,\delta u\Big|_{t_0}^{t_1} - \int_{t_0}^{t_1}\frac{\partial}{\partial t}F_{u_t}\,\delta u\,\mathrm{d}t\right)\mathrm{d}x\,\mathrm{d}y = \int_{t_0}^{t_1}\iint_D -\frac{\partial}{\partial t}F_{u_t}\,\delta u\,\mathrm{d}x\,\mathrm{d}y\,\mathrm{d}t
\end{aligned}
\tag{3}
$$

将以上两式代入式(1)，即可得到式(2-8-26)。证毕。

例 2.8.6 求泛函

$$J[u] = \iiint_V [u_x^2 + u_y^2 + u_z^2 + 2uf(x,y,z)]\,\mathrm{d}x\,\mathrm{d}y\,\mathrm{d}z$$

的奥氏方程。其中 V 为积分区域，$f(x,y,z)$ 为已知函数，它在 V 上连续。

解 由式(2-8-21)可知，泛函 $J[u]$ 的奥氏方程为

$$2f(x,y,z) - 2\frac{\partial}{\partial x}u_x - 2\frac{\partial}{\partial y}u_y - 2\frac{\partial}{\partial z}u_z = 0$$

或

$$\Delta u = \frac{\partial^2 u}{\partial x^2} + \frac{\partial^2 u}{\partial y^2} + \frac{\partial^2 u}{\partial z^2} = f(x,y,z)$$

上式称为**泊松方程**。当 $f(x,y,z)=0$ 时，方程退化为

$$\Delta u = \frac{\partial^2 u}{\partial x^2} + \frac{\partial^2 u}{\partial y^2} + \frac{\partial^2 u}{\partial z^2} = 0$$

此方程称为三维**拉普拉斯方程**。泊松方程和拉普拉斯方程统称为**位势方程**。

例 2.8.7 求泛函

$$J[u(x,y)] = \frac{D}{2}\iint_S [(u_{xx}+u_{yy})^2 - 2(1-\mu)(u_{xx}u_{yy} - u_{xy}^2)]\,\mathrm{d}x\,\mathrm{d}y - \iint_S f(x,y)u\,\mathrm{d}x\,\mathrm{d}y$$

的奥氏方程。其中 D、μ 都是参数，S 为积分区域，$f(x,y)$ 为已知函数，它在 S 上连续。

解 被积函数可写成

$$F = \frac{D}{2}[(u_{xx}+u_{yy})^2 - 2(1-\mu)(u_{xx}u_{yy} - u_{xy}^2)] - f(x,y)u$$

求各偏导数

$$F_u = -f(x,y)$$

$$\frac{\partial^2}{\partial x^2}F_{u_{xx}} = D\left[\left(\frac{\partial^4 u}{\partial x^4} + \frac{\partial^4 u}{\partial x^2\partial y^2}\right) - (1-\mu)\frac{\partial^4 u}{\partial x^2\partial y^2}\right]$$

$$\frac{\partial^2}{\partial y^2}F_{u_{yy}} = D\left[\left(\frac{\partial^2 u}{\partial x^2\partial y^2} + \frac{\partial^4 u}{\partial y^4}\right) - (1-\mu)\frac{\partial^4 u}{\partial x^2\partial y^2}\right]$$

$$\frac{\partial^2}{\partial x\partial y}F_{u_{xy}} = 2D(1-\mu)\left(\frac{\partial^4 u}{\partial x^2\partial y^2}\right)$$

由式(2-8-14)可知，泛函 $J[u(x,y)]$ 的奥氏方程为

$$D\,\Delta^2 u = D\left(\frac{\partial^4 u}{\partial x^4} + 2\frac{\partial^4 u}{\partial x^2\partial y^2} + \frac{\partial^4 u}{\partial y^4}\right) = f(x,y)$$

这是非齐次重调和方程，当 $f(x,y)=0$ 时，它可化为重调和方程。

比较例 2.8.5 和例 2.8.7 可知，不同的泛函可给出相同的欧拉方程，但表示不同的物理意义。

换句话说，同一个欧拉方程可以对应不同的泛函。

例 2.8.8 根据弹性力学理论，在极坐标中，弹性薄板在单位面积载荷 $q(x)$ 的作用下，系统的总势能是板的弯曲应变能和载荷所做的功之和，可用挠度 $w=w(r,\theta)$ 的泛函来表示

$$J[w]=\frac{D}{2}\iint_S\left[\left(\frac{\partial^2 w}{\partial r^2}\right)^2+\left(\frac{1}{r}\frac{\partial w}{\partial r}+\frac{1}{r^2}\frac{\partial^2 w}{\partial \theta^2}\right)^2+2\mu\frac{\partial^2 w}{\partial r^2}\left(\frac{1}{r}\frac{\partial w}{\partial r}+\frac{1}{r^2}\frac{\partial^2 w}{\partial \theta^2}\right)+\right.$$
$$\left.2(1-\mu)\left(\frac{1}{r}\frac{\partial^2 w}{\partial r\partial\theta}-\frac{1}{r^2}\frac{\partial w}{\partial\theta}\right)^2\right]r\,\mathrm{d}r\,\mathrm{d}\theta-\iint_S qwr\,\mathrm{d}r\,\mathrm{d}\theta$$

试求泛函的奥氏方程。

解 设被积函数为 F，求各偏导数

$$F_w=-qr\text{，}\quad F_{w_r}=2\left(\frac{1}{r}\frac{\partial w}{\partial r}+\frac{1}{r^2}\frac{\partial^2 w}{\partial \theta^2}\right)+2\mu\frac{\partial^2 w}{\partial r^2}$$

$$F_{w_\theta}=4(1-\mu)\left(-\frac{1}{r^2}\frac{\partial^2 w}{\partial r\partial\theta}+\frac{1}{r^3}\frac{\partial w}{\partial\theta}\right),\qquad F_{w_{rr}}=2r\frac{\partial^2 w}{\partial r^2}+2\mu\left(\frac{\partial w}{\partial r}+\frac{1}{r}\frac{\partial^2 w}{\partial\theta^2}\right)$$

$$F_{w_{r\theta}}=4(1-\mu)\left(\frac{1}{r}\frac{\partial^2 w}{\partial r\partial\theta}-\frac{1}{r^2}\frac{\partial w}{\partial\theta}\right),\qquad F_{w_{\theta\theta}}=2\left(\frac{1}{r^2}\frac{\partial w}{\partial r}+\frac{1}{r^3}\frac{\partial^2 w}{\partial\theta^2}\right)+2\mu\frac{1}{r}\frac{\partial^2 w}{\partial r^2}$$

$$\frac{\partial}{\partial r}F_{w_r}=2\left(-\frac{1}{r^2}\frac{\partial w}{\partial r}+\frac{1}{r}\frac{\partial^2 w}{\partial r^2}-2\frac{1}{r^3}\frac{\partial^2 w}{\partial\theta^2}+\frac{1}{r^2}\frac{\partial^3 w}{\partial r\partial\theta^2}\right)+2\mu\frac{\partial^3 w}{\partial r^3}$$

$$\frac{\partial}{\partial\theta}F_{w_\theta}=4(1-\mu)\left(-\frac{1}{r^2}\frac{\partial^3 w}{\partial r\partial\theta^2}+\frac{1}{r^3}\frac{\partial^2 w}{\partial\theta^2}\right)$$

$$\frac{\partial^2}{\partial r^2}F_{w_{rr}}=2\left(2\frac{\partial^3 w}{\partial r^3}+r\frac{\partial^4 w}{\partial r^4}\right)+2\mu\left(\frac{\partial^3 w}{\partial r^3}+2\frac{1}{r^3}\frac{\partial^2 w}{\partial\theta^2}-2\frac{1}{r^2}\frac{\partial^3 w}{\partial r\partial\theta^2}+\frac{1}{r}\frac{\partial^4 w}{\partial r^2\partial\theta^2}\right)$$

$$\frac{\partial^2}{\partial r\partial\theta}F_{w_{r\theta}}=4(1-\mu)\left(-2\frac{1}{r^2}\frac{\partial^3 w}{\partial r\partial\theta^2}+\frac{1}{r}\frac{\partial^4 w}{\partial r^2\partial\theta^2}+2\frac{1}{r^3}\frac{\partial^2 w}{\partial\theta^2}\right)$$

$$\frac{\partial^2}{\partial\theta^2}F_{w_{\theta\theta}}=2\left(\frac{1}{r^2}\frac{\partial^3 w}{\partial r\partial\theta^2}+\frac{1}{r^3}\frac{\partial^4 w}{\partial\theta^4}\right)+2\mu\frac{1}{r}\frac{\partial^3 w}{\partial r^2\partial\theta^2}$$

将以上有关式子代入奥氏方程，整理后得

$$\frac{\partial^4 w}{\partial r^4}+\frac{2}{r}\frac{\partial^3 w}{\partial r^3}-\frac{1}{r^2}\frac{\partial^2 w}{\partial r^2}+\frac{1}{r^3}\frac{\partial w}{\partial r}+\frac{1}{r^4}\frac{\partial^4 w}{\partial\theta^4}+2\left(2\frac{1}{r^4}\frac{\partial^2 w}{\partial\theta^2}-\frac{1}{r^3}\frac{\partial^3 w}{\partial r\partial\theta^2}+\frac{1}{r^2}\frac{\partial^4 w}{\partial r^2\partial\theta^2}\right)=\frac{q}{D}$$

利用式(1-4-15)，上式可化成

$$D\Delta^2 w=q$$

这是以算子形式表示的**薄板弯曲控制微分方程**，当然它也是非齐次重调和方程。

例 2.8.9 写出泛函 $J[u]=\iint_D[u_x^4+u_y^4+12uf(x,y)]\,\mathrm{d}x\,\mathrm{d}y$ 的欧拉−奥氏方程。

解 泛函的欧拉−奥氏方程为

$$12f(x,y)-\frac{\partial}{\partial x}4u_x^3-\frac{\partial}{\partial y}4u_y^3=0$$

或

$$u_x^2u_{xx}+u_y^2u_{yy}=f(x,y)$$

例 2.8.10 利用直角坐标与极坐标的关系 $x = r\cos\theta$， $y = r\sin\theta$，弧长的微分 $\mathrm{d}s = \sqrt{\dot{x}^2 + \dot{y}^2}\,\mathrm{d}\theta$，推导出泛函

$$J[y] = \int_A^B (x^2 + y^2)\,\mathrm{d}s$$

的极坐标的形式为

$$J[r(\theta)] = \int_{\theta_0}^{\theta_1} r^2\sqrt{r^2 + r'^2}\,\mathrm{d}\theta$$

式中，$\theta_0 < \theta_1$，$r' = \dfrac{\mathrm{d}r}{\mathrm{d}\theta}$；$A$、$B$ 两定点的坐标分别为 (r_0,θ_0) 和 (r_1,θ_1)。试证：$J[r(\theta)]$ 的欧拉方程的首次积分为

$$-3\,\mathrm{d}\theta = \frac{c_1\,\mathrm{d}\rho}{\sqrt{1 - c_1^2\rho^2}}$$

其极值曲线族为

$$r^3\sin(3\theta + c_2) = c_1$$

证 因为

$$x^2 + y^2 = (r\cos\theta)^2 + (r\sin\theta)^2 = r^2$$

$$\mathrm{d}x = \cos\theta\,\mathrm{d}r - r\sin\theta\,\mathrm{d}\theta,\quad \mathrm{d}y = \sin\theta\,\mathrm{d}r + r\cos\theta\,\mathrm{d}\theta$$

$$(\mathrm{d}x)^2 = (\mathrm{d}r)^2\cos^2\theta - 2r\sin\theta\cos\theta\,\mathrm{d}r\,\mathrm{d}\theta + r^2\sin^2\theta(\mathrm{d}\theta)^2$$

$$(\mathrm{d}y)^2 = (\mathrm{d}r)^2\sin^2\theta + 2r\sin\theta\cos\theta\,\mathrm{d}r\,\mathrm{d}\theta + r^2\cos^2\theta(\mathrm{d}\theta)^2$$

$$\mathrm{d}s = \sqrt{(\mathrm{d}x)^2 + (\mathrm{d}y)^2} = \sqrt{(\mathrm{d}r)^2 + r^2(\mathrm{d}\theta)^2} = \sqrt{r^2 + r'^2}\,\mathrm{d}\theta$$

又 A 和 B 两定点的坐标分别为(r_0, θ_0)和(r_1, θ_1)，所以可推导出

$$J[y] = \int_A^B (x^2 + y^2)\,\mathrm{d}s = J[r(\theta)] = \int_{\theta_0}^{\theta_1} r^2\sqrt{r^2 + r'^2}\,\mathrm{d}\theta$$

由于被积函数不含 θ，故欧拉方程有首次积分

$$F - r'F_{r'} = r^2\sqrt{r^2 + r'^2} - \frac{r^2 r'^2}{\sqrt{r^2 + r'^2}} = c_1$$

或

$$\frac{r^4}{\sqrt{r^2 + r'^2}} = c_1$$

两端平方，得

$$r^8 = c_1^2(r^2 + r'^2)$$

令 $\rho = \dfrac{1}{r^3}$，则 $\mathrm{d}\rho = -\dfrac{3\,\mathrm{d}r}{r^4} = -\dfrac{3r'\,\mathrm{d}\theta}{r^4}$，$r' = -\dfrac{r^4\,\mathrm{d}\rho}{3\,\mathrm{d}\theta}$，代入到首次积分方程，得 $1 = c_1^2\left[\rho^2 + \left(-\dfrac{\mathrm{d}\rho}{3\,\mathrm{d}\theta}\right)^2\right]$，经整理，得

$$-3\,\mathrm{d}\theta = \frac{c_1\,\mathrm{d}\rho}{\sqrt{1 - c_1^2\rho^2}}$$

将上式积分，注意到 c_1 是任意常数，可写成 $-c_1$ 形式，得

$$3\theta + c_2 = \arcsin c_1\rho$$

即极值曲线族为

$$r^3\sin(3\theta+c_2)=c_1$$

证毕。

例 2.8.11 求泛函 $J[u]=\iiint_V\left[|\nabla u|+f(x,y,z)u\right]\mathrm{d}x\,\mathrm{d}y\,\mathrm{d}z$ 的奥氏方程。

解 原泛函可写成 $J[u]=\iiint_V\left[(u_x^2+u_y^2+u_z^2)^{\frac{1}{2}}+f(x,y,z)u\right]\mathrm{d}x\,\mathrm{d}y\,\mathrm{d}z$。计算各偏导数

$$F_u=f(x,y,z)\,,\quad F_{u_x}=\frac{u_x}{(u_x^2+u_y^2+u_z^2)^{\frac{1}{2}}}=\frac{u_x}{|\nabla u|}$$

$$\frac{\partial F_{u_x}}{\partial x}=\frac{u_{xx}(u_x^2+u_y^2+u_z^2)-u_x^2u_{xx}}{(u_x^2+u_y^2+u_z^2)^{\frac{3}{2}}}=\frac{u_{xx}|\nabla u|^2-u_x^2u_{xx}}{|\nabla u|^3}$$

$$\frac{\partial F_{u_y}}{\partial y}=\frac{u_{yy}|\nabla u|^2-u_y^2u_{yy}}{|\nabla u|^3}\,,\quad \frac{\partial F_{u_z}}{\partial z}=\frac{u_{zz}|\nabla u|^2-u_z^2u_{zz}}{|\nabla u|^3}$$

泛函的奥氏方程为

$$f(x,y,z)-\frac{\partial F_{u_x}}{\partial x}-\frac{\partial F_{u_y}}{\partial y}-\frac{\partial F_{u_z}}{\partial z}=f(x,y,z)-\frac{\Delta u|\nabla u|^2-u_x^2u_{xx}-u_y^2u_{yy}-u_z^2u_{zz}}{|\nabla u|^3}=0 \tag{1}$$

或

$$\frac{\partial F_{u_x}}{\partial x}+\frac{\partial F_{u_y}}{\partial y}+\frac{\partial F_{u_z}}{\partial z}=\frac{\Delta u|\nabla u|^2-u_x^2u_{xx}-u_y^2u_{yy}-u_z^2u_{zz}}{|\nabla u|^3}=f(x,y,z) \tag{2}$$

式(2)左侧还可写成

$$\frac{\partial F_{u_x}}{\partial x}+\frac{\partial F_{u_y}}{\partial y}+\frac{\partial F_{u_z}}{\partial z}=\left(\frac{\partial}{\partial x}\boldsymbol{i}+\frac{\partial}{\partial x}\boldsymbol{j}+\frac{\partial}{\partial x}\boldsymbol{k}\right)\cdot\frac{u_x\boldsymbol{i}+u_y\boldsymbol{j}+u_z\boldsymbol{k}}{|\nabla u|}=\nabla\cdot\frac{\nabla u}{|\nabla u|} \tag{3}$$

由于式(2)与式(3)相等，故有

$$\nabla\cdot\frac{\nabla u}{|\nabla u|}=f(x,y,z) \tag{4}$$

2.9 完全泛函的变分问题

理论的产生来源于实际需要，然而它一经产生，就会按自身的规律发展，并超越实际需要的限制。根据最简泛函的结构，可以考虑到一种更复杂、更普遍的情况，即自变量 x、未知函数 y 及其导数 y' 都不止一个，而是一个集类，该集类可以含有任意个自变量、任意个多元函数和任意个高阶偏导数。为研究问题方便起见，可以把具有这种结构的泛函称为**完全泛函**。完全泛函的概念是本书作者于 20 世纪 90 年代提出来的。对于完全泛函的变分问题，如果能建立类似于欧拉方程的微分方程组，就在一定程度上解决了具有此类结构的泛函极值的问题。现在提出的问题是：对于完全泛函的变分问题，存在与其相应的微分方程组吗？如果存在，它的具体形式是什么样的？下面的定理给出上述问题的肯定回答。

首先给出并证明依赖于任意个自变量、一个多元函数及该函数任意阶偏导数的泛函极值函数定理，然后利用这个定理给出并证明完全泛函的极值函数定理。为此，引入**偏微分算子**（简称**算子**）

$$D^{i_s}=\frac{\partial^{i_1+i_2+\cdots+i_m}}{\partial x_1^{i_1}\partial x_2^{i_2}\cdots\partial x_m^{i_m}} \tag{2-9-1}$$

该偏微分算子式中，$i_s=i_1+\cdots+i_m$，且 $i_s,i_1,\cdots,i_m$ 都是整数，这里，并不排斥 i_s 所表示的某些自变量是零的情形。若某自变量的上标是零，则表示没有对该自变量求偏导数，例如，$m=3$ 且 $i_5=i_1+i_2+i_3=3+0+2=5$，此时，算子并不是写成

$$D^{i_s}=\frac{\partial^5}{\partial x_1^3\partial x_2^0\partial x_3^2} \tag{2-9-2}$$

而是写成

$$D^{i_s}=\frac{\partial^5}{\partial x_1^3\partial x_3^2} \tag{2-9-3}$$

即如果算子中不含对某自变量的偏导数，则算子中对该自变量导数就可略去不写。如果 $i_s=0$，那么 $D^{i_s}u=D^0u=u$，即一个函数对自变量求零阶偏导数，就是没对自变量求偏导数，也就是该函数自身。

定理 2.9.1　设 Ω 是 m 维域，自变量 $(x_1,x_2,\cdots,x_m)\in\Omega$，函数 $u(x_1,x_2,\cdots,x_m)\in C^{2n}$，泛函所依赖的函数 u 在泛函中对自变量的最高阶偏导数是 n，则泛函

$$\begin{aligned}J[u]&=\int_\Omega F\left(x_1,\cdots,x_m,u,u_{x_1},\cdots,u_{x_m},u_{x_1x_1},\cdots,u_{x_mx_m},\cdots,u_{\underbrace{x_1^{i_1}x_2^{i_2}\cdots x_m^{i_m}}_{i_s}},\cdots,u_{\underbrace{x_1^{i_1}x_2^{i_2}\cdots x_m^{i_m}}_{n}}\right)\mathrm{d}x_1\,\mathrm{d}x_2\cdots\mathrm{d}x_m\\&=\int_\Omega F(x_1,\cdots,x_m,u,D^{i_1}u,\cdots,D^{i_m}u_{x_m},\cdots,D^{i_s}u,\cdots,D^nu)\,\mathrm{d}x_1\,\mathrm{d}x_2\cdots\mathrm{d}x_m\end{aligned} \tag{2-9-4}$$

的极值函数 $u(x_1,x_2,\cdots,x_m)$ 满足下列方程

$$F_u+\sum_{s=1}^{S}(-1)^{i_s}D^{i_s}F_{D^{i_s}u}=0 \tag{2-9-5}$$

或

$$F_u+\sum_{s=1}^{S}(-1)^{i_s}D^{i_s}\frac{\partial F}{\partial D^{i_s}u}=0 \tag{2-9-6}$$

式中，大写的字母 S 表示被积函数 F 中 u 后面 u 的偏导数项的总项数，小写的字母 s 表示 u 后面的第 s 项，且 $s=1,2,\cdots,S$。

根据前面的表示方法，有 $D^0u=u$，则 $D^0F_{D^0u}=D^0F_u=F_u$。如果把 F_u 看作第零项，则式(2-9-5)和式(2-9-6)可以分别写成

$$\sum_{s=0}^{S}(-1)^{i_s}D^{i_s}F_{D^{i_s}u}=0 \tag{2-9-7}$$

$$\sum_{s=0}^{S}(-1)^{i_s}D^{i_s}\frac{\partial F}{\partial D^{i_s}u}=0 \tag{2-9-8}$$

需要指出的是，在实际应用中，u 对某几个自变量的偏导数往往会以不同的形式出现多次，这里的总项数 S 应正确理解为 u 对自变量偏导数的不同组合数。

证　对式(2-9-4)取一阶变分，并从中取出被积函数变分的第 s 项 $F_{D^{i_s}u}\delta D^{i_s}u$，该项具有 i_s 阶偏导数，利用变分与求导可以交换次序的性质，对其作分部积分 i_s 次，有

$$\int_{\Omega} F_{D^{i_s}u} \delta D^{i_s} u \,\mathrm{d}x_1 \,\mathrm{d}x_2 \cdots \mathrm{d}x_m = \int_{\Omega} F_{D^{i_s}u} \,\mathrm{d}\delta \frac{\partial^{i_1-1+\cdots+i_m} u}{\partial x_1^{i_1-1} \cdots \partial x_m^{i_m}} \mathrm{d}x_2 \cdots \mathrm{d}x_m =$$

$$\int_{\Omega-x_1} \left(F_{D^{i_s}u} \delta \frac{\partial^{i_1-1+\cdots+i_m} u}{\partial x_1^{i_1-1} \cdots \partial x_m^{i_m}} \Bigg|_{x_1=x_{10}}^{x_1=x_{11}} \right) \mathrm{d}x_2 \cdots \mathrm{d}x_m - \int_{\Omega} \frac{\partial F_{D^{i_s}u}}{\partial x_1} \delta \frac{\partial^{i_1-1+\cdots+i_m} u}{\partial x_1^{i_1-1} \cdots \partial x_m^{i_m}} \mathrm{d}x_1 \,\mathrm{d}x_2 \cdots \mathrm{d}x_m =$$

$$\int_{\Omega-x_1} \left(F_{D^{i_s}u} \delta \frac{\partial^{i_1-1+\cdots+i_m} u}{\partial x_1^{i_1-1} \cdots \partial x_m^{i_m}} \Bigg|_{x_1=x_{10}}^{x_1=x_{11}} \right) \mathrm{d}x_2 \cdots \mathrm{d}x_m - \int_{\Omega-x_1} \left(\frac{\partial F_{D^{i_s}u}}{\partial x_1} \delta \frac{\partial^{i_1-2+\cdots+i_m} u}{\partial x_1^{i_1-2} \cdots \partial x_m^{i_m}} \Bigg|_{x_1=x_{10}}^{x_1=x_{11}} \right) \mathrm{d}x_2 \cdots \mathrm{d}x_m +$$

$$(-1)^2 \int_{\Omega} \frac{\partial^2 F_{D^{i_s}u}}{\partial x_1^2} \delta \frac{\partial^{i_1-2+\cdots+i_m} u}{\partial x_1^{i_1-2} \cdots \partial x_m^{i_m}} \mathrm{d}x_1 \,\mathrm{d}x_2 \cdots \mathrm{d}x_m = \cdots =$$

$$\int_{\Omega-x_1} \left[\left(F_{D^{i_s}u} \delta \frac{\partial^{i_1-1+\cdots+i_m} u}{\partial x_1^{i_1-1} \cdots \partial x_m^{i_m}} - \frac{\partial F_{D^{i_s}u}}{\partial x_1} \delta \frac{\partial^{i_1-2+\cdots+i_m} u}{\partial x_1^{i_1-2} \cdots \partial x_m^{i_m}} \right) \Bigg|_{x_1=x_{10}}^{x_1=x_{11}} \right] \mathrm{d}x_2 \cdots \mathrm{d}x_m + \cdots +$$

$$(-1)^2 \int_{\Omega} \frac{\partial^2 F_{D^{i_s}u}}{\partial x_1^2} \delta \frac{\partial^{i_1-2+\cdots+i_m} u}{\partial x_1^{i_1-2} \cdots \partial x_m^{i_m}} \mathrm{d}x_1 \,\mathrm{d}x_2 \cdots \mathrm{d}x_m = \cdots =$$

$$\int_{\Omega-x_1} \left[\left(F_{D^{i_s}u} \delta \frac{\partial^{i_1-1+\cdots+i_m} u}{\partial x_1^{i_1-1} \cdots \partial x_m^{i_m}} - \frac{\partial F_{D^{i_s}u}}{\partial x_1} \delta \frac{\partial^{i_1-2+\cdots+i_m} u}{\partial x_1^{i_1-2} \cdots \partial x_m^{i_m}} \right) \Bigg|_{x_1=x_{10}}^{x_1=x_{11}} \right] \mathrm{d}x_2 \cdots \mathrm{d}x_m + \cdots +$$

$$(-1)^{i_s-1} \int_{\Omega-x_m} \left(\frac{\partial^{i_s-1} F_{D^{i_s}u}}{\partial x_1^{i_1} \cdots \partial x_m^{i_m-1}} \delta \frac{\partial u}{\partial x_m} \Bigg|_{x_m=x_{m0}}^{x_m=x_{m1}} \right) \mathrm{d}x_1 \,\mathrm{d}x_2 \cdots \mathrm{d}x_{m-1} +$$

$$(-1)^{i_s} \int_{\Omega} \frac{\partial^{i_s} F_{D^{i_s}u}}{\partial x_1^{i_1} \cdots \partial x_m^{i_m}} \delta u \,\mathrm{d}x_1 \,\mathrm{d}x_2 \cdots \mathrm{d}x_m =$$

$$B_s + (-1)^{i_s} \int_{\Omega} D^{i_s} F_{D^{i_s}u} \delta u \,\mathrm{d}x_1 \,\mathrm{d}x_2 \cdots \mathrm{d}x_m$$

式中，B_s 为与边界积分有关的各项之和。

除 u 项外，将被积函数的一阶变分的其他所有项都按上面方法去做，将含有 u 的偏导数的变分都化成 δu 的形式，并将所有项求和，其中包括 $F_u \delta u$ 项，得

$$\delta J = \sum_{s=1}^{S} B_s + \int_{\Omega} \left[F_u + \sum_{s=1}^{S} (-1)^{i_s} D^{i_s} F_{D^{i_s}u} \right] \delta u \,\mathrm{d}x_1 \,\mathrm{d}x_2 \cdots \mathrm{d}x_m = 0 \tag{2-9-9}$$

式中，由泛函取极值的必要条件 $\delta J = 0$，应分别有 $\sum_{s=1}^{S} B_s = 0$ 和积分项等于零，而根据变分法的基本引理，δu 是任取的，积分项中只能是括号内的部分等于零，于是可得到式(2-9-5)～式(2-9-8)。证毕。

式(2-9-5)～式(2-9-8)有两个规律，一个规律是求和项中有两个相同的算子，这表明 F 对含有某些自变量的导数项求偏导数后，要再次对这些自变量求偏导数，即两组对自变量求偏导数的自变量相同。另一个规律是关于求和项中各项的符号，每作一次分部积分，被积函数就改变一次符号，这样奇次积分取负号，偶次积分取正号，这个规律可通过 i_s 表示出来，i_s 是偶数取正号，i_s 是奇数取负号。掌握这两个规律对上述公式的应用会带来很大方便。

定理 2.9.2 设 Ω 是 m 维域，自变量 $(x_1, x_2, \cdots, x_m) \in \Omega$，函数 $u_k(x_1, x_2, \cdots, x_m) \in C^{2n_k}$，

$k=1,2,\cdots,l$，泛函所依赖的函数 u_k 在泛函中对自变量的最高阶导数是 n_k，则完全泛函

$$
\begin{aligned}
J[u_1,u_2,\cdots,u_l]=&\int_{\Omega}F(x_1,\cdots,x_m,u_1,D^{i_{1_1}}u_1,\cdots,D^{i_{s_1}}u_1,\cdots,D^{n_1}u_1,\cdots,\\
&u_k,D^{i_{1_k}}u_k,\cdots,D^{i_{s_k}}u_k,\cdots,D^{n_k}u_k,\cdots,\\
&u_l,D^{i_{1_l}}u_l,\cdots,D^{i_{s_l}}u_l,\cdots,D^{n_l}u_l)\,\mathrm{d}x_1\,\mathrm{d}x_2\cdots\mathrm{d}x_m\\
=&\int_{\Omega}F(x,u,Du)\,\mathrm{d}\Omega
\end{aligned}
\tag{2-9-10}
$$

的极值函数 $u_k(x_1,x_2,\cdots,x_m)$ 满足下列微分方程组

$$
F_{u_k}+\sum_{s_k=1}^{S_k}(-1)^{i_{s_k}}D^{i_{s_k}}F_{D^{i_{s_k}}u_k}=0\quad(k=1,2,\cdots,l)\tag{2-9-11}
$$

式中，x 为自变量的集合，$x=x_1,x_2,\cdots,x_m$；u 为函数的集合，$u=u_1,u_2,\cdots,u_l$；Du 为导数的集合，$Du=D^{i_{1_1}}u_1,\cdots,D^{i_{s_1}}u_1,\cdots,D^{n_l}u_l$；$\mathrm{d}\Omega$ 为自变量（积分变量）微分的集合，$\mathrm{d}\Omega=\mathrm{d}x_1\,\mathrm{d}x_2\cdots\mathrm{d}x_m$；$u_k$ 为 $u_1,u_2,\cdots,u_l$ 中的任何一项；S_k 为对应于 u_k 的偏导数项的总项数，其他符号意义同上。该定理的证明是本书作者于 2005 年完成的。定理 2.9.2 可称为**完全泛函的极值函数定理**。仿式(2-9-6)～式(2-9-8)，式(2-9-11)可写成以下三种形式

$$
F_{u_k}+\sum_{s_k=1}^{S_k}(-1)^{i_{s_k}}D^{i_{s_k}}\frac{\partial F}{\partial D^{i_{s_k}}u_k}=0\quad(k=1,2,\cdots,l)\tag{2-9-12}
$$

$$
\sum_{s_k=0}^{S_k}(-1)^{i_{s_k}}D^{i_{s_k}}F_{D^{i_{s_k}}u_k}=0\qquad(k=1,2,\cdots,l)\tag{2-9-13}
$$

$$
\sum_{s_k=0}^{S_k}(-1)^{i_{s_k}}D^{i_{s_k}}\frac{\partial F}{\partial D^{i_{s_k}}u_k}=0\quad(k=1,2,\cdots,l)\tag{2-9-14}
$$

由此可见，式(2-9-11)～式(2-9-14)与式(2-9-5)～式(2-9-8)在形式上完全相同，只是多了一个下标 k。

证 仿定理 2.9.1 的证法，对式(2-9-10)取一阶变分，利用变分与求导可以交换次序的性质，把含有 u_k 的各项变分化成 δu_k，$k=1,2,\cdots,l$，令含有边界项的积分之和为 B，则有

$$
\begin{aligned}
\delta J=B&+\int_{\Omega}\left(F_{u_1}+\sum_{s_1=1}^{S_1}(-1)^{i_{s_1}}D^{i_{s_1}}F_{D^{i_{s_1}}u_1}\right)\delta u_1\,\mathrm{d}x_1\,\mathrm{d}x_2\cdots\mathrm{d}x_m+\\
&\int_{\Omega}\left(F_{u_2}+\sum_{s_2=1}^{S_2}(-1)^{i_{s_2}}D^{i_{s_2}}F_{D^{i_{s_2}}u_2}\right)\delta u_2\,\mathrm{d}x_1\,\mathrm{d}x_2\cdots\mathrm{d}x_m+\cdots+\\
&\int_{\Omega}\left(F_{u_l}+\sum_{s_l=1}^{S_l}(-1)^{i_{s_l}}D^{i_{s_l}}F_{D^{i_{s_l}}u_l}\right)\delta u_l\,\mathrm{d}x_1\,\mathrm{d}x_2\cdots\mathrm{d}x_m=0
\end{aligned}
\tag{2-9-15}
$$

式中，由泛函取极值的必要条件 $\delta J=0$，应有 B 等于零和各积分项分别等于零，$\delta u_1,\delta u_2,\cdots,\delta u_l$ 是任意取的，根据变分法的基本引理，各积分项中只能是括号内的部分等于零，于是，必然得到式(2-9-11)，而式(2-9-12)～式(2-9-14)都是式(2-9-11)的变形。证毕。

至此，已给出并证明了依赖于任意个自变量、任意个多元函数、任意阶多元函数的偏导数的完全泛函取极值时极值函数应满足的条件，即式(2-9-11)～式(2-9-14)中的任意一组，这些方程组可称为**完全欧拉方程组**、**统一欧拉方程组**或简称**欧拉方程**(组)。式(2-9-11)～式(2-9-14)中的每个完全欧拉方程组都具有普遍性，它们是变分法中具有式(2-9-10)结构的各种欧拉方程的统一形式。变分法中的各种欧拉方程都是式(2-9-11)～式(2-9-14)的具体表现形式，可

以通过各方程组的 m 、l 、n_k 和 S_k 等取某些特定的值来得到。所有具有式(2-9-10)结构的泛函的变分问题都是完全泛函的变分问题的特例，其极值函数都应满足式(2-9-11)～式(2-9-14)中的任何一组，可以通过完全欧拉方程组的 m 、l 、n_k 和 S_k 等取某些特定的值来得到。当 m 、l 、n_k 和 S_k 中的任何一个趋于无穷大时，完全欧拉方程组都从有限趋于无限。

在式(2-9-11)～式(2-9-14)中，如果省略 i 的下标 s_k 和偏导数 D 的阶数 i_{s_k} ，并像爱因斯坦求和约定那样，约定一项中两个相同的偏微分算子表示求和，这样求和号也可以省略，那么式(2-9-11)～式(2-9-14)可写成以下几种更简单的形式

$$F_{u_k} + (-1)^i DF_{Du_k} = 0 \quad (k = 1,2,\cdots,l) \tag{2-9-16}$$

$$F_{u_k} + (-1)^i D\frac{\partial F}{\partial Du_k} = 0 \quad (k = 1,2,\cdots,l) \tag{2-9-17}$$

$$(-1)^i DF_{Du_k} = 0 \quad (k = 1,2,\cdots,l) \tag{2-9-18}$$

$$(-1)^i D\frac{\partial F}{\partial Du_k} = 0 \quad (k = 1,2,\cdots,l) \tag{2-9-19}$$

式(2-9-16)～式(2-9-19)与最简泛函的欧拉方程有相同的形式。式(2-9-18)与最简泛函的式 (2-4-3)一样，都是用 12 个符号表示的，但式(2-9-18)可把最简泛函所依赖的三个独立变量 x 、$y(x)$ 、$y'(x)$ 扩展到无限个。

例 2.9.1 根据弹性力学理论，线弹性体三维应力问题以位移分量表达的应变能为

$$J = \frac{E}{2(1-\mu^2)}\iiint_V \left[u_x^2 + v_y^2 + w_z^2 + 2\mu(u_x v_y + v_y w_z + w_z u_x) + \frac{1-\mu}{2}(v_x + u_y)^2 + \frac{1-\mu}{2}(w_y + v_z)^2 + \frac{1-\mu}{2}(u_z + w_x)^2 \right] \mathrm{d}x\,\mathrm{d}y\,\mathrm{d}z$$

式中，E 为材料弹性模量，μ 为泊松比，两者均为常量。试求泛函的欧拉方程组。

解 此题相当于 $m = l = 3$ ，$S_1 = S_2 = S_3 = 1$ ，$n_1 = n_2 = n_3 = 1$ 的情况。泛函的欧拉方程组为

$$\begin{cases} 2u_{xx} + 2\mu(v_{xy} + w_{xz}) + (1-\mu)(v_{xy} + u_{yy}) + (1-\mu)(u_{zz} + w_{xz}) = 0 \\ 2v_{yy} + 2\mu(u_{xy} + w_{yz}) + (1-\mu)(v_{xx} + u_{xy}) + (1-\mu)(w_{yz} + v_{zz}) = 0 \\ 2w_{zz} + 2\mu(v_{yz} + u_{xz}) + (1-\mu)(w_{yy} + v_{yz}) + (1-\mu)(u_{xz} + w_{xx}) = 0 \end{cases}$$

经整理，以上方程组可化为

$$\begin{cases} \Delta u + \dfrac{1+\mu}{1-\mu}(u_{xx} + v_{xy} + w_{xz}) = 0 \\ \Delta v + \dfrac{1+\mu}{1-\mu}(u_{xy} + v_{yy} + w_{yz}) = 0 \\ \Delta w + \dfrac{1+\mu}{1-\mu}(u_{xz} + v_{yz} + w_{zz}) = 0 \end{cases}$$

例 2.9.2 根据弹性力学理论；线弹性体三维应变问题以位移分量表达的应变能为

$$J = \frac{E}{2(1+\mu)}\iiint_V \left[\frac{\mu}{1-2\mu}(u_x + v_y + w_z)^2 + u_x^2 + v_y^2 + w_z^2 + \frac{1}{2}(v_x + u_y)^2 + \frac{1}{2}(w_y + v_z)^2 + \frac{1}{2}(u_z + w_x)^2 \right] \mathrm{d}x\,\mathrm{d}y\,\mathrm{d}z$$

式中，E 为材料弹性模量，μ 为泊松比，两者均为常量。试求泛函的欧拉方程组。

解 此题也相当于 $m=l=3$，$S_1=S_2=S_3=1$，$n_1=n_2=n_3=1$ 的情况。泛函的欧拉方程组为

$$\begin{cases}\dfrac{2\mu}{1-2\mu}(u_{xx}+v_{xy}+w_{xz})+2u_{xx}+(v_{xy}+u_{yy})+(u_{zz}+w_{xz})=0\\ \dfrac{2\mu}{1-2\mu}(u_{xy}+v_{yy}+w_{yz})+2v_{yy}+(v_{xx}+u_{xy})+(w_{yz}+v_{zz})=0\\ \dfrac{2\mu}{1-2\mu}(u_{xz}+v_{yz}+w_{zz})+2w_{zz}+(w_{yy}+v_{yz})+(u_{xz}+w_{xx})=0\end{cases}$$

经整理，以上欧拉方程组可化为

$$\begin{cases}\Delta u+\dfrac{1}{1-2\mu}(u_{xx}+v_{xy}+w_{xz})=0\\ \Delta v+\dfrac{1}{1-2\mu}(u_{xy}+v_{yy}+w_{yz})=0\\ \Delta w+\dfrac{1}{1-2\mu}(u_{xz}+v_{yz}+w_{zz})=0\end{cases}$$

若将例 2.9.1 的 μ 换成 $\dfrac{\mu}{1-\mu}$，将其代入例 2.9.1 的欧拉方程组，则可化成例 2.9.2 的三维应变问题的欧拉方程组。同理，若将例 2.9.2 的 μ 换成 $\dfrac{\mu}{1+\mu}$，将其代入例 2.9.2 的欧拉方程组，则可化成例 2.9.1 的三维应力问题的欧拉方程组。这两个算例验证了完全欧拉方程组的正确性。

2.10 欧拉方程的不变性

由高等数学可知，当函数 $y=f(u)$ 具有导数而 u 为自变量时，其微分为 $\mathrm{d}y=f'(u)\mathrm{d}u$，若 u 是中间变量且是一个具有导数的函数 $u=\varphi(x)$，且 $\varphi'(x)\neq 0$，则有

$$\frac{\mathrm{d}y}{\mathrm{d}x}=f'(u)\varphi'(x) \tag{2-10-1}$$

于是

$$\mathrm{d}y=f'(u)\varphi'(x)\mathrm{d}x \tag{2-10-2}$$

但

$$\mathrm{d}u=\varphi'(x)\mathrm{d}x \tag{2-10-3}$$

故

$$\mathrm{d}y=f'(u)\mathrm{d}u \tag{2-10-4}$$

这表明，不论 u 是自变量还是中间变量，函数 $y=f(u)$ 的微分形式是一样的，这种性质称为**微分形式的不变性**。

欧拉方程也具有类似的不变性。考虑最简泛函

$$J[y]=\int_{x_0}^{x_1}F(x,y,y')\mathrm{d}x \tag{2-10-5}$$

其欧拉方程为

$$F_y-\frac{\mathrm{d}}{\mathrm{d}x}F_{y'}=0 \tag{2-10-6}$$

设 x 是 ξ 的函数，则

$$x = x(\xi), \quad y = y(x(\xi)) = y(\xi) \tag{2-10-7}$$

当 $x = x_0$ 时，$\xi = \xi_0$，当 $x = x_1$ 时，$\xi = \xi_1$，且令

$$F_1\left(\xi, y, \frac{\mathrm{d}y}{\mathrm{d}\xi}\right) = F\left(x(\xi), y, \frac{\mathrm{d}y/\mathrm{d}\xi}{\mathrm{d}x/\mathrm{d}\xi}\right)\frac{\mathrm{d}x}{\mathrm{d}\xi} = G\left(\xi, y, \frac{\mathrm{d}y}{\mathrm{d}\xi}\right)\frac{\mathrm{d}x}{\mathrm{d}\xi} \tag{2-10-8}$$

则有

$$J[y] = \int_{\xi_0}^{\xi_1} G\left(\xi, y, \frac{\mathrm{d}y}{\mathrm{d}\xi}\right)\frac{\mathrm{d}x}{\mathrm{d}\xi}\mathrm{d}\xi \tag{2-10-9}$$

再令

$$H\left(\xi, y, \frac{\mathrm{d}y}{\mathrm{d}\xi}\right) = G\left(\xi, y, \frac{\mathrm{d}y}{\mathrm{d}\xi}\right)\frac{\mathrm{d}x}{\mathrm{d}\xi} \tag{2-10-10}$$

则有

$$J[y] = \int_{\xi_0}^{\xi_1} H\left(\xi, y, \frac{\mathrm{d}y}{\mathrm{d}\xi}\right)\mathrm{d}\xi \tag{2-10-11}$$

其欧拉方程为

$$H_y - \frac{\mathrm{d}}{\mathrm{d}\xi}H_{\frac{\mathrm{d}y}{\mathrm{d}\xi}} = 0 \tag{2-10-12}$$

显然，式(2-10-12)与式(2-10-6)在本质上是一样的。像这样，在已给的变分问题中，对自变量作某种变换，使变换后泛函的欧拉方程与原来的欧拉方程形式上一样，这种性质称为**欧拉方程的不变性**。在求解欧拉方程时，经常要进行某种变量代换，可以利用欧拉方程的不变性，使变量代换不在微分方程里进行，而直接在泛函的被积函数中进行，根据变换后得到新的泛函形式，写出相应的欧拉方程。

现在采用曲线坐标，将上述变化加以推广。设 $y = y(x)$，坐标变换为

$$\begin{cases} x = \varphi(u,v) \\ y = \psi(u,v) \end{cases}, \quad \begin{vmatrix} \varphi_u & \varphi_v \\ \psi_u & \psi_v \end{vmatrix} \neq 0 \qquad (\varphi,\ \psi \in C^2) \tag{2-10-13}$$

在 Ouv 平面与 $y = y(x)$ 对应的曲线为 $v = v(u)$，有 $v' = \dfrac{\mathrm{d}v}{\mathrm{d}u} = v_u$，且有

$$\mathrm{d}x = \varphi_u\,\mathrm{d}u + \varphi_v v_u\,\mathrm{d}u = (\varphi_u + \varphi_v v_u)\mathrm{d}u \tag{2-10-14}$$

$$\mathrm{d}y = \psi_u\,\mathrm{d}u + \psi_v v_u\,\mathrm{d}u = (\psi_u + \psi_v v_u)\mathrm{d}u \tag{2-10-15}$$

$$\frac{\mathrm{d}y}{\mathrm{d}x} = \frac{(\psi_u + \psi_v v_u)\mathrm{d}u}{(\varphi_u + \varphi_v v_u)\mathrm{d}u} = \frac{\psi_u + \psi_v v_u}{\varphi_u + \varphi_v v_u} \tag{2-10-16}$$

将式(2-10-13)中的 x、y 表达式和式(2-10-14)、式(2-10-16)代入式(2-10-5)，并注意到 φ_u、φ_v、ψ_u 和 ψ_v 仍然是 φ 和 ψ 的函数，可得

$$J[v(u)] = \int_{u_0}^{u_1} F\left[\varphi(u,v), \psi(u,v), \frac{\psi_u + \psi_v v_u}{\varphi_u + \varphi_v v_u}\right](\varphi_u + \varphi_v v_u)\mathrm{d}u = \int_{u_0}^{u_1} F_1(u,v,v')\mathrm{d}u \tag{2-10-17}$$

式中

$$F_1(u,v,v') = F\left[\varphi(u,v), \psi(u,v), \frac{\psi_u + \psi_v v_u}{\varphi_u + \varphi_v v_u}\right](\varphi_u + \varphi_v v_u) \tag{2-10-18}$$

由此可以断定，若 $y = y(x)$ 是 Oxy 平面式(2-10-5)的极值曲线，则 $v = v(u)$ 就是 Ouv 平面

式(2-10-17)的极值曲线。

对于依赖于多元函数的变分问题，仍存在欧拉方程的不变性。

例 2.10.1 试把泛函

$$J[u]=\iint_D F(x,y,u,u_x,u_y)\,\mathrm{d}x\,\mathrm{d}y$$

写成用极坐标表示的形式。

解 设 $U(r,\theta)=u(r\cos\theta,r\sin\theta)$，则有

$$x=r\cos\theta,\quad y=r\sin\theta$$

上式两边分别对 x，y 求偏导数，得

$$1=\frac{\partial r}{\partial x}\cos\theta-r\sin\theta\frac{\partial\theta}{\partial x},\quad 0=\frac{\partial r}{\partial x}\sin\theta+r\cos\theta\frac{\partial\theta}{\partial x}$$

$$0=\frac{\partial r}{\partial y}\cos\theta-r\sin\theta\frac{\partial\theta}{\partial y},\quad 1=\frac{\partial r}{\partial y}\sin\theta+r\cos\theta\frac{\partial\theta}{\partial y}$$

解出偏导数，得

$$\frac{\partial r}{\partial x}=\cos\theta,\quad \frac{\partial\theta}{\partial x}=-\frac{\sin\theta}{r},\quad \frac{\partial r}{\partial y}=\sin\theta,\quad \frac{\partial\theta}{\partial y}=\frac{\cos\theta}{r}$$

于是

$$\frac{\partial u}{\partial x}=\frac{\partial U}{\partial r}\frac{\partial r}{\partial x}+\frac{\partial U}{\partial\theta}\frac{\partial\theta}{\partial x}=\frac{\partial U}{\partial r}\cos\theta-\frac{\partial U}{\partial\theta}\frac{\sin\theta}{r}$$

$$\frac{\partial u}{\partial y}=\frac{\partial U}{\partial r}\frac{\partial r}{\partial y}+\frac{\partial U}{\partial\theta}\frac{\partial\theta}{\partial y}=\frac{\partial U}{\partial r}\sin\theta+\frac{\partial U}{\partial\theta}\frac{\cos\theta}{r}$$

故

$$J[u(x,y)]=J[U(r,\theta)]=\iint_D G(r,\theta,U,U_r,U_\theta)\,\mathrm{d}r\,\mathrm{d}\theta$$

式中

$$G(r,\theta,U,U_r,U_\theta)=F\left(r\cos\theta,r\sin\theta,U,U_r\cos\theta-U_\theta\frac{\sin\theta}{r},U_r\sin\theta+U_\theta\frac{\cos\theta}{r}\right)r$$

泛函的欧拉方程为

$$G_U-\frac{\partial}{\partial r}G_{U_r}-\frac{\partial}{\partial\theta}G_{U_\theta}=0$$

即

$$rF_u-\frac{\partial}{\partial r}(rF_{u_x}\cos\theta+rF_{u_y}\sin\theta)-\frac{\partial}{\partial\theta}(-F_{u_x}\sin\theta+F_{u_y}\cos\theta)=0$$

将上式展开并化简，得

$$rF_u-r\cos\theta\frac{\partial}{\partial r}F_{u_x}-r\sin\theta\frac{\partial}{\partial r}F_{u_y}+\sin\theta\frac{\partial}{\partial\theta}F_{u_x}-\cos\theta\frac{\partial}{\partial\theta}F_{u_y}=0$$

利用等式

$$\frac{\partial}{\partial r}F_{u_x}=\cos\theta\frac{\partial}{\partial x}F_{u_x}+\sin\theta\frac{\partial}{\partial y}F_{u_x},\quad \frac{\partial}{\partial r}F_{u_y}=\cos\theta\frac{\partial}{\partial x}F_{u_y}+\sin\theta\frac{\partial}{\partial y}F_{u_y}$$

$$\frac{\partial}{\partial\theta}F_{u_x}=-r\sin\theta\frac{\partial}{\partial x}F_{u_x}+r\cos\theta\frac{\partial}{\partial y}F_{u_x},\quad \frac{\partial}{\partial\theta}F_{u_y}=-r\sin\theta\frac{\partial}{\partial x}F_{u_y}+r\cos\theta\frac{\partial}{\partial y}F_{u_y}$$

可把上面的式子化为

$$r\left(F_u-\frac{\partial}{\partial x}F_{u_x}-\frac{\partial}{\partial y}F_{u_y}\right)=0$$

或

$$F_u-\frac{\partial}{\partial x}F_{u_x}-\frac{\partial}{\partial y}F_{u_y}=0$$

由此可见，两个欧拉方程所表示的极值曲面相同，这表明欧拉方程具有不变性。

例 2.10.2 一质点在光滑平面上运动，其速度 v 与质点到原点的距离成反比，且泛函 $J=\int_{p_0}^{p_1}v\mathrm{d}s$ 在运动轨迹任一弧段 p_0p_1 上都取极值。求该质点的运动轨迹。

解 取极坐标。设质点到原点的距离为 r，比例系数为 k，据题意，有下列关系

$$J=\int_{p_0}^{p_1}v\mathrm{d}s=\int_{\theta_0}^{\theta_1}\frac{1}{kr}\sqrt{r^2+r'^2}\,\mathrm{d}\theta=\int_{\theta_0}^{\theta_1}F(r,r')\mathrm{d}\theta$$

式中，$F=\dfrac{1}{kr}\sqrt{r^2+r'^2}$。因 F 不含 θ，故有首次积分

$$F-r'F_{r'}=\frac{1}{kr}\sqrt{r^2+r'^2}-\frac{r'^2}{kr\sqrt{r^2+r'^2}}=c$$

或

$$\frac{r}{k\sqrt{r^2+r'^2}}=c$$

令 $r'=r\tan t$，则 $\sqrt{r^2+r'^2}=r\sec t$，代入上式，得

$$\frac{1}{k\sec t}=\frac{\cos t}{k}=c$$

或

$$\cos t=kc\,(常数)$$

此时 $\tan t=\dfrac{\sin t}{\cos t}=\dfrac{\sqrt{1-\cos^2 t}}{\cos t}=\dfrac{\sqrt{1-(kc)^2}}{kc}=a$ (常数)。于是

$$r'=ar$$

积分，得

$$r=c\,\mathrm{e}^{a\theta}$$

即极值曲线是对数螺线。

例 2.10.3 求泛函 $J[r]=\int_{\theta_0}^{\theta_1}\sqrt{r^2+r'^2}\,\mathrm{d}\theta$ 的极值曲线。

解 令 $x=r\cos\theta$，$y=r\sin\theta$，可得

$$\mathrm{d}x=\cos\theta\mathrm{d}r-r\sin\theta\mathrm{d}\theta,\quad \mathrm{d}y=\sin\theta\mathrm{d}r+r\cos\theta\mathrm{d}\theta$$

上两式平方相加，得

$$(\mathrm{d}x)^2+(\mathrm{d}y)^2=(r\,\mathrm{d}\theta)^2+(\mathrm{d}r)^2$$

两端开方，得

$$\sqrt{r^2+r'^2}\,\mathrm{d}\theta=\sqrt{1+y'^2}\,\mathrm{d}x$$

原方程可转变为

$$J[y]=\int_{x_0}^{x_1}\sqrt{1+y'^2}\,\mathrm{d}x$$

因泛函仅是 y' 的函数，故极值曲线为直线 $y=c_1x+c_2$。又 $x=r\cos\theta$，$y=r\sin\theta$，回复到

原来的变量，泛函的极值曲线为$r\sin\theta = c_1 r\cos\theta + c_2$。

例 2.10.4　求泛函$J[y]=\int_0^{\ln 2}(\mathrm{e}^{-x}y'^2-\mathrm{e}^x y^2)\,\mathrm{d}x$的极值曲线。

解　作变量变换$x=\ln u$，$y=v$，有$\mathrm{d}x=\dfrac{\mathrm{d}u}{u}$，$y'=\dfrac{\mathrm{d}v}{\mathrm{d}u}\dfrac{\mathrm{d}u}{\mathrm{d}x}=uv'$，其中$v'=\dfrac{\mathrm{d}v}{\mathrm{d}u}$，当$x=0$时，$u=1$，当$x=\ln 2$时，$u=2$。于是原来的泛函可写成

$$J[y]=\int_1^2(\mathrm{e}^{-\ln u}u^2v'^2-\mathrm{e}^{\ln u}v^2)\frac{\mathrm{d}u}{u}=\int_1^2(v'^2-v^2)\,\mathrm{d}u$$

泛函的欧拉方程为$v''+v=0$，其积分为

$$v=c_1\cos u+c_2\sin u$$

再变回到原来的变量，有

$$y=c_1\cos\mathrm{e}^x+c_2\sin\mathrm{e}^x$$

例 2.10.5　求泛函$J[y]=\int_{x_0}^{x_1}y^2(y'^2-x^2)\,\mathrm{d}x$通过坐标原点(0,0)和点(1,1)的极值曲线。

解　作变量变换$x^2=u$，$y^2=v$，有$2x\,\mathrm{d}x=\mathrm{d}u$，$2y\,\mathrm{d}y=\mathrm{d}v$，$\dfrac{\mathrm{d}y}{\mathrm{d}x}=\sqrt{\dfrac{u}{v}}\dfrac{\mathrm{d}v}{\mathrm{d}u}$或$y'=\sqrt{\dfrac{u}{v}}v'$，其中$v'=\dfrac{\mathrm{d}v}{\mathrm{d}u}$，当$x_0=x=0$时，$u_0=0$，当$x_1=x=1$时，$u_1=1$。于是原来的泛函可写成

$$J[y]=\int_{u_0}^{u_1}v\left(\frac{u}{v}v'^2-u\right)\frac{\mathrm{d}u}{2\sqrt{u}}=\frac{1}{2}\int_{u_0}^{u_1}\sqrt{u}(v'^2-v)\,\mathrm{d}u \tag{1}$$

泛函的欧拉方程为

$$-\sqrt{u}-\frac{v'}{\sqrt{u}}-2\sqrt{u}v''=0 \tag{2}$$

或

$$v''+\frac{1}{2u}v=-\frac{1}{2} \tag{3}$$

式(3)的**积分因子**是$\mathrm{e}^{\frac{1}{2}\int\frac{\mathrm{d}u}{u}}$，于是它的解可写成

$$v\sqrt{u}=c_1-\frac{1}{2}\int\sqrt{u}\,\mathrm{d}u \tag{4}$$

或

$$v'=\frac{c_1}{\sqrt{u}}-\frac{u}{3}$$

将上式积分并代回到原来的变量，得

$$y^2=2c_1x-\frac{x^4}{6}+c_2 \tag{5}$$

符合边界条件的常数是$c_2=0$，$c_1=\dfrac{7}{12}$，于是所求的极值曲线为

$$y^2=\frac{7x-x^4}{6} \tag{6}$$

若直接从所给的泛函出发，则有

$$2y(y'^2-x^2)-4yy'^2-2y^2y''=0 \tag{7}$$

或

$$yy'' + y'^2 + x^2 = 0 \tag{8}$$

将上式改写为

$$\frac{\mathrm{d}}{\mathrm{d}x}(yy') = \frac{\mathrm{d}}{\mathrm{d}x}\left(\frac{1}{2}\frac{\mathrm{d}}{\mathrm{d}x}y^2\right) = \frac{1}{2}\frac{\mathrm{d}^2}{\mathrm{d}x^2}y^2 = -x^2 \tag{9}$$

将上式积分两次，可得到式(5)的结果，再利用边界条件，结果仍是式(6)。

例 2.10.6 证明泛函 $J[r]=\int_{\theta_0}^{\theta_1} f(r\sin\theta)\sqrt{r^2+r'^2}\,\mathrm{d}\theta$ 的极值曲线常能通过积分得到。

证 令 $x=r\cos\theta$，$y=r\sin\theta$，那么泛函可改写为

$$J[y]=\int_{x_0}^{x_1} f(y)\sqrt{1+y'^2}\,\mathrm{d}x$$

因被积函数不含 x，故有首次积分

$$f(y)\sqrt{1+y'^2} - y'f(y)\frac{y'}{\sqrt{1+y'^2}} = c_1$$

或

$$\frac{f(y)}{\sqrt{1+y'^2}} = c_1$$

上式的积分可写成

$$\int\frac{\mathrm{d}y}{\sqrt{f^2(y)-c_1^2}} = \frac{x}{c_1} + c_2$$

如果方程的左端能求出积分，就可得到极值曲线。证毕。

例 2.10.7 试证**克莱罗定理**：在旋转曲面上任一测地线的每一点处的平行半径以及通过该点的测地线和子午线间的夹角的正弦之积为一常数。

证 设旋转曲面的方程在圆柱坐标系下有如下形式

$$x=r\cos\varphi,\quad y=r\sin\varphi,\quad z=f(r)$$

其微分关系为

$$\mathrm{d}x=\cos\varphi\,\mathrm{d}r-r\sin\varphi\,\mathrm{d}\varphi,\quad \mathrm{d}y=\sin\varphi\,\mathrm{d}r+r\cos\varphi\,\mathrm{d}\varphi,\quad \mathrm{d}z=f_r\,\mathrm{d}r$$

则旋转曲面上弧长的微分是

$$\mathrm{d}s=\sqrt{(\mathrm{d}x)^2+(\mathrm{d}y)^2+(\mathrm{d}z)^2}=\sqrt{(\mathrm{d}r)^2+(r\,\mathrm{d}\varphi)^2+(f_r\,\mathrm{d}r)^2}=\sqrt{r^2+(1+f_r^2)r'^2}\,\mathrm{d}\varphi$$

在旋转曲面上的测地线为下列泛函

$$J[r]=\int_{\varphi_0}^{\varphi_1}\sqrt{r^2+(1+f_r^2)r'^2}\,\mathrm{d}\varphi$$

因泛函只是 r 和 r' 的函数，故泛函的欧拉方程为

$$\sqrt{r^2+(1+f_r^2)r'^2} - r'\frac{(1+f_r^2)r'}{\sqrt{r^2+(1+f_r^2)r'^2}} = c$$

或

$$\frac{r^2}{\sqrt{r^2+(1+f_r^2)r'^2}} = c$$

利用弧长的微分关系，上式可写成 $r^2\dfrac{\mathrm{d}\varphi}{\mathrm{d}s}=c$，注意到 $r\,\mathrm{d}\varphi=\sin\theta\,\mathrm{d}s$，式中，$\theta$ 为测地线与子午线的夹角，于是可得 $r\sin\theta=c$。证毕。

例 2.10.8 求泛函 $J[\theta]=\int_{r_0}^{r_1}\frac{\ln r}{r}\sqrt{1+r^2\theta'^2}\,\mathrm{d}r$ 的极值曲线。

解 因被积函数不含 θ，故欧拉方程有首次积分

$$\frac{r\theta'\ln r}{\sqrt{1+r^2\theta'^2}}=c_1$$

或

$$\theta'=\frac{c_1}{r\sqrt{\ln^2 r-c_1^2}}$$

将上式积分，得

$$\theta=\int\frac{c_1\,\mathrm{d}r}{r\sqrt{\ln^2 r-c_1^2}}=\int\frac{c_1\,\mathrm{d}\ln r}{\sqrt{\ln^2 r-c_1^2}}=c_1\ln(\ln r+\sqrt{\ln^2 r-c_1^2})+c_2$$

或

$$\theta=c_1\operatorname{arccosh}(\ln r)+c_2$$

2.11 名家介绍

伽利略(Galilei, Galileo, 1564.2.15—1642.1.8) 意大利物理学家、天文学家、哲学家和数学家，理性自然科学和近代实验科学的奠基者之一。生于比萨，卒于佛罗伦萨附近的阿切特里。1581—1585 年在比萨大学学习医学和物理学。1589 年任比萨大学教授，1591 年任帕多瓦大学教授。1611 年成为林琴科学院院士。通过实验，推翻了亚里士多德关于落体的下降速度与重量成正比的学说，建立了落体定律。还发现物体的惯性定律、摆振动的等时性和抛体运动规律，并确定了伽利略相对性原理。在其力学著作中论述了材料的强度并创立了材料科学。他是利用望远镜观察天体取得大量成果的第一人，在天文学上的重要发现有力地证明了哥白尼的日心说。著有《关于两大世界体系的对话》和《关于两种新科学的对话》等。

惠更斯(Huygens, Christiaan, 1629.4.14—1695.7.8) 荷兰数学家、物理学家和天文学家。生、卒于海牙。1645 年入莱顿大学学习，两年后转入布雷达大学学习。1655 年获法国昂日大学法学博士学位。1663 年成为英国皇家学会的第一个外国会员。1666 年成为法兰西科学院院士。在数学上的主要贡献是推动了无穷小分析及其应用的研究，促进了概率论的形成和发展。对多种曲线有深入的研究，取得了一系列重要成果，提出渐屈线和渐近线的概念，给出曲率半径计算公式，证明摆线是等时曲线等。在天文学上的最大贡献是发现了土星光环和土卫六。在物理学方面的主要贡献是创立了光的波动说。对望远镜有重要改进，改进了用摆来控制的时钟。著有《钟表的摆动》《宇宙论》和《光论》等，后有《惠更斯全集》共 22 卷。

牛顿(Newton, Isaac, 1642.1.4—1727.3.31) 英国数学家、物理学家、天文学家和自然哲学家。生于英格兰林肯郡伍尔索普，卒于伦敦。1661 年以优异成绩考入剑桥大学三一学院。1665 年获学士学位。1668 年获硕士学位。1669 年任卢卡斯教授。1696 年任皇家造币厂监督，1699 年任厂长。1703 年当选为英国皇家学会会长。1705 年被封为爵士。数学方面最卓越的贡献是创建微积分，并在代数、数论、解析几何、曲线分类、变分法、概率论、力学、光学和天文学等许多领域都有巨大贡献，是人类历史上最伟大的科学家之一，被誉为数学巨人。著有《运用无穷多项方程的分析》(1669 年完成，1711 年出版)、《流数法与无穷级数》(1671 年完成，1736 年出版)、《曲线求积术》(1676 年完成，1704 年出版)和《自然哲学的数学原理》(1687)等。

雅可布·伯努利(Jacob Bernoulli, 1654.12.27—1705.8.16) 瑞士数学家。生、卒于巴塞尔

(Basel)。分别于 1671 年和 1676 年分获艺术和神学硕士学位。1687 年任巴塞尔大学数学教授。1699 年当选为法兰西科学院外籍院士。研究过许多种特殊曲线，如悬链线、双纽线和对数螺线，首创数学意义下的积分一词，发明了极坐标，引入了在 $\tan(x)$ 函数的幂级数展开式中的伯努利数。提出了微分方程中的“伯努利方程”。与其弟约翰·伯努利奠定了变分法的基础，提出并部分解决了捷线问题和等周问题。1704 年，出版《关于无穷级数及其有限和的算术应用》一书。在 1713 年出版的巨著《猜度术》中给出了伯努利数和伯努利大数定律。许多概率论的术语都是以他的名字命名的。在算术、代数、几何学及物理学等方面的研究也有一定的成就。

洛必达(L’Hospital, Guillaume François Antoine de, 1661—1704.2.2)　法国数学家。生卒于巴黎。曾任骑兵军官，后转向学术研究。15 岁时就解出帕斯卡(Pascal, Blaise, 1623.6.19—1662.8.19)提出的摆线难题。在与其他数学家长期通信中萌发了许多科学理论的新思想，解决了最速降线等问题，主要贡献是继承了莱布尼兹和伯努利兄弟的微积分思想体系，微积分的先驱之一。巴黎科学院院士。著有《无穷小分析》(1696)，书中对变量、无穷小量、切线和微分等概念进行了系统阐述，是世界上第一本系统的微积分教科书，对传播微积分理论起了重要作用。书中记载了约翰·伯努利 1694 年写信告诉他的一个著名定理，即求一个分数当分子和分母都趋于零时的极限法则，后来称为洛必达法则。撰有几何、代数和力学方面的文章。遗稿汇编成《圆锥曲线分析论》(1720)。

约翰·伯努利(Johann Bernoulli, 1667.8.6—1748.1.1)　瑞士数学家和力学家。生、卒于巴塞尔。1683 年就读于巴塞尔大学，1685 年获艺术硕士学位，1690 年获医学硕士学位，1694 年获得巴塞尔大学医学博士学位。1695 年任荷兰戈罗宁根大学数学物理教授。1705 年任巴塞尔大学教授。1699 年成为法兰西科学院外籍院士，1712 年为英国皇家学会会员，1724 年为意大利博洛尼亚科学院外籍院士，1725 年为圣彼得堡科学院名誉院士。因在力学方面的研究成果，三次获得法兰西科学院奖。于 1696 年 6 月在《教师月报》上向全欧洲数学家挑战，提出著名的“最速降线”问题，对变分法的发展起了推动作用，被誉为变分法的先驱之一。在微积分学、微分方程理论、变分学、几何学和力学等方面均取得了重要成果。著有《积分学教程》(1742)一书。

欧拉(Euler, Léonhard, 1707.4.15—1783.9.18)　瑞士数学家、物理学家、天文学家、力学家，理论流体动力学的创始人，柏林科学院创始人之一。生于巴塞尔，卒于圣彼得堡。1720 年入巴塞尔大学，师从约翰·伯努利。1723 年获硕士学位。1733 年当选为圣彼得堡科学院院士。1774 年，把变分问题的研究成果发表在《寻求具有某种极大或极小性质的曲线的技巧》一书中，从而创立了变分法。在几乎所有数学的最重要分支中，都有他开创性的贡献，还把数学用到了几乎整个物理领域。18 世纪数学界最杰出的人物之一，史学家把他和阿基米德、牛顿、高斯并列为人类有史以来贡献最大的四位数学家，被誉为数学英雄。发表论文 800 多篇，有《全集》74 卷。晚年失明。拉普拉斯曾说过：“读读欧拉，他是我们大家的老师”。

克莱罗(Clairaut, Alexis Claude, 1713.5.13(7)—1765.5.17)　法国数学家和天文学家。生、卒于巴黎。他是个神童，10 岁时就读完了洛必达《无穷小分析》。1831 年出版了著作《关于双重双曲率曲线的研究》，同年成为法国科学院院士。1737 年成为英国皇家学会会员。在数学方面，建立了二元函数全微分、一阶微分方程的通解和特解等重要概念，创立积分因子学说，提出三角形内插法公式。在天文学方面，于 1736 年参加了测量地球子午线的工作。1743 年提出大地测量基本定律，还引入了曲线积分。对月球运动、哈雷彗星的轨道和太阳摄动等问题都有研究。还是运动的动力理论的创始人之一。著有《几何原理》《地球形状理论》《月球理论》和《彗星运动理论》等。

泊松(Poisson, Siméon Denis, 1781.6.21—1840.4.25)　法国数学家、力学家和物理学家。生

于卢瓦雷省的皮蒂维尔斯，卒于巴黎。1800 年毕业于巴黎综合工科学校，1806 年任该校教授。1812 年当选为法兰西科学院院士。1816 年任索邦大学理论力学教授。1826 年当选为圣彼得堡科学院名誉院士。1837 年被授予爵位。研究内容涉及现代科学的诸多方面、在有限差分理论、天体力学、传热学、电磁学、理论力学、弹性力学、数学分析、偏微分方程、概率论、变分学、内、外弹道学和流体力学等方面都有重要贡献。提出来的概率论中的泊松分布、弹性力学中的泊松常数和球体引力的泊松方程都非常著名。发表论文 300 多篇。主要著作有《力学教程》《关于引力理论教程》《热的数学理论》和《关于球体引力》等。

普拉托(Plateau, Joseph Antoine Ferdinand, 1801.10.14—1883.9.15)　比利时数学家和物理学家。生于布鲁塞尔，卒于根特。1829 年获列日大学理学博士学位。1830—1834 年在布鲁塞尔大学任教，1835—1872 年任根特大学教授。1836 年当选为比利时科学院院士。心理学和生理学的先驱。发明了早期的频闪观察器。1843 年在一次实验中因注视太阳而导致眼睛失明，此后转入分子和薄膜的研究。主要贡献在变分法和微分几何方面，提出了空间闭曲线可以有一个极小曲面问题，后称为普拉托极小曲面问题。

狄利克雷(Dirichlet, Peter Gustav Lejeune, 1805.2.13—1859.5.5)　德国数学家。生于迪伦，卒于格丁根。1822—1826 年留学于法兰西学院和巴黎理学院，深受傅里叶的影响。1826 年获科隆大学博士学位。1828 年任柏林大学副教授，1839 年任教授。1855 年任格丁根大学教授。1831 年成为柏林科学院院士，还是法兰西科学院院士和英国皇家学会会员(1855)。解析数论的创始人之一，创立了代数单位元素的一般理论。在数学分析方面，首次准确解释了级数条件收敛的概念，证明了分段连续单调函数展成傅里叶级数的可能性。著有《关于三角级数的收敛性》(1829)、《用正弦和余弦级数表示完全任意函数》(1837)和《数论讲义》(1863)等。提出狄利克雷函数、狄利克雷积分和狄利克雷原理等。在位势论、热学、电磁学和数学物理等方面也有一些研究成果。

阿达马(Hadamard, Jacques Salomon, 1865.12.8—1963.10.17)　法国数学家。生于凡尔赛，卒于巴黎。1888 年入巴黎高等师范学校学习，1892 年获博士学位。曾在法兰西学院(1897—1935)、巴黎大学文理学院(1900—1912)、巴黎综合工科学校(1912—1935)和中央高等工艺制造学校(1920—1935)任教授。是许多国家科学机构的成员和许多大学的名誉博士。1912 年当选为法兰西科学院院士，1929 年为苏联科学院外籍院士。1936 年曾到清华大学讲学 3 个月。在函数论、数论、微分方程、泛函分析、微分几何、集合论和数学基础等方面均有贡献。90 岁时获得法国荣誉团十字勋章。著有《初等几何讲义》(1898)、《变分法教程》(1910)、《数学领域中的发明心里学》(1959)和《偏微分方程论》(1964)、《波的传播理论》等多种著作。

弗雷德霍姆(Fredholm, Erik Ivar, 1866.4.7—1927.8.17)　瑞典数学家。生、卒于斯德哥尔摩。1885 年起先后在斯德哥尔摩综合工科学校、乌普萨拉大学和斯德哥尔摩大学学习，是米塔—列夫勒(Mittag-Leffler, Magnus Gustaf, 1846.3.16—1927.7.7)的学生，1898 年获乌普萨拉大学哲学博士学位。毕业后在斯德哥尔摩大学任教。1906 年任教授。瑞典科学院院士和法国科学院通信院士，并获得过巴黎科学院奖。主要贡献在积分方程方面，是积分方程一般理论的创立者。研究了三类重要积分方程，提出了两个定理及其解，后来这三类积分方程分别称为第一、二、三类弗雷德霍姆积分方程，而有关弗雷德霍姆积分方程解的研究则称为弗雷德霍姆理论。研究成果导致了希尔伯特空间和其他函数空间的产生和发展。在幂级数理论上也有所贡献。

拉多(Radó, Tibor, 1895.6.2—1965.12.12)　匈牙利数学家。生于布达佩斯，卒于美国佛罗里达州的新士麦那比奇。曾在布达佩斯技术大学学习土木工程。1915 年参加对俄作战被俘，1920 年逃回国，入塞格德大学，1922 年获博士学位。1922—1929 年在塞格德大学任教，并在布达佩斯大学研究所工作。1929 年去美国访问，先后在哈佛大学和赖斯研究所讲学，1930 年任俄亥俄州立大学数学教授。1944—1945 年在普林斯顿高级研究所任研究员。担任过《美国数学杂志》编委和美国科学促进协会副主席。在保角映射、实变函数、变分法、偏微分方程、测度论和集合论、点积和代数拓扑、曲面论、逻辑递归函数和图灵程序等许多方面都有所建树。研究了空间极小曲面问题，在闭曲线可求长时，用极限过程证明了解的存在性。

道格拉斯(Douglas, Jesse, 1897.7.3—1965.10.7)　美国数学家。生、卒于纽约。1916 年毕业于纽约市立学院，1920 年获哥伦比亚大学博士学位。1920—1926 年在哥伦比亚大学任教。1926—1930 年在普林斯顿、哈佛、芝加哥、巴黎和格丁根等地做研究工作。1930 年在麻省理工学院任教，后到普林斯顿高等研究院工作。1942 年回到纽约布鲁克林学院和哥伦比亚大学任教，1955 年又回到纽约市立学院任教。主要贡献在微分几何和变分法等方面。给出了极小曲面问题的完整解并加以推广，于 1936 年获首届菲尔兹(Fields, John Charles, 1863.5.14—1932.8.9)奖，因极小曲面问题的杰出贡献，于 1943 年获美国数学会颁发的博歇奖。1941 年解决了三维空间变分问题的反问题。在群论方面，1951 年解决了有限群的一个重要问题，即由两个元素生成的有限群中的每个元素都可表示成 $A^r B^s$ 的形式。

奥斯曼(Osserman, Robert, 1926.12.19—2011.11.30)　美国数学家。生于纽约，卒于伯克利。1946 年毕业于纽约大学，1948 年获硕士学位，1955 年获哈佛大学博士学位。1952—1953 年在哥伦比亚大学任教。1955 年到斯坦福大学任教，1957—1966 年任助理教授和副教授，1966 年任教授，1973—1979 年任数学系主任。主要研究领域为复分析、极小曲面、黎曼曲面和黎曼几何等方面。著有《极小曲面综述》(A Survey of Minimal Surfaces, 1969，1986)。

习题 2

2.1 设函数 $F=F(x,y,y')\in C^1$，$y=y(x)\in C^2$，试求

(1) 微分 $\mathrm{d}F$；(2) 变分 δF。

2.2 试求下列函数的一阶变分，其中 a、b、c 和 d 均为常数。

(1) $F=ax+by+cy^2+dy'^2$；(2) $F=y\sqrt{1+y'^2}$；(3) $F=\sqrt{a+by'+cy'^2}$。

2.3 试求下列泛函的一阶变分

(1) $J[y]=\int_{x_0}^{x_1}(ay+by'+cy''^2)\,\mathrm{d}x$；(2) $J[y]=\int_{x_0}^{x_1}y^2\sqrt{1+y'^2}\,\mathrm{d}x$；

(3) $J[y]=\int_{x_0}^{x_1}(y^2-y'^2-2y\cosh x)\,\mathrm{d}x$；(4) $J[y]=\int_{x_0}^{x_1}(ax^2y'+bxy'^2+c)\,\mathrm{d}x$；

(5) $J[y]=\int_{x_0}^{x_1}(xy+y^2-2y^2y')\,\mathrm{d}x$。

式中，a、b、c 均为常数。

2.4 求泛函 $J[y]=\int_0^1(y'^2+12xy)\,\mathrm{d}x$ 的极值曲线，边界条件为 $y(0)=0$，$y(1)=1$。

习题 2.1 答案　　习题 2.2 答案　　习题 2.3 答案　　习题 2.4 答案

2.5 求泛函 $J[y]=\int_{x_0}^{x_1}(xy+y'^2)\,\mathrm{d}x$ 的极值曲线。

2.6 求泛函 $J[y]=\int_{x_0}^{x_1}(2y+xy'^2)\,\mathrm{d}x$ 的极值曲线，边界条件为 $y(x_0)=y_0$， $y(x_1)=y_1$。

2.7 求泛函 $J[y]=\int_1^2(xy'^2-y)\,\mathrm{d}x$ 的极值曲线，边界条件为 $y(1)=0$， $y(2)=1$。

2.8 求泛函 $J[y]=\int_1^{\mathrm{e}}(xy'^2+yy')\,\mathrm{d}x$ 的极值曲线，边界条件为 $y(1)=0$， $y(\mathrm{e})=1$。

习题 2.5 答案　　习题 2.6 答案　　习题 2.7 答案　　习题 2.8 答案

2.9 求泛函 $J[y]=\int_0^{\pi}(4y\cos x+y'^2-y^2)\,\mathrm{d}x$ 的极值曲线，边界条件为 $y(0)=0$， $y(\pi)=0$。

2.10 求泛函 $J[y]=\int_0^{\pi}(y'^2-2y\cos x)\,\mathrm{d}x$ 的极值曲线，边界条件为 $y(0)=y(\pi)=0$。

2.11 求泛函 $J[y]=\int_{x_0}^{x_1}(y^2+y'^2-2y\sin x)\,\mathrm{d}x$ 的极值曲线。

2.12 求泛函 $J[y]=\int_{x_0}^{x_1}(y^2-y'^2-2y\sin x)\,\mathrm{d}x$ 的极值曲线。

习题 2.9 答案　　习题 2.10 答案　　习题 2.11 答案　　习题 2.12 答案

2.13 求泛函 $J[y]=\int_0^{\frac{\pi}{2}}(y'^2-y^2+4y\sin^2 x)\,\mathrm{d}x$ 的极值曲线，边界条件为 $y(0)=y\left(\frac{\pi}{2}\right)=\frac{1}{3}$。

2.14 求泛函 $J[y]=\int_{x_0}^{x_1}(y^2-y'^2-ay\cosh x)\,\mathrm{d}x$ 的极值曲线，式中， a 为常数。

2.15 求泛函 $J[y]=\int_0^1(y'^2+2y\mathrm{e}^x)\,\mathrm{d}x$ 的极值曲线，边界条件为 $y(0)=0$， $y(1)=1$。

2.16 求泛函 $J[y]=\int_{x_0}^{x_1}(y^2+y'^2+2y\mathrm{e}^x)\,\mathrm{d}x$ 的极值曲线，并求 $y(0)=0$， $y(1)=\mathrm{e}$ 时的极值曲线。

习题 2.13 答案　　习题 2.14 答案　　习题 2.15 答案　　习题 2.16 答案

2.17 求泛函 $J[y]=\int_{x_0}^{x_1}[p(x)y^2+2q(x)yy'+r(x)y'^2+2f(x)y+2g(x)y']\,\mathrm{d}x$ 是正则问题的条件并求欧拉方程。

2.18 求泛函 $J[y]=\int_{x_0}^{x_1}(y^2-x^2y')\,\mathrm{d}x$ 的极值曲线，边界条件为 $y(x_0)=y_0$， $y(x_1)=y_1$。

2.19 求泛函 $J[y]=\int_{x_0}^{x_1}\frac{y-xy'}{y^2}\,\mathrm{d}x$ 的极值曲线，边界条件为 $y(x_0)=a$， $y(x_1)=b$。

2.20 试讨论变分问题 $J[y]=\int_0^{\frac{\pi}{2}}\left(x\sin y+\frac{1}{2}x^2y'\cos y\right)\mathrm{d}x$ 是否有意义，边界条件为 $y(0)=0$，$y\left(\frac{\pi}{2}\right)=\frac{\pi}{2}$。

习题 2.17 答案　　习题 2.18 答案　　习题 2.19 答案　　习题 2.20 答案

2.21 试讨论变分问题 $J[y]=\int_0^{\frac{\pi}{2}}(y^2+y'\sin 2x)\mathrm{d}x$，$y(0)=k$，$y\left(\frac{\pi}{2}\right)=-1$。当 k 取什么值时它的极值曲线存在，并求出此极值曲线。

2.22 试讨论泛函 $J[y]=\int_{x_0}^{x_1}[2xy+(x^2+\mathrm{e}^y)y']\mathrm{d}x$ 的极值，边界条件为 $y(x_0)=y_0$，$y(x_1)=y_1$。

2.23 试讨论泛函 $J[y]=\int_0^1(\mathrm{e}^y+xy')\mathrm{d}x$ 的极值，边界条件为 $y(0)=0$，$y(1)=a$。

2.24 试讨论泛函 $J[y]=\int_{x_0}^{x_1}(y^2+2xyy')\mathrm{d}x$ 的极值，边界条件为 $y(x_0)=y_0$，$y(x_1)=y_1$。

习题 2.21 答案　　习题 2.22 答案　　习题 2.23 答案　　习题 2.24 答案

2.25 试讨论泛函 $J[y]=\int_0^1(xy+y^2-2y^2y')\mathrm{d}x$ 的极值，边界条件为 $y(0)=1$，$y(1)=2$。

2.26 求泛函 $J[y]=\int_0^{\infty}\left[\frac{1}{(x+1)^2}+y^2+y'^2\right]\mathrm{d}x$ 的极小值，边界条件为 $y(0)=1$，$y(\infty)=0$。

2.27 求泛函 $J[y]=\int_0^1(y'^2-y^2+axy)\mathrm{d}x$ 的极值曲线，边界条件为 $y(0)=0$，$y(1)=0$。

2.28 求泛函 $J=\int_{x_0}^{x_1}y^2(y'^2-x^2)\mathrm{d}x$ 极值曲线。

习题 2.25 答案　　习题 2.26 答案　　习题 2.27 答案　　习题 2.28 答案

2.29 求泛函 $J[y]=\int_0^{\frac{\pi}{2}}(y'^2-y^2-2xy)\mathrm{d}x$ 的极值曲线，边界条件为 $y(0)=0$，$y\left(\frac{\pi}{2}\right)=0$。

2.30 求泛函 $J[y]=\int_0^1(y'^2+yy'+12xy)\mathrm{d}x$ 的极值曲线，边界条件为 $y(0)=1$，$y(1)=4$。

2.31 求泛函 $J[y]=\int_{x_0}^{x_1}y'(1+x^2y')\mathrm{d}x$ 的极值曲线。

2.32 求泛函 $J[y]=\int_1^2 x^2y'^2\,\mathrm{d}x$ 的极值曲线，边界条件为 $y(1)=1$，$y(2)=\frac{1}{2}$。

习题 2.29 答案　　习题 2.30 答案　　习题 2.31 答案　　习题 2.32 答案

2.33 求泛函 $J[y]=\int_0^1 (x+y'^2)\,\mathrm{d}x$ 的极值曲线，边界条件为 $y(0)=1$，$y(1)=2$。

2.34 求泛函 $J[y]=\int_{x_0}^{x_1} y'(1+x^2y')\,\mathrm{d}x$ 的极值曲线。

2.35 求泛函 $J[y]=\int_{x_0}^{x_1} (xy'+y'^2)\,\mathrm{d}x$ 的极值曲线。

2.36 求泛函 $J[y]=\int_{x_0}^{x_1} x^n y'^2\,\mathrm{d}x$ 的极值曲线，边界条件为 $y(x_0)=y_0$，$y(x_1)=y_1$。

习题 2.33 答案　　习题 2.34 答案　　习题 2.35 答案　　习题 2.36 答案

2.37 求泛函 $J[y]=\int_{x_0}^{x_1} \dfrac{y'^2}{x^k}\,\mathrm{d}x$ 的极值曲线，其中，$k>0$。

2.38 求泛函 $J[y]=\int_0^{\pi} y'^2 \sin x\,\mathrm{d}x$ 的极值曲线。

2.39 求泛函 $J[y]=\int_{x_0}^{x_1} \dfrac{x}{x+y'}\,\mathrm{d}x$ 的极值曲线。

2.40 求泛函 $J[y]=\int_{x_0}^{x_1} \dfrac{\sqrt{1+y'^2}}{x+k}\,\mathrm{d}x$ 的极值曲线，其中，k 为常数。

习题 2.37 答案　　习题 2.38 答案　　习题 2.39 答案　　习题 2.40 答案

2.41 求泛函 $J[y]=\int_{x_0}^{x_1} (ax+b)\sqrt{1+y'^2}\,\mathrm{d}x$ 的极值曲线。

2.42 求泛函 $J[y]=\int_{x_0}^{x_1} \mathrm{e}^x\sqrt{1+y'^2}\,\mathrm{d}x$ 的极值曲线。

2.43 如果第一象限充满某种透明的光介质，而在其中的任一点光的速度等于 $1+x$，求光束以最短的时间由原点传播至点(2,3)的光路方程。

2.44 设 $F\equiv F(y')$，试证泛函 $J[y]=\int_{x_0}^{x_1} F(y')\,\mathrm{d}x$ 的极值曲线为直线。

习题 2.41 答案　　习题 2.42 答案　　习题 2.43 答案　　习题 2.44 答案

2.45 求泛函 $J[y]=\int_1^2(1+y')^2(1-y')^2\,\mathrm{d}x$ 的极值曲线，边界条件为 $y(1)=1$， $y(2)=\dfrac{1}{2}$ 。

2.46 求泛函 $J[y]=\int_{x_0}^{x_1}\sqrt{1+y^2y'^2}\,\mathrm{d}x$ 的极值曲线。

2.47 求泛函 $J[y]=\int_1^2(y'^2+2yy'+y^2)\,\mathrm{d}x$ 的极值曲线，边界条件为 $y(1)=1$， $y(2)=0$ 。

2.48 求泛函 $J[y]=\int_0^1 yy'^2\,\mathrm{d}x$ 的极值曲线，边界条件为 $y(0)=1$， $y(1)=\sqrt[3]{4}$ 。

习题 2.45 答案　　习题 2.46 答案　　习题 2.47 答案　　习题 2.48 答案

2.49 求泛函 $J[y]=\int_0^1 y^2y'^2\,\mathrm{d}x$ 的极值曲线，边界条件为 $y(0)=0$， $y(1)=1$。

2.50 求泛函 $J[y]=\int_0^1(y^2+y'^2)\,\mathrm{d}x$ 的极值曲线，边界条件为 $y(0)=0$， $y(1)=1$。

2.51 求泛函 $J[y]=\int_0^1(y'^2+4y^2)\,\mathrm{d}x$ 的极值曲线，边界条件为 $y(0)=\mathrm{e}^2$， $y(1)=1$。

2.52 求泛函 $J[y]=\int_{x_0}^{x_1}(ay+by'^2)\,\mathrm{d}x$ 的极值曲线，边界条件为 $y(x_0)=y_0$， $y(x_1)=y_1$。

习题 2.49 答案　　习题 2.50 答案　　习题 2.51 答案　　习题 2.52 答案

2.53 求泛函 $J[y]=\int_{x_0}^{x_1}(y'^2+2yy'-16y^2)\,\mathrm{d}x$ 的极值曲线。

2.54 求泛函 $J[y]=\int_{x_0}^{x_1}\dfrac{1+y^2}{y'^2}\,\mathrm{d}x$ 的极值曲线。

2.55 求泛函 $J[y]=\int_{x_0}^{x_1}\dfrac{1+y^2}{y'}\,\mathrm{d}x$ 通过点(0,0)和(1,1)的极值曲线。

2.56 求泛函 $J[y]=\int_{x_0}^{x_1}\sqrt{y(1+y'^2)}\,\mathrm{d}x$ 的极值曲线。

习题 2.53 答案　　习题 2.54 答案　　习题 2.55 答案　　习题 2.56 答案

2.57 求泛函 $J[y]=\int_{x_0}^{x_1}\dfrac{\sqrt{1+y'^2}}{y+k}\,\mathrm{d}x$ 的极值曲线，其中， k 为常数。

2.58 设一质量为 m 的小车在水平轨道上运动，开始时($t_0=0$)速度为零。忽略摩擦阻力，要求在时刻 $t=t_1$ 时，小车的速度为 v_1，试求控制规律即外力 $F(t)$，使速度误差及控制能量为极小，也即使泛函 $J[F(t)]=\int_{t_0}^{t_1}\{F^2(t)+a[v_1-v(t)]^2\}\,\mathrm{d}t$ 取极小值。其中， a 为正的常数。

2.59 求泛函 $J[x,y]=\int_0^{\frac{\pi}{2}}(\dot{x}^2+2xy+\dot{y}^2)\mathrm{d}t$ 的极值曲线，边界条件为 $x(0)=0$， $x\left(\dfrac{\pi}{2}\right)=1$，$y(0)=0$， $y\left(\dfrac{\pi}{2}\right)=-1$。

2.60 求泛函 $J[y,z]=\int_{-1}^{1}(2xy-y'^2-z'^3)\mathrm{d}x$ 的极值曲线，边界条件为 $y(-1)=2$， $y(1)=0$，$z(-1)=-1$， $z(1)=1$。

习题 2.57 答案　　习题 2.58 答案　　习题 2.59 答案　　习题 2.60 答案

2.61 求泛函 $J[y,z]=\int_0^1(y'^2+z'^2+2y)\mathrm{d}x$ 的极值曲线，边界条件为 $y(0)=1$， $y(1)=\dfrac{3}{2}$，$z(0)=0$， $z(1)=1$。

2.62 求泛函 $J[y,z]=\int_{x_0}^{x_1}(2yz-2y^2+y'^2-z'^2)\mathrm{d}x$ 的极值曲线。

2.63 求泛函 $J[y,z]=\int_{x_0}^{x_1}(y'^2+z'^2+y'z')\mathrm{d}x$ 的极值曲线。

2.64 求泛函 $J[y,z]=\int_{x_0}^{x_1}(y'^2+z'^2-2yz+2y+2z)\mathrm{d}x$ 的极值曲线。

习题 2.61 答案　　习题 2.62 答案　　习题 2.63 答案　　习题 2.64 答案

2.65 证明泛函 $J[y,z]=\int_{x_0}^{x_1}(y'^2+2yz'+2zy'+z'^2)\mathrm{d}x$ 满足边界条件 $y(x_0)=y_0$， $y(x_1)=y_1$，$z(x_0)=z_0$， $z(x_1)=z_1$ 的极值曲线为空间直线 $\dfrac{x-x_0}{x_1-x_0}=\dfrac{y-y_0}{y_1-y_0}=\dfrac{z-z_0}{z_1-z_0}$。

2.66 设 $F_{y'y'}F_{z'z'}-F_{y'z'}^2\neq 0$，证明泛函 $J[y,z]=\int_{x_0}^{x_1}F(y',z')\mathrm{d}x$ 的极值曲线是空间直线族。

2.67 求泛函 $J[x,y]=\int_{t_0}^{t_1}\sqrt{\dfrac{\dot{x}^2+\dot{y}^2}{x-k}}\mathrm{d}t$ 的极值曲线，其中， k 为常数。

2.68 求泛函 $J[y]=\int_{x_0}^{x_1}(16y^2-y''^2+x^2)\mathrm{d}x$ 的极值曲线。

习题 2.65 答案　　习题 2.66 答案　　习题 2.67 答案　　习题 2.68 答案

2.69 求泛函 $J[y]=\int_0^{\frac{\pi}{2}}(y''^2-2y'+y^2-x^2)\mathrm{d}x$ 的极值曲线，已知 $y(0)=y'(0)=0$，$y\left(\dfrac{\pi}{2}\right)=1$，

$y'\left(\dfrac{\pi}{2}\right)=\dfrac{\pi}{2}$。

2.70 试在过 $A(0,0)$ 与 $B(1,0)$ 的曲线中找出满足边界条件 $y'(0)=a$，$y'(1)=b$，且使泛函 $J[y]=\int_0^1 y''^2\,\mathrm{d}x$ 取极值的那条曲线。

2.71 求泛函 $J[y]=\int_{x_0}^{x_1} y''^k\,\mathrm{d}x$ 的极值曲线，式中，$k\neq 0$。

2.72 若泛函 $J[y]=\dfrac{1}{2}\int_{x_0}^{x_1}(Dy''^2+ky^2-2qy)\,\mathrm{d}x$，其中 k 为常数，q 为 x 的给定函数，试求其欧拉方程。

习题 2.69 答案　　习题 2.70 答案　　习题 2.71 答案　　习题 2.72 答案

2.73 求泛函 $J[y]=\int_{x_0}^{x_1}(y^2+2y'^2+y''^2)\,\mathrm{d}x$ 的极值曲线。

2.74 求泛函 $J[y]=\dfrac{1}{2}\int_0^{\frac{\pi}{4}}(y''^2-4y'^2)\,\mathrm{d}x$ 的极值曲线，已知 $y(0)=y\left(\dfrac{\pi}{4}\right)=0$，$y'(0)=-1$，$y'\left(\dfrac{\pi}{4}\right)=1$。

2.75 变截面悬臂桁架弯曲屈曲总势能泛函为

$$J[\psi,v]=\frac{1}{2}\int_0^L[EI\psi'^2+C(v'-\psi)^2-Pv'^2]\,\mathrm{d}x$$

式中，ψ 和 v 分别为变截面悬臂桁架的截面转角和侧向位移；EI 为抗弯刚度；C 为抗剪刚度；P 为桁架轴向压力。试求其欧拉方程组。

2.76 设泛函 $J[y]=\dfrac{\int_{x_0}^{x_1}[p(x)y'^2-q(x)y^2-s(x)y''^2]\,\mathrm{d}x}{\int_{x_0}^{x_1}r(x)y^2\,\mathrm{d}x}$ 满足边界条件 $y(x_0)=y_0$，$y(x_1)=y_1$，$y'(x_0)=y_0'$，$y'(x_1)=y_1'$，其中，$p(x)$、$q(x)$、$r(x)$ 和 $s(x)\in C^2[x_0,x_1]$ 为已知函数，且 $r(x)\neq 0$，$y\in C^4[x_0,x_1]$。试导出该泛函的极值曲线应满足的边界条件。

习题 2.73 答案　　习题 2.74 答案　　习题 2.75 答案　　习题 2.76 答案

2.77 设一边界固定，半径为 R 并呈轴对称弯曲的圆形薄板，在单位面积载荷为 $q(x)$ 的作用下，系统的总势能是板的挠度 $w=w(r)$ 的泛函

$$J[w]=D\pi\int_0^R\left(rw''^2+\frac{1}{r}w'^2+2\mu w'w''-\frac{2q}{D}rw\right)\mathrm{d}r$$

式中，D 和 μ 皆为弹性常数。试证当该泛函取得极小值时挠度函数 w 应当满足平衡方程

$$rw^{(4)}+2w'''-\frac{1}{r}w''+\frac{1}{r^2}w'=\frac{qr}{D}$$

2.78 周边固支正交各向异性圆板线性弯曲的总位能由下式给出

$$J[w]=\frac{1}{2}\int_0^a\left(D_{11}rw''^2+2D_{12}w'w''+D_{22}\frac{w'^2}{r}-2fw\right)\mathrm{d}r$$

式中，r 为径向坐标；a 为板的半径；f 为分布横向载荷；D_{ij} 为板的刚度。用总位能原理求板的控制微分方程。

2.79 求泛函 $J[y]=\int_{x_0}^{x_1}(2xy+y'''^2)\,\mathrm{d}x$ 的极值曲线。

2.80 求泛函 $J[y]=\int_{-1}^{1}\left(yy'''+\frac{y'''^2}{2}\right)\mathrm{d}x$ 的极值曲线，边界条件为 $y(-1)=y(0)=y(1)=0$，$y'(-1)=y'(0)=y'(1)=1$。

习题 2.77 答案　　习题 2.78 答案　　习题 2.79 答案　　习题 2.80 答案

2.81 求下列泛函的变分和欧拉方程

(1) $J[u]=\iint_D(u_x^2-u_y^2)\,\mathrm{d}x\,\mathrm{d}y$；(2) $J[u]=\iint_D(u_x^2-u_{yy}^2)\,\mathrm{d}x\,\mathrm{d}y$。

2.82 写出泛函 $J[u]=\iint_D(u_x^2-u_y^2)\,\mathrm{d}x\,\mathrm{d}y$ 的奥氏方程。

2.83 求泛函 $J[u]=\iint_D[p(x)u_x^2-q(y)u_y^2]\,\mathrm{d}x\,\mathrm{d}y$ 的奥氏方程。

2.84 写出泛函 $J[u]=\iint_D\left[\frac{D}{2}(u_{xx}+u_{yy})^2-f(x,y)u\right]\mathrm{d}x\,\mathrm{d}y$ 的奥氏方程。

习题 2.81 答案　　习题 2.82 答案　　习题 2.83 答案　　习题 2.84 答案

2.85 求泛函 $J[u]=\iint_D\sqrt{1+u_x^2+u_y^2}\,\mathrm{d}x\,\mathrm{d}y$ 的奥氏方程。

2.86 写出泛函 $J[u]=\iint_D[u_t^2-a^2u_x^2+2uf(x,t)]\,\mathrm{d}x\,\mathrm{d}t$ 的奥氏方程，其中，a 为常数。

2.87 写出泛函 $J[u]=\iint_D[(u_{xx}+u_{yy})^2-2(1-\sigma)(u_{xx}-u_{yy}+u_{xy}^2)]\,\mathrm{d}x\,\mathrm{d}y$ 的奥氏方程，式中，σ 为常数。

2.88 求泛函 $J[u]=\frac{1}{2}\iint_D(xyu_x^2-x^2y^2u_y)\,\mathrm{d}x\,\mathrm{d}y$ 奥氏方程的通解。

习题 2.85 答案　　习题 2.86 答案　　习题 2.87 答案　　习题 2.88 答案

2.89 在平面应力状态下，线弹性体的应变能为

$$J=\iint_D\left[\frac{E}{2(1-\mu^2)}(\varepsilon_x^2+\varepsilon_y^2+2\mu\varepsilon_x\varepsilon_y)+\frac{E}{4(1+\mu)}\gamma_{xy}^2\right]\mathrm{d}x\,\mathrm{d}y$$

式中，E、μ 分别为材料弹性模量和泊松比，$\varepsilon_x=\dfrac{\partial u}{\partial x}$，$\varepsilon_y=\dfrac{\partial v}{\partial y}$，$\gamma_{xy}=\dfrac{\partial v}{\partial x}+\dfrac{\partial u}{\partial y}$ 分别为正应变和剪应变，u、v 分别为 x、y 方向的位移。求证

$$\Delta u+\frac{1+\mu}{1-\mu}(u_{xx}+v_{xy})=0\text{，}\quad \Delta v+\frac{1+\mu}{1-\mu}(u_{xy}+v_{yy})=0$$

2.90 设泛函

$$J[\varphi]=\frac{1}{2}\iint_D K(x,y)\varphi(x)\varphi(y)\,\mathrm{d}x\,\mathrm{d}y-\int_a^b f(x)\varphi(x)\,\mathrm{d}x$$

式中，D 为正方形域，即 $D=\left\{(x,y)\Big|_{a\leqslant y\leqslant b}^{a\leqslant x\leqslant b}\right\}$，$K(x,y)$ 为 D 上已知的连续函数，且满足对称性，即 $K(x,y)=K(y,x)$，$f(x)$ 为区间 $[a,b]$ 上已知的连续函数。证明泛函 J 取得极值的必要条件是下面的积分方程

$$f(y)=\int_a^b K(x,y)\varphi(x)\,\mathrm{d}x$$

成立。该方程称为**第一类弗雷德霍姆积分方程**。

2.91 写出泛函 $J[u]=\iiint_V[u_x^2+u_y^2+u_z^2+2uf(x,y,z)]\,\mathrm{d}x\,\mathrm{d}y\,\mathrm{d}z$ 的奥氏方程。

2.92 设某静电场 Ω 的电位 $V=V(x,y,z)$，电场能量 E 为

$$E=J[V]=\frac{1}{8\pi}\iiint_\Omega(V_x^2+V_y^2+V_z^2)\,\mathrm{d}x\,\mathrm{d}y\,\mathrm{d}z$$

根据电学知识，当 E 最小时，该静电场处于平衡状态。试求此时电位函数所应当满足的微分方程。

习题 2.89 答案　　习题 2.90 答案　　习题 2.91 答案　　习题 2.92 答案

2.93 给定泛函 $J[u]=\iint_D(u_x^2+u_y^2)\,\mathrm{d}x\,\mathrm{d}y$ 和 $J[w]=\iiint_V(w_x^2+w_y^2+w_z^2)\,\mathrm{d}x\,\mathrm{d}y\,\mathrm{d}z$，试由变分方程推导欧拉方程，$u$ 和 w 在区域 D 和 V 的边界上的值为已知。

2.94 写出泛函

$$J[u(x_1,\cdots,x_n)]=\iint\cdots\int_\Omega\left[\sum_{j=1}^n a_j(x_1,\cdots,x_n)u_{x_j}^2-b(x_1,\cdots,x_n)u^2+2uf(x_1,\cdots,x_n)\right]\mathrm{d}x_1\cdots\mathrm{d}x_n$$

的欧拉–奥氏方程。

2.95 用极坐标求泛函 $J[y]=\int_{x_0}^{x_1}\sqrt{x^2+y^2}\sqrt{1+y'^2}\,\mathrm{d}x$ 的极值曲线。

2.96 写出拉普拉斯方程 $u_{xx}+u_{yy}=0$ 的极坐标形式。

习题 2.93 答案　　习题 2.94 答案　　习题 2.95 答案　　习题 2.96 答案

2.97 求泛函 $J[u]=\iint_D \frac{1}{r^3}(u_r^2+u_z^2-4au)\,\mathrm{d}r\,\mathrm{d}z$ 的欧拉方程。

2.98 写出圆拱的势能泛函

$$J[u,w]=\frac{1}{2}\int_{\theta_0}^{\theta_1}\left[\frac{EA}{R}(u'-w)^2+\frac{EI}{R^3}(u'+w'')^2-2R(pu+qw)-p(u^2+uw')-q(uw'+w'^2)\right]\mathrm{d}\theta$$

的奥氏方程。其中，E 为材料的弹性模量；A 为横截面积；R 为圆拱半径；I 为弯曲平面内的截面惯性矩；p 和 q 分别为圆拱上的切向载荷与法向载荷。

2.99 求泛函 $J[u,v]=\iint_D\left[u_x v_x-\frac{1}{2}(vu_y-uv_y)\right]\mathrm{d}x\,\mathrm{d}y$ 的欧拉方程组。

2.100 求泛函 $J[u,u^*]=\frac{1}{2}\int_{t_0}^{t_1}\int_{x_0}^{x_1}[\mathrm{i}(u^*u_t-u_t^*u)+au^*u+bu_x^*u_x+c(u^*u)^2]\,\mathrm{d}x\,\mathrm{d}t$ 的欧拉方程组。

习题 2.97 答案　　习题 2.98 答案　　习题 2.99 答案　　习题 2.100 答案

第 3 章　泛函极值的充分条件

第 2 章讨论了具有固定边界条件的变分问题。由泛函取极值的必要条件 $\delta J = 0$ 导出了极值函数所满足的欧拉方程或奥氏方程。正如第 2 章所指出的那样，在极值函数或极值曲线上，泛函并不一定取得极值。本章将在推导出泛函取极值的某些新的必要条件的基础上讨论泛函极值的充分条件。

3.1　极值曲线场

设 $y = y(x,c)$ 为平面区域 D 上的一个单参数曲线族，如果对于区域 D 内的每一点，有且仅有这个曲线族中的一条曲线通过，则该曲线族称为在区域 D 内形成一个**固有曲线场**。或更准确地说，它形成一个**正常场**。曲线族 $y = y(x,c)$ 在区域 D 内任意一点 $A(x,y)$ 处的切线 $p(x,y)$ 称为固有曲线场在点 $A(x,y)$ 处的**斜率**。因点 $A(x,y)$ 在固有曲线场中是任取的，这个斜率可以看作是点 $A(x,y)$ 的函数，故斜率 $p(x,y)$ 可称为固有曲线场的**斜率函数**。

例如，在圆 $x^2 + y^2 \leqslant 1$ 内的平行直线 $y = 2x + c$ 形成一个固有曲线场，如图 3-1-1 所示，这个场的斜率 $p = 2$。再如，抛物线族 $y = (x-a)^2 - 1$ 在上述圆内就不能形成一个固有曲线场，因为在该圆内这族抛物线相交，如图 3-1-2 所示。

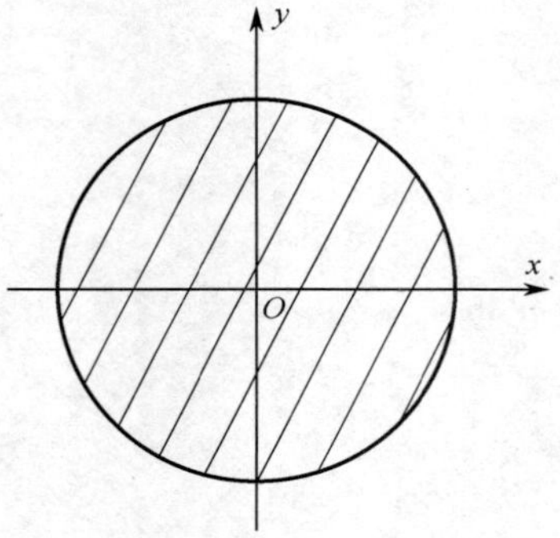

图 3-1-1　固有曲线场

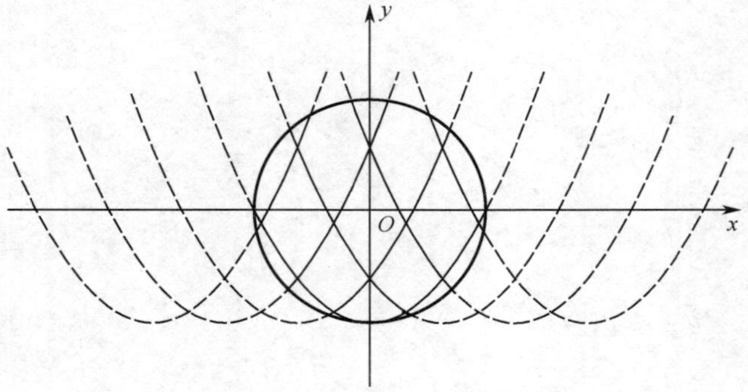

图 3-1-2　非固有曲线场

如果曲线族 $y = y(x,c)$ 的全部曲线都通过平面区域 D 内某一点 $M(x_c, y_c)$，则该点称为曲线族 $y = y(x,c)$ 的**束心或中心**。设 $M(x_c, y_c)$ 为平面区域 D 内某一点，$y = y(x,c)$ 是以 $M(x_c, y_c)$ 为束心的曲线族，该曲线族布满整个区域 D，且除束心 $M(x_c, y_c)$ 外，束中曲线在 D 内没有其他交点，这时曲线族 $y = y(x,c)$ 称为在 D 内形成一个**中心曲线场**。

例 3.1.1　对于正弦曲线族 $y = c\sin x$，可按区域 D 的选取不同，分为三种情况。在区域 $D_1 = \left\{(x,y) \middle| \begin{array}{l} 0 < \delta \leqslant x \leqslant a < \pi \\ -\infty < y < +\infty \end{array}\right\}$ 内形成一固有曲线场；在区域 $D_2 = \left\{(x,y) \middle| \begin{array}{l} 0 \leqslant x \leqslant a < \pi \\ -\infty < y < +\infty \end{array}\right\}$ 内形成

以原点 (0,0) 为束心的中心曲线场；在区域 $D_3=\left\{(x,y)\middle|\begin{array}{l}0\leqslant x\leqslant a_1,a_1>\pi\\-\infty<y<+\infty\end{array}\right\}$ 内不形成任何曲线场，如图 3-1-3 所示。

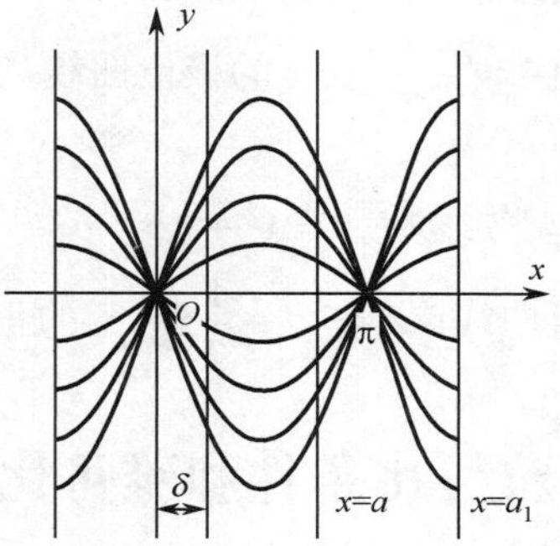

图 3-1-3 $c\sin x$ 曲线

如果固有曲线场或中心曲线场是由泛函的某一变分问题的极值曲线族所形成的，则这个曲线场称为**极值曲线场**或**极值曲线中心场**。如果某条极值曲线位于形成固有场(或中心场)的极值曲线族之中，则这条极值曲线称为**被包含在极值曲线场**(或**极值曲线中心场**)**中**。为行文方便，往往略去被包含的被字。

固有曲线场、中心曲线场和极值曲线场都可简称**曲线场**或**场**。

以上关于场的概念可推广到高维空间的情形。

例 3.1.2 试求泛函 $J[y]=\int_0^{x_1}(y'^2-y^2)\,\mathrm{d}x$ 包含极值曲线 $y=0$ 的极值曲线中心场，边界条件为 $y(0)=0$， $y(x_1)=y_1$ ($x_1<\pi$)。

解 由泛函的欧拉方程 $y''+y=0$，可解得 $y=c_1\sin x+c_2\cos x$，由边界条件 $y(0)=0$，得 $c_2=0$。所以 $y=c_1\sin x$ 是极值曲线族，它在 $0\leqslant x\leqslant x_1(x_1<\pi)$ 上形成一个中心场，束心为坐标原点(0,0)。由边界条件 $y(x_1)=y_1$，得 $c_1=\dfrac{y_1}{\sin x_1}$，当 $y_1=0$ 时，有 $c_1=0$， $y=0$，它包含在由极值曲线族 $y=c_1\sin x$ 形成的中心在坐标原点(0,0)的中心场内。如果在本问题中 $x_1\geqslant\pi$，则不存在包含极值曲线 $y=0$ 在内的以坐标原点(0, 0)为束心的极值曲线场。

例 3.1.3 讨论泛函 $J[y]=\int_0^1 y'^2\,\mathrm{d}x$ 可能形成什么样的场？

解 泛函的极值曲线是直线族 $y=c_1x+c_2$，若 $c_1=0$，则极值曲线族 $y=c_2$ 形成一个正常场，若 $c_2=0$，则极值曲线族 $y=c_1x$ 形成一个中心在坐标原点的中心场。

例 3.1.4 求由泛函 $J[y]=\int_0^{x_1}(y'^2+y^2)\,\mathrm{d}x$ 的极值曲线形成的正常场和中心场，其中 $x_1>0$。

解 由泛函的欧拉方程 $y''-y=0$，可解得 $y=c_1\mathrm{e}^x+c_2\mathrm{e}^{-x}$ 或 $y=c_1\cosh x+c_2\sinh x$。当 $c_1=0$ 时， $y=c_2\sinh x$ 形成一个中心曲线场，当 $c_2=0$ 时， $y=c_1\cosh x$ 形成一个正常场。

设在最简泛函 $J[y]=\int_{x_0}^{x_1}F(x,y,y')\,\mathrm{d}x$ 的变分问题中， $y=y(x)$ 是其一条极值曲线并通过固定边界点 $A(x_0,y_0)$ 和点 $B(x_1,y_1)$，如果存在极值曲线族 $y=y(x,c)$，它形成一个场并包含当 $c=c_0$ 时的极值曲线 $y=y(x)$，其中 c_0 在极值曲线 $y=y(x)$ 上，并且极值曲线 $y=y(x)$ 不在极值曲线族 $y=y(x,c)$ 所形成的场的区域 D 的边界上，那么就说极值曲线 $y=y(x)$ 包含在极值曲线场之内。

如果中心在点 $A(x_0,y_0)$ 处的极值曲线束在通过该点的极值曲线 $y=y(x)$ 的邻域内形成一个场，那么就说找到了一个包含这条极值曲线 $y=y(x)$ 在内的中心场，可以取中心在点 $A(x_0,y_0)$ 处的曲线束的斜率函数来做为曲线族 $y=y(x,c)$ 的参数。

例 3.1.5 讨论泛函 $J[y]=\int_{-1}^{1}(4xy'-y'^2)\,\mathrm{d}x$ 的极值曲线是否包含在正常场内？边界条件为 $y(-1)=0$，$y(1)=1$

解 泛函的极值曲线是抛物线族 $y=x^2+c_1x+c_2$，符合边界条件的极值曲线为 $y=x^2+\dfrac{1}{2}x-\dfrac{1}{2}$，它已包含在极值曲线族 $y=x^2+\dfrac{1}{2}x+c_2$ 的正常场内。

3.2 雅可比条件和雅可比方程

考察最简泛函

$$J[y(x)]=\int_{x_0}^{x_1}F(x,y,y')\,\mathrm{d}x \tag{3-2-1}$$

及边界条件

$$y(x_0)=y_0,\quad y(x_1)=y_1 \tag{3-2-2}$$

式中，$F(x,y,y')$ 具有二阶连续偏导数。记边界点为 $A(x_0,y_0)$ 和 $B(x_1,y_1)$。

式(3-2-1)的增量可表示为

$$\Delta J=\delta J+\delta^2 J+\varepsilon_2 \tag{3-2-3}$$

式中，ε_2 是比 $d_1^2(y,y+\delta y)$ 更高阶的无穷小。根据变分的定义可知 $\delta y=\varepsilon\eta(x)$，$\varepsilon$ 是小参数，任意函数 $\eta(x)\in C^2[x_0,x_1]$，$\eta(x_0)=\eta(x_1)=0$。现在讨论式(3-2-1)取得弱极值的充分条件。

式(3-2-1)的二阶变分(定义见 3.6 节)为

$$\begin{aligned}\delta^2 J&=\frac{1}{2}\int_{x_0}^{x_1}[F_{yy}(\delta y)^2+2F_{yy'}\delta y\delta y'+F_{y'y'}(\delta y')^2]\,\mathrm{d}x\\&=\frac{\varepsilon^2}{2}\int_{x_0}^{x_1}(F_{yy}\eta^2+2F_{yy'}\eta\eta'+F_{y'y'}\eta'^2)\,\mathrm{d}x=\frac{\varepsilon^2}{2}J_2\end{aligned} \tag{3-2-4}$$

式中

$$J_2=\int_{x_0}^{x_1}(F_{yy}\eta^2+2F_{yy'}\eta\eta'+F_{y'y'}\eta'^2)\,\mathrm{d}x \tag{3-2-5}$$

由式(3-2-4)可见，二阶变分 $\delta^2 J$ 和 J_2 有相同的符号。

由于式(3-2-4)中的 F_{yy}、$F_{yy'}$ 和 $F_{y'y'}$ 所依赖的 $y(x)$ 和 $y'(x)$ 均可通过解欧拉方程来得到，它们为将极值函数代入后的 x 的已知函数，所以可把 J_2 视为只依赖于 η 的泛函。于是有下述预备定理：

预备定理 3.2.1 若式(3-2-5)取得极值 $\eta=u(x)$，那么

$$\left(F_{yy}-\frac{\mathrm{d}}{\mathrm{d}x}F_{yy'}\right)u-\frac{\mathrm{d}}{\mathrm{d}x}\left(F_{y'y'}\frac{\mathrm{d}u}{\mathrm{d}x}\right)=0 \tag{3-2-6}$$

式(3-2-6)称为**雅可比配连方程**或**雅可比方程**。如果 $F_{y'y'}\neq 0$，则雅可比方程是关于 u 的二阶线性齐次微分方程。若令

$$S=F_{yy}-\frac{\mathrm{d}}{\mathrm{d}x}F_{yy'},\quad R=F_{y'y'} \tag{3-2-7}$$

则式(3-2-6)可简写成

$$Su-\frac{\mathrm{d}}{\mathrm{d}x}(Ru')=0 \tag{3-2-8}$$

证 设$G=G(x,\eta,\eta')=F_{yy}\eta^2+2F_{yy'}\eta\eta'+F_{y'y'}\eta'^2$，则$J_2$的欧拉方程为

$$G_\eta-\frac{\mathrm{d}}{\mathrm{d}x}G_{\eta'}=0$$

即

$$2F_{yy}\eta+2F_{yy'}\eta'-\frac{\mathrm{d}}{\mathrm{d}x}(2F_{yy'}\eta+2F_{y'y'}\eta')=0 \tag{3-2-9}$$

将式(3-2-9)括号内第一项求导并消去公因子 2，且注意到$\eta=u(x)$，即可得到式(3-2-6)。证毕。

将式(3-2-4)中被积函数的第二项分部积分，并注意到$\eta(x_0)=\eta(x_1)=0$，有

$$\int_{x_0}^{x_1}2F_{yy'}\eta\eta'\,\mathrm{d}x=F_{yy'}\eta^2\Big|_{x_0}^{x_1}-\int_{x_0}^{x_1}\eta^2\left(\frac{\mathrm{d}}{\mathrm{d}x}F_{yy'}\right)\mathrm{d}x=-\int_{x_0}^{x_1}\eta^2\left(\frac{\mathrm{d}}{\mathrm{d}x}F_{yy'}\right)\mathrm{d}x$$

将上式代入式(3-2-4)，得

$$\delta^2J=\frac{\varepsilon^2}{2}\int_{x_0}^{x_1}\left[\left(F_{yy}-\frac{\mathrm{d}}{\mathrm{d}x}F_{yy'}\right)\eta^2+F_{y'y'}\eta'^2\right]\mathrm{d}x=\frac{\varepsilon^2}{2}\int_{x_0}^{x_1}(S\eta^2+R\eta'^2)\,\mathrm{d}x \tag{3-2-10}$$

预备定理 3.2.2 若$\eta(x_0)=\eta(x_1)=0$，且$u=u(x)$为式(3-2-6)的解，它在区间(x_0,x_1)内不等于零，则式(3-2-5)可写成

$$J_2=\int_{x_0}^{x_1}F_{y'y'}\left(\eta'-\eta\frac{u'}{u}\right)^2\mathrm{d}x \tag{3-2-11}$$

证 将式(3-2-5)变形

$$\begin{aligned}J_2&=\int_{x_0}^{x_1}(F_{yy}\eta^2+2F_{yy'}\eta\eta'+F_{y'y'}\eta'^2)\,\mathrm{d}x\\&=\int_{x_0}^{x_1}F_{yy}\eta^2\,\mathrm{d}x+\eta^2F_{yy'}\Big|_{x_0}^{x_1}-\int_{x_0}^{x_1}\eta^2\frac{\mathrm{d}}{\mathrm{d}x}F_{yy'}\,\mathrm{d}x+\eta\eta'F_{yy'}\Big|_{x_0}^{x_1}-\int_{x_0}^{x_1}\eta\frac{\mathrm{d}}{\mathrm{d}x}(F_{y'y'}\eta')\,\mathrm{d}x\\&=\int_{x_0}^{x_1}\left[S\eta^2-\eta\frac{\mathrm{d}}{\mathrm{d}x}(R\eta')\right]\mathrm{d}x\end{aligned}$$

由式(3-2-8)可得

$$S=\frac{\mathrm{d}}{u\,\mathrm{d}x}(Ru')$$

将上式代入上面J_2的最后一个积分内，得

$$\begin{aligned}J_2&=\int_{x_0}^{x_1}\left[\eta^2\frac{\mathrm{d}}{u\,\mathrm{d}x}(Ru')-\eta\frac{\mathrm{d}}{\mathrm{d}x}(R\eta')\right]\mathrm{d}x=\int_{x_0}^{x_1}\frac{\eta}{u}\left[\eta\frac{\mathrm{d}}{\mathrm{d}x}(Ru')-u\frac{\mathrm{d}}{\mathrm{d}x}(R\eta')\right]\mathrm{d}x\\&=\int_{x_0}^{x_1}\frac{\eta}{u}\frac{\mathrm{d}}{\mathrm{d}x}[R(\eta u'-u\eta')]\,\mathrm{d}x=\frac{\eta}{u}R(\eta u'-u\eta')\Big|_{x_0}^{x_1}-\int_{x_0}^{x_1}R(\eta u'-u\eta')\frac{\mathrm{d}}{\mathrm{d}x}\left(\frac{\eta}{u}\right)\mathrm{d}x\\&=-\int_{x_0}^{x_1}R(\eta u'-u\eta')\frac{\eta'u-\eta u'}{u^2}\,\mathrm{d}x=\int_{x_0}^{x_1}R\left(\eta'-\eta\frac{u'}{u}\right)^2\mathrm{d}x\end{aligned}$$

证毕。

由式(3-2-4)和式(3-2-11)可见，当$\eta'-\eta\dfrac{u'}{u}\neq0$时，$\delta^2J$与$F_{y'y'}$符号相同。

设泛函 $J[y(x)]=\int_{x_0}^{x_1}F(x,y,y')\,\mathrm{d}x$，其端点为 $A(x_0,y_0)$ 和 $B(x_1,y_1)$，$y=y(x)$ 为该泛函的极值函数，若 $u(x)$ 为雅可比方程的解，$u(x_0)=0$，除 x_0 外，设方程 $u(x)=0$ 的根为 x^*，则根 x^* 称为 x_0 的**共轭值**，而点 $A_c(x^*,y(x^*))$ 称为极值函数 $y=y(x)$ 上点 A 的**共轭点**。

例 3.2.1 设曲线族 $u=c(x-1)x$，求坐标原点(0,0)的共轭点。

解 显然，当 $x=0$ 和 $x=1$ 时，$u=0$，坐标原点(0,0)的共轭点是点(1,0)。

例 3.2.2 已知曲线族 $u=c\sinh x$，试判断坐标原点(0,0)是否有共轭点？

解 因为双曲线只有当 $x=0$ 时，才能使 $y=0$，而当 x 取其他任意异于零的值时，都有 $u\neq 0$，故坐标原点(0,0)没有共轭点。

由于雅可比方程是二阶线性齐次方程，设它的两个线性无关的特解为 $u_1(x)$ 和 $u_2(x)$，于是其通解为

$$u(x)=c_1u_1(x)+c_2u_2(x) \tag{3-2-12}$$

式中，c_1 和 c_2 为任意常数。

由雅可比方程解的条件 $u(x_0)=0$，得

$$c_1u_1(x_0)+c_2u_2(x_0)=0$$

或

$$\frac{u_1(x_0)}{u_2(x_0)}=-\frac{c_2}{c_1}$$

若 x^* 为方程 $u(x)=0$ 的根，即 x^* 是 $A(x_0,y_0)$ 的共轭点 A_c 的横坐标，则有

$$c_1u_1(x^*)+c_2u_2(x^*)=0$$

于是可得

$$\frac{u_1(x^*)}{u_2(x^*)}=\frac{u_1(x_0)}{u_2(x_0)} \tag{3-2-13}$$

当端点 $B(x_1,y_1)$ 介于 A 和 A_c 之间时，有

$$u(x_0)=\eta(x_0)=0，\quad u(x_1)\neq 0，\quad \eta(x_1)=0$$

由此可见，$u(x)$ 与 $\eta(x)$ 在两端点 $A(x_0,y_0)$ 和 $B(x_1,y_1)$ 之间的极值函数 $y=y(x)$ 上不能达到处处成比例，也即 $\eta'-\eta\dfrac{u'}{u}\neq 0$，故必有

$$\left(\eta'-\eta\frac{u'}{u}\right)^2>0 \tag{3-2-14}$$

式(3-2-8)可化为二阶常微分方程

$$\eta''+p(x)\eta'+q(x)\eta=0 \tag{3-2-15}$$

的形式。若 $\eta'=0$，则式(3-2-15)只有 $\eta=0$ 的唯一解。为了使式(3-2-15)有非零解，可设它满足边界条件 $\eta(x_0)=0$，$\eta'(x_0)\neq 0$。此时，雅可比方程满足边界条件 $u(x_0)=0$ 的任何解 $u(x)$ 与满足边界条件

$$u(x_0)=0，\quad u'(x_0)=1 \tag{3-2-16}$$

的解只差一个常数因子。于是仅需求满足式(3-2-16)的解 $\eta=u(x)$ 即可。

设 $\eta=u(x)$ 是式(3-2-8)满足式(3-2-16)的解，如果 $u(x)$ 在半开区间 $[x_0,x_1)$ 上除点 x_0 之外没有其他零点，则式(3-2-1)的极值函数 $y=y(x)$ 称为在开区间 (x_0,x_1) 内满足**雅可比条件**。雅可比于 1837 年建立了该条件。如果 $u(x)$ 在闭区间 $[x_0,x_1]$ 上除点 x_0 之外没有其他零点，则式(3-2-1)

的极值函数 $y=y(x)$ 称为在半开区间 $(x_0,x_1]$ 内满足**雅可比强条件**。

雅可比方程的解可以从欧拉方程的通解得出。设 $y=y(x,c_1,c_2)$ 为欧拉方程

$$F_y-\frac{\mathrm{d}}{\mathrm{d}x}F_{y'}=0 \tag{3-2-17}$$

的通解，则有

$$F_y=F_y(x,y(x,c_1,c_2),y'(x,c_1,c_2)) \tag{3-2-18}$$

$$F_{y'}=F_{y'}(x,y(x,c_1,c_2),y'(x,c_1,c_2)) \tag{3-2-19}$$

将式(3-2-17)对 c_1 求偏导数，得

$$\frac{\partial F_y}{\partial y}\frac{\partial y}{\partial c_1}+\frac{\partial F_y}{\partial y'}\frac{\partial y'}{\partial c_1}-\frac{\mathrm{d}}{\mathrm{d}x}\left(\frac{\partial F_{y'}}{\partial y}\frac{\partial y}{\partial c_1}+\frac{\partial F_{y'}}{\partial y'}\frac{\partial y'}{\partial c_1}\right)=0$$

由于

$$\frac{\mathrm{d}}{\mathrm{d}x}\frac{\partial y}{\partial c_1}=\frac{\partial}{\partial c_1}\frac{\mathrm{d}y}{\mathrm{d}x}=\frac{\partial y'}{\partial c_1}$$

故

$$F_{yy}\frac{\partial y}{\partial c_1}+F_{yy'}\frac{\partial y'}{\partial c_1}-\frac{\mathrm{d}F_{y'y}}{\mathrm{d}x}\frac{\partial y}{\partial c_1}-F_{y'y}\frac{\partial y'}{\partial c_1}-\frac{\mathrm{d}}{\mathrm{d}x}\left(F_{y'y'}\frac{\partial y'}{\partial c_1}\right)=0$$

由于 $F\in C^2$，故 $F_{yy'}=F_{y'y}$，上式化简，得

$$\left(F_{yy}-\frac{\mathrm{d}}{\mathrm{d}x}F_{y'y}\right)\frac{\partial y}{\partial c_1}-\frac{\mathrm{d}}{\mathrm{d}x}\left(F_{y'y'}\frac{\partial y'}{\partial c_1}\right)=0 \tag{3-2-20}$$

将式(3-2-20)与式(3-2-6)作比较，可知 $\dfrac{\partial y}{\partial c_1}$ 是式(3-2-6)的一个解。

同理，可知 $\dfrac{\partial y}{\partial c_2}$ 也是式(3-2-6)的一个解，并且 $\dfrac{\partial y}{\partial c_1}$ 和 $\dfrac{\partial y}{\partial c_2}$ 线性无关。于是雅可比方程的通解可表示为

$$u=d_1\frac{\partial y}{\partial c_1}+d_2\frac{\partial y}{\partial c_2} \tag{3-2-21}$$

由此可以得到两种求雅可比方程通解的方法，一种方法是按式(3-2-6)所定义的雅可比方程来求解，另一种方法是先求出泛函极值曲线的通解，再按式(3-2-21)求出雅可比方程的通解。

点 $A(x_0,y_0)$ 的共轭点横坐标 x^* 满足式(3-2-13)，利用式(3-2-21)，雅可比方程两个线性无关的特解之比可写成

$$\left.\frac{\dfrac{\partial y}{\partial c_1}}{\dfrac{\partial y}{\partial c_2}}\right|_{x=x^*}=\left.\frac{\dfrac{\partial y}{\partial c_1}}{\dfrac{\partial y}{\partial c_2}}\right|_{x=x_0} \tag{3-2-22}$$

例 3.2.3 考查通过 $A(0,0)$ 和 $B(a,0)$ 两点的泛函 $J[y]=\int_0^a(y'^2-y^2)\mathrm{d}x$ 的极值曲线是否满足雅可比条件。

解 令 $F=y'^2-y^2$，泛函的雅可比方程可写为

$$-2u(x)-\frac{\mathrm{d}}{\mathrm{d}x}[2u'(x)]=0$$

或

$$u'' + u = 0$$

解得

$$u = d_1 \sin x + d_2 \cos x$$

由例 3.1.4 可知，泛函的欧拉方程的通解为 $y = c_1 \sin x + c_2 \cos x$，由式(3-2-21)也可得

$$u = d_1 \frac{\partial y}{\partial c_1} + d_2 \frac{\partial y}{\partial c_2} = d_1 \sin x + d_2 \cos x$$

由 $u(0) = 0$，可得 $d_2 = 0$，于是有

$$u = d_1 \sin x$$

它除在 $x = 0$ 处等于零外，在点 $x = k\pi$ ($k = 1, 2, \cdots$)也等于零。由此可知：

(1) 若 $0 < a < \pi$，则当 $0 < x \leqslant a$ 时，$u(x) \neq 0$，极值曲线 $y = c_1 \sin x$ 满足雅可比条件。

(2) 若 $a \geqslant \pi$，则当 $0 < x \leqslant a$ 时，$u(x) = 0$ 至少有一根 $x = \pi$，极值曲线 $y = c_1 \sin x$ 不满足雅可比条件。

例 3.2.4 考查通过 $A(0,0)$ 和 $B(x_1, 0)$ 两点的泛函 $J[y] = \int_0^{x_1} [y'^2 + k^2 y^2 + f(x)] \mathrm{d}x$ 的极值曲线是否满足雅可比条件，式中，$f(x)$ 为 x 的已知函数。

解 令 $F = y'^2 + k^2 y^2 + f(x)$，泛函的雅可比方程为

$$u''(x) - k^2 u(x) = 0$$

其通解为

$$u(x) = d_1 \sinh(kx) + d_2 \cosh(kx)$$

由左端点条件 $A(0,0)$，可求得 $d_2 = 0$，于是 $u(x) = d_1 \sinh(kx)$，即雅可比方程的解只有一个零点。对于任何不为零的 x_1 值，雅可比条件都成立。

单参数 c 的平面曲线族 $f(x,y,c) = 0$ 和 $\dfrac{\partial f(x,y,c)}{\partial c} = 0$ 的所有交点是一条曲线 C，且曲线 C 与曲线族所有曲线都相切，则曲线 C 称为曲线族的**包络线**。设曲线方程为 $F(x,y) = 0$，若在点 $p(x_0, y_0)$ 的两个偏导数同时为零，即 $\left.\dfrac{\partial F}{\partial x}\right|_{x_0} = 0$，$\left.\dfrac{\partial F}{\partial y}\right|_{y_0} = 0$，则点 p 称为曲线的**奇点**。

单参数 c 的空间曲面族 $f(x,y,z,c) = 0$ 和 $\dfrac{\partial f(x,y,z,c)}{\partial c} = 0$ 的交线称为曲面族的**特征曲线**。所有特征曲线的集合形成一个曲面 S，这个曲面 S 称为曲面族的**包络面**。设曲面方程为 $F(x,y,z) = 0$，若在点 $p(x_0, y_0, z_0)$ 的三个偏导数同时为零，即 $\left.\dfrac{\partial F}{\partial x}\right|_{x_0} = 0$，$\left.\dfrac{\partial F}{\partial y}\right|_{y_0} = 0$，$\left.\dfrac{\partial F}{\partial z}\right|_{z_0} = 0$，则点 p 称为曲面的**奇点**。

设 $y = y(x,c)$ 为式(3.2.1)通过束心在点 A 的极值曲线束的方程，其中参数 c 为通过点 A 的极值曲线束的斜率，由下列方程组

$$\begin{cases} y = y(x,c) \\ \dfrac{\partial y(x,c)}{\partial c} = 0 \end{cases} \tag{3-2-23}$$

消去参数 c 得到的表达式或曲线称为 C −**判别式**或 C −**判别曲线**。显然 C −判别曲线一般给出曲线族 $y = y(x,c)$ 的包络线，但也可能是该曲线族的奇点轨迹，于是可用式(3-2-23)来求曲线族的

包络线，此时参数 c 和曲线族 $y=y(x,c)$ 并没有上述限制。在曲线束中每一条已经固定的曲线上，导数 $\dfrac{\partial y(x,c)}{\partial c}$ 只是 x 的函数，把它记作 u，即 $u=\dfrac{\partial y(x,c)}{\partial c}$。

因函数 $y=y(x,c)$ 是式(3-2-1)的欧拉方程的解，故有

$$F_y(x,y(x,c),y'(x,c))-\frac{\mathrm{d}}{\mathrm{d}x}F_{y'}(x,y(x,c),y'(x,c))=0 \tag{3-2-24}$$

式(3-2-24)对 c 求导，并注意到 $u=\dfrac{\partial y(x,c)}{\partial c}$，可得

$$F_{yy}u+F_{yy'}u'-\frac{\mathrm{d}}{\mathrm{d}x}(F_{yy'}u+F_{y'y'}u')=0 \tag{3-2-25}$$

式中，$u'=\dfrac{\partial^2 y(x,c)}{\partial c\partial x}$。

式(3-2-25)可写成

$$\left(F_{yy}u-\frac{\mathrm{d}}{\mathrm{d}x}F_{yy'}\right)u-\frac{\mathrm{d}}{\mathrm{d}x}(F_{y'y'}u')=0 \tag{3-2-26}$$

在式(3-2-26)中的三个函数 $F_{yy}(x,y,y')$、$F_{yy'}(x,y,y')$ 和 $F_{y'y'}(x,y,y')$，因为宗量 y 等于欧拉方程的解 $y=y(x,c)$，所以它们都是 x 的已知函数。

与式(3-2-6)对比可知，式(3-2-26)正是雅可比方程，并且它与式(3-2-20)一样，于是可以通过 c –判别曲线来考查极值曲线是否满足雅可比条件。

例 3.2.5 求曲线族 $y=cx+c^2$ 的 C –判别曲线。

解 曲线族对 c 求偏导数并令其等于零，有 $x+2c=0$，即 $c=-\dfrac{1}{2}x$，将其代入曲线族表达式，得 C –判别曲线为 $y=-\dfrac{x^2}{4}$。

例 3.2.6 求曲线族 $(x-c)^2+y^2=R^2$ 的包络线。

解 令 $f=(x-c)^2+y^2-R^2=0$，有 $\dfrac{\partial f}{\partial c}=2(x-c)=0$，即 $c=x$，将其代入 f 的表达式，得 $f=y^2-R^2=0$，即包络线为 $y=\pm R$ 的两条平行直线。

例 3.2.7 考查通过点 $A(0,0)$ 和点 $B(x_1,y_1)$ 的泛函 $J[y]=\int_0^{x_1}(y'^2+x^2)\,\mathrm{d}x$ 的极值曲线是否满足雅可比条件。

解 泛函的雅可比方程为 $u''=0$，其通解为 $u=c_1x+c_2$，由边界条件 $u(0)=0$ 得到 $c_2=0$，于是 $u=c_1x$，当 $c_1\neq 0$ 时，这个解对任意的 $x_1>0$ 都不等于零，在极值曲线弧 AB 上没有点 $A(0,0)$ 的共轭点，从而它可以包含在中心在点 $A(0,0)$ 的极值曲线中心场内。所求的极值曲线为直线 $y=\dfrac{y_1}{x_1}x$，显然它能包含在由极值曲线束 $y=c_1x$ 构成的极值曲线中心场内。

例 3.2.8 讨论泛函 $J[y]=\int_0^{x_1}[y'^2-k^2y^2+f(x)]\,\mathrm{d}x$ 的极值曲线是否满足雅可比条件，式中，$f(x)$ 为 x 的已知函数，边界条件为 $y(0)=0$，$y(x_1)=0$，并讨论极值曲线 $y=0$ 能够包含在中心在点 $A(0,0)$ 的极值曲线中心场内。

解 泛函的欧拉方程为

$$y''+k^2y=0$$

其通解为

$$y = c_1 \sin(kx) + c_2 \cos(kx)$$

若 $x_1 \neq \dfrac{n\pi}{k}$，其中 n 为整数，则符合边界条件的极值曲线为直线 $y=0$，接着考查单参数极值曲线族 $y = c_1\sin(kx)$，可以证明该曲线族的 C –判别曲线由形如 $\left(\dfrac{n\pi}{k},0\right)$ 的点组成，当 $x_1 < \dfrac{\pi}{k}$ 时，极值曲线 $y=0$ 不存在点 $A(0,0)$ 的共轭点，且这条极值曲线能包含在中心在点 $A(0,0)$ 的极值曲线中心场内。当 $x_1 \geqslant \dfrac{\pi}{k}$ 时，至少有一点是点 $A(0,0)$ 的共轭点，雅可比条件不满足，此时极值曲线族 $y = c_1\sin(kx)$ 不构成场。

3.3 魏尔斯特拉斯函数与魏尔斯特拉斯条件

设最简泛函

$$J[y(x)] = \int_{x_0}^{x_1} F(x, y, y')\,\mathrm{d}x \tag{3-3-1}$$

其边界条件为

$$y(x_0) = y_0,\quad y(x_1) = y_1 \tag{3-3-2}$$

式中，$F(x,y,y')$ 具有二阶连续偏导数。记边界点为 $A(x_0,y_0)$ 和 $B(x_1,y_1)$。

设 C 是式(3-3-1)并通过式(3-3-2)两固定点 $A(x_0,y_0)$ 和 $B(x_1,y_1)$ 的极值曲线，其方程为 $y=y(x)$。若想知道在极值曲线 C 取得的极值是极大值还是极小值，需要考查该泛函在与极值曲线 C 邻近的容许曲线上的值。当极值曲线过渡到与 C 邻近的可取曲线 $\bar{C}$ 时，泛函 $J[y(x)]$ 的增量为

$$\Delta J = \int_{\bar{C}} F(x,y,y')\,\mathrm{d}x - \int_C F(x,y,y')\,\mathrm{d}x \tag{3-3-3}$$

式中，记号 $\int_{\bar{C}} F(x,y,y')\,\mathrm{d}x$ 和 $\int_C F(x,y,y')\,\mathrm{d}x$ 分别表示泛函 $\int_{x_0}^{x_1} F(x,y,y')\,\mathrm{d}x$ 通过两固定点 $A(x_0,y_0)$ 和 $B(x_1,y_1)$ 沿可取曲线 $\bar{C}$ 和极值曲线 C 所得到的值。

为了确定 ΔJ 的符号，引入一个辅助泛函

$$H[\bar{C}] = \int_{\bar{C}} [F(x,y,p) + (y'-p)F_p(x,y,p)]\,\mathrm{d}x \tag{3-3-4}$$

式(3-3-4)称为**希尔伯特不变积分**，是希尔伯特于 1900 年提出来的，其中，$p = p(x,y)$ 为极值曲线场在所考查的点 (x,y) 处的斜率，而 y' 为沿可取曲线 $\bar{C}$ 的斜率。这里应注意 y' 和 p 的差别，当 A、B 两点固定时，通过点 (x,y) 的极值曲线一般只能有一条，通过该点的极值曲线的斜率一般也只能有一个，这就是极值曲线场的斜率 p，而通过点 (x,y) 的可取曲线 $\bar{C}$ 可以取任意条，相应地，在该点处的斜率 y' 也可以有任意个，这两者是不同的。

式(3-3-4)有如下两个性质：

(1) 当取可取曲线 $\bar{C}$ 就是极值曲线 C 时，由于有 $y' = p(x,y)$，故辅助泛函成为极值曲线 C 所对应的泛函 $\int_C F(x,y,y')\,\mathrm{d}x$；

(2) 它是某一函数的全微分的积分。

现在证明第二个性质。

证 辅助泛函可改写成以下形式

$$H[\bar{C}]=\int_{\bar{C}}\{[F(x,y,p)-pF_p(x,y,p)]\mathrm{d}x+F_p(x,y,p)\mathrm{d}y\}$$

设 $M=F(x,y,p)-pF_p(x,y,p)$， $N=F_p(x,y,p)$。因为

$$M_y=F_y+F_p p_y-p_y F_p-p(F_{py}+F_{pp}p_y)=F_y-p(F_{py}+F_{pp}p_y)，\quad N_x=F_{px}+F_{pp}p_x$$

$$\frac{\mathrm{d}p}{\mathrm{d}x}=p_x+p_y y'=p_x+pp_y，\quad y'=p，\quad y''=p_x+p_y y'=p_x+pp_y$$

故

$$\begin{aligned}M_y-N_x&=F_y-p(F_{py}+F_{pp}p_y)-F_{px}-F_{pp}p_x=F_y-pF_{py}-F_{px}-F_{pp}(pp_y+p_x)\\&=F_y-pF_{py}-F_{px}-F_{pp}y''=F_y-\frac{\mathrm{d}}{\mathrm{d}x}F_{y'}=F_y-\frac{\mathrm{d}}{\mathrm{d}x}F_p\end{aligned}$$

注意偏导数 N_x 中不含 $F_{py}y_x$ 和 $F_{pp}p_y y_x$ 这两项，否则就成为对 x 的全导数了。

因为极值曲线场的斜率 $p(x,y)$ 就是欧拉方程的积分曲线的切线，所以在所讨论的场内，x，y， $p(x,y)$ 满足欧拉方程，即有

$$F_y-\frac{\mathrm{d}}{\mathrm{d}x}F_p\equiv 0$$

这就证明了所作辅助泛函的被积函数是某一函数的全微分，同时也表明该积分与积分路径无关。证毕。

由于希尔伯特不变积分式(3-3-4)与积分路径无关，故无论是否 $\bar{C}=C$，都有

$$H[\bar{C}]=\int_{\bar{C}}[F(x,y,p)+(y'-p)F_p(x,y,p)]\mathrm{d}x=\int_C F(x,y,y')\mathrm{d}x \tag{3-3-5}$$

由此可见，希尔伯特不变积分是泛函沿极值曲线取值的另一种表示形式。

将式(3-3-5)代入式(3-3-3)，泛函 $J[y(x)]$ 的增量可写成如下形式

$$\begin{aligned}\Delta J&=\int_{\bar{C}}F(x,y,y')\mathrm{d}x-\int_C F(x,y,y')\mathrm{d}x\\&=\int_{\bar{C}}F(x,y,y')\mathrm{d}x-\int_{\bar{C}}[F(x,y,p)+(y'-p)F_p(x,y,p)]\mathrm{d}x\\&=\int_{\bar{C}}[F(x,y,y')-F(x,y,p)-(y'-p)F_p(x,y,p)]\mathrm{d}x\end{aligned} \tag{3-3-6}$$

式(3-3-6)的被积函数称为式(3-3-1)的**魏尔斯特拉斯函数**或 E **函数**，记作 $E(x,y,y',p)$，即

$$E(x,y,y',p)=F(x,y,y')-F(x,y,p)-(y'-p)F_p(x,y,p) \tag{3-3-7}$$

为了便于计算，有时需要对 E 函数加以变形，例如，令 $y'=p+u$，则有

$$E(x,y,p+u)=F(x,y,p+u)-F(x,y,p)-uF_p(x,y,p) \tag{3-3-8}$$

若将式(3-3-8)中的 p 换成 y'，则有

$$E(x,y,y'+u)=F(x,y,y'+u)-F(x,y,y')-uF_{y'}(x,y,y') \tag{3-3-9}$$

将 E 函数代入泛函增量的表达式，有

$$\Delta J=\int_{\bar{C}}E(x,y,y',p)\mathrm{d}x \tag{3-3-10}$$

由此可见，泛函增量的符号与 E 函数的符号一致。E 函数的符号是泛函取得极值的必要条件，即当 E 函数大于零时，泛函取极小值，E 函数小于零时，泛函取极大值。在魏尔斯特拉斯提出 E 函数以前变分问题所得到的结果通常称为**变分法的古典理论**或**古典变分法**。古典变分法研究的是定义域内的泛函的极值。

当 $y=y(x)$ 是极值曲线时， $y'=p$，此时 $E=0$。

设 $y=y(x)$ 是式(3-3-1)满足式(3-3-2)的极值曲线。如果对于该极值曲线近旁的所有的点

(x, y)和近于极值曲线场斜率函数 $p(x,y)$ 的 y' 值，有

$$E(x,y,y',p) \geqslant 0\ (\text{或} \leqslant 0) \tag{3-3-11}$$

则式(3-3-11)称为**魏尔斯特拉斯弱条件**。

如果对于该极值曲线近旁的所有的点(x, y)和任意的 y' 值，式(3-3-11)都成立，则该式称为**魏尔斯特拉斯强条件**。

魏尔斯特拉斯弱条件和强条件统称**魏尔斯特拉斯条件**。

例 3.3.1 求泛函

$$J[y] = \int_0^{x_1} y'^3 \,\mathrm{d}x,\quad y(0)=0,\quad y(x_1)=y_1,\quad x_1>0,\quad y_1>0$$

的魏尔斯特拉斯函数，并讨论魏尔斯特拉斯条件是否成立。

解 本题中泛函的欧拉方程为 $y''=0$。满足边界条件的极值曲线为

$$y = \frac{y_1}{x_1}x$$

又泛函的雅可比方程是 $u''=0$，其通解是

$$u = c_1x + c_2$$

由雅可比方程的边界条件 $u(0)=0$，$u'(0)=1$，得 $c_1=1$，$c_2=0$，故

$$u = x$$

显然当 $0<x<x_1$ 时，$u = x \neq 0$，故极值曲线 $y=\frac{y_1}{x_1}x$ 满足雅可比条件。

魏尔斯特拉斯函数为

$$E(x,y,y',p) = y'^3 - p^3 - 3p^2(y'-p) = 2(y'-p)^2\left(p+\frac{y'}{2}\right)$$

在极值曲线 $y=\frac{y_1}{x_1}x$ 上，场的斜率 $p=\frac{y_1}{x_1}>0$。若 y' 取近于 $p=\frac{y_1}{x_1}$ 的值，则有 $E \geqslant 0$，即魏尔斯特拉斯弱条件成立。但若 y' 取任意的值，因这时 $p+\frac{y'}{2}$ 有任意的符号，E 不能保持固定的符号，所以魏尔斯特拉斯条件不成立。

例 3.3.2 判断泛函 $J[y]=\int_0^1 (ay+by'^2)\,\mathrm{d}x$ 的极值情况，边界条件为 $y(0)=0$，$y(1)=0$。

解 泛函的欧拉方程为

$$a - 2by'' = 0$$

积分两次，得

$$y = \frac{ax^2}{4b} + c_1x + c_2$$

符合边界条件的解是

$$y = \frac{ax}{4b}(x-1)$$

所给泛函的雅可比方程为 $u''=0$，其通解是 $u=c_1x+c_2$。由边界条件 $u(0)=0$，得 $c_2=0$，且当 $c_1 \neq 0$ 时，$u=c_1x$ 在闭区间[0,1]内除 $x=0$ 处外不为零，故雅可比条件满足，于是极值曲线 $y=\frac{ax}{4b}(x-1)$ 可包含在中心点在原点的曲线族 $y=\frac{a}{4b}x^2+c_2x$ 的中心极值曲线场内。

泛函的魏尔斯特拉斯函数为

$$E = ay + by'^2 - ay - bp^2 - (y' - p)2bp = b(y' - p)^2$$

由此可知，对于任意的 y' 值，当 $b > 0$ 时，有 $E \geqslant 0$，故泛函在极值曲线 $y = \dfrac{ax}{4b}(x-1)$ 上可达到强极小值。当 $b < 0$ 时，有 $E \leqslant 0$，故泛函在极值曲线 $y = \dfrac{ax}{4b}(x-1)$ 上可达到强极大值。

3.4 勒让德条件

对于一个给定的最简泛函，要检验魏尔斯特拉斯条件是否成立，一般情况下比较困难。所以希望能用一个比较简单的条件来代替魏尔斯特拉斯条件。

设最简泛函

$$J[y(x)] = \int_{x_0}^{x_1} F(x, y, y')\,\mathrm{d}x \tag{3-4-1}$$

其边界条件为

$$y(x_0) = y_0，\quad y(x_1) = y_1 \tag{3-4-2}$$

式中，被积函数 $F(x, y, y')$ 具有连续二阶偏导数。

将被积函数 $F(x, y, y')$ 关于变元 y' 在 $y' = p$ 处展成泰勒公式

$$F(x, y, y') = F(x, y, p) + F_{y'}(x, y, p)(y' - p) + F_{y'y'}(x, y, q)\frac{(y' - p)^2}{2!} \tag{3-4-3}$$

式中，q 介于 p 和 y' 之间。

将式(3-4-3)代入魏尔斯特拉斯函数 $E(x, y, y', p)$ 中，得

$$\begin{aligned} E(x, y, y', p) &= F(x, y, p) + F_{y'}(x, y, p)(y' - p) + \\ &\quad F_{y'y'}(x, y, q)\frac{(y' - p)^2}{2!} - F(x, y, p) - (y' - p)F_p(x, y, p) \end{aligned} \tag{3-4-4}$$

因 $F_{y'}(x, y, p) = F_{y'}(x, y, y')\big|_{y'=p} = F_p(x, y, p)$，故式(3-4-4)成为

$$E(x, y, y', p) = \frac{(y' - p)^2}{2!}F_{y'y'}(x, y, q) \tag{3-4-5}$$

可见 $E(x, y, y', p)$ 与 $F_{y'y'}(x, y, q)$ 具有相同的符号，故魏尔斯特拉斯条件可用下面的条件来代替

$$F_{y'y'}(x, y, q) \geqslant 0\,(\text{或} \leqslant 0) \tag{3-4-6}$$

式(3-4-6)是勒让德于 1786 年通过研究二次变分提出来的，称为式(3-4-1)的**勒让德条件**。如果式(3-4-6)是严格的不等式，则称为**勒让德强条件**。勒让德条件也是泛函取得极值的必要条件。泛函的一条极值曲线包含在极值曲线场中的充分条件是必须满足勒让德强条件。

预备定理 3.4.1 设泛函 $J[y] = \int_{x_0}^{x_1} F(x, y, y')\,\mathrm{d}x$，其边界条件为 $y(x_0) = y_0$，$y(x_1) = y_1$，其中 $F(x, y, y')$ 具有连续二阶偏导数，并设 $y = y(x)$ 为该泛函的极值函数，若满足下列条件：

(1) $u(x)$ 为雅可比方程的解，且 $u(x) \neq 0$，$x \in (x_0, x_1)$；

(2) x 在区间 $[x_0, x_1]$ 内有 $\eta' - \eta\dfrac{u'}{u} \neq 0$；

(3) $F_{y'y'}$ 在区间 $[x_0, x_1]$ 内不变号；

那么，当 $F_{y'y'} > 0$ 时，$J[y]$ 为弱极小值；当 $F_{y'y'} < 0$ 时，$J[y]$ 为弱极大值。

证 由于泛函取得极值，可得 $\delta J=0$，又由式(3-2-3)、式(3-2-4)和式(3-2-10)，得

$$\Delta J=\frac{\varepsilon^2}{2}\int_{x_0}^{x_1}F_{y'y'}\left(\eta'-\eta\frac{u'}{u}\right)^2\mathrm{d}x+\varepsilon_2 \tag{3-4-7}$$

式中，ε_2 为比 $d_1^2(y,y+\varepsilon\eta)$ 更高阶的无穷小。

在式(3-4-7)中，由式(2)和式(3)可知，当一级距离 $d_1(y,y+\varepsilon\eta)$ 足够小时，ΔJ 与 $F_{y'y'}$ 同号，于是当 $F_{y'y'}>0$ 时，$\Delta J>0$，$J[y]$ 为弱极小值；当 $F_{y'y'}<0$ 时，$\Delta J<0$，$J[y]$ 为弱极大值。证毕。

例 3.4.1 试判断泛函 $J[y]=\int_{x_0}^{x_1}x^2(1-y'^2)\mathrm{d}x$ 的勒让德条件是否成立，边界条件为 $y(x_0)=y_0$，$y(x_1)=y_1$，其中 $0\leqslant x_0<x_1$。

解 被积函数为 $F(x,y,y')=x^2(1-y'^2)$，有 $F_{y'y'}=-2x^2$。当 $x_0=0$ 时，勒让德条件成立。当 $x_0>0$ 时，勒让德强条件成立。

例 3.4.2 设泛函 $J[y]=\int_0^{x_1}(6y'^2-y'^4)\mathrm{d}x$，边界条件为 $y(0)=0$，$y(x_1)=y_1$，其中 $x_1>0$，$y_1>0$。试判断该泛函的极值曲线是否能包含在一个相应的极值曲线场中。

解 因泛函只是 y' 的函数，故其欧拉方程为 $y=c_1x+c_2$，由边界条件得 $c_2=0$，$c_1=\dfrac{y_1}{x_1}$，于是极值曲线为 $y=\dfrac{y_1}{x_1}x$，相应的极值曲线场为 $y=cx$。此时，勒让德强条件为

$$F_{y'y'}=12(1-y'^2)>0$$

若使勒让德条件成立，应有 $1-y'^2=1-\dfrac{y_1^2}{x_1^2}>0$，即只有当 $y_1<x_1$ 时，极值曲线才能包含在 $y=cx$ 的极值曲线场中。

3.5 泛函极值的充分条件

有了上面的雅可比条件、魏尔斯特拉斯条件和勒让德条件以及极值曲线场、斜率函数和 E 函数等概念，就可以建立泛函极值的充分条件。

3.5.1 魏尔斯特拉斯充分条件

定理 3.5.1 如果曲线 $y=y(x)$ ($x_0\leqslant x\leqslant x_1$)是式(3-2-1)满足式(3-2-2)的极值曲线，该极值曲线包含在极值曲线场中且满足雅可比条件，对于充分接近极值曲线 $y=y(x)$ 的所有点(x,y)以及接近于极值曲线场的斜率函数 $p(x,y)$ 的 y' 值，魏尔斯特拉斯条件成立，即 E 函数不改变符号；则满足式(3-2-2)的式(3-2-1)在极值曲线 $y=y(x)$ 上取得弱极值。当 $E\geqslant 0$ 时，取得弱极小值；当 $E\leqslant 0$ 时，取得弱极大值。

证 根据式(3-3-10)，泛函 $J[y(x)]$ 在极值曲线 $y=y(x)$ 上的增量可表示为

$$\Delta J=\int_{x_0}^{x_1}E(x,y,y',p)\mathrm{d}x$$

由上式可知，若 $E(x,y,y',p)\geqslant 0$ (或 $\leqslant 0$)，则 $\Delta J\geqslant 0$ (或 $\leqslant 0$)。故由弱极小值(或弱极大值)的定义，即得证。证毕。

定理 3.5.2 如果曲线 $y=y(x)$ ($x_0\leqslant x\leqslant x_1$)是式(3-2-1)满足式(3-2-2)的极值曲线，该极值曲线包含在极值曲线场中且满足雅可比条件，对于极值曲线 $y=y(x)$ 近旁的所有点(x,y)以及

任意的 y' 值，魏尔斯特拉斯条件成立，即 E 函数不改变符号；则满足式(3-2-2)的式(3-2-1)在极值曲线 $y=y(x)$ 上取得强极值。当 $E\geqslant 0$ 时，取得强极小值；当 $E\leqslant 0$ 时，取得强极大值。

证 根据式(3-3-10)，泛函 $J[y(x)]$ 在极值曲线 $y=y(x)$ 上的增量可表示为

$$\Delta J=\int_{x_0}^{x_1}E(x,y,y',p)\,\mathrm{d}x$$

由上式可知，若 $E(x,y,y',p)\geqslant 0$ (或 $\leqslant 0$)，则 $\Delta J\geqslant 0$ (或 $\leqslant 0$)。故由强极小值(或强极大值)的定义，即得证。证毕。

注意：定理 3.5.1 和定理 3.5.2 中的三项条件不仅是泛函取极值的充分条件，而且也是必要条件。这两个定理可各拆成两个定理。

定理 3.5.3 如果曲线 $y=y(x)$ ($x_0\leqslant x\leqslant x_1$)是式(3-2-1)满足式(3-2-2)的极值曲线，且该极值曲线包含在区域为 D 的极值曲线场中，在 D 内对于极值函数 $p=p(x,y)$ 以及任意的 y' 值，魏尔斯特拉斯条件成立，即 E 函数不改变符号；则满足式(3-2-2)的式(3-2-1)在极值曲线 $y=y(x)$ 上取得绝对极值。当 $E\geqslant 0$ 时，取得绝对极小值；当 $E\leqslant 0$ 时，取得绝对极大值。

证 根据式(3-3-10)，泛函 $J[y(x)]$ 在极值曲线 $y=y(x)$ 上的增量可表示为

$$\Delta J=\int_{x_0}^{x_1}E(x,y,y',p)\,\mathrm{d}x$$

由上式可知，若 $E(x,y,y',p)\geqslant 0$ (或 $\leqslant 0$)，则 $\Delta J\geqslant 0$ (或 $\leqslant 0$)。故由绝对极小值(或强极大值)的定义，即得证。证毕。

例 3.5.1 讨论泛函 $J[y]=\int_0^1(y'^3+ay')\,\mathrm{d}x$ 的极值情况，其中 a 为任意实数，边界条件为 $y(0)=0$，$y(1)=1$。

解 由于被积函数只是 y' 的函数，故欧拉方程的通解为 $y=c_1x+c_2$。由边界条件 $y(0)=0$，$y(1)=1$，可解得 $c_2=0$，$c_1=1$，故极值曲线为 $y=x$。$y=cx$ 在闭区间 $[0,1]$ 上的极值曲线形成以坐标原点(0,0)为中心的中心场，且 $y=x$ 位于该极值曲线场之内。在这条极值曲线上，场的斜率 $p=1$。魏尔斯特拉斯函数为

$$E=y'^3+ay'-(p^3+ap)-(y'-p)(3p^2+a)=(y'-p)^2(y'+2p)$$

若 y' 在 p 附近取值，则 $E\geqslant 0$，根据定理 3.5.1，泛函可在极值曲线 $y=x$ 上取得弱极小值。若 y' 取任意值，则 $(y'+2p)$ 可以有任意符号，即 E 函数不能保持固定的符号，故强极值的充分条件得不到满足，并且这个充分条件也是必要的。因此在极值曲线 $y=x$ 上，泛函不能取得强极值。

例 3.5.2 判定泛函 $J[y]=\int_0^1\mathrm{e}^x\left(y^2+\dfrac{1}{2}y'^2\right)\mathrm{d}x$ 是否存在极值，边界条件为 $y(0)=1$，$y(1)=\mathrm{e}$。

解 泛函的欧拉方程为

$$2\mathrm{e}^x y-\mathrm{e}^x y'-\mathrm{e}^x y''=0$$

或

$$y''+y'-2y=0$$

方程的通解为 $y=c_1\mathrm{e}^x+c_2\mathrm{e}^{-2x}$，由边界条件 $y(0)=1$，$y(1)=\mathrm{e}$，可得 $c_1=1$，$c_2=0$，于是，泛函的极值曲线为 $y=\mathrm{e}^x$。它包含在 $y=c\,\mathrm{e}^x$ 的极值曲线场内。魏尔斯特拉斯函数为

$$E=\mathrm{e}^x\left(y^2+\frac{1}{2}y'^2\right)-\mathrm{e}^x\left(y^2+\frac{1}{2}p^2\right)-(y'-p)\mathrm{e}^x p=\frac{1}{2}\mathrm{e}^x(y'-p)^2$$

由此可见，对于任意的 y'，有 $E \geqslant 0$。根据定理 3.5.2，泛函在极值曲线 $y = e^x$ 上取得强极小值。

例 3.5.3 判定泛函 $J[y] = \int_0^1 e^y y'^2 \, dx$ 是否存在极值，边界条件为 $y(0) = 0$，$y(1) = \ln 4$。

解 因被积函数不含 x，故泛函的欧拉方程的首次积分为

$$e^y y'^2 - 2e^y y'^2 = -c^2$$

或

$$e^{\frac{y}{2}} dy = c\,dx$$

积分，得

$$e^{\frac{y}{2}} = c_1 x + c_2$$

两端取对数，有

$$y = 2\ln(c_1 x + c_2)$$

由边界条件 $y(0) = 0$，$y(1) = \ln 4$，得 $c_1 = c_2 = 1$，故极值曲线为

$$y = 2\ln(x+1)$$

它包含在 $y = 2\ln(cx+1)$ 的极值曲线中心场内。魏尔斯特拉斯函数为

$$E = e^y y'^2 - e^y p^2 - (y'-p)2e^y p = e^y (y'-p)^2$$

由此可见，对于任意的 y'，有 $E \geqslant 0$。根据定理 3.5.2，泛函在极值曲线 $y = 2\ln(x+1)$ 上取得强极小值。

例 3.5.4 设泛函 $J[y] = \int_0^1 (y'^2 + yy'^3) \, dx$，边界条件为 $y(0) = 0$，$y(1) = 0$，试讨论它的极值情况。

解 因 $F = y'^2 + yy'^3$ 不含 x，故泛函的欧拉方程有首次积分

$$y'^2 + yy'^3 - y'(2y' + 3yy'^2) = -c$$

或

$$y'^2 (1 + 2yy') = c$$

解得

$$y = c_1 x + c_2$$

$$y^2 = c_3 x + c_4$$

由边界条件 $y(0) = 0$，$y(1) = 0$，得 $c_1 = c_2 = c_3 = c_4 = 0$。故 $y = 0$。

魏尔斯特拉斯函数为

$$E = (y'+u)^2 + y(y'+u)^3 - (y'^2 + yy'^3) - u(2y' + 3yy'^2) = u^2 \geqslant 0$$

虽然 $E \geqslant 0$，但由于极值曲线 $y = 0$ 不满足雅可比强条件，故泛函在 $y = 0$ 上只能取得弱极小值。

从这个例子可知，在极值曲线上，对任意的 y'，即使魏尔斯特拉斯函数 $E \geqslant 0$，也不一定能得出强极值存在的结论。

例 3.5.5 设泛函 $J[y] = \int_1^2 (x^2 y'^2 + 6y^2 + 12y) \, dx$，边界条件为 $y(1) = 0$，$y(2) = 3$。试讨论它的极值情况。

解 令 $F = x^2 y'^2 + 6y^2 + 12y$，泛函的欧拉方程为

$$12y + 12 - 4xy' - 2x^2 y'' = 0$$

作置换 $x=\mathrm{e}^t$，原方程化为

$$D(D-1)y+2Dy-6y=6$$

式中，D 表示对 t 的求导运算。

上式的特征方程为

$$r(r-1)+2r-6=0$$

解出两个根 $r_1=2$，$r_2=-3$，得余函数

$$Y=c_1\mathrm{e}^{2t}+c_2c^{-3t}=c_1x^2+\frac{c_2}{x^3}$$

设特解的形式为

$$y^*=b$$

代入原方程，得 $b=-1$。

于是方程的通解为

$$y=Y+y^*=c_1x^2+\frac{c_2}{x^3}-1$$

由边界条件 $y(1)=0$，$y(2)=3$，可解出 $c_1=1$，$c_2=0$，故

$$y=x^2-1$$

雅可比方程的通解为

$$u=d_1\frac{\partial y}{\partial c_1}+d_2\frac{\partial y}{\partial c_2}=d_1x^2+\frac{d_2}{x^3}$$

由边界条件 $u(1)=0$，$u'(1)=1$，可解出 $d_1=\frac{1}{5}$，$d_2=-\frac{1}{5}$，故雅可比方程的解为

$$u=\frac{1}{5}\left(x^2-\frac{1}{x^3}\right)$$

由此可见，因 u 除了在点 $x_0=1$ 处之外没有其他零点，所以泛函的极值函数满足雅可比强条件。

魏尔斯特拉斯函数为

$$E=x^2(y'^2-p^2)-(y'-p)2x^2p=x^2(y'-p)^2>0$$

于是在极值曲线 $y=x^2-1$ 上，泛函 $J[y]$ 取得强极小值。

3.5.2 勒让德充分条件

定理 3.5.4 如果曲线 $y=y(x)$（$x_0\leqslant x\leqslant x_1$）是式(3-2-1)满足式(3-2-2)的极值曲线，且满足雅可比条件，在极值曲线 $y=y(x)$ 上，勒让德条件成立，即 $F_{y'y'}(x,y,y')$ 不改变符号；则满足式(3-2-2)的式(3-2-1)在极值曲线 $y=y(x)$ 上取得弱极值。当 $F_{y'y'}>0$ 时，取得弱极小值；当 $F_{y'y'}<0$ 时取得弱极大值。

证 根据式(3-3-7)和式(3-4-5)，泛函 $J[y(x)]$ 在极值曲线 $y=(x)$ 上的增量可表示为

$$\Delta J=\int_{x_0}^{x_1}E(x,y,y',p)\,\mathrm{d}x=\int_{x_0}^{x_1}\frac{(y'-p)^2}{2!}F_{y'y'}(x,y,q)\,\mathrm{d}x$$

式中，q 介于 p 和 y' 之间。

因在极值曲线 $y=y(x)$ 上，$F_{y'y'}(x,y,y')\neq 0$，于是由泛函的连续性可知，对于与极值曲线 $y=y(x)$ 相邻的点及与斜率函数 p 相近的值 y'，有 $F_{y'y'}(x,y,y')\neq 0$，从而 $\Delta J\neq 0$。且当 $F_{y'y'}>0$

时，$\Delta J>0$；当 $F_{y'y'}<0$ 时，$\Delta J<0$。故由弱极小值(或弱极大值)的定义，定理得证。证毕。

定理 3.5.5 如果曲线 $y=(x)$ ($x_0 \leqslant x \leqslant x_1$)是式(3-2-1)满足式(3-2-2)的极值曲线，且满足雅可比条件，对于极值曲线 $y=(x)$ 某个零阶邻域内的所有点(x,y)及任意的值 y'，勒让德条件成立，即 $F_{y'y'}(x,y,q)$ 不改变符号，且函数 $F(x,y,y')$ 在 $y'=p$ 处的一阶泰勒公式成立；则满足式(3-2-2)的式(3-2-1)在极值曲线 $y=(x)$ 上取得强极值。当 $F_{y'y'}(x,y,q)\geqslant 0$ 时，取得强极小值；当 $F_{y'y'}(x,y,q)\leqslant 0$ 时，取得强极大值。

证 根据所给条件，对于任意的 y'，有

$$F(x,y,y')=F(x,y,p)+(y'-p)F_p(x,y,p)+\frac{(y'-p)^2}{2!}F_{y'y'}(x,y,q)$$

式中，q 介于 p 和 y' 之间。

将上式代入 E 函数，得

$$E(x,y,y',p)=\frac{(y'-p)^2}{2!}F_{y'y'}(x,y,q)$$

于是，泛函 $J[y(x)]$ 在极值曲线 $y=(x)$ 上的增量可表示为

$$\Delta J=\int_{x_0}^{x_1}\frac{(y'-p)^2}{2!}F_{y'y'}(x,y,q)\,\mathrm{d}x$$

由假设 $F_{y'y'}(x,y,q)$ 在极值曲线 $y=y(x)$ 零阶邻域的点及任意的 y' 不变号，因此 ΔJ 也不变号。当 $F_{y'y'}(x,y,q)\geqslant 0$ 时，$\Delta J\geqslant 0$，即泛函 $J[y(x)]$ 在 $y=y(x)$ 上取得强极小值；当 $F_{y'y'}(x,y,q)\leqslant 0$ 时，$\Delta J\leqslant 0$，即泛函 $J[y(x)]$ 在 $y=y(x)$ 上取得强极大值。证毕。

上述泛函取得极值充分条件的定理，可以推广到含有多个未知函数的泛函

$$J[y_1,y_2,\cdots,y_n]=\int_{x_0}^{x_1}F(x,y_1,y_2,\cdots,y_n,y_1',y_2',\cdots,y_n')\,\mathrm{d}x \tag{3-5-1}$$

中去。此时，固定边界条件为

$$y_i(x_0)=y_{i0},\quad y_i(x_1)=y_{i1}\quad (i=1,2,\cdots,n) \tag{3-5-2}$$

勒让德强条件为

$$F_{y_1'y_1'}>0,\quad \begin{vmatrix}F_{y_1'y_1'} & F_{y_1'y_2'}\\ F_{y_2'y_1'} & F_{y_2'y_2'}\end{vmatrix}>0,\quad \cdots,\quad \begin{vmatrix}F_{y_1'y_1'} & F_{y_1'y_2'} & \cdots & F_{y_1'y_n'}\\ F_{y_2'y_1'} & F_{y_2'y_2'} & \cdots & F_{y_2'y_n'}\\ \cdots & \cdots & \cdots & \cdots\\ F_{y_n y_1'} & F_{y_n'y_2'} & \cdots & F_{y_n'y_n'}\end{vmatrix}>0 \tag{3-5-3}$$

E 函数为

$$\begin{aligned}E=&F(x,y_1,y_2,\cdots,y_n,y_1',y_2',\cdots,y_n')-F(x,y_1,y_2,\cdots,y_n,p_1',p_2',\cdots,p_n')-\\&\sum_{i=1}^{n}(y_i'-p_i)F_{p_i}(x,y_1,y_2,\cdots,y_n,p_1',p_2',\cdots,p_n')\end{aligned} \tag{3-5-4}$$

式中，$p_i=\dfrac{\partial y_i}{\partial x}$ ($i=1,2,\cdots,n$)为点(x,y_i)处的斜率函数。

在上述问题中，雅可比强条件要求在闭区间[x_0,x_1]内不包含点 x_0 的共轭点。把式(3-5-3)与雅可比强条件相结合，可知式(3-5-1)至少存在一个弱极小值。如果把式(3-5-3)中的不等式符号改变一下方向，则式(3-5-1)至少可得到一个弱极大值。

例 3.5.6 讨论泛函 $J[y]=\int_0^{x_1}\sqrt{\dfrac{1+y'^2}{2gy}}\,\mathrm{d}x$ 的极值，边界条件为 $y(0)=0$，$y(x_1)=y_1$。

解 这是最速降线问题。可求得满足边界条件 $y(0)=0$ 的极值曲线族是摆线

$$\begin{cases} x=\dfrac{c}{2}(\theta-\sin\theta) \\ y=\dfrac{c}{2}(1-\cos\theta) \end{cases}$$

式中，常数 c 可由另一边界条件 $y(x_1)=y_1$ 确定。

设 $c=2a$，则满足给定边界条件的极值曲线为

$$\begin{cases} x=a(\theta-\sin\theta) \\ y=a(1-\cos\theta) \end{cases}$$

当 $0<x_1<2\pi a$ 时，上述摆线束形成以坐标原点(0,0)为中心的极值曲线场，且包含满足两个给定边界条件的极值曲线在内，即雅可比条件成立。又对于任意的 y' 值，都有

$$F_{y'y'}=\frac{1}{\sqrt{2gy}(1+y'^2)^{\frac{3}{2}}}>0$$

因此，当 $0<x_1<2\pi a$ 时，在摆线上，所给泛函取得强极小值。

例 3.5.7 设泛函 $J[y]=\int_0^2(\mathrm{e}^{y'}+a)\mathrm{d}x$，其中 a 为任意实常数，边界条件为 $y(0)=1$，$y(2)=3$。试讨论它的极值情况。

解 由于泛函的被积函数只是 y' 的函数，故极值曲线是直线族 $y=c_1x+c_2$，符合边界条件的极值曲线为 $y=x+1$，它能包含在极值曲线族 $y=c_1x+c_2$ 的极值曲线场内。对于任意的 y' 值，都有 $F_{y'y'}=\mathrm{e}^{y'}>0$，由此可知，泛函在极值曲线 $y=x+1$ 上取得强极小值。

例 3.5.8 用勒让德条件判别泛函 $J[y]=\int_1^2(xy'^4-2yy'^3)\mathrm{d}x$ 是否有极值，边界条件为 $y(1)=0$，$y(2)=1$。

解 泛函的欧拉方程为

$$-2y'^3-4y'^3-12xy'^2y''+6y'^3+12yy'y''=0$$

化简得

$$y''=0$$

欧拉方程的解为 $y=c_1x+c_2$，符合边界条件的解为 $y=x-1$，在这条极值曲线上，场的斜率 $p=1$。该极值曲线只有一个零点，符合雅可比条件。利用勒让德条件，有

$$F_{y'y'}=12xy'^2-12yy'=12(x-y)=12>0$$

于是泛函在极值曲线 $y=x-1$ 可取得弱极值。

例 3.5.9 用勒让德条件判别泛函 $J[y]=\int_0^{x_1}(1-\mathrm{e}^{-y'^2})\mathrm{d}x$ 是否有极值，其中 $a>0$，边界条件为 $y(0)=0$，$y(x_1)=y_1$。

解 因泛函的被积函数只是 y' 的函数，故欧拉方程的解为 $y=c_1x+c_2$，符合边界条件的解为 $y=\dfrac{y_1}{x_1}x$，在这条极值曲线上，场的斜率 $p=\dfrac{y_1}{x_1}$。它只有一个零点，符合雅可比条件。利用勒让德条件，有

$$F_{y'y'}=4y'^2\mathrm{e}^{-y'^2}-2\mathrm{e}^{-y'^2}=2\mathrm{e}^{-y'^2}(2y'^2-1)=2\mathrm{e}^{-y'^2}\left(2\frac{y_1^2}{x_1^2}-1\right)$$

若$|y_1| > \dfrac{\sqrt{2}x_1}{2}$，则$F_{y'y'} > 0$，泛函在极值曲线$y = \dfrac{y_1}{x_1}x$上取得弱极小值。若$|y_1| < \dfrac{\sqrt{2}x_1}{2}$，则$F_{y'y'} < 0$，泛函在极值曲线$y = \dfrac{y_1}{x_1}x$上取得弱极大值。若$|y_1| = \dfrac{\sqrt{2}x_1}{2}$，则$F_{y'y'} = 0$，泛函在极值曲线$y = \dfrac{y_1}{x_1}x$上不能取得极值。

例 3.5.10　设泛函$J[y] = \int_0^1 yy'^2 \, \mathrm{d}x$，$y(0) = p > 0$，$y(1) = q > 0$。试讨论其极值情况。

解　因被积函数不含x，故欧拉方程的首次积分为

$$yy'^2 = c^2$$

或

$$y^{\frac{1}{2}} \, \mathrm{d}y = c \, \mathrm{d}x$$

积分得

$$y^{\frac{3}{2}} = c_1 x + c_2$$

由边界条件$y(0) = p > 0$，$y(1) = q > 0$，得$c_2 = p^{\frac{3}{2}}$，$c_1 = q^{\frac{3}{2}} - p^{\frac{3}{2}}$，故极值曲线为

$$y = \sqrt[3]{\left[\left(q^{\frac{3}{2}} - p^{\frac{3}{2}}\right)x + p^{\frac{3}{2}}\right]^2}$$

显然应该有$y > 0$。这条极值曲线包含在极值曲线场$y = \sqrt[3]{(c_1 x + c_2)^2}$中。

勒让德条件为

$$F_{y'y'} = 2y > 0$$

如果$p \neq q$，则泛函在极值曲线$y = \sqrt[3]{\left[\left(q^{\frac{3}{2}} - p^{\frac{3}{2}}\right)x + p^{\frac{3}{2}}\right]^2}$上取得弱极小值，如果$p = q$，则泛函在极值曲线$y = p$上取得弱极小值。

例 3.5.11　利用勒让德条件判断泛函$J[y] = \int_0^{x_1} (6y'^2 - y'^4 + yy') \, \mathrm{d}x$是否有极值，边界条件为$y(0) = 0$，$y(x_1) = y_1$，$x_1 > 0$，$y_1 > 0$。

解　泛函的欧拉方程为

$$y' - 12y'' + 12y'^2 y'' - y' = 0$$

或

$$y'' = 0$$

积分两次，得

$$y = c_1 x + c_2$$

符合边界条件的解为$y = \dfrac{y_1}{x_1}x$，它包含在以坐标原点(0,0)为中心的极值曲线中心场$y = cx$中，且$y' = \dfrac{y_1}{x_1}$。勒让德条件为

$$F_{y'y'} = 12(1 - y'^2) = 12\left(1 - \frac{y_1^2}{x_1^2}\right)$$

由此可见，对于极值曲线 $y=\frac{y_1}{x_1}x$，若 $y_1<x_1$，则 $F_{y'y'}>0$，泛函取得弱极小值；若 $y_1>x_1$，则 $F_{y'y'}<0$，泛函取得弱极大值。

例 3.5.12　检验泛函 $J[y,z]=\int_0^1(y'^2+z'^2)\,\mathrm{d}x$ 的极值，边界条件为 $y(0)=0$，$z(0)=0$，$y(1)=1$，$z(1)=2$。

解　因泛函只是 y' 和 z' 的函数，故其欧拉方程组的解为

$$\begin{cases}y=c_1x+c_2\\z=c_3x+c_4\end{cases}$$

符合边界条件的解为 $y=x$，$z=2x$，是通过原点的直线。在所求的问题中有

$$F_{y'y'}=2\text{，}\quad F_{y'z'}=0\text{，}\quad F_{z'y'}=0\text{，}\quad F_{z'z'}=2$$

勒让德条件为

$$F_{y'y'}=2>0\text{，}\quad \begin{vmatrix}F_{y'y'}&F_{y'z'}\\F_{z'y'}&F_{z'z'}\end{vmatrix}=\begin{vmatrix}2&0\\0&2\end{vmatrix}=4>0$$

由此可见，所求泛函至少存在一个弱极小值。

3.6　泛函的高阶变分

考察最简泛函

$$J[y(x)]=\int_{x_0}^{x_1}F(x,y,y')\,\mathrm{d}x \tag{3-6-1}$$

式中，$F(x,y,y')$ 具有二阶连续偏导数。

对给定的函数 $y=y(x)$ 和任意确定函数 δy，且它们都属于 $C^1[x_0,x_1]$。应用多元函数的泰勒公式，被积函数 $F(x,y,y')$ 在 $y=y(x)$ 上的增量可写成如下形式

$$\begin{aligned}\Delta F&=F(x,y+\delta y,y'+\delta y')-F(x,y,y')\\&=(F_y\delta y+F_{y'}\delta y')+\frac{1}{2}[\bar{F}_{yy}(\delta y)^2+2\bar{F}_{yy'}\delta y\delta y'+\bar{F}_{y'y'}(\delta y')^2]\end{aligned} \tag{3-6-2}$$

式中，$\bar{F}_{yy}$、$\bar{F}_{yy'}$ 和 $\bar{F}_{y'y'}$ 分别表示 F_{yy}、$F_{yy'}$ 和 $F_{y'y'}$ 在点($x,y+\theta_1\delta y$，$y'+\theta_2\delta y'$)处的值，$0<\theta_1<1$，$0<\theta_2<1$。

由 $\bar{F}_{yy}$、$\bar{F}_{yy'}$ 和 $\bar{F}_{y'y'}$ 的连续性可知，当 $d_1[y,y+\delta y]$ 充分小时，有

$$\bar{F}_{yy}=F_{yy}+\varepsilon_1\text{，}\quad \bar{F}_{yy'}=F_{yy'}+\varepsilon_2\text{，}\quad \bar{F}_{y'y'}=F_{y'y'}+\varepsilon_3 \tag{3-6-3}$$

式中，ε_1、ε_2 和 ε_3 均随 $d_1[y,y+\delta y]\to 0$ 而趋于零。

于是 ΔF 可写成下面的形式

$$\begin{aligned}\Delta F&=F(x,y+\delta y,y'+\delta y')-F(x,y,y')\\&=(F_y\delta y+F_{y'}\delta y')+\frac{1}{2}[F_{yy}(\delta y)^2+2F_{yy'}\delta y\delta y'+F_{y'y'}(\delta y')^2]+\varepsilon\end{aligned} \tag{3-6-4}$$

式中

$$\varepsilon=\frac{1}{2}[\varepsilon_1(\delta y)^2+2\varepsilon_2\delta y\delta y'+\varepsilon_3(\delta y')^2] \tag{3-6-5}$$

下面证明 ε 是比 $d_1^{\,2}[y,y+\delta y]$ 更高阶的无穷小量。

因$(\delta y-\delta y')^2\geqslant 0$，即$|2\delta y\delta y'|\leqslant(\delta y)^2+(\delta y')^2$，故有

$$\begin{aligned}\varepsilon&=\frac{1}{2}[\varepsilon_1(\delta y)^2+2\varepsilon_2\delta y\delta y'+\varepsilon_3(\delta y')^2]\leqslant\frac{1}{2}\Big[\big(|\varepsilon_1|+|\varepsilon_2|\big)(\delta y)^2+\big(|\varepsilon_2|+|\varepsilon_3|\big)(\delta y')^2\Big]\\&=\frac{1}{2}[\varepsilon_4(\delta y)^2+\varepsilon_5(\delta y')^2]\end{aligned}\tag{3-6-6}$$

式中，$\varepsilon_4=|\varepsilon_1|+|\varepsilon_2|$与$\varepsilon_5=|\varepsilon_2|+|\varepsilon_3|$均随$d_1[y,y+\delta y]\to 0$而趋于零。

又因$|\delta y|\leqslant d_1[y,y+\delta y]$，$|\delta y'|\leqslant d_1[y,y+\delta y]$，所以

$$|\varepsilon|\leqslant\frac{1}{2}[\varepsilon_4(\delta y)^2+\varepsilon_5(\delta y')^2]\leqslant\frac{1}{2}[\varepsilon_4+\varepsilon_5]d_1^2[y,y+\delta y]\tag{3-6-7}$$

这表明ε是比$d_1^2[y,y+\delta y]$更高阶的无穷小量。

式(3-6-4)中右端的第一项称为函数$F(x,y,y')$的**一阶变分或一次变分**，记为δF，即

$$\delta F=F_y\delta y+F_{y'}\delta y'\tag{3-6-8}$$

式(3-6-4)中右端的第二项称为函数$F(x,y,y')$的**二阶变分或二次变分**，记为$\delta^2 F$，即

$$\delta^2 F=\frac{1}{2}[F_{yy}(\delta y)^2+2F_{yy'}\delta y\delta y'+F_{y'y'}(\delta y')^2]\tag{3-6-9}$$

于是

$$\Delta F=\delta F+\delta^2 F+R_2\tag{3-6-10}$$

考察式(3-6-1)在$y=y(x)$上的增量，由式(3-6-10)得

$$\Delta J=\int_{x_0}^{x_1}[F(x,y+\delta y,y'+\delta y')-F(x,y,y')]\mathrm{d}x\tag{3-6-11}$$

如果式(3-6-1)在$y=y(x)$上取极值，则其一次变分为

$$\delta J=\int_{x_0}^{x_1}(F_y\delta y+F_{y'}\delta y')\mathrm{d}x=\int_{x_0}^{x_1}\delta F\,\mathrm{d}x=0\tag{3-6-12}$$

故泛函的增量ΔJ成为

$$\Delta J=\int_{x_0}^{x_1}(\delta^2 F+R_2)\mathrm{d}x=\int_{x_0}^{x_1}\delta^2 F\,\mathrm{d}x+R\tag{3-6-13}$$

式中，$R=\int_{x_0}^{x_1}R_2\,\mathrm{d}x$。

积分$\int_{x_0}^{x_1}\delta^2 F\,\mathrm{d}x$称为式(3-6-1)在极值曲线$y=y(x)$上的**二阶变分或二次变分**，记为$\delta^2 J$，即

$$\delta^2 J=\int_{x_0}^{x_1}\delta^2 F\,\mathrm{d}x=\frac{1}{2}\int_{x_0}^{x_1}[F_{yy}(\delta y)^2+2F_{yy'}\delta y\delta y'+F_{y'y'}(\delta y')^2]\mathrm{d}x\tag{3-6-14}$$

式(3-6-14)还可以写成其他形式。由于$\delta y(x_0)=\delta y(x_1)=0$，并且

$$2\int_{x_0}^{x_1}F_{yy'}\delta y\delta y'\,\mathrm{d}x=\int_{x_0}^{x_1}F_{yy'}\,\mathrm{d}(\delta y)^2=-\int_{x_0}^{x_1}(\delta y)^2\frac{\mathrm{d}}{\mathrm{d}x}F_{yy'}\,\mathrm{d}x\tag{3-6-15}$$

故

$$\delta^2 J=\int_{x_0}^{x_1}[S(\delta y)^2+R(\delta y')^2]\mathrm{d}x\tag{3-6-16}$$

式中，$S=\frac{1}{2}\left(F_{yy}-\frac{\mathrm{d}}{\mathrm{d}x}F_{yy'}\right)$，$R=\frac{1}{2}F_{y'y'}$。

由此可见，泛函沿极值曲线$y=y(x)$取得绝对极值的充分条件为：当$S\geqslant 0$且$R\geqslant 0$时，泛函取绝对极小值；当$S\leqslant 0$且$R\leqslant 0$时，泛函取绝对极大值。这表明泛函的二次变分和极值

的充分条件相联系。

对于泛函 $J[y(x)]$，可引入一个函数 $\Phi(\varepsilon)$，使得 $\Phi(\varepsilon)=J[y(x)+\varepsilon\delta y]$，如果它在 $\varepsilon=0$ 处对 ε 的二阶导数 $\left.\frac{\partial^2 J[y(x)+\varepsilon\delta y]}{\partial\varepsilon^2}\right|_{\varepsilon=0}$ 存在，则 $\Phi''(0)$ 称为泛函 $J[y(x)]$ 在 $y=y(x)$ 处的**二阶变分**，并记作 $\delta^2 J$，即

$$\delta^2 J=\Phi''(0)=\left.\frac{\partial^2 J[y(x)+\varepsilon\delta y]}{\partial\varepsilon^2}\right|_{\varepsilon=0} \tag{3-6-17}$$

这样定义的泛函的二阶变分与前面定义的泛函的二阶变分对于可积函数类上确定的泛函来说是等价的，且有时更便于计算泛函的变分。

例 3.6.1 试求泛函 $J[y]=\int_{x_0}^{x_1}(xy^2+y'^3)\,\mathrm{d}x$ 的二阶变分。

解 S 和 R 分别为

$$S=\frac{1}{2}\left(F_{yy}-\frac{\mathrm{d}}{\mathrm{d}x}F_{yy'}\right)=x\,,\quad R=\frac{1}{2}F_{y'y'}=3y'$$

泛函的二阶变分为

$$\delta^2 J=\int_{x_0}^{x_1}[S(\delta y)^2+R(\delta y')^2]\,\mathrm{d}x=\int_{x_0}^{x_1}[x(\delta y)^2+3y'(\delta y')^2]\,\mathrm{d}x$$

对于式(3-6-1)中的被积函数 F，可根据泰勒公式展开成 n 次多项式，即

$$\begin{aligned}\int_{x_0}^{x_1}F(x,y+\delta y,y'+\delta y')\,\mathrm{d}x=&\int_{x_0}^{x_1}F(x,y,y')\,\mathrm{d}x+\int_{x_0}^{x_1}(F_y\delta y+F_{y'}\delta y')\,\mathrm{d}x+\\&\frac{1}{2!}\int_{x_0}^{x_1}[F_{yy}(\delta y)^2+2F_{yy'}\delta y\delta y'+F_{y'y'}(\delta y')^2]\,\mathrm{d}x+\cdots+\\&\frac{1}{n!}\int_{x_0}^{x_1}\left(\delta y\frac{\partial}{\partial y}+\delta y'\frac{\partial}{\partial y'}\right)^n F\,\mathrm{d}x+\varepsilon_n\end{aligned} \tag{3-6-18}$$

式中，ε_n 是比 $d_1{}^n[y,y+\delta y]$ 更高阶的无穷小量。

于是可得

$$\Delta J=\delta J+\delta^2 J+\cdots+\delta^n J+\varepsilon_n=\sum_{k=1}^{n}\delta^k J+\varepsilon_n \tag{3-6-19}$$

式中

$$\delta J=\int_{x_0}^{x_1}(F_y\delta y+F_{y'}\delta y')\,\mathrm{d}x$$

$$\delta^2 J=\frac{1}{2!}\int_{x_0}^{x_1}[F_{yy}(\delta y)^2+2F_{yy'}\delta y\delta y'+F_{y'y'}(\delta y')^2]\,\mathrm{d}x$$

$$\cdots$$

$$\delta^n J=\frac{1}{n!}\int_{x_0}^{x_1}\left(\delta y\frac{\partial}{\partial y}+\delta y'\frac{\partial}{\partial y'}\right)^n F\,\mathrm{d}x \tag{3-6-20}$$

由此可定义 n 阶变分，即积分 $\int_{x_0}^{x_1}\delta^n F\,\mathrm{d}x$ 称为式(3-6-1)在极值曲线 $y=y(x)$ 上的 **n 阶变分**或 **n 次变分**，记为 $\delta^n J$，即

$$
\begin{aligned}
\delta^n J &= \int_{x_0}^{x_1} \delta^n F \,\mathrm{d}x = \frac{1}{n!}\int_{x_0}^{x_1}\left[\left(\delta y\frac{\partial}{\partial y}+\delta y'\frac{\partial}{\partial y'}\right)^n F\right]\mathrm{d}x \\
&= \frac{1}{n!}\int_{x_0}^{x_1}\left[\sum_{k=0}^{n} C_n^k \frac{\partial^n F}{\partial y^{n-k}\partial y'^k}(\delta y)^{n-k}(\delta y')^k\right]\mathrm{d}x
\end{aligned}
\tag{3-6-21}
$$

式中，$C_n^k = \dfrac{n!}{k!(n-k)!}$为$n$个事物中取$k$个事物的组合数(定义$C_n^0=1$)。

上述定义也可以推广到依赖于多个未知函数的泛函。

当然，也可把n阶变分定义为

$$
\delta^n J = \int_{x_0}^{x_1}\left[\left(\delta y\frac{\partial}{\partial y}+\delta y'\frac{\partial}{\partial y'}\right)^n F\right]\mathrm{d}x = \int_{x_0}^{x_1}\left[\sum_{k=0}^{n} C_n^k \frac{\partial^n F}{\partial y^{n-k}\partial y'^k}(\delta y)^{n-k}(\delta y')^k\right]\mathrm{d}x \tag{3-6-22}
$$

式(3-6-22)与式(3-6-20)或式(3-6-21)定义的n阶变分仅差一个常数$\dfrac{1}{n!}$，不过这两种定义对泛函增量的计算都相同。若按式(3-6-22)定义n阶变分，则泛函的增量可写成

$$
\Delta J = \delta J + \frac{1}{2!}\delta^2 J + \cdots + \frac{1}{n!}\delta^n J + \varepsilon_n = \sum_{k=1}^{n}\frac{1}{k!}\delta^k J + \varepsilon_n \tag{3-6-23}
$$

定理 3.6.1 设$y=y(x)$是式(3-6-1)满足式(3-2-2)的极值曲线。如果在$y=y(x)$上，$\delta^2 J \geqslant 0$(或$\leqslant 0$)，则该泛函在$y=y(x)$上取得弱极小值(或弱极大值)。

证 由泛函增量ΔJ的表达式(3-6-10)可知，当δy和$\delta y'$的绝对值充分小时，ΔJ的符号由$\delta^2 J$决定，故根据弱极值的定义即得证。证毕。

例 3.6.2 设泛函

$$
J[y] = \int_{x_0}^{x_1}\left[\sum_{k=0}^{n} p_k(x) y'^k y^{n-k}\right]\mathrm{d}x \tag{3-6-24}
$$

式中，$y \in C^1[x_0,x_1]$，$p_k(x) \in [x_0,x_1]$为已知函数($k=1,2,\cdots,n$)。

求证

$$
\Delta J = J[y+\delta y] - J[y] = \sum_{k=1}^{n}\frac{1}{k!}\delta^k J \tag{3-6-25}
$$

证 式(3-6-24)的增量可写成式(3-6-12)的形式，因被积函数$F=\sum\limits_{k=0}^{n} p_k(x) y'^k y^{n-k}$是关于$y$和$y'$的$n$次多项式，且两者的乘积的指数之和也是$n$，最多只能有$n$阶变分，即$\varepsilon_n = 0$，故式(3-6-25)成立。证毕。

例 3.6.3 设泛函$J[y]=\dfrac{1}{2}\int_{x_0}^{x_1}[p(x)y^2+4q(x)yy'+r(x)y'^2]\mathrm{d}x$，式中，$p(x)$、$q(x)$、$r(x)\in C^1[x_0,x_1]$，$y\in C^2[x_0,x_1]$，$p(x)\neq 0$，$p(x)r(x)-q^2(x)>0$，且在$y=y(x)$上，$\delta J=0$。

(1) 试求$\delta^2 J$；

(2) 试证当$p(x)>0$时，$J[y]$是绝对极小值；当$p(x)<0$时，$J[y]$是绝对极大值。

解 (1) 令被积函数$F=\dfrac{1}{2}[p(x)y^2+2q(x)yy'+r(x)y'^2]$，其二阶变分为

$$
\delta^2 F = \frac{1}{2}[F_{yy}(\delta y)^2 + 2F_{yy'}\delta y\delta y' + F_{y'y'}(\delta y')^2] = \frac{1}{2}[p(\delta y)^2 + 2q\delta y\delta y' + r(\delta y')^2]
$$

于是

$$\delta^2 J=\frac{1}{2}\int_{x_0}^{x_1}\delta^2 F\,\mathrm{d}x=\frac{1}{2}\int_{x_0}^{x_1}[p(\delta y)^2+2q\delta y\delta y'+r(\delta y')^2]\,\mathrm{d}x$$

(2) 由于被积函数 $F=\frac{1}{2}[p(x)y^2+2q(x)yy'+r(x)y'^2]$ 是关于 y 和 y' 的二次多项式，其泰勒公式展开式也是关于 y 和 y' 的二次多项式，且余项为零，故

$$\Delta J=J[y+\delta y]-J[y]=\delta J+\delta^2 J$$

由于在 $y=y(x)$ 上，$\delta J=0$，于是

$$\Delta J=\delta^2 J=\frac{1}{2}\int_{x_0}^{x_1}[p(\delta y)^2+2q\delta y\delta y'+r(\delta y')^2(\delta y')^2]\,\mathrm{d}x$$

因 $p(x)\neq 0$，通过配方得

$$\Delta J=\delta^2 J=\frac{1}{2}\int_{x_0}^{x_1}p\left[\left(\delta y+\frac{q}{p}\delta y'\right)^2+\frac{pr-q^2}{p^2}(\delta y')^2\right]\mathrm{d}x$$

又由于 $p(x)r(x)-q^2(x)>0$，故上式

$$\left[\left(\delta y+\frac{q}{p}\delta y'\right)^2+\frac{pr-q^2}{p^2}(\delta y')^2\right]>0$$

于是 $\Delta J=\delta^2 J$ 的符号与 p 的符号相同。因此在区间 $[x_0,x_1]$ 上，当 $p(x)>0$ 时，$\Delta J=\delta^2 J>0$，$J[y]$ 是绝对极小值；当 $p(x)<0$ 时，$\Delta J=\delta^2 J<0$，$J[y]$ 是绝对极大值。

被积函数是未知函数及其导数的二次方的泛函称为**二次泛函**。例如形如例 3.6.3 的泛函就是一个二次泛函。

例 3.6.4 求泛函 $J[y_1,y_2,\cdots,y_n]=\int_{x_0}^{x_1}F(x,y_1,y_2,\cdots,y_n,y_1',y_2',\cdots,y_n')\,\mathrm{d}x$ 的二阶变分。

解 泛函的一阶变分为

$$\delta J=\int_{x_0}^{x_1}\left(\sum_{i=1}^{n}F_{y_i}\delta y_i+\sum_{i=1}^{n}F_{y_i'}\delta y_i'\right)\mathrm{d}x$$

泛函的二阶变分为

$$\begin{aligned}\delta^2 J&=\int_{x_0}^{x_1}\left(\sum_{i,k=1}^{n}F_{y_iy_k}\delta y_i\delta y_k+\sum_{i,k=1}^{n}F_{y_iy_k'}\delta y_i\delta y_k'+\sum_{i,k=1}^{n}F_{y_i'y_k}\delta y_i'\delta y_k+\sum_{i,k=1}^{n}F_{y_i'y_k'}\delta y_i'\delta y_k'\right)\mathrm{d}x\\&=\int_{x_0}^{x_1}\left(\sum_{i,k=1}^{n}F_{y_iy_k}\delta y_i\delta y_k+2\sum_{i,k=1}^{n}F_{y_iy_k'}\delta y_i\delta y_k'+\sum_{i,k=1}^{n}F_{y_i'y_k'}\delta y_i'\delta y_k'\right)\mathrm{d}x\end{aligned}$$

3.7 名家介绍

勒让德(Legendre, Adrien Marie, 1752.9.18—1833.1.9) 法国数学家。生、卒于巴黎。1770 年毕业于马扎林学院。1775 年任巴黎军事学院数学教授。1782 年其论文《关于阻尼介质中的弹道研究》获柏林科学院奖。1783 年当选为巴黎科学院助理院士，两年后升为院士，1787 年成为英国皇家学会会员。1795 年当选为法兰西研究院常任院士。与拉格朗日、拉普拉斯被并称为法国数学界的“三 L”。研究领域主要涉及数学分析、初等几何、数论及天体力学等方面。椭圆积分理论的奠基人之一，发表了《行星外形的研究》、《几何学基础》、《数论》和《椭圆函数论》等大量论著，在大地测量理论、球面三角形理论、最小二乘法等方面有重要贡献，还对

高等几何学、力学、天文学和物理学等问题有过论述。

雅可比(Jacobi, Carl Gustav Jacbo, 1804.12.10—1851.2.18)　德国数学家。生于波茨坦，卒于柏林。1820 年入柏林大学学习，1825 年获哲学博士学位。1827 年被选为柏林科学院院士。1832 年任柯尼斯堡大学教授，同年成为英国皇家学会会员。还是圣彼得堡科学院、维也纳科学院、巴黎科学院、马德里科学院等名誉院士或通讯院士。椭圆函数论的创始人之一，代表作为《椭圆函数论新基础》(1829)。建立了函数行列式求导公式，引进了“雅可比行列式”，并提出这些行列式在多重积分中变量替换和解偏微分方程时的作用。在数论、线性代数、变分法、微分方程、微分几何、复变函数、力学和数学史等方面均有重要贡献。数学中的许多术语都与他的名字有关。著有《算术大全》和《动力学讲义》(1866)等。

魏尔斯特拉斯(Weierstrass, Karl Theodor Wilhelm, 1815.10.31—1897.2.19)　德国数学家。生于威斯特伐利亚的奥斯坦菲尔德，卒于柏林。1838 年毕业于波恩大学法律系，之后转学数学。1841 年起在中学执教了 15 年。1854 年获名誉博士学位。1856 年任柏林大学副教授，1864 年任教授，1873—1874 年任校长。1856 年当选为柏林科学院院士，1868 年当选为法国科学院院士，1881 年成为英国皇家学会会员。主要贡献在数学分析、解析函数论、变分法、微分几何和线性代数等方面。与戴德金(Dedekind, Julius Wilhelm Richard, 1831.10.6—1916.2.12)和康托尔(Cantor, Moritz Benedikt, 1829.8.23—1920.4.9)的共同努力下，创立了现代函数理论。19 世纪最有影响的分析学家，第一流的数学家，近世分析之父。杰出的教育家，培养了大批有成就的数学人才，其中著名的有柯瓦列夫斯卡娅(Ковалевская, Софья Васильевна, 1850.1.15—1891.2.10)、施瓦茨、米塔-列夫勒、波尔查和克莱因等。

希尔伯特(Hilbert, David, 1862.1.23—1943.2.14)　德国数学家。生于柯尼斯堡，卒于格丁根。1880 年入柯尼斯堡大学，1885 年获哲学博士学位。1893 年任柯尼斯堡大学教授。1895 年任格丁根大学教授，直到 1930 年退休。1913 年当选为柏林科学院通讯院士，1942 年为该院荣誉院士。还是许多国家科学院院士或荣誉院士。在不变式理论、代数数论、几何学、变分法、微分方程、积分方程、数论、数学物理方法和数理逻辑等领域中都取得了辉煌的成果。1900 年，在巴黎国际数学家大会上提出 23 个最重要的数学问题，后来称为希尔伯特问题，对 20 世纪数学发展产生了深刻的影响。主要著作有《几何基础》(1899)、《理论逻辑基础》、《直观几何学》和《数学基础》等。他是卓越的研究者和优秀的教师，并具有杰出的领导才能。

习题 3

证明下列各基本变分问题的极值曲线可以包含在极值曲线场(正常的或有心的)内。

3.1　$J[y]=\int_0^1(y'^2-2xy)\,\mathrm{d}x$，$y(0)=y(1)=0$。

3.2　$J[y]=\int_0^1(2\mathrm{e}^x y+y'^2)\,\mathrm{d}x$，$y(0)=1$，$y(1)=\mathrm{e}$。

3.3　$J[y]=\int_0^{x_1}(y^2-y'^2)\,\mathrm{d}x$，式中，$x_1>0$，$x_1\neq k\pi$，$y(0)=0$，$y(x_1)=0$。

3.4　$J[y]=\int_0^2(y'^2+x^2)\,\mathrm{d}x$，$y(0)=1$，$y(2)=3$。

习题 3.1 答案　　习题 3.2 答案　　习题 3.3 答案　　习题 3.4 答案

3.5 求下列曲线族的 C–判别曲线

(1) $y=(x-c)^2$；(2) $y(c-x)-c^2=0$；(3) $(x-c)^2+y^2=1$。

试讨论下面泛函的极值性质。

3.6 $J[y]=\int_0^2(xy'+y'^2)\,\mathrm{d}x$， $y(0)=1$， $y(2)=0$。

3.7 $J[y]=\int_0^{x_1}(y'^2+2yy'-16y^2)\,\mathrm{d}x$， $x_1>0$， $y(0)=0$， $y(x_1)=0$。

3.8 $J[y]=\int_{-1}^2 y'(1+x^2y')\,\mathrm{d}x$， $y(-1)=1$， $y(2)=4$。

习题 3.5 答案　习题 3.6 答案　习题 3.7 答案　习题 3.8 答案

3.9 $J[y]=\int_1^2 y'(1+x^2y')\,\mathrm{d}x$， $y(1)=3$， $y(2)=5$。

3.10 $J[y]=\int_{-1}^2 y'(1+x^2y')\,\mathrm{d}x$， $y(-1)=y(2)=1$。

3.11 $J[y]=\int_0^{\frac{\pi}{4}}(4y^2-y'^2+8y)\,\mathrm{d}x$， $y(0)=-1$， $y\left(\frac{\pi}{4}\right)=0$。

3.12 $J[y]=\int_1^2(x^2y'^2+12y^2)\,\mathrm{d}x$， $y(1)=1$， $y(2)=8$。

习题 3.9 答案　习题 3.10 答案　习题 3.11 答案　习题 3.12 答案

3.13 $J[y]=\int_{x_0}^{x_1}\frac{1+y^2}{y'^2}\,\mathrm{d}x$， $y(x_0)=y_0$， $y(x_1)=y_1$。

3.14 $J[y]=\int_0^1(y'^2+y^2+2y\mathrm{e}^{2x})\,\mathrm{d}x$， $y(0)=\frac{1}{3}$， $y(1)=\frac{1}{3}\mathrm{e}^2$。

3.15 $J[y]=\int_0^{\frac{\pi}{4}}[y^2-y'^2+6y\sin(2x)]\,\mathrm{d}x$， $y(0)=0$， $y\left(\frac{\pi}{4}\right)=1$。

3.16 $J[y]=\int_0^{x_1}\frac{\mathrm{d}x}{y'}$， $y(0)=0$， $y(x_1)=y_1$， $x_1>0$， $y_1>0$。

习题 3.13 答案　习题 3.14 答案　习题 3.15 答案　习题 3.16 答案

3.17 $J[y]=\int_0^{x_1}\frac{\mathrm{d}x}{y'^2}$， $y(0)=0$， $y(x_1)=y_1$， $x_1>0$， $y_1>0$。

3.18 $J[y]=\int_2^3\frac{y}{y'^2}\,\mathrm{d}x$， $y(2)=1$， $y(3)=4$。

3.19　$J[y]=\int_0^1 (xy+y^2-2y^2y')\,\mathrm{d}x$，$y(0)=0$，$y(1)=0$。

3.20 求泛函 $J[y]=\int_0^1 (xy+y^2-2y^2y')\,\mathrm{d}x$ 的二阶和三阶变分。

习题 3.17 答案　　习题 3.18 答案　　习题 3.19 答案　　习题 3.20 答案

3.21 设泛函 $J[y]=\int_{x_0}^{x_1}(x^2+y^2+y'^2)\,\mathrm{d}x$，边界条件为 $y(x_0)=0$，$y(x_1)=y_1$，求雅可比方程满足边界条件 $u(0)=0$，$u'(0)=1$ 的解。

3.22 求泛函 $J[y]=\int_0^1 (y^2-2yy'+y'^2)\,\mathrm{d}x$ 的极值曲线，并说明在该极值曲线上泛函是否取得绝对极大(小)值。

3.23 求泛函 $J[y]=\int_0^1 -2(y'^2-1)^2\,\mathrm{d}x$ 的极值曲线，并判别在该极值曲线上泛函能否取绝对极大(小)值。

3.24 求泛函 $J[y]=\int_0^2 (yy'+y'^2)\,\mathrm{d}x$ 的极值曲线，并讨论其极值性，边界条件为 $y(0)=0$，$y(1)=2$。

习题 3.21 答案　　习题 3.22 答案　　习题 3.23 答案　　习题 3.24 答案

3.25 求泛函 $J[y]=\int_{(1,1)}^{(8,2)} x^{\frac{2}{3}}y'^2\,\mathrm{d}x$ 的极值曲线，并讨论其极值性。

3.26 求泛函 $J[y]=\int_{(1,1)}^{(2,4)} \dfrac{x^3}{y'^2}\,\mathrm{d}x$ 的极值曲线，并讨论其极值性。

3.27 设 $u=u(x,y)$ 是二次泛函 $J[u]=\iint_D (pu_x^2+pu_y^2-2fu)\,\mathrm{d}x\,\mathrm{d}y$ 满足固定边界条件 $u|_{\Gamma}=g(x,y)$，$g\in C(\Gamma)$ 的极值函数，其中 Γ 为 D 的边界闭曲线，$\bar{D}=D+\Gamma$；$p\in C^1(\bar{D})$，$f\in C(\bar{D})$，且 $p>0$，$u\in C^2(\bar{D})$。试证：$u=u(x,y)$ 使 $J[u]$ 取绝对极小值。

3.28 求泛函 $J[y]=\dfrac{1}{2}\int_1^3 (x^2y'^2+4yy')\,\mathrm{d}x$ 的极值曲线，并讨论其极值性，边界条件为 $y(1)=0$，$y(3)=1$。

习题 3.25 答案　　习题 3.26 答案　　习题 3.27 答案　　习题 3.28 答案

3.29 讨论泛函 $J[y]=\int_0^{x_1}(1+x)y'^2\,\mathrm{d}x$ 的极值情况，其中 $x_1>0$，边界条件为 $y(0)=0$，$y(x_1)=y_1$。

3.30 讨论泛函 $J[y]=\int_0^{\frac{\pi}{2}}(y^2-y'^2)\,\mathrm{d}x$ 的极值情况，边界条件为 $y(0)=1$， $y\left(\frac{\pi}{2}\right)=1$。

3.31 讨论泛函 $J[y]=\int_0^1 y'^3\,\mathrm{d}x$ 能否取得强极值？边界条件为 $y(0)=0$， $y(1)=1$。

3.32 判断泛函 $J[y]=\int_0^1(\varepsilon y'^2+y^2+x^2)\,\mathrm{d}x$ 对于各种不同的参数 ε 的值是否存在极值，边界条件为 $y(0)=0$， $y(1)=1$。

习题 3.29 答案　　习题 3.30 答案　　习题 3.31 答案　　习题 3.32 答案

3.33 利用勒让德条件判断泛函 $J[y]=\int_0^1(y'^2+x^2)\,\mathrm{d}x$ 是否有极值，边界条件为 $y(0)=-1$， $y(1)=1$。

3.34 利用勒让德条件判断泛函 $J[y]=\int_0^{x_1}(1-\mathrm{e}^{-y'^4})\,\mathrm{d}x$ 是否有极值，边界条件为 $y(0)=0$， $y(x_1)=y_1$，式中， $x_1>0$， $y_1>0$。

3.35 试检验泛函 $J[y,z]=\int_0^{x_1}\sqrt{1+y'^2+z'^2}\,\mathrm{d}x$ 的极值，边界条件为 $y(0)=0$， $y(x_1)=y_1$， $z(0)=0$， $z(x_1)=z_1$，式中， $x_1>0$， $y_1>0$， $z_1>0$。

习题 3.33 答案　　习题 3.34 答案　　习题 3.35 答案

第 4 章 可动边界的变分问题

前面在研究泛函的极值问题时，都假设其积分限固定不变，即其容许函数都通过 A 、B 这两个固定端点。但在许多实际问题中，泛函的积分限既可以固定，也可以待定。如果容许函数的一个或两个端点并不通过预先给定的点，而是得通过变分才能确定，则这样的端点称为**变动端点**、**可变端点**或**可动端点**，对于一元函数来说，端点和边界具有同样的含义，故上述端点也可称为**变动边界**、**可变边界**或**可动边界**，有时也称为**待定端点**或**待定边界**。容许函数的两个端点就是泛函积分的上下限。如果泛函的积分限可变，或积分区域给定而缺少边界条件，则这样的变分问题称为**可动边界的变分问题**或**待定边界的变分问题**。当泛函的容许函数在边界上的值没有明显给出时，这样的变分问题称为**无约束变分问题**。本章就来讨论上述变分问题。

4.1 最简泛函的变分问题

设泛函

$$J[y(x)]=\int_{x_0}^{x_1}F(x,y,y')\,\mathrm{d}x \tag{4-1-1}$$

其可取曲线 $y=y(x)\in C^2$ 类函数，且两个端点 $A(x_0,y_0)$ 、$B(x_1,y_1)$ 分别在两个给定的 C^2 类函数 $y=\varphi(x)$ 与 $y=\psi(x)$ 上移动，如图 4-1-1 所示。此时，式(4-1-1)称为**可动边界的最简泛函**或**待定边界的最简泛函**。

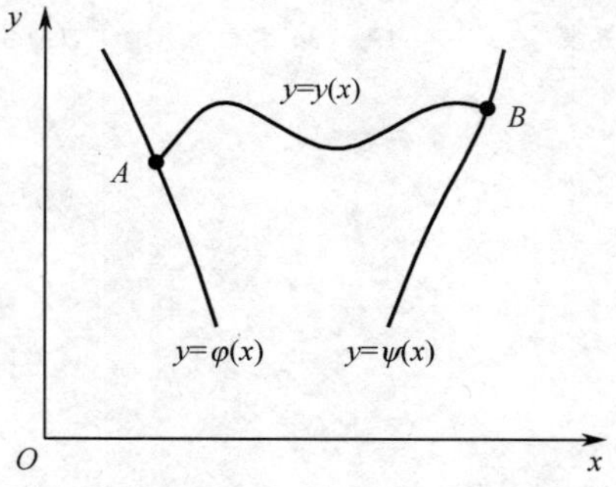

图 4-1-1 两端点可移动曲线

若函数 $y=y(x)$ 能在可动边界的容许函数类中使式(4-1-1)取得极值，那么必能在固定边界的容许函数类中使泛函取得极值，这是因为可动边界泛函的容许曲线类的范围扩大了，当然包含了固定边界泛函的容许曲线，而在固定边界情况下使泛函取得极值的函数必须满足欧拉方程，所以函数 $y=y(x)$ 在可动边界情况下也应当满足欧拉方程

$$F_y-\frac{\mathrm{d}}{\mathrm{d}x}F_{y'}=0 \tag{4-1-2}$$

欧拉方程的解含有两个任意常数，它的一般形式为

$$y=y(x,c_1,c_2) \tag{4-1-3}$$

在固定端点的情况下，这两个常数可由边界条件 $y_0=y(x_0)$ 和 $y_1=y(x_1)$ 确定。而在可动边

界条件下，它们都是x_0和x_1的函数，且x_0和(或)x_1也是待定的。确定它们的条件就是泛函取得极值的必要条件$\delta J=0$。

设式(4-1-1)的A点固定，B点可以变动。当B点从(x_1,y_1)移动到$(x_1+\delta x_1,y_1+\delta y_1)$时，泛函$J[y(x)]$的增量可写成

$$\begin{aligned}\Delta J&=\int_{x_0}^{x_1+\delta x_1}F(x,y+\delta y,y'+\delta y')\,\mathrm{d}x-\int_{x_0}^{x_1}F(x,y,y')\,\mathrm{d}x\\&=\int_{x_1}^{x_1+\delta x_1}F(x,y+\delta y,y'+\delta y')\,\mathrm{d}x+\int_{x_0}^{x_1}[F(x,y+\delta y,y'+\delta y')-F(x,y,y')]\,\mathrm{d}x\end{aligned}\tag{4-1-4}$$

对式(4-1-4)右边第一个积分应用中值定理，可得

$$\int_{x_1}^{x_1+\delta x_1}F(x,y+\delta y,y'+\delta y')\,\mathrm{d}x=F\Big|_{x=x_1+\theta\delta x_1}\delta x_1\tag{4-1-5}$$

式中，$0<\theta<1$。

考虑到F的连续性，有

$$F\Big|_{x=x_1+\theta\delta x_1}=F(x,y,y')\Big|_{x=x_1}+\varepsilon_1\tag{4-1-6}$$

当$\delta x_1\to 0$，$\delta y_1\to 0$时，$\varepsilon_1\to 0$。将式(4-1-6)代入式(4-1-5)，可得

$$\int_{x_1}^{x_1+\delta x_1}F(x,y+\delta y,y'+\delta y')\,\mathrm{d}x=F(x,y,y')\Big|_{x=x_1}\delta x_1+\varepsilon_1\delta x_1\tag{4-1-7}$$

将式(4-1-4)中最后一个积分的被积函数展成泰勒级数，有

$$F(x,y+\delta y,y'+\delta y')-F(x,y,y')=F_y(x,y,y')\delta y+F_{y'}(x,y,y')\delta y'+R_1\tag{4-1-8}$$

式中，R_1为δy、$\delta y'$的高阶无穷小，可略去不计。

把式(4-1-8)代入式(4-1-4)的第二个积分中，得

$$\int_{x_0}^{x_1}[F(x,y+\delta y,y'+\delta y')-F(x,y,y')]\,\mathrm{d}x=\int_{x_0}^{x_1}(F_y\delta y+F_{y'}\delta y')\,\mathrm{d}x\tag{4-1-9}$$

将式(4-1-9)的右边第二项进行分部积分，得

$$\int_{x_0}^{x_1}[F(x,y+\delta y,y'+\delta y')-F(x,y,y')]\,\mathrm{d}x=\int_{x_0}^{x_1}\left(F_y-\frac{\mathrm{d}}{\mathrm{d}x}F_{y'}\right)\delta y\,\mathrm{d}x+F_{y'}\delta y\Big|_{x_0}^{x_1}\tag{4-1-10}$$

由于泛函J在固定端点$A(x_0,y_0)$处，$\delta y\big|_{x=x_0}=0$，故式(4-1-10)变成

$$\int_{x_0}^{x_1}[F(x,y+\delta y,y'+\delta y')-F(x,y,y')]\,\mathrm{d}x=\int_{x_0}^{x_1}\left(F_y-\frac{\mathrm{d}}{\mathrm{d}x}F_{y'}\right)\delta y\,\mathrm{d}x+F_{y'}\delta y\Big|_{x=x_1}\tag{4-1-11}$$

将式(4-1-7)和式(4-1-11)代入式(4-1-4)，得

$$\Delta J=\int_{x_0}^{x_1}\left(F_y-\frac{\mathrm{d}}{\mathrm{d}x}F_{y'}\right)\delta y\,\mathrm{d}x+F\Big|_{x=x_1}\delta x_1+F_{y'}\delta y\Big|_{x=x_1}+\varepsilon_1\delta x_1\tag{4-1-12}$$

注意，一般情况下，$\delta y\big|_{x=x_1}\neq\delta y_1$，这是因为$\delta y_1$是可变端点$(x_1,y_1)$移动到$(x_1+\delta x_1,y_1+\delta y_1)$位置时$y_1$的增量，而$\delta y\big|_{x=x_1}$则是当通过$(x_0,y_0)$和$(x_1,y_1)$两点的极值曲线移动到通过$(x_0,y_0)$和$(x_1+\delta x_1,y_1+\delta y_1)$两点的极值曲线时，在点$x_1$处纵坐标的增量为$BD$，如图4-1-2所示。

由图4-1-2可见

$$BD=\delta y\Big|_{x=x_1},\quad FC=\delta y_1$$

$$EC=\Delta y(x_1)=y'(x_1)\delta x_1+\varepsilon\delta x_1\qquad BD=FC-EC$$

故有

$$\delta y\Big|_{x=x_1}=\delta y_1-y'(x_1)\delta x_1-\varepsilon\delta x_1\tag{4-1-13}$$

移项，得

$$\delta y_1 = \delta y\big|_{x=x_1} + y'(x_1)\delta x_1 + \varepsilon\delta x_1 \tag{4-1-14}$$

式中，当 $\delta x_1 \to 0$ 时，$\varepsilon \to 0$。

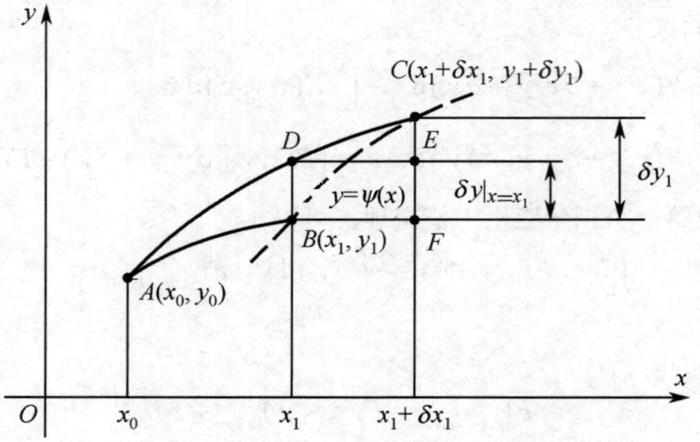

图 4-1-2　变分 δy_1 和 $\delta y|_{x=x_1}$ 的几何示意

式(4-1-13)、式(4-1-14)略去高阶小量 $\varepsilon\delta x_1$，则有

$$\delta y\big|_{x=x_1} = \delta y_1 - y'(x_1)\delta x_1 \tag{4-1-15}$$

和

$$\delta y_1 = \delta y\big|_{x=x_1} + y'(x_1)\delta x_1 \tag{4-1-16}$$

δy_1 就是函数 $y(x)$ 的**全变分**。

由于点 B 和点 C 在曲线 $y=\psi(x)$ 上，在这两点之间 y 的增量为

$$\Delta y = \mathrm{d}y + \varepsilon\Delta x = \psi'(x)\Delta x + \varepsilon\Delta x \tag{4-1-17}$$

式中，$\varepsilon\Delta x$ 是比 Δx 更高阶的无穷小。

由图 4-1-2 的几何关系可知，$FC=\Delta y=\delta y_1 \approx \mathrm{d}y$，$BF=\delta x_1=\Delta x=\mathrm{d}x$，略去高阶小量 $\varepsilon\Delta x$，式(4-1-17)可写成

$$\mathrm{d}y = \psi'(x)\mathrm{d}x \tag{4-1-18}$$

或

$$\delta y_1 = \psi'(x)\delta x_1 \tag{4-1-19}$$

式(4-1-19)称为**函数的变分**或**曲线的变分**，它给出了极值函数的变分与边界上给定的函数的导数之间的关系。

将式(4-1-16)代入式(4-1-12)，当 δx_1、δy 与 δy_1 很小时，略去高阶小量 $F_{y'}\big|_{x=x_1}\varepsilon\delta x_1$ 和 $\varepsilon\delta x_1$，则可得到 ΔJ 关于 δx_1、δy 与 δy_1 的线性主部即一阶变分

$$\begin{aligned}\delta J &= \int_{x_0}^{x_1}\left(F_y - \frac{\mathrm{d}}{\mathrm{d}x}F_{y'}\right)\delta y\,\mathrm{d}x + F\big|_{x=x_1}\delta x_1 + F_{y'}\big|_{x=x_1}[\delta y_1 - y'(x_1)\delta x_1] \\ &= \int_{x_0}^{x_1}\left(F_y - \frac{\mathrm{d}}{\mathrm{d}x}F_{y'}\right)\delta y\,\mathrm{d}x + (F - y'F_{y'})\big|_{x=x_1}\delta x_1 + F_{y'}\big|_{x=x_1}\delta y_1\end{aligned} \tag{4-1-20}$$

因为泛函的极值只能在极值曲线上取得，所以 $F_y - \dfrac{\mathrm{d}}{\mathrm{d}x}F_{y'} \equiv 0$。于是式(4-1-20)可写成

$$\delta J = F\big|_{x=x_1}\delta x_1 + F_{y'}\big|_{x=x_1}[\delta y_1 - y'(x_1)\delta x_1] = (F - y'F_{y'})\big|_{x=x_1}\delta x_1 + F_{y'}\big|_{x=x_1}\delta y_1 \tag{4-1-21}$$

再由条件 $\delta J = 0$，得

$$(F - y'F_{y'})\big|_{x=x_1} \delta x_1 + F_{y'}\big|_{x=x_1} \delta y_1 = 0 \tag{4-1-22}$$

如果 δx_1 与 δy_1 相互无关，则由式(4-1-22)得

$$(F - y'F_{y'})\big|_{x=x_1} = 0 \tag{4-1-23}$$

$$F_{y'}\big|_{x=x_1} = 0 \tag{4-1-24}$$

然而有必要考虑 δx_1 与 δy_1 有关的情况，这是因为当把式(4-1-24)代入式(4-1-23)时，可得 $F\big|_{x=x_1} = 0$，这意味着泛函的被积函数为零，这样的情形只是变分问题中的特例，一般情况下并不成立，可以不必考虑。当然也可以找到 $F\big|_{x=x_1} = 0$ 的泛函，例如泛函 $J[y] = \int_{x_0}^{x_1} y'^2 \, \mathrm{d}x$，它的极小值就是零，泛函的被积函数也为零。当点 B 沿着直线 $x = x_1$ 移动时，则 $\delta x_1 = 0$，而 δy_1 是任意的，此时只有式(4-1-24)而没有式(4-1-23)。

式(4-1-24)是自由端点 B 所要满足的条件，它是根据泛函取极值的必要条件 $\delta J = 0$ 推导出来的边界条件，这种边界条件称为**自然边界条件**或**运动边界条件**，同时把固定边界条件称为**强制边界条件**或**本质边界条件**或**几何边界条件**。本质边界条件也称为**狄利克雷边界条件**，而自然边界条件又称为**诺伊曼边界条件**。自然边界条件是泛函在定义域边界上的变分条件。可见，在变分学中有两类性质不同的边界条件。因为自然边界条件不是预先给定的，而是由极值函数 $y(x)$ 自动满足，所以不作为定解条件列出。

定理 4.1.1 设泛函 $J[y(x)] = \int_{x_0}^{x_1} F(x, y, y') \, \mathrm{d}x$ 的极值曲线 $y = y(x)$ 一端固定，而另一端在直线 $x = x_1$ 上待定，则可动的一端必满足式(4-1-24)。

若极值曲线 $y = y(x)$ 的端点在已知曲线 $y = \psi(x)$ 上待定，则变分 δx_1 与 δy_1 有关。

例 4.1.1 求泛函 $J[y] = \int_{x_0}^{x_1} [p(x)y'^2 + q(x)y^2 + 2f(x)y] \, \mathrm{d}x$ 极值问题的自然边界条件，其中 x_0 和 x_1 均为自由边界，$p(x)$、$q(x)$ 和 $f(x)$ 均为已知函数，且 $p(x) \neq 0$。

解 因 x_0 和 x_1 均为自由边界，根据定理 4.1.1，故自然边界条件为

$$F_{y'}\big|_{x=x_0} = 2p(x)y'\big|_{x=x_0} = 0, \quad F_{y'}\big|_{x=x_1} = 2p(x)y'\big|_{x=x_1} = 0$$

由于 $p(x) \neq 0$，故自然边界条件可化为

$$y'\big|_{x=x_0} = y'(x_0) = 0, \quad y'\big|_{x=x_1} = y'(x_1) = 0$$

定理 4.1.2 设泛函 $J[y(x)] = \int_{x_0}^{x_1} F(x, y, y') \, \mathrm{d}x$ 的极值曲线 $y = y(x)$ 的左端点固定，而右端点在已知曲线 $y = \psi(x)$ 上待定，则右端点在 $x = x_1$ 处必满足

$$[F + (\psi' - y')F_{y'}]\big|_{x=x_1} = 0 \tag{4-1-25}$$

证 对已知曲线 $y = \psi(x)$ 取变分，得

$$\delta y = \psi'(x)\delta x$$

因 x 和 y 在右端点上，故 $x = x_1$，$y = y_1$，由式(4-1-22)，可得

$$[F + (\psi' - y')F_{y'}]\big|_{x=x_1} \delta x_1 = 0$$

又因 δx_1 是任意的，故有

$$[F + (\psi' - y')F_{y'}]\big|_{x=x_1} = 0$$

证毕。

式(4-1-25)建立了极值曲线 $y=y(x)$ 与已知曲线 $y=\psi(x)$ 在交点 B 处的 y' 与 ψ' 两斜率之间的关系，这样的关系称为**横截(性)条件**、**贯截条件**或**斜截条件**。这两条曲线较小的那个交角称为**斜截角**。

推论 4.1.1 若极值曲线 $y=y(x)$ 的左端点 $A(x_0,y_0)$ 在已知曲线 $y=\varphi(x)$ 上待定，则横截条件为

$$[F+(\varphi'-y')F_{y'}]\Big|_{x=x_0}=0 \tag{4-1-26}$$

推论 4.1.2 在定理 4.1.2 中，若已知曲线的方程由隐函数 $\Psi(x,y)=0$ 给出，则在端点 $x=x_1$ 处的横截条件为

$$F-\left(\frac{\Psi_x}{\Psi_y}+y'\right)F_{y'}=0 \tag{4-1-27}$$

证 对隐函数 $\Psi(x,y)=0$ 微分，有

$$\Psi_x(x,y)+\Psi_y(x,y)y'=\Psi_x+\Psi_y\psi'=0$$

或

$$\psi'=-\frac{\Psi_x}{\Psi_y}$$

将上式代入式(4-1-25)，即得到式(4-1-27)。证毕。

特别地，如果曲线 $y=\psi(x)$ 是直线，且平行于 y 轴，即 $x=x_1$ 是常数，那么横截条件就化为

$$F_{y'}\Big|_{x=x_1}=0 \tag{4-1-28}$$

将定理 4.1.2 和推论 4.1.1 合并在一起，可得到下述定理：

定理 4.1.3 设泛函 $J[y(x)]=\int_{x_0}^{x_1}F(x,y,y')\,\mathrm{d}x$ 的极值曲线 $y=y(x)$ 的左端点在已知曲线 $y=\varphi(x)$ 上待定，而右端点在已知曲线 $y=\psi(x)$ 上待定，则左端点在 $x=x_0$ 处必满足

$$[F+(\varphi'-y')F_{y'}]\Big|_{x=x_0}=0 \tag{4-1-29}$$

而右端点在 $x=x_1$ 处必满足

$$[F+(\psi'-y')F_{y'}]\Big|_{x=x_1}=0 \tag{4-1-30}$$

推论 4.1.3 在定理 4.1.3 中，若已知曲线的方程由隐函数 $\Phi(x,y)=0$ 给出，则在端点 $x=x_0$ 处的横截条件为

$$F-\left(\frac{\Phi_x}{\Phi_y}+y'\right)F_{y'}=0 \tag{4-1-31}$$

证 对隐函数 $\Phi(x,y)=0$ 微分，有

$$\Phi_x(x,y)+\Phi_y(x,y)y'=\Phi_x+\Phi_y\varphi'=0$$

或

$$\varphi'=-\frac{\Phi_x}{\Phi_y}$$

将上式代入式(4-1-29)，即得到式(4-1-31)。证毕。

式(4-1-31)和式(4-1-27)可分别写成

$$F\Phi_y-F_{y'}(\Phi_x+y'\Phi_y)=0 \tag{4-1-32}$$

$$F\Psi_y-F_{y'}(\Psi_x+y'\Psi_y)=0 \tag{4-1-33}$$

求平面上两条已知曲线的最短距离是定理 4.1.3 的一个常见的应用，在此情况下，该定理可化成更具体的形式。该问题归结为求泛函

$$J[y]=\int_{x_0}^{x_1}\sqrt{1+y'^2}\,\mathrm{d}x \tag{4-1-34}$$

的极小值。约束条件是极值曲线的左端点在已知曲线 $y=\varphi(x)$ 上待定，而右端点在已知曲线 $y=\psi(x)$ 上待定。此时，由于被积函数只是 y' 的函数，故泛函的欧拉方程的通解是直线 $y=c_1x+c_2$，其中 c_1 和 c_2 是待定的任意常数，且 $y'=c_1$。在两条已知曲线上，欧拉方程的通解有以下形式

$$c_1x_0+c_2=\varphi(x_0) \tag{4-1-35}$$

$$c_1x_1+c_2=\psi(x_1) \tag{4-1-36}$$

式中，x_0 为泛函的极值曲线与函数 $y=\varphi(x)$ 的交点；x_1 为泛函的极值曲线与函数 $y=\psi(x)$ 的交点。

对于式(4-1-34)，横截条件有以下形式

$$\left[\sqrt{1+y'^2}+(\varphi'-y')\frac{y'}{\sqrt{1+y'^2}}\right]_{x=x_0}=0 \tag{4-1-37}$$

$$\left[\sqrt{1+y'^2}+(\psi'-y')\frac{y'}{\sqrt{1+y'^2}}\right]_{x=x_1}=0 \tag{4-1-38}$$

将 $y'=c_1$ 代入上面两式，并化简，得

$$1+\varphi'(x_0)c_1=0 \tag{4-1-39}$$

$$1+\psi'(x_1)c_1=0 \tag{4-1-40}$$

式(4-1-39)和式(4-1-40)表明，极值曲线与两条已知曲线分别正交，即两条不相交的曲线之间的距离为其公垂线的长度，式(4-1-37)和式(4-1-38)化成了正交条件。这样就可以得到含有四个未知数 x_0、x_1、c_1 和 c_2 的方程组

$$\begin{cases}c_1x_0+c_2=\varphi(x_0)\\c_1x_1+c_2=\psi(x_1)\\1+\varphi'(x_0)c_1=0\\1+\psi'(x_1)c_1=0\end{cases} \tag{4-1-41}$$

解式(4-1-41)，可以把这四个未知数求出来，然后可确定极值曲线的具体形式，并可求出两已知曲线之间的最小距离即式(4-1-34)的极小值。

由式(4-1-39)和式(4-1-40)还可知

$$\varphi'(x_0)=\psi'(x_1) \tag{4-1-42}$$

这表明两个交点处的已知曲线切线的斜率相等，即两条切线相互平行。

如果是求某已知点到一条已知曲线的最短距离，则未知数只有三个。此时，若已知点是泛函的极值函数的左端点 $A(x_0,y_0)$，则方程组可写成

$$\begin{cases}c_1x_0+c_2=y_0\\c_1x_1+c_2=\psi(x_1)\\1+\psi'(x_1)c_1=0\end{cases} \tag{4-1-43}$$

若已知点是泛函的极值函数的右端点 $B(x_1,y_1)$，则方程组可写成

$$\begin{cases} c_1x_0 + c_2 = \varphi(x_0) \\ c_1x_1 + c_2 = y_1 \\ 1+\varphi'(x_0)c_1 = 0 \end{cases} \tag{4-1-44}$$

例 4.1.2 求泛函 $J[y]=\int_{x_0}^{x_1}\sqrt{1+y'^2}\,\mathrm{d}x$ 的极值曲线，约束条件为左端点固定，$y(x_0)=y_0$，右端点在直线 $y=kx+b$ 上待定，且 $k\neq 0$。并求泛函 $J[y]=\int_0^{x_1}\sqrt{1+y'^2}\,\mathrm{d}x$ 的极值曲线和极值。设左端点 $y(0)=1$，右端点在曲线 $y=\psi(x)=2-x$ 上待定。

解 该问题归结为求泛函 $J[y]=\int_{x_0}^{x_1}\sqrt{1+y'^2}\,\mathrm{d}x$ 的极小值。约束条件为左端点固定 $y(x_0)=y_0$，右端点在直线 $y=\psi(x)=kx+b$ 上，且 $\psi'(x_1)=k$ 。泛函的欧拉方程的通解是直线 $y=c_1x+c_2$。关于三个未知数 x_1、c_1 和 c_2 的方程组为

$$\begin{cases} c_1x_0 + c_2 = y_0 \\ c_1x_1 + c_2 = kx_1+b \\ 1+kc_1 = 0 \end{cases}$$

解此方程组，得 $c_1=-\dfrac{1}{k}$，$c_2=y_0-\dfrac{x_0}{k}$，$x_1=\dfrac{k(y_0-b)-x_0}{k^2+1}$。相应于点 x_1 的纵坐标为 $y_1=\dfrac{k^2y_0+b-kx_0}{k^2+1}$，于是极值曲线为 $y=-\dfrac{x+x_0}{k}+y_0$。

对于泛函 $J[y]=\int_0^{x_1}\sqrt{1+y'^2}\,\mathrm{d}x$，左端点为 $y(0)=1$，右端点为在曲线 $y=\psi(x)=2-x$ 上待定的极值曲线，这相当于 $x_0=0$，$y_0=1$，$k=-1$，$b=2$ 的情况，将其代入极值曲线方程，得

$$y=-\frac{x}{k}+y_0=x+1$$

交点坐标为

$$x_1=\frac{k(y_0-b)}{k^2+1}=\frac{-1\times(1-2)}{(-1)\times(-1)+1}=\frac{1}{2}$$

$$y_1=\frac{k^2y_0+b}{k^2+1}=\frac{(-1)\times(-1)\times 1+2}{(-1)\times(-1)+1}=\frac{3}{2}$$

将极值曲线 $y=x+1$ 和 $x_1=\dfrac{1}{2}$ 代入原泛函，泛函的值为

$$J[y]=\int_0^{x_1}\sqrt{1+y'^2}\,\mathrm{d}x=\int_0^{\frac{1}{2}}\sqrt{1+1^2}\,\mathrm{d}x=\frac{\sqrt{2}}{2}$$

泛函的一阶变分为

$$\delta J=\int_0^{x_1}(1+y'^2)^{-\frac{1}{2}}y'\delta y'\,\mathrm{d}x$$

泛函的二阶变分为

$$\delta^2 J=\frac{1}{2}\int_0^{x_1}\left[\frac{(\delta y')^2}{(1+y'^2)^{\frac{1}{2}}}-\frac{(y'\delta y')^2}{(1+y'^2)^{\frac{3}{2}}}\right]\mathrm{d}x=\frac{1}{2}\int_0^{x_1}\frac{(\delta y')^2}{(1+y'^2)^{\frac{1}{2}}}\left(1-\frac{y'^2}{1+y'^2}\right)\mathrm{d}x$$

$$=\frac{1}{2}\int_0^{x_1}\frac{(\delta y')^2}{(1+y'^2)^{\frac{3}{2}}}\mathrm{d}x>0$$

由此可见，所得泛函的值为极小值。

例 4.1.3 求泛函 $J[y]=\int_{x_0}^{x_1}\frac{\sqrt{1+y'^2}}{y+y_c}\mathrm{d}x$ 的极值曲线，其中左端点固定，$y(x_0)=y_0$，右端点在直线 $y=\psi(x)=kx+b$ 上待定，$k\neq 0$。并求泛函 $J[y]=\int_{x_0}^{x_1}\frac{\sqrt{1+y'^2}}{y}\mathrm{d}x$ 的极值曲线，其中左端点固定，$y(0)=0$，右端点在直线 $y=\psi(x)=x-5$ 上待定。

解 对比习题 2.51 的运算结果可知，泛函的极值曲线为圆方程

$$(x+c_1)^2+(y+y_c)^2=c_2^2$$

由边界条件 $y(x_0)=y_0$，得

$$(x_0+c_1)^2+(y_0+y_c)^2=c_2^2$$

该极值曲线是一族圆。设该圆与已知直线的交点坐标为(x_1,y_1)，则已知直线应是圆的直径，且有圆的切线方程

$$(x_1+c_1)+(y_1+y_c)y_1'=(x_1+c_1)-(y_1+y_c)\frac{1}{k}=0$$

上式利用了横截条件 $y_1'k=-1$。在交点即切点处，直线方程为

$$y_1=kx_1+b$$

将直线方程代入圆的切线方程，可求得 c_1

$$c_1=\frac{b+y_c}{k}$$

将上式代入圆方程，可求得 $c_2^2=\left(x_0+\frac{b+y_c}{k}\right)^2+(y_0+y_c)^2$。于是，极值曲线为

$$\left(x+\frac{b+y_c}{k}\right)^2+(y+y_c)^2=\left(x_0+\frac{b+y_c}{k}\right)^2+(y_0+y_c)^2$$

将圆的切线方程改写为

$$(x_1+c_1)m=(y_1+y_c)$$

将上式两端平方后代入圆方程，可得到交点坐标

$$x_1=-c_1\pm\frac{c_2}{\sqrt{1+m^2}}=-\frac{b+y_c}{k}\pm\sqrt{\frac{(kx_0+b+y_c)^2+k^2(y_0+y_c)^2}{k^2(1+k^2)}}$$

$$y_1=kx_t+b=-y_c\pm\sqrt{\frac{(kx_0+b+y_c)^2+k^2(y_0+y_c)^2}{1+k^2}}$$

对于泛函

$$J[y]=\int_{x_0}^{x_1}\frac{\sqrt{1+y'^2}}{y}\mathrm{d}x\text{，且 }y(0)=0\text{，}\quad y_1(x_1)=x_1-5$$

的极值曲线，这相当于 $y_c=0$，$x_0=0$，$y_0=0$，$k=1$，$b=-5$ 的情况。可求得 c_1 和 c_2

$$c_1=\frac{b+y_c}{k}=\frac{-5+0}{1}=-5$$

$$c_2^2=\left(x_0+\frac{b+y_c}{k}\right)^2+(y_0+y_c)^2=\left(0+\frac{-5+0}{1}\right)^2+(0+0)^2=25$$

于是可得圆方程

$$(x-5)^2+y^2=25$$

或写成 $y=\pm\sqrt{10x-x^2}$，即极值曲线只能在 $y=\sqrt{10x-x^2}$ 和 $y=-\sqrt{10x-x^2}$ 两圆弧上达到。圆心坐标是$(5,0)$，如图 4-1-3 所示。圆弧和直线的交点坐标为

$$(x_1,y_1)=\left(5-\frac{5\sqrt{2}}{2},-\frac{5\sqrt{2}}{2}\right)\text{和}(x_2,y_2)=\left(5+\frac{5\sqrt{2}}{2},\frac{5\sqrt{2}}{2}\right)$$

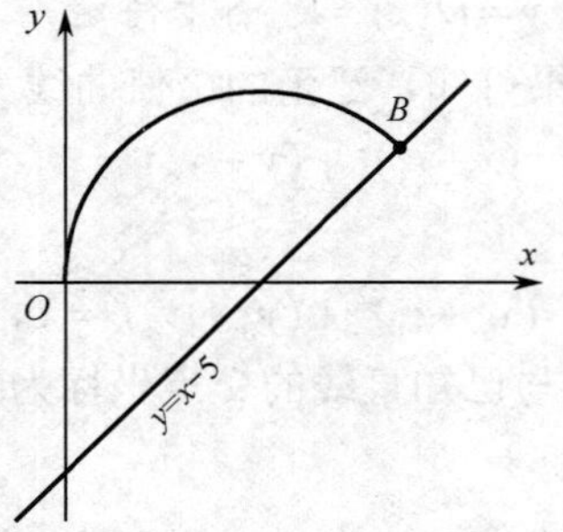

图 4-1-3　例 4.1.3 图

例 4.1.4　求泛函 $J[y]=\int_{x_0}^{x_1}f(x,y)\sqrt{1+y'^2}\,\mathrm{d}x$ 的横截条件，这里左端点固定，右端点待定，$y_1=\psi(x_1)$。

解　由式(4-1-25)可得

$$f(x,y)\sqrt{1+y'^2}+(\psi'-y')\frac{f(x,y)y'}{\sqrt{1+y'^2}}=0$$

化简得

$$\frac{f(x,y)(1+\psi'y')}{\sqrt{1+y'^2}}=0$$

设在边界点处 $f(x,y)\neq 0$，则得 $1+\psi'y'=0$，即

$$\psi'y'=-1$$

此式表明，极值曲线 $y=y(x)$ 与曲线 $y_1=\psi(x_1)$ 在交点处正交，横截条件转化为正交条件。若曲线的一个端点固定，则横截条件只对待定的端点成立。

例 4.1.5　求连接平面上两条曲线 $y=-x-1$ 与 $y=\dfrac{1}{x}$ 的最短曲线，如图 4-1-4 所示。

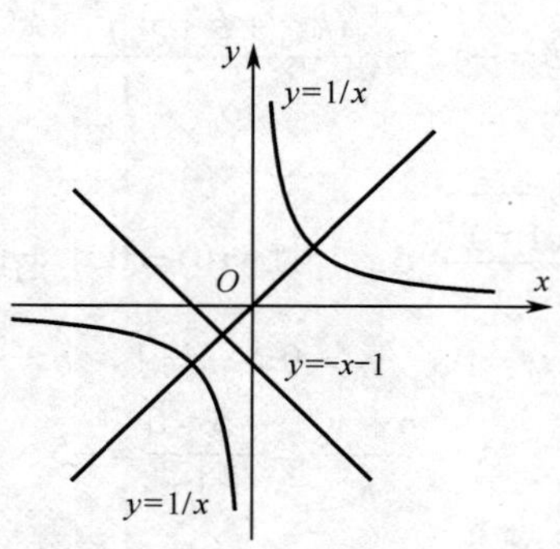

图 4-1-4　例 4.1.5 图

解　设所求平面曲线为 $y=y(x)$，据题意，所求的最短曲线就是求泛函

$$J[y]=\left|\int_{x_0}^{x_1}\sqrt{1+y'^2}\,\mathrm{d}x\right|$$

的极小值。其中，x_0和x_1分别在曲线C_0和曲线C_1上，即

$$y=\varphi(x)=-x-1\text{，}\quad A(x_0,\varphi(x_0))\in C_0$$

$$y=\psi(x)=\frac{1}{x}\text{，}\quad B(x_1,\varphi(x_1))\in C_1$$

因$F=\sqrt{1+y'^2}$只是y'的函数，故泛函的欧拉方程的积分为直线$y=c_1x+c_2$。此时关于四个未知数x_0、x_1、c_1和c_2的方程组可写成

$$\begin{cases}c_1x_0+c_2=-x_0-1,\quad c_1x_1+c_2=\dfrac{1}{x_1}\\ 1-c_1=0,\quad 1-\dfrac{c_1}{x_1^2}=0\end{cases}$$

先由方程组的第三式解出$c_1=1$，然后将其代入方程组的第四式，可解出$x_1=\pm1$，它们分别对应着第一象限和第三象限的两条双曲线，再将c_1、x_1代入方程组的前两式，可得$c_2=0$，$x_0=-\dfrac{1}{2}$。

若$y=\dfrac{1}{x}$在第三象限，则所求曲线为$y=x$，$-1\leqslant x\leqslant-\dfrac{1}{2}$，泛函的极值为

$$J_1=\int_{-1}^{-\frac{1}{2}}\sqrt{1+y'^2}\,\mathrm{d}x=\int_{-1}^{-\frac{1}{2}}\sqrt{1+1}\,\mathrm{d}x=\frac{\sqrt{2}}{2}$$

若$y=\dfrac{1}{x}$在第一象限，则所求曲线为$y=x$，$-\dfrac{1}{2}\leqslant x\leqslant1$，泛函的极值为

$$J_2=\int_{-\frac{1}{2}}^{1}\sqrt{1+y'^2}\,\mathrm{d}x=\int_{-\frac{1}{2}}^{1}\sqrt{1+1}\,\mathrm{d}x=\frac{3\sqrt{2}}{2}$$

显然$J_1<J_2$。

例 4.1.6　绿洲问题。设大气的折射率$n(y)$只依赖于高度y。某人在与水平成角度φ的方向上看到“空中的绿洲”，如果$n(y)=n_0\sqrt{1-a^2y^2}$，其中n_0和a是常数，问这片绿洲离此人多远？并求光经过此人到这片绿洲的距离需要多长时间。

解　在解此题之前，先介绍一下费马原理。通过介质的光路，应使光线通过这一段光路所需的时间为极值，这一原理称为**费马原理**，是光的传播原理，数学表达式就是时间泛函

$$T=\int_{x_0}^{x_1}\frac{n(y)}{c}\sqrt{1+y'^2}\,\mathrm{d}x$$

取极值，在本问题中是取极小值，其中n为介质的折光率，c为真空中的光速。

取此人所在位置为坐标原点，x轴水平，y轴向上，建立直角坐标系。根据费马原理，可建立泛函

$$J[y]=\frac{n_0}{c}\int_{x_0}^{x_1}\sqrt{1-a^2y^2}\sqrt{1+y'^2}\,\mathrm{d}x\tag{1}$$

边界条件为$y(x_0)=y(0)=0$，$y'(0)=\tan\varphi$，$F_{y'}\big|_{x=x_1}=0$。

因被积函数不显含x，故泛函的欧拉方程有首次积分

$$\sqrt{1-a^2y^2}\sqrt{1+y'^2}-\frac{\sqrt{1-a^2y^2}\,y'^2}{\sqrt{1+y'^2}}=\frac{1}{c_1} \tag{2}$$

或

$$1+y'^2=c_1^2(1-a^2y^2) \tag{3}$$

由边界条件 $y(x_0)=y(0)=0$，$y'(0)=\tan\varphi$，得 $c_1^2=1+\tan^2\varphi=\dfrac{1}{\cos^2\varphi}=\sec^2\varphi$。将此积分常数代入式(3)，得

$$\frac{\mathrm{d}\,y}{\sqrt{1-\dfrac{a^2y^2}{\sin^2\varphi}}}=\pm\tan\varphi\,\mathrm{d}\,x \tag{4}$$

令 $t=\dfrac{ay}{\sin\varphi}$，则有 $\mathrm{d}\,y=\dfrac{\sin\varphi}{a}\mathrm{d}\,t$，将其代入式(4)并积分，得

$$\arcsin t=\pm\frac{ax}{\cos\varphi}+c_2 \tag{5}$$

或

$$\arcsin\frac{ay}{\sin\varphi}=\pm\frac{ax}{\cos\varphi}+c_2 \tag{6}$$

由边界条件 $y(0)=0$，得 $c_2=0$。

由上式解出 y，即

$$y=\pm\frac{\sin\varphi}{a}\sin\frac{ax}{\cos\varphi} \tag{7}$$

式(7)对 x 求导，得

$$y'=\pm\tan\varphi\cos\frac{ax}{\cos\varphi} \tag{8}$$

由边界条件 $F_{y'}\big|_{x=x_1}=0$，即 $y'\big|_{x_1}=\pm\tan\varphi\cos\dfrac{ax_1}{\cos\varphi}=0$，得 $x_1=\dfrac{\pi}{2a}\cos\varphi\pm k\pi$，取 $x_1=\dfrac{\pi}{2a}\cos\varphi$。此时在光路上，$x_1$ 和大于 x_1 的任意一点都可以是此人到绿洲的距离，当光路在 x 轴上时，考虑到光路的对称性，此人到绿洲的距离为

$$d=2x_1=\frac{\pi}{a}\cos\varphi \tag{9}$$

将 $x_1=\dfrac{\pi}{2a}\cos\varphi$ 代入式(7)，绿洲的最大高度为

$$y_1=\frac{\sin\varphi}{a} \tag{10}$$

作变换

$$1+y'^2=1+\tan^2\varphi\cos^2\frac{ax}{\cos\varphi} \tag{11}$$

$$\begin{aligned}1-a^2y^2&=1-\sin^2\varphi\sin^2\frac{ax}{\cos\varphi}=1-\sin^2\varphi\left(1-\cos^2\frac{ax}{\cos\varphi}\right)\\&=\cos^2\varphi+\sin^2\varphi\cos^2\frac{ax}{\cos\varphi}=\cos^2\varphi\left(1+\tan^2\varphi\cos^2\frac{ax}{\cos\varphi}\right)\end{aligned} \tag{12}$$

$$(1-a^2y^2)(1+y'^2)=\cos^2\varphi\left(1+\tan^2\varphi\cos^2\frac{ax}{\cos\varphi}\right)^2 \tag{13}$$

令 $t=\dfrac{ax}{\cos\varphi}$，则有 $\mathrm{d}x=\dfrac{\cos\varphi\,\mathrm{d}t}{a}$，$x=0$，$t=0$，$x=\dfrac{\pi}{2a}\cos\varphi$，$t=\dfrac{\pi}{2}$。于是式(13)可写成

$$\sqrt{(1-a^2y^2)(1+y'^2)}=\cos\varphi(1+\tan^2\varphi\cos^2 t)=\cos\varphi\left\{1+\frac{1}{2}\tan^2\varphi[1+\cos(2t)]\right\} \tag{14}$$

将式(14)和积分上、下限代入式(1)，并积分，得

$$\begin{aligned}J&=\frac{n_0}{c}\int_{x_0}^{x_1}\sqrt{1-a^2y^2}\sqrt{1+y'^2}\,\mathrm{d}x=\frac{n_0\cos^2\varphi}{ac}\int_0^{\frac{\pi}{2}}\left\{1+\frac{1}{2}\tan^2\varphi[1+\cos(2t)]\right\}\mathrm{d}t\\&=\frac{n_0\pi}{4ac}(1+\cos^2\varphi)\end{aligned} \tag{15}$$

当 $\varphi=0$ 时，式(1)有最大值，即光经过此人到光路最高点所需要的时间为

$$J=\frac{n_0\pi}{2ac} \tag{16}$$

当 $\varphi=\dfrac{\pi}{2}$ 时，式(1)有最小值

$$J=\frac{n_0\pi}{4ac} \tag{17}$$

例 4.1.7 求抛物线 $y=x^2$ 和直线 $y=x-5$ 之间的最短距离。

解 该问题归结为求泛函 $J[y]=\int_{x_0}^{x_1}\sqrt{1+y'^2}\,\mathrm{d}x$ 的极小值。泛函欧拉方程的通解是直线 $y=c_1x+c_2$，约束条件是极值曲线的左端点在抛物线 $y=\varphi(x)=x^2$ 上，而右端点在直线 $y=\psi(x)=x-5$ 上，且 $\varphi(x_0)=2x_0$，$\psi(x_1)=1$。根据式(4-1-41)，关于四个未知数 x_0、x_1、c_1 和 c_2 的方程组为

$$\begin{cases}c_1x_0+c_2=x_0^2, & c_1x_1+c_2=x_1-5\\ 1+2x_0c_1=0, & 1+c_1=0\end{cases}$$

解此方程组，得

$$x_0=\frac{1}{2},\ x_1=\frac{23}{8},\ c_1=-1,\ c_2=\frac{3}{4}$$

于是极值曲线的方程为 $y=\dfrac{3}{4}-x$，而所给两条曲线之间的最短距离为

$$J[y]=\int_{\frac{1}{2}}^{\frac{23}{8}}\sqrt{1+(-1)^2}\,\mathrm{d}x=\sqrt{2}x\Big|_{\frac{1}{2}}^{\frac{23}{8}}=\frac{19\sqrt{2}}{8}$$

例 4.1.8 求点 $A(1,0)$ 和椭圆 $4x^2+9y^2=36$ 间的最短距离。

解 该问题归结为求泛函 $J[y]=\int_{x_0}^{x_1}\sqrt{1+y'^2}\,\mathrm{d}x$ 的极小值。泛函的极值曲线是直线 $y=c_1x+c_2$，约束条件是极值曲线的左端点通过点 $A(1,0)$，此时 $x_0=1$，$y_0=0$，右端点在椭圆 $4x^2+9y^2=36$ 上待定。椭圆方程可写成 $y=\psi(x)=\dfrac{2}{3}\sqrt{9-x^2}$，且 $\psi'(x_1)=\dfrac{2x_1}{3\sqrt{9-x_1^2}}$。关于三个未知数 x_1、c_1 和 c_2 的方程组为

$$\begin{cases} c_1 + c_2 = 0 \\ c_1 x_1 + c_2 = \dfrac{2}{3}\sqrt{9 - x_1^2} \\ 1 - \dfrac{2x_1 c_1}{3\sqrt{9 - x_1^2}} = 0 \end{cases}$$

解此方程组，得

$$x_1 = \frac{9}{5}，\quad c_1 = 2，\quad c_2 = -2$$

于是极值曲线的方程为 $y = 2x - 2$，而点 $A(1,0)$ 和椭圆 $4x^2 + 9y^2 = 36$ 之间的最短距离为

$$J[y] = \int_1^{\frac{9}{5}} \sqrt{1 + 2^2}\,\mathrm{d}x = \sqrt{5}x\Big|_1^{\frac{9}{5}} = \frac{4\sqrt{5}}{5}$$

4.2　含有多个函数的泛函的变分问题

设空间曲线泛函

$$J[y(x), z(x)] = \int_{x_0}^{x_1} F(x, y, z, y', z')\,\mathrm{d}x \tag{4-2-1}$$

式中，$y, z \in C^2[x_0, x_1]$，$F \in C^2$，容许曲线 $y = y(x)$，$z = z(x)$ 在左端点 $A(x_0, y_0, z_0)$ 固定，在右端点 $B(x_1, y_1, z_1)$ 待定。

式(4-2-1)的变分可模仿上节的方法来进行。泛函 $J[y,z]$ 的增量可写成

$$\begin{aligned} \Delta J &= \int_{x_0}^{x_1+\delta x_1} F(x, y+\delta y, z+\delta z, y'+\delta y', z'+\delta z')\,\mathrm{d}x - \int_{x_0}^{x_1} F(x, y, z, y', z')\,\mathrm{d}x \\ &= \int_{x_1}^{x_1+\delta x_1} F(x, y+\delta y, z+\delta z, y'+\delta y', z'+\delta z')\,\mathrm{d}x + \\ &\quad \int_{x_0}^{x_1} [F(x, y+\delta y, z+\delta z, y'+\delta y', z'+\delta z') - F(x, y, z, y', z')]\,\mathrm{d}x \end{aligned} \tag{4-2-2}$$

对式(4-2-2)右边第一个积分应用中值定理并考虑到 F 的连续性，同时在第二个积分中析出它的线性主部，有

$$\delta J = F\big|_{x=x_1}\delta x_1 + F_{y'}\delta y\big|_{x=x_1} + F_{z'}\delta z\big|_{x=x_1} + \int_{x_0}^{x_1}\left[\left(F_y - \frac{\mathrm{d}}{\mathrm{d}x}F_{y'}\right)\delta y + \left(F_z - \frac{\mathrm{d}}{\mathrm{d}x}F_{z'}\right)\delta z\right]\mathrm{d}x \tag{4-2-3}$$

因为 $J[y,z]$ 的极值只能在极值曲线上取得，故必须满足欧拉方程组

$$F_y - \frac{\mathrm{d}}{\mathrm{d}x}F_{y'} = 0，\quad F_z - \frac{\mathrm{d}}{\mathrm{d}x}F_{z'} = 0 \tag{4-2-4}$$

这个方程组的通解含有四个任意常数，由于点 B 可以变动，就又多了一个未知量 x_1，为了使式(4-2-1)有唯一一组解，就需要确定五个常数。因为点 A 固定，由 $y(x_0) = y_0$、$z(x_0) = z_0$ 可定出两个常数，其余三个常数可根据泛函的极值条件 $\delta J = 0$ 确定。

根据式(4-2-4)和极值条件 $\delta J = 0$，式(4-2-3)可写成

$$\delta J = F\big|_{x=x_1}\delta x_1 + F_{y'}\delta y\big|_{x=x_1} + F_{z'}\delta z\big|_{x=x_1} = 0 \tag{4-2-5}$$

根据 4.1 节的讨论，有

$$\delta y\big|_{x=x_1} = \delta y_1 - y'(x_1)\delta x_1，\quad \delta z\big|_{x=x_1} = \delta z_1 - z'(x_1)\delta x_1 \tag{4-2-6}$$

将式(4-2-6)代入式(4-2-5)，得

$$\delta J=(F-y'F_{y'}-z'F_{z'})\Big|_{x=x_1}\delta x_1+F_{y'}\Big|_{x=x_1}\delta y_1+F_{z'}\Big|_{x=x_1}\delta z_1=0 \tag{4-2-7}$$

式(4-2-7)中的δx_1，δy_1，δz_1是任意的，即点B可按任意方式变动。根据y_1、z_1与x_1之间的关系，可分四种情形来讨论。

(1) 若变分δx_1、δy_1、δz_1相互无关，则由条件$\delta J=0$，得

$$\begin{cases}(F-y'F_{y'}-z'F_{z'})\Big|_{x=x_1}=0\\ F_{y'}\Big|_{x=x_1}=0\\ F_{z'}\Big|_{x=x_1}=0\end{cases} \tag{4-2-8}$$

此时，若把式(4-2-8)的后两式代入第一个式中，则有$F\big|_{x=x_1}=0$，即泛函的被积函数为零，一般来说，这样的变分问题无意义。

(2) 若边界点$B(x_1,y_1,z_1)$沿着曲线$y_1=\varphi(x_1)$，$z_1=\psi(x_1)$变动，则$\delta y_1=\varphi'(x_1)\delta x_1$，$\delta z_1=\psi'(x_1)\delta x_1$，将它们代入式(4-2-7)并整理，同时注意到$\delta x_1$是任意的，得

$$[F+(\varphi'-y')F_{y'}+(\psi'-z')F_{z'}]\Big|_{x=x_1}=0 \tag{4-2-9}$$

式(4-2-9)称为泛函$J[y,z]$的极值曲线与端点曲线即极值问题的**横截(性)条件**，与方程$y_1=\varphi(x_1)$，$z_1=\psi(x_1)$一起就能确定欧拉方程组的通解中的任意常数。

(3) 若边界点$B(x_1,y_1,z_1)$沿着某一曲面$\Phi(x_1,y_1,z_1)=0$变动，则

$$\Phi_{x_1}\delta x_1+\Phi_{y_1}\delta y_1+\Phi_{z_1}\delta z_1=0 \tag{4-2-10}$$

设$\Phi_{x_1}\neq 0$，则可解出$\delta x_1=-(\Phi_{y_1}/\Phi_{x_1})\delta y_1-(\Phi_{z_1}/\Phi_{x_1})\delta z_1$，代入式(4-2-7)，得

$$\left[F_{y'}-(F-y'F_{y'}-z'F_{z'})\frac{\Phi_y}{\Phi_x}\right]\Bigg|_{x=x_1}\delta y_1+\left[F_{z'}-(F-y'F_{y'}-z'F_{z'})\frac{\Phi_z}{\Phi_x}\right]\Bigg|_{x=x_1}\delta z_1=0$$

由于δy_1与δz_1是任意的，故自然边界条件为

$$\begin{cases}\left[F_{y'}-(F-y'F_{y'}-z'F_{z'})\dfrac{\Phi_y}{\Phi_x}\right]\Bigg|_{x=x_1}=0\\ \left[F_{z'}-(F-y'F_{y'}-z'F_{z'})\dfrac{\Phi_z}{\Phi_x}\right]\Bigg|_{x=x_1}=0\end{cases} \tag{4-2-11}$$

将式(4-2-11)与曲面方程$\Phi(x_1,y_1,z_1)=0$联立，即可求出极值函数。

同理，设$\Phi_{y_1}\neq 0$，则可解出$\delta y_1=-(\Phi_{x_1}/\Phi_{y_1})\delta x_1-(\Phi_{z_1}/\Phi_{y_1})\delta z_1$，代入式(4-2-7)，得

$$\left(F-y'F_{y'}-z'F_{z'}-F_{y'}\frac{\Phi_x}{\Phi_y}\right)\Bigg|_{x=x_1}\delta x_1+\left(F_{z'}-F_{y'}\frac{\Phi_z}{\Phi_y}\right)\Bigg|_{x=x_1}\delta z_1=0$$

由于δx_1与δz_1是任意的，故自然边界条件为

$$\begin{cases}\left(F-y'F_{y'}-z'F_{z'}-F_{y'}\dfrac{\Phi_x}{\Phi_y}\right)\Bigg|_{x=x_1}=0\\ \left(F_{z'}-F_{y'}\dfrac{\Phi_z}{\Phi_y}\right)\Bigg|_{x=x_1}=0\end{cases} \tag{4-2-12}$$

再设$\Phi_{z_1} \neq 0$，则可解出$\delta z_1 = -(\Phi_{x_1} / \Phi_{z_1})\delta x_1 - (\Phi_{y_1} / \Phi_{z_1})\delta y_1$，代入式(4-2-7)，得

$$\left(F - y'F_{y'} - z'F_{z'} - F_{z'}\frac{\Phi_x}{\Phi_z}\right)\bigg|_{x=x_1}\delta x_1 + \left(F_{y'} - F_{z'}\frac{\Phi_y}{\Phi_z}\right)\bigg|_{x=x_1}\delta y_1 = 0$$

由于δx_1与δy_1是任意的，故自然边界条件为

$$\begin{cases}\left(F - y'F_{y'} - z'F_{z'} - F_{z'}\dfrac{\Phi_x}{\Phi_z}\right)\bigg|_{x=x_1} = 0 \\ \left(F_{y'} - F_{z'}\dfrac{\Phi_y}{\Phi_z}\right)\bigg|_{x=x_1} = 0\end{cases} \tag{4-2-13}$$

(4) 若边界点$B(x_1, y_1, z_1)$可在空间平面$x = x_1$上变动，则$\delta x_1 = 0$，δy_1和δz_1可取任意值，自然边界条件为

$$F_{y'}\big|_{x=x_1} = 0, \quad F_{z'}\big|_{x=x_1} = 0 \tag{4-2-14}$$

定理 4.2.1 设泛函$J[y(x), z(x)] = \int_{x_0}^{x_1} F(x, y, z, y', z')\,\mathrm{d}x$的极值曲线左端边界条件$y(x_0) = y_0$、$z(x_0) = z_0$固定，而另一端点$B(x_1, y_1, z_1)$在已知曲线$y_1 = \varphi(x_1)$、$z_1 = \psi(x_1)$上变动，则可动一端的极值曲线$y = y(x)$必满足式(4-2-9)。

推论 4.2.1 若边界点$A(x_0, y_0, z_0)$在已知曲线$y_0 = \varphi(x_0)$、$z_0 = \psi(x_0)$上变动，则泛函$J[y, z] = \int_{x_0}^{x_1} F(x, y, z, y', z')\,\mathrm{d}x$的极值曲线在边界点$A(x_0, y_0, z_0)$处必满足横截条件

$$[F + (\varphi' - y')F_{y'} + (\psi' - z')F_{z'}]\big|_{x=x_0} = 0 \tag{4-2-15}$$

推论 4.2.2 若边界点$B(x_1, y_1, z_1)$沿某一曲面$z_1 = \varphi(x_1, y_1)$变动，则式(4-2-1)的极值曲线$y = y(x)$、$z = z(x)$在$B(x_1, y_1, z_1)$处必满足横截条件

$$\begin{cases}[F - y'F_{y'} + (\varphi_x - z')F_{z'}]\big|_{x=x_1} = 0 \\ (F_{y'} + F_{z'}\varphi_y)\big|_{x=x_1} = 0\end{cases} \tag{4-2-16}$$

这两个条件和$z_1 = \varphi(x_1, y_1)$在一起，可以确定欧拉方程组通解中的四个任意常数。

推论 4.2.3 设泛函$J[y_1, y_2, \cdots, y_n] = \int_{x_0}^{x_1} F(x, y_1, y_2, \cdots, y_n, y_1', y_2', \cdots, y_n')\,\mathrm{d}x$，则可得到在端点$B(x_1, y_{11}, y_{21}, \cdots, y_{n1})$是可动情况下的边界条件，即

$$\begin{cases}\left(F - \sum\limits_{i=1}^{n} y_i'F_{y_i'}\right)\bigg|_{x=x_1} = 0 \\ F_{y_i'}\big|_{x=x_1} = 0\end{cases} \quad (i = 1, 2, \cdots, n) \tag{4-2-17}$$

推论 4.2.4 设泛函$J[y_1, y_2, \cdots, y_n] = \int_{x_0}^{x_1} F(x, y_1, y_2, \cdots, y_n, y_1', y_2', \cdots, y_n')\,\mathrm{d}x$，若边界点$B(x_1, y_{11}, y_{21}, \cdots, y_{n1})$在已知曲线$y_i = \psi_i(x_1)$ ($i = 1, 2, \cdots, n$)上变动，则极值函数在边界点$B(x_1, y_{11}, y_{21}, \cdots, y_{n1})$处必满足横截条件

$$\left[F + \sum_{i=1}^{n}(\psi_i' - y_i')F_{y_i'}\right]\bigg|_{x=x_1} = 0 \tag{4-2-18}$$

如果端点 A 也是可动的，则和端点 B 做同样的处理。

例 4.2.1 求泛函 $J[y,z]=\int_{x_0}^{x_1} f(x,y,z)\sqrt{1+y'^2+z'^2}\,\mathrm{d}x$ 的横截条件，点 $B(x_1,y_1,z_1)$ 在曲面 $z_1=\varphi(x_1,y_1)$ 上变动。

解 由推论 4.2.2 可知，在 $x=x_1$ 时，横截条件为

$$\begin{cases}[F-y'F_{y'}+(\varphi_x-z')F_{z'}]\big|_{x=x_1}=0\\(F_{y'}+F_{z'}\varphi_y)\big|_{x=x_1}=0\end{cases}$$

从而有

$$1+\varphi_x z'=0,\quad y'+z'\varphi_y=0$$

当 $x=x_1$ 时，以上两式合并为

$$\frac{1}{\varphi_x}=\frac{y'}{\varphi_y}=-\frac{z'}{1}$$

这个条件说明所求的极值曲线在点 $B(x_1,y_1,z_1)$ 处的切线矢量 $\boldsymbol{t}(1,y',z')$ 与在同一点处曲面的法线向量 $\boldsymbol{N}(\varphi_x,\varphi_y,-1)$ 相互平行。因此，横截条件变为极值曲线与曲面 $z=\varphi(x,y)$ 成正交条件。

例 4.2.2 求泛函 $J[y(x),z(x)]=\int_0^{x_1}(y'^2+z'^2+2yz)\,\mathrm{d}x$ 的极值曲线，已知端点 $y(0)=0$，$z(0)=0$，另一端点 (x_1,y_1,z_1) 在平面 $x=x_1$ 上待定。

解 泛函的欧拉方程组为

$$\begin{cases}F_y-\dfrac{\mathrm{d}}{\mathrm{d}x}F_{y'}=0\\F_z-\dfrac{\mathrm{d}}{\mathrm{d}x}F_{z'}=0\end{cases}$$

或

$$\begin{cases}z''-y=0\\y''-z=0\end{cases}$$

联立方程组，解得

$$\begin{cases}y=c_1\mathrm{e}^x+c_2\mathrm{e}^{-x}+c_3\cos x+c_4\sin x\\z=c_1\mathrm{e}^x+c_2\mathrm{e}^{-x}-c_3\cos x-c_4\sin x\end{cases}$$

由边界条件 $y(0)=0$，$z(0)=0$，得

$$c_1=-c_2,\quad c_3=0$$

所以

$$\begin{cases}y=c_1\mathrm{e}^x-c_1\mathrm{e}^{-x}+c_4\sin x\\z=c_1\mathrm{e}^x-c_1\mathrm{e}^{-x}-c_4\sin x\end{cases}$$

可动边界点的横截条件为

$$F_{y'}\big|_{x=x_1}=0,\quad F_{z'}\big|_{x=x_1}=0$$

由上述条件得

$$F_{y'}\big|_{x=x_1}=2y'\big|_{x=x_1}=0,\quad F_{z'}\big|_{x=x_1}=2z'\big|_{x=x_1}=0$$

或

$$y'(x_1)=0\text{，}\quad z'(x_1)=0$$

也就是

$$\begin{cases}c_1\,\mathrm{e}^{x_1}+c_1\,\mathrm{e}^{-x_1}+c_4\cos x_1=0\\ c_1\,\mathrm{e}^{x_1}+c_1\,\mathrm{e}^{-x_1}-c_4\cos x_1=0\end{cases}$$

当 $\cos x_1\neq 0$ 时，有 $c_1=c_4=0$，故极值曲线只能在直线 $y=0$，$z=0$ 上达到。当 $\cos x_1=0$，即 $x_1=n\pi+\dfrac{\pi}{2}$ 时，有 $c_1=0$，而 c_4 可以任意取值，于是有

$$\begin{cases}y=c_4\sin x\\ z=-c_4\sin x\end{cases}$$

可以验证，在这种情况下，对于任意的 c_4 都是极值曲线。

例 4.2.3 求两不相交曲面 $z=\varphi(x,y)$ 与 $z=\psi(x,y)$ 之间的距离。

解 设连接两曲面上点的曲线方程为

$$\begin{cases}y=y(x)\\ z=z(x)\end{cases}\quad (x_0\leqslant x\leqslant x_1)$$

两曲面之间的距离为

$$J[y(x),z(x)]=\int_{x_0}^{x_1}\mathrm{d}s=\int_{x_0}^{x_1}\sqrt{1+y'^2+z'^2}\,\mathrm{d}x$$

令被积函数 $F=\sqrt{1+y'^2+z'^2}$，它只依赖于 y' 和 z'，泛函的欧拉方程组为

$$\begin{cases}F_{y'y'}y''+F_{y'z'}z''=0\\ F_{y'z'}y''+F_{z'z'}z''=0\end{cases}$$

这是关于 y'' 和 z'' 的齐次方程组，当系数行列式不为零，即

$$F_{y'y'}F_{z'z'}-(F_{y'z'})^2\neq 0$$

时，得到零解

$$y''=0\text{，}\quad z''=0$$

将上面两个方程积分，得

$$\begin{cases}y=c_1x+c_2\\ z=c_3x+c_4\end{cases}$$

即所求泛函的极值曲线是空间中的一族直线。

由于本例题中被积函数是例 4.2.1 中 $f(x,y,z)=1$ 的情形，只是边界条件两端都是变动的，在点 (x_0,y_0,z_0) 和点 (x_1,y_1,z_1) 处的横截条件都转化为正交条件，因此，它只能在与曲面 $z=\varphi(x,y)$ 在点 (x_0,y_0,z_0) 处及与曲面 $z=\psi(x,y)$ 在点 (x_1,y_1,z_1) 处都相互垂直的直线上取得极值。

例 4.2.4 求点 $M(x_0,y_0,z_0)$ 到直线

$$\begin{cases}y=mx+p\\ z=nx+q\end{cases}$$

的最短距离。

解 这个问题归结为求泛函

$$J[y,z]=\int_{x_0}^{x_1}\sqrt{1+y'^2+z'^2}\,\mathrm{d}x \tag{1}$$

的极小值，泛函的极值曲线的一个边界点$M(x_0,y_0,z_0)$给定，而另一个边界点可以沿着给定的直线

$$\begin{cases} y = mx + p \\ z = nx + q \end{cases} \tag{2}$$

移动。此时，函数φ和ψ分别为

$$\begin{cases} \varphi = mx + p \\ \psi = nx + q \end{cases} \tag{3}$$

由于泛函只是y'和z'的函数，故其欧拉方程组的通解是直线，即

$$\begin{cases} y = c_1 x + c_2 \\ z = c_3 x + c_4 \end{cases} \tag{4}$$

横截条件为

$$\left[\sqrt{1+y'^2+z'^2} + (m-y')\frac{y'}{\sqrt{1+y'^2+z'^2}} + (n-z')\frac{z'}{\sqrt{1+y'^2+z'^2}}\right]\Bigg|_{x=x_1} = 0 \tag{5}$$

由$y'=c_1$，$z'=c_3$，可得

$$1 + mc_1 + nc_3 = 0 \tag{6}$$

式(6)表明式(4)表示的直线与式(2)表示的直线垂直。

因式(4)表示的直线应通过给定的点$M(x_0,y_0,z_0)$，故有

$$\begin{cases} y_0 = c_1 x_0 + c_2 \\ z_0 = c_3 x_0 + c_4 \end{cases} \tag{7}$$

又因式(4)表示的直线还应在式(2)表示的直线上，故有

$$\begin{cases} c_1 x_1 + c_2 = m x_1 + p \\ c_3 x_1 + c_4 = n x_1 + q \end{cases} \tag{8}$$

将式(6)、式(7)和式(8)联立求解，可确定五个常数c_1、c_2、c_3、c_4和x_1，这些常数是

$$c_1 = \frac{mx_0 + mn(z_0-q) - (1+n^2)(y_0-p)}{m(y_0-p) + n(z_0-q) - (m^2+n^2)x_0} \tag{9}$$

$$c_2 = y_0 - \frac{mx_0 + mn(z_0-q) - (1+n^2)(y_0-p)}{m(y_0-p) + n(z_0-q) - (m^2+n^2)x_0} x_0 \tag{10}$$

$$c_3 = \frac{nx_0 + mn(y_0-p) - (1+m^2)(z_0-q)}{m(y_0-p) + n(z_0-q) - (m^2+n^2)x_0} \tag{11}$$

$$c_4 = z_0 - \frac{nx_0 + mn(y_0-p) - (1+m^2)(z_0-q)}{m(y_0-p) + n(z_0-q) - (m^2+n^2)x_0} x_0 \tag{12}$$

$$x_1 = \frac{x_0 + m(y_0-p) + n(z_0-q)}{1+m^2+n^2} \tag{13}$$

将c_1、c_2和x_1代入式(1)，可得

$$J[y,z] = \sqrt{x_0^2 + (y_0-p)^2 + (z_0-q)^2 - \frac{[x_0 + m(y_0-p) + n(z_0-q)]^2}{1+m^2+n^2}} \tag{14}$$

例 4.2.5 试求圆周$\varGamma_0$：$x^2+y^2=a^2, z=0$与双曲线$\varGamma_1$：$z^2-x^2=b^2$，$y=0$之间的最短距离。

解　选 z 作自变量。设曲线过 Γ_0 的任一点 $A(x_0,y_0,0)$，过 Γ_1 的任一点 $B(x_1,0,z_1)$，且所求曲线为

$$\Gamma:\begin{cases}x=x(z)\\y=y(z)\end{cases}\quad(0\leqslant z\leqslant z_1)\tag{1}$$

它必使泛函

$$J[x,y]=\int_0^{z_1}\sqrt{1+x'^2+y'^2}\,\mathrm{d}z\tag{2}$$

取最小值。这个泛函的一个边界点 $A(x_0,y_0,0)$ 在圆周 Γ_0：$\Phi_0=x^2+y^2-a^2=0$ 上移动，而另一个边界点 $B(x_1,0,z_1)$ 在双曲线 Γ_1：$\Phi_1=z^2-x^2-b^2=0$ 上待定。被积函数及各偏导数为

$$F=\sqrt{1+x'^2+y'^2}\,,\quad F_x=0\,,\quad F_{x'}=\frac{x'}{\sqrt{1+x'^2+y'^2}}\,,\quad F_y=0\,,\quad F_{y'}=\frac{y'}{\sqrt{1+x'^2+y'^2}}\tag{3}$$

泛函的欧拉方程组为

$$\begin{cases}F_x-\dfrac{\mathrm{d}}{\mathrm{d}z}F_{x'}=-\dfrac{\mathrm{d}}{\mathrm{d}z}\dfrac{x'}{\sqrt{1+x'^2+y'^2}}=0\\[2ex]F_y-\dfrac{\mathrm{d}}{\mathrm{d}z}F_{y'}=-\dfrac{\mathrm{d}}{\mathrm{d}z}\dfrac{y'}{\sqrt{1+x'^2+y'^2}}=0\end{cases}\tag{4}$$

或

$$\frac{x'}{\sqrt{1+x'^2+y'^2}}=c_1\,,\quad\frac{y'}{\sqrt{1+x'^2+y'^2}}=c_2\tag{5}$$

由式(5)可得 $y'=kx'$，代入上两式，得 $x'=k_1$，$y'=k_2$，其中 k、k_1、k_2 皆为常数。将 x' 和 y' 积分，并注意到曲线过点 $A(x_0,y_0,0)$，得

$$\begin{cases}x=k_1z+x_0\\y=k_2z+y_0\end{cases}\tag{6}$$

它的几何形状为空间直线。又曲线过点 $B(x_1,0,z_1)$，所以

$$\begin{cases}x_1=k_1z_1+x_0\\0=k_2z_1+y_0\end{cases}\tag{7}$$

点 A 在圆周 Γ_0 上移动，由横截条件，有

$$\left.\left(F_{x'}-F_{y'}\frac{\Phi_{0x}}{\Phi_{0y}}\right)\right|_{z=z_0}=0$$

或

$$k_1y_0-k_2x_0=0\tag{8}$$

又点 B 在双曲线 Γ_1 上待定，由横截条件，有

$$\left.\left(F-x'F_{x'}-y'F_{y'}-F_{x'}\frac{\Phi_{1z}}{\Phi_{1x}}\right)\right|_{z=z_1}=0$$

或

$$x_1+k_1z_1=0\tag{9}$$

由于曲线过 $A(x_0,y_0,0)$、$B(x_1,0,z_1)$ 两点，故有

$$\begin{cases} x_0^2+y_0^2=a^2 \\ z_1^2-x_1^2=b^2 \end{cases} \tag{10}$$

联立求解式(7)～式(10)，得 $y_0=k_2=0$，$x_0=2x_1=\pm a$，$z_1=\sqrt{b^2+\dfrac{1}{4}a^2}$，$k_1=-\dfrac{x_1}{z_1}$。于是，所求极值曲线的长度为

$$J=\int_0^{z_1}\sqrt{1+x'^2+y'^2}\,\mathrm{d}z=\int_0^{z_1}\sqrt{1+k_1^2}\,\mathrm{d}z=z_1\sqrt{1+k_1^2}=\sqrt{z_1^2+x_1^2}=\sqrt{b^2+\frac{1}{2}a^2} \tag{11}$$

由于 a、b 都不为零，所给两条曲线的距离一定存在，故 J 就是所求极值曲线的长度。

例 4.2.6 求点 $A(1,1,1)$ 到球面 $x^2+y^2+z^2=1$ 的最短距离。

解 最短距离为下列泛函

$$J[y,z]=\int_{x_1}^{1}\sqrt{1+y'^2+z'^2}\,\mathrm{d}x \tag{1}$$

式中，x_1 所在的点 $B(x_1,y_1,z_1)$ 应在球面 $x^2+y^2+z^2=1$ 上。

式(1)的极值曲线是直线

$$\begin{cases} y=c_1x+c_2 \\ z=c_3x+c_4 \end{cases} \tag{2}$$

式(2)应通过点 $A(1,1,1)$，有

$$\begin{cases} c_1+c_2=1 \\ c_3+c_4=1 \end{cases} \tag{3}$$

点 $B(x_1,y_1,z_1)$ 处的横截条件为

$$\left[\sqrt{1+y'^2+z'^2}-\frac{y'^2}{\sqrt{1+y'^2+z'^2}}+\left(\frac{-x}{\sqrt{1-x^2-y^2}}-z'\right)\frac{z'}{\sqrt{1+y'^2+z'^2}}\right]\Bigg|_{x=x_1}=0 \tag{4}$$

$$\left(\frac{y'}{\sqrt{1+y'^2+z'^2}}-\frac{y}{\sqrt{1-x^2-y^2}}\frac{z'}{\sqrt{1+y'^2+z'^2}}\right)\Bigg|_{x=x_1}=0 \tag{5}$$

将式(4)和式(5)化简，并注意到 $y'=c_1$，$z'=c_3$，有

$$\begin{cases} z_1-c_3x_1=0 \\ c_1z_1-c_3y_1=0 \end{cases} \tag{6}$$

根据极值曲线应通过点 $B(x_1,y_1,z_1)$ 的条件，有

$$\begin{cases} y_1=c_1x_1+c_2 \\ z_1=c_3x_1+c_4 \end{cases} \tag{7}$$

利用球面方程，联立求解式(3)、式(6)和式(7)，可得 $c_1=c_3=1$，$c_2=c_4=0$，于是极值曲线的方程为

$$\begin{cases} y=x \\ z=x \end{cases} \tag{8}$$

因为点 $B(x_1,y_1,z_1)$ 在球面上，利用式(8)可得 $x_1=\pm\dfrac{\sqrt{3}}{3}$，所以可得到两点

$$B_1\left(\frac{\sqrt{3}}{3},\frac{\sqrt{3}}{3},\frac{\sqrt{3}}{3}\right) \quad 和 \quad B_2\left(-\frac{\sqrt{3}}{3},-\frac{\sqrt{3}}{3},-\frac{\sqrt{3}}{3}\right)$$

在连接点 A 和点 B_1 的极值曲线即式(8)上，式(1)取得极小值，该极小值是

$$J_{\min}=\int_{\frac{\sqrt{3}}{3}}^{1}\sqrt{1+1^2+1^2}\,\mathrm{d}x=\sqrt{3}-1 \tag{9}$$

在连接点 A 和点 B_2 的极值曲线即式(8)上，式(1)取得极大值，该极大值是

$$J_{\max}=\int_{-\frac{\sqrt{3}}{3}}^{1}\sqrt{1+1^2+1^2}\,\mathrm{d}x=\sqrt{3}+1 \tag{10}$$

4.3 含有高阶导数的泛函的变分问题

本节讨论含有高阶导数的泛函的边界点可以变动的极值问题。这里先讨论高阶导数为二阶的情形，再讨论含有更高阶导数的泛函。

4.3.1 泛函含有一个未知函数二阶导数的情形

设泛函

$$J[y(x)]=\int_{x_0}^{x_1}F(x,y,y',y'')\,\mathrm{d}x \tag{4-3-1}$$

式中，$y\in C^4[x_0,x_1]$，$F\in C^3$，容许曲线 $y=y(x)$ 在左端点 $A(x_0,y_0)$ 固定，在右端点 $B(x_1,y_1)$ 可变。

式(4-3-1)的极值曲线必满足欧拉–泊松方程

$$F_y-\frac{\mathrm{d}F_{y'}}{\mathrm{d}x}+\frac{\mathrm{d}^2F_{y''}}{\mathrm{d}x^2}=0 \tag{4-3-2}$$

一般情况下，式(4-3-2)是一个四阶常微分方程，其通解含有四个任意常数。由于右端点 B 可变，x_1 也待定，故总共需确定五个任意常数。因为左端点 A 固定，故可由边界条件 $y(x_0)=y_0$ 和 $y'(x_0)=y'_0$ 确定出欧拉–泊松方程通解中的两个任意常数。为了确定唯一解，就必须再找出三个方程以确定其余三个待定常数，这三个方程可以根据泛函取极值的必要条件 $\delta J=0$ 得到。这里还是就一般情形进行讨论，先计算式(4-3-1)的增量 ΔJ，然后再分离出线性主部 δJ。

式(4-3-1)的增量为

$$\begin{aligned}\Delta J&=\int_{x_0}^{x_1+\delta x_1}F(x,y+\delta y,y'+\delta y',y''+\delta y'')\,\mathrm{d}x-\int_{x_0}^{x_1}F(x,y,y',y'')\,\mathrm{d}x\\&=\int_{x_1}^{x_1+\delta x_1}F(x,y+\delta y,y'+\delta y',y''+\delta y'')\,\mathrm{d}x+\\&\quad\int_{x_0}^{x_1}F[(x,y+\delta y,y'+\delta y',y''+\delta y'')-F(x,y,y'')]\,\mathrm{d}x\end{aligned} \tag{4-3-3}$$

将式(4-3-3)右边第一个积分用中值定理，把第二个积分的被积函数按泰勒级数展开，得

$$\Delta J=F(x,y,y',y'')\big|_{x=x_1}\delta x_1+\int_{x_0}^{x_1}(F_y\delta y+F_{y'}\delta y'+F_{y''}\delta y'')\,\mathrm{d}x+R \tag{4-3-4}$$

式中，R 是无穷小量，它的阶的次数高于 δx_1、δy_1、δy、$\delta y'$ 及 $\delta y''$ 之中最大的阶的次数。

取式(4-3-4)的线性主部，得

$$\delta J=F\big|_{x=x_1}\delta x_1+\int_{x_0}^{x_1}(F_y\delta y+F_{y'}\delta y'+F_{y''}\delta y'')\,\mathrm{d}x \tag{4-3-5}$$

将式(4-3-5)积分号下第二项分部积分一次，第三项分部积分两次，并注意到左端点固定时有 $\delta y\big|_{x=x_0}=0$，$\delta y'\big|_{x=x_0}=0$，再由式(4-3-2)，可得

$$\delta J = \left(F\delta x + F_{y'}\delta y + F_{y''}\delta y' - \frac{\mathrm{d}F_{y''}}{\mathrm{d}x}\delta y \right)\Bigg|_{x=x_1} \tag{4-3-6}$$

由 4.1 节可知，变分 δx_1、δy 与 $\delta y'$ 并非各自独立，而是存在下列关系

$$\delta y_1 = \delta y\big|_{x=x_1} + y'(x_1)\delta x_1 \tag{4-3-7}$$

将上述关系用于 $\delta y'$，有

$$\delta y_1' = \delta y'\big|_{x=x_1} + y''(x_1)\delta x_1 \tag{4-3-8}$$

将式(4-3-7)和式(4-3-8)代入式(4-3-6)，并由 $\delta J = 0$，得

$$\delta J = \left[F - y'\left(F_{y'} - \frac{\mathrm{d}}{\mathrm{d}x}F_{y''} \right) - y''F_{y''} \right]\Bigg|_{x=x_1} \delta x_1 + \left(F_{y'} - \frac{\mathrm{d}}{\mathrm{d}x}F_{y''} \right)\Bigg|_{x=x_1} \delta y_1 + F_{y''}\big|_{x=x_1} \delta y_1' = 0 \tag{4-3-9}$$

如果式(4-3-9)中的变分 δx、δy_1 和 $\delta y_1'$ 是相互独立的，则它们的系数在点 $x = x_1$ 处应该等于零，即

$$\begin{cases} \left[F - y'\left(F_{y'} - \dfrac{\mathrm{d}}{\mathrm{d}x}F_{y''} \right) - y''F_{y''} \right]\Bigg|_{x=x_1} = 0 \\ \left(F_{y'} - \dfrac{\mathrm{d}}{\mathrm{d}x}F_{y''} \right)\Bigg|_{x=x_1} = 0 \\ F_{y''}\big|_{x=x_1} = 0 \end{cases} \tag{4-3-10}$$

用与上面同样的方法，若把式(4-3-10)的后两式代入第一个式中，则仍可得到 $F\big|_{x=x_1} = 0$，一般情况下，这样的变分问题无意义。若使变分问题有意义，应在可动的右端点给出一个已知条件。于是，式(4-3-10)的后两个条件、右端点给出的一个已知条件加上固定端点的两个条件，就可以确定极值曲线 $y = y(x, c_1, c_2, c_3, c_4, x_1)$ 中的五个待定常量。

定理 4.3.1 式(4-3-1)在某一端点固定 $y(x_0) = y_0$，$y'(x_0) = y_0'$，另一可动端点 (x_1, y_1) 在给定一个已知条件下，其极值曲线 $y = y(x)$ 在端点 $x = x_1$ 处必满足式(4-3-10)的后两个条件。

推论 4.3.1 设点 (x_1, y_1) 在曲线 $y_1 = \varphi(x_1)$ 上变动，且 $y_1' = \psi(x_1)$，则式(4-3-1)的极值曲线 $y = y(x)$ 在端点 $x = x_1$ 处必满足以下自然边界条件

$$\left[F + (\varphi' - y')\left(F_{y'} - \frac{\mathrm{d}}{\mathrm{d}x}F_{y''} \right) + (\psi' - y'')F_{y''} \right]\Bigg|_{x=x_1} = 0 \tag{4-3-11}$$

证 由于 $y_1 = \varphi(x_1)$，$y_1' = \psi(x_1)$，故有

$$\delta y_1 = \varphi'(x_1)\delta x_1 ,\quad \delta yy_1' = \psi'(x_1)\delta x_1 \tag{4-3-12}$$

把式(4-3-12)代入式(4-3-9)，就得到式(4-3-11)。证毕。

注意，推论 4.3.1 中的 $\psi(x_1)$ 并不一定等于 $\varphi'(x_1)$，当然也包括 $\psi(x_1) = \varphi'(x_1)$ 的情况。

推论 4.3.2 若端点 (x_1, y_1) 满足关系式 $\varphi(x_1, y_1, y_1') = 0$，则在 $x = x_1$ 处的自然边界条件为

$$\begin{cases} \left[F - y'\left(F_{y'} - \dfrac{\mathrm{d}}{\mathrm{d}x}F_{y''} \right) - \left(y'' + \dfrac{\varphi_{x_1}}{\varphi_{y_1'}} \right)F_{y''} \right]\Bigg|_{x=x_1} = 0 \\ \left[F_{y'} - \dfrac{\mathrm{d}}{\mathrm{d}x}F_{y''} - \left(\dfrac{\varphi_{y_1}}{\varphi_{y_1'}} \right)F_{y''} \right]\Bigg|_{x=x_1} = 0 \end{cases} \tag{4-3-13}$$

证 因为 x_1、y_1 和 y_1' 之间由 $\varphi(x_1, y_1, y_1') = 0$ 联系着，所以在 δx_1、δy_1 和 $\delta y_1'$ 中只有两个可

以是任意的，另一个可由方程

$$\varphi_{x_1}\delta x_1+\varphi_{y_1}\delta y_1+\varphi_{y_1'}\delta y_1'=0$$

来确定。当 $\varphi_{y_1'}\neq 0$ 时，将 $\delta y_1'=-(\varphi_{x_1}/\varphi_{y_1'})\delta x_1-(\varphi_{y_1}/\varphi_{y_1'})\delta y_1$ 代入式(4-3-9)，得

$$\delta J=\left[F-y'\left(F_{y'}-\frac{\mathrm{d}}{\mathrm{d}x}F_{y''}\right)-\left(y''+\frac{\varphi_{x_1}}{\varphi_{y_1'}}\right)F_{y''}\right]\Bigg|_{x=x_1}\delta x_1+\left(F_{y'}-\frac{\mathrm{d}}{\mathrm{d}x}F_{y''}-\frac{\varphi_{y_1}}{\varphi_{y_1'}}F_{y''}\right)\Bigg|_{x=x_1}\delta y_1=0$$

由于 δx_1 和 δy_1 是任意的，它们前边的系数应分别为零，故式(4-3-13)成立。证毕。

推论 4.3.3 若端点 (x_1,y_1) 仅在直线 $x=x_1$ 上自由移动，则在 $x=x_1$ 处的自然边界条件为

$$\begin{cases}\left(F_{y'}-\dfrac{\mathrm{d}}{\mathrm{d}x}F_{y''}\right)\Bigg|_{x=x_1}=0\\ F_{y''}\Big|_{x=x_1}=0\end{cases}\tag{4-3-14}$$

证 因为端点 (x_1,y_1) 仅在直线 $x=x_1$ 上自由移动，$\delta x_1=0$，δy_1 和 $\delta y_1'$ 可任意取值，由式(4-3-9)可知，若使 $\delta J=0$ 成立，δy_1 和 $\delta y_1'$ 的系数必须为零，所以式(4-3-14)成立。证毕。

例 4.3.1 试讨论当 $y(0)=0$，$y'(0)=1$，$y(1)=1$，$y'(1)$ 为任意时，泛函 $J[y]=\int_0^1(a+y''^2)\,\mathrm{d}x$ 的极值情况。

解 令 $F=a+y''^2$，$F_y=0$，$F_{y'}=0$，$F_{y''}=2y''$，欧拉–泊松方程为

$$\frac{\mathrm{d}^2}{\mathrm{d}x^2}(2y'')=0\tag{1}$$

或

$$y^{(4)}=0\tag{2}$$

其通解为

$$y=c_1+c_2x+c_3x^2+c_4x^3\tag{3}$$

由边界条件 $y(0)=0$，得 $c_1=0$，由边界条件 $y'(0)=1$，得 $c_2=1$，由边界条件 $y(1)=1$，得

$$c_3+c_4=0\tag{4}$$

由 $y'(1)$ 的任意性，从式(4-3-10)的第三个式子可知 $F_{y''}\big|_{x=1}=0$，从而有 $y''(1)=0$。于是由式(3)可求得

$$y''(1)=2c_3+6c_4=0\tag{5}$$

将式(4)和式(5)联立，可求出 $c_3=0$，$c_4=0$。因此泛函的极值只能在直线 $y=x$ 上达到。

例 4.3.2 设泛函 $J[y]=\int_0^1(y''^2-2xy)\,\mathrm{d}x$，其边界条件为 $y(0)=0$，$y'(0)=0$，$y(1)=1$，试根据 $\delta J=0$ 确定泛函的极值曲线。

解 泛函的欧拉方程为

$$-2x+2y^{(4)}=0$$

或

$$y^{(4)}=x$$

积分四次，得

$$y=\frac{x^5}{120}+c_1x^3+c_2x^2+c_3x+c_4$$

由边界条件 $y(0)=0$，$y'(0)=0$，$y(1)=0$，可定出 $c_3=0$，$c_4=0$，$c_1+c_2=\dfrac{119}{120}$。另一个边界条件由 $\delta J=0$ 来补足。因已给定 $y(1)=1$，不能变动，故 $\delta x_1=0$，$\delta y_1=0$，根据式(4-3-9)，得

$$F_{y''}\Big|_{x=1}\delta y_1'=0$$

由于 $\delta y_1'$ 的任意性，显然应该有 $F_{y''}\Big|_{x=1}=2y''(1)=0$，即

$$y''(1)=\left(\frac{x^3}{6}+6c_1x+2c_2\right)\Bigg|_{x=1}=\frac{1}{6}+6c_1+2c_2=0$$

可解得 $c_1=-\dfrac{129}{240}$，$c_2=\dfrac{367}{240}$。于是极值曲线为

$$y=\frac{x^2}{240}(2x^3-129x+367)$$

4.3.2 泛函含有一个未知函数多阶导数的情形

设泛函

$$J[y(x)]=\int_{x_0}^{x_1}F(x,y,y',y'',\cdots,y^{(k)},\cdots,y^{(n)})\,\mathrm{d}x \tag{4-3-15}$$

式中，$y\in C^{2n}[x_0,x_1]$，$F\in C^{n+1}$，容许曲线 $y=y(x)$ 在左端点 $A(x_0,y_0)$ 固定，在右端点 $B(x_1,y_1)$ 可变。式(4-3-15)的极值函数必满足欧拉–泊松方程

$$F_y+\sum_{k=1}^{n}(-1)^k\frac{\mathrm{d}^k F_{y^{(k)}}}{\mathrm{d}x^k}=0 \tag{4-3-16}$$

一般情况下，式(4-3-16)是一个 $2n$ 阶常微分方程，其通解含有 $2n$ 个任意常数。由于右端点 B 可变，x_1 也待定，故总共需确定 $2n+1$ 个任意常数。因为左端点 A 固定，故可由边界条件 $y(x_0)=y_0,y'(x_0)=y_0',y''(x_0)=y_0'',\cdots,y^{(n-1)}(x_0)=y_0^{(n-1)}$ 确定出欧拉–泊松方程通解中的 n 个任意常数。为了确定唯一解，就必须再找出 $n+1$ 个方程以确定其余 $n+1$ 个待定常数，这 $n+1$ 个方程可以根据泛函取极值的必要条件一阶变分等于零即 $\delta J=0$ 得到。这里就一般情形进行讨论，先计算式(4-3-15)的增量 ΔJ，然后分离出其线性主部 δJ。式(4-3-15)的增量为

$$\begin{aligned}\Delta J&=\int_{x_0}^{x_1+\delta x_1}F(x,y+\delta y,y'+\delta y',y''+\delta y'',\cdots,y^{(n)}+\delta y^{(n)})\,\mathrm{d}x-\\&\quad\int_{x_0}^{x_1}F(x,y,y',y'',\cdots,y^{(n)})\,\mathrm{d}x\\&=\int_{x_1}^{x_1+\delta x_1}F(x,y+\delta y,y'+\delta y',y''+\delta y'',\cdots,y^{(n)}+\delta y^{(n)})\,\mathrm{d}x+\\&\quad\int_{x_0}^{x_1}[F(x,y+\delta y,y'+\delta y',y''+\delta y'',\cdots,y^{(n)}+\delta y^{(n)})-F(x,y,y',y'',\cdots,y^{(n)})]\,\mathrm{d}x\end{aligned} \tag{4-3-17}$$

将式(4-3-17)右边第一个积分用中值定理，将第二个积分的被积函数按泰勒级数展开，得

$$\begin{aligned}\Delta J&=F(x,y+\delta y,y'+\delta y',y''+\delta y'',\cdots,y^{(n)}+\delta y^{(n)})\Big|_{x=x_1+\theta x_1}\delta x_1+\\&\quad\int_{x_0}^{x_1}(F_y\delta y+F_{y'}\delta y'+F_{y''}\delta y''+\cdots+F_{y^{(n)}}\delta y^{(n)})\,\mathrm{d}x+R\end{aligned} \tag{4-3-18}$$

式中，$0<\theta<1$，R 是比 $\delta y,\delta y',\delta y'',\cdots,\delta y^{(n)}$ 更高阶的无穷小。

可以认为 F 满足一定的连续条件，有

$$F\Big|_{x=x_1+\theta x_1}=F\Big|_{x=x_1}+\varepsilon \tag{4-3-19}$$

当$\delta x_1 \to 0$时，$\varepsilon \to 0$。将式(4-3-19)代入式(4-3-18)，略去高阶无穷小量$\varepsilon\delta x_1$和R，式(4-3-15)的一阶变分为

$$\delta J=F\Big|_{x=x_1}\delta x_1+\int_{x_0}^{x_1}(F_y\delta y+F_{y'}\delta y'+F_{y''}\delta y''+\cdots+F_{y^{(n)}}\delta y^{(n)})\mathrm{d}x \tag{4-3-20}$$

将式(4-3-20)右边积分号下第二项起分别分部积分k次，其中$k=1,2,\cdots,n$，并注意到左端点固定时有$\delta y\Big|_{x=x_0}=0$, $\delta y'\Big|_{x=x_0}=0$, $\delta y''\Big|_{x=x_0}=0,\cdots,\delta y^{(n-1)}\Big|_{x=x_0}=0$，当式(4-3-15)取极值时，应有$\delta J=0$，故有

$$\begin{aligned}\delta J=&\int_{x_0}^{x_1}\left[F_y+\sum_{k=1}^{n}(-1)^k\frac{\mathrm{d}^k F_{y^{(k)}}}{\mathrm{d}x^k}\right]\delta y\,\mathrm{d}x+F\Big|_{x=x_1}\delta x_1+\Bigg[F_{y'}\delta y+F_{y''}\delta y'-\frac{\mathrm{d}F_{y''}}{\mathrm{d}x}\delta y+\cdots+\\&F_{y^{(k)}}\delta y^{(k-1)}-\frac{\mathrm{d}F_{y^{(k)}}}{\mathrm{d}x}\delta y^{(k-2)}+\frac{\mathrm{d}^2F_{y^{(k)}}}{\mathrm{d}x^2}\delta y^{(k-3)}-\cdots+(-1)^{(k-1)}\frac{\mathrm{d}^{k-1}F_{y^{(k)}}}{\mathrm{d}x^{k-1}}\delta y+\cdots+\\&F_{y^{(n)}}\delta y^{(n-1)}-\frac{\mathrm{d}F_{y^{(n)}}}{\mathrm{d}x}\delta y^{(n-2)}+\frac{\mathrm{d}^2F_{y^{(n)}}}{\mathrm{d}x^2}\delta y^{(n-3)}-\cdots+(-1)^{(n-1)}\frac{\mathrm{d}^{n-1}F_{y^{(n)}}}{\mathrm{d}x^{n-1}}\delta y\Bigg]\Bigg|_{x=x_1}=\\&\Bigg\{F\delta x+\left[F_{y'}+\sum_{k=1}^{n-1}(-1)^k\frac{\mathrm{d}^kF_{y^{(k+1)}}}{\mathrm{d}x^k}\right]\delta y+\left[F_{y''}+\sum_{k=1}^{n-2}(-1)^k\frac{\mathrm{d}^kF_{y^{(k+2)}}}{\mathrm{d}x^k}\right]\delta y'+\cdots+\\&\left[F_{y^{(j)}}+\sum_{k=1}^{n-j}(-1)^k\frac{\mathrm{d}^kF_{y^{(k+j)}}}{\mathrm{d}x^k}\right]\delta y^{(j-1)}+\cdots+\left[F_{y^{(n-1)}}-\frac{\mathrm{d}F_{y^{(n)}}}{\mathrm{d}x}\right]\delta y^{(n-2)}+F_{y^{(n)}}\delta y^{(n-1)}\Bigg\}\Bigg|_{x=x_1}+\\&\int_{x_0}^{x_1}\left[F_y+\sum_{k=1}^{n}(-1)^k\frac{\mathrm{d}^kF_{y^{(k)}}}{\mathrm{d}x^k}\right]\delta y\,\mathrm{d}x=0\end{aligned} \tag{4-3-21}$$

由此可见，式(4-3-21)积分项应等于零，故式(4-3-16)成立。

变分$\delta x_1,\delta y,\delta y',\cdots,\delta y^{(n-1)}$并非各自独立，而是存在下列关系

$$\delta y\Big|_{x=x_1}=\delta y_1-y'(x_1)\delta x_1 \tag{4-3-22}$$

将上述关系用于$\delta y'$，有

$$\delta y'\Big|_{x=x_1}=\delta y_1'-y''(x_1)\delta x_1 \tag{4-3-23}$$

将上述关系用于$\delta y^{(k)}$，有

$$\delta y^{(k)}\Big|_{x=x_1}=\delta y_1^{(k)}-y^{(k+1)}(x_1)\delta x_1\quad(k\geqslant 0) \tag{4-3-24}$$

式(4-3-24)已包含了式(4-3-22)和式(4-3-23)，将式(4-3-24)所示关系代入式(4-3-21)，经整理得

$$\begin{aligned}\delta J=&\Bigg\{F-y'\left[F_{y'}+\sum_{k=1}^{n-1}(-1)^k\frac{\mathrm{d}^kF_{y^{(k+1)}}}{\mathrm{d}x^k}\right]-y''\left[F_{y''}+\sum_{k=1}^{n-2}(-1)^k\frac{\mathrm{d}^kF_{y^{(k+2)}}}{\mathrm{d}x^k}\right]-\cdots-\\&y^{(j)}\left[F_{y^{(j)}}+\sum_{k=1}^{n-j}(-1)^k\frac{\mathrm{d}^kF_{y^{(k+j)}}}{\mathrm{d}x^k}\right]-\cdots-y^{(n-1)}\left[F_{y^{(n-1)}}-\frac{\mathrm{d}F_{y^{(n)}}}{\mathrm{d}x}\right]-y^{(n)}F_{y^{(n)}}\Bigg\}\Bigg|_{x=x_1}\delta x_1+\end{aligned}$$

$$
\left[F_{y'}+\sum_{k=1}^{n-1}(-1)^k\frac{\mathrm{d}^k F_{y^{(k+1)}}}{\mathrm{d}x^k}\right]_{x=x_1}\delta y_1+\left[F_{y''}+\sum_{k=1}^{n-2}(-1)^k\frac{\mathrm{d}^k F_{y^{(k+2)}}}{\mathrm{d}x^k}\right]_{x=x_1}\delta y_1'+\cdots+
$$

$$
\left[F_{y^{(j)}}+\sum_{k=1}^{n-j}(-1)^k\frac{\mathrm{d}^k F_{y^{(k+j)}}}{\mathrm{d}x^k}\right]_{x=x_1}\delta {y_1}^{(j-1)}+\cdots+ \tag{4-3-25}
$$

$$
\left[F_{y^{(n-1)}}-\frac{\mathrm{d}F_{y^{(n)}}}{\mathrm{d}x}\right]_{x=x_1}\delta y_1^{(n-2)}+F_{y^{(n)}}\Big|_{x=x_1}\delta y_1^{(n-1)}=0
$$

由式(4-3-25)可以看出，包括 δx_1 在内，式(4-3-25)右端共有 $n+1$ 个变分项。δx_1 前的系数除第一项 F 外，其余各项分别是 $\delta y_1,\delta y_1',\cdots,\delta y_1^{(n-1)}$ 的系数乘以 $y^{(j)}(x_1)$，其中 $j=1,2,\cdots,n$。当 δy_1, $\delta y_1'$, $\cdots$, $\delta y_1^{(n-1)}$ 相互独立时，其前面的系数应为零，为使 $\delta J=0$ 恒成立，必然有 $F\big|_{x=x_1}\delta x_1=0$，因为此时 δx_1 前的各系数除 F 外均等于零，而 F 是式(4-3-15)的被积函数，它在 $x=x_1$ 处一般并不一定为零，故有 $\delta x_1=0$，只有在 $F\big|_{x=x_1}=0$ 的特定条件下，才存在 $\delta x_1\neq 0$。换句话说，当 δx_1 任意取值时，$\delta y_1,\delta y_1',\cdots,\delta y_1^{(n-1)}$ 并不相互独立，而是至少要有一项 $\delta y_1^{(j-1)}$(其中 $\delta y_1^{(0)}=\delta y_1$)等于零，才有可能使 F 与该项前面的系数(此时不为零)乘以 $y^{(j)}(x_1)$ 之和为零，以满足 $\delta J=0$ 的条件。总之，为使 $\delta J=0$ 恒成立，并能得到欧拉方程的定解，或者 $\delta x_1,\delta y_1,\delta y_1',\cdots,\delta y_1^{(n-1)}$ 之间至少应有一项为零，或者在待定端点给出某种(或某些种)附加条件，即待定边界至少要给出一项已知条件。当右端点 B 沿着直线 $x=x_1$ 移动时，有 $\delta x_1=0$，而其余各变分项任意取值时，则其前面的系数在点 $x=x_1$ 处应该分别等于零，即

$$
\begin{cases}
\left[F_{y'}+\sum_{k=1}^{n-1}(-1)^k\dfrac{\mathrm{d}^k F_{y^{(k-1)}}}{\mathrm{d}x^k}\right]_{x=x_1}=0\\
\left[F_{y''}+\sum_{k=1}^{n-2}(-1)^k\dfrac{\mathrm{d}^k F_{y^{(k+2)}}}{\mathrm{d}x^k}\right]_{x=x_1}=0\\
\cdots\\
\left[F_{y^{(j)}}+\sum_{k=1}^{n-j}(-1)^k\dfrac{\mathrm{d}^k F_{y^{(k+j)}}}{\mathrm{d}x^k}\right]_{x=x_1}=0\\
\cdots\\
\left[F_{y^{(n-1)}}-\dfrac{\mathrm{d}F_{y^{(n)}}}{\mathrm{d}x}\right]_{x=x_1}=0\\
F_{y^{(n)}}\Big|_{x=x_1}=0
\end{cases} \tag{4-3-26}
$$

式(4-3-26)是在 $\delta x_1=0$ 条件下泛函取极值所要求的自然边界条件。

式(4-3-26)有 n 个边界条件，加上固定端点的 n 个边界条件，共有 $2n$ 个边界条件，此时 x_1 为已知，将式(4-3-16)积分，就可以确定极值函数 $y=y(x,c_1,c_2,\cdots,c_i,\cdots,c_{2n},x_1)$ 中的 $2n$ 个待定参数。

基于上述分析，可得到依赖于一个自变量的未知函数和该函数从一阶到 n 阶导数的泛函的

变分问题的定理，表述如下：

定理 4.3.2 设式(4-3-15)的极值函数 $y=y(x)$ 左端点固定，而另一端点在直线 $x=x_1$ 上待定，则待定端点必须满足式(4-3-26)。

若极值函数 $y=y(x)$ 的左端点固定，右端点在已知曲线 $y=\psi(x)$ 上待定，则变分 δx_1 与 δy_1，$\delta y_1',\cdots,\delta y_1^{(n-1)}$ 有关。相应地，可有如下定理：

定理 4.3.3 设式(4-3-15)的极值函数 $y=y(x)$ 左端点固定，而右端点在已知曲线 $y=\varphi(x)$ 上待定，且极值曲线在右端点的 j 阶导数为右端点 x_1 的另一已知函数 $y^{(j)}=\psi_j(x)$，其中 $j=1,2,3,\cdots,m-1$，$m<n$，则待定的一端必须满足以下自然边界条件

$$\begin{cases}\Bigg\{F+(\varphi'-y')\left[F_{y'}+\sum_{k=1}^{n-1}(-1)^k\dfrac{\mathrm{d}^k F_{y^{(k+1)}}}{\mathrm{d}x^k}\right]+(\psi_1'-y'')\left[F_{y''}+\sum_{k=1}^{n-2}(-1)^k\dfrac{\mathrm{d}^k F_{y^{(k+2)}}}{\mathrm{d}x^k}\right]+\cdots+\\ [\psi_{j-1}'-y^{(j)}]\left[F_{y^{(j)}}+\sum_{k=1}^{n-j}(-1)^k\dfrac{\mathrm{d}^k F_{y^{(k+j)}}}{\mathrm{d}x^k}\right]+\cdots+\\ [\psi_{m-1}'-y^{(m)}]\left[F_{y^{(m)}}+\sum_{k=1}^{n-m}(-1)^k\dfrac{\mathrm{d}^k F_{y^{(k+m)}}}{\mathrm{d}x^k}\right]\Bigg\}\Bigg|_{x=x_1}=0\\ \left[F_{y^{(m+1)}}+\sum_{k=1}^{n-(m+1)}(-1)^k\dfrac{\mathrm{d}^k F_{y^{(k+m+1)}}}{\mathrm{d}x^k}\right]_{x=x_1}=0\\ \cdots\\ \left[F_{y^{(n-1)}}-\dfrac{\mathrm{d}F_{y^{(n)}}}{\mathrm{d}x}\right]_{x=x_1}=0\\ F_{y^{(n)}}\Big|_{x=x_1}=0\end{cases}\tag{4-3-27}$$

证 由假设知 $y=\varphi(x)$，$y^{(j)}=\psi_j(x)$，其中 $j=1,2,\cdots,m-1$，对其取变分，有

$$\delta y=\varphi'(x)\delta x \tag{4-3-28}$$

$$\delta y^{(j)}=\psi_j'(x)\delta x \tag{4-3-29}$$

因 x、y 在右端点上，$x=x_1$，$y=y_1$，故式(4-3-28)和式(4-3-29)可写成

$$\delta y_1=\varphi'(x_1)\delta x_1 \tag{4-3-30}$$

$$\delta y_1^{(j)}=\psi_j'(x_1)\delta x_1 \tag{4-3-31}$$

将式(4-3-30)和式(4-3-31)代入式(4-3-25)，且由 δx_1 的任意性，必然得到式(4-3-27)。证毕。

推论 4.3.4 若 $m=n$，则式(4-3-27)可写成

$$\Bigg\{F+(\varphi'-y')\left[F_{y'}+\sum_{k=1}^{n-1}(-1)^k\frac{\mathrm{d}^k F_{y^{(k+1)}}}{\mathrm{d}x^k}\right]+(\psi_1'-y'')\left[F_{y''}-\sum_{k=1}^{n-2}(-1)^k\frac{\mathrm{d}^k F_{y^{(k+2)}}}{\mathrm{d}x^k}\right]+\cdots+$$

$$[\psi_{j-1}'-y^{(j)}]\left[F_{y^{(j)}}+\sum_{k=1}^{n-j}(-1)^k\frac{\mathrm{d}^k F_{y^{(k+j)}}}{\mathrm{d}x^k}\right]+\cdots+$$

$$\left\{[\psi'_{n-2}-y^{(n-1)}]\left[F_{y^{(n-1)}}-\frac{\mathrm{d}F_{y^{(n)}}}{\mathrm{d}x}\right]+[\psi'_{n-1}-y^{(n)}]F_{y^{(n)}}\right\}\Bigg|_{x=x_1}=0 \tag{4-3-32}$$

当待定端点以隐函数 $g(x_1,y_1,y_1',\cdots,y_1^{(n-1)})=0$ 给出时，对其取变分，可得

$$g_{x_1}\delta x_1+g_{y_1}\delta y_1+g_{y_1'}\delta y_1'+\cdots+g_{y_1^{(n-2)}}\delta y_1^{(n-2)}+g_{y_1^{(n-1)}}\delta y_1^{(n-1)}=0 \tag{4-3-33}$$

当 $g_{y_1^{(n-1)}}\neq 0$ 时，$\delta x_1,\delta y_1,\delta y_1',\cdots,\delta y_1^{(n-2)}$ 可取任意值，有

$$\delta y_1^{(n-1)}=-\frac{g_{x_1}\delta x_1+g_{y_1}\delta y_1+g_{y_1'}\delta y_1'+\cdots+g_{y_1^{(n-2)}}\delta y_1^{(n-2)}}{g_{y_1^{(n-1)}}} \tag{4-3-34}$$

将式(4-3-34)代入式(4-3-25)，由 $\delta x_1,\delta y_1,\delta y_1',\cdots,\delta y_1^{(n-2)}$ 的任意性，得

$$\begin{cases}\Bigg\{F-y'\left[F_{y'}+\sum_{k=1}^{n-1}(-1)^k\frac{\mathrm{d}^k F_{y^{(k+1)}}}{\mathrm{d}x^k}\right]-\cdots-y''\left[F_{y''}+\sum_{k=1}^{n-2}(-1)^k\frac{\mathrm{d}^k F_{y^{(k+2)}}}{\mathrm{d}x^k}\right]- \\ y^{(j)}\left[F_{y^{(j)}}+\sum_{k=1}^{n-j}(-1)^k\frac{\mathrm{d}^k F_{y^{(k+j)}}}{\mathrm{d}x^k}\right]-\cdots- \\ y^{(n-1)}\left[F_{y^{(n-1)}}-\frac{\mathrm{d}F_{y^{(n)}}}{\mathrm{d}x}\right]-\left[y^{(n)}+\frac{g_x}{g_{y^{(n-1)}}}\right]F_{y^{(n)}}\Bigg\}\Bigg|_{x=x_1}=0 \\ \left[F_{y'}+\sum_{k=1}^{n-1}(-1)^k\frac{\mathrm{d}^k F_{y^{(k+1)}}}{\mathrm{d}x^k}-\frac{g_y}{g_{y^{(n-1)}}}F_{y^{(n)}}\right]_{x=x_1}=0 \\ \left[F_{y''}+\sum_{k=1}^{n-2}(-1)^k\frac{\mathrm{d}^k F_{y^{(k+2)}}}{\mathrm{d}x^k}-\frac{g_{y'}}{g_{y^{(n-1)}}}F_{y^{(n)}}\right]_{x=x_1}=0 \\ \cdots \\ \left[F_{y^{(j)}}+\sum_{k=1}^{n-j}(-1)^k\frac{\mathrm{d}^k F_{y^{(k+j)}}}{\mathrm{d}x^k}-\frac{g_{y^{(j-1)}}}{g_{y^{(n-1)}}}F_{y^{(n)}}\right]_{x=x_1}=0 \\ \cdots \\ \left[F_{y^{(n-1)}}-\frac{\mathrm{d}F_{y^{(n)}}}{\mathrm{d}x}-\frac{g_{y^{(n-2)}}}{g_{y^{(n-1)}}}F_{y^{(n)}}\right]_{x=x_1}=0\end{cases} \tag{4-3-35}$$

同理可得 $g_{x_1}\neq 0$ 或 $g_{y_1}\neq 0$ 或 $g_{y_1'}\neq 0$ 或…或 $g_{y_1^{(n-2)}}\neq 0$ 时的自然边界条件。

以上定理和推论是在式(4-3-15)的左边界固定，右边界待定的情形下得到的，对于右边界固定，左边界待定的情形，只需把上述定理、推论及公式中的左、右端点的已知条件互换和下标 0、1 互换即可。当然，上述定理和推论也可以推广到左、右边界均为待定的情形中去。

4.3.3 泛函含有多个未知函数多阶导数的情形

设泛函

$$
\begin{aligned}
J[y_1,y_2,\cdots,y_r]=\int_{x_0}^{x_1}F(x,&y_1,y_1',y_1'',\cdots,y_1^{(k)},\cdots,y_1^{(n_1)},\\
&y_2,y_2',y_2'',\cdots,y_2^{(k)},\cdots,y_2^{(n_2)},\cdots,\\
&y_r,y_r',y_r'',\cdots,y_r^{(k)},\cdots,y_r^{(n_r)})\,\mathrm{d}x
\end{aligned} \tag{4-3-36}
$$

式中，$y_i\in C^{2n_i}[x_0,x_1]$，$i=1,2,\cdots,r$，$F\in C^{\max(n_1,n_2,\cdots,n_r)+1}$，容许曲线 $y_i=y_i(x)$ 在左端点 $A(x_0,y_{i0})$ 固定，在右端点 $B(x_1,y_{i1})$ 可变。

式(4-3-36)的极值函数必满足欧拉–泊松方程组

$$
F_{y_i}+\sum_{k=1}^{n_i}(-1)^k\frac{\mathrm{d}^kF_{y_i^{(k)}}}{\mathrm{d}x^k}=0\quad(i=1,2,\cdots,r) \tag{4-3-37}
$$

一般情况下，式(4-3-37)中的每个方程是一个 $2n_i$ 阶常微分方程，其通解含有 $2n_i$ 个任意常数。由于右端点 B 可变，x_1 也待定，故方程组总共需确定 $2(n_1+n_2+\cdots+n_r)+1$ 个任意常数。因为左端点 A 固定，故可由边界条件 $y_i(x_0)=y_{i0}$、$y_i'(x_0)=y_{i0}'$，$y_i''(x_0)=y_{i0}''$，$\cdots$，$y_i^{(n_i-1)}(x_0)=y_{i0}^{(n_i-1)}$ 确定出欧拉–泊松方程通解中的 $n_1+n_2+\cdots+n_r$ 个任意常数。为了确定唯一解，就必须再找出 $n_1+n_2+\cdots+n_r+1$ 个方程以确定其余 $n_1+n_2+\cdots+n_r+1$ 个待定常数，这 $n_1+n_2+\cdots+n_r+1$ 个方程可以根据泛函取极值的必要条件 $\delta J=0$ 得到。

仿前面的方法，有

$$
\begin{aligned}
\delta J=&\left\{F-y_i'\left[F_{y_i'}+\sum_{k=1}^{n_i-1}(-1)^k\frac{\mathrm{d}^kF_{y_i^{(k+1)}}}{\mathrm{d}x^k}\right]-y_i''\left[F_{y_i''}-\sum_{k=1}^{n_i-2}(-1)^k\frac{\mathrm{d}^kF_{y_i^{(k+2)}}}{\mathrm{d}x^k}\right]-\cdots-\right.\\
&\left.y_i^{(j)}\left[F_{y_i^{(j)}}+\sum_{k=1}^{n_i-j}(-1)^k\frac{\mathrm{d}^kF_{y_i^{(k+j)}}}{\mathrm{d}x^k}\right]-\cdots-y_i^{(n_i-1)}\left[F_{y_i^{(n_i-1)}}-\frac{\mathrm{d}F_{y_i^{(n_i)}}}{\mathrm{d}x}\right]-y_i^{(n_i)}F_{y_i^{(n_i)}}\right\}\Bigg|_{x=x_1}\delta x_1+\\
&\left[F_{y_i'}+\sum_{k=1}^{n_i-1}(-1)^k\frac{\mathrm{d}^kF_{y_i^{(k+1)}}}{\mathrm{d}x^k}\right]\Bigg|_{x=x_1}\delta y_{i1}+\left[F_{y_i''}+\sum_{k=1}^{n_i-2}(-1)^k\frac{\mathrm{d}^kF_{y_i^{(k+2)}}}{\mathrm{d}x^k}\right]\Bigg|_{x=x_1}\delta y_{i1}'+\cdots+\\
&\left[F_{y_i^{(j)}}+\sum_{k=1}^{n_i-j}(-1)^k\frac{\mathrm{d}^kF_{y_i^{(k+j)}}}{\mathrm{d}x^k}\right]\Bigg|_{x=x_1}\delta y_{i1}^{(j-1)}+\cdots+\\
&\left[F_{y_i^{(n_i-1)}}-\frac{\mathrm{d}F_{y_i^{(n_i)}}}{\mathrm{d}x}\right]\Bigg|_{x=x_1}\delta y_{i1}^{(n_i-2)}+F_{y_i^{(n_i)}}\Big|_{x=x_1}\delta y_{i1}^{(n_i-1)}+\\
&\int_{x_0}^{x_1}\left[F_{y_i}+\sum_{k=1}^{n_i}(-1)^k\frac{\mathrm{d}^kF_{y_i^{(k)}}}{\mathrm{d}x^k}\right]\delta y_i\,\mathrm{d}x=0
\end{aligned} \tag{4-3-38}
$$

由此可见，式(4-3-38)积分项应等于零，故式(4-3-37)成立。

仿 4.3.2 节的分析，可得到含有一个自变量、多个未知函数及其高阶导数的泛函的变分问题的定理，表述如下：

定理 4.3.4 设式(4-3-36)的极值函数 $y_i=y_i(x)$ 左端点固定，其中 $i=1,2,\cdots,r$，而另一端点在已知直线 $x=x_1$ 上待定，则待定端点必须满足以下自然边界条件

$$
\begin{cases}
\left[F_{y_i'}+\sum_{k=1}^{n_i-1}(-1)^k\frac{\mathrm{d}^kF_{y_i^{(k+1)}}}{\mathrm{d}x^k}\right]_{x=x_1}=0\\
\left[F_{y_i''}+\sum_{k=1}^{n_i-2}(-1)^k\frac{\mathrm{d}^kF_{y_i^{(k+2)}}}{\mathrm{d}x^k}\right]_{x=x_1}=0\\
\cdots\\
\left[F_{y_i^{(j)}}+\sum_{k=1}^{n_i-j}(-1)^k\frac{\mathrm{d}^kF_{y_i^{(k+j)}}}{\mathrm{d}x^k}\right]_{x=x_1}=0\\
\cdots\\
\left[F_{y_i^{(n_i-1)}}-\frac{\mathrm{d}F_{y_i^{(n_i)}}}{\mathrm{d}x}\right]_{x=x_1}=0\\
F_{y_i^{(n_i)}}\Big|_{x=x_1}=0
\end{cases}
\tag{4-3-39}
$$

定理 4.3.5 设式(4-3-36)的极值函数 $y_i=y_i(x)$ 左端点固定，其中 $i=1,2,\cdots,r$，而右端点在已知曲线 $y_i=\varphi_i(x)$ 上待定，且极值曲线在右端点的 j 阶导数为右端点 x_1 的另一已知函数 $y_i^{(j)}=\psi_{ij}(x)$，其中 $j=1,2,3,\cdots,m_i-1$，$m_i<n_i$，则待定的一端必须满足以下自然边界条件

$$
\begin{cases}
\left\{F+(\varphi_i'-y_i')\left[F_{y_i'}+\sum_{k=1}^{n_i-1}(-1)^k\frac{\mathrm{d}^kF_{y_i^{(k+1)}}}{\mathrm{d}x^k}\right]+\right.\\
(\psi_{i1}'-y_i'')\left[F_{y_i''}-\sum_{k=1}^{n_i-2}(-1)^k\frac{\mathrm{d}^kF_{y_i^{(k+2)}}}{\mathrm{d}x^k}\right]+\cdots+\\
[\psi_{i(j-1)}'-y_i^{(j)}]\left[F_{y_i^{(j)}}+\sum_{k=1}^{n_i-j}(-1)^k\frac{\mathrm{d}^kF_{y_i^{(k+j)}}}{\mathrm{d}x^k}\right]+\cdots+\\
\left.[\psi_{i(m_i-1)}'-y_i^{(m_i)}]\left[F_{y_i^{(m_i)}}+\sum_{k=1}^{n_i-m_i}(-1)^k\frac{\mathrm{d}^kF_{y_i^{(k+m_i)}}}{\mathrm{d}x^k}\right]\right\}\Bigg|_{x=x_1}=0\\
\left[F_{y_i^{(m_i+1)}}+\sum_{k=1}^{n_i-(m_i+1)}(-1)^k\frac{\mathrm{d}^kF_{y_i^{(k+m_i+1)}}}{\mathrm{d}x^k}\right]_{x=x_1}=0\\
\cdots\\
\left[F_{y_i^{(n_i-1)}}-\frac{\mathrm{d}F_{y_i^{(n_i)}}}{\mathrm{d}x}\right]_{x=x_1}=0\\
F_{y_i^{(n_i)}}\Big|_{x=x_1}=0
\end{cases}
\tag{4-3-40}
$$

推论 4.3.5 若 $m_i=n_i$，则式(4-3-40)可改写成

$$
\begin{aligned}
&\left\{F+(\varphi_i'-y_i')\left[F_{y_i'}+\sum_{k=1}^{n_i-1}(-1)^k\frac{\mathrm{d}^k F_{y_i^{(k+1)}}}{\mathrm{d}x^k}\right]+\right.\\
&(\psi_{i1}'-y_i'')\left[F_{y_i''}-\sum_{k=1}^{n_i-2}(-1)^k\frac{\mathrm{d}^k F_{y_i^{(k+2)}}}{\mathrm{d}x^k}\right]+\cdots+\\
&[\psi_{i(j-1)}'-y_i^{(j)}]\left[F_{y_i^{(j)}}+\sum_{k=1}^{n_i-j}(-1)^k\frac{\mathrm{d}^k F_{y_i^{(k+j)}}}{\mathrm{d}x^k}\right]+\cdots+\\
&\left.[\psi_{i(n_i-2)}'-y_i^{(n_i-1)}]\left[F_{y_i^{(n_i-1)}}-\frac{\mathrm{d}F_{y_i^{(n_i)}}}{\mathrm{d}x}\right]+[\psi_{i(n_i-1)}'-y_i^{(n_i)}]F_{y_i^{(n_i)}}\right\}\Bigg|_{x=x_1}=0
\end{aligned}
\tag{4-3-41}
$$

当待定端点以隐函数 $g(x_1,y_{i1},y_{i1}',\cdots,y_{i1}^{(n_i-1)})=0$ 给出时，其中 $i=1,2,\cdots,p$ ，$p\leqslant r$ ，对其取变分，得

$$
g_{x_1}\delta x_1+g_{y_{i1}}\delta y_{i1}+g_{y_{i1}'}\delta y_{i1}'+\cdots+g_{y_{i1}^{(n_i-2)}}\delta y_{i1}^{(n_i-2)}+g_{y_{i1}^{(n_i-1)}}\delta y_{i1}^{(n_i-1)}=0 \tag{4-3-42}
$$

当 $g_{y_{i1}^{(n_i-1)}}\neq 0$ 时， $\delta x_1,\delta y_{i1},\delta y_{i1}',\cdots,\delta y_{i1}^{(n_i-2)}$ 可取任意值，有

$$
\delta y_{i1}^{(n_i-1)}=-\frac{g_{x_1}\delta x_1+g_{y_{i1}}\delta y_{i1}+g_{y_{i1}'}\delta y_{i1}'+\cdots+g_{y_{i1}^{(n_i-2)}}\delta y_{i1}^{(n_i-2)}}{g_{y_{i1}^{(n_i-1)}}} \tag{4-3-43}
$$

将式(4-3-43)代入式(4-3-38)，由 $\delta x_{i1},\delta y_{i1},\delta y_{i1}',\cdots,\delta y_{i1}^{(n_i-2)}$ 的任意性，当 $p<r$ 时，得

$$
\begin{cases}
\left\{F-y_i'\left[F_{y_i'}+\sum_{k=1}^{n_i-1}(-1)^k\frac{\mathrm{d}^k F_{y_i^{(k+1)}}}{\mathrm{d}x^k}\right]-y_i''\left[F_{y_i''}+\sum_{k=1}^{n_i-2}(-1)^k\frac{\mathrm{d}^k F_{y_i^{(k+2)}}}{\mathrm{d}x^k}\right]-\cdots-\right.\\
y_i^{(j)}\left[F_{y_i^{(j)}}+\sum_{k=1}^{n_i-j}(-1)^k\frac{\mathrm{d}^k F_{y_i^{(k+j)}}}{\mathrm{d}x^k}\right]-\cdots-\\
\left.y_i^{(n_i-1)}\left[F_{y_i^{(n_i-1)}}-\frac{\mathrm{d}F_{y_i^{(n_i)}}}{\mathrm{d}x}\right]-y_i^{(n_i)}F_{y_i^{(n_i)}}-\frac{g_x}{g_{y_i^{(n_i-1)}}}F_{y_i^{(n_i)}}\right\}\Bigg|_{x=x_1}=0\\
\left\{\left[F_{y_i'}+\sum_{k=1}^{n_i-1}(-1)^k\frac{\mathrm{d}^k F_{y_i^{(k+1)}}}{\mathrm{d}x^k}\right]-\frac{g_{y_i}}{g_{y_i^{(n_i-1)}}}F_{y_i^{(n_i)}}\right\}\Bigg|_{x=x_1}=0\\
\left\{\left[F_{y_i''}+\sum_{k=1}^{n_i-2}(-1)^k\frac{\mathrm{d}^k F_{y_i^{(k+2)}}}{\mathrm{d}x^k}\right]-\frac{g_{y_i'}}{g_{y_i^{(n_i-1)}}}F_{y_i^{(n_i)}}\right\}\Bigg|_{x=x_1}=0\\
\cdots\\
\left\{\left[F_{y_i^{(j)}}+\sum_{k=1}^{n_i-j}(-1)^k\frac{\mathrm{d}^k F_{y_i^{(k+j)}}}{\mathrm{d}x^k}\right]-\frac{g_{y_i^{(j-1)}}}{g_{y_i^{(n_i-1)}}}F_{y_i^{(n_i)}}\right\}\Bigg|_{x=x_1}=0\\
\cdots
\end{cases}
$$

$$\begin{cases} \left\{\left[F_{y_i^{(n_i-1)}} - \frac{\mathrm{d}F_{y_i^{(n_i)}}}{\mathrm{d}x}\right] - \frac{g_{y_i^{(n_i-2)}}}{g_{y_i^{(n_i-1)}}}F_{y_i^{(n_i)}}\right\}\bigg|_{x=x_1} = 0 \\ F_{y_i^{(n_i)}}\bigg|_{x=x_1} = 0 \end{cases} \quad (4\text{-}3\text{-}44)$$

当 $p = r$ 时，得

$$\left\{F - y_i'\left[F_{y_i'} + \sum_{k=1}^{n_i-1}(-1)^k \frac{\mathrm{d}^k F_{y_i^{(k+1)}}}{\mathrm{d}x^k}\right] - \right.$$

$$y_i''\left[F_{y_i''} + \sum_{k=1}^{n_i-2}(-1)^k \frac{\mathrm{d}^k F_{y_i^{(k+2)}}}{\mathrm{d}x^k}\right] - \cdots -$$

$$y_i^{(j)}\left[F_{y_i^{(j)}} + \sum_{k=1}^{n_i-j}(-1)^k \frac{\mathrm{d}^k F_{y_i^{(k+j)}}}{\mathrm{d}x^k}\right] - \cdots -$$

$$\begin{cases} \left\{F - y_i'\left[F_{y_i'} + \sum_{k=1}^{n_i-1}(-1)^k \frac{\mathrm{d}^k F_{y_i^{(k+1)}}}{\mathrm{d}x^k}\right] - \right. \\ y_i''\left[F_{y_i''} + \sum_{k=1}^{n_i-2}(-1)^k \frac{\mathrm{d}^k F_{y_i^{(k+2)}}}{\mathrm{d}x^k}\right] - \cdots - \\ y_i^{(j)}\left[F_{y_i^{(j)}} + \sum_{k=1}^{n_i-j}(-1)^k \frac{\mathrm{d}^k F_{y_i^{(k+j)}}}{\mathrm{d}x^k}\right] - \cdots - \\ y_i^{(n_i-1)}\left[F_{y_i^{(n_i-1)}} - \frac{\mathrm{d}F_{y_i^{(n_i)}}}{\mathrm{d}x}\right] - \left[y_i^{(n_i)} + \frac{g_x}{g_{y_i^{(n_i-1)}}}\right]F_{y_i^{(n_i)}}\right\}\bigg|_{x=x_1} = 0 \\ \left[F_{y_i'} + \sum_{k=1}^{n_i-1}(-1)^k \frac{\mathrm{d}^k F_{y_i^{(k+1)}}}{\mathrm{d}x^k} - \frac{g_{y_i}}{g_{y_i^{(n_i-1)}}}F_{y_i^{(n_i)}}\right]\bigg|_{x=x_1} = 0 \\ \left[F_{y_i''} + \sum_{k=1}^{n_i-2}(-1)^k \frac{\mathrm{d}^k F_{y_i^{(k+2)}}}{\mathrm{d}x^k} - \frac{g_{y_i'}}{g_{y_i^{(n_i-1)}}}F_{y_i^{(n_i)}}\right]\bigg|_{x=x_1} = 0 \\ \cdots \\ \left[F_{y_i^{(j)}} + \sum_{k=1}^{n_i-j}(-1)^k \frac{\mathrm{d}^k F_{y_i^{(k+j)}}}{\mathrm{d}x^k} - \frac{g_{y_i^{(j-1)}}}{g_{y_i^{(n_i-1)}}}F_{y_i^{(n_i)}}\right]\bigg|_{x=x_1} = 0 \\ \cdots \\ \left[F_{y_i^{(n_i-1)}} - \frac{\mathrm{d}F_{y_i^{(n_i)}}}{\mathrm{d}x} - \frac{g_{y_i^{(n_i-2)}}}{g_{y_i^{(n_i-1)}}}F_{y_i^{(n_i)}}\right]\bigg|_{x=x_1} = 0 \end{cases} \quad (4\text{-}3\text{-}45)$$

同理可得 $g_{x_1}\neq 0$ 或 $g_{y_{i1}}\neq 0$ 或 $g_{y'_{i1}}\neq 0$ 或…或 $g_{y_{i1}^{(n_i-2)}}\neq 0$ 时的自然边界条件。

以上定理和推论是在式(4-3-36)的左边界固定，右边界待定的情形下得到的，对于右边界固定，左边界待定的情形，只需把上述定理、推论和公式中的左、右端点的已知条件互换和下标 0、1 互换即可。当然，上述定理和推论也可以推广到左、右边界均为待定的情形中去。定理 4.3.2 至定理 4.3.5 以及推论是老大中和谈天民于 2005 年提出来的。

4.4 含有多元函数的泛函的变分问题

柯朗(或库朗)和希尔伯特提出，若泛函

$$J=\iint_D F(u,v,w,u_x,v_x,w_x,u_y,v_y,w_y)\,\mathrm{d}x\,\mathrm{d}y \tag{4-4-1}$$

取极值，附加条件是曲面 $u(x,y)$，$v(x,y)$，$w(x,y)$ 的边界在一张给定曲面上，即

$$\varPhi(u,v,w)=0 \tag{4-4-2}$$

式中，$\varPhi$ 有足够的偏导数，则有边界条件

$$\begin{vmatrix} F_{u_x} & F_{u_y} & \varPhi_u \\ F_{v_x} & F_{v_y} & \varPhi_v \\ F_{w_x} & F_{w_y} & \varPhi_w \end{vmatrix}=0 \tag{4-4-3}$$

式(4-4-3)称为**柯朗条件**，可向高阶行列式推广。一般来说，具有 n 重积分和一阶偏导数的泛函，相应的柯朗条件是 $n+1$ 阶行列式为零。

证 设在 Oxy 坐标面上区域 D 的边界线为曲线 $\varGamma$，并设 (x,y) 与 (u,v) 的坐标轴转向相同。显然，当 $\varPhi(u,v,w)=0$ 时，积分

$$\int_\varGamma \varPhi(u(x,y),v(x,y),w(x,y))\,\mathrm{d}\varGamma=0 \tag{4-4-4}$$

于是，可以把式(4-4-1)在式(4-4-2)下求极值问题转换为在式(4-4-4)下求式(4-4-1)极值的必要条件问题。

用拉格朗日乘数法，引入参数 $\varepsilon=(\varepsilon_1,\varepsilon_2,\varepsilon_3)$，使 $\delta u=\varepsilon_1\xi$，$\delta v=\varepsilon_2\eta$，$\delta w=\varepsilon_3\zeta$，…，$\delta w_y=\varepsilon_3\zeta_y$，把式(4-4-1)求极值问题转换为求泛函

$$\begin{aligned}J^*(\varepsilon,\lambda)=&\iint_D F(u+\varepsilon_1\xi,v+\varepsilon_2\eta,w+\varepsilon_3\zeta,u_x+\varepsilon_1\xi_x,\cdots,w_y+\varepsilon_3\zeta_y)\,\mathrm{d}x\,\mathrm{d}y+\\&\lambda\int_\varGamma \varPhi(u(x,y),v(x,y),w(x,y))\,\mathrm{d}\varGamma\end{aligned} \tag{4-4-5}$$

在 $\varepsilon=0$ 时取极值问题。式(4-4-5)中，λ 称为**拉格朗日乘数**或**拉格朗日乘子**；ξ、η、ζ 为 x、y 的任意二阶可导函数。

由泛函取极值的必要条件，可得下列方程组

$$\begin{cases}\displaystyle\iint_D\left(F_u-\frac{\partial}{\partial x}F_{u_x}-\frac{\partial}{\partial y}F_{u_y}\right)\xi\,\mathrm{d}x\,\mathrm{d}y+\int_\varGamma\xi(-F_{u_y}\,\mathrm{d}x+F_{u_x}\,\mathrm{d}y+\lambda\varPhi_u\,\mathrm{d}\varGamma)=0\\ \displaystyle\iint_D\left(F_v-\frac{\partial}{\partial x}F_{v_x}-\frac{\partial}{\partial y}F_{v_y}\right)\eta\,\mathrm{d}x\,\mathrm{d}y+\int_\varGamma\eta(-F_{v_y}\,\mathrm{d}x+F_{v_x}\,\mathrm{d}y+\lambda\varPhi_v\,\mathrm{d}\varGamma)=0\\ \displaystyle\iint_D\left(F_w-\frac{\partial}{\partial x}F_{w_x}-\frac{\partial}{\partial y}F_{w_y}\right)\zeta\,\mathrm{d}x\,\mathrm{d}y+\int_\varGamma\zeta(-F_{w_y}\,\mathrm{d}x+F_{w_x}\,\mathrm{d}y+\lambda\varPhi_w\,\mathrm{d}\varGamma)=0\end{cases} \tag{4-4-6}$$

由于 ξ、η、ζ 为 x、y 的任意二阶可导函数，以及在 D 内欧拉方程组成立，故有

$$\begin{cases}-F_{u_y}\,\mathrm{d}x+F_{u_x}\,\mathrm{d}y+\lambda\Phi_u\,\mathrm{d}\Gamma=0\\-F_{v_y}\,\mathrm{d}x+F_{v_x}\,\mathrm{d}y+\lambda\Phi_v\,\mathrm{d}\Gamma=0\\-F_{w_y}\,\mathrm{d}x+F_{w_x}\,\mathrm{d}y+\lambda\Phi_w\,\mathrm{d}\Gamma=0\end{cases}\tag{4-4-7}$$

或

$$\begin{cases}-F_{u_y}\dfrac{\mathrm{d}x}{\mathrm{d}\Gamma}+F_{u_x}\dfrac{\mathrm{d}y}{\mathrm{d}\Gamma}+\Phi_u\lambda=0\\-F_{v_y}\dfrac{\mathrm{d}x}{\mathrm{d}\Gamma}+F_{v_x}\dfrac{\mathrm{d}y}{\mathrm{d}\Gamma}+\Phi_v\lambda=0\\-F_{w_y}\dfrac{\mathrm{d}x}{\mathrm{d}\Gamma}+F_{w_x}\dfrac{\mathrm{d}y}{\mathrm{d}\Gamma}+\Phi_w\lambda=0\end{cases}\tag{4-4-8}$$

根据线性方程组的理论，若使式(4-4-8)有非零解，其必要条件为$\dfrac{\mathrm{d}x}{\mathrm{d}\Gamma}$，$\dfrac{\mathrm{d}y}{\mathrm{d}\Gamma}$和$\lambda$的系数构成的行列式为零，即式(4-4-3)应成立。证毕。

定理 4.4.1 设泛函

$$J=\iint_D F(x,y,u,u_x,u_y)\,\mathrm{d}x\,\mathrm{d}y\tag{4-4-9}$$

取极值，其边界曲线在已知曲面上，即

$$\varphi=\varphi(x,y)\tag{4-4-10}$$

则有

$$F+(\varphi_x-u_x)F_{u_x}+(\varphi_y-u_y)F_{u_y}=0\tag{4-4-11}$$

式(4-4-11)称为极值曲面$u=u(x,y)$与可动边界上已知曲面$\varphi=\varphi(x,y)$在交线处的**横截(性)条件**。

证 把式(4-4-9)化为参数形式，并引用雅可比行列式

$$\begin{cases}J_1=J(x,y)=\dfrac{\partial(x,y)}{\partial(\xi,\eta)}=\begin{vmatrix}x_\xi & x_\eta\\ y_\xi & y_\eta\end{vmatrix}=x_\xi y_\eta-x_\eta y_\xi\\ J_2=J(y,u)=\dfrac{\partial(y,u)}{\partial(\xi,\eta)}=\begin{vmatrix}y_\xi & y_\eta\\ u_\xi & u_\eta\end{vmatrix}=y_\xi u_\eta-y_\eta u_\xi\\ J_3=J(u,x)=\dfrac{\partial(u,x)}{\partial(\xi,\eta)}=\begin{vmatrix}u_\xi & u_\eta\\ x_\xi & x_\eta\end{vmatrix}=u_\xi x_\eta-u_\eta x_\xi\end{cases}\tag{1}$$

式中，ξ和η为参数。

设$J(x,y)\neq 0$，根据隐函数存在定理，则式(4-4-9)的被积函数可写成

$$F(x,y,u,u_x,u_y)=F(x,y,u,p,q)=F\left(x,y,u,-\frac{J_2}{J_1},-\frac{J_3}{J_1}\right)\tag{2}$$

式中，$p=u_x=-\dfrac{J(y,u)}{J(x,y)}=-\dfrac{J_2}{J_1}$，$q=u_y=-\dfrac{J(u,x)}{J(x,y)}=-\dfrac{J_3}{J_1}$。

参数形式的被积函数为

$$G=FJ(x,y)=FJ_1\tag{3}$$

被积函数G的各偏导数为

$$
\begin{aligned}
G_{x_\xi} &= FJ_{1x_\xi} + F_{x_\xi}J_1 = y_\eta F + J_1F_p \times \frac{J_2 y_\eta}{J_1^2} - J_1F_q \times \frac{J_1u_\eta - J_3y_\eta}{J_1^2} \\
&= y_\eta(F - pF_p) - F_q \times \frac{x_\eta J_2}{J_1} = y_\eta(F - pF_p) + x_\eta pF_q
\end{aligned} \tag{4}
$$

$$
\begin{aligned}
G_{x_\eta} &= FJ_{1x_\eta} + F_{x_\eta}J_1 = -y_\xi F - J_1F_p \times \frac{J_2 y_\xi}{J_1^2} - J_1F_q \times \frac{J_1u_\xi + J_3y_\xi}{J_1^2} \\
&= -y_\xi(F - pF_p) + F_q \times \frac{x_\xi J_2}{J_1} = -y_\xi(F - pF_p) - x_\xi pF_q
\end{aligned} \tag{5}
$$

$$
G_{u_\xi} = FJ_{1u_\xi} + F_{u_\xi}J_1 = 0 + J_1F_p \times \frac{y_\eta}{J_1} - J_1F_q \times \frac{x_\eta}{J_1} = y_\eta F_p - x_\eta F_q \tag{6}
$$

$$
\begin{aligned}
G_{y_\xi} &= FJ_{1y_\xi} + F_{y_\xi}J_1 = -x_\eta F + J_1F_p \times \frac{u_\eta J_1 + J_2x_\eta}{J_1^2} - J_1F_q \times \frac{J_3x_\eta}{J_1^2} \\
&= -x_\xi(F - qF_q) + F_p \times \frac{y_\eta J_3}{J_1} = -x_\eta(F - qF_q) - y_\eta qF_p
\end{aligned} \tag{7}
$$

$$
\begin{aligned}
G_{y_\eta} &= FJ_{1y_\eta} + F_{y_\eta}J_1 = x_\xi F + J_1F_p \times \frac{u_\xi J_1 + J_2x_\xi}{J_1^2} + J_1F_q \times \frac{J_3x_\xi}{J_1^2} \\
&= x_\xi(F - qF_q) - F_p \times \frac{y_\xi J_3}{J_1} = x_\xi(F - qF_q) + y_\xi qF_p
\end{aligned} \tag{8}
$$

$$
G_{u_\eta} = FJ_{1u_\eta} + F_{u_\eta}J_1 = 0 - J_1F_p \times \frac{y_\xi}{J_1} + F_q \times \frac{x_\xi}{J_1} = -y_\xi F_p + x_\xi F_q \tag{9}
$$

设曲面 $z=\varphi(x,y)$ 的隐函数形式为 $\Phi(x,y,z)=\varphi(x,y)-z=0$，则有 $\Phi_x=\varphi_x$，$\Phi_y=\varphi_y$，$\Phi_z=-1$，即 Φ 的法向向量为 $\boldsymbol{N}(\varphi_x,\varphi_y,-1)$，将 Φ 的偏导数和式(4)～式(9)代入式(4-4-3)，得

$$
\begin{vmatrix}
y_\eta(F-pF_p)+x_\eta pF_q & -y_\xi(F-pF_p)-x_\xi pF_q & \Phi_x \\
-x_\eta(F-qF_q)-y_\eta qF_p & x_\xi(F-qF_q)+y_\xi qF_p & \Phi_y \\
y_\eta F_p - x_\eta F_q & -y_\xi F_p + x_\xi F_q & \Phi_z
\end{vmatrix} = 0 \tag{10}
$$

式(10)第一行加第三行乘以 p，第二行加第三行乘以 q，得

$$
\begin{vmatrix}
y_\eta F & -y_\xi F & \Phi_x + p\Phi_z \\
-x_\eta F & x_\xi F & \Phi_y + q\Phi_z \\
y_\eta F_p - x_\eta F_q & -y_\xi F_p + x_\xi F_q & \Phi_z
\end{vmatrix} = 0 \tag{11}
$$

式(11)按第三列展开，经整理，得

$$
-(\Phi_x + p\Phi_z)FJ_1F_p - (\Phi_y + q\Phi_z)FJ_1F_q + \Phi_z F^2 J_1 = 0 \tag{12}
$$

因 $J_1 \neq 0$，$\Phi_z \neq 0$，且一般情况下 $F \neq 0$，故有

$$
F - \left(\frac{\Phi_x}{\Phi_z} + p\right)F_p - \left(\frac{\Phi_y}{\Phi_z} + q\right)F_q = 0 \tag{4-4-12}
$$

式(4-4-12)建立了极值曲面 $u=u(x,y)$ 与以隐函数表示的已知曲面 $\Phi(x,y,z)=0$ 在交线处的横截条件。

在式(4-4-12)中，取 $\Phi_x=\varphi_x$，$\Phi_y=\varphi_y$，$\Phi_z=-1$，$u_x=p$，$u_y=q$，就可得到式(4-4-11)。证毕。

推论 4.4.1　设 Ω 是 n 维空间，此空间的泛函

$$J=\int_{\Omega}F(x_1,x_2,\cdots,x_n,u,u_{x_1},u_{x_2},\cdots,u_{x_n})\,\mathrm{d}x_1\,\mathrm{d}x_2\cdots\mathrm{d}x_n \tag{4-4-13}$$

取极值，若其边界曲线在已知曲面上，即

$$z=\varphi(x_1,x_2,\cdots,x_n) \tag{4-4-14}$$

则其横截条件为

$$F+\sum_{i=1}^{n}(\varphi_{x_i}-p_i)F_{p_i}=0 \tag{4-4-15}$$

式中，$p_i=u_{x_i}$。

若式(4-4-13)的边界曲线在隐函数表示的已知曲面上，即

$$\Phi(x_1,x_2,\cdots,x_n,z)=0 \tag{4-4-16}$$

则其横截条件为

$$F-\sum_{i=1}^{n}\left(\frac{\Phi_{x_i}}{\Phi_z}+p_i\right)F_{p_i}=0 \tag{4-4-17}$$

当然，推论 4.4.1 也包括了 $n=1$ 的情况。下面举例说明其应用。

例 4.4.1　薄膜接触问题。设有一薄膜，其周界固定在一条平面曲线 Γ_1 上，膜内张力为 N，在横向均匀载荷 q 的作用下发生下垂变形 w，有一部分薄膜接触到距其下边为 d 的一个刚性平板上，变成紧贴平板的平面薄膜，薄膜接触平板区域的周界为 Γ_2，如图 4-4-1 所示。求薄膜平衡的方程和周界 Γ_2 上的条件。当 Γ_1 为半径等于 R 的圆时(即圆形薄膜)，计算薄膜的形状。

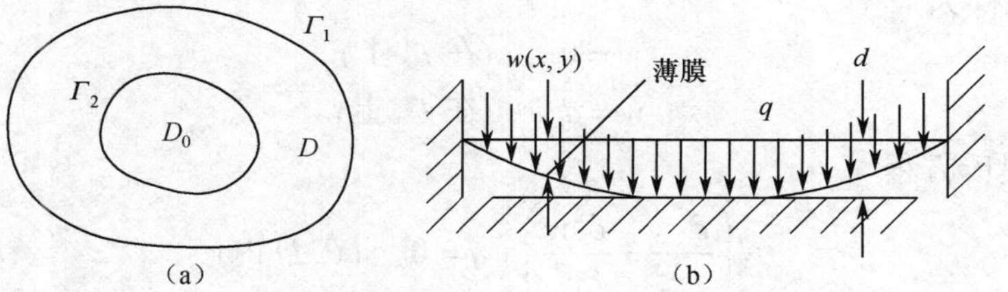

图 4-4-1　薄膜在均匀载荷 q 作用下的变形和平板接触面

解　设 D 为薄膜周界 Γ_1 和 Γ_2 之间的区域，D_0 为 Γ_2 所围成的接触区域。薄膜在变形前的内能为

$$U_0=\iint_{D+D_0}N\,\mathrm{d}x\,\mathrm{d}y \tag{1}$$

变形之后的内能为

$$U_1=\iint_{D_0}N\,\mathrm{d}x\,\mathrm{d}y+\iint_{D}N\sqrt{1+w_x^2+w_y^2}\,\mathrm{d}x\,\mathrm{d}y \tag{2}$$

将 $\sqrt{1+w_x^2+w_y^2}$ 按泰勒公式展开，当 w 很小时，略去高次项后，式(2)可写成

$$U_1=\iint_{D_0}N\,\mathrm{d}x\,\mathrm{d}y+\iint_{D}\left[1+\frac{1}{2}(w_x^2+w_y^2)\right]N\,\mathrm{d}x\,\mathrm{d}y \tag{3}$$

薄膜变形的内能为

$$U_2=U_1-U_0=\frac{1}{2}\iint_{D}(w_x^2+w_y^2)N\,\mathrm{d}x\,\mathrm{d}y \tag{4}$$

载荷 q 在变形过程中所做的功为

$$W = \iint_{D+D_0} qw\,\mathrm{d}x\,\mathrm{d}y \tag{5}$$

薄膜和载荷的总势能为

$$\begin{aligned} U &= U_2 - W = \frac{1}{2}\iint_D (w_x^2 + w_y^2)N\,\mathrm{d}x\,\mathrm{d}y - \iint_{D+D_0} qw\,\mathrm{d}x\,\mathrm{d}y \\ &= \iint_D F(w, w_x, w_y)\,\mathrm{d}x\,\mathrm{d}y - \iint_{D_0} qw\,\mathrm{d}x\,\mathrm{d}y \end{aligned} \tag{6}$$

式中，$F(w,w_x,w_y) = \dfrac{N}{2}(w_x^2 + w_y^2) - qw$。

在 D_0 中，因 $w = d$ 是常量，q 也是常量，故有

$$\iint_{D_0} qw\,\mathrm{d}x\,\mathrm{d}y = qdD_0 \tag{7}$$

当 Γ_2 产生法向方向的变化量 δn_2 时，δn_2 从 D 进入 D_0 为正，D 扩大，D_0 缩小，此时，$\iint_D qw\,\mathrm{d}x\,\mathrm{d}y$ 扩大，$\iint_{D_0} qw\,\mathrm{d}x\,\mathrm{d}y$ 等量地缩小，其变化正负相抵。因此，变分后的可动边界 Γ_2 上横截条件中的 F 只有 $\dfrac{N}{2}(w_x^2 + w_y^2)$，又刚性平板的曲面方程 $\varphi = d$ 是常量，$\varphi_x = \varphi_y = 0$，故有

$$(\varphi_x - w_x)F_{w_x} + (\varphi_y - w_y)F_{w_y} = -N(w_x^2 + w_y^2) \tag{8}$$

因 $-\dfrac{N}{2} \neq 0$，所以横截条件可写成

$$w_x^2 + w_y^2 = 0 \quad (\text{在}\ \Gamma_2\ \text{上}) \tag{9}$$

其他边界条件为

$$w = 0 \quad (\text{在}\ \Gamma_1\ \text{上}) \tag{10}$$

$$w = d \quad (\text{在}\ \Gamma_2\ \text{上}) \tag{11}$$

由式(6)得奥氏方程

$$N\left(\frac{\partial^2 w}{\partial x^2} + \frac{\partial^2 w}{\partial y^2}\right) + q = 0 \quad (\text{在}\ D\ \text{内}) \tag{12}$$

这样，所讨论的问题成为利用式(9)～式(11)求解式(12)的问题。

对于圆形薄膜问题，如图 4-4-2 所示，可把直角坐标转化为极坐标，根据式(1-4-7)和式(1-4-12)，有

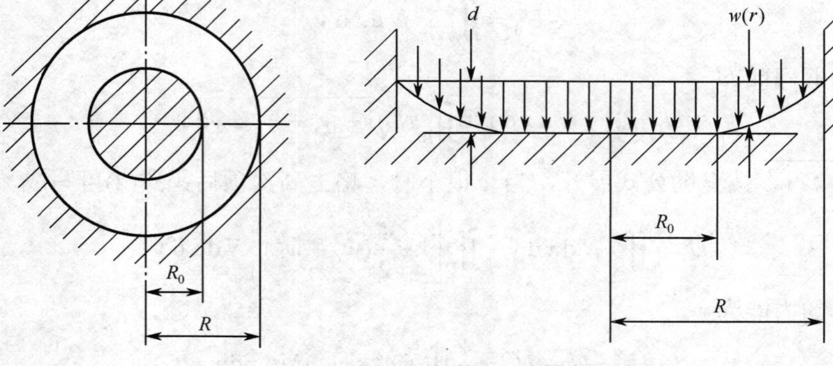

图 4-4-2　圆薄膜受均布载荷所引起的接触区域

$$\left(\frac{\partial w}{\partial x}\right)^2+\left(\frac{\partial w}{\partial y}\right)^2=\left(\frac{\partial w}{\partial r}\right)^2+\frac{1}{r^2}\left(\frac{\partial w}{\partial \theta}\right)^2 \tag{13}$$

$$\frac{\partial^2 w}{\partial x^2}+\frac{\partial^2 w}{\partial y^2}=\frac{1}{r}\frac{\partial w}{\partial r}+\frac{\partial^2 w}{\partial r^2}+\frac{1}{r^2}\frac{\partial^2 w}{\partial \theta^2} \tag{14}$$

利用式(14)，式(12)可以写成

$$\frac{1}{r}\frac{\partial w}{\partial r}+\frac{\partial^2 w}{\partial r^2}+\frac{1}{r^2}\frac{\partial^2 w}{\partial \theta^2}+\frac{q}{N}=0 \tag{15}$$

边界条件为：

(1) 在Γ_1上，即$r=R$时，有

$$w(R)=0 \tag{16}$$

(2) 在Γ_2上，即$r=R_0$时，R_0为接触区域圆半径，有

$$w(R_0)=d \tag{17}$$

(3) 在可动边界Γ_2上，假定w是轴对称的，$w_\theta=0$，根据式(13)，式(9)可以写成

$$\left.\frac{\partial w}{\partial r}\right|_{r=R_0}=w'(R_0)=0 \tag{18}$$

因为w是轴对称的，故式(15)可简化为

$$\frac{1}{r}\frac{\mathrm{d}}{\mathrm{d}r}\left(r\frac{\mathrm{d}w}{\mathrm{d}r}\right)+\frac{q}{N}=0 \tag{19}$$

式(19)的通解为

$$w=-\frac{1}{4}\frac{q}{N}r^2+c_1\ln r+c_2 \tag{20}$$

式中，c_1、c_2为待定的积分常数。

利用式(16)、式(17)和式(18)，得到确定c_1、c_2和R_0的三个方程，即

$$\begin{cases} w(R)=-\dfrac{1}{4}\dfrac{q}{N}R^2+c_1\ln R+c_2=0 \\ w(R_0)=-\dfrac{1}{4}\dfrac{q}{N}R_0^2+c_1\ln R_0+c_2=d \\ w'(R_0)=-\dfrac{1}{2}\dfrac{q}{N}R_0+\dfrac{c_1}{R_0}=0 \end{cases} \tag{21}$$

解之，得

$$\begin{cases} c_1=\dfrac{q}{2N}R_0^2 \\ c_2=\dfrac{q}{4N}R^2\left(1-\dfrac{R_0^2}{R^2}\ln R^2\right) \end{cases} \tag{22}$$

而R_0可按下式计算

$$1+\left(\frac{R_0}{R}\right)^2\ln\left(\frac{R_0}{R}\right)^2-\left(\frac{R_0}{R}\right)^2=\frac{4Nd}{qR^2} \tag{23}$$

位移$w(r)$为

$$w(r)=\frac{q}{4N}R^2\left[1+\left(\frac{R_0}{R}\right)^2\ln\left(\frac{r}{R}\right)^2-\left(\frac{r}{R}\right)^2\right] \tag{24}$$

薄膜与底平面开始接触的临界载荷 q_{cr} 由 $R_0 \to 0$ 来决定，根据式(23)，可得

$$1 = \frac{4Nd}{q_{cr}R^2} \quad 或 \quad q_{cr} = \frac{4Nd}{R^2} \tag{25}$$

4.5 具有尖点的极值曲线

前面所讨论的变分问题都是假定极值曲线 $y = y(x)$ 是连续的且有连续转动的切线。但在实际问题中有时会遇到除有限个点外极值曲线是充分光滑的情形，例如，光的折射和反射问题，飞行器进入或离开有风区，控制系统中继电元件换向引起的轨迹转折等，都属于这种情况。此时，在有限个点处，对应的容许函数是分段连续的，左、右导数存在但不相等。极值曲线上的这种点称为**尖点**、**角点**或**折点**。具有尖点曲线称为**折曲线**或**折线**，也称为**分段连续可微路径**。具有尖点的极值曲线称为**折极值曲线**。

如图 4-5-1 所示，设极值曲线只有一个尖点 $C(x_c, y_c)$，AC、CB 都是满足欧拉方程的连续光滑曲线，此时最简泛函可表示为

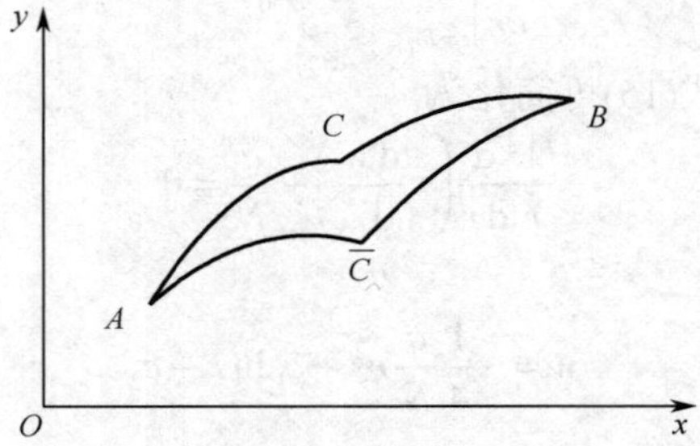

图 4-5-1　具有一个折点的曲线

$$\begin{aligned} J[y(x)] &= \int_{x_0}^{x_1} F(x, y, y')\,\mathrm{d}x \\ &= \int_{x_0}^{x_c} F_-(x, y, y')\,\mathrm{d}x + \int_{x_c}^{x_1} F_+(x, y, y')\,\mathrm{d}x \end{aligned} \tag{4-5-1}$$

式中，x_c 为折点 C 的横坐标，而折点 C 待定。另外设

$$F(x, y, y') = \begin{cases} F_-(x, y, y') & (x_0 \leqslant x \leqslant x_c) \\ F_+(x, y, y') & (x_c \leqslant x \leqslant x_1) \end{cases} \tag{4-5-2}$$

式(4-5-1)中等号右边的两个积分均为待定边界。仿 4.1 节的推导方法，可得

$$\begin{aligned} \delta J_- = \delta\int_{x_0}^{x_c} F_-\,\mathrm{d}x = \left.\frac{\partial F_-}{\partial y'}\right|_{x=x_c-0} \delta y_c + \left.\left(F_- - y'\frac{\partial F_-}{\partial y'}\right)\right|_{x=x_c-0} \delta x_c + \\ \int_{x_0}^{x_c}\left[\frac{\partial F_-}{\partial y} - \frac{\mathrm{d}}{\mathrm{d}x}\left(\frac{\partial F_-}{\partial y'}\right)\right]\delta y\,\mathrm{d}x \end{aligned} \tag{4-5-3}$$

$$\begin{aligned} \delta J_+ = \delta\int_{x_c}^{x_1} F_+\,\mathrm{d}x = -\left.\frac{\partial F_+}{\partial y'}\right|_{x=x_c+0} \delta y_c - \left.\left(F_+ - y'\frac{\partial F_+}{\partial y'}\right)\right|_{x=x_c+0} \delta x_c + \\ \int_{x_c}^{x_1}\left(\frac{\partial F_+}{\partial y} - \frac{\mathrm{d}}{\mathrm{d}x}\frac{\partial F_+}{\partial y'}\right)\delta y\,\mathrm{d}x \end{aligned} \tag{4-5-4}$$

由泛函的变分取得极值的必要条件 $\delta J = \delta J_- + \delta J_+ = 0$，得

$$
\begin{cases}
\dfrac{\partial F_-}{\partial y}-\dfrac{\mathrm{d}}{\mathrm{d}x}\dfrac{\partial F_-}{\partial y'}=0 & (x_0\leqslant x\leqslant x_c)\\
\dfrac{\partial F_+}{\partial y}-\dfrac{\mathrm{d}}{\mathrm{d}x}\dfrac{\partial F_+}{\partial y'}=0 & (x_c\leqslant x\leqslant x_2)
\end{cases}
\tag{4-5-5}
$$

$$
\left.\frac{\partial F_-}{\partial y'}\right|_{x=x_c-0}=\left.\frac{\partial F_+}{\partial y'}\right|_{x=x_c+0}
\tag{4-5-6}
$$

$$
\left.\left(F_- - y'\frac{\partial F_-}{\partial y'}\right)\right|_{x=x_c-0}=\left.\left(F_+ - y'\frac{\partial F_+}{\partial y'}\right)\right|_{x=x_c+0}
\tag{4-5-7}
$$

式(4-5-6)称为**埃德曼第一角点条件**，式(4-5-7)称为**埃德曼第二角点条件**，式(4-5-6)和式(4-5-7)合称**魏尔斯特拉斯–埃德曼角点条件**，它们与极值曲线在C点的连续条件合在一起，就能确定出折点的坐标，在尖点处满足魏尔斯特拉斯–埃德曼角点条件的极值曲线称为**分段极值曲线**。

根据埃德曼第一角点条件，由微分学的拉格朗日中值定理，得

$$
F_{y'}(x_c,y_c,y'(x_{c-0}))-F_{y'}(x_c,y_c,y'(x_{c+0}))=[y'(x_{c-0})-y'(x_{c+0})]F_{y'y'}(x_c,y_c,p)=0
\tag{4-5-8}
$$

式中，p为介于$y'(x_{c-0})$与$y'(x_{c+0})$之间的某个值。

由于(x_c,y_c)是极值曲线的尖点，有$y'(x_{c-0})\neq y'(x_{c+0})$，所以在尖点处有

$$
F_{y'y'}(x_c,y_c,p)=F_{y'y'}=0
\tag{4-5-9}
$$

这是具有尖点的极值曲线存在的必要条件。

例 4.5.1 试求泛函$J[y]=\int_0^2 y'^2(1-y')^2\,\mathrm{d}x$具有折点的极值曲线。

解 在此情况下，因为$F_{y'y'}=12y'^2-12y'+2$可以等于零，所以极值曲线可以有折点。又因为$F=y'^2(1-y')^2$仅含有y'，所以泛函的极值曲线为直线$y=c_1x+c_2$。设折点的坐标为(x_c,y_c)，由魏尔斯特拉斯–埃德曼角点条件式(4-5-6)和式(4-5-7)，得

$$
\begin{cases}
2y'(1-y')(1-2y')\big|_{x=x_c-0}=2y'(1-y')(1-2y')\big|_{x=x_c+0}\\
-y'^2(1-y')(1-3y')\big|_{x=x_c-0}=y'^2(1-y')(1-3y')\big|_{x=x_c+0}
\end{cases}
\tag{1}
$$

当$y'\big|_{x=x_c-0}=y'\big|_{x=x_c+0}$时，式(1)得到满足，但这是$x=x_c$处为光滑曲线的条件，不是所要求的解，而$y'\big|_{x=x_c-0}\neq y'\big|_{x=x_c+0}$的解有两个

$$
y'(x_c-0)=0,\quad y'(x_c+0)=1
\tag{2}
$$

或

$$
y'(x_c-0)=1,\quad y'(x_c+0)=0
\tag{3}
$$

因此极值曲线无论在$x=x_c$的哪一边都是直线。若在折点处斜率为零，则其直线平行于x轴，若在折点处斜率为1，则直线与x轴成45°角。这表明极值曲线只能由直线族$y=c_1$和$y=x+c_2$组成，如图4-5-2所示。

下面通过两个例题讨论两种特殊的尖点情况。

例 4.5.2 极值曲线的反射问题。这个问题是光的反射问题的推广。设函数$y=y(x)$使泛函$J[y]=\int_{x_0}^{x_1}F(x,y,y')\,\mathrm{d}x$达到极值，且$y=y(x)$通过两个固定点$A(x_0,y_0)$与$B(x_1,y_1)$，这两个固定点在给定的曲线$y=\varphi(x)$的同侧，而尖点$C(x_c,y_c)$在曲线$y=\varphi(x)$上，如图 4-5-3 所示。试

求入射角与反射角的关系。

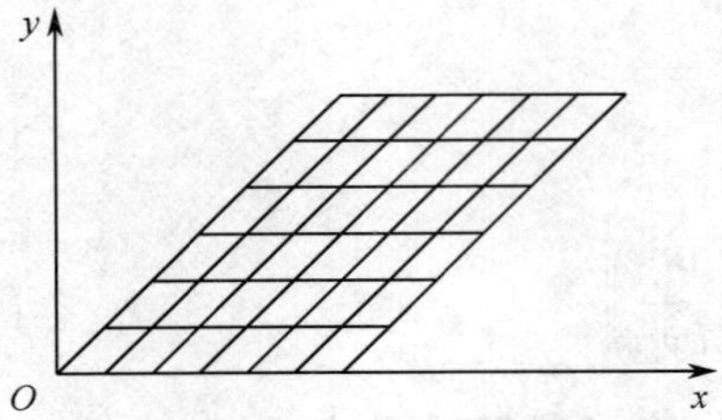

图 4-5-2　例 4.5.1 图

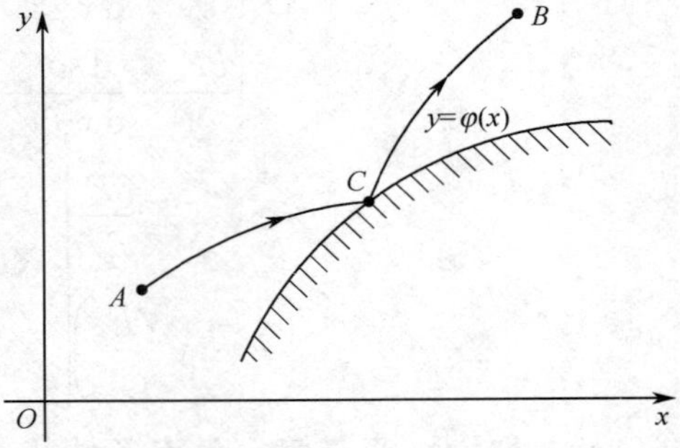

图 4-5-3　极值曲线的反射几何示意

解　根据可动端点泛函变分问题的结果，可写出

$$\begin{aligned}\delta J=\delta J_-+\delta J_+=&\int_{x_0}^{x_c}\left(F_{1y}-\frac{\mathrm{d}}{\mathrm{d}x}F_{1y'}\right)\delta y\,\mathrm{d}x+[F_1+(\varphi'-y')F_{1y'}]\Big|_{x=x_c-0}\delta x_c+\\&\int_{x_c}^{x_1}\left(F_{2y}-\frac{\mathrm{d}}{\mathrm{d}x}F_{2y'}\right)\delta y\,\mathrm{d}x-[F_2+(\varphi'-y')F_{2y'}]\Big|_{x=x_c+0}\delta x_c\end{aligned}\tag{1}$$

当 δy 与 δx_c 都是独立变分的时候，则有欧拉方程组

$$\begin{cases}F_{1y}-\dfrac{\mathrm{d}}{\mathrm{d}x}F_{1y'}=0 & (x_0\leqslant x\leqslant x_c)\\ F_{2y}-\dfrac{\mathrm{d}}{\mathrm{d}x}F_{2y'}=0 & (x_c\leqslant x\leqslant x_1)\end{cases}\tag{2}$$

反射条件为

$$[F_1+(\varphi'-y')F_{1y'}]\Big|_{x=x_c-0}=[F_2+(\varphi'-y')F_{2y'}]\Big|_{x=x_c+0}\tag{3}$$

根据费马原理，可写出如下泛函

$$T=\int_{x_0}^{x_c}\frac{n(x,y)}{c}\sqrt{1+y'^2}\,\mathrm{d}x+\int_{x_c}^{x_1}\frac{n(x,y)}{c}\sqrt{1+y'^2}\,\mathrm{d}x\tag{4}$$

式中，n 为介质的折射率；c 为真空中的光速。

于是

$$F=\frac{n(x,y)}{c}\sqrt{1+y'^2}\tag{5}$$

将式(5)代入式(3)，得

$$\frac{n(x,y)}{c}\left[\sqrt{1+y'^2}+\frac{(\varphi'-y')y'}{\sqrt{1+y'^2}}\right]\Bigg|_{x=x_c-0}=\frac{n(x,y)}{c}\left[\sqrt{1+y'^2}+\frac{(\varphi'-y')y'}{\sqrt{1+y'^2}}\right]\Bigg|_{x=x_c+0}\tag{6}$$

化简式(6)，得

$$\frac{1+\varphi'y'}{\sqrt{1+y'^2}}\Bigg|_{x=x_c-0}=\frac{1+\varphi'y'}{\sqrt{1+y'^2}}\Bigg|_{x=x_c+0}\tag{7}$$

令 α 表示曲线 $y=\varphi(x)$ 的切线与 x 轴的交角，β_1 与 β_2 分别表示在反射点 C 两侧的极值曲线的切线与 x 轴的交角，如图 4-5-4 所示，即

$$\varphi'(x)=\tan\alpha\,,\quad y'(x_c-0)=\tan\beta_1\,,\quad y'(x_c+0)=\tan\beta_2\tag{8}$$

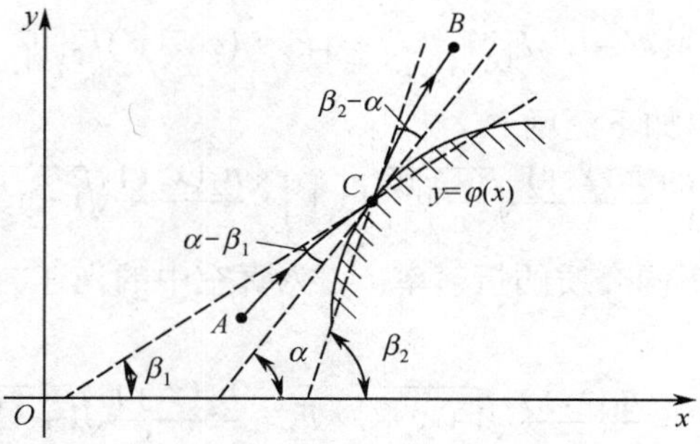

图 4-5-4　极值曲线入射角与反射角的关系

此时，在反射点 C 处，式(7)化为

$$\frac{1+\tan\alpha\tan\beta_1}{\sec\beta_1}=\frac{1+\tan\alpha\tan\beta_2}{\sec\beta_2} \tag{9}$$

化简后得

$$\cos(\alpha-\beta_1)=\cos(\alpha-\beta_2) \tag{10}$$

式(10)给出**光的反射定律：入射角等于反射角**。

例 4.5.3　极值曲线的折曲线问题。这个问题是光的折射问题的推广。设函数 $y=y(x)$ 使泛函 $J[y]=\int_{x_0}^{x_1}F(x,y,y')\,\mathrm{d}x$ 达到极值，且 $y=y(x)$ 通过两个固定点 $A(x_0,y_0)$ 与 $B(x_1,y_1)$，这两个固定点在给定的曲线 $y=\varphi(x)$ 的两侧，而尖点 $C(x_c,y_c)$ 在曲线 $y=\varphi(x)$ 上，如图 4-5-5 所示。试求入射角与折射角的关系。

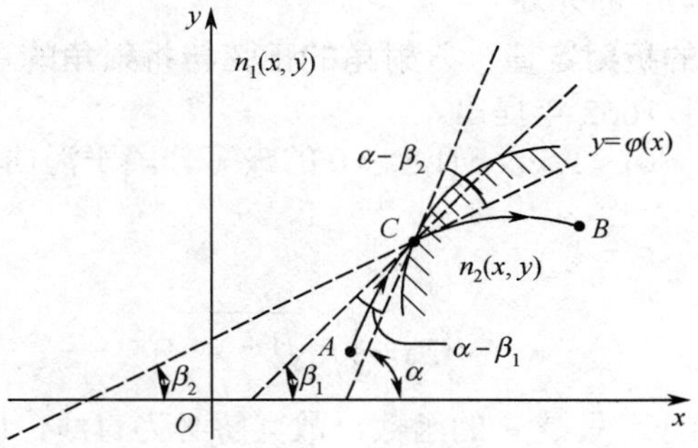

图 4-5-5　光的折射

解　根据可动端点泛函变分问题的结果，可写出

$$\begin{aligned}\delta J=\delta J_-+\delta J_+=&\int_{x_0}^{x_c}\left(F_{1y}-\frac{\mathrm{d}}{\mathrm{d}x}F_{1y'}\right)\delta y\,\mathrm{d}x+[F_1+(\varphi'-y')F_{1y'}]\big|_{x=x_c-0}\delta x_c+\\&\int_{x_c}^{x_1}\left(F_{2y}-\frac{\mathrm{d}}{\mathrm{d}x}F_{2y'}\right)\delta y\,\mathrm{d}x-[F_2+(\varphi'-y')F_{2y'}]\big|_{x=x_c+0}\delta x_c\end{aligned} \tag{1}$$

当 δy 与 δx_c 都是独立变分的时候，则有欧拉方程组

$$\begin{cases}F_{1y}-\dfrac{\mathrm{d}}{\mathrm{d}x}F_{1y'}=0 & (x_0\leqslant x\leqslant x_c)\\ F_{2y}-\dfrac{\mathrm{d}}{\mathrm{d}x}F_{2y'}=0 & (x_c\leqslant x\leqslant x_1)\end{cases} \tag{2}$$

折射条件为

$$[F_1+(\varphi'-y')F_{1y'}]\big|_{x=x_c-0}=[F_2+(\varphi'-y')F_{2y'}]\big|_{x=x_c+0} \tag{3}$$

根据费马原理，可写出如下泛函

$$T=\int_{x_0}^{x_c}\frac{n_1(x,y)}{c}\sqrt{1+y'^2}\,\mathrm{d}x+\int_{x_c}^{x_1}\frac{n_2(x,y)}{c}\sqrt{1+y'^2}\,\mathrm{d}x \tag{4}$$

式中，n_1 和 n_2 分别为两种不同介质的折射率；c 为真空中的光速。

于是

$$F_1=\frac{n_1(x,y)}{c}\sqrt{1+y'^2}\,,\quad F_2=\frac{n_2(x,y)}{c}\sqrt{1+y'^2} \tag{5}$$

将式(5)代入式(3)，得

$$\frac{n_1(x,y)}{c}\frac{1+\varphi'y'}{\sqrt{1+y'^2}}\bigg|_{x=x_c-0}=\frac{n_2(x,y)}{c}\frac{1+\varphi'y'}{\sqrt{1+y'^2}}\bigg|_{x=x_c+0} \tag{6}$$

令 $\varphi'(x)=\tan\alpha$，$y'(x_c-0)=\tan\beta_1$，$y'(x_c+0)=\tan\beta_2$，代入式(1)，化简并乘以 $\cos\alpha$，得

$$\frac{\cos(\alpha-\beta_1)}{\cos(\alpha-\beta_2)}=\frac{n_2(x_c,y_c)}{n_1(x_c,y_c)} \tag{7}$$

或写为

$$\frac{\sin\left[\dfrac{\pi}{2}-(\alpha-\beta_1)\right]}{\sin\left[\dfrac{\pi}{2}-(\alpha-\beta_2)\right]}=\frac{\dfrac{c}{n_1(x_c,y_c)}}{\dfrac{c}{n_2(x_c,y_c)}}=\frac{v_1(x_c,y_c)}{v_2(x_c,y_c)}=\frac{n_2(x_c,y_c)}{n_1(x_c,y_c)} \tag{8}$$

式中，v_1 与 v_2 为两个介质中的光速。

式(8)就是著名的**光的折射定律：入射角的正弦与折射角的正弦之比等于在两介质中的光速之比**，该定律由费马于 1662 年提出。

例 4.5.4 求连接点 $y(0)=1.5$ 及 $y(1.5)=0$ 的最短分段平滑曲线，它与 $\varphi(x)=-x+2$ 交于某一点。

解 曲线长度为

$$J[y]=\int_0^{1.5}\sqrt{1+y'^2}\,\mathrm{d}x \tag{1}$$

因被积函数 $F=\sqrt{1+y'^2}$ 只是 y' 的函数，故其解必为直线，即

$$y=c_1x+c_2 \tag{2}$$

已知极值曲线在 $\varphi(x)=-x+2$ 上有个角点，设角点的横坐标为 x_c，可得

$$y_1=c_1x+c_2\,,\quad y_1'=c_1\qquad x\in[0,x_c] \tag{3}$$

$$y_2=d_1x+d_2\,,\quad y_1'=d_1\qquad x\in[x_c,1.5] \tag{4}$$

根据角点反射条件，有

$$[F_1+(\varphi'-y')F_{1y'}]\big|_{x=x_c-0}=[F_2+(\varphi'-y')F_{2y'}]\big|_{x=x_c+0} \tag{5}$$

将各式代入式(5)，得

$$\left[\sqrt{1+c_1^2}+(-1-c_1)\frac{c_1}{\sqrt{1+c_1^2}}\right]_{x=x_c-0}=\left[\sqrt{1+d_1^2}+(-1-d_1)\frac{d_1}{\sqrt{1+d_1^2}}\right]_{x=x_c+0} \tag{6}$$

化简后得

$$\frac{1-c_1}{\sqrt{1+c_1^2}}=\frac{1-d_1}{\sqrt{1+d_1^2}} \tag{7}$$

由边界条件 $y(0)=1.5$，得 $1.5=0+c_2$，$c_2=1.5$。由边界条件 $y(1.5)=0$，得 $0=1.5d_1+d_2$，故有

$$d_2=-1.5d_1 \tag{8}$$

将角点的约束方程 $\varphi(x_c)=-x_c+2$ 及 $c_2=1.5$ 代入式(3)和式(4)，可得

$$c_1x_c+1.5=-x_c+2 \tag{9}$$

$$d_1x_c+d_2=-x_c+2 \tag{10}$$

联立求解式(7)～式(10)，可得

$$c_1=-0.5,\quad d_1=-2,\quad d_2=3,\quad x_c=1$$

于是，极值曲线为

$$y_1=-0.5x+1.5 \qquad x\in[0,x_c] \tag{11}$$

$$y_2=-2x+3 \qquad x\in[x_c,1.5] \tag{12}$$

极值曲线为入射角等于反射角的路线。

4.6 单侧变分问题

如果变分问题中的极值函数服从于某个不等式，则把受有这种不等式约束的变分问题称为**单侧变分问题**。考虑最简泛函

$$J[y(x)]=\int_{x_0}^{x_1}F(x,y,y')\,\mathrm{d}x \tag{4-6-1}$$

在不等式

$$y(x)\geqslant\varphi(x) \tag{4-6-2}$$

约束条件下的极值问题。式(4-6-2)中，$\varphi(x)$ 是给定的具有连续导数的函数，待求的极值曲线在 $\varphi(x)$ 的上方，其中有一部分可能与 $\varphi(x)$ 重合。

设曲线 $AMNB$ 使式(4-6-1)达到极值，且 $F_{y'y'}\neq 0$，其中曲线 MN 在曲线 $y=\varphi(x)$ 上，如图 4-6-1 所示。显然，AM 与 NB 均为极值曲线。问题的关键是确定这些曲线的分界点 M 和 N 的位置。

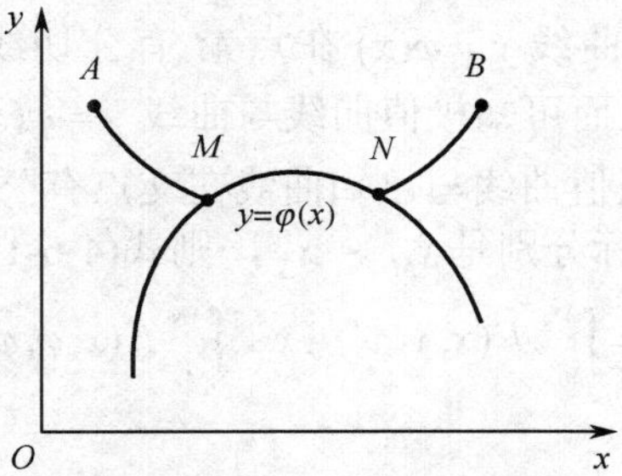

图 4-6-1　单侧变分示意图

设点 M 是可动的，其横坐标为 $\bar{x}$，于是泛函可写为

$$J[y(x)]=\int_{x_0}^{x_1}F(x,y,y')\,\mathrm{d}x=\int_{x_0}^{\bar{x}}F(x,y,y')\,\mathrm{d}x+\int_{\bar{x}}^{x_1}F(x,y,y')\,\mathrm{d}x=J_1+J_2 \tag{4-6-3}$$

沿着极值曲线 $AMNB$ 取变分，有

$$\delta J = \delta J_1 + \delta J_2 = 0 \tag{4-6-4}$$

因曲线 MN 在已知曲线 $y=\varphi(x)$ 上，在求 δJ 时，曲线 MN 段不产生变分，$\delta y = 0$，因此有

$$\delta J_1 = [F + (\varphi' - y')F_{y'}]\Big|_{x=\bar{x}} \delta\bar{x} \tag{4-6-5}$$

在点 M 变动的情况下计算 δJ_2，此时点 M 沿着曲线 $y=\varphi(x)$ 移动，J_2 的变化只由积分下限 $\bar{x}$ 的变动引起，于是

$$\begin{aligned}\Delta J_2 = \int_{\bar{x}+\delta\bar{x}}^{x_1} F(x,y,y')\,\mathrm{d}x - \int_{\bar{x}}^{x_1} F(x,y,y')\,\mathrm{d}x = \\ -\int_{\bar{x}}^{\bar{x}+\delta\bar{x}} F(x,y,y')\,\mathrm{d}x = -\int_{\bar{x}}^{\bar{x}+\delta\bar{x}} F(x,\varphi,\varphi')\,\mathrm{d}x\end{aligned} \tag{4-6-6}$$

根据函数连续性和中值定理，有

$$\Delta J_2 = -F(x,\varphi,\varphi')\Big|_{x=\bar{x}} \delta\bar{x} + \varepsilon\delta\bar{x} \tag{4-6-7}$$

当 $\delta\bar{x} \to 0$ 时，$\varepsilon \to 0$，所以

$$\delta J_2 = -F(x,\varphi,\varphi')\Big|_{x=\bar{x}} \delta\bar{x} \tag{4-6-8}$$

将式(4-6-5)和式(4-6-8)代入式(4-6-4)，可得

$$[F(x,y,y') - F(x,\varphi,\varphi') + (\varphi' - y')F_{y'}(x,y,y')]\Big|_{x=\bar{x}} = 0 \tag{4-6-9}$$

对等号左边前两项应用中值定理，得

$$F(x,y,y') - F(x,\varphi,\varphi') = F_{y'}(x,y,q)(y' - \varphi') \tag{4-6-10}$$

式中，q 介于 φ' 与 y' 之间。

于是式(4-6-9)化为

$$(y' - \varphi')[F_{y'}(x,y,q) - F_{y'}(x,y,y')]\Big|_{x=\bar{x}} = 0 \tag{4-6-11}$$

若 $F_{y'y'} \neq 0$ 且为连续函数，则对式(4-6-11)使用中值定理，得

$$(y' - \varphi')(q - y')F_{y'y'}(x,y,q_1)\Big|_{x=\bar{x}} = 0 \tag{4-6-12}$$

式中，q_1 介于 q 与 y' 之间，q 介于 φ' 与 y' 之间，于是必有

$$y' = \varphi' \tag{4-6-13}$$

式(4-6-13)表明曲线 AM 与曲线 $y=\varphi(x)$ 在点 M 有公切线。同理可推得曲线 NB 与曲线 $y=\varphi(x)$ 在点 N 也有公切线。从而可知极值曲线与曲线 $y=\varphi(x)$ 在 M、N 两点都相切。

下面用另一种方法来证明极值曲线与已知曲线在交点有公切线。

证 设点 M、点 N 的横坐标分别是 x_M、x_N，则式(4-6-1)可写为

$$J[y(x)] = \int_{x_0}^{x_1} F(x,y,y')\,\mathrm{d}x = \int_{x_0}^{x_M} F(x,y,y')\,\mathrm{d}x + \int_{x_M}^{x_N} F(x,\varphi,\varphi')\,\mathrm{d}x + \int_{x_N}^{x_1} F(x,y,y')\,\mathrm{d}x \tag{4-6-14}$$

泛函的增量可写为

$$\begin{aligned}\Delta J = &\int_{x_0}^{x_M+\delta x_M} F(x,y+\delta y,y'+\delta y')\,\mathrm{d}x + \int_{x_M+\delta x_M}^{x_N+\delta x_N} F(x,\varphi,\varphi')\,\mathrm{d}x + \\ &\int_{x_N+\delta x_N}^{x_1} F(x,y+\delta y,y'+\delta y')\,\mathrm{d}x - \int_{x_0}^{x_M} F(x,y,y')\,\mathrm{d}x - \int_{x_M}^{x_N} F(x,\varphi,\varphi')\,\mathrm{d}x - \\ &\int_{x_N}^{x_1} F(x,y,y')\,\mathrm{d}x\end{aligned}$$

$$
\begin{aligned}
&= \int_{x_0}^{x_M} [F(x, y+\delta y, y'+\delta y') - F(x, y, y')]\,\mathrm{d}x + \int_{x_M}^{x_M+\delta x_M} F(x, y+\delta y, y'+\delta y')\,\mathrm{d}x + \\
&\int_{x_N}^{x_N+\delta x_N} F(x, \varphi, \varphi')\,\mathrm{d}x - \int_{x_M}^{x_M+\delta x_M} F(x, \varphi, \varphi')\,\mathrm{d}x + \\
&\int_{x_N}^{x_1} [F(x, y+\delta y, y'+\delta y') - F(x, y, y')]\,\mathrm{d}x - \int_{x_N}^{x_N+\delta x_N} F(x, y+\delta y, y'+\delta y')\,\mathrm{d}x
\end{aligned}
\tag{4-6-15}
$$

利用式(4-1-4)、式(4-1-11)和式(4-1-12)，并考虑到 F 的连续性，沿着极值曲线 $AMNB$ 取变分，有

$$
\begin{aligned}
\delta J = &\int_{x_0}^{x_M} \left(F_y - \frac{\mathrm{d}F_{y'}}{\mathrm{d}x} \right) \delta y\,\mathrm{d}x + [F\delta x + F_{y'}\delta y]\Big|_{x=x_M} - F(x_M, \varphi(x_M), \varphi'(x_M))\delta x_M + \\
&\int_{x_N}^{x_1} \left(F_y - \frac{\mathrm{d}F_{y'}}{\mathrm{d}x} \right) \delta y\,\mathrm{d}x - [F\delta x + F_{y'}\delta y]\Big|_{x=x_N} + F(x_N, \varphi(x_N), \varphi'(x_N))\delta x_N = 0
\end{aligned}
\tag{4-6-16}
$$

显然极值曲线 $y = y(x)$ 在区间(x_0, x_M)，(x_N, x_1)内满足欧拉方程

$$
F_y - \frac{\mathrm{d}F_{y'}}{\mathrm{d}x} = 0 \tag{4-6-17}
$$

利用式(4-1-15)，有

$$
\delta y(x_M) = \delta y_M - y'(x_M)\delta x_M = [\varphi'(x_M) - y'(x_M)]\delta x_M \tag{4-6-18}
$$

$$
\delta y(x_N) = \delta y_N - y'(x_N)\delta x_N = [\varphi'(x_N) - y'(x_N)]\delta x_N \tag{4-6-19}
$$

将式(4-6-18)和式(4-6-19)代入式(4-6-16)，注意到在 $x = x_M$ 和 $x = x_N$ 处， $y(x_k) = \varphi(x_k)$ ， k 等于 M 或 N，并由 δx_M 和 δx_N 的任意性，得

$$
[F(x, \varphi, y') - F(x, \varphi, \varphi') - (y' - \varphi')F_{y'}(x, \varphi, y')]\Big|_{x=x_M} = 0 \tag{4-6-20}
$$

$$
[F(x, \varphi, y') - F(x, \varphi, \varphi') - (y' - \varphi')F_{y'}(x, \varphi, y')]\Big|_{x=x_N} = 0 \tag{4-6-21}
$$

由微分中值公式，若 $y'(x_M) \neq \varphi'(x_M)$ ，则在 $y'(x_M)$ 与 $\varphi'(x_M)$ 之间存在 p ，使式(4-6-20)化为

$$
[(\varphi' - y')(F_{y'}(x, \varphi, p) - F_{y'}(x, \varphi, y')]\Big|_{x=x_M} = 0 \tag{4-6-22}
$$

再由微分中值公式，在 p 与 $y'(x_M)$ 之间存在 q ，使

$$
[(\varphi' - y')(p - y')F_{y'y'}(x, \varphi, q)]\Big|_{x=x_M} = 0 \tag{4-6-23}
$$

由于 $y'(x_M) \neq \varphi'(x_M)$ ，$p \neq y'(x_M)$ ，得 $F_{y'y'}(x_M, \varphi(x_M), q) = 0$ ，这与假设 $F_{y'y'} \neq 0$ 矛盾，故在 $x = x_M$ 处必有

$$
y'(x_M) = \varphi'(x_M) \tag{4-6-24}
$$

式(4-6-24)表明曲线 AM 与曲线 $y = \varphi(x)$ 在点 M 有公切线，同理可推得曲线 NB 与曲线 $y = \varphi(x)$ 在点 N 也有公切线，从而可知极值曲线与曲线 $y = \varphi(x)$ 在 M 、 N 两点都相切。证毕。

例 4.6.1 在可取曲线不能通过由圆周 $(x-a)^2 + y^2 = R^2$ 所围圆域内部的条件下，求能使泛函 $J[y] = \int_{x_0}^{x_1} y'^3\,\mathrm{d}x$ 达到极值的曲线，边界条件为 $y(x_0) = 0$ ， $y(x_1) = 0$ ，其中 $x_0 < a - R$ ， $a + R < x_1$ 。并求 $a = 13$ ， $R = 5$ ， $x_0 = 0$ ， $x_1 = 26$ 时的极值曲线，如图 4-6-2 所示。

解 因被积函数 $F = y'^3$ 只是 y' 的函数，故泛函的欧拉方程的积分为

$$
y = c_1 x + c_2 \tag{1}
$$

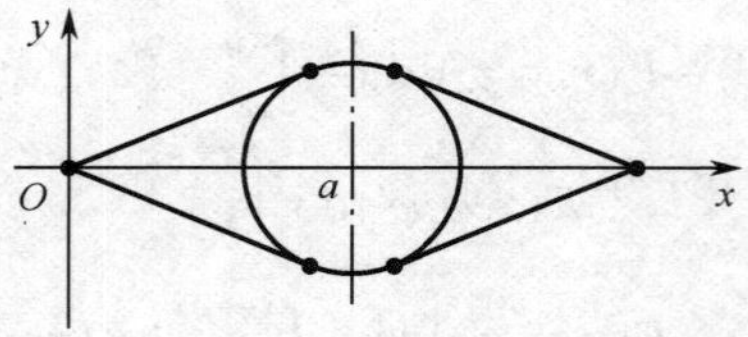

图 4-6-2　例 4.6.1 图

由边界条件 $y(x_0)=0$，可知 $c_2=-c_1x_0$，故 $y=c_1(x-x_0)$。设 $y=\varphi(x)=\pm\sqrt{R^2-(x-a)^2}$ 与 $y=c_1(x-x_0)$ 相切，则 $y'=\varphi'$，即

$$c_1=-\frac{x-a}{y}=-\frac{x-a}{c_1(x-x_0)} \tag{2}$$

将 $y=c_1(x-x_0)$ 代入圆方程，得

$$(x-a)^2+c_1^2(x-x_0)^2=R^2 \tag{3}$$

将式(2)和式(3)联立，可解出切线的斜率

$$c_1=\pm\frac{R\sqrt{(x_0-a)^2-R^2}}{R^2+2ax_0-a^2-x_0^2} \tag{4}$$

圆左侧切点的 x 和 y 坐标为

$$x=\frac{R^2+ax_0-a^2}{x_0-a},\quad y=\pm\frac{R}{x_0-a}\sqrt{(x_0-a)^2-R^2} \tag{5}$$

对于 $y(x_1)=0$ 的右边界条件，用与上面类似的方法可求出

$$c_1=\pm\frac{R\sqrt{(x_1-a)^2-R^2}}{R^2+2ax_1-a^2-x_1^2} \tag{6}$$

圆右侧切点的 x 和 y 坐标为

$$x=\frac{R^2+ax_1-a^2}{x_1-a},\quad y=\pm\frac{R}{x_1-a}\sqrt{(x_1-a)^2-R^2} \tag{7}$$

最后，所求的极值曲线为

$$y=\begin{cases}\pm\dfrac{R\sqrt{(x_0-a)^2-R^2}}{R^2+2ax_0-a^2-x_0^2}(x-x_0) & \left(x_0\leqslant x\leqslant\dfrac{R^2+ax_0-a^2}{x_0-a}\right)\\ \pm\sqrt{R^2-(x-a)^2} & \left(\dfrac{R^2+ax_0-a^2}{x_0-a}\leqslant x\leqslant\dfrac{R^2+ax_1-a^2}{x_1-a}\right)\\ \mp\dfrac{R\sqrt{(x_1-a)^2-R^2}}{R^2+2ax_1-a^2-x_1^2}(x-x_1) & \left(\dfrac{R^2+ax_1-a^2}{x_1-a}\leqslant x\leqslant x_1\right)\end{cases} \tag{8}$$

当 $a=13$，$R=5$，$x_0=0$，$x_1=26$ 时，在圆的左侧可求出 $c_1=\pm\dfrac{5}{12}$，此时极值曲线与圆的切点为 $\left(\dfrac{144}{13},\pm\dfrac{60}{13}\right)$；在圆的右侧可求出 $c_1=\mp\dfrac{5}{12}$，此时极值曲线与圆的切点为 $\left(\dfrac{194}{13},\pm\dfrac{60}{13}\right)$。所求的极值曲线为

$$y=\begin{cases}\pm\dfrac{5}{12}x & \left(0\leqslant x\leqslant\dfrac{144}{13}\right)\\ \pm\sqrt{25-(x-13)^2} & \left(\dfrac{144}{13}\leqslant x\leqslant\dfrac{194}{13}\right)\\ \mp\dfrac{5}{12}(x-26) & \left(\dfrac{194}{13}\leqslant x\leqslant 26\right)\end{cases}\tag{9}$$

例 4.6.2 如图 4-6-3 所示，设泛函 $J[y]=\int_{-2}^{3}(y'^2+y)\,\mathrm{d}x$，边界条件为 $y(-2)=1$，$y(3)=1$，且所有可取曲线位于平面区域 $y\geqslant 2x-x^2$ 内。试求能使泛函达到极值的一条曲线。

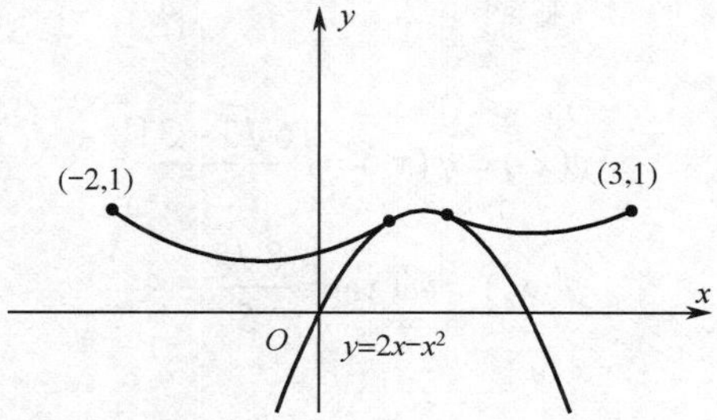

图 4-6-3 例 4.6.2 图

解 令被积函数 $F=y'^2+y$，泛函的欧拉方程为

$$1-2y''=0\tag{1}$$

其通解为

$$y=\frac{x^2}{4}+c_1x+c_2\tag{2}$$

设 $y=\varphi(x)=2x-x^2$ 与极值曲线的两个切点的横坐标为 x_2 和 x_3，由左侧的边界条件 $y(-2)=1$，得 $c_2=2c_1$。在切点处，有 $y(x_2)=\varphi(x_2)$，$y'(x_2)=\varphi'(x_2)$，方程组为

$$\begin{cases}\dfrac{x^2}{4}+c_1x+c_2=2x-x^2\\ 2c_1=c_2\\ \dfrac{x}{2}+c_1=2-2x\end{cases}\tag{3}$$

可解出 $c_1=7-3\sqrt{5}$，$c_2=14-6\sqrt{5}$，$x_2=-2+\dfrac{6\sqrt{5}}{5}$。

于是左侧的极值曲线方程为

$$y=\frac{x^2}{4}+(7-3\sqrt{5})x+14-6\sqrt{5}\tag{4}$$

在切点处，有

$$y(x_2)=\varphi(x_2)=-\frac{76}{5}+\frac{36\sqrt{5}}{5}\tag{5}$$

$$y'(x_2)=\varphi'(x_2)=6-\frac{12\sqrt{5}}{5}\tag{6}$$

同理，可得右侧极值曲线方程组

$$\begin{cases}\dfrac{x^2}{4}+c_1x+c_2=2x-x^2\\ \dfrac{x}{2}+c_1=2-2x\\ c_2=-\dfrac{5}{4}-3c_1\end{cases}\tag{7}$$

可解出$c_1=\dfrac{-11+4\sqrt{5}}{2}$，$c_2=\dfrac{61-24\sqrt{5}}{4}$，$x_3=3-\dfrac{4\sqrt{5}}{5}$。于是右侧的极值曲线方程为

$$y=\frac{x^2}{4}-\frac{11-4\sqrt{5}}{2}x+\frac{61-24\sqrt{5}}{4}\tag{8}$$

在切点处，有

$$y(x_3)=\varphi(x_3)=\frac{16\sqrt{5}-31}{5}\tag{9}$$

$$y'(x_3)=\varphi'(x_3)=\frac{8\sqrt{5}}{5}-4\tag{10}$$

于是，极值曲线为

$$y=\begin{cases}\dfrac{x^2}{4}+(7-3\sqrt{5})x+14-6\sqrt{5} & (-2\leqslant x\leqslant x_2)\\ 2x-x^2 & (x_2\leqslant x\leqslant x_3)\\ \dfrac{x^2}{4}-\dfrac{11-4\sqrt{5}}{2}x+\dfrac{61-24\sqrt{5}}{4} & (x_3\leqslant x\leqslant 3)\end{cases}\tag{11}$$

例 4.6.3 如图 4-6-4 所示，设泛函$J[y]=\int_{-2}^{2}\sqrt{1+y'^2}\,\mathrm{d}x$，边界条件为$y(\pm 2)=\dfrac{\pi}{3}+\dfrac{\sqrt{3}}{2}-2$，且可取曲线满足单侧条件$y\geqslant\varphi(x)$，其中

$$\varphi(x)=\begin{cases}-\sin(2x) & x\leqslant 0\\ \sin(2x) & x\geqslant 0\end{cases}$$

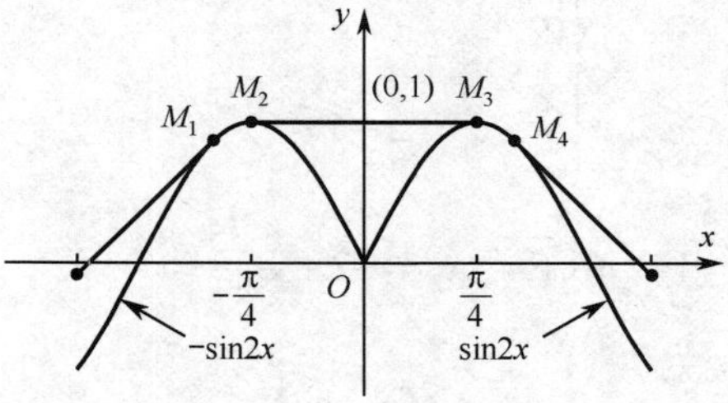

图 4-6-4 例 4.6.3 图

试求能使泛函达到极值的一条曲线。

解 因被积函数$F=\sqrt{1+y'^2}$仅是y'的函数，故泛函的欧拉方程的积分为直线族，即

$$y=c_1x+c_1\tag{1}$$

设$\varphi(x)$与极值曲线的四个切点分别为$M_1(x_1,y_1)$、$M_2(x_2,y_2)$、$M_3(x_3,y_3)$和$M_4(x_4,y_4)$，由左侧的边界条件$y(-2)=\dfrac{\pi}{3}+\dfrac{\sqrt{3}}{2}-2$，有$c_2=2c_1+\dfrac{\pi}{3}+\dfrac{\sqrt{3}}{2}-2$。在切点$M_1(x_1,y_1)$处，有

$y(x_1)=\varphi(x_1)$， $y'(x_1)=\varphi'(x_1)$。于是，方程组为

$$\begin{cases} c_1x+c_2=-2\sin(2x) \\ c_2=2c_1+\dfrac{\pi}{3}+\dfrac{\sqrt{3}}{2}-2 \\ c_1=-2\cos(2x) \end{cases} \tag{2}$$

解出 $c_1=1$， $c_2=\dfrac{\pi}{3}+\dfrac{\sqrt{3}}{2}$， $x_1=-\dfrac{\pi}{3}$。

于是，左侧的极值曲线方程为

$$y=x+\frac{\pi}{3}+\frac{\sqrt{3}}{2} \tag{3}$$

在切点处，有

$$y(x_1)=\varphi(x_1)=\frac{\sqrt{3}}{2} \tag{4}$$

$$y'(x_1)=\varphi'(x_1)=1 \tag{5}$$

根据图形的对称性，右侧的极值曲线方程为

$$y=-x+\frac{\pi}{3}+\frac{\sqrt{3}}{2} \tag{6}$$

在切点处，有

$$y(x_4)=\varphi(x_4)=\frac{\sqrt{3}}{2} \tag{7}$$

$$y'(x_4)=\varphi'(x_4)=-1 \tag{8}$$

点 M_2 和点 M_3 应为正弦曲线 $y=-\sin(2x)$ ($-2\leqslant x\leqslant 0$)与正弦曲线 $y=\sin(2x)$ ($0\leqslant x\leqslant 2$)的公切线的切点，显然，切点分别为

$$M_2\left(-\frac{\pi}{4},1\right),\quad M_3\left(\frac{\pi}{4},1\right)$$

于是，所求的极值曲线为

$$y=\begin{cases} x+\dfrac{\pi}{3}+\dfrac{\sqrt{3}}{2} & \left(-2\leqslant x\leqslant -\dfrac{\pi}{3}\right) \\ -\sin(2x) & \left(-\dfrac{\pi}{3}\leqslant x\leqslant -\dfrac{\pi}{4}\right) \\ 1 & \left(-\dfrac{\pi}{4}\leqslant x\leqslant \dfrac{\pi}{4}\right) \\ \sin(2x) & \left(\dfrac{\pi}{4}\leqslant x\leqslant \dfrac{\pi}{3}\right) \\ -x+\dfrac{\pi}{3}+\dfrac{\sqrt{3}}{2} & \left(\dfrac{\pi}{3}\leqslant x\leqslant 2\right) \end{cases} \tag{9}$$

例 4.6.4 求泛函 $J[y]=\int_0^{10}(2xy'-y'^2)\,\mathrm{d}x$ 的极值曲线，假设容许曲线通过定点(0,7)和(10,7)，并且满足不等式 $y\geqslant x\left(2-\dfrac{x}{5}\right)$。

解 泛函的欧拉方程为

$$\frac{\mathrm{d}}{\mathrm{d}x}(2x-2y')=0 \tag{1}$$

首次积分为$y'=x+c_1$，再积分一次，得$y=\frac{x^2}{2}+c_1x+c_2$。由边界条件(0,7)，得$c_2=7$，故$y=\frac{x^2}{2}+c_1x+7$。设极值曲线与不等式相切，有

$$\frac{x^2}{2}+c_1x+7=2x-\frac{x^2}{5} \tag{2}$$

$$x+c_1=2-\frac{2x}{5} \tag{3}$$

由式(2)和式(3)可解出$x=\sqrt{10}$，$c_1=2-\frac{7\sqrt{10}}{5}$。

于是极值曲线为

$$y=\frac{x^2}{2}+\left(2-\frac{7\sqrt{10}}{5}\right)x+7 \quad (0\leqslant x\leqslant\sqrt{10}) \tag{4}$$

又由边界条件(10,7)可定出$c_2=-43-10c_1$，故

$$y=\frac{x^2}{2}+c_1x-10c_1-43 \tag{5}$$

设极值曲线与不等式相切，有

$$\frac{x^2}{2}+c_1x-10c_1-43=2x-\frac{x^2}{5} \tag{6}$$

$$x+c_1=2-\frac{2x}{5} \tag{7}$$

可解出$x=10-\sqrt{10}$，$c_1=\frac{7\sqrt{10}}{5}-12$，$c_2=7(11-2\sqrt{10})$。

于是极值曲线为

$$y=\frac{x^2}{2}+\left(\frac{7\sqrt{10}}{5}-12\right)x+7(11-2\sqrt{10}) \quad (10-\sqrt{10}\leqslant x\leqslant 10) \tag{8}$$

再加上不等式的抛物线部分，有

$$\begin{cases} y=\frac{x^2}{2}+\left(2-\frac{7\sqrt{10}}{5}\right)x+7 & (0\leqslant x\leqslant\sqrt{10}) \\ y=x\left(2-\frac{x}{5}\right) & (\sqrt{10}\leqslant x\leqslant 10-\sqrt{10}) \\ y=\frac{x^2}{2}+\left(\frac{7\sqrt{10}}{5}-12\right)x+7(11-2\sqrt{10}) & (10-\sqrt{10}\leqslant x\leqslant 10) \end{cases} \tag{9}$$

例 4.6.5 在条件$y\leqslant x^2$下，求通过$A(-2,3)$、$B(2,3)$两点间的最短曲线。

解 泛函为$J[y]=\int_{-2}^{2}\sqrt{1+y'^2}\,\mathrm{d}x$。因被积函数只是$y'$的函数，故欧拉方程的积分为直线

$$y=c_1x+c_2 \tag{1}$$

由边界条件$x=-2$，$y=3$，得

$$-2c_1 + c_2 = 3 \tag{2}$$

设极值曲线与不等式的切点为x_1，则

$$c_1 = 2x_1 \tag{3}$$

$$c_1x_1 + c_2 = x_1^2 \tag{4}$$

联立式(2)、式(3)和式(4)，可解出$x_1 = -3$(舍去)，$x_1 = -1$，$c_1 = -2$，$c_2 = -1$。于是极值曲线为$y = -2x - 1$。

由边界条件$x = 2$，$y = 3$，得$2c_1 + c_2 = 3$。设极值曲线与不等式的切点为x_2，用上述同样的方法，可解出$x_2 = 3$(舍去)，$x_2 = 1$，$c_1 = 1$，$c_2 = 1$。或由函数图形的对称性也可以得到这样的结果。于是极值曲线为$y = 2x + 1$。综合起来，有

$$y = \begin{cases} -2x - 1 & (-2 \leqslant x \leqslant -1) \\ x^2 & (-1 \leqslant x \leqslant 1) \\ 2x + 1 & (1 \leqslant x \leqslant 2) \end{cases} \tag{5}$$

4.7 名家介绍

费马(Fermat, Pierre de, 1601.8.20—1665.1.12)　法国数学家、物理学家。生于博蒙–德洛马涅，卒于卡斯特尔。曾在图卢兹大学习法律，毕业后任律师。1631 年起一直任图卢兹议会议员，并在业余时间钻研数学。在数论、解析几何、微积分、概率论和光学等方面都有重大贡献，被誉为“业余数学家之王”。他提出著名的“费马大定理”，即方程$x^n + y^n = z^n$在$n > 2$时没有整数解，这一世界级难题激起后来历代数学家的兴趣，直到 1994 年才由英国数学家怀尔斯(Wiles, Andrew John, 1953.4.11—)完成该定理的证明。提出光学的“费马原理”，给后来变分法的研究以极大的启示。为了求极值问题，在牛顿和莱布尼茨之前就运用了微分学思想。著有《论求最大和最小值的方法》(1637)、《平面与立体轨迹理论导论》(1679)和《数学论集》(1679)等。

诺伊曼(Neumann, Carl Gottfried von, 1832.5.7—1925.3.27)　德国数学家和理论物理学家。生于柯尼斯堡，卒于莱比锡。早年在柯尼斯堡大学求学，1855 年获博士学位。先后任哈雷(Halle)大学(1863)、巴塞尔大学(1864)、杜宾根大学(1865)和莱比锡大学(1868—1911)教授。柏林科学院院士，又是格丁根、慕尼黑和莱比锡等科学协会的会员。1868 年与德国数学家克莱布什(Clebsch, Rudolf Friedrich Alfred, 1833.1.19—1872.11.7)共同创办了德国数学杂志《数学年刊》。在解析理论、常微分方程、偏微分方程与位势理论、特殊函数理论和积分方程理论等方面做出了贡献。特别研究了拉普拉斯方程的第二边值问题，即著名的诺伊曼问题。著有《代数函数的黎曼理论讲义》(1865)、《关于阿贝尔积分的黎曼理论讲义》(1870)、《关于牛顿势和对数势的研究》(1877)和《对数学物理各方面的贡献》(1893)等。

柯朗(Courant, Richard, 1888.1.8—1972.1.27)　美籍德国数学家。生于波兰卢布林茨，卒于纽约州新罗谢尔。1910 年获格丁根大学哲学博士学位。1919 年任明斯特大学教授，1920 年任格丁根大学教授。1929 年创建格丁根数学研究所并任所长。1934 年移居美国，1936 年任纽约大学终身教授，第二次世界大战后创建和领导该校数学和力学研究所。美国国家科学院院士，苏联、丹麦、意大利、荷兰和柏林科学院院士。在数学分析，函数论、数学物理方程、变分法等领域都做出重要贡献。1958 年获海军优秀公共服务奖，1965 年获美国数学协会数学卓越贡献奖。著有《数学物理方法》(2 卷，1924，1937)、《微积分教程》(2 卷，1927，1929)、《什么是数学》(1941)、《超声流与激波》(1948)、《狄利克雷原理，正则映射和极小曲面》(1950)和《函数论》(1968)等。

习题 4

4.1 求泛函 $J[y]=\int_0^1 y^3 y'^2\,\mathrm{d}x$ 的一阶变分， $y(0)=1$。

4.2 设泛函 $J[y]=\int_0^l\left(\frac{1}{2}EIy''^2-qy\right)\mathrm{d}x$，式中，$EI=c$，$q$ 为 x 的给定函数，$y(0)=y(l)=0$。试由变分方程推导欧拉方程和自然边界条件。

4.3 设 $\varGamma$ 为区域 D 的固定边界，试求泛函

$$J[u]=\iint_D(u_x^2+u_y^2+u_x\varphi+u_y\psi)\,\mathrm{d}x\,\mathrm{d}y$$

的自然边界条件，式中，φ、ψ 都属于 $C^1(D)$。

4.4 求下列泛函取极值的自然边界条件

(1) $J[y]=\int_{x_0}^{x_1}F(x,y,y')\,\mathrm{d}x+\frac{1}{2}ky^2(x_1)$，给定 $y(x_0)=y_0$；

(2) $J[y]=\int_{x_0}^{x_1}F(x,y,y')\,\mathrm{d}x+\frac{1}{2}k[y(x_1)-y(x_0)]^2$。

习题 4.1 答案　　习题 4.2 答案　　习题 4.3 答案　　习题 4.4 答案

4.5 求下列泛函的欧拉方程和自然边界条件

$$J[y]=\frac{1}{2}\int_{x_0}^{x_1}[p(x)y''^2+q(x)y'^2+r(x)y^2-2s(x)y]\,\mathrm{d}x$$

4.6 设泛函 $J[y]=\int_0^1 F(x,y,y')\,\mathrm{d}x$，求出下列情况的欧拉方程及自然边界条件

(1) $F=y'^2+yy'+y^2$；(2) $F=xy'^2-yy'+y$；

(3) $F=y'^2+k^2\cos y$；(4) $F=a(x)y'^2+b(x)y^2$。

4.7 设泛函 $J[y]=\int_0^{x_1}(y^2+y'^2)\,\mathrm{d}x$，边界条件为 $y(0)=0$，$y(x_1)=\mathrm{e}^{2x_1}$。试求：(1) 变分 δJ；(2) 横截条件。

4.8 设泛函 $J_1[y]=\int_{x_0}^{x_1}F(x,y,y')\,\mathrm{d}x$ 与 $J_2[y]=\int_{x_0}^{x_1}[F(x,y,y')+P(x,y)+Q(x,y)y']\,\mathrm{d}x$，式中，$P_y=Q_x$，试证：

(1) J_1 与 J_2 有相同的欧拉方程；(2) J_2 的自然边界条件为 $F_{y'}+Q=0$。

习题 4.5 答案　　习题 4.6 答案　　习题 4.7 答案　　习题 4.8 答案

4.9 试求泛函 $J[y]=\int_0^1(y'^2-2\alpha yy'-2\beta y')\,\mathrm{d}x$ 的极值曲线，式中，α、β 均为常数。

(1) 端点条件： $y(0)=0$，$y(1)=1$；

(2) 给出端点条件： $y(0)=0$，另一端点是任意的；

(3) 给出端点条件：$y(1)=1$，另一端点是任意的；

(4) 两个端点均是任意的。

4.10 求泛函 $J[y]=\int_{x_0}^{x_1}F(x,y,y')\,\mathrm{d}x+\alpha y(x_0)+\beta y(x_1)$ 的欧拉方程和自然边界条件，式中，α、β 均为已知常数，$y(x_0)$ 与 $y(x_1)$ 未给定。

4.11 在 $y\geqslant 5-x^2$ 条件下，求泛函 $J[y]=\int_{-3}^{x_1}\sqrt{1+y'^2}\,\mathrm{d}x$ 的极值曲线，且一端点固定为 $A(-3,0)$，另一端点 $B(x_1,y_1)$ 在直线 $y=x-6$ 上移动。

4.12 求泛函 $J[y]=\int_{(0,0)}^{(x_1,y_1)}(y^2+y'^2)\,\mathrm{d}x$ 的变分和自然边界条件，以及极值曲线，其中 $y_1=\mathrm{e}^{2x_1}$，x_1 自由取值。

习题 4.9 答案　　习题 4.10 答案　　习题 4.11 答案　　习题 4.12 答案

4.13 求点 $A(-1,5)$ 到抛物线 $y^2=x$ 的最短距离。

4.14 求圆 $x^2+y^2=1$ 和直线 $x+y=4$ 之间的最短距离。

4.15 求点 $A(-1,3)$ 到直线 $y=1-3x$ 的最短距离。

4.16 求抛物线 $y^2=4x$ 和直线 $x+y=-5$ 之间的最短距离。

习题 4.13 答案　　习题 4.14 答案　　习题 4.15 答案　　习题 4.16 答案

4.17 求圆 $x^2+y^2=4$ 和直线 $2x+y=6$ 之间的最短距离。

4.18 求抛物线 $y^2=4x$ 和圆 $(x-9)+y^2=4$ 之间的最短距离和极值曲线。

4.19 求点(1,1)到椭圆 $\dfrac{x^2}{9}+\dfrac{y^2}{4}=1$ 的最短距离。

4.20 求圆 $x^2+y^2=1$ 和直线 $x+y=4$ 之间的最短距离。

习题 4.17 答案　　习题 4.18 答案　　习题 4.19 答案　　习题 4.20 答案

4.21 求点 $M(0,0,3)$ 到曲面 $z=x^2+y^2$ 的最短距离。

4.22 求在泛函 $J[y(x)]=\int_0^4(y'-1)^2(y'+1)^2\,\mathrm{d}x$ 的极小问题中具有一个角点的解，边界条件为 $y(0)=0$，$y(4)=2$。

4.23 在泛函 $J[y]=\int_{x_0}^{x_1}(y'^2+2xy-y^2)\,\mathrm{d}x$ 的极值问题中具有角点的解是否存在？边界条件为 $y(x_0)=y_0$，$y(x_1)=y_1$。

4.24 在泛函 $J[y]=\int_0^{x_1} y'^3 \mathrm{d}x$ 的极值问题中具有角点的解是否存在？边界条件为 $y(0)=0$，$y(x_1)=y_1$。

习题 4.21 答案　　习题 4.22 答案　　习题 4.23 答案　　习题 4.24 答案

4.25 在泛函 $J[y]=\int_0^{x_1}(y'^4-6y'^2)\mathrm{d}x$，的极值问题中具有角点的解是否存在？边界条件为 $y(0)=0$，$y(x_1)=y_1$。

4.26 求泛函 $J[y]=\int_{x_0}^{x_1} f(x,y)\mathrm{e}^{\arctan y'}\sqrt{1+y'^2}\,\mathrm{d}x$ 的横截条件。

4.27 利用泛函取极值的必要条件 $\delta J=0$，求能使泛函 $J[y]=\int_0^1(y''^2-2xy)\mathrm{d}x$ 达到极值的函数，边界条件为 $y(0)=y'(0)=0$，$y(1)=\dfrac{1}{120}$，$y'(1)$ 没有给出。

4.28 在容许曲线不能通过由圆周 $(x-5)^2+y^2=9$ 所围圆域内部的条件下，求能使泛函 $J[y]=\int_0^{10} y'^3 \mathrm{d}x$ 达到极值的曲线，边界条件为 $y(0)=y(10)=0$。

习题 4.25 答案　　习题 4.26 答案　　习题 4.27 答案　　习题 4.28 答案

4.29 求能使泛函 $J[y]=\int_0^{\frac{\pi}{4}}(y^2-y'^2)\mathrm{d}x$ 达到极值的函数，一个边界点固定，即 $y(0)=0$，另一个边界点可以在直线 $x=\dfrac{\pi}{4}$ 上滑动。

4.30 只利用必要条件 $\delta J=0$，求能使泛函 $J[y]=\int_0^{x_1}\dfrac{\sqrt{1+y'^2}}{y}\mathrm{d}x$ 达到极值的曲线，一个边界点固定，$y(0)=0$，另一个边界点(x_1,y_1)可以在圆周 $(x-9)^2+y^2=9$ 上移动。

4.31 一动点由曲线 $y=\varphi(x)$ 之外的点 $A(x_0,y_0)$ 处降落到该曲线上一点 $B(x_1,y_1)$ 处，要使所用的时间为最短，应当是多少？已知动点在曲线 $y=\varphi(x)$ 之外运动时，速度为常数且等于 v_1；而沿曲线 $y=\varphi(x)$ 运动时，速度也为常数且等于 v_2，且 $v_2>v_1$。

4.32 求泛函 $J=\int_0^{x_1}\dfrac{y'-y'^2\tan\varphi}{y'+\tan\varphi}(ax+b)\mathrm{d}x$ 的极值曲线，其中一个端点在 y 轴上待定，另一个端点固定 $y(x_1)=0$。

习题 4.29 答案　　习题 4.30 答案　　习题 4.31 答案　　习题 4.32 答案

第 5 章　条件极值的变分问题

在自然科学和工程技术中所遇到的变分问题，有时要求极值函数除满足给定的边界条件外，还要满足一定的附加条件，这就是泛函的条件极值问题。泛函在满足一定附加条件下取得的极值称为**条件极值**。在泛函所依赖的函数上附加某些约束条件来求泛函的极值问题称为**条件极值的变分问题**。本章将讨论完整约束、微分约束和等周问题的泛函的条件极值，并讨论简单混合型泛函的极值问题。

泛函的条件极值的计算方法与函数的条件极值的计算方法类似，可用拉格朗日乘数法来实现，即选一个新的泛函，使原泛函的条件极值问题转化为与之等价的无条件极值问题。

5.1　完整约束的变分问题

本节主要研究泛函

$$J[y]=\int_{x_0}^{x_1}F(x,y_1,y_2,\cdots,y_n,y_1',y_2',\cdots,y_n')\,\mathrm{d}x \tag{5-1-1}$$

在约束条件

$$\varphi_i(x,y_1,y_2,\cdots,y_n)=0\quad(i=1,2,\cdots,m\text{；}\ m<n) \tag{5-1-2}$$

及边界条件

$$y_j(x_0)=y_{j0}\text{，}\quad y_j(x_1)=y_{j1}\quad(j=1,2,\cdots,n) \tag{5-1-3}$$

下的极值问题，并导出泛函 $J[y]$ 的极值所应满足的条件。这种条件极值的求解问题类似于多元函数极值的拉格朗日乘数法，可化为无条件极值来处理。

式(5-1-2)称为**完整约束**、**几何约束**或**有限约束**。完整约束的特点是约束中不含 y 的导数。此时，式(5-1-1)称为**完整约束的目标泛函**。关于完整约束下的泛函极值问题，有如下定理。

定理 5.1.1　若在式(5-1-2)和式(5-1-3)下使式(5-1-1)取得极值，则存在待定函数 $\lambda_i(x)$，使函数 $y_1,y_2,\cdots,y_n$ 满足由下列泛函

$$J^*[y]=\int_{x_0}^{x_1}\left[F+\sum_{i=1}^{m}\lambda_i(x)\varphi_i\right]\mathrm{d}x=\int_{x_0}^{x_1}H\,\mathrm{d}x \tag{5-1-4}$$

所给出的欧拉方程组

$$H_{y_j}-\frac{\mathrm{d}}{\mathrm{d}x}H_{y_j'}=0\quad(j=1,2,\cdots,n) \tag{5-1-5}$$

式中，$H=F+\sum\limits_{i=1}^{m}\lambda_i(x)\varphi_i$。式(5-1-4)称为**辅助泛函**。

定理 5.1.1 称为**拉格朗日定理**，待定函数 $\lambda_i(x)$ 称为**拉格朗日乘数**或**拉格朗日乘子**。求出拉格朗日乘子的表达式，确定其实际意义，这一过程称为**识别拉格朗日乘子**。如果待定的拉格朗日乘子在变分中等于零，则这样的变分称为**临界变分**。此时无法用待定拉格朗日乘子法把约束条件纳入泛函，从而解除约束条件。

在对式(5-1-4)进行变分运算时，应把 y_j、y_j' 和 $\lambda_i(x)$ 都看作是泛函 $J^*[y]$ 的独立函数，且诸约束条件 $\varphi_i=0$ 可以纳入泛函 $J^*[y]$ 的欧拉方程组而加以考查。式(5-1-5)可写为

$$\frac{\partial F}{\partial y_j}+\sum_{i=1}^{m}\lambda_i(x)\frac{\partial \varphi_i}{\partial y_j}-\frac{\mathrm{d}}{\mathrm{d}x}\left(\frac{\partial F}{\partial y'_j}\right)=0 \quad (j=1,2,\cdots,n) \tag{5-1-6}$$

证 先求式(5-1-1)的变分，再由固定端点的条件把含有 $\delta y'_j$ 的项分部积分，并注意到

$$(\delta y_j)'=\delta y'_j,\quad \delta y_j\big|_{x=x_0}=0,\quad \delta y_j\big|_{x=x_1}=0$$

可得

$$\delta J=\int_{x_0}^{x_1}\sum_{j=1}^{n}\left[\frac{\partial F}{\partial y_j}-\frac{\mathrm{d}}{\mathrm{d}x}\left(\frac{\partial F}{\partial y'_j}\right)\right]\delta y_j\,\mathrm{d}x \tag{5-1-7}$$

因为变量 y_j 由式(5-1-2)联系着，所以 δy_j 不全是独立的。用 $\lambda_i(x)$ 乘以式(5-1-2)并在区间 $[x_0,x_1]$ 上积分，得

$$J_i=\int_{x_0}^{x_1}\lambda_i(x)\varphi_i(x,y_1,y_2,\cdots,y_n)\,\mathrm{d}x \quad (i=1,2,\cdots,m) \tag{5-1-8}$$

对式(5-1-8)变分，得

$$\delta J_i=\int_{x_0}^{x_1}\sum_{j=1}^{n}\left[\lambda_i(x)\frac{\partial \varphi_i}{\partial y_j}\delta y_j\right]\mathrm{d}x=0 \quad (i=1,2,\cdots,m) \tag{5-1-9}$$

将式(5-1-7)与式(5-1-9)相加，并令 $J^*=J+\sum_{i=1}^{m}J_i$，得

$$\delta J^*=\delta J+\sum_{i=1}^{m}\delta J_i=\int_{x_0}^{x_1}\sum_{j=1}^{n}\left[\frac{\partial F}{\partial y_j}-\frac{\mathrm{d}}{\mathrm{d}x}\left(\frac{\partial F}{\partial y'_j}\right)+\sum_{i=1}^{m}\lambda_i(x)\frac{\partial \varphi_i}{\partial y_j}\right]\delta y_j\,\mathrm{d}x=0 \tag{5-1-10}$$

因为 $\lambda_i(x)$ ($i=1,2,\cdots,m$)是 m 个待定函数，故可假定它由下面 m 个线性方程

$$\frac{\partial F}{\partial y_j}-\frac{\mathrm{d}}{\mathrm{d}x}\left(\frac{\partial F}{\partial y'_j}\right)+\sum_{i=1}^{m}\lambda_i(x)\frac{\partial \varphi_i}{\partial y_j}=0 \quad (j=1,2,\cdots,m) \tag{5-1-11}$$

来决定。这里假定 φ_i ($i=1,2,\cdots,m$)是相互独立的，即至少要有一个 m 阶函数行列式不为零，例如

$$\frac{D(\varphi_1,\varphi_2,\cdots,\varphi_m)}{D(y_1,y_2,\cdots,y_m)}=\begin{vmatrix}\dfrac{\partial \varphi_1}{\partial y_1} & \dfrac{\partial \varphi_1}{\partial y_2} & \cdots & \dfrac{\partial \varphi_1}{\partial y_m}\\ \dfrac{\partial \varphi_2}{\partial y_1} & \dfrac{\partial \varphi_2}{\partial y_2} & \cdots & \dfrac{\partial \varphi_2}{\partial y_m}\\ \cdots & \cdots & \cdots & \cdots\\ \dfrac{\partial \varphi_m}{\partial y_1} & \dfrac{\partial \varphi_m}{\partial y_2} & \cdots & \dfrac{\partial \varphi_m}{\partial y_m}\end{vmatrix}\neq 0 \tag{5-1-12}$$

就可以由式(5-1-11)求得 $\lambda_i(x)$ ($i=1,2,\cdots,m$)的解。式(5-1-11)称为**函数行列式**或**雅可比行列式**。这时式(5-1-10)中剩下的变分项只有 $\delta y_{(m+1)},\delta y_{(m+2)},\cdots,\delta y_n$，共 $n-m$ 项，即

$$\delta J^*=\int_{x_0}^{x_1}\sum_{j=m+1}^{n}\left[\frac{\partial F}{\partial y_j}-\frac{\mathrm{d}}{\mathrm{d}x}\left(\frac{\partial F}{\partial y'_j}\right)+\sum_{i=1}^{m}\lambda_i(x)\frac{\partial \varphi_i}{\partial y_j}\right]\delta y_j\,\mathrm{d}x=0 \tag{5-1-13}$$

这里的($n-m$)项都是相互独立的，根据变分法的基本引理 1.5.2，可得

$$\frac{\partial F}{\partial y_j}-\frac{\mathrm{d}}{\mathrm{d}x}\left(\frac{\partial F}{\partial y'_j}\right)+\sum_{i=1}^{m}\lambda_i(x)\frac{\partial \varphi_i}{\partial y_j}=0 \quad (j=m+1,\cdots,n) \tag{5-1-14}$$

将式(5-1-11)和式(5-1-14)合并在一起，就得到了式(5-1-5)或式(5-1-6)。这表明，能使式(5-1-1)

达到极值的函数能同时使式(5-1-4)达到无条件极值。证毕。

例 5.1.1 求在曲面 $\varphi(x,y,z)=0$ 上两定点 $A(x_0,y_0)$ 和 $B(x_1,y_1)$ 间的最短距离。

解 两点间的距离为

$$D=\int_{x_0}^{x_1}\sqrt{1+y'^2+z'^2}\,\mathrm{d}x \tag{1}$$

作辅助泛函

$$D^*=\int_{x_0}^{x_1}\left[\sqrt{1+y'^2+z'^2}+\lambda(x)\varphi(x,y,z)\right]\mathrm{d}x \tag{2}$$

根据式(5-1-5)，欧拉方程组为

$$\begin{cases}\lambda\varphi_y-\dfrac{\mathrm{d}}{\mathrm{d}x}\dfrac{y'}{\sqrt{1+y'^2+z'^2}}=0\\ \lambda\varphi_z-\dfrac{\mathrm{d}}{\mathrm{d}x}\dfrac{z'}{\sqrt{1+y'^2+z'^2}}=0\\ \varphi(x,y,z)=0\end{cases} \tag{3}$$

从式(3)可解出 $\lambda(x)$ 及待求的函数 $y=y(x)$， $z=z(x)$。

若给出的条件为圆柱面 $z=\sqrt{1-x^2}$ ，则式(3)变成

$$\begin{cases}\dfrac{\mathrm{d}}{\mathrm{d}x}\dfrac{y'}{\sqrt{1+y'^2+z'^2}}=0\\ \dfrac{\mathrm{d}}{\mathrm{d}x}\dfrac{z'}{\sqrt{1+y'^2+z'^2}}=\lambda(x)\\ z=\sqrt{1-x^2}\end{cases} \tag{4}$$

设弧长为 s，则有

$$(\mathrm{d}s)^2=(\mathrm{d}x)^2+(\mathrm{d}y)^2+(\mathrm{d}z)^2 \tag{5}$$

于是式(4)可化为

$$\frac{\mathrm{d}y}{\mathrm{d}s}=a，\quad \frac{\mathrm{d}z}{\mathrm{d}s}=N(x)，\quad z=\sqrt{1-x^2} \tag{6}$$

式中， a 为积分常数， $N(x)=\int_0^x\lambda(x)\,\mathrm{d}x$ 。

由式(6)中的第二式和第三式，可得

$$\mathrm{d}x=-\frac{\sqrt{1-x^2}}{x}\mathrm{d}z=-\frac{\sqrt{1-x^2}}{x}N(x)\,\mathrm{d}s \tag{7}$$

于是有

$$(\mathrm{d}s)^2=(\mathrm{d}x)^2+(\mathrm{d}y)^2+(\mathrm{d}z)^2=\left[\frac{1-x^2}{x^2}N^2(x)+a^2+N^2(x)\right](\mathrm{d}s)^2 \tag{8}$$

将式(8)化简，得

$$\frac{1}{x^2}N^2(x)+a^2=1\quad 或\quad N(x)=\sqrt{1-a^2}\,x \tag{9}$$

将式(9)代入式(7)并分离变量，得

$$-\frac{\mathrm{d}x}{\sqrt{1-x^2}}=\sqrt{1-a^2}\,\mathrm{d}s \tag{10}$$

对式(10)积分，得

$$\arccos x=\sqrt{1-a^2}s+c \tag{11}$$

式中，c 为积分常数，于是有

$$x=\cos\left(\sqrt{1-a^2}s+c\right) \tag{12}$$

将式(12)代入式(6)中的第三式，得

$$z=\sin\left(\sqrt{1-a^2}s+c\right) \tag{13}$$

对式(6)中的第一式积分，得

$$y=as+b \tag{14}$$

式中，b 为积分常数。

将式(12)、式(13)和式(14)写在一起，它们构成短程线的参数方程

$$\begin{cases}x=\cos\left(\sqrt{1-a^2}s+c\right)\\ y=as+b\\ z=\sin\left(\sqrt{1-a^2}s+c\right)\end{cases} \tag{15}$$

式中，a、b 和 c 由起点和终点的坐标来确定。

此例说明圆柱面上任意两点间的短程线为螺旋线。

例 5.1.2 求在抛物面 $2z=x^2$ 上连接坐标原点 $O(0,0,0)$ 和点 $B\left(1,\frac{1}{2},\frac{1}{2}\right)$ 的短程线。

解 由抛物面方程 $2z=x^2$，可得 $z'=x$。目标泛函为

$$J[y,z]=\int_0^1\sqrt{1+y'^2+z'^2}\,\mathrm{d}x \tag{1}$$

作辅助泛函

$$J^*[y,z]=\int_0^1\left[\sqrt{1+y'^2+z'^2}+\lambda(x)(2z-x^2)\right]\mathrm{d}x \tag{2}$$

欧拉方程组为

$$\begin{cases}-\dfrac{\mathrm{d}}{\mathrm{d}x}\dfrac{y'}{\sqrt{1+y'^2+z'^2}}=0\\ 2\lambda(x)-\dfrac{\mathrm{d}}{\mathrm{d}x}\dfrac{z'}{\sqrt{1+y'^2+z'^2}}=0\end{cases} \tag{3}$$

将式(3)的第一式积分，并注意到 $z'=x$，得

$$\frac{y'}{\sqrt{1+y'^2+x^2}}=c \tag{4}$$

解出 y'，得

$$y'=\sqrt{\frac{c^2}{1-c^2}}\sqrt{1+x^2}=c_1\sqrt{1+x^2} \tag{5}$$

式中，$c_1=\sqrt{\dfrac{c^2}{1-c^2}}$。

将式(5)积分，得

$$y=\frac{c_1}{2}\left[x\sqrt{1+x^2}+\ln\left(x+\sqrt{1+x^2}\right)\right]+c_2 \tag{6}$$

由边界条件 $y(0)=0$，$y(1)=\frac{1}{2}$，可得

$$c_1=\frac{1}{\sqrt{2}+\ln\left(1+\sqrt{2}\right)},\quad c_2=0 \tag{7}$$

所求曲线为

$$\begin{cases} y=\dfrac{x\sqrt{1+x^2}+\ln\left(x+\sqrt{1+x^2}\right)}{2\left[\sqrt{2}+\ln\left(1+\sqrt{2}\right)\right]} \\ z=\dfrac{1}{2}x^2 \end{cases}\quad (0\leqslant x\leqslant 1) \tag{8}$$

坐标原点 O 与点 B 之间的弧长为

$$\begin{aligned} J[y,z]&=\int_0^1\sqrt{1+y'^2+z'^2}\,\mathrm{d}x=\int_0^1\sqrt{1+c_1^2(1+x^2)+x^2}\,\mathrm{d}x \\ &=\sqrt{1+c_1^2}\int_0^1\sqrt{1+x^2}\,\mathrm{d}x=\frac{\sqrt{1+c_1^2}}{2}\left[x\sqrt{1+x^2}+\ln\left(x+\sqrt{1+x^2}\right)\right]\Big|_0^1=\frac{\sqrt{1+c_1^2}}{2c_1} \end{aligned} \tag{9}$$

式中，常数 c_1 为式(7)的第一式。

5.2 微分约束的变分问题

本节讨论具有微分约束的变分问题，它是完整约束下的变分问题的推广。设泛函

$$J[y]=\int_{x_0}^{x_1}F(x,y_1,y_2,\cdots,y_n,y_1',y_2',\cdots,y_n')\,\mathrm{d}x \tag{5-2-1}$$

其约束条件为

$$\varphi_i(x,y_1,y_2,\cdots,y_n,y_1',y_2',\cdots,y_n')=0\quad (i=1,2,\cdots,m;\ \ m<n) \tag{5-2-2}$$

其边界条件为

$$y_j(x_0)=y_{j0},\quad y_j(x_1)=y_{j1}\quad (j=1,2,\cdots,n) \tag{5-2-3}$$

式(5-2-2)称为**微分约束**，其中 $\varphi_i\ (i=1,2,\cdots,m;m<n)$ 相互独立。微分约束的特点是约束中含有 y 的导数。此时，式(5-2-1)称为**微分约束的目标泛函**。在式(5-2-2)和式(5-2-3)下求式(5-2-1)的极值问题也称为**拉格朗日问题**。

关于微分约束下的泛函极值问题，有与定理 5.1.1 类似的如下**拉格朗日定理**。

定理 5.2.1 若在式(5-2-2)和式(5-2-3)下使式(5-2-1)取得极值，则存在待定函数 $\lambda_i(x)$，使函数 $y_1,y_2,\cdots,y_n$ 满足由辅助泛函

$$J^*[y]=\int_{x_0}^{x_1}\left[F+\sum_{i=1}^{m}\lambda_i(x)\varphi_i\right]\mathrm{d}x=\int_{x_0}^{x_1}H\,\mathrm{d}x \tag{5-2-4}$$

所给出的欧拉方程组

$$H_{y_j}-\frac{\mathrm{d}}{\mathrm{d}x}H_{y_j'}=0\quad (j=1,2,\cdots,n) \tag{5-2-5}$$

式中，$H=F+\sum\limits_{i=1}^{m}\lambda_i(x)\varphi_i$。

式(5-2-5)可写为

$$\frac{\partial F}{\partial y_j}-\frac{\mathrm{d}}{\mathrm{d}x}\left[\frac{\partial F}{\partial y_j'}+\sum_{i=1}^{m}\lambda_i(x)\frac{\partial \varphi_i}{\partial y_j'}\right]+\sum_{i=1}^{m}\lambda_i(x)\frac{\partial \varphi_i}{\partial y_j}=0 \quad (j=1,2,\cdots,n) \tag{5-2-6}$$

在对式(5-2-4)进行变分运算时，应把 y_j 、 y_j' 和 $\lambda_i(x)$ 都看作泛函 $J^*[y]$ 的独立函数，且诸约束条件 $\varphi_i=0$ 同样可以纳入泛函 $J^*[y]$ 的欧拉方程组而加以考查。

本定理的证明方法和定理 5.1.1 的证明方法类似，在此从略。

例 5.2.1 试求泛函 $J[y]=\frac{1}{2}\int_0^2 y''^2\,\mathrm{d}x$ 的最小值。这里 $y=y(x)$ 满足端点条件 $y(0)=1$，$y'(0)=1$，$y(2)=0$，$y'(2)=0$。

解 引入两个变量 y_1，y_2，令 $y_1=y$，$y_2=y'$，于是泛函变为

$$J=\frac{1}{2}\int_0^2 y_2'^2\,\mathrm{d}x \tag{1}$$

约束条件为

$$y_2-y_1'=0 \tag{2}$$

作辅助泛函

$$J^*=\int_0^2\left[\frac{1}{2}y_2'^2+\lambda(y_2-y_1')\right]\mathrm{d}x \tag{3}$$

式(3)的欧拉方程组为

$$\begin{cases}0-\dfrac{\mathrm{d}}{\mathrm{d}x}(-\lambda)=0\\ \lambda-\dfrac{\mathrm{d}}{\mathrm{d}x}(y_2')=0\end{cases} \quad \text{即} \quad \begin{cases}\lambda'=0\\ \lambda-y_2''=0\end{cases} \tag{4}$$

由式(4)可得

$$\frac{\mathrm{d}^3 y_2}{\mathrm{d}x^3}=0 \tag{5}$$

将式(5)积分三次，得

$$y_2=c_1x^2+c_2x+c_3 \tag{6}$$

因为 $y_2=y_1'=y'$，故

$$y_1=\frac{c_1}{3}x^3+\frac{c_2}{2}x^2+c_3x+c_4 \tag{7}$$

由边界条件定出积分常数 $c_1=\frac{3}{2}$，$c_2=-\frac{7}{2}$，$c_3=c_4=1$，于是有

$$\begin{cases}y_1=\dfrac{1}{2}x^3-\dfrac{7}{4}x^2+x+1\\ y_2=\dfrac{3}{2}x^3-\dfrac{7}{2}x^2+1\end{cases} \tag{8}$$

泛函的最小值为

$$J[y]=\frac{1}{2}\int_0^2\left(3x-\frac{7}{2}\right)^2\mathrm{d}x=\frac{13}{4} \tag{9}$$

例 5.2.2 测地线问题。在球面 $x^2+y^2+z^2=a^2$ 上已给定两点 A 和 B，求连接这两点的最短弧线。

解 弧微分为 $(\mathrm{d}s)^2=(\mathrm{d}x)^2+(\mathrm{d}y)^2+(\mathrm{d}z)^2$，令 $x'=\dfrac{\mathrm{d}x}{\mathrm{d}s}$， $y'=\dfrac{\mathrm{d}y}{\mathrm{d}s}$， $z'=\dfrac{\mathrm{d}z}{\mathrm{d}s}$，则有约束条件

$$\varphi_1=x^2+y^2+z^2-a^2=0 \tag{1}$$

$$\varphi_2=x'^2+y'^2+z'^2-1=0 \tag{2}$$

以弧长表示的泛函为

$$J=\int_{s_A}^{s_B}\mathrm{d}s \tag{3}$$

令

$$H=1+\lambda_1(s)\varphi_1+\lambda_2(s)\varphi_2=1+\lambda_1(x^2+y^2+z^2-a^2)+\lambda_2(x'^2+y'^2+z'^2-1) \tag{4}$$

那么无约束条件的泛函为

$$J^{\bullet}=\int_{s_A}^{s_B}H\,\mathrm{d}s=\int_{s_A}^{s_B}[1+\lambda_1(x^2+y^2+z^2-a^2)+\lambda_2(x'^2+y'^2+z'^2-1)]\mathrm{d}s \tag{5}$$

泛函的欧拉方程组为

$$\begin{cases}\dfrac{\mathrm{d}}{\mathrm{d}s}(\lambda_2x')-\lambda_1x=0\\ \dfrac{\mathrm{d}}{\mathrm{d}s}(\lambda_2y')-\lambda_1y=0\\ \dfrac{\mathrm{d}}{\mathrm{d}s}(\lambda_2z')-\lambda_1z=0\end{cases} \tag{6}$$

因为式(5)类似于式(4-2-1)，边界条件类似于式(4-2-7)，所以边界条件可写成

$$[(H-x'H_{x'}-y'H_{y'}-z'H_{z'})\delta s+H_{x'}\delta x'+H_{y'}\delta y'+H_{z'}\delta z']\Big|_{s_A}^{s_B}=0$$

对式(1)求导两次，得

$$xx'+yy'+zz'=0 \tag{7}$$

$$xx''+yy''+zz''+x'^2+y'^2+z'^2=xx''+yy''+zz''+1=0 \tag{8}$$

对式(2)求导，得

$$x'x''+y'y''+z'z''=0 \tag{9}$$

以 x' 、 y' 和 z' 分别乘以式(6)的第一、二、三式后相加，利用式(2)、式(7)及式(9)，得

$$\frac{\mathrm{d}\lambda_2}{\mathrm{d}s}=0 \tag{10}$$

得 $\lambda_2=$ 常数。又用 x 、 y 和 z 分别乘以式(6)的第一、二、三式后相加，再利用式(8)，得

$$\lambda_2+a^2\lambda_1=0 \tag{11}$$

因两端固定，故 $\delta x=\delta y=\delta z=0$ ， $\delta x'=\delta y'=\delta z'=0$ ，又由于 δs 是任取的，于是上述边界条件简化为

$$(H-x'H_{x'}-y'H_{y'}-z'H_{z'})\Big|_{s_A}^{s_B}=0 \tag{12}$$

故需

$$H-x'H_{x'}-y'H_{y'}-z'H_{z'}=0 \tag{13}$$

即

$$1-2\lambda_2=0 \tag{14}$$

解出 λ_2

$$\lambda_2 = \frac{1}{2} \tag{15}$$

由式(15)和式(11)，可求出 λ_1

$$\lambda_1 = -\frac{1}{2a^2} \tag{16}$$

将 $\lambda_1 = -\frac{1}{2a^2}$，$\lambda_2 = \frac{1}{2}$ 代回到式(6)，积分后得

$$\begin{cases} x = A_1 \cos\frac{s}{a} + A_2 \sin\frac{s}{a} \\ y = B_1 \cos\frac{s}{a} + B_2 \sin\frac{s}{a} \\ z = C_1 \cos\frac{s}{a} + C_2 \sin\frac{s}{a} \end{cases} \tag{17}$$

式中，A_1、A_2、B_1、B_2、C_1、C_2 均为积分常数，要使以上方程组对任意 s 值都能成立，只需行列式

$$\begin{vmatrix} x & A_1 & A_2 \\ y & B_1 & B_2 \\ z & C_1 & C_2 \end{vmatrix} = 0 \tag{18}$$

这是通过坐标原点的平面方程。这说明，球面上过 A、B 两点的短程线必然在过点 O、A 和 B 的平面上，除非 AOB 恰好构成直径，否则弧 AB 为大圆弧的较短的那一段，即劣弧。

例 5.2.3 试求泛函 $J[y,z] = \frac{1}{2}\int_{x_0}^{x_1} (y^2 + z^2)\,\mathrm{d}x$ 在固定边界条件 $y(x_0) = y_0$，$z(0) = z_0$ 和约束条件 $y' = z$ 下的极值函数 $y = y(x)$ 和 $z = z(x)$。

解 令 $H = \frac{1}{2}y^2 + \frac{1}{2}z^2 + \lambda(y' - z)$，则无约束条件的泛函为

$$J^*[y,z] = \int_{x_0}^{x_1} H\,\mathrm{d}x = \int_{x_0}^{x_1} \left[\frac{1}{2}y^2 + \frac{1}{2}z^2 + \lambda(y' - z)\right]\mathrm{d}x$$

泛函的欧拉方程组为

$$\begin{cases} y - \lambda' = 0 \\ z - \lambda = 0 \end{cases}$$

或

$$\begin{cases} y = \lambda' \\ z = \lambda \end{cases},\quad \begin{cases} y' = z \\ z' = y \end{cases}$$

由这两个方程组可得

$$\begin{cases} y'' - y = 0 \\ z'' - z = 0 \end{cases}$$

其解为

$$y = c_1\,\mathrm{e}^x + c_2\,\mathrm{e}^{-x},\quad z = c_1\,\mathrm{e}^x - c_2\,\mathrm{e}^{-x}$$

由边界条件 $y(x_0) = y_0$，$z(x_0) = z_0$，得 $c_1 = \frac{y_0 + z_0}{2\,\mathrm{e}^{x_0}}$，$c_2 = \frac{y_0 - z_0}{2\,\mathrm{e}^{-x_0}}$。

于是极值曲线为

$$
\begin{cases}
y = \dfrac{y_0 + z_0}{2\mathrm{e}^{x_0}}\mathrm{e}^{x} + \dfrac{y_0 - z_0}{2\mathrm{e}^{-x_0}}\mathrm{e}^{-x} = \dfrac{y_0 + z_0}{2}\mathrm{e}^{x-x_0} + \dfrac{y_0 - z_0}{2}\mathrm{e}^{-x+x_0} \\
z = \dfrac{y_0 + z_0}{2\mathrm{e}^{x_0}}\mathrm{e}^{x} - \dfrac{y_0 - z_0}{2\mathrm{e}^{-x_0}}\mathrm{e}^{-x} = \dfrac{y_0 + z_0}{2}\mathrm{e}^{x-x_0} - \dfrac{y_0 - z_0}{2}\mathrm{e}^{-x+x_0}
\end{cases}
$$

5.3 等周问题

设泛函

$$J[y] = \int_{x_0}^{x_1} F(x, y_1, y_2, \cdots, y_n, y_1', y_2', \cdots, y_n')\,\mathrm{d}x \tag{5-3-1}$$

其约束条件为

$$\int_{x_0}^{x_1} \varphi_i(x, y_1, y_2, \cdots, y_n, y_1', y_2', \cdots, y_n')\,\mathrm{d}x = a_i \quad (i = 1, 2, \cdots, m) \tag{5-3-2}$$

其边界条件为

$$y_j(x_0) = y_{j0}，\quad y_j(x_1) = y_{j1} \quad (j = 1, 2, \cdots, n) \tag{5-3-3}$$

式(5-3-2)称为**等周约束**或**等周条件**，其中 φ_i 和 a_i 是给定的函数或常数。等周约束的特点是约束中含有积分，故等周约束也称为**积分约束**。此时，式(5-3-1)称为**等周问题的目标泛函**。关于等周问题泛函极值存在的必要条件，有如下定理：

定理 5.3.1 若在式(5-3-2)和式(5-3-3)下使式(5-3-1)取得极值，则存在常数 λ_i，使函数 y_1，y_2，…，y_n 满足由辅助泛函

$$J^*[y] = \int_{x_0}^{x_1}\left(F + \sum_{i=1}^{m}\lambda_i\varphi_i\right)\mathrm{d}x = \int_{x_0}^{x_1} G\,\mathrm{d}x \tag{5-3-4}$$

所给出的欧拉方程组

$$G_{y_j} - \frac{\mathrm{d}}{\mathrm{d}x}G_{y_j'} = 0 \qquad (j = 1, 2, \cdots, n) \tag{5-3-5}$$

式中，$G = F + \sum\limits_{i=1}^{m}\lambda_i\varphi_i$ 。

式(5-3-5)可写为

$$\frac{\partial F}{\partial y_j} + \sum_{i=1}^{m}\lambda_i\frac{\partial \varphi_i}{\partial y_j} - \frac{\mathrm{d}}{\mathrm{d}x}\left(\frac{\partial F}{\partial y_j'} + \sum_{i=1}^{m}\lambda_i\frac{\partial \varphi_i}{\partial y_j'}\right) = 0 \quad (j = 1, 2, \cdots, n) \tag{5-3-6}$$

在对式(5-3-4)进行变分运算时，应把 y_j 和 y_j' 都看作是泛函 $J^*[y]$ 的独立函数，λ_i 看作常数，且同样可以把等周条件 $\int_{x_0}^{x_1}\varphi_i\,\mathrm{d}x - a_i = 0$ 纳入泛函 $J^*[y]$ 的欧拉方程组而加以考查。

证 令

$$z_i(x) = \int_{x_0}^{x_1}\varphi_i(x, y_1, y_2, \cdots, y_n, y_1', y_2', \cdots, y_n')\mathrm{d}x \quad (i = 1, 2, \cdots, m) \tag{5-3-7}$$

由此可知，$z_i(x_0) = 0$，$z_i(x_1) = a_i$。对式(5-3-7)求导，得

$$z_i'(x) = \varphi_i(x, y_1, y_2, \cdots, y_n, y_1', y_2', \cdots, y_n') \quad (i = 1, 2, \cdots, m) \tag{5-3-8}$$

于是式(5-3-2)就可以用式(5-3-8)来代替，本定理提出的等周问题就变成式(5-3-1)在式(5-3-8)下的条件极值问题。根据定理 5.2.1，这种极值问题就化为求泛函

$$J^{**}[y] = \int_{x_0}^{x_1}\left\{F + \sum_{i=1}^{m}\lambda_i(x)[\varphi_i - z_i'(x)]\right\}\mathrm{d}x = \int_{x_0}^{x_1} H\,\mathrm{d}x \tag{5-3-9}$$

的无条件极值问题。式(5-3-9)中

$$H=F+\sum_{i=1}^{m}\lambda_i(x)[\varphi_i-z_i'(x)] \tag{5-3-10}$$

把 $y_1, y_2, \cdots, y_n, y_1', y_2', \cdots, y_n', z_1', z_2', \cdots, z_m', \lambda_i(x)$ 都当作独立函数，式(5-3-9)的变分给出欧拉方程组为

$$\begin{cases}\dfrac{\partial H}{\partial y_j}-\dfrac{\mathrm{d}}{\mathrm{d}\,x}\dfrac{\partial H}{\partial y_j'}=0 \quad (j=1,2,\cdots,n)\\ \dfrac{\partial H}{\partial z_i}-\dfrac{\mathrm{d}}{\mathrm{d}\,x}\dfrac{\partial H}{\partial z_i'}=0 \quad (i=1,2,\cdots,m)\\ \varphi_i-z_i'(x)=0 \quad (i=1,2,\cdots,m)\end{cases} \tag{5-3-11}$$

将式(5-3-10)代入式(5-3-11)，得

$$\begin{cases}\dfrac{\partial F}{\partial y_j}+\displaystyle\sum_{i=1}^{m}\lambda_i(x)\dfrac{\partial \varphi_i}{\partial y_j}\\ -\dfrac{\mathrm{d}}{\mathrm{d}\,x}\left[\dfrac{\partial F}{\partial y_j'}+\displaystyle\sum_{i=1}^{m}\lambda_i(x)\dfrac{\partial \varphi_i}{\partial y_j}\right]=0 \quad (j=1,2,\cdots,n)\\ \dfrac{\mathrm{d}}{\mathrm{d}\,x}\lambda_i(x)=0 \quad (i=1,2,\cdots,m)\\ \varphi_i-z_i'(x)=0 \quad (i=1,2,\cdots,m)\end{cases} \tag{5-3-12}$$

由式(5-3-12)的第二式可知，$\lambda_i(x)$ 为常数，故 $\lambda_i(x)$ 应写成 λ_i。式(5-3-12)的第一式与式(5-3-4)的欧拉方程组即式(5-3-5)或式(5-3-6)相同，其中

$$F=F(x,y_1,y_2,\cdots,y_n,y_1',y_2',\cdots,y_n')$$

$$\varphi_i=\varphi_i(x,y_1,y_2,\cdots,y_n,y_1',y_2',\cdots,y_n') \quad (i=1,2,\cdots,m)$$

λ_i 为常数，于是定理得证。证毕。

一般地，在一组泛函的值给定的约束条件下，求泛函的极值问题称为**广义等周问题**。而第 2 章提到的等周问题则称为**特殊等周问题**。1870 年，魏尔斯特拉斯在一次讲演中运用变分法完满地解决了一般的二维域的等周问题，之后不久，施瓦茨给出了三维域的等周问题的严格证明。

例 5.3.1　等周问题。在连接两定点 A 与 B 且有定常 L（$L>AB$）的所有曲线中，求出一条曲线，使它与线段 AB 所围成的面积最大。这个问题是最古老的变分问题之一，实质上也是一个等周问题。关于这个问题还有一个神话传说，古腓尼基(Phoenicia)有个公主叫狄多(Dido)，是推罗(Tyrus)王穆托(Mutto)之女，嫁与其叔父、大力神赫拉克勒斯(Heracles)的祭司阿克尔巴斯(Acerbas or Acherbas)又称绪开俄斯(Sychaeus or Sichaeus)为妻。狄多的父亲去世后，她的兄弟皮格马利翁(Pygmalion)继位，皮格马利翁为了侵占她家的财产，把她的丈夫杀害。此后，狄多便带着她的随从被迫离开腓尼基的蒂尔(Tyre)，逃到北非柏柏里诸国(Barbary States)之一的突尼西亚(Tunisia)。狄多欲购置土地，那里的国王伊阿耳巴斯(Iarbas)答应只卖给她一块一张牛皮便可覆盖的土地，异常聪颖的公主把公牛皮裁成细条并结成一条长度超过 4 千米的绳子，再选择海岸附近的土地，用绳子围成一个半圆形，这块土地就成了她的属地，她把这个地方称为比尔萨(Byrsa)，意思就是公牛皮(hide of bull)。后来她在这块土地上建立了迦太基城[The City of Carthage，在今突尼斯首都突尼斯(Tunis)附近，该城建于约公元前 853 年，于公元前 146 年被罗马人所灭]，并成了迦太基女王。在腓尼基语中，迦太基的意思是新城。在古希腊和古罗马神话中，狄多通常与埃涅阿斯(Aeneas)相关联。在荷马史诗《伊利亚特》中，埃涅阿斯是特洛

伊联军中智勇双全、赫赫有名的武士。古罗马诗人维吉尔(Virgil, or Vergil, Publius Vergilius Maro, 公元前 70.10.15—前 19.9.15)在他的一部史诗《埃涅伊特》或译《埃涅阿斯记》(Aeneid)中叙述了特洛伊战争中的英雄埃涅阿斯在特洛伊陷落(the Fall of Troy)之后在天神的护卫下从那里逃出，辗转飘泊，最后到意大利建立罗马的曲折经历，其中就编织了狄多与埃涅阿斯的爱情故事。本问题也称为**狄多问题**。

解 取过定点 A，B 的直线为 x 轴，并设曲线 $y=y(x)$ 所围成的面积在 x 轴的上侧，它可表示为

$$J[y]=\int_{x_0}^{x_1} y\,\mathrm{d}x \tag{1}$$

约束条件为

$$L=\int_{x_0}^{x_1}\sqrt{1+y'^2}\,\mathrm{d}x \tag{2}$$

边界条件为

$$y(x_0)=0,\quad y(x_1)=0 \tag{3}$$

问题是求式(1)在式(2)和式(3)下的极大值。作辅助泛函

$$J^*=\int_{x_0}^{x_1}\left(y+\lambda\sqrt{1+y'^2}\right)\mathrm{d}x \tag{4}$$

由于 $H=y+\lambda\sqrt{1+y'^2}$ 中不含 x，故有首次积分

$$y+\lambda\sqrt{1+y'^2}-\lambda y'\frac{y'}{\sqrt{1+y'^2}}=c_1 \tag{5}$$

化简，得

$$y=c_1-\frac{\lambda}{\sqrt{1+y'^2}} \tag{6}$$

令 $y'=\tan t$，则

$$y=c_1-\lambda\cos t \tag{7}$$

将其对 x 求导，得

$$y'=\lambda\sin t\frac{\mathrm{d}t}{\mathrm{d}x} \tag{8}$$

故

$$\lambda\sin t\frac{\mathrm{d}t}{\mathrm{d}x}=\tan t \tag{9}$$

积分，得

$$x=\lambda\sin t+c_2 \tag{10}$$

将式(7)和式(10)中的 t 消去，得

$$(x-c_2)^2+(y-c_1)^2=\lambda^2 \tag{11}$$

由此可知所求的曲线为圆弧，式中，常数 c_1，c_2 和 λ 可由边界条件和约束条件来确定。

例 5.3.2 信源变量 x 在区间 $(-\infty,+\infty)$ 上变化，其信息的概率分布密度为 $p(x)$，求最佳概率分布密度 $p(x)$，使信息熵

$$J[p(x)]=-\int_{-\infty}^{+\infty}p(x)\ln[kp(x)]\,\mathrm{d}x \tag{1}$$

在条件

$$\int_{-\infty}^{+\infty}p(x)\,\mathrm{d}x=1,\quad \int_{-\infty}^{+\infty}x^2p(x)\,\mathrm{d}x=\sigma^2 \tag{2}$$

下取极大值，式中，k 和 σ 均为常数。

解 令 $F=-p(x)\ln[kp(x)]$，$G_1=p(x)$，$G_2=x^2p(x)$。作辅助函数

$$H=F+\lambda_1G_1+\lambda_2G_2=-p(x)\ln[kp(x)]+\lambda_1p(x)+\lambda_1x^2p(x) \tag{3}$$

作辅助泛函

$$J^*=\int_{-\infty}^{+\infty}H\,\mathrm{d}x=\int_{-\infty}^{+\infty}\{-p(x)\ln[kp(x)]+\lambda_1p(x)+\lambda_1x^2p(x)\}\,\mathrm{d}x \tag{4}$$

其欧拉方程为

$$-\ln[kp(x)]-1+\lambda_1+\lambda_2x^2=0 \tag{5}$$

由式(5)解出 $p(x)$，得

$$p(x)=\frac{1}{k}\mathrm{e}^{\lambda_1-1+\lambda_2x^2} \tag{6}$$

将式(6)分别代入式(2)的两个积分中，得

$$\int_{-\infty}^{+\infty}p(x)\,\mathrm{d}x=\frac{1}{k}\mathrm{e}^{\lambda_1-1}\int_{-\infty}^{+\infty}\mathrm{e}^{\lambda_2x^2}\,\mathrm{d}x=1 \tag{7}$$

$$\int_{-\infty}^{+\infty}x^2p(x)\,\mathrm{d}x=\frac{1}{k}\mathrm{e}^{\lambda_1-1}\int_{-\infty}^{+\infty}x^2\mathrm{e}^{\lambda_2x^2}\,\mathrm{d}x=\frac{-1}{2k\lambda_2}\mathrm{e}^{\lambda_1-1}\int_{-\infty}^{+\infty}\mathrm{e}^{\lambda_2x^2}\,\mathrm{d}x=\sigma^2 \tag{8}$$

由式(7)和式(8)解出 λ_2，得

$$\lambda_2=-\frac{1}{2\sigma^2} \tag{9}$$

将式(9)代入式(8)最后一个积分式中，得

$$\int_{-\infty}^{+\infty}\mathrm{e}^{\lambda_2x^2}\,\mathrm{d}x=\int_{-\infty}^{+\infty}\mathrm{e}^{-\frac{1}{2\sigma^2}x^2}\,\mathrm{d}x \tag{10}$$

令 $\xi=\dfrac{x}{\sqrt{2}\sigma}$，有 $\mathrm{d}x=\sqrt{2}\sigma\,\mathrm{d}\xi$，且当 $x\to-\infty$ 时，$\xi\to-\infty$，当 $x\to+\infty$ 时，$\xi\to+\infty$，于是式(10)可写成

$$\int_{-\infty}^{+\infty}\mathrm{e}^{\lambda_2x^2}\,\mathrm{d}x=\int_{-\infty}^{+\infty}\mathrm{e}^{-\frac{1}{2\sigma^2}x^2}\,\mathrm{d}x=\sqrt{2}\sigma\int_{-\infty}^{+\infty}\mathrm{e}^{-\xi^2}\,\mathrm{d}\xi \tag{11}$$

设 $I(a)=\int_0^a\mathrm{e}^{-\xi^2}\,\mathrm{d}\xi$，其中 a 是任意有限正数，于是

$$[I(a)]^2=\int_0^a\mathrm{e}^{-\xi^2}\,\mathrm{d}\xi\int_0^a\mathrm{e}^{-\eta^2}\,\mathrm{d}\eta=\iint_D\mathrm{e}^{-(\xi^2+\eta^2)}\,\mathrm{d}\xi\,\mathrm{d}\eta \tag{12}$$

式中，D 为正方形积分域 $0\leqslant\xi\leqslant a$，$0\leqslant\eta\leqslant a$。

由于被积函数恒为正，所以有

$$\iint_{D_1}\mathrm{e}^{-(\xi^2+\eta^2)}\,\mathrm{d}\xi\,\mathrm{d}\eta<\iint_D\mathrm{e}^{-(\xi^2+\eta^2)}\,\mathrm{d}\xi\,\mathrm{d}\eta<\iint_{D_2}\mathrm{e}^{-(\xi^2+\eta^2)}\,\mathrm{d}\xi\,\mathrm{d}\eta \tag{13}$$

式中，D_1 和 D_2 分别为半径为 a 和 $\sqrt{2}a$ 的圆在第一象限的部分，如图 5-3-1 所示。

采用极坐标(r,θ)，有

$$\iint_{D_1}\mathrm{e}^{-(\xi^2+\eta^2)}\,\mathrm{d}\xi\,\mathrm{d}\eta=\int_0^{\frac{\pi}{2}}\int_0^a r\,\mathrm{e}^{-r^2}\,\mathrm{d}r\,\mathrm{d}\theta=\frac{\pi}{2}\left(-\frac{\mathrm{e}^{-r^2}}{2}\right)\bigg|_0^a=\frac{\pi}{4}(1-\mathrm{e}^{-a^2}) \tag{14}$$

$$\iint_{D_2}\mathrm{e}^{-(\xi^2+\eta^2)}\,\mathrm{d}\xi\,\mathrm{d}\eta=\int_0^{\frac{\pi}{2}}\int_0^{\sqrt{2}a} r\,\mathrm{e}^{-r^2}\,\mathrm{d}r\,\mathrm{d}\theta=\frac{\pi}{2}\left(-\frac{\mathrm{e}^{-r^2}}{2}\right)\bigg|_0^{\sqrt{2}a}=\frac{\pi}{4}(1-\mathrm{e}^{-2a^2}) \tag{15}$$

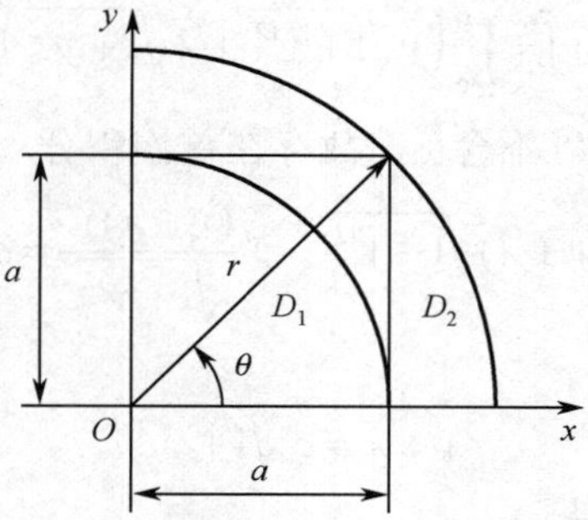

图 5-3-1　概率分布密度积分图

由式(13)可知

$$\frac{\pi}{4}(1-e^{-a^2})<[I(a)]^2<\frac{\pi}{4}(1-e^{-2a^2}) \tag{16}$$

令 $a\to+\infty$ 并取极限，得

$$\lim_{a\to+\infty}I(a)=\int_0^{+\infty}e^{-\xi^2}\,d\xi=\frac{\sqrt{\pi}}{2} \tag{17}$$

这个积分称为**拉普拉斯积分**。注意到 $e^{-\xi^2}$ 是偶函数，还可得

$$\int_{-\infty}^{+\infty}e^{-\xi^2}\,d\xi=\sqrt{\pi} \tag{18}$$

将式(18)代入式(11)，再将式(9)和式(11)代入式(8)，得

$$e^{\lambda_1-1}=\frac{k}{\sqrt{2\pi}\sigma} \tag{19}$$

将式(9)和式(19)代入式(6)，便得概率分布密度

$$p(x)=\frac{1}{\sqrt{2\pi}\sigma}e^{-\frac{x^2}{2\sigma^2}} \tag{20}$$

它符合正态分布。

例 5.3.3　试在过定点 A、B 长为 L 的曲线中求出重心最低的一条悬线，设线密度 ρ 为常数。并求出当 $L=2a\sinh 1$，$y_0(-a)=y_1(a)=a\cosh 1$ 时的曲线方程。

解　设悬线的纵坐标为 $y(x)$，并通过 $A(x_0,y_0)$、$B(x_1,y_1)$ 两点，悬线长度为

$$L=\int_{x_0}^{x_1}\sqrt{1+y'^2}\,dx \tag{1}$$

悬线在平衡位置时，其重心应当在最低位置，可表示为

$$y_c=\frac{1}{L\rho}\int_{s_0}^{s_1}\rho y\,ds=\frac{1}{L}\int_{s_0}^{s_1}y\,ds=\frac{1}{L}\int_{x_0}^{x_1}y\sqrt{1+y'^2}\,dx \tag{2}$$

或者从重力做功方面来考虑。重力所做的功为

$$W=\int_{s_0}^{s_1}\rho gy\,ds=\int_{x_0}^{x_1}\rho gy\sqrt{1+y'^2}\,dx=\rho g\int_{x_0}^{x_1}y\sqrt{1+y'^2}\,dx \tag{3}$$

因 L、ρ 和 g 都是常数，它们对泛函的变分没影响，故重心和重力做功可用下面的泛函来代替

$$J[y]=\int_{x_0}^{x_1}y\sqrt{1+y'^2}\,dx \tag{4}$$

作辅助泛函

$$J^*[y]=\int_{x_0}^{x_1}\left(y\sqrt{1+y'^2}+\lambda\sqrt{1+y'^2}\right)\mathrm{d}x \tag{5}$$

因为$H=y\sqrt{1+y'^2}+\lambda\sqrt{1+y'^2}$不含$x$，故存在首次积分

$$(y+\lambda)\sqrt{1+y'^2}-y'\frac{(y+\lambda)y'}{\sqrt{1+y'^2}}=c_1 \tag{6}$$

化简，得

$$y+\lambda=c_1\sqrt{1+y'^2} \tag{7}$$

令$y'=\sinh t$，代入式(7)，得

$$y=c_1\sqrt{1+\sinh^2 t}-\lambda=c_1\cosh t-\lambda \tag{8}$$

对式(8)微分，得

$$\mathrm{d}x=\frac{\mathrm{d}y}{y'}=\frac{c_1\sinh t\,\mathrm{d}t}{\sinh t}=c_1\,\mathrm{d}t \tag{9}$$

积分，得

$$x=c_1t+c_2 \tag{10}$$

利用式(10)，将y的表达式(8)消去t，得

$$y=c_1\cosh\frac{x-c_2}{c_1}-\lambda \tag{11}$$

这是悬链线的一般方程，如图 5-3-2 所示。

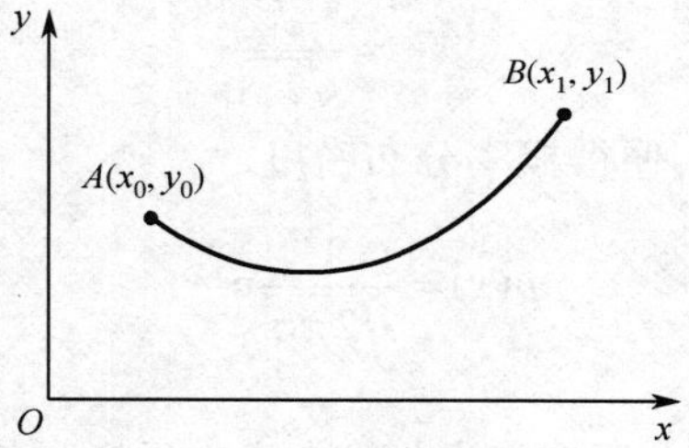

图 5-3-2　悬链线

式(11)中，任意常数c_1、c_2和λ可由边界条件

$$\begin{cases} y_0=c_1\cosh\dfrac{x_0-c_2}{c_1}-\lambda \\ y_1=c_1\cosh\dfrac{x_1-c_2}{c_1}-\lambda \end{cases} \tag{12}$$

和约束条件

$$\int_{x_0}^{x_1}\sqrt{1+y'^2}\,\mathrm{d}x=\int_{x_0}^{x_1}\cosh\frac{x-c_2}{c_1}\mathrm{d}x=c_1\left(\sinh\frac{x_1-c_2}{c_1}-\sinh\frac{x_0-c_2}{c_1}\right)=L \tag{13}$$

来确定。

当$L=2a\sinh 1$，$y_0(-a)=y_1(a)=a\cosh 1$时，可解出$c_1=a$，$c_2=\lambda=0$。

于是**悬链线方程**为

$$y=a\cosh\frac{x}{a} \tag{14}$$

例 5.3.4 在平面上长度为 L 的所有光滑封闭曲线中，求能围成最大面积的曲线。

解 因 L 是封闭曲线，故采用参数形式，设 $x=x(s)$，$y=y(s)$，其中 s 为弧长。问题归结为在周长

$$L=\int_0^s \sqrt{x'^2+y'^2}\,\mathrm{d}s \tag{1}$$

的条件下，求泛函

$$J=\frac{1}{2}\int_0^s (xy'-x'y)\,\mathrm{d}s \tag{2}$$

的极值。

作辅助泛函

$$J^*=\int_0^s \left[\frac{1}{2}(xy'-x'y)+\lambda\sqrt{x'^2+y'^2}\right]\mathrm{d}s=\int_0^s H\,\mathrm{d}s \tag{3}$$

式中

$$H=\frac{1}{2}(xy'-x'y)+\lambda\sqrt{x'^2+y'^2} \tag{4}$$

H 的各偏导数为

$$\begin{cases}\dfrac{\partial H}{\partial x}=\dfrac{1}{2}y', \quad \dfrac{\partial H}{\partial y}=-\dfrac{1}{2}x' \\ \dfrac{\partial H}{\partial x'}=-\dfrac{1}{2}y+\dfrac{\lambda x'}{\sqrt{x'^2+y'^2}} \\ \dfrac{\partial H}{\partial y'}=\dfrac{1}{2}x+\dfrac{\lambda y'}{\sqrt{x'^2+y'^2}}\end{cases} \tag{5}$$

因参数 s 为弧长，有 $x'^2+y'^2=1$，故式(5)可以写成

$$\begin{cases}\dfrac{\partial H}{\partial x}=\dfrac{1}{2}y', \quad \dfrac{\partial H}{\partial y}=-\dfrac{1}{2}x' \\ \dfrac{\partial H}{\partial x'}=-\dfrac{1}{2}y+\lambda x' \\ \dfrac{\partial H}{\partial y'}=\dfrac{1}{2}x+\lambda y'\end{cases} \tag{6}$$

欧拉方程为

$$\begin{cases}y'-\lambda x''=0 \\ x'+\lambda y''=0\end{cases} \tag{7}$$

积分一次，得

$$\begin{cases}y-\lambda x'=c_1 \\ x+\lambda y'=c_2\end{cases} \tag{8}$$

消去式(8)中的 λ，得

$$(x-c_2)\,\mathrm{d}x+(y-c_1)\,\mathrm{d}y=0 \tag{9}$$

将式(9)积分，得

$$(x-c_2)^2+(y-c_1)^2=c_3^2 \tag{10}$$

这是一族圆，半径为 c_3，圆心为 (c_2,c_1)。可以验证拉格朗日乘子 λ 即为半径 c_3。事实上，

由式(8)和式(10)消去c_1、c_2，得

$$(x-c_2)^2+(y-c_1)^2=\lambda^2(x'^2+y'^2)=\lambda^2=c_3^2 \tag{11}$$

所以$\lambda=c_3$。

例 5.3.5 电枢控制的他激电机直流电动机，其运动方程为

$$J\frac{\mathrm{d}\omega}{\mathrm{d}t}+M_f=C_mI_a$$

式中，M_f为恒定负载转矩，J为转动惯量，C_m为常量。

当电动机在时间t_1内从静止状态起动转过一定角度后停止，即

$$\omega(0)=\omega(t_1)=0\text{，}\int_0^{t_1}\omega\,\mathrm{d}t=a\ (\text{常数})$$

求在时间间隔$[0,t_1]$内，使电枢绕组的损耗

$$Q=\int_0^{t_1}I_a^2\,\mathrm{d}t$$

为极小的电枢电流I_a。

解 构造辅助泛函

$$Q^*=\int_0^{t_1}(I_a^2+\lambda\omega)\,\mathrm{d}t=\int_0^{t_1}\left[\frac{1}{C_m^2}\left(J\frac{\mathrm{d}\omega}{\mathrm{d}t}+M_f\right)^2+\lambda\omega\right]\mathrm{d}t \tag{1}$$

泛函的欧拉方程为

$$\lambda-\frac{2J^2}{C_m^2}\frac{\mathrm{d}^2\omega}{\mathrm{d}t^2}=0 \tag{2}$$

将式(2)整理并积分两次，得

$$\omega=\frac{C_m^2\lambda}{4J^2}t^2+c_1t+c_2 \tag{3}$$

由边界条件$\omega(0)=\omega(t_1)=0$，得$c_2=0$，$c_1=-\frac{C_m^2\lambda}{4J^2}t_1$，将其代入式(3)，得

$$\omega=\frac{C_m^2\lambda}{4J^2}t(t-t_1) \tag{4}$$

将ω代入等周条件，有

$$\int_0^{t_1}\omega\,\mathrm{d}t=\frac{C_m^2\lambda}{4J^2}\int_0^{t_1}t(t-t_1)\,\mathrm{d}t=-\frac{C_m^2\lambda t_1^3}{24J^2}=a \tag{5}$$

解出λ

$$\lambda=-\frac{24J^2a}{C_m^2t_1^3} \tag{6}$$

将式(6)代入式(4)，得

$$\omega=\frac{6a}{t_1^3}t(t_1-t) \tag{7}$$

将式(7)对t求导，得

$$\frac{\mathrm{d}\omega}{\mathrm{d}t}=\frac{6a}{t_1^2}-\frac{12a}{t_1^3}t \tag{8}$$

将式(8)代入电机运动方程，极小的电枢电流I_a为

$$I_a = \frac{1}{C_m}\left(M_f + \frac{6aJ}{t_1^2} - \frac{12aJ}{t_1^3}t\right) \tag{9}$$

由此可见，I_a 是 t 的线性函数。

从上面讨论可知，变分法的广义等周问题可化为积分号下函数

$$H = F + \lambda\varphi \tag{5-3-13}$$

的变分问题。当以常数乘以积分号下的函数时，积分的极值曲线族保持不变，于是可把 H 写成对称形式

$$H = \lambda_1 F + \lambda_2\varphi \tag{5-3-14}$$

式中，λ_1 和 λ_2 均为常数。

在函数 H 的表达式中，函数 F 和 φ 是对称的。这表明，同一物理问题，可用两种不同形式的变分问题来表示，其中一个变分问题中的约束条件为另一个变分问题中的变分条件，如果不考虑 $\lambda_1 = 0$ 和 $\lambda_2 = 0$ 的情形，则不论保持积分 a 为常数求积分 J 的极值，还是保持 J 为常数求积分 a 的极值，其欧拉方程相同，所得到的极值曲线族也相同。这种对称形式称为**对偶原理**或**互易原理**。

如果 $\lambda_2 = 0$，那么 H 仅和 F 差一个常数，积分 J 的条件极值曲线也将与此积分的无条件极值曲线一致，显然，在一般情况下，这个极值曲线不是积分 a 的条件极值曲线。同理，如果 $\lambda_1 = 0$，则 H 与 φ 相同，积分 a 的条件极值曲线就是其无条件极值曲线。

例 5.3.6 求证：在底边和面积一定的三角形中，等腰三角形的周长最短。在底边和周长一定的三角形中，等腰三角形的面积最大。

证 作一椭圆，使三角形的底边 AB 恰好是椭圆两焦点之间的长度，如图 5-3-3 所示。根据椭圆的性质，每个三角形的周长都相等，但与不等边的三角形相比，因为等腰三角形 ABC 的高度最大，因此它的面积也最大，此时，等腰三角形的顶点在椭圆与短轴的交点处。按互易原理，对于底边和面积一定的各三角形，等腰三角形有最短的周长。证毕。

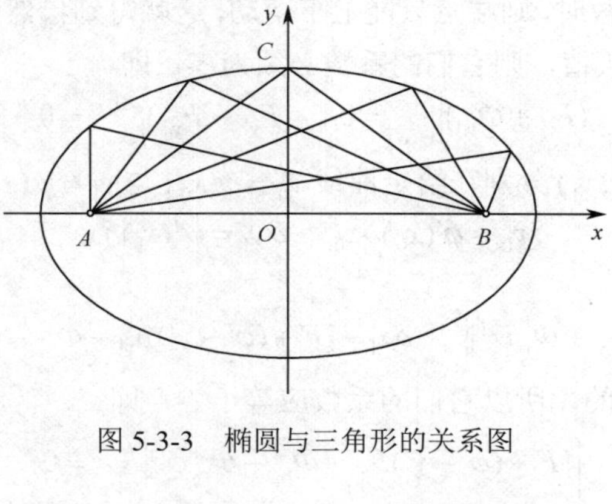

图 5-3-3 椭圆与三角形的关系图

5.4 混合型泛函的极值问题

在实际问题中常遇到这样的泛函，它除了含有通常的积分型泛函外，还含有附加项，其中附加项的类型与通常的积分型泛函的类型不同，这种形式的泛函称为**混合型泛函**或**混合泛函**，也称为**广义泛函**。混合型泛函的极值问题称为**混合变分问题**或**广义变分问题**。

混合型泛函的结构可以是相当复杂的，对此很难作一般性的论述，本节仅就最简类型的混

合型泛函、二维、三维和 n 维混合型泛函的变分问题进行讨论。

5.4.1 简单混合型泛函的极值问题

考察如下混合型泛函

$$J=\int_{x_0}^{x_1}F(x,y,y')\,\mathrm{d}x+\varPhi(x_0,y_0,x_1,y_1) \tag{5-4-1}$$

式中，可动边界点的坐标 (x_0,y_0)、(x_1,y_1) 可以受某些条件的约束，如 $y_0=\varphi(x_0)$，$y_1=\psi(x_1)$；$\varPhi(x_0,y_0,x_1,y_1)$ 为常数项。

式(5-4-1)的变分问题又称为**波尔查问题**。特别地，当 $\varPhi\equiv 0$ 时，称为**拉格朗日问题**。当 $F\equiv 0$ 时，称为**迈耶问题**。可见，波尔查问题具有最一般的形式，拉格朗日问题和迈耶问题都是波尔查问题的特殊情况。如果引进某些辅助变量，可使这三种问题互相转化。例如，若令 $F=H-\dfrac{\mathrm{d}\varPhi}{\mathrm{d}x}$，则波尔查问题可以化为与之等价的拉格朗日问题。若引进函数 $G(x,y)$，使得 $\dfrac{\mathrm{d}}{\mathrm{d}x}G(x,y)=F(x,y,y')$，则波尔查问题又可以化为与之等价的迈耶问题。

显然，式(5-4-1)的极值只能在欧拉方程

$$F_y-\frac{\mathrm{d}}{\mathrm{d}x}F_{y'}=0 \tag{5-4-2}$$

的解上达到。根据式(4-1-21)，有

$$\begin{aligned}\delta J&=[(F-y'F_{y'})\delta x_1+F_{y'}\delta y_1]\Big|_{x=x_1}-[(F-y'F_{y'})\delta x_0+F_{y'}\delta y_0]\Big|_{x=x_0}\\&\quad+\varPhi_{x_0}\delta x_0+\varPhi_{y_0}\delta y_0+\varPhi_{x_1}\delta x_1+\varPhi_{y_1}\delta y_1\\&=(F-y'F_{y'}+\varPhi_{x_1})\Big|_{x=x_1}\delta x_1+(F_{y'}+\varPhi_{y_1})\Big|_{x=x_1}\delta y_1\\&\quad-(F-y'F_{y'}-\varPhi_{x_0})\Big|_{x=x_0}\delta x_0-(F_{y'}-\varPhi_{y_0})\Big|_{x=x_0}\delta y_0\end{aligned} \tag{5-4-3}$$

当 x_0 与 x_1 各自等于常数时，则端点只能上下变动，这就得到自然边界条件。此时 δy_0 与 δy_1 均为任意的，若泛函取得极值，则它们的系数必须为零，即

$$(F_{y'}+\varPhi_{y_1})\Big|_{x=x_1}=0,\quad (F_{y'}-\varPhi_{y_0})\Big|_{x=x_0}=0 \tag{5-4-4}$$

当边界点 (x_0,y_0) 与 (x_1,y_1) 分别在给定曲线 $y_0=\varphi(x_0)$ 与 $y_1=\psi(x_1)$ 上变动时，有

$$\delta y_0=\varphi'(x_0)\delta x_0,\quad \delta y_1=\psi'(x_1)\delta x_1$$

此时式(5-4-3)可写为

$$[F+(\psi'-y')F_{y'}+\varPhi_{x_1}+\varPhi_{y_1}\psi']\Big|_{x=x_1}\delta x_1-[F+(\varphi'-y')F_{y'}-\varPhi_{x_0}-\varPhi_{y_0}\varphi']\Big|_{x=x_0}\delta x_0=0 \tag{5-4-5}$$

因为 δx_0 与 δx_1 是任意的，所以它们的系数应等于零，即

$$\begin{cases}[F+(\varphi'-y')F_{y'}-\varPhi_{x_0}-\varPhi_{y_0}\varphi']\Big|_{x=x_0}=0\\[F+(\psi'-y')F_{y'}+\varPhi_{x_1}+\varPhi_{y_1}\psi']\Big|_{x=x_1}=0\end{cases} \tag{5-4-6}$$

这就是可动边界点应满足的横截条件。由此可见，自然边界条件是横截条件的特殊情况。

对于形如

$$J=\int_{x_0}^{x_1}F(x,y,y',y'')\,\mathrm{d}x+\varPhi(x_0,y_0,x_1,y_1) \tag{5-4-7}$$

的泛函，用上面类似的方法可得欧拉–泊松方程

$$F_y - \frac{\mathrm{d}}{\mathrm{d}x}F_{y'} + \frac{\mathrm{d}^2}{\mathrm{d}x^2}F_{y''} = 0 \tag{5-4-8}$$

及在端点的条件

$$\begin{gathered}\left[F - y'\left(F_{y'} - \frac{\mathrm{d}}{\mathrm{d}x}F_{y''}\right) - y''F_{y''} + \varPhi_{x_1}\right]_{x=x_1} \delta x_1 + \\ \left(F_{y'} - \frac{\mathrm{d}}{\mathrm{d}x}F_{y''} + \varPhi_{y_1}\right)\bigg|_{x=x_1} \delta y_1 + F_{y''}\big|_{x=x_1} \delta y_1' = 0\end{gathered} \tag{5-4-9}$$

和

$$\begin{gathered}\left[F - y'\left(F_{y'} - \frac{\mathrm{d}}{\mathrm{d}x}F_{y''}\right) - y''F_{y''} - \varPhi_{x_0}\right]_{x=x_0} \delta x_0 + \\ \left(F_{y'} - \frac{\mathrm{d}}{\mathrm{d}x}F_{y''} - \varPhi_{y_0}\right)\bigg|_{x=x_0} \delta y_0 + F_{y''}\big|_{x=x_0} \delta y_0' = 0\end{gathered} \tag{5-4-10}$$

若δx_0、δy_0、$\delta y_0'$、δx_1、δy_1和$\delta y_1'$均为任意时，则它们的系数应等于零，即

$$\begin{cases}\left[F - y'\left(F_{y'} - \frac{\mathrm{d}}{\mathrm{d}x}F_{y''}\right) - y''F_{y''} + \varPhi_{x_1}\right]_{x=x_1} = 0 \\ \left(F_{y'} - \frac{\mathrm{d}}{\mathrm{d}x}F_{y''} + \varPhi_{y_1}\right)\bigg|_{x=x_1} = 0 \\ F_{y''}\big|_{x=x_1} = 0\end{cases} \tag{5-4-11}$$

及

$$\begin{cases}\left[F - y'\left(F_{y'} - \frac{\mathrm{d}}{\mathrm{d}x}F_{y''}\right) - y''F_{y''} - \varPhi_{x_0}\right]_{x=x_0} = 0 \\ \left(F_{y'} - \frac{\mathrm{d}}{\mathrm{d}x}F_{y''} - \varPhi_{y_0}\right)\bigg|_{x=x_0} = 0 \\ F_{y''}\big|_{x=x_0} = 0\end{cases} \tag{5-4-12}$$

若x_0、y_0、y_0'、x_1、y_1和y_1'之间有某种联系时，则可进一步分析端点条件的关系。

例 5.4.1 一根长度为L的梁，一端固定在高度为H的墙上，另一端由于太长和本身的自重，使梁下垂部分平压在地面上。试求在自重作用下，梁悬空部分的长度是多少？

解 如图 5-4-1 所示，把坐标原点取在固定端点A处，x轴向右为正，挠度w向下为正。端点B ($x = x_1$)是可动的，且$L > x_1$。在固定端点A处的条件为

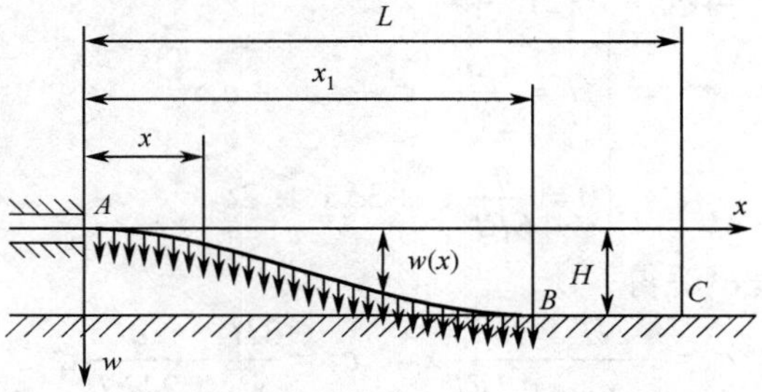

图 5-4-1 梁在自重作用下的变形

$$w(0)=0\text{，}\quad w'(0)=0 \tag{1}$$

在可动端点 B 处的条件为

$$w(x_1)=H\text{，}\quad w'(x_1)=0 \tag{2}$$

梁的总能量为

$$U=\int_0^{x_1}\left(\frac{1}{2}EIw''^2-qw\right)\mathrm{d}x-qH(L-x_1) \tag{3}$$

式中，$\int_0^{x_1}\frac{1}{2}EIw''^2\,\mathrm{d}x$ 为 AB 段的弯曲变形能，$\int_0^{x_1}qw\,\mathrm{d}x$ 为 AB 段均布载荷 q 所做的功，$qH(L-x_1)$ 为 BC 段 q 所做的功。这是一个属于式(5-4-7)的混合型泛函，其欧拉–泊松方程为

$$F_w-\frac{\mathrm{d}}{\mathrm{d}x}F_{w'}+\frac{\mathrm{d}^2}{\mathrm{d}x^2}F_{w''}=0 \tag{4}$$

即

$$F_w-\frac{\mathrm{d}^2}{\mathrm{d}x^2}F_{w''}=-q+EI\frac{\mathrm{d}^4w}{\mathrm{d}x^4}=0 \tag{5}$$

根据式(5-4-9)，可知可动端点的横截条件为

$$\begin{gathered}\left[F-w'\left(F_{w'}-\frac{\mathrm{d}}{\mathrm{d}x}F_{w''}\right)-w''F_{w''}+\varPhi_{x_1}\right]\Bigg|_{x=x_1}\delta x_1+\\ \left(F_{w'}-\frac{\mathrm{d}}{\mathrm{d}x}F_{w''}+\varPhi_{w_1}\right)\Bigg|_{x=x_1}\delta w_1+F_{w''}\big|_{x=x_1}\delta w_1'=0\end{gathered} \tag{6}$$

由于梁在可动端点处恒保持水平方向，有 $\delta w_1=\delta w_1'=0$，当 δx_1 为任意时，它的系数应为零，所以有

$$(F-w''F_{w''}+\varPhi_{x_1})\big|_{x=x_1}=0 \tag{7}$$

或

$$\left[\frac{1}{2}EIw''^2-qw-w''(EIw'')+qH\right]\Bigg|_{x=x_1}=0 \tag{8}$$

注意到 $w\big|_{x=x_1}=H$，于是式(8)成为

$$\frac{1}{2}EIw''^2\Big|_{x=x_1}=0\quad\text{或}\quad w''\big|_{x=x_1}=0 \tag{9}$$

由式(5)解得

$$w(x)=\frac{q}{24EI}x^4+c_1x^3+c_2x^2+c_3x+c_4 \tag{10}$$

由式(1)得 $c_3=c_4=0$，再利用式(2)，得

$$\begin{cases}H=\dfrac{q}{24EI}x^4+c_1x^3+c_2x^2\\[2mm] 0=\dfrac{q}{6EI}x^3+3c_1x^2+2c_2x\end{cases} \tag{11}$$

联立式(11)的两个方程，解得

$$c_1=-\frac{2H}{x_1^3}-\frac{q}{12EI}x_1\text{，}\quad c_2=\frac{3H}{x_1^3}+\frac{q}{24EI}x_1^2 \tag{12}$$

将式(12)代入式(10)，得

$$w(x)=\frac{q}{24EI}x^2(x_1-x)^2-\frac{H}{x_1^3}x^2(2x-3x_1) \tag{13}$$

最后利用式(9)，可求得

$$w''(x)=\frac{q}{12EI}x_1^2-\frac{6H}{x_1^2}=0 \tag{14}$$

从而得

$$x_1=\left(\frac{72HEI}{q}\right)^{\frac{1}{4}} \tag{15}$$

此即梁悬空部分的长度。当然还须满足如下条件

$$L>x_1=\left(\frac{72HEI}{q}\right)^{\frac{1}{4}} \tag{16}$$

例 5.4.2　毛细管问题。将细玻璃管插入水中，管内水面会上升，若将细玻璃管插入水银中，则管内水银面会下降。水或水银液面的升降程度与管的内径有关，内径越小，升降幅度就越大。这种液体在细管内升高或降低的现象称为**毛细现象**。毛细现象是由毛细管中弯曲液面的附加压强引起的。能产生毛细现象的管称为**毛细管**。设σ_{LA}为液气表面张力系数，σ_{SL}为固液表面张力系数，σ_{SA}为固气表面张力系数。以液面与毛细管轴线的交点为坐标原点建立坐标系，如图 5-4-2 所示。从坐标原点到水平液面的距离为y_0。微元体质量为$\mathrm{d}m=2\pi x(y_0+y)\rho\,\mathrm{d}x$，微元体的质心高度为$y_c=(y_0+y)/2$。求毛细现象近似公式。

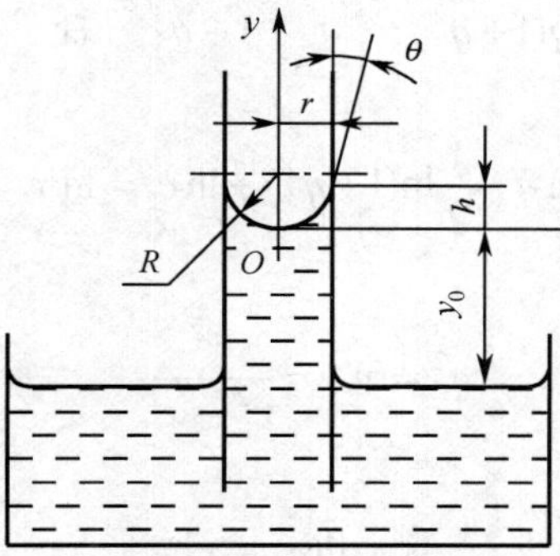

图 5-4-2　毛细管模型图

解　液体的重力位能为

$$J_1=\int_0^r 2\pi xy(\rho_L-\rho_A)gy_c\,\mathrm{d}x=\int_0^r \pi x(\rho_L-\rho_A)g(y_0+y)^2\,\mathrm{d}x \tag{1}$$

曲面液体表面能为

$$J_2=\int_0^r 2\pi x\sigma_{LA}\,\mathrm{d}s=\int_0^r 2\pi x\sigma_{LA}\sqrt{1+y'^2}\,\mathrm{d}x \tag{2}$$

毛细管内壁液体接触面能为

$$J_3=2\pi r(\sigma_{SL}-\sigma_{SA})y_1=2\pi r\Delta\sigma y_1=2\pi r\Delta\sigma h=\Phi \tag{3}$$

式中，$y_1=h$为毛细管内壁液体距坐标原点的高度，此时应视为未知量。

毛细管内液体总能量泛函为

$$J = J_1 + J_2 + J_3 = \int_0^r \pi x \left[(\rho_L - \rho_A) g (y_0 + y)^2 + 2\sigma_{LA} \sqrt{1 + y'^2} \right] \mathrm{d}x + 2\pi R \Delta\sigma y_1 \tag{4}$$

泛函的欧拉方程为

$$(\rho_L - \rho_A) g (y_0 + y) x - \frac{\sigma_{LA} x y''}{(1 + y'^2)^{3/2}} - \frac{\sigma_{LA} y'}{\sqrt{1 + y'^2}} = 0 \tag{5}$$

或

$$(\rho_L - \rho_A) g (y_0 + y) = \frac{\sigma_{LA} y''}{(1 + y'^2)^{3/2}} + \frac{\sigma_{LA} y'}{x(1 + y'^2)^{1/2}} = \sigma_{LA} \left(\frac{1}{R_1} + \frac{1}{R_2} \right) \tag{6}$$

令平均曲率 $k = \frac{1}{R_1} + \frac{1}{R_2}$。

于是，式(6)可写成

$$(\rho_L - \rho_A) g (y_0 + y) = \sigma_{LA} k \tag{7}$$

式(6)难以得到解析解，但可寻求近似解。对于轴对称问题，有 $R_1 = R_2 = R$，根据式(6)，可得

$$\frac{y''}{1 + y'^2} = \frac{y'}{x} \tag{8}$$

或

$$x y'' = y'(1 + y'^2) \tag{9}$$

令 $q = y' = \frac{\mathrm{d}y}{\mathrm{d}x}$，则 $y'' = \frac{\mathrm{d}^2 y}{\mathrm{d}x^2} = \frac{\mathrm{d}q}{\mathrm{d}x}$，有

$$\frac{\mathrm{d}q}{q(1 + q^2)} = \frac{\mathrm{d}q}{q} - \frac{q\,\mathrm{d}q}{1 + q^2} = \frac{\mathrm{d}x}{x} \tag{10}$$

将式(10)积分，得

$$\ln q - \frac{1}{2} \ln(1 + q^2) + \ln c_1 = \ln x \tag{11}$$

或

$$q^2 = y'^2 = \frac{x^2}{c_1^2 - x^2} \tag{12}$$

即

$$\mathrm{d}y = \frac{\mathrm{d}(c_1^2 - x^2)}{2\sqrt{c_1^2 - x^2}} \tag{13}$$

将式(13)积分，得

$$y = \sqrt{c_1^2 - x^2} + c_2 \tag{14}$$

或

$$x^2 + (y - c_2)^2 = c_1^2 = R^2 \tag{15}$$

这是圆方程。边界条件为 $y(0) = 0$，将其代入式(15)，有 $c_1 = \pm c_2$，取正号，得 $c_1 = c_2$。由式(15)的几何关系可知

$$R = c_1 = c_2 = \frac{r^2 + y_1^2}{2 y_1} = \frac{r^2 + h^2}{2h} \tag{16}$$

根据式(5-4-4)，泛函取极值的自然边界条件即液面平衡条件为

$$[F_{y'}+\Phi_{y_1}]\Big|_{x=r}=\left(\frac{2\pi x\sigma_{LA}y'}{\sqrt{1+y'^2}}+2\pi r\Delta\sigma\right)\Bigg|_{x=r}=0 \tag{17}$$

或

$$\sigma_{LA}y'+\sqrt{1+y'^2}\,\Delta\sigma=0 \tag{18}$$

令 $y'=\tan\varphi$，其中，φ 为液面端点处切线与 x 轴的夹角，则式(18)可写成

$$\sigma_{LA}\frac{\sin\varphi}{\cos\varphi}+\sqrt{1+\frac{\sin^2\varphi}{\cos^2\varphi}}\,\Delta\sigma=\sigma_{LA}\sin\varphi+\Delta\sigma=0 \tag{19}$$

令 $\varphi+\theta=\dfrac{\pi}{2}$，并注意到 $\Delta\sigma=\sigma_{SL}-\sigma_{SA}$，则式(19)可写成

$$\sigma_{LA}\cos\theta+\sigma_{SL}-\sigma_{SA}=0 \tag{20}$$

式(20)是由英国科学家杨在 1805 年首先得到的，称为**润湿方程**或**杨方程**。$\cos\theta$ 的最大值是 1，若 $\sigma_{LA}<\sigma_{SA}-\sigma_{SL}$，则不存在凹形液面，即不存在上升的毛细现象。由式(20)可确定 $\cos\theta$ 的值。

利用式(20)以及 R 和 r 的几何关系，有

$$R=\frac{r}{\cos\theta}=\frac{\sigma_{LA}r}{\sigma_{SA}-\sigma_{SL}} \tag{21}$$

将(21)代入式(16)，得

$$h^2-\frac{2\sigma_{LA}rh}{\sigma_{SA}-\sigma_{SL}}+r^2=0 \tag{22}$$

式(22)是关于 h 的一元二次方程，可解得

$$h=\frac{\dfrac{2\sigma_{LA}r}{\sigma_{SA}-\sigma_{SL}}\pm\sqrt{\left(\dfrac{2\sigma_{LA}r}{\sigma_{SA}-\sigma_{SL}}\right)^2-4r^2}}{2}=\frac{\sigma_{LA}\pm\sqrt{\sigma_{LA}^2-(\sigma_{SA}-\sigma_{SL})^2}}{\sigma_{SA}-\sigma_{SL}}r \tag{23}$$

式(23)的根号前应取负号，这可从几何方面加以验证，根据几何关系，得

$$h=R(1-\sin\theta)=\frac{\sigma_{LA}r}{\sigma_{SA}-\sigma_{SL}}(1-\sqrt{1-\cos^2\theta})=\frac{\sigma_{LA}\pm\sqrt{\sigma_{LA}^2-(\sigma_{SA}-\sigma_{SL})^2}}{\sigma_{SA}-\sigma_{SL}}r \tag{24}$$

将式(21)代入式(15)，得

$$x^2+\left(y-\frac{\sigma_{LA}r}{\sigma_{SA}-\sigma_{SL}}\right)^2=\left(\frac{\sigma_{LA}r}{\sigma_{SA}-\sigma_{SL}}\right)^2 \tag{25}$$

将式(21)代入式(6)，并略去 y，得

$$y_0=\frac{2\sigma_{LA}\cos\theta}{(\rho_L-\rho_A)gr}=\frac{2(\sigma_{SA}-\sigma_{SL})}{(\rho_L-\rho_A)gr} \tag{26}$$

式(26)就是毛细现象近似公式。由此可见，毛细管液面上升高度与毛细管半径成反比。

5.4.2 二维、三维和 n 维问题的欧拉方程

引理 5.4.1 设函数 $u(x,y,z)$ 为空间域 $V(x,y,z)$ 内的连续二阶可微函数，S 是 V 的曲面边界，$\dfrac{\partial u}{\partial N}$ 为 u 在曲面 S 上的法向导数，则泛函 $J=\iint_S\dfrac{\partial u}{\partial N}\,\mathrm{d}S$ 的变分为零。

引理 5.4.1 表明，含有曲面的法向导数的泛函，在泛函变分时，法向导数可视为自变量，

不参与变分。

证 根据第 1 章式(1-3-24)和式(1-3-33)，原泛函可写成下列形式

$$J=\iint_S \frac{\partial u}{\partial N}\mathrm{d}S=\iint_S \nabla u\cdot\boldsymbol{n}\,\mathrm{d}S=\iint_S \nabla u\cdot\mathrm{d}\boldsymbol{S}=\iint_S \frac{\partial u}{\partial x}\mathrm{d}y\,\mathrm{d}z+\frac{\partial u}{\partial y}\mathrm{d}z\,\mathrm{d}x+\frac{\partial u}{\partial z}\mathrm{d}x\,\mathrm{d}y$$

泛函的变分为

$$\begin{aligned}\delta J&=\iint_S \delta\frac{\partial u}{\partial N}\mathrm{d}S=\iint_S\left(\delta\frac{\partial u}{\partial x}\mathrm{d}y\,\mathrm{d}z+\delta\frac{\partial u}{\partial y}\mathrm{d}z\,\mathrm{d}x+\delta\frac{\partial u}{\partial z}\mathrm{d}x\,\mathrm{d}y\right)\\&=\iint_S\left(\frac{\partial\delta u}{\partial x}\mathrm{d}y\,\mathrm{d}z+\frac{\partial\delta u}{\partial y}\mathrm{d}z\,\mathrm{d}x+\frac{\partial\delta u}{\partial z}\mathrm{d}x\,\mathrm{d}y\right)\end{aligned}$$

式中，最后一个积分利用了变分和求导可以交换次序的性质。

对于 $\frac{\partial\delta u}{\partial x}\mathrm{d}y\,\mathrm{d}z$ 的积分来说，由于 u 的变分 δu 只是 y 和 z 的函数，与 x 无关，即 $\frac{\partial\delta u}{\partial x}=\delta\frac{\partial u}{\partial x}=0$，或者说，在 Oyz 平面上，对 u_x 的变分为零。同理，有 $\delta\frac{\partial u}{\partial y}=\frac{\partial\delta u}{\partial y}=0$，$\delta\frac{\partial u}{\partial z}=\frac{\partial\delta u}{\partial z}=0$，故上式的积分为零，即 $\delta J=\iint_S \delta\frac{\partial u}{\partial N}\mathrm{d}S=0$。证毕。

引理 5.4.1 也可换一种方法来证明。

证 根据高斯公式，原泛函可写成

$$J=\iint_S \frac{\partial u}{\partial N}\mathrm{d}S=\iint_S \nabla u\cdot\boldsymbol{n}\,\mathrm{d}S=\iiint_V \Delta u\,\mathrm{d}V=\iiint_V(u_{xx}+u_{yy}+u_{zz})\mathrm{d}V \tag{1}$$

令 $F=\Delta u=u_{xx}+u_{yy}+u_{zz}$，根据定理 2.9.1 的证明过程，泛函的变分可写成

$$\delta J=\sum B+\iiint_V\left(\frac{\partial^2}{\partial x^2}F_{u_{xx}}+\frac{\partial^2}{\partial y^2}F_{u_{yy}}+\frac{\partial^2}{\partial z^2}F_{u_{zz}}\right)\mathrm{d}V \tag{2}$$

式中，$\sum B$ 是与边界积分有关的各项，由于积分边界固定，故有 $\sum B=0$。而积分项中的 $F_{u_{xx}}=F_{u_{yy}}=F_{u_{zz}}=1$ 为常数，其偏导数 $\frac{\partial^2}{\partial x^2}F_{u_{xx}}=\frac{\partial^2}{\partial y^2}F_{u_{yy}}=\frac{\partial^2}{\partial z^2}F_{u_{zz}}=0$，于是，无论泛函是否取极值，都有 $\delta J=0$。证毕。

推论 5.4.1 设函数 $u(x,y)$ 为平面域 $D(x,y)$ 内的连续二阶可微函数，$\varGamma$ 是 D 的曲线边界，$\frac{\partial u}{\partial N}$ 为 u 在曲线 $\varGamma$ 上的法向导数，则泛函 $J=\int_\varGamma \frac{\partial u}{\partial N}\mathrm{d}\varGamma$ 的变分为零。

考察二维边值问题。设混合型泛函

$$J[u(x,y)]=\iint_D F(x,y,u,u_x,u_y)\,\mathrm{d}x\,\mathrm{d}y+\int_{\varGamma_2}G(x,y,u,u',u'',\cdots,u^{(n)},u_N)\,\mathrm{d}\varGamma \tag{5-4-13}$$

这里 D 的边界为 $\varGamma=\varGamma_1+\varGamma_2$，$G(x,y,u,u',u'',\cdots,u^{(n)})$ 是在边界 $\varGamma_2$ 上取值的函数，且 u 在边界 $\varGamma_2$ 上的函数未知，而 u 在边界 $\varGamma_1$ 上的函数是给定的。$u',u'',\cdots,u^{(n)}$ 表示函数 u 对边界 $\varGamma$ 的一阶，二阶，…，n 阶导数，u_N 为 u 在 $\varGamma$ 上的法向导数。

式(5-4-13)的一阶变分为

$$\begin{aligned}\delta J=&\iint_D(F_u\delta u+F_{u_x}\delta u_x+F_{u_y}\delta u_y)\,\mathrm{d}x\,\mathrm{d}y+\\&\int_{\varGamma_2}(G_u\delta u+G_{u'}\delta u'+G_{u''}\delta u''+\cdots+G_{u^{(n)}}\delta u^{(n)})\,\mathrm{d}\varGamma\end{aligned} \tag{5-4-14}$$

根据求导和变分可以交换次序的性质和分部积分公式，有

$$F_{u_x}\delta u_x = F_{u_x}\delta\frac{\partial u}{\partial x} = F_{u_x}\frac{\partial \delta u}{\partial x} = \frac{\partial}{\partial x}(F_{u_x}\delta u) - \delta u\frac{\partial}{\partial x}F_{u_x} \tag{5-4-15}$$

$$F_{u_y}\delta u_y = F_{u_y}\delta\frac{\partial u}{\partial y} = F_{u_y}\frac{\partial \delta u}{\partial x} = \frac{\partial}{\partial y}(F_{u_y}\delta u) - \delta u\frac{\partial}{\partial y}F_{u_y} \tag{5-4-16}$$

由于边界 Γ_2 与 Γ_1 的连接点就是两段边界曲线的端点，它们是已知值，此时 $\delta u^{(k)}$ 在两端点的变分为零，故有

$$\int_{\Gamma_2} G_{u^{(k)}}\delta u^{(k)}\,\mathrm{d}\Gamma = \int_{\Gamma_2}(-1)^k\frac{\mathrm{d}^k G_{u^{(k)}}}{\mathrm{d}\Gamma^k}\delta u\,\mathrm{d}\Gamma \quad (k=1,2,\cdots,n) \tag{5-4-17}$$

将式(5-4-15)、式(5-4-16)和式(5-4-17)代入式(5-4-14)，得

$$\begin{aligned}\delta J = &\iint_D\left(F_u - \frac{\partial F_{u_x}}{\partial x} - \frac{\partial F_{u_y}}{\partial y}\right)\delta u\,\mathrm{d}x\,\mathrm{d}y + \\ &\iint_D\left[\frac{\partial}{\partial x}(F_{u_x}\delta u) + \frac{\partial}{\partial y}(F_{u_y}\delta u)\right]\mathrm{d}x\,\mathrm{d}y + \int_{\Gamma_2}\left[\sum_{k=0}^{n}(-1)^k\frac{\mathrm{d}^k G_{u^{(k)}}}{\mathrm{d}\Gamma^k}\right]\delta u\,\mathrm{d}\Gamma\end{aligned} \tag{5-4-18}$$

式中，$G_u = (-1)^0\dfrac{\mathrm{d}^0 G_{u^{(0)}}}{\mathrm{d}\Gamma^0}$。

令式(5-4-18)右边第二个积分中的 $F_{u_x}\delta u = Q$，$F_{u_y}\delta u = P$，根据格林公式，有

$$\iint_D\left(\frac{\partial Q}{\partial x} + \frac{\partial P}{\partial y}\right)\mathrm{d}x\,\mathrm{d}y = \oint_\Gamma (Q\,\mathrm{d}y - P\,\mathrm{d}x) = \oint_\Gamma (F_{u_x}\,\mathrm{d}y - F_{u_y}\,\mathrm{d}x)\delta u \tag{5-4-19}$$

式中，$\Gamma = \Gamma_1 + \Gamma_2$。

由于 u 在边界 Γ_1 上的函数已知，故 $\delta u = 0$。式(5-4-19)右边只剩下沿边界 Γ_2 上的积分。根据式(1-3-46)，在边界上 $\mathrm{d}x = -n_y\,\mathrm{d}\Gamma$，$\mathrm{d}y = n_x\,\mathrm{d}\Gamma$，这里 $n_y = \cos(n,y)$，$n_x = \cos(n,x)$ 是边界上外法线的方向余弦。将这些关系式代入式(5-4-19)，再将式(5-4-19)代入式(5-4-18)，可得

$$\begin{aligned}\delta J &= \iint_D\left(F_u - \frac{\partial F_{u_x}}{\partial x} - \frac{\partial F_{u_y}}{\partial y}\right)\delta u\,\mathrm{d}x\,\mathrm{d}y + \int_{\Gamma_2}\left[\sum_{k=0}^{n}(-1)^k\frac{\mathrm{d}^k G_{u^{(k)}}}{\mathrm{d}\Gamma^k} + F_{u_x}n_x + F_{u_y}n_y\right]\delta u\,\mathrm{d}\Gamma \\ &= \iint_D\left(F_u - \frac{\partial F_{u_x}}{\partial x} - \frac{\partial F_{u_y}}{\partial y}\right)\delta u\,\mathrm{d}x\,\mathrm{d}y + \oint_{\Gamma}\left[\sum_{k=0}^{n}(-1)^k\frac{\mathrm{d}^k G_{u^{(k)}}}{\mathrm{d}\Gamma^k} + F_{u_x}n_x + F_{u_y}n_y\right]\delta u\,\mathrm{d}\Gamma\end{aligned} \tag{5-4-20}$$

注意，因为在边界 Γ_1 上 $\delta u = 0$，所以在式(5-4-20)中可以把线积分扩展至整条封闭曲线。考虑到 δu 的任意性，若使泛函的变分 $\delta J = 0$，以下两式必然成立

$$F_u - \frac{\partial F_{u_x}}{\partial x} - \frac{\partial F_{u_y}}{\partial y} = 0 \quad (\text{在 } D \text{ 内}) \tag{5-4-21}$$

$$\sum_{k=0}^{n}(-1)^k\frac{\mathrm{d}^k G_{u^{(k)}}}{\mathrm{d}\Gamma^k} + F_{u_x}n_x + F_{u_y}n_y = 0 \quad (\text{在 } \Gamma_2 \text{ 或 } \Gamma \text{ 上}) \tag{5-4-22(a)}$$

式(5-4-22(a))也可以写成下列形式

$$\sum_{k=0}^{n}(-1)^k\frac{\mathrm{d}^k G_{u^{(k)}}}{\mathrm{d}\Gamma^k} + F_{u_x}\frac{\mathrm{d}y}{\mathrm{d}\Gamma} - F_{u_y}\frac{\mathrm{d}x}{\mathrm{d}\Gamma} = 0 \quad (\text{在 } \Gamma_2 \text{ 或 } \Gamma \text{ 上}) \tag{5-4-22(b)}$$

这就是二维问题的欧拉方程和边界条件。

由此可得出结论：由式(5-4-13)所给出的泛函，若在函数 $u(x,y)$ 上取得极值，则 $u(x,y)$ 必须满足式(5-4-21)和式(5-4-22)。式(5-4-13)是本书作者从数学角度提出来的，并给出了上述欧拉

方程和边界条件。

用同样的方法可以推导出三维问题的欧拉方程和边界条件。

设函数 $u(x,y,z)$ 为空间域 $V(x,y,z)$ 内的连续二阶可微函数， $S=S_1+S_2$ 是 V 的曲面边界，且在边界 S_1 上 $u=u_1$ 为已知函数，在边界 S_2 上 u 为未知函数， u_N 为 u 在曲面 S_2 上的法向导数。对于混合型泛函

$$J[u]=\iiint_V F(x,y,z,u,u_x,u_y,u_z)\,\mathrm{d}x\,\mathrm{d}y\,\mathrm{d}z+\iint_{S_2} G(x,y,z,u,u_N)\,\mathrm{d}S \tag{5-4-23}$$

应用推导二维问题欧拉方程的方法，可以得出三维问题的欧拉方程和边界条件如下

$$F_u-\frac{\partial F_{u_x}}{\partial x}-\frac{\partial F_{u_y}}{\partial y}-\frac{\partial F_{u_z}}{\partial z}=0 \qquad (在 V 内) \tag{5-4-24}$$

$$G_u+F_{u_x}n_x+F_{u_y}n_y+F_{u_z}n_z=0 \qquad (在 S_2 或 S 上) \tag{5-4-25}$$

式中， $n_x=\cos(n,x)$ ， $n_y=\cos(n,y)$ ， $n_z=\cos(n,z)$ 为边界表面外法线的方向余弦。

更进一步，设函数 $u(x,y,z)$ 为空间域 $V(x,y,z)$ 内的连续二阶可微函数， $S=S_1+S_2=\sum_{i=1}^{m}S_{1i}+\sum_{k=1}^{n}S_{2k}$ 是 V 的曲面边界，且在边界 S_{1i} 上 $u=u_{1i}$ 为已知函数，在边界 S_{2k} 上 u 为未知函数，u_N 为 u 在曲面 S_{2k} 上的法向导数。

对于混合型泛函

$$J[u]=\iiint_V F(x,y,z,u,u_x,u_y,u_z)\,\mathrm{d}x\,\mathrm{d}y\,\mathrm{d}z+\sum_{k=1}^{n}\iint_{S_{2k}} G_k(x,y,z,u,u_N)\,\mathrm{d}S \tag{5-4-26}$$

应用推导二维问题欧拉方程的方法，可以得出三维问题的欧拉方程和边界条件如下

$$F_u-\frac{\partial F_{u_x}}{\partial x}-\frac{\partial F_{u_y}}{\partial y}-\frac{\partial F_{u_z}}{\partial z}=0 \qquad (在 V 内) \tag{5-4-27}$$

$$G_{ku}+F_{u_x}n_x+F_{u_y}n_y+F_{u_z}n_z=0 \quad (在 S_{2k} 上，k=1,2,\cdots,n) \tag{5-4-28}$$

式中， $n_x=\cos(n,x)$ ， $n_y=\cos(n,y)$ ， $n_z=\cos(n,z)$ 为边界表面外法线的方向余弦。

由此可得出结论：由式(5-4-26)所给出的泛函，若在函数 $u(x,y,z)$ 上取得极值，则 $u(x,y,z)$ 必须满足式(5-4-27)和式(5-4-28)。

以上所得出的结论可推广到 n 维空间中去。

设函数 $u(x_1,x_2,\cdots,x_n)$ 为 n 维空间域 $\Omega(x_1,x_2,\cdots,x_n)$ 内的连续二阶可微函数， $S=S_1+S_2$ 是 Ω 的边界，且在边界 S_1 上 $u=u_1$ 为已知函数，在边界 S_2 上 u 为未知函数， u_N 为 u 在曲面 S 上的法向导数。对于混合型泛函

$$J[u]=\int_\Omega F(x_1,x_2,\cdots,x_n,u,u_{x_1},u_{x_2},\cdots,u_{x_n})\,\mathrm{d}x_1\,\mathrm{d}x_2\cdots\mathrm{d}x_n+\int_{S_2} G(x_1,x_2,\cdots,x_n,u,u_N)\,\mathrm{d}s \tag{5-4-29}$$

其相应的欧拉方程和边界条件如下

$$F_u-\sum_{i=1}^{n}\frac{\partial F_{u_{x_i}}}{\partial x_i}=0 \qquad (在 \Omega 内) \tag{5-4-30}$$

$$G_u+\sum_{i=1}^{n}F_{u_{x_i}}n_{x_i}=0 \qquad (在 S_2 或 S 上) \tag{5-4-31}$$

式中， $n_{x_i}=\cos(n,x_i)$ 为边界表面外法线的方向余弦。

由此可见，二维和三维问题的欧拉方程都是 n 维问题的欧拉方程的特例。

例 5.4.3 试求混合型泛函

$$J[u]=\iiint_V [k(x,y,z)(u_x^2+u_y^2+u_z^2)+2uf(x,y,z)]\,\mathrm{d}V+\iint_S u^2 h(x,y,z)\,\mathrm{d}S$$

的欧拉方程和自然边界条件。

解 根据式(5-4-24)，泛函的欧拉方程为

$$f(x,y,z)-\frac{\partial ku_x}{\partial x}-\frac{\partial ku_y}{\partial y}-\frac{\partial ku_z}{\partial z}=0 \quad (\text{在}\,V\,\text{内})$$

或

$$\frac{\partial ku_x}{\partial x}+\frac{\partial ku_y}{\partial y}+\frac{\partial ku_z}{\partial z}=f(x,y,z) \quad (\text{在}\,V\,\text{内})$$

根据式(5-4-25)，可写出边界条件

$$hu+k(u_x n_x+u_y n_y+u_z n_z)=0 \quad \text{或} \quad hu+k\nabla u\cdot \boldsymbol{n}=0 \quad (\text{在}\,S\,\text{上})$$

根据第 1 章式(1-3-24)，有

$$\frac{\partial u}{\partial n}=|\nabla u|=\nabla u\cdot\boldsymbol{n}=\left(\frac{\partial u}{\partial x}\boldsymbol{i}+\frac{\partial u}{\partial x}\boldsymbol{j}+\frac{\partial u}{\partial x}\boldsymbol{k}\right)\cdot(n_x\boldsymbol{i}+n_y\boldsymbol{j}+n_z\boldsymbol{k})=u_x n_x+u_y n_y+u_z n_z$$

于是，边界条件也可以写成

$$k\frac{\partial u}{\partial n}+hu=0 \quad \text{或} \quad k|\nabla u|+hu=0 \quad (\text{在}\,S\,\text{上})$$

例 5.4.4 试求混合型泛函

$$J[u]=\iiint_V [2\rho c_p u_t u+k(x,y,z)(u_x^2+u_y^2+u_z^2)+2uf(x,y,z,t)]\,\mathrm{d}V$$
$$+\iint_{S_2} u(u-2u_0)h(x,y,z)\,\mathrm{d}s-\iint_{S_3} 2uq(x,y,z)\,\mathrm{d}S$$

的欧拉方程和自然边界条件。

解 根据式(5-4-27)，泛函的欧拉方程为

$$2\rho c_p u_t+2f(x,y,z,t)-\frac{\partial 2ku_x}{\partial x}-\frac{\partial 2ku_y}{\partial y}-\frac{\partial 2ku_z}{\partial z}=0 \quad (\text{在}\,V\,\text{内})$$

或

$$\frac{\partial ku_x}{\partial x}+\frac{\partial ku_y}{\partial y}+\frac{\partial ku_z}{\partial z}=f(x,y,z,t)+\rho c_p u_t \quad (\text{在}\,V\,\text{内})$$

根据式(5-4-28)，可写出边界条件

$$k(u_x n_x+u_y n_y+u_z n_z)+h(u-u_0)=0 \quad \text{或} \quad k\nabla u\cdot\boldsymbol{n}+h(u-u_0)=0 \quad (\text{在}\,S_2\,\text{上})$$

$$k(u_x n_x+u_y n_y+u_z n_z)-q=0 \quad \text{或} \quad k\nabla u\cdot\boldsymbol{n}-q=0 \quad (\text{在}\,S_3\,\text{上})$$

根据第 1 章式(1-3-24)，有

$$\frac{\partial u}{\partial n}=|\nabla u|=\nabla u\cdot\boldsymbol{n}=\left(\frac{\partial u}{\partial x}\boldsymbol{i}+\frac{\partial u}{\partial x}\boldsymbol{j}+\frac{\partial u}{\partial x}\boldsymbol{k}\right)\cdot(n_x\boldsymbol{i}+n_y\boldsymbol{j}+n_z\boldsymbol{k})=u_x n_x+u_y n_y+u_z n_z$$

于是，边界条件也可以写成

$$k\frac{\partial u}{\partial n}+h(u-u_0)=0 \quad \text{或} \quad k|\nabla u|+h(u-u_0)=0 \quad (\text{在}\,S_2\,\text{上})$$

$$k\frac{\partial u}{\partial n}-q=0 \quad \text{或} \quad k|\nabla u|-q=0 \quad (\text{在}\,S_3\,\text{上})$$

5.5 名家介绍

杨(Young, Thomas, 1773.6.13—1829.5.10) 英国物理学家、自然哲学家兼医生。生于萨默塞特郡的米尔佛顿，卒于伦敦。1792 年起先后在伦敦大学、爱丁堡大学、格丁根大学和剑桥大学学习医学。1795 年获剑桥大学医学博士学位。1796 年获格丁根大学博士学位。1899 年开始在伦敦行医。1801 年—1803 年任皇家研究院自然哲学教授。皇家学会会员。1793 年用晶状体曲率变化说明了眼睛的调节原理。1800 年论述了光和声音的类似，并提出波的叠加原理。1802 年提出光的三色理论。1804 年明确阐述了光的干涉原理。1807 年提出表征弹性物质特性的常数—杨氏模量。1817 年提出光是横波的思想。著有《光和色的理论》(1802)、《有关物理光学的实验和计算》(1804)、《关于自然哲学和机械技术的讲义》(1807)和《著作集》(3 卷，1825)等。

迈耶(Mayer, Christian Gustav Adolph, 1839.2.15—1908.4.11) 德国数学家。生于莱比锡，卒于意大利博岑附近的格里斯(Gries bei Bozen)。先后在格丁根大学、海德堡大学和柯尼斯堡大学学习数学和物理。1861 年获博士学位。1871 年任教授，1890 年任柯尼斯堡大学教授。主要研究领域是积分理论、变分法和理论力学。发展第二变分理论，为极值场提供一个定理，把希尔伯特独立性定理扩展到拉格朗日问题，得出迈耶问题。在微分方程方面提出一阶偏微分方程组的迈耶积分法以及迈耶互反律。

波尔查(Bolza, Oskar, 1857.5.12—1942.7.5) 德国数学家。生于贝格察伯恩(Bergzabern)，卒于弗赖堡(Freiberg)，1875 年就读于柏林大学物理系，1878 年转入数学系，是魏尔斯特拉斯的学生。1886 年获格丁根大学哲学博士学位。1888 年去美国，先在约翰斯·霍普金斯和克拉克大学执教，后任芝加哥大学教授。在美期间，曾任美国数学学会副会长。1910 年回国，任弗赖堡大学名誉教授。对椭圆和超椭圆函数及积分有深入的研究，1901 年以后研究变分法，曾在美国和欧洲广泛讲授变分法，于 1913 年提出的波尔查问题是古典变分法的基本问题之一，把拉格朗日问题和迈耶问题统一在他的理论中。还研究过一般方程、积分方程和二阶线性微分方程等。著有《变分法讲义》(1904)、《变分法讲演集》(1908)和《线性积分方程》(1924)等。

习题 5

5.1 求泛函 $J[y]=\int_0^\pi y'^2\,\mathrm{d}x$ 的极值曲线和极小值，等周条件为 $\int_0^\pi y^2\,\mathrm{d}x=1$，边界条件为 $y(0)=0$，$y(\pi)=0$。

5.2 求泛函 $J[y,z]=\int_0^1(y'^2+z'^2-4xz'-4z)\,\mathrm{d}x$ 的极值曲线，等周条件为 $\int_0^1(y'^2-xy'-z'^2)\,\mathrm{d}x=2$，边界条件为 $y(0)=z(0)=0$ 和 $y(1)=z(1)=1$。

5.3 在所围面积为 π 的光滑闭曲线 $x=x(t)$，$y=y(t)$ ($0\leqslant t\leqslant 2\pi$)中，求一条过点$(-1,0)$的曲线，满足 $x(0)=x(2\pi)=1$，$y(0)=y(2\pi)=0$，且使其长度最短。

5.4 求泛函 $J[y]=\int_0^1(y'^2+x^2)\,\mathrm{d}x$ 的极值曲线，等周条件为 $\int_0^1 y^2\,\mathrm{d}x=2$，边界条件为 $y(0)=y(1)=0$。

习题 5.1 答案　　习题 5.2 答案　　习题 5.3 答案　　习题 5.4 答案

5.5 求在 $r=R$ 的圆柱面上点 $A(R,0,0)$ 到点 $B(0,R,R)$ 的短程线。

提示：用柱面坐标 r ，θ ，z 来求解比较便利。

5.6 求在条件 $\int_{x_0}^{x_1} y\,\mathrm{d}x=a$ 下，等周问题 $J[y]=\int_{x_0}^{x_1} y'^2\,\mathrm{d}x$ 的极值曲线，其中 a 为常数。

5.7 在等周条件 $\int_{x_0}^{x_1} r(x)y^2\,\mathrm{d}x=1$ 和边界条件 $y(x_0)=y(x_1)=0$ 下，写出泛函 $J[y]=\int_{x_0}^{x_1}[p(x)y'^2+q(x)y^2]\,\mathrm{d}x$ 的极值曲线微分方程，式中，$p(x)$、$q(x)$、$r(x)\in C^1[x_0,x_1]$ 均为已知函数。

5.8 试求泛函 $J=\int_{t_0}^{t_1} u^2\,\mathrm{d}t$ 在固定边界条件

$$x(0)=x_0,\quad x(t_1)=x_1,\quad y(0)=y_0,\quad y(t_1)=y_1$$

和约束条件

$$x'=y,\quad y'=ku$$

下的极值函数 $u=u(t)$ 。并求出

$$x(0)=x_0,\quad x(t_1)=y(0)=y(t_1)=0$$
$$x(0)=y(0)=0,\quad x(1)=y(1)=1$$

两组情况下的约束条件和极值函数。

习题 5.5 答案　　习题 5.6 答案　　习题 5.7 答案　　习题 5.8 答案

5.9 求圆柱面 $z=\sqrt{1-x^2}$ 上的短程线。

5.10 求位于曲面 $15x-7y+z-22=0$ 上的两点 $A(1,-1,0)$ 和 $B(2,1,-1)$ 之间的最短距离。

5.11 求泛函 $J[y,z]=\dfrac{1}{\sqrt{2g}}\int_0^1\sqrt{\dfrac{1+y'z'}{x}}\,\mathrm{d}x$ 取得极小值的欧拉方程，约束条件为 $y=z+1$，端点条件为 $y(0)=0$，$y(1)=b$ 。

5.12 在信息论中，研究信源的信息量问题时，不同信源变量 x 表示不同的信息。若信源变量 x 在区间 $[-a,a]$ 上变化，其信息的概率分布密度为连续函数 $p(x)$，求最佳概率分布密度 $p(x)$，使信息熵

$$J[p(x)]=-\int_{-a}^{a} p(x)\ln[kp(x)]\,\mathrm{d}x$$

在条件

$$\int_{-a}^{a} p(x)\,\mathrm{d}x=1$$

下取极大值。式中，k 为常数。

习题 5.9 答案　　习题 5.10 答案　　习题 5.11 答案　　习题 5.12 答案

5.13 利用球坐标 (r,φ,θ)，求球面 $x^2+y^2+z^2=R^2$ 上从点 $A(R,0,0)$ 到点 $B\left(0,\dfrac{\sqrt{2}}{2}R,\dfrac{\sqrt{2}}{2}R\right)$ 的短程线。

5.14 求泛函 $J=\dfrac{1}{2}\int_{x_0}^{x_1}(y^2+u^2)\,\mathrm{d}x$ 极值曲线，边界条件为 $y(x_0)=y_0$，$y(x_1)=y_1$，约束条件为 $y'=u-y$。

5.15 求等周问题的极值曲线，若泛函为 $J[y]=\int_0^1 y'^2\,\mathrm{d}x$，边界条件为 $y(0)=0$，$y(1)=\dfrac{1}{4}$，服从等周条件 $\int_0^1(y-y'^2)\,\mathrm{d}x=\dfrac{1}{12}$。

5.16 求泛函 $J[y]=\int_0^{\pi}(y'^2-y^2)\,\mathrm{d}x$ 的极值曲线，等周条件为 $\int_0^{\pi}y\,\mathrm{d}x=\dfrac{\pi}{2}$，边界条件为 $y(0)=0$，$y(\pi)=1$。

习题 5.13 答案　　习题 5.14 答案　　习题 5.15 答案　　习题 5.16 答案

5.17 求泛函 $J[y]=\int_{-1}^{1}(y'^2-k^2y^2)\,\mathrm{d}x$ 极小问题的解，边界条件为 $y(-1)=y(1)=0$，附加条件为 $\int_{-1}^{1}y^2\,\mathrm{d}x=1$。

5.18 设已知函数 $f(x,y)\in C(D)$，$\sigma(\Gamma)$、$p(\Gamma)\in C(\Gamma)$，Γ 为 D 的边界。试写出混合型泛函

$$J[u]=\iint_D[(u_x^2+u_y^2)+2f(x,y)u]\,\mathrm{d}x\,\mathrm{d}y+\int_{\Gamma}[\sigma(\Gamma)u^2+2p(\Gamma)u]\,\mathrm{d}\Gamma$$

的欧拉方程和自然边界条件。

5.19 设已知函数 $p(x,y)\in C^1(D)$，$q(x,y)$，$f(x,y)\in C(D)$，$\sigma(\Gamma)\in C(\Gamma)$，$\Gamma$ 为 D 的边界。试写出混合型泛函

$$J[u]=\iint_D[p(x,y)(u_x^2+u_y^2)+q(x,y)u^2-2f(x,y)u]\,\mathrm{d}x\,\mathrm{d}y+\int_{\Gamma}\sigma(\Gamma)u^2\,\mathrm{d}\Gamma$$

的欧拉方程和自然边界条件。

5.20 试求声场泛函 $J=\dfrac{1}{2}\iiint_V\left(|\nabla p|^2-k^2p^2-2\mathrm{i}\,\omega\rho qp\right)\mathrm{d}V+\dfrac{1}{2}\iint_S\dfrac{\mathrm{i}\omega\rho}{Z}p^2\,\mathrm{d}S$ 的欧拉方程及相应的边界条件。

习题 5.17 答案　　习题 5.18 答案　　习题 5.19 答案　　习题 5.20 答案

5.21 求泛函 $J=\frac{1}{2}\iiint_V\left(\varepsilon|\nabla\varphi|^2-2\rho\varphi\right)\mathrm{d}V+\frac{1}{2}\oiint_S\varepsilon(f_1\varphi^2-2f_2\varphi)\mathrm{d}S$ 的欧拉方程和边界条件，式中，ε 为常数。

5.22 设 Γ 为区域 D 的固定边界，试求泛函

$$J[u]=\iint_D(u_x^2+u_y^2+u_x\varphi+u_y\psi)\mathrm{d}x\mathrm{d}y$$

的欧拉方程和自然边界条件，式中，φ、ψ 都属于 $C^1(D)$。

习题 5.21 答案　　习题 5.22 答案

第 6 章　参数形式的变分问题

前面几章所研究的泛函的极值曲线都是用显函数形式表示的，每条极值曲线与平行于 Oy 轴的直线只能有一个交点，这个限制缩小了所研究的范围，如果采用参数形式来表示曲线，就可摆脱这种限制，为多值函数的研究提供方便。本章讨论固定边界和可动边界参数形式的变分问题及实现条件。

6.1　曲线的参数形式及齐次条件

考察等周问题，设闭曲线的长度是 L，其参数方程为

$$x = x(t)\text{，}\quad y = y(t)\quad (t_0 \leqslant t \leqslant t_1) \tag{6-1-1}$$

式中，函数 $x(t)$、$y(t)$ 连续可微，且 $x(t_0) = x(t_1)$，$y(t_0) = y(t_1)$。

这条曲线所围成的面积为

$$A = \frac{1}{2}\oint_L (x\,\mathrm{d}y - y\,\mathrm{d}x) = \frac{1}{2}\oint_L (x\dot{y} - y\dot{x})\,\mathrm{d}t \tag{6-1-2}$$

这条曲线的长度可表示为

$$L = \int_{t_0}^{t_1} \sqrt{\dot{x}^2(t) + \dot{y}^2(t)}\,\mathrm{d}t \tag{6-1-3}$$

面积 A 是两个函数 $x(t)$ 和 $y(t)$ 的泛函，只与曲线形状有关，与参数表示形式无关。一般情况下，对于这种含有两个函数的泛函，当同一条曲线用不同参数形式表示时，泛函的值也不同。例如，含有两个函数的泛函

$$J[x(t), y(t)] = \int_0^1 \dot{x}(t)\dot{y}(t)\,\mathrm{d}t \tag{6-1-4}$$

对于过坐标原点的直线段，如果用直角坐标方程表示，它只有一种形式，即 $y = kx$（$0 \leqslant x \leqslant 1$），但用参数表示则有无穷多种形式，例如

$$x = t^n\text{，}\quad y = kt^n\quad (0 \leqslant t \leqslant 1\text{；}\ n = 1, 2, \cdots) \tag{6-1-5}$$

将式(6-1-5)代入式(6-1-4)，得

$$J[x(t), y(t)] = \int_0^1 nt^{n-1}knt^{n-1}\,\mathrm{d}t = \frac{kn^2}{2n-1} \tag{6-1-6}$$

泛函的值随 n 而变。由此可见，对于一般含有多个函数的泛函，其值不仅与曲线形状有关，而且与该曲线的参数选择也有关。因此，有必要讨论两个函数的泛函的被积函数 F 具有什么性质时，该泛函的值只与曲线本身的形状有关，而与该曲线的参数选择无关。这就涉及齐次函数的概念。

具有 $f(x, y, k\dot{x}, k\dot{y}) = k^n f(x, y, \dot{x}, \dot{y})$ 性质的函数称为关于 $\dot{x}$、$\dot{y}$ 的 n **次齐次函数**或**齐次函数**。如果 k 是正数，则这样的函数称为关于 $\dot{x}$、$\dot{y}$ 的**正** n **次齐次函数**。

如果 x、y 表示为 t 的函数

$$x = x(t)\text{，}\quad y = y(t)\quad (t_0 \leqslant t \leqslant t_1) \tag{6-1-7}$$

则泛函 $J[y(x)] = \int_{x_0}^{x_1} F(x, y, y')\,\mathrm{d}x$ 可表示为

$$J[x(t),y(t)]=\int_{t_0}^{t_1}F(x(t),y(t),\dot{x}(t),\dot{y}(t))\,\mathrm{d}t \tag{6-1-8}$$

式中，$F(x(t),y(t),\dot{x}(t),\dot{y}(t))=F(x,y,y')$ 是关于 $\dot{x}(t)=\dfrac{\mathrm{d}x}{\mathrm{d}t}$ 和 $\dot{y}(t)=\dfrac{\mathrm{d}y}{\mathrm{d}t}$ 的一次齐次函数。

定理 6.1.1 设 F 是关于 $x_1,x_2,\cdots,x_m$ 的 n 次齐次函数，即

$$F(kx_1,kx_2,\cdots,kx_m)=k^nF(x_1,x_2,\cdots,x_m) \tag{6-1-9}$$

且有一阶连续导数，则有

$$\sum_{i=1}^{m}x_iF_{x_i}(x_1,x_2,\cdots,x_m)=nF(x_1,x_2,\cdots,x_m) \tag{6-1-10}$$

证 将式(6-1-9)两边对 k 取偏导数，然后令 $k=1$，即可得到式(6-1-10)。证毕。

定理 6.1.1 称为**欧拉齐次函数定理**，该定理可推广到更一般的情形。

定理 6.1.2 若式(6-1-8)的被积函数 $F(x(t),y(t),\dot{x}(t),\dot{y}(t))$ 不显含 t，且对于 $\dot{x}(t)$、$\dot{y}(t)$ 是一次齐次函数，则泛函的形式与参数的选择无关。

证 因 $F(x(t),y(t),\dot{x}(t),\dot{y}(t))$ 是关于 $\dot{x}(t)$、$\dot{y}(t)$ 的一次齐次函数，故有

$$F(x(t),y(t),k\dot{x}(t),k\dot{y}(t))=kF(x(t),y(t),\dot{x}(t),\dot{y}(t))\quad(k\neq 0) \tag{6-1-11}$$

引入新的参数 τ，并令 $t=\varphi(\tau)$，且 $\dot{\varphi}(\tau)\neq 0$，代入式(6-1-1)，得

$$x=x(\tau),\quad y=y(\tau)\quad(\tau_0\leqslant\tau\leqslant\tau_1) \tag{6-1-12}$$

且有

$$\begin{cases}\dfrac{\mathrm{d}x}{\mathrm{d}\tau}=\dfrac{\mathrm{d}x}{\mathrm{d}t}\dfrac{\mathrm{d}t}{\mathrm{d}\tau}=\dot{x}\dot{\varphi}(\tau)\\[2ex]\dfrac{\mathrm{d}y}{\mathrm{d}\tau}=\dfrac{\mathrm{d}y}{\mathrm{d}t}\dfrac{\mathrm{d}t}{\mathrm{d}\tau}=\dot{y}\dot{\varphi}(\tau)\end{cases} \tag{6-1-13}$$

将式(6-1-12)和式(6-1-13)代入式(6-1-8)，可得

$$\begin{aligned}J[x(t),y(t)]&=\int_{t_0}^{t_1}F(x(t),y(t),\dot{x}(t),\dot{y}(t))\,\mathrm{d}t\\&=\int_{\tau_0}^{\tau_1}F\left(x(\tau),y(\tau),\frac{\dot{x}(\tau)}{\dot{\varphi}(\tau)},\frac{\dot{y}(\tau)}{\dot{\varphi}(\tau)}\right)\dot{\varphi}(\tau)\,\mathrm{d}\tau\\&=\int_{\tau_0}^{\tau_1}F(x(\tau),y(\tau),\dot{x}(\tau),\dot{y}(\tau))\,\mathrm{d}\tau\end{aligned} \tag{6-1-14}$$

证毕。

定理 6.1.2 可以推广到 n 维空间曲线的情形。例如，含有两个积分变量的泛函为

$$J=\int_{t_0}^{t_1}F(x,y,u,u_x,u_y)\,\mathrm{d}x\,\mathrm{d}y \tag{6-1-15}$$

式中，积分变量 x、y 和函数 u 可表示为两个参数 ξ 和 η 的函数，且雅可比行列式

$$J(x,y)=\frac{\partial(x,y)}{\partial(\xi,\eta)}=\begin{vmatrix}x_\xi & x_\eta\\ y_\xi & y_\eta\end{vmatrix}=x_\xi y_\eta-x_\eta y_\xi \tag{6-1-16}$$

不为零，则有

$$u_x=\frac{\partial(y,u)}{\partial(\xi,\eta)}=-\frac{u_\xi y_\eta-u_\eta y_\xi}{x_\xi y_\eta-x_\eta y_\xi}=-\frac{J(y,u)}{J(x,y)},\quad u_y=-\frac{\partial(u,x)}{\partial(\xi,\eta)}=-\frac{u_\xi x_\eta-u_\eta x_\xi}{x_\xi y_\eta-x_\eta y_\xi}=-\frac{J(u,x)}{J(x,y)} \tag{6-1-17}$$

这样泛函可写成

$$
\begin{aligned}
J &= \int_{t_0}^{t_1} F(x,y,u,u_x,u_y)\,\mathrm{d}x\,\mathrm{d}y \\
&= \int_{t_0}^{t_1} F\left(x,y,u,-\frac{\partial(y,u)/\partial(\xi,\eta)}{\partial(x,y)/\partial(\xi,\eta)},-\frac{\partial(u,x)/\partial(\xi,\eta)}{\partial(x,y)/\partial(\xi,\eta)}\right)\frac{\partial(x,y)}{\partial(\xi,\eta)}\mathrm{d}\xi\,\mathrm{d}\eta \\
&= \int_{t_0}^{t_1} G\left(x,y,u,\frac{\partial(y,u)}{\partial(\xi,\eta)},\frac{\partial(u,x)}{\partial(\xi,\eta)},\frac{\partial(x,y)}{\partial(\xi,\eta)}\right)\mathrm{d}\xi\,\mathrm{d}\eta
\end{aligned}
\tag{6-1-18}
$$

式中，被积函数G为后三个雅可比行列式的一次齐次函数。

6.2 参数形式的等周问题和测地线

若式(6-1-8)的极值曲线为$x = x(t)$，$y = y(t)$，则它应满足欧拉方程组

$$
\begin{cases}
F_x - \dfrac{\mathrm{d}}{\mathrm{d}t}F_{\dot{x}} = 0 \\
F_y - \dfrac{\mathrm{d}}{\mathrm{d}t}F_{\dot{y}} = 0
\end{cases}
\tag{6-2-1}
$$

注意，这一对方程不是相互独立的，它们可归结为一个方程。下面来证明这个事实并找出它们之间的关系。

由于F是$\dot{x}(t)$、$\dot{y}(t)$的一次齐次函数，故对于任意一个参数k，它都有齐次关系式

$$
F(x,y,k\dot{x},k\dot{y}) = kF(x,y,\dot{x},\dot{y}) \tag{6-2-2}
$$

根据欧拉齐次函数定理，将式(6-2-2)两边对k取偏导数，然后令$k=1$，有

$$
F = \dot{x}F_{\dot{x}} + \dot{y}F_{\dot{y}} \tag{6-2-3}
$$

将式(6-2-3)分别对x、y、$\dot{x}$和$\dot{y}$求导，可得如下恒等式

$$
\begin{aligned}
&F_x = \dot{x}F_{x\dot{x}} + \dot{y}F_{x\dot{y}},\quad F_y = \dot{x}F_{y\dot{x}} + \dot{y}F_{y\dot{y}} \\
&0 = \dot{x}F_{\dot{x}\dot{x}} + \dot{y}F_{\dot{x}\dot{y}},\quad 0 = \dot{x}F_{\dot{x}\dot{y}} + \dot{y}F_{\dot{y}\dot{y}}
\end{aligned}
\tag{6-2-4}
$$

从式(6-2-4)后两个等式可得

$$
\frac{F_{\dot{x}\dot{x}}}{\dot{y}^2} = -\frac{F_{\dot{x}\dot{y}}}{\dot{x}\dot{y}} = \frac{F_{\dot{y}\dot{y}}}{\dot{x}^2} = F_1(x,y,\dot{x},\dot{y}) \tag{6-2-5}
$$

式中，$F_1 = F_1(x,y,\dot{x},\dot{y})$为比值，它是关于$\dot{x}$、$\dot{y}$的负三次正齐次函数。

事实上，每对$\dot{x}$、$\dot{y}$求导一次，齐次函数的次数就降低一次，因此$F_{\dot{x}}$、$F_{\dot{y}}$是零次齐次函数，$F_{\dot{x}\dot{x}}$、$F_{\dot{x}\dot{y}}$和$F_{\dot{y}\dot{y}}$是负一次齐次函数。又因为F_1是由负一次齐次函数除以二次齐次函数得来，故F_1是负三次的正齐次函数。

式(6-2-1)可写成

$$
\begin{cases}
F_x - \dfrac{\mathrm{d}}{\mathrm{d}t}F_{\dot{x}} = \dot{x}F_{x\dot{x}} + \dot{y}F_{x\dot{y}} - \dot{x}F_{x\dot{x}} - \dot{y}F_{\dot{x}y} - \ddot{x}F_{\dot{x}\dot{x}} - \ddot{y}F_{\dot{x}\dot{y}} = 0 \\
F_y - \dfrac{\mathrm{d}}{\mathrm{d}t}F_{\dot{y}} = \dot{x}F_{\dot{x}y} + \dot{y}F_{y\dot{y}} - \dot{x}F_{x\dot{y}} - \dot{y}F_{y\dot{y}} - \ddot{x}F_{\dot{x}\dot{y}} - \ddot{y}F_{\dot{y}\dot{y}} = 0
\end{cases}
\tag{6-2-6}
$$

将式(6-2-6)中的$F_{\dot{x}\dot{x}}$、$F_{\dot{x}\dot{y}}$及$F_{\dot{y}\dot{y}}$进行代换，则有

$$
\begin{cases}
F_x - \dfrac{\mathrm{d}}{\mathrm{d}t}F_{\dot{x}} = (\dot{x}F_{x\dot{x}} + \dot{y}F_{x\dot{y}}) - (\dot{x}F_{x\dot{x}} + \dot{y}F_{y\dot{x}} + \ddot{x}F_{\dot{x}\dot{x}} + \ddot{y}F_{\dot{x}\dot{y}}) \\
\qquad = \dot{y}[F_{x\dot{y}} - F_{\dot{x}y} + (\dot{x}\ddot{y} - \ddot{x}\dot{y})F_1] = 0 \\
F_y - \dfrac{\mathrm{d}}{\mathrm{d}t}F_{\dot{y}} = (\dot{x}F_{y\dot{x}} + \dot{y}F_{y\dot{y}}) - (\dot{x}F_{x\dot{y}} + \dot{y}F_{y\dot{y}} + \ddot{x}F_{\dot{x}\dot{y}} + \ddot{y}F_{\dot{y}\dot{y}}) \\
\qquad = -\dot{x}[F_{x\dot{y}} - F_{\dot{x}y} + (\dot{x}\ddot{y} - \ddot{x}\dot{y})F_1] = 0
\end{cases}
\tag{6-2-7}
$$

因 $\dot{x}$ 和 $\dot{y}$ 不能同时为零，所以式(6-2-1)等价于下面一个方程

$$
F_{x\dot{y}} - F_{\dot{x}y} + (\dot{x}\ddot{y} - \ddot{x}\dot{y})F_1 = 0 \tag{6-2-8}
$$

式(6-2-8)称为**欧拉方程的魏尔斯特拉斯形式**。

将 y 对 x 的导数写成参数的形式，有

$$
y' = \frac{\mathrm{d}y}{\mathrm{d}x} = \frac{\dfrac{\mathrm{d}y}{\mathrm{d}t}}{\dfrac{\mathrm{d}x}{\mathrm{d}t}} = \frac{\dot{y}}{\dot{x}} \tag{6-2-9}
$$

$$
y'' = \frac{\mathrm{d}^2 y}{\mathrm{d}x^2} = \frac{\dot{x}\ddot{y}\dfrac{\mathrm{d}t}{\mathrm{d}x} - \dot{y}\ddot{x}\dfrac{\mathrm{d}t}{\mathrm{d}x}}{\dot{x}^2} = \frac{\dot{x}\ddot{y} - \dot{y}\ddot{x}}{\dot{x}^3} \tag{6-2-10}
$$

又极值曲线的曲率半径 R 可表示为

$$
-\frac{1}{R} = \frac{y''}{(1 + y'^2)^{\frac{3}{2}}} = \frac{\dot{x}\ddot{y} - \dot{y}\ddot{x}}{(\dot{x}^2 + \dot{y}^2)^{\frac{3}{2}}} \tag{6-2-11}
$$

将式(6-2-11)代入式(6-2-8)，则 R 可写成

$$
-\frac{1}{R} = \frac{F_{\dot{x}y} - F_{x\dot{y}}}{(\dot{x}^2 + \dot{y}^2)^{\frac{3}{2}} F_1} \tag{6-2-12}
$$

式(6-2-12)也称为**欧拉方程的魏尔斯特拉斯形式**。

例 6.2.1 在围成面积一定的所有封闭曲线中，试求长度为极小的曲线。

解 设 $x = x(t)$，$y = y(t)$，$t_0 \leqslant t \leqslant t_1$ 是任意一条封闭曲线方程。在格林公式中，取 $P = -y$，$Q = x$，即得所围区域 D 的面积

$$
A = \iint_D \mathrm{d}x\,\mathrm{d}y = \frac{1}{2}\oint_\Gamma (x\,\mathrm{d}y - y\,\mathrm{d}x) = \frac{1}{2}\int_{t_0}^{t_1} (x\dot{y} - \dot{x}y)\,\mathrm{d}t \tag{1}
$$

去掉式(1)中的常数 $\frac{1}{2}$ 后，不会影响所讨论问题的性质。

曲线的长度为

$$
L = \int_{t_0}^{t_1} \sqrt{\dot{x}^2 + \dot{y}^2}\,\mathrm{d}t \tag{2}
$$

作辅助泛函

$$
J = \int_{t_0}^{t_1} \left[\sqrt{\dot{x}^2 + \dot{y}^2} + \lambda(x\dot{y} - \dot{x}y) \right] \mathrm{d}t \tag{3}
$$

因为 $F = \sqrt{\dot{x}^2 + \dot{y}^2} + \lambda(x\dot{y} - \dot{x}y)$，所以

$$
F_x = \lambda\dot{y},\ F_{x\dot{y}} = \lambda,\ F_y = -\lambda\dot{x},\ F_{\dot{x}} = \frac{\dot{x}}{\sqrt{\dot{x}^2 + \dot{y}^2}} - \lambda y,
$$

$$F_{\dot{x}\dot{y}} = -\frac{\dot{x}\dot{y}}{(\dot{x}^2+\dot{y}^2)^{\frac{3}{2}}}, \quad F_1 = -\frac{F_{\dot{x}\dot{y}}}{\dot{x}\dot{y}} = \frac{1}{(\dot{x}^2+\dot{y}^2)^{\frac{3}{2}}} \tag{4}$$

将以上所求结果代入式(6-2-12)，得

$$-\frac{1}{R} = \frac{\lambda-(-\lambda)}{(\dot{x}^2+\dot{y}^2)^{\frac{3}{2}}(\dot{x}^2+\dot{y}^2)^{-\frac{3}{2}}} = 2\lambda \quad (\lambda<0) \tag{5}$$

这个结果说明所求的封闭曲线的曲率是常数，即长度极小的曲线是个圆。

例 6.2.2 求泛函 $J[y]=\int_{(0,0)}^{(x_1,y_1)} y^2 y'^2 \, \mathrm{d}x$ 的极值曲线。

解 设极值曲线的参数方程为 $x=x(t)$，$y=y(t)$，此时被积函数可写成 $y^2\dot{y}^2\dot{x}^{-1}$，它是关于 $\dot{x}$ 和 $\dot{y}$ 的正一次齐次函数。式(6-2-1)的第一个方程为

$$\frac{\mathrm{d}}{\mathrm{d}t}(y^2\dot{y}^2\dot{x}^{-2})=0$$

或

$$y^2\dot{y}^2 = c_1^2\dot{x}^2$$

积分，得

$$y^2 = 2c_1x + c_2$$

由边界条件 $y(0)=0$，$y(x_1)=y_1$，可得 $c_2=0$，$c_1=\frac{y_1^2}{2x_1}$，故极值曲线为

$$y^2 = \frac{y_1^2}{x_1}x$$

它是过坐标原点且对称于 x 轴的一条抛物线。

例 6.2.3 求泛函 $J[x,y]=\int_{(-1,0)}^{(1,0)}\left(k\sqrt{\dot{x}^2+\dot{y}^2}-\dot{x}y\right)\mathrm{d}t$ 的极值曲线。

解 令被积函数 $F=k\sqrt{\dot{x}^2+\dot{y}^2}-\dot{x}y$，它对 $\dot{x}$ 和 $\dot{y}$ 是正一次齐次函数，将其对 $\dot{x}$ 求两次偏导数，得

$$F_{\dot{x}} = k\frac{\dot{x}}{\sqrt{\dot{x}^2+\dot{y}^2}} - y, \quad F_{\dot{x}\dot{x}} = k\frac{\dot{y}^2}{(\dot{x}^2+\dot{y}^2)^{\frac{3}{2}}}$$

若用欧拉方程的魏尔斯特拉斯形式，则有

$$F_1 = \frac{F_{\dot{x}\dot{x}}}{\dot{y}^2} = \frac{k}{(\dot{x}^2+\dot{y}^2)^{\frac{3}{2}}}, \quad F_{x\dot{y}}=0, \quad F_{\dot{x}y}=-1$$

将上面结果代入曲率半径公式，得 $R=k$。

例 6.2.4 飞机以定常速率 v 沿水平方向飞行，若风速大小及方向都恒定且为 v_w，$v_w<v$，试问飞机应绕什么样的闭曲线飞行，才能使它在给定的时间 T 内绕过最大的面积？

解 取 Ox 轴与风向一致，用 α 表示飞机的速度方向与 Ox 轴正向间的夹角。设飞机的运动方程为

$$\begin{cases} x=x(t) \\ y=y(t) \end{cases} \quad (0\leqslant t\leqslant T) \tag{1}$$

由于飞机以定常速率飞行，所以它在 x、y 方向的速度为

$$\dot{x}(t) = v\cos\alpha + v_w, \quad \dot{y}(t) = v\sin\alpha \tag{2}$$

式中，飞机速度与 x 轴方向的夹角 $\alpha=\alpha(t)$ 是变化的。

飞机飞行时间 T 后形成封闭曲线 $\varGamma$，而这条封闭曲线所围成的面积为

$$J=\frac{1}{2}\oint_{\varGamma}(x\,\mathrm{d}y-y\,\mathrm{d}x)=\frac{1}{2}\oint_{\varGamma}(x\dot{y}-y\dot{x})\,\mathrm{d}t \tag{3}$$

于是，问题化为在式(2)下，求式(3)的极大值。

作辅助泛函

$$J^*=\frac{1}{2}\oint_{\varGamma}F^*\,\mathrm{d}t=\frac{1}{2}\oint_{\varGamma}[(x\dot{y}-y\dot{x})+\lambda_1(t)(\dot{x}-v\cos\alpha-v_w)+\lambda_2(t)(\dot{y}-v\sin\alpha)]\,\mathrm{d}t \tag{4}$$

其欧拉方程组为

$$F_x^*-\frac{\mathrm{d}}{\mathrm{d}t}F_{\dot{x}}^*=0，或\ \dot{y}-\frac{\mathrm{d}}{\mathrm{d}t}(-y+\lambda_1)=0，即$$

$$2\dot{y}-\dot{\lambda}_1=0 \tag{5}$$

$$F_y^*-\frac{\mathrm{d}}{\mathrm{d}t}F_{\dot{y}}^*=0，或\ -\dot{x}-\frac{\mathrm{d}}{\mathrm{d}t}(x+\lambda_2)=0，即$$

$$2\dot{x}+\dot{\lambda}_2=0 \tag{6}$$

$$F_\alpha^*-\frac{\mathrm{d}}{\mathrm{d}t}F_{\dot{\alpha}}^*=0，或\ \lambda_1\sin\alpha-\lambda_2\cos\alpha=0，即$$

$$\tan\alpha=\frac{\lambda_2}{\lambda_1} \tag{7}$$

对式(5)和式(6)积分，得

$$2x+\lambda_2=c_2，\ 2y-\lambda_1=c_1 \tag{8}$$

平移坐标原点，使式(8)中的 c_1、c_2 为零，这样做并不改变曲线的形状，于是

$$x=-\frac{\lambda_2}{2}，\ y=\frac{\lambda_1}{2} \tag{9}$$

将直角坐标转换成极坐标 (r,θ)，由于 $r^2=x^2+y^2$，$\tan\theta=\dfrac{y}{x}$，故有 $\tan\theta=-\dfrac{\lambda_1}{\lambda_2}$，$\tan\alpha\tan\theta=-1$。从而可知飞机飞行方向与矢径方向垂直，故有 $\tan\alpha=-\cot\theta=\tan\left(\dfrac{\pi}{2}+\theta\right)$，即 $\alpha=\dfrac{\pi}{2}+\theta$。代入式(2)，得

$$\dot{x}(t)=v_w-v\sin\theta，\ \dot{y}(t)=v\cos\theta \tag{10}$$

将式(10)的前一式乘以 x，后一式乘以 y，然后两式相加，注意到 $x=r\cos\theta$，$y=r\sin\theta$，得

$$x\dot{x}+y\dot{y}=r\cos\theta(v_w-v\sin\theta)+r\sin\theta v\cos\theta=v_w r\cos\theta \tag{11}$$

又

$$\frac{1}{2}\frac{\mathrm{d}}{\mathrm{d}t}(x^2+y^2)=\frac{1}{2}\frac{\mathrm{d}}{\mathrm{d}t}r^2=r\frac{\mathrm{d}}{\mathrm{d}t}r=x\dot{x}+y\dot{y}=v_w r\cos\theta \tag{12}$$

将式(10)代入式(12)，得

$$\frac{\mathrm{d}r}{\mathrm{d}t}=\frac{v_w}{v}\frac{\mathrm{d}y}{\mathrm{d}t} \tag{13}$$

式(13)积分，得 $r=\dfrac{v_w}{v}y+c$，将 $y=r\sin\theta$ 代入前面的积分结果，得

$$r = \frac{c}{1 - \dfrac{v_w}{v}\sin\theta} \tag{14}$$

这是焦点在原点的圆锥曲线方程，$\dfrac{v_w}{v}$为离心率。因为飞机的速度v大于风速v_w，即$\dfrac{v_w}{v}<1$，故式(14)是离心率为$\dfrac{v_w}{v}$，长轴在Oy轴上的椭圆，如图 6-2-1 所示。于是飞机最大飞行面积是椭圆，它的长轴垂直于风向，离心率等于风速与飞机速度之比，并且飞行方向垂直于椭圆的焦半径。

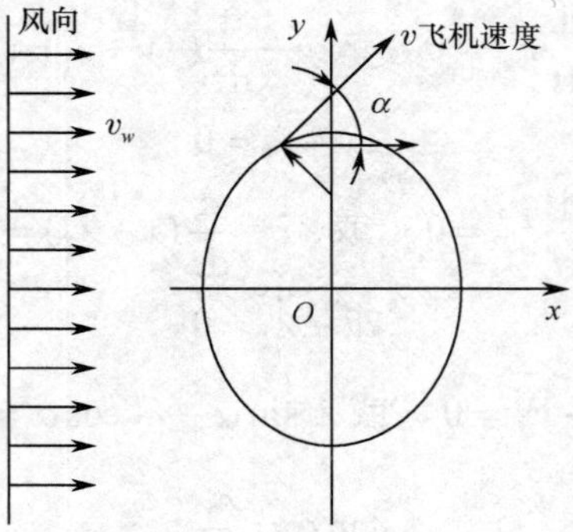

图 6-2-1　飞机飞行图

由式(3-6-14)和式(3-6-16)可知，使泛函J取极小值的必要条件是二次变分不负，也就是二次型

$$A = F_{\dot{x}\dot{x}}(\delta\dot{x})^2 + 2F_{\dot{x}\dot{y}}\delta\dot{x}\delta\dot{y} + F_{\dot{y}\dot{y}}(\delta\dot{y})^2 \geqslant 0 \tag{6-2-13}$$

成立。由式(6-2-5)得

$$A = F_1(\dot{y}\delta\dot{x} - \dot{x}\delta\dot{y})^2 \geqslant 0 \tag{6-2-14}$$

此时条件$A \geqslant 0$转化为条件$F_1 \geqslant 0$。从而得到下面定理：

定理 6.2.1　泛函取得极小值的必要条件是$F_1 \geqslant 0$。

设曲面Σ由向量方程

$$\boldsymbol{r} = \boldsymbol{r}(u,v) \tag{6-2-15}$$

给出，其中向量函数$\boldsymbol{r}(u,v)$有连续的偏导函数$\boldsymbol{r}_u$与$\boldsymbol{r}_v$，且$\boldsymbol{r}_u \times \boldsymbol{r}_v \neq 0$。再设$\Gamma$为$\Sigma$上的一条曲线，它表示为

$$u = u(t), \quad v = v(t) \quad (t_0 \leqslant t \leqslant t_1) \tag{6-2-16}$$

对于式(6-2-15)，有

$$\mathrm{d}\boldsymbol{r} = \boldsymbol{r}_u\,\mathrm{d}u + \boldsymbol{r}_v\,\mathrm{d}v \tag{6-2-17}$$

若用s表示Γ的弧长，则有

$$(\mathrm{d}s)^2 = (\mathrm{d}\boldsymbol{r})^2 = (\mathrm{d}\boldsymbol{r})\cdot(\mathrm{d}\boldsymbol{r}) = \boldsymbol{r}_u^2(\mathrm{d}u)^2 + 2\boldsymbol{r}_u\cdot\boldsymbol{r}_v\,\mathrm{d}u\,\mathrm{d}v + \boldsymbol{r}_v^2(\mathrm{d}v)^2 \tag{6-2-18}$$

令

$$E = \boldsymbol{r}_u^2, \quad F = \boldsymbol{r}_u\cdot\boldsymbol{r}_v, \quad G = \boldsymbol{r}_v^2 \tag{6-2-19}$$

则式(6-2-18)可写成

$$\varphi_1 = (\mathrm{d}s)^2 = (\mathrm{d}\boldsymbol{r})^2 = E(\mathrm{d}u)^2 + 2F\,\mathrm{d}u\,\mathrm{d}v + G(\mathrm{d}v)^2 \tag{6-2-20}$$

式(6-2-20)称为曲面Σ的**第一基本齐式**或**第一基本微分形式**。由式(6-2-19)可知，第一基

本齐式中的系数 E 、F 和 G 是 u 和 v 的函数，这三个系数称为曲面 Σ 的**第一类基本量或度量张量**。

于是，Γ 的弧长为

$$J[u,v]=\int_{t_0}^{t_1}\frac{\mathrm{d}s}{\mathrm{d}t}\mathrm{d}t=\int_{t_0}^{t_1}\sqrt{E\dot{u}^2+2F\dot{u}\dot{v}+G\dot{v}^2}\,\mathrm{d}t \tag{6-2-21}$$

式(6-2-21)的欧拉方程组有下列形式

$$\begin{cases}\dfrac{E_u\dot{u}^2+2F_u\dot{u}\dot{v}+G_u\dot{v}^2}{\sqrt{E\dot{u}^2+2F\dot{u}\dot{v}+G\dot{v}^2}}-\dfrac{\mathrm{d}}{\mathrm{d}t}\dfrac{2(E\dot{u}+F\dot{v})}{\sqrt{E\dot{u}^2+2F\dot{u}\dot{v}+G\dot{v}^2}}=0\\ \dfrac{E_v\dot{u}^2+2F_v\dot{u}\dot{v}+G_v\dot{v}^2}{\sqrt{E\dot{u}^2+2F\dot{u}\dot{v}+G\dot{v}^2}}-\dfrac{\mathrm{d}}{\mathrm{d}t}\dfrac{2(F\dot{u}+G\dot{v})}{\sqrt{E\dot{u}^2+2F\dot{u}\dot{v}+G\dot{v}^2}}=0\end{cases} \tag{6-2-22}$$

例 6.2.5 在半径为 R 的球面上求连接已知两点的短程线(测地线)。

解 取 r 、θ 、φ 为球面坐标，其中 φ 为矢径 $\boldsymbol{r}$ 与 z 轴的夹角。设 $\theta=\theta(\varphi)$ 为所求曲线的方程，则有

$$\boldsymbol{r}=\boldsymbol{r}(\theta,\varphi)=x(\theta,\varphi)\boldsymbol{i}+y(\theta,\varphi)\boldsymbol{j}+z(\theta,\varphi)\boldsymbol{k}=R(\cos\theta\sin\varphi\boldsymbol{i}+\sin\theta\sin\varphi\boldsymbol{j}+\cos\varphi\boldsymbol{k}) \tag{1}$$

$$\boldsymbol{r}_\theta=R(-\sin\theta\sin\varphi\boldsymbol{i}+\cos\theta\sin\varphi\boldsymbol{j}) \tag{2}$$

$$\boldsymbol{r}_\phi=R(\cos\theta\cos\varphi\boldsymbol{i}+\cos\theta\cos\varphi\boldsymbol{j}-\sin\varphi\boldsymbol{k}) \tag{3}$$

$$E=\boldsymbol{r}_\theta\cdot\boldsymbol{r}_\theta=\boldsymbol{r}_\theta^2=R^2\sin^2\varphi\text{，}\quad F=\boldsymbol{r}_\theta\cdot\boldsymbol{r}_\varphi=0\text{，}\quad G=\boldsymbol{r}_\varphi\cdot\boldsymbol{r}_\varphi=\boldsymbol{r}_\varphi^2=R^2 \tag{4}$$

由式(6-2-21)，有

$$J[\theta(\varphi)]=R\int_{\varphi_0}^{\varphi_1}\sqrt{\sin^2\varphi(\mathrm{d}\theta)^2+(\mathrm{d}\varphi)^2}=R\int_{\varphi_0}^{\varphi_1}\sqrt{1+\theta'^2\sin^2\varphi}\,\mathrm{d}\varphi \tag{5}$$

因泛函不显含 $\theta(\varphi)$，故其欧拉方程的首次积分为

$$\frac{\theta'\sin^2\varphi}{\sqrt{1+\theta'^2\sin^2\varphi}}=c \tag{6}$$

由式(6)可得

$$\mathrm{d}\theta=\frac{c\,\mathrm{d}\varphi}{\sin\varphi\sqrt{\sin^2\varphi-c^2}}=\frac{c\,\mathrm{d}\varphi}{\sin^2\varphi\sqrt{1-\dfrac{c^2}{\sin^2\varphi}}}=\frac{c\,\mathrm{d}\varphi}{\sin^2\varphi\sqrt{(1-c^2)-c^2\cot^2\varphi}}=\frac{-c\,\mathrm{d}\cot\varphi}{\sqrt{(1-c^2)-c^2\cot^2\varphi}} \tag{7}$$

将式(7)积分，得

$$\theta=\arccos\frac{c\cot\varphi}{\sqrt{1-c^2}}+c_2=\arccos(c_1\cot\varphi)+c_2 \tag{8}$$

式中，$c_1=\dfrac{c}{\sqrt{1-c^2}}$。

于是可得

$$c_1\cot\varphi=\cos(\theta-c_2)=\cos\theta\cos c_2+\sin\theta\sin c_2 \tag{9}$$

或

$$\cos\varphi=A\cos\theta\sin\varphi+B\sin\theta\sin\varphi \tag{10}$$

式中

$$A=\frac{\cos c_2}{c_1},\quad B=\frac{\sin c_2}{c_1} \tag{11}$$

将式(10)两端乘以 R 并转换为直角坐标，有

$$z=Ax+By \tag{12}$$

这是通过球心并沿着大圆与球面相交的平面方程，因而最短曲线(测地线)是球面上大圆的劣弧。

6.3 可动边界参数形式泛函的极值

定理 6.3.1 设给定可取曲线类 C，它们有连续旋转的切线，其端点分别在由方程 $\varphi(x,y)=0$ 和 $\psi(x,y)=0$ 所确定的曲线 C_1 和 C_2 上，且可取曲线类 C 可用参数方程 $x=x(t)$ 和 $y=y(t)$ 表示。

若泛函

$$J[x(t),y(t)]=\int_{t_0}^{t_1}F(x(t),y(t),\dot{x}(t),\dot{y}(t))\,\mathrm{d}t \tag{6-3-1}$$

在所给定的可取曲线类 C 上取得极值，则泛函满足欧拉方程组

$$F_x-\frac{\mathrm{d}}{\mathrm{d}t}F_{\dot{x}}=0,\quad F_y-\frac{\mathrm{d}}{\mathrm{d}t}F_{\dot{y}}=0 \tag{6-3-2}$$

且在曲线类 C 的端点处满足下面关系

$$\frac{F_{\dot{x}}}{\varphi_x}=\frac{F_{\dot{y}}}{\varphi_y}\quad (\text{在位于曲线 } C_1 \text{ 上的端点处}) \tag{6-3-3}$$

$$\frac{F_{\dot{x}}}{\psi_x}=\frac{F_{\dot{y}}}{\psi_y}\quad (\text{在位于曲线 } C_2 \text{ 上的端点处}) \tag{6-3-4}$$

式(6-3-3)和式(6-3-4)均称为**横截(性)条件**、**贯截条件**或**斜截条件**。

如果曲线 C_1 和 C_2 中有一条或两条化为一点即端点固定，则对应的式(6-3-3)和式(6-3-4)就变成了使 C 通过该点的条件。

证 把式(6-3-1)看成空间(t,x,y)中的曲线 $x=x(t)$、$y=y(t)$ 的函数。

设曲线 C：$x=x(t)$、$y=y(t)$ 是 Oxy 平面上任一可取曲线，它与曲线 C_1 和 C_2 相连接。以 Q、Φ 和 Ψ 表示空间(t,x,y)中的三个柱面，它们分别以 Oxy 平面的 C、C_1 和 C_2 为准线，其母线平行于 Ot 轴。

用 $\bar{C}$ 表示空间(t,x,y)中由方程 $x=x(t)$、$y=y(t)$ 所确定的曲线。显然曲线 $\bar{C}$ 属于曲面 Q，并且其端点在曲面 Φ 与 Ψ 上。$\bar{C}$ 在 Oxy 平面的投影是曲线 C。

平面曲线 C 的所有参数表达式将对应于空间(t,x,y)中所有曲线 $\bar{C}$，它们均在柱面 Q 上，并且与 Φ 和 Ψ 上的点联接。由于泛函 $J[C]$ 只依赖于曲线 C 的形状，而不依赖于它的参数表示法，所以空间曲线的泛函

$$J_s[\bar{C}]=\int_{\bar{C}}F(x,y,\dot{x},\dot{y})\,\mathrm{d}t \tag{6-3-5}$$

也只依赖于柱面 Q 的形状。

于是可知，如果曲线 C 使泛函 $J[C]$ 取得极值，则 $J_s[\bar{C}]$ 也取得极值。根据空间曲线泛函极值的基本理论(见 4.2 节)，沿着极值曲线有欧拉方程组

$$F_x-\frac{\mathrm{d}}{\mathrm{d}t}F_{\dot{x}}=0\text{，}\quad F_y-\frac{\mathrm{d}}{\mathrm{d}t}F_{\dot{y}}=0 \tag{6-3-6}$$

并且在端点有横截条件

$$(F-\dot{x}F_{\dot{x}}-\dot{y}F_{\dot{y}})\Big|_{t=t_0}\delta t_0+F_{\dot{x}}\Big|_{t=t_0}\delta x_0+F_{\dot{y}}\Big|_{t=t_0}\delta y_0=0 \tag{6-3-7}$$

$$(F-\dot{x}F_{\dot{x}}-\dot{y}F_{\dot{y}})\Big|_{t=t_1}\delta t_1+F_{\dot{x}}\Big|_{t=t_1}\delta x_1+F_{\dot{y}}\Big|_{t=t_1}\delta y_1=0 \tag{6-3-8}$$

式(6-3-7)和式(6-3-8)可写成统一的形式

$$(F-\dot{x}F_{\dot{x}}-\dot{y}F_{\dot{y}})\delta t+F_{\dot{x}}\delta x+F_{\dot{y}}\delta y=0 \tag{6-3-9}$$

式中，δt、δx和δy是端点在曲线$\bar{C}$上作可能的移动时，端点坐标的改变量。

根据式(6-2-3)可知

$$F-\dot{x}F_{\dot{x}}-\dot{y}F_{\dot{y}}=0 \tag{6-3-10}$$

于是式(6-3-9)可变为

$$F_{\dot{x}}\delta x+F_{\dot{y}}\delta y=0 \tag{6-3-11}$$

在曲线C_1上的端点有$\varphi(x,y)=0$，对其取变分，有

$$\varphi_x\delta x+\varphi_y\delta y=0 \tag{6-3-12}$$

由式(6-3-12)解出δx或δy，将其代入(6-3-11)，注意到δx或δy是任取的，故可解得

$$\frac{F_{\dot{x}}}{\varphi_x}=\frac{F_{\dot{y}}}{\varphi_y} \tag{6-3-13}$$

式(6-3-13)即式(6-3-3)。

同理，对于在曲线C_2上的端点$\psi(x,y)=0$，对其取变分，有

$$\psi_x\delta x+\psi_y\delta y=0 \tag{6-3-14}$$

从而可解得

$$\frac{F_{\dot{x}}}{\psi_x}=\frac{F_{\dot{y}}}{\psi_y} \tag{6-3-15}$$

式(6-3-15)即式(6-3-4)。证毕。

推论 6.3.1 设给定可取曲线类C，它们有连续旋转的切线，其端点分别在由方程$\varphi_i(x,y_i)=0$和$\psi_i(x,y_i)=0$（$i=1,2,\cdots,n$）所确定的曲线C_1和C_2上，且可取曲线类C可用参数方程$x=x(t)$，$y_1=y_1(t)$，$y_2=y_2(t)$，…，$y_n=y_n(t)$表示。

若泛函

$$J[x,y_1,y_2,\cdots,y_n]=\int_{t_0}^{t_1}F(x,y_1,y_2,\cdots,y_n,\dot{x},\dot{y}_1,\dot{y}_2,\cdots,\dot{y}_n)\,\mathrm{d}t \tag{6-3-16}$$

在所给定的可取曲线类C上取得极值，$F(x,y_1,y_2,\cdots,y_n,\dot{x},\dot{y}_1,\dot{y}_2,\cdots,\dot{y}_n)$是$\dot{x}$，$\dot{y}_1$，$\dot{y}_2$，…，$\dot{y}_n$的一次齐次函数，则泛函满足欧拉方程组

$$F_x-\frac{\mathrm{d}}{\mathrm{d}t}F_{\dot{x}}=0\quad F_{y_i}-\frac{\mathrm{d}}{\mathrm{d}t}F_{\dot{y}_i}=0\quad(i=1,2,\cdots,n) \tag{6-3-17}$$

且在曲线C的端点处满足下面关系

$$F_{\dot{x}}=\sum_{i=1}^{n}F_{\dot{y}_i}\frac{\varphi_{ix}}{\varphi_{iy_i}}\quad(\text{在位于曲线}C_1\text{上的端点处}) \tag{6-3-18}$$

$$F_{\dot{x}}=\sum_{i=1}^{n}F_{\dot{y}_i}\frac{\psi_{ix}}{\psi_{iy_i}}\quad(\text{在位于曲线}C_2\text{上的端点处}) \tag{6-3-19}$$

式(6-3-18)和式(6-3-19)均称为**横截(性)条件**、**贯截条件**或**斜截条件**。

如果曲线 C_1 和 C_2 中有一条或两条化为一点即端点固定，则对应的式(6-3-18)和式(6-3-19)就变成了使 C 通过该点的条件。

对于式(6-3-7)，若左端点可沿边界曲线运动且可用 $x_0=\varphi_0(t_0)$ 和 $y_0=\psi_0(t_0)$ 来表示，则有 $\delta x_0=\dot{\varphi}_0(t_0)\delta t_0$ 和 $y_0=\dot{\psi}_0(t_0)\delta t_0$，于是式(6-3-7)简化为

$$[F+(\dot{\varphi}_0-\dot{x})F_{\dot{x}}+(\dot{\psi}_0-\dot{y})F_{\dot{y}}]\Big|_{t=t_0}\delta t_0=0 \tag{6-3-20}$$

由于 δt_0 是任意的，故有

$$[F+(\dot{\varphi}_0-\dot{x})F_{\dot{x}}+(\dot{\psi}_0-\dot{y})F_{\dot{y}}]\Big|_{t=t_0}=0 \tag{6-3-21}$$

同理，对于式(6-3-8)，若右端点可沿边界曲线运动且可用 $x_1=\varphi_1(t_1)$ 和 $y_1=\psi_1(t_1)$ 来表示，则有 $\delta x_1=\dot{\varphi}_1(t_1)\delta t_1$ 和 $y_1=\dot{\psi}_1(t_1)\delta t_1$，于是式(6-3-8)简化为

$$[F+(\dot{\varphi}_1-\dot{x})F_{\dot{x}}+(\dot{\psi}_1-\dot{y})F_{\dot{y}}]\Big|_{t=t_1}=0 \tag{6-3-22}$$

式(6-3-21)和式(6-3-22)都称为式(6-3-1)取得极值的**横截(性)条件**、**贯截条件**或**斜截条件**。

例 6.3.1 试求泛函 $J=\int_{t_0}^{t_1}\left[\frac{1}{2}(x\dot{y}-\dot{x}y)-R\sqrt{\dot{x}^2+\dot{y}^2}\right]\mathrm{d}t$ 的横截条件。

解 令被积函数 $F=\frac{1}{2}(x\dot{y}-\dot{x}y)-R\sqrt{\dot{x}^2+\dot{y}^2}$，分别对 $\dot{x}$ 和 $\dot{y}$ 求偏导数，得

$$F_{\dot{x}}=-\frac{1}{2}y-R\frac{\dot{x}}{\sqrt{\dot{x}^2+\dot{y}^2}} \tag{1}$$

$$F_{\dot{y}}=\frac{1}{2}x-R\frac{\dot{y}}{\sqrt{\dot{x}^2+\dot{y}^2}} \tag{2}$$

设可动边界的方程为 $\varphi(x,y)=0$，则横截条件为

$$\begin{aligned}F_{\dot{x}}\varphi_y-F_{\dot{y}}\varphi_x&=-\frac{1}{2}y\varphi_y-R\frac{\dot{x}\varphi_y}{\sqrt{\dot{x}^2+\dot{y}^2}}-\frac{1}{2}x\varphi_x+R\frac{\dot{y}\varphi_x}{\sqrt{\dot{x}^2+\dot{y}^2}}\\&=-\frac{1}{2}(x\varphi_x+y\varphi_y)+R\frac{\dot{y}\varphi_x-\dot{x}\varphi_y}{\sqrt{\dot{x}^2+\dot{y}^2}}=0\end{aligned} \tag{3}$$

若使式(3)在任何情况下都成立，应有

$$x\varphi_x+y\varphi_y=0 \tag{4}$$

$$\dot{y}\varphi_x-\dot{x}\varphi_y=0 \tag{5}$$

由式(5)解出 φ_x 并代入式(4)，得

$$\left(y+x\frac{\dot{x}}{\dot{y}}\right)\varphi_y=0 \tag{6}$$

但 φ_y 是任取的，故横截条件为

$$x\dot{x}+y\dot{y}=0 \tag{7}$$

因 $\varphi(x,y)=0$ 是任取的，故上式对任意一个可动边界都成立。

例 6.3.2 求泛函 $J[x,y]=\int_{t_0}^{t_1}(\dot{x}\dot{y}+2x^2+2y^2)\mathrm{d}t$ 的极值曲线，边界条件为在 $t_0=0$ 处，$x=0$，$y=0$，而端点 t_1 在固定平面 $t=t_1$ 上可动。

解 令被积函数 $F=\dot{x}\dot{y}+2x^2+2y^2$，泛函的欧拉方程组为

$$\begin{cases}4x-\ddot{y}=0\\4y-\ddot{x}=0\end{cases}\tag{1}$$

或

$$\begin{cases}y^{(4)}-16y=0\\x^{(4)}-16x=0\end{cases}\tag{2}$$

欧拉方程组的特征方程为

$$(r-2)(r+2)(r^2+4)=0\tag{3}$$

欧拉方程组的通解为

$$\begin{cases}x=c_1\sinh(2t)+c_2\cosh(2t)-c_3\cos(2t)-c_4\sin(2t)\\y=c_1\sinh(2t)+c_2\cosh(2t)+c_3\cos(2t)+c_4\sin(2t)\end{cases}\tag{4}$$

利用边界条件，在 $t_0=0$ 处，$x=y=0$，得 $c_2=c_3=0$，于是极值曲线为

$$\begin{cases}x=c_1\sinh(2t)-c_4\sin(2t)\\y=c_1\sinh(2t)+c_4\sin(2t)\end{cases}\tag{5}$$

由于端点 t_1 位于固定平面上，故 $\delta t_1=0$。根据式(6-3-8)，有

$$F_{\dot{x}}\delta x_1+F_{\dot{y}}\delta y_1=0\tag{6}$$

由于 δx_1 和 δy_1 的任意性，则有 $F_{\dot{x}}=0$，$F_{\dot{y}}=0$。于是，在 $t=t_1$ 处，可得 $\dot{x}=0$，$\dot{y}=0$。根据式(5)，有

$$\begin{cases}c_1\cosh(2t_1)-c_4\cos(2t_1)=0\\c_1\cosh(2t_1)+c_4\cos(2t_1)=0\end{cases}\tag{7}$$

由此可见，如果 $\cos(2t_1)\neq0$，那么 $c_1=c_4=0$，于是可得到极值曲线 $x=0$ 和 $y=0$。如果 $\cos(2t_1)=0$ 且 $c_4\neq0$，那么 $c_1=0$，此时，以参数形式表示的极值曲线为

$$\begin{cases}x=-c_4\sin(2t)\\y=c_4\sin(2t)\end{cases}\tag{8}$$

习题 6

6.1 验证下列泛函的值是否与容许曲线的参数形式无关。

(1) $J[x,y,z]=\int_{t_0}^{t_1}\sqrt{\dot{x}^2+\dot{y}^2+\dot{z}^2}\,\mathrm{d}t$；(2) $J[x,y]=\int_{t_0}^{t_1}\sqrt{x\dot{x}\dot{y}^2}\,\mathrm{d}t$；

(3) $J[x,y]=\int_{t_0}^{t_1}(x^2\dot{x}+3xy\dot{y}^2)\,\mathrm{d}t$；(4) $J[x,y]=\int_{t_0}^{t_1}(x\dot{y}+y\dot{x}^2)\,\mathrm{d}t$；

(5) $J[x,y]=\int_{t_0}^{t_1}(x\dot{y}+y\dot{x})^2\,\mathrm{d}t$；(6) $J[x,y]=\int_{t_0}^{t_1}\sqrt{x\dot{y}^2+y\dot{x}^2}\,\mathrm{d}t$。

6.2 试证：封闭曲线 $\varGamma$ 所围成的平面图形面积

$$A=\frac{1}{2}\oint_{\varGamma}(x\,\mathrm{d}y-y\,\mathrm{d}x)$$

与曲线 $\varGamma$ 的参数表示形式无关。

6.3 求泛函 $J[x,y]=\int_{(0,0)}^{(x_1,y_1)}\frac{\dot{y}^2-y^2\dot{x}^2}{\dot{x}}\mathrm{d}t$ 的极值曲线。

6.4 求泛函 $J[x,y]=\int_{(0,0)}^{(1,2)}\frac{\dot{y}^2-3\mathrm{e}^{\frac{\dot{y}}{\dot{x}}}\dot{x}^2}{\dot{x}}\mathrm{d}t$ 的极值曲线。

习题 6.1 答案　　习题 6.2 答案　　习题 6.3 答案　　习题 6.4 答案

6.5 求泛函 $J[x,y]=\int_{(0,1)}^{(1,0)}\left(x\dot{y}-y\dot{x}-2\sqrt{\dot{x}^2+\dot{y}^2}\right)\mathrm{d}t$ 的极值曲线。

6.6 求泛函 $J[x,y]=\int_0^{\frac{\pi}{4}}(\dot{x}\dot{y}+2x^2+2y^2)\mathrm{d}t$ 的极值曲线，边界条件为 $x(0)=y(0)=0$，$x(1)=y(1)=1$。

6.7 一个质点在 $t_0=0$ 到 $t_1=T_1$ 时间内无摩擦地沿着曲面 $\varphi(x,y,z)=0$ 从点 p_0 运动到点 p_1，若这运动能使动能的平均值最小，求证下列等式成立

$$\frac{\frac{\mathrm{d}^2x}{\mathrm{d}t^2}}{\varphi_x}=\frac{\frac{\mathrm{d}^2y}{\mathrm{d}t^2}}{\varphi_y}=\frac{\frac{\mathrm{d}^2z}{\mathrm{d}t^2}}{\varphi_z}$$

6.8 一个质点沿着球面 $x^2+y^2+z^2=R^2$ 从点 $(0,0,R)$ 滑动到点 $(0,0,-R)$，若运动能使动能的平均值最小，求质点的运动路径。

习题 6.5 答案　　习题 6.6 答案　　习题 6.7 答案　　习题 6.8 答案

6.9 求泛函 $J[x,y]=\int_{t_0}^{t_1}\sqrt{\frac{\dot{x}^2+\dot{y}^2}{x-k}}\mathrm{d}t$ 的极值曲线，式中，k 为常数。

6.10 设一光滑曲面 $\varphi(x,y,z)=0$，$A(x_0,y_0,z_0)$、$B(x_1,y_1,z_1)$ 是该曲面上两定点。试证：曲面上连接这两定点的短程线 $x=x(t)$，$y=y(t)$，$z=z(t)$ 满足下面等式

$$\frac{\frac{\mathrm{d}^2x}{\mathrm{d}s^2}\frac{\mathrm{d}s}{\mathrm{d}t}}{\varphi_x}=\frac{\frac{\mathrm{d}^2y}{\mathrm{d}s^2}\frac{\mathrm{d}s}{\mathrm{d}t}}{\varphi_y}=\frac{\frac{\mathrm{d}^2z}{\mathrm{d}s^2}\frac{\mathrm{d}s}{\mathrm{d}t}}{\varphi_z}=\lambda(t)$$

式中，$s=s(t)$ 为弧长，$\mathrm{d}s=\sqrt{\dot{x}^2+\dot{y}^2+\dot{z}^2}\,\mathrm{d}t$。

习题 6.9 答案　　习题 6.10 答案

第 7 章 变分原理

前面各章所讨论的是如何把求泛函的极值问题转化为欧拉方程或奥氏方程的求解问题，在大多数情况下，它们分别对应着常微分方程和偏微分方程的边值问题。但在许多情况下，求解微分方程的边值问题也很困难。把变分问题都归结为微分方程的边值问题有时反而将问题复杂化了。现在考虑相反的问题，如果已经知道一个微分方程的边值问题，那么能否把它转化为某个泛函的极值问题并用近似方法来求解？这就是微分方程变分问题的变分解法，这是一个非常重要而又相当困难的问题。对此，美国数学家弗里德里希斯曾给出证明：对于一个正定算子方程，一定有一个与之等价的泛函极小值问题。换句话说，如果能找到泛函极小值问题的解，也就能找到相应的算子方程的解。把微分方程边值问题转化为与之等价的泛函，即使泛函的欧拉方程就是所给的微分方程，这样的问题称为**变分问题的反问题**或**逆变分问题**。这样的泛函在物理上常常表示能量，称为原微分方程的**能量积分**。把微分方程边值问题转化为等价的泛函极值问题的求解方法和理论称为**变分原理**或**变分方法**。在第 2 章中也给出了变分原理的定义，综合这两种定义，把微分方程边值问题转化为与之等价的泛函极值问题方法和理论与求泛函极值的问题即变分问题都称为**变分原理**，关于变分原理有许多表述。简单地说，以变分形式表述的某个科学定律称为**变分原理**，或者说把某个科学定律归结为某个泛函的变分问题称为**变分原理**。历史上，变分原理在产生时曾带有宗教和形而上学的色彩。变分原理的最根本特点是它与坐标系的选择无关。变分原理的本质是泛函的一阶变分为零，或者说泛函的一阶变分为零是最根本的变分原理。由于变分原理数学形式严谨简洁优美，物理内容普遍深刻丰富，可以给一般理论建立基础，因此变分原理被认为是各科学定律的最高形式。变分原理反映了客观世界的统一性，更有助于人们发现新事物，开拓新领域。有时变分原理也含有变分法的意思，如钱伟长的名著《变分法及有限元》其英文译名为《Variational Principles and Finite Elements》。像第 5 章那样，如果引入拉格朗日乘数，把条件极值的变分问题转化为无条件极值的变分问题，则由此得出的相应的变分原理称为**广义变分原理**，把解除了全部约束条件的变分原理称为**完全的广义变分原理**，简称**广义变分原理**或**修正变分原理**，而把解除了部分约束条件的变分原理称为**不完全的广义变分原理**。由于二阶微分方程边值问题所对应的变分问题，通常其泛函中的被积函数关于未知函数及其导数都是二次的，即二次泛函的极值问题，这样的泛函在物理上通常表示能量，由能量表示的泛函称为**能量泛函**，所以习惯上把二阶微分方程边值问题转化为二次泛函极值问题的求解方法称为**能量方法**或**能量法**，或者说基于能量泛函极值问题的变分方法称为**能量方法**或**能量法**，相应的二次泛函称为该微分方程的**能量积分**。

本章讨论如何把微分方程转化为与之等价的泛函，也就是变分原理。当然，这要涉及实变函数与泛函分析的一些概念，本章先予以介绍。

7.1 集合与映射

一定范围内具有某些性质或满足一定条件的对象组成的全体称为**集合**，简称**集**。集合中的每个对象称为**元素**。一个集合中的各个元素应该互不相同。通常用大写字母表示集合，用小写字母表示集合的元素。以集合为元素的集合称为**集族**或**集类**。不含任何元素的集合称为**空集**，记作 $\varnothing$。任何不是空集的集合称为**非空集合**。

由点组成的集合称为**点集**。由数组成的集合称为**数集**。余可类推。因为数轴上的点与全体实数构成一一对应，故数与点就不加区分，数集与点集也不加区分。由全体实数组成的集合称为**数直线**或**实直线**，常用 $\mathbf{R}$ 表示，由自然数组成的集合称为**自然数集**，常记作 $\mathbf{N}$。

空集或只含有限个元素的集合称为**有限集**。含无限个元素的集合称为**无限集**或**无穷集**。只含一个元素的集合称为**单元素集**。如果有限集 A 中元素的个数为 n，则 n 称为 A 的**计数**。规定空集 $\varnothing$ 的计数为零。

任何元素与给定的集合之间的关系有两种情况，即属于或不属于，两者必居其一。设 X 是一个集合，当元素 x 属于 X 时，记作 $x \in X$，当 x 不属于 X 时，记作 $x \notin X$。

集合的表示方法通常有两种，一种是列举法，一种是特性描述法。列举法适合于有限集或元素可按一定次序排列的无限集，其表示方法是在花括号内把集合的元素列举出来，例如

$$X = \{x_1, x_2, \cdots, x_n\}\text{；}\quad \mathbf{N} = \{1, 2, \cdots, n, \cdots\}$$

特性描述法是将集合中的元素所具有的性质或应满足的条件用命题的形式表示出来，即

$$\text{集合} = \{\text{元素}|\text{元素所具有的性质或应满足的条件}\}$$

例如

$$R^n = \{x = (x_1, x_2, \cdots, x_n) | -\infty < x_i < \infty,\ i = 1, 2, \cdots, n\}$$

$$X = \{x, y | (x-3)^2 + (y-2)^2 = 16\}$$

设 X 是一数集，M（或 m）是一个数，若对任何 $x \in X$ 都有 $x \leqslant M$ 或 $x \geqslant m$，则 M 称为 X 的一个**上界**或**下界**。显然，若 X 有上界或下界，则它必定有无穷多个上界或下界，这是因为所有大于 M 的数都可成为 X 的上界，所有小于 m 的数都可成为 X 的下界。数集 X 的最小上界称为 X 的**上确界**，记作 $\sup X$。数集 X 的最大下界称为 X 的**下确界**，记作 $\inf X$。上确界和下确界都是唯一的。

设 A、B 是两个集合，如果 A 中的所有元素都属于 B，那么 A 称为 B 的**子集**，记作 $A \subseteq B$ 或 $B \supseteq A$。如果 A 中的所有元素都属于 B，且 B 中的所有元素也都属于 A，即 A 与 B 含有相同的元素，则 A 与 B 称为**相等**，记作 $A = B$。显然，$A = B$ 的充要条件是 $A \subseteq B$ 且 $B \subseteq A$，即两个相等集合互为子集。如果 $A \subseteq B$，而 $A \neq B$，这表明 A 中的元素都属于 B，但 B 中至少有一个元素不属于 A，那么 A 称为 B 的**真子集**，记作 $A \subset B$ 或 $B \supset A$。对于任意集合 A，规定 $\varnothing \subset A$。

设 X 是函数集合，α、β 为任意实常数，若对于 X 中的任意两个函数 u、v，函数 $\alpha u + \beta v$ 也属于 X，则 X 称为**线性集合**。

两个集合 A、B 通过某种运算，可以得到另一个新的集合。

设 A、B 是两个非空集合，由 A 的所有元素和 B 的所有元素组成的集合称为 A 与 B 的**并集**，简称**并**，记作 $A \cup B$，即

$$A \cup B = \left\{x | x \in A \text{ 或 } x | x \in B\right\}$$

由既属于集合 A 又属于集合 B 的共有元素组成的集合称为 A 与 B 的**交集**，简称**交**，记作 $A \cap B$，即

$$A \cap B = \left\{x | x \in A \text{ 且 } x | x \in B\right\}$$

如果集合 A 与 B 没有共有元素，即 $A \cap B = \varnothing$，则 A 与 B 称为**互不相交**，简称**不相交**。

由所有属于集合 A 但不属于集合 B 的元素组成的集合称为 A 与 B 的**差集**，简称**差**，记作 $A - B$ 或 $A \setminus B$，即

$$A - B = A \setminus B = \left\{x | x \in A \text{ 且 } x \notin B\right\}$$

在研究某个具体问题时，如果所考虑的集合都是某一集合 X 的子集，则 X 称为**全集**或**基**

本集。如果 A 是 X 的子集，则 $X-A$ 称为 A 关于 X 的**余集**或**补集**，记作 A^C。以集合 X 的所有子集为元素构成的集合称为 X 的**幂集**。

任意两个元素 x 和 y 组成一个有序的元素对，称为 x 和 y 的**序对**，记作 (x,y)。元素 x 和 y 称为序对 (x,y) 的**分量**。有序是指当 $x \neq y$ 时，$(x,y) \neq (y,x)$，若 $(x_1,y_1)=(x_2,y_2)$，则有 $x_1=x_2$，$y_1=y_2$。由序对 (x,y) 定义的点的集合称为**相空间**。

设 X 和 Y 是两个集合，由 X 的元素 x 和 Y 的元素 y 组成的所有序对构成的集合称为 X 与 Y 的**笛卡儿积**、**直积**或**积集**，记作 $X \times Y$，即

$$X \times Y = \{(x,y) | x \in X,\ \ y \in Y\}$$

式中，x 和 y 分别称为序对 (x,y) 在 X 和 Y 上的**投影**。当 X 和 Y 中有一个空集时，规定 $X \times Y = \varnothing$。常用 X^n 表示 n 个 X 的乘积。

设 $X_1, X_2, \cdots, X_n$（$n \geqslant 2$）是 n 个集合，则它们的笛卡儿积定义为

$$X_1 \times X_2 \times \cdots \times X_n = \{(x_1,x_2,\cdots,x_n) | x_i \in X_i,\ \ i=1,2,\cdots,n\}$$

式中，X_i（$i=1,2,\cdots,n$）称为笛卡儿积的**坐标集**。

例如两条实直线 $\mathbf{R}$ 的笛卡儿积就是实平面 $\mathbf{R}^2$，$\mathbf{R}^n$ 就是 n 个实直线 $\mathbf{R}$ 的笛卡儿积。

实数 $x_1, x_2, \cdots, x_n$ 的有序 n 元组 $(x_1,x_2,\cdots,x_n)$ 的集合称为**笛卡儿空间**，记作 $\mathbf{R}^n$。

设 X 和 Y 是两个非空集合，如果按照一定的法则 f，使得对于集合 X 中的每个元素 x，在集合 Y 中都有唯一确定的元素 y 与之对应，则 f 称为给出了一个从 X 到 Y 的**映射**或**映照**，记作 $f: X \to Y$ 或 $f: x \to y\ (x \in X)$。映射有时也称为**算子**、**变换**或**函数**。其中，y 称为 x 在映射 f 下的**象**，记作 $f(x)$，即 $y=f(x)$，有时也写成 $y=fx$ 或 $f: x \mapsto y$，其含意是 f 把 x 映射成 y，x 称为 y 在映射 f 下的**原象**。集合 X 称为映射 f 的**定义域**，记作 D_f 或 $D(f)$，即 $D_f = D(f) = X$。集合 X 中所有元素的象组成的集合称为映射 f 的**值域**，记作 R_f、$R(f)$ 或 $f(X)$，即 $R_f = R(f) = f(X) = \{f(x) | x \in X\}$。注意，虽然对于 X 中的每一元素 x，都有 Y 中的元素 y 与之对应，即 x 的象 y 是唯一的，但 X 中的元素与 Y 中的元素并不一定一一对应，即 y 的原象 x 并不一定是唯一的。一般情况下，映射 f 的值域 $f(X)$ 只是 Y 的一个子集，即 $R(f) \subset Y$，而未必是整个 Y。

设 $f: X \to Y$，且 $f(X)=Y$，即 Y 中的每个元素都是 X 中某元素的象，或者说 X 中元素的象充满了整个 Y，则 f 称为从 X 到 Y 的**满射**。

设 $f: X \to Y$，如果对任意 x_1，$x_2 \in X$，当 $x_1 \neq x_2$ 时，有 $f(x_1) \neq f(x_2)$，即对于每个 $y \in f(X)$，X 中只有一个元素 x 与之对应，则 f 称为从 X 到 Y 的**单射**或**内射**。单射也称为**可逆映射**或**一对一的映射**。

如果 $f: X \to Y$ 既是满射又是单射，则 f 称为**双射**或**对射**，也称为 X 与 Y 的**一一对应映射**或**一一映射**。

设 $f: X \to Y$ 是单射，$x \in X$，若对于任意 $y \in f(X)$，存在唯一的 x 与 y 相对应，则由 $f(X)$ 到 X 的映射称为 f 的**逆映射**，记作 f^{-1}。此时，$f^{-1}[f(x)] = f^{-1}(y) = x$，$f[f^{-1}(y)] = f(x) = y$，$f^{-1}(y)$ 即 x 称为 y 在映射 f 下的**逆象**，逆映射是反函数概念的拓广。

设有两个映射 $f: X \to Y_1$，$g: Y_2 \to Z$，其中 $Y_1 \subset Y_2$，若对于每个 $x \in X$，存在 $h(x) = g[f(x)]$，它确定了一个从 X 到 Z 的映射 $h: X \to Z$，则 h 称为 f 与 g 构成的**复合映射**，记作 $g \circ f$，即 $h = g \circ f$、$g \circ f: X \to Z$ 或 $g \circ f(x) = g[f(x)]$，$x \in X$，复合映射是复合函数概念的推广。映射 f 和 g 构成复合映射的条件是 f 的值域必须包含在 g 的定义域内。

设 X 为非空集合，若对于每个 $x \in X$，有映射 $I(x)=x$，则 $I: X \to X$ 称为 X 上的**恒等映射**。显然，恒等映射是双射。

设有两个集合 X 和 Y，如果对于每一个预先给定的任意小的正数 ε，都存在一个正数 δ，使得对于 X 中适合于不等式 $0<|x-x_0|<\delta$ 的一切 x，所对应的映射 f 都满足不等式 $|y-y_0|=|f(x)-f(x_0)|<\varepsilon$，则 f 称为 X 上的**连续映射**。

如果两个集合 X 和 Y 之间存在一个双射 f，则这两个集合称为**对等**、**等价**或**等势**，记作 $X \sim Y$ 或 $X \overset{f}{\sim} Y$。等势就是两个集合中各元素的数目相等。如果一个集合与自然数集等势，则这个集合称为**可列集**或**可数集**。自然数集本身就是可列集。等价关系有以下三个性质。

(1) 自反性：$X \sim X$；

(2) 对称性：若 $X \sim Y$，则 $Y \sim X$；

(3) 传递性：若 $X \sim Y$，$Y \sim Z$，则 $X \sim Z$。

设 P 是某些复数组成的集合，其中包括 0 和 1，如果 P 中任意两个数进行加法、减法、乘法和除法(除数不为零)运算，其结果仍是 P 中的数，则 P 称为一个**数域**。

7.2 集合与空间

在初等数学中，距离原本指两点间线段的长度，空间原本表示立体的广度，它们都是几何概念，在近代数学中这两个概念也非常有用，它们具有更广泛的意义。

对于一个集合来说，集合中的元素确定了，这个集合就完全确定了，但各元素之间并未确定任何关系。为了研究问题的实际需要，可以给某个集合引入某些不同的确定的关系，这称为赋予该集合以某些**空间结构**，并且把赋予不同空间结构的集合称为不同的**空间**。由数集构成的空间称为**数空间**。由函数集合构成的空间称为**函数空间**。集合中的元素称为**点**。在元素间引入了某种关系的集合称为**抽象空间**。如果在某集合中可进行加法和数乘两种代数运算，则该集合称为**线性空间结构**。赋予线性空间结构的集合称为**线性空间**。如果定义一个集合中两个元素距离的概念，则称为赋予集合**距离结构**。

设 X 是非空集合，ρ 是定义在 $X \times X$ 上的实值函数，如果对于 X 中的任意两个元素 x 和 y，按照一定法则都有某一实数 $\rho(x,y)$ 与之对应，且 $\rho(x,y)$ 满足下面三条“**距离公理(或度量公理)**”。

(1) **正定性**及**恒等性**：$\rho(x,y) \geqslant 0$，且 $\rho(x,y)=0$ 的充要条件是 $x=y$；

(2) **对称性**：$\rho(x,y)=\rho(y,x)$；

(3) **三角不等式**：$\rho(x,y)+\rho(x,z) \geqslant \rho(y,z)$ 对于 X 中的任意三个元素 x、y 和 z 都成立，则 $\rho(x,y)$ 称为 X 上 x 与 y 之间的**度量**或**距离**，而 X 称为以 $\rho(x,y)$ 为距离的**度量空间**，或称为**距离空间**，记作 (X,ρ)。

有时 X 也称为度量空间的**基本集**。在度量 ρ 不致于产生混淆的情况下，度量空间 (X,ρ) 可简记作 X。度量空间 X 中的元素 x，y，…称为 X 中的**点**。由此可见，度量空间就是在集合 X 中引入了距离。在一个集合中，距离的定义方式并不是唯一的。如果对同一个集合 X 引入的距离不同，那么所构成的度量空间也不同。在集合 X 中引入距离后，就称为在 X 中引入了**拓扑结构**。具有拓扑结构的集合称为**拓扑空间**。有了拓扑结构，就可以在集合中比较元素的远近，进行极限运算。

在上述定义中，三角不等式的几何意义很明显，它表示在任何一个三角形中两边之和大于第三边这样一个事实。

如果对于度量空间(X,ρ)中非空子集S，仍以X中的距离ρ作为S中的距离，则S也是度量空间，并且S称为X的**度量子空间**或**距离子空间**，简称**子空间**。显然，$(S,\rho)\subset(X,\rho)$。

设A、B是度量空间(X,ρ)中的两个集合，若对任意$x\in A$，总存在数列$\{y_n\}\in B$，使$\lim\limits_{n\to\infty}y_n=x$，则$B$称为在$A$中的**稠密集**，简称在$A$中**稠密**。若$A=X$，则$B$称为在$X$中的**稠密集**，简称在$X$中**稠密**。

设$\{x_n\}$（$n=1,2,\cdots$）是度量空间(X,ρ)中的数列，若存在$x\in X$，使得$\lim\limits_{n\to\infty}\rho(x_n,x)=0$，则$\{x_n\}$称为**收敛数列**，$x$称为$\{x_n\}$的**极限**，记作$\lim\limits_{n\to\infty}x_n=x$。注意，数列$\{x_n\}$在度量空间$(X,\rho)$中收敛意味着$\{x_n\}$的极限$x$不仅存在，而且$x\in X$。

设$\{x_n\}$是度量空间(X,ρ)中的数列，如果对任意$\varepsilon>0$，总存在正整数$N=N(\varepsilon)$，当m、$n\geqslant N$时，恒有$|x_m-x_n|<\varepsilon$或$\rho(x_m,x_n)<\varepsilon$，则$\{x_n\}$称为$(X,\rho)$中的**柯西序列**或**柯西数列**。有时$\{x_n\}$也称为$(X,\rho)$中的**基本序列**或**基本数列**。

关于收敛数列和柯西数列的关系以及柯西数列的性质，有如下定理：

定理 7.2.1 设$\{x_n\}$是度量空间(X,ρ)中的数列，(1) 若$\{x_n\}$是收敛数列，则$\{x_n\}$是柯西数列；但逆命题未必成立；(2) 若柯西数列$\{x_n\}$有一个子数列$\{x_{n_k}\}$收敛于x，则数列$\{x_n\}$也收敛于x。

证 (1) 设$\{x_n\}$收敛于x，则对任意$\varepsilon>0$，存在正整数N，使得m、$n>N$时，恒有$\rho(x_m,x)<\dfrac{\varepsilon}{2}$和$\rho(x_n,x)<\dfrac{\varepsilon}{2}$，根据三角不等式，有

$$\rho(x_m,x_n)\leqslant\rho(x_m,x)+\rho(x_n,x)<\frac{\varepsilon}{2}+\frac{\varepsilon}{2}=\varepsilon$$

因此，$\{x_n\}$是柯西数列。

现举例说明反命题未必成立。设(X,ρ)为开区间(0,1)，任意两点x和y的距离定义为$\rho(x,y)=|x-y|$。考察X中的数列$\left\{\dfrac{1}{n}\right\}$，当$m$，$n\to\infty$时，根据不等式的性质，有

$$\rho\left(\frac{1}{m},\frac{1}{n}\right)=\left|\frac{1}{m}-\frac{1}{n}\right|\leqslant\frac{1}{m}+\frac{1}{n}\to 0$$

故$\left\{\dfrac{1}{n}\right\}$是$(X,\rho)$中的柯西数列。但是，$\lim\limits_{n\to\infty}\dfrac{1}{n}=0\notin(X,\rho)$，这说明数列$\left\{\dfrac{1}{n}\right\}$在$(X,\rho)$中没有极限，即$\left\{\dfrac{1}{n}\right\}$在$(X,\rho)$中不收敛。

(2) 设$\{x_n\}$是(X,ρ)中的柯西数列，它有一个子数列$\{x_{n_k}\}$收敛于x，即$\lim\limits_{k\to\infty}x_{n_k}=x\in(X,\rho)$。对任意$\varepsilon>0$，由于$x_{n_k}\to x$，则存在正整数$N_1$，使得对一切$n_k>N_1$，有$\rho(x_{n_k},x)<\dfrac{\varepsilon}{2}$；又由于$\{x_n\}$是柯西数列，则存在正整数$N_2$，使得对一切$m$，$n>N_2$，有$\rho(x_m,x_n)<\dfrac{\varepsilon}{2}$。令$N=\max(N_1,N_2)$，则对一切$n>N$及任意一个$n_k>N$，有

$$\rho(x_n,x)\leqslant\rho(x_n,x_{n_k})+\rho(x_{n_k},x)<\frac{\varepsilon}{2}+\frac{\varepsilon}{2}=\varepsilon$$

故$\lim\limits_{n\to\infty}x_n=x$。证毕。

如果度量空间 (X,ρ) 中的每个柯西数列都收敛于 (X,ρ) 中的某一元素，则 (X,ρ) 称为**完全(备)度量空间**或**完全(备)距离空间**，简称**完全(备)空间**或**完全(备)的**。由此可见，完全度量空间是指，在度量空间中，柯西数列与收敛数列等价。

如果由 n 个实数构成有序坐标 $(x_1,x_2,\cdots,x_n)$ 的全体是集合 X，且 X 中任意两点 $P(x_1,x_2,\cdots,x_n)$ 和 $Q(y_1,y_2,\cdots,y_n)$ 间的距离可表示为

$$\rho(P,Q)=\sqrt{\sum_{i=1}^{n}(x_i-y_i)^2}$$

那么 X 称为 n **维空间**，记作 $\mathbf{R}^n$。$\mathbf{R}^n$ 中的每个有序坐标 $(x_1,x_2,\cdots,x_n)$ 称为一个 n **维点**。这样定义的距离常称为 n **维欧几里得距离**。

设 E 为 $\mathbf{R}^n$ 中的一个点集，如果存在一个正常数 k，对 E 中所有 n 维点 $x=(x_1,x_2,\cdots,x_n)$，有 $|x_i|\leqslant k\ (i=1,2,\cdots,n)$，则 E 称为**有界集**。

设 (X,ρ) 是度量空间，$x_0\in X$，$r>0$ 为实数，则可以定义三种类型的点集

$$N(x_0,r)=\left\{x\in X\middle|\rho(x_0,x)\leqslant r\right\}\qquad(开球)\qquad(7\text{-}2\text{-}1)$$

$$B(x_0,r)=\left\{x\in X\middle|\rho(x_0,x)\leqslant r\right\}\qquad(闭球)\qquad(7\text{-}2\text{-}2)$$

$$S(x_0,r)=\left\{x\in X\middle|\rho(x_0,x)=r\right\}\qquad(球面)\qquad(7\text{-}2\text{-}3)$$

在上述三种类型的点集中，x_0 称为**球心**，r 称为**半径**。半径为 δ 的开球 $N(x_0,\delta)$ 称为 x_0 的 δ **邻域**，简称**邻域**。x_0 的 δ 邻域是指 X 中含有 x_0 的 δ 邻域的任一子集。

由上述定义可直接得到下列关系式

$$S(x_0,r)=B(x_0,r)-N(x_0,r)\qquad(7\text{-}2\text{-}4)$$

设 E 为 (X,ρ) 中的一个点集，x 是 (X,ρ) 中的一个定点。如果存在一个邻域 $N(x,\delta)$，使 $N(x,\delta)\subseteq E$，则 x 称为 E 的一个**内点**。若 $x\in E^C=(X,\rho)-E$ 且存在邻域 $N(x,\delta)$，使 $N(x,\delta)\subseteq E^C$，则 x 称为 E 的一个**外点**。若 $x\in(X,\rho)$ 既不是 E 的内点也不是 E 的外点，则 x 称为 E 的一个**界点**，E 的所有界点称为 E 的**边界**。如果对任意的 $N(x,\delta)$，恒有无穷多个点属于 E，则 x 称为 E 的一个**聚点**。显然 E 的内点必为聚点，也一定属于 E，但 E 的聚点却不一定属于 E。如果 $x\in E$，但 x 不是 E 的聚点，则 x 称为 E 的**孤立点**。E 的全部聚点组成的集合称为 E 的**导集**，记作 E' 或 E^d。E 的全部内点组成的集合称为 E 的**内部**，记作 $\operatorname{Int}E$ 或 E^0。E 的全部外点组成的集合称为 E 的**外部**，记作 E^e。E 与其导集的并称为 E 的**闭包**，记作 $\overline{E}$，即 $\overline{E}=E\cup E'$。如果 E 中每一点都是它的内点，则 E 称为**开集**。如果 E 包含了它的所有聚点，则 E 称为**闭集**。若 E 是无孤立点的闭集，则 E 称为 (X,ρ) 的**完全集**。

设 X 是非空集合，x、y、z 是属于 X 的任意元素，θ 是属于 X 中的**零元素**，称为**单位元素**，P 是某一数域，α、β 是属于 P 的任意数，若在 X 中引入加法运算，又在 X 与 P 中引入数乘运算，且加法运算与数乘运算满足如下法则：

(1) $x+y=y+x$；

(2) $(x+y)+z=x+(y+z)$；

(3) $x+\theta=x$；

(4) $x+(-x)=\theta$，其中 $-x$ 称为 x 的**负元素**或**逆元素**；

(5) $1\alpha=\alpha$；

(6) $(\alpha\beta)x=\alpha(\beta x)$；

(7) $(\alpha+\beta)x=\alpha x+\beta x$；

(8) $\alpha(x+y)=\alpha x+\alpha y$。

则 X 称为 P 上的**线性空间**或**向量空间**，X 中的元素称为**向量**，当 P 为实数域或复数域时，X 分别称为**实线性空间**或**复线性空间**。加法运算与数乘运算统称**线性运算**或**线性空间结构**。由此可见，线性空间，即对其元素可以进行加法和数乘运算的空间，例如笛卡儿空间就是线性空间。

在数域 M 上满足条件 $\sum\limits_{n=1}^{\infty}|x_n|^p<\infty$ 的数列 $\{x_n\}_{n=1}^{\infty}=\{x_1,x_2,\cdots,x_n,\cdots\}$ 的全体所组成的集合称为 p **方可和序列空间**，记作 l^p，其中 $1\leqslant p<\infty$。l^p 可表示为

$$l^p=\{x=\{x_n\}_{n=1}^{\infty}\Big|x_n\in M,\ n\in \mathrm{N}\text{且}\sum_{n=1}^{\infty}|x_n|^p<\infty\}$$

设 α 是属于数域 M 的任意数，对于任意 $x=\{x_n\}_{n=1}^{\infty}$，$y=\{y_n\}_{n=1}^{\infty}\in l^p$，则有

$$x+y=\{x_n+y_n\}_{n=1}^{\infty},\quad \alpha x=\{\alpha x_n\}_{n=1}^{\infty},\quad \alpha x\in l^p$$

因为

$$|x_n+y_n|^p\leqslant\left(|x_n|+|y_n|\right)^p\leqslant 2^p\left[\max\left(|x_n|,|y_n|\right)\right]^p\leqslant 2^p\left(|x_n|^p+|y_n|^p\right)$$

有

$$\sum_{n=1}^{\infty}|x_n+y_n|^p\leqslant 2^p\left(\sum_{n=1}^{\infty}|x_n|^p+\sum_{n=1}^{\infty}|y_n|^p\right)<\infty$$

故有 $x+y\in l^p$，于是 l^p 是线性空间。

当 p 方可和序列空间中的 p 等于 2 时，便是希尔伯特序列空间，称为**平方可和序列空间**，记作 l^2，当然它也是线性空间，是希尔伯特于 1912 年引进并加以研究的。

设 X 是数域 P 上的线性空间，$E\subset X$，若存在任意 x、$y\in E$，$\lambda\in[0,1]$，都有 $\lambda x+(1-\lambda)y\in E$，则 E 称为**凸集**。凸集的几何意义就是凸集中任意两点的连线仍在集合中。

设 X 是数域 P 上的线性空间，如果对 X 中的每个元素 x，按照一定的规则，有确定的非负实数(记作 $\|x\|$ 或 $\|\bullet\|$)与之对应，且同时满足下列三个条件(范数公理)，即对任何 x、$y\in X$，$\alpha\in P$，有

(1) **正定性**：$\|x\|\geqslant 0$，且 $\|x\|=0$ 的充要条件是 $x=0$；

(2) **齐次性**：$\|\alpha x\|=|\alpha|\|x\|$；

(3) **三角不等式**：$\|x+y\|\leqslant\|x\|+\|y\|$，则 $\|x\|$ 表示元素 x 的长度，称为 X 上元素 x 的**范数**。

X 与 $\|\bullet\|$ 一起称为**赋范线性空间**、**赋范向量空间**或**线性赋范空间**，记作 $\left(X,\|\bullet\|\right)$。有时 X 也称为**赋范线性空间**、**赋范向量空间**或**线性赋范空间**。在赋范线性空间中，可以用 $\rho(x,y)=\|x-y\|$ 定义元素 x 与 y 之间的距离。范数是欧几里得空间向量长度概念的推广。显然，任一赋范线性空间必为度量空间，这是因为上述定义的距离满足距离公理，即

(1) $\rho(x,y)=\|x-y\|\geqslant 0$，且 $\rho(x,y)=0$ 的充要条件是 $x=y$；

(2) $\rho(x,y)=\|x-y\|=\|-1(y-x)\|=\|y-x\|=\rho(y,x)$；

(3) $\rho(x,z)=\|x-z+y-y\|\leqslant\|x-y\|+\|y-z\|=\rho(x,y)+\rho(y,z)$。

设 $\mathbf{R}^n$ 是 n 维线性空间，对于任何 $x\in\mathbf{R}^n$，$\|\bullet\|_E$ 可表示为

$$\|\bullet\|_E=(x_1^2+x_2^2+\cdots+x_n^2)^{\frac{1}{2}}$$

那么 $\|\bullet\|_E$ 是 $\mathbf{R}^n$ 上的范数，这个范数称为 $\mathbf{R}^n$ 上的**欧几里得范数**。

在 n 维线性空间中常引用下列重要范数

$$\|x\|_\infty = \max_{1\leqslant i\leqslant n}|x_i| \qquad [\,x=(x_1,x_2,\cdots,x_n)\in \mathbf{R}\,] \tag{7-2-5}$$

$$\|x\|_1 = \sum_{i=1}^{n}|x_i| \tag{7-2-6}$$

$$\|x\|_2 = \left(\sum_{i=1}^{n}|x_i|^2\right)^{\frac{1}{2}} \tag{7-2-7}$$

$$\|x\|_p = \left(\sum_{i=1}^{n}|x_i|^p\right)^{\frac{1}{p}} \quad (1\leqslant p<\infty) \tag{7-2-8}$$

式(7-2-5)称为**最大范数**或 l_∞ **范数**，式(7-2-6)称为**和范数**或 l_1 **范数**，式(7-2-7)称为**欧几里得范数**或 l_2 **范数**，式(7-2-8)称为**赫尔德范数**或 l_p **范数**。可以验证它们都满足范数的三条公理，且式(7-2-6)和式(7-2-7)是式(7-2-8)中的 p 分别等于 1 和 2 的情况。利用柯西不等式，可证明它们满足三角不等式。利用闵可夫斯基不等式，也可证明式(7-2-8)满足三角不等式。

设 X 是赋范线性空间，若 X 中的任何基本数列都是收敛数列，则 X 称为**完全(备)赋范线性空间**，又称为**巴拿赫空间**。巴拿赫空间是泛函分析中最重要的空间之一。

设 X 是数域 P 上的 n 维线性空间，x、y、z 是 X 中的任意向量，$\alpha\in P$，若在 X 中引入二元函数 (x,y)，且具有如下性质：(1) **共轭对称性**：当 P 为实数域时，$(x,y)=(y,x)$，或当 P 为复数域时，$(x,y)=\overline{(y,x)}$，其中 $\overline{(y,x)}$ 表示 (x,y) 的共轭复数；(2) **齐次性**：$(\alpha x,y)=\alpha(x,y)$；(3) **线性性**或**可加性**：$(x+y,z)=(x,z)+(y,z)$；(4) **正定性**：$(x,x)\geqslant 0$，且 $(x,x)=0$ 的充要条件为 $x=0$，则 X 称为**内积空间**，(x,y) 称为向量 x 与 y 的**内积**。内积也常用记号 $(\cdot,\cdot)$ 来表示。在有的书刊中，内积也可记作 $<x,y>$、$x\cdot y$ 和 $(x|y)$ 等。内积空间是特殊的赋范线性空间。当数域 P 是复数域 C 时，内积空间 X 称为具有内积 $(\cdot,\cdot)$ 的**复内积空间**。当数域 P 是实数域 $\mathbf{R}$ 时，内积空间 X 称为具有内积 $(\cdot,\cdot)$ 的**实内积空间**。这时，X 称为关于实内积的 n **维欧几里得空间**，简称 n **维欧几里得空间**或**欧几里得空间**，记作 E^n。例如，现实空间是三维欧几里得空间，平面是二维欧几里得空间，直线是一维欧几里得空间。复内积空间和实内积空间都简称**内积空间**，记作 $(X,(\cdot,\cdot))$。

注意内积的性质(1)，当 P 为复数域时，对于所有 $x=(x_1,x_2,\cdots,x_n)$，$y=(y_1,y_2,\cdots,y_n)\in C^n$，其中 C^n 为 n 维复向量，此时内积的定义为 $(x,y)=x_1\overline{y}_1+x_2\overline{y}_2+\cdots+x_n\overline{y}_n$，其中 $\overline{y}_i$ 是 y_i 的共轭复数，可知 $(x,y)=(y,x)$ 并不成立，而是能推导出

$$(x,y)=x_1\overline{y}_1+x_2\overline{y}_2+\cdots+x_n\overline{y}_n=\overline{y}_1x_1+\overline{y}_2x_2+\cdots+\overline{y}_nx_n=\overline{(y_1\overline{x}_1+y_2\overline{x}_2+\cdots+y_n\overline{x}_n)}=\overline{(y,x)}$$

设 X 为内积空间，x、y、$z\in X$，α、$\beta\in P$，则由内积公理可得

$$(\alpha x+\beta y,z)=(\alpha x,z)+(\beta y,z)=\alpha(x,z)+\beta(y,z)$$

$$(x,\alpha y)=\overline{(ay,x)}=\overline{\alpha}\,\overline{(y,x)}=\overline{\alpha}(x,y)$$

$$(x,\alpha y+\beta z)=\overline{\alpha}(x,y)+\overline{\beta}(x,z)$$

最常用的内积是按积分定义的，存在着多种形式的积分内积。例如设 X 为内积空间，其定义域为 D，若两个函数 u、$v\in X$，则函数 u 与 v 由积分定义的内积可写成

$$(u,v)=\int_D uv\,\mathrm{d}D \tag{7-2-9}$$

$$(u,v)=\int_D wuv\,\mathrm{d}D \tag{7-2-10}$$

$$(u,v)=\int_D (uv+u'v')\,\mathrm{d}D \tag{7-2-11}$$

$$(u,v)=\int_D\left[\sum_{k=0}^{n}w_k u^{(k)}v^{(k)}\right]\mathrm{d}D \tag{7-2-12}$$

$$(u,v)=\int_D \nabla u\cdot\nabla v\,\mathrm{d}D \tag{7-2-13}$$

式中，$w\geqslant 0$ 和 $w_k\geqslant 0$ 为 D 内给定的连续函数，称为**权函数**。

式(7-2-9)称为**希尔伯特内积**。由此可见，第 1.5 节变分法的基本引理是希尔伯特内积的特定情况。式(7-2-9)～式(7-2-11)皆为式(7-2-12)的具体表现形式，式(7-2-13)称为**狄利克雷内积**。

定理 7.2.2 设 X 是内积空间，若对于任意 x、$y\in X$，则有下列不等式

$$|(x,y)|^2\leqslant(x,x)(y,y) \tag{7-2-14}$$

式(7-2-14)称为**施瓦茨不等式**，有时也称为**柯西−施瓦茨不等式**，是施瓦茨于 1885 年得到的。

证 若 $x=0$ 或 $y=0$，则上式中的等号成立，若 $y\neq 0$，则对任意 $\alpha\in P$，由内积的性质可得

$$0\leqslant(x+\alpha y,x+\alpha y)=(x,x+\alpha y)+(\alpha y,x+\alpha y)=(x,x)+\overline{\alpha}(x,y)+\alpha(y,x)+\alpha\overline{\alpha}(y,y)$$

由复变函数的理论可知，两个共轭复数之积，等于两者之一的模的平方，即

$$z\overline{z}=(x+\mathrm{i}\,y)(x-\mathrm{i}\,y)=x^2+y^2=|z|^2=|\overline{z}|^2$$

令 $\alpha=-\dfrac{(x,y)}{(y,y)}$，代入内积 $(x+\alpha y,x+\alpha y)$ 的展开式，可得

$$(x,x)+\overline{\alpha}(x,y)+\alpha(y,x)+\alpha\overline{\alpha}(y,y)=$$

$$(x,x)+\overline{\alpha}(x,y)-\frac{(x,y)}{(y,y)}(y,x)-\frac{(x,y)}{(y,y)}\overline{\alpha}(y,y)=$$

$$(x,x)-\frac{(x,y)}{(y,y)}\overline{(x,y)}=(x,x)-\frac{|(x,y)|^2}{(y,y)}\geqslant 0$$

由此可得施瓦茨不等式(7-2-7)。证毕。

定理 7.2.3 设 X 是内积空间，$x\in X$，令

$$\|x\|=\sqrt{(x,x)} \tag{7-2-15}$$

则 $\|x\|$ 是 X 的范数，称为**由内积导出的范数**，在此范数下 X 成为一个赋范线性空间。由式(7-2-15)引出的范数有时称为**能量范数**。

证 只需证明上述定义的范数满足范数的三条公理即可。显然范数公理的正定性与齐次性成立，事实上

(1) $\|x\|\geqslant 0$，且 $\|x\|=0$ 的充要条件为 $(x,x)=0$，即 $x=\theta$；

(2) $\|\alpha x\|=\sqrt{(\alpha x,\alpha x)}=\sqrt{\alpha\overline{\alpha}(x,x)}=|\alpha|\|x\|$；

现在只需证明三角不等式也成立即可。

根据施瓦茨不等式，有

$$\|x+y\|^2=(x+y,x+y)=(x+y,x)+(x+y,y)\leqslant\|x+y\|\cdot\|x\|+\|x+y\|\cdot\|y\|$$

两边各除以 $\|x+y\|$，得

$$\|x+y\|\leqslant\|x\|+\|y\|$$

证毕。

设 X 是内积空间，若 X 中的任何基本数列都是收敛数列，则 X 称为**完全(备)内积空间**，或称为**希尔伯特空间**，常记作 H。希尔伯特空间是特殊的巴拿赫空间，也就是范数是由内积

导出的巴拿赫空间，它也是泛函分析中最重要的空间之一。希尔伯特空间的实质就是n维欧氏空间在无穷维情形的推广。希尔伯特空间是泛函分析中几何结构最好、研究成果最多、应用范围最广的重要空间。

由式(7-2-14)和式(7-2-15)可得

$$|(x,y)| \leqslant \|x\| \cdot \|y\| \tag{7-2-16}$$

式(7-2-16)是施瓦茨不等式又一种表示形式。

范数还有下列性质

$$\|x\| - \|y\| \leqslant \|x-y\| \tag{7-2-17}$$

证 由范数的三角不等式可知，下列关系式成立

$$\|(x-y)+y\| \leqslant \|x-y\| + \|y\| \tag{1}$$

或

$$\|x\| \leqslant \|x-y\| + \|y\| \tag{2}$$

由式(2)可得

$$\|x\| - \|y\| \leqslant \|x-y\| \tag{3}$$

类似地，有

$$\|(y-x)+x\| \leqslant \|y-x\| + \|x\| = \|x-y\| + \|x\| \tag{4}$$

可得

$$\|y\| - \|x\| \leqslant \|x-y\| \tag{5}$$

于是，式(7-2-17)可直接由不等式(3)和不等式(5)得到。证毕。

例 7.2.1 设函数$u=\cos x$，$v=x$，其中x在区间$[0,\pi]$上，计算这两个函数的范数，内积和它们之和的范数。

解 各范数和内积为

$$\|u\| = \sqrt{\int_0^{\pi} \cos^2 x \,\mathrm{d}x} = \sqrt{\frac{\pi}{2}}$$

$$\|v\| = \sqrt{\int_0^{\pi} x^2 \,\mathrm{d}x} = \sqrt{\frac{\pi^3}{3}} = \pi\sqrt{\frac{\pi}{3}}$$

$$(u,v) = \int_0^{\pi} x\cos x \,\mathrm{d}x = -2$$

$$\|u+v\| = \sqrt{\int_0^{\pi} (\cos x + x)^2 \,\mathrm{d}x} = \sqrt{\frac{\pi^3}{3} + \frac{\pi}{2} - 4}$$

显然，有

$$|(u,v)| = 2 < \|u\| \cdot \|v\| = \frac{\pi^2}{\sqrt{6}} \approx 4.029249$$

$$\|u+v\| = \sqrt{\frac{\pi^3}{3} + \frac{\pi}{2} - 4} \approx 2.8118 < \|u\| + \|v\| = \sqrt{\frac{\pi}{2}} + \sqrt{\frac{\pi^3}{3}} \approx 4.4681898$$

引理 7.2.1 设X是内积空间，x_n、$y_n \in X$ ($n \in N$)。若$x_n \to x$，$y_n \to y$，则$(x_n, y_n) \to (x,y)$。

证 由三角不等式和施瓦茨不等式，有

$$\begin{aligned}|(x_n,y_n)-(x,y)| &\leqslant |(x_n,y_n)-(x,y_n)| + |(x,y_n)-(x,y)| \\ &= |(x_n-x,y_n)| + |(x,y_n-y)| \leqslant \|x_n-x\| \cdot \|y_n\| + \|x\| \cdot \|y_n-y\|\end{aligned}$$

由于$y_n \to y$，则数列$\{\|y_n\|\}$有界。又由条件$x_n \to x$，$y_n \to y$，则$\|x_n-x\| \to 0$，$\|y_n-y\| \to 0$，

因此，$\left|(x_n,y_n)-(x,y)\right|\to 0$。证毕。

引理 7.2.1 指出了内积的连续性。

由定理 7.2.3 可知，每个内积空间可以由内积导出范数，由内积导出范数的空间成为一个赋范线性空间。反过来，是否每个赋范线性空间可以由范数确定一个内积，使得由此内积导出的范数与原来的范数相同？回答是不一定。由下面的引理可知，由内积导出的范数必须满足平行四边形公式。

引理 7.2.2　设 X 是内积空间，$\|\cdot\|$ 是由内积导出的范数，则对于任意的 x、$y\in X$，有

$$\|x+y\|^2+\|x-y\|^2=2\left(\|x\|^2+\|y\|^2\right) \tag{7-2-18}$$

式(7-2-18)称为**平行四边形公式**，几何意义是平行四边形对角线的平方和等于四边的平方和。

证　根据式(7-2-15)，有

$$\begin{aligned}\|x+y\|^2-\|x-y\|^2&=(x+y,x+y)-(x-y,x-y)\\&=(x,x+y)+(y,x+y)-(x,x-y)+(y,x-y)\\&=(x,x)+(x,y)+(y,x)+(y,y)-(x,x)+(x,y)+(y,x)-(y,y)\\&=2(x,y)+2(y,x)=4(x,y)\end{aligned}$$

证毕。

由引理 7.2.2 可知，不满足平行四边形公式的赋范线性空间不是内积空间。

对于任何一个内积空间 X，其内积可以用内积导出的范数来表达，即对任意 x，$y\in X$，当 X 是实内积空间时，有

$$(x,y)=\frac{1}{4}\left(\|x+y\|^2-\|x-y\|^2\right) \tag{7-2-19}$$

当 X 是复内积空间时，有

$$(x,y)=\frac{1}{4}\left(\|x+y\|^2-\|x-y\|^2+\mathrm{i}\|x+\mathrm{i}\,y\|^2-\mathrm{i}\|x-\mathrm{i}\,y\|^2\right) \tag{7-2-20}$$

式(7-2-19)和式(7-2-20)常称为**极化恒等式**。

证　当 X 是实内积空间时，仿照引理 7.2.2 的证明，有

$$\begin{aligned}\|x+y\|^2-\|x-y\|^2&=(x+y,x+y)-(x-y,x-y)\\&=(x,x+y)+(y,x+y)-(x,x-y)+(y,x-y)\\&=(x,x)+(x,y)+(y,x)+(y,y)-(x,x)+(x,y)+(y,x)-(y,y)\\&=2(x,y)+2(y,x)=4(x,y)\end{aligned}$$

式(7-2-19)得证。

当 X 是复内积空间时，由上面的计算得

$$\|x+y\|^2-\|x-y\|^2=2(x,y)+2(y,x)$$

将上式中的 y 换成 $\mathrm{i}\,y$，再乘以 i，得

$$\begin{aligned}&\mathrm{i}\left(\|x+\mathrm{i}\,y\|^2-\|x-\mathrm{i}\,y\|^2\right)=\mathrm{i}[2(x,\mathrm{i}\,y)+2(\mathrm{i}\,y,x)]=\\&2\mathrm{i}\,\bar{\mathrm{i}}(x,y)+2\mathrm{i}\mathrm{i}(y,x)=2\mathrm{i}(-\mathrm{i})(x,y)-2(y,x)=\\&2(x,y)-2(y,x)\end{aligned}$$

以上两式相加，得

$$\|x+y\|^2-\|x-y\|^2+\mathrm{i}\left(\|x+\mathrm{i}\,y\|^2-\|x-\mathrm{i}\,y\|^2\right)=4(x,y)$$

式(7-2-20)得证。证毕。

n 维欧几里得空间 E^n 中连续的一部分称为**区域**，用 Γ 表示该区域的边界。区域中不包括边界 Γ 的那部分称为**开区域**，用 G 或 D 等表示；包括边界 Γ 的区域称为**闭区域**，用 $\bar{G}$ 或 $\bar{D}$ 等表示。

7.3 标准正交系与傅里叶级数

设 $x \in X$，如果存在数 $\alpha_1, \alpha_2, \cdots, \alpha_n \in P, x_1, x_2, \cdots, x_n \in X$，使得 $x = \sum_{i=1}^{n} \alpha_i x_i$，则 x 称为 $x_1, x_2, \cdots, x_n$ 的**线性组合**。

设 $x_1, x_2, \cdots, x_n \in X$，如果存在 n 个不全为零的数 $\alpha_1, \alpha_2, \cdots, \alpha_n$，使得 $\sum_{i=1}^{n} \alpha_i x_i = 0$，则 $x_1, x_2, \cdots, x_n$ 称为**线性相关**，否则称为**线性无关**。换句话说，如果 $\sum_{i=1}^{n} \alpha_i x_i = 0$ 成立，必有 $\alpha_1 = \alpha_2 = \cdots = \alpha_n = 0$，则 $x_1, x_2, \cdots, x_n$ 线性无关。

设 X 为内积空间，$x, y \in X$，若 $(x, y) = 0$，则 x 与 y 称为**正交**，记作 $x \perp y$。当 A，$B \subseteq X$，对于任意 $a \in A$，任意 $b \in B$，若 $a \perp b$，则 A 与 B 称为**正交**，记作 $A \perp B$。

设 X 为内积空间，$A \in X$，若对任意向量 a、$b \in A$ ($a \neq b$)，有 $(a,b) = 0$，则 A 称为**正交系**；若对任意 $a \in A$，有 $\|a\| = 1$，则 A 称为**标准正交系或规范正交系**。

标准正交系也可以这样来定义，设 X 为内积空间，$A \in X$，若对任意向量 e_i、$e_j \in A$，有 $(e_i, e_j) = \delta_{ij}$，则 A 称为**标准正交系或规范正交系**。

显然标准正交系的任意向量满足两个条件：一是两两正交，二是每个向量都是单位向量，即范数是 1。

正交系有以下两个基本性质：

(1) 对于正交系 A 中的任意有限个向量 $x_1, x_2, \cdots, x_n$，下式成立

$$\|x_1 + x_2 + \cdots + x_n\|^2 = \|x_1\|^2 + \|x_2\|^2 + \cdots + \|x_n\|^2 \tag{7-3-1}$$

事实上，由于 A 中的向量两两正交，所以

$$\|x_1 + x_2 + \cdots + x_n\|^2 = \left\|\sum_{i=1}^{n} x_i\right\|^2 = \left(\sum_{i=1}^{n} x_i, \sum_{i=1}^{n} x_i\right) = \sum_{i,j=1}^{n} (x_i, x_j) =$$

$$\sum_{i=1}^{n} (x_i, x_i) = \sum_{i=1}^{n} \|x_i\|^2 = \|x_1\|^2 + \|x_2\|^2 + \cdots + \|x_n\|^2$$

(2) 正交系 A 是 X 中线性无关子集。事实上，设向量 $x_1, x_2, \cdots, x_n \in A$，而且 $\sum_{i=1}^{n} a_i x_i = 0$，其中 $a_1, a_2, \cdots, a_n$ 为 n 个数，则对任何 $1 \leqslant j \leqslant n$，下式成立

$$\left(\sum_{i=1}^{n} a_i x_i, x_j\right) = a_j (x_j, x_j) = a_j \|x_j\|^2 = 0 \tag{7-3-2}$$

由于 $x_j \neq 0$，必有 $a_j = 0$，所以 $x_1, x_2, \cdots, x_n$ 线性无关。这就证明了 A 是 X 中线性无关子集。

设 X 是线性赋范空间，x_n 是 X 中一组向量，a_n 是一组数，其中 $n = 1,2,\cdots$，作表达式

$$\sum_{n=1}^{\infty} a_n x_n = a_1 x_1 + a_2 x_2 + \cdots + a_n x_n + \cdots \tag{7-3-3}$$

式(7-3-3)称为 X 中的**级数**。若取前 n 项

$$S_n = \sum_{k=1}^{n} a_k x_k \tag{7-3-4}$$

则 S_n 称为级数的前 n 项**部分和**。如果部分和序列 $\{S_n\}$ 收敛于 $S \in X$，则级数 $\sum_{i=1}^{\infty} a_i x_i$ 称为**收敛于和** S，记作

$$S = \sum_{n=1}^{\infty} a_n x_n = \lim_{n\to\infty} \sum_{k=1}^{n} a_k x_k \tag{7-3-5}$$

如果级数 $\sum_{n=1}^{\infty} \|a_n x_n\| = \sum_{n=1}^{\infty} |a_n| \|x_n\|$ 收敛，则级数(7-3-3)称为**绝对收敛**。

引理 7.3.1 设 A 是内积空间 X 中标准正交系，在 A 中任取 n 个向量 $e_1, e_2, \cdots, e_n$，α_1，$\alpha_2, \cdots, \alpha_n$ 为任意 n 个数，则下列不等式成立

$$\left\| x - \sum_{i=1}^{n} (x, e_i) e_i \right\|^2 = \|x\|^2 - \sum_{i=1}^{n} |(x, e_i)|^2 \geqslant 0 \tag{7-3-6}$$

$$\left\| x - \sum_{i=1}^{n} \alpha_i e_i \right\| \geqslant \left\| x - \sum_{i=1}^{n} (x, e_i) e_i \right\| \tag{7-3-7}$$

证 根据范数的定义，有

$$\begin{aligned}
\left\| x - \sum_{i=1}^{n} \alpha_i e_i \right\|^2 &= \left(x - \sum_{i=1}^{n} \alpha_i e_i, x - \sum_{i=1}^{n} \alpha_i e_i \right) \\
&= (x,x) - \left(x, \sum_{i=1}^{n} \alpha_i e_i \right) - \left(\sum_{i=1}^{n} \alpha_i e_i, x \right) + \left(\sum_{i=1}^{n} \alpha_i e_i, \sum_{i=1}^{n} \alpha_i e_i \right) \\
&= (x,x) - \sum_{i=1}^{n} \bar{\alpha}_i (x, e_i) - \sum_{i=1}^{n} \alpha_i (e_i, x) + \left(\sum_{i=1}^{n} \alpha_i e_i, \sum_{i=1}^{n} \alpha_i e_i \right) \qquad (7\text{-}3\text{-}8) \\
&= (x,x) - \sum_{i=1}^{n} \bar{\alpha}_i (x, e_i) - \sum_{i=1}^{n} \alpha_i \overline{(x, e_i)} + \sum_{i=1}^{n} \alpha_i \alpha_i (e_i, e_i) \\
&= (x,x) - \sum_{i=1}^{n} \bar{\alpha}_i (x, e_i) - \sum_{i=1}^{n} \alpha_i \overline{(x, e_i)} + \sum_{i=1}^{n} |\alpha_i|^2 \geqslant 0
\end{aligned}$$

令 $\alpha_i = (x, e_i)$，则有

$$\sum_{i=1}^{n} \bar{\alpha}_i (x, e_i) + \sum_{i=1}^{n} \alpha_i \overline{(x, e_i)} = \sum_{i=1}^{n} \bar{\alpha}_i \alpha_i + \sum_{i=1}^{n} \alpha_i \bar{\alpha}_i = 2\sum_{i=1}^{n} \alpha_i \bar{\alpha}_i = 2\sum_{i=1}^{n} |\alpha_i|^2 = 2\sum_{i=1}^{n} |(x, e_i)|^2 \tag{7-3-9}$$

将式(7-3-9)代入式(7-3-8)，即可得到式(7-3-6)。又由式(7-3-8)和式(7-3-6)，有

$$\begin{aligned}
&\left\| x - \sum_{i=1}^{n} \alpha_i e_i \right\|^2 - \left\| x - \sum_{i=1}^{n} (x, e_i) e_i \right\|^2 = \\
&\sum_{i=1}^{n} |\alpha_i|^2 - \sum_{i=1}^{n} \bar{\alpha}_i (x, e_i) - \sum_{i=1}^{n} \alpha_i \overline{(x, e_i)} + \sum_{i=1}^{n} |(x, e_i)|^2 = \qquad (7\text{-}3\text{-}10) \\
&\sum_{i=1}^{n} |\alpha_i - (x, e_i)|^2 \geqslant 0
\end{aligned}$$

证毕。

设 $A=\{e_i | i\in \mathbf{N}\}$ 是内积空间 X 的一个标准正交系，**N** 是自然数集，任意向量 $x\in X$，则下列不等式成立

$$\sum_{i=1}^{\infty}|(x,e_i)|^2 \leqslant \|x\|^2 \tag{7-3-11}$$

式(7-3-11)称为**贝塞尔不等式**。如果贝塞尔不等式中等号成立，则此等式称为**帕塞瓦尔等式**。

证 令式(7-3-6)中的 $n\to\infty$ 即可得到式(7-3-11)。证毕。

设 X 为内积空间，$A=\{e_k | k\in \mathbf{N}\}$ 是 X 的一个标准正交系，**N** 是自然数集，任意向量 $x\in X$，那么数列 $\{(x,e_k)\}$ 称为 x 关于标准正交系 A 的**傅里叶系数集**，内积 (x,e_k) 称为**傅里叶系数**，级数 $\sum_{k=1}^{\infty}(x,e_k)e_k$ 称为 x 关于标准正交系 A 的**傅里叶级数**。

引理 7.3.2 设 $A=\{e_i | i\in \mathbf{N}\}$ 为希尔伯特空间 H 中的规范正交系，那么以下论断成立：

(1) 级数 $\sum_{i=1}^{\infty}\alpha_i e_i$ 收敛的充要条件是级数 $\sum_{i=1}^{\infty}|\alpha_i|^2$ 收敛；

(2) 若 $x=\sum_{i=1}^{\infty}\alpha_i e_i$，则 $\alpha_i=(x,e_i)$，且 $x=\sum_{i=1}^{\infty}(x,e_i)e_i$；

(3) 对于任何 $x\in H$，级数 $\sum_{i=1}^{\infty}(x,e_i)e_i$ 收敛。

证 (1) 设 $S_n=\sum_{i=1}^{n}\alpha_i e_i$，$\sigma_n=\sum_{i=1}^{n}|\alpha_i|^2$，由于 A 为规范正交系，对任何正整数 m 和 n，当 $n>m$ 时，根据式(7-3-1)，有

$$\|S_n-S_m\|^2=\|\alpha_{m+1}e_{m+1}+\alpha_{m+2}e_{m+2}+\cdots+\alpha_n e_n\|^2=\sum_{i=m+1}^{n}|\alpha_i|^2=\sigma_n-\sigma_m$$

所以数列 $\{S_n\}$ 是 H 中柯西数列的充要条件为 $\{\sigma_n\}$ 是柯西数列，由 H 和数域的完备性可知，论断(1)成立；

(2) 作 $x=\sum_{i=1}^{\infty}\alpha_i e_i$ 与 e_i 的内积，有 $(x,e_i)=\left(\sum_{i=1}^{\infty}\alpha_i e_i, e_i\right)=\alpha_i(e_i,e_i)=\alpha_i$，即 $\alpha_i=(x,e_i)$，再将此式代入 $x=\sum_{i=1}^{\infty}\alpha_i e_i$，得 $x=\sum_{i=1}^{\infty}(x,e_i)e_i$；

(3) 由贝塞尔不等式可知，级数 $\sum_{i=1}^{\infty}|(x,e_i)|^2\leqslant\|x\|^2$ 收敛，再由论断(1)和论断(2)可知，级数 $\sum_{i=1}^{\infty}(x,e_i)e_i$ 收敛。证毕。

7.4 算子与泛函

设 X 和 Y 是同一数域 P 上的两个赋范线性空间，D 是 X 的一个子集，若存在某种对应法则 T，使对任何 $x\in D$，有唯一确定的 $y=T(x)=Tx\in Y$ 与之对应，则 T 称为 X 中 D 到 Y 的**算子(映射)**，D 称为 T 的**定义域**，记作 $D(T)$。y 或 $T(x)$ 称为 x 的**象**，象的集合 $\{y | y=Tx, x\in D\}$

称为 T 的**值域**，记作 $T(D)$ 或 TD 。

根据集合 X 、Y 的不同情形，在不同的数学分支中，算子 T 有不同的惯用名称。习惯上，当 X 和 Y 都是数空间时，T 称为**函数**；当 X 和 Y 都为赋范线性空间时，如上面定义的那样，T 称为**算子**；当 X 为赋范线性空间，Y 为数空间时，T 称为**泛函数**，简称**泛函**。或者说，值域为数集的算子称为**泛函**。当 X 为数空间，Y 为赋范线性空间时，T 称为**抽象函数**。

设算子 T 的定义域为 D，值域为 $T(D)$，$u \in D$，$f \in T(D)$，则等式 $Tu = f$ 称为**算子方程**，式中，u 为所要求的未知函数，f 称为**自由项**，代表一种源或汇。当自由项 f 为零时，算子方程称为**齐次方程**。

设 $u = \varphi$ 是算子方程的边界条件，φ 是在定义域 D 的边界上给定的函数，若 $\varphi = 0$，则这样的边界条件称为**齐次边界条件**。

设 X 和 Y 都是赋范线性空间，D 是 X 的子空间，T 是 D 到 Y 的算子，α 是数域 P 中的一个数，则可引出下列定义：

(1) 若 T 满足

$$T(x+y) = Tx + Ty \quad (x, \ y \in D) \tag{7-4-1}$$

则 T 称为**加法算子**或**可加算子**。

(2) 若 T 满足

$$T(\alpha x) = \alpha T(x) \quad (x \in D) \tag{7-4-2}$$

则 T 称为**齐次算子**。

(3) 若对每个 $n \geqslant 1$ 和任意点 x_n，$x \in D$ ($n = 1, 2, \cdots$)，当 $x_n \to x$ 时，必有 $Tx_n \to Tx$，即 $\|x_n - x\| \to 0$ 时，必有 $\|Tx_n - Tx\| \to 0$，则 T 称为 D 上的**连续算子**。

(4) 若存在正数 M，使得对任意的 $x \in D$，都有

$$\|Tx\| \leqslant M\|x\|$$

则 T 称为 D 上的**有界算子**。保证上个不等式成立的最小正数 M 称为有界算子 T 的**范数**，并记作 $\|T\|$ 。显然有 $\|Tx\| \leqslant \|T\|\|x\|$ 。

(5) 若

$$Tx = \alpha x \tag{7-4-3}$$

则 T 称为 X 到 X 的**相似算子**。特别当 $\alpha = 1$ 时，T 称为**单位算子**或**恒等算子**，记作 I 。当 $\alpha = 0$ 时，T 称为**零算子**，记作 θ 。

(6) 如果对于任意 x_1，$x_2 \in D$，α，$\beta \in P$，都有

$$T(\alpha x_1 + \beta x_2) = \alpha T x_1 + \beta T x_2 \tag{7-4-4}$$

则 T 称为 D 到 Y 的**线性算子**。换句话说，可加齐次算子称为**线性算子**。对于线性算子，连续性与有界限是等价的。如果线性算子 T 的值域是数集，则 T 称为**线性泛函**，常记作 f 、g 等。

(7) 设 T 是 X 到 Y 的线性算子，若对每个 $n \geqslant 1$ 和任意点 x_n，$x \in D$ ($n = 1, 2, \cdots$)，当 $x_n \to x$ 时，必有 $Tx_n \to Tx$，即 $\|x_n - x\| \to 0$ 时，必有 $\|Tx_n - Tx\| \to 0$，则 T 称为 D 上的**连续线性算子**。

设线性算子 $T: D \to Y$ 是有界算子，如果存在正常数 K，使得 $\|Tx\|_Y \leqslant K\|x\|_X$，这里 $\|\bullet\|_D$ 与 $\|\bullet\|_Y$ 分别是 D 与 Y 中的范数，则 T 称为**有界线性算子**。相应地，当 T 的值域是数集时，T 称为**有界线性泛函**。不是有界的线性算子称为**无界线性算子**。

定理 7.4.1 设 X 和 Y 都是赋范线性空间，D 是 X 的子空间，T 是 D 到 Y 的线性算子，如果 T 在某一点 $x_0 \in D$ 连续，则 T 在整个 D 上连续。

证 任取 x，$x_n \in D$ ($n = 1, 2, \cdots$)，且设 $\lim\limits_{n \to \infty} x_n = x$，由于 T 是线性算子，故有

$$Tx_n - Tx = T(x_n - x) = T(x_n - x + x_0) - Tx_0$$

当 $n \to \infty$ 时，由 $x_n - x + x_0 \to x_0$ 以及 T 在点 x_0 处的连续性可知，$T(x_n - x + x_0) \to Tx_0$，即 $Tx_n \to Tx$。因此 T 在点 x 处连续。因 x 在 D 上是任取的，故 T 在整个 D 上连续。证毕。

定理 7.4.2 设 X 和 Y 都是赋范线性空间，D 是 X 的子空间，T 是 D 到 Y 的线性算子，则 T 连续的充要条件是 T 有界。

证 充分性。设 T 有界，则存在 $M > 0$，使得对于任意 $x \in D$，有 $\|Tx\| \leqslant M\|x\|$。任取序列 $\{x_n\} \in X$ ($n = 1,2,\cdots$)，使得 $\lim\limits_{n\to\infty} x_n = x$，当 $n \to \infty$ 时，有

$$\|Tx_n - Tx\| = \|T(x_n - x)\| \leqslant M\|x_n - x\| \to 0$$

因此，T 在 D 内任一点 x 处连续。

必要性。证法 1，用反证法来证明。设 T 连续但无界，则对每个自然数 n，必存在 $x_n \in D$ 且 $x_n \neq 0$ ($n = 1,2,\cdots$)，使得 $\|Tx_n\| \geqslant n\|x_n\|$。令 $y_n = \dfrac{x_n}{n\|x_n\|}$，则有 $\|y_n\| = \dfrac{1}{n}$，当 $n \to \infty$ 时，$\|y_n\| \to 0$，由 T 的连续性，有 $Ty_n \to 0$。另一方面

$$\|Ty_n\| = \left\|\frac{Tx_n}{n\|x_n\|}\right\| = \frac{\|Tx_n\|}{n\|x_n\|} \geqslant 1$$

这与连续性矛盾，故 T 有界。

证法 2。设 T 在 D 上连续，则对点 $x = 0$，存在 $\delta > 0$，当 $\|x\| < \delta$ 时，有 $\|Tx\| < 1$。任取 $x \neq 0$，有

$$\left\|\frac{x}{\|x\|}\delta\right\| = \frac{\|x\|}{\|x\|}\delta = \delta, \quad \left\|T\left(\frac{x}{\|x\|}\delta\right)\right\| = \frac{\|Tx\|\delta}{\|x\|} < 1$$

故有

$$\|Tx\| \leqslant \frac{\|x\|}{\delta}$$

这一不等式对任意 $x \in D$ 成立，且等号仅对 $x = 0$ 成立。故 T 是有界的。证毕。

定理 7.4.2 表明，有界线性算子是连续的，反过来，连续线性算子是有界的，即线性算子的连续性与有界性等价。

设 X 和 Y 均为赋范线性空间，$T: X \to Y$ 是线性算子，对于任意的 $x \in X$，若存在 $m > 0$，使得 $\|Tx\| \geqslant m\|x\|$，则 T 称为**下有界线性算子**。

设 $T: X \to Y$ 是线性算子，如果存在线性算子 $S: Y \to X$，使得 $ST = I_X$，$TS = I_Y$，其中 I_X、I_Y 分别是 X 和 Y 上的单位算子，则 T 称为**可逆线性算子**或**可逆算子**，S 称为 T 的**逆算子**，记作 $S = T^{-1}$。

设 X 和 Y 是两个赋范线性空间，$T: X \to Y$ 是线性算子，如果对任意的 $x \in X$，都有 $\|Tx\|_Y = \|x\|_X$，这里 $\|\cdot\|_X$ 与 $\|\cdot\|_Y$ 分别是 X 与 Y 中的范数，则 T 称为 X 到 Y 的**保范算子**或**等距算子**。如果 T 是保范的线性算子，且是 X 到 Y 的一一对应，则 T 称为 X 到 Y 的**同构映射**。如果存在 X 到 Y 的同构映射，则 X 与 Y 称为**同构**，记作 $X \cong Y$。

对于赋范线性空间 X 上的线性泛函 $f(x)$，$x \in X$，总可以把它看作是由 X 到数空间中的线性算子，因此，关于对算子一些特性的定义对泛函也适用。

设 T 是赋范线性空间 X 的子空间 D 到赋范线性空间 Y 的线性算子，则

$$\|T\| = \sup_{x\in D, x\neq\theta} \frac{\|Tx\|}{\|x\|} \tag{7-4-5}$$

称为**算子 T 的范数**。算子范数的几何意义：$\frac{\|Tx\|}{\|x\|}$ 表示 T 在 x 方向的伸缩系数。$\|T\|$ 是所有方向上伸缩系数的上确界。根据算子范数的定义，显然有 $\|Tx\| \leqslant \|T\| \cdot \|x\|$。

设 $f(x)$ 是度量空间 X 上的泛函，$x_0 \in X$，若对于任意给定的正数 ε，存在正数 δ，当 $x \in X$ 及 $\rho(x, x_0)$ 时，有 $|f(x) - f(x_0)| < \varepsilon$，则 $f(x)$ 称为在 x_0 处对于 X **连续**。若 $f(x)$ 在 X 上的每一点处都连续，则 $f(x)$ 称为 X 上的**连续泛函**。

设 X 和 Y 是同一数域 P 上的两个赋范线性空间，把 X 到 Y 的线性算子的全体记作 (X,Y)，把 X 到 Y 的有界线性算子的全体记作 $B(X,Y)$，则 (X,Y) 称为**线性算子空间**，$B(X,Y)$ 称为**有界线性算子空间**。显然 $B(X,Y)$ 是 (X,Y) 的一个子集，且两者都是非空的，因为至少有一个零算子 $\theta \in B(X,Y)$。当 $X = Y$ 时，将 $B(X,X)$ 记作 $B(X)$。

设 X 是赋范线性空间，若将 X 上连续线性泛函的全体记作 X^*，且 X^* 按通常的线性运算和泛函的范数构成一个赋范线性空间，则 X^* 称为 X 的**伴随空间**、**对偶空间**或**共轭空间**。

设 X 和 Y 都是希尔伯特空间，T 是从 X 到 Y 的有界线性算子，若存在从 Y 到 X 的有界线性算子 T^*，且对任意的 $x \in X$ 和 $y \in Y$，使得

$$(Tx, y) = (x, T^* y) + B(x, y) \tag{7-4-6}$$

成立，其中 $B(x,y)$ 是边界项，则 T^* 称为 T 的**共轭算子**或**希尔伯特伴随算子**，后者简称**伴随算子**。若 T 与其共轭算子 T^* 可交换，即 $TT^* = T^*T$，则 T 称为**正规算子**或**正常算子**。若 $T^*T = I_X$，$TT^* = I_Y$，其中 I_X、I_Y 分别是 X 和 Y 上的单位算子，则 T 称为**酉算子**。酉算子常用 U 表示。若边界项 $B(x,y)$ 为零，则共轭算子化为 $(Tx, y) = (x, T^* y)$。如果 X 和 Y 是相同的希尔伯特空间，那么 T 和 T^* 就是同一空间的算子，此时，若 $T = T^*$，则 T 称为**自共轭算子**或**自伴算子**，又称为**埃尔米特算子**。从定义可以看出，酉算子和自共轭算子都是正规算子的特例。

在上述伴随算子的定义中，算子 T 和 T^* 只是分别作用在 x 和 y 的左边，T^* 可称为左算子 T 的**左共轭算子**或**左伴随算子**。若 $T = T^*$，则 T 可称为**左自共轭算子**或**左自伴算子**。因边界项 $B(x,y)$ 在泛函中可以为零，故可略去。由此可引出其他三个伴随算子的定义。

设 X 和 Y 都是希尔伯特空间，T 是从 X 到 Y 的有界线性算子，若存在从 Y 到 X 的有界线性算子 T^*，且对任意的 $x \in X$ 和 $y \in Y$，均可使

$$(xT, y) = (x, yT^*) \tag{7-4-7}$$

$$(Tx, y) = (x, yT^*) \tag{7-4-8}$$

$$(xT, y) = (x, T^* y) \tag{7-4-9}$$

成立，则式(7-4-7)中的 T^* 称为右算子 T 的**右共轭算子**或**右伴随算子**；式(7-4-8)中的 T^* 称为左算子 T 的**右共轭算子**或**右伴随算子**；式(7-4-9)中的 T^* 称为右算子 T 的**左共轭算子**或**左伴随算子**。式(7-4-6)～式(7-4-9)的 T^* 统称 T 的**共轭算子**或**伴随算子**。如果 X 和 Y 是相同的希尔伯特空间，那么 T 和 T^* 就是同一空间的算子，此时，若 $T = T^*$，则式(7-4-7)中的 T 称为**右自共轭算子**或**右自伴算子**。式(7-4-8)中的 T 称为**左右混合自共轭算子**或**左右混合自伴算子**。式(7-4-9)中的 T 称为**右左混合自共轭算子**或**右左混合自伴算子**。式(7-4-8)和式(7-4-9)中的 T 合称**混合自共轭算子**或**混合自伴算子**。当式(7-4-6)～式(7-4-9)中的 T 对应着不同的算子时，它们统称**自共轭算子**或**自伴算子**。

定理 7.4.3 有界算子的共轭算子也是有界算子。共轭算子的范数彼此相等。

证 根据施瓦茨不等式，从 $(Tx,y)=(x,T^*y)$ 推知

$$\left|(x,T^*y)\right|\leqslant\|Tx\|\cdot\|y\|\leqslant\|T\|\cdot\|x\|\cdot\|y\| \tag{1}$$

令 $x=T^*y$，则有 $(x,T^*y)=(T^*y,T^*y)=\left\|T^*y\right\|^2$。在不等式(1)两边约去 $\left\|T^*y\right\|$，可得

$$\left\|T^*y\right\|\leqslant\|T\|\cdot\|y\| \tag{2}$$

由此可知 $\left\|T^*\right\|\leqslant\|T\|$。交换 T^* 和 T 的位置，同样可证 $\|T\|\leqslant\left\|T^*\right\|$。比较这两个不等式，可得 $\left\|T^*\right\|=\|T\|$。证毕。

设 H 是希尔伯特空间，T 是 H 上的线性算子，如果它的定义域 $D(T)$ 在 H 上稠密，则 T 称为 H 上的**稠定算子**。

设 H 是希尔伯特空间，X 是 H 的子空间，T 是 X 到 H 的线性算子，如果对于任意的 x、$y\in X$，使得 $(Tx,y)=(x,Ty)$ 成立，则 T 称为**对称算子**。

定理 7.4.4 算子 T 为对称算子的充要条件是：内积 (Tx,x) 是实数。

证 必要性。设 T 是对称算子，根据对称算子的定义有 $(Tx,y)=(x,Ty)$，令 $x=y$，则有 $(Tx,x)=(x,Tx)$，或者根据内积的对称性有 $(Tx,x)=\overline{(Tx,x)}$。既然 (Tx,x) 等于其自身的共轭数，所以 (Tx,x) 是实数。

充分性。可以证明下列恒等式

$$4(Tx,y)=[T(x+y),x+y]-[T(x-y),x-y]+\mathrm{i}[T(x+\mathrm{i}\,y),x+\mathrm{i}\,y]-[T(x-\mathrm{i}\,y),x-\mathrm{i}\,y]$$

根据定理的条件，等号右边的所有内积都是实数。将 x 和 y 易位，可得

$$4(Ty,x)=[T(y+x),y+x]-[T(y-x),y-x]+\mathrm{i}[T(y+\mathrm{i}\,x),y+\mathrm{i}\,x]-[T(y-\mathrm{i}\,x),y-\mathrm{i}\,x]$$

从内积的基本性质可以推知

$$[T(y-x),y-x]=[T(x-y),x-y]$$

$$[T(y+\mathrm{i}\,x),y+\mathrm{i}\,x]=[\mathrm{i}\,T(\mathrm{i}\,x-y),\mathrm{i}(x-\mathrm{i}\,y)]=[T(x-\mathrm{i}\,y),x-\mathrm{i}\,y]$$

$$[T(y-\mathrm{i}\,x),y-\mathrm{i}\,x]=[-\mathrm{i}\,T(x+\mathrm{i}\,y),-\mathrm{i}(x+\mathrm{i}\,y)]=[T(x+\mathrm{i}\,y),x+\mathrm{i}\,y]$$

于是可断定 $(Tx,y)=\overline{(Ty,x)}$，或者根据内积的对称性 $(Tx,y)=(x,Ty)$，即算子 T 是对称的。证毕。

若 T 是自共轭算子，则有

$$(Tx,y)=(x,T^*y)=(x,Ty)=(Ty,x)$$

可见，自共轭算子必定是对称算子，但对称算子未必是自共轭算子。于是，由定理 7.4.4 可得下面推论：

推论 7.4.1 算子 T 为自共轭算子的充要条件是：内积 (Tx,x) 是实数。

定理 7.4.5 设 T_1 和 T_2 都是自共轭算子，则 T_1T_2 也是自共轭算子的充要条件是 $T_1T_2=T_2T_1$。

证 必要性。若 T_1T_2 是自共轭算子，则对任何 x，$y\in H$，有

$$(T_1T_2x,y)=(x,T_1T_2y)$$

由于 T_1 和 T_2 都是自共轭算子，并且它们都是从希尔伯特空间 H 到希尔伯特空间 H 的有界线性算子，有

$$(T_1T_2x,y)=(T_2x,T_1y)=(x,T_2T_1y)$$

于是，对于任何 $x\in H$，有

$$(x,T_1T_2y)=(x,T_2T_1y)$$

可得 $T_1T_2=T_2T_1$。

充分性。若$T_1T_2=T_2T_1$，则T_1T_2必为自共轭算子。事实上，由T_1和T_2的自共轭性和$T_1T_2=T_2T_1$，有

$$(T_1T_2x,y)=(T_2x,T_1y)=(x,T_2T_1y)=(x,T_1T_2y)$$

所以T_1T_2必为自共轭算子。证毕。

设H是希尔伯特空间，X是H的子空间，T是X到H的有界线性算子，如果对于任意的$x\in X$，总有$(Tx,x)\geqslant 0$，则T称为**正算子**。若对于任意非零的$x\in X$，总有$(Tx,x)>0$，则T称为**正定算子**。

正定算子也可以这样定义：设T是希尔伯特空间H内的有界线性算子，若对于任意非零的$x\in H$，存在常数$r>0$，使$(Tx,x)\geqslant r^2(x,x)=r^2\|x\|^2$成立，则算子$T$称为**正定算子**。当$T$是无界线性算子时，设$T$是希尔伯特空间内的稠定算子，$D(T)$是$T$的定义域，若对于任意非零的$x\in D(T)$，存在常数$r>0$，总有$(Tx,x)>0$，则算子$T$称为**正定算子**。

如果T是正定算子，则方程$Ty=f(x)$至多只有一个解。

事实上，如果有两个不同的解y_1和y_2，则必有

$$Ty_1-f=0，\ Ty_2-f=0$$

两式相减，得

$$T(y_1-y_2)=0$$

于是有

$$[T(y_1-y_2),y_1-y_2]=0$$

这与T是正定算子相矛盾，故方程$Ty=f$只有一个解。

例 7.4.1 若T是H中的自共轭算子，λ为实数，证明λT和$T-\lambda I$都是自共轭算子。

证 因T是自共轭算子，按定义有$(Tx,y)=(x,Ty)$，又λ为实数，故$\lambda=\overline{\lambda}$。于是

$$(\lambda Tx,y)=\lambda(Tx,y)=\lambda(x,Ty)=(x,\overline{\lambda}Ty)=(x,\lambda Ty)$$

$$[(T-\lambda I)x,y]=(Tx,y)-\lambda(x,y)=(x,Ty)-(x,\overline{\lambda}y)=(x,Ty)-(x,\lambda y)=[x,(T-\lambda I)y]$$

证毕。

若由可微函数构成的集合，通过微分运算，可以使其变成另外的函数集合，则这种微分运算是可微函数上的一种算子，称为**微分算子**。简单地说，带有导数符号或微分符号的算子称为**微分算子**。微分算子也可以这样来定义：设T为由函数空间F_1到函数空间F_2的映射(算子)，$Tu=f$，其中$u\in F_1$，$f\in F_2$，如果象f在每个点x处的值$f(x)$由原象u和有限个u的导数在点x处的值所决定，则T称为**微分算子**。

设X是区间$[a,b]$上所有多项式组成的线性空间，T是X上的算子，若对任意$x\in X$，有$Tx(t)=\sum_{k=1}^{n}\frac{\mathrm{d}^k}{\mathrm{d}t^k}x(t)$，则$T$称为$n$**阶线性微分算子**，简称**线性微分算子**。

下面举出几个微分算子的例子。

(1) 设$y(x)\in C^2$，$Ty=y''+y$，则$T=\frac{\mathrm{d}^2}{\mathrm{d}x^2}+1$是一个二阶微分算子。

(2) $Ty=[p(x)y']'+q(x)y$，$T=\frac{\mathrm{d}}{\mathrm{d}x}\left[p(x)\frac{\mathrm{d}}{\mathrm{d}x}\right]+q(x)$是一个一般的二阶微分算子。

(3) $\Delta u=\frac{\partial^2 u}{\partial x^2}+\frac{\partial^2 u}{\partial y^2}+\frac{\partial^2 u}{\partial z^2}$，$\Delta=\frac{\partial^2}{\partial x^2}+\frac{\partial^2}{\partial y^2}+\frac{\partial^2}{\partial z^2}$是一个二阶偏微分算子，通常称为**三维拉普拉斯算子**。若没有z项，则称为**二维拉普拉斯算子**。

(4) $\nabla\varphi=\dfrac{\partial\varphi}{\partial x}\boldsymbol{i}+\dfrac{\partial\varphi}{\partial y}\boldsymbol{j}+\dfrac{\partial\varphi}{\partial z}\boldsymbol{k}$，$\nabla=\dfrac{\partial}{\partial x}\boldsymbol{i}+\dfrac{\partial}{\partial y}\boldsymbol{j}+\dfrac{\partial}{\partial z}\boldsymbol{k}$ 是一个矢性微分算子，称为**哈密顿算子**、**梯度算子**或**位势算子**。

(5) 设 $F(x,y,y',\cdots,y^{(n)})\in C^{2n}$，$TF=\sum\limits_{k=0}^{n}(-1)^k\dfrac{\mathrm{d}^k}{\mathrm{d}x^k}\dfrac{\partial F}{\partial y^{(k)}}$，则 $T=\sum\limits_{k=0}^{n}(-1)^k\dfrac{\mathrm{d}^k}{\mathrm{d}x^k}\dfrac{\partial}{\partial y^{(k)}}$ 是一个微分算子。

(6) $\left(F_{yy}-\dfrac{\mathrm{d}}{\mathrm{d}x}F_{yy'}\right)u-\dfrac{\mathrm{d}}{\mathrm{d}x}\left(F_{y'y'}\dfrac{\mathrm{d}u}{\mathrm{d}x}\right)=0$，$J=F_{yy}-\dfrac{\mathrm{d}}{\mathrm{d}x}F_{yy'}-\dfrac{\mathrm{d}}{\mathrm{d}x}\left(F_{y'y'}\dfrac{\mathrm{d}}{\mathrm{d}x}\right)$是一个微分算子，称为**雅可比算子**。

例 7.4.2 设 $y(x)\in C^2[x_0,x_1]$，$p_0''(x)$、$p_1'(x)$、$p_2(x)\in C[x_0,x_1]$，且 $p_0(x)\neq 0$。对二阶线性微分算子 T，有

$$Ty=p_0(x)y''+p_1(x)y'+p_2(x)y \tag{1}$$

试求 T 的自共轭算子。

解 设 $z(x)\in C^2[x_0,x_1]$，作内积 (Ty,z)，并利用分部积分，可得

$$\begin{aligned}(Ty,z)&=\int_{x_0}^{x_1}(p_0y''+p_1y'+p_2y)z\,\mathrm{d}x\\&=(p_0zy'+p_1yz)\Big|_{x_0}^{x_1}+\int_{x_0}^{x_1}[-(p_0z)'y'-(p_1z)'y+p_2yz]\,\mathrm{d}x\\&=\int_{x_0}^{x_1}[(p_0z)''-(p_1z)'+p_2z]y\,\mathrm{d}x+[p_0(y'z-yz')+(p_1-p_0')yz]\Big|_{x_0}^{x_1}\\&=(y,T^*z)+w(y,z)\end{aligned} \tag{2}$$

于是，得共轭微分算子

$$T^*z=p_0z''+(2p_0'-p_1)z'+(p_0''-p_1'+p_2)z \tag{3}$$

为了使 $T^*=T$，当且仅当方程组

$$\begin{cases}2p_0'-p_1=p_1\\p_0''-p_1'+p_2=p_2\end{cases} \tag{4}$$

成立，也就是 $p_0'=p_1$ 成立。得自共轭微分算子

$$Ty=p_0y''+p_1y'+p_2y=p_0y''+p_0'y'+p_2y=(p_0y')'+p_2y \tag{5}$$

例 7.4.3 设 $u(x,y,z)\in C^2(V)$，$p(x,y,z)\in C^1(V)$，$q(x,y,z)\in C(V)$，S 为 V 的封闭表面，$\dfrac{\partial u}{\partial n}$ 为 S 的外法线方向导数。令 T 是二阶线性偏微分算子，且有

$$Tu=\nabla\cdot(p\nabla u)+qu=\frac{\partial}{\partial x}\left(p\frac{\partial u}{\partial x}\right)+\frac{\partial}{\partial y}\left(p\frac{\partial u}{\partial y}\right)+\frac{\partial}{\partial z}\left(p\frac{\partial u}{\partial z}\right)+qu \tag{1}$$

试求 T 的自共轭算子。

解 设 $v(x,y,z)\in C^2(V)$，根据高斯公式，有

$$\iiint_V\nabla\cdot(vp\nabla u)\,\mathrm{d}V=\iiint_V p\nabla u\cdot\nabla v+v\nabla\cdot(p\nabla u)\,\mathrm{d}V=\oiint_S vp\frac{\partial u}{\partial n}\,\mathrm{d}S \tag{2}$$

注意到将高斯公式中的 p、u、v 两两易位，其形式不变。作内积 (Tu,v)，有

$$\begin{aligned}(Tu,v) &= \iiint_V [\nabla\cdot(p\nabla u)+qu]v\,\mathrm{d}V \\ &= \iiint_V \nabla\cdot(vp\nabla u)\,\mathrm{d}V - \iiint_V (p\nabla u\cdot\nabla v - quv)\,\mathrm{d}V \\ &= \oiint_S vp\frac{\partial u}{\partial n}\,\mathrm{d}S - \iiint_V (p\nabla u\cdot\nabla v - quv)\,\mathrm{d}V \\ &= \oiint_S vp\frac{\partial u}{\partial n}\,\mathrm{d}S - \oiint_S up\frac{\partial v}{\partial n}\,\mathrm{d}S + \iiint_V [u\nabla\cdot(p\nabla v)+quv]\,\mathrm{d}V \\ &= \iiint_V u[\nabla\cdot(p\nabla v)+qv]\,\mathrm{d}V + \oiint_S p\left(v\frac{\partial u}{\partial n} - u\frac{\partial v}{\partial n}\right)\mathrm{d}S \\ &= \iiint_V u(T^* v)\,\mathrm{d}V + \oiint_S p\left(v\frac{\partial u}{\partial n} - u\frac{\partial v}{\partial n}\right)\mathrm{d}S \\ &= (u,T^* v) + \oiint_S p\left(v\frac{\partial u}{\partial n} - u\frac{\partial v}{\partial n}\right)\mathrm{d}S\end{aligned} \tag{3}$$

于是得共轭微分算子

$$T^* v = \nabla\cdot(p\nabla v) + qv = \frac{\partial}{\partial x}\left(p\frac{\partial v}{\partial x}\right) + \frac{\partial}{\partial y}\left(p\frac{\partial v}{\partial y}\right) + \frac{\partial}{\partial z}\left(p\frac{\partial v}{\partial z}\right) + qv \tag{4}$$

若对 u ，v 规定适当的齐次边界条件，则边界项等于零，故有

$$T^* = T \tag{5}$$

即 T 是自共轭微分算子。例 7.4.3 的推导是按三维情形得到的，如果换成二维情形，上述过程及结果也照样成立，只需体积域 V 换成面积域 D 、封闭曲面 S 换成封闭曲线 $\varGamma$ 即可。

7.5 泛函的导数

设有泛函 $J[u]$ ，如果

$$\Delta J = J[u+\varepsilon\eta] - J[u] = \delta J + \delta^2 J + \cdots + \delta^n J + o(\varepsilon^n) \tag{7-5-1}$$

且 n 次变分

$$\delta^n J = \frac{\varepsilon^n}{n!}[T(u)\eta^{n-1},\eta] \tag{7-5-2}$$

式中，η 为满足齐次边界条件的任意可取函数，则 $J[u]$ 称为在 u 上**可导**，且 $T(u)$ 称为泛函 $J[u]$ 在 u 上的 n **阶导数**，记作 $J^n[u]$ 。当 $n=1$ 时，也称为泛函 $J[u]$ 在 u 上的**梯度**，也可记作 $J'[u]$ 或 $\operatorname{grad} J[u]$ 。当 $n=2$ 时，也可记作 $J''[u]$ 。

下面讨论最简泛函 $J[y] = \int_{x_0}^{x_1} F(x,y,y')\,\mathrm{d}x$ 在固定边界 $y(x_0)=y_0$ ，$y(x_1)=y_1$ 条件下的导数。

泛函的一阶变分为

$$\begin{aligned}\delta J &= \int_{x_0}^{x_1}(F_y\delta y + F_{y'}\delta y')\,\mathrm{d}x = \int_{x_0}^{x_1}\left(F_y - \frac{\mathrm{d}}{\mathrm{d}x}F_{y'}\right)\delta y\,\mathrm{d}x \\ &= \varepsilon\int_{x_0}^{x_1}\left(F_y - \frac{\mathrm{d}}{\mathrm{d}x}F_{y'}\right)\eta\,\mathrm{d}x = \varepsilon[T(y),\eta] = \varepsilon[\eta,T(y)]\end{aligned}$$

式中，$T(y) = F_y - \dfrac{\mathrm{d}}{\mathrm{d}x}F_{y'}$ ，所以泛函的梯度为

$$\operatorname{grad} J[y] = T(y) = F_y - \frac{\mathrm{d}}{\mathrm{d}x}F_{y'} \tag{7-5-3}$$

由式(7-5-3)可见，泛函 $J[y]$ 的一阶导数是一个函数。

泛函的二阶变分为

$$\delta^2 J=\frac{1}{2}\int_{x_0}^{x_1}[F_{yy}(\delta y)^2+2F_{yy'}\delta y\delta y'+F_{y'y'}(\delta y')^2]\mathrm{d}x=\frac{\varepsilon^2}{2}\int_{x_0}^{x_1}(F_{yy}\eta^2+2F_{yy'}\eta\eta'+F_{y'y'}\eta'^2)\mathrm{d}x$$

对第二项应用分部积分，得

$$\int_{x_0}^{x_1}2F_{yy'}\eta\eta'\mathrm{d}x=\int_{x_0}^{x_1}F_{yy'}\mathrm{d}\eta^2=F_{yy'}\eta^2\Big|_{x_0}^{x_1}-\int_{x_0}^{x_1}\eta^2\frac{\mathrm{d}}{\mathrm{d}x}F_{yy'}\mathrm{d}x=-\int_{x_0}^{x_1}\eta^2\frac{\mathrm{d}}{\mathrm{d}x}F_{yy'}\mathrm{d}x$$

对第三项也应用分部积分，得

$$\int_{x_0}^{x_1}F_{y'y'}\eta'^2\mathrm{d}x=\int_{x_0}^{x_1}F_{y'y'}\eta'\mathrm{d}\eta=F_{y'y'}\eta'\eta\Big|_{x_0}^{x_1}-\int_{x_0}^{x_1}\eta\frac{\mathrm{d}}{\mathrm{d}x}(F_{y'y'}\eta')\mathrm{d}x=-\int_{x_0}^{x_1}\eta\frac{\mathrm{d}}{\mathrm{d}x}\left(F_{y'y'}\frac{\mathrm{d}}{\mathrm{d}x}\right)\eta\mathrm{d}x$$

将第二项和第三项的积分结果代入泛函的二阶变分表达式，得

$$\begin{aligned}\delta^2 J&=\frac{\varepsilon^2}{2}\int_{x_0}^{x_1}\left[\left(F_{yy}-\frac{\mathrm{d}}{\mathrm{d}x}F_{yy'}\right)\eta^2-\eta\frac{\mathrm{d}}{\mathrm{d}x}\left(F_{y'y'}\frac{\mathrm{d}}{\mathrm{d}x}\right)\eta\right]\mathrm{d}x\\&=\frac{\varepsilon^2}{2}\int_{x_0}^{x_1}\eta\left[\left(F_{yy}-\frac{\mathrm{d}}{\mathrm{d}x}F_{yy'}\right)-\frac{\mathrm{d}}{\mathrm{d}x}\left(F_{y'y'}\frac{\mathrm{d}}{\mathrm{d}x}\right)\right]\eta\mathrm{d}x\\&=\frac{\varepsilon^2}{2}\int_{x_0}^{x_1}\eta\left[S-\frac{\mathrm{d}}{\mathrm{d}x}\left(R\frac{\mathrm{d}}{\mathrm{d}x}\right)\right]\eta\mathrm{d}x\\&=\frac{\varepsilon^2}{2}[\eta,T(y)\eta]=\frac{\varepsilon^2}{2}[T(y)\eta,\eta]\end{aligned}$$

式中，$S=F_{yy}-\dfrac{\mathrm{d}}{\mathrm{d}x}F_{yy'}$，$R=F_{y'y'}$，$T(y)=S-\dfrac{\mathrm{d}}{\mathrm{d}x}\left(R\dfrac{\mathrm{d}}{\mathrm{d}x}\right)$，于是得泛函 $J[y]$ 的二阶导数

$$J''[y]=T(y)=S-\frac{\mathrm{d}}{\mathrm{d}x}\left(R\frac{\mathrm{d}}{\mathrm{d}x}\right) \tag{7-5-4}$$

由式(7-5-4)可见，泛函 $J[y]$ 的二阶导数是一个算子。

泛函的三阶变分为

$$\begin{aligned}\delta^3 J&=\frac{1}{3!}\int_{x_0}^{x_1}[F_{yyy}(\delta y)^3+3F_{yyy'}(\delta y)^2\delta y'+3F_{yy'y'}\delta y(\delta y')^2+F_{y'y'y'}(\delta y')^3]\mathrm{d}x\\&=\frac{\varepsilon^3}{3!}\int_{x_0}^{x_1}(F_{yyy}\eta^3+3F_{yyy'}\eta^2\eta'+3F_{yy'y'}\eta\eta'^2+F_{y'y'y'}\eta'^3)\mathrm{d}x\end{aligned}$$

将第二项应用分部积分，得

$$\int_{x_0}^{x_1}3F_{yyy'}\eta\frac{1}{2}(\eta^2)'\mathrm{d}x=\int_{x_0}^{x_1}\frac{3}{2}F_{yyy'}\eta\frac{\mathrm{d}}{\mathrm{d}x}\eta^2\mathrm{d}x=\int_{x_0}^{x_1}\eta\left(\frac{3}{2}F_{yyy'}\frac{\mathrm{d}}{\mathrm{d}x}\right)\eta^2\mathrm{d}x$$

将第三项应用分部积分，得

$$\begin{aligned}\int_{x_0}^{x_1}3F_{yy'y'}\eta\eta'^2\mathrm{d}x&=\int_{x_0}^{x_1}3F_{yy'y'}\eta\eta'\mathrm{d}\eta=3F_{yy'y'}\eta\eta'\eta\Big|_{x_0}^{x_1}-\int_{x_0}^{x_1}\eta\frac{3}{2}\frac{\mathrm{d}}{\mathrm{d}x}[F_{yy'y'}(\eta^2)']\mathrm{d}x\\&=-\int_{x_0}^{x_1}\eta\frac{3}{2}\frac{\mathrm{d}}{\mathrm{d}x}\left(F_{yy'y'}\frac{\mathrm{d}}{\mathrm{d}x}\eta^2\right)\mathrm{d}x=-\int_{x_0}^{x_1}\eta\frac{3}{2}\frac{\mathrm{d}}{\mathrm{d}x}\left(F_{yy'y'}\frac{\mathrm{d}}{\mathrm{d}x}\right)\eta^2\mathrm{d}x\end{aligned}$$

将第四项应用分部积分，得

$$\begin{aligned}\int_{x_0}^{x_1}F_{y'y'y'}\eta'^3\mathrm{d}x&=\int_{x_0}^{x_1}F_{y'y'y'}\eta'^2\mathrm{d}\eta=F_{y'y'y'}\eta'^2\eta\Big|_{x_0}^{x_1}-\int_{x_0}^{x_1}\eta\frac{\mathrm{d}}{\mathrm{d}x}(F_{y'y'y'}\eta'^2)\mathrm{d}x\\&=-\int_{x_0}^{x_1}\eta\left(\eta'^2\frac{\mathrm{d}}{\mathrm{d}x}F_{y'y'y'}+F_{y'y'y'}2\eta'\eta''\right)\mathrm{d}x\end{aligned}$$

利用第三项的计算结果，第四项前一个积分可写成

$$-\int_{x_0}^{x_1} \eta \eta'^2 \frac{\mathrm{d}}{\mathrm{d}x} F_{y'y'y'} \,\mathrm{d}x = \int_{x_0}^{x_1} \eta \frac{1}{2} \frac{\mathrm{d}}{\mathrm{d}x} \left(\frac{\mathrm{d}}{\mathrm{d}x} F_{y'y'y'} \frac{\mathrm{d}}{\mathrm{d}x} \right) \eta^2 \,\mathrm{d}x$$

将第四项后一个积分应用分部积分，得

$$\begin{aligned}
-\int_{x_0}^{x_1} F_{y'y'y'} 2\eta\eta'\eta'' \,\mathrm{d}x &= -\int_{x_0}^{x_1} F_{y'y'y'} (\eta^2)' \,\mathrm{d}\eta' \\
&= -2F_{y'y'y'} \eta\eta'^2 \Big|_{x_0}^{x_1} + \int_{x_0}^{x_1} \eta' \frac{\mathrm{d}}{\mathrm{d}x} \left(F_{y'y'y'} \frac{\mathrm{d}}{\mathrm{d}x} \eta^2 \right) \mathrm{d}x \\
&= \int_{x_0}^{x_1} \frac{\mathrm{d}}{\mathrm{d}x} \left(F_{y'y'y'} \frac{\mathrm{d}}{\mathrm{d}x} \eta^2 \right) \mathrm{d}\eta \\
&= \frac{\mathrm{d}}{\mathrm{d}x} \left(F_{y'y'y'} \frac{\mathrm{d}}{\mathrm{d}x} \eta^2 \right) \eta \Big|_{x_0}^{x_1} - \int_{x_0}^{x_1} \eta \frac{\mathrm{d}^2}{\mathrm{d}x^2} \left(F_{y'y'y'} \frac{\mathrm{d}}{\mathrm{d}x} \eta^2 \right) \mathrm{d}x \\
&= -\int_{x_0}^{x_1} \eta \frac{\mathrm{d}^2}{\mathrm{d}x^2} \left(F_{y'y'y'} \frac{\mathrm{d}}{\mathrm{d}x} \right) \eta^2 \,\mathrm{d}x
\end{aligned}$$

将第二、三、四项代入三阶变分表达式，得

$$\begin{aligned}
\delta^3 J &= \frac{\varepsilon^3}{3!} \int_{x_0}^{x_1} (F_{yyy}\eta^3 + 3F_{yyy'}\eta^2\eta' + 3F_{yy'y'}\eta\eta'^2 + F_{y'y'y'}\eta'^3) \,\mathrm{d}x \\
&= \frac{\varepsilon^3}{3!} \int_{x_0}^{x_1} \eta \left[F_{yyy} + \left(\frac{3}{2} F_{yyy'} \frac{\mathrm{d}}{\mathrm{d}x} \right) - \frac{3}{2} \frac{\mathrm{d}}{\mathrm{d}x} \left(F_{yy'y'} \frac{\mathrm{d}}{\mathrm{d}x} \right) + \right. \\
&\quad \left. \frac{1}{2} \frac{\mathrm{d}}{\mathrm{d}x} \left(\frac{\mathrm{d}}{\mathrm{d}x} F_{y'y'y'} \frac{\mathrm{d}}{\mathrm{d}x} \right) - \frac{\mathrm{d}^2}{\mathrm{d}x^2} \left(F_{y'y'y'} \frac{\mathrm{d}}{\mathrm{d}x} \right) \right] \eta^2 \,\mathrm{d}x \\
&= \frac{\varepsilon^3}{3!} [\eta, T(y)\eta^2] = \frac{\varepsilon^3}{3!} [T(y)\eta^2, \eta]
\end{aligned}$$

于是，得泛函 $J[y]$ 的三阶导数

$$\begin{aligned}
J'''[y] = T(y) = F_{yyy} &+ \left(\frac{3}{2} F_{yyy'} \frac{\mathrm{d}}{\mathrm{d}x} \right) - \frac{3}{2} \frac{\mathrm{d}}{\mathrm{d}x} \left(F_{yy'y'} \frac{\mathrm{d}}{\mathrm{d}x} \right) \\
&+ \frac{1}{2} \frac{\mathrm{d}}{\mathrm{d}x} \left(\frac{\mathrm{d}}{\mathrm{d}x} F_{y'y'y'} \frac{\mathrm{d}}{\mathrm{d}x} \right) - \frac{\mathrm{d}^2}{\mathrm{d}x^2} \left(F_{y'y'y'} \frac{\mathrm{d}}{\mathrm{d}x} \right)
\end{aligned} \tag{7-5-5}$$

由式(7-5-5)可见，泛函 $J[y]$ 的三阶导数仍是一个算子。

用类似上面的方法，可以推导出泛函更高阶的导数，并可得出结论：最简泛函的二阶及二阶以上导数都是算子。

7.6　算子方程的变分原理

下面给出对称正定算子方程的变分原理。

定理 7.6.1　设 T 是对称正定算子，其定义域为 D，值域为 $T(D)$，$u \in D$，$f \in T(D)$，若算子方程

$$Tu = f \tag{7-6-1}$$

存在解 $u = u_0$，则 u_0 所满足的充要条件是泛函

$$J[u] = (Tu, u) - 2(u, f) \tag{7-6-2}$$

取得极小值。

在式(7-6-1)中，自由项 f 为自变量的已知函数，称为**驱动函数**或**强制函数**。

证 必要性。若 $u=u_0$ 是式(7-6-1)的解，则有 $Tu_0=f$ 。设 $u=u_0+\eta$，显然 $u\in D$ 。式(7-6-2)可以写为

$$J[u]=[T(u_0+\eta),u_0+\eta]-2(u_0+\eta,f)$$

利用算子 T 的对称性 $(Tu,v)=(u,Tv)$ ，并根据内积的性质 $(u,v)=(v,u)$ ，将上式展开，得

$$\begin{aligned}J[u]&=(Tu_0,u_0)+(Tu_0,\eta)+(T\eta,u_0)+(T\eta,\eta)-2(u_0,f)-2(\eta,f)\\&=(Tu_0,u_0)+(Tu_0,\eta)+(Tu_0,\eta)+(T\eta,\eta)-2(u_0,f)-2(f,\eta)\\&=J[u_0]+2(Tu_0-f,\eta)+(T\eta,\eta)\end{aligned}$$

但 $Tu_0-f=0$ ，又根据正定算子的定义，$(T\eta,\eta)>0$ ，故有

$$J[u]>J[u_0]$$

这说明 $J[u]$ 在 $u=u_0$ 处取极小值。

充分性。设 $u=u_0$ 时使泛函 $J[u]$ 取得极小值，即对任意的 $u=u_0+\varepsilon\eta$ ，都应有

$$J[u]-J[u_0]\geqslant 0$$

利用上面的 $J[u]$ 展开式，上式可化为

$$J[u]-J[u_0]=2\varepsilon(Tu_0-f,\eta)+\varepsilon^2(T\eta,\eta)\geqslant 0$$

为了保证 $u=u_0+\varepsilon\eta$ 的任意性，η 就必须是任意函数，若要上式对任意的 η 成立，则必有

$$(Tu_0-f,\eta)=0$$

从而推出

$$Tu_0-f=0$$

即 u_0 是式(7-6-1)的解。证毕。

下面给出使式(7-6-2)为极小值的 u 是式(7-6-1)的解的另一种证明方法。

证 设 u_0 是式(7-6-1)的解，即 $Tu_0=f$ ，那么式(7-6-2)可写为

$$J[u]=(Tu,u)-2(u,Tu_0)$$

由于 T 是对称算子，有 $(Tu,u_0)=(u,Tu_0)$ ，且

$$[T(u-u_0),(u-u_0)]=[Tu,(u-u_0)]-[Tu_0,(u-u_0)]=(Tu,u)-(Tu,u_0)-(Tu_0,u)+(Tu_0,u_0)$$

所以式(7-6-2)又可写为

$$J[u]=(Tu,u)-(Tu_0,u)-(Tu,u_0)=[T(u-u_0),(u-y_0)]-(Tu_0,u_0)$$

又由于 T 是正定算子，所以 $[T(u-u_0),(u-u_0)]\geqslant 0$，只有当 $u=u_0$ 时，$(T(u-u_0),(u-u_0))=0$ 才成立，这时 $J[u]$ 有极小值 $-(Tu_0,u_0)$ ，故 u_0 是式(7-6-2)的极小值。证毕。

定理 7.6.1 指出，具有对称正定算子的微分方程边值问题可以转化为等价的变分问题，这为微分方程问题的求解开辟了新的变分法途径。

推论 7.6.1 如果 T 是对称的，负定的，即 $(Tu,u)\leqslant 0$ ，那么使式(7-6-2)取得极大值的 u 就是式(7-6-1)的解。

现在来求与式(7-6-1)对应的泛函的一阶变分，根据泛函取极值的必要条件，式(7-6-1)的解必须满足

$$\delta J[u]=\delta[(Tu,u)-2(u,f)]=(T\delta u,u)+(Tu,\delta u)-2(\delta u,f)=0$$

因 T 是对称算子，$(T\delta u,u)=(\delta u,Tu)=(Tu,\delta u)$ ，故上式可写为

$$\delta J[u]=2(Tu,\delta u)-2(\delta u,f)=2(Tu-f,\delta u)=2\int_D (Tu-f)\delta u\,\mathrm{d}D=0 \tag{7-6-3}$$

于是可获得式(7-6-1)的解所满足的泛函

$$(Tu-f,\delta u)=\int_D (Tu-f)\delta u\,\mathrm{d}D=0 \tag{7-6-4}$$

由式(7-6-3)或式(7-6-4)可得出结论：式(7-6-1)的解，可通过式(7-6-3)或式(7-6-4)的求解来得到。

若式(7-6-1)的T不是对称正定算子，也可以作式(7-6-4)的内积，若内积能化成

$$(Tu-f,\delta u)=\int_D (Tu-f)\delta u\,\mathrm{d}D=\delta\int_D F\,\mathrm{d}D+\text{边界项}=0 \tag{7-6-5}$$

的形式，式中，F为u和D的函数，则有可能找到与算子方程相对应的泛函

$$J[u(D)]=\int_D F\,\mathrm{d}D \tag{7-6-6}$$

边界条件为边界项等于零或边界固定。

例 7.6.1 试求与微分方程边值问题

$$\begin{cases} p(x)y''+p'(x)y'+q(x)y-f(x)=0 \\ y(x_0)=y_0,\ y(x_1)=y_1 \end{cases}$$

相应的变分问题，式中，$p(x)$、$q(x)$和$f(x)$均为x的已知函数。

解 微分方程可改写成

$$(py')'+qy-f=0$$

作微分方程与δy的在区间$[x_0,x_1]$的内积，并将第一项分部积分一次，得

$$\begin{aligned}\int_{x_0}^{x_1}[(py')'+qy-f]\delta y\,\mathrm{d}x &= py'\delta y\Big|_{x_0}^{x_1}-\int_{x_0}^{x_1}(py'\delta y'-qy\delta y+f\delta y)\,\mathrm{d}x \\ &= -\frac{1}{2}\delta\int_{x_0}^{x_1}(py'^2-qy^2+2fy)\,\mathrm{d}x=0\end{aligned}$$

或

$$\delta\int_{x_0}^{x_1}(py'^2-qy^2+2fy)\,\mathrm{d}x=0$$

于是可写出与微分方程相应的泛函

$$J=\int_{x_0}^{x_1}(py'^2-qy^2+2fy)\,\mathrm{d}x$$

无论边界条件是否给出，必要的边界条件都是

$$py'\delta y\Big|_{x_0}^{x_1}=0$$

7.7 与自共轭常微分方程边值问题等价的变分问题

形如

$$\sum_{k=0}^{n}(-1)^k\frac{\mathrm{d}^k}{\mathrm{d}x^k}[p_k(x)y^{(k)}]=f(x) \tag{7-7-1}$$

的微分方程称为**自共轭常微分方程**，也称为**施图姆–刘维尔型 $2n$ 阶微分方程**。其中$p_k(x)\in C^k[x_0,x_1]$，且$p_k(x)\geqslant 0$，$p_k(x)$至多只有有限个零点。这时式(7-7-1)是一个$2n$阶线性微分方程。施图姆–刘维尔方程是函数论中一个很重要的方程，许多著名方程都可由它派生出来。特别地，当$n=1$时，式(7-7-1)称为**施图姆–刘维尔型二阶微分方程**，即

$$-\frac{\mathrm{d}}{\mathrm{d}x}\left[p(x)\frac{\mathrm{d}y}{\mathrm{d}x}\right]+q(x)y=f(x) \tag{7-7-2}$$

式中，$p(x)\geqslant 0$ 和 $q(x)\geqslant 0$，且均为连续函数，$p(x)$ 至多只有有限个零点。式(7-7-2)的边界条件为

$$\alpha y'(x_0)-\beta y(x_0)=A，\quad \gamma y'(x_1)+\sigma y(x_1)=B \tag{7-7-3}$$

式中，α、β、γ 和 σ 均为常数且非负，A、B 为常数，$\alpha^2+\beta^2\neq 0$，$\gamma^2+\sigma^2\neq 0$，又当 $\alpha\neq 0$，$\gamma\neq 0$ 时，$\beta^2+\sigma^2\neq 0$。

下面给出几个施图姆–刘维尔二阶微分方程的例子。

(1) **连带勒让德方程**

$$\frac{\mathrm{d}}{\mathrm{d}x}[(1-x^2)y']+\left(a-\frac{m^2}{1-x^2}\right)y=0 \tag{7-7-4}$$

(2) **高斯微分方程(超几何微分方程)**

$$\frac{\mathrm{d}}{\mathrm{d}x}[x^c(1-x)^{a+b-1+1}y']+abx^{c-1}(1-x)^{a+b-c}y=0 \tag{7-7-5}$$

(3) **贝塞尔方程**

$$\frac{\mathrm{d}}{\mathrm{d}x}(xy')+\left(x-\frac{m^2}{x}\right)y=0 \tag{7-7-6}$$

$$\frac{\mathrm{d}}{\mathrm{d}x}(xy')+\left(a^2x-\frac{m^2}{x}\right)y=0 \tag{7-7-7}$$

$$\frac{\mathrm{d}}{\mathrm{d}x}(x^2y')+(a^2x^2-m^2)y=0 \tag{7-7-8}$$

(4) **切比雪夫方程**

$$\frac{\mathrm{d}}{\mathrm{d}x}(\sqrt{1-x^2}\,y')+\frac{ny}{\sqrt{1-x^2}}=0 \tag{7-7-9}$$

(5) **埃尔米特方程**

$$\frac{\mathrm{d}}{\mathrm{d}x}(\mathrm{e}^{-x^2}y')+2n\,\mathrm{e}^{-x^2}y=0 \tag{7-7-10}$$

(6) **连带拉盖尔方程**

$$\frac{\mathrm{d}}{\mathrm{d}x}(\mathrm{e}^{-x}x^{n+1}y')+\left(a-\frac{n+1}{2}\right)\mathrm{e}^{-x}x^ny=0 \tag{7-7-11}$$

若引入算子 T，即

$$T=-\frac{\mathrm{d}}{\mathrm{d}x}\left[p(x)\frac{\mathrm{d}}{\mathrm{d}x}\right]+q(x) \tag{7-7-12}$$

式中，T 的定义域为 D，则式(7-7-2)是算子方程，且可写成

$$Ty=-\frac{\mathrm{d}}{\mathrm{d}x}[p(x)y']+q(x)y=f(x) \tag{7-7-13}$$

对于式(7-7-2)，构造二次泛函

$$J[y]=(Ty,y)-2(y,f)=\int_{x_0}^{x_1}[-(py')'+qy-2f]y\,\mathrm{d}x \tag{7-7-14}$$

下面讨论算子 T 的性质。根据式(7-7-3)，设 $\alpha\neq 0$，$\gamma\neq 0$，利用分部积分法，有

$$
\begin{aligned}
(Ty,z) &= \int_{x_0}^{x_1}[-(py')'+qy]z\,\mathrm{d}x = \int_{x_0}^{x_1}(py'z'+qyz)\,\mathrm{d}x - py'z\Big|_{x_0}^{x_1} \\
&= \int_{x_0}^{x_1}(py'z'+qyz)\,\mathrm{d}x + \frac{A+\beta y}{\alpha}pz\Big|_{x=x_0} + \frac{\sigma y-B}{\gamma}pz\Big|_{x=x_1}
\end{aligned}
\tag{7-7-15}
$$

若 $A=B=0$，将式(7-7-15)中的 y 、z 易位，右端的形式不变，即关于 y 、$z\in D$ 是对称的。因此 $(Ty,z)=(y,Tz)$，即 T 是对称算子。又在式(7-7-15)中，令 $z=y$，得

$$
(Ty,y)=\int_{x_0}^{x_1}(py'^2+qy^2)\,\mathrm{d}x+\frac{\beta}{\alpha}p(x_0)y^2(x_0)+\frac{\sigma}{\gamma}p(x_1)y^2(x_1) \tag{7-7-16}
$$

根据假定 $p\geqslant 0$，$q\geqslant 0$，$\alpha\leqslant\beta\leqslant\gamma\leqslant\sigma$ 非负，因此 $(Ty,y)\geqslant 0$，即 T 是正定算子。

式(7-7-15)和式(7-7-16)是在 $\alpha\neq 0$，$\gamma\neq 0$ 的条件下得到的。若 $\alpha=\gamma=0$，则这两式中含有 α 和 γ 的项不出现，此时无论 A 和 B 是否为零，T 都是对称正定算子。

综上所述，当 $A=B=0$ 或 $\alpha=\gamma=0$ 时，问题给定的自共轭微分算子 T 是对称正定算子。于是可知，式(7-7-2)是二次泛函

$$
J[y]=\int_{x_0}^{x_1}(py'^2+qy^2-2yf)\,\mathrm{d}x \tag{7-7-17}
$$

的欧拉方程。

当 $\alpha\neq 0$，$\gamma\neq 0$ 时，对式(7-7-17)取一阶和二阶变分，有

$$
\begin{aligned}
\delta J[y] &= 2\int_{x_0}^{x_1}(py'\delta y'+qy\delta y-f\delta y)\,\mathrm{d}x = 2\int_{x_0}^{x_1}(py'\,\mathrm{d}\delta y+qy\delta y\,\mathrm{d}x-f\delta y\,\mathrm{d}x) \\
&= 2py'\delta y\Big|_{x_0}^{x_1}+2\int_{x_0}^{x_1}\left[-\frac{\mathrm{d}}{\mathrm{d}x}(py')+qy-f\right]\delta y\,\mathrm{d}x
\end{aligned}
\tag{7-7-18}
$$

$$
\delta^2 J[y]=2\int_{x_0}^{x_1}[p(\delta y')^2+q(\delta y)^2]\,\mathrm{d}x\geqslant 0 \tag{7-7-19}
$$

若 $y=y(x)$ 是式(7-7-2)的解，则在 $y=y(x_0)$ 和 $y=y(x_1)$ 处分别有 $\delta J=2p(x_0)y'(x_0)\delta y(x_0)$，$\delta J=2p(x_1)y'(x_1)\delta y(x_1)$，利用式(7-7-3)，可得

$$
\delta J=2p(x_1)\delta y(x_1)\frac{B-\sigma y(x_1)}{\gamma}-2p(x_0)\delta y(x_0)\frac{A+\beta y(x_0)}{\alpha}
$$

这时，δJ 一般并不等于零，式(7-7-17)不是所要求的泛函，需要对它加以修正。考虑到泛函

$$
J_B=-p(x_1)\frac{2By(x_1)-\sigma y^2(x_1)}{\gamma}+p(x_0)\frac{2Ay(x_0)+\beta y^2(x_0)}{\alpha}
$$

的一阶变分为

$$
\begin{aligned}
\delta J_B &= -p(x_1)\frac{2B\delta y(x_1)-2\sigma y(x_1)\delta y(x_1)}{\gamma}+p(x_0)\frac{2A\delta y(x_0)+2\beta y(x_0)\delta y(x_0)}{\alpha} \\
&= -2p(x_1)\delta y(x_1)\frac{B-\sigma y(x_1)}{\gamma}+2p(x_0)\delta y(x_0)\frac{A+\beta y(x_0)}{\alpha}=-\delta J
\end{aligned}
$$

其二阶变分为

$$
\begin{aligned}
\delta^2 J_B &= -p(x_1)\delta^2\frac{2By(x_1)-\sigma y^2(x_1)}{\gamma}+p(x_0)\delta^2\frac{2Ay(x_0)+\beta y^2(x_0)}{\alpha} \\
&= \frac{2\sigma}{\gamma}p(x_1)[\delta y(x_1)]^2+\frac{2\beta}{\alpha}p(x_0)[\delta y(x_0)]^2\geqslant 0
\end{aligned}
$$

令

$$J_1[y]=J[y]+J_B=\int_{x_0}^{x_1}(py'^2+qy^2-2yf)\,\mathrm{d}x+ \\ p(x_0)\frac{2Ay(x_0)+\beta y^2(x_0)}{\alpha}-p(x_1)\frac{2By(x_1)-\sigma y^2(x_1)}{\gamma} \tag{7-7-20}$$

在 $y=y(x)$ 时，有 $\delta J_1=0$，$\delta^2 J_1\geqslant 0$。

由此可见，在 $\alpha\neq 0$ 和 $\gamma\neq 0$ 的边界条件下，式(7-7-20)的一阶变分为零，二阶变分不小于零，即式(7-7-20)取得绝对极小值时的充分条件为 $y=y(x)$ 是式(7-7-2)的解，故式(7-7-20)就是所求的泛函。

当 $\alpha=\gamma=0$ 时，边界条件可简化为

$$y(x_0)=-\frac{A}{\beta},\quad y(x_1)=\frac{B}{\sigma}$$

此时，$y(x_0)$ 和 $y(x_1)$ 都是常数，即边界条件都固定，有 $\delta y(x_0)=\delta y(x_1)=0$。对式(7-7-20)取一阶变分和二阶变分，仍是式(7-7-18)和式(7-7-19)，但由于 $\delta y(x_0)=\delta y(x_1)=0$，一阶变分中的 $2py'\delta y\big|_{x_0}^{x_1}=0$。由此可见，在上述边界条件下，式(7-7-17)的一阶变分为零，二阶变分不小于零，即式(7-7-9)取得绝对极小值时的充分条件为 $y=y(x)$ 是式(7-7-2)的解，故式(7-7-17)就是所求的泛函。然而，比较式(7-7-17)和式(7-7-20)可以看出，将式(7-7-20)中有关 α 和 γ 的项去掉，则式(7-7-20)就可退化为式(7-7-17)。类似地，如果在式(7-7-3)中有某常数为零，则在式(7-7-20)中去掉与该常数有关的项后所得到的泛函就是与式(7-7-2)的解对应的泛函。于是，可得到下面定理：

定理 7.7.1 设 $y\in C^2[x_0,x_1]$，$y=y(x)$ 是式(7-7-2)在式(7-7-3)下的解的充要条件为它对应的式(7-7-20)在 $y=y(x)$ 处取得绝对极小值，且式(7-7-3)中的与常数 α、β、γ、σ，A 和 B 相关的项和式(7-7-20)中的同名常数相关的项相一致。

有时还会遇到非自共轭微分方程，在某些情况下，用一个待定因子 $\mu(x)$ 乘以该方程，可使它化为自共轭微分方程。

例 7.7.1 将二阶线性微分方程

$$p_0(x)y''+p_1(x)y'+p_2(x)y=0 \tag{1}$$

化成自共轭形式

$$[p(x)y']'+q(x)y=0 \tag{2}$$

式中，$p_0(x)\neq 0$，$p_1(x)\neq p_0'(x)$。

解 根据式(7-7-2)，自共轭微分方程的一般形式可写成

$$p(x)y''+p(x)'y'-q(x)y=-f(x)$$

式(1)不是自共轭微分方程。以待定因子 $\mu(x)$ 乘以式(1)两边，得

$$\mu p_0y''+\mu p_1y'+\mu p_2y=0$$

将上式和自共轭微分方程的一般形式比较可见，应有

$$(\mu p_0)'=\mu' p_0+\mu p_0'=\mu p_1$$

将上式两端同除以 μp_0，得

$$\frac{\mu'}{\mu}+\frac{p_0'}{p_0}=\frac{p_1}{p_0}$$

积分得

$$\ln \mu p_0 = \int \frac{p_1}{p_0} \mathrm{d}x$$

从而有

$$\mu = \frac{1}{p_0} \mathrm{e}^{\int \frac{p_1}{p_0} \mathrm{d}x}$$

这个待定因子 μ 称为**积分因子**。以 μ 乘以式(1)两端，得

$$\mathrm{e}^{\int \frac{p_1}{p_0} \mathrm{d}x} \left(y'' + \frac{p_1}{p_0} y' + \frac{p_2}{p_0} y \right) = 0$$

或

$$\left(\mathrm{e}^{\int \frac{p_1}{p_0} \mathrm{d}x} y' \right)' + \frac{p_2}{p_0} \mathrm{e}^{\int \frac{p_1}{p_0} \mathrm{d}x} y = 0$$

令

$$p = \mathrm{e}^{\int \frac{p_1}{p_0} \mathrm{d}x}, \quad q = \frac{p_2}{p_0} \mathrm{e}^{\int \frac{p_1}{p_0} \mathrm{d}x}$$

则得

$$(py')' + qy = 0$$

例 7.7.2 设自共轭常微分方程为

$$\sum_{k=0}^{n} (-1)^k \frac{\mathrm{d}^k}{\mathrm{d}x^k} [p_k(x) y^{(k)}] = f(x) \tag{1}$$

边界条件为

$$y^{(k)}(x_0) = y^{(k)}(x_1) = 0 \qquad (k = 0, 1, \cdots, n-1) \tag{2}$$

试建立该边值问题的等价泛函。

解 令 $Ty = \sum_{k=0}^{n} (-1)^k \frac{\mathrm{d}^k}{\mathrm{d}x^k} [p_k(x) y^{(k)}] = f(x)$，则有

$$(Ty, y) = \sum_{k=0}^{n} (-1)^k \int_{x_0}^{x_1} y \frac{\mathrm{d}^k}{\mathrm{d}x^k} [p_k(x) y^{(k)}] \mathrm{d}x \tag{3}$$

应用分部积分法，并注意到题中所给的边界条件，可得

$$\begin{aligned}
(Ty, y) &= \sum_{k=0}^{n} (-1)^k \int_{x_0}^{x_1} y \frac{\mathrm{d}^k}{\mathrm{d}x^k} [p_k(x) y^{(k)}] \mathrm{d}x \\
&= \sum_{k=0}^{n} (-1)^k \left\{ \frac{\mathrm{d}^{k-1}}{\mathrm{d}x^{k-1}} [p_k(x) y^{(k)}] y \Big|_{x_0}^{x_1} - \int_{x_0}^{x_1} y' \frac{\mathrm{d}^{k-1}}{\mathrm{d}x^{k-1}} [p_k(x) y^{(k)}] \mathrm{d}x \right\} \\
&= \sum_{k=0}^{n} (-1)^k \left\{ -\frac{\mathrm{d}^{k-2}}{\mathrm{d}x^{k-2}} [p_k(x) y^{(k)}] y \Big|_{x_0}^{x_1} + \int_{x_0}^{x_1} y'' \frac{\mathrm{d}^{k-2}}{\mathrm{d}x^{k-2}} [p_k(x) y^{(k)}] \mathrm{d}x \right\} \\
&= \cdots = \sum_{k=0}^{n} (-1)^k \left\{ (-1)^i \int_{x_0}^{x_1} y^{(i)} \frac{\mathrm{d}^{k-i}}{\mathrm{d}x^{k-i}} [p_k(x) y^{(k)}] \mathrm{d}x \right\} \\
&= \cdots = \sum_{k=0}^{n} (-1)^{2k} \int_{x_0}^{x_1} p_k(x) [y^{(k)}]^2 \,\mathrm{d}x = \sum_{k=0}^{n} \int_{x_0}^{x_1} p_k(x) [y^{(k)}]^2 \,\mathrm{d}x
\end{aligned} \tag{4}$$

由于 $p_k(x) \in C^k[x_0, x_1]$ 且 $p_k(x) \geqslant 0$，$(Ty, y) \geqslant 0$，可知 T 是正算子，于是所求的泛函为

$$J_{2n}[y] = (Ty, y) - 2(y, f) = \int_{x_0}^{x_1} \left\{ \sum_{k=0}^{n} p_k(x)[y^{(k)}]^2 - 2f(x)y \right\} \mathrm{d}x \tag{5}$$

例 7.7.3 设二阶微分方程为

$$-\frac{\mathrm{d}}{\mathrm{d}x}\left[p(x)\frac{\mathrm{d}u}{\mathrm{d}x}\right] + r(x)u - \lambda u = 0$$

式中，λ 为参数，$p(x) \geqslant 0$ 和 $r(x) - \lambda \geqslant 0$ 且均为连续函数。

边界条件为

$$u'(x_0) - au(x_0) = 0\text{，}\quad u'(x_1) + bu(x_1) = 0$$

式中，a、b 为常数且不等于零。试求该微分方程的变分表达式。

解 此题相当于式(7-7-2)和式(7-7-3)中，$y = u$，$q = r - \lambda$，$\alpha = \gamma = 1$，$\beta = a$，$\sigma = b$，$A = B = 0$ 的情况，由式(7-7-20)立即可写出上述问题相应的变分表达式

$$J[y] = \int_{x_0}^{x_1} (pu'^2 + ru^2 - \lambda u^2)\,\mathrm{d}x + ap(x_0)u^2(x_0) + bp(x_1)u^2(x_1)$$

7.8 与自共轭偏微分方程边值问题等价的变分问题

本节讨论椭圆型偏微分方程的变分问题。形如

$$-\nabla \cdot (p\nabla u) + qu = f \qquad (x \leqslant y \leqslant z \in V) \tag{7-8-1}$$

的方程称为**一般椭圆型(微分)方程**。其边界条件有如下三种

$$u\big|_S = g \tag{7-8-2}$$

$$\left.\frac{\partial u}{\partial n}\right|_S = h \tag{7-8-3}$$

$$\left.\left(p\frac{\partial u}{\partial n} + \sigma u\right)\right|_S = k \tag{7-8-4}$$

式中，S 为空间封闭曲面，V 为 S 所包围的空间开区域，在 V 上 $p = p(x,y,z) > 0$，$q = q(x,y,z) \geqslant 0$，$\sigma = \sigma(x,y,z) \geqslant 0$，$f = f(x,y,z)$，且 $p \in C^1$，q、f、σ 都属于 C，$g = g(x,y,z)$，$h = h(x,y,z)$，$k = k(x,y,z)$ 都在 S 上。

式(7-8-1)和式(7-8-2)称为**椭圆型方程第一边值问题**；式(7-8-1)和式(7-8-3)称为**椭圆型方程第二边值问题**；式(7-8-1)和式(7-8-4)称为**椭圆型方程第三边值问题**。当 $p(x,y,z) \equiv 1$，$q(x,y,z) \equiv 0$ 时，式(7-8-1)化为泊松方程

$$-\nabla \cdot \nabla u = -\Delta u = f \qquad (x\text{、}y\text{、}z \in V) \tag{7-8-5}$$

其边界条件仍为式(7-8-2)、式(7-8-3)和式(7-8-4)三种情况，注意，此时式(7-8-4)中的 $p = 1$。如果式(7-8-5)中的自由项 $f = 0$，则称为**拉普拉斯方程**。

泊松方程分别与式(7-8-2)～式(7-8-4)相结合，分别称为三维问题的**泊松方程第一、第二、第三边值问题**。若 $f = 0$，则分别称为三维问题的**拉普拉斯方程第一、第二、第三边值问题**。泊松方程第一问题也称为**狄利克雷问题**，泊松方程第二问题也称为**诺伊曼问题**，泊松方程第三问题也称为**罗宾问题**。

如果式(7-8-1)中的 $z = 0$，则空间问题化为平面问题

$$-\nabla \cdot (p\nabla u) + qu = f \qquad (x\text{、}y \in D) \tag{7-8-6}$$

其边界条件也有如下三种

$$u|_{\Gamma}=g \tag{7-8-7}$$

$$\left.\frac{\partial u}{\partial n}\right|_{\Gamma}=h \tag{7-8-8}$$

$$\left.\left(p\frac{\partial u}{\partial n}+\sigma u\right)\right|_{\Gamma}=k \tag{7-8-9}$$

式中，Γ 为平面封闭曲线，D 为 Γ 所包围的开区域，在 D 上，$p=p(x,y)>0$，$q=q(x,y)\geqslant 0$，$\sigma=\sigma(x,y)\geqslant 0$，$f=f(x,y)$，且 $p\in C^1$，q、f、σ 都属于 C，$g=g(x,y)$，$h=h(x,y)$，$k=k(x,y)$ 都在 Γ 上。其他与空间问题有关的定义对平面问题都适用，只需把三维问题换成二维问题。二维问题和三维问题类似，只是把 V 换成了 D，S 换成了 Γ，二维问题和三维问题可用同一种方法求解。

如果 $\sigma=0$，则第三边值问题可化为第二边值问题，故第二边值问题是第三边值问题的特殊情况，三种边值问题可化为第一边值问题和第三边值问题两种情况来求解。总之，不论是三维问题还是二维问题，都可以化为第三边值问题来求解。

根据对称正定算子的变分原理，只有齐次边界条件的微分方程才有变分原理。事实上，非齐次边界条件的微分方程边值问题也有变分原理。下面给出椭圆型方程的变分原理。

定理 7.8.1 设有式(7-8-6)，其边界条件为

$$u|_{\Gamma_1}=g \tag{7-8-10}$$

$$\left.\left(p\frac{\partial u}{\partial n}+\sigma u\right)\right|_{\Gamma_2}=k \tag{7-8-11}$$

式中，$\Gamma=\Gamma_1+\Gamma_2$ 为逐段光滑的平面闭曲线，D 是 Γ 所包围的开区域，在 $D+\Gamma$ 上，$p=p(x,y)>0$，$q=q(x,y)\geqslant 0$，$f=f(x,y)$，$\sigma=\sigma(x,y)\geqslant 0$，且 $p(x,y)\in C^1$，$q(x,y)$，$f(x,y)$，$\sigma(x,y)$ 都属于 C，在边界 Γ_1 上，$g=g(x,y)$，在边界 Γ_2 上，$k=k(x,y)$。则方程的解 $u=u_0$ 所满足的充要条件是泛函

$$J[u]=\int_D[p(\nabla u)^2+qu^2-2uf]\,\mathrm{d}D+\int_{\Gamma_2}(\sigma u^2-2ku)\,\mathrm{d}\Gamma \tag{7-8-12}$$

在 $u|_{\Gamma_1}=g$ 条件下，在 $u=u_0$ 时取极小值。

证 构造一个函数 u_1，它在区域 D 内足够光滑，且在边界上满足非齐次边界条件

$$u_1|_{\Gamma_1}=g,\quad \left.\left(p\frac{\partial u_1}{\partial n}+\sigma u_1\right)\right|_{\Gamma_2}=k$$

令 $w=u-u_1$，则 w 满足下列齐次边界条件的椭圆方程

$$-\nabla\cdot(p\nabla w)+qw=f^* \quad (x、y\in D) \tag{7-8-13}$$

$$w|_{\Gamma_1}=0 \tag{7-8-14}$$

$$\left.\left(p\frac{\partial w}{\partial n}+\sigma w\right)\right|_{\Gamma_2}=0 \tag{7-8-15}$$

式中，$f^*=f+\nabla\cdot(p\nabla u_1)-qu_1$，若令 $Tw=-\nabla\cdot(p\nabla w)+qw$，则可证明在上述齐次边界条件下，$T$ 是对称正定算子。

事实上，根据内积的定义并利用式(1-3-59)，有

$$
\begin{aligned}
(Tw,v) &= \int_D [-\nabla\cdot(p\nabla w)+qw]v\,\mathrm{d}D \\
&= \int_D [-\nabla\cdot(vp\nabla w)+\nabla v\cdot p\nabla w+qwv]\,\mathrm{d}D \\
&= -\oint_\Gamma vp\frac{\partial w}{\partial n}\,\mathrm{d}\Gamma+\int_D(p\nabla w\cdot\nabla v+qwv)\,\mathrm{d}D \\
&= -\oint_{\Gamma_1} vp\frac{\partial w}{\partial n}\,\mathrm{d}\Gamma-\oint_{\Gamma_2} vp\frac{\partial w}{\partial n}\,\mathrm{d}\Gamma+\int_D(p\nabla w\cdot\nabla v+qwv)\,\mathrm{d}D \\
&= \int_D(p\nabla w\cdot\nabla v+qwv)\,\mathrm{d}D+\oint_{\Gamma_2}\sigma wv\,\mathrm{d}\Gamma
\end{aligned}
$$

将上式中的 w、v 易位，得

$$
(Tv,w)=\int_D(p\nabla v\cdot\nabla w+qvw]\,\mathrm{d}D+\oint_{\Gamma_2}\sigma vw\,\mathrm{d}\Gamma
$$

于是有

$$
(Tw,v)=(Tv,w)
$$

可见 T 是对称算子。若令 $v=w$，当 $w\neq 0$ 时，则有

$$
(Tw,w)=\int_D[p(\nabla w)^2+qw^2]\,\mathrm{d}D+\oint_{\Gamma_2}\sigma w^2\,\mathrm{d}\Gamma>0
$$

可见 T 又是正定算子。于是，T 是对称正定算子。根据定理 7.6.1，式(7-8-13)在式(7-8-14)和式(7-8-15)下所对应的泛函是

$$
\begin{aligned}
J[w] &= (Tw,w)-2(f^*,w) \\
&= \int_D[-\nabla\cdot(p\nabla w)+qw]w\,\mathrm{d}D-2\int_D[f+\nabla\cdot(p\nabla u_1)+qu_1]w\,\mathrm{d}D \\
&= \int_D[p(\nabla w)^2+qw^2]\,\mathrm{d}D+\oint_{\Gamma_2}\sigma w^2\,\mathrm{d}\Gamma-2\int_D[f+\nabla\cdot(p\nabla u_1)+qu_1]w\,\mathrm{d}D \\
&= \int_D[p(\nabla w)^2+qw^2]\,\mathrm{d}D+\oint_{\Gamma_2}\sigma w^2\,\mathrm{d}\Gamma-2\int_D[f+\nabla\cdot(p\nabla u_1)+qu_1]w\,\mathrm{d}D
\end{aligned}
$$

将 $w=u-u_1$ 代入上式，得

$$
\begin{aligned}
J[w] &= \int_D\{p[\nabla(u-u_1)]^2+q(u-u_1)^2\}\,\mathrm{d}D+\oint_{\Gamma_2}\sigma(u-u_1)^2\,\mathrm{d}\Gamma- \\
&\quad 2\int_D[f+\nabla\cdot(p\nabla u_1)-qu_1](u-u_1)\,\mathrm{d}D \\
&= \int_D p[(\nabla u)^2-2\nabla u\cdot\nabla u_1+(\nabla u_1)^2]\,\mathrm{d}D+ \\
&\quad \int_D q(u^2-2uu_1+u_1^2)\,\mathrm{d}D+\oint_{\Gamma_2}\sigma(u^2-2uu_1+u_1^2)\,\mathrm{d}\Gamma- \\
&\quad 2\int_D[f+\nabla\cdot(p\nabla u_1)-qu_1](u-u_1)\,\mathrm{d}D \qquad (7\text{-}8\text{-}16)\\
&= \int_D[p(\nabla u)^2+qu^2-2fu]\,\mathrm{d}D+\oint_{\Gamma_2}\sigma u^2\,\mathrm{d}\Gamma+ \\
&\quad \int_D[p(\nabla u_1)^2+qu_1{}^2+2f^*u_1]\,\mathrm{d}D+\oint_{\Gamma_2}\sigma u_1^2\,\mathrm{d}\Gamma- \\
&\quad 2\int_D(p\nabla u\cdot\nabla u_1+quu_1)\,\mathrm{d}D-2\oint_{\Gamma_2}\sigma uu_1\,\mathrm{d}\Gamma- \\
&\quad 2\int_D[\nabla\cdot(p\nabla u_1)-qu_1]u\,\mathrm{d}D
\end{aligned}
$$

令上式中的后三项之和为 $-2J_1[u,u_1]$，则

$$
\begin{aligned}
J_1[u,u_1] &= \int_D [p\nabla u\cdot\nabla u_1 + quu_1]\,\mathrm{d}D + \oint_{\Gamma_2}\sigma uu_1\,\mathrm{d}\Gamma + \int_D[\nabla\cdot(p\nabla u) - qu_1]u\,\mathrm{d}D \\
&= \int_D[\nabla\cdot(up\nabla u_1) - u\nabla\cdot(p\nabla u_1)]\,\mathrm{d}D + \oint_{\Gamma_2}\sigma uu_1\,\mathrm{d}\Gamma + \int_D[u\nabla\cdot(p\nabla u_1)]\,\mathrm{d}D \\
&= \int_\Gamma p\frac{\partial u_1}{\partial n}u\,\mathrm{d}\Gamma + \oint_{\Gamma_2}\sigma uu_1\,\mathrm{d}\Gamma \\
&= \int_{\Gamma_1} p\frac{\partial u_1}{\partial n}(w+u_1)\,\mathrm{d}\Gamma + \int_{\Gamma_2} p\frac{\partial u_1}{\partial n}u\,\mathrm{d}\Gamma + \oint_{\Gamma_2}\sigma uu_1\,\mathrm{d}\Gamma \\
&= \int_{\Gamma_1} p\frac{\partial u_1}{\partial n}u_1\,\mathrm{d}\Gamma + \int_{\Gamma_1} p\frac{\partial u_1}{\partial n}w\,\mathrm{d}\Gamma + \int_{\Gamma_2}\left(p\frac{\partial u_1}{\partial n} + \sigma u_1\right)u\,\mathrm{d}\Gamma \\
&= \int_{\Gamma_1} p\frac{\partial u_1}{\partial n}u_1\,\mathrm{d}\Gamma + \int_{\Gamma_2} ku\,\mathrm{d}\Gamma
\end{aligned}
\tag{7-8-17}
$$

将式(7-8-17)代入式(7-8-16)，得

$$J[w] = J[u] + J_2[u_1] \tag{7-8-18}$$

式中

$$J[u] = \int_D[p(\nabla u)^2 + qu^2 - 2fu]\,\mathrm{d}D + \oint_{\Gamma_2}(\sigma u^2 - 2ku)\,\mathrm{d}\Gamma \tag{7-8-19}$$

$$J_2[u_1] = \int_D[p(\nabla u_1)^2 + qu_1^2 + 2f^*u_1]\,\mathrm{d}D - 2\oint_{\Gamma_1} p\frac{\partial u_1}{\partial n}u_1\,\mathrm{d}\Gamma + \oint_{\Gamma_2}\sigma u_1^2\,\mathrm{d}\Gamma \tag{7-8-20}$$

由于u_1是事先构造的已知函数，故$J_2[u_1]$是常数，于是有

$$\delta J[w] = \delta J[u] \tag{7-8-21}$$

根据变分原理，在式(7-8-14)和式(7-8-15)下，式(7-8-13)的解满足下列变分

$$\begin{cases}\delta J[w] = 0 \\ w|_{\Gamma_1} = 0\end{cases} \tag{7-8-22}$$

从式(7-8-21)以及$w = u - u_1$，可知式(7-8-22)等价于

$$\begin{cases}\delta J[u] = 0 \\ u|_{\Gamma_1} = g\end{cases}$$

将式(7-8-19)代入上式，得

$$\begin{cases}\delta J[u] = 2\int_D[p\nabla u\cdot\nabla\delta u + (qu - f)\delta u]\,\mathrm{d}D + 2\int_{\Gamma_2}(\sigma u - g)\delta u\,\mathrm{d}\Gamma = 0 \\ u|_{\Gamma_1} = g\end{cases} \tag{7-8-23}$$

式(7-8-23)的二阶变分为

$$
\begin{aligned}
\delta^2 J[u] &= 2\int_D[p\nabla\delta u\cdot\nabla\delta u + q\delta u\delta u]\,\mathrm{d}D + 2\int_{\Gamma_2}\sigma\delta u\delta u\,\mathrm{d}\Gamma \\
&= 2\int_D[p(\nabla\delta u)^2 + q(\delta u)^2]\,\mathrm{d}D + 2\int_{\Gamma_2}\sigma(\delta u)^2\,\mathrm{d}\Gamma > 0
\end{aligned}
$$

故方程的解在$u = u_0$时是极小值。证毕。

例 7.8.1 试建立与泊松方程第一边值问题

$$-\Delta u = -\left(\frac{\partial^2 u}{\partial x^2} + \frac{\partial^2 u}{\partial y^2} + \frac{\partial^2 u}{\partial z^2}\right) = f(x,y,z) \quad (x、y、z \in V) \tag{7-8-24}$$

$$u|_S = 0 \quad (S \in V\text{ 的边界}) \tag{7-8-25}$$

等价的变分问题，式中，$f(x,y,z) \in C[V+S]$。

下面分别用定理 7.6.1 和定理 7.8.1 求解。

解 1 用定理 7.6.1 求解。首先证明算子$T=-\Delta$是对称算子和正定算子。根据式(1-3-59)，有

$$(-\Delta u,v)=\iiint_V(-\Delta u)v\,\mathrm{d}V=\iiint_V\nabla u\cdot\nabla v\,\mathrm{d}V-\oiint_S v\frac{\partial u}{\partial n}\mathrm{d}S$$

由于u在边界上的值为零，所以有

$$(-\Delta u,v)=\iiint_V\nabla u\cdot\nabla v\,\mathrm{d}V$$

将u、v易位，同样有

$$(-\Delta v,u)=\iiint_V\nabla u\cdot\nabla v\,\mathrm{d}V$$

由上两式可得

$$(-\Delta u,v)=(-\Delta v,u)$$

故算子$T=-\Delta$是对称算子。

令$v=u$，当$u\neq 0$时，则有

$$(-\Delta u,u)=\iiint_V\nabla u\cdot\nabla u\,\mathrm{d}V=\iiint_V(\nabla u)^2\,\mathrm{d}V=\iiint_V\left[\left(\frac{\partial u}{\partial x}\right)^2+\left(\frac{\partial u}{\partial y}\right)^2+\left(\frac{\partial u}{\partial z}\right)^2\right]\mathrm{d}V>0$$

故算子$T=-\Delta$是正定算子。

根据定理 7.6.1，可建立二次泛函

$$J[u]=(-\Delta u,u)-2(u,f)=\iiint_V[(\nabla u)^2-2uf]\,\mathrm{d}V \tag{7-8-26}$$

解 2 直接用定理 7.8.1 求解。式(7-8-24)相当于式(7-8-6)中$p=1$，$q=0$的情况，式(7-8-25)相当于式(7-8-10)中$g=0$的情况，于是可根据式(7-8-12)建立泛函

$$J[u]=\iiint_V[(\nabla u)^2-2uf]\,\mathrm{d}V \tag{7-8-27}$$

可见式(7-8-26)和式(7-8-27)相同。本例题是就三维狄利克雷问题求解的，对于二维问题，只需要把空间区域V换成平面区域D，并将三重积分换成二重积分即可，当然，边界上的封闭曲面S也要相应换成封闭曲线Γ，并将封闭曲面积分相应换成封闭曲线积分。

例 7.8.2 设$p(x,y,z)\in C^1(V)$，$q(x,y,z)$，$f(x,y,z)$，$\sigma(x,y,z)$都属于$C(V)$，且$p>0$，$q\geqslant 0$，$\sigma\geqslant 0$，其中V为空间有界区域，其边界为S。试求与下面边值问题等价的泛函的极小值。

$$-\frac{\partial}{\partial x}(pu_x)-\frac{\partial}{\partial y}(pu_y)-\frac{\partial}{\partial z}(pu_z)+qu=f(x,y,z)\quad(x、y、z\in V)$$

$$\left.\left(p\frac{\partial u}{\partial n}+\sigma u\right)\right|_S=0$$

式中，$u\in C^2(V)$。

解 微分方程可表示为

$$-\nabla\cdot(p\nabla u)+qu=f$$

据题意，它属于第三类边界条件$k=0$的情况，直接套用式(7-8-12)，相应的泛函为

$$\iiint_V[p(\nabla u)^2+qu^2-2uf]\,\mathrm{d}V+\iint_S\sigma u^2\,\mathrm{d}S=0$$

或

$$\iiint_V[p(u_x^2+u_y^2+u_z^2)+qu^2-2uf]\,\mathrm{d}V+\iint_S\sigma u^2\,\mathrm{d}S=0$$

7.9 弗里德里希斯不等式和庞加莱不等式

设G是n维欧几里得空间中的有界区域，若其边界Γ充分光滑或分段光滑，则这样的边界称为**利普希茨边界**。这个概念的严格定义相当复杂，本定义只是一个简单的定义。利普希茨边界可以是圆、环、三角形、矩形、球面和立方体等，工程应用上经常遇到有界区域一般都属于利普希茨边界。对于$n=1$的情形，有界区域退化成一个区间(a,b)。具有尖点的二维域和具有奇点的三维域的边界则不属于利普希茨边界。不属于利普希茨边界的例子如图 7-9-1 所示。

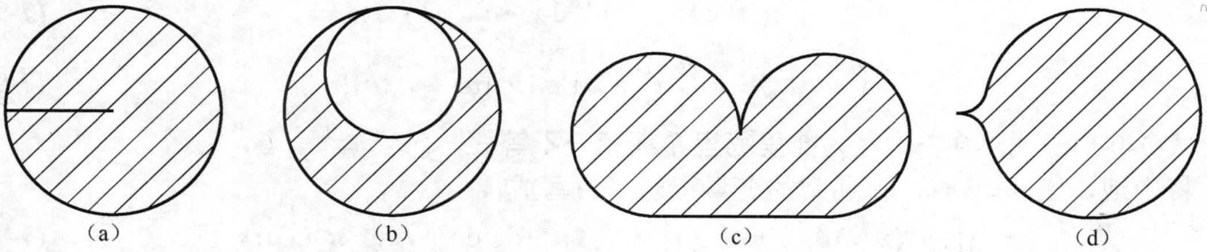

图 7-9-1　二维域中一些不属于利普希茨边界的区域

设$f(x)$是定义在闭区间$[a,b]$上的实函数，如果存在任意实数$M>0$，$\alpha>0$，对于属于$[a,b]$的任意的x、x^*都有不等式

$$\left|f(x^*)-f(x)\right|\leqslant M\left|x^*-x\right|^{\alpha} \tag{7-9-1}$$

成立，则$f(x)$称为在$[a,b]$上满足α **次利普希茨条件**。如果$f(x)$对于M满足这个不等式，那么$f(x)$称为在x中**利普希茨连续**。当$\alpha=1$时，则$f(x)$称为在$[a,b]$上满足**利普希茨条件**。

设$f(x_1,x_2,\cdots,x_n)$是具有n个自变量的实函数，如果存在任意实数$M>0$，$\alpha>0$，使得不等式

$$\left|f(x_1^*,x_2^*,\cdots x_n^*)-f(x_1,x_2,\cdots x_n)\right|\leqslant M\sum_{i=1}^{n}\left|x_i^*-x_i\right|^{\alpha} \tag{7-9-2}$$

成立，则$f(x_1,x_2,\cdots,x_n)$称为满足α **次利普希茨条件**。当$\alpha=1$时，则$f(x_1,x_2,\cdots,x_n)$称为满足**利普希茨条件**。利普希茨条件是保证微分方程解的存在性和唯一性的重要条件。

n维欧几里得空间中点的坐标通常用$x_1,x_2,\cdots,x_n$表示。可以用点x代替点$(x_1,x_2,\cdots,x_n)$。例如积分

$$I=\int\cdots\int_G u(x_1,x_2,\cdots,x_n)\,\mathrm{d}x_1\,\mathrm{d}x_2\cdots\mathrm{d}x_n$$

可简写成

$$I=\int_G u(x)\,\mathrm{d}x$$

当然，如果$n=1$，则可写出积分的上下限，即

$$I=\int_a^b u(x)\,\mathrm{d}x$$

定理 7.9.1　(弗里德里希斯不等式) 设G是具有利普希茨边界的区域，M是函数$u(x)$的线性集合，这些函数在$\bar{G}$内具有一阶连续偏导数。那么存在非负常数c_1、c_2，它们依赖于所考虑的区域而与M中的函数$u(x)$无关，即有下列不等式

$$\int_G u^2(x)\,\mathrm{d}x\leqslant c_1\sum_{k=1}^{n}\int_G\left(\frac{\partial u}{\partial x_k}\right)^2\mathrm{d}x+c_2\int_\Gamma u^2(s)\,\mathrm{d}s \tag{7-9-3}$$

对于每个函数$u\in M$成立。

当然，如果考虑到能量泛函和内积这两个概念，式(7-9-3)还可表示为

$$\|u\|^2=(u,u)=\int_G u^2\,\mathrm{d}x\leqslant c_1\sum_{k=1}^{n}\int_G\left(\frac{\partial u}{\partial x_k}\right)^2\mathrm{d}x+c_2\int_\Gamma u^2(s)\,\mathrm{d}s \tag{7-9-4}$$

对于 $n=1$，当 M 是闭区间 $[a,b]$ 内具有一阶连续偏导数的函数的线性集合时，弗里德里希斯不等式可写成下列形式的任何一个

$$\int_a^b u^2\,\mathrm{d}x\leqslant c_1\int_a^b u'^2\,\mathrm{d}x+c_2u^2(a) \tag{7-9-5}$$

$$\int_a^b u^2\,\mathrm{d}x\leqslant c_1\int_a^b u'^2\,\mathrm{d}x+c_2u^2(b) \tag{7-9-6}$$

$$\int_a^b u^2\,\mathrm{d}x\leqslant c_1\int_a^b u'^2\,\mathrm{d}x+c_2[u^2(a)+u^2(b)] \tag{7-9-7}$$

式(7-9-5)～式(7-9-7)均称为**弗里德里希斯第一不等式**。

特别地，当 $n=2$ 时，在通常的变量记号下可写成

$$\iint_G u^2(x,y)\,\mathrm{d}x\,\mathrm{d}y\leqslant c_1\iint_G(u_x^2+u_y^2)\,\mathrm{d}x\,\mathrm{d}y+c_2\oint_\Gamma u^2(s)\,\mathrm{d}s \tag{7-9-8}$$

式(7-9-8)称为**弗里德里希斯第二不等式**。

上述不等式中的常数用相同的符号 c_1 和 c_2 表示。当然，常数 c_1 和 c_2 的值在每个不等式中可以不同。下面就 $n=1$ 和 $n=2$ 的情形对定理 7.9.1 进行证明。

证 首先对不等式(7-9-6)证明。对于 $n=1$，设

$$g(x)=\cos\frac{\pi(x-a)}{4(b-a)} \tag{7-9-9}$$

及

$$u=gv \tag{7-9-10}$$

对式(7-9-10)两端求导，然后平方，显然有

$$u'^2=(gv)'^2=g^2v'^2+2vv'gg'+v^2g'^2=g^2v'^2+(v^2gg')'-v^2gg'' \tag{7-9-11}$$

由于 $g^2v'^2\geqslant 0$，去掉该项后，则有

$$(v^2gg')'-v^2gg''\leqslant u'^2 \tag{7-9-12}$$

将不等式(7-9-12)在 a 和 b 之间积分，得

$$v^2gg'\Big|_a^b-\int_a^b v^2gg''\,\mathrm{d}x\leqslant\int_a^b u'^2\,\mathrm{d}x \tag{7-9-13}$$

然而，由式(7-9-9)得

$$g''=-\frac{\pi^2}{16(b-a)^2}g \tag{7-9-14}$$

于是有

$$v^2gg''=-\frac{\pi^2}{16(b-a)^2}v^2g^2=-\frac{\pi^2}{16(b-a)^2}u^2 \tag{7-9-15}$$

由于

$$\frac{g'}{g}=-\frac{\pi}{4(b-a)}\tan\frac{\pi(x-a)}{4(b-a)} \tag{7-9-16}$$

且

$$\frac{g'(a)}{g(a)}=0\,,\quad\frac{g'(b)}{g(b)}=-\frac{\pi}{4(b-a)}\tan\frac{\pi}{4}=-\frac{\pi}{4(b-a)} \tag{7-9-17}$$

故有

$$v^2 gg'\Big|_a^b = v^2 g^2 \frac{g'}{g}\Big|_a^b = u^2 \frac{g'}{g}\Big|_a^b = -\frac{\pi}{4(b-a)}u^2(b) \tag{7-9-18}$$

将式(7-9-15)和式(7-9-18)代入不等式(7-9-13)并移项，有

$$\frac{\pi^2}{16(b-a)^2}\int_a^b u^2\,\mathrm{d}x \leqslant \int_a^b u'^2\,\mathrm{d}x + \frac{\pi}{4(b-a)}u^2(b) \tag{7-9-19}$$

或

$$\int_a^b u^2\,\mathrm{d}x \leqslant \frac{16(b-a)^2}{\pi^2}\int_a^b u'^2\,\mathrm{d}x + \frac{4(b-a)}{\pi}u^2(b) \tag{7-9-20}$$

因此，在式(7-9-6)中完全可令

$$c_1 = \frac{16(b-a)^2}{\pi^2}, \quad c_2 = \frac{4(b-a)}{\pi} \tag{7-9-21}$$

这样就可得到所需要的结果。证毕。

不等式(7-9-4)的证明完全类似。此时不用式(7-9-9)，而是考虑下列函数

$$g(x) = \cos\frac{\pi(x-b)}{4(b-a)} \tag{7-9-22}$$

那么常数 c_1 和 c_2 再次由式(7-9-21)给出。

不等式(7-9-7)是不等式(7-9-6)或不等式(7-9-5)的结果，故对于 c_1 和 c_2 的值，可再取式(7-9-21)。然而，在此情况下，如果上面给出的证明用下面的函数来做，可能用简单的方法改进所得到的估计

$$g(x) = \cos\frac{\pi\left(x-\dfrac{a+b}{2}\right)}{4(b-a)} \tag{7-9-23}$$

那么通过直接计算法易验证，在式(7-9-7)中可取

$$c_1 = \frac{4(b-a)^2}{\pi^2}, \quad c_2 = \frac{2(b-a)}{\pi} \tag{7-9-24}$$

下面证明不等式(7-9-8)。

证 对于 $n=2$，为了简单起见，设区域 G 被矩形 $R=[0\leqslant x\leqslant a]\times[0\leqslant y\leqslant b]$ 所包含，而 $u\in M$。若 $(x,y)\in R$，但不属于 G 时，规定 $u(x,y)=0$。令 $u=gv$。因为

$$\begin{aligned}\nabla u\cdot\nabla u &= \left(\frac{\partial u}{\partial x}\right)^2 + \left(\frac{\partial u}{\partial y}\right)^2 = \left(\frac{\partial gv}{\partial x}\right)^2 + \left(\frac{\partial gv}{\partial y}\right)^2 \\ &= \left(g\frac{\partial v}{\partial x} + v\frac{\partial g}{\partial x}\right)^2 + \left(g\frac{\partial v}{\partial y} + v\frac{\partial g}{\partial y}\right)^2 \\ &= g^2\nabla v\cdot\nabla v + 2gv\left(\frac{\partial v}{\partial x}\frac{\partial g}{\partial x} + \frac{\partial v}{\partial y}\frac{\partial g}{\partial y}\right) + v^2\nabla g\cdot\nabla g \\ &= g^2\nabla v\cdot\nabla v - v^2 g\,\Delta g + \frac{\partial}{\partial x}\left(v^2 g\frac{\partial g}{\partial x}\right) + \frac{\partial}{\partial y}\left(v^2 g\frac{\partial g}{\partial y}\right)\end{aligned} \tag{7-9-25}$$

因 $g^2\nabla v\cdot\nabla v\geqslant 0$，去掉式(7-9-25)右端的第一项后，则有

$$\nabla u\cdot\nabla u \geqslant -v^2 g\Delta g + \frac{\partial}{\partial x}\left(v^2 g\frac{\partial g}{\partial x}\right) + \frac{\partial}{\partial y}\left(v^2 g\frac{\partial g}{\partial y}\right) \tag{7-9-26}$$

将不等式(7-9-26)在区域 G 上积分，并利用格林第一恒等式，得

$$\iint_G \nabla u\cdot\nabla u\,\mathrm{d}x\,\mathrm{d}y \geqslant -\iint_G v^2 g\Delta g\,\mathrm{d}x\,\mathrm{d}y + \iint_G\left[\frac{\partial}{\partial x}\left(v^2 g\frac{\partial g}{\partial x}\right)+\frac{\partial}{\partial y}\left(v^2 g\frac{\partial g}{\partial y}\right)\right]\mathrm{d}x\,\mathrm{d}y$$
$$= -\iint_G v^2 g\Delta g\,\mathrm{d}x\,\mathrm{d}y + \oint_\Gamma v^2 g\frac{\partial g}{\partial n}\mathrm{d}s \tag{7-9-27}$$

将式(7-9-27)改写为

$$-\iint_G v^2 g\Delta g\,\mathrm{d}x\,\mathrm{d}y \leqslant \iint_G \nabla u\cdot\nabla u\,\mathrm{d}x\,\mathrm{d}y - \oint_\Gamma v^2 g\frac{\partial g}{\partial n}\mathrm{d}s \tag{7-9-28}$$

或

$$-\iint_G v^2 g\Delta g\,\mathrm{d}x\,\mathrm{d}y \leqslant \iint_G \nabla u\cdot\nabla u\,\mathrm{d}x\,\mathrm{d}y + \left|\oint_\Gamma v^2 g\frac{\partial g}{\partial n}\mathrm{d}s\right| \tag{7-9-29}$$

令 $g=\sin\dfrac{\pi x}{a}\sin\dfrac{\pi y}{b}$，则 $\Delta g=-\pi^2\left(\dfrac{1}{a^2}+\dfrac{1}{b^2}\right)g$，且在区域 G 上 g 不为零。将 Δg 代入不等式(7-9-29)的左端，则有

$$-\iint_G v^2 g\Delta g\,\mathrm{d}x\,\mathrm{d}y = \pi^2\left(\frac{1}{a^2}+\frac{1}{b^2}\right)\iint_G u^2\,\mathrm{d}x\,\mathrm{d}y \tag{7-9-30}$$

不等式(7-9-29)右端第二项可写成

$$\left|\oint_\Gamma v^2 g\frac{\partial g}{\partial n}\mathrm{d}s\right| = \left|\oint_\Gamma u^2\frac{1}{g}\frac{\partial g}{\partial n}\mathrm{d}s\right| \leqslant \oint_\Gamma u^2\left|\frac{1}{g}\right|\left|\frac{\partial g}{\partial n}\right|\mathrm{d}s \tag{7-9-31}$$

沿着边界 Γ，$\left|\dfrac{1}{g}\right|\left|\dfrac{\partial g}{\partial n}\right|$ 是有界函数，设在边界 Γ 上 $0\leqslant\left|\dfrac{1}{g}\right|\left|\dfrac{\partial g}{\partial n}\right|\leqslant d$，则

$$\left|\oint_\Gamma v^2 g\frac{\partial g}{\partial n}\mathrm{d}s\right| \leqslant d\oint_\Gamma u^2\,\mathrm{d}s \tag{7-9-32}$$

令

$$c_1=\pi^{-2}\left(\frac{1}{a^2}+\frac{1}{b^2}\right)^{-1},\quad c_2=d\,\pi^{-2}\left(\frac{1}{a^2}+\frac{1}{b^2}\right)^{-1} \tag{7-9-33}$$

将式(7-9-30)、式(7-9-32)和式(7-9-33)代入式(7-9-29)，则有

$$\iint_G u^2\,\mathrm{d}x\,\mathrm{d}y \leqslant c_1\iint_G \nabla u\cdot\nabla u\,\mathrm{d}x\,\mathrm{d}y + c_2\oint_\Gamma u^2\,\mathrm{d}s = c_1\iint_G (u_x^2+u_y^2)\,\mathrm{d}x\,\mathrm{d}y + c_2\oint_\Gamma u^2\,\mathrm{d}s \tag{7-9-34}$$

证毕。

有时式(7-9-8)写成下列形式

$$\iint_G u^2(x,y)\,\mathrm{d}x\,\mathrm{d}y \leqslant c\left[\iint_G (u_x^2+u_y^2)\,\mathrm{d}x\,\mathrm{d}y + \oint_\Gamma u^2(s)\,\mathrm{d}s\right] \tag{7-9-35}$$

这时只要取 $c=\max(c_1,c_2)$ 即可。

用同样的方法，也可得到其他情况下不等式的证明。

定理 7.9.2 (庞加莱不等式) 设 G 是具有利普希茨边界的区域，并设 M 是在 $\overline{G}$ 中具有连续一阶各偏导数的函数的线性集合。那么存在非负常数 c_3、c_4，它们依赖于所给定的区域而与 M 中的函数 $u(x)$ 无关，即有下列不等式

$$\int_G u^2(x)\,\mathrm{d}x \leqslant c_3\sum_{k=1}^{n}\int_G\left(\frac{\partial u}{\partial x_k}\right)^2\mathrm{d}x + c_4\left[\int_G u(x)\,\mathrm{d}x\right]^2 \tag{7-9-36}$$

对于每个函数 $u\in M$ 成立。

不等式(7-9-36)在 $n=2$ 和 $n=1$ 两个特别情况下，可得两个不等式，它们分别是

$$\iint_G u^2(x,y)\,\mathrm{d}x\,\mathrm{d}y \leqslant c_3\iint_G (u_x^2+u_y^2)\,\mathrm{d}x\,\mathrm{d}y + c_4\left[\iint_G u(x,y)\,\mathrm{d}x\,\mathrm{d}y\right]^2 \tag{7-9-37}$$

和

$$\int_a^b u^2(x)\,\mathrm{d}x \leqslant c_3\int_a^b u'^2(x)\,\mathrm{d}x + c_4\left[\int_a^b u(x)\,\mathrm{d}x\right]^2 \tag{7-9-38}$$

当然，在不等式(7-9-36)～不等式(7-9-38)中，常数 c_3 和 c_4 的值可能不同，尽管在这里使用相同的符号。

就 $n=1$ 的情形，即对不等式(7-9-38)进行对定理 7.9.2 的证明。对于 $n>1$ 的情形，其证明思想仍是类似的。

证　设 $u(x)$ 是定义在 $[a,b]$ 内且属于 M 的任意函数(故 $u(x)$ 和 $u'(x)$ 在 $[a,b]$ 内是连续函数)。对于 $[a,b]$ 中的两个点 x_0、x_1，有

$$u(x_1)-u(x_0)=\int_{x_0}^{x_1} u'(x)\,\mathrm{d}x \tag{7-9-39}$$

且自然有

$$u^2(x_1)+u^2(x_0)-u(x_0)u(x_1)=\left[\int_{x_0}^{x_1} u'(x)\,\mathrm{d}x\right]^2 \tag{7-9-40}$$

根据施瓦茨不等式，有

$$\left[\int_{x_0}^{x_1} u'(x)\,\mathrm{d}x\right]^2 \leqslant \left|\int_{x_0}^{x_1} 1^2\,\mathrm{d}x\right|\left|\int_{x_0}^{x_1} u'^2(x)\,\mathrm{d}x\right| \tag{7-9-41}$$

式中，若 $x_1>x_0$，则绝对值可略去。根据式(7-9-40)和不等式(7-9-41)，有

$$u^2(x_1)+u^2(x_0)-u(x_0)u(x_1) \leqslant (b-a)\int_a^b u'^2(x)\,\mathrm{d}x \tag{7-9-42}$$

不等式(7-9-42)在区间 $[a,b]$ 内先对 x_0 积分，而 x_1 暂时被视为常数，然后再对 x_1 积分，得

$$\begin{aligned}&(b-a)\int_a^b u^2(x_0)\,\mathrm{d}x_0 + (b-a)\int_a^b u^2(x_1)\,\mathrm{d}x_1 - \\ &2\int_a^b u^2(x_0)\,\mathrm{d}x_0\int_a^b u^2(x_1)\,\mathrm{d}x_1 \leqslant (b-a)^3\int_a^b u'^2(x)\,\mathrm{d}x\end{aligned} \tag{7-9-43}$$

或写成

$$\int_a^b u^2(x)\,\mathrm{d}x \leqslant \frac{(b-a)^2}{2}\int_a^b u'^2(x)\,\mathrm{d}x + \frac{1}{b-a}\left[\int_a^b u(x)\,\mathrm{d}x\right]^2 \tag{7-9-44}$$

若取

$$c_3=\frac{(b-a)^2}{2},\quad c_4=\frac{1}{b-a} \tag{7-9-45}$$

就是不等式(7-9-38)。证毕。

不等式(7-9-36)和不等式(7-9-37)的证明可类似地进行。特别地，如果所考虑的区域具有边长为 l_1 和 l_2 的矩形，那么可能几乎逐字与上述所考虑的问题类比，也就是用

$$c_3=\max(l_1^2,l_2^2),\quad c_4=\frac{1}{l_1 l_2} \tag{7-9-46}$$

来使不等式(7-9-37)成立。

7.10　名家介绍

欧几里得(Euclid，约公元前 330—公元前 270)　古希腊数学家。生于雅典附近的麦加拉，

卒于亚力山大。公元前 300 年左右，受托勒密一世(Ptolemy Ⅰ Soter, 前 367—前 283)之邀，到亚历山大从事学术活动。一生著述颇多，其中以巨著《几何原本》(The Elements)最著名。该书原有 13 卷，后人增补 2 卷。这部最古老的数学著作博大精深，为 2000 年来用公理法建立演绎的数学体系树立了最早的典范，并且一直是几何学的经典教本。英国数学家德·摩根(De Morgan, Augustus, 1806.6.27—1871.3.18)曾说，除了《圣经》，再没有任何一种书像《几何原本》这样拥有如此众多的读者，被译成如此多种语言。从 1482 年到 19 世纪末，《几何原本》的各种版本用各种语言出了 1000 版以上。主要著作还有《论图形的分割》《现象》《衍论》《光学》和《音乐原理》等。

笛卡儿(Descartes, René, 1596.3.31—1650.2.11)　法国哲学家、数学家、物理学家和生理学家，解析几何学奠基人之一。生于土伦的拉埃耶，卒于瑞典斯德哥尔摩。1612 年入巴黎普瓦捷大学读法学，1616 年获博士学位。1617 年从军，1625 年返回巴黎，1628 年移居荷兰，潜心研究数学、哲学、天文学、物理学、化学和生理学等诸多领域，埋头著述 20 多年。他的贡献是多方面的，尤其在数学方面以创立解析几何而著称，代表作是《几何学》。还对微积分的创立起到了重要的推动作用。在哲学上，开创重视科学认识的方法论和认识论，成为西方近代哲学的创始人之一。提出“我思故我在”的哲学原则，著有哲学著作《方法论》，后面有三篇著名的附录：《折光学》《论大气现象》和《几何学》(1637)。

帕塞瓦尔(Parseval, des Chenes, Marc Antoine, 1755.4.27—1836.8.6)　法国数学家。生于罗西耶尔—欧萨利讷(Rosières-aux-Salines)，卒于巴黎。曾因保皇罪受过拘禁，后因发表诗歌反对现政权被拿破仑通缉，逃亡国外。在 1796 年、1799 年、1802 年、1813 年和 1828 年五次被提名法兰西科学院院士人选。主要研究微分方程、实变函数论与泛函分析。在常微分方程中，给出帕塞瓦尔等式。曾向法国科学院提交过 5 篇论文，第 2 篇的日期为 1799 年 4 月 5 日，内有关于无穷级数的求和的帕塞瓦尔定理。1801 年 7 月给出了该定理的新的陈述。还用其定理去解决某些微分方程，这类方程被称为帕塞瓦尔方程，他的方法后来被泊松等人继续采用。

傅里叶(Fourier, Jean Baptiste Josoph, Baron, 1768.3.21—1830.5.16)　法国数学家、物理学家。生于奥塞尔，卒于巴黎。1794 年入巴黎高等师范学校，1795 年到巴黎综合工科学校执教。1798 年随拿破仑远征埃及，任军中文书和埃及学院秘书。1801 年回国后任伊泽尔省地方长官。1807 年受封为男爵。1817 年当选为法兰西科学院院士，1822 年任该院终身秘书。1827 年成为英国皇家学会会员，1829 年成为圣彼得堡科学院荣誉院士。主要贡献是用数学方法研究热的理论，1822 年出版《热的分析理论》一书，其中把函数表示为由三角函数所构成的级数即傅里叶级数，从而提出任一函数都可展成三角级数，这在数学物理上有普遍意义和十分广泛的应用。最早使用定积分符号，改进了代数方程符号法则的证法和实根个数的判别法等。

贝塞尔(Bessel, Friedrich Wilhelm, 1784.7.22—1846.3.17)　德国天文学家和数学家。生于明登，卒于柯尼斯堡。1809 年获格丁根大学博士学位。1810 年起任柯尼斯堡天文台终身台长兼柯尼斯堡大学教授，晚年曾兼任柏林天文台台长。1812 年当选为柏林科学院院士，1816 年成为法兰西科学院院士，1825 年成为英国皇家学会会员。编制包含 75000 颗星的基本星表，首先测定天鹅座 61 号星的距离和视差，预言有伴星存在。对数学的贡献主要在微分方程方面，并研究复数和非欧几何等问题，研究成果主要有贝塞尔函数。由于对三角函数系的研究，于 1828 年导出了著名的贝塞尔不等式。著有《天文学基础》(1818)。

施图姆(Sturm, Jacques Charles François, 1803.9.29—1855.12.18)　瑞士—法国数学家。生于日内瓦，卒于巴黎。1819 年入日内瓦学院学习。毕业后任家庭教师。不久进入巴黎科学界。1833 年入法国籍。1836 年成为巴黎科学院院士。还是柏林科学院、圣彼得堡科学院院士及英国皇家学会会员。1840 年任巴黎综合工科学校教授。在数学上做出了许多开创性、奠基性贡献。建立了 n 次实系数代数方程的实根的施图姆定理。提出了不求方程的解而得知解的零点分布状态的方法，微分方程理论的奠基人之一。与法国数学家刘维尔合作，研究二阶常微分方程的特征值与特征函数问题，取得若干重要结果。在射影几何、微分几何、几何光学和分析力学方面也有重要贡献。著有《分析教程》和《力学教程》等。

刘维尔(Liouville, Joseph, 1809.3.24—1882.9.8) 法国数学家。生于圣奥梅尔，卒于巴黎。1827 年毕业于巴黎综合工科学校。1833 年起先后任巴黎工科大学、索邦大学、法兰西学院教授和天文事物局局长。1836 年获博士学位，同年创办《纯粹与应用数学杂志》，并任主编达 40 年之久。1839 年当选为法兰西科学院院士。1850 年当选为英国皇家学会会员。还是圣彼得堡科学院名誉院士。发表近 400 篇论著，涉及数学和物理学的十几个分支。在初等函数的积分理论、解析函数理论、超越函数理论和微分几何等方面均取得了重要成果。建立了椭圆函数理论，还与施图姆合作开创了二阶常微分方程边值问题的研究方向，并取得若干重要成果。最先肯定了伽罗瓦(Evariste Galois, 1811.10.25—1832.5.31)理论的重要意义，并于 1846 年整理、出版了伽罗瓦的遗著。

切比雪夫(Чебышев, Пафнутий Львович, 1821.5.16(26)—1894.12.8) 俄罗斯数学家，力学家，机械学家，函数构造理论的创始人。生于奥卡多沃，卒于圣彼得堡。1841 年毕业于莫斯科大学并获银质奖章，1846 年获硕士学位。1847—1882 年在圣彼得堡大学任教，1849 年获该校博士学位，1850 年成为副教授，1860 年任教授。1856 年被任命为炮兵委员会成员。1859 年当选为圣彼得堡科学院院士，还是许多国家科学院的外籍院士和学术团体成员。1882 年起在科学院从事研究工作。1890 年获法国荣誉团勋章。在数论、函数逼近论、概率论、数学分析、泛函分析、微分方程和机械原理等方面均做出了贡献。由他创立的圣彼得堡数学学派人才辈出，为后来的苏联数学奠定了基础。苏联科学院在 1944 年设立了切比雪夫奖金。

埃尔米特(Hermite, Charles, 1822.12.24—1901.1.14) 法国数学家。生于洛林(Lorraine)地区的迪约兹(Dieuze)，卒于巴黎。1842 年入巴黎综合工科学校学习。1847 年获学士学位。1848 年任该校辅导教师。1856 年当选为巴黎科学院院士。1873 年当选为英国皇家学会会员。1892 年当选为法国科学院院士。还是圣彼得堡科学院名誉院士。1862 年任巴黎高等师范学校教授。1869 年任巴黎综合工科学校分析学教授和索邦大学高等代数教授。1876 年任巴黎大学理学院高等代数教授。法国杰出的分析学家，在特殊函数论、数论、群论、高等代数、数学分析、微分方程和力学等许多方面都做出了很有价值的工作。特别是 1873 年证明了 e 是超越数，这是很著名的结果。主要著作有《椭圆函数理论》(1863)和《分析教程》(1873)等。

利普希茨(Lipschitz, Rudolf Otto Sigismund, 1832.5.14—1903.10.7) 德国数学家。生于柯尼斯堡附近，卒于波恩。1847 年入柯尼斯堡大学，不久转入柏林大学跟随狄利克雷学习数学，1853 年获博士学位。1864 年任波恩大学教授，后任校长。先后当选为巴黎、柏林、格丁根和罗马等科学院院士。在微分方程、贝塞尔函数理论、傅里叶级数、微分几何、数论、变分法、位势理论、张量分析和分析力学等方面都有贡献。1869 年起，发表了大量论文，给出了黎曼 n 维空间度量结构的某些结果，开创了微分不变量理论研究，协变微分的奠基人之一。1873 年，建立了著名的鉴别微分方程解存在的“利普希茨条件”，得到了“柯西–利普希茨存在性定理”。在代数领域建立了“利普希茨代数”的超复数系，奠定了该数学分支的基础。

拉盖尔(Laguerre, Edmond Nicolas, 1834.4.7(9)—1886.8.14) 法国数学家。生卒于巴勒迪克。1853—1855 在巴黎综合工科学校学习。1854 年任炮兵军官。1864 年起在母校任教。1874 年起任入学考官，1883 年起兼任法兰西学院数学物理教授，直至去世。1884 年当选法兰西科学院院士。他最著名的学术成就是创立了一个几何学分支，1853 年建立了用交比定义的角的度量公式，即拉盖尔公式，从而把角度关系引进射影几何，把虚量表示推广到空间，引进保圆变换的几何学，现称拉盖尔几何。他的几何学理论得以推广，也促进了非欧几何的发展。在代数方面，论证了笛卡儿符号法则并将其推广。在分析方面，对整函数引进亏格概念，并用它对整函数进行分类，用连分式表示函数，提出拉盖尔方程及其解——拉盖尔多项式。发表论文140多篇。

庞加莱(Poincaré, Jules Henri, 1854.4.29—1912.7.17) 法国数学家、物理学家和天文学家。生于南锡，卒于巴黎。1875年毕业于巴黎综合工科学校，1879年获巴黎大学数学博士学位。1881年起任巴黎大学教授。1887年当选为法兰西科学院院士，1906年任法兰西科学院院长，1908年当选为法兰西学院院士。工作内容涉及数学、物理、电磁学、热力学、光学、弹性理论、位势理论、动力学、流体力学、相对论和天体力学等多个方面。围绕天文学三体问题的研究，首创微分方程的定性理论和组合拓朴学。自守函数理论的创始人之一。被公认为19世纪末20世纪初国际数学界的领袖人物。发表论文近500篇，著有《天体力学的新方法》、《热动力学》、《科学与方法》和《最后的思想》等，身后法兰西科学院出版其著作10卷。

罗宾(Robin, Gustave, 1855—1897) 国籍、生卒不详。他精于容量理论与微分方程。曾提出罗宾常数与椭圆型偏微分方程的罗宾问题。

巴拿赫(Banach, Stefan, 1892.3.30—1945.8.31) 波兰数学家，泛函分析奠基者。生于克拉科夫，卒于乌克兰的利沃夫。1914年毕业利沃夫大学并留校任教，1920年获哲学博士学位。1927年任利沃夫大学教授。1939—1941年任利沃夫大学校长。1924年成为波兰科学院通信院士，还是乌克兰科学院通信院士，1939年任波兰数学学会会长。1939年获波兰科学院重大科学奖。和斯坦因豪斯(Steinhaus, Hugo Dionisi, 1887.1.14—1972.2.25)共同创立并领导了利沃夫学派。1932年，名著《线性算子理论》出版，并成为泛函分析的最重要经典著作之一。引进了赋范线性范数空间概念，建立了其上的线性算子理论。在级数理论、集合论、测度论、积分理论、常微分方程理论和复变函数理论等方面都有重要贡献。发表过58篇(部)论著。

特里科米(Tricomi, Francesco Giacomo Filippo, 1897.5.5—1978.11.21) 意大利数学家。生于那不勒斯，卒于都灵。1918年获博士学位。之后曾在帕多瓦和罗马工作。1925年任佛罗伦萨和都灵大学教授。1948—1950年曾到美国加利福尼亚理工学院访问。1961年当选为林琴科学院院士。1972—1976年任都灵科学院副院长和院长。研究范围涉及几何、代数、分析、概率论和空气动力学等。在混合型偏微分方程理论和积分方程方面的贡献广为人知。1923年首先研究了$yu_{xx}+u_{yy}=0$形式的混合型偏微分方程，它后来称为特里科米方程，并对该方程提出新的边值问题，即特里科米问题。他证明了该方程解的存在性和唯一性定理。还研究了积分方程的数值解法并给出误差估计。著有《论二阶混合型线性偏微分方程》(1923)和《积分方程》(1957)等。

弗里德里希斯(Friedrichs, Kurt Otto, 1901.9.28—1983.1.2) 德国−美国数学家。生于基尔，卒于纽约。早年在格丁根大学求学，是库朗的学生。1925年获博士学位。1925—1937年相继在格丁根大学、亚琛大学和不伦瑞克理工学院任教。1937年移居美国，任纽约大学教授。1943年起任库朗数学科学研究所教授，1953—1967年相继任该所副所长和所长。1959年当选为美国国家科学院院士，还是格丁根科学院和慕尼黑科学院通信院士。1968—1969年任美国数学会副会长。1977年获美国国家科学奖章。在数学物理、微分方程理论、广义函数、微分算子理论、弹性力学和流体力学等方面均做出贡献。著有《高阶常微分方程讲义》(1965)、《希尔伯特空间的谱摄动》(1965)、《伪微分算子》(1968)、《电磁理论的数学方法》(1974)和《泛函积分》(1976)等著作。

钱伟长(1912.10.9—2010.7.30) 中国数学家和力学家。生于无锡，卒于上海。1935年毕业于清华大学，1942年获多伦多大学应用数学博士学位。1946年起先后任清华大学教授和副校长。1954年为中科院学部委员(后改为院士)，1956年当选为波兰科学院院士。中国科学院力学研究所和自动化研究所的创始人。1983 年起任上海工业大学校长、上海大学校长。1984 年创建上海市应用数学和力学研究所并任所长。历任全国政协副主席，民盟中央副主席、名誉主席。中国近代力学的奠基人之一，主要学术贡献有板壳非线性内禀统一理论、板壳大扰度问题的摄动解和奇异摄动解、广义变分原理、环壳解析解和汉字宏观字型编码等。著有《弹性力学》《变分法及有限元》《穿甲力学》和《广义变分原理》等多部著作。

习题 7

7.1 设 T_1 和 T_2 是希尔伯特空间 H 到自身的有界线性算子，若对任何 x、$y\in H$，有 $(T_1x,y)=(T_2x,y)$，证明 $T_1=T_2$。

7.2 设内积空间 V 的两个向量 u 和 v 正交，证明 $\|u+v\|^2=\|u\|^2+\|v\|^2$。

7.3 试求算子 T 是对称算子所应满足的边界条件。

(1) $T=-\dfrac{\mathrm{d}}{\mathrm{d}x}\left(x^2\dfrac{\mathrm{d}}{\mathrm{d}x}\right)$，$D_T$：$\left\{u(x)\middle|u(x)\in C^2[0,l]\right\}$；

(2) $T=-\dfrac{\mathrm{d}^2}{\mathrm{d}x^2}\left[p(x)\dfrac{\mathrm{d}^2}{\mathrm{d}x^2}\right]$，$D_T$：$\left\{u(x)\middle|u(x)\in C^4[0,l]\right\}$，且 $p(x)\in C^2[0,l]$，并大于零。

7.4 设算子 $T=\dfrac{\mathrm{d}}{\mathrm{d}x}$ 的定义域为 D_T：$\left\{u(x)\middle|u(x)\in C^1[x_0,x_1],\ y(x_0)=y(x_1)=0\right\}$，试求 T 的共轭算子。

习题 7.1 答案　　习题 7.2 答案　　习题 7.3 答案　　习题 7.4 答案

7.5 试将贝塞尔方程 $x^2y''+xy'+(x^2-n^2)y=0$ 化成自共轭方程。

7.6 设算子 $T=-\left(\dfrac{\partial^2}{\partial x^2}+\dfrac{\partial^2}{\partial y^2}\right)$ 的定义域为 D_T：$\left\{u(x)\middle|u(x)\in C^2(D),\ u|_{\Gamma}=0\right\}$，$\Gamma$ 为 D 的边界，试求 T 的共轭算子。

7.7 设算子 $T=\nabla^2[p(x,y)\nabla^2]$，其中 $\nabla^2=\Delta=\dfrac{\partial^2}{\partial x^2}+\dfrac{\partial^2}{\partial y^2}$，$D_T$：$\left\{u(x,y)\middle|u(x,y)\in C^4(D)\right\}$，且 $p(x,y)\in C^2(D)$ 并大于零，试证 T 是自共轭算子的条件为

$$\oint_{\Gamma}\left[v\frac{\partial}{\partial n}(p\nabla^2u)-u\frac{\partial}{\partial n}(p\nabla^2v)+p\nabla^2v\frac{\partial u}{\partial n}-p\nabla^2u\frac{\partial v}{\partial n}\right]\mathrm{d}\Gamma=0$$

式中，$v\in D_T$，$\dfrac{\partial}{\partial n}(\cdot)$ 为 D 的边界 Γ 的外法线方向导数。

7.8 已知施图姆—刘维尔型二阶微分方程

$$Ty=-\frac{\mathrm{d}}{\mathrm{d}x}\left[p(x)\frac{\mathrm{d}y}{\mathrm{d}x}\right]+q(x)y=f(x)$$

的边界条件为 $y(x_0)=0$，$y(x_1)=0$，其等价泛函为 $J[y]=(Ty,y)-2(f,y)$。若 $p(x)$ 在 $x_0\leqslant x\leqslant x_1$ 中的最小值为 p_m $(p_m\geqslant 0)$，$q(x)$ 在 $x_0\leqslant x\leqslant x_1$ 中的最小值为 q_m $(q_m\geqslant 0)$，试证明

$(Ty,y)\geqslant r^2(y,y)$，其中 $r^2=\left[\dfrac{2p_m}{(x_1-x_0)^2}+q_m\right]$。

习题 7.5 答案　习题 7.6 答案　习题 7.7 答案　习题 7.8 答案

7.9 设微分方程 $x^2y''+2xy'-xy-x=0$，其边界条件为 $y(x_0)=y_0$，$y(x_1)=y_1$。试将上述定解问题化为等价的变分问题。

7.10 试求与下列边值问题等价的泛函。

(1) $x^2y''+2xy'-2y=f(x)$，$x\in(0,l)$，$y(0)=y(l)=0$，其中 $f(x)\in C[0,l]$；

(2) $-y''=f(x)$，$x\in(0,l)$，$y'(0)=y'(l)=0$，其中 $f(x)\in C[0,l]$ 且满足 $\int_0^l f(x)\,\mathrm{d}x=0$；

(3) $y^{(4)}=f(x)$，$x\in(0,l)$，$f(x)\in C[0,l]$，$y(0)=y(l)=0$，$y''(0)=y''(l)=0$。

7.11 设定解问题

$$\Delta^2u=f(x,y)\quad (x、y\in D)$$

$$u\big|_\Gamma=0,\quad \left.\frac{\partial u}{\partial n}\right|_\Gamma=0$$

式中，Δ^2 为重调和算子，Γ 为域 D 的边界。证明 Δ^2 是对称正定算子且 $(\Delta^2u,u)=(\Delta u,\Delta u)$，并求出与定解问题等价的变分问题。

7.12 设有泊松方程第一边值问题

$$\begin{cases}-\Delta u=-\left(\dfrac{\partial^2u}{\partial x^2}+\dfrac{\partial^2u}{\partial y^2}\right)=f(x,y) & (x、y\in D,\ f(x,y)\in C(D))\\ u\big|_\Gamma=0\end{cases}$$

式中，Γ 为 D 的边界。试证明二维拉普拉斯负算子 $-\Delta$ 是对称正定算子，并求出等价的变分问题。

习题 7.9 答案　习题 7.10 答案　习题 7.11 答案　习题 7.12 答案

7.13 设闭区域 D 的边界为 $\Gamma=\Gamma_1+\Gamma_2$，其中 Γ_1 为 Ox 轴上的线段 $a\leqslant x\leqslant b$，Γ_2 为 Oxy 平面的上半平面内的曲线弧，且该弧两端点在 Ox 轴上与 Γ_1 的端点相连接。又设 $\varphi(y)\in C(D)$，$\omega(y)\in C^1(D)$，且都大于零，$f(x,y)\in C(D)$，$u\in C^2(D)$。试证：与边值问题即**特里科米问题**

$$\begin{cases}Tu\equiv-\varphi(y)u_{xx}-\dfrac{\partial}{\partial y}[\omega(y)u_y]=f(x,y) & (x、y\in D)\\ \left.\dfrac{\partial u}{\partial y}\right|_{\Gamma_1}=0,\quad u\big|_{\Gamma_2}=0\end{cases}$$

等价的变分问题为求泛函

$$J[u]=\iint_D[\varphi(y)u_x^2+\omega(y)u_y^2-2f(x,y)u]\,\mathrm{d}x\,\mathrm{d}y\,,\quad u\big|_{\Gamma_2}=0$$

的极小值问题。

7.14 试找出与微分方程边值问题

$$\begin{cases}x^3y''+3x^2y'+y-x=0\\ y(0)=0,\quad y(1)=0\end{cases}$$

相应的变分问题。

7.15 证明：如果在 $x=x_0$ 与 $x=x_1$ 处满足适当的边界条件，那么四阶微分方程

$$(py'')''+(qy')'+ry=f(x)$$

能转换成一个变分问题，其中 p、q、r 和 $f(x)$ 是 x 的已知函数。与该微分方程等价的变分问题是什么？必要的边界条件是什么？

习题 7.13 答案　　习题 7.14 答案　　习题 7.15 答案

第 8 章　变分问题的直接方法

各种变分问题的最后求解都可归结为解欧拉方程的边值问题。然而只有在一些特殊情况下欧拉方程才能求出解析解，在大多数情况下，欧拉方程的解析解无法求出。因此需要另外的求解方法。1900 年 8 月，第二届国际数学家代表大会在巴黎举行，希尔伯特在会上作了“数学问题”的报告，提出了 23 个重大数学问题，其中最后一个问题就是关于变分法的直接求解问题，并且第 19 和第 20 个问题也涉及变分法。

变分问题的直接方法是指不通过求解欧拉方程而直接从泛函本身出发，利用给定的边界条件，求出使泛函取得极值的极值函数的近似表达式。当然，有时也能得到精确解。此前的变分问题都是通过求解欧拉方程边值问题得到，这种求解方法称为**变分问题的间接方法**。

变分问题的近似解法有欧拉有限差分法、里茨法、坎托罗维奇法、伽辽金法、最小二乘法、特雷夫茨法、配置法和分区平均法等。欧拉有限差分法、里茨法、坎托罗维奇法和伽辽金法等称为**古典变分法**或**经典变分法**。本章介绍常用的前五种近似方法和极小(极大)化序列，并讨论算子方程的特征值和特征函数的求解问题。

8.1　极小(极大)化序列

如果从所有满足边界条件和一定的连续条件的容许函数中寻找使泛函达到极值的函数，则这个极值函数一定满足欧拉方程且是所给变分问题的解。如果不是从所有容许函数中寻找使泛函达到极值的函数，而只是从有限个容许函数中寻找使泛函达到极值的函数，这就缩小了容许函数的寻找范围，使找到的极值，比如说是极小值，一定比真正的极小值大，仅在最好的情况下，即极小值恰好在容许函数的寻找范围内时，两者才能相等，而这种情况很少出现。如果逐步扩大容许函数的寻找范围，则每次所得到的极小值就逐步减小，并逐步趋向真正的极小值。从理论上讲，只有把容许函数的寻找范围扩大到所有满足边界条件和一定的连续条件的容许函数时，才能使泛函达到真正的极值。

除了通过欧拉方程求得解析解外，实际上很少能把容许函数的寻找范围扩大到所有的容许函数。如果在既满足边界条件又满足一定的连续条件的一系列容许函数中逐步扩大寻找范围，也能逐步趋近真正的极值。如果极值是极小值，则从较大的一侧趋于极小值，即提供了极小值的上限。如果极值是极大值，则从较小的一侧趋于极大值，即提供了极大值的下限。

设有一系列既满足边界条件又满足一定的连续条件的函数 $\varphi_0(x),\varphi_1(x),\cdots,\varphi_n(x),\cdots$。用这些函数构成一系列容许函数作为极值函数的各级近似函数

$$\begin{cases}u_0(x)=a_{00}\varphi_0(x)\\u_1(x)=a_{10}\varphi_0(x)+a_{11}\varphi_1(x)\\u_2(x)=a_{20}\varphi_0(x)+a_{21}\varphi_1(x)+a_{22}\varphi_2(x)\\\vdots\\u_n(x)=a_{n0}\varphi_0(x)+a_{n1}\varphi_1(x)+\cdots+a_{nn}\varphi_n(x)\\\vdots\end{cases}\tag{8-1-1}$$

式中，a_{ij} 为待定系数。计算时，选取不同的 n 值使泛函达到各级近似的极值。设用 $u_0(x)$ 作为

近似极值函数时，泛函的极值为 J_0；用 $u_1(x)$ 作为近似极值函数时，泛函的极值为 J_1；因 $u_1(x)$ 比 $u_0(x)$ 的选择范围大且包含 $u_0(x)$ 的选择范围，故若为极小值问题，则有 $J_0 \geqslant J_1$，依此类推，有 $J_i \geqslant J_{i+1}$，于是有

$$J_0 \geqslant J_1 \geqslant J_2 \geqslant \cdots \geqslant J_n \geqslant \cdots \geqslant J \tag{8-1-2}$$

式中，J 为泛函的真正极小值。

能使各级近似极值像式(8-1-2)这样逐步趋于真正的极小值的函数序列 $\{u_n\}$ ($n=1,2,\cdots$)称为泛函的**极小化序列**。极小化序列提供泛函极小值的上限。

同理，对于极大值问题，如果函数序列 $\{u_n\}$ ($n=0,1,2,\cdots$)能使泛函的各级近似极值适合于如下不等式

$$J_0 \leqslant J_1 \leqslant J_2 \leqslant \cdots \leqslant J_n \leqslant \cdots \leqslant J \tag{8-1-3}$$

式中，J 为泛函的真正极大值，则该函数序列称为泛函的**极大化序列**。极大化序列提供泛函极大值的下限。

现在提出这样的问题，若泛函的各级近似极值的极限为泛函的真正极值，即

$$\lim_{n\to\infty} J_n = J \tag{8-1-4}$$

问极小(或极大)化序列的极限是否为真正的极值函数？即

$$\lim_{n\to\infty} u_n = y(x) \tag{8-1-5}$$

是否一定成立？式中，$y(x)$ 为使泛函达到极小(或极大)值的极值函数。

答案是有条件的。1870 年，魏尔斯特拉斯最先用一个特例指出，极小化序列(或极大化序列)的极限并非无条件地是真正的极值函数。换句话说，只有在一定条件下，极小(或极大)化序列才能收敛到使泛函达到极小(或极大)值的极值函数。当 $J[y]$ 是一个与正定算子等价的泛函时，在一定条件下，它的每个极小(或极大)化序列都收敛到使泛函达到极小(或极大)值的极值函数。下面的例题给出了得不到正确极值函数的极小化序列的反例。

例 8.1.1　狄利克雷问题。求泛函

$$J[u] = \iint_D (u_x^2 + u_y^2)\,\mathrm{d}x\,\mathrm{d}y \tag{1}$$

的极小值。设 D 的边界为 $\varGamma$，且曲面 $u(x,y)$ 通过 $\varGamma$，即在 $\varGamma$ 上 $u(x,y)=0$。所有容许曲面在 D 中都是连续的，且是逐片光滑的。

解　显然，这个泛函的极值函数 $u(x,y)=0$。因为无论在什么情况下，都有 $u_x^2+u_y^2 \geqslant 0$，只要 $u(x,y)$ 在 D 内有一点的值不为零，则在该点附近必有一个邻域，在此邻域内，有不全为零的 u_x 和 u_y 存在，使得 $u_x^2+u_y^2 \geqslant 0$，而泛函 $J[u]$ 就比零大。所以这个问题的极值函数 $u(x,y)$ 在 D 内到处为零，而泛函 $J[u]$ 也为零。

对于这个问题，可以找到一个极小化序列，其泛函的各级近似极值的极限为零，但各级近似极值的函数不是真正的极值函数即 $u(x,y)=0$。

设在边界 $\varGamma$ 内有一个半径为 R 的圆，其中心在坐标原点。设在圆 R 和边界 $\varGamma$ 之间的区域内，$u(x,y)$ 到处为零。设有另一个半径为 R^2 的圆，其中 $R<1$，则圆 $r=R^2$ 必定在圆 $r=R$ 之内。设近似极值函数为

$$u(x,y)=\begin{cases} 0 & (\text{在边界}\varGamma\text{之内和圆 } r=R \text{之外}) \\ \dfrac{A}{\ln R}\ln\dfrac{\sqrt{x^2+y^2}}{R}=\dfrac{A}{\ln R}\ln\dfrac{r}{R} & (R^2\leqslant r\leqslant R,\ R<1) \\ A & (0\leqslant r\leqslant R^2) \end{cases} \tag{2}$$

式(2)已采用了极坐标(r,θ)，极点即为坐标原点。这个函数的图形如图 8-1-1 所示，它是连续的，而且是逐片光滑的。

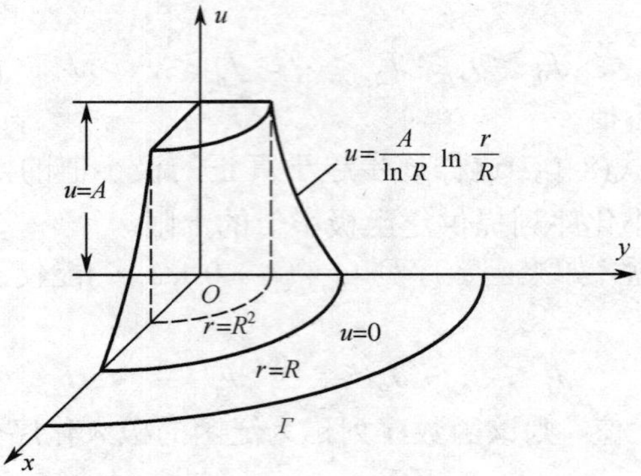

图 8-1-1　式(2)表示的曲面

将式(2)分别对 x 和 y 取偏导数，得

$$u_x = \frac{A}{\ln R}\frac{x}{x^2+y^2} = \frac{A}{\ln R}\frac{x}{r^2} \tag{3}$$

$$u_y = \frac{A}{\ln R}\frac{y}{x^2+y^2} = \frac{A}{\ln R}\frac{y}{r^2} \tag{4}$$

将式(3)和式(4)代入式(1)，在 $r=R$ 之外和 $r=R^2$ 之内，$u_x^2+u_y^2\equiv 0$，故式(2)可以用极坐标表示为

$$J[u(R)] = \frac{A^2}{(\ln R)^2}\int_{R^2}^{R}\frac{1}{r^2}2\pi r\,\mathrm{d}\,r = -\frac{2\pi A^2}{\ln R} \tag{5}$$

这样可以看到，当 R 的值逐步减小时，可得到一个极小化序列即式(2)，其极限为

$$\lim_{R\to 0} J[u(R)] = 0 \tag{6}$$

它是该问题的真正极小值。但当 $R\to 0$ 时，式(2)的函数极限并不是真正的极值函数，即 $u(x,y)$ 到处为零，而是

$$u(x,y) = \begin{cases} 0 & (r\neq 0) \\ A & (r=0) \end{cases} \tag{7}$$

也就是说，当 $R\to 0$ 时，并不能从极小化序列中求得真正的极值函数 $u(x,y)=0$。从此例可知，极小(或极大)化序列并不一定能给出泛函的极值函数。

8.2　欧拉有限差分法

欧拉早在 1768 年就提出了用有限差分方法来求变分问题的近似解，这标志着极值问题数值解法的开端。设最简泛函

$$J[y(x)] = \int_{x_0}^{x_1} F(x,y,y')\,\mathrm{d}\,x \tag{8-2-1}$$

其边界条件为

$$y(x_0)=y_0,\quad y(x_1)=y_1 \tag{8-2-2}$$

求解上述泛函变分问题近似解的一般步骤如下：

(1) 将区间$[x_0, x_1]$划分为n个小段，其中每个小段称为一个**有限单元**，而每个分点称为**节点**。单元的长度既可以相等，也可以不相等。在每个单元内假定宗量y是自变量x的函数，可写成

$$y(x)=\frac{x_i-x}{x_i-x_{i-1}}y_{i-1}+\frac{x-x_{i-1}}{x_i-x_{i-1}}y_i \quad (x_{i-1}\leqslant x\leqslant x_i) \tag{8-2-3}$$

即用一条折线来代替解析解中的可取曲线，如图 8-2-1 所示。由于式(8-2-1)只涉及y和y'，而不涉及高阶导数，所以用折线来近似地代替可取曲线是合理的。

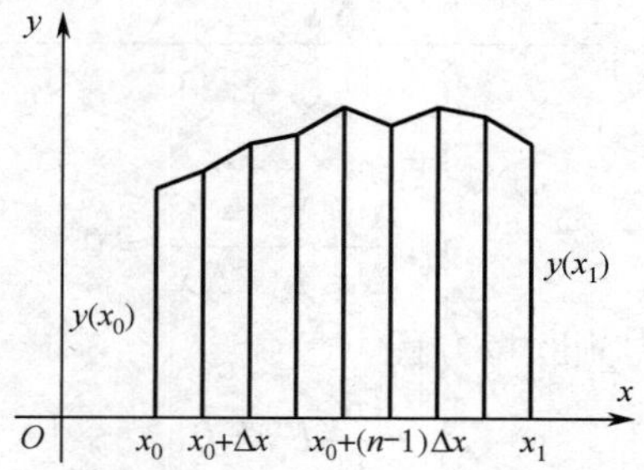

图 8-2-1　欧拉差分法的折线

(2) 把式(8-2-3)代入式(8-2-1)，将泛函$J[y(x)]$转换为未知量$y_1, y_2, \cdots, y_{n-1}$的函数，记为$J[y(x)]=\varphi(y_1,y_2,\cdots,y_{n-1})$，并令$\varphi(y_1,y_2,\cdots,y_{n-1})$在$y_i$ $(i=1,2,\cdots,n-1)$处达到极值，因而得方程组

$$\frac{\partial\varphi}{\partial y_i}=0 \quad (i=1,2,\cdots,n-1) \tag{8-2-4}$$

由此可确定未知数y_i，从而得到变分问题近似解的一组折线。

将上述最简泛函推广到一般情况，如果泛函涉及宗量y的n阶导数$y^{(n)}$，则可作n阶插值函数，使所得的近似解具有C^n连续性。

(3) 令$n\to\infty$取极限，只要对函数F加些限制，便得到变分问题的解。

更方便的办法是在折线上计算泛函$J[y(x)]$的近似值，即用积分和

$$\sum_{i=1}^{n}F\left(x_i, y_i, \frac{\Delta y_i}{\Delta x_i}\right)\Delta x$$

来代替积分

$$\int_{x_0}^{x_1}F(x,y,y')\,\mathrm{d}x=\sum_{k=0}^{n-1}\int_{x_0+k\Delta x}^{x_0+(k+1)\Delta x}F\left(x,y,\frac{y_{k+1}-y_k}{\Delta x}\right)\mathrm{d}x \tag{8-2-5}$$

可使计算简便一些。

在式(8-2-1)的折线上，可用矩形公式有限和的形式表示所给积分，即

$$J[y(x)]\approx\varphi(y_1,y_2,\cdots,y_{n-1})=\sum_{i=0}^{n-1}F\left(x_i,y_i,\frac{y_{i+1}-y_i}{\Delta x}\right)\Delta x \tag{8-2-6}$$

因为在这个和数中只有第$i-1$和第i两项

$$F\left(x_{i-1},y_{i-1},\frac{y_i-y_{i-1}}{\Delta x}\right)\Delta x\text{，}\quad F\left(x_i,y_i,\frac{y_{i+1}-y_i}{\Delta x}\right)\Delta x$$

依赖于y_i，故方程$\dfrac{\partial\varphi}{\partial y_i}=0$ $(i=1,2,\cdots,n-1)$取下面的形式

$$
\begin{aligned}
&F_{y'}\left(x_{i-1},y_{i-1},\frac{y_i-y_{i-1}}{\Delta x}\right)\frac{1}{\Delta x}\Delta x+F_y\left(x_i,y_i,\frac{y_{i+1}-y_i}{\Delta x}\right)\Delta x\\
&+F_{y'}\left(x_i,y_i,\frac{y_{i+1}-y_i}{\Delta x}\right)\left(-\frac{1}{\Delta x}\right)\Delta x=0
\end{aligned}
\tag{8-2-7}
$$

式中，$i=1,2,\cdots,n-1$。

令$\Delta y_i=y_{i+1}-y_i$，$\Delta y_{i-1}=y_i-y_{i-1}$，式(8-2-7)可改写成

$$
F_y\left(x_i,y_i,\frac{\Delta y_i}{\Delta x}\right)-\frac{F_{y'}\left(x_i,y_i,\frac{\Delta y_i}{\Delta x}\right)-F_{y'}\left(x_{i-1},y_{i-1},\frac{\Delta y_{i-1}}{\Delta x}\right)}{\Delta x}=0 \tag{8-2-8}
$$

或

$$
F_y\left(x_i,y_i,\frac{\Delta y_i}{\Delta x}\right)-\frac{\Delta F_{y_i'}}{\Delta x}=0 \tag{8-2-9}
$$

令$n\to\infty$而取极限，就可得到欧拉方程

$$
F_y-\frac{\mathrm{d}}{\mathrm{d}x}F_{y'}=0 \tag{8-2-10}
$$

所求的那个实现极值的函数$y(x)$应当满足这个方程。在其他变分问题中，极值的基本必要条件可以用同样的方法获得。

例 8.2.1 求泛函$J[y]=\int_0^1(y'^2+y^2+2xy)\mathrm{d}x$极小值问题中的近似解，边界条件为$y(0)=y(1)=0$。

解 取$\Delta x=\dfrac{1-0}{5}=0.2$以及

$$
y_0=y(0)=0,\quad y_1=y(0.2),\quad y_2=y(0.4),\quad y_3=y(0.6),\quad y_4=y(0.8),\quad y_5=y(1)=0
$$

在相应的点的导数值由近似公式

$$
y_k'=y'(x_k)\approx\frac{y_{k+1}-y_k}{\Delta x}
$$

计算，可算得

$$
y'(0)=\frac{y_1-y_0}{\Delta x}=\frac{y_1-0}{0.2},\quad y'(0.2)=\frac{y_2-y_1}{0.2},\quad y'(0.4)=\frac{y_3-y_2}{0.2}
$$

$$
y'(0.6)=\frac{y_4-y_3}{0.2},\quad y'(0.8)=\frac{y_5-y_4}{0.2}=\frac{0-y_4}{0.2}
$$

将所给积分用矩形公式表示为有限和的形式，即

$$
\int_{x_0}^{x_1}f(x)\mathrm{d}x\approx[f(x_0)+f(x_0+\Delta x)+\cdots+f(x_1)]\Delta x
$$

将以上数值代入矩形公式的右端，得

$$
\begin{aligned}
\varphi(y_1,y_2,y_3,y_4)=&\left[\left(\frac{y_1}{\Delta x}\right)^2+\left(\frac{y_2-y_1}{\Delta x}\right)^2+\left(\frac{y_3-y_2}{\Delta x}\right)^2+\left(\frac{y_4-y_3}{\Delta x}\right)^2+\left(\frac{-y_4}{\Delta x}\right)^2\right.\\
&\left.+y_1^2+y_2^2+y_3^2+y_4^2+2(\Delta xy_1+2\Delta xy_2+3\Delta xy_3+4\Delta xy_4)\right]\Delta x
\end{aligned}
$$

这样就可建立所求函数的节点纵坐标y_1、y_2、y_3和y_4的方程组

$$\begin{cases}\dfrac{1}{\Delta x}\dfrac{\partial\varphi}{\partial y_1}=\dfrac{y_1}{0.02}-\dfrac{y_2-y_1}{0.02}+2y_1+0.4=0\\ \dfrac{1}{\Delta x}\dfrac{\partial\varphi}{\partial y_2}=\dfrac{y_2-y_1}{0.02}-\dfrac{y_3-y_2}{0.02}+2y_2+0.8=0\\ \dfrac{1}{\Delta x}\dfrac{\partial\varphi}{\partial y_3}=\dfrac{y_3-y_2}{0.02}-\dfrac{y_4-y_3}{0.02}+2y_3+1.2=0\\ \dfrac{1}{\Delta x}\dfrac{\partial\varphi}{\partial y_4}=\dfrac{y_4-y_3}{0.02}+\dfrac{y_4}{0.02}+2y_4+1.6=0\end{cases}$$

经整理得

$$\begin{cases}2.04y_1-y_2=-0.008\\ -y_1+2.04y_2-y_3=-0.016\\ -y_2+2.04y_3-y_4=-0.024\\ -y_3+2.04y_4=-0.032\end{cases}$$

将$\Delta x=0.2$代入该方程组并求解，得$y_1=-0.0285944$，$y_2=-0.0503325$，$y_3=-0.0580840$，$y_4=-0.0441588$。此题的解析解是$y=\dfrac{\sinh x}{\sinh 1}-x$。

8.3 里茨法

里茨法是变分问题直接解法中最重要的一种，其基本思想是，不把泛函的值放在容许函数中去考虑，而是用选定的线性无关的函数序列的线性组合逼近变分问题的极值曲线。下面介绍这种方法。

设n个函数$\varphi_1(x),\varphi_2(x),\cdots,\varphi_n(x)$线性无关且满足线性泛函

$$J[y]=(Ty,y)-2(f,y) \tag{8-3-1}$$

的边界条件。设$\varphi_k(x)$($k=1,2,\cdots,n$)的线性组合为

$$y_n=\sum_{k=1}^{n}a_k\varphi_k(x) \tag{8-3-2}$$

式中，a_k为待定常数，$\varphi_k(x)$($k=1,2,\cdots,n$)为取自完备函数序列的一组线性无关函数，称为**基函数**、**测试函数**或**坐标函数**。完备函数序列是指任一函数都可用此函数序列表示。

将式(8-3-2)代入式(8-3-1)，由于Ty是线性的，则有

$$J[y_n]=\sum_{i,j=1}^{n}a_ia_j(T\varphi_i,\varphi_j)-2\sum_{i=1}^{n}a_i(\varphi_i,f) \tag{8-3-3}$$

此时泛函$J[y_n]$是自变量$a_1,a_2,\cdots,a_n$的函数，令$J[y_n]$取得极值，则有

$$\frac{\partial J}{\partial a_1}=0,\quad \frac{\partial J}{\partial a_2}=0,\quad \cdots,\quad \frac{\partial J}{\partial a_n}=0 \tag{8-3-4}$$

可确定出$a_1,a_2,\cdots,a_n$。从而得到变分问题的近似解

$$y_n=\sum_{k=1}^{n}a_k\varphi_k(x) \tag{8-3-5}$$

式中，y_n称为泛函变分问题的**第n(次)近似解**或**n次近似解**。

令$n\to\infty$，如果式(8-3-5)的极限存在，得

$$y=\sum_{k=1}^{\infty}a_k\varphi_k(x) \tag{8-3-6}$$

即为变分问题的准确解。

将式(8-3-3)代入式(8-3-4)，注意到$(T\varphi_i,\varphi_j)=(T\varphi_j,\varphi_i)$，可得

$$\sum_{i=1}^{n}a_i(T\varphi_i,\varphi_j)=(\varphi_j,f)\qquad(j=1,2,\cdots,n) \tag{8-3-7}$$

例 8.3.1 求泛函$J[y]=\int_0^1(x^2y'^2+xy)\,\mathrm{d}x$的变分问题的第一近似解，边界条件为$y(0)=0$，$y(1)=0$。

解 设$y_1(x)=a_1x(1-x)$，$y_1'(x)=a_1(1-2x)$，则

$$J[a_1]=\int_0^1[x^2a_1^2(1-2x)^2+a_1x^2(1-x)]\,\mathrm{d}x=\int_0^1[a_1^2(x^2-4x^3+4x^4)+a_1(x^2-x^3)]\,\mathrm{d}x$$

令

$$\frac{\partial J}{\partial a_1}=0$$

得

$$\int_0^1[2a_1(x^2-4x^3+4x^4)+(x^2-x^3)]\,\mathrm{d}x=0$$

积分，得

$$\frac{2}{3}a_1-2a_1+\frac{8}{5}a_1+\frac{1}{3}-\frac{1}{4}=0$$

解出a_1

$$a_1=-\frac{5}{16}$$

于是泛函J变分问题的第一近似解为

$$y_1(x)=-\frac{5}{16}x(1-x)$$

例 8.3.2 求$y(x)$，使泛函$J[y]=\int_0^1(y'^2-y^2-2xy)\,\mathrm{d}x$取极小值，其中$y(0)=0$，$y(1)=0$。

解 取坐标函数系$u_n(x)=(1-x)x^n$，其中$n=1,2,\cdots$，它满足边界条件。于是有

$$y_n(x)=\sum_{k=1}^{n}a_k(1-x)x^k$$

取$n=1,2$来计算近似值。先求$n=1$的情形，此时有

$$y_1(x)=a_1(1-x)x$$

将上式代入泛函，得

$$J[a_1]=\int_0^1[a_1^2(1-2x)^2-a_1^2(1-x)^2-2a_1(1-x)x^2]\,\mathrm{d}x=\frac{3}{10}a_1^2-\frac{1}{6}a_1$$

令

$$\frac{\partial J}{\partial a_1}=0，即\frac{3}{5}a_1-\frac{1}{6}=0$$

得

$$a_1=\frac{5}{18}$$

于是有

$$y_1(x)=\frac{5}{18}(1-x)x$$

再求 $n=2$ 的情形，此时设

$$y_2(x)=a_1(1-x)x+a_2(1-x)x^2=x(1-x)(a_1+a_2x)$$

将上式代入泛函，且令 $\frac{\partial J}{\partial a_1}=0$，$\frac{\partial J}{\partial a_2}=0$，得联立方程

$$\begin{cases}\frac{3}{10}a_1+\frac{3}{20}a_2=\frac{1}{12}\\ \frac{3}{20}a_1+\frac{13}{105}a_2=\frac{1}{20}\end{cases}$$

解之，得

$$a_1=\frac{71}{369}，\quad a_2=\frac{7}{41}$$

于是，得

$$y_2(x)=x(1-x)\left(\frac{71}{369}+\frac{7}{41}x\right)$$

此题的解析解为

$$y(x)=\frac{\sin x}{\sin 1}-x$$

近似解与解析解的值及误差见表 8.3.1。

表 8.3.1　近似解与解析解的值及误差

x	$y(x)$	$y_1(x)$	$y_2(x)$	y_1 误差%	y_2 误差%
0.25	0.0440137	0.0520833	0.0440803	18.334490	0.1513848
0.5	0.0697470	0.0694444	0.0694444	−0.8232490	−0.8232490
0.75	0.0600562	0.0520833	0.0600864	−13.275628	0.0503131

从表 8.3.1 中可以看出，二次近似解的误差普遍降低了。

例 8.3.3　设一质量为 m 的火箭作水平飞行，其飞行距离为下列泛函

$$J[v(m)]=\int_{m_1}^{m_0}\frac{v}{av^2+bm^2}(c+mv')\,\mathrm{d}m$$

式中，a、b 和 c 均为大于零的常量，试用里茨法求解上述问题。

解　设近似解为

$$v=\alpha m \tag{1}$$

式中，α 为待定常数。

将式(1)对 m 求导，得

$$v'=\alpha \tag{2}$$

将式(1)和式(2)代入泛函表达式，化简并积分，得

$$J[v(m)]=\int_{m_1}^{m_0}\frac{\alpha}{(a\alpha^2+b)m}(c+\alpha m)\,\mathrm{d}m=\frac{c\alpha}{a\alpha^2+b}\ln\left(\frac{m_0}{m_1}\right)+\frac{\alpha^2(m_0-m_1)}{a\alpha^2+b} \tag{3}$$

将式(3)对 α 求导，得

$$\frac{\partial J}{\partial \alpha}=\frac{b-a\alpha^2}{(a\alpha^2+b)^2}c\ln\left(\frac{m_0}{m_1}\right)+\frac{b-a\alpha^2}{(a\alpha^2+b)^2}(m_0-m_1) \tag{4}$$

令式(4)等于零，得

$$\alpha=\pm\sqrt{\frac{b}{a}} \tag{5}$$

据题意，m、v 均应取正值，显然上式应取正号。将式(5)代入式(3)，结果为

$$J[y(x)]=\frac{c}{2\sqrt{ab}}\ln\left(\frac{m_0}{m_1}\right)+\frac{(m_0-m_1)}{2a} \tag{6}$$

由例 2.4.7 可知，式(6)正是解析解。

例 8.3.4 求 $y(x)$，使泛函 $J[y]=\int_0^1 y'^2\,\mathrm{d}x$ 取极小值，其约束条件为 $\int_0^1 y^2\,\mathrm{d}x=1$，边界条件为 $y(0)=0$，$y(1)=0$。

解 取坐标函数系 $u_n(x)=(1-x)x^n$（$n=1,2,\cdots$），它满足边界条件。于是有

$$y_n(x)=\sum_{k=1}^{n}a_k(1-x)x^k \tag{1}$$

取 $n=2$ 来计算近似值。此时有

$$y_2(x)=a_1(1-x)x+a_2(1-x)x^2 \tag{2}$$

$$y_2^2(x)=(x^2-2x^3+x^4)a_1^2+2(x^3-2x^4+x^5)a_1a_2+(x^4-2x^5+x^6)a_2^2 \tag{3}$$

$$y_2'(x)=(1-2x)a_1+(2x-3x^2)a_2 \tag{4}$$

$$y_2'^2=(1-4x+4x^2)a_1^2+2(2x-7x^2+6x^3)a_1a_2+(4x^2-12x^3+9x^4)a_2^2 \tag{5}$$

将 y_2 和 y_2' 分别代入约束条件和泛函，得

$$\frac{1}{30}(a_1^2+a_1a_2)+\frac{1}{105}a_2^2=1 \tag{6}$$

或

$$a_1^2+a_1a_2=30-\frac{2}{7}a_2^2 \tag{7}$$

$$\begin{aligned}J[y]&=\int_0^1[(1-4x+4x^2)a_1^2+2(2x-7x^2+6x^3)a_1a_2+(4x^2-12x^3+9x^4)a_2^2]\,\mathrm{d}x\\&=\frac{1}{3}(a_1^2+a_1a_2)+\frac{2}{15}a_2^2\end{aligned} \tag{8}$$

将式(7)代入式(8)，得

$$J[y]=10+\frac{4}{105}a_2^2 \tag{9}$$

因 $a_2^2\geqslant 0$，若使 $J[y(x)]$ 最小，应使 $a_2=0$，再由式(7)，得 $a_1=\pm\sqrt{30}$。

于是第二次近似解为

$$y_2=\pm\sqrt{30}x(1-x) \tag{10}$$

此题求解时利用了 a_1^2 和 a_1a_2 的系数相等的特点，仅用代数方法就获得了近似解，而没有采用对 a_1、a_2 求导的方法来求解。

8.4 坎托罗维奇法

坎托罗维奇法是在里茨法的基础上求变分问题的近似解，坎托罗维奇于 1941 年提出了这个近似变分法，主要用来求解多变量函数的泛函的变分问题。

坎托罗维奇法求解泛函

$$J[u(x_1,x_2,\cdots,x_n)]=\underbrace{\iint\cdots\int_{\Omega}}_{n}F(x_1,x_2,\cdots,x_n,u,u_{x_1},u_{x_2},\cdots,u_{x_n})\,\mathrm{d}x_1\,\mathrm{d}x_2\cdots\mathrm{d}x_n \tag{8-4-1}$$

在边界条件

$$u(S)=f(S)\quad(S\in\Omega\text{ 的边界}) \tag{8-4-2}$$

下的变分问题的一般步骤如下：

(1) 适当选取坐标函数系

$$\varphi_1(x_1,x_2,\cdots,x_n),\varphi_2(x_1,x_2,\cdots,x_n),\cdots,\varphi_m(x_1,x_2,\cdots,x_n),\cdots$$

作函数

$$u_m=\sum_{k=1}^{m}a_k(x_i)\varphi_k(x_1,x_2,\cdots,x_n) \tag{8-4-3}$$

式中，$a_k(x_i)$为某一自变量的函数。

(2) 将u_m代入泛函J，使泛函J转换为$a_1(x_i),a_2(x_i),\cdots,a_m(x_i)$，这$m$个函数的泛函为$\bar{J}$，而$a_1(x_i),a_2(x_i),\cdots,a_m(x_i)$的选取应使泛函$\bar{J}$达到极值，从而得到原泛函$J$的$m$次近似解。

(3) 令$m\to\infty$，若极限

$$u(x_1,x_2,\cdots,x_n)=\sum_{k=1}^{\infty}a_k(x_i)\varphi_k(x_1,x_2,\cdots,x_n) \tag{8-4-4}$$

存在，则它就是变分问题的准确解。

坎托罗维奇法与里茨法的不同之处在于，里茨法中的a_k是待定常数，而坎托罗维奇法中的$a_k(x_i)$是某一自变量的函数。一般情况下，在坐标函数相同和近似解次数相同的条件下，用坎托罗维奇法求得的近似解比里茨法求得的近似解要更精确一些，这是因为以变量$a_k(x_i)$为系数的函数类比以常数a_k为系数的函数类在函数范围选择上更为宽广。

例 8.4.1 试求泛函

$$J[u(x,y)]=\int_{-a}^{a}\int_{-b}^{b}(u_x^2+u_y^2-2u)\,\mathrm{d}x\,\mathrm{d}y$$

的极值问题的一次近似解，其中在矩形$-a\leqslant x\leqslant a$，$-b\leqslant y\leqslant b$的边界上，$u=0$。

解 设$u_1=(b^2-y^2)c(x)$，它在直线$y=\pm b$上满足边界条件。此时原泛函变为

$$J[c(x)]=\int_{-a}^{a}\left[\frac{16}{15}b^5c'(x)^2+\frac{8}{3}b^3c^2(x)-\frac{8}{3}b^3c(x)\right]\mathrm{d}x$$

其欧拉方程为

$$c''(x)-\frac{5}{2b^2}c(x)=-\frac{5}{4b^2}$$

这是一个二阶常系数微分方程，其通解为

$$c(x)=c_1\cosh\left(\sqrt{\frac{5}{2}}\frac{x}{b}\right)+c_2\sinh\left(\sqrt{\frac{5}{2}}\frac{x}{b}\right)+\frac{1}{2}$$

由边界条件 $c(-a)=0$，$c(a)=0$，可确定

$$c_1=-\frac{1}{2\cosh\left(\sqrt{\frac{5}{2}}\frac{a}{b}\right)},\quad c_2=0$$

得

$$c(x)=\frac{1}{2}\left[1-\frac{\cosh\left(\sqrt{\frac{5}{2}}\frac{x}{b}\right)}{\cosh\left(\sqrt{\frac{5}{2}}\frac{a}{b}\right)}\right]$$

于是得

$$u_1=\frac{1}{2}(b^2-y^2)\left[1-\frac{\cosh\left(\sqrt{\frac{5}{2}}\frac{x}{b}\right)}{\cosh\left(\sqrt{\frac{5}{2}}\frac{a}{b}\right)}\right]$$

若要获得更准确的解，还可设

$$u_2=(b^2-y^2)c_1(x)+(b^2-y^2)^2c_2(x)$$

来求解之。

8.5 伽辽金法

用里茨法求解微分方程的边值问题，首先要得到其对应的泛函，然而在实际问题中，并不是所有的边值问题都存在所对应的泛函，这就使里茨法的应用受到了限制。下面介绍**布勃诺夫–伽辽金法**，简称**伽辽金法**，它是更广泛一类微分方程边值问题的近似解法，不仅解除了对算子 T 为正定的限制，而且不要求引入泛函。

布勃诺夫–伽辽金法是布勃诺夫于 1913 年首先提出来的，他建议采用正交基函数序列求解微分方程问题，1915 年伽辽金在一篇论文中也提出了这样的方法并把它加以推广，它属于**加权余量法**，是求解算子方程的一种近似计算方法，也称为**加权残数法**或**加权剩余法**，是工程计算中广泛使用的一种近似计算方法。下面介绍加权余量法的基本原理。

设算子方程及边界条件分别为

$$Tu-f=0\quad(u\in V)\tag{8-5-1}$$

$$Bu-g=0\quad(u\in S)\tag{8-5-2}$$

式中，u 为待求的未知函数；T 和 B 分别为区域 V 内和边界 S 上的算子；f 和 g 分别为定义在域内和边界上不含 u 的已知函数。

一般情况下，因为式(8-5-1)和式(8-5-2)较难求得解析解，所以设式(8-5-1)的近似解为

$$u_n=\sum_{i=1}^{n}a_i\varphi_i(x_1,x_2,\cdots,x_m)\tag{8-5-3}$$

式中，u_n 为近似解函数；$a_i\,(i=1,2,\cdots,n)$ 为待定参数；$\varphi_i(x_1,x_2,\cdots,x_m)$ 为基函数。

由于式(8-5-3)中的 u_n 是近似解，将其代入式(8-5-1)和式(8-5-2)中，一般来说，它们不会得到精确的满足，这样式(8-5-1)和式(8-5-2)将产生残余值 R_V 和 R_S，它们分别称为**域内剩余**和**边**

界剩余，均简称**残差**、**剩余**或**余量**，它们可分别表示为

$$R_v = Tu_n - f \tag{8-5-4}$$

$$R_s = Bu_n - g \tag{8-5-5}$$

式(8-5-4)和式(8-5-5)都称为**剩余函数**。显然如果式(8-5-4)和式(8-5-5)中的u_n为解析解u，则余量R_v和R_s应等于零。

加权余量法的基本思想是：适当地选择两个函数W_{vi}和W_{si}，它们分别称为**域内加权函数**和**边界加权函数**，均简称**加权函数**或**权函数**，使得剩余R_v和R_s与其相应的权函数的乘积在某种意义上等于零，即可令余量与加权的内积满足正交条件

$$(R_v, W_{vi})_v = \int_V R_v W_{vi}\,\mathrm{d}V = \int_V (Tu_n - f) W_{vi}\,\mathrm{d}V = 0 \tag{8-5-6(a)}$$

$$(R_s, W_{si})_s = \int_S R_s W_{si}\,\mathrm{d}S = \int_S (Bu_n - g) W_{si}\,\mathrm{d}S = 0 \tag{8-5-6(b)}$$

式中，$(R_v, W_{vi})_v$和$(R_s, W_{si})_s$分别称为**域内内积**和**边界内积**，均简称**内积**。

如果恰当地选择近似解函数u_n，使其满足式(8-5-2)，则式(8-5-6(a))就退化为

$$(R_v, W_{vi})_v = \int_V R_v W_{vi}\,\mathrm{d}V = \int_V (Tu_n - f) W_{vi}\,\mathrm{d}V = 0 \tag{8-5-7}$$

此时，式(8-5-7)称为加权余量法的**内部法**。

如果近似解函数u_n满足式(8-5-1)，则式(8-5-6(b))就退化为

$$(R_s, W_{si})_s = \int_S R_s W_{si}\,\mathrm{d}S = \int_S (Bu_n - g) W_{si}\,\mathrm{d}S = 0 \tag{8-5-8}$$

此时，式(8-5-8)称为加权余量法的**边界法**。

如果近似函数u_n既不满足式(8-5-1)，又不满足式(8-5-2)，必须同时应用式(8-5-6(a))和式(8-5-6(b))消除剩余，则称其为加权余量法的**混合法**。

将式(8-5-3)代入式(8-5-6(a))，并选择n个权函数$W_{vi}\ (i=1,2,\cdots,n)$，可建立以$a_i\ (i=1,2,\cdots,n)$为未知量的代数方程组

$$\int_V (Tu_n - f) W_{vi}\,\mathrm{d}V = 0 \quad (i=1,2,\cdots,n) \tag{8-5-9}$$

求解上面代数方程组，可得到参数$a_i\ (i=1,2,\cdots,n)$，代回到式(8-5-3)，便得到式(8-5-1)的近似解。

从上述加权余量法的基本原理的叙述可见，加权余量法的应用可按三个步骤进行：

(1) 选取试函数；

(2) 代入算子方程求出剩余表达式；

(3) 选取权函数，作剩余表达式与权函数的内积，并令其正交以消除剩余。

在加权余量法中，权函数的取法很重要，它与所求近似解的精度有着密切关系，不同的权函数会衍生出不同的近似方法，也代表着不同的误差分配。若取权函数W_{vi}等于试函数φ_i，即令$W_{vi}=\varphi_i$，则有

$$\int_V (Tu_n - f)\varphi_i\,\mathrm{d}V = 0 \quad (i=1,2,\cdots,n) \tag{8-5-10}$$

式(8-5-10)称为**伽辽金方程组**，由该方程组解出$a_i\ (i=1,2,\cdots,n)$，此时的$a_i\ (i=1,2,\cdots,n)$称为**伽辽金系数**，将其代入式(8-5-3)，就得到式(8-5-1)和式(8-5-2)的近似解。由于伽辽金法精度较高，计算量不太大，故应用比较广泛。

注意伽辽金法只适用于齐次边界条件。如果是非齐次边界条件，可通过适当的变量代换化为齐次边界条件。

例 8.5.1 用伽辽金法解边值问题$y''+y=2x$，$y(0)=0$，$y(1)=0$。

解　选取坐标函数序列

$$\varphi_k(x) = x^k(1-x) \quad (k = 1, 2, \cdots)$$

取前两项，则近似解为

$$y_2 = a_1 x(1-x) + a_2 x^2 (1-x)$$

于是，有

$$y_2'' = -2a_1 + (2-6x)a_2$$

$$y_2'' + y_2 - 2x = (-2 + x - x^2)a_1 + (2 - 6x + x^2 - x^3)a_2 - 2x$$

伽辽金方程组为

$$\begin{cases} \int_0^1 [(-2+x-x^2)a_1 + (2-6x+x^2-x^3)a_2 - 2x](x-x^2)\,\mathrm{d}x = 0 \\ \int_0^1 [(-2+x-x^2)a_1 + (2-6x+x^2-x^3)a_2 - 2x](x^2-x^3)\,\mathrm{d}x = 0 \end{cases}$$

积分，得

$$\begin{cases} -\dfrac{3}{10}a_1 - \dfrac{3}{20}a_2 = \dfrac{1}{6} \\ -\dfrac{3}{20}a_1 - \dfrac{13}{105}a_2 = \dfrac{1}{10} \end{cases}$$

解之可得

$$a_1 = -\frac{142}{369}, \quad a_2 = -\frac{14}{41}$$

于是，所求近似解为

$$y_2 = -2x(1-x)\left(\frac{71}{369} + \frac{7}{41}x\right)$$

例 8.5.2　用伽辽金法求边值问题 $x^2 y'' + xy' + (x^2-1)y = 0$， $y(1) = 1$， $y(2) = 2$。

解　因边界条件是非齐次的，所以先作变量代换，把边界条件化为齐次的。为此，令 $y = z + x$，则上述边值问题化为

$$x^2 z'' + xz' + (x^2-1)z + x^3 = 0 \tag{1}$$

$$z(1) = z(2) = 0 \tag{2}$$

取满足式(2)的坐标函数

$$\varphi_1(x) = (x-1)(2-x) \tag{3}$$

第一次近似解为

$$z_1 = a_1\varphi_1(x) = a_1(x-1)(2-x) = a_1(-2+3x-x^2) \tag{4}$$

求导数，得

$$z_1' = (3-2x)a_1, \quad z_1'' = -2a_1 \tag{5}$$

将式(5)的两个导数代入式(1)，得余量

$$x^2 z_1' + xz_1' + (x^2-1)z_1 + x^3 = (2-5x^2+3x^3-x^4)a_1 + x^3 \tag{6}$$

伽辽金方程为

$$\int_1^2 [(2-5x^2+3x^3-x^4)a_1 + x^3](x-1)(2-x)\,\mathrm{d}x = 0 \tag{7}$$

积分结果为

$$-\frac{311}{420}a_1 + \frac{3}{5} = 0 \tag{8}$$

可解出 a_1

$$a_1 = \frac{252}{311} \tag{9}$$

于是，得

$$z_1 = \frac{252}{311}(x-1)(2-x) \tag{10}$$

代回到原来的变量，所给边值问题的第一次近似解为

$$y = \frac{252}{311}(x-1)(2-x) + x \tag{11}$$

例 8.5.3 试用伽辽金法解例 8.3.3 的火箭飞行问题。

解 取坐标函数与里茨法具有相同的形式

$$v(m) = \beta m \tag{1}$$

式中，β 为待定常数。

将式(1)代入泛函表达式，并应用欧拉方程，得

$$(-a\beta^2 + b)(c + \beta m)m^2 = 0 \tag{2}$$

虽然式(2)并不是微分方程，但它并不妨碍伽辽金法的应用。将式(2)乘以权函数 m，再从 m_1 到 m_0 积分，得

$$\int_{m_1}^{m_0} (-a\beta^2 + b)(c + \beta m)m^3 \, \mathrm{d}m = (-a\beta^2 + b)\left[\frac{c}{4}(m_0^4 - m_1^4) + \frac{\beta}{5}(m_0^5 - m_1^5)\right] \tag{3}$$

令式(3)等于零，因 $m_0 \neq m_1$，显然式中方括号项不等于零，必有 $a\beta^2 - b = 0$，又根据前面的分析可知，$\beta > 0$，所以

$$\beta = \sqrt{\frac{b}{a}} = \alpha \tag{4}$$

可见 $\beta = \alpha$，即伽辽金法和里茨法的近似函数相同，也就是说伽辽金法和里茨法结果一样，都等于解析解。其实，式(2)不必求积分，可直接得到式(4)这个结果。

从例 8.5.3 可见，伽辽金法和里茨法结果一样，这并不是偶然的。在所给边值问题存在能量积分的情况下，可以证明："伽辽金方程组和里茨法所得方程组相同，所得近似解也相同"。事实上，对于边值问题

$$F_y - \frac{\mathrm{d}}{\mathrm{d}x}F_{y'} = 0 \quad x \in (x_0, x_1) \tag{8-5-11}$$

$$y(x_0) = 0\text{，}\quad F_{y'}\Big|_{x=x_1} = 0 \tag{8-5-12}$$

对应的泛函为

$$J[y] = \int_{x_0}^{x_1} F(x, y, y') \, \mathrm{d}x \tag{8-5-13}$$

取 n 次近似解，有

$$y_n = \sum_{k=1}^{n} a_k \varphi_k(x) \tag{8-5-14}$$

$$y_n' = \sum_{k=1}^{n} a_k \varphi_k'(x) \tag{8-5-15}$$

式中，$\varphi_k(x)$（$k = 1, 2, \cdots, n$）满足边界条件。

将式(8-5-14)和式(8-5-15)代入式(8-5-13)，得

$$J[a_1,a_2,\cdots,a_n]=\int_{x_0}^{x_1}F(x,y_n,y_n')\,\mathrm{d}x \tag{8-5-16}$$

将式(8-5-16)对 a_k 求导，用里茨法解该边值问题的方程组为

$$\frac{\partial J}{\partial a_k}=\int_{x_0}^{x_1}(F_{y_n}\varphi_k+F_{y_n'}\varphi_k')\,\mathrm{d}x=0 \quad (k=1,2,\cdots,n) \tag{8-5-17}$$

对式(8-5-17)分部积分，得

$$\int_{x_0}^{x_1}(F_{y_n}\varphi_k+F_{y_n'}\varphi_k')\,\mathrm{d}x=F_{y_n'}\varphi_k\Big|_{x_0}^{x_1}+\int_{x_0}^{x_1}\left(F_{y_n}-\frac{\mathrm{d}}{\mathrm{d}x}F_{y_n'}\right)\varphi_k\,\mathrm{d}x=\int_{x_0}^{x_1}\left(F_{y_n}-\frac{\mathrm{d}}{\mathrm{d}x}F_{y_n'}\right)\varphi_k\,\mathrm{d}x=0$$

或

$$\int_{x_0}^{x_1}\left(F_{y_n}-\frac{\mathrm{d}}{\mathrm{d}x}F_{y_n'}\right)\varphi_k\,\mathrm{d}x=0 \quad (k=1,2,\cdots,n) \tag{8-5-18}$$

式(8-5-18)正是伽辽金方程组。

里茨法的理论基础是**最小势能原理**，即弹性体在给定的外力作用下，在所有满足位移边界条件的位移中，与稳定平衡相对应的位移使总位能取最小值。伽辽金法的理论基础是**虚位移原理**，即一个平衡系统的所有主动力在虚位移上所做的虚功之和等于零。因最小位能原理是虚位移原理的一种特殊情况，故伽辽金法比里茨法应用更广泛。

例 8.5.4 用伽辽金法求边值问题

$$\begin{cases}\Delta u=-m & (x,y\in D)\\ u(x,y)\big|_{\Gamma}=0\end{cases} \tag{8-5-19}$$

的第一、第二次近似解，其中 $D=\{(x,y)\big|-a<x<a,-b<y<b\}$，$\Gamma$ 为矩形域 D 的边界，m 为一常数。

解 注意到待求解的问题关于 x、y 对称，选取坐标函数系为

$$\varphi_1,\ \varphi_1x^2,\ \varphi_1y^2,\ \varphi_1x^4,\ \varphi_1x^2y^2,\ \varphi_1y^4,\ \cdots$$

因要求第一、第二次近似解，故取满足边界条件的坐标函数

$$\varphi_1(x,y)=(a^2-x^2)(b^2-y^2)$$

$$\varphi_2(x,y)=(a^2-x^2)(b^2-y^2)(x^2+y^2)$$

求第一次近似解。令

$$u_1(x,y)=a_1\varphi_1(x,y)=a_1(a^2-x^2)(b^2-y^2)$$

$$\frac{\partial^2u_1}{\partial x^2}=-2a_1(b^2-y^2),\quad \frac{\partial^2u_1}{\partial y^2}=-2a_1(a^2-x^2)$$

$$\Delta u_1+m=-2a_1(a^2+b^2-x^2-y^2)+m$$

将上式代入伽辽金方程，注意到被积函数均是偶函数，得

$$\int_{-a}^{a}\int_{-b}^{b}[-2a_1(a^2+b^2-x^2-y^2)+m](a^2-x^2)(b^2-y^2)\,\mathrm{d}x\,\mathrm{d}y=$$

$$4\int_0^a\int_0^b[-2a_1(a^2+b^2-x^2-y^2)+m](a^2-x^2)(b^2-y^2)\,\mathrm{d}x\,\mathrm{d}y=0$$

消去积分号前的系数 4，伽辽金方程可简化为

$$\int_0^a\int_0^b[-2a_1(a^2+b^2-x^2-y^2)+m](a^2-x^2)(b^2-y^2)\,\mathrm{d}x\,\mathrm{d}y=0$$

积分，得

$$-\frac{32}{45}a_1(a^5b^3+a^3b^5)+\frac{4}{9}a^3b^3m=0$$

约去公因子a^3b^3，并解出a_1，得

$$a_1=\frac{5m}{8(a^2+b^2)}$$

于是，所给边值问题的第一次近似解为

$$u_1=\frac{5m}{8(a^2+b^2)}(a^2-x^2)(b^2-y^2) \tag{8-5-20}$$

求第二次近似解。令

$$u_2(x,y)=a_1\varphi_1(x,y)+a_2\varphi_2(x,y)=(a^2-x^2)(b^2-y^2)a_1+(a^2-x^2)(b^2-y^2)(x^2+y^2)a_2$$

$$\frac{\partial^2 u_2}{\partial x^2}=-2(b^2-y^2)a_1+2(a^2-6x^2-y^2)(b^2-y^2)a_2$$

$$\frac{\partial^2 u_2}{\partial y^2}=-2(a^2-x^2)a_1+2(a^2-x^2)(b^2-x^2-6y^2)a_2$$

$$\begin{aligned}\Delta u_2+m=&-2(a^2+b^2-x^2-y^2)a_1+2[2a^2b^2-(a^2+7b^2)x^2\\&+12x^2y^2-(7a^2+b^2)y^2+x^4+y^4]a_2+m\end{aligned}$$

伽辽金方程组为

$$\begin{cases}\int_{-a}^{a}\int_{-b}^{b}(\Delta u_2+m)\varphi_1\,\mathrm{d}x\,\mathrm{d}y=0\\ \int_{-a}^{a}\int_{-b}^{b}(\Delta u_2+m)\varphi_2\,\mathrm{d}x\,\mathrm{d}y=0\end{cases}$$

因被积函数均是偶函数，故伽辽金方程组可简化成

$$\begin{cases}4\int_{0}^{a}\int_{0}^{b}(\Delta u_2+m)\varphi_1\,\mathrm{d}x\,\mathrm{d}y=0\\ 4\int_{0}^{a}\int_{0}^{b}(\Delta u_2+m)\varphi_2\,\mathrm{d}x\,\mathrm{d}y=0\end{cases}$$

将上两式积分，并将结果约去公因子$4a^3b^3$，得方程组

$$\frac{32}{45}(a^2+b^2)a_1+\left[\frac{64}{225}b^2a^2+\frac{32}{315}(a^4+b^4)\right]a_2=\frac{4}{9}m$$

$$\left[\frac{64}{225}b^2a^2+\frac{32}{315}(a^4+b^4)\right]a_1+\left[\frac{416}{1575}(a^4b^2+a^2b^4)+\frac{32}{945}(a^6+b^6)\right]a_2=\frac{4}{45}(a^2+b^2)m$$

解出a_1和a_2，得

$$a_1=\frac{35m[69(a^4b^2+a^2b^4)+5(a^6+b^6)]}{16[280(a^6b^2+a^2b^6)+498a^4b^4+25(a^8+b^8)]}$$

$$a_2=\frac{525m(a^4+b^4)}{16[280(a^6b^2+a^2b^6)+498a^4b^4+25(a^8+b^8)]}$$

于是，第二次近似解为

$$u_2=\frac{35m(a^2-x^2)(b^2-y^2)[69(a^4b^2+a^2b^4)+5(a^6+b^6)+15(a^4+b^4)(x^2+y^2)]}{16[280(a^6b^2+a^2b^6)+498a^4b^4+25(a^8+b^8)]} \tag{8-5-21}$$

若$b=a$，则式(8-5-21)可简化成

$$u_2=\frac{35m(a^2-x^2)(a^2-y^2)[74a^2+15(x^2+y^2)]}{8864a^4} \tag{8-5-22}$$

例 8.5.5 试用伽辽金法求下列边值问题

$$
\begin{cases}\Delta^2 u \equiv \dfrac{\partial^4 u}{\partial x^4}+2\dfrac{\partial^4 u}{\partial x^2 \partial y^2}+\dfrac{\partial^4 u}{\partial y^4}=m \quad (x、y \in D) \\ u(x,y)\big|_{\Gamma}=0, \quad \dfrac{\partial u}{\partial n}\Big|_{\Gamma}=0\end{cases} \tag{8-5-23}
$$

的第一、第二次近似解，其中 $D=\{(x,y)\big|-a<x<a,-b<y<b\}$，$\Gamma$ 为矩形域 D 的边界。该方程在力学上表示薄板弯曲方程。拉格朗日曾把板看成交叉梁，忽略了交叉梁的相互作用，即式(8-5-23)中没有混合偏导数项。1816 年法国女数学家热尔曼纠正了拉格朗日的错误，为此获得了巴黎科学院奖学金。

解 取满足边界条件的坐标函数

$$
\varphi_1(x,y)=(a^2-x^2)^2(b^2-y^2)^2
$$

$$
\varphi_2(x,y)=\varphi_1(x,y)(x^2+y^2)=(a^2-x^2)^2(b^2-y^2)^2(x^2+y^2)
$$

求第一次近似解，令

$$
u_1(x,y)=a_1\varphi_1(x,y)=a_1(a^2-x^2)^2(b^2-y^2)^2=a_1(a^4-2a^2x^2+x^4)(b^4-2b^2y^2+y^4)
$$

计算各偏导数与余量

$$
\frac{\partial^4 u_1}{\partial x^4}=24a_1(b^2-y^2)^2，\quad \frac{\partial^4 u_1}{\partial y^4}=24a_1(a^2-x^2)
$$

$$
\frac{\partial^4 u_1}{\partial x^2 \partial y^2}=16a_1(-a^2+3x^2)(-b^2+3y^2)
$$

$$
\Delta^2 u_1-m=8a_1[3(b^2-y^2)^2+2(-a^2+3x^2)(-b^2+3y^2)+3(a^2-x^2)^2]-m
$$

将上式代入伽辽金方程，注意到被积函数是偶函数，得

$$
\int_{-a}^{a}\int_{-b}^{b}(\Delta^2 u_1-m)(a^2-x^2)^2(b^2-y^2)^2\,\mathrm{d}x\,\mathrm{d}y=4\int_0^a\int_0^b(\Delta^2 u_1-m)(a^2-x^2)^2(b^2-y^2)^2\,\mathrm{d}x\,\mathrm{d}y=0
$$

上式可简化成

$$
\int_0^a\int_0^b(\Delta^2 u_1-m)(a^2-x^2)^2(b^2-y^2)^2\,\mathrm{d}x\,\mathrm{d}y=0
$$

计算 a_1 和 m 的系数并积分，得

$$
\frac{64}{225}\times\frac{128}{7}a_1\left[(a^5b^9+a^9b^5)+\frac{4}{7}a^7b^7\right]-a^5b^5\frac{64}{225}m=0
$$

解出 a_1，得

$$
a_1=\frac{49m}{896(a^4+b^4)+512a^2b^2}
$$

于是，得到所给边值问题的第一次近似解

$$
u_1=\frac{49m}{896(a^4+b^4)+512a^2b^2}(a^2-x^2)^2(b^2-y^2)^2 \tag{8-5-24}
$$

求第二次近似解，令

$$
\begin{aligned}
u_2(x,y)&=a_1\varphi_1(x,y)+a_2\varphi_2(x,y)=(a^2-x^2)^2(b^2-y^2)^2a_1+(a^2-x^2)^2(b^2-y^2)^2(x^2+y^2)a_2\\
&=(a^4-2a^2x^2+x^4)(b^4-2b^2y^2+y^4)a_1+(a^4x^2-2a^2x^4+x^6)(b^4-2b^2y^2+y^4)a_2+\\
&\quad(a^4-2a^2x^2+x^4)(b^4y^2-2b^2y^4+y^6)a_2
\end{aligned}
$$

计算各偏导数

$$\frac{\partial^4 u_2}{\partial x^4}=24(b^4-2b^2y^2+y^4)a_1+24(15x^2-2a^2)(b^4-2b^2y^2+y^4)a_2+$$
$$24(b^4y^2-2b^2y^4+y^6)a_2$$

$$\frac{\partial^4 u_2}{\partial y^4}=24(a^4-2a^2x^2+x^4)a_1+24(15y^2-2b^2)(a^4-2a^2x^2+x^4)a_2+$$
$$24(a^4x^2-2a^2x^4+x^6)a_2$$

$$\frac{\partial^4 u_2}{\partial x^2\partial y^2}=16(3x^2-a^2)(3y^2-b^2)a_1+8(a^4-12a^2x^2+15x^4)(3y^2-b^2)a_2+$$
$$8(b^4-12b^2y^2+15y^4)(3x^2-a^2)a_2$$

将上面各式代入下列伽辽金方程组

$$\begin{cases}\int_0^a\int_0^b(\Delta^2 u_2-m)(a^2-x^2)^2(b^2-y^2)^2\,\mathrm{d}x\,\mathrm{d}y=0\\ \int_0^a\int_0^b(\Delta^2 u_2-m)(a^2-x^2)^2(b^2-y^2)^2(x^2+y^2)\,\mathrm{d}x\,\mathrm{d}y=0\end{cases}$$

第一个伽辽金方程积分结果为

$$a^5b^9\frac{64}{225}\times\frac{128}{7}a_1+a^7b^9\frac{64}{225}\times\frac{128}{7\times7}a_2+a^5b^{11}\frac{64}{225}\times\frac{128}{7\times11}a_2+$$
$$a^9b^5\frac{64}{225}\times\frac{128}{7}a_1+a^9b^7\frac{64}{225}\times\frac{128}{7\times7}a_2+a^{11}b^5\frac{64}{225}\times\frac{128}{7\times11}a_2+$$
$$a^7b^7\frac{64}{225}\times\frac{128\times4}{7\times7}a_1-a^5b^5\frac{64}{225}m=0$$

第二个伽辽金方程积分结果为

$$a^7b^9\frac{64}{105}\times\frac{128}{105}a_1+a^5b^{11}\frac{64}{105}\times\frac{128}{5\times33}a_1+a^9b^9\frac{64}{105}\times\frac{128}{35}a_2+$$
$$a^7b^{11}\frac{64}{105}\times\frac{128\times2}{35\times33}a_2+a^5b^{13}\frac{64}{105}\times\frac{128}{5\times143}a_2+$$
$$a^9b^7\frac{64}{105}\times\frac{128}{105}a_1+a^{11}b^5\frac{64}{105}\times\frac{128}{5\times33}a_1+a^9b^9\frac{64}{105}\times\frac{128}{35}a_2+$$
$$a^{11}b^7\frac{64}{105}\times\frac{128\times2}{35\times33}a_2+a^{13}b^5\frac{64}{105}\times\frac{128}{5\times143}a_2+$$
$$\frac{64}{105}\times\frac{128\times4}{105\times11}(a^{11}b^7+a^7b^{11})a_2-\frac{64}{105}\times\frac{1}{15}(a^7b^5+a^5b^7)m=0$$

化简，得

$$[77(a^4+b^4)+44a^2b^2]a_1+11(a^2b^4+a^4b^2)a_2+7(a^6+b^6)a_2=\frac{539}{128}m$$
$$143(a^2b^4+a^4b^2)a_1+91(b^6+a^6)a_1+858a^4b^4a_2+$$
$$78(a^2b^6+a^6b^2)a_2+21(b^8+a^8)a_2=\frac{1001}{128}(a^2+b^2)m$$

解出 a_1、a_2

$$a_1=\frac{154[715a^4b^4+39(a^2b^6+a^6b^2)+7(b^8+a^8)]m}{128[16885(a^8b^4+a^4b^8)+1232(a^{10}b^2+a^2b^{10})+245(a^{12}+b^{12})+11336a^6b^6]}\tag{1}$$

$$a_2 = \frac{1001[7(a^6+b^6)+11(a^4b^2+a^2b^4)]m}{128[16885(a^8b^4+a^4b^8)+1232(a^{10}b^2+a^2b^{10})+245(a^{12}+b^{12})+11336a^6b^6]} \tag{2}$$

于是，得到所给边值问题的第二次近似解

$$u_2 = (a^2-x^2)^2(b^2-y^2)^2[a_1+a_2(x^2+y^2)] \tag{8-5-25}$$

式中，a_1、a_2按式(1)和式(2)计算。

若$a=b$，则a_1、a_2可简化成

$$a_1 = \frac{77\times 269m}{128\times 8010a^4} = \frac{77\times 269m}{1025280a^4}$$

$$a_2 = \frac{77\times 78m}{128\times 8010a^6} = \frac{77\times 78m}{1025280a^6}$$

于是，得到$a=b$时所给边值问题的第二次近似解

$$u_2 = \frac{77m(a^2-x^2)^2(a^2-y^2)^2}{1025280a^4}\left[269+\frac{78(x^2+y^2)}{a^2}\right] \tag{8-5-26}$$

以上结果是在m为常数的情况下得到的，若m是自变量x、y的函数，且$m\phi_1$和$m\phi_2$可积，则上述伽辽金方程的积分结果只需作少许改动，仍可求出相应的常数a_1、a_2和相应的公式。

若令$m=\dfrac{q}{D}$，$u=w$，则式(8-5-23)就是弹性力学中的小挠度薄板弯曲的基本微分方程(称为**拉格朗日方程**)和矩形薄板四边固支边界条件，其中q是中性面单位面积上的载荷，D是薄板抗弯刚度，w是薄板的挠度。在q是均布载荷的情况下，薄板的最大挠度出现在其对称中心，若$a=b$，则解析解为

$$w_{\max} = 0.02016\frac{qa^4}{D}$$

而伽辽金法的第一、第二次近似解的最大挠度分别为

$$w_{1\max} = \frac{49}{2304}\frac{qa^4}{D} = 0.02126736\frac{qa^4}{D}$$

$$w_{2\max} = \frac{20713}{1025280}\frac{qa^4}{D} = 0.02020229\frac{qa^4}{D}$$

和解析解比较，相对误差分别为5.492863%和0.209753%。

若$b=2a$，则解析解和伽辽金法的第二次近似解分别为

$$w_{\max} = 0.040640\frac{qa^4}{D}，\quad w_{2\max} = 0.0403113\frac{qa^4}{D}$$

和解析解比较，相对误差为0.808792%。由此可见，对于此类问题，伽辽金法的第二次近似解具有很好的逼近性，故式(8-5-25)在一定范围内几乎可当作解析解公式来使用。

需要指出的是，坐标函数的取法并不是唯一的，例如，在本例题中就可以选取

$$u = \sum_{m=1}^{\infty}\sum_{n=1}^{\infty}a_{mn}\left[1-\cos\frac{m\pi(x+a)}{a}\right]\left[1-\cos\frac{n\pi(y+b)}{b}\right]$$

作为坐标函数，它满足边界条件。若m、n只取第一项，则有

$$u = a_{11}\left[1-\cos\frac{\pi(x+a)}{a}\right]\left[1-\cos\frac{\pi(y+b)}{b}\right]$$

剩余为

$$R=-\frac{\pi^4}{a^4}a_{11}\cos\frac{\pi(x+a)}{a}\left[1-\cos\frac{\pi(y+b)}{b}\right]+$$
$$\frac{\pi^4}{a^2b^2}a_{11}\cos\frac{\pi(x+a)}{a}\cos\frac{\pi(y+b)}{b}-$$
$$\frac{\pi^4}{b^4}a_{11}\left[1-\cos\frac{\pi(x+a)}{a}\right]\cos\frac{\pi(y+b)}{b}-m$$

因剩余和权函数都是偶函数，故伽辽金方程为

$$\int_{-a}^{a}\int_{-b}^{b}R\left[1-\cos\frac{\pi(x+a)}{a}\right]\left[1-\cos\frac{\pi(y+b)}{b}\right]\mathrm{d}x\,\mathrm{d}y=$$
$$4\int_{0}^{a}\int_{0}^{b}R\left[1-\cos\frac{\pi(x+a)}{a}\right]\left[1-\cos\frac{\pi(y+b)}{b}\right]\mathrm{d}x\,\mathrm{d}y=0$$

积分结果为

$$\left(\frac{\pi^4}{a^4}\frac{3ab}{4}+2\frac{\pi^4}{a^2b^2}\frac{ab}{4}+\frac{\pi^4}{b^4}\frac{3ab}{4}\right)a_{11}-mab=0$$

解出 a_{11}

$$a_{11}=\frac{4m}{\pi^4\left(\dfrac{3}{a^4}+\dfrac{2}{a^2b^2}+\dfrac{3}{b^4}\right)}$$

近似解为

$$u=\frac{4m}{\pi^4\left(\dfrac{3}{a^4}+\dfrac{2}{a^2b^2}+\dfrac{3}{b^4}\right)}\left[1-\cos\frac{\pi(x+a)}{a}\right]\left[1-\cos\frac{\pi(y+b)}{b}\right]$$

当 $a=b$ 时，在中心处的值为

$$u=\frac{2ma^4}{\pi^4}$$

与解析解的相对误差为 1.845069%。

例 8.5.6 线性谐振子的定态薛定谔方程为

$$-\frac{h^2}{2m}\frac{\mathrm{d}^2\varphi(x)}{\mathrm{d}x^2}+\frac{1}{2}m\omega^2x^2\varphi(x)=E\varphi(x)$$

试求能量 E 的最小值和基态波函数 $\varphi(x)$，式中，h、m 和 ω 皆为正的常数。边界条件为

$$\lim_{x\to\pm\infty}\varphi=0\text{ 或有界}$$

约束条件为

$$\int_{-\infty}^{+\infty}\varphi^2(x)\,\mathrm{d}x=1$$

已知定积分公式

$$\int_{-\infty}^{+\infty}\mathrm{e}^{-ax^2}\,\mathrm{d}x=\sqrt{\frac{\pi}{a}}\,,\quad\int_{-\infty}^{+\infty}x^2\,\mathrm{e}^{-ax^2}\,\mathrm{d}x=\frac{1}{2a}\sqrt{\frac{\pi}{a}}$$

解 取坐标函数 $\varphi(x)=c\,\mathrm{e}^{-ax^2}$，将其代入约束条件，得

$$c^2\int_{-\infty}^{+\infty}\mathrm{e}^{-2ax^2}\,\mathrm{d}x=c^2\sqrt{\frac{\pi}{2a}}=1\tag{1}$$

解得 $c=\left(\frac{2a}{\pi}\right)^{\frac{1}{4}}$，将其代入坐标函数表达式，有 $\varphi(x)=\left(\frac{2a}{\pi}\right)^{\frac{1}{4}}\mathrm{e}^{-ax^2}$。

薛定谔方程的伽辽金方程为

$$\int_{-\infty}^{+\infty}\left[-\frac{h^2}{2m}\frac{\mathrm{d}^2\varphi(x)}{\mathrm{d}x^2}+\frac{1}{2}m\omega^2x^2\varphi(x)-E\varphi(x)\right]\varphi(x)\,\mathrm{d}x=0 \tag{2}$$

由式(2)解出能量 E，有

$$E=\frac{\int_{-\infty}^{+\infty}\left[-\frac{h^2}{2m}\frac{\mathrm{d}^2\varphi(x)}{\mathrm{d}x^2}+\frac{1}{2}m\omega^2x^2\varphi(x)\right]\varphi(x)\,\mathrm{d}x}{\int_{-\infty}^{+\infty}\varphi^2(x)\,\mathrm{d}x}$$

$$=\left(\frac{2a}{\pi}\right)^{\frac{1}{2}}\int_{-\infty}^{+\infty}\left(-\frac{h^2}{2m}\frac{\mathrm{d}^2\mathrm{e}^{-ax^2}}{\mathrm{d}x^2}+\frac{1}{2}m\omega^2x^2\,\mathrm{e}^{-ax^2}\right)\mathrm{e}^{-ax^2}\,\mathrm{d}x \tag{3}$$

$$=\left(\frac{2a}{\pi}\right)^{\frac{1}{2}}\left(-\frac{h^2}{2m}\right)\int_{-\infty}^{+\infty}(-2a+4a^2x^2)\,\mathrm{e}^{-2ax^2}\,\mathrm{d}x+\left(\frac{2a}{\pi}\right)^{\frac{1}{2}}\frac{1}{2}m\omega^2\int_{-\infty}^{+\infty}x^2\,\mathrm{e}^{-2ax^2}\,\mathrm{d}x$$

$$=\frac{h^2a}{m}-\frac{h^2a}{2m}+\frac{m\omega^2}{8a}=\frac{h^2a}{2m}+\frac{m\omega^2}{8a}$$

将能量 E 对 a 求导并令其等于零，解得 $a=\frac{m\omega}{2h}$。将 $a=\frac{m\omega}{2h}$ 代入能量和坐标函数的表达式，则最小能量和基态波函数分别为

$$E=\frac{h^2}{2m}\frac{m\omega}{2h}+\frac{m\omega^2}{8}\frac{2h}{m\omega}=\frac{h\omega}{2} \tag{4}$$

$$\varphi(x)=\left(\frac{2a}{\pi}\right)^{\frac{1}{4}}\mathrm{e}^{-ax^2}=\left(\frac{m\omega}{\pi h}\right)^{\frac{1}{4}}\mathrm{e}^{-\frac{m\omega}{2h}x^2} \tag{5}$$

这与解析解相同。

8.6 最小二乘法

在式(8-5-9)中，若取权函数 W_{vi} 等于剩余 R_v 对待定参数 a_i 的导数，即令 $W_{vi}=\frac{\partial R_v}{\partial a_i}$，并注意到 $R_v=Tu_n-f$，且 f 中不含 a_i，则有

$$\int_V R_v\frac{\partial R_v}{\partial a_i}\mathrm{d}V=\int_V(Tu_n-f)\frac{\partial Tu_n}{\partial a_i}\mathrm{d}V=0\quad(i=1,2,\cdots,n) \tag{8-6-1}$$

式(8-6-1)称为**最小二乘法**。事实上，令 $J[a_1,a_2,\cdots,a_n]=\int_V R_v^2\,\mathrm{d}V$，对 J 取极值，得

$$\delta J=\sum_{i=1}^{n}\frac{\partial J}{\partial a_i}\delta a_i=0$$

或

$$\frac{\partial J}{\partial a_i}=\frac{\partial}{\partial a_i}\int_V R_v^2\,\mathrm{d}V=\int_V 2R_v\frac{\partial R_v}{\partial a_i}\mathrm{d}V=0$$

或

$$\int_V R_v \frac{\partial R_v}{\partial a_i} \mathrm{d}V = 0$$

例 8.6.1 用最小二乘法求解方程 $y'' + y + x = 0$，边界条件为 $y(0) = 0$， $y(1) = 0$。

解 取坐标函数系 $u_n(x) = (1-x)x^n$ ($n = 1, 2, \cdots$)，它满足边界条件。于是有

$$y_n(x) = \sum_{k=1}^{n} a_k (1-x) x^k$$

取 $n = 1$ 来计算近似值，此时有

$$y_1(x) = a_1(1-x)x \text{，} \quad y_1''(x) = -2a_1$$

可求出余量及它对 a_1 的偏导数

$$R_v = (-2 + x - x^2)a_1 + x \text{，} \quad \frac{\partial R_v}{\partial a_1} = -2 + x - x^2$$

代入式(8-6-1)，得

$$\int_0^1 [(-2 + x - x^2)a_1 + x](-2 + x - x^2)\,\mathrm{d}x = \frac{101}{30}a_1 - \frac{11}{12} = 0$$

即

$$a_1 = \frac{55}{202}$$

于是有

$$y_1(x) = \frac{55}{202}(1-x)x$$

本例题的微分方程正是例 8.3.2 泛函的欧拉方程，用里茨法和最小二乘法所得的近似解很接近。

8.7 算子方程的特征值和特征函数

设微分算子方程

$$Tu - \lambda u = 0 \tag{8-7-1}$$

式中，T 为微分算子；λ 为参数。

式(8-7-1)称为**本征方程**或**特征方程**。$u = 0$ 总是方程的一个解，称为**平凡解**，方程 $u \neq 0$ 的解称为**非平凡解**。并不是对每个非零 λ 都有非零解存在，那些使式(8-7-1)有非零解存在的 λ_n 值称为算子 T 的**本征值**或**特征值**，也称为**本征元素**或**特征元素**，相应的非零解 u_n 称为与 λ_n 相对应的算子 T 的**本征函数**、**特征函数**或**特征向量**。符合条件 $(u,u) = 1$ 的特征函数称为**正规特征函数**。对应于特征值的线性无关的特征函数的个数称为特征值的**秩**，特征值的秩可以有无限多个。求算子方程的非零解的问题称为**固有值问题**、**本征值问题**或**特征值问题**。所有特征值的集合 $\{\lambda_n\}$ 称为**本征谱**或**算子方程的谱**，简称**谱**。如果 λ_n 可数，则 $\{\lambda_n\}$ 称为**离散谱**。如果 λ_n 不可数，则 $\{\lambda_n\}$ 称为**连续谱**。习惯上按从小到大的次序排列特征值，即

$$\lambda_1 < \lambda_2 < \cdots < \lambda_n < \cdots < \infty$$

这里，λ_1 称为**最小特征值**或**第一特征值**，依此类推。从 $n = 2$ 起，每个特征值都称为它前一个特征值的**次一特征值**。

施图姆–刘维尔方程可表示为

$$-\frac{\mathrm{d}}{\mathrm{d}x}[p(x)y'] + q(x)y = \lambda y \tag{8-7-2}$$

式中，$p(x) > 0$ 有连续导数，$q(x)$ 为连续函数，λ 为特征值，$y = y(x)$ 有下列边界条件

$$y(x_0) = 0\text{，}\quad y(x_1) = 0 \tag{8-7-3}$$

式(8-7-2)就是求泛函

$$J[y] = \int_{x_0}^{x_1} [p(x)y'^2 + q(x)y^2]\,\mathrm{d}x \tag{8-7-4}$$

符合式(8-7-3)和等周条件

$$\int_{x_0}^{x_1} y^2\,\mathrm{d}x = 1 \tag{8-7-5}$$

的极小值。由上面正规特征函数的定义可知，符合式(8-7-5)的特征函数就是正规特征函数。

在式(8-7-1)中，若 T 是正定算子，则其特征值都大于零。事实上，作式(8-7-1)与 u 的内积

$$(Tu,u) - \lambda(u,u) = (Tu,u) - \lambda\|u\|^2 = 0$$

则

$$\lambda = \frac{(Tu,u)}{(u,u)} = \frac{(Tu,u)}{\|u\|^2} > 0$$

定理 8.7.1 设 T 是希尔伯特空间 H 的自共轭算子，则 T 的所有特征值都是实数，且不同特征值相应的特征函数相互正交。

证 设 $Tu = \lambda u$，作它与 u 的内积，有

$$(Tu,u) = (\lambda u,u) = \lambda(u,u) = \lambda\|u\|^2$$

因为 T 是自共轭算子，即 $T = T^*$，则有

$$(Tu,u) = (u,T^*u) = (u,Tu) = (u,\lambda u) = \bar{\lambda}(u,u) = \bar{\lambda}\|u\|^2$$

故

$$\lambda(u,u) = \bar{\lambda}(u,u)$$

两端同除以 (u,u)，得 $\lambda = \bar{\lambda}$，故 λ 必为实数。

设 λ_1、λ_2 是两个不同的特征值，u_1、u_2 是与之相应的特征函数，则有

$$Tu_1 = \lambda_1 u_1\text{，}\quad Tu_2 = \lambda_2 u_2$$

作前式与 u_2 的内积，后式与 u_1 的内积，得

$$(Tu_1,u_2) = \lambda_1(u_1,u_2)\text{，}\quad (Tu_2,u_1) = \lambda_2(u_2,u_1)$$

两式相减，得

$$(\lambda_1 - \lambda_2)(u_1,u_2) = 0$$

由假设 $\lambda_1 \neq \lambda_2$，故有 $(u_1,u_2) = 0$，即 u_1、u_2 正交。证毕。

下面介绍用变分法求 T 的最小特征值和所对应的特征函数。

设 λ_0 是式(8-7-1)的特征值，u_0 是它所对应的特征函数，则有 $Tu_0 - \lambda_0 u_0 = 0$，将其作与 u_0 的内积，得

$$(Tu_0,u_0) - \lambda_0(u_0,u_0) = 0$$

将上式变形，并根据式(7-2-15)，有

$$\lambda_0 = \frac{(Tu_0,u_0)}{(u_0,u_0)} = \frac{(Tu_0,u_0)}{\|u_0\|^2}$$

若存在常数 c，使得对任意 u 都有 $(Tu,u)\geqslant c\|u\|^2$，则 T 称为**下有界算子**，且记 $\lambda_m=\min\dfrac{(Tu,u)}{\|u\|^2}$。

定理 8.7.2 设 T 是下有界对称算子，若存在 $u_0\neq 0$，使 $\lambda_m=\dfrac{(Tu_0,u_0)}{\|u_0\|^2}$，则 λ_m 就是 T 的最小特征值，u_0 就是与 λ_m 对应的特征函数。

证 设 η 是 T 的定义域 $D(T)$ 中的任一元素，t 是任意实数，则 $u_0+t\eta\in D(T)$。作辅助函数

$$\varphi(t)=\frac{(T(u_0+t\eta),(u_0+t\eta))}{\|u_0+t\eta\|^2}=\frac{(Tu_0,u_0)+2t(Tu_0,\eta)+t^2(T\eta,\eta)}{(u_0,u_0)+2t(u_0,\eta)+t^2(\eta,\eta)}$$

当 $t=0$ 时，$\varphi(t)$ 取极小值，故

$$\varphi'(0)=2\frac{(u_0,u_0)(Tu_0,\eta)-(Tu_0,u_0)(u_0,\eta)}{(u_0,u_0)^2}=0$$

或

$$(Tu_0,\eta)-\frac{(Tu_0,u_0)}{(u_0,u_0)}(u_0,\eta)=(Tu_0,\eta)-\frac{(Tu_0,u_0)}{\|u_0\|^2}(u_0,\eta)=0$$

但已知 $\lambda_m=\dfrac{(Tu_0,u_0)}{\|u_0\|^2}$，代入上式，得

$$(Tu_0,\eta)-\lambda_m(u_0,\eta)=(Tu_0,\eta)-(\lambda_m u_0,\eta)=(Tu_0-\lambda_m u_0,\eta)=0$$

由于 η 是任取的，可令它不为零，故有 $Tu_0-\lambda_m u_0=0$，即 λ_m 是 T 的特征值，u_0 是对应于 λ_m 的特征函数。同时，λ_m 必为 T 的最小特征值，若设 λ_a 是 T 的另一特征值，u_a 是对应于 λ_a 的特征函数，则有

$$\lambda_m=\frac{(Tu_0,u_0)}{\|u_0\|^2}=\min\frac{(Tu,u)}{\|u\|^2}\leqslant\frac{(Tu_a,u_a)}{\|u_a\|^2}=\lambda_a$$

证毕。

由定理 8.7.2 可知，求下有界算子的特征值问题，就是在希尔伯特空间中找出使泛函 $\dfrac{(Tu,u)}{\|u\|^2}$ 取极小值的元素。若 u 是规范正交系中的元素，即如果存在附加条件 $(u,u)=\|u\|^2=1$，则求最小特征值的问题就是求使泛函 (Tu,u) 取极小值的元素。除了定理 8.7.1 和定理 8.7.2 给出的特征值和特征函数的重要性质外，对于式(8-7-2)来说，最小特征值等于式(8-7-4)在式(8-7-3)和式(8-7-5)下的极小值，这也是特征值的一个重要性质。

定理 8.7.3 设 $\lambda_1\leqslant\lambda_2\leqslant\cdots\leqslant\lambda_{n-1}$ 是下有界对称算子 T 的前 $n-1$ 个特征值，$u_1,u_2,\cdots,u_{n-1}$ 是与之对应的标准正交特征函数。若存在函数 $u_n\neq 0$，使得 $(u_i,u_n)=0$（$i=1,2,\cdots,n-1$），$\lambda_n=\dfrac{(Tu_n,u_n)}{\|u_n\|^2}$ 取得极小值，则 λ_m 就是 λ_{n-1} 的次一特征值，u_n 就是与 λ_n 对应的特征函数。

证 设 v 是算子 T 的定义域 $D(T)$ 中的任一元素，η 是 v 对 $(u_1,u_2,\cdots,u_{n-1})$ 的傅里叶级数的余项 $\eta=v-\sum\limits_{k=1}^{n-1}(v,u_k)u_k$，则 η 满足正交条件。事实上，作内积

$$(\eta,u_i)=(v,u_i)-\sum_{k=1}^{n-1}(v,u_k)(u_k,u_i)$$

式中，$i=1,2,\cdots,n-1$。

因为算子T的特征函数正交，且根据定理的条件，u_k是标准正交特征函数，故有

$$(u_k,u_i)=\delta_{ki}$$

于是得

$$(\eta,u_i)=(v,u_i)-(v,u_i)=0$$

设t是任意实数，则乘积$t\eta$与η一样也满足正交条件，线性组合$u_n+t\eta\in D(T)$也一样满足正交条件。与定理8.7.2类似，作辅助函数$\psi(t)$，将u_0换成u_n，可得

$$(Tu_n-\lambda_n u_n,\eta)=0$$

将η的表达式代入上式，得

$$\left[Tu_n-\lambda_n u_n,v-\sum_{k=1}^{n-1}(v,u_k)u_k\right]=(Tu_n-\lambda_n u_n,v)-\left[Tu_n-\lambda_n u_n,\sum_{k=1}^{n-1}(v,u_k)u_k\right]$$

$$=-\sum_{k=1}^{n-1}(v,u_k)(Tu_n-\lambda_n u_n,u_k)=0$$

后面的证法便与定理8.7.2的证法相同。证毕。

下面介绍如何用伽辽金法和里茨法求特征值。

设式(8-7-1)的近似解为$u_n=\sum\limits_{k=1}^{n}a_k\varphi_k$，作内积

$$(Tu_n-\lambda u_n,\varphi_m)=0\quad(m=1,2,\cdots,n)\tag{8-7-6}$$

此即伽辽金方程组。将u_n的表达式代入式(8-7-6)，得

$$\left(T\sum_{k=1}^{n}a_k\varphi_k-\lambda\sum_{k=1}^{n}a_k\varphi_k,\varphi_m\right)=0\quad(m=1,2,\cdots,n)\tag{8-7-7}$$

若T是线性算子，则式(8-7-7)可写成

$$\sum_{k=1}^{n}a_k[(T\varphi_k,\varphi_m)-\lambda(\varphi_k,\varphi_m)]=0\quad(m=1,2,\cdots,n)\tag{8-7-8}$$

式(8-7-8)对于a_k($k=1,2,\cdots,n$)来说是齐次的，它有非零解的充要条件是其系数行列式为零，由此得λ的方程

$$\begin{vmatrix}(T\varphi_1,\varphi_1)-\lambda(\varphi_1,\varphi_1) & (T\varphi_2,\varphi_1)-\lambda(\varphi_2,\varphi_1) & \cdots & (T\varphi_n,\varphi_1)-\lambda(\varphi_n,\varphi_1)\\ (T\varphi_1,\varphi_2)-\lambda(\varphi_1,\varphi_2) & (T\varphi_2,\varphi_2)-\lambda(\varphi_2,\varphi_2) & \cdots & (T\varphi_n,\varphi_2)-\lambda(\varphi_n,\varphi_2)\\ \vdots & \vdots & \ddots & \vdots\\ (T\varphi_1,\varphi_n)-\lambda(\varphi_1,\varphi_n) & (T\varphi_2,\varphi_n)-\lambda(\varphi_2,\varphi_n) & \cdots & (T\varphi_n,\varphi_n)-\lambda(\varphi_n,\varphi_n)\end{vmatrix}=0\tag{8-7-9}$$

如果基函数序列$\{\varphi_n\}$正交，则上述方程可简化为

$$\begin{vmatrix}(T\varphi_1,\varphi_1)-\lambda(\varphi_1,\varphi_1) & (T\varphi_2,\varphi_1) & \cdots & (T\varphi_n,\varphi_1)\\ (T\varphi_1,\varphi_2) & (T\varphi_2,\varphi_2)-\lambda(\varphi_2,\varphi_2) & \cdots & (T\varphi_n,\varphi_2)\\ \vdots & \vdots & \ddots & \vdots\\ (T\varphi_1,\varphi_n) & (T\varphi_2,\varphi_n) & \cdots & (T\varphi_n\varphi_n)-\lambda(\varphi_n,\varphi_n)\end{vmatrix}=0\tag{8-7-10}$$

因基函数$\varphi_1,\varphi_2,\cdots,\varphi_n$线性无关，故上述方程是关于$\lambda$的$n$次代数方程，且有$n$个根。设其中最小的一个根为$\lambda_1$，把它代入式(8-7-6)，就可得到对应于$\lambda_1$一组非零解$a_1,a_2,\cdots,a_n$。此时对于任意不为零的数$\mu$，$\mu a_k$($k=1,2,\cdots,n$)也是式(8-7-6)的解，$\mu$的值可根据附加条件来

确定。

事实上，里茨法也可得到上述结果。若式(8-7-1)存在相应的泛函，则有

$$J=(Tu-\lambda u,u)=(Tu,u)-\lambda(u,u) \tag{8-7-11}$$

设近似解为 $u_n=\sum_{k=1}^{n}a_k\varphi_k$，代入上述泛函并对其中的 a_k（$k=1,2,\cdots,n$）求偏导数，并令其为零，即

$$\frac{\partial J}{\partial a_k}=0 \quad (k=1,2,\cdots,n) \tag{8-7-12}$$

若 T 是线性算子，可得

$$\sum_{k=1}^{n}2a_k[(T\varphi_k,\varphi_m)-\lambda(\varphi_k,\varphi_m)]=0 \quad (m=1,2,\cdots,n) \tag{8-7-13}$$

式(8-7-13)中的常数 2 对方程组没有影响，可以消去，此时式(8-7-13)与式(8-7-8)相同，后面的求解过程也相同。于是，可得到如下定理：

定理 8.7.4 设 T 是线性微分算子，对于式(8-7-1)，若伽辽金法和里茨法采用相同的基函数，则这两种方法等价，可以求得相同的特征值及相应的特征函数。

例 8.7.1 用伽辽金法求特征值问题

$$\begin{cases} y''+\lambda^2 y=0 \\ y(-1)=y(1)=0 \end{cases}$$

的第一、第二特征值及相应的特征函数，并与解析解的特征值作比较。

解 设二次近似解为

$$y_2=(1-x^2)(a_1+a_2x^2) \tag{1}$$

计算二阶导数及剩余

$$y_2''=-2a_1+(2-12x^2)a_2 \tag{2}$$

$$R=y_2''+\lambda^2 y_2=[\lambda^2(1-x^2)-2]a_1+[2+(\lambda^2-12)x^2-\lambda^2x^4]a_2 \tag{3}$$

伽辽金方程组为

$$\begin{cases} \int_{-1}^{1}\{[\lambda^2(1-x^2)-2]a_1+[2+(\lambda^2-12)x^2-\lambda^2x^4]a_2\}(1-x^2)\,\mathrm{d}x=0 \\ \int_{-1}^{1}\{[\lambda^2(1-x^2)-2]a_1+[2+(\lambda^2-12)x^2-\lambda^2x^4]a_2\}(1-x^2)x^2\,\mathrm{d}x=0 \end{cases} \tag{4}$$

积分并整理，得

$$\begin{cases} (14\lambda^2-35)a_1+(2\lambda^2-7)a_2=0 \\ (6\lambda^2-21)a_1+(2\lambda^2-33)a_2=0 \end{cases} \tag{5}$$

若 a_1、a_2 有非零解，则应使它们的系数组成的行列式为零，即

$$\begin{vmatrix} 14\lambda^2-35 & 2\lambda^2-7 \\ 6\lambda^2-21 & 2\lambda^2-33 \end{vmatrix}=0 \tag{6}$$

将式(6)展开并化简，得

$$\lambda^4-28\lambda^2+63=0 \tag{7}$$

可解出 λ^2 的两个特征值

$$\lambda_{1,2}^2=\frac{28\mp\sqrt{28^2-4\times63}}{2}=14\mp\sqrt{133} \tag{8}$$

对于 λ^2 的第一特征值，有

$$a_1 = \frac{7-2\lambda_1^2}{14\lambda_1^2-35}a_2 = \frac{343+28\sqrt{133}}{-147}a_2 \tag{9}$$

相应的特征函数为

$$y_{21} = (1-x^2)\left(\frac{343+28\sqrt{133}}{-147}+x^2\right)a_2 \tag{10}$$

对于 λ^2 的第二特征值，有

$$a_1 = \frac{7-2\lambda_2^2}{14\lambda_2^2-35}a_2 = \frac{343-28\sqrt{133}}{-147}a_2 \tag{11}$$

相应的特征函数为

$$y_{22} = (1-x^2)\left(\frac{343-28\sqrt{133}}{-147}+x^2\right)a_2 \tag{12}$$

本题微分方程的通解是 $y = c_1\cos(\lambda x)+c_2\sin(\lambda x)$，根据边界条件，有

$$\begin{cases} c_1\cos\lambda - c_2\sin\lambda = 0 \\ c_1\cos\lambda + c_2\sin\lambda = 0 \end{cases} \tag{13}$$

若式(13)有非零解，则其系数行列式应为零，即

$$\begin{vmatrix} \cos\lambda & -\sin\lambda \\ \cos\lambda & \sin\lambda \end{vmatrix} = 2\sin\lambda\cos\lambda = \sin(2\lambda) = 0 \tag{14}$$

可得 $2\lambda = n\pi$，或 $\lambda_n = \dfrac{n\pi}{2}$。于是第一特征值是 $\lambda_1^2 = \left(\dfrac{\pi}{2}\right)^2$，相应于近似解的第二特征值是解析解的第三特征值 $\lambda_3^2 = \left(\dfrac{3\pi}{2}\right)^2$。

第一特征值的相对误差为

$$E_1 = \frac{14-\sqrt{133}-\left(\dfrac{\pi}{2}\right)^2}{\left(\dfrac{\pi}{2}\right)^2}\times 100\% = 0.001471\,\% \tag{15}$$

第二特征值的相对误差为

$$E_2 = \frac{14+\sqrt{133}-\left(\dfrac{3\pi}{2}\right)^2}{\left(\dfrac{3\pi}{2}\right)^2}\times 100\% = 14.977309\,\% \tag{16}$$

由此可见，第一特征值的近似值相当精确，而第二特征值的近似值误差较大。

例 8.7.2 设 $\bar{G}$ 为区域 $x^2+y^2 \leqslant a^2$，$\varGamma$ 为其边界。求定解问题 $\Delta u + \lambda u = 0$，$u|_{\varGamma} = 0$ 的第一和第二特征值以及相应的特征函数。

解 取极坐标系 (r,θ)，它与直角坐标的关系是

$$x = r\cos\theta,\quad y = \sin\theta,\quad r^2 = x^2+y^2,\quad \theta = \arctan\frac{y}{x} \tag{1}$$

由此求得

$$\frac{\partial r}{\partial x}=\frac{x}{r}=\cos\theta\,，\quad \frac{\partial r}{\partial y}=\frac{y}{r}=\sin\theta \tag{2}$$

$$\frac{\partial\theta}{\partial x}=\frac{\partial}{\partial x}\arctan\frac{y}{x}=-\frac{\sin\theta}{r}\,，\quad \frac{\partial\theta}{\partial y}=\frac{\partial}{\partial y}\arctan\frac{y}{x}=\frac{\cos\theta}{r} \tag{3}$$

$$\frac{\partial u}{\partial x}=\frac{\partial u}{\partial r}\frac{\partial r}{\partial x}+\frac{\partial u}{\partial\theta}\frac{\partial\theta}{\partial x}=\cos\theta\frac{\partial u}{\partial r}-\frac{\sin\theta}{r}\frac{\partial u}{\partial\theta} \tag{4}$$

$$\frac{\partial u}{\partial y}=\frac{\partial u}{\partial r}\frac{\partial r}{\partial y}+\frac{\partial u}{\partial\theta}\frac{\partial\theta}{\partial y}=\sin\theta\frac{\partial u}{\partial r}+\frac{\cos\theta}{r}\frac{\partial u}{\partial\theta} \tag{5}$$

$$\begin{aligned}\frac{\partial^2 u}{\partial x^2}&=\left(\cos\theta\frac{\partial}{\partial r}-\frac{\sin\theta}{r}\frac{\partial}{\partial\theta}\right)\left(\cos\theta\frac{\partial u}{\partial r}-\frac{\sin\theta}{r}\frac{\partial u}{\partial\theta}\right)\\&=\cos^2\theta\frac{\partial^2 u}{\partial r^2}+\sin^2\theta\left(\frac{1}{r}\frac{\partial u}{\partial r}+\frac{1}{r^2}\frac{\partial^2 u}{\partial\theta^2}\right)+2\sin\theta\cos\theta\left(\frac{1}{r^2}\frac{\partial u}{\partial\theta}-\frac{1}{r}\frac{\partial^2 u}{\partial r\partial\theta}\right)\end{aligned} \tag{6}$$

$$\begin{aligned}\frac{\partial^2 u}{\partial y^2}&=\left(\sin\theta\frac{\partial}{\partial r}+\frac{\cos\theta}{r}\frac{\partial}{\partial\theta}\right)\left(\sin\theta\frac{\partial u}{\partial r}+\frac{\cos\theta}{r}\frac{\partial u}{\partial\theta}\right)\\&=\sin^2\theta\frac{\partial^2 u}{\partial r^2}+\cos^2\theta\left(\frac{1}{r}\frac{\partial u}{\partial r}+\frac{1}{r^2}\frac{\partial^2 u}{\partial\theta^2}\right)-2\sin\theta\cos\theta\left(\frac{1}{r^2}\frac{\partial u}{\partial\theta}-\frac{1}{r}\frac{\partial^2 u}{\partial r\partial\theta}\right)\end{aligned} \tag{7}$$

上面两式相加，得

$$\Delta u=\frac{\partial^2 u}{\partial x^2}+\frac{\partial^2 u}{\partial x^2}=\frac{\partial^2 u}{\partial r^2}+\frac{1}{r}\frac{\partial u}{\partial r}+\frac{1}{r^2}\frac{\partial^2 u}{\partial\theta^2} \tag{8}$$

对于轴对称问题，式(8)最后一项为零。原方程可化为

$$\frac{1}{r}\frac{\mathrm{d}}{\mathrm{d}r}\left(r\frac{\mathrm{d}u}{\mathrm{d}r}\right)+\lambda u=0 \tag{9}$$

取坐标函数 $\varphi_i=\cos\dfrac{(2i-1)\pi}{2a}r$，$i=1,2,\cdots$，取一次近似解，有

$$u_1=a_1\cos\frac{\pi}{2a}r \tag{10}$$

将式(10)代入微分方程，得剩余

$$R=-a_1\left(\frac{\pi}{2ar}\sin\frac{\pi r}{2a}-a_1\frac{\pi^2}{4a^2}\cos\frac{\pi r}{2a}+\lambda\cos\frac{\pi r}{2a}\right) \tag{11}$$

伽辽金方程为

$$\int_0^{2\pi}\int_0^a\left(R\cos\frac{\pi r}{2a}\right)r\,\mathrm{d}r\,\mathrm{d}\theta=0 \tag{12}$$

积分结果为

$$\pi+\frac{\pi^3}{8}-\frac{\pi}{2}-\pi\lambda a^2\left(\frac{1}{2}-\frac{2}{\pi^2}\right)=0 \tag{13}$$

由式(13)解出 λ，得

$$\lambda=\frac{\pi^2(\pi^2+4)}{4a^2(\pi^2-4)}=\frac{5.830355}{a^2} \tag{14}$$

取第二次近似解，有

$$u_2=a_1\cos\frac{\pi r}{2a}+a_2\cos\frac{3\pi r}{2a} \tag{15}$$

按照与上面类似的步骤，可得到剩余和伽辽金方程组，在积分时可利用如下三角函数公式

$$\sin(3x)=3\sin x-4\sin^3 x\,,\quad \cos 3x=4\cos^3 x-3\cos x \tag{16}$$

伽辽金方程组的积分结果可得到如下齐次线性方程组

$$\begin{cases}\left[\dfrac{1}{2}+\dfrac{\pi^2}{8}-\lambda a^2\left(\dfrac{1}{2}-\dfrac{2}{\pi^2}\right)\right]a_1+\left(\lambda\dfrac{2a^2}{\pi^2}-\dfrac{3}{2}\right)a_2=0\\ \left(\lambda\dfrac{2a^2}{\pi^2}-\dfrac{3}{2}\right)a_1+\left[\dfrac{9\pi^2}{8}+\dfrac{1}{2}-\lambda a^2\left(\dfrac{1}{2}-\dfrac{2}{9\pi^2}\right)\right]a_2=0\end{cases} \tag{17}$$

式(17)前后两式分别乘以$8\pi^2$和$72\pi^2$，得

$$\begin{cases}[\pi^2(4+\pi^2)-4\lambda a^2(\pi^2-4)]a_1+4(4\lambda a^2-3\pi^2)a_2=0\\ 36(4\lambda a^2-3\pi^2)a_1+[9\pi^2(9\pi^2+4)-4\lambda a^2(9\pi^2-4)]a_2=0\end{cases} \tag{18}$$

式(18)有非零解的充要条件为其系数行列式的值为零，即

$$\begin{vmatrix}\pi^2(4+\pi^2)-4\lambda a^2(\pi^2-4) & 4(4\lambda a^2-3\pi^2)\\ 36(4\lambda a^2-3\pi^2) & 9\pi^2(9\pi^2+4)-4\lambda a^2(9\pi^2-4)\end{vmatrix}=0 \tag{19}$$

将式(19)展开并整理，得

$$16\lambda^2a^4(9\pi^4-40\pi^2-128)-8\pi^2\lambda a^2(45\pi^4-128\pi^2-512)+9\pi^4(9\pi^4+40\pi^2-128)=0 \tag{20}$$

式(20)是关于λ的一元二次方程，可求得两个特征值

$$\lambda_1=\frac{5.789732}{a^2}\,,\quad \lambda_2=\frac{30.578000}{a^2} \tag{21}$$

将λ_1和λ_2代入式(18)，得

$$a_1=\frac{4(3\pi^2-4\lambda_i a^2)}{\pi^2(4+\pi^2)-4\lambda_i a^2(\pi^2-4)}a_2\quad(i=1,2) \tag{22}$$

相应的特征函数为

$$u_2=\left[\frac{4(3\pi^2-4\lambda_i a^2)}{\pi^2(4+\pi^2)-4\lambda_i a^2(\pi^2-4)}\cos\frac{\pi r}{2a}+\cos\frac{3\pi r}{2a}\right]a_2\quad(i=1,2) \tag{23}$$

例 8.7.3 求泛函$J[y]=\int_0^1(y^2+y'^2)\,\mathrm{d}x$的特征值和特征函数，使它符合边界条件$y(0)=y(1)=0$和等周条件$\int_0^1 y^2\,\mathrm{d}x=1$。

解 与泛函相应的施图姆–刘维尔方程是

$$y-y''=\lambda y \tag{1}$$

或

$$y''+(\lambda-1)y=0 \tag{2}$$

式(2)的特征方程是

$$r^2+\lambda-1=0 \tag{3}$$

式(3)有根$r_{1,2}=\pm\sqrt{-(\lambda-1)}$。

下面考虑三种情况。

(1) $\lambda-1<0$即$\lambda<1$。此时式(2)的通解是

$$y=c_1\,\mathrm{e}^{r_1x}+c_2\,\mathrm{e}^{-r_2x}=c_1\,\mathrm{e}^{\sqrt{1-\lambda}x}+c_2\,\mathrm{e}^{-\sqrt{1-\lambda}x} \tag{4}$$

根据边界条件$y(0)=y(1)=0$，有

$$\begin{cases} c_1 + c_2 = 0 \\ c_1 \mathrm{e}^{r_1} + c_2 \mathrm{e}^{-r_2} = 0 \end{cases} \tag{5}$$

可得 $c_1 = 0$， $c_2 = 0$，且 $y \equiv 0$ 。这不是所要求的解。

(2) $\lambda - 1 = 0$ 即 $\lambda = 1$。此时式(2)的通解是

$$y = c_1 + c_2 x \tag{6}$$

根据边界条件 $y(0) = y(1) = 0$，有

$$\begin{cases} c_1 = 0 \\ c_1 + c_2 = 0 \end{cases} \tag{7}$$

可得 $c_1 = 0$， $c_2 = 0$，且 $y \equiv 0$ 。这也不是所要求的解。

(3) $\lambda - 1 > 0$ 即 $\lambda > 1$。此时式(2)的通解是

$$y = c_1 \cos(\sqrt{\lambda - 1} x) + c_2 \sin(\sqrt{\lambda - 1} x) \tag{8}$$

根据边界条件 $y(0) = y(1) = 0$，有

$$\begin{cases} c_1 + 0 = 0 \\ c_1 \cos\sqrt{\lambda - 1} + c_2 \sin\sqrt{\lambda - 1} = 0 \end{cases} \tag{9}$$

若式(9)有非零解，则它的系数行列式应为零，即

$$\begin{vmatrix} 1 & 0 \\ \cos\sqrt{\lambda - 1} & \sin\sqrt{\lambda - 1} \end{vmatrix} = \sin\sqrt{\lambda - 1} - 0 = \sin\sqrt{\lambda - 1} = 0 \tag{10}$$

因而 $\sqrt{\lambda - 1} = n\pi$。特征值是 $\lambda_n = 1 + n^2\pi^2$，其中 $n = 1, 2, \cdots$。显然，由式(9)的第一式可知 $c_1 = 0$。将这些关系代入式(8)，可得到所给问题的特征函数

$$y_n = c_2 \sin(n\pi x) \tag{11}$$

式中， c_2 可以根据正规特征函数即本题的等周条件来确定，有

$$\int_0^1 [c_2(\sin n\pi x)]^2 \mathrm{d}x = \frac{1}{2} c_2^2 \int_0^1 [1 - \cos(2n\pi x)] \mathrm{d}x = \frac{1}{2} c_2^2 = 1 \tag{12}$$

可得 $c_2 = \pm\sqrt{2}$。于是特征函数为

$$y_n = \pm\sqrt{2} \sin(n\pi x) \quad (n = 1, 2, \cdots) \tag{13}$$

例 8.7.4 求泛函 $J[y] = \int_1^2 x^2 y'^2 \mathrm{d}x$ 的特征值和特征函数，使它符合边界条件 $y(1) = y(2) = 0$ 和等周条件 $\int_1^2 y^2 \mathrm{d}x = 1$。

解 与泛函相应的施图姆–刘维尔方程是

$$-2xy' - x^2 y'' = \lambda y \tag{1}$$

或

$$x^2 y'' + 2xy' + \lambda y = 0 \tag{2}$$

作代换， $x = \mathrm{e}^t$，则有 $\mathrm{d}x = \mathrm{e}^t \mathrm{d}t = x \mathrm{d}t$， $\dfrac{\mathrm{d}t}{\mathrm{d}x} = \dfrac{1}{x}$， $y' = \dfrac{\mathrm{d}y}{\mathrm{d}x} = \dfrac{\mathrm{d}y}{\mathrm{d}t}\dfrac{\mathrm{d}t}{\mathrm{d}x} = \dfrac{1}{x}\dfrac{\mathrm{d}y}{\mathrm{d}t}$， $y'' = \dfrac{\mathrm{d}}{\mathrm{d}x}\dfrac{\mathrm{d}y}{\mathrm{d}x} = -\dfrac{1}{x^2}\dfrac{\mathrm{d}y}{\mathrm{d}t} + \dfrac{1}{x^2}\dfrac{\mathrm{d}^2 y}{\mathrm{d}t^2}$。若将 y 对 x 的导数改用 y 对 t 的导数来表示，则式(2)可化为常系数二阶线性方程

$$\frac{\mathrm{d}^2 y}{\mathrm{d}t^2} + \frac{\mathrm{d}y}{\mathrm{d}t} + \lambda y = 0 \tag{3}$$

它的特征方程是

$$r^2 + r + \lambda = 0 \tag{4}$$

式(4)的两个根为 $r_{1,2} = -\frac{1}{2} \pm \frac{1}{2}\sqrt{-(4\lambda - 1)}$。

下面考虑三种情况。

(1) $4\lambda - 1 < 0$ 即 $\lambda < \frac{1}{4}$。此时式(3)的通解是

$$y(t) = c_1 \mathrm{e}^{r_1 t} + c_2 \mathrm{e}^{-r_2 t} \tag{5}$$

因而式(2)的通解是

$$y(x) = c_1 x^{r_1} + c_2 x^{-r_2} \tag{6}$$

根据边界条件 $y(1) = y(2) = 0$，有

$$\begin{cases} c_1 + c_2 = 0 \\ c_1 2^{r_1} + c_2 2^{-r_2} = 0 \end{cases} \tag{7}$$

可得 $c_1 = 0$， $c_2 = 0$，且 $y \equiv 0$。这不是所要求的解。

(2) $4\lambda - 1 = 0$ 即 $\lambda = \frac{1}{4}$。此时式(3)的通解是

$$y(t) = (c_1 + c_2 t)\mathrm{e}^{-\frac{1}{2}t} \tag{8}$$

因而式(2)的通解为

$$y(x) = \frac{c_1 + c_2 \ln x}{\sqrt{x}} \tag{9}$$

根据边界条件 $y(1) = y(2) = 0$，有

$$\begin{cases} c_1 + 0 = 0 \\ \frac{1}{\sqrt{2}}(c_1 + c_2 \ln 2) = 0 \end{cases} \tag{10}$$

可得 $c_1 = 0$， $c_2 = 0$，且 $y \equiv 0$。这也不是所要求的解。

(3) $4\lambda - 1 > 0$ 即 $\lambda > \frac{1}{4}$。此时式(3)的通解是

$$y(t) = \mathrm{e}^{-\frac{1}{2}t}\left(c_1 \cos\frac{\sqrt{4\lambda - 1}t}{2} + c_2 \sin\frac{\sqrt{4\lambda - 1}t}{2}\right) \tag{11}$$

因而式(2)的通解为

$$y(x) = c_1 \frac{\cos\left(\frac{1}{2}\sqrt{4\lambda - 1}\ln x\right)}{\sqrt{x}} + c_2 \frac{\sin\left(\frac{1}{2}\sqrt{4\lambda - 1}\ln x\right)}{\sqrt{x}} \tag{12}$$

根据边界条件 $y(1) = y(2) = 0$，有

$$\begin{cases} c_1 + 0 = 0 \\ c_1 \frac{\cos\left(\frac{1}{2}\sqrt{4\lambda - 1}\ln 2\right)}{\sqrt{2}} + c_2 \frac{\sin\left(\frac{1}{2}\sqrt{4\lambda - 1}\ln 2\right)}{\sqrt{2}} = 0 \end{cases} \tag{13}$$

若式(13)有非零解，则它的系数行列式应为零，即

$$\left|\begin{matrix} 1 & 0 \\ \dfrac{\cos\left(\dfrac{1}{2}\sqrt{4\lambda-1}\ln 2\right)}{\sqrt{2}} & \dfrac{\sin\left(\dfrac{1}{2}\sqrt{4\lambda-1}\ln 2\right)}{\sqrt{2}} \end{matrix}\right| = \frac{\sin\left(\dfrac{1}{2}\sqrt{4\lambda-1}\ln 2\right)}{\sqrt{2}} = 0 \tag{14}$$

因而$\dfrac{1}{2}\sqrt{4\lambda-1}\ln 2 = n\pi$。特征值是$\lambda_n = \dfrac{1}{4}+\dfrac{n^2\pi^2}{\ln^2 2} = \dfrac{\ln^2 2 + 4n^2\pi^2}{4\ln^2 2}$，式中，$n=1,2,\cdots$。

显然，由式(13)的第一式可知$c_1 = 0$。将这些关系代入式(12)，可得到所给问题的特征函数

$$y_n = \frac{c_2 \sin\left(\dfrac{n\pi}{\ln 2}\ln x\right)}{\sqrt{x}} \tag{15}$$

式中，c_2可以根据正规特征函数即本题的等周条件来确定，有

$$\int_1^2 \left[\frac{c_2 \sin\left(\dfrac{n\pi}{\ln 2}\ln x\right)}{\sqrt{x}}\right]^2 \mathrm{d}x = \frac{1}{2}c_2^2 \int_1^2 \left[\frac{1-\cos\left(\dfrac{2n\pi}{\ln 2}\ln x\right)}{x}\right]\mathrm{d}x = \frac{1}{2}c_2^2 \ln 2 = 1 \tag{16}$$

可得$c_2 = \pm\dfrac{1}{\sqrt{\ln\sqrt{2}}}$。

于是特征函数为

$$y_n = \pm\frac{c_2 \sin\left(\dfrac{n\pi}{\ln 2}\ln x\right)}{\sqrt{\ln\sqrt{2}}\sqrt{x}} \quad (n=1,2,\cdots) \tag{17}$$

从例 8.7.3 和例 8.7.4 的求解过程可知，对于求泛函的特征函数和特征值问题，如果受正规特征函数约束，那么只需考虑第三种情况。

8.8 名家介绍

热尔曼(Germain, Sophie, 1776.4.1—1831.6.27) 法国数学家。生、卒于巴黎。早年在家自学拉丁文和希腊文，自修过牛顿、欧拉和拉格朗日等人的著作。1794 年研读了拉格朗日在巴黎综合工科学校的讲课笔记后，写出一篇文章，化名勒布朗(Le Blanc)寄给拉格朗日，受到其赞赏。当拉格朗日发现文章的作者是位女子时，便做了她的数学顾问。她还与勒让德和高斯等长期通信，探讨数学问题。后来高斯推荐她成为格丁根大学荣誉博士，但她在接受此称号前就去世了。主要研究数论和数理方程，其中一些公式以她的名字命名。在声学和弹性理论方面也有贡献，《关于弹性曲面振动的数学理论》的研究成果，于 1816 年获得巴黎科学院授予的奖金。在 1831 年最先提出微分几何中的平均曲率的概念。

伽辽金(Галёркин, Борис Григорьевич, 1871.3.4—1945.7.12) 苏联数学家、力学家和工程师。生于波洛茨克，卒于莫斯科。1899 年毕业于圣彼得堡工学院。1909 年从事教学工作。1828 年成为苏联科学院通信院士，1934 年当选为苏联建筑科学院院士，1935 年成为苏联科学院院士。1934 年获俄罗斯联邦功勋科学家称号。1942 年获苏联国家奖金。获得两枚列宁勋章。全苏建筑工程学会负责人。薄板弯曲理论的创立者之一。他对建筑机械和弹性力学的研究促进了数学分析在这些领域里的应用。深入研究了弹性力学中积分方程的解析解法和近似解法，提出了“伽辽金法”，这一方法是解决变分法、数理方程和函数方程最有效的近似方法之一。1952—1953 年，苏联科学院出版社出版了他的文集。

布勃诺夫(Бубнов, Иван Григорьевич, 1872.1.6—1919.3.13)　俄罗斯力学家和造船工程师。生于下诺夫哥罗德，卒于彼得格勒。1891 年毕业于喀琅施塔得海军工程学校。1896 年毕业于圣彼得堡海军学院。1904 年起在圣彼得堡工学院任教，1909 年任该学院教授。1910 年起任圣彼得堡海军学院教授。主要研究领域是力学和造船，在《由水压引起的船外壳张力》著作中，首次阐明计算组装船体所用外壳板的基本问题。对船舶总体强度和局部强度问题给予数学论证。1902 年，建造了俄罗斯第一艘装备内燃机的“海豚”号潜水艇，1912 年又建造了“雪豹”型潜水艇。1909—1911 年所著的《船舶结构力学》是当时唯一一部具有严密科学性和完整性的著作。1908—1910 年他的理论广泛应用于战列舰的设计。还著有《船舶下水》(1900)、《论船舶的不沉性》(1901)和《船板理论》(1953)等。

里茨(Ritz, Walther, 1878.2.22—1909.7.7)　瑞士数学家、理论物理学家。生于锡永(Sion)，卒于德国格丁根。1897 年入苏黎世工业大学，1901 年转入格丁根大学，1902 年获博士学位。以后曾在波恩、苏黎世和巴黎等地的大学和实验室工作。1908 年到格丁根大学工作，1909 年任不支薪讲师，数月后病故。主要从事数学物理方程与数值分析的研究，1904 年法兰西科学院设奖求解偏微分方程 $\Delta^2 u = f(x,y)$，他用“里茨法”予以解决。由于其方法极为有效，立即被广泛使用，用以解决变分学中近似解问题和解析学中某些边界问题。1908 年他提出光谱线频率的“组合定则”是分析光谱的基本定则。共撰写 18 篇论文，1911 年巴黎出版了他的全集。

薛定谔(Schrödinger, Erwin Rudolf Josef Alexander, 1887.8.12—1961.1.4)　奥地利物理学家。生于维也纳，卒于阿尔普巴赫。1910 年获维也纳大学哲学博士学位，随后在该校第二物理研究所工作，第一次世界大战期间曾在军队服役，战后继续在第二物理研究所工作。之后在德国斯图加特大学和布雷斯劳大学短期工作后，1921 年任苏黎世大学教授。1927 年任柏林大学教授。1936 年任格拉茨大学教授。1939 年赴爱尔兰都柏林从事研究工作。1956 年重返奥地利任维也纳大学教授。主要研究数学物理、相对论和原子物理，最主要贡献是在量子力学方面。1926 年创立波动力学，提出薛定谔方程，确定了波函数的变化规律。1933 年与狄拉克共获诺贝尔物理学奖。著有《波动力学论文集》(1928)、《现代原子理论》(1934)、《统计热力学》(1945)等。

特雷夫茨(Trefftz, Erich Immanuel, 1888.2.21—1937.1.21)　德国数学家和工程学家。生于莱比锡，卒于德累斯顿。1919 年任亚琛工业大学教授，1922 年任德累斯顿工业大学教授。主要研究解析学、航空动力学和弹性理论。对飞机机翼进行过流体力学研究，推导出机翼在大范围变形情况下的方程式，论述了板和壳的压曲变形问题，曾就变分法及变分方程的解法发表了论著。

坎托罗维奇(Канторович, Леонид Витальевич, 1912.1.19—1986.4.6)　苏联数学家和经济学家。生于圣彼得堡，卒于莫斯科。1930 年毕业于列宁格勒大学并留校任教。1934 年任教授。1935 年获数理科学博士学位。1958 年当选为苏联科学院通信院士，1964 年成为院士，还是匈牙利科学院、美国文理研究院和南斯拉夫文学院的荣誉院士。1949 年获苏联国家奖(斯大林奖)，1959 年获列宁奖，1975 年获诺贝尔经济学奖。最优化数学方法和计算数学的创始人之一，经济数学的奠基人。在泛函分析、程序设计、函数论、数学物理、微分方程、积分方程和变分法等许多方面都有所贡献。著有《生产组织与计划中的数学方法》(1939)、《高等分析的近似方法》(1941)、《经济资源的最佳利用》(1959)、《最优计划动态模型》(1964) 和《泛函分析》(1977)等多部著作。

习题 8

8.1 用欧拉有限差分法求泛函 $J[y]=\int_0^1 (y'^2+2y)\,\mathrm{d}x$ 的极小值问题的近似解，边界条件为

$y(0)=y(1)=0$。

8.2 求方程 $\Delta u=-1$ 在矩形域 $-a\leqslant x\leqslant a$，$-b\leqslant y\leqslant b$ 内的近似解，且 u 在矩形域的边界上等于零。

提示：本问题可化为对泛函

$$J[u(x,y)]=\iint_D(u_x^2+u_y^2-2u)\,\mathrm{d}x\,\mathrm{d}y$$

的极值的探讨。它的近似解可用 $u_1=c_1(x^2-a^2)(y^2-b^2)$ 的形式来探求。

8.3 求泛函 $J[y]=\int_0^1(x^3y''^2+100xy^2-20xy)\,\mathrm{d}x$ 的极值问题的近似解，边界条件为 $y(1)=0$，$y'(1)=0$。

提示：它的解可用 $y_n(x)=(1-x)^2(a_0+a_1x+\cdots+a_nx^n)$ 的形式来探求，并对于 $n=1$ 来进行计算。

8.4 求泛函 $J[y]=\int_0^1(y'^2-y^2-2xy)\,\mathrm{d}x$ 的极小问题的近似解，并与其准确解做比较，边界条件为 $y(0)=0$，$y(1)=0$。

提示：近似解可用 $y_n(x)=x(1-x)(a_0+a_1x+\cdots+a_nx^n)$ 的形式来探求，并对于 $n=0$ 和 $n=1$ 来进行计算。

习题 8.1 答案　习题 8.2 答案　习题 8.3 答案　习题 8.4 答案

8.5 求泛函 $J[y]=\int_1^2\left(xy'^2-\dfrac{x^2-1}{x}y^2-2x^2y\right)\mathrm{d}x$ 的极值问题的近似解，并与准确解做比较，边界条件为 $y(1)=0$，$y(2)=0$。

提示：它的解可用 $y(x)=a(x-1)(x-2)$ 的形式来探求。

8.6 用里茨法求泛函 $J[y]=\int_0^2(y'^2+y^2+2xy)\,\mathrm{d}x$ 的极小问题的近似解，并与其准确解做比较，边界条件为 $y(0)=0$，$y(2)=0$。

提示：近似解可用 $y_n(x)=x(2-x)(a_0+a_1x+\cdots+a_nx^n)$ 的形式来探求，并对于 $n=0$ 和 $n=1$ 来进行计算。

8.7 用里茨法解下面边值问题，并在 $x=0.5$ 处与解析解比较。

$$\begin{cases}y''-y=x & (0<x<1)\\ y(0)=y(1)=0\end{cases}$$

8.8 用里茨法求下列边值问题的近似解

$$\begin{cases}y''+(1+x^2)y+1=0 & (-1<x<1)\\ y(1)=0, & y(-1)=0\end{cases}$$

习题 8.5 答案　习题 8.6 答案　习题 8.7 答案　习题 8.8 答案

8.9 用里茨法求边值问题

$$-\Delta u=\cos\frac{\pi x}{a}\quad (x,y\in D)$$

$$\left.\frac{\partial u}{\partial n}\right|_{\Gamma}=0\qquad (\Gamma \text{ 为} D \text{的边界})$$

的近似解，其中区域 D 为矩形域：$0\leqslant x\leqslant a$，$0\leqslant y\leqslant b$。

8.10 如习题 8.10 图所示，设 D 是由 $y=\pm kx$ 及 $x=a$，$x=b$ 所围成的梯形域，Γ 是 D 的边界，试用坎托罗维奇法求解下面的定解问题

$$\begin{cases}\Delta u=-1 & (x、y\in D)\\ u|_{\Gamma}=0\end{cases}$$

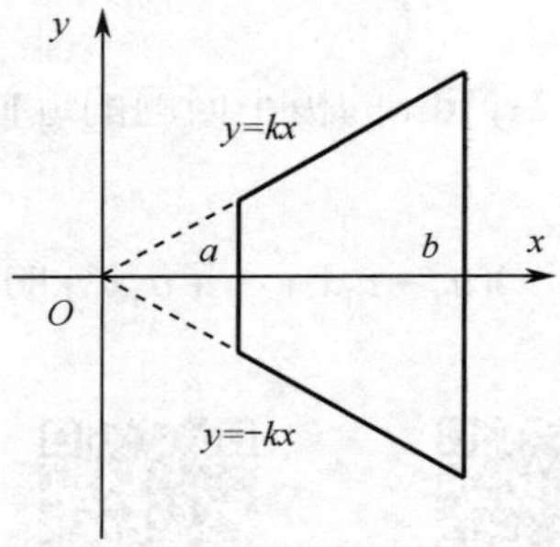

习题 8.10 图　梯形域图

8.11 用伽辽金法求下列边值问题的近似解

$$y''-y'+1=0\quad (0<x<1)$$
$$y'(0)=y(1)=0$$

8.12 用伽辽金法求下列微分方程边值问题的第一、第二次近似解，并在 $x=0.1n$ ($n=1,2,\cdots,10$)处与解析解比较。

$$y''+y=x^2\quad (0<x<1)$$
$$y(0)=0,\quad y'(1)=1$$

习题 8.9 答案　　习题 8.10 答案　　习题 8.11 答案　　习题 8.12 答案

8.13 用伽辽金法求解诺伊曼问题

$$\begin{cases}\Delta u=y & (x、y\in D)\\ \left.\dfrac{\partial u}{\partial n}\right|_{\Gamma}=0\end{cases}$$

式中，$D=\{(x,y)|-a<x<a,-b<y<b\}$；$\Gamma$ 为矩形域 D 的边界。

8.14 用伽辽金法解下列边值问题

$$[(x+2)y'']''+y=3x\quad (0<x<1)$$
$$y''(0)=y'''(0)=0,\quad y(1)=y'(1)=0$$

8.15 用伽辽金法求边值问题

$$y'' + \lambda(1+x^2)y = 0$$
$$y(-1) = y(1) = 0$$

的第一、第二特征值 λ 及特征函数。

8.16 已知如习题 8.16 图所示的圆形薄板，半径为 R，周边固定，承受均匀分布载荷 q 的作用，设挠度曲面函数为 $w = a\left(1-\dfrac{r^2}{R^2}\right)^2$，试用伽辽金法求其挠度。

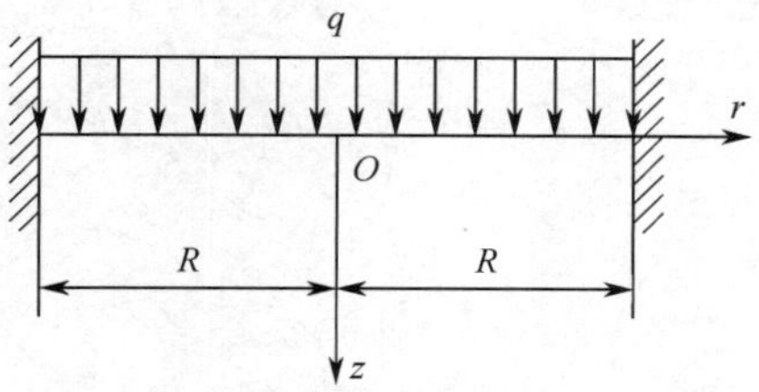

习题 8.16 图　周边固支的圆形薄板

习题 8.13 答案　习题 8.14 答案　习题 8.15 答案　习题 8.16 答案

8.17 用伽辽金法求特征值问题

$$\begin{cases} y'' + \lambda y = 0 \\ y(0) = y(1) = 0 \end{cases}$$

的第一、第二特征值和相应的特征函数的近似解，并与该问题的精确解比较。

8.18 设弦振动方程为

$$(l+x)\frac{\partial^2 u}{\partial t^2} = a^2\frac{\partial^2 u}{\partial x^2}$$

式中，l 为弦长，试求两端固定时弦的振动频率。

8.19 求泛函 $J[y] = \int_1^{\mathrm{e}}(6y^2 + x^2 y'^2)\,\mathrm{d}x$ 的特征值和特征函数，使它符合边界条件 $y(1) = y(\mathrm{e}) = 0$ 和等周条件 $\int_1^{\mathrm{e}} y^2\,\mathrm{d}x = 1$。

8.20 求泛函 $J[y] = \int_{\pi}^{2\pi}(y^2 - y'^2)\,\mathrm{d}x$ 的特征值和特征函数，使它符合边界条件 $y(\pi) = y(2\pi) = 0$ 和等周条件 $\int_{\pi}^{2\pi} y^2\,\mathrm{d}x = 1$。

习题 8.17 答案　习题 8.18 答案　习题 8.19 答案　习题 8.20 答案

8.21 求泛函 $J[y] = \int_0^1[3y^2 - (x+1)^2 y'^2]\,\mathrm{d}x$ 的特征值和特征函数，使它符合边界条件 $y(0) = y(1) = 0$ 和等周条件 $\int_0^1 y^2\,\mathrm{d}x = 1$。

8.22 求泛函 $J[y]=\int_0^3[(2x+3)y'^2-y^2]\,\mathrm{d}x$ 的特征值和特征函数，使它符合边界条件 $y(0)=y(3)=0$ 和等周条件 $\int_0^3 y^2\,\mathrm{d}x=1$ 。

习题 8.21 答案　　　　习题 8.22 答案

第 9 章　力学中的变分原理及其应用

力学中最基本和最普遍的规律称为**力学原理**。将数学上的变分法应用于力学原理中就称为**力学(的)变分原理**。由于描述力学变分原理的泛函常和力学系统的能量有关，故力学中的变分原理又称**能量原理**，相应的各种变分解法称为**能量法**。力学原理从数学表达的形式上，可以分为非变分原理和变分原理两大类，每类又分为微分形式和积分形式两种。这些力学原理的正确性在于它们所描述的同一客观事实的一致性，在于由它们所阐述的各种规律及所推导出的结论同实验事实的一致性。

直接描述系统真实运动的普遍规律的力学原理称为**力学(的)非变分原理**或**非变分(的)力学原理**，简称**非变分原理**。如果一个力学原理并不直接描述系统真实运动的普遍规律，而是提供一种准则，根据这种准则，可以把系统在力的作用下的真实运动和约束所允许的可能的其他运动区别开来，从而可以确定系统的真实运动，这样的力学原理称为**力学(的)变分原理**或**变分(的)力学原理**，简称**变分原理**。在应用上，较多用力学(的)变分原理这一提法。对某些变分原理，该准则是：对真实运动而言，某个由系统运动状态参数所构成的物理量(即泛函)具有极值或驻值。如果某力学原理只反映某一瞬时系统的运动规律，则该力学原理称为**微分变分原理**。如果某力学原理能描述某一有限时间的运动过程，则该力学原理称为**积分变分原理**。这样，力学原理可以进行如下分类

$$\text{力学原理}\begin{cases}\text{非变分的}\begin{cases}\text{微分的(如达朗贝尔原理)}\\\text{积分的(如能量守恒原理)}\end{cases}\\\text{变分的}\begin{cases}\text{微分的(如虚位移原理)}\\\text{积分的(如哈密顿原理)}\end{cases}\end{cases}$$

当然，上述力学原理的分类并不是最根本的，因为有的力学原理可以有不同的形式，例如，赫兹最小曲率原理就是既具有微分形式，又具有积分形式。

本章介绍力学中最重要的一些原理，如虚位移原理、最小势能原理、余虚功原理、最小余能原理、哈密顿原理、赫林格–赖斯纳广义变分原理、胡海昌–鹫津久一郎广义变分原理和莫培督–拉格朗日最小作用量原理等，它们分别是微分变分原理和积分变分原理。这些原理或者与变分法有关，或者直接就是变分法的组成部分。为此，先介绍一些有关的力学基本概念。

9.1　力学的基本概念

9.1.1　力学系统

同类事物按照一定的关系组成的整体称为**系统**，由物质构成并受到力的作用的系统称为**力学系统**。物体是占有一定空间的物质实体。可以抽象地把组成系统的物体看成是数学概念下的点或点系。在理论力学或分析力学中，把具有一定质量但可忽略其尺寸大小的物体称为**质点**。具有某种联系的一群质点组成的系统称**质点系**。若质点系中的每一个质点均可占据空间任意位置和具有任意速度，即各质点能在空间自由运动，则这样的质点系称为**自由质点系统**，简称**自由系统**或**自由系**。若质点系中的质点受到某些事先给定条件的限制，使它们不能占据空间任意

位置和具有任意速度，即各质点不能在空间自由运动，则这样的质点系称为**非自由质点系统**，简称**非自由系统**或**非自由系**。质点系、自由系和非自由系都属于力学系统，都可简称**系统**。

力学系统的所有质点在同一瞬时在空间的有序集合决定了该系统的位置和形状，称为该系统的**位形**。

9.1.2 约束及其分类

若对非自由系各质点的位形或速度加以几何学或运动学的某种限制条件，则这种限制条件称为**约束**。由约束施加给被约束的非自由系的力称为**约束反作用力**，简称**约束反力**或**约束力**。把除了约束反力以外的力称为**主动力**或**作用力**。用数学方程表述非自由系各质点所受的限制条件称为**约束方程**。当约束方程以等式表示时，约束称为**双侧约束**，又称为**固定约束**或**不可解约束**。当约束方程以不等式表示时，约束称为**单侧约束**，又称为**非固定约束**或**可解约束**。当约束方程不显含时间变量 t 时，约束称为**定常约束**，否则称为**非定常约束**。当约束方程仅含时间变量 t 和矢径 $\boldsymbol{r}_i$ 时，约束称为**几何约束**或**有限约束**。几何约束给质点系可能占据的位置加以一定的限制，又称为**位置约束**。当约束方程含有速度 $\dot{\boldsymbol{r}}_i$ 时，约束称为**微分约束**或**运动约束**。微分约束不仅限制质点系的位置，而且限制质点系的速度。若运动约束方程只含有速度的一次项，则称为**线性运动约束**。若约束方程可以积分，则它所表示的约束称为**可积微分约束**。事实上，可积微分约束就是几何约束。

几何约束和可积微分约束统称**完整约束**，有时也称为**半完整约束**。注意这里定义的完整约束与第 5 章定义的完整约束有所不同。不可积分的微分约束称为**非完整约束**。具有完整约束的质点系称为**完整系统**，否则称为**非完整系统**。

9.1.3 实位移与虚位移

一个非自由系在某一初始条件下进行运动，其内各质点的矢径 $\boldsymbol{r}_i$ 既满足动力学微分方程和初始条件，又满足所有约束方程，这种运动称为**真实运动**。真实运动意为实际上发生的运动。质点系中各质点在其真实运动中在空间位置上的变化量称为**真实位移**或**实位移**，简称**位移**。换句话说，系统位形的任何变化都称为**位移**，实位移需要时间。物体的位移可分为两种，一种是位移发生后，物体内各点仍然保持初始状态的相对位置不变，即物体内任意两点之间的距离没发生变化，物体的这种位移称为**刚体位移**。另一种是位移发生时，物体改变了自己在空间各点的相对位置，即改变了其大小和形状，这种现象称为**变形**。这种位移是由于物体的变形而引起的。一般来说，上述两种位移往往同时存在，并且大小和方向各不相同，但弹性力学对后一种位移更感兴趣，因为这种位移与物体内的应力有关系。

材料或物体在外力作用下产生变形，除去外力后能完全恢复原来的形状，并且应力与应变有单值对应关系，这种性质称为**弹性**。由弹性材料构成的物体称为**弹性体**或**弹性系统**。弹性体变形时，其各点位置在空间上的改变量称为**弹性体的位移**。弹性体的位移要满足变形相容条件和几何边界条件。连接弹性体某点变形前后的矢量，称为该点的**位移矢量**。

质点系的质点在通过固定端点时的真实运动轨迹称为**正路**或**真路**。其他与正路有共同的起点和终点，且满足约束条件的可能运动轨迹称为**旁路**或**弯路**。正路除了要满足约束条件外，还必须满足动力学的基本定律。由于系统真实运动的唯一性，决定了在某一时间段内各质点的实位移是唯一的一组。实位移既可以是有限量，也可以是无限小量。

质点或质点系在给定时刻满足约束方程而为约束所允许的假想的任何无限小位移，称为该质点或质点系在该时刻的**虚位移**。换句话说，质点或质点系在约束允许的条件下与时间无关的假想的任意微小的位移称为**虚位移**。这种虚位移是假定的，实际上并不一定发生。约束允许是指弹性体的虚位移必须满足变形相容条件和几何边界条件。这里所说的约束条件是指弹性体内部之间的联系以及它和外部的联系。任意无限小位移是指位移与弹性体外载荷状态无关，与时间无关，同时它是一个无穷小量。虚位移是与时间进程无关的，仅由质点或质点系所在位置及所受约束决定的几何概念。

9.1.4 应变与位移的关系

在小变形情况下，线弹性体的应变和位移有以下六个关系

$$\begin{cases} \varepsilon_x = \dfrac{\partial u}{\partial x},\ \ \varepsilon_y = \dfrac{\partial v}{\partial y},\ \ \varepsilon_z = \dfrac{\partial w}{\partial z} \\ \gamma_{xy} = \gamma_{yx} = \dfrac{\partial u}{\partial y} + \dfrac{\partial v}{\partial x} \\ \gamma_{yz} = \gamma_{zy} = \dfrac{\partial v}{\partial z} + \dfrac{\partial w}{\partial y} \\ \gamma_{zx} = \gamma_{xz} = \dfrac{\partial w}{\partial x} + \dfrac{\partial u}{\partial z} \end{cases} \tag{9-1-1}$$

式(9-1-1)称为线弹性体变形的**几何方程**，也称**柯西方程**，它们给出三个位移分量和六个工程应变分量之间的关系。若令

$$[\varepsilon_{ij}] = \begin{bmatrix} \varepsilon_{xx} & \varepsilon_{xy} & \varepsilon_{xz} \\ \varepsilon_{yx} & \varepsilon_{yy} & \varepsilon_{yz} \\ \varepsilon_{zx} & \varepsilon_{zy} & \varepsilon_{zz} \end{bmatrix} = \begin{bmatrix} \varepsilon_x & \dfrac{1}{2}\gamma_{xy} & \dfrac{1}{2}\gamma_{xz} \\ \dfrac{1}{2}\gamma_{yx} & \varepsilon_y & \dfrac{1}{2}\gamma_{yz} \\ \dfrac{1}{2}\gamma_{zx} & \dfrac{1}{2}\gamma_{zy} & \varepsilon_z \end{bmatrix} \tag{9-1-2}$$

则式(9-1-2)称为**应变张量**。应变张量是对称张量。

式(9-1-2)用张量记号可简写成

$$\varepsilon_{ij} = \frac{1}{2}(u_{i,j} + u_{j,i}) \tag{9-1-3}$$

由式(9-1-1)可得

$$\begin{cases} \dfrac{\partial^2 \varepsilon_x}{\partial y^2} + \dfrac{\partial^2 \varepsilon_y}{\partial x^2} = \dfrac{\partial^2 \gamma_{xy}}{\partial x \partial y},\ \ \dfrac{\partial}{\partial x}\left(-\dfrac{\partial \gamma_{yz}}{\partial x} + \dfrac{\partial \gamma_{zx}}{\partial y} + \dfrac{\partial \gamma_{xy}}{\partial z}\right) = 2\dfrac{\partial^2 \varepsilon_x}{\partial y \partial z} \\ \dfrac{\partial^2 \varepsilon_y}{\partial z^2} + \dfrac{\partial^2 \varepsilon_z}{\partial y^2} = \dfrac{\partial^2 \gamma_{yz}}{\partial y \partial z},\ \ \dfrac{\partial}{\partial y}\left(\dfrac{\partial \gamma_{yz}}{\partial x} - \dfrac{\partial \gamma_{zx}}{\partial y} + \dfrac{\partial \gamma_{xy}}{\partial z}\right) = 2\dfrac{\partial^2 \varepsilon_y}{\partial z \partial x} \\ \dfrac{\partial^2 \varepsilon_z}{\partial x^2} + \dfrac{\partial^2 \varepsilon_x}{\partial z^2} = \dfrac{\partial^2 \gamma_{zx}}{\partial z \partial x},\ \ \dfrac{\partial}{\partial z}\left(\dfrac{\partial \gamma_{yz}}{\partial x} + \dfrac{\partial \gamma_{zx}}{\partial y} - \dfrac{\partial \gamma_{xy}}{\partial z}\right) = 2\dfrac{\partial^2 \varepsilon_z}{\partial x \partial y} \end{cases} \tag{9-1-4}$$

式(9-1-4)称为**应变协调方程**或**相容(性)方程**，也称为**变形协调条件**或**相容(性)条件**。

9.1.5 功与能

物体所受的力和沿力作用方向所产生位移的乘积称为**功**。作用于物体的力在任意实位移上所做的功称为**实功**；在任意虚位移上所做的功称为**虚功**；在无限小实位移或虚位移上所做的功称为**微元功**或**元功**。

根据弹性力学的理论，某点处的应力张量可以写成矩阵的形式

$$\sigma=[\sigma_{ij}]=\begin{bmatrix}\sigma_{11}&\sigma_{12}&\sigma_{13}\\\sigma_{21}&\sigma_{22}&\sigma_{23}\\\sigma_{31}&\sigma_{32}&\sigma_{33}\end{bmatrix}=\begin{bmatrix}\sigma_{xx}&\sigma_{xy}&\sigma_{xz}\\\sigma_{yx}&\sigma_{yy}&\sigma_{yz}\\\sigma_{zx}&\sigma_{zy}&\sigma_{zz}\end{bmatrix}=\begin{bmatrix}\sigma_{xx}&\tau_{xy}&\tau_{xz}\\\tau_{yx}&\sigma_{yy}&\tau_{yz}\\\tau_{zx}&\tau_{zy}&\sigma_{zz}\end{bmatrix} \tag{9-1-5}$$

应力张力是对称张量。

设微元六面体在应力σ_x、σ_y、σ_z、τ_{yz}、τ_{zx}、τ_{xy}作用下，相应地产生应变ε_x、ε_y、ε_z、γ_{yz}、γ_{zx}、γ_{xy}，若应力有一增量$\delta\sigma_x$、$\delta\sigma_y$、$\delta\sigma_z$、$\delta\tau_{yz}$、$\delta\tau_{zx}$、$\delta\tau_{xy}$，则必引起相应的应变增量$\delta\varepsilon_x$、$\delta\varepsilon_y$、$\delta\varepsilon_z$、$\delta\gamma_{yz}$、$\delta\gamma_{zx}$、$\delta\gamma_{xy}$。现在计算应力所做的功。

法向力$\sigma_x\mathrm{d}y\mathrm{d}z$所做的功对应于该力产生的伸长$\delta\varepsilon_x\mathrm{d}x$，可求出该力所做的功$\sigma_x\delta\varepsilon_x\mathrm{d}x\mathrm{d}y\mathrm{d}z$。一对剪力$\tau_{zx}\mathrm{d}x\mathrm{d}y$可组成一个力偶，其力偶矩为$\tau_{zx}\mathrm{d}x\mathrm{d}y\mathrm{d}z$，当物体作任意虚位移时，该力偶所做的功为$\tau_{zx}\delta\gamma_{zx}\mathrm{d}x\mathrm{d}y\mathrm{d}z$。同理可写出其余外力分量所做的功，于是，微元六面体在虚位移上所做的虚功为

$$\begin{aligned}\delta W&=(\sigma_x\delta\varepsilon_x+\sigma_y\delta\varepsilon_y+\sigma_z\delta\varepsilon_z+\tau_{yz}\delta\gamma_{yz}+\tau_{zx}\delta\gamma_{zx}+\tau_{xy}\delta\gamma_{xy})\mathrm{d}x\mathrm{d}y\mathrm{d}z\\&=\sigma_{ij}\delta\varepsilon_{ij}\mathrm{d}x\mathrm{d}y\mathrm{d}z=\delta W_0\mathrm{d}x\mathrm{d}y\mathrm{d}z\end{aligned} \tag{9-1-6}$$

式中

$$\delta W_0=\sigma_x\delta\varepsilon_x+\sigma_y\delta\varepsilon_y+\sigma_z\delta\varepsilon_z+\tau_{yz}\delta\gamma_{yz}+\tau_{zx}\delta\gamma_{zx}+\tau_{xy}\delta\gamma_{xy}=\sigma_{ij}\delta\varepsilon_{ij} \tag{9-1-7}$$

式中，W_0为单位体积内的总功，称为**比功**，δW_0为比功的增量。

当物体在外载荷作用下产生弹性应变时，则外载荷对弹性体做了功，即外界以外力功的形式向弹性体输入能量。若不考虑变形过程中的能量损失、弹性体的动能及外界阻尼等，则外力所做的功会把全部能量贮存于弹性体内。当外载荷去掉时，贮存在弹性体的能量将全部被释放出来，使物体恢复原状，这种贮存在弹性体内的能量常称为**应变能**，以U表示。应变能只取决于应变或应力状态，它是应变或应力函数，而与受力及变形过程无关。可见应变能代表了外力对物体所做的功。单位体积的应变能称为**应变能密度**或**比应变能**，简称**应变能**，可表示为

$$U_0=U_0(\varepsilon_x,\varepsilon_y,\varepsilon_z,\gamma_{yz},\gamma_{zx},\gamma_{xy})=U_0(\varepsilon_{ij}) \tag{9-1-8}$$

由弹性力学的理论可知，应变能U_0是一个**正定函数**，而正定函数有这样的性质，在变量所涉及的范围内，该函数总是大于等于零，只有当变量为零时才等于零。

对式(9-1-8)取一阶变分，有

$$\delta U_0=\frac{\partial U_0}{\partial\varepsilon_x}\delta\varepsilon_x+\frac{\partial U_0}{\partial\varepsilon_y}\delta\varepsilon_y+\frac{\partial U_0}{\partial\varepsilon_z}\delta\varepsilon_z+\frac{\partial U_0}{\partial\gamma_{yz}}\delta\gamma_{yz}+\frac{\partial U_0}{\partial\gamma_{zx}}\delta\gamma_{zx}+\frac{\partial U_0}{\partial\gamma_{xy}}\delta\gamma_{xy}=\frac{\partial U_0}{\partial\varepsilon_{ij}}\delta\varepsilon_{ij} \tag{9-1-9}$$

因比功与比应变能相等，根据式(9-1-7)和式(9-1-9)可得

$$\delta U_0=\delta W_0 \tag{9-1-10}$$

$$\begin{cases}\sigma_x=\dfrac{\partial U_0}{\partial\varepsilon_x},\ \sigma_y=\dfrac{\partial U_0}{\partial\varepsilon_y},\ \sigma_z=\dfrac{\partial U_0}{\partial\varepsilon_z}\\\tau_{yz}=\dfrac{\partial U_0}{\partial\gamma_{yz}},\ \tau_{zx}=\dfrac{\partial U_0}{\partial\gamma_{zx}},\ \tau_{xy}=\dfrac{\partial U_0}{\partial\gamma_{xy}}\end{cases} \tag{9-1-11}$$

或

$$\sigma_{ij}=\frac{\partial U_0}{\partial\varepsilon_{ij}}=\frac{\partial W_0}{\partial\varepsilon_{ij}} \tag{9-1-12}$$

式(9-1-11)首先由格林得到，故称为**格林公式**。

将式(9-1-11)和式(9-1-12)代入式(9-1-9)，得

$$\delta U_0 = \sigma_x \delta\varepsilon_x + \sigma_y \delta\varepsilon_y + \sigma_z \delta\varepsilon_z + \tau_{yz}\delta\gamma_{yz} + \tau_{zx}\delta\gamma_{zx} + \tau_{xy}\delta\gamma_{xy} = \sigma_{ij}\delta\varepsilon_{ij} \tag{9-1-13}$$

式(9-1-13)称为**应变能密度的变分**或**虚应变能密度**。

将式(9-1-13)对体积进行积分，有

$$\begin{aligned}\delta U &= \delta\iiint_V U_0\,\mathrm{d}V = \iiint_V \delta U_0\,\mathrm{d}V \\ &= \iiint_V (\sigma_x\delta\varepsilon_x + \sigma_y\delta\varepsilon_y + \cdots + \tau_{xy}\delta\gamma_{xy})\,\mathrm{d}V \\ &= \iiint_V \sigma_{ij}\delta\varepsilon_{ij}\,\mathrm{d}V\end{aligned} \tag{9-1-14}$$

式(9-1-14)称为**应变能的变分**或弹性体的**虚应变能**，其中的U表示在已达到某个应变状态时整个弹性体内的应变能。

由式(9-1-6)和式(9-1-8)可知，虚功和应变能都是应变的函数，而应变又是自变量x、y和z的函数，故虚功和应变能都是泛函。

设L为直杆长度，A为直杆面积，E为直杆材料弹性模量，在直杆为线弹性体的情况下，根据材料力学的理论，下列应变能公式成立：

拉伸(压缩)应变能为

$$U = \frac{P\Delta L}{2} = \frac{\sigma\varepsilon}{2}AL = \frac{EAL\varepsilon^2}{2} = \frac{P^2L}{2EA} \tag{9-1-15}$$

$$U = \frac{1}{2}\int_0^L \frac{P^2}{EA}\,\mathrm{d}x = \frac{1}{2}\int_0^L EA\left(\frac{\mathrm{d}u}{\mathrm{d}x}\right)^2\mathrm{d}x \tag{9-1-16}$$

式中，P为轴向力；ΔL为直杆变形量；u为相应x长度轴向位移量；σ、ε分别为直杆的应力和应变。

弯曲应变能为

$$U = \frac{1}{2}\int_0^L \frac{M^2}{EI}\,\mathrm{d}x = \frac{1}{2}\int_0^L EIk^2\,\mathrm{d}x \tag{9-1-17}$$

式中，M为弯矩；k为曲率；EI为截面抗弯刚度；I为截面惯性矩。

根据高等数学的理论，曲率的表达式为

$$k = \left|\frac{y''}{(1+y'^2)^{\frac{3}{2}}}\right| \tag{9-1-18}$$

在小变形的情况下，$y' \approx 0$，于是式(9-1-17)可改写成

$$U = \frac{1}{2}\int_0^L \frac{M^2}{EI}\,\mathrm{d}x = \frac{1}{2}\int_0^L EIy''^2\,\mathrm{d}x \tag{9-1-19}$$

剪切应变能为

$$U = \frac{1}{2}\int_0^L \frac{kQ^2}{GA}\,\mathrm{d}x = \frac{1}{2}\int_0^L \frac{GA\gamma^2}{k}\,\mathrm{d}x \tag{9-1-20}$$

式中，Q为剪力；γ为平均剪应变；k为与截面剪应力分布有关的系数；GA/k为截面抗剪刚度。

圆轴扭转应变能为

$$U = \frac{M_t^2L}{2GJ_p} = \frac{GJ_p\varphi^2}{2L} \tag{9-1-21}$$

$$U = \frac{1}{2}\int_0^L \frac{M_t^2}{GJ_p}\,\mathrm{d}x = \frac{1}{2}\int_0^L GJ_p\left(\frac{\mathrm{d}\varphi}{\mathrm{d}x}\right)^2\mathrm{d}x \tag{9-1-22}$$

式中，M_t 为扭矩；ϕ 为扭转角；GJ_p 为圆轴截面抗扭刚度；J_p 为截面极惯性矩。

如图 9-1-1 所示，在应力–应变坐标系中，应力–应变曲线与应变轴所围成的面积称为单位体积的**应变能**。应力–应变曲线与应力轴所围成的面积称为单位体积的**余应变能**。余应变能不像应变能那样有明确的物理意义。对于线性弹性材料，应力–应变曲线是直线。在平衡状态下应变保持不变，当处于平衡状态的应力 σ 有微小变化 $\delta\sigma$ 时，则 $\delta\sigma$ 称为**虚应力**，虚应力在平衡状态的应变上所做的功称为**余虚应变能**。

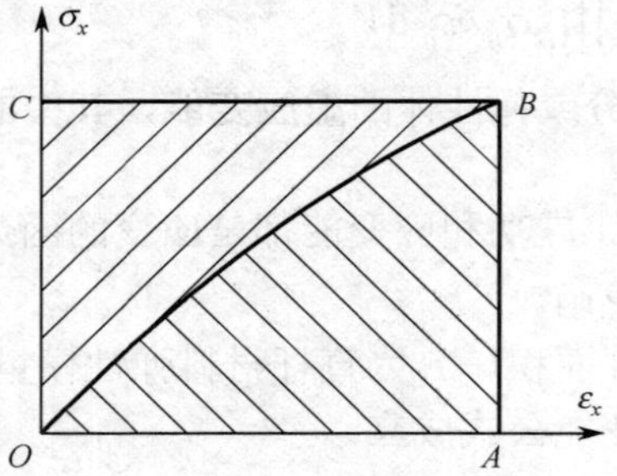

图 9-1-1　应变能与余应变能

基于经验或实验并加以抽象化了的反映物质宏观性质的数学描述称为**本构关系**。描述物质性质的方程称为该物质的**本构方程**。因为数学描述是用数学模型或数学方程来表示的，本构关系和本构方程具有同样的意义，所以在许多情况下都不把本构关系和本构方程区别开来。在力学中，力学参数(应力、应力速率等)和运动学参数(应变、应变速率等)之间的关系式称为**本构关系**或**本构方程**。

如果质点在某空间内的任何位置都受到一个大小和方向完全确定的力的作用，则此空间称为**力场**。如果质点在力场中运动，力场对质点的作用力所做的功与质点所经历的路径无关，而只与质点的起点和终点位置有关，那么这种力场称为**保守力场**或**有势场**。在有势场中质点受到的力称为**有势力**或**保守力**。在有势场中，质点从某一点 M 运动到任选的一点 M_0，有势力所做的功称为质点在点 M 相对于点 M_0 的**势能**或**位能**，常以 U 或 V 表示。保守力场中的力学系统称为**保守系统**。

考虑由 n 个质点组成的系统，设 $\boldsymbol{r}_i$ 是第 i 个质点相对于固定坐标原点的位置矢量，系统的总动能是各质点的动能之和，可表示为

$$T = \frac{1}{2}\sum_{i=1}^{n} m_i \dot{\boldsymbol{r}}_i^2 = \frac{1}{2}\sum_{i=1}^{n} m_i \dot{\boldsymbol{r}}_i \cdot \dot{\boldsymbol{r}}_i = \frac{1}{2}\sum_{i=1}^{n} m_i v_i^2 \tag{9-1-23}$$

现在求与任意参考点 P 有关的动能，如图 9-1-2 所示。在此情况下有

$$\boldsymbol{r}_i = \boldsymbol{r}_P + \boldsymbol{\rho}_i \tag{9-1-24}$$

将式(9-1-24)代入式(9-1-23)，得

$$T = \frac{1}{2}\sum_{i=1}^{n} m_i (\dot{\boldsymbol{r}}_P + \dot{\boldsymbol{\rho}}_i)\cdot(\dot{\boldsymbol{r}}_P + \dot{\boldsymbol{\rho}}_i) = \frac{1}{2} m \dot{\boldsymbol{r}}_P^2 + \frac{1}{2}\sum_{i=1}^{n} m_i \dot{\boldsymbol{\rho}}_i^2 + \dot{\boldsymbol{r}}_P \cdot \sum_{i=1}^{n} m_i \dot{\boldsymbol{\rho}}_i \tag{9-1-25}$$

式中，m 为质点系的总质量。相对于参考点 P 质心的位置矢量 $\boldsymbol{\rho}_c$ 为

$$\boldsymbol{\rho}_c = \frac{1}{m}\sum_{i=1}^{n} m_i \boldsymbol{\rho}_i \tag{9-1-26}$$

于是得

$$T = \frac{1}{2} m \dot{\boldsymbol{r}}_P^2 + \frac{1}{2}\sum_{i=1}^{n} m_i \dot{\boldsymbol{\rho}}_i^2 + \dot{\boldsymbol{r}}_P \cdot m \dot{\boldsymbol{\rho}}_c \tag{9-1-27}$$

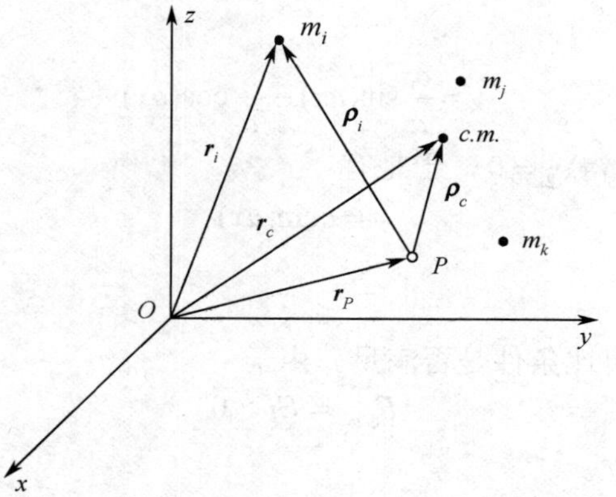

图 9-1-2　质点系在任意参考点的位置矢量

在本章后面的例题和习题中，将多次用到式(9-1-27)。

式(9-1-27)表明质点系的总动能是三部分之和：

(1) 具有质量 m 的质点系相对参考点 P 运动的动能；

(2) 系统相对于参考点 P 运动的动能；

(3) 参考点的矢径与系统相对于参考点的动量的数量积。

例 9.1.1　压杆稳定问题。长为 L 的简支杆，其两端在压力 P 的作用下开始发生纵向弯曲，试求使杆弯曲的最小压力 P (欧拉临界压力)。边界条件为 $y(0)=0$。

解　设挠度曲线为 $y=y(x)$，EI 为杆的抗弯刚度，φ 为杆某点切向方向角，$k=\dfrac{\mathrm{d}\varphi}{\mathrm{d}s}$ 为杆的曲率。杆的弯曲应变能为

$$J_1=\frac{1}{2}\int_0^L EIk^2\,\mathrm{d}s=\frac{1}{2}\int_0^L EIk^2\sqrt{1+y'^2}\,\mathrm{d}x$$

由于杆的挠度引起的载荷势能为

$$J_2=-P\int_0^L(1-\cos\varphi)\,\mathrm{d}s=-P\int_0^L(1-\cos\varphi)\sqrt{1+y'^2}\,\mathrm{d}x$$

在小变形的情况下，$\mathrm{d}s\approx\mathrm{d}x$，$y'\approx 0$，$1-\cos\varphi\approx\dfrac{\varphi^2}{2}$，于是 J_2 可写成

$$J_2=-\frac{P}{2}\int_0^L\varphi^2\,\mathrm{d}s\approx-\frac{P}{2}\int_0^L\varphi^2\,\mathrm{d}x$$

系统的总势能为

$$J=J_1+J_2=\frac{1}{2}\int_0^L\left[EI\left(\frac{\mathrm{d}\varphi}{\mathrm{d}s}\right)^2-P\varphi^2\right]\mathrm{d}s\approx\frac{1}{2}\int_0^L\left[EI\left(\frac{\mathrm{d}\varphi}{\mathrm{d}x}\right)^2-P\varphi^2\right]\mathrm{d}x$$

泛函的欧拉方程为

$$\varphi''+a^2\varphi=0$$

式中，$a^2=\dfrac{P}{EI}$。

欧拉方程的通解为

$$\varphi=c_1\cos(ax)+c_2\sin(ax)$$

当 φ 较小时，有 $\tan\varphi\approx\varphi$，且有 $\tan\varphi=y'$，于是有

$$y'=c_1\cos(ax)+c_2\sin(ax)$$

上式积分得

$$y=\frac{c_1}{a}\sin(ax)-\frac{c_2}{a}\cos(ax)$$

由边界条件 $y(0)=0$，得 $c_2=0$，于是有

$$y=c\sin(ax)$$

式中，$c=\frac{c_1}{a}$。

检验勒让德条件和雅可比条件是否满足。由于

$$F_{\varphi'\varphi'}=EI>0$$

显然，勒让德条件成立。

雅可比方程为

$$EIu''+Pu=0 \quad 或 \quad u''+a^2u=0$$

在 $u(0)=0$ 的边界条件下，雅可比方程的解是

$$u=d\sin(ax)$$

当 $x_k=\frac{k\pi}{a}$ 时，式中，$k=1,2,\cdots$，函数 u 的值为零。若 $L\geqslant\frac{\pi}{a}$，则雅可比条件完全满足，于是

$$P\geqslant\frac{\pi^2}{L^2}EI$$

欧拉临界压力的最小值为

$$P_{\min}=\frac{\pi^2}{L^2}EI$$

杆的挠度曲线方程为

$$y=c\sin\frac{\pi x}{L}$$

9.2 虚位移原理

9.2.1 质点系的虚位移原理

虚位移原理亦称**虚功原理**，早在 17 世纪伽利略就开始应用这个原理，1717 年约翰·伯努利首先认识到该原理的普遍意义以及它对求解静力学问题的效应。质点系的虚位移原理可表述为：**具有定常、理想约束的一个质点系，如果在某一位形上处于平衡状态，则保持平衡的充分必要条件是：作用于该质点系上的所有主动力在任意虚位移上所做的元功之和为零。**其数学表达式为

$$\delta W=\sum_{i=1}^{n}\boldsymbol{F}_i\cdot\delta\boldsymbol{r}_i=0 \tag{9-2-1}$$

或写成分量的形式

$$\delta W=\sum_{i=1}^{n}(F_{ix}\delta x+F_{iy}\delta y+F_{iz}\delta z)=0 \tag{9-2-2}$$

式(9-2-1)和式(9-2-2)称为**虚功方程**。

证 先证明原理条件的必要性。

设质点m_i所受主动力的合力为$\boldsymbol{F}_i$，所受约束反力的合力为$\boldsymbol{N}_i$。由于质点系在某一位形下处于平衡状态，必有$\ddot{\boldsymbol{r}}_i=\boldsymbol{0}$，根据牛顿第二定律，必有

$$\boldsymbol{F}_i+\boldsymbol{N}_i=\boldsymbol{0}\quad(i=1,2,\cdots,n)$$

因此对于任意虚位移都有

$$\sum_{i=1}^{n}(\boldsymbol{F}_i+\boldsymbol{N}_i)\cdot\delta\boldsymbol{r}_i=\sum_{i=1}^{n}\boldsymbol{F}_i\cdot\delta\boldsymbol{r}_i+\sum_{i=1}^{n}\boldsymbol{N}_i\cdot\delta\boldsymbol{r}_i=0$$

成立，由于质点系是理想约束系统，有

$$\sum_{i=1}^{n}\boldsymbol{N}_i\cdot\delta\boldsymbol{r}_i=0$$

故有

$$\sum_{i=1}^{n}\boldsymbol{F}_i\cdot\delta\boldsymbol{r}_i=0$$

原理条件的必要性得证。

再来证明原理条件的充分性，采用反证法。假设式(9-2-1)对任意的虚位移都成立，而系统在主动力的作用下原来的平衡状态被破坏了，则至少有一个质点m_j在主动力$\boldsymbol{F}_j$和约束反力$\boldsymbol{N}_j$的作用下产生加速度$\boldsymbol{a}_j$

$$\boldsymbol{a}_j=\ddot{\boldsymbol{r}}_j=\frac{\boldsymbol{F}_j+\boldsymbol{N}_j}{m_j}\neq\boldsymbol{0}$$

由于运动是从静止开始的，在时间微元$\mathrm{d}t$内将产生与$\boldsymbol{a}_j$同方向的实位移$\mathrm{d}\boldsymbol{r}_j$，所以至少在这个质点上有

$$(\boldsymbol{F}_j+\boldsymbol{N}_j)\cdot\mathrm{d}\boldsymbol{r}_j>0$$

对整个系统而言，则有

$$\sum_{i=1}^{n}\boldsymbol{F}_i\cdot\mathrm{d}\boldsymbol{r}_i>0$$

对于定常系统，实位移$\mathrm{d}\boldsymbol{r}_i$是虚位移$\delta\boldsymbol{r}_i$的可能形式之一，于是当取$\delta\boldsymbol{r}_i=\mathrm{d}\boldsymbol{r}_i$时，就有

$$\sum_{i=1}^{n}\boldsymbol{F}_i\cdot\delta\boldsymbol{r}_i>0$$

这与式(9-2-1)相矛盾，也就是说只要式(9-2-1)成立就不可能发生平衡被破坏的情况。反之，只要式(9-2-1)成立，系统就保持平衡状态，故原理条件的充分性得证。证毕。

作为力学变分原理基础的虚位移原理，强调一下它的变分特性是必要的。虚位移原理指出，系统平衡时的位置是指系统可能有的一切位置(对应各种虚功)中的这样一种位置，此时作用力所做虚功之和为零。这样，从系统可能有的一切运动状态中确实挑选出了平衡这样一种真实的运动状态，作为泛函的虚功取极值(虚功为零)时对应的真实运动(即平衡状态)。

9.2.2 弹性体的广义虚位移原理

虚位移原理可以推广到变形体。下面导出弹性体的广义虚位移原理的表达式。

设弹性体在直角坐标系中的体积为V，表面积为S，取一微元体$\mathrm{d}V$，单位体积的体积力为$\bar{F}_x$、$\bar{F}_y$和$\bar{F}_z$，记作$\bar{F}_i\,(i=1,2,3)$，字母上加一横线表示这个量已给定，单位面积的表面力为X、Y、Z，记作X_i。以σ_x、σ_y、σ_z、τ_{yz}、τ_{zx}、τ_{xy}表示一点处的应力分量，记作σ_{ij}。当弹性体在各力作用下处于平衡(或运动)状态时，根据弹性力学理论，下式成立

$$
\begin{cases}
\dfrac{\partial \sigma_x}{\partial x}+\dfrac{\partial \tau_{xy}}{\partial y}+\dfrac{\partial \tau_{zx}}{\partial z}+\bar{F}_x=0 & \left(\text{或}\rho\dfrac{\partial^2 u}{\partial t^2}\right) \\
\dfrac{\partial \tau_{xy}}{\partial x}+\dfrac{\partial \sigma_y}{\partial y}+\dfrac{\partial \tau_{yz}}{\partial z}+\bar{F}_y=0 & \left(\text{或}\rho\dfrac{\partial^2 v}{\partial t^2}\right) \\
\dfrac{\partial \tau_{zx}}{\partial x}+\dfrac{\partial \tau_{yz}}{\partial y}+\dfrac{\partial \sigma_z}{\partial z}+\bar{F}_z=0 & \left(\text{或}\rho\dfrac{\partial^2 w}{\partial t^2}\right)
\end{cases}
\tag{9-2-3}
$$

式中，ρ 表示单位体积的质量即密度，$\dfrac{\partial^2 u}{\partial t^2}$、$\dfrac{\partial^2 v}{\partial t^2}$、$\dfrac{\partial^2 w}{\partial t^2}$ 表示微元体在坐标 x、y、z 方向的加速度分量，它们与密度的乘积表示在三个坐标方向的负的单位体积惯性力，其中 u、v 和 w 为三个坐标方向的位移分量，记作 u_i。一般情况下，这些变量都是坐标 x、y、z 和时间 t 的函数。

当加速度分量等于零时，式(9-2-3)称为弹性体的**平衡微分方程**，简称**平衡方程**；当加速度分量不等于零时，式(9-2-3)称为弹性体的**运动微分方程**，简称**运动方程**。由于该式是法国数学家柯西于1822年和法国力学家纳维于1827年从不同角度推得，故又称为**柯西方程或纳维方程**。

若引用爱因斯坦求和约定，则式(9-2-3)可合并成一个方程

$$
\frac{\partial \sigma_{ij}}{\partial x_j}+\bar{F}_i=0 \quad (\text{或}\ \rho u_{itt}) \tag{9-2-4}
$$

式中，$u_{itt}=\dfrac{\partial^2 u_i}{\partial t^2}$。

利用逗号约定，式(9-2-4)可以更简单写成如下形式

$$
\sigma_{ij,j}+\bar{F}_i=0 \quad (\text{或}\ \rho u_{itt}) \tag{9-2-5}
$$

设弹性体的边界为 $S=S_u+S_\sigma$，其中 S_u 称为**位移边界**，在该边界上给定位移

$$
u=\bar{u}，\quad v=\bar{v}，\quad w=\bar{w} \tag{9-2-6}
$$

或

$$
u_i=\bar{u}_i \tag{9-2-7}
$$

因 S_u 上的位移已给定，故有

$$
\delta u=\delta v=\delta w=0 \tag{9-2-8}
$$

或

$$
\delta u_i=\delta \bar{u}_i=0 \tag{9-2-9}
$$

S_σ 称为**应力边界**，在该边界上给定表面力，即它满足力学边界条件

$$
X=\bar{X}，\quad Y=\bar{Y}，\quad Z=\bar{Z} \tag{9-2-10}
$$

式中

$$
\begin{cases}
X=l\sigma_x+m\tau_{xy}+n\tau_{zx} \\
Y=l\tau_{xy}+m\sigma_y+n\tau_{yz} \\
Z=l\tau_{zx}+m\tau_{yz}+n\sigma_z
\end{cases}
\tag{9-2-11}
$$

式中，l、m 和 n 分别为弹性体表面上某点外法线的方向余弦。

若令 $n_1=l$，$n_2=m$，$n_3=n$，$X_1=X$，$X_2=Y$，$X_3=Z$，式(9-2-11)也可写成

$$
X_i=n_j\sigma_{ij} \tag{9-2-12}
$$

如果弹性体的位移满足物体内部的连续性条件即式(9-1-1)和 S_u 上的的位移边界条件即

式(9-2-7)，则称为弹性体的**可能位移或容许位移**，记作 u_i^p 。与可能位移相对应的应变称为**可能应变或容许应变**，记作 ε_{ij}^p 。根据式(9-1-3)，则有

$$\varepsilon_{ij}^p = \frac{1}{2}(u_{i,j}^p + u_{j,i}^p) \tag{9-2-13}$$

如果弹性体的应力满足式(9-2-3)和式(9-2-10)，则称为弹性体的**可能应力或容许应力**，记作 σ_{ij}^p 。因为可能应力状态是与给定体积力和表面力(或惯性力)相平衡的应力状态，所以满足平衡(或运动)微分方程和应力边界条件，故有

$$\sigma_{ij,j}^p + \bar{F}_i = 0 \quad (\text{或 } \rho u_{itt}) \quad (\text{在 } V \text{ 内}) \tag{9-2-14}$$

$$X_i = \bar{X}_i \quad (\text{在 } S_\sigma \text{ 上}) \tag{9-2-15}$$

式中

$$\bar{X}_i = n_j \sigma_{ij}^p \quad (\text{在 } S_\sigma \text{ 上}) \tag{9-2-16}$$

将式(9-2-14)乘以可能位移，并在整个体积 V 上积分，可得

$$\iiint_V (\sigma_{ij,j}^p + \bar{F}_i) u_i^p \, \mathrm{d}V = 0 \tag{9-2-17}$$

将式(9-2-17)的第一项积分先进行分部积分，再应用高斯公式，然后利用式(9-2-16)，可得

$$\begin{aligned} \iiint_V \sigma_{ij,j}^p u_i^p \, \mathrm{d}V &= \iiint_V (\sigma_{ij}^p u_i^p)_{,j} \, \mathrm{d}V - \iiint_V \sigma_{ij}^p u_{i,j}^p \, \mathrm{d}V \\ &= \iint_S n_j (\sigma_{ij}^p u_i^p) \, \mathrm{d}S - \iiint_V \sigma_{ij}^p u_{i,j}^p \, \mathrm{d}V \\ &= \iint_S \bar{X}_i u_i^p \, \mathrm{d}S - \iiint_V \sigma_{ij}^p u_{i,j}^p \, \mathrm{d}V \end{aligned} \tag{9-2-18}$$

注意到 $\sigma_{ij}^p = \sigma_{ji}^p$，经过验证可知

$$\sigma_{ij}^p u_{i,j}^p = \sigma_{ij}^p \varepsilon_{ij}^p \tag{9-2-19}$$

将式(9-2-19)代入式(9-2-18)，再将式(9-2-18)代入式(9-2-17)，可得

$$\iiint_V \bar{F}_i u_i^p \, \mathrm{d}V + \iint_S \bar{X}_i u_i^p \, \mathrm{d}S = \iiint_V \sigma_{ij}^p \varepsilon_{ij}^p \, \mathrm{d}V \tag{9-2-20}$$

式(9-2-20)称为弹性体的**广义虚位移原理、广义虚功原理**或**可能功原理**，也称为**高斯公式**。值得指出的是，因广义虚位移原理的推导过程并未涉及本构关系，故式(9-2-20)中的可能应力 σ_{ij}^p 和可能应变 ε_{ij}^p 可以互不相干，它们分别在各自容许的条件下独立变化。

式(9-2-20)表示的广义虚功原理可表述为：**外力(体积力和表面力)在可能位移上做的功等于静力可能应力在与可能位移相应的可能应变上做的功**。广义虚功原理是能量守恒原理在弹性力学中的一个具体表现形式。

利用式(9-2-14)和式(9-1-3)消去式(9-2-20)中的 $\bar{F}_i$ 和 ε_{ij}^p ，可得

$$-\iiint_V \sigma_{ij,j}^p u_i^p \, \mathrm{d}V + \iint_S \bar{X}_i u_i^p \, \mathrm{d}S = \frac{1}{2}\iiint_V \sigma_{ij}^p (u_{i,j}^p + u_{j,i}^p) \mathrm{d}V \tag{9-2-21}$$

式中，σ_{ij}^p 和 u_i^p 之间不需要满足任何关系。这是广义虚位移原理的另一种表示形式。

9.2.3 弹性体的虚位移原理

虚位移原理可以推广到变形体。下面导出弹性体的虚位移原理的表达式。

设弹性体满足式(9-2-3)，在某平衡位置对弹性体施加一组任意的无限小的虚位移 δu 、δv 和 δw ，则弹性体内任一点将产生满足变形协调条件的虚位移

$$\delta \boldsymbol{u} = [\delta u \quad \delta v \quad \delta w]^{\mathrm{T}} \tag{9-2-22}$$

且对于式(9-2-3)和式(9-2-10)，根据虚位移原理，有

$$
\begin{aligned}
&-\iiint_V\left[\left(\frac{\partial\sigma_x}{\partial x}+\frac{\partial\tau_{xy}}{\partial y}+\frac{\partial\tau_{zx}}{\partial z}+\bar{F}_x\right)\delta u+\left(\frac{\partial\tau_{xy}}{\partial x}+\frac{\partial\sigma_y}{\partial y}+\frac{\partial\tau_{yz}}{\partial z}+\bar{F}_y\right)\delta v+\right.\\
&\left.\left(\frac{\partial\tau_{zx}}{\partial x}+\frac{\partial\tau_{yz}}{\partial y}+\frac{\partial\sigma_z}{\partial z}+\bar{F}_z\right)\delta w\right]\mathrm{d}V+ \\
&\iint_S[(X-\bar{X})\delta u+(Y-\bar{Y})\delta v+(Z-\bar{Z})\delta w]\mathrm{d}S=0
\end{aligned}
\tag{9-2-23}
$$

式中，$\mathrm{d}V=\mathrm{d}x\mathrm{d}y\mathrm{d}z$ 和 $\mathrm{d}S$ 分别表示弹性体内的体积元素和弹性体表面的面积元素。注意，本来面积分应该在应力边界 S_σ 上进行，但因在位移边界 S_u 上式(9-2-8)成立，所以在式(9-2-23)中可以把面积分扩展至整个表面。

根据式(9-1-1)以及变分和求导可以交换次序的性质，有

$$
\begin{cases}
\delta\varepsilon_x=\delta\dfrac{\partial u}{\partial x}=\dfrac{\partial\delta u}{\partial x},\quad \delta\varepsilon_y=\delta\dfrac{\partial v}{\partial y}=\dfrac{\partial\delta v}{\partial y},\quad \delta\varepsilon_z=\delta\dfrac{\partial w}{\partial z}=\dfrac{\partial\delta w}{\partial z}\\
\delta\gamma_{xy}=2\delta\varepsilon_{xy}=\delta\dfrac{\partial u}{\partial y}+\delta\dfrac{\partial v}{\partial x}=\dfrac{\partial\delta u}{\partial y}+\dfrac{\partial\delta v}{\partial x}\\
\delta\gamma_{yz}=2\delta\varepsilon_{yz}=\delta\dfrac{\partial v}{\partial z}+\delta\dfrac{\partial w}{\partial y}=\dfrac{\partial\delta v}{\partial z}+\dfrac{\partial\delta w}{\partial y}\\
\delta\gamma_{zx}=2\delta\varepsilon_{zx}=\delta\dfrac{\partial w}{\partial x}+\delta\dfrac{\partial u}{\partial z}=\dfrac{\partial\delta w}{\partial x}+\dfrac{\partial\delta u}{\partial z}
\end{cases}
\tag{9-2-24}
$$

式(9-2-24)称为**虚应变与虚位移关系式**。式(9-2-24)可写成

$$
\delta\varepsilon_{ij}=\frac{1}{2}(\delta u_{i,j}+\delta u_{j,i})
\tag{9-2-25}
$$

取式(9-2-23)体积分中的第一项，利用高斯公式和分部积分，并注意到式(9-2-24)中的第一式，有

$$
\begin{aligned}
&\iiint_V\frac{\partial\sigma_x}{\partial x}\delta u\,\mathrm{d}V=\iiint_V\left[\frac{\partial}{\partial x}(\sigma_x\delta u)-\sigma_x\frac{\partial\delta u}{\partial x}\right]\mathrm{d}V=\\
&\iint_S l(\sigma_x\delta u)\,\mathrm{d}S-\iiint_V\sigma_x\frac{\partial(\delta u)}{\partial x}\mathrm{d}V=\iint_S\sigma_x l\delta u\,\mathrm{d}S-\iiint_V\sigma_x\delta\varepsilon_x\,\mathrm{d}V
\end{aligned}
\tag{9-2-26}
$$

同理，对式(9-2-23)体积分中含有 σ_y 和 σ_z 的项进行同样的处理，可得到与式(9-2-26)类似的两个关系式。

利用高斯公式和分部积分，并利用式(9-2-24)的第四式，下列积分成立

$$
\begin{aligned}
\iiint_V\tau_{xy}\delta\gamma_{xy}\,\mathrm{d}V&=\iiint_V\tau_{xy}\left(\frac{\partial\delta v}{\partial x}+\frac{\partial\delta u}{\partial y}\right)\mathrm{d}V\\
&=\iiint_V\left[\frac{\partial}{\partial x}(\tau_{xy}\delta v)+\frac{\partial}{\partial y}(\tau_{xy}\delta u)\right]\mathrm{d}V-\iiint_V\left(\frac{\partial\tau_{xy}}{\partial x}\delta v+\frac{\partial\tau_{xy}}{\partial y}\delta u\right)\mathrm{d}V\\
&=\iint_S\tau_{xy}(l\delta v+m\delta u)\,\mathrm{d}S-\iiint_V\left(\frac{\partial\tau_{xy}}{\partial x}\delta v+\frac{\partial\tau_{xy}}{\partial y}\delta u\right)\mathrm{d}V
\end{aligned}
\tag{9-2-27}
$$

同理，关于 $\tau_{yz}\delta\gamma_{yz}$ 和 $\tau_{zx}\delta\gamma_{zx}$ 的体积分也可得到与式(9-2-27)类似的两个关系式。

将式(9-2-26)和式(9-2-27)所表示的六个关系式代入式(9-2-23)，并利用式(9-2-10)及式(9-2-11)，经整理后可得

$$\iiint_V (\sigma_x \delta\varepsilon_x + \sigma_y \delta\varepsilon_y + \sigma_z \delta\varepsilon_z + \tau_{yz}\delta\gamma_{yz} + \tau_{zx}\delta\gamma_{zx} + \tau_{xy}\delta\gamma_{xy})\,\mathrm{d}V =$$
$$\iiint_V (\bar{F}_x \delta u + \bar{F}_y \delta v + \bar{F}_z \delta w)\,\mathrm{d}V + \iint_S (\bar{X}\delta u + \bar{Y}\delta v + \bar{Z}\delta w)\,\mathrm{d}S \tag{9-2-28}$$

式(9-2-28)即为平衡状态下的小位移弹性体的虚位移原理(表达式)，还可以写成

$$\iiint_V \sigma_{ij}\delta\varepsilon_{ij}\,\mathrm{d}V = \iiint_V \bar{F}_i \delta u_i\,\mathrm{d}V + \iint_S \bar{X}_i \delta u_i\,\mathrm{d}S \tag{9-2-29}$$

由式(9-1-14)可知，式(9-2-29)的左端是弹性体的虚应变能，即

$$\delta U = \delta\iiint_V U_0\,\mathrm{d}V = \iiint_V \sigma_{ij}\delta\varepsilon_{ij}\,\mathrm{d}V \tag{9-2-30}$$

式(9-2-29)的右端是外力的虚功，即

$$\delta W = \iiint_V \bar{F}_i \delta u_i\,\mathrm{d}V + \iint_S \bar{X}_i \delta u_i\,\mathrm{d}S \tag{9-2-31}$$

式中，右端第一项为体积力所做的虚功，第二项为表面力所做的虚功。

根据式(9-2-30)和式(9-2-31)，式(9-2-29)可写成

$$\delta W = \delta U \tag{9-2-32}$$

式(9-2-32)就是弹性体的虚位移原理的表达式，称为弹性体的**虚功方程**。在平衡状态发生虚位移时，外力已作用于弹性体，而且在虚位移中，外力和应力均保持不变，是恒力所做的功。故虚功简单地表示为外力与虚位移之乘积，并无因子 1/2。这是虚功有别于真实功的重要特点。

根据式(9-2-32)，弹性体的虚位移原理可表述为：**弹性体处于平衡状态的充要条件是：对于任意微小的虚位移，作用在弹性体上的外力(体力和面力)在任意虚位移过程中所做的虚功等于弹性体的虚应变能。**

虚位移原理式(9-2-28)、式(9-2-29)或式(9-2-32)是弹性力学变分原理的基础，它在有限元法中也有重要的应用价值。

值得指出的是，虽然上面从物体弹性平衡的角度导出了虚位移原理的表达式，但是一般说来，虚位移原理具有普遍意义。它可以适用于一切结构，不论材料是线性还是非线性、弹性还是塑性、静载还是动载等均能适用。

事实上，以上导出的虚位移原理可以用简单的方法获得。利用广义虚位移原理即式(9-2-20)，取 σ_{ij}^p 为真实应力 σ_{ij}，并注意到 δu_i 和 $\delta\varepsilon_{ij}$ 也是一种可能位移和可能应变。这样，可用 σ_{ij}、δu_i 和 $\delta\varepsilon_{ij}$ 分别替换式(9-2-20)中的 σ_{ij}^p、u_i^p 和 ε_{ij}^p，就可得到式(9-2-29)。

例 9.2.1 如图 9-2-1 所示，一个由 n 根铰接的杆件组成的结构在节点 A 铰接，每根杆长 L_i，截面积 A_i，弹性模量 E_i，各杆件分别与水平面成交角 $\alpha_i\,(i=1,2,\cdots,n)$。载荷 P 作用于节点 A 且与水平面成交角 β。假定各杆件为线弹性材料，略去体力作用(杆件自重)，试求各杆件所受的内力。

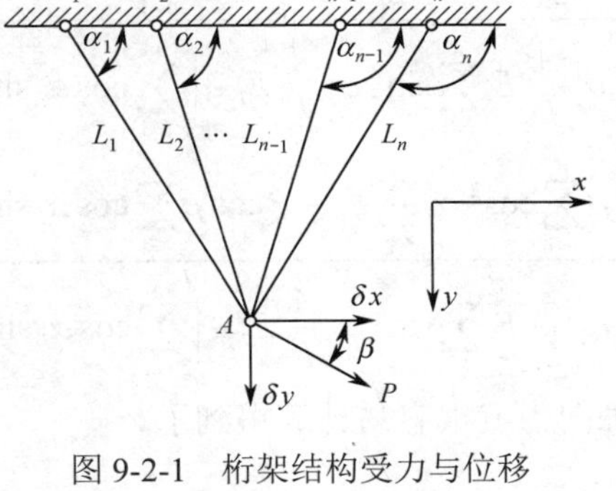

图 9-2-1 桁架结构受力与位移

解 结构中各杆的变形可以通过节点 A 的位移来计算，而节点 A 的位移可以通过三角函数来表示。

设给节点 A 在 x 方向一个虚位移 δx，则各杆长度将改变并绕每个固定端点 $B_i\,(i=1,2,\cdots,n)$ 转动(这样并不违反本问题所给定的约束条件)。

每根杆件长度的改变量为

$$\delta L_i = \delta x \cos\alpha_i \tag{1}$$

每根杆件的虚应变为

$$\delta\varepsilon_i = \frac{\delta L_i}{L_i} = \frac{\delta x \cos\alpha_i}{L_i} \tag{2}$$

本结构只有节点 A 不受约束，设其位移分量为 u 与 v。这是由载荷 P 产生的节点 A 的真实位移分量。由这些位移分量所引起的第 i 根杆件的应变为

$$\varepsilon_i = \frac{u\cos\alpha_i}{L_i} + \frac{v\sin\alpha_i}{L_i} \tag{3}$$

第 i 根杆由位移 u 与 v 引起的应力为

$$\sigma_i = E_i\varepsilon_i = E_i\left(\frac{u\cos\alpha_i}{L_i} + \frac{v\sin\alpha_i}{L_i}\right) \tag{4}$$

式中，E_i 为弹性模量。

结构中只有载荷 P 做虚功。将式(9-2-29)应用于结构，可得

$$P\cos\beta\delta x = \sum_{i=1}^{n}\iiint_V \sigma_i\delta\varepsilon_i\,\mathrm{d}V = \sum_{i=1}^{n}\sigma_i\delta\varepsilon_i L_i A_i \tag{5}$$

将式(2)和式(4)代入式(5)，得

$$P\cos\beta\delta x = \sum_{i=1}^{n}E_i\left(\frac{u\cos\alpha_i}{L_i} + \frac{v\sin\alpha_i}{L_i}\right)\frac{\delta x\cos\alpha_i}{L_i}L_i A_i \tag{6}$$

式(6)消去 δx 后可得

$$P\cos\beta = \sum_{i=1}^{n}(u\cos^2\alpha_i + v\sin\alpha_i\cos\alpha_i)\frac{A_i}{L_i}E_i \tag{7}$$

同样，假定给节点 A 另一个沿 y 方向的虚位移 δy，重复上面的步骤，可得

$$P\sin\beta = \sum_{i=1}^{n}(u\cos\alpha_i\sin\alpha_i + v\sin^2\alpha_i)\frac{A_i}{L_i}E_i \tag{8}$$

联立解式(7)与式(8)这两个代数方程，便能解得两个真实的位移分量 u 与 v，它们分别为

$$u = \frac{P\cos\beta\sum_{i=1}^{n}\sin^2\alpha_i\frac{A_i}{L_i}E_i - P\sin\beta\sum_{i=1}^{n}\cos\alpha_i\sin\alpha_i\frac{A_i}{L_i}E_i}{\sum_{i=1}^{n}\cos^2\alpha_i\frac{A_i}{L_i}E_i\sum_{i=1}^{n}\sin^2\alpha_i\frac{A_i}{L_i}E_i - \left(\sum_{i=1}^{n}\cos\alpha_i\sin\alpha_i\frac{A_i}{L_i}E_i\right)^2} \tag{9}$$

$$v = \frac{P\sin\beta\sum_{i=1}^{n}\cos^2\alpha_i\frac{A_i}{L_i}E_i - P\cos\beta\sum_{i=1}^{n}\cos\alpha_i\sin\alpha_i\frac{A_i}{L_i}E_i}{\sum_{i=1}^{n}\cos^2\alpha_i\frac{A_i}{L_i}E_i\sum_{i=1}^{n}\sin^2\alpha_i\frac{A_i}{L_i}E_i - \left(\sum_{i=1}^{n}\cos\alpha_i\sin\alpha_i\frac{A_i}{L_i}E_i\right)^2} \tag{10}$$

于是各杆件中的真实应力及轴向力就很容易计算得到了。

9.3 最小势能原理

将式(9-2-29)表示的虚位移原理应用于弹性结构，可以推导出更便于应用的**最小势能原理**。

由于虚位移是微小量，在弹性体的虚位移过程中，外力的大小和方向均保持不变，只是作用点有了改变，这样，就可以把式(9-2-29)的变分符号提至积分号外，并将诸式移至等号同一侧，故有

$$\delta(U-W)=0 \tag{9-3-1}$$

式中

$$W=\iiint_V \bar{F}_i u_i\,\mathrm{d}V+\iint_S \bar{X}_i u_i\,\mathrm{d}S \tag{9-3-2}$$

显然，W 是外力(包括体力和面力)在位移 u_i 上所做的功。若外力是有势场中的力，则

$$V=-W=-\iiint_V \bar{F}_i u_i\,\mathrm{d}V-\iint_S \bar{X}_i u_i\,\mathrm{d}S \tag{9-3-3}$$

式中，V 称为**外力的势能**。

对式(9-3-3)取变分，有

$$\delta V=-\iiint_V \bar{F}_i \delta u_i\,\mathrm{d}V-\iint_S \bar{X}_i \delta u_i\,\mathrm{d}S \tag{9-3-4}$$

而

$$\Pi=U+V=\iiint_V U_0(\varepsilon_{ij})\mathrm{d}V-\iiint_V \bar{F}_i u_i\,\mathrm{d}V-\iint_S \bar{X}_i u_i\,\mathrm{d}S \tag{9-3-5}$$

是弹性变形势能与外力势能之和，称为**弹性体的总势能**。

于是式(9-3-1)可写成

$$\delta\Pi=0 \tag{9-3-6}$$

式(9-3-6)表明弹性体在平衡位置时，其总势能有极值。研究结果表明，在稳定的平衡位置弹性体的势能具有极小值。于是，对于位移和变形都很小的弹性体，最小势能原理可表述为：**弹性体在给定的外力作用下，在满足变形相容条件和位移边界条件的所有可能位移中，真实位移使弹性体总势能取得极小值**。根据最小势能原理，可以把求位移微分方程的边值问题转化为求总势能泛函的变分问题。求出了弹性体的位移，就可以求得应力，以分析弹性体的强度。

下面证明最小势能原理。

证 分别用 u、v、w 和 u^p、v^p、w^p 表示一组真实解的位移和一组可能位移，并令

$$u^p=u+\delta u,\quad v^p=v+\delta v,\quad w^p=w+\delta w$$

相应的势能为 $\Pi(u,v,w)$ 及 $\Pi(u^p,v^p,w^p)$。根据式(3-6-10)，势能的增量为

$$\begin{aligned}\Delta\Pi&=\Pi(u^p,v^p,w^p)-\Pi(u,v,w)\\&=\iiint_V[U_0(\varepsilon_x+\delta\varepsilon_x,\cdots,\gamma_{xy}+\delta\gamma_{xy})-U_0(\varepsilon_x,\cdots,\gamma_{xy})]\mathrm{d}V-\iiint_V \bar{F}_i\delta u_i\,\mathrm{d}V-\iint_S \bar{X}_i\delta u\,\mathrm{d}S\\&=\iiint_V[U_0(\varepsilon_x+\delta\varepsilon_x,\cdots,\gamma_{xy}+\delta\gamma_{xy})-U_0(\varepsilon_x,\cdots,\gamma_{xy})]\mathrm{d}V+\delta V=\delta\Pi+\delta^2\Pi+\cdots\end{aligned} \tag{9-3-7}$$

注意 $\bar{F}_i$ 和 $\bar{X}_i$ 是给定的外力，它们不变化。

将应变能 $U_0(\varepsilon_x+\delta\varepsilon_x,\cdots,\gamma_{xy}+\delta\gamma_{xy})$ 展成泰勒级数

$$\begin{aligned}U_0(\varepsilon_x+\delta\varepsilon_x,\cdots,\gamma_{xy}+\delta\gamma_{xy})&=U_0(\varepsilon_x,\cdots,\gamma_{xy})+\left(\frac{\partial U_0}{\partial\varepsilon_x}\delta\varepsilon_x+\cdots+\frac{\partial U_0}{\partial\gamma_{xy}}\delta\gamma_{xy}\right)\\&\quad+\frac{1}{2!}\left(\frac{\partial^2 U_0}{\partial\varepsilon_x^2}\delta\varepsilon_x^2+\cdots+\frac{\partial^2 U_0}{\partial\gamma_{xy}^2}\delta\gamma_{xy}^2\right)+R\end{aligned} \tag{9-3-8}$$

式中，R 为比 $d_1^2(\varepsilon_x,\varepsilon_x+\delta\varepsilon_x),\cdots,d_1^2(\gamma_{xy},\gamma_{xy}+\delta\gamma_{xy})$ 更高阶的无穷小。

将式(9-3-8)代入式(9-3-7)，并注意到式(9-1-9)、式(9-1-11)和式(9-1-14)，经整理可得

$$\Pi(u^p,v^p,w^p)-\Pi(u,v,w)=\delta U+\delta V+\iiint_V\frac{1}{2!}\left(\frac{\partial^2 U_0}{\partial\varepsilon_x^2}\delta\varepsilon_x^2+\cdots+\frac{\partial^2 U_0}{\partial\gamma_{xy}^2}\delta\gamma_{xy}^2\right)\mathrm{d}V+R \quad (9\text{-}3\text{-}9)$$

式(9-3-9)右端前两项是关于位移的变分 δu、δv、δw 及其导数的线性项，称为**总势能的一次变分**，记为 $\delta\Pi$，由变分法的基本理论可知，泛函取极值时，其一阶变分等于零，即

$$\delta\Pi=\delta U+\delta V=\delta(U+V)=0 \quad (9\text{-}3\text{-}10)$$

式(9-3-10)其实就是式(9-3-6)。

式(9-3-9)中右端第三项是关于 δu、δv、δw 及其导数的二次项，称为**总势能的二次变分**，记为 $\delta^2\Pi$，即

$$\delta^2\Pi=\iiint_V\frac{1}{2!}\left(\frac{\partial^2 U_0}{\partial\varepsilon_x^2}\delta\varepsilon_x^2+\cdots+\frac{\partial^2 U_0}{\partial\gamma_{xy}^2}\delta\gamma_{xy}^2\right)\mathrm{d}V \quad (9\text{-}3\text{-}11)$$

若令 $\varepsilon_x=\varepsilon_y=\cdots=\gamma_{xy}=0$，则式(9-3-8)可写成

$$\begin{aligned}U_0(\delta\varepsilon_x,\cdots,\delta\gamma_{xy})=U_0(0,\cdots,0)+\left(\frac{\partial U_0}{\partial\varepsilon_x}\delta\varepsilon_x+\cdots+\frac{\partial U_0}{\partial\gamma_{xy}}\delta\gamma_{xy}\right)+\\ \frac{1}{2!}\left(\frac{\partial^2 U_0}{\partial\varepsilon_x^2}\delta\varepsilon_x^2+\cdots+\frac{\partial^2 U_0}{\partial\gamma_{xy}^2}\delta\gamma_{xy}^2\right)\end{aligned} \quad (9\text{-}3\text{-}12)$$

当各应变均为零时，有

$$U_0(0,0,\cdots,0)=0 \quad (9\text{-}3\text{-}13)$$

且由式(9-1-11)可知，$\dfrac{\partial U_0}{\partial\varepsilon_x},\cdots,\dfrac{\partial U_0}{\partial\gamma_{xy}}$ 分别为 $\sigma_x,\cdots,\tau_{xy}$，对于无应变状态，它们都应该为零。此时式(9-3-12)可写成

$$U_0(\delta\varepsilon_x,\cdots,\delta\gamma_{xy})=\frac{1}{2!}\left(\frac{\partial^2 U_0}{\partial\varepsilon_x^2}\delta\varepsilon_x^2+\cdots+\frac{\partial^2 U_0}{\partial\gamma_{xy}^2}\delta\gamma_{xy}^2\right) \quad (9\text{-}3\text{-}14)$$

于是，当 $\varepsilon_x=\varepsilon_y=\cdots=\gamma_{xy}=0$ 时，式(9-3-11)可以表示为

$$\delta^2\Pi=\iiint_V U_0(\delta\varepsilon_x,\delta\varepsilon_y,\cdots,\delta\gamma_{xy})\mathrm{d}V \quad (9\text{-}3\text{-}15)$$

由于应变能 U_0 是一个正定函数，总有 $U_0\geqslant 0$，因此总势能的二次变分

$$\delta^2\Pi\geqslant 0 \quad (9\text{-}3\text{-}16)$$

式中的等号仅当从 δu、δv 和 δw 导出的所有应变分量均为零时才成立。从而得

$$\Pi(u^p,v^p,w^p)\geqslant\Pi(u,v,w) \quad (9\text{-}3\text{-}17)$$

以上对于无应变状态证明了式(9-3-17)。事实上，这一结论对于任何应变状态都成立。证毕。

值得指出的是，从虚位移原理出发推证最小势能原理时，实际上采用了两个基本假设：系统的总势能存在和应变能为正定函数。前者要求系统必须是保守的，后者则要求平衡必须是稳定的。最小势能原理只有在满足这两个条件的情况下才能成立，而虚位移原理则无此限制，这也是最小势能原理不如虚位移原理应用广泛的主要原因。

例 9.3.1 如图 9-3-1 所示，左端固定、右端有弹簧支撑的梁，其跨度为 l，抗弯刚度为 EI，分布载荷为 $q(x)$，弹簧刚度为 k。试用最小势能原理导出梁的弯曲微分方程和边界条件。

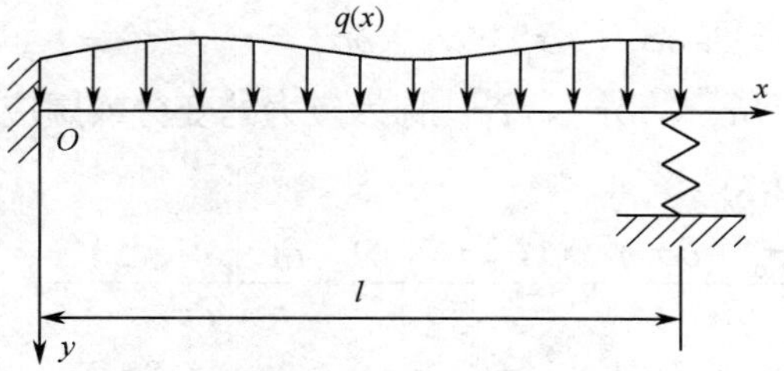

图 9-3-1　有弹簧支撑并受分布载荷的梁

解　该系统的总势能包括梁的弯曲应变能、弹簧的弹性势能和分布载荷 $q(x)$ 做功而产生的外力势能，即

$$\Pi[w]=\frac{1}{2}\int_0^l EIw''^2\,\mathrm{d}x+\frac{1}{2}kw^2(l)-\int_0^l q(x)w\,\mathrm{d}x \tag{1}$$

由最小势能原理 $\delta\Pi=0$，有

$$\begin{aligned}\delta\Pi&=\int_0^l EIw''\delta w''\,\mathrm{d}x+kw(l)\delta w(l)-\int_0^l q(x)\delta w\,\mathrm{d}x\\&=EIw''\delta w'\Big|_0^l-\int_0^l\frac{\mathrm{d}}{\mathrm{d}x}(EIw'')\delta w'\,\mathrm{d}x+kw(l)\delta w(l)-\int_0^l q(x)\delta w\,\mathrm{d}x\\&=EIw''\delta w'\Big|_0^l-\frac{\mathrm{d}}{\mathrm{d}x}(EIw'')\delta w\Big|_0^l+\int_0^l\left[\frac{\mathrm{d}^2}{\mathrm{d}x^2}(EIw'')-q(x)\right]\delta w\,\mathrm{d}x+kw(l)\delta w(l)=0\end{aligned} \tag{2}$$

因梁的左端固定，其位移和转角均为零，故有

$$\delta w\big|_{x=0}=0\,,\quad \delta w'\big|_{x=0}=0 \tag{3}$$

于是，式(2)可写成

$$\delta\Pi=EIw''\delta w'\big|_l-\left[\frac{\mathrm{d}}{\mathrm{d}x}(EIw'')-kw\right]\delta w\Big|_l+\int_0^l\left[\frac{\mathrm{d}^2}{\mathrm{d}x^2}(EIw'')-q(x)\right]\delta w\,\mathrm{d}x=0 \tag{4}$$

由变分 δw 和 $\delta w'$ 的任意性，再考虑到 $EI\neq 0$，可得

$$\frac{\mathrm{d}^2}{\mathrm{d}x^2}(EIw'')=q(x)\qquad (0<x<l) \tag{5}$$

$$w''=0\qquad (x=l) \tag{6}$$

$$\frac{\mathrm{d}}{\mathrm{d}x}(EIw'')=kw(l)\qquad (x=l) \tag{7}$$

其中，式(5)是梁的弯曲微分方程，式(6)和式(7)是梁在 $x=l$ 处的自然边界条件。

9.4　余虚功原理

虚功原理和最小势能原理都是以位移分量作为未知函数，所得到的解是位移解。然后由位移求各应变及应力分量。而在工程中最感兴趣的还是应力分量，如果仍采用先求位移而后通过微分再求应力及应变的方法，那么将会影响解的精度，故以应力作为未知函数来求解尤为必要。

设弹性体在已给定的体力与表面力作用下处于平衡状态。以 ε_x、ε_y、ε_z、γ_{yz}、γ_{zx}、γ_{xy} 和 u、v、w 分别表示一点处的真实的应变分量和位移分量，并以 σ_x、σ_y、σ_z、τ_{yz}、τ_{zx}、τ_{xy} 表示与这些应变分量相应的应力分量。若应力分量发生了微小的改变，则有

$$\sigma_x^p = \sigma_x + \delta\sigma_x\text{，}\ \sigma_y^p = \sigma_y + \delta\sigma_y\text{，}\ \cdots\text{，}\ \tau_{xy}^p = \tau_{xy} + \delta\tau_{xy} \tag{9-4-1}$$

式中，$\delta\sigma_x$、$\delta\sigma_y$、$\delta\sigma_z$、$\delta\tau_{yz}$、$\delta\tau_{zx}$、$\delta\tau_{xy}$ 称为**应力的变分或虚应力**。

将式(9-4-1)代入式(9-2-3)，可得

$$\begin{cases} \dfrac{\partial(\sigma_x + \delta\sigma_x)}{\partial x} + \dfrac{\partial(\tau_{xy} + \delta\tau_{xy})}{\partial y} + \dfrac{\partial(\tau_{zx} + \delta\tau_{zx})}{\partial z} + \bar{F}_x = 0 \\ \dfrac{\partial(\tau_{xy} + \delta\tau_{xy})}{\partial x} + \dfrac{\partial(\sigma_y + \delta\sigma_y)}{\partial y} + \dfrac{\partial(\tau_{yz} + \delta\tau_{yz})}{\partial z} + \bar{F}_y = 0 \\ \dfrac{\partial(\tau_{zx} + \delta\tau_{zx})}{\partial x} + \dfrac{\partial(\tau_{yz} + \delta\tau_{yz})}{\partial y} + \dfrac{\partial(\sigma_z + \delta\sigma_z)}{\partial z} + \bar{F}_z = 0 \end{cases} \tag{9-4-2}$$

式中，体积力 $\bar{F}_x$、$\bar{F}_y$ 和 $\bar{F}_z$ 均为给定的外力，它们不发生变化。

将式(9-4-2)与式(9-2-3)相减，得

$$\begin{cases} \dfrac{\partial\delta\sigma_x}{\partial x} + \dfrac{\partial\delta\tau_{xy}}{\partial y} + \dfrac{\partial\delta\tau_{zx}}{\partial z} = 0 \\ \dfrac{\partial\delta\tau_{xy}}{\partial x} + \dfrac{\partial\delta\sigma_y}{\partial y} + \dfrac{\partial\delta\tau_{yz}}{\partial z} = 0 \\ \dfrac{\partial\delta\tau_{zx}}{\partial x} + \dfrac{\partial\delta\tau_{yz}}{\partial y} + \dfrac{\partial\delta\sigma_z}{\partial z} = 0 \end{cases} \tag{9-4-3}$$

在应力边界 S_σ 上，有

$$\begin{cases} \delta\bar{X} = \delta\sigma_x l + \delta\tau_{xy} m + \delta\tau_{zx} n = 0 \\ \delta\bar{Y} = \delta\tau_{xy} l + \delta\sigma_y m + \delta\tau_{yz} n = 0 \\ \delta\bar{Z} = \delta\tau_{zx} l + \delta\tau_{yz} m + \delta\sigma_z n = 0 \end{cases} \tag{9-4-4}$$

这是因为在应力边界 S_σ 上面力已给定，故此时面力的虚变化均为零。在位移边界 S_u 上面力的虚变化为

$$\begin{cases} \delta X = \delta\sigma_x l + \delta\tau_{xy} m + \delta\tau_{zx} n \\ \delta Y = \delta\tau_{xy} l + \delta\sigma_y m + \delta\tau_{yz} n \\ \delta Z = \delta\tau_{zx} l + \delta\tau_{yz} m + \delta\sigma_z n \end{cases} \tag{9-4-5}$$

由于已假定应变及相应的应力是真实的，因此，弹性体存在下列关系

$$\varepsilon_x - \frac{\partial u}{\partial x} = 0\text{，}\ \varepsilon_y - \frac{\partial v}{\partial y} = 0\text{，}\ \cdots\text{，}\ \gamma_{zx} - \frac{\partial u}{\partial z} - \frac{\partial w}{\partial x} = 0 \tag{9-4-6}$$

在位移已给定的边界 S_u 上有

$$u - \bar{u} = 0\text{，}\ v - \bar{v} = 0\text{，}\ w - \bar{w} = 0 \tag{9-4-7}$$

式中，$\bar{u}$、$\bar{v}$ 和 $\bar{w}$ 是位移边界 S_u 上已给定的位移值。

假定弹性体从平衡状态接受一组任意的、无限小的虚应力 $\delta\sigma_x$、$\delta\sigma_y$、$\delta\sigma_z$、$\delta\tau_{yz}$、$\delta\tau_{zx}$、$\delta\tau_{xy}$，则有

$$\iiint_V \left[\left(\varepsilon_x - \frac{\partial u}{\partial x} \right) \delta\sigma_x + \left(\varepsilon_y - \frac{\partial v}{\partial y} \right) \delta\sigma_y + \left(\varepsilon_z - \frac{\partial w}{\partial z} \right) \delta\sigma_z + \right.$$

$$\left(\gamma_{xy}-\frac{\partial u}{\partial y}-\frac{\partial v}{\partial x}\right)\delta\tau_{xy}+\left(\gamma_{yz}-\frac{\partial w}{\partial y}-\frac{\partial v}{\partial z}\right)\delta\tau_{yz}+\left(\gamma_{zx}-\frac{\partial u}{\partial z}-\frac{\partial w}{\partial x}\right)\delta\tau_{zx}\Bigg]\mathrm{d}V+$$
$$\iint_{S_u}[(u-\overline{u})\delta X+(v-\overline{v})\delta Y+(w-\overline{w})\delta Z]\,\mathrm{d}S=0 \tag{9-4-8}$$

式中，δX、δY 和 δZ 为表面力相应于虚应力的虚变化。

利用高斯公式并通过分部积分，下列关系式成立

$$\iiint_V\frac{\partial u}{\partial x}\delta\sigma_x\,\mathrm{d}V=\iiint_V\frac{\partial}{\partial x}(u\delta\sigma_x)\,\mathrm{d}V-\iiint_V\frac{\partial\delta\sigma_x}{\partial x}u\,\mathrm{d}V=\iint_S u\delta\sigma_x l\,\mathrm{d}S-\iiint_V\frac{\partial\delta\sigma_x}{\partial x}u\,\mathrm{d}V \tag{9-4-9}$$

$$\iiint_V\frac{\partial v}{\partial x}\delta\tau_{xy}\,\mathrm{d}V=\iiint_V\frac{\partial}{\partial x}(v\delta\tau_{xy})\,\mathrm{d}V-\iiint_V\frac{\partial\delta\tau_{xy}}{\partial x}v\,\mathrm{d}V=\iint_S v\delta\tau_{xy}l\,\mathrm{d}S-\iiint_V\frac{\partial\delta\tau_{xy}}{\partial x}v\,\mathrm{d}V \tag{9-4-10}$$

同理，还可以写出与式(9-4-9)相似的两个关系式以及与式(9-4-10)相似的五个关系式，将这些关系式代入式(9-4-8)，可得

$$\iiint_V(\varepsilon_x\delta\sigma_x+\varepsilon_y\delta\sigma_y+\cdots+\gamma_{xy}\delta\tau_{xy})\,\mathrm{d}V+\iiint_V\Bigg[\left(\frac{\partial\delta\sigma_x}{\partial x}+\frac{\partial\delta\tau_{xy}}{\partial y}+\frac{\partial\delta\tau_{zx}}{\partial z}\right)u+$$
$$\left(\frac{\partial\delta\tau_{xy}}{\partial x}+\frac{\partial\delta\sigma_y}{\partial y}+\frac{\partial\delta\tau_{yz}}{\partial z}\right)v+\left(\frac{\partial\delta\tau_{zx}}{\partial x}+\frac{\partial\delta\tau_{yz}}{\partial y}+\frac{\partial\delta\sigma_z}{\partial z}\right)w\Bigg]\mathrm{d}V-$$
$$\iint_S[u(\delta\sigma_x l+\delta\tau_{xy}m+\delta\tau_{zx}n)+v(\delta\tau_{xy}l+\delta\sigma_y m+\delta\tau_{yz}n)+ \tag{9-4-11}$$
$$w(\delta\tau_{zx}l+\delta\tau_{yz}m+\delta\sigma_z n)]\,\mathrm{d}S+$$
$$\iint_{S_u}[(u-\overline{u})\delta X+(v-\overline{v})\delta Y+(w-\overline{w})\delta Z]\,\mathrm{d}S=0$$

注意到式(9-4-3)和式(9-4-4)，并利用式(9-4-5)，式(9-4-11)可化为

$$\iiint_V(\varepsilon_x\delta\sigma_x+\varepsilon_y\delta\sigma_y+\cdots+\gamma_{xy}\delta\tau_{xy})\,\mathrm{d}V-\iint_S(\overline{u}\delta X+\overline{v}\delta Y+\overline{w}\delta Z)\,\mathrm{d}S=0 \tag{9-4-12}$$

注意，本来式(9-4-12)中的面积分只应在位移边界 S_u 上进行，但因为在应力边界 S_σ 上有式(9-4-4)成立，所以在式(9-4-12)中可以把面积分扩展至整个表面。式(9-4-12)称为弹性体的**余虚功原理**。余虚功原理也称为**虚应力原理**。

根据式(9-1-2)和式(9-1-5)，式(9-4-12)可写成

$$\iiint_V\varepsilon_{ij}\delta\sigma_{ij}\,\mathrm{d}V=\iint_S\overline{u}_i\delta X_i\,\mathrm{d}S \tag{9-4-13}$$

式(9-4-13)左边表示弹性体的总余虚能，而右边表示面力的变分在实际位移上所做的功。式(9-4-13)与式(9-2-29)表示的虚位移原理成互补形式。

令式(9-4-13)左端的被积函数为

$$\delta U_0^c=\varepsilon_x\delta\sigma_x+\varepsilon_y\delta\sigma_y+\varepsilon_z\delta\sigma_z+\gamma_{yz}\delta\tau_{yz}+\gamma_{zx}\delta\tau_{zx}+\gamma_{xy}\delta\tau_{xy}=\varepsilon_{ij}\delta\sigma_{ij} \tag{9-4-14}$$

式(9-4-14)称为弹性体**余应变能密度的变分**或**余虚应变能密度**，而 U_0^c 是单位体积的余应变能，称为**余能密度函数**或**余应变能密度**，简称**余能密度**。因为余能密度是用应力表示的，所以它有时也称为**应力能密度**。余能密度可表示为

$$U_0^c=U_0^c(\sigma_x,\sigma_y,\sigma_z,\tau_{yz},\tau_{zx},\tau_{xy})=U_0^c(\sigma_{ij}) \tag{9-4-15}$$

这样，式(9-4-13)左端可写成

$$\delta U^c(\sigma_{ij})=\delta\iiint_V U_0^c(\sigma_{ij})\,\mathrm{d}V=\iiint_V\delta U_0^c(\sigma_{ij})\,\mathrm{d}V=\iiint_V\delta U_0^c\,\mathrm{d}V \tag{9-4-16}$$

式(9-4-16)称为**余应变能的变分**或弹性体的**余虚应变能**，其中 U^c 称为在已达到某个应变状态时整个弹性体内的**余应变能**，简称**余能**。

根据弹性力学的理论，无论是线性的还是非线性的弹性体，应变能密度和余应变能密度都存在下列关系

$$U_0(\varepsilon_{ij}) + U_0^c(\sigma_{ij}) = \sigma_{ij}\varepsilon_{ij} \tag{9-4-17}$$

式(9-4-13)右端称为边界位移的**余虚功**，即

$$\delta W^c = \iint_S \overline{u}_i \delta X_i \,\mathrm{d}S \tag{9-4-18}$$

根据式(9-4-16)和式(9-4-18)，式(9-4-13)可写成

$$\delta U^c = \delta W^c \tag{9-4-19}$$

根据式(9-4-12)，弹性体的余虚功原理可表述为：**当弹性体满足平衡方程和给定的力学边界条件时，给定的真实位移在虚表面力上所做的余虚功等于弹性体内真实应变在虚应力上所产生的余应变能。**

需要特别指出的是，无论材料的应力–应变关系即本构关系如何，余虚功原理都成立。

9.5 最小余能原理

最小余能原理也称为**总余能原理**。根据弹性力学的一般理论，在小变形的情况下，余能函数U_0^c是个正定单值函数，$\mathrm{d}U_0^c$必定是全微分，因而有下列关系

$$\begin{cases} \varepsilon_x = \dfrac{\partial U_0^c}{\partial \sigma_x},\ \varepsilon_y = \dfrac{\partial U_0^c}{\partial \sigma_y},\ \varepsilon_z = \dfrac{\partial U_0^c}{\partial \sigma_z} \\ \gamma_{yz} = \dfrac{\partial U_0^c}{\partial \tau_{yz}},\ \gamma_{zx} = \dfrac{\partial U_0^c}{\partial \tau_{zx}},\ \gamma_{xy} = \dfrac{\partial U_0^c}{\partial \tau_{xy}} \end{cases} \tag{9-5-1}$$

所以，表示余虚功原理的式(9-4-13)便成为

$$\iiint_V \left(\frac{\partial U_0^c}{\partial \sigma_x}\delta\sigma_x + \frac{\partial U_0^c}{\partial \sigma_y}\delta\sigma_y + \cdots + \frac{\partial U_0^c}{\partial \tau_{xy}}\delta\tau_{xy} \right)\mathrm{d}V - \iint_S (\overline{u}\delta X + \overline{v}\delta Y + \overline{w}\delta Z)\,\mathrm{d}S = 0 \tag{9-5-2}$$

或

$$\iiint_V \delta U_0^c \,\mathrm{d}V - \iint_{S_u} \overline{u}_i \delta X_i \,\mathrm{d}S = 0 \tag{9-5-3}$$

注意到在应力边界S_σ上，$\delta X_i = \delta \overline{X}_i = 0$，在位移边界$S_u$上，$\overline{u}$、$\overline{v}$和$\overline{w}$为常数，于是式(9-5-3)可写成

$$\delta\left(\iiint_V U_0^c \,\mathrm{d}V - \iint_S \overline{u}_i X_i \,\mathrm{d}S \right) = 0 \tag{9-5-4}$$

或

$$\delta \Pi^c = \delta(U^c - W^c) = \delta(U^c + V^c) = 0 \tag{9-5-5}$$

式中

$$U^c = \iiint_V U_0^c \,\mathrm{d}V \tag{9-5-6}$$

为弹性体的余应变能；Π^c为弹性体的**总余能**；V^c为面力的**余虚能**，令

$$-V^c = W^c = \iint_S \overline{u}_i X_i \,\mathrm{d}S \tag{9-5-7}$$

式中，它与面力的余虚功W^c差一个负号。

式(9-5-5)表示余能的极值原理。事实上，仿照最小势能原理的证明方法，可以证明这个余能为极小值，故得最小余能原理：

在满足平衡方程和静力边界条件的所有应力分量的函数中，真实的应力分量能使弹性体的

总余能取极小值。

利用最小余能原理，可以把应力微分方程的边值问题转化为求总余能泛函的变分问题。与最小势能原理一样，最小余能原理也在保守系统处于稳定平衡的情况下才能成立。最小余能原理与最小势能原理成互补形式。

需要强调指出的是，最小余能原理虽然与余虚功原理在数学表达形式上相似甚至相同，但内涵却不一样，余虚功原理并没有要求材料的本构关系，而最小余能原理却给出了材料的本构关系。

9.6 哈密顿原理及其应用

9.6.1 质点系的哈密顿原理

设有 n 个质点组成的非自由质点系，其中第 i 个质点 P_i 所受的合力可分为两类：主动力 $\boldsymbol{F}_i$ 和约束反力 $\boldsymbol{R}_i$。若约束反力在系统的任意虚位移上所做元功之和恒等于零，即

$$\sum_{i=1}^{n} \boldsymbol{R}_i \cdot \delta \boldsymbol{r}_i = 0 \tag{9-6-1}$$

则这种约束称为**理想约束**，式中，$\boldsymbol{R}_i$ 为作用于系统中任一质点 i 上的约束反力；$\delta \boldsymbol{r}_i$ 为该质点的任意虚位移。

设 n 个质点组成的系统受到理想约束并处于运动状态，其中第 i 个质点 P_i 所受的主动力的合力为 $\boldsymbol{F}_i$，约束反力的合力为 $\boldsymbol{R}_i$，质量为 m_i，具有加速度 $\boldsymbol{a}_i$，且在初始时刻 t_0 和终了时刻 t_1，系统的正路和旁路在同一位置上。根据牛顿第二定律，在任一瞬时，有

$$m_i \boldsymbol{a}_i = \boldsymbol{F}_i + \boldsymbol{R}_i \quad (i = 1, 2, \cdots, n) \tag{9-6-2}$$

式(9-6-2)可写改成

$$\boldsymbol{F}_i - m_i \boldsymbol{a}_i + \boldsymbol{R}_i = \boldsymbol{0} \quad (i = 1, 2, \cdots, n) \tag{9-6-3}$$

式(9-6-3)表明，在任一瞬时，作用于质点系内每个质点的主动力 $\boldsymbol{F}_i$、约束反力 $\boldsymbol{R}_i$ 和惯性力 $-m_i \boldsymbol{a}_i$ 构成平衡力系，这称为质点系的**达朗贝尔原理**。在此瞬时，给系统以任意虚位移 $\delta \boldsymbol{r}_i \, (i = 1, 2, \cdots, n)$ 并求和，因系统受理想约束，故有

$$\sum_{i=1}^{n} (\boldsymbol{F}_i - m_i \boldsymbol{a}_i) \cdot \delta \boldsymbol{r}_i = \sum_{i=1}^{n} \boldsymbol{F}_i \cdot \delta \boldsymbol{r}_i + \sum_{i=1}^{n} (-m_i \boldsymbol{a}_i) \cdot \delta \boldsymbol{r}_i = 0 \tag{9-6-4}$$

式(9-6-4)称为**动力学普遍方程**，或称为**达朗贝尔–拉格朗日方程**，有时也称为**达朗贝尔原理的拉格朗日形式**。该方程可表述为：**具有理想约束的质点系运动时，在任意时刻，主动力和惯性力在任意虚位移上所做的元功之和为零**。全部动力学的定理和方程都可由动力学普遍方程推导出来。显然，在动力学普遍方程中，理想约束的约束反力没有出现。

式(9-6-4)第一项可写成

$$\delta' W = \sum_{i=1}^{n} \boldsymbol{F}_i \cdot \delta \boldsymbol{r}_i \tag{9-6-5}$$

式中，$\delta' W$ 为给定力系在虚位移上所做的元功即虚功。

需要指出的是，第 i 个质点受到的主动力的合力 $\boldsymbol{F}_i$ 可能依赖于 $\boldsymbol{r}_i$、$\dot{\boldsymbol{r}}_i$ 和 t，但虚功表达式并不包含带有 $\delta \dot{\boldsymbol{r}}_i$ 的项。因此虚功 $\delta' W$ 一般情况下并不表示总功 W 的变分，也就是说，在得到力的功的表达式 W 以后，一般不能由该表达式求变分而得到该力的虚功。$\delta' W$ 只是数量积 $\sum_{i=1}^{n} \boldsymbol{F}_i \cdot \delta \boldsymbol{r}_i$ 的简写，它并不一定是 W 的变分。

惯性力的虚功 $-m_i \boldsymbol{a}_i \cdot \delta \boldsymbol{r}_i$ 可改写成

$$-m_i \boldsymbol{a}_i \cdot \delta \boldsymbol{r}_i = -m_i \frac{\mathrm{d}\boldsymbol{v}_i}{\mathrm{d}t} \cdot \delta \boldsymbol{r}_i = -\frac{\mathrm{d}}{\mathrm{d}t}(m_i \boldsymbol{v}_i \cdot \delta \boldsymbol{r}_i) + m_i \boldsymbol{v}_i \cdot \frac{\mathrm{d}}{\mathrm{d}t}\delta \boldsymbol{r}_i \tag{9-6-6}$$

由于微分和变分可交换次序，故有

$$\frac{\mathrm{d}}{\mathrm{d}t}\delta \boldsymbol{r}_i = \delta \frac{\mathrm{d}\boldsymbol{r}_i}{\mathrm{d}t} = \delta \boldsymbol{v}_i \tag{9-6-7}$$

将式(9-6-7)代入式(9-6-6)并求和，得

$$\begin{aligned}\sum_{i=1}^{n}(-m_i \boldsymbol{a}_i \cdot \delta \boldsymbol{r}_i) &= -\frac{\mathrm{d}}{\mathrm{d}t}\left(\sum_{i=1}^{n} m_i \boldsymbol{v}_i \cdot \delta \boldsymbol{r}_i\right) + \sum_{i=1}^{n} m_i \boldsymbol{v}_i \cdot \delta \boldsymbol{v}_i \\ &= -\frac{\mathrm{d}}{\mathrm{d}t}\left(\sum_{i=1}^{n} m_i \boldsymbol{v}_i \cdot \delta \boldsymbol{r}_i\right) + \sum_{i=1}^{n} \delta\left(\frac{m_i \boldsymbol{v}_i \cdot \boldsymbol{v}_i}{2}\right) \\ &= -\frac{\mathrm{d}}{\mathrm{d}t}\left(\sum_{i=1}^{n} m_i \boldsymbol{v}_i \cdot \delta \boldsymbol{r}_i\right) + \delta T\end{aligned} \tag{9-6-8}$$

式中，$T = \sum_{i=1}^{n} \frac{m_i \boldsymbol{v}_i \cdot \boldsymbol{v}_i}{2}$ 为系统的**总动能**。

将式(9-6-5)和式(9-6-8)代入式(9-6-4)，得

$$\delta T + \delta' W = \frac{\mathrm{d}}{\mathrm{d}t}\sum_{i=1}^{n}(m_i \boldsymbol{v}_i \cdot \delta \boldsymbol{r}_i) \tag{9-6-9}$$

对式(9-6-9)从 t_0 至 t_1 时刻积分，并注意到当 $t = t_0$ 和 $t = t_1$ 时正路和旁路占有相同的位置 M_0 和 M_1，即 $\delta \boldsymbol{r}_i\big|_{t=t_0} = \delta \boldsymbol{r}_i\big|_{t=t_1} = 0$，则

$$\int_{t_0}^{t_1}(\delta T + \delta' W)\,\mathrm{d}t = \int_{t_0}^{t_1}\frac{\mathrm{d}}{\mathrm{d}t}\left(\sum_{i=1}^{n} m_i \boldsymbol{v}_i \cdot \delta \boldsymbol{r}_i\right)\mathrm{d}t = \sum_{i=1}^{n} m_i \boldsymbol{v}_i \cdot \delta \boldsymbol{r}_i\Bigg|_{t=t_0}^{t=t_1} = 0 \tag{9-6-10}$$

或

$$\int_{t_0}^{t_1}(\delta T + \delta' W)\,\mathrm{d}t = 0 \tag{9-6-11}$$

式(9-6-11)称为**哈密顿原理的广义形式**。

当 $\delta' W$ 恰为某个函数的变分 δW 时，式(9-6-11)可改写成

$$\delta \int_{t_0}^{t_1}(T + W)\,\mathrm{d}t = 0 \tag{9-6-12}$$

当主动力为有势力时，有 $\delta W = -\delta V$，这里 V 是系统的势能，一般情况下，它只是系统位置坐标的单值连续函数，也称为**势能函数**或**势函数**。故

$$\delta T + \delta W = \delta T - \delta V = \delta(T - V) = \delta L \tag{9-6-13}$$

式中，$L = T - V$ 称为**拉格朗日函数**。单位体积的拉格朗日函数称为**拉格朗日密度函数**或**拉格朗日函数密度**。于是，可得到下述哈密顿原理。

哈密顿原理：对于任何有势力作用下的完整系统的质点系，在给定始点 t_0 和终点 t_1 的状态后，其真实运动与任何容许运动的区别是真实运动使泛函

$$J = \int_{t_0}^{t_1}(T - V)\,\mathrm{d}t = \int_{t_0}^{t_1} L\,\mathrm{d}t \tag{9-6-14}$$

达到极值，即

$$\delta J = \delta \int_{t_0}^{t_1}(T - V)\,\mathrm{d}t = \delta \int_{t_0}^{t_1} L\,\mathrm{d}t = 0 \tag{9-6-15}$$

哈密顿原理虽未指明真实路径使泛函取极大值还是极小值，但一般情况下，哈密顿原理所

涉及的泛函在真实路径上都是取极小值。

哈密顿原理又称为**稳定作用量原理**或**最小作用(量)原理**，由哈密顿于 1834 年提出，是力学中的基本原理，与动力学普遍方程等价，它把力学原理化为更一般的形式，并且与坐标系的选择无关，这反映出物质运动规律的不变性，在理论上具有意义的普遍性，在应用上具有广泛的适应性。式(9-6-14)称为**哈密顿作用量**，简称**作用量**。作用量是具有能量乘以时间或动量乘以长度量纲的量。哈密顿原理只涉及两个动力学函数，即系统的动能和势能。

若把T、V和L分别看作质点系在时刻t的**动能密度**(即单位体积的动能)、**势能密度**(即单位体积的势能)和拉格朗日密度函数，则哈密顿原理可写成如下形式

$$\delta J=\delta\int_{t_0}^{t_1}\iiint_V(T-V)\,\mathrm{d}V\,\mathrm{d}t=\delta\int_{t_0}^{t_1}\iiint_V L\,\mathrm{d}V\,\mathrm{d}t=0 \tag{9-6-16}$$

式中，微分号下的V是质点系所占据的空间域。

运用哈密顿原理，可以推导出质点系真实运动所应满足的微分方程。下面通过保守力场的几个例子说明哈密顿原理。

考虑由n个质点组成的不受约束的质点系，质点的质量分别为$m_1,m_2,\cdots,m_n$，其中第i个质点m_i的坐标为(x_i,y_i,z_i)，$(i=1,2,\cdots,n)$，质点系的动能为

$$T=\frac{1}{2}\sum_{i=1}^{n}m_i[\dot{x}_i^2(t)+\dot{y}_i^2(t)+\dot{z}_i^2(t)] \tag{9-6-17}$$

第i个质点的势能函数用$V=V(t,x_i,y_i,z_i)$表示，该质点所受的势函数的作用力为

$$\boldsymbol{F}_i=F_{x_i}\boldsymbol{i}+F_{y_i}\boldsymbol{j}+F_{z_i}\boldsymbol{k}=-\nabla V \tag{9-6-18}$$

式中

$$F_{x_i}=-\frac{\partial V}{\partial x_i},\quad F_{y_i}=-\frac{\partial V}{\partial y_i},\quad F_{z_i}=-\frac{\partial V}{\partial z_i}\quad (i=1,2,\cdots,n) \tag{9-6-19}$$

质点系的运动是用牛顿方程组描述的，即各质点的运动方程组为

$$\begin{cases}x_i=x_i(t)\\ y_i=y_i(t)\quad (t_0\leqslant t\leqslant t_1,\ \ i=1,2,\cdots,n)\\ z_i=z_i(t)\end{cases} \tag{9-6-20}$$

它应满足如下微分方程组

$$\begin{cases}m_i\ddot{x}_i=F_{x_i}=-\dfrac{\partial V}{\partial x_i}\\ m_i\ddot{y}_i=F_{y_i}=-\dfrac{\partial V}{\partial y_i}\quad (i=1,2,\cdots,n)\\ m_i\ddot{z}_i=F_{z_i}=-\dfrac{\partial V}{\partial z_i}\end{cases} \tag{9-6-21}$$

对T和$-V$积分，则有泛函

$$J_1=\int_{t_0}^{t_1}T(\dot{x}_i(t),\dot{y}_i(t),\dot{z}_i(t))\,\mathrm{d}t \tag{9-6-22}$$

$$J_2=\int_{t_0}^{t_1}-V(t,x_i(t),y_i(t),z_i(t))\,\mathrm{d}t \tag{9-6-23}$$

泛函J_1的变分为

$$\delta J_1=\int_{t_0}^{t_1}\left(\frac{\partial T}{\partial\dot{x}_i}\delta\dot{x}_i+\frac{\partial T}{\partial\dot{y}_i}\delta\dot{y}_i+\frac{\partial T}{\partial\dot{z}_i}\delta\dot{z}_i\right)\mathrm{d}t \tag{9-6-24}$$

将式(9-6-24)积分号中的每一项分部积分，并注意到

$$\delta x_i(t_0)=\delta x_i(t_1)=0 \quad (i=1,2,\cdots,n) \tag{9-6-25}$$

可得

$$\begin{aligned}\delta J_1&=-\int_{t_0}^{t_1}\left(\frac{\mathrm{d}}{\mathrm{d}t}\frac{\partial T}{\partial \dot{x}_i}\delta x_i+\frac{\mathrm{d}}{\mathrm{d}t}\frac{\partial T}{\partial \dot{y}_i}\delta y_i+\frac{\mathrm{d}}{\mathrm{d}t}\frac{\partial T}{\partial \dot{z}_i}\delta z_i\right)\mathrm{d}t \quad (i=1,2,\cdots,n)\\&=-\int_{t_0}^{t_1}(m_i\ddot{x}_i\delta x_i+m_i\ddot{y}_i\delta y_i+m_i\ddot{z}_i\delta z_i)\,\mathrm{d}t\end{aligned} \tag{9-6-26}$$

泛函 J_2 的变分为

$$\delta J_2=-\int_{t_0}^{t_1}\left(\frac{\partial V}{\partial x_i}\delta x_i+\frac{\partial V}{\partial y_i}\delta y_i+\frac{\partial V}{\partial z_i}\delta z_i\right)\mathrm{d}t \quad (i=1,2,\cdots,n) \tag{9-6-27}$$

由式(9-6-21)可得

$$\delta J_1=\delta J_2 \tag{9-6-28}$$

或

$$\delta(J_1-J_2)=0 \tag{9-6-29}$$

由此可见，如果函数 $x_i(t)$，$y_i(t)$，$z_i(t)$ 在时间 $t_0\leqslant t\leqslant t_1$ 间隔内描述质点系的运动，那么，对于这些函数，泛函

$$J=J_1-J_2=\int_{t_0}^{t_1}(T-V)\,\mathrm{d}t \tag{9-6-30}$$

取极值，即上述质点系遵循哈密顿原理。

假定上述质点系的坐标还受到 k 个约束条件的约束，即

$$G_j(t,x_i,y_i,z_i)=0 \quad (i=1,2,\cdots,n,\ \ j=1,2,\cdots,k) \tag{9-6-31}$$

根据哈密顿原理，各质点的运动曲线

$$\begin{cases}x_i=x_i(t)\\y_i=y_i(t)\\z_i=z_i(t)\end{cases} \quad (t_0\leqslant t\leqslant t_1,\ \ i=1,2,\cdots,n) \tag{9-6-32}$$

应使泛函

$$J=\int_{t_0}^{t_1}(T-V)\,\mathrm{d}t=\int_{t_0}^{t_1}\left[\frac{1}{2}\sum_{i=1}^{n}m_i(\dot{x}_i^2+\dot{y}_i^2+\dot{z}_i^2)-V\right]\mathrm{d}t \tag{9-6-33}$$

在式(9-6-31)下取得极值，这是一个条件极值的变分问题。

作辅助泛函

$$J=\int_{t_0}^{t_1}\left[\frac{1}{2}\sum_{i=1}^{n}m_i(\dot{x}_i^2+\dot{y}_i^2+\dot{z}_i^2)-V+\sum_{j=1}^{k}\lambda_j(t)G_j\right]\mathrm{d}t \tag{9-6-34}$$

泛函的欧拉方程组为

$$\begin{cases}m_i\ddot{x}_i^2=-\dfrac{\partial V}{\partial x_i}+\displaystyle\sum_{j=1}^{k}\lambda_j(t)\frac{\partial G_j}{\partial x_i}\\m_i\ddot{y}_i^2=-\dfrac{\partial V}{\partial y_i}+\displaystyle\sum_{j=1}^{k}\lambda_j(t)\frac{\partial G_j}{\partial y_i}\\m_i\ddot{z}_i^2=-\dfrac{\partial V}{\partial z_i}+\displaystyle\sum_{j=1}^{k}\lambda_j(t)\frac{\partial G_j}{\partial z_i}\end{cases} \quad (i=1,2,\cdots,n) \tag{9-6-35}$$

一个自由质点的空间的位置需要三个独立坐标来确定。由 n 个质点组成的自由系需要 $3n$ 个独立坐标才能完全确定。

能完全决定系统位置的彼此独立的变量称为该系统的**广义坐标**(简称**坐标**)。常用符号 q_1，q_2，…表示广义坐标。广义坐标的特点是它们之间没有依赖关系，故又称为**独立坐标**。广义坐标并不一定取直角坐标，也可以选用其他变量，如距离、弧长、角度和面积等。只要能够确定系统位置的变量都可作为广义坐标。

n 个质点组成的系统，受到 m 个完整约束的限制，系统的位形可以由 $k=3n-m$ 个广义坐标完全确定。可以把具有 k 个广义坐标也就是有 k 个自由度的系统的运动看成是 k 维空间中一个代表点的运动，空间中的维度对应于 q_i 中的一个广义坐标，这个 k 维空间称为**位形空间**。简单地说，系统的所有位形构成的集合就称为系统的**位形空间**。

广义坐标的虚位移称为**坐标的变分**。系统广义坐标的独立变分数目称为系统的**自由度数目**，简称**自由度**。由 n 个质点组成的质点系有 m 个完整约束，广义坐标的个数为

$$k=3n-m \tag{9-6-36}$$

若上述运动还受另外 m 个约束方程

$$\varphi_j(t,x_1,x_2,\cdots,x_n,y_1,y_2,\cdots,y_n,z_1,z_2,\cdots,z_n)=0 \quad (j=1,2,\cdots,m,\ \ m<3n) \tag{9-6-37}$$

的约束，则独立变量的数目只有 $3n-m$ 个。可用广义坐标即 q_1，q_2，…，q_{3n-m} 来表示这些独立变量。如果用这 $3n-m$ 个广义坐标表示原来的坐标 x_i，y_i，z_i，即

$$\begin{cases} x_i=x_i(q_1,q_2,\cdots,q_{3n-m},t) \\ y_i=y_i(q_1,q_2,\cdots,q_{3n-m},t) \\ z_i=z_i(q_1,q_2,\cdots,q_{3n-m},t) \end{cases} \quad (i=1,2,\cdots,n) \tag{9-6-38}$$

则 T 和 V 也是广义坐标 q_1，q_2，…，q_{3n-m} 的函数，即

$$T=T(q_1,q_2,\cdots,q_{3n-m},\dot{q}_1,\dot{q}_2,\cdots,\dot{q}_{3n-m},t) \tag{9-6-39}$$

$$V=V(q_1,q_2,\cdots,q_{3n-m},t) \tag{9-6-40}$$

将式(9-6-39)和式(9-6-40)代入式(9-6-15)，得

$$\delta J=\int_{t_0}^{t_1}\sum_{i=1}^{3n-m}\left[\frac{\partial(T-V)}{\partial q_i}\delta q_i+\frac{\partial T}{\partial\dot{q}_i}\delta\dot{q}_i\right]\mathrm{d}t=0 \tag{9-6-41}$$

式中，$\dot{q}_i$ 称为**广义速度**，动能对广义速度的偏导数 $\dfrac{\partial T}{\partial\dot{q}_i}$ 称为**广义动量**。

由于 $L=T-V$，且 V 不是 $\dot{q}_i$ 的函数，故式(9-6-41)也可写成

$$\delta J=\int_{t_0}^{t_1}\sum_{i=1}^{3n-m}\left(\frac{\partial L}{\partial q_i}\delta q_i+\frac{\partial L}{\partial\dot{q}_i}\delta\dot{q}_i\right)\mathrm{d}t=0 \tag{9-6-42}$$

式中，拉格朗日函数对广义速度的偏导数 $\dfrac{\partial L}{\partial\dot{q}_i}$ 也称为**广义动量**。

将式(9-6-42)分部积分，得

$$\delta J=\int_{t_0}^{t_1}\sum_{i=1}^{3n-m}\left(\frac{\partial L}{\partial q_i}-\frac{\mathrm{d}}{\mathrm{d}t}\frac{\partial L}{\partial\dot{q}_i}\right)\delta q_i\,\mathrm{d}t=0 \tag{9-6-43}$$

于是，欧拉方程就可以写成以下两种形式

$$\frac{\partial(T-V)}{\partial q_i}-\frac{\mathrm{d}}{\mathrm{d}t}\frac{\partial T}{\partial\dot{q}_i}=0 \quad (i=1,2,\cdots,3n-m) \tag{9-6-44}$$

$$\frac{\partial L}{\partial q_i}-\frac{\mathrm{d}}{\mathrm{d}t}\frac{\partial L}{\partial \dot{q}_i}=0 \quad (i=1,2,\cdots,3n-m) \tag{9-6-45}$$

式(9-6-44)和式(9-6-45)均称为**保守系统的拉格朗日方程组**。满足拉格朗日方程组的运动必定是真实运动，即运动路径是正路。式(9-6-45)也正是泛函取极值所必须满足的欧拉方程。

如果拉格朗日函数 L 不显含某个广义坐标 q_i，则该坐标 q_i 称为**循环坐标或可遗坐标**。注意，此时 L 必显含 $\dot{q}_i$，否则系统与 q_i 无关，而退化成只有 $3(n-1)-m$ 个广义坐标的系统。一个循环坐标就对应一个积分，称为拉格朗日方程的**循环积分**。

例 9.6.1 试就自由质点由哈密顿原理导出牛顿第一定律。

解 设自由质点的质量为 m，其势能 $V=0$，动能为

$$T=\frac{1}{2}m(\dot{x}^2+\dot{y}^2+\dot{z}^2)$$

拉格朗日函数为

$$L=T-V=\frac{1}{2}m(\dot{x}^2+\dot{y}^2+\dot{z}^2)$$

哈密顿作用量为

$$J=\int_{t_0}^{t_1}L\,\mathrm{d}t=\frac{1}{2}\int_{t_0}^{t_1}m(\dot{x}^2+\dot{y}^2+\dot{z}^2)\,\mathrm{d}t$$

其欧拉方程组为

$$\begin{cases}\dfrac{\partial L}{\partial x}-\dfrac{\mathrm{d}}{\mathrm{d}t}\dfrac{\partial L}{\partial \dot{x}}=0\\[2mm] \dfrac{\partial L}{\partial y}-\dfrac{\mathrm{d}}{\mathrm{d}t}\dfrac{\partial L}{\partial \dot{y}}=0\\[2mm] \dfrac{\partial L}{\partial z}-\dfrac{\mathrm{d}}{\mathrm{d}t}\dfrac{\partial L}{\partial \dot{z}}=0\end{cases} \quad \text{即} \begin{cases}0-m\ddot{x}=0\\0-m\ddot{y}=0\\0-m\ddot{z}=0\end{cases}$$

得 $\ddot{x}=\ddot{y}=\ddot{z}=0$，即自由质点的加速度为零，故其速度为常量。这表明，当自由质点不受外力作用时，它或静止，此时 $\dot{x}=\dot{y}=\dot{z}=0$，或作匀速直线运动，此时 $\dot{x}=\dot{y}=\dot{z}=c$，其中，$c$ 为常量。

例 9.6.2 弦振动方程。如图 9-6-1 所示，设有一条张紧的均匀弦，其线密度为 ρ，长度为 l，两端分别固定在点 $A(0,0)$，$B(l,0)$ 处，初始位置在 Ox 轴上，并在 Oxu 平面上作垂直于 Ox 轴的运动，试建立此弦振动的微分方程。

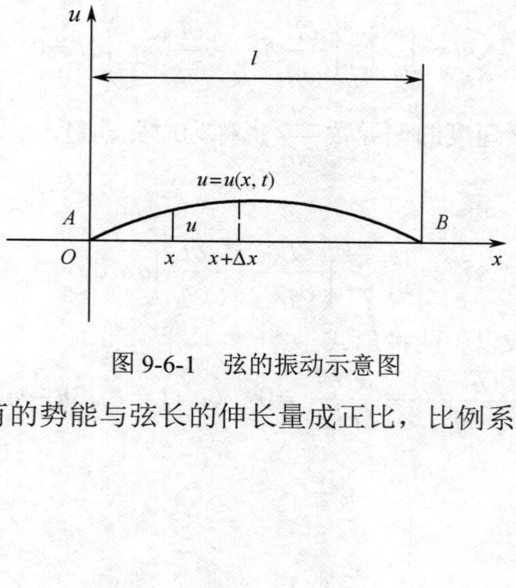

图 9-6-1 弦的振动示意图

解 弦被拉伸后所具有的势能与弦长的伸长量成正比，比例系数为 τ (张力)，设弦的位移方程为

$$u = u(x,t)$$

在 t 时刻，弦在区间 $[x, x+\Delta x]$ 上的动能为

$$\Delta T = \frac{1}{2}\rho\Delta x u_t^2$$

式中，u_t 为弦的位移速度。

弦的总动能为

$$T = \frac{\rho}{2}\int_0^l u_t^2\,\mathrm{d}x$$

弦的势能为

$$V = \tau\left(\int_0^l \sqrt{1+u_x^2}\,\mathrm{d}x - l\right)$$

利用泰勒公式，有 $\sqrt{1+u_x^2} \approx 1 + \frac{1}{2}u_x^2$，于是

$$V = \frac{\tau}{2}\int_0^l u_x^2\,\mathrm{d}x$$

根据哈密顿原理，泛函

$$J = \frac{1}{2}\int_{t_0}^{t_1}\int_0^l (\rho u_t^2 - \tau u_x^2)\,\mathrm{d}x\,\mathrm{d}t$$

的变分 $\delta J = 0$，可得欧拉方程

$$u_{tt} - a^2 u_{xx} = 0 \qquad \left(a^2 = \frac{\tau}{\rho}\right)$$

此即弦的振动方程。

例 9.6.3 如图 9-6-2 所示，设单摆的摆杆长度为 l，摆锤质量为 m。忽略摆杆质量，试用哈密顿原理建立单摆的运动方程。

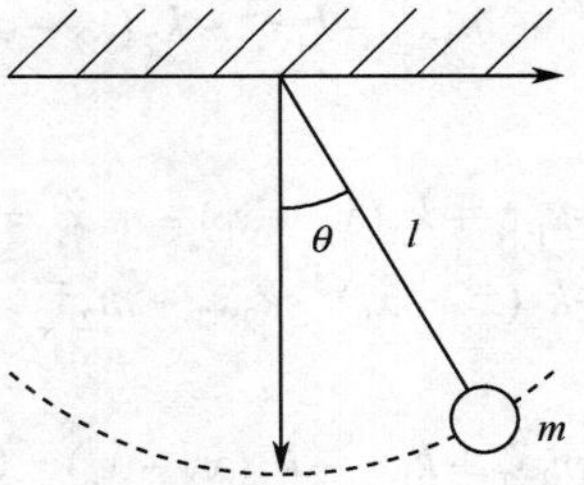

图 9-6-2 单摆的运动示意图

解 取摆杆与铅垂线的夹角 θ 为广义坐标，选过悬挂点 O 的水平面为势能零位置，则摆的动能、势能和拉格朗日函数分别为

$$T = \frac{1}{2}m(l\dot{\theta})^2$$

$$V = -mgl\cos\theta$$

$$L = T - V = \frac{1}{2}m(l\dot{\theta})^2 + mgl\cos\theta$$

根据哈密顿原理，泛函

$$J = \frac{1}{2}\int_{t_0}^{t_1}[m(l\dot{\theta})^2 + 2mgl\cos\theta]\,\mathrm{d}t$$

的变分 $\delta J = 0$，可得欧拉方程

$$-mgl\sin\theta - ml^2\ddot{\theta} = 0$$

或

$$\ddot{\theta} + \frac{g}{l}\sin\theta = 0$$

例 9.6.4 如图 9-6-3 所示，设质量分别为 m_1 和 m_2 的物体 A 和 B 用三根弹簧串连在一起组成一个质点系，该系统无摩擦力且弹簧质量可忽略不计。三根弹簧的刚度分别为 k_1、k_2 和 k_3。试求物体 A 和 B 的运动方程。

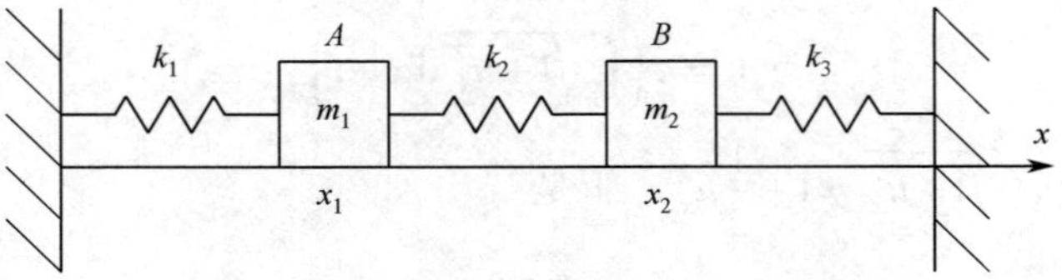

图 9-6-3 弹簧系统的运动

解 取各物体离开其平衡位置的位移 x_1 和 x_2 为广义坐标，则系统的动能和势能分别为

$$T = \frac{1}{2}m_1\dot{x}_1^2 + \frac{1}{2}m_2\dot{x}_2^2$$

$$V = \frac{1}{2}[k_1x_1^2 + k_2(x_2 - x_1)^2 + k_3x_2^2]$$

系统的拉格朗日函数为

$$L = T - V = \frac{1}{2}[m_1\dot{x}_1^2 + m_2\dot{x}_2^2 - k_1x_1^2 - k_2(x_2 - x_1)^2 - k_3x_2^2]$$

哈密顿作用量为

$$J = \frac{1}{2}\int_{t_1}^{t_2}[m_1\dot{x}_1^2 + m_2\dot{x}_2^2 - k_1x_1^2 - k_2(x_2 - x_1)^2 - k_3x_2^2]\mathrm{d}t$$

其欧拉方程组为

$$\begin{cases} -k_1x_1 + k_2(x_2 - x_1) - m_1\ddot{x}_1 = 0 \\ -k_2(x_2 - x_1) - k_3x_2 - m_2\ddot{x}_2 = 0 \end{cases}$$

或

$$\begin{cases} m_1\ddot{x}_1 + k_1x_1 - k_2(x_2 - x_1) = 0 \\ m_2\ddot{x}_2 + k_2(x_2 - x_1) + k_3x_2 = 0 \end{cases}$$

这就是系统的运动方程组。

例 9.6.5 在质点力学中，系统的作用量可表示为泛函

$$J[q(t)] = \int_{t_0}^{t_1} L(q(t), \dot{q}(t), t)\,\mathrm{d}t$$

式中，$q(t)$ 和 $\dot{q}(t)$ 分别为广义坐标和广义速度，L 为拉格朗日函数。

已知：(1) 自由质点的拉格朗日函数为 $L = -mc\sqrt{c^2 - v^2}$；(2) 在势能场 $V(\boldsymbol{r})$ 中运动质点的拉格朗日函数为 $L = \frac{m}{2}v^2 - V(\boldsymbol{r})$。分别求它们的作用量 J 有极值的必要条件。在(2) 中若矢径和速度均用标量表示时，结果又如何？

解 (1) 速度 v 相当于 $\dot{q}$，泛函取极值的必要条件是满足欧拉方程

$$mc\frac{\mathrm{d}}{\mathrm{d}t}\frac{v}{\sqrt{c^2-v^2}}=0 \quad 即 \quad \frac{(c^2-v^2)a+v^2}{(c^2-v^2)^{\frac{3}{2}}}=0$$

式中，$a=\frac{\mathrm{d}v}{\mathrm{d}t}=\dot{v}$为加速度。

(2) 因$V(\boldsymbol{r})=V(x\boldsymbol{i}+y\boldsymbol{j}+z\boldsymbol{k})$，故欧拉方程为

$$-(V_x\boldsymbol{i}+V_y\boldsymbol{j}+V_z\boldsymbol{k})-m\frac{\mathrm{d}\boldsymbol{v}}{\mathrm{d}t}=\boldsymbol{0}$$

但

$$V_x\boldsymbol{i}+V_y\boldsymbol{j}+V_z\boldsymbol{k}=\frac{\partial V}{\partial x}\boldsymbol{i}+\frac{\partial V}{\partial y}\boldsymbol{j}+\frac{\partial V}{\partial z}\boldsymbol{k}=\nabla V$$

故

$$m\frac{\mathrm{d}\boldsymbol{v}}{\mathrm{d}t}=-\nabla V$$

若矢径和速度用标量表示，因$V(\boldsymbol{r})=V(x,y,z)$，故欧拉方程为

$$-m\frac{\mathrm{d}v}{\mathrm{d}t}-V_r=0$$

但

$$V_r=V_x\frac{\mathrm{d}x}{\mathrm{d}r}+V_y\frac{\mathrm{d}y}{\mathrm{d}r}+V_z\frac{\mathrm{d}z}{\mathrm{d}r}=(V_x\boldsymbol{i}+V_y\boldsymbol{j}+V_z\boldsymbol{k})\cdot\left(\frac{\mathrm{d}x}{\mathrm{d}r}\boldsymbol{i}+\frac{\mathrm{d}y}{\mathrm{d}r}\boldsymbol{j}+\frac{\mathrm{d}z}{\mathrm{d}r}\boldsymbol{k}\right)=$$

$$\nabla V\cdot\frac{\mathrm{d}(x\boldsymbol{i}+y\boldsymbol{j}+z\boldsymbol{k})}{\mathrm{d}r}=\nabla V\cdot\frac{\mathrm{d}r\boldsymbol{r}^0}{\mathrm{d}r}=\boldsymbol{r}^0\cdot\nabla V$$

注意到$\boldsymbol{r}^0$的方向与∇V的方向一致，故有

$$m\frac{\mathrm{d}v}{\mathrm{d}t}=-\boldsymbol{r}^0\cdot\nabla V=-\boldsymbol{r}^0\cdot\boldsymbol{r}^0|\nabla V|=-|\nabla V|$$

利用式(1-3-7)、式(1-3-10)和式(1-3-19)，可直接得到上述结果。

将上式两端各乘以$\boldsymbol{r}^0$，得

$$m\frac{\mathrm{d}v}{\mathrm{d}t}\boldsymbol{r}^0=m\frac{\mathrm{d}\boldsymbol{v}}{\mathrm{d}t}=-|\nabla V|\boldsymbol{r}^0=-\nabla V$$

由此可见，两种表示方式是等价的。

例 9.6.6 质量为m、半径为r的圆柱体在一空心圆柱体内的内表面上作纯滚动。空心圆柱体的质量为M，半径为R，可绕中心水平轴O转动，如图 9-6-4 所示。两圆柱体均系均质。试写出系统的运动微分方程组。

解 系统有两个自由度。取空心圆柱体的转角φ和两圆柱体中心连线的转角θ为广义坐标。圆柱体的转动惯量为$J=\frac{1}{2}mr^2$。设圆柱体的角速度为ω。

圆柱体中心的速度为

$$v_1=(R-r)\dot{\theta}$$

圆柱体的角速度为

$$\omega=\frac{R\dot{\varphi}}{r}-\frac{R-r}{r}\dot{\theta}=\frac{1}{r}[R\dot{\varphi}-(R-r)\dot{\theta}]$$

系统的动能为

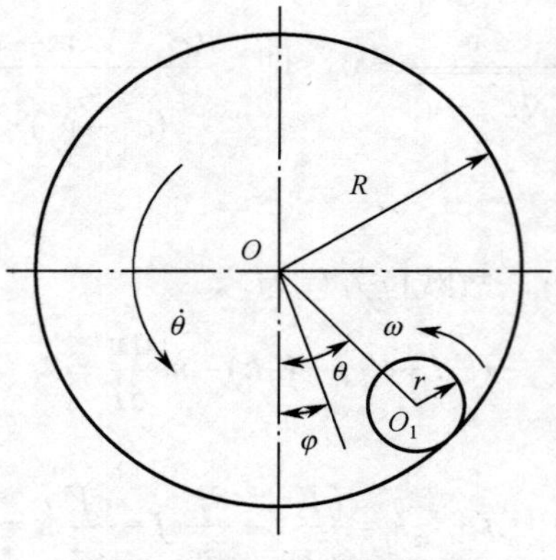

图 9-6-4　圆柱体的转动与滚动

$$T=\frac{1}{2}Mv^2+\frac{1}{2}mv_1^2+\frac{1}{2}J\omega^2=\frac{1}{2}MR^2\dot{\varphi}^2+\frac{1}{2}m[(R-r)\dot{\theta}]^2+\frac{1}{4}m[R\dot{\varphi}-(R-r)\dot{\theta}]^2$$

系统的势能为

$$V=-mg(R-r)\cos\theta$$

拉格朗日函数为

$$L=T-V=\frac{1}{2}MR^2\dot{\varphi}^2+\frac{1}{2}m[(R-r)\dot{\theta}]^2+\frac{1}{4}m[R\dot{\varphi}-(R-r)\dot{\theta}]^2+mg(R-r)\cos\theta$$

计算各偏导数

$$\frac{\partial L}{\partial\varphi}=0,\quad \frac{\partial L}{\partial\theta}=-mg(R-r)\sin\theta$$

$$\frac{\mathrm{d}}{\mathrm{d}t}\frac{\partial L}{\partial\dot{\varphi}}=MR^2\ddot{\varphi}+\frac{1}{2}mR[R\ddot{\varphi}-(R-r)\ddot{\theta}]=\frac{1}{2}(2M+m)R^2\ddot{\varphi}-\frac{1}{2}mR(R-r)\ddot{\theta}$$

$$\frac{\mathrm{d}}{\mathrm{d}t}\frac{\partial L}{\partial\dot{\theta}}=m(R-r)^2\ddot{\theta}-\frac{1}{2}m(R-r)[R\ddot{\varphi}-(R-r)\ddot{\theta}]=\frac{3}{2}m(R-r)^2\ddot{\theta}-\frac{1}{2}mR(R-r)R\ddot{\varphi}$$

将以上各式代入拉格朗日方程并化简，得

$$\begin{cases}m(R-r)\ddot{\theta}-(2M+m)R\ddot{\varphi}=0\\R\ddot{\varphi}-3(R-r)\ddot{\theta}-2g\sin\theta=0\end{cases}$$

这就是系统的运动微分方程组。

例 9.6.7　如图 9-6-5 所示，椭圆摆由质量为 m_1 的物块和质量为 m_2 的单摆组成，物块可在光滑水平面上滑动，摆杆长度为 L，质量可忽略不计，用光滑铰链连接在物块上，试列出系统的运动方程。

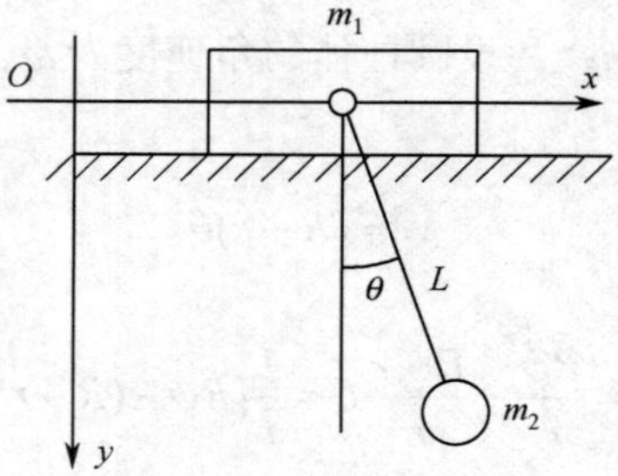

图 9-6-5　椭圆摆的运动

解 取Ox轴的坐标x和单摆的转角θ为广义坐标。物块的动能为

$$T_1 = \frac{1}{2}m_1\dot{x}^2 \tag{1}$$

单摆的动能为

$$T_2 = \frac{1}{2}m_2[(\dot{x} + L\dot{\theta}\cos\theta)^2 + (L\dot{\theta}\sin\theta)^2] \tag{2}$$

系统的动能为

$$T = T_1 + T_2 = \frac{1}{2}(m_1 + m_2)\dot{x}^2 + m_2 L\dot{x}\dot{\theta}\cos\theta + \frac{1}{2}m_2(L\dot{\theta})^2 \tag{3}$$

系统的势能为

$$V = -m_2 gL\cos\theta \tag{4}$$

系统的拉格朗日函数为

$$L = T - V = \frac{1}{2}(m_1 + m_2)\dot{x}^2 + m_2 L\dot{x}\dot{\theta}\cos\theta + \frac{1}{2}m_2(L\dot{\theta})^2 + m_2 gL\cos\theta \tag{5}$$

求各导数，得

$$\frac{\partial L}{\partial x} = 0,\quad \frac{\partial L}{\partial \theta} = -m_2 L\dot{x}\dot{\theta}\sin\theta - m_2 gL\sin\theta \tag{6}$$

$$\frac{\mathrm{d}}{\mathrm{d}t}\frac{\partial L}{\partial \dot{x}} = (m_1 + m_2)\dot{x} + m_2 L\ddot{\theta}\cos\theta - m_2 L\dot{\theta}^2\sin\theta \tag{7}$$

$$\frac{\mathrm{d}}{\mathrm{d}t}\frac{\partial L}{\partial \dot{\theta}} = m_2 L^2\ddot{\theta} + m_2 L\ddot{x}\cos\theta - m_2 L\dot{x}\dot{\theta}\sin\theta \tag{8}$$

将上面各式代入拉格朗日方程，得

$$(m_1 + m_2)\ddot{x} + m_2 L(\ddot{\theta}\cos\theta - \dot{\theta}^2\sin\theta) = 0 \tag{9}$$

$$L\ddot{\theta} + \ddot{x}\cos\theta + g\sin\theta = 0 \tag{10}$$

如果振动是微幅的，则有$\cos\theta \approx 1$，$\sin\theta \approx \theta$，式(9)和式(10)可化为

$$(m_1 + m_2)\ddot{x} + m_2 L(\ddot{\theta} - \theta\dot{\theta}^2) = 0 \tag{11}$$

$$L\ddot{\theta} + \ddot{x} + g\theta = 0 \tag{12}$$

将式(12)代入式(11)并消去$\ddot{x}$，可得摆角θ的方程

$$m_1 L\ddot{\theta} + m_2 L\theta\dot{\theta}^2 + (m_1 + m_2)g\theta = 0 \tag{13}$$

若忽略单摆的角速度，则式(13)可简化成

$$\ddot{\theta} + \frac{(m_1 + m_2)g}{m_1 L}\theta = 0 \tag{14}$$

这是一个二阶常系数微分方程，其通解为

$$\theta = c_1\cos\left[\sqrt{\frac{(m_1 + m_2)g}{m_1 L}}t\right] + c_2\sin\left[\sqrt{\frac{(m_1 + m_2)g}{m_1 L}}t\right] \tag{15}$$

式中，c_1、c_2为积分常数，由初始条件而定。

这样就知道椭圆摆的振动周期为

$$T = 2\pi\sqrt{\frac{m_1 L}{(m_1 + m_2)g}} \tag{16}$$

由此可见，其周期小于单摆的周期。当$m_1 >> m_2$时，$T = 2\pi\sqrt{\dfrac{L}{g}}$，此时，$m_1$近似于静止，椭圆摆就相当于单摆了。

9.6.2 弹性体的哈密顿原理

下面把哈密顿原理从离散质点系推广到弹性连续系统。

达朗贝尔原理把牛顿第二定律表示成如下形式

$$\boldsymbol{F} - m\boldsymbol{a} = \boldsymbol{0} \tag{9-6-46}$$

式(9-6-46)说明对于运动质点来说，只要将惯性力$-m\boldsymbol{a}$计入，则上述方程可看作静力平衡方程，这样便把动力学问题处理成静力平衡问题了。同样，对于连续弹性体也可以这样做。注意到式(9-2-28)是根据式(9-2-3)在没有计入惯性力的情况下推导出来的，对于动力系统，它也可以写成如下形式

$$\begin{aligned}&-\iiint_V \rho\left(\frac{\mathrm{d}^2 u}{\mathrm{d}t^2}\delta u + \frac{\mathrm{d}^2 v}{\mathrm{d}t^2}\delta v + \frac{\mathrm{d}^2 w}{\mathrm{d}t^2}\delta w\right)\mathrm{d}V + \iiint_V (\bar{F}_x \delta u + \bar{F}_y \delta v + \bar{F}_z \delta w)\,\mathrm{d}V + \\ &\iint_S (\bar{X}\delta u + \bar{Y}\delta v + \bar{Z}\delta w)\,\mathrm{d}S = \iiint_V (\sigma_x \delta\varepsilon_x + \sigma_y \delta\varepsilon_y + \cdots + \tau_{xy}\delta\gamma_{xy})\,\mathrm{d}V\end{aligned} \tag{9-6-47}$$

式中，δu、δv和δw分别为在时刻t与约束相容的虚位移。

根据式(9-3-4)可知，式(9-6-47)左端第二、第三两项之和是负的外力势能变分$-\delta V$，由式(9-1-14)可知，右端是弹性体应变能的变分δU，因而式(9-6-47)可写成如下形式

$$-\iiint_V \rho\left(\frac{\mathrm{d}^2 u}{\mathrm{d}t^2}\delta u + \frac{\mathrm{d}^2 v}{\mathrm{d}t^2}\delta v + \frac{\mathrm{d}^2 w}{\mathrm{d}t^2}\delta w\right)\mathrm{d}V - \delta V - \delta U = 0 \tag{9-6-48}$$

由于式中位移u、v、w、势能V和应变能U这些变量应是时间的函数，故式(9-6-48)对于物体在运动过程中的任意时刻t都成立，将其在积分限t_0和t_1之间对时间积分，可得

$$-\int_{t_0}^{t_1}\iiint_V \rho\left(\frac{\mathrm{d}^2 u}{\mathrm{d}t^2}\delta u + \frac{\mathrm{d}^2 v}{\mathrm{d}t^2}\delta v + \frac{\mathrm{d}^2 w}{\mathrm{d}t^2}\delta w\right)\mathrm{d}V\,\mathrm{d}t - \int_{t_0}^{t_1}\delta V\,\mathrm{d}t - \int_{t_0}^{t_1}\delta U\,\mathrm{d}t = 0 \tag{9-6-49}$$

将式(9-6-49)第一项交换体积积分和时间积分的积分次序，而对第二、第三两项交换积分与变分运算次序，并注意到密度ρ不是时间的函数，可放到对时间积分的积分号外，得

$$-\iiint_V \rho\int_{t_0}^{t_1}\left(\frac{\mathrm{d}^2 u}{\mathrm{d}t^2}\delta u + \frac{\mathrm{d}^2 v}{\mathrm{d}t^2}\delta v + \frac{\mathrm{d}^2 w}{\mathrm{d}t^2}\delta w\right)\mathrm{d}t\,\mathrm{d}V - \delta\int_{t_0}^{t_1} V\,\mathrm{d}t - \delta\int_{t_0}^{t_1} U\,\mathrm{d}t = 0 \tag{9-6-50}$$

根据分部积分公式，式(9-6-50)对括号内各项的积分可写成如下形式

$$\begin{cases}\displaystyle\int_{t_0}^{t_1}\frac{\mathrm{d}^2 u}{\mathrm{d}t^2}\delta u\,\mathrm{d}t = \frac{\mathrm{d}u}{\mathrm{d}t}\delta u\bigg|_{t_0}^{t_1} - \int_{t_0}^{t_1}\frac{\mathrm{d}u}{\mathrm{d}t}\frac{\mathrm{d}\delta u}{\mathrm{d}t}\mathrm{d}t \\ \displaystyle\int_{t_0}^{t_1}\frac{\mathrm{d}^2 v}{\mathrm{d}t^2}\delta v\,\mathrm{d}t = \frac{\mathrm{d}v}{\mathrm{d}t}\delta v\bigg|_{t_0}^{t_1} - \int_{t_0}^{t_1}\frac{\mathrm{d}v}{\mathrm{d}t}\frac{\mathrm{d}\delta v}{\mathrm{d}t}\mathrm{d}t \\ \displaystyle\int_{t_0}^{t_1}\frac{\mathrm{d}^2 w}{\mathrm{d}t^2}\delta w\,\mathrm{d}t = \frac{\mathrm{d}w}{\mathrm{d}t}\delta w\bigg|_{t_0}^{t_1} - \int_{t_0}^{t_1}\frac{\mathrm{d}w}{\mathrm{d}t}\frac{\mathrm{d}\delta w}{\mathrm{d}t}\mathrm{d}t\end{cases} \tag{9-6-51}$$

因变分δu、δv和δw在t_0和t_1时刻均为零，故式(9-6-51)可改写成如下形式

$$
\begin{cases}
\int_{t_0}^{t_1}\dfrac{\mathrm{d}^2 u}{\mathrm{d}t^2}\delta u\,\mathrm{d}t=-\int_{t_0}^{t_1}\dot{u}\delta\dot{u}\,\mathrm{d}t=-\int_{t_0}^{t_1}\delta\dfrac{\dot{u}^2}{2}\mathrm{d}t\\
\int_{t_0}^{t_1}\dfrac{\mathrm{d}^2 v}{\mathrm{d}t^2}\delta v\,\mathrm{d}t=-\int_{t_0}^{t_1}\dot{v}\delta\dot{v}\,\mathrm{d}t=-\int_{t_0}^{t_1}\delta\dfrac{\dot{v}^2}{2}\mathrm{d}t\\
\int_{t_0}^{t_1}\dfrac{\mathrm{d}^2 w}{\mathrm{d}t^2}\delta w\,\mathrm{d}t=-\int_{t_0}^{t_1}\dot{w}\delta\dot{w}\,\mathrm{d}t=-\int_{t_0}^{t_1}\delta\dfrac{\dot{w}^2}{2}\mathrm{d}t
\end{cases}
\tag{9-6-52}
$$

将式(9-6-52)代入式(9-6-50)，可得

$$
-\iiint_V\frac{\rho}{2}\int_{t_0}^{t_1}(\delta\dot{u}^2+\delta\dot{v}^2+\delta\dot{w}^2)\,\mathrm{d}t\,\mathrm{d}V-\delta\int_{t_0}^{t_1}V\,\mathrm{d}t-\delta\int_{t_0}^{t_1}U\,\mathrm{d}t=0 \tag{9-6-53}
$$

式中，第一个积分再次交换积分次序，可得

$$
\begin{aligned}
&\iiint_V\frac{\rho}{2}\int_{t_0}^{t_1}(\delta\dot{u}^2+\delta\dot{v}^2+\delta\dot{w}^2)\,\mathrm{d}t\,\mathrm{d}V=\int_{t_0}^{t_1}\iiint_V\frac{\rho}{2}(\delta\dot{u}^2+\delta\dot{v}^2+\delta\dot{w}^2)\,\mathrm{d}V\,\mathrm{d}t=\\
&\int_{t_0}^{t_1}\delta\left[\iiint_V\frac{\rho}{2}(\dot{u}^2+\dot{v}^2+\dot{w}^2)\,\mathrm{d}V\right]\mathrm{d}t=\int_{t_0}^{t_1}\delta T\,\mathrm{d}t=\delta\int_{t_0}^{t_1}T\,\mathrm{d}t
\end{aligned}
\tag{9-6-54}
$$

式中，T 为弹性体在时刻 t 的动能。

将式(9-6-54)代入式(9-6-50)，可以把弹性体的哈密顿原理写成如下形式

$$
\delta\int_{t_0}^{t_1}(T-V-U)\,\mathrm{d}t=\delta\int_{t_0}^{t_1}(T-\Pi)\,\mathrm{d}t=0 \tag{9-6-55}
$$

式中，$\Pi=U+V$ 称为系统的**总势能**。

式(9-6-55)也可以写成下列形式的哈密顿原理

$$
\delta\int_{t_0}^{t_1}(T-\Pi)\,\mathrm{d}t=\delta\int_{t_0}^{t_1}L\,\mathrm{d}t=0 \tag{9-6-56}
$$

式中，$L=T-\Pi$ 仍然称为**拉格朗日函数**。

此时哈密顿原理可表述为：**弹性体在从 t_0 时刻的状态到 t_1 时刻的状态的所有可能的运动中，真实的运动应使拉格朗日函数在这段时间内对时间的积分取极值**。由于哈密顿原理是从牛顿第二定律出发得到的，故哈密顿原理也可表述为：**弹性体在从 t_0 时刻所在的位置运动到 t_1 时刻所在的位置时的所有可能的运动中，它在每一瞬时都能满足牛顿运动定律的路径是使拉格朗日函数在这段时间内对时间的积分取极值的路径，也就是它所经历的真实轨迹**。自然，这里指的运动应把弹性体的变形包括在内。

例 9.6.8 试用哈密顿原理导出如图 9-6-6 所示摆锤的运动微分方程组。

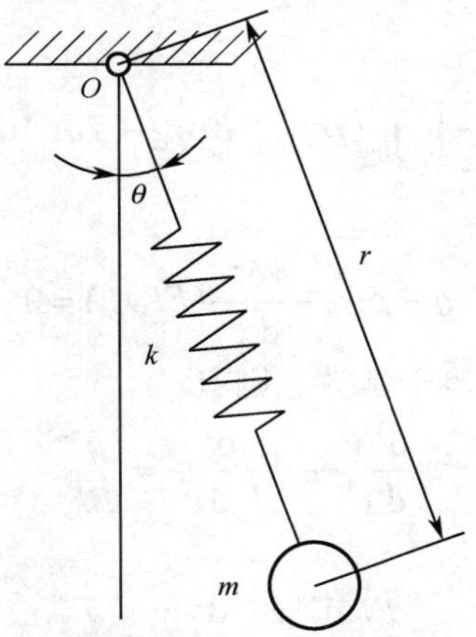

图 9-6-6 摆锤的运动

解 取如图 9-6-6 所示的极坐标系，摆锤的悬挂点为坐标原点。摆锤的动能为

$$T=\frac{1}{2}m(\dot{r}^2+r^2\dot{\theta}^2)$$

摆锤的势能为

$$V=-mgr\cos\theta$$

弹簧弹性变形能为

$$U=\frac{1}{2}k(r-r_0)^2$$

式中，r_0 为弹簧原长。

总势能为

$$\varPi=-mgr\cos\theta+\frac{1}{2}k(r-r_0)^2$$

拉格朗日函数为

$$L=T-\varPi=\frac{1}{2}m(\dot{r}^2+r^2\dot{\theta}^2)+mgr\cos\theta-\frac{1}{2}k(r-r_0)^2$$

根据哈密顿原理建立的泛函为

$$J=\frac{1}{2}\int_{t_0}^{t_1}[m(\dot{r}^2+r^2\dot{\theta}^2)+2mgr\cos\theta-k(r-r_0)^2]\,\mathrm{d}t$$

泛函的欧拉方程组即摆锤的运动微分方程组为

$$\begin{cases}m\ddot{r}-mr\dot{\theta}^2-mg\cos\theta+k(r-r_0)=0\\ mr^2\ddot{\theta}+2mr\dot{r}\dot{\theta}+mgr\sin\theta=0\end{cases}$$

将方程组第二个方程约去 mr，得

$$r\ddot{\theta}+2\dot{r}\dot{\theta}+g\sin\theta=0$$

例 9.6.9　梁振动方程。设梁的长度为 L，单位长度的质量(线密度)为 ρ，弹性模量为 E，截面模量为 I，受到垂直于梁轴向方向的分布载荷 $q(x,t)$ 的作用。试求梁的弯曲振动微分方程。初始时刻和边界上梁的挠度为已知。

解 设梁的弯曲挠度为 w。梁在弯曲振动时，其总动能、弹性变形能和外力所做的功对应的势能分别为

$$T=\frac{1}{2}\int_0^L\rho w_t^2\,\mathrm{d}x\text{，}U=\frac{1}{2}\int_0^L EIw_{xx}^2\,\mathrm{d}x\text{，}V=-\int_0^L qw\,\mathrm{d}x$$

根据哈密顿原理建立的泛函为

$$J=\frac{1}{2}\int_{t_0}^{t_1}\int_0^L(\rho w_t^2-EIw_{xx}^2+2qw)\,\mathrm{d}x\,\mathrm{d}t$$

泛函的欧拉方程为

$$q-\rho w_{tt}-\frac{\mathrm{d}^2}{\mathrm{d}x^2}(EIw_{xx})=0$$

这就是梁的振动方程。若 EI 等于常数，则有

$$\frac{\mathrm{d}^4w}{\mathrm{d}x^4}+\frac{\rho}{EI}\frac{\mathrm{d}^2w}{\mathrm{d}t^2}=\frac{q}{EI}$$

或

$$\frac{EI}{\rho}\frac{\mathrm{d}^4w}{\mathrm{d}x^4}+\frac{\mathrm{d}^2w}{\mathrm{d}t^2}=\frac{q}{\rho}$$

例 9.6.10 质量为m的质点由无质量的弹簧系于点p，点p则以匀角速度ω沿半径为a的圆周路径运动，如图 9-6-7 所示。设弹簧的刚度为k，自然长度为r_0，质点在水平面上无摩擦地运动，试求系统的运动微分方程组。

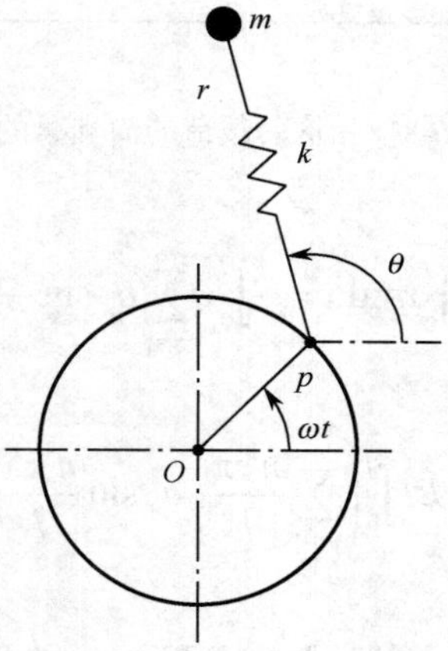

图 9-6-7 质点弹簧系统示意图

解 这是一个具有两个自由度的非定常系统，选取两个独立广义坐标r和θ。系统的动能为

$$T=\frac{1}{2}ma^2\omega^2+\frac{1}{2}m(\dot{r}^2+r^2\dot{\theta}^2)+ma\omega[\dot{r}\sin(\theta-\omega t)+r\dot{\theta}\cos(\theta-\omega t)]$$

系统的势能即弹簧的变形能为

$$U=\frac{1}{2}k(r-r_0)^2$$

拉格朗日函数为

$$L=\frac{1}{2}ma^2\omega^2+\frac{1}{2}m(\dot{r}^2+r^2\dot{\theta}^2)+ma\omega[\dot{r}\sin(\theta-\omega t)+r\dot{\theta}\cos(\theta-\omega t)]-\frac{1}{2}k(r-r_0)^2$$

由哈密顿原理建立的泛函为

$$J=\int_{t_0}^{t_1}\left\{\frac{1}{2}ma^2\omega^2+\frac{1}{2}m(\dot{r}^2+r^2\dot{\theta}^2)+ma\omega[\dot{r}\sin(\theta-\omega t)+r\dot{\theta}\cos(\theta-\omega t)]-\frac{1}{2}k(r-r_0)^2\right\}\mathrm{d}t$$

泛函的欧拉方程即系统的运动微分方程组为

$$\begin{cases}m\ddot{r}-mr\dot{\theta}^2-ma\omega^2\cos(\theta-\omega t)+k(r-r_0)=0\\ mr^2\ddot{\theta}+2mr\dot{r}\dot{\theta}+mar\omega^2\sin(\theta-\omega t)=0\end{cases}$$

将方程组第二个方程约去mr，可得

$$r\ddot{\theta}+2\dot{r}\dot{\theta}+a\omega^2\sin(\theta-\omega t)=0$$

当然，求出拉格朗日函数后，可直接用拉格朗日方程建立运动微分方程组，不必再建立泛函。

例 9.6.11 求承受均匀载荷q的简支梁的挠度曲线，如图 9-6-8 所示，梁的长度为l，刚度为EI。

解 设梁的挠度曲线具有正弦三角级数的形式

$$y=\sum_{n=1}^{\infty}a_n\sin\frac{n\pi x}{l}\tag{1}$$

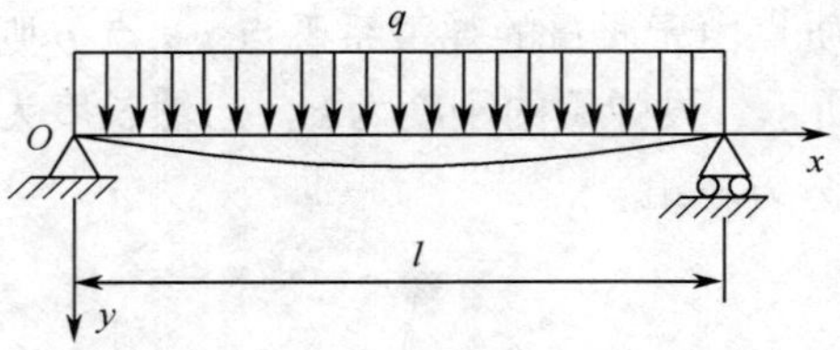

图 9-6-8　受均匀载荷的简支梁的挠度

载荷 q 产生的势能为

$$V=-\int_0^l qy\,\mathrm{d}x=-\int_0^l q\sum_{n=1}^{\infty}a_n\sin\frac{n\pi x}{l}\mathrm{d}x \tag{2}$$

梁的弯曲应变能为

$$U=\frac{1}{2}EI\int_0^l y''^2\,\mathrm{d}x=\frac{1}{2}EI\int_0^l\left(\sum_{n=1}^{\infty}\frac{n^2\pi^2}{l^2}a_n\sin\frac{n\pi x}{l}\right)^2\mathrm{d}x=\frac{\pi^4 EI}{4l^3}\sum_{n=1}^{\infty}n^4a_n^2 \tag{3}$$

式(3)用到了公式

$$\int_0^l\sin\frac{m\pi x}{l}\sin\frac{n\pi x}{l}\mathrm{d}x=\frac{l}{2}\delta_{mn} \tag{4}$$

梁的总势能为

$$\Pi=U+V=\frac{\pi^4EI}{4l^3}\sum_{n=1}^{\infty}n^4a_n^2-\int_0^l q\sum_{n=1}^{\infty}a_n\sin\frac{n\pi x}{l}\mathrm{d}x \tag{5}$$

当梁处于稳定平衡状态时，Π 取极小值，有

$$\frac{\partial\Pi}{\partial a_n}=0\quad(n=1,2,\cdots) \tag{6}$$

或

$$-\frac{2ql}{\pi n}+\frac{\pi^4EI}{2l^3}n^4a_n=0 \tag{7}$$

解出 a_n

$$a_n=\frac{4ql^4}{\pi^5n^5EI} \tag{8}$$

于是，可得梁的挠度曲线表达式

$$y=\sum_{n=1}^{\infty}\frac{4ql^4}{\pi^5(2n-1)^5EI}\sin\frac{(2n-1)\pi x}{l}=\frac{4ql^4}{\pi^5EI}\sum_{n=1}^{\infty}\frac{1}{(2n-1)^5}\sin\frac{(2n-1)\pi x}{l} \tag{9}$$

式(9)就是材料力学的解析解。下面给出证明。

证　由材料力学可知，梁的挠度曲线的微分方程为

$$(EIy'')''=q(x) \tag{10}$$

设 EI 和 q 为常量，将式(10)积分四次，得

$$EIy=\frac{qx^4}{24}+c_1x^3+c_2x^2+c_3x+c_4 \tag{11}$$

对于承受均布载荷的简支梁，其边界条件为 $y(0)=y(l)=0$，$y''(0)=y''(l)=0$，由此可确定积分常数 $c_4=c_2=0$，$c_1=-\dfrac{l}{12}$，$c_3=\dfrac{l^3}{24}$。将这些积分常数代入式(11)，得梁的挠度曲线表达式为

$$y=\frac{q}{24EI}(x^4-2lx^3+l^3x) \tag{12}$$

将式(12)在区间$[0,l]$上展成傅里叶正弦级数，其形式为

$$f(x)=\frac{q}{EI}\sum_{n=1}^{\infty}b_n\sin\frac{n\pi x}{l} \tag{13}$$

式中，系数b_n的形式为

$$\begin{aligned}
b_n&=\frac{1}{12l}\int_0^l(x^4-2lx^3+l^3x)\sin\frac{n\pi x}{l}\mathrm{d}x\\
&=-\frac{1}{12n\pi}(x^4-2lx^3+l^3x)\cos\frac{n\pi x}{l}\bigg|_0^l+\frac{1}{12n\pi}\int_0^l(4x^3-6lx^2+l^3)\cos\frac{n\pi x}{l}\mathrm{d}x\\
&=\frac{l}{12n^2\pi^2}(4x^3-6lx^2+l^3)\sin\frac{n\pi x}{l}\bigg|_0^l-\frac{l}{12n^2\pi^2}\int_0^l(12x^2-12lx)\sin\frac{n\pi x}{l}\mathrm{d}x\\
&=\frac{l^2}{n^3\pi^3}(x^2-lx)\cos\frac{n\pi x}{l}\bigg|_0^l-\frac{l^2}{n^3\pi^3}\int_0^l(2x-l)\cos\frac{n\pi x}{l}\mathrm{d}x\\
&=-\frac{l^3}{n^4\pi^4}(2x-l)\sin\frac{n\pi x}{l}\bigg|_0^l+\frac{2l^3}{n^4\pi^4}\int_0^l\sin\frac{n\pi x}{l}\mathrm{d}x\\
&=-\frac{2l^4}{\pi^5n^5}\cos\frac{n\pi x}{l}\bigg|_0^l=\begin{cases}\dfrac{4l^4}{\pi^5n^5} & \text{当 } n \text{ 为奇数时}\\ 0 & \text{当 } n \text{ 为偶数时}\end{cases}
\end{aligned} \tag{14}$$

将式(14)代入式(13)，并注意n只取奇数，得

$$y=\frac{q}{EI}\sum_{n=1}^{\infty}\frac{4l^4}{(2n-1)^5\pi^5}\sin\frac{(2n-1)\pi x}{l}=\frac{4ql^4}{\pi^5EI}\sum_{n=1}^{\infty}\frac{1}{(2n-1)^5}\sin\frac{(2n-1)\pi x}{l} \tag{15}$$

由此可见，式(15)就是式(9)，即式(9)就是材料力学的解析解。证毕。

例 9.6.12 如图 9-6-9 所示，设长度为l的梁两端固支，梁的刚度为EI，在梁上的某点C作用一集中载荷P。试求梁的挠度。

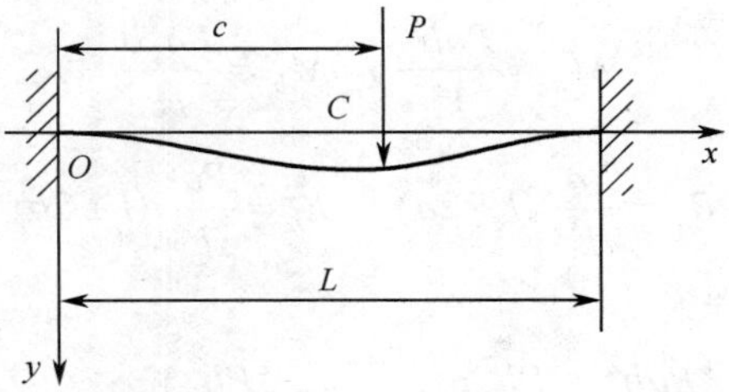

图 9-6-9 受集中载荷的固支梁的挠度

解 设梁的挠度为

$$y=\sum_{n=1}^{\infty}a_n\left(1-\cos\frac{2n\pi x}{l}\right) \tag{1}$$

点C处的挠度为

$$y(a)=\sum_{n=1}^{\infty}a_n\left(1-\cos\frac{2n\pi a}{l}\right) \tag{2}$$

载荷P产生的势能为

$$V=-Py(a)=-P\sum_{n=1}^{\infty}a_n\left(1-\cos\frac{2n\pi a}{l}\right) \tag{3}$$

梁的弯曲应变能为

$$U=\frac{1}{2}EI\int_0^l y''^2(x)\,\mathrm{d}x=\frac{1}{2}EI\int_0^l\left(\sum_{n=1}^{\infty}\frac{4n^2\pi^2}{l^2}a_n\cos\frac{2n\pi}{l}x\right)^2\mathrm{d}x=\frac{4\pi^4 EI}{l^3}\sum_{n=1}^{\infty}n^4a_n^2 \tag{4}$$

式(4)用到了公式

$$\int_0^l\cos\frac{2m\pi}{l}x\cos\frac{2n\pi}{l}x\,\mathrm{d}x=\frac{l}{2}\delta_{mn} \tag{5}$$

梁的总势能为

$$\varPi=V+U=-P\sum_{n=1}^{\infty}a_n\left(1-\cos\frac{2n\pi a}{l}\right)+\frac{4\pi^4EI}{l^3}\sum_{n=1}^{\infty}n^4a_n^2 \tag{6}$$

当梁处于稳定平衡状态时，$\varPi$ 取极小值，有

$$\frac{\partial\varPi}{\partial a_n}=0\quad(n=1,2,\cdots) \tag{7}$$

或

$$-P\left(1-\cos\frac{2n\pi a}{l}\right)+\frac{8\pi^4EI}{l^3}n^4a_n=0 \tag{8}$$

解出

$$a_n=\frac{Pl^3}{8\pi^4n^4EI}\left(1-\cos\frac{2n\pi a}{l}\right) \tag{9}$$

于是，可得梁的挠度方程

$$y=\sum_{n=1}^{\infty}\frac{Pl^3}{8\pi^4n^4EI}\left(1-\cos\frac{2n\pi a}{l}\right)\left(1-\cos\frac{2n\pi x}{l}\right) \tag{10}$$

下面证明式(10)是材料力学的解析解。

证　由材料力学可知，梁在两端的弯矩和支反力为

$$M_a=\frac{Pab^2}{l^2},\quad M_b=\frac{Pa^2b}{l^2} \tag{11}$$

$$R_a=\frac{Pb^2}{l^3}(l+2a),\quad R_b=\frac{Pa^2}{l^3}(l+2b) \tag{12}$$

梁的挠度曲线的微分方程为

$$EIy''=-(R_ax-M_a)=\frac{Pab^2}{l^2}-\frac{Pb^2x}{l^3}(l+2a)=\frac{Pb^2}{l^3}[al-(l+2a)x]\quad(0\leqslant x\leqslant a) \tag{13}$$

$$EIy''=-(R_ax-M_a-P(x-a)=\frac{Pb^2}{l^3}[al-(l+2a)x]+P(x-a)\quad(a\leqslant x\leqslant l) \tag{14}$$

将式(13)和式(14)各积分两次，得

$$EIy=\frac{Pb^2}{6l^3}[3alx^2-(l+2a)x^3]+c_1x+c_2\quad(0\leqslant x\leqslant a) \tag{15}$$

$$EIy=\frac{Pb^2}{6l^3}[3alx^2-(l+2a)x^3]+\frac{P}{6}(x-a)^3+c_3x+c_4\quad(a\leqslant x\leqslant l) \tag{16}$$

上面方程中出现的四个积分常数，可根据下面的条件来求得：$y(0)=y(l)=0$，$y'(0)=0$，在 $x=a$ 处，两部分梁的挠度相等，可得 $c_2=0$，$c_1=c_3=0$，$c_4=0$。将这些值代入式(15)和式(16)，可得挠度曲线方程

$$EIy=\frac{Pb^2}{6l^3}[3alx^2-(l+2a)x^3]\quad(0\leqslant x\leqslant a) \tag{17}$$

$$EIy=\frac{Pb^2}{6l^3}[3alx^2-(l+2a)x^3]+\frac{P}{6}(x-a)^3\quad(a\leqslant x\leqslant l) \tag{18}$$

将挠度曲线方程在区间$[0,l]$上展开成傅里叶余弦级数，其形式为

$$y=\frac{P}{EI}\left(\frac{a_0}{2}+\sum_{n=1}^{\infty}a_n\cos\frac{n\pi x}{l}\right) \tag{19}$$

式中，系数 a_0 和 a_n 的形式为

$$\begin{aligned}a_0&=\frac{2}{l}\int_0^a\frac{b^2}{6l^3}[3alx^2-(l+2a)x^3]\,\mathrm{d}x+\frac{2}{l}\int_a^l\frac{b^2}{6l^3}\left[3alx^2-(l+2a)x^3+\frac{1}{6}(x-a)^3\right]\mathrm{d}x\\&=\frac{2}{l}\int_0^l\frac{b^2}{6l^3}[3alx^2-(l+2a)x^3]\,\mathrm{d}x+\frac{2}{l}\int_a^l\frac{1}{6}(x-a)^3\,\mathrm{d}x\\&=\frac{2}{l}\frac{b^2}{6l^3}\left[alx^3-\frac{1}{4}(l+2a)x^4\right]\Bigg|_0^l+\frac{b^4}{12l}=\frac{a^2b^2}{12l}\end{aligned} \tag{20}$$

$$\begin{aligned}a_n&=\frac{2}{l}\int_0^l\frac{b^2}{6l^3}[3alx^2-(l+2a)x^3]\cos\frac{n\pi x}{l}\,\mathrm{d}x+\frac{2}{l}\int_a^l\frac{1}{6}(x-a)^3\cos\frac{n\pi x}{l}\,\mathrm{d}x\\&=\frac{b^2}{3l^3n\pi}[3alx^2-(l+2a)x^3]\sin\frac{n\pi x}{l}\bigg|_0^l-\frac{b^2}{3l^3n\pi}\int_0^l[6alx-3(l+2a)x^2]\sin\frac{n\pi x}{l}\,\mathrm{d}x\\&\quad+\frac{1}{3n\pi}(x-a)^3\sin\frac{n\pi x}{l}\bigg|_a^l-\frac{1}{n\pi}\int_a^l(x-a)^2\sin\frac{n\pi x}{l}\,\mathrm{d}x\\&=\frac{b^2}{l^2n^2\pi^2}[2alx-(l+2a)x^2]\cos\frac{n\pi x}{l}\bigg|_0^l-\frac{2b^2}{l^2n^2\pi^2}\int_0^l[al-(l+2a)x]\cos\frac{n\pi x}{l}\,\mathrm{d}x\\&\quad+\frac{l}{n^2\pi^2}(x-a)^2\cos\frac{n\pi x}{l}\bigg|_a^l-\frac{2l}{n^2\pi^2}\int_a^l(x-a)\cos\frac{n\pi x}{l}\,\mathrm{d}x\\&=-\frac{2b^2}{n^3\pi^3l}[al-(l+2a)x]\sin\frac{n\pi x}{l}\bigg|_0^l-\frac{2b^2(l+2a)}{n^3\pi^3l}\int_0^l\sin\frac{n\pi x}{l}\,\mathrm{d}x\\&\quad-\frac{2l^2}{n^3\pi^3}(x-a)\sin\frac{n\pi x}{l}\bigg|_a^l+\frac{2l^2}{n^3\pi^3}\int_a^l\sin\frac{n\pi x}{l}\,\mathrm{d}x\\&=\frac{2b^2(l+2a)}{n^4\pi^4}\cos\frac{n\pi x}{l}\bigg|_0^l-\frac{2l^3}{n^4\pi^4}\cos\frac{n\pi x}{l}\bigg|_a^l\\&=\frac{2b^2(l+2a)}{n^4\pi^4}[\cos(n\pi)-1]-\frac{2l^3}{n^4\pi^4}\left[\cos(n\pi)-\cos\frac{n\pi a}{l}\right]\end{aligned}$$

$$
=\begin{cases}-\dfrac{4b^2(l+2a)}{n^4\pi^4}+\dfrac{2l^3}{n^4\pi^4}\left(1-\cos\dfrac{n\pi a}{l}\right) & \text{当 } n \text{ 取奇数时}\\ -\dfrac{2l^3}{n^4\pi^4}\left(1-\cos\dfrac{n\pi a}{l}\right) & \text{当 } n \text{ 取偶数时}\end{cases} \tag{21}
$$

$$
=\begin{cases}0 & \text{当 } n \text{ 取奇数且 } a=b=l/2 \text{ 时}\\ -\dfrac{2l^3}{n^4\pi^4}\left(1-\cos\dfrac{n\pi a}{l}\right) & \text{当 } n \text{ 取偶数时}\end{cases}
$$

将式(20)和式(21)代入式(19)，得

$$
y=\frac{P}{EI}\left[\frac{a^2b^2}{24l}-\sum_{n=1}^{\infty}\frac{l^3}{8n^4\pi^4}\left(1-\cos\frac{2n\pi a}{l}\right)\cos\frac{2n\pi x}{l}\right] \tag{22}
$$

由 $y(0)=0$ 得

$$
\frac{a^2b^2}{24l}=\sum_{n=1}^{\infty}\frac{l^3}{8n^4\pi^4}\left(1-\cos\frac{2n\pi a}{l}\right) \tag{23}
$$

将式(23)代入式(22)，得

$$
y=\frac{Pl^3}{8\pi^4 EI}\sum_{n=1}^{\infty}\frac{1}{n^4}\left(1-\cos\frac{2n\pi a}{l}\right)\left(1-\cos\frac{2n\pi x}{l}\right) \tag{24}
$$

式(24)就是式(10)。证毕。

当集中力作用在梁的中点时，有 $a=b=l/2$，可直接利用式(23)求该点的挠度。由式(23)得

$$
\sum_{n=1}^{\infty}\frac{1-\cos n\pi}{n^4}=\sum_{n=1}^{\infty}\frac{2}{(2n-1)^4}=\frac{\pi^4 a^2b^2}{3l^4}=\frac{\pi^4}{48} \tag{25}
$$

或

$$
\sum_{n=1}^{\infty}\frac{1}{(2n-1)^4}=\sum_{n=0}^{\infty}\frac{1}{(2n+1)^4}=\frac{\pi^4}{96} \tag{26}
$$

将式(26)代入式(24)，可得梁在中点的挠度为

$$
y\Big|_{x=\frac{l}{2}}=\frac{Pl^3}{8\pi^4 EI}\sum_{n=1}^{\infty}\frac{4}{(2n-1)^4}=\frac{Pl^3}{192EI} \tag{27}
$$

当载荷作用于梁的中点时，由式(17)可得梁的挠度曲线方程为

$$
y=\frac{Px^2}{48EI}(3l-4x)\quad (0\leqslant x\leqslant l/2) \tag{28}
$$

当取 $x=l/2$ 时，可得到式(27)。由此可见，两种解法的结果相同。

例 9.6.13 求承受线性载荷 $q(x)=\dfrac{qx}{l}$ 的简支梁的挠度曲线，如图 9-6-10 所示，梁的长度为 l，刚度为 EI，q 为载荷常量。

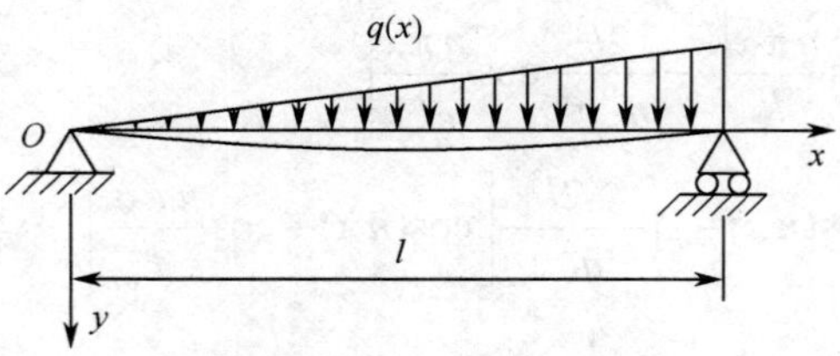

图 9-6-10 受线性载荷的简支梁的挠度

解 设梁的挠度曲线具有正弦三角级数的形式

$$y=\sum_{n=1}^{\infty}a_n\sin\frac{n\pi x}{l} \tag{1}$$

载荷 $q(x)$ 产生的势能为

$$V=-\int_0^l q(x)y\,\mathrm{d}x=-\int_0^l\frac{q}{l}xy\,\mathrm{d}x=-\int_0^l\frac{q}{l}\sum_{n=1}^{\infty}a_n x\sin\frac{n\pi x}{l}\mathrm{d}x \tag{2}$$

梁的弯曲应变能为

$$U=\frac{1}{2}EI\int_0^l y''^2\,\mathrm{d}x=\frac{1}{2}EI\int_0^l\left(\sum_{n=1}^{\infty}\frac{n^2\pi^2}{l^2}a_n\sin\frac{n\pi x}{l}\right)^2\mathrm{d}x=\frac{\pi^4EI}{4l^3}\sum_{n=1}^{\infty}n^4a_n^2 \tag{3}$$

式(3)用到了公式

$$\int_0^l\sin\frac{m\pi x}{l}\sin\frac{n\pi x}{l}\mathrm{d}x=\frac{l}{2}\delta_{mn} \tag{4}$$

梁的总势能为

$$\varPi=U+V=\frac{\pi^4EI}{4l^3}\sum_{n=1}^{\infty}n^4a_n^2-\int_0^l\frac{q}{l}\sum_{n=1}^{\infty}a_n x\sin\frac{n\pi x}{l}\mathrm{d}x \tag{5}$$

当梁处于稳定平衡状态时，$\varPi$ 取极小值，有

$$\frac{\partial\varPi}{\partial a_n}=0\quad(n=1,2,\cdots) \tag{6}$$

或

$$\frac{(-1)^n ql}{\pi n}+\frac{\pi^4EI}{2l^3}n^4a_n=0 \tag{7}$$

解出

$$a_n=\frac{2(-1)^{n+1}ql^4}{\pi^5n^5EI} \tag{8}$$

于是，可得梁的挠度曲线表达式

$$y=\sum_{n=1}^{\infty}\frac{2(-1)^{n+1}ql^4}{\pi^5n^5EI}\sin\frac{n\pi x}{l}=\frac{2ql^4}{\pi^5EI}\sum_{n=1}^{\infty}\frac{(-1)^{n+1}}{n^5}\sin\frac{n\pi x}{l} \tag{9}$$

可以证明，式(9)就是材料力学的解析解。下面给出证明。

证 由材料力学可知，梁的挠度曲线的微分方程为

$$(EIy'')''=q(x) \tag{10}$$

式中，$q(x)=\dfrac{qx}{l}$；EI 为常量。

将式(10)积分四次，得

$$EIy=\frac{qx^5}{120}+c_1x^3+c_2x^2+c_3x+c_4 \tag{11}$$

对于载荷 $q(x)$ 按线性变化的简支梁，其边界条件为 $y(0)=y(l)=0$，$y''(0)=y''(l)=0$，由此可确定积分常数 $c_4=c_2=0$，$c_1=-\dfrac{ql^2}{36}$，$c_3=\dfrac{7l^4}{360}$。将这些积分常数代入式(11)，可得梁的挠度曲线表达式

$$y=\frac{q}{360lEI}(3x^5-10l^2x^3+7l^4x) \tag{12}$$

将式(12)在区间$[0,l]$上展开成傅里叶正弦级数，其形式为

$$f(x)=\frac{q}{EI}\sum_{n=1}^{\infty}b_n\sin\frac{n\pi x}{l} \tag{13}$$

式中，系数b_n的形式为

$$\begin{aligned}
b_n&=\frac{2}{l}\int_0^l\frac{1}{360l}(3x^5-10l^2x^3+7l^4x)\sin\frac{n\pi x}{l}\mathrm{d}x\\
&=-\frac{1}{180n\pi l}(3x^5-10l^2x^3+7l^4x)\cos\frac{n\pi x}{l}\Big|_0^l+\int_0^l\frac{1}{180n\pi l}(15x^4-30l^2x^2+7l^4)\cos\frac{n\pi x}{l}\mathrm{d}x\\
&=\frac{1}{180n^2\pi^2}(15x^4-30l^2x^2+7l^4)\sin\frac{n\pi x}{l}\Big|_0^l-\int_0^l\frac{1}{3n^2\pi^2}(x^3-l^2x)\sin\frac{n\pi x}{l}\mathrm{d}x\\
&=\frac{l}{3n^3\pi^3}(x^3-l^2x)\cos\frac{n\pi x}{l}\Big|_0^l-\int_0^l\frac{l}{3n^3\pi^3}(3x^2-l^2)\cos\frac{n\pi x}{l}\mathrm{d}x \qquad (14)\\
&=-\frac{l^2}{3n^4\pi^4}(3x^2-l^2)\sin\frac{n\pi x}{l}\Big|_0^l+\int_0^l\frac{2l^2}{n^4\pi^4}x\sin\frac{n\pi x}{l}\mathrm{d}x\\
&=-\frac{2l^3}{n^5\pi^5}x\cos\frac{n\pi x}{l}\Big|_0^l+\int_0^l\frac{2l^3}{n^5\pi^5}\cos\frac{n\pi x}{l}\mathrm{d}x\\
&=-\frac{2l^4}{n^5\pi^5}\cos n\pi+\frac{2l^4}{n^6\pi^6}\sin\frac{n\pi x}{l}\Big|_0^l=\frac{(-1)^{n+1}2l^4}{n^5\pi^5}
\end{aligned}$$

将式(14)代入式(13)，得

$$y=\frac{q}{EI}\sum_{n=1}^{\infty}\frac{(-1)^{n+1}2l^4}{n^5\pi^5}\sin\frac{n\pi x}{l}=\frac{2ql^4}{\pi^5EI}\sum_{n=1}^{\infty}\frac{(-1)^{n+1}}{n^5}\sin\frac{n\pi x}{l} \tag{15}$$

式(15)就是式(9)。证毕。

从例 9.6.11 至例 9.6.13 可知，若基函数是完备的，则可收敛到精确解。本章后面习题 9.6 和习题 9.7 的求解结果也可证明这一点。

9.7 哈密顿正则方程

在 2.6 节曾指出，若含有n个未知函数$y_1(x),y_2(x),\cdots,y_n(x)$的泛函

$$J[y_1,y_2,\cdots,y_n]=\int_{x_0}^{x_1}F(x,y_1,y_2,\cdots,y_n,y_1',y_2',\cdots,y_n')\mathrm{d}x \tag{9-7-1}$$

取得极值，则它的极值曲线$y_i=y_i(x)$ $(i=1,2,\cdots,n)$必满足欧拉方程组

$$F_{y_i}-\frac{\mathrm{d}}{\mathrm{d}x}F_{y_i'}=0 \quad (i=1,2,\cdots,n) \tag{9-7-2}$$

下面讨论式(9-7-1)的变形形式。

当行列式

$$\begin{vmatrix}F_{y_1'y_1'} & F_{y_1'y_2'} & \cdots & F_{y_1'y_n'}\\ F_{y_2'y_1'} & F_{y_2'y_2'} & \cdots & F_{y_2'y_n'}\\ \vdots & \vdots & \vdots & \vdots\\ F_{y_n'y_1'} & F_{y_n'y_2'} & \cdots & F_{y_n'y_n'}\end{vmatrix}\neq 0 \tag{9-7-3}$$

时，令

$$p_i=F_{y_i'}=p_i(x,y_1,y_2,\cdots,y_n,y_1',y_2',\cdots,y_n')\quad(i=1,2,\cdots,n)\tag{9-7-4}$$

根据式(9-7-4)，有时候能把 y_i' 表示为 $x,y_1,y_2,\cdots,y_n,p_1,p_2,\cdots,p_n$ 的函数

$$y_i'=\varphi_i(x,y_1,y_2,\cdots,y_n,p_1,p_2,\cdots,p_n)\quad(i=1,2,\cdots,n)\tag{9-7-5}$$

哈密顿引入了一个由下式定义的函数

$$H=\sum_{i=1}^{n}y_i'F_{y_i'}-F=\sum_{i=1}^{n}y_i'p_i-F=H(x,y_1,y_2,\cdots,y_n,p_1,p_2,\cdots,p_n)=H(x,y_i,p_i)\tag{9-7-6}$$

式中，H 称为式(9-7-1)的**哈密顿函数**。因为经过变换之后，H 已是 x、y_i 和 p_i 的函数，所以式(9-7-6)最后一个写法成立。一般情况下，力学系统的哈密顿函数为系统的广义能量。

将式(9-7-6)代入式(9-7-1)，得泛函

$$J[y_1,y_2,\cdots,y_n]=\int_{x_0}^{x_1}\left(\sum_{i=1}^{n}y_i'p_i-H\right)\mathrm{d}x\tag{9-7-7}$$

对式(9-7-7)取变分并令其为零，有

$$\begin{aligned}\delta J&=\int_{x_0}^{x_1}\sum_{i=1}^{n}\left(p_i\delta y_i'+y_i'\delta p_i-\frac{\partial H}{\partial y_i}\delta y_i-\frac{\partial H}{\partial p_i}\delta p_i\right)\mathrm{d}x\\&=p_i\delta y_i\Big|_{x_0}^{x_1}+\int_{x_0}^{x_1}\left[\sum_{i=1}^{n}\left(y_i'-\frac{\partial H}{\partial p_i}\right)\delta p_i-\sum_{i=1}^{n}\left(\frac{\partial H}{\partial y_i}+\frac{\partial p_i}{\partial x}\right)\delta y_i\right]\mathrm{d}x=0\end{aligned}\tag{9-7-8}$$

在固定边界的端点有 $\delta y_i\big|_{x_0}^{x_1}=0$。再由 δy_i 和 δp_i 的任意性并根据变分法基本引理，与式(9-7-7)对应的欧拉方程组为

$$\begin{cases}\dfrac{\partial H}{\partial p_i}=\dfrac{\mathrm{d}y_i}{\mathrm{d}x}\\[2ex]\dfrac{\partial H}{\partial y_i}=-\dfrac{\mathrm{d}p_i}{\mathrm{d}x}\end{cases}\quad(i=1,2,\cdots,n)\tag{9-7-9}$$

式(9-7-9)称为式(9-7-2)的**哈密顿形式**、**典范形式**或**正则形式**。

在式(9-7-1)中，若将 y_i 换成广义坐标 $q_i\,(i=1,2,\cdots,n)$，x 换成时间 t，被积函数 F 换成拉格朗日作用量 L，则式(9-7-9)可改写成

$$J[q_1,q_2,\cdots,q_n]=\int_{t_0}^{t_1}\left(\sum_{i=1}^{n}\dot{q}_i p_i\big|_{\dot{q}_i=\varphi_i}-H\right)\mathrm{d}t\tag{9-7-10}$$

式中，p_i 和 $\dot{q}_i$ 的表达式分别为

$$p_i=\frac{\partial L}{\partial \dot{q}_i}=p_i(t,q_1,q_2,\cdots,q_n,\dot{q}_1,\dot{q}_2,\cdots,\dot{q}_n)\quad(i=1,2,\cdots,n)\tag{9-7-11}$$

$$\dot{q}_i=\varphi_i(t,q_1,q_2,\cdots,q_n,p_1,p_2,\cdots,p_n)\quad(i=1,2,\cdots,n)\tag{9-7-12}$$

此时，变量 t，q_i，p_i 称为**哈密顿变量**，其中 p_i 称为**广义动量**，$\dot{q}_i$ 为广义速度，而每一对 q_i 和 p_i 又合称为**正则变量**或**共轭变量**。

与式(9-7-10)对应的欧拉方程组为

$$\begin{cases}\dot{p}_i=\dfrac{\mathrm{d}p_i}{\mathrm{d}t}=-\dfrac{\partial H}{\partial q_i}\\[2ex]\dot{q}_i=\dfrac{\mathrm{d}q_i}{\mathrm{d}t}=\dfrac{\partial H}{\partial p_i}\end{cases}\quad(i=1,2,\cdots,n)\tag{9-7-13}$$

式(9-7-13)就是以正则变量 q_i 和 p_i 为变量的运动微分方程，称为**哈密顿正则方程**、**哈密顿方程**或**正则方程**。哈密顿变量 q_i 和 p_i 有时又称为**哈密顿方程的坐标**。

由式(9-7-13)可知，正则方程为 $2n$ 个一阶微分方程组，且每一对方程都是对称的，这就使它在形式上比二阶欧拉方程或拉格朗日方程更为简单。又因为正则方程是从拉格朗日方程经过变换而来，故两者是等价方程。

在应用正则方程求解力学问题时，关键的步骤是写出以哈密顿变量 q_i 和 p_i 表示的哈密顿函数。

例 9.7.1 求泛函 $J[y_1,y_2]=\int_0^{\pi}(2y_1y_2-2y_1^2+y_1'^2-y_2'^2)\,\mathrm{d}x$ 的欧拉方程组的哈密顿形式。

解 令 $F=2y_1y_2-2y_1^2+y_1'^2-y_2'^2$，则有 $p_1=F_{y_1'}=2y_1'$，$p_2=F_{y_2'}=-2y_2'$，偏导数行列式为

$$\begin{vmatrix}F_{y_1'y_1'} & F_{y_1'y_2'}\\ F_{y_2'y_1'} & F_{y_2'y_2'}\end{vmatrix}=\begin{vmatrix}2 & 0\\ 0 & -2\end{vmatrix}=-4\neq 0$$

从上面关系式中解出 y_1' 和 y_2'，得 $y_1'=\dfrac{p_1}{2}$，$y_2'=-\dfrac{p_2}{2}$。于是所给泛函的哈密顿函数为

$$H=y_1'F_{y_1'}+y_2'F_{y_2'}-F=y_1'^2-y_2'^2-2y_1y_2+2y_1^2=\frac{p_1^2}{4}-\frac{p_2^2}{4}-2y_1y_2+2y_1^2$$

根据式(9-7-8)，欧拉方程组的哈密顿形式为

$$\begin{cases}\dfrac{\mathrm{d}y_1}{\mathrm{d}x}=\dfrac{p_1}{2},\ \dfrac{\mathrm{d}y_2}{\mathrm{d}x}=\dfrac{p_2}{2}\\[2mm] \dfrac{\mathrm{d}p_1}{\mathrm{d}x}=-4y_1+2y_2,\ \dfrac{\mathrm{d}p_2}{\mathrm{d}x}=2y_1\end{cases}$$

式中，$y_1=y_1(x)$，$y_2=y_2(x)$，$p_1=p_1(x)$，$p_2=p_2(x)$，它们都是 x 的未知函数。

例 9.7.2 讨论泛函 $J[y_1,y_2]=\int_{x_0}^{x_1}y_1^2y_2^2(x^2+y_1'+y_2')\,\mathrm{d}x$ 的欧拉方程组的哈密顿形式。

解 令 $F=y_1^2y_2^2(x^2+y_1'+y_2')$，则有 $p_1=F_{y_1'}=y_1^2y_2^2$，$p_2=F_{y_2'}=y_1^2y_2^2$，这两个关系式不包含 y_1' 和 y_2'，即 y_1' 和 y_2' 不能表示为变量 p_1 和 p_2 的函数，故不能建立哈密顿形式的方程组。偏导数行列式为

$$\begin{vmatrix}F_{y_1'y_1'} & F_{y_1'y_2'}\\ F_{y_2'y_1'} & F_{y_2'y_2'}\end{vmatrix}=\begin{vmatrix}0 & 0\\ 0 & 0\end{vmatrix}=0$$

式(9-7-3)明显不满足。

例 9.7.3 建立泛函 $J[y]=\int_0^{\pi}xyy'^3\,\mathrm{d}x$ 哈密顿形式的欧拉方程组。

解 令 $F=xyy'^3$，则有 $p=F_{y'}=3xyy'^2$，$y'=\pm\sqrt{\dfrac{p}{3xy}}$，所给泛函有两个哈密顿函数

$$H_1=(y'F_{y'}-F)\Big|_{y'=\sqrt{\frac{p}{3xy}}}=2xyy'^3\Big|_{y'=\sqrt{\frac{p}{3xy}}}=\frac{2}{3\sqrt{3}}\sqrt{\frac{p^3}{xy}}$$

和

$$H_2=(y'F_{y'}-F)\Big|_{y'=-\sqrt{\frac{p}{3xy}}}=2xyy'^3\Big|_{y'=-\sqrt{\frac{p}{3xy}}}=-\frac{2}{3\sqrt{3}}\sqrt{\frac{p^3}{xy}}$$

相应地，可得到两个哈密顿形式的欧拉方程组

$$\frac{\mathrm{d}y}{\mathrm{d}x}=\sqrt{\frac{p}{3xy}}，\quad \frac{\mathrm{d}p}{\mathrm{d}x}=\frac{1}{3}\sqrt{\frac{p^3}{3xy^3}}$$

$$\frac{\mathrm{d}y}{\mathrm{d}x}=\frac{\partial H_2}{\partial p}=-\sqrt{\frac{p}{3xy}}，\quad \frac{\mathrm{d}p}{\mathrm{d}x}=-\frac{\partial H_2}{\partial y}=-\frac{1}{3}\sqrt{\frac{p^3}{3xy^3}}$$

例 9.7.4 如图 9-7-1 所示，匀质小球质量为m，半径为a。因重力作用，在半径为b的固定铅直圆形轨道上作纯滚动，试用正则方程求球心的切向加速度。

解 因小球作纯滚动，故系统只有一个自由度。选Oxy坐标系如图 9-7-1 所示，取OC连线与y轴夹角θ和小球转角φ为广义坐标。取$\theta=0$位置为势能零位置，则系统势能为

$$V=-mg(a+b)(1-\cos\theta) \tag{1}$$

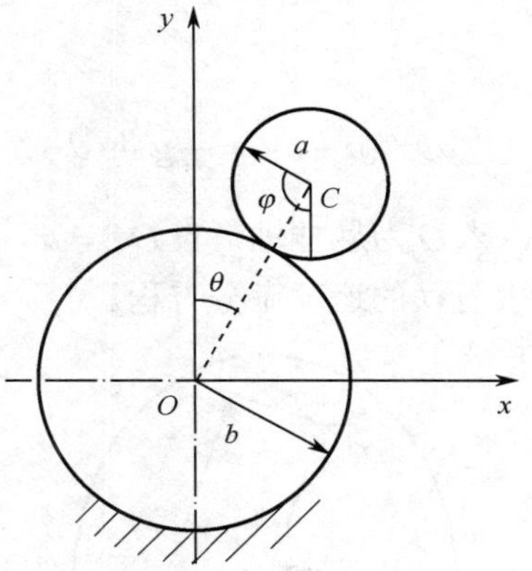

图 9-7-1 小球纯滚动示意图

由运动学知θ与φ的关系为

$$\varphi=\frac{a+b}{b}\theta \tag{2}$$

因而有

$$\dot{\varphi}=\frac{a+b}{b}\dot{\theta} \tag{3}$$

又知球心速度$v=(a+b)\dot{\theta}$，均质动球对质心直径的转动惯量$J_{O_1}=\frac{2}{5}ma^2$，故系统的动能为

$$T=\frac{1}{2}mv^2+\frac{1}{2}J_{O_1}\dot{\varphi}^2=\frac{1}{2}m(a+b)^2\dot{\theta}^2+\frac{1}{2}\times\frac{2}{5}ma^2\dot{\varphi}^2=\frac{m}{2}\left[\frac{7}{5}(a+b)^2\right]\dot{\theta}^2 \tag{4}$$

系统的拉格朗日函数为

$$L=T-V=\frac{m}{2}\left[\frac{7}{5}(a+b)^2\right]\dot{\theta}^2+mg(a+b)(1-\cos\theta) \tag{5}$$

广义动量为

$$p=\frac{\partial L}{\partial\dot{\theta}}=\frac{7}{5}m(a+b)^2\dot{\theta} \tag{6}$$

由式(6)得到以广义动量表示的广义速度

$$\dot{\theta}=\frac{5}{7m(a+b)^2}p \tag{7}$$

以哈密顿变量θ、p表示的哈密顿函数为

$$H = p\dot{\theta} - L = \frac{1}{2} \times \frac{5}{7m(a+b)^2} p^2 - mg(a+b)(1-\cos\theta) \tag{8}$$

将式(8)代入正则方程中的一个$\dot{p} = -\frac{\partial H}{\partial \theta}$，得

$$\dot{p} = mg(a+b)\sin\theta \tag{9}$$

式(7)和式(9)即为两个正则方程。

将式(6)代入式(9)，得到广义坐标θ的二阶微分方程

$$\ddot{\theta} = \frac{5g}{7(a+b)}\sin\theta \tag{10}$$

球心切向加速度为

$$a_\tau = (a+b)\ddot{\theta} = \frac{5}{7} g\sin\theta \tag{11}$$

例 9.7.5 复摆质心在点C，点O为悬挂轴，设$OC = a$，复摆对O轴的转动惯量为J_O，如图 9-7-2 所示。试用正则方程求复摆的运动微分方程。

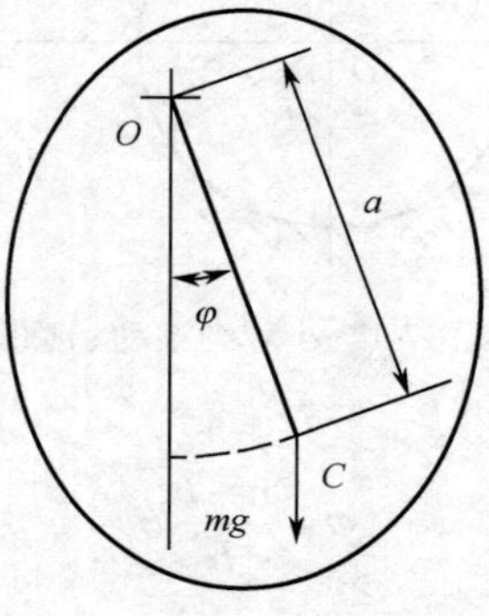

图 9-7-2 复摆示意图

解 复摆有一个自由度。选OC与铅直线的交角φ为广义坐标，令$\varphi = 0$时过质心的水平面为势能零位置，则在任意位置系统势能为

$$V = mga(1-\cos\varphi) \tag{1}$$

系统的拉格朗日函数为

$$L = \frac{J_O}{2}\dot{\varphi}^2 - mga(1-\cos\varphi) \tag{2}$$

广义动量为

$$p = \frac{\partial L}{\partial \dot{\varphi}} = J_O\dot{\varphi} \tag{3}$$

哈密顿函数为

$$H = p\dot{\varphi} - \frac{J_O}{2}\dot{\varphi}^2 + mga(1-\cos\varphi) = \frac{J_O}{2}\dot{\varphi}^2 + mga(1-\cos\varphi) = \frac{p^2}{2J_O} + mga(1-\cos\varphi) \tag{4}$$

将式(4)代入正则方程，得

$$
\begin{cases}
\dot{\varphi} = \dfrac{\partial H}{\partial p} = \dfrac{p}{J_O} \\
\dot{p} = -\dfrac{\partial H}{\partial \varphi} = -mga\sin\varphi
\end{cases} \tag{5}
$$

将式(3)对时间求导后，代入式(5)的第二个方程，可得复摆的运动微分方程

$$
\ddot{\varphi} + \frac{mag}{J_O}\sin\varphi = 0 \tag{6}
$$

正则方程对解决一般力学问题似无特别优越之处，但它便于对复杂的力学问题作更普遍的研究，如天体力学、统计力学和量子力学等。

9.8 赫林格-赖斯纳广义变分原理

赫林格和赖斯纳分别于 1914 年和 1950 年先后研究并推广了最小余能原理，提出了关于小变形弹性理论以应力 σ_{ij}、应力对坐标的导数 $\sigma_{ij,j}$ (或位移对坐标的导数 $u_{i,j}$)和位移 u_i 为泛函的独立函数的一个无条件变分原理，该变分原理称为**赫林格-赖斯纳广义变分原理**，简称为**赫林格-赖斯纳变分原理**或**赫林格-赖斯纳原理**。

赫林格-赖斯纳广义变分原理可以通过将有条件的最小余能原理变成无条件极值原理来得到。根据式(9-5-4)，并注意到式(9-2-12)，可建立弹性体的**总余能泛函**

$$
J = \iiint_V U_0^c(\sigma_{ij})\,\mathrm{d}V - \iint_{S_u} \bar{u}_i X_i\,\mathrm{d}S = \iiint_V U_0^c(\sigma_{ij})\,\mathrm{d}V - \iint_{S_u} \bar{u}_i n_j \sigma_{ij}\,\mathrm{d}S \tag{9-8-1}
$$

式(9-8-1)是以应力 σ_{ij} 为独立函数的泛函。应力 σ_{ij} 要受到式(9-2-3)和式(9-4-4)的约束。为使式(9-8-1)取驻值，应解除上述两组约束，把有条件的泛函变分问题化为无条件的泛函变分问题。为此，引入三个拉格朗日乘子 λ_1、λ_2 和 λ_3，分别乘以式(9-2-3)的左边，相加后对体积积分，可构造泛函

$$
J_1 = \iiint_V \lambda_i(\sigma_{ij,j} + \bar{F}_i)\,\mathrm{d}V \tag{9-8-2}
$$

再引入三个拉格朗日乘子 μ_1、μ_2 和 μ_3，利用式(9-4-4)构造泛函

$$
J_2 = -\iint_{S_\sigma} \mu_i(n_j\sigma_{ij} - \bar{X}_i)\,\mathrm{d}S \tag{9-8-3}
$$

将式(9-8-1)、式(9-8-2)和式(9-8-3)相加，得到一个新的泛函也就是第 5 章中的辅助泛函

$$
J^* = \iiint_V U_0^c(\sigma_{ij})\,\mathrm{d}V - \iint_{S_u} \bar{u}_i n_j \sigma_{ij}\,\mathrm{d}S + \iiint_V \lambda_i(\sigma_{ij,j} + \bar{F}_i)\,\mathrm{d}V - \iint_{S_\sigma} \mu_i(n_j\sigma_{ij} - \bar{X}_i)\,\mathrm{d}S \tag{9-8-4}
$$

像式(9-8-4)这样，将泛函的约束乘以拉格朗日乘子构造泛函，再把构造的泛函与原泛函相加，得到解除了约束的辅助泛函，这样的辅助泛函称为**混合型泛函**或**混合泛函**，也称为**广义泛函**。这样定义的泛函与第 5.4 节中定义的同名泛函在内涵上是一样的。用拉格朗日乘子法系统地、规范化地构造广义泛函，这一普遍性的方法是钱伟长于 1964 年提出的，这种构造泛函的方法建立在严格的数学方法的基础上，已得到了广泛的应用。

对式(9-8-4)取变分并令其等于零，有

$$
\delta J^* = \delta J + \delta J_1 + \delta J_2 = 0 \tag{9-8-5}
$$

对 J 取变分，由式(9-8-1)，有

$$
\delta J = \iiint_V \frac{\partial U_0^c}{\partial \sigma_{ij}} \delta\sigma_{ij}\,\mathrm{d}V - \iint_{S_u} \bar{u}_i n_j \delta\sigma_{ij}\,\mathrm{d}S \tag{9-8-6}
$$

对 J_1 取变分，由式(9-8-2)，有

$$\delta J_1 = \iiint_V (\sigma_{ij,j} + \bar{F}_i)\delta\lambda_i \,\mathrm{d}V + \iiint_V \lambda_i \delta\sigma_{ij,j} \,\mathrm{d}V \tag{9-8-7}$$

对式(9-8-7)第二个体积分用分部积分和高斯公式，有

$$\begin{aligned}\iiint_V \lambda_i \delta\sigma_{ij,j} \,\mathrm{d}V &= \iiint_V [(\lambda_i \delta\sigma_{ij})_{,j} - \lambda_{i,j}\delta\sigma_x]\mathrm{d}V = \iint_S n_j(\lambda_i\delta\sigma_{ij})\,\mathrm{d}S - \iiint_V \lambda_{i,j}\delta\sigma_{ij}\,\mathrm{d}V \\ &= \iint_{S_\sigma} n_j\lambda_i\delta\sigma_{ij}\,\mathrm{d}S + \iint_{S_u} n_j\lambda_i\delta\sigma_{ij}\,\mathrm{d}S - \iiint_V \lambda_{i,j}\delta\sigma_{ij}\,\mathrm{d}V\end{aligned} \tag{9-8-8}$$

对 J_2 取变分，由式(9-8-3)，有

$$\delta J_2 = -\iint_{S_\sigma} (n_j\sigma_{ij} - \bar{X}_i)\delta\mu_i \,\mathrm{d}S - \iint_{S_\sigma} \mu_i n_j \delta\sigma_{ij}\,\mathrm{d}S \tag{9-8-9}$$

将式(9-8-8)代入式(9-8-7)，再将式(9-8-6)、式(9-8-7)和式(9-8-9)代入式(9-8-5)，经整理，得

$$\begin{aligned}\delta J^* = &\iiint_V \left(\frac{\partial U_0^c}{\partial \sigma_{ij}} - \lambda_{i,j}\right)\delta\sigma_{ij}\,\mathrm{d}V + \iiint_V (\sigma_{ij,j} + \bar{F}_i)\delta\lambda_i\,\mathrm{d}V + \iint_{S_\sigma}(\lambda_i - \mu_i)n_j\delta\sigma_{ij}\,\mathrm{d}S \\ &+ \iint_{S_u}(\lambda_i - \bar{u}_i)n_j\delta\sigma_{ij}\,\mathrm{d}S - \iint_{S_\sigma}(n_j\sigma_{ij} - \bar{X}_i)\delta\mu_i\,\mathrm{d}S = 0\end{aligned} \tag{9-8-10}$$

由 $\delta\sigma_{ij}$ 的任意性，可得

$$\lambda_{i,j} = \frac{\partial U_0^c}{\partial \sigma_{ij}} \qquad (\text{在} V \text{内}) \tag{9-8-11}$$

$$\lambda_i = \mu_i \qquad (\text{在} S_\sigma \text{上}) \tag{9-8-12}$$

$$\lambda_i = \bar{u}_i \qquad (\text{在} S_u \text{上}) \tag{9-8-13}$$

再由 $\delta\lambda_i$ 和 $\delta\mu_i$ 的任意性，可给出式(9-2-3)和式(9-2-10)。由式(9-8-11)和式(9-8-12)可知，所引入的拉格朗日乘子 λ_i 和 μ_i 其实就是位移 u_i。用位移 u_i 取代式(9-8-4)中的拉格朗日乘子 λ_i 和 μ_i，并用 J_{HR} 代替 J^*，可得

$$J_{HR} = \iiint_V [U_0^c(\sigma_{ij}) + (\sigma_{ij,j} + \bar{F}_i)u_i]\mathrm{d}V - \iint_{S_u} n_j\sigma_{ij}\bar{u}_i\,\mathrm{d}S - \iint_{S_\sigma}(n_j\sigma_{ij} - \bar{X}_i)u_i\,\mathrm{d}S \tag{9-8-14}$$

式(9-8-14)就是赫林格–赖斯纳广义变分原理的泛函。该泛函的独立函数是应力 σ_{ij}、应力对坐标的导数 $\sigma_{ij,j}$ 和位移 u_i，根据变分法的理论，它应该是三组独立函数的广义变分原理，但习惯上被认为是两类变量的广义变分原理，此时没把泛函的独立函数–应力对坐标的导数 $\sigma_{ij,j}$ 计入在内，或者说，把应力 σ_{ij} 和应力对坐标的导数 $\sigma_{ij,j}$ 看作了同一类变量。式(9-8-14)是弹性体总余能的一种推广了的表达式，称为三组独立函数的**广义余能**，但习惯上称为两类变量的**广义余能**。由式(9-8-14)的一阶变分可见，$\delta J_{HR} = 0$ 给出了弹性力学的全部基本方程。

赫林格–赖斯纳广义变分原理可表述为：**在所有位移场和应力场中，真实的位移场和应力场应使式(9-8-14)的一阶变分 $\delta J_{HR} = 0$。**

根据式(9-2-21)，并利用式(9-2-12)，有

$$\begin{aligned}\iiint_V \sigma_{ij,j}u_i\,\mathrm{d}V &= \iint_S X_i u_i\,\mathrm{d}S - \frac{1}{2}\iiint_V \sigma_{ij}(u_{i,j} + u_{j,i})\mathrm{d}V \\ &= \iint_{S_u} X_i u_i\,\mathrm{d}S + \iint_{S_\sigma} X_i u_i\,\mathrm{d}S - \frac{1}{2}\iiint_V \sigma_{ij}(u_{i,j} + u_{j,i})\mathrm{d}V \\ &= \iint_{S_u} n_j\sigma_{ij}u_i\,\mathrm{d}S + \iint_{S_\sigma} n_j\sigma_{ij}u_i\,\mathrm{d}S - \frac{1}{2}\iiint_V \sigma_{ij}(u_{i,j} + u_{j,i})\mathrm{d}V\end{aligned} \tag{9-8-15}$$

将式(9-8-15)代入式(9-1-14)，并乘以 -1，得

$$
\begin{aligned}
J_{H-R} = -J_{HR} = \iiint_V \left[\frac{1}{2}\sigma_{ij}(u_{i,j} + u_{j,i}) - U_0^c(\sigma_{ij}) - \bar{F}_i u_i \right] \mathrm{d}V \\
- \iint_{S_u} n_j \sigma_{ij}(u_i - \bar{u}_i)\,\mathrm{d}S - \iint_{S_\sigma} \bar{X}_i u_i\,\mathrm{d}S
\end{aligned} \tag{9-8-16}
$$

式(9-8-16)正是赫林格–赖斯纳广义变分原理原来提出的泛函，它与式(9-8-14)完全等价，只是差了一个负号。式(9-8-16)的独立函数是应力 σ_{ij}、位移 u_i 和位移对坐标的导数 $u_{i,j}$ (或 $u_{j,i}$)。式(9-8-16)是弹性体总势能的一种推广了的表达式，称为三组独立函数的**广义势能**，但习惯上称为两类变量的**广义势能**，此时没有把泛函的独立函数–位移对坐标的导数 $u_{i,j}$ (或 $u_{j,i}$)考虑在内，或者说，把位移 u_i 和位移对坐标的导数 $u_{i,j}$ (或 $u_{j,i}$)看作了同一类变量。

9.9 胡海昌–鹫津久一郎广义变分原理

胡海昌和鹫津久一郎分别于 1954 年和 1955 年先后将最小势能原理进行推广，得到了以位移 u_i、应力 σ_{ij} 和应变 ε_{ij} 为独立函数的一个无条件变分原理，该原理称为**胡海昌–鹫津久一郎广义变分原理**，简称**胡海昌–鹫津久一郎变分原理或胡–鹫津原理**。

同赫林格–赖斯纳广义变分原理一样，仍然可以用拉格朗日乘子法建立胡–鹫津原理的泛函。

根据最小势能原理建立的泛函为

$$
J = \iiint_V [U_0(\varepsilon_{ij}) - \bar{F}_i u_i]\,\mathrm{d}V - \iint_{S_\sigma} \bar{X}_i u_i\,\mathrm{d}S \tag{9-9-1}
$$

式(9-9-1)有两个独立函数即应变 ε_{ij} 和位移 u_i。在弹性力学中，要求应变 ε_{ij} 和位移 u_i 之间要满足式(9-1-3)，同时也要求位移要满足式(9-2-7)。由此可见，最小势能原理也是一个条件极值原理。为了把式(9-9-1)化为无约束条件的泛函，需要引入 9 个拉格朗日乘子 λ_{ij} 与式(9-1-3)构造泛函

$$
J_1 = \iiint_V \left[\frac{1}{2}(u_{i,j} + u_{j,i}) - \varepsilon_{ij} \right] \lambda_{ij}\,\mathrm{d}V \tag{9-9-2}
$$

再引入三个拉格朗日乘子 μ_i 与式(9-2-7)，构造泛函

$$
J_2 = \iint_{S_u} (u_i - \bar{u}_i)\mu_i\,\mathrm{d}S \tag{9-9-3}
$$

上述三个泛函相加，得到一个广义泛函 J^*，即

$$
\begin{aligned}
J^* = \iiint_V [U_0(\varepsilon_{ij}) - \bar{F}_i u_i]\,\mathrm{d}V - \iint_{S_\sigma} \bar{X}_i u_i\,\mathrm{d}S \\
+ \iiint_V \left[\frac{1}{2}(u_{i,j} + u_{j,i}) - \varepsilon_{ij} \right] \lambda_{ij}\,\mathrm{d}V + \iint_{S_u} (u_i - \bar{u}_i)\mu_i\,\mathrm{d}S
\end{aligned} \tag{9-9-4}
$$

式(9-9-4)的变分为

$$
\delta J^* = \delta J + \delta J_1 + \delta J_2 = 0 \tag{9-9-5}
$$

式(9-9-1)的变分为

$$
\delta J = \iiint_V \frac{\partial U_0(\varepsilon_{ij})}{\partial \varepsilon_{ij}} \delta\varepsilon_{ij}\,\mathrm{d}V - \iiint_V \bar{F}_i \delta u_i\,\mathrm{d}V - \iint_{S_\sigma} \bar{X}_i \delta u_i\,\mathrm{d}S \tag{9-9-6}
$$

式(9-9-2)的变分为

$$
\delta J_1 = \iiint_V \left[\frac{1}{2}(u_{i,j} + u_{j,i}) - \varepsilon_{ij} \right] \delta\lambda_{ij}\,\mathrm{d}V - \iiint_V \lambda_{ij}\delta\varepsilon_{ij}\,\mathrm{d}V + \frac{1}{2}\iiint_V (\lambda_{ij}\delta u_{i,j} + \lambda_{ij}\delta u_{j,i})\,\mathrm{d}V \tag{9-9-7}
$$

对式(9-9-7)的最后一个积分的第一项采用分部积分并应用高斯公式，有

$$\begin{aligned}\iiint_V \lambda_{ij}\delta u_{i,j}\,\mathrm{d}V &= \iiint_V [(\lambda_{ij}\delta u_i)_{,j} - \lambda_{ij,j}\delta u_i]\mathrm{d}V \\ &= \iint_S n_j(\lambda_{ij}\delta u_i)\,\mathrm{d}S - \iiint_V \lambda_{ij,j}\delta u_i\,\mathrm{d}V \\ &= \iint_{S_\sigma} n_j(\lambda_{ij}\delta u_i)\,\mathrm{d}S + \iint_{S_u} n_j(\lambda_{ij}\delta u_i)\,\mathrm{d}S - \iiint_V \lambda_{ij,j}\delta u_i\,\mathrm{d}V\end{aligned} \tag{9-9-8}$$

同理，对式(9-9-7)的最后一个积分的第二项采用分部积分并应用高斯公式，注意到λ_{ij}的对称性，所得的结果仍为式(9-9-8)。

式(9-9-3)的变分为

$$\delta J_2 = \iint_{S_u}(u_i - \bar{u}_i)\delta\mu_i\,\mathrm{d}S + \iint_{S_u}\mu_i\delta u_i\,\mathrm{d}S \tag{9-9-9}$$

将式(9-9-8)代入式(9-9-7)，再将式(9-9-6)、式(9-9-7)和式(9-9-9)代入式(9-9-5)，经整理后得

$$\begin{aligned}\delta J^* &= \iiint_V\left[\frac{\partial U_0(\varepsilon_{ij})}{\partial\varepsilon_{ij}} - \lambda_{ij}\right]\delta\varepsilon_{ij}\,\mathrm{d}V - \iiint_V(\lambda_{ij,j} + \bar{F}_i)\delta u_i\,\mathrm{d}V \\ &+ \iiint_V\left[\frac{1}{2}(u_{i,j} + u_{j,i}) - \varepsilon_{ij}\right]\delta\lambda_{ij}\,\mathrm{d}V + \iint_{S_\sigma}(n_j\lambda_{ij} - \bar{X}_i)\delta u_i\,\mathrm{d}S \\ &+ \iint_{S_u}(u_i - \bar{u}_i)\delta\mu_i\,\mathrm{d}S + \iint_{S_u}(n_j\lambda_{ij} + \mu_i)\delta u_i\,\mathrm{d}S = 0\end{aligned} \tag{9-9-10}$$

由$\delta\varepsilon_{ij}$、$\delta\lambda_{ij}$和δu_i的任意性，可得

$$\lambda_{ij} = \frac{\partial U_0(\varepsilon_{ij})}{\partial\varepsilon_{ij}} \tag{9-9-11}$$

$$\lambda_{ij,j} + \bar{F}_i = 0 \tag{9-9-12}$$

$$n_j\lambda_{ij} - \bar{X}_i = 0 \tag{9-9-13}$$

$$n_j\lambda_{ij} + \mu_i = 0 \tag{9-9-14}$$

$$\varepsilon_{ij} = \frac{1}{2}(u_{i,j} + u_{j,i}) \tag{9-9-15}$$

$$u_i = \bar{u}_i \tag{9-9-16}$$

由式(9-9-12)和式(9-9-13)可见，λ_{ij}就是应力分量，即

$$\lambda_{ij} = \sigma_{ij} \tag{9-9-17}$$

由式(9-9-14)和式(9-9-17)得

$$\mu_i = -n_j\sigma_{ij} \tag{9-9-18}$$

将$\lambda_{ij} = \sigma_{ij}$和$\mu_i = -n_j\sigma_{ij}$代入式(9-9-5)，并用$J_{H-W}$代替$J^*$，可得到胡–鹫津变分原理的泛函

$$\begin{aligned}J_{H-W} &= \iiint_V\left\{U_0(\varepsilon_{ij}) - \bar{F}_i u_i + \left[\frac{1}{2}(u_{i,j} + u_{j,i}) - \varepsilon_{ij}\right]\sigma_{ij}\right\}\mathrm{d}V \\ &- \iint_{S_\sigma}\bar{X}_i u_i\,\mathrm{d}S - \iint_{S_u} n_j\sigma_{ij}(u_i - \bar{u}_i)\,\mathrm{d}S\end{aligned} \tag{9-9-19}$$

式(9-9-19)的独立函数是位移u_i、应力σ_{ij}和应变ε_{ij}，虽然还有独立函数$u_{i,j}$(或$u_{j,i}$)，但由于存在式(9-9-15)即$u_{i,j}$(或$u_{j,i}$)与ε_{ij}存在制约关系，在构造式(9-9-2)时就已经应用了这一关系，使得$u_{i,j}$(或$u_{j,i}$)不能被认为是第四组独立函数。根据变分法的理论，当然也可以取位移u_i、应力σ_{ij}和位移对坐标的导数$u_{i,j}$(或$u_{j,i}$)作为独立函数。因此，胡–鹫津变分原理是三组独立函数

或三类变量的广义变分原理。

胡海昌–鹫津久一郎广义变分原理可表述为：**在所有位移场、应力场和应变场中，真实的位移场、应力场和应变场应使式(9-9-19)的一阶变分** $\delta J_{H-W}=0$。

胡海昌–鹫津久一郎广义变分原理的泛函的变分给出了弹性力学边值问题的全部基本方程和全部边界条件。

把式(9-4-16)代入式(9-9-19)，消去$\frac{1}{2}(u_{i,j}+u_{j,i})\sigma_{ij}$项的体积分，并乘以$-1$，得

$$\begin{aligned}J_{HW}=-J_{H-W}&=\iiint_V[\sigma_{ij}\varepsilon_{ij}-U_0(\varepsilon_{ij})+(\sigma_{ij,j}+\overline{F}_i)u_i]\,\mathrm{d}V\\&-\iint_{S_\sigma}(n_j\sigma_{ij}-\overline{X}_i)u_i\,\mathrm{d}S-\iint_{S_u}n_j\sigma_{ij}\overline{u}_i\,\mathrm{d}S\end{aligned}\tag{9-9-20}$$

这表明式(9-9-20)与式(9-9-19)完全等价，只是差了一个负号。式(9-9-20)看起来有四组独立函数即σ_{ij}、ε_{ij}、$\sigma_{ij,j}$和u_i，但此时独立函数σ_{ij}、ε_{ij}受式(9-4-16)制约，两者之间只有一类独立函数是独立的，故式(9-9-20)实际上只有三组独立函数，或σ_{ij}、$\sigma_{ij,j}$和u_i，或ε_{ij}、$\sigma_{ij,j}$和u_i。式(9-9-19)是弹性体总势能的一种推广的表达式，称为三组独立函数或三类变量的**广义势能**。式(9-9-20)是弹性体总余能的一种推广的表达式，称为三组独立函数或三类变量的**广义余能**。

下面讨论赫林格–赖斯纳广义变分原理和胡海昌–鹫津久一郎广义变分原理之间的关系。将式(9-4-16)代入式(9-9-19)，消去$U_0(\varepsilon_{ij})$项，并注意到式(9-8-16)，得

$$\begin{aligned}J_{H-W}&=\iiint_V\left\{\sigma_{ij}\varepsilon_{ij}-U_0^c(\sigma_{ij})-\overline{F}_iu_i+\left[\frac{1}{2}(u_{i,j}+u_{j,i})-\varepsilon_{ij}\right]\sigma_{ij}\right\}\mathrm{d}V\\&-\iint_{S_\sigma}\overline{X}_iu_i\,\mathrm{d}S-\iint_{S_u}n_j\sigma_{ij}(u_i-\overline{u}_i)\,\mathrm{d}S\\&=\iiint_V\left[\frac{1}{2}(u_{i,j}+u_{j,i})\sigma_{ij}-U_0^c(\sigma_{ij})-\overline{F}_iu_i\right]\mathrm{d}V\\&-\iint_{S_\sigma}\overline{X}_iu_i\,\mathrm{d}S-\iint_{S_u}n_j\sigma_{ij}(u_i-\overline{u}_i)\,\mathrm{d}S=J_{H-R}=-J_{HR}\end{aligned}\tag{9-9-21}$$

再由式(9-9-20)得

$$J_{H-W}=-J_{HW}=J_{H-R}=-J_{HR}\tag{9-9-22}$$

式(9-9-22)表明，胡海昌–鹫津久一郎广义变分原理(的两种形式)与赫林格–赖斯纳广义变分原理(的两种形式)完全等价，两者完全可以互相转换；从变分法的角度看，这两个广义变分原理都是三组独立函数的广义变分原理，且它们都属于混合型泛函的变分问题。

9.10 莫培督–拉格朗日最小作用量原理

若质点系为k个自由度的完整保守系统，则系统的真实运动满足拉格朗日方程组

$$\frac{\mathrm{d}}{\mathrm{d}t}\frac{\partial L}{\partial\dot{q}_i}-\frac{\partial L}{\partial q_i}=0\quad(i=1,2,\cdots,k)\tag{9-10-1}$$

如果系统在由起始位置转移到终了位置的整个过程中，真实运动和一切与真实运动无限靠近的可能运动，都有相同不变的总机械能$H=T+V$，比较这两种运动。为此将拉格朗日方程乘以全变分Δq_i，然后取k个方程的总和，可得

$$\sum_{i=1}^{k}\left(\frac{\mathrm{d}}{\mathrm{d}t}\frac{\partial L}{\partial\dot{q}_i}\right)\Delta q_i-\sum_{i=1}^{k}\frac{\partial L}{\partial q_i}\Delta q_i=0\tag{9-10-2}$$

但

$$\left(\frac{\mathrm{d}}{\mathrm{d}t}\frac{\partial L}{\partial \dot{q}_i}\right)\Delta q_i = \frac{\mathrm{d}}{\mathrm{d}t}\left(\frac{\partial L}{\partial \dot{q}_i}\Delta q_i\right) - \frac{\partial L}{\partial \dot{q}_i}\frac{\mathrm{d}}{\mathrm{d}t}\Delta q_i$$
$$= \frac{\mathrm{d}}{\mathrm{d}t}\left(\frac{\partial L}{\partial \dot{q}_i}\Delta q_i\right) - \frac{\partial L}{\partial \dot{q}_i}\left(\Delta \frac{\mathrm{d}q_i}{\mathrm{d}t} + \frac{\mathrm{d}q_i}{\mathrm{d}t}\frac{\mathrm{d}}{\mathrm{d}t}\Delta t\right) \tag{9-10-3}$$

将式(9-10-3)代入式(9-10-2)，移项并交换求和与求导的运算次序，得

$$\frac{\mathrm{d}}{\mathrm{d}t}\sum_{i=1}^{k}\left(\frac{\partial L}{\partial \dot{q}_i}\Delta q_i\right) = \sum_{i=1}^{k}\left(\frac{\partial L}{\partial q_i}\Delta q_i + \frac{\partial L}{\partial \dot{q}_i}\Delta \dot{q}_i + \frac{\partial L}{\partial \dot{q}_i}\dot{q}_i\frac{\mathrm{d}}{\mathrm{d}t}\Delta t\right) \tag{9-10-4}$$

计算式(9-10-4)右端的前两项之和，有

$$\sum_{i=1}^{k}\left(\frac{\partial L}{\partial q_i}\Delta q_i + \frac{\partial L}{\partial \dot{q}_i}\Delta \dot{q}_i\right) = \Delta L = \Delta(T-V) = \Delta[2T-(T+V)] = \Delta 2T - \Delta H = \Delta 2T \tag{9-10-5}$$

式中，$\Delta H = \Delta(T+V) = 0$，这是因为进行比较的正路和旁路有相同的不变的总机械能，即 $H = T + V =$ 常量。

在所讨论的保守系统中，动能是广义速度的二次函数，根据欧拉齐函数定理及定常系统中势能仅为位置的函数，有

$$\sum_{i=1}^{k}\frac{\partial L}{\partial \dot{q}_i}\dot{q}_i = \sum_{i=1}^{k}\frac{\partial T}{\partial \dot{q}_i}\dot{q}_i = 2T \tag{9-10-6}$$

将式(9-10-5)和式(9-10-6)代入式(9-10-4)，可得

$$\frac{\mathrm{d}}{\mathrm{d}t}\sum_{i=1}^{k}\left(\frac{\partial L}{\partial \dot{q}_i}\Delta q_i\right) = \Delta 2T + 2T\frac{\mathrm{d}}{\mathrm{d}t}\Delta t \tag{9-10-7}$$

将式(9-10-7)两端乘以 $\mathrm{d}t$，再作从 t_0 到 t_1 的积分，得

$$\sum_{i=1}^{k}\left(\frac{\partial L}{\partial \dot{q}_i}\Delta q_i\right)\Bigg|_{t_0}^{t_1} = \int_{t_0}^{t_1}\Delta 2T\,\mathrm{d}t + \int_{t_0}^{t_1}2T\,\mathrm{d}\Delta t = \int_{t_0}^{t_1}\Delta(2T\,\mathrm{d}t) = \Delta\int_{t_0}^{t_1}2T\,\mathrm{d}t \tag{9-10-8}$$

在 t_0 和 t_1 时刻 q_i 取固定值，故 $\Delta q\big|_{t_0} = \Delta q\big|_{t_1} = 0$，再令

$$S^* = \int_{t_0}^{t_1}2T\,\mathrm{d}t \tag{9-10-9}$$

式中，S^* 称为**拉格朗日作用量**。将式(9-10-9)代入式(9-10-8)，得

$$\Delta S^* = \Delta\int_{t_0}^{t_1}2T\,\mathrm{d}t = 0 \tag{9-10-10}$$

式(9-10-10)称为**莫培督–拉格朗日最小作用量原理**。该原理表明，在保守系统中，真实运动与其他和真实运动有相同的起始位置和终止位置及相同总机械能的可能运动相比较，真实运动的拉格朗日作用量有极值。因动能是正定函数，故还可进一步证明这一极值是极小值。从导出原理的前提可知，该原理只适用于完整保守系统。

拉格朗日作用量还可写成

$$S^* = \int_{t_0}^{t_1}2T\,\mathrm{d}t = \int_{t_0}^{t_1}\sum_{i=1}^{k}m_i v_i^2\,\mathrm{d}t = \int_{s_{i0}}^{s_{i1}}\sum_{i=1}^{k}m_i v_i\,\mathrm{d}s_i = \sum_{i=1}^{k}\int_{s_{i0}}^{s_{i1}}m_i v_i\,\mathrm{d}s_i \tag{9-10-11}$$

将式(9-10-11)代入式(9-10-10)，可得莫培督–拉格朗日最小作用量原理的另一表述形式

$$\Delta S^* = \Delta\int_{s_{i0}}^{s_{i1}}\sum_{i=1}^{k}m_i v_i\,\mathrm{d}s_i = \Delta\sum_{i=1}^{k}\int_{s_{i0}}^{s_{i1}}m_i v_i\,\mathrm{d}s_i \tag{9-10-12}$$

式(9-10-12)通常称为**莫培督最小作用(量)原理**，简称**莫培督原理**，是莫培督于 1744 年提出

的，但当时未加证明。而式(9-10-10)通常称为**拉格朗日最小作用(量)原理**，简称**拉格朗日原理**，1760 年拉格朗日给出了该原理的严密数学论证。

对于单个质点，有

$$2T\,\mathrm{d}t = mv^2\frac{\mathrm{d}s}{v} = mv\,\mathrm{d}s = \sqrt{2mT}\,\mathrm{d}s \tag{9-10-13}$$

利用能量守恒关系，$T+V=H=E$，其中 H 和 E 是质点的总机械能，将这个关系式和式(9-10-13)代入式(9-10-9)，得

$$S^* = \int_{s_0}^{s_1}\sqrt{2m(H-V)}\,\mathrm{d}s \tag{9-10-14}$$

式(9-10-14)称为**最小作用(量)原理的雅可比形式**，是确定真实运动轨道的变分原理。

对式(9-10-14)取变分，得

$$\delta S^* = \delta\int_{s_0}^{s_1}\sqrt{2m(H-V)}\,\mathrm{d}s = 0 \tag{9-10-15}$$

由于在此积分中，积分限是固定的，故已用 δ 代替了 Δ。又由于 $2m$ 是常量，它对变分没影响，故式(9-10-15)也可以写为

$$\delta\int_{s_0}^{s_1}\sqrt{H-V}\,\mathrm{d}s = 0 \tag{9-10-16}$$

例 9.10.1 应用最小作用量原理的雅可比形式求解**开普勒问题**。

解 质量为 m 的质点，在万有引力作用下运动，取引力中心作为坐标原点，取极坐标 (r,θ) 为广义坐标，求质点的运动轨迹。质点在万有引力场中的势能为

$$V = -\frac{GmM}{r} = -\frac{\mu m}{r} \tag{1}$$

式中，G 为万有引力常数，M 为固定质点质量，$\mu = GM$ 为高斯常数。

质点的动能为

$$T = \frac{1}{2}mv^2 = \frac{1}{2}m(\dot{r}^2 + r^2\dot{\theta}^2) \tag{2}$$

系统的总机械能为

$$H = T + V = \frac{1}{2}m(\dot{r}^2 + r^2\dot{\theta}^2) - \frac{\mu m}{r} = \frac{1}{2}mv_0^2 - \frac{\mu m}{r_0} \tag{3}$$

式中，v_0 和 r_0 分别为质点初始时刻的速度和极径。

任意时刻质点的动能与 $2m$ 的乘积为

$$2mT = 2m(H-V) = \mu m^2\left(\frac{v_0^2}{\mu} - \frac{2}{r_0} + \frac{2}{r}\right) = k^2\left(h + \frac{2}{r}\right) \tag{4}$$

式中，$k^2 = \mu m^2$，$h = \dfrac{v_0^2}{\mu} - \dfrac{2}{r_0}$，它们都是常数。

弧微分 $\mathrm{d}s$ 与极角微分 $\mathrm{d}\theta$ 的关系为

$$\mathrm{d}s = \sqrt{(\mathrm{d}r)^2 + (r\,\mathrm{d}\theta)^2} = \sqrt{r^2 + r'^2}\,\mathrm{d}\theta \tag{5}$$

将式(4)和式(5)代入式(9-10-15)，得

$$\delta\int_{\theta_0}^{\theta_1} k\sqrt{\left(h + \frac{2}{r}\right)(r^2 + r'^2)}\,\mathrm{d}\theta = 0 \tag{6}$$

因被积函数 $F=k\sqrt{\left(h+\dfrac{2}{r}\right)(r^2+r'^2)}$ 不含 θ，故欧拉方程的首次积分为

$$F-r'F_{r'}=kr^2\sqrt{\frac{h+2/r}{(r^2+r'^2)}}=c \tag{7}$$

或

$$\sqrt{hr^2+2r}=c_1\sqrt{1+\frac{r'^2}{r^2}} \tag{8}$$

式中，$c_1=c/k$。

由式(8)可得

$$\mathrm{d}\theta=\frac{c_1\,\mathrm{d}r}{r\sqrt{hr^2+2r-c_1^2}} \tag{9}$$

对式(9)积分得

$$\theta+c_2=\int\frac{c_1\,\mathrm{d}r}{r\sqrt{hr^2+2r-c_1^2}}=\arccos\frac{c_1^2-r}{r\sqrt{hc_1^2+1}} \tag{10}$$

令 $e=\sqrt{hc_1^2+1}$，$p=c_1^2$，式(10)可写成

$$r=\frac{p}{1+e\cos(\theta+c_2)} \tag{11}$$

式(11)表明这是以引力中心为焦点之一的圆锥曲线的极坐标方程，p 为焦点参数，e 为离心率，质点运动的轨道形状取决于偏心率 e。根据质点初始时刻的速度 v_0 和极径 r_0 的不同，可分为以下三种情形。

(1) 当 $h=\dfrac{v_0^2}{\mu}-\dfrac{2}{r_0}<0$ 时，离心率 $e<1$，轨道为椭圆；

(2) 当 $h=\dfrac{v_0^2}{\mu}-\dfrac{2}{r_0}=0$ 时，离心率 $e=1$，轨道为抛物线；

(3) 当 $h=\dfrac{v_0^2}{\mu}-\dfrac{2}{r_0}>0$ 时，离心率 $e>1$，轨道为双曲线。

例 9.10.2 在狭义相对论中，若保守力场中的自由粒子受到与速度无关的保守力的作用，则其合适的相对论拉格朗日函数为 $L=-m_0c^2\sqrt{1-v^2/c^2}-V$，其中 m_0 为粒子静止时的质量，c 为光速，v 为粒子的运动速度，V 为粒子只与位置有关的势能，试求爱因斯坦质能关系式。

解 令广义速度 $\dot{q}=v$，注意到 V 不是广义速度或速度的函数，根据欧拉齐次函数定理，有 $2T=\dfrac{\partial L}{\partial\dot{q}}\dot{q}=\dfrac{\partial L}{\partial v}v=\dfrac{m_0v^2}{\sqrt{1-v^2/c^2}}$，自由粒子的总能量为

$$H=E=T+V=2T-L=\frac{m_0v^2}{\sqrt{1-v^2/c^2}}+m_0c^2\sqrt{1-v^2/c^2}+V=\frac{m_0c^2}{\sqrt{1-v^2/c^2}}+V=mc^2+V$$

当势能为零时，有

$$E=mc^2$$

这就是著名的爱因斯坦**质能关系(式)**，是原子能应用的重要理论基础。

9.11 名家介绍

开普勒(Kepler, Johannes, 1571.12.27—1630.11.15) 德国数学家、天文学家和物理学家。生于魏尔德斯塔特，卒于雷根斯堡。1588 年毕业于杜宾根大学，1591 年获文学硕士学位。1594 年到奥地利格拉茨(Graz)新教神学院任数学和天文学教师。此后提出用几何图像描述行星的轨道，结果除木星外误差都小于 5%。1600 年应邀到布拉格附近的贝纳泰克天文台工作，担当第谷 •布拉赫(Tycho Brahe, 1546.12.14—1601.10.24)的助手。1601 年继承了去世的第谷 •布拉赫的工作，同时继承了皇家数学家的职位。主要成就是提出行星运动三大定律，奠定了天体力学的基础，被誉为“天空立法者”。还奠定了几何光学的基础。著有《神秘的宇宙》(1596)、《天文学中的光学》(1604)、《新天文学》(1609)、《和谐的宇宙》(1619)和《鲁道夫星表》(1629)等多部著作。

莫培督(Maupertuis, Pierre Louis Moreau de, 1698.9.28—1759.7.27) 法国数学家、物理学家和生物学家。生于圣马洛，卒于瑞士巴塞尔。年轻时曾在军队里当过火枪手。1723 年在法国科学院任数学教师。1723 年和 1743 年两次当选为法国科学院院士，1728 年当选为英国皇家学会会员，1746—1753 年任柏林科学院院长。1735 年率领一个远征队到瑞典拉普兰地区进行地球子午线测量，证实了地球扁平学说的正确性。1744 年提出物体的质量乘以其运动速度和所经过路径的积分 $\int mu\,\mathrm{d}s$ 是个极小值，即最小作用量原理，并把它推广到具有 n 个自由度的保守系统，后来欧拉进一步阐明了这个原理，拉格朗日和哈密顿又发展了这个原理。1744 年发表过有关自然进化论的论文，后来多次研究过生物胚胎的成因。著有《宇宙论》(1750)和《莫培督全集》(4 卷，1756)等。

达朗贝尔(D’Alembert, Jean Le Rond, 1717.11.16—1783.10.29) 法国数学家、物理学家和哲学家。生、卒于巴黎。1735 年毕业于马扎林学院。1741 年入法兰西科学院，任天文学助理院士。1746 年任法国《百科全书》副主编，并撰写了许多重要条目，同年成为数学副院士，并发表《关于风的一般成因的推论》，获法国科学院大奖。1754 年当选为法兰西科学院院士，1772 年任该院终身秘书。还是柏林科学院院士和欧洲许多其他国家科学院院士。在数学、力学和天文学等许多领域都做出贡献，行星摄动理论的创建者，在音乐方面也造诣颇深，并致力于哲学研究，18 世纪法国启蒙运动的杰出代表。著有《论动力学》(1743)、《弦振动研究》(1747)、《关于流体阻力的新理论》(1752)、《哲学原理》和《力学原理》等。

纳维(Navier, Claude Louis Marie Henri, 1785.2.10—1836.8.21) 法国数学家和力学家。生于第戎，卒于巴黎。1806 年毕业于巴黎桥梁和公路学校。1808 年成为土木工程师。1819 年当选为法兰西科学普及协会会员。1820 年成为母校教授。1824 年当选为法兰西科学院院士。1831 年任巴黎综合工科学校教授。主要贡献是 1820 年首次用双重三角级数方法求解简支矩形板的四阶偏微分方程，1821 年推广了欧拉提出的流体运动方程，建立了黏性流体动力学的纳维—斯托克斯方程，1827 年用变分法导出了三维空间的弹性固体的平衡和运动方程。建筑力学的创建者之一。著有《弹性体平衡与运动法则》(1821)、《关于悬索桥的论文集》(1823)和《力学在建筑和机械制造中的应用简明教程》(1826)等。

赫兹(Hertz, Heinrich Rudoff, 1857.2.22—1894.1.1) 德国物理学家，电动力学创始人之一。生于汉堡，卒于波恩。1876 年就学于德累斯顿高等技术学校，1877 年入慕尼黑大学，1878 年到柏林大学学习，是亥姆霍兹的得意门生，1880 年获哲学博士学位。1883 年任基尔大学讲师，开始研究麦克斯韦电磁理论。1885—1889 年任卡尔斯鲁厄工业大学教授，1887 年首先发表电磁波的产生与接收的实验论文，验证了麦克斯韦关于光是一种电磁波的理论，同年还发现光电效应。创立谐振电路理论。1889 年起任波恩大学物理教授。1890 年用对称形式表示电动力学方程，更好地反映电与磁之间的关系。1891 年发现阴极射线穿透金属现象。为纪念他的科学贡献，频率单位以赫兹命名。著有《电波》(1890)、《力学原理》(1894)和《论文集》(1895)等。

赫林格(Hellinger, Ernst David, 1883.9.30—1950.3.28) 德国–美国数学家。生于斯特利高(Striegau)，卒于芝加哥。早年在海德堡大学、格丁根大学和布雷斯劳大学学习，1907 年在格丁根大学获博士学位并留校任教。1909—1914 年在马尔堡大学任教，后来到法兰克福大学任教。遭受纳粹政府迫害，曾被关入集中营，获释后于 1939 年移居美国。1944 年入美国国籍，在伊利诺伊州西北大学任教。在分析学、积分方程、无穷个变量的二次型和数学史等方面均有贡献。在希尔伯特空间的自共轭算子理论中建立了希尔伯特–赫林格二次型定理，并引入了赫林格积分。与他人合著的《积分方程和含有无穷多个未知量的方程》(1928)颇负盛名。此外，还编辑出版过希尔伯特和克莱因(Klein, Christian Felix, 1849.4.25—1925.6.22)的一些著作。

赖斯纳(Reissner, Eric, 1913.1.5—1996.11.1) 美国数学家和工程科学家。生于德国亚琛，卒于美国圣迭戈。曾就学于柏林大学，1936 年获民用工程博士学位。1937—1970 年一直在美国马萨诸塞理工学院任职，其间 1938 年获该校数学博士学位，1949 年任教授，1950 年当选为美国艺术与科学学院院士。1970 年任加利福尼亚大学力学与数学教授。主要从事应用数学及理论与应用弹性力学的教学与研究工作。1940—1950 年曾表述了弹性力学的变分原理；建立了薄壳扭转对称弯曲的大范围挠曲理论。表述了弯管的冯·卡门(Karman, Theodore von, 1881.5.11—1963.5.7)问题，并给出近似解。发展了空气动力学的提升线理论。在 20 世纪 60 年代至 70 年代，在薄墙结构的非线性大应变等与工程有关的应用数学和力学问题方面进行了系统的研究，并取得不少重要成果。

鹫津久一郎(Kyuichiro Washizu, 1921—1981.11.25) 日本力学家。1942 年毕业于东京大学。曾任东京大学教授，后来去美国马萨诸塞理工学院任职。早年访问美国，曾在马萨诸塞理工学院卞学鐄(1919.1.18—2009.6.20)教授指导下从事过研究。著有《塑性论》《能量分析》和《弹性和塑性力学中的变分法》等。

胡海昌(1928.4.25—2011.2.21) 中国力学家和空间技术专家。生于杭州，卒于北京。1946 年考入浙江大学土木工程系，在学期间受到钱令希(1916.7.26—2009.4.20)教授的赏识并得到其特殊指导。1950 年大学毕业后在中国科学院数学研究所力学研究室工作。1954 年发表的重要论文《论弹性体力学和受范性体力学中的一般变分原理》创立了弹性力学三类变量广义变分原理，即国际上公认的胡海昌–鹫津久一郎广义变分原理。1956—1965 年任中科院力学所副研究员。1965 年后曾任中国空间技术研究院研究员。1978 年起任北京大学和浙江大学等兼职教授。1980 年当选为中科院学部委员(后改为院士)。1982 年创办并主编《振动与冲击》期刊。著有《弹性力学的变分原理及其应用》《变分学》和《多自由度结构固有振动理论》等。

习题 9

9.1 设质量为 m 的质点在均匀重力场中自由降落，试用哈密顿原理求质点的运动方程。

9.2 设质量为 m 的一个质点在保守力场中运动，试求它在球坐标系中的运动方程。假设势能 V 在球坐标系中的表达式 $V(r,\theta,\varphi)$ 为已知。

9.3 如习题 9.3 图所示，设复摆的长度为 L_1 和 L_2，质量为 m_1 和 m_2。试求每个摆的运动方程。

9.4 **开普勒问题**。开普勒问题是描述行星运动的模型，它是经典力学所研究的最重要的问题之一。考虑单个行星环绕太阳运动的最简单问题，忽略太阳系其他行星的引力作用，假设太阳固定在原点。开普勒问题可抽象成这样的问题：如习题 9.4 图所示，设在 Oxy 平面内，质量

为 m 的质点由于受向原点的引力的作用而运动，吸引力的大小为 $F(r)$，其中 r 是质点到原点的距离。试用哈密顿原理建立质点运动方程。

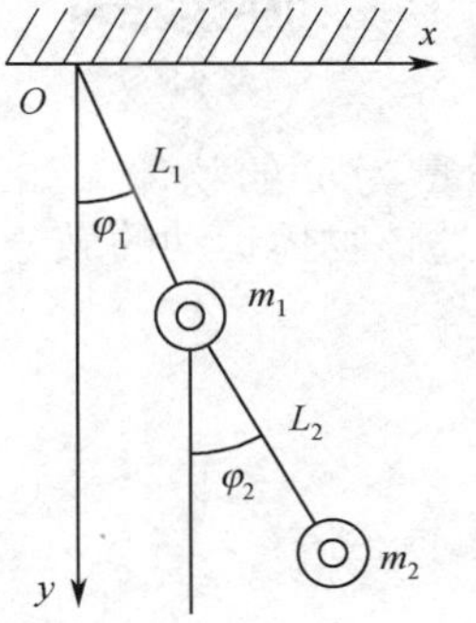

习题 9.3 图　复摆示意图

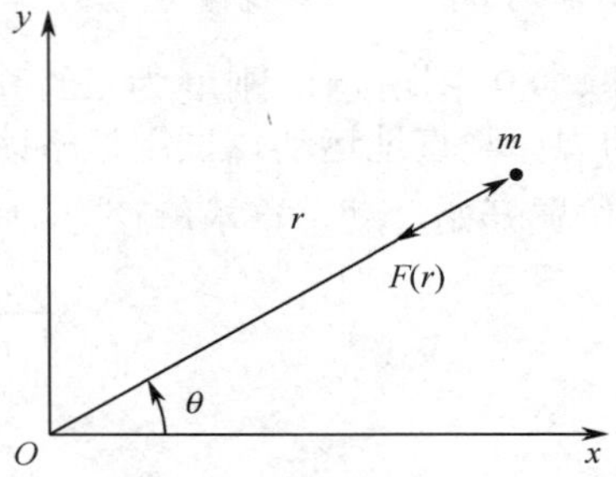

习题 9.4 图　矢径与引力图

习题 9.1 答案　习题 9.2 答案　习题 9.3 答案　习题 9.4 答案

9.5 弹性杆的纵向振动方程。设长度为 l 的均匀杆放在 Ox 轴上，其线密度为 ρ，因为杆有弹性，所以把它所受的轴向外力撤去后，它将沿着 Ox 轴方向运动，试建立此杆运动的微分方程。

9.6 如习题 9.6 图所示，设长度为 l 的梁两端简支，梁的刚度为 EI，在梁上的某点 C 作用一集中载荷 P。试求梁的挠度。

9.7 求承受均匀载荷 q 的固支梁的挠度曲线方程，如习题 9.7 图所示，梁的长度为 l，刚度为 EI。

9.8 设在 Oxy 平面内有一完全柔性的薄膜，周边为简支，而且承受一个在每单位长度(应为面积)内为 τ 的张力，薄膜的面密度为 ρ，并假设在薄膜内处处都为常数。假若在薄膜上作用一个法向的分布压力 $q(t,x,y)$，因而薄膜产生了挠度 w，设薄膜为小变形。试求薄膜的运动方程并证明静挠度满足方程

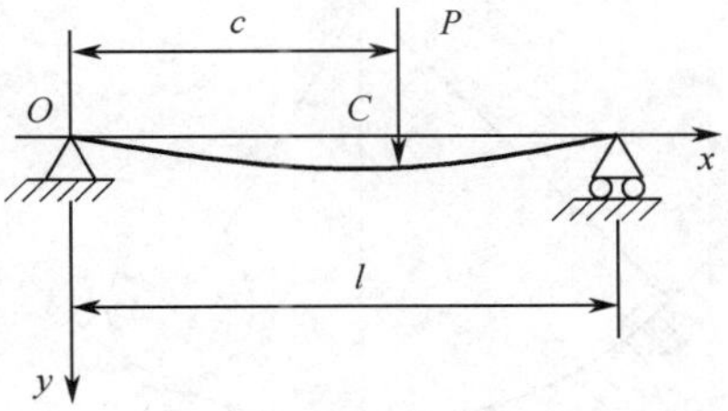

习题 9.6 图　受集中载荷的简支梁的挠度

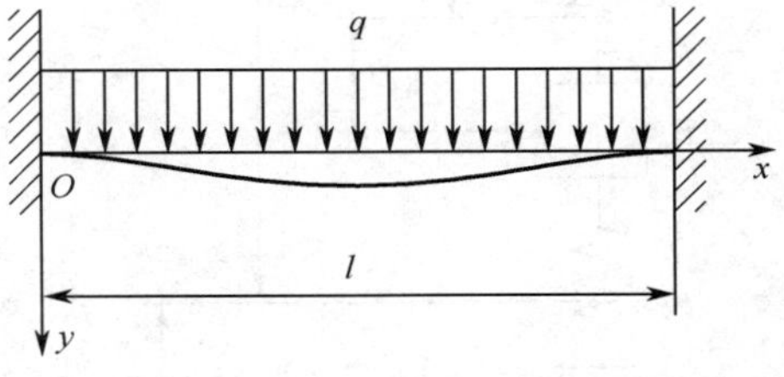

习题 9.7 图　承受均匀载荷的固支梁的挠度

$$\frac{\partial^2 w}{\partial x^2}+\frac{\partial^2 w}{\partial y^2}=-\frac{q}{\tau}$$

提示：根据微分几何理论，薄膜在变形状态下的表面面积为

$$A=\iint_S \sqrt{1+w_x^2+w_y^2}\,\mathrm{d}x\,\mathrm{d}y$$

习题 9.5 答案　　习题 9.6 答案　　习题 9.7 答案　　习题 9.8 答案

9.9 如习题 9.9 图所示，刚度为 k 的弹簧挂着一个质量为 m 的物体。如果悬挂点按照 $S = a\sin(\omega t)$ 的规律竖直地运动，试用拉格朗日方程建立描述该物体运动的微分方程；如果物体在其静平衡位置开始运动，试求解该方程。

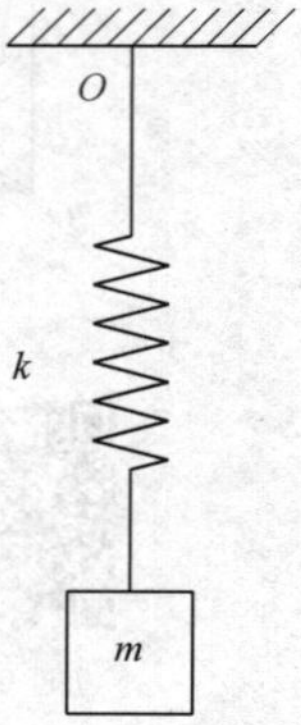

习题 9.9 图　质量–弹簧系统

9.10 设简支梁承受强度为 q 的分布载荷，试用哈密顿原理导出该梁的横向自由振动微分方程。

9.11 如习题 9.11 图所示，质量为 m_1 和 m_2 的两个物体用两个弹性系数分别为 k_1 和 k_2 弹簧串联在一起，悬挂在定点 O，构成一个质点系，其中弹簧质量和运动的摩擦力可忽略不计，试求系统在重力作用下，这两个物体的运动微分方程。

9.12 如习题 9.12 图所示，均质圆柱体，半径为 r，质量为 m，在半径为 R 的圆柱形槽内做纯滚动，试用哈密顿原理导出圆柱体微小振动方程及振动周期。

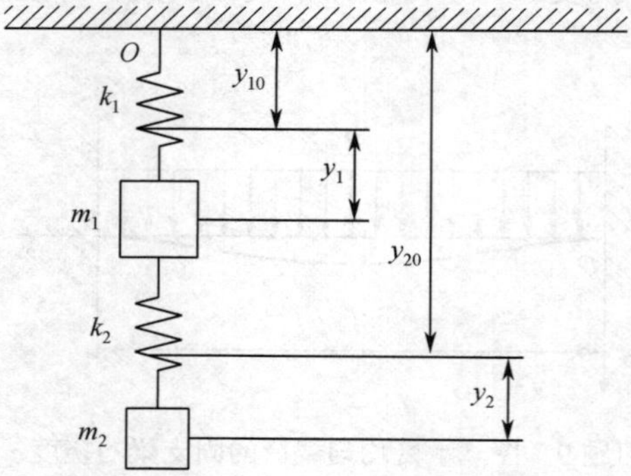

习题 9.11 图　耦合弹簧坐标的选择

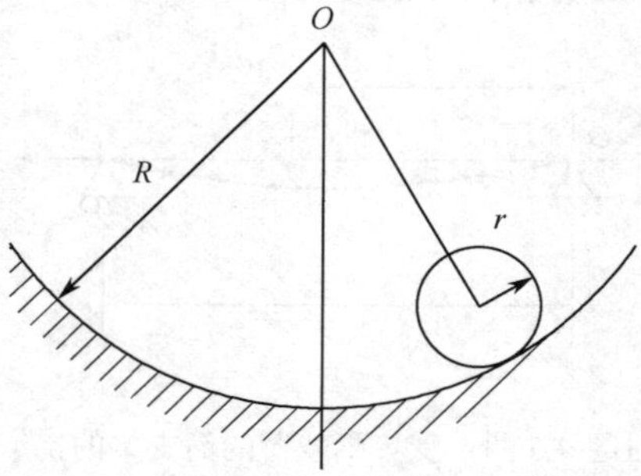

习题 9.12 图　圆柱体的滚动

习题 9.9 答案　　习题 9.10 答案　　习题 9.11 答案　　习题 9.12 答案

9.13 如习题 9.13 图所示，求长度为 L 的球形摆的运动微分方程。

9.14 一个质量为 m 的质点可在半径为 r 的圆形小管里无摩擦地滑动。小管以定常角速度 ω 绕着垂直直径旋转，如习题 9.14 图所示。写出质点的运动微分方程。

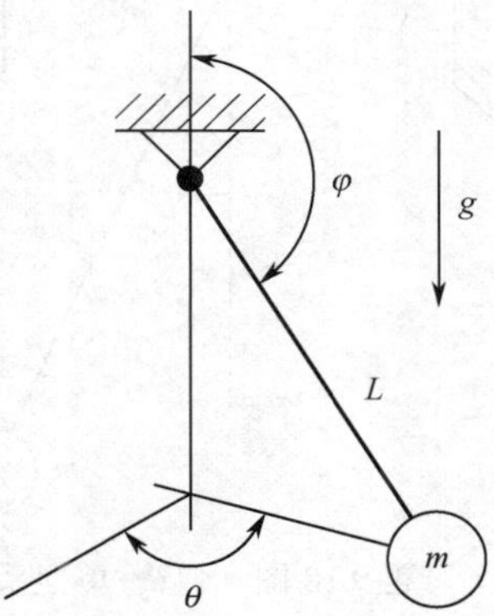

习题 9.13 图 球摆

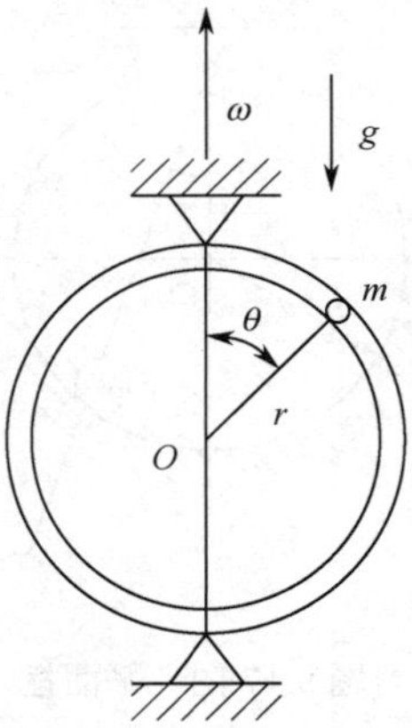

习题 9.14 图 在旋转管中的质点

9.15 给定一个由质量为 m 和刚度为 k 的线性弹簧组成的弹簧–质量系统，如习题 9.15 图所示。试求系统的运动方程。

9.16 一个系统由长度为 l、质量为 m 的单摆和质量为 $2m$ 的物块组成，单摆在物块的点 O 摆动，如习题 9.16 图所示。物块可以在水平面上无摩擦地滑动。试求系统的运动方程。

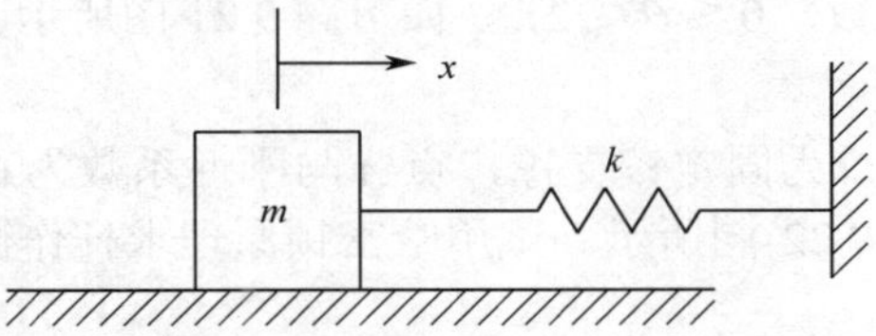

习题 9.15 图 质量–弹簧系统

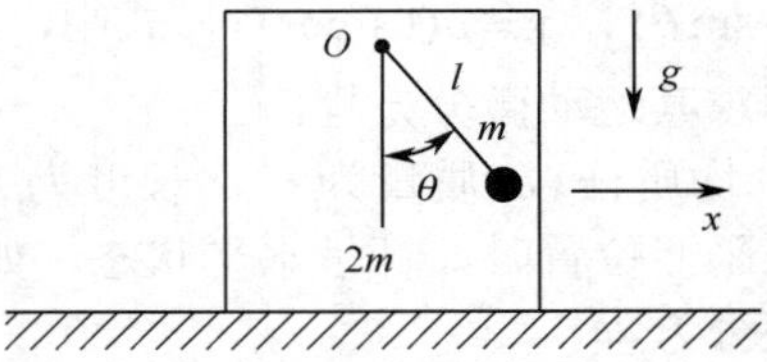

习题 9.16 挂在物块上的单摆

习题 9.13 答案　习题 9.14 答案　习题 9.15 答案　习题 9.16 答案

9.17 一个平面摆如习题 9.17 图所示，摆锤质量为 m_1，均质杆摆杆质量为 m_3，长度为 l，挂于支点 O 处，可在铅垂平面内摆动，另一质量为 m_2 的小球，光滑地套在摆杆上，它既可以沿着摆杆自由滑动，又可沿着半径为 R 的固定圆柱形槽内滑动，不计摩擦。试用哈密顿原理写出系统的运动微分方程。

9.18 一个单摆的悬挂点能够克服弹性恢复力无摩擦地沿着水平线滑动，如习题 9.18 图所示。设 x 为悬挂点的水平位移而 θ 为摆与竖直线所成的角度，试用拉格朗日方程求出该系统的运动微分方程。

9.19 一个质量为 m 的质点在保守力场中运动，试写出它在柱坐标系中的运动微分方程。假设势能 V 在柱坐标系中的表达式 $V(r,\varphi,z,t)$ 为已知。

9.20 具有质量为 M 和 m 的两个质点在万有引力作用下运动，且 $M >> m$，试应用哈密顿

原理写出质点 m 的运动微分方程。

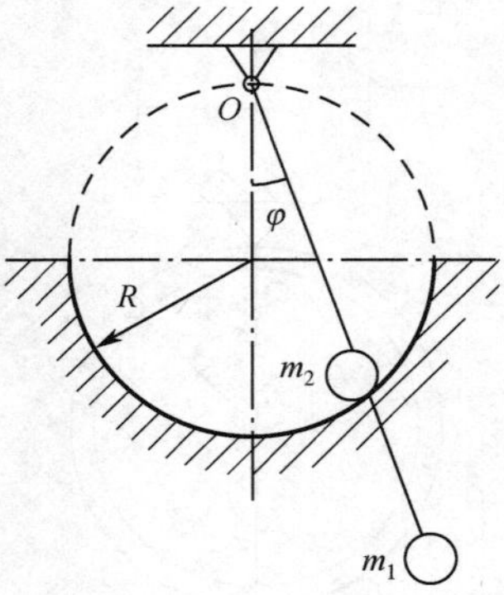

习题 9.17 图　平面摆

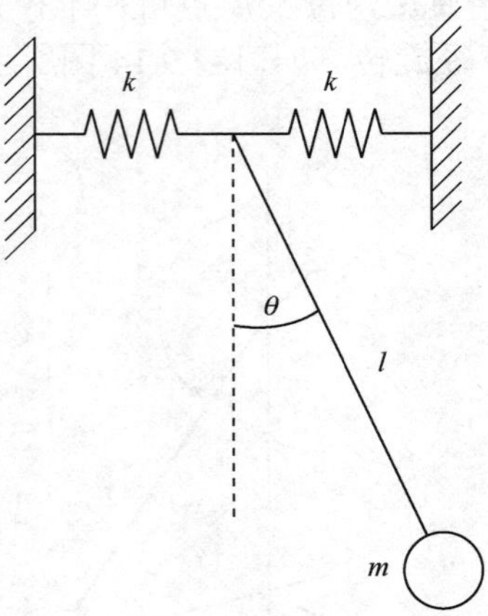

习题 9.18 图　弹簧–单摆系统

习题 9.17 答案　习题 9.18 答案　习题 9.19 答案　习题 9.20 答案

9.21 一个质量为 m 的质点在摆线形状的金属线上无摩擦地滑动，其方程为 $x=a(\theta-\sin\theta)$，$y=a(1+\cos t)$，式中，a 为常数，$0\leqslant\theta\leqslant 2\pi$，如习题 9.21 图所示。试用哈密顿原理求其运动微分方程。

9.22 均质杆 OA 质量为 m，长度为 L，点 O 为固定铰支撑，点 A 与刚性系数为 C 的弹簧相连。在平衡位置时，杆呈水平状态，如习题 9.22 图所示。试用哈密顿原理求杆作微幅振动的运动微分方程。

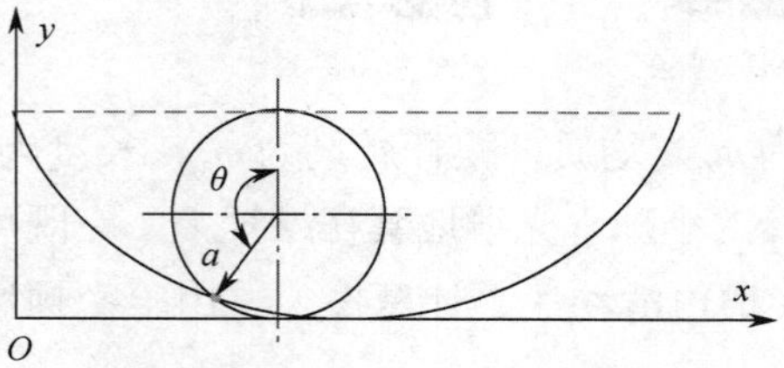

习题 9.21 图　摆线形状的金属线

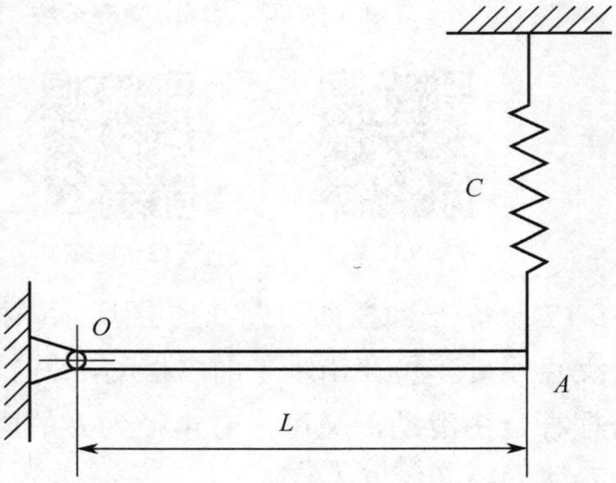

习题 9.22 图　均质杆与弹簧系统简图

9.23 一个质量为 m 的质点，受重力作用，被约束在半顶角为 α 的圆锥面内运动，如习题 9.23 图所示，不计摩擦，以 r、φ 为广义坐标，试用哈密顿原理求质点的运动微分方程组。

写出下列泛函哈密顿形式的欧拉方程组。

9.24 求泛函 $J=\int_{x_0}^{x_1} xy\sqrt{y'}\,\mathrm{d}x$ 欧拉方程的哈密顿形式。

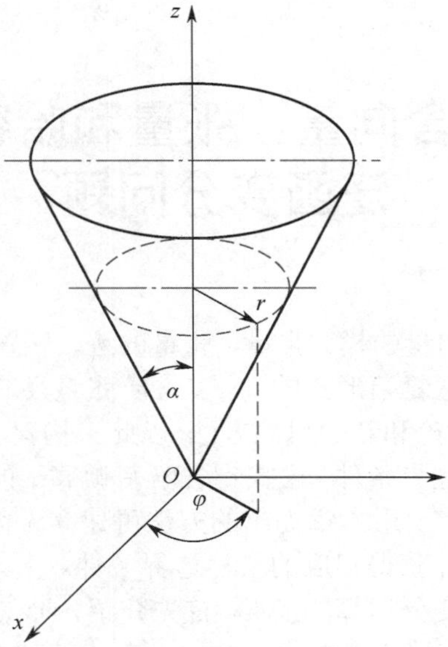

习题 9.23 图　质点在圆锥面内的运动

习题 9.21 答案　　习题 9.22 答案　　习题 9.23 答案　　习题 9.24 答案

9.25 求泛函 $J=\int_{x_0}^{x_1} xyy'^2\,\mathrm{d}x$ 欧拉方程的哈密顿形式。

9.26 求泛函 $J=\int_{x_0}^{x_1}\sqrt{x^2+y^2}\sqrt{1+y'^2}\,\mathrm{d}x$ 欧拉方程的哈密顿形式。

9.27 求泛函 $J=\int_0^{\pi}(y_1'^2+y_2^2+y_2'^2)\,\mathrm{d}x$ 欧拉方程组的哈密顿形式。

9.28 求泛函 $J=\int_{x_0}^{x_2}(x^2+y_1y_1'^2+y_2y_2'^2)\,\mathrm{d}x$ 欧拉方程组的哈密顿形式。

习题 9.25 答案　　习题 9.26 答案　　习题 9.27 答案　　习题 9.28 答案

9.29 求泛函 $J=\int_{x_0}^{x_1}\left(2xy_1-y_1'^2+\dfrac{y_2'^3}{3}\right)\mathrm{d}x$ 欧拉方程组的哈密顿形式。

习题 9.29 答案

第 10 章　含向量、张量和哈密顿算子的泛函变分问题

本章讨论含标量、向量、向量的模、张量、张量的迹、转置张量、哈密顿算子和哈密顿算子串的泛函变分问题，包括任意复杂形式的向量、n阶张量及其梯度、散度和旋度的泛函，为此提出一系列新的概念、新的理论和新的思想方法，以此来构建上述泛函变分运算的科学大厦，导出相应的欧拉方程组和自然边界条件。已找到含哈密顿算子的泛函变分问题的通用方法，这就是以向量取散度运算为出发点。用本章提出的方法可建立无穷多个含标量、向量、张量和哈密顿算子的泛函的欧拉方程组并获得相应的自然边界条件。

根据带有张量的泛函各种变分运算的需要，首先介绍n阶张量并联式和串联式两种内积运算的基本性质，顺便给出n阶转置张量的变分公式。在此基础上提出此类泛函变分基本引理，为含向量、张量和哈密顿算子的泛函变分问题运算奠定理论基础。

随着科学技术的发展和社会的进步，越来越多的研究领域涉及含标量、向量、向量的模和哈密顿算子即用梯度、散度和旋度表示的泛函的变分问题，需要得到相应的欧拉方程组，以提高工作效率。为此运用标量与向量的变分变换技术和变量整体变分技术，通过直接对向量的梯度、散度和旋度进行变分，证明此类泛函变分问题的定理，给出以标量、向量、向量的模和哈密顿算子表示的欧拉方程组和自然边界条件，给出定理的推论。并用一些实际问题的例子来验证欧拉方程组的正确性。随后分别讨论更为复杂的含梯度、散度和旋度的泛函变分问题。

对于含并联式n阶张量、n阶转置张量和哈密顿算子的泛函变分问题，首先分别推导出n阶张量的梯度、散度和旋度变分公式，然后通过合并的方式给出此类泛函变分问题的定理，得到欧拉方程和相应的自然边界条件，通过若干实际泛函说明欧拉方程的使用方法，从而验证欧拉方程的正确性。提出哈密顿算子串的概念，在此基础上讨论更复杂的泛函变分问题，其中包括张量的迹的变分问题，给出相应的欧拉方程，给出自然边界条件的建立方法。对其他含并联式内积张量和哈密顿算子的泛函变分问题进行讨论，给出相应的欧拉方程和自然边界条件。用类似的方法讨论含串联式n阶张量和哈密顿算子的泛函变分问题。

通过对含并联式n阶张量、串联式n阶张量和哈密顿算子的泛函的变分运算，揭示出含哈密顿算子的泛函变分运算与伴随算子之间的关系，说明第 7 章定义的四种伴随算子都存在且有实际意义。指出这四种伴随算子之间的内在关系，在某些情况下，这四种伴随算子就是自伴算子，并且它们等价。这表明所讨论的泛函变分问题实质上是希尔伯特空间内符合四种伴随算子或自伴算子定义的运算。

本章在公式推导过程中假设所有的运算都有意义，没有考虑运算失效的情形。

10.1　张量内积运算的基本性质与含张量的泛函变分基本引理

设$\boldsymbol{A}$和$\boldsymbol{B}$均为用并矢表示的n阶张量：$\boldsymbol{A}=\boldsymbol{a}_1\boldsymbol{a}_2\cdots\boldsymbol{a}_n$，$\boldsymbol{B}=\boldsymbol{b}_1\boldsymbol{b}_2\cdots\boldsymbol{b}_n$，则$\boldsymbol{A}$与$\boldsymbol{B}$的$n$次并联式内积(平行原则)具有下列运算性质

$$
\begin{aligned}
\boldsymbol{A}\overset{n}{\cdot}\boldsymbol{B} &= \boldsymbol{a}_1\boldsymbol{a}_2\cdots\boldsymbol{a}_{n-1}\boldsymbol{a}_n\overset{n}{\cdot}\boldsymbol{b}_1\boldsymbol{b}_2\cdots\boldsymbol{b}_{n-1}\boldsymbol{b}_n = (\boldsymbol{a}_1\cdot\boldsymbol{b}_1)(\boldsymbol{a}_2\cdot\boldsymbol{b}_2)\cdots(\boldsymbol{a}_{n-1}\cdot\boldsymbol{b}_{n-1})(\boldsymbol{a}_n\cdot\boldsymbol{b}_n) \\
&= (\boldsymbol{b}_1\cdot\boldsymbol{a}_1)(\boldsymbol{b}_2\cdot\boldsymbol{a}_2)\cdots(\boldsymbol{b}_{n-1}\cdot\boldsymbol{a}_{n-1})(\boldsymbol{b}_n\cdot\boldsymbol{a}_n) = \boldsymbol{b}_1\boldsymbol{b}_2\cdots\boldsymbol{b}_n\overset{n}{\cdot}\boldsymbol{a}_1\boldsymbol{a}_2\cdots\boldsymbol{a}_n = \boldsymbol{B}\overset{n}{\cdot}\boldsymbol{A} \\
&= (\boldsymbol{b}_n\cdot\boldsymbol{a}_n)(\boldsymbol{b}_{n-1}\cdot\boldsymbol{a}_{n-1})\cdots(\boldsymbol{b}_2\cdot\boldsymbol{a}_2)(\boldsymbol{b}_1\cdot\boldsymbol{a}_1) = \boldsymbol{b}_n\boldsymbol{b}_{n-1}\cdots\boldsymbol{b}_2\boldsymbol{b}_1\overset{n}{\cdot}\boldsymbol{a}_n\boldsymbol{a}_{n-1}\cdots\boldsymbol{a}_2\boldsymbol{a}_1 = \boldsymbol{B}^{\mathrm{T}}\overset{n}{\cdot}\boldsymbol{A}^{\mathrm{T}} \\
&= (\boldsymbol{a}_n\cdot\boldsymbol{b}_n)(\boldsymbol{a}_{n-1}\cdot\boldsymbol{b}_{n-1})\cdots(\boldsymbol{a}_2\cdot\boldsymbol{b}_2)(\boldsymbol{a}_1\cdot\boldsymbol{b}_1) = \boldsymbol{a}_n\boldsymbol{a}_{n-1}\cdots\boldsymbol{a}_2\boldsymbol{a}_1\overset{n}{\cdot}\boldsymbol{b}_n\boldsymbol{b}_{n-1}\cdots\boldsymbol{b}_2\boldsymbol{b}_1 = \boldsymbol{A}^{\mathrm{T}}\overset{n}{\cdot}\boldsymbol{B}^{\mathrm{T}}
\end{aligned} \tag{10-1-1}
$$

式中，上标T表示转置。

$\boldsymbol{A}$和$\boldsymbol{B}$的n次串联式内积(邻近原则，两个向量下标之和是$n+1$)具有下列运算性质

$$
\begin{aligned}
\boldsymbol{A}\overset{n}{\cdot}\boldsymbol{B} &= \boldsymbol{a}_1\boldsymbol{a}_2\cdots\boldsymbol{a}_{n-1}\boldsymbol{a}_n\overset{n}{\cdot}\boldsymbol{b}_1\boldsymbol{b}_2\cdots\boldsymbol{b}_{n-1}\boldsymbol{b}_n = (\boldsymbol{a}_1\cdot\boldsymbol{b}_n)(\boldsymbol{a}_2\cdot\boldsymbol{b}_{n-1})\cdots(\boldsymbol{a}_{n-1}\cdot\boldsymbol{b}_2)(\boldsymbol{a}_n\cdot\boldsymbol{b}_1) \\
&= (\boldsymbol{b}_n\cdot\boldsymbol{a}_1)(\boldsymbol{b}_{n-1}\cdot\boldsymbol{a}_2)\cdots(\boldsymbol{b}_2\cdot\boldsymbol{a}_{n-1})(\boldsymbol{b}_1\cdot\boldsymbol{a}_n) = \boldsymbol{b}_n\boldsymbol{b}_{n-1}\cdots\boldsymbol{b}_2\boldsymbol{b}_1\overset{n}{\cdot}\boldsymbol{a}_n\boldsymbol{a}_{n-1}\cdots\boldsymbol{a}_2\boldsymbol{a}_1 = \boldsymbol{B}^{\mathrm{T}}\overset{n}{\cdot}\boldsymbol{A}^{\mathrm{T}} \\
&= (\boldsymbol{a}_n\cdot\boldsymbol{b}_1)(\boldsymbol{a}_{n-1}\cdot\boldsymbol{b}_2)\cdots(\boldsymbol{a}_2\cdot\boldsymbol{b}_{n-1})(\boldsymbol{a}_1\cdot\boldsymbol{b}_n) = \boldsymbol{a}_n\boldsymbol{a}_{n-1}\cdots\boldsymbol{a}_2\boldsymbol{a}_1\overset{n}{\cdot}\boldsymbol{b}_n\boldsymbol{b}_{n-1}\cdots\boldsymbol{b}_2\boldsymbol{b}_1 = \boldsymbol{A}^{\mathrm{T}}\overset{n}{\cdot}\boldsymbol{B}^{\mathrm{T}} \\
&= (\boldsymbol{b}_1\cdot\boldsymbol{a}_n)(\boldsymbol{b}_2\cdot\boldsymbol{a}_{n-1})\cdots(\boldsymbol{b}_{n-1}\cdot\boldsymbol{a}_2)(\boldsymbol{b}_n\cdot\boldsymbol{a}_1) = \boldsymbol{b}_1\boldsymbol{b}_2\cdots\boldsymbol{b}_{n-1}\boldsymbol{b}_n\overset{n}{\cdot}\boldsymbol{a}_1\boldsymbol{a}_2\cdots\boldsymbol{a}_{n-1}\boldsymbol{a}_n = \boldsymbol{B}\overset{n}{\cdot}\boldsymbol{A}
\end{aligned} \tag{10-1-2}
$$

由式(10-1-1)和式(10-1-2)可知，两个n阶张量$\boldsymbol{A}$和$\boldsymbol{B}$的n次内积，无论是并联式内积还是串联式内积，都有

$$
\boldsymbol{A}\overset{n}{\cdot}\boldsymbol{B} = \boldsymbol{B}^{\mathrm{T}}\overset{n}{\cdot}\boldsymbol{A}^{\mathrm{T}} = \boldsymbol{A}^{\mathrm{T}}\overset{n}{\cdot}\boldsymbol{B}^{\mathrm{T}} = \boldsymbol{B}\overset{n}{\cdot}\boldsymbol{A} \tag{10-1-3}
$$

两个n阶张量的n次内积称为**全内积**。当两个n阶张量形成全内积运算关系时，其结果为标量，其中一个张量称为另一个张量的**伴随张量**，若两个张量相同，则这样的张量称为**自伴张量**。例如，在式(10-1-3)中，$\boldsymbol{A}$是$\boldsymbol{B}$的伴随张量，$\boldsymbol{B}$也是$\boldsymbol{A}$的伴随张量，记作$\boldsymbol{A}=\boldsymbol{B}_a$，$\boldsymbol{B}=\boldsymbol{A}_a$。

令$\boldsymbol{B}=\boldsymbol{C}^{\mathrm{T}}$，作$\boldsymbol{B}$的转置，则有$\boldsymbol{B}^{\mathrm{T}}=(\boldsymbol{C}^{\mathrm{T}})^{\mathrm{T}}=\boldsymbol{C}$，将其代入式(10-1-3)，得

$$
\boldsymbol{A}\overset{n}{\cdot}\boldsymbol{C}^{\mathrm{T}} = \boldsymbol{C}\overset{n}{\cdot}\boldsymbol{A}^{\mathrm{T}} = \boldsymbol{A}^{\mathrm{T}}\overset{n}{\cdot}\boldsymbol{C} = \boldsymbol{C}^{\mathrm{T}}\overset{n}{\cdot}\boldsymbol{A} \tag{10-1-4}
$$

对张量$\boldsymbol{A}$取变分，有

$$
\delta\boldsymbol{A}\overset{n}{\cdot}\boldsymbol{C}^{\mathrm{T}} = \boldsymbol{C}\overset{n}{\cdot}\delta\boldsymbol{A}^{\mathrm{T}} = \delta\boldsymbol{A}^{\mathrm{T}}\overset{n}{\cdot}\boldsymbol{C} = \boldsymbol{C}^{\mathrm{T}}\overset{n}{\cdot}\delta\boldsymbol{A} \tag{10-1-5}
$$

令$\boldsymbol{C}=\dfrac{\partial F}{\partial\boldsymbol{A}}$，得转置张量的变分表达式

$$
\delta\boldsymbol{A}\overset{n}{\cdot}\left(\frac{\partial F}{\partial\boldsymbol{A}}\right)^{\mathrm{T}} = \frac{\partial F}{\partial\boldsymbol{A}}\overset{n}{\cdot}\delta\boldsymbol{A}^{\mathrm{T}} = \delta\boldsymbol{A}^{\mathrm{T}}\overset{n}{\cdot}\frac{\partial F}{\partial\boldsymbol{A}} = \left(\frac{\partial F}{\partial\boldsymbol{A}}\right)^{\mathrm{T}}\overset{n}{\cdot}\delta\boldsymbol{A} \tag{10-1-6}
$$

设$\boldsymbol{A}$为m阶张量，$\boldsymbol{A}=\boldsymbol{a}_1\boldsymbol{a}_2\cdots\boldsymbol{a}_m$，$\boldsymbol{B}$为$n$阶张量，$\boldsymbol{B}=\boldsymbol{b}_1\boldsymbol{b}_2\cdots\boldsymbol{b}_n$，$\boldsymbol{C}$为$m+n$阶张量，$\boldsymbol{C}=\boldsymbol{c}_1\boldsymbol{c}_2\cdots\boldsymbol{c}_{m+n}$，则$\boldsymbol{A}$与$\boldsymbol{B}$的并张量与$\boldsymbol{C}$的$m+n$次并联式内积具有下列运算性质

$$
\begin{aligned}
\boldsymbol{A}\boldsymbol{B}\overset{m+n}{\cdot}\boldsymbol{C} &= \boldsymbol{a}_1\boldsymbol{a}_2\cdots\boldsymbol{a}_m\boldsymbol{b}_1\boldsymbol{b}_2\cdots\boldsymbol{b}_n\overset{m+n}{\cdot}\boldsymbol{c}_1\boldsymbol{c}_2\cdots\boldsymbol{c}_{m+n} = \boldsymbol{A}\overset{m}{\cdot}\boldsymbol{C}\overset{n}{\cdot}\boldsymbol{B} \\
&= \boldsymbol{C}\overset{m+n}{\cdot}\boldsymbol{A}\boldsymbol{B} = \boldsymbol{C}^{\mathrm{T}}\overset{m+n}{\cdot}\boldsymbol{B}^{\mathrm{T}}\boldsymbol{A}^{\mathrm{T}} = \boldsymbol{B}^{\mathrm{T}}\boldsymbol{A}^{\mathrm{T}}\overset{m+n}{\cdot}\boldsymbol{C}^{\mathrm{T}} \\
&= \boldsymbol{A}\overset{m}{\cdot}(\boldsymbol{C}\overset{n}{\cdot}\boldsymbol{B}) = (\boldsymbol{C}\overset{n}{\cdot}\boldsymbol{B})\overset{m}{\cdot}\boldsymbol{A} = \boldsymbol{A}^{\mathrm{T}}\overset{m}{\cdot}(\boldsymbol{B}^{\mathrm{T}}\overset{n}{\cdot}\boldsymbol{C}^{\mathrm{T}}) = (\boldsymbol{B}^{\mathrm{T}}\overset{n}{\cdot}\boldsymbol{C}^{\mathrm{T}})\overset{m}{\cdot}\boldsymbol{A}^{\mathrm{T}} \\
&= \boldsymbol{B}\overset{n}{\cdot}(\boldsymbol{A}\overset{m}{\cdot}\boldsymbol{C}) = (\boldsymbol{A}\overset{m}{\cdot}\boldsymbol{C})\overset{n}{\cdot}\boldsymbol{B} = \boldsymbol{B}^{\mathrm{T}}\overset{n}{\cdot}(\boldsymbol{C}^{\mathrm{T}}\overset{m}{\cdot}\boldsymbol{A}^{\mathrm{T}}) = (\boldsymbol{C}^{\mathrm{T}}\overset{m}{\cdot}\boldsymbol{A}^{\mathrm{T}})\overset{n}{\cdot}\boldsymbol{B}^{\mathrm{T}}
\end{aligned} \tag{10-1-7}
$$

设$\boldsymbol{A}$为m阶张量，$\boldsymbol{A}=\boldsymbol{a}_1\boldsymbol{a}_2\cdots\boldsymbol{a}_m$，$\boldsymbol{B}$为$n$阶张量，$\boldsymbol{B}=\boldsymbol{b}_1\boldsymbol{b}_2\cdots\boldsymbol{b}_n$，$\boldsymbol{C}$为$m+n$阶张量，$\boldsymbol{C}=\boldsymbol{c}_1\boldsymbol{c}_2\cdots\boldsymbol{c}_{m+n}$，则$\boldsymbol{A}$与$\boldsymbol{B}$的并张量与$\boldsymbol{C}$的$m+n$次串联式内积具有下列运算性质

$$
\begin{aligned}
\boldsymbol{A}\boldsymbol{B}\overset{m+n}{\cdot}\boldsymbol{C} &= \boldsymbol{a}_1\boldsymbol{a}_2\cdots\boldsymbol{a}_m\boldsymbol{b}_1\boldsymbol{b}_2\cdots\boldsymbol{b}_n\overset{m+n}{\cdot}\boldsymbol{c}_1\boldsymbol{c}_2\cdots\boldsymbol{c}_{m+n} = \boldsymbol{B}\overset{n}{\cdot}\boldsymbol{C}\overset{m}{\cdot}\boldsymbol{A} \\
&= \boldsymbol{C}\overset{m+n}{\cdot}\boldsymbol{A}\boldsymbol{B} = \boldsymbol{C}^{\mathrm{T}}\overset{m+n}{\cdot}\boldsymbol{B}^{\mathrm{T}}\boldsymbol{A}^{\mathrm{T}} = \boldsymbol{B}^{\mathrm{T}}\boldsymbol{A}^{\mathrm{T}}\overset{m+n}{\cdot}\boldsymbol{C}^{\mathrm{T}} \\
&= \boldsymbol{A}\overset{m}{\cdot}(\boldsymbol{B}\overset{n}{\cdot}\boldsymbol{C}) = (\boldsymbol{B}\overset{n}{\cdot}\boldsymbol{C})\overset{m}{\cdot}\boldsymbol{A} = \boldsymbol{A}^{\mathrm{T}}\overset{m}{\cdot}(\boldsymbol{C}^{\mathrm{T}}\overset{n}{\cdot}\boldsymbol{B}^{\mathrm{T}}) = (\boldsymbol{C}^{\mathrm{T}}\overset{n}{\cdot}\boldsymbol{B}^{\mathrm{T}})\overset{m}{\cdot}\boldsymbol{A}^{\mathrm{T}} \\
&= \boldsymbol{B}\overset{n}{\cdot}(\boldsymbol{C}\overset{m}{\cdot}\boldsymbol{A}) = (\boldsymbol{C}\overset{m}{\cdot}\boldsymbol{A})\overset{n}{\cdot}\boldsymbol{B} = \boldsymbol{B}^{\mathrm{T}}\overset{n}{\cdot}(\boldsymbol{A}^{\mathrm{T}}\overset{m}{\cdot}\boldsymbol{C}^{\mathrm{T}}) = (\boldsymbol{A}^{\mathrm{T}}\overset{m}{\cdot}\boldsymbol{C}^{\mathrm{T}})\overset{n}{\cdot}\boldsymbol{B}^{\mathrm{T}}
\end{aligned} \tag{10-1-8}
$$

设 $\boldsymbol{A}$、$\boldsymbol{B}$ 和 $\boldsymbol{C}$ 均为 n 阶张量，$\boldsymbol{A}=\boldsymbol{a}_1\boldsymbol{a}_2\cdots\boldsymbol{a}_n$，$\boldsymbol{B}=\boldsymbol{b}_1\boldsymbol{b}_2\cdots\boldsymbol{b}_n$，$\boldsymbol{C}=\boldsymbol{c}_1\boldsymbol{c}_2\cdots\boldsymbol{c}_n$，则 $\boldsymbol{A}$ 与 $\boldsymbol{B}$ 的 n 次并联式叉积再与 $\boldsymbol{C}$ 的 n 次并联式内积具有下列运算性质

$$\begin{aligned}
\boldsymbol{A}\overset{n}{\times}\boldsymbol{B}\overset{n}{\cdot}\boldsymbol{C}&=\boldsymbol{C}\overset{n}{\cdot}\boldsymbol{A}\overset{n}{\times}\boldsymbol{B}=\boldsymbol{a}_1\boldsymbol{a}_2\cdots\boldsymbol{a}_n\overset{n}{\times}\boldsymbol{b}_1\boldsymbol{b}_2\cdots\boldsymbol{b}_n\overset{n}{\cdot}\boldsymbol{c}_1\boldsymbol{c}_2\cdots\boldsymbol{c}_n\\
&=(\boldsymbol{a}_1\times\boldsymbol{b}_1)(\boldsymbol{a}_2\times\boldsymbol{b}_2)\cdots(\boldsymbol{a}_n\times\boldsymbol{b}_n)\overset{n}{\cdot}\boldsymbol{C}=(-1)^n(\boldsymbol{b}_1\times\boldsymbol{a}_1)(\boldsymbol{b}_2\times\boldsymbol{a}_2)\cdots(\boldsymbol{b}_n\times\boldsymbol{a}_n)\overset{n}{\cdot}\boldsymbol{C}\\
&=(-1)^n\boldsymbol{b}_1\boldsymbol{b}_2\cdots\boldsymbol{b}_n\overset{n}{\times}\boldsymbol{a}_1\boldsymbol{a}_2\cdots\boldsymbol{a}_n\overset{n}{\cdot}\boldsymbol{C}=(-1)^n\boldsymbol{B}\overset{n}{\times}\boldsymbol{A}\overset{n}{\cdot}\boldsymbol{C}\\
&=\boldsymbol{c}_n\cdot(\boldsymbol{a}_n\times\boldsymbol{b}_n)\boldsymbol{c}_{n-1}\cdot(\boldsymbol{a}_{n-1}\times\boldsymbol{b}_{n-1})\cdots\boldsymbol{c}_1\cdot(\boldsymbol{a}_1\times\boldsymbol{b}_1)=\boldsymbol{c}_n\boldsymbol{c}_{n-1}\cdots\boldsymbol{c}_1\overset{n}{\cdot}\boldsymbol{a}_n\boldsymbol{a}_{n-1}\cdots\boldsymbol{a}_1\overset{n}{\times}\boldsymbol{b}_n\boldsymbol{b}_{n-1}\cdots\boldsymbol{b}_1\\
&=(-1)^n\boldsymbol{c}_n\boldsymbol{c}_{n-1}\cdots\boldsymbol{c}_1\overset{n}{\cdot}\boldsymbol{b}_n\boldsymbol{b}_{n-1}\cdots\boldsymbol{b}_1\overset{n}{\times}\boldsymbol{a}_n\boldsymbol{a}_{n-1}\cdots\boldsymbol{a}_1=\boldsymbol{A}^{\mathrm{T}}\overset{n}{\times}\boldsymbol{B}^{\mathrm{T}}\overset{n}{\cdot}\boldsymbol{C}^{\mathrm{T}}=(-1)^n\boldsymbol{B}^{\mathrm{T}}\overset{n}{\times}\boldsymbol{A}^{\mathrm{T}}\overset{n}{\cdot}\boldsymbol{C}^{\mathrm{T}}\\
&=\boldsymbol{a}_1\cdot(\boldsymbol{b}_1\times\boldsymbol{c}_1)\boldsymbol{a}_2\cdot(\boldsymbol{b}_2\times\boldsymbol{c}_2)\cdots\boldsymbol{a}_n\cdot(\boldsymbol{b}_n\times\boldsymbol{c}_n)=\boldsymbol{a}_1\boldsymbol{a}_2\cdots\boldsymbol{a}_n\overset{n}{\cdot}(\boldsymbol{b}_1\boldsymbol{b}_2\cdots\boldsymbol{b}_n\overset{n}{\times}\boldsymbol{c}_1\boldsymbol{c}_2\cdots\boldsymbol{c}_n)\\
&=\boldsymbol{B}\overset{n}{\times}\boldsymbol{C}\overset{n}{\cdot}\boldsymbol{A}=(-1)^n\boldsymbol{C}\overset{n}{\times}\boldsymbol{B}\overset{n}{\cdot}\boldsymbol{A}=\boldsymbol{B}^{\mathrm{T}}\overset{n}{\times}\boldsymbol{C}^{\mathrm{T}}\overset{n}{\cdot}\boldsymbol{A}^{\mathrm{T}}=(-1)^n\boldsymbol{C}^{\mathrm{T}}\overset{n}{\times}\boldsymbol{B}^{\mathrm{T}}\overset{n}{\cdot}\boldsymbol{A}^{\mathrm{T}}\\
&=(\boldsymbol{c}_1\times\boldsymbol{a}_1)\cdot\boldsymbol{b}_1(\boldsymbol{c}_2\times\boldsymbol{a}_2)\cdot\boldsymbol{b}_2\cdots(\boldsymbol{c}_n\times\boldsymbol{a}_n)\cdot\boldsymbol{b}_n=\boldsymbol{c}_1\boldsymbol{c}_2\cdots\boldsymbol{c}_n\overset{n}{\times}\boldsymbol{a}_1\boldsymbol{a}_2\cdots\boldsymbol{a}_n\overset{n}{\cdot}\boldsymbol{b}_1\boldsymbol{b}_2\cdots\boldsymbol{b}_n\\
&=\boldsymbol{C}\overset{n}{\times}\boldsymbol{A}\overset{n}{\cdot}\boldsymbol{B}=(-1)^n\boldsymbol{A}\overset{n}{\times}\boldsymbol{C}\overset{n}{\cdot}\boldsymbol{B}=\boldsymbol{C}^{\mathrm{T}}\overset{n}{\times}\boldsymbol{A}^{\mathrm{T}}\overset{n}{\cdot}\boldsymbol{B}^{\mathrm{T}}=(-1)^n\boldsymbol{A}^{\mathrm{T}}\overset{n}{\times}\boldsymbol{C}^{\mathrm{T}}\overset{n}{\cdot}\boldsymbol{B}^{\mathrm{T}}
\end{aligned}\tag{10-1-9}$$

设 $\boldsymbol{A}$、$\boldsymbol{B}$ 和 $\boldsymbol{C}$ 均为 n 阶张量，$\boldsymbol{A}=\boldsymbol{a}_1\boldsymbol{a}_2\cdots\boldsymbol{a}_n$，$\boldsymbol{B}=\boldsymbol{b}_1\boldsymbol{b}_2\cdots\boldsymbol{b}_n$，$\boldsymbol{C}=\boldsymbol{c}_1\boldsymbol{c}_2\cdots\boldsymbol{c}_n$，则 $\boldsymbol{A}$ 与 $\boldsymbol{B}$ 的 n 次串联式叉积再与 $\boldsymbol{C}$ 的 n 次串联式内积具有下列运算性质

$$\begin{aligned}
\boldsymbol{A}\overset{n}{\times}\boldsymbol{B}\overset{n}{\cdot}\boldsymbol{C}&=\boldsymbol{C}\overset{n}{\cdot}\boldsymbol{A}\overset{n}{\times}\boldsymbol{B}=\boldsymbol{a}_1\boldsymbol{a}_2\cdots\boldsymbol{a}_n\overset{n}{\times}\boldsymbol{b}_1\boldsymbol{b}_2\cdots\boldsymbol{b}_n\overset{n}{\cdot}\boldsymbol{c}_1\boldsymbol{c}_2\cdots\boldsymbol{c}_n\\
&=(\boldsymbol{a}_1\times\boldsymbol{b}_n)(\boldsymbol{a}_2\times\boldsymbol{b}_{n-1})\cdots(\boldsymbol{a}_n\times\boldsymbol{b}_1)\overset{n}{\cdot}\boldsymbol{C}=(-1)^n(\boldsymbol{b}_n\times\boldsymbol{a}_1)(\boldsymbol{b}_{n-1}\times\boldsymbol{a}_2)\cdots(\boldsymbol{b}_1\times\boldsymbol{a}_n)\overset{n}{\cdot}\boldsymbol{C}\\
&=(-1)^n\boldsymbol{b}_n\boldsymbol{b}_{n-1}\cdots\boldsymbol{b}_1\overset{n}{\times}\boldsymbol{a}_n\boldsymbol{a}_{n-1}\cdots\boldsymbol{a}_1\overset{n}{\cdot}\boldsymbol{C}=(-1)\boldsymbol{B}^{\mathrm{T}}\overset{n}{\times}\boldsymbol{A}^{\mathrm{T}}\overset{n}{\cdot}\boldsymbol{C}\\
&=\boldsymbol{c}_n\cdot(\boldsymbol{a}_1\times\boldsymbol{b}_n)\boldsymbol{c}_{n-1}\cdot(\boldsymbol{a}_2\times\boldsymbol{b}_{n-1})\cdots\boldsymbol{c}_1\cdot(\boldsymbol{a}_n\times\boldsymbol{b}_1)\\
&=\boldsymbol{c}_n\boldsymbol{c}_{n-1}\cdots\boldsymbol{c}_1\overset{n}{\cdot}\boldsymbol{a}_n\boldsymbol{a}_{n-1}\cdots\boldsymbol{a}_1\overset{n}{\times}\boldsymbol{b}_n\boldsymbol{b}_{n-1}\boldsymbol{b}_1=\boldsymbol{A}^{\mathrm{T}}\overset{n}{\times}\boldsymbol{B}^{\mathrm{T}}\overset{n}{\cdot}\boldsymbol{C}^{\mathrm{T}}=(-1)^n\boldsymbol{B}\overset{n}{\times}\boldsymbol{A}\overset{n}{\cdot}\boldsymbol{C}^{\mathrm{T}}\\
&=\boldsymbol{a}_1\cdot(\boldsymbol{b}_n\times\boldsymbol{c}_n)\boldsymbol{a}_2\cdot(\boldsymbol{b}_{n-1}\times\boldsymbol{c}_{n-1})\cdots\boldsymbol{a}_n\cdot(\boldsymbol{b}_1\times\boldsymbol{c}_1)=\boldsymbol{a}_1\boldsymbol{a}_2\cdots\boldsymbol{a}_n\overset{n}{\cdot}(\boldsymbol{b}_1\boldsymbol{b}_2\cdots\boldsymbol{b}_n\overset{n}{\times}\boldsymbol{c}_n\boldsymbol{c}_{n-1}\cdots\boldsymbol{c}_1)\\
&=\boldsymbol{B}\overset{n}{\times}\boldsymbol{C}^{\mathrm{T}}\overset{n}{\cdot}\boldsymbol{A}=(-1)^n\boldsymbol{C}\overset{n}{\times}\boldsymbol{B}^{\mathrm{T}}\overset{n}{\cdot}\boldsymbol{A}=\boldsymbol{B}^{\mathrm{T}}\overset{n}{\times}\boldsymbol{C}\overset{n}{\cdot}\boldsymbol{A}^{\mathrm{T}}=(-1)^n\boldsymbol{C}^{\mathrm{T}}\overset{n}{\times}\boldsymbol{B}\overset{n}{\cdot}\boldsymbol{A}^{\mathrm{T}}\\
&=(\boldsymbol{c}_n\times\boldsymbol{a}_1)\cdot\boldsymbol{b}_n(\boldsymbol{c}_{n-1}\times\boldsymbol{a}_2)\cdot\boldsymbol{b}_{n-1}\cdots(\boldsymbol{c}_1\times\boldsymbol{a}_n)\cdot\boldsymbol{b}_1=\boldsymbol{b}_1\boldsymbol{b}_2\cdots\boldsymbol{b}_n\overset{n}{\cdot}\boldsymbol{c}_n\boldsymbol{c}_{n-1}\cdots\boldsymbol{c}_1\overset{n}{\times}\boldsymbol{a}_n\boldsymbol{a}_{n-1}\cdots\boldsymbol{a}_1\\
&=\boldsymbol{C}^{\mathrm{T}}\overset{n}{\times}\boldsymbol{A}^{\mathrm{T}}\overset{n}{\cdot}\boldsymbol{B}=(-1)^n\boldsymbol{A}\overset{n}{\times}\boldsymbol{C}\overset{n}{\cdot}\boldsymbol{B}=\boldsymbol{C}\overset{n}{\times}\boldsymbol{A}\overset{n}{\cdot}\boldsymbol{B}^{\mathrm{T}}=(-1)^n\boldsymbol{A}^{\mathrm{T}}\overset{n}{\times}\boldsymbol{C}^{\mathrm{T}}\overset{n}{\cdot}\boldsymbol{B}^{\mathrm{T}}
\end{aligned}\tag{10-1-10}$$

设 $\boldsymbol{A}$ 为 m 阶张量，$\boldsymbol{A}=\boldsymbol{a}_1\boldsymbol{a}_2\cdots\boldsymbol{a}_m$，$\boldsymbol{B}$ 为 n 阶张量，$\boldsymbol{B}=\boldsymbol{b}_1\boldsymbol{b}_2\cdots\boldsymbol{b}_n$，$\boldsymbol{C}$ 为 n 阶张量，$\boldsymbol{C}=\boldsymbol{c}_1\boldsymbol{c}_2\cdots\boldsymbol{c}_n$（$m\leqslant n$），则 $\boldsymbol{A}$ 与 $\boldsymbol{B}$ 的 m 次并联式叉积再与 $\boldsymbol{C}$ 的 n 次并联式内积具有下列运算性质

$$\begin{aligned}
\boldsymbol{A}\overset{m}{\times}\boldsymbol{B}\overset{n}{\cdot}\boldsymbol{C}&=\boldsymbol{a}_1\boldsymbol{a}_2\cdots\boldsymbol{a}_m\overset{m}{\times}\boldsymbol{b}_1\boldsymbol{b}_2\cdots\boldsymbol{b}_n\overset{n}{\cdot}\boldsymbol{c}_1\boldsymbol{c}_2\cdots\boldsymbol{c}_n=\boldsymbol{C}\overset{n}{\cdot}\boldsymbol{A}\overset{m}{\times}\boldsymbol{B}\\
&=(\boldsymbol{a}_1\times\boldsymbol{b}_1)(\boldsymbol{a}_2\times\boldsymbol{b}_2)\cdots(\boldsymbol{a}_m\times\boldsymbol{b}_m)\boldsymbol{b}_{m+1}\boldsymbol{b}_{m+2}\cdots\boldsymbol{b}_n\overset{n}{\cdot}\boldsymbol{c}_1\boldsymbol{c}_2\cdots\boldsymbol{c}_n\\
&=(\boldsymbol{c}_1\times\boldsymbol{a}_1)\cdot\boldsymbol{b}_1(\boldsymbol{c}_2\times\boldsymbol{a}_2)\cdot\boldsymbol{b}_2\cdots(\boldsymbol{c}_m\times\boldsymbol{a}_m)\cdot\boldsymbol{b}_m(\boldsymbol{c}_{m+1}\cdot\boldsymbol{b}_{m+1})(\boldsymbol{c}_{m+2}\cdot\boldsymbol{b}_{m+2})\cdots(\boldsymbol{c}_n\cdot\boldsymbol{b}_n)\\
&=(-1)^m\boldsymbol{A}\overset{m}{\times}\boldsymbol{C}\overset{n}{\cdot}\boldsymbol{B}=(-1)^m\boldsymbol{B}\overset{n}{\cdot}\boldsymbol{A}\overset{m}{\times}\boldsymbol{C}\\
&=(\boldsymbol{b}_1\times\boldsymbol{c}_1)\cdot\boldsymbol{a}_1(\boldsymbol{b}_2\times\boldsymbol{c}_2)\cdot\boldsymbol{a}_2\cdots(\boldsymbol{b}_m\times\boldsymbol{c}_m)\cdot\boldsymbol{a}_m(\boldsymbol{b}_{m+1}\cdot\boldsymbol{c}_{m+1})(\boldsymbol{b}_{m+2}\cdot\boldsymbol{c}_{m+2})\cdots(\boldsymbol{b}_n\cdot\boldsymbol{c}_n)\\
&=\boldsymbol{A}\overset{m}{\cdot}\boldsymbol{B}\underset{(n-m)}{\overset{m\times}{\cdot}}\boldsymbol{C}=\boldsymbol{B}\underset{(n-m)}{\overset{m\times}{\cdot}}\boldsymbol{C}\overset{m}{\cdot}\boldsymbol{A}
\end{aligned}\tag{10-1-11}$$

再作 $\boldsymbol{B}$ 与 $\boldsymbol{A}$ 的 m 次并联式叉积，然后与 $\boldsymbol{C}$ 的 n 次并联式内积，有

$$\begin{aligned}
\boldsymbol{B}\overset{m}{\times}\boldsymbol{A}\overset{n}{\cdot}\boldsymbol{C}&=\boldsymbol{b}_1\boldsymbol{b}_2\cdots\boldsymbol{b}_n\overset{m}{\times}\boldsymbol{a}_1\boldsymbol{a}_2\cdots\boldsymbol{a}_m\overset{n}{\cdot}\boldsymbol{c}_1\boldsymbol{c}_2\cdots\boldsymbol{c}_n=\boldsymbol{C}\overset{n}{\cdot}\boldsymbol{B}\overset{m}{\times}\boldsymbol{A}\\
&=\boldsymbol{b}_1\boldsymbol{b}_2\cdots\boldsymbol{b}_{n-m}(\boldsymbol{b}_{n-m+1}\times\boldsymbol{a}_1)(\boldsymbol{b}_{n-m+2}\times\boldsymbol{a}_2)\cdots(\boldsymbol{b}_n\times\boldsymbol{a}_m)\overset{n}{\cdot}\boldsymbol{c}_1\boldsymbol{c}_2\cdots\boldsymbol{c}_n\\
&=(\boldsymbol{c}_1\cdot\boldsymbol{b}_1)(\boldsymbol{c}_2\cdot\boldsymbol{b}_2)\cdots(\boldsymbol{c}_{n-m}\cdot\boldsymbol{b}_{n-m})(\boldsymbol{c}_{n-m+1}\times\boldsymbol{b}_{n-m+1})\cdot\boldsymbol{a}_1(\boldsymbol{c}_{n-m+2}\times\boldsymbol{b}_{n-m+2})\cdot\boldsymbol{a}_2\cdots(\boldsymbol{c}_n\times\boldsymbol{b}_n)\cdot\boldsymbol{a}_m
\end{aligned}$$

$$=\boldsymbol{C}\,{}^{(n-m)}_{m\times}\!\cdot\,\boldsymbol{B}\overset{m}{\cdot}\boldsymbol{A}=\boldsymbol{A}\overset{m}{\cdot}\boldsymbol{C}\,{}^{(n-m)}_{m\times}\!\cdot\,\boldsymbol{B}$$
$$=(\boldsymbol{b}_1\cdot\boldsymbol{c}_1)(\boldsymbol{b}_2\cdot\boldsymbol{c}_2)\cdots(\boldsymbol{b}_{n-m}\cdot\boldsymbol{c}_{n-m})\boldsymbol{b}_{n-m+1}\cdot(\boldsymbol{a}_1\times\boldsymbol{c}_{n-m+1})\boldsymbol{b}_{n-m+2}\cdot(\boldsymbol{a}_2\times\boldsymbol{c}_{n-m+2})\cdots\boldsymbol{b}_n\cdot(\boldsymbol{a}_m\times\boldsymbol{c}_n)$$
$$=(-1)^m\boldsymbol{B}\overset{n}{\cdot}\boldsymbol{C}\overset{m}{\times}\boldsymbol{A}=(-1)^m\boldsymbol{C}\overset{m}{\times}\boldsymbol{A}\overset{n}{\cdot}\boldsymbol{B}$$
(10-1-12)

设 $\boldsymbol{A}$ 为 m 阶张量，$\boldsymbol{A}=\boldsymbol{a}_1\boldsymbol{a}_2\cdots\boldsymbol{a}_m$，$\boldsymbol{B}$ 和 $\boldsymbol{C}$ 均为 n 阶张量，且 $m\leqslant n$，$\boldsymbol{B}=\boldsymbol{B}_m\boldsymbol{B}_{n-m}=\boldsymbol{b}_1\boldsymbol{b}_2\cdots\boldsymbol{b}_m\boldsymbol{b}_{m+1}\cdots\boldsymbol{b}_n$，$\boldsymbol{C}=\boldsymbol{C}_{n-m}\boldsymbol{C}_{n-m+1,n}=\boldsymbol{c}_1\boldsymbol{c}_2\cdots\boldsymbol{c}_{n-m}\boldsymbol{c}_{n-m+1}\cdots\boldsymbol{c}_n$，式中，$\boldsymbol{B}_m=\boldsymbol{b}_1\boldsymbol{b}_2\cdots\boldsymbol{b}_m$，$\boldsymbol{B}_{n-m}=\boldsymbol{b}_{m+1}\cdots\boldsymbol{b}_n$，$\boldsymbol{C}_{n-m}=\boldsymbol{c}_1\boldsymbol{c}_2\cdots\boldsymbol{c}_{n-m}$，$\boldsymbol{C}_{n-m+1,n}=\boldsymbol{c}_{n-m+1}\cdots\boldsymbol{c}_n$，则 $\boldsymbol{A}$ 与 $\boldsymbol{B}$ 的 m 次串联式叉积再与 $\boldsymbol{C}$ 的 n 次串联式内积具有下列运算性质

$$\boldsymbol{A}\overset{m}{\times}\boldsymbol{B}\overset{n}{\cdot}\boldsymbol{C}=\boldsymbol{C}\overset{n}{\cdot}\boldsymbol{A}\overset{m}{\times}\boldsymbol{B}=\boldsymbol{a}_1\boldsymbol{a}_2\cdots\boldsymbol{a}_m\overset{m}{\times}\boldsymbol{b}_1\boldsymbol{b}_2\cdots\boldsymbol{b}_n\overset{n}{\cdot}\boldsymbol{c}_1\boldsymbol{c}_2\cdots\boldsymbol{c}_n$$
$$=(\boldsymbol{a}_1\times\boldsymbol{b}_m)(\boldsymbol{a}_2\times\boldsymbol{b}_{m-1})\cdots(\boldsymbol{a}_m\times\boldsymbol{b}_1)\boldsymbol{b}_{m+1}\boldsymbol{b}_{m+2}\cdots\boldsymbol{b}_n\overset{n}{\cdot}\boldsymbol{c}_1\boldsymbol{c}_2\cdots\boldsymbol{c}_n$$
$$=\boldsymbol{a}_1\cdot(\boldsymbol{b}_m\times\boldsymbol{c}_n)\boldsymbol{a}_2\cdot(\boldsymbol{b}_{m-1}\times\boldsymbol{c}_{n-1})\cdots\boldsymbol{a}_m\cdot(\boldsymbol{b}_1\times\boldsymbol{c}_{n-m+1})(\boldsymbol{b}_{m+1}\cdot\boldsymbol{c}_{n-m})(\boldsymbol{b}_{m+2}\cdot\boldsymbol{c}_{n-m-1})\cdots(\boldsymbol{b}_n\cdot\boldsymbol{c}_1)$$
$$=\boldsymbol{a}_1\boldsymbol{a}_2\cdots\boldsymbol{a}_m\overset{m}{\cdot}\left[\boldsymbol{b}_1\boldsymbol{b}_2\cdots\boldsymbol{b}_n\,{}^{m\times}_{(n-m)}\!\cdot\,\boldsymbol{c}_1\boldsymbol{c}_2\cdots\boldsymbol{c}_{n-m}\boldsymbol{c}_n\cdots\boldsymbol{c}_{n-m+1}\right]=\boldsymbol{B}\,{}^{m\times}_{(n-m)}\!\cdot\,\boldsymbol{C}_{n-m}\boldsymbol{C}^{\mathrm{T}}_{n-m+1,n}\overset{m}{\cdot}\boldsymbol{A}$$
$$=\boldsymbol{a}_1\boldsymbol{a}_2\cdots\boldsymbol{a}_m\overset{m}{\cdot}(\boldsymbol{b}_1\boldsymbol{b}_2\cdots\boldsymbol{b}_m\overset{m}{\times}\boldsymbol{C}^{\mathrm{T}}\overset{n-m}{\cdot}\boldsymbol{b}_n\boldsymbol{b}_{n-1}\cdots\boldsymbol{b}_{m+1})$$
$$=\boldsymbol{A}\overset{m}{\cdot}(\boldsymbol{B}_m\overset{m}{\times}\boldsymbol{C}^{\mathrm{T}}\overset{n-m}{\cdot}\boldsymbol{B}^{\mathrm{T}}_{n-m})=(\boldsymbol{B}_m\overset{m}{\times}\boldsymbol{C}^{\mathrm{T}}\overset{n-m}{\cdot}\boldsymbol{B}^{\mathrm{T}}_{n-m})\overset{m}{\cdot}\boldsymbol{A}$$
$$=(\boldsymbol{c}_n\times\boldsymbol{a}_1)\cdot\boldsymbol{b}_m(\boldsymbol{c}_{n-1}\times\boldsymbol{a}_2)\cdot\boldsymbol{b}_{m-1}\cdots(\boldsymbol{c}_{n-m+1}\times\boldsymbol{a}_m)\cdot\boldsymbol{b}_1(\boldsymbol{c}_{n-m}\cdot\boldsymbol{b}_{m+1})(\boldsymbol{c}_{n-m-1}\cdot\boldsymbol{b}_{m+2})\cdots(\boldsymbol{c}_1\cdot\boldsymbol{b}_n)$$
$$=\boldsymbol{b}_1\boldsymbol{b}_2\cdots\boldsymbol{b}_n\overset{n}{\cdot}\boldsymbol{c}_1\boldsymbol{c}_2\cdots\boldsymbol{c}_{n-m}\boldsymbol{c}_n\cdots\boldsymbol{c}_{n-m+2}\boldsymbol{c}_{n-m+1}\overset{m}{\times}\boldsymbol{a}_m\boldsymbol{a}_{m-1}\cdots\boldsymbol{a}_1=\boldsymbol{C}_{n-m}\boldsymbol{C}^{\mathrm{T}}_{n-m+1,n}\overset{m}{\times}\boldsymbol{A}^{\mathrm{T}}\overset{n}{\cdot}\boldsymbol{B}$$
(10-1-13)

显然，当 $m=n$ 时，式(10-1-13)退化成式(10-1-10)。

设 $\boldsymbol{A}$ 为 n 阶张量，$\boldsymbol{A}=\boldsymbol{a}_1\boldsymbol{a}_2\cdots\boldsymbol{a}_n$，$\boldsymbol{B}$ 为 m 阶张量，$\boldsymbol{B}=\boldsymbol{b}_1\boldsymbol{b}_2\cdots\boldsymbol{b}_m$，$\boldsymbol{C}$ 为 n 阶张量，$\boldsymbol{C}=\boldsymbol{C}_m\boldsymbol{C}_{n-m}=\boldsymbol{c}_1\boldsymbol{c}_2\cdots\boldsymbol{c}_m\boldsymbol{c}_{m+1}\cdots\boldsymbol{c}_n$，其中 $\boldsymbol{C}_m=\boldsymbol{c}_1\boldsymbol{c}_2\cdots\boldsymbol{c}_m$，$\boldsymbol{C}_{n-m}=\boldsymbol{c}_{m+1}\boldsymbol{c}_{m+2}\cdots\boldsymbol{c}_n$，且 $m\leqslant n$，则 $\boldsymbol{A}$ 与 $\boldsymbol{B}$ 的 m 次串联式叉积再与 $\boldsymbol{C}$ 的 n 次串联式内积具有下列运算性质

$$\boldsymbol{A}\overset{m}{\times}\boldsymbol{B}\overset{n}{\cdot}\boldsymbol{C}=\boldsymbol{a}_1\boldsymbol{a}_2\cdots\boldsymbol{a}_n\overset{m}{\times}\boldsymbol{b}_1\boldsymbol{b}_2\cdots\boldsymbol{b}_m\overset{n}{\cdot}\boldsymbol{c}_1\boldsymbol{c}_2\cdots\boldsymbol{c}_n=\boldsymbol{C}\overset{n}{\cdot}\boldsymbol{A}\overset{m}{\times}\boldsymbol{B}$$
$$=\boldsymbol{a}_1\boldsymbol{a}_2\cdots\boldsymbol{a}_{n-m}(\boldsymbol{a}_{n-m+1}\times\boldsymbol{b}_m)(\boldsymbol{a}_{n-m+2}\times\boldsymbol{b}_{m-1})\cdots(\boldsymbol{a}_n\times\boldsymbol{b}_1)\overset{n}{\cdot}\boldsymbol{c}_1\boldsymbol{c}_2\cdots\boldsymbol{c}_n$$
$$=(\boldsymbol{a}_1\cdot\boldsymbol{c}_n)(\boldsymbol{a}_2\cdot\boldsymbol{c}_{n-1})\cdots(\boldsymbol{a}_{n-m}\cdot\boldsymbol{c}_{m+1})(\boldsymbol{a}_{n-m+1}\times\boldsymbol{b}_m)\cdot\boldsymbol{c}_m(\boldsymbol{a}_{n-m+2}\times\boldsymbol{b}_{m-1})\cdot\boldsymbol{c}_{m-1}\cdots(\boldsymbol{a}_n\times\boldsymbol{b}_1)\cdot\boldsymbol{c}_1$$
$$=(\boldsymbol{a}_1\cdot\boldsymbol{c}_n)(\boldsymbol{a}_2\cdot\boldsymbol{c}_{n-1})\cdots(\boldsymbol{a}_{n-m}\cdot\boldsymbol{c}_{m+1})(\boldsymbol{c}_m\times\boldsymbol{a}_{n-m+1})\cdot\boldsymbol{b}_m(\boldsymbol{c}_{m-1}\times\boldsymbol{a}_{n-m+2})\cdot\boldsymbol{b}_{m-1}\cdots(\boldsymbol{c}_1\times\boldsymbol{a}_n)\cdot\boldsymbol{b}_1$$
$$=(-1)^m\boldsymbol{a}_1\boldsymbol{a}_2\cdots\boldsymbol{a}_n\,{}^{(n-m)}_{m\times}\!\cdot\,\boldsymbol{c}_1\boldsymbol{c}_2\cdots\boldsymbol{c}_n\overset{m}{\cdot}\boldsymbol{b}_1\boldsymbol{b}_2\cdots\boldsymbol{b}_m=(-1)^m\boldsymbol{A}\,{}^{(n-m)}_{m\times}\!\cdot\,\boldsymbol{C}\overset{m}{\cdot}\boldsymbol{B}$$
$$=(\boldsymbol{a}_1\cdot\boldsymbol{c}_n)(\boldsymbol{a}_2\cdot\boldsymbol{c}_{n-1})\cdots(\boldsymbol{a}_{n-m}\cdot\boldsymbol{c}_{m+1})\boldsymbol{a}_{n-m+1}\cdot(\boldsymbol{b}_m\times\boldsymbol{c}_m)\boldsymbol{a}_{n-m+2}\cdot(\boldsymbol{b}_{m-1}\times\boldsymbol{c}_{m-1})\cdots\boldsymbol{a}_n\cdot(\boldsymbol{b}_1\times\boldsymbol{c}_1)$$
$$=(-1)^m\boldsymbol{a}_1\boldsymbol{a}_2\cdots\boldsymbol{a}_n\overset{n}{\cdot}(\boldsymbol{c}_1\boldsymbol{c}_2\cdots\boldsymbol{c}_m\overset{m}{\times}\boldsymbol{b}_m\boldsymbol{b}_{m-1}\cdots\boldsymbol{b}_1)\boldsymbol{c}_{m+1}\boldsymbol{c}_{m+2}\cdots\boldsymbol{c}_n=(-1)^m(\boldsymbol{C}_m\overset{m}{\times}\boldsymbol{B}^{\mathrm{T}})\boldsymbol{C}_{n-m}\overset{n}{\cdot}\boldsymbol{A}$$
(10-1-14)

显然，当 $m=n$ 时，式(10-1-14)也退化成式(10-1-10)。

定理 10.1.1　设 $\boldsymbol{S}$ 和 $\boldsymbol{T}$ 均为 n 阶张量，若 $\boldsymbol{S}$ 是对称张量，则有

$$\boldsymbol{S}\overset{n}{\cdot}\boldsymbol{T}=\boldsymbol{S}\overset{n}{\cdot}\boldsymbol{T}^{\mathrm{T}}=\boldsymbol{S}\overset{n}{\cdot}\frac{1}{2}(\boldsymbol{T}+\boldsymbol{T}^{\mathrm{T}})\tag{10-1-15}$$

证　由于 $\boldsymbol{S}$ 是对称张量，故有 $\boldsymbol{S}=\boldsymbol{S}^{\mathrm{T}}$，根据式(10-1-3)，有

$$\boldsymbol{S}\overset{n}{\cdot}\boldsymbol{T}+\boldsymbol{S}^{\mathrm{T}}\overset{n}{\cdot}\boldsymbol{T}^{\mathrm{T}}=\boldsymbol{S}\overset{n}{\cdot}\boldsymbol{T}+\boldsymbol{S}\overset{n}{\cdot}\boldsymbol{T}^{\mathrm{T}}=\boldsymbol{S}\overset{n}{\cdot}(\boldsymbol{T}+\boldsymbol{T}^{\mathrm{T}})=2\boldsymbol{S}\overset{n}{\cdot}\boldsymbol{T}=2\boldsymbol{S}^{\mathrm{T}}\overset{n}{\cdot}\boldsymbol{T}^{\mathrm{T}}=2\boldsymbol{S}\overset{n}{\cdot}\boldsymbol{T}^{\mathrm{T}}\tag{10-1-16}$$

于是式(10-1-15)成立。证毕。

定理 10.1.2　设 $\boldsymbol{W}$ 和 $\boldsymbol{T}$ 均为 n 阶张量，若 $\boldsymbol{W}$ 是反对称张量，则有

$$\boldsymbol{W}\overset{n}{\cdot}\boldsymbol{T}=-\boldsymbol{W}\overset{n}{\cdot}\boldsymbol{T}^{\mathrm{T}}=\boldsymbol{W}\overset{n}{\cdot}\frac{1}{2}(\boldsymbol{T}-\boldsymbol{T}^{\mathrm{T}})\tag{10-1-17}$$

证 由于$\boldsymbol{W}$是反对称张量，故有$\boldsymbol{W}=-\boldsymbol{W}^{\mathrm{T}}$，根据式(10-1-3)，有

$$\begin{aligned}\boldsymbol{W}\overset{n}{\cdot}\boldsymbol{T}+\boldsymbol{W}^{\mathrm{T}}\overset{n}{\cdot}\boldsymbol{T}^{\mathrm{T}}&=\boldsymbol{W}\overset{n}{\cdot}\boldsymbol{T}-\boldsymbol{W}\overset{n}{\cdot}\boldsymbol{T}^{\mathrm{T}}=\boldsymbol{W}\overset{n}{\cdot}(\boldsymbol{T}-\boldsymbol{T}^{\mathrm{T}})\\&=2\boldsymbol{W}\overset{n}{\cdot}\boldsymbol{T}=2\boldsymbol{W}^{\mathrm{T}}\overset{n}{\cdot}\boldsymbol{T}^{\mathrm{T}}=-2\boldsymbol{W}\overset{n}{\cdot}\boldsymbol{T}^{\mathrm{T}}\end{aligned}\tag{10-1-18}$$

于是式(10-1-17)成立。证毕。

推论 设$\boldsymbol{S}$和$\boldsymbol{W}$均为n阶张量，若$\boldsymbol{S}$是对称张量，而$\boldsymbol{W}$是反对称张量，则有

$$\boldsymbol{S}\overset{n}{\cdot}\boldsymbol{W}=0\tag{10-1-19}$$

对每个n阶张量$\boldsymbol{S}$，若$\boldsymbol{S}\overset{n}{\cdot}\boldsymbol{T}=0$，则$\boldsymbol{T}=\boldsymbol{0}$。对每个$n$阶对称张量$\boldsymbol{S}$，若$\boldsymbol{S}\overset{n}{\cdot}\boldsymbol{T}=0$，则$\boldsymbol{T}$反对称。对每个$n$阶反对称张量$\boldsymbol{W}$，若$\boldsymbol{W}\overset{n}{\cdot}\boldsymbol{T}=0$，则$\boldsymbol{T}$对称。

含张量的泛函变分基本引理 10.1.1 设H为希尔伯特空间，$\boldsymbol{A}$和$\boldsymbol{B}$为H中的两个n阶张量，J为依赖于$\boldsymbol{A}$和$\boldsymbol{B}$的标量泛函，可表示为

$$J=\int_V F(\boldsymbol{A},\boldsymbol{B})\mathrm{d}V=\int_V \boldsymbol{A}\overset{n}{\cdot}\boldsymbol{B}\,\mathrm{d}V=\int_V \boldsymbol{B}\overset{n}{\cdot}\boldsymbol{A}\,\mathrm{d}V\tag{10-1-20}$$

式中，$n=0,1,\cdots,N$，若$\boldsymbol{A}\neq\boldsymbol{B}$，则有$\dfrac{\partial F}{\partial \boldsymbol{A}}=F_{\boldsymbol{A}}=\boldsymbol{B}$，$\dfrac{\partial F}{\partial \boldsymbol{B}}=F_{\boldsymbol{B}}=\boldsymbol{A}$；若$\boldsymbol{A}=\boldsymbol{B}$，则有$\dfrac{\partial F}{\partial \boldsymbol{A}}=F_{\boldsymbol{A}}=2\boldsymbol{A}$。

根据泛函分析的理论可知，每个内积空间都能够被完备化而成为希尔伯特空间，故上述基本引理中的H也可以是内积空间，这并不影响上述基本引理的成立。

证 对泛函取变分，得

$$\delta J=\int_V(F_{\boldsymbol{A}}\overset{n}{\cdot}\delta\boldsymbol{A}+F_{\boldsymbol{B}}\overset{n}{\cdot}\delta\boldsymbol{B})\mathrm{d}V=\int_V(\boldsymbol{B}\overset{n}{\cdot}\delta\boldsymbol{A}+\boldsymbol{A}\overset{n}{\cdot}\delta\boldsymbol{B})\mathrm{d}V\tag{10-1-21}$$

比较$\delta\boldsymbol{A}$和$\delta\boldsymbol{B}$前面的伴随张量，得$F_{\boldsymbol{A}}=\boldsymbol{B}$，$F_{\boldsymbol{B}}=\boldsymbol{A}$。

若$\boldsymbol{A}=\boldsymbol{B}$，则上述泛函可写成

$$J=\int_V F(\boldsymbol{A})\mathrm{d}V=\int_V \boldsymbol{A}\overset{n}{\cdot}\boldsymbol{A}\,\mathrm{d}V\tag{10-1-22}$$

对泛函取变分，得

$$\delta J=\int_V F_{\boldsymbol{A}}\overset{n}{\cdot}\delta\boldsymbol{A}\,\mathrm{d}V=\int_V(\delta\boldsymbol{A}\overset{n}{\cdot}\boldsymbol{A}+\boldsymbol{A}\overset{n}{\cdot}\delta\boldsymbol{A})\mathrm{d}V=\int_V 2\boldsymbol{A}\overset{n}{\cdot}\delta\boldsymbol{A}\,\mathrm{d}V\tag{10-1-23}$$

比较$\delta\boldsymbol{A}$前面的伴随张量，得$F_{\boldsymbol{A}}=2\boldsymbol{A}$。证毕。

10.2 含向量、向量的模和哈密顿算子的泛函的欧拉方程

在一些数学问题、物理问题和工程技术问题中，经常会遇到用向量、向量的模和哈密顿算子表示的泛函，如数学物理方法中的椭圆方程问题，数值计算中的自适应网格生成问题，流体力学中的流体流动问题，气体动力学中的膨胀波问题，传热学中的热传导问题，低温物理学中的超导问题，电磁场理论和电动力学中的电磁场问题，量子力学中的波函数问题，凝聚态物理学中的液晶相变问题，信息科学中的图像处理问题，声学中的声音传输问题，医学中的血管分割问题，等等，所有这些问题都是自然科学和工程技术所研究的主要内容，虽然这些问题在数学表达上具有不同的表现形式，但其中所涉及的泛函一般都含有向量、向量的模和哈密顿算子。本节讨论含向量、向量的模和哈密顿算子即用梯度、散度和旋度表示的泛函的变分问题，导出相应的欧拉方程组和自然边界条件，在此基础上给出一些著名的方程，如泊松方程、亥姆霍兹方程、麦克斯韦方程、薛定谔方程、金兹堡–朗道方程和图像消噪方程等。其实早在1989年，我国学者苏景辉教授就提出过含哈密顿算子的泛函的欧拉方程组和自然边界条件，但没有引起

人们足够的重视。

先来证明关于向量与二阶张量内积运算的四个恒等式。

对于二阶张量双内积并联运算，有

$$\nabla\cdot(\boldsymbol{T}\cdot\boldsymbol{a})=(\boldsymbol{T}\cdot\boldsymbol{a})\cdot\nabla=(\nabla\cdot\boldsymbol{T})\cdot\boldsymbol{a}+\boldsymbol{T}:\nabla\boldsymbol{a}=\boldsymbol{a}\cdot(\nabla\cdot\boldsymbol{T})+\nabla\boldsymbol{a}:\boldsymbol{T} \tag{10-2-1}$$

$$\nabla\cdot(\boldsymbol{a}\cdot\boldsymbol{T})=(\boldsymbol{a}\cdot\boldsymbol{T})\cdot\nabla=\boldsymbol{a}\nabla:\boldsymbol{T}+\boldsymbol{a}\cdot(\boldsymbol{T}\cdot\nabla)=\boldsymbol{T}:\boldsymbol{a}\nabla+(\boldsymbol{T}\cdot\nabla)\cdot\boldsymbol{a} \tag{10-2-2}$$

对于二阶张量双内积串联运算，有

$$\nabla\cdot(\boldsymbol{T}\cdot\boldsymbol{a})=(\boldsymbol{T}\cdot\boldsymbol{a})\cdot\nabla=(\nabla\cdot\boldsymbol{T})\cdot\boldsymbol{a}+\boldsymbol{T}:\boldsymbol{a}\nabla=\boldsymbol{a}\cdot(\nabla\cdot\boldsymbol{T})+\boldsymbol{a}\nabla:\boldsymbol{T} \tag{10-2-3}$$

$$\nabla\cdot(\boldsymbol{a}\cdot\boldsymbol{T})=(\boldsymbol{a}\cdot\boldsymbol{T})\cdot\nabla=\nabla\boldsymbol{a}:\boldsymbol{T}+\boldsymbol{a}\cdot(\boldsymbol{T}\cdot\nabla)=\boldsymbol{T}:\nabla\boldsymbol{a}+(\boldsymbol{T}\cdot\nabla)\cdot\boldsymbol{a} \tag{10-2-4}$$

式中，$\boldsymbol{T}$ 为二阶张量，$\boldsymbol{a}$ 为向量。

证 令$\partial_i=\dfrac{\partial}{\partial x_i}$，并利用逗号约定，则向量$\boldsymbol{a}$的散度可表示为

$$\nabla\cdot\boldsymbol{a}=\partial_i\boldsymbol{e}_i\cdot a_j\boldsymbol{e}_j=a_{i,i}\text{，}\quad \boldsymbol{a}\cdot\nabla=a_j\boldsymbol{e}_j\cdot\partial_i\boldsymbol{e}_i=a_{i,i} \tag{10-2-5}$$

从式(10-2-5)可见，向量的左、右散度相等。

对于二阶张量的双内积并联运算，有下列恒等式

$$\begin{aligned}\boldsymbol{e}_i\boldsymbol{e}_s:\boldsymbol{e}_j\boldsymbol{e}_k&=(\boldsymbol{e}_i\cdot\boldsymbol{e}_j)(\boldsymbol{e}_s\cdot\boldsymbol{e}_k)=(\boldsymbol{e}_i\cdot\boldsymbol{e}_j)(\boldsymbol{e}_k\cdot\boldsymbol{e}_s)=\boldsymbol{e}_i\boldsymbol{e}_k:\boldsymbol{e}_j\boldsymbol{e}_s\\&=(\boldsymbol{e}_j\cdot\boldsymbol{e}_i)(\boldsymbol{e}_s\cdot\boldsymbol{e}_k)=\boldsymbol{e}_j\boldsymbol{e}_s:\boldsymbol{e}_i\boldsymbol{e}_k=(\boldsymbol{e}_j\cdot\boldsymbol{e}_i)(\boldsymbol{e}_k\cdot\boldsymbol{e}_s)=\boldsymbol{e}_j\boldsymbol{e}_k:\boldsymbol{e}_i\boldsymbol{e}_s\end{aligned} \tag{10-2-6}$$

设二阶张量的双内积符合张量并联运算法则，对$\boldsymbol{T}\cdot\boldsymbol{a}$取散度，注意到$\boldsymbol{T}=T_{jk}\boldsymbol{e}_j\boldsymbol{e}_k$，即基向量$\boldsymbol{e}_j$和$\boldsymbol{e}_k$在张量中的排列顺序要保持不变，利用式(10-2-6)，有

$$\begin{aligned}\nabla\cdot(\boldsymbol{T}\cdot\boldsymbol{a})&=(\boldsymbol{T}\cdot\boldsymbol{a})\cdot\nabla=\partial_i\boldsymbol{e}_i\cdot(T_{jk}\boldsymbol{e}_j\boldsymbol{e}_k\cdot a_s\boldsymbol{e}_s)=(T_{jk,i}a_s+T_{jk}a_{s,i})(\boldsymbol{e}_i\cdot\boldsymbol{e}_j)(\boldsymbol{e}_k\cdot\boldsymbol{e}_s)\\&=(\partial_i\boldsymbol{e}_i\cdot T_{jk}\boldsymbol{e}_j\boldsymbol{e}_k)\cdot a_s\boldsymbol{e}_s+(T_{jk}\boldsymbol{e}_j\boldsymbol{e}_k):(\partial_i\boldsymbol{e}_i a_s\boldsymbol{e}_s)\\&=(\nabla\cdot\boldsymbol{T})\cdot\boldsymbol{a}+\boldsymbol{T}:\nabla\boldsymbol{a}=\boldsymbol{a}\cdot(\nabla\cdot\boldsymbol{T})+\nabla\boldsymbol{a}:\boldsymbol{T}\end{aligned} \tag{10-2-7}$$

式(10-2-1)得证。

对$\boldsymbol{a}\cdot\boldsymbol{T}$取散度，利用式(10-2-6)，有

$$\begin{aligned}\nabla\cdot(\boldsymbol{a}\cdot\boldsymbol{T})&=(\boldsymbol{a}\cdot\boldsymbol{T})\cdot\nabla=\partial_i\boldsymbol{e}_i\cdot(a_s\boldsymbol{e}_s\cdot T_{jk}\boldsymbol{e}_j\boldsymbol{e}_k)=(a_{s,i}T_{jk}+a_sT_{jk,i})(\boldsymbol{e}_i\cdot\boldsymbol{e}_k)(\boldsymbol{e}_s\cdot\boldsymbol{e}_j)\\&=(a_s\boldsymbol{e}_s\partial_i\boldsymbol{e}_i):T_{jk}\boldsymbol{e}_j\boldsymbol{e}_k+a_s\boldsymbol{e}_s\cdot(T_{jk}\boldsymbol{e}_j\boldsymbol{e}_k\cdot\partial_i\boldsymbol{e}_i)\\&=\boldsymbol{a}\nabla:\boldsymbol{T}+\boldsymbol{a}\cdot(\boldsymbol{T}\cdot\nabla)=\boldsymbol{T}:\boldsymbol{a}\nabla+(\boldsymbol{T}\cdot\nabla)\cdot\boldsymbol{a}\end{aligned} \tag{10-2-8}$$

式(10-2-2)得证。

对于二阶张量的双内积串联运算，有下列恒等式

$$\begin{aligned}\boldsymbol{e}_s\boldsymbol{e}_i:\boldsymbol{e}_j\boldsymbol{e}_k&=(\boldsymbol{e}_i\cdot\boldsymbol{e}_j)(\boldsymbol{e}_s\cdot\boldsymbol{e}_k)=(\boldsymbol{e}_i\cdot\boldsymbol{e}_j)(\boldsymbol{e}_k\cdot\boldsymbol{e}_s)=\boldsymbol{e}_j\boldsymbol{e}_k:\boldsymbol{e}_s\boldsymbol{e}_i\\&=(\boldsymbol{e}_j\cdot\boldsymbol{e}_i)(\boldsymbol{e}_s\cdot\boldsymbol{e}_k)=\boldsymbol{e}_j\boldsymbol{e}_s:\boldsymbol{e}_k\boldsymbol{e}_i=(\boldsymbol{e}_j\cdot\boldsymbol{e}_i)(\boldsymbol{e}_k\cdot\boldsymbol{e}_s)=\boldsymbol{e}_k\boldsymbol{e}_j:\boldsymbol{e}_i\boldsymbol{e}_s\end{aligned} \tag{10-2-9}$$

设二阶张量的双内积符合张量串联运算法则，对$\boldsymbol{T}\cdot\boldsymbol{a}$取散度，利用式(10-2-9)，有

$$\begin{aligned}\nabla\cdot(\boldsymbol{T}\cdot\boldsymbol{a})&=(\boldsymbol{T}\cdot\boldsymbol{a})\cdot\nabla=\partial_i\boldsymbol{e}_i\cdot(T_{jk}\boldsymbol{e}_j\boldsymbol{e}_k\cdot a_s\boldsymbol{e}_s)=(T_{jk,i}a_s+T_{jk}a_{s,i})(\boldsymbol{e}_i\cdot\boldsymbol{e}_j)(\boldsymbol{e}_k\cdot\boldsymbol{e}_s)\\&=(\partial_i\boldsymbol{e}_i\cdot T_{jk}\boldsymbol{e}_j\boldsymbol{e}_k)\cdot a_s\boldsymbol{e}_s+(T_{jk}\boldsymbol{e}_j\boldsymbol{e}_k):(a_s\boldsymbol{e}_s\partial_i\boldsymbol{e}_i)\\&=(\nabla\cdot\boldsymbol{T})\cdot\boldsymbol{a}+\boldsymbol{T}:\boldsymbol{a}\nabla=\boldsymbol{a}\cdot(\nabla\cdot\boldsymbol{T})+\boldsymbol{a}\nabla:\boldsymbol{T}\end{aligned} \tag{10-2-10}$$

式(10-2-3)得证。

对$\boldsymbol{a}\cdot\boldsymbol{T}$取散度，利用式(10-2-9)，有

$$\begin{aligned}\nabla\cdot(\boldsymbol{a}\cdot\boldsymbol{T})&=(\boldsymbol{a}\cdot\boldsymbol{T})\cdot\nabla=\partial_i\boldsymbol{e}_i\cdot(a_s\boldsymbol{e}_s\cdot T_{jk}\boldsymbol{e}_j\boldsymbol{e}_k)=(a_{s,i}T_{jk}+a_sT_{jk,i})(\boldsymbol{e}_i\cdot\boldsymbol{e}_k)(\boldsymbol{e}_s\cdot\boldsymbol{e}_j)\\&=(\partial_i\boldsymbol{e}_i a_s\boldsymbol{e}_s):T_{jk}\boldsymbol{e}_j\boldsymbol{e}_k+a_s\boldsymbol{e}_s\cdot(T_{jk}\boldsymbol{e}_j\boldsymbol{e}_k\cdot\partial_i\boldsymbol{e}_i)\\&=\nabla\boldsymbol{a}:\boldsymbol{T}+\boldsymbol{a}\cdot(\boldsymbol{T}\cdot\nabla)=\boldsymbol{T}:\nabla\boldsymbol{a}+(\boldsymbol{T}\cdot\nabla)\cdot\boldsymbol{a}\end{aligned} \tag{10-2-11}$$

式(10-2-4)得证。证毕。

含向量、向量的模和哈密顿算子的泛函及其欧拉方程，可以表示为下面的定理。

定理 10.2.1 设 V 是空间域，S 是 V 的边界曲面，自变量 $(x,y,z)\in V$，标量函数 $u(x,y,z)\in C^2(V)$，向量函数 $\boldsymbol{a}(x,y,z)\in C^2(V)$，若含有哈密顿算子的泛函

$$J=\iiint_V F\left(u,\boldsymbol{a},\nabla u,|\nabla u|,\nabla\boldsymbol{a},\boldsymbol{a}\nabla,\nabla\cdot\boldsymbol{a},\nabla\times\boldsymbol{a},|\boldsymbol{a}|,|\nabla\times\boldsymbol{a}|\right)\mathrm{d}V \tag{10-2-12}$$

取极值，其中二阶张量 $\nabla\boldsymbol{a}$ 和 $\boldsymbol{a}\nabla$ 与二阶张量的双内积符合张量并联运算法则，则相应的欧拉方程组和自然边界条件为

$$F_u-\nabla\cdot\frac{\partial F}{\partial\nabla u}-\nabla\cdot\frac{\partial F}{\partial|\nabla u|}\frac{\nabla u}{|\nabla u|}=0 \tag{10-2-13}$$

$$\frac{\partial F}{\partial\boldsymbol{a}}-\nabla\cdot\frac{\partial F}{\partial\nabla\boldsymbol{a}}-\frac{\partial F}{\partial\boldsymbol{a}\nabla}\cdot\nabla-\nabla\frac{\partial F}{\partial\nabla\cdot\boldsymbol{a}}+\nabla\times\frac{\partial F}{\partial\nabla\times\boldsymbol{a}}+\frac{\partial F}{\partial|\boldsymbol{a}|}\frac{\boldsymbol{a}}{|\boldsymbol{a}|}+\nabla\times\frac{\partial F}{\partial|\nabla\times\boldsymbol{a}|}\frac{\nabla\times\boldsymbol{a}}{|\nabla\times\boldsymbol{a}|}=\boldsymbol{0} \tag{10-2-14}$$

$$\left.\frac{\partial F}{\partial\nabla u}\cdot\boldsymbol{n}\right|_S=0\text{，}\quad\left.\frac{\partial F}{\partial|\nabla u|}\frac{\nabla u}{|\nabla u|}\cdot\boldsymbol{n}\right|_S=0 \tag{10-2-15}$$

$$\left.\boldsymbol{n}\cdot\frac{\partial F}{\partial\nabla\boldsymbol{a}}\right|_S=\boldsymbol{0}\text{，}\left.\frac{\partial F}{\partial\boldsymbol{a}\nabla}\cdot\boldsymbol{n}\right|_S=\boldsymbol{0}\text{，}\left.\frac{\partial F}{\partial\nabla\cdot\boldsymbol{a}}\boldsymbol{n}\right|_S=\boldsymbol{0}\text{，}\left.\frac{\partial F}{\partial\nabla\times\boldsymbol{a}}\times\boldsymbol{n}\right|_S=\boldsymbol{0}\text{，}\left.\frac{\partial F}{\partial|\nabla\times\boldsymbol{a}|}\frac{\nabla\times\boldsymbol{a}}{|\nabla\times\boldsymbol{a}|}\times\boldsymbol{n}\right|_S=\boldsymbol{0} \tag{10-2-16}$$

对于式(10-2-16)中的第三个边界条件，向量 $\boldsymbol{n}$ 不与其他边界条件一起出现时可不写。

对于式(10-2-12)，若二阶张量 $\nabla\boldsymbol{a}$ 和 $\boldsymbol{a}\nabla$ 与二阶张量的双内积符合张量串联运算法则，则只需把式(10-2-14)的第二、三两项和式(10-2-16)的前两式改写成如下形式

$$\frac{\partial F}{\partial\boldsymbol{a}}-\frac{\partial F}{\partial\nabla\boldsymbol{a}}\cdot\nabla-\nabla\cdot\frac{\partial F}{\partial\boldsymbol{a}\nabla}-\nabla\frac{\partial F}{\partial\nabla\cdot\boldsymbol{a}}+\nabla\times\frac{\partial F}{\partial\nabla\times\boldsymbol{a}}+\frac{\partial F}{\partial|\boldsymbol{a}|}\frac{\boldsymbol{a}}{|\boldsymbol{a}|}+\nabla\times\frac{\partial F}{\partial|\nabla\times\boldsymbol{a}|}\frac{\nabla\times\boldsymbol{a}}{|\nabla\times\boldsymbol{a}|}=\boldsymbol{0} \tag{10-2-17}$$

$$\left.\frac{\partial F}{\partial\nabla\boldsymbol{a}}\cdot\boldsymbol{n}\right|_S=\boldsymbol{0}\text{，}\quad\left.\boldsymbol{n}\cdot\frac{\partial F}{\partial\boldsymbol{a}\nabla}\right|_S=\boldsymbol{0} \tag{10-2-18}$$

在应用式(10-2-13)～式(10-2-18)时需要注意的是，对于具体的泛函，向量 $\boldsymbol{a}$ 自身的内积可能用其模 $|\boldsymbol{a}|$ 表示，标量 u 的梯度 ∇u 自身的内积可能用其模 $|\nabla u|$ 表示，向量 $\boldsymbol{a}$ 的旋度 $\nabla\times\boldsymbol{a}$ 自身的内积可能用其模 $|\nabla\times\boldsymbol{a}|$ 表示，不要重复计算。又由于 $\nabla u=u\nabla$，$\nabla\cdot\boldsymbol{a}=\boldsymbol{a}\cdot\nabla$，$\nabla\times\boldsymbol{a}=-\boldsymbol{a}\times\nabla$，所以式(10-2-13)～式(10-2-18)也适用于式(10-2-12)中含有 $u\nabla$、$\boldsymbol{a}\cdot\nabla$ 和 $\boldsymbol{a}\times\nabla$ 的情形。

证 注意由于被积函数 F 是标量，因而 F 与二阶张量 $\nabla\boldsymbol{a}$ 和 $\boldsymbol{a}\nabla$ 的函数关系是以张量的双内积的形式给出的，F 对 $\nabla\boldsymbol{a}$ 和 $\boldsymbol{a}\nabla$ 的偏导数都是二阶张量。被积函数 F 对向量 $\boldsymbol{a}$、∇u 和 $\nabla\times\boldsymbol{a}$ 的依赖关系是以它们的内积的形式给出的，只要对 ∇u 和 $\nabla\times\boldsymbol{a}$ 也像普通向量一样运用上述运算法则，再利用复合函数的求导运算法则，就可以求出 $\dfrac{\partial F}{\partial\nabla u}$、$\dfrac{\partial F}{\partial\boldsymbol{a}}$ 和 $\dfrac{\partial F}{\partial\nabla\times\boldsymbol{a}}$，其结果都是向量。被积函数 F 对标量 $|\boldsymbol{a}|$、$|\nabla u|$、$\nabla\cdot\boldsymbol{a}$ 和 $|\nabla\times\boldsymbol{a}|$ 的偏导数 $\dfrac{\partial F}{\partial|\boldsymbol{a}|}$、$\dfrac{\partial F}{\partial|\nabla u|}$、$\dfrac{\partial F}{\partial\nabla\cdot\boldsymbol{a}}$ 和 $\dfrac{\partial F}{\partial|\nabla\times\boldsymbol{a}|}$，其结果都是标量。

下面推导式(10-2-13)～式(10-2-18)。

当式(10-2-12)取极值时，其一阶变分为

$$\delta J=\iiint_V\left(\frac{\partial F}{\partial u}\delta u+\frac{\partial F}{\partial \boldsymbol{a}}\cdot\delta\boldsymbol{a}+\frac{\partial F}{\partial \nabla u}\cdot\delta\nabla u+\frac{\partial F}{\partial|\nabla u|}\delta|\nabla u|+\frac{\partial F}{\partial \nabla\boldsymbol{a}}:\delta\nabla\boldsymbol{a}+\frac{\partial F}{\partial \boldsymbol{a}\nabla}:\delta\boldsymbol{a}\nabla\right.$$
$$\left.+\frac{\partial F}{\partial \nabla\cdot\boldsymbol{a}}\delta\nabla\cdot\boldsymbol{a}+\frac{\partial F}{\partial \nabla\times\boldsymbol{a}}\cdot\delta\nabla\times\boldsymbol{a}+\frac{\partial F}{\partial|\boldsymbol{a}|}\delta|\boldsymbol{a}|+\frac{\partial F}{\partial|\nabla\times\boldsymbol{a}|}\delta|\nabla\times\boldsymbol{a}|\right)\mathrm{d}V=0 \tag{10-2-19}$$

利用变分和求导的可交换性以及向量的运算关系，有

$$\nabla\cdot(u\boldsymbol{a})=u\nabla\cdot\boldsymbol{a}+\boldsymbol{a}\cdot\nabla u \tag{10-2-20}$$

$$\nabla\cdot(\boldsymbol{a}\times\boldsymbol{b})=-\nabla\cdot(\boldsymbol{b}\times\boldsymbol{a})=\boldsymbol{b}\cdot\nabla\times\boldsymbol{a}-\boldsymbol{a}\cdot\nabla\times\boldsymbol{b} \tag{10-2-21}$$

$$\boldsymbol{a}\cdot\boldsymbol{a}=|\boldsymbol{a}|^2,\quad \nabla u\cdot\nabla u=|\nabla u|^2,\quad (\nabla\times\boldsymbol{a})\cdot(\nabla\times\boldsymbol{a})=|\nabla\times\boldsymbol{a}|^2 \tag{10-2-22}$$

$$\delta|\boldsymbol{a}|=\frac{\boldsymbol{a}}{|\boldsymbol{a}|}\cdot\delta\boldsymbol{a},\ \delta|\nabla u|=\frac{\nabla u}{|\nabla u|}\cdot\delta\nabla u=\frac{\nabla u}{|\nabla u|}\cdot\nabla\delta u,\ \delta|\nabla\times\boldsymbol{a}|=\frac{\nabla\times\boldsymbol{a}}{|\nabla\times\boldsymbol{a}|}\cdot\delta\nabla\times\boldsymbol{a}=\frac{\nabla\times\boldsymbol{a}}{|\nabla\times\boldsymbol{a}|}\cdot\nabla\times\delta\boldsymbol{a} \tag{10-2-23}$$

利用式(10-2-1)、式(10-2-2)以及式(10-2-20)～式(10-2-23)，可得

$$\frac{\partial F}{\partial\nabla u}\cdot\delta\nabla u=\frac{\partial F}{\partial\nabla u}\cdot\nabla\delta u=\nabla\cdot\left(\frac{\partial F}{\partial\nabla u}\delta u\right)-\left(\nabla\cdot\frac{\partial F}{\partial\nabla u}\right)\delta u \tag{10-2-24}$$

$$\frac{\partial F}{\partial|\nabla u|}\delta|\nabla u|=\frac{\partial F}{\partial|\nabla u|}\frac{\nabla u}{|\nabla u|}\cdot\delta\nabla u=\nabla\cdot\left(\frac{\partial F}{\partial|\nabla u|}\frac{\nabla u}{|\nabla u|}\delta u\right)-\left(\nabla\cdot\frac{\partial F}{\partial|\nabla u|}\frac{\nabla u}{|\nabla u|}\right)\delta u \tag{10-2-25}$$

$$\frac{\partial F}{\partial\nabla\boldsymbol{a}}:\delta\nabla\boldsymbol{a}=\frac{\partial F}{\partial\nabla\boldsymbol{a}}:\nabla\delta\boldsymbol{a}=\nabla\cdot\left(\frac{\partial F}{\partial\nabla\boldsymbol{a}}\cdot\delta\boldsymbol{a}\right)-\left(\nabla\cdot\frac{\partial F}{\partial\nabla\boldsymbol{a}}\right)\cdot\delta\boldsymbol{a} \tag{10-2-26}$$

$$\frac{\partial F}{\partial\boldsymbol{a}\nabla}:\delta\boldsymbol{a}\nabla=\nabla\cdot\left(\delta\boldsymbol{a}\cdot\frac{\partial F}{\partial\boldsymbol{a}\nabla}\right)-\left(\frac{\partial F}{\partial\boldsymbol{a}\nabla}\cdot\nabla\right)\cdot\delta\boldsymbol{a} \tag{10-2-27}$$

$$\frac{\partial F}{\partial\nabla\cdot\boldsymbol{a}}\delta\nabla\cdot\boldsymbol{a}=\frac{\partial F}{\partial\nabla\cdot\boldsymbol{a}}\nabla\cdot\delta\boldsymbol{a}=\nabla\cdot\left(\frac{\partial F}{\partial\nabla\cdot\boldsymbol{a}}\delta\boldsymbol{a}\right)-\left(\nabla\frac{\partial F}{\partial\nabla\cdot\boldsymbol{a}}\right)\cdot\delta\boldsymbol{a} \tag{10-2-28}$$

$$\frac{\partial F}{\partial\nabla\times\boldsymbol{a}}\cdot\delta\nabla\times\boldsymbol{a}=\frac{\partial F}{\partial\nabla\times\boldsymbol{a}}\cdot\nabla\times\delta\boldsymbol{a}=-\nabla\cdot\left(\frac{\partial F}{\partial\nabla\times\boldsymbol{a}}\times\delta\boldsymbol{a}\right)+\left(\nabla\times\frac{\partial F}{\partial\nabla\times\boldsymbol{a}}\right)\cdot\delta\boldsymbol{a} \tag{10-2-29}$$

$$\frac{\partial F}{\partial|\boldsymbol{a}|}\delta|\boldsymbol{a}|=\frac{\partial F}{\partial|\boldsymbol{a}|}\frac{\boldsymbol{a}}{|\boldsymbol{a}|}\cdot\delta\boldsymbol{a} \tag{10-2-30}$$

$$\begin{aligned}\frac{\partial F}{\partial|\nabla\times\boldsymbol{a}|}\delta|\nabla\times\boldsymbol{a}|&=\frac{\partial F}{\partial|\nabla\times\boldsymbol{a}|}\frac{\nabla\times\boldsymbol{a}}{|\nabla\times\boldsymbol{a}|}\cdot\delta\nabla\times\boldsymbol{a}\\&=-\nabla\cdot\left(\frac{\partial F}{\partial|\nabla\times\boldsymbol{a}|}\frac{\nabla\times\boldsymbol{a}}{|\nabla\times\boldsymbol{a}|}\times\delta\boldsymbol{a}\right)+\left(\nabla\times\frac{\partial F}{\partial|\nabla\times\boldsymbol{a}|}\frac{\nabla\times\boldsymbol{a}}{|\nabla\times\boldsymbol{a}|}\right)\cdot\delta\boldsymbol{a}\end{aligned} \tag{10-2-31}$$

将式(10-2-24)～式(10-2-31)代入式(10-2-19)，得

$$\begin{aligned}\delta J=&\iiint_V\left[\left(\frac{\partial F}{\partial u}-\nabla\cdot\frac{\partial F}{\partial\nabla u}-\nabla\cdot\frac{\partial F}{\partial|\nabla u|}\frac{\nabla u}{|\nabla u|}\right)\delta u+\left(\frac{\partial F}{\partial\boldsymbol{a}}-\nabla\cdot\frac{\partial F}{\partial\nabla\boldsymbol{a}}-\frac{\partial F}{\partial\boldsymbol{a}\nabla}\cdot\nabla-\nabla\frac{\partial F}{\partial\nabla\cdot\boldsymbol{a}}\right.\right.\\&\left.\left.+\nabla\times\frac{\partial F}{\partial\nabla\times\boldsymbol{a}}+\frac{\partial F}{\partial|\boldsymbol{a}|}\frac{\boldsymbol{a}}{|\boldsymbol{a}|}+\nabla\times\frac{\partial F}{\partial|\nabla\times\boldsymbol{a}|}\frac{\nabla\times\boldsymbol{a}}{|\nabla\times\boldsymbol{a}|}\right)\cdot\delta\boldsymbol{a}\right]\mathrm{d}V+\iiint_V\nabla\cdot\left(\frac{\partial F}{\partial\nabla u}\delta u+\frac{\partial F}{\partial|\nabla u|}\frac{\nabla u}{|\nabla u|}\delta u\right)\mathrm{d}V\\&+\iiint_V\nabla\cdot\left(\frac{\partial F}{\partial\nabla\boldsymbol{a}}\cdot\delta\boldsymbol{a}+\delta\boldsymbol{a}\cdot\frac{\partial F}{\partial\boldsymbol{a}\nabla}+\frac{\partial F}{\partial\nabla\cdot\boldsymbol{a}}\delta\boldsymbol{a}-\frac{\partial F}{\partial\nabla\times\boldsymbol{a}}\times\delta\boldsymbol{a}-\frac{\partial F}{\partial|\nabla\times\boldsymbol{a}|}\frac{\nabla\times\boldsymbol{a}}{|\nabla\times\boldsymbol{a}|}\times\delta\boldsymbol{a}\right)\mathrm{d}V=0\end{aligned} \tag{10-2-32}$$

对式(10-2-32)后两个积分运用高斯公式，使其化为对边界封闭曲面的积分，有

$$\iiint_V \nabla\cdot\left(\frac{\partial F}{\partial\nabla u}\delta u+\frac{\partial F}{\partial|\nabla u|}\frac{\nabla u}{|\nabla u|}\delta u\right)\mathrm{d}V=\oiint_S\left(\frac{\partial F}{\partial\nabla u}+\frac{\partial F}{\partial|\nabla u|}\frac{\nabla u}{|\nabla u|}\right)\delta u\cdot\mathrm{d}\boldsymbol{S}$$
$$=\oiint_S\left(\frac{\partial F}{\partial\nabla u}+\frac{\partial F}{\partial|\nabla u|}\frac{\nabla u}{|\nabla u|}\right)\cdot\boldsymbol{n}\delta u\,\mathrm{d}S \tag{10-2-33}$$

$$\iiint_V \nabla\cdot\left(\frac{\partial F}{\partial\nabla\boldsymbol{a}}\cdot\delta\boldsymbol{a}+\delta\boldsymbol{a}\cdot\frac{\partial F}{\partial\boldsymbol{a}\nabla}+\frac{\partial F}{\partial\nabla\cdot\boldsymbol{a}}\delta\boldsymbol{a}-\frac{\partial F}{\partial\nabla\times\boldsymbol{a}}\times\delta\boldsymbol{a}-\frac{\partial F}{\partial|\nabla\times\boldsymbol{a}|}\frac{\nabla\times\boldsymbol{a}}{|\nabla\times\boldsymbol{a}|}\times\delta\boldsymbol{a}\right)\mathrm{d}V$$
$$=\oiint_S\left(\frac{\partial F}{\partial\nabla\boldsymbol{a}}\cdot\delta\boldsymbol{a}+\delta\boldsymbol{a}\cdot\frac{\partial F}{\partial\boldsymbol{a}\nabla}+\frac{\partial F}{\partial\nabla\cdot\boldsymbol{a}}\delta\boldsymbol{a}-\frac{\partial F}{\partial\nabla\times\boldsymbol{a}}\times\delta\boldsymbol{a}-\frac{\partial F}{\partial|\nabla\times\boldsymbol{a}|}\frac{\nabla\times\boldsymbol{a}}{|\nabla\times\boldsymbol{a}|}\times\delta\boldsymbol{a}\right)\cdot\boldsymbol{n}\,\mathrm{d}S \tag{10-2-34}$$

式中，$\boldsymbol{n}$ 为边界封闭曲面 S 上的单位外法线向量。

利用向量三重混合积公式 $(\boldsymbol{a}\times\boldsymbol{b})\cdot\boldsymbol{c}=(\boldsymbol{c}\times\boldsymbol{a})\cdot\boldsymbol{b}=-(\boldsymbol{a}\times\boldsymbol{c})\cdot\boldsymbol{b}$，式(10-2-34)可写成

$$\iiint_V \nabla\cdot\left(\frac{\partial F}{\partial\nabla\boldsymbol{a}}\cdot\delta\boldsymbol{a}+\frac{\partial F}{\partial\boldsymbol{a}\nabla}\cdot\delta\boldsymbol{a}+\frac{\partial F}{\partial\nabla\cdot\boldsymbol{a}}\delta\boldsymbol{a}-\frac{\partial F}{\partial\nabla\times\boldsymbol{a}}\times\delta\boldsymbol{a}-\frac{\partial F}{\partial|\nabla\times\boldsymbol{a}|}\frac{\nabla\times\boldsymbol{a}}{|\nabla\times\boldsymbol{a}|}\times\delta\boldsymbol{a}\right)\mathrm{d}V$$
$$=\oiint_S\left[\boldsymbol{n}\cdot\frac{\partial F}{\partial\nabla\boldsymbol{a}}+\frac{\partial F}{\partial\boldsymbol{a}\nabla}\cdot\boldsymbol{n}+\frac{\partial F}{\partial\nabla\cdot\boldsymbol{a}}\boldsymbol{n}+\left(\frac{\partial F}{\partial\nabla\times\boldsymbol{a}}+\frac{\partial F}{\partial|\nabla\times\boldsymbol{a}|}\frac{\nabla\times\boldsymbol{a}}{|\nabla\times\boldsymbol{a}|}\right)\times\boldsymbol{n}\right]\cdot\delta\boldsymbol{a}\,\mathrm{d}S \tag{10-2-35}$$

将式(10-2-33)和式(10-2-35)代入式(10-2-32)，得

$$\delta J=\iiint_V\left(\frac{\partial F}{\partial u}-\nabla\cdot\frac{\partial F}{\partial\nabla u}-\nabla\cdot\frac{\partial F}{\partial|\nabla u|}\frac{\nabla u}{|\nabla u|}\right)\delta u\,\mathrm{d}V$$
$$+\iiint_V\left(\frac{\partial F}{\partial\boldsymbol{a}}-\nabla\cdot\frac{\partial F}{\partial\nabla\boldsymbol{a}}-\frac{\partial F}{\partial\boldsymbol{a}\nabla}\cdot\nabla-\nabla\frac{\partial F}{\partial\nabla\cdot\boldsymbol{a}}+\nabla\times\frac{\partial F}{\partial\nabla\times\boldsymbol{a}}+\frac{\partial F}{\partial|\boldsymbol{a}|}\frac{\boldsymbol{a}}{|\boldsymbol{a}|}\right.$$
$$\left.+\nabla\times\frac{\partial F}{\partial|\nabla\times\boldsymbol{a}|}\frac{\nabla\times\boldsymbol{a}}{|\nabla\times\boldsymbol{a}|}\right)\cdot\delta\boldsymbol{a}\,\mathrm{d}V+\oiint_S\left(\frac{\partial F}{\partial\nabla u}+\frac{\partial F}{\partial|\nabla u|}\frac{\nabla u}{|\nabla u|}\right)\cdot\boldsymbol{n}\delta u\,\mathrm{d}S \tag{10-2-36}$$
$$+\oiint_S\left[\boldsymbol{n}\cdot\frac{\partial F}{\partial\nabla\boldsymbol{a}}+\frac{\partial F}{\partial\boldsymbol{a}\nabla}\cdot\boldsymbol{n}+\frac{\partial F}{\partial\nabla\cdot\boldsymbol{a}}\boldsymbol{n}+\left(\frac{\partial F}{\partial\nabla\times\boldsymbol{a}}+\frac{\partial F}{\partial|\nabla\times\boldsymbol{a}|}\frac{\nabla\times\boldsymbol{a}}{|\nabla\times\boldsymbol{a}|}\right)\times\boldsymbol{n}\right]\cdot\delta\boldsymbol{a}\,\mathrm{d}S=0$$

由于 δu 和 $\delta\boldsymbol{a}$ 的任意性，并由变分法的基本引理可知，$\delta J=0$ 意味着 δu 和 $\delta\boldsymbol{a}$ 前面的系数都等于零，故式(10-2-36)的前两个体积分给出欧拉方程组即式(10-2-13)和式(10-2-14)，注意到面积分中每一项都相互独立，后两个面积分给出式(10-2-12)的自然边界条件即式(10-2-15)和式(10-2-16)。

利用式(10-2-3)和式(10-2-4)，可得到式(10-2-17)和式(10-2-18)。证毕。

比较式(10-2-36)的体积积分和面积积分，可以看出，若将边界上的单位法向向量 $\boldsymbol{n}$ 与哈密顿算子 ∇ 放在同样位置，则它们只是符号相反，而它们的对应项分别相同。

将上述定理与定理 2.9.2 相结合，可以得到下面推论。

推论 10.2.1 设 Ω 为 m 维域，x 为自变量的集合，$x=x_1,x_2,\cdots,x_m\in\Omega$，$u$ 为标量函数的集合，$u=u_1(x),u_2(x),\cdots,u_l(x)\in C^{\max(2n_k)}$，($k=1,2,\cdots,l$)，$\boldsymbol{a}$ 为向量函数的集合，$\boldsymbol{a}=\boldsymbol{a}_1(x),\boldsymbol{a}_2(x),\cdots,\boldsymbol{a}_r(x)\in C^{\max(2n_p)}$，($p=1,2,\cdots,r$)，$\nabla u$ 为标量函数梯度的集合，$\nabla u=\nabla u_1,\nabla u_2,\cdots,\nabla u_l$，$|\nabla u|$ 为标量函数梯度的模的集合，$|\nabla u|=|\nabla u_1|,|\nabla u_2|,\cdots,|\nabla u_l|$，$\nabla\boldsymbol{a}$ 和 $\boldsymbol{a}\nabla$ 分别为向量函数左、右梯度的集合，$\nabla\boldsymbol{a}=\nabla\boldsymbol{a}_1,\nabla\boldsymbol{a}_2,\cdots,\nabla\boldsymbol{a}_r$，$\boldsymbol{a}\nabla=\boldsymbol{a}_1\nabla,\boldsymbol{a}_2\nabla,\cdots,\boldsymbol{a}_r\nabla$，$\nabla\cdot\boldsymbol{a}$ 为向量函数散度的集合，$\Delta\cdot\boldsymbol{a}=\Delta\cdot\boldsymbol{a}_1,\Delta\cdot\boldsymbol{a}_2,\cdots,\Delta\cdot\boldsymbol{a}_r$，$\nabla\times\boldsymbol{a}$ 为向量函数旋度的集合，$\nabla\times\boldsymbol{a}=\nabla\times\boldsymbol{a}_1,\nabla\times\boldsymbol{a}_2,\cdots,\nabla\times\boldsymbol{a}_r$，$|\boldsymbol{a}|$ 为

向量函数的模的集合，$|\boldsymbol{a}|=|\boldsymbol{a}_1|,|\boldsymbol{a}_1|,\cdots,|\boldsymbol{a}_r|$，$|\nabla\times\boldsymbol{a}|$为向量函数旋度的模的集合，$|\nabla\times\boldsymbol{a}|=|\nabla\times\boldsymbol{a}_1|,|\nabla\times\boldsymbol{a}_2|,\cdots,|\nabla\times\boldsymbol{a}_r|$，$D$为偏微分算子，$Du$为不含哈密顿算子的标量函数$u$的偏导数集合，$D\boldsymbol{a}$为不含哈密顿算子的向量函数$\boldsymbol{a}$的偏导数集合，$\mathrm{d}\Omega=\mathrm{d}x_1\mathrm{d}x_2\cdots\mathrm{d}x_m$，泛函的被积函数对函数$u_k$的最高阶导数是$\max(n_k)$，对张量函数$\boldsymbol{a}_p$的最高阶导数是$\max(n_p)$，则泛函

$$J=\int_\Omega F(u,\boldsymbol{a},\nabla u,|\nabla u|,\nabla\boldsymbol{a},\boldsymbol{a}\nabla,\nabla\cdot\boldsymbol{a},\nabla\times\boldsymbol{a},|\boldsymbol{a}|,|\nabla\times\boldsymbol{a}|,Du,D\boldsymbol{a})\,\mathrm{d}\Omega \tag{10-2-37}$$

的极值函数$u_k(x)$和$\boldsymbol{a}_p(x)$满足下列欧拉方程组

$$\frac{\partial F}{\partial u_k}-\nabla\cdot\frac{\partial F}{\partial\nabla u_k}-\nabla\cdot\frac{\partial F}{\partial|\nabla u_k|}\frac{\nabla u_k}{|\nabla u_k|}+(-1)^i D^i\frac{\partial F}{\partial D^i u_k}=0\quad(k=1,2,\cdots,l) \tag{10-2-38}$$

$$\begin{aligned}&\frac{\partial F}{\partial\boldsymbol{a}_p}-\nabla\cdot\frac{\partial F}{\partial\nabla\boldsymbol{a}_p}-\frac{\partial F}{\partial\boldsymbol{a}_p\nabla}\cdot\nabla-\nabla\frac{\partial F}{\partial\nabla\cdot\boldsymbol{a}_p}+\nabla\times\frac{\partial F}{\partial\nabla\times\boldsymbol{a}_p}\\&+\frac{\partial F}{\partial|\boldsymbol{a}_p|}\frac{\boldsymbol{a}_p}{|\boldsymbol{a}_p|}+\nabla\times\frac{\partial F}{\partial|\nabla\times\boldsymbol{a}_p|}\frac{\nabla\times\boldsymbol{a}_p}{|\nabla\times\boldsymbol{a}_p|}+(-1)^i D^i\frac{\partial F}{\partial D^i\boldsymbol{a}_p}=\boldsymbol{0}\end{aligned}\quad(\text{双内积并联，}p=1,2,\cdots,r) \tag{10-2-39}$$

或

$$\begin{aligned}&\frac{\partial F}{\partial\boldsymbol{a}_p}-\frac{\partial F}{\partial\nabla\boldsymbol{a}_p}\cdot\nabla-\nabla\cdot\frac{\partial F}{\partial\boldsymbol{a}_p\nabla}-\nabla\frac{\partial F}{\partial\nabla\cdot\boldsymbol{a}_p}+\nabla\times\frac{\partial F}{\partial\nabla\times\boldsymbol{a}_p}\\&+\frac{\partial F}{\partial|\boldsymbol{a}_p|}\frac{\boldsymbol{a}_p}{|\boldsymbol{a}_p|}+\nabla\times\frac{\partial F}{\partial|\nabla\times\boldsymbol{a}_p|}\frac{\nabla\times\boldsymbol{a}_p}{|\nabla\times\boldsymbol{a}_p|}+(-1)^i D^i\frac{\partial F}{\partial D^i\boldsymbol{a}_p}=0\end{aligned}\quad(\text{双内积串联，}p=1,2,\cdots,r) \tag{10-2-40}$$

式中，$i\,(i\geqslant 1)$为对自变量组合求导数的次数或阶数。

当然式(10-2-37)与相应的欧拉方程组即式(10-2-38)和式(10-2-39)或式(10-2-40)可写成更复杂的形式。由此可知，该欧拉方程组涵盖了完全泛函的欧拉方程组和文献[85]所设泛函变分问题的欧拉方程组。

需要指出的是，虽然上述泛函变分问题的各公式是针对三维哈密顿算子而列出的，但其针对二维哈密顿算子也同样适用。此时只需要把三重积分域V换成二维积分域D，且把围成V的封闭曲面S换成围成D的封闭曲线Γ即可。

若泛函还有其他附加边界条件，则上述泛函的自然边界条件要和这些附加边界条件相结合，一起构成总的边界条件。

例 10.2.1 求泛函$J[u]=\iiint_V[\nabla u\cdot\nabla u+2uf(x,y,z)]\,\mathrm{d}x\,\mathrm{d}y\,\mathrm{d}z$的欧拉方程。其中$V$为积分区域，$f(x,y,z)$为已知函数，并在$V$上连续。

解 令被积函数$F=\nabla u\cdot\nabla u+2uf(x,y,z)$，有$\dfrac{\partial F}{\partial u}=2f(x,y,z)$，$\dfrac{\partial F}{\partial\nabla u}=2\nabla u$，于是泛函的欧拉方程为

$$2f(x,y,z)-\nabla\cdot(2\nabla u)=2[f(x,y,z)-\Delta u]=0 \tag{1}$$

或

$$\Delta u=\frac{\partial^2 u}{\partial x^2}+\frac{\partial^2 u}{\partial y^2}+\frac{\partial^2 u}{\partial z^2}=f(x,y,z) \tag{2}$$

这是**泊松方程**，与例 2.8.6 得到的结果完全相同。

例10.2.2 电磁场问题。对于电场强度为$\boldsymbol{E}$，磁场磁感应强度为$\boldsymbol{B}$，电磁场矢势即向量磁位为$\boldsymbol{A}$和电磁场电势即标势为φ的电磁场，在存在自由电荷体密度ρ、传导电流密度$\boldsymbol{J}_c$和源

电流密度 $\boldsymbol{J}_s$ 的情况下，电场能量密度为 $W_e=\rho\varphi-\dfrac{1}{2}\varepsilon\boldsymbol{E}^2$，磁场能量密度为 $W_m=\boldsymbol{J}\cdot\boldsymbol{A}-\dfrac{1}{2\mu}\boldsymbol{B}^2$，其中，$\boldsymbol{J}=\boldsymbol{J}_c+\boldsymbol{J}_s$，由此引进拉格朗日密度函数 $L=W_m-W_e=\dfrac{1}{2}\left(\varepsilon\boldsymbol{E}^2-\dfrac{1}{\mu}\boldsymbol{B}^2\right)-\rho\varphi+\boldsymbol{J}\cdot\boldsymbol{A}$ 构成的泛函为

$$J=\int_{t_0}^{t_1}\iiint_V L\,\mathrm{d}V\,\mathrm{d}t=\int_{t_0}^{t_1}\iiint_V\left[\frac{1}{2}\left(\varepsilon\boldsymbol{E}^2-\frac{1}{\mu}\boldsymbol{B}^2\right)-\rho\varphi+\boldsymbol{J}\cdot\boldsymbol{A}\right]\mathrm{d}V\,\mathrm{d}t$$

式中，存在关系式 $\boldsymbol{B}=\nabla\times\boldsymbol{A}$，$\boldsymbol{E}=-\nabla\varphi-\dfrac{\partial\boldsymbol{A}}{\partial t}=-\nabla\varphi-\boldsymbol{A}_t$，在既无压电效应、又无压磁效应的介质中，有线性本构关系 $\boldsymbol{B}=\mu\boldsymbol{H}$，$\boldsymbol{D}=\varepsilon\boldsymbol{E}$，$\boldsymbol{J}_c=\sigma\boldsymbol{E}$，其中 $\boldsymbol{H}$ 为磁场强度，$\boldsymbol{D}$ 为电位移向量或电通量密度，μ 为磁介质的磁导率，$\mu=\mu_r\mu_0$，μ_r 为磁介质的相对磁导率，μ_0 为磁介质的真空(或自由空间)磁导率，ε 为物质的介电常数，$\varepsilon=\varepsilon_r\varepsilon_0$，$\varepsilon_r$ 为物质的相对介电常数，ε_0 为物质的真空(或自由空间)介电常数，且在真空(或自由空间)中光速 $c=\dfrac{1}{\sqrt{\mu_0\varepsilon_0}}$，$\sigma$ 为电导率或导电系数。试求其欧拉方程组，并由此求达朗贝尔方程、电报方程和坡印亭方程。

解 根据题中所给的函数关系，原泛函可写成

$$\begin{aligned}J&=\int_{t_0}^{t_1}\iiint_V\left[\frac{1}{2}\left(\varepsilon\boldsymbol{E}^2-\frac{1}{\mu}\boldsymbol{B}^2\right)-\rho\varphi+\boldsymbol{J}\cdot\boldsymbol{A}\right]\mathrm{d}V\,\mathrm{d}t\\&=\int_{t_0}^{t_1}\iiint_V\left[\frac{\varepsilon}{2}(-\nabla\varphi-\boldsymbol{A}_t)^2-\frac{1}{2\mu}(\nabla\times\boldsymbol{A})^2-\rho\varphi+\boldsymbol{J}\cdot\boldsymbol{A}\right]\mathrm{d}V\,\mathrm{d}t\qquad(1)\\&=\int_{t_0}^{t_1}\iiint_V\left[\frac{\varepsilon}{2}(\nabla\varphi)^2+\varepsilon\nabla\varphi\cdot\boldsymbol{A}_t+\frac{\varepsilon}{2}\boldsymbol{A}_t^2-\frac{1}{2\mu}(\nabla\times\boldsymbol{A})^2-\rho\varphi+\boldsymbol{J}\cdot\boldsymbol{A}\right]\mathrm{d}V\,\mathrm{d}t\end{aligned}$$

计算各偏导数

$$\frac{\partial L}{\partial\boldsymbol{A}}=\boldsymbol{J},\quad\frac{\partial L}{\partial\nabla\times\boldsymbol{A}}=-\frac{\nabla\times\boldsymbol{A}}{\mu}=-\frac{\boldsymbol{B}}{\mu}=-\boldsymbol{H},\quad\frac{\partial L}{\partial\boldsymbol{A}_t}=\varepsilon\nabla\varphi+\varepsilon\boldsymbol{A}_t=-\varepsilon\boldsymbol{E}=-\boldsymbol{D}$$

$$\frac{\partial L}{\partial\varphi}=-\rho,\quad\frac{\partial L}{\partial\nabla\varphi}=\varepsilon\nabla\varphi+\varepsilon\frac{\partial\boldsymbol{A}}{\partial t}=-\varepsilon\boldsymbol{E}=-\boldsymbol{D}$$

泛函的欧拉方程组为

$$\boldsymbol{J}-\nabla\times\boldsymbol{H}+\boldsymbol{D}_t=0\qquad(2)$$

$$\nabla\cdot\boldsymbol{D}-\rho=0\qquad(3)$$

式(2)可写成

$$\nabla\times\boldsymbol{H}=\boldsymbol{J}+\frac{\partial\boldsymbol{D}}{\partial t}\qquad(4)$$

利用向量运算的恒等式 $\nabla\times\nabla\varphi=\boldsymbol{0}$ 和 $\nabla\cdot\nabla\times\boldsymbol{A}=0$，对式 $\boldsymbol{E}=-\nabla\varphi-\boldsymbol{A}_t$ 取旋度，而对式 $\boldsymbol{B}=\nabla\times\boldsymbol{A}$ 取散度，得 $-\nabla\times\nabla\varphi=\nabla\times\boldsymbol{E}+\nabla\times\boldsymbol{A}_t=\nabla\times\boldsymbol{E}+\dfrac{\partial\boldsymbol{B}}{\partial t}=\boldsymbol{0}$，$\nabla\cdot\boldsymbol{B}=\nabla\cdot(\nabla\times\boldsymbol{A})=0$，即

$$\nabla\times\boldsymbol{E}=-\frac{\partial\boldsymbol{B}}{\partial t}\qquad(5)$$

$$\nabla\cdot\boldsymbol{B}=0\qquad(6)$$

式(3)可写成

$$\nabla \cdot \boldsymbol{D} = \rho \tag{7}$$

式(4)～式(7)这四个方程称为介质中电磁场微分形式的**麦克斯韦方程组**或时变电磁场的**麦克斯韦方程组**。按习惯，这四个方程依次称为**麦克斯韦第一、二、三、四方程**。麦克斯韦第一方程也称为**麦克斯韦−安培环路定律**，麦克斯韦第二方程也称为**法拉第电磁感应定律**，麦克斯韦第三方程也称为**磁场的高斯定理**，麦克斯韦第四方程也称为**电场的高斯定理**。当然，麦克斯韦方程组还有其他表现形式。在真空中，$\mu_r = 1$，$\varepsilon_r = 1$，把麦克斯韦方程组中的 μ 和 ε 换成真空中磁介质的磁导率 μ_0 和物质的介电常数 ε_0，则式(4)～式(7)称为真空中时变电磁场的**麦克斯韦方程组**。

对式(4)取散度并利用式(7)，有

$$\nabla \cdot (\nabla \times \boldsymbol{H}) = \nabla \cdot \boldsymbol{J} + \nabla \cdot \frac{\partial \boldsymbol{D}}{\partial t} = \nabla \cdot \boldsymbol{J} + \frac{\partial \nabla \cdot \boldsymbol{D}}{\partial t} = \nabla \cdot \boldsymbol{J} + \frac{\partial \rho}{\partial t} = 0 \tag{8}$$

或

$$\nabla \cdot \boldsymbol{J} = -\frac{\partial \rho}{\partial t} \tag{9}$$

式(9)称为微分形式的**电荷守恒定律或电流连续性方程**，由此可见，电流连续性方程可以从麦克斯韦方程组导出。

在式(4)～式(9)中，向量 $\boldsymbol{B}$、$\boldsymbol{E}$、$\boldsymbol{J}$ 和标量 ρ 都是空间和时间的函数，且有关系式 $\boldsymbol{D} = \varepsilon \boldsymbol{E}$，$\boldsymbol{H} = \boldsymbol{B} / \mu$，即向量 $\boldsymbol{B}$ 和 $\boldsymbol{H}$ 也是空间和时间的函数，将 $\boldsymbol{B}$、$\boldsymbol{D}$、$\boldsymbol{E}$、$\boldsymbol{H}$、$\boldsymbol{J}$ 和 ρ 换成下面的复数向量和复数标量：

$$\bar{\boldsymbol{B}}(q_1, q_2, q_3)\mathrm{e}^{\mathrm{i}\omega t}, \quad \bar{\boldsymbol{D}}(q_1, q_2, q_3)\mathrm{e}^{\mathrm{i}\omega t}, \quad \bar{\boldsymbol{E}}(q_1, q_2, q_3)\mathrm{e}^{\mathrm{i}\omega t}$$
$$\bar{\boldsymbol{H}}(q_1, q_2, q_3)\mathrm{e}^{\mathrm{i}\omega t}, \quad \bar{\boldsymbol{J}}(q_1, q_2, q_3)\mathrm{e}^{\mathrm{i}\omega t}, \quad \bar{\rho}(q_1, q_2, q_3)\mathrm{e}^{\mathrm{i}\omega t}$$

将其代入麦克斯韦方程组和式(9)，得

$$\begin{cases} \nabla \cdot (\bar{\boldsymbol{D}}\mathrm{e}^{\mathrm{i}\omega t}) = \bar{\rho}\mathrm{e}^{\mathrm{i}\omega t}, \quad \nabla \times (\bar{\boldsymbol{H}}\mathrm{e}^{\mathrm{i}\omega t}) = \bar{\boldsymbol{J}}\mathrm{e}^{\mathrm{i}\omega t} + \dfrac{\partial(\bar{\boldsymbol{D}}\mathrm{e}^{\mathrm{i}\omega t})}{\partial t} \\ \nabla \times (\bar{\boldsymbol{E}}\mathrm{e}^{\mathrm{i}\omega t}) = -\dfrac{\partial(\bar{\boldsymbol{B}}\mathrm{e}^{\mathrm{i}\omega t})}{\partial t}, \quad \nabla \cdot (\bar{\boldsymbol{B}}\mathrm{e}^{\mathrm{i}\omega t}) = 0, \quad \nabla \cdot (\bar{\boldsymbol{J}}\mathrm{e}^{\mathrm{i}\omega t}) = -\dfrac{\partial(\bar{\rho}\mathrm{e}^{\mathrm{i}\omega t})}{\partial t} \end{cases} \tag{10}$$

式(10)中的偏微分算子 $\nabla \cdot$ 和 $\nabla \times$ 只对空间函数起作用，而 $\partial / \partial t$ 只对时间因子 $\mathrm{e}^{\mathrm{i}\omega t}$ 起作用。消去时间因子 $\mathrm{e}^{\mathrm{i}\omega t}$ 之后，式(10)就成为

$$\nabla \cdot \bar{\boldsymbol{D}} = \bar{\rho}, \quad \nabla \times \bar{\boldsymbol{H}} = \bar{\boldsymbol{J}} + \mathrm{i}\omega \bar{\boldsymbol{D}}, \quad \nabla \times \bar{\boldsymbol{E}} = -\mathrm{i}\omega \bar{\boldsymbol{B}}, \quad \nabla \cdot \bar{\boldsymbol{B}} = 0, \quad \nabla \cdot \bar{\boldsymbol{J}} = -\mathrm{i}\omega \bar{\rho} \tag{11}$$

式(11)称为复数、时变−简谐形式的**麦克斯韦方程组**。

由 $\boldsymbol{B} = \nabla \times \boldsymbol{A}$，$\boldsymbol{B} = \mu \boldsymbol{H}$，得 $\boldsymbol{H} = \dfrac{\nabla \times \boldsymbol{A}}{\mu}$，将此式和 $\boldsymbol{D} = \varepsilon \boldsymbol{E} = -\varepsilon\left(\nabla \varphi + \dfrac{\partial \boldsymbol{A}}{\partial t}\right)$ 代入式(4)，得

$$\frac{1}{\mu} \nabla \times \nabla \times \boldsymbol{A} = \boldsymbol{J} - \varepsilon \frac{\partial}{\partial t}\left(\nabla \varphi + \frac{\partial \boldsymbol{A}}{\partial t}\right) \tag{12}$$

将旋度运算基本公式 $\nabla \times \nabla \times \boldsymbol{A} = \nabla(\nabla \cdot \boldsymbol{A}) - \Delta \boldsymbol{A}$ 代入式(12)，经整理得

$$\Delta \boldsymbol{A} - \mu\varepsilon \frac{\partial^2 \boldsymbol{A}}{\partial t^2} = -\mu \boldsymbol{J} + \nabla\left(\nabla \cdot \boldsymbol{A} + \mu\varepsilon \frac{\partial \varphi}{\partial t}\right) \tag{13}$$

为了使式(13)简化，规定

$$\nabla \cdot \boldsymbol{A} + \mu\varepsilon \frac{\partial \varphi}{\partial t} = 0 \tag{14}$$

式(14)称为**洛伦兹条件**。这样式(13)可简化为

$$\Delta \boldsymbol{A}-\mu\varepsilon\frac{\partial^2 \boldsymbol{A}}{\partial t^2}=-\mu \boldsymbol{J} \tag{15}$$

将 $\boldsymbol{D}=-\varepsilon(\nabla\varphi+\boldsymbol{A}_t)$ 代入式(7)，并利用洛伦兹条件，得

$$\Delta\varphi-\mu\varepsilon\frac{\partial^2\varphi}{\partial t^2}=-\frac{\rho}{\varepsilon} \tag{16}$$

式(15)和式(16)称为**达朗贝尔方程**，这两个方程具有相同的形式。显然，若电磁场不随时间变化，则达朗贝尔方程就退化为泊松方程。

若 $\boldsymbol{J}_s=\boldsymbol{0}$，则式(4)可写成

$$\nabla\times\boldsymbol{H}=\sigma\boldsymbol{E}+\varepsilon\frac{\partial \boldsymbol{E}}{\partial t} \tag{17}$$

对式(5)取旋度，并利用 $\boldsymbol{B}=\mu\boldsymbol{H}$，得

$$\nabla\times\nabla\times\boldsymbol{E}=-\nabla\times\mu\frac{\partial \boldsymbol{H}}{\partial t}=-\mu\frac{\partial}{\partial t}(\nabla\times\boldsymbol{H}) \tag{18}$$

利用场论基本运算公式 $\nabla\times\nabla\times\boldsymbol{E}=\nabla(\nabla\cdot\boldsymbol{E})-\Delta\boldsymbol{E}$ 和式(17)，式(18)可写为

$$\nabla(\nabla\cdot\boldsymbol{E})-\Delta\boldsymbol{E}=-\mu\sigma\frac{\partial \boldsymbol{E}}{\partial t}-\mu\varepsilon\frac{\partial^2 \boldsymbol{E}}{\partial t^2} \tag{19}$$

将 $\boldsymbol{D}=\varepsilon\boldsymbol{E}$ 代入式(7)，再将式(7)代入式(19)，得

$$\Delta\boldsymbol{E}=\mu\sigma\frac{\partial \boldsymbol{E}}{\partial t}+\mu\varepsilon\frac{\partial^2 \boldsymbol{E}}{\partial t^2}-\nabla\frac{\rho}{\varepsilon} \tag{20}$$

在自由电荷体密度 $\rho=0$ 时，有

$$\Delta\boldsymbol{E}=\mu\sigma\frac{\partial \boldsymbol{E}}{\partial t}+\mu\varepsilon\frac{\partial^2 \boldsymbol{E}}{\partial t^2} \tag{21}$$

对式(17)取旋度，再次利用场论基本运算公式 $\nabla\times\nabla\times\boldsymbol{H}=\nabla(\nabla\cdot\boldsymbol{H})-\Delta\boldsymbol{H}$，并利用 $\boldsymbol{B}=\mu\boldsymbol{H}$ 和式(5)，得

$$\Delta\boldsymbol{H}=\mu\sigma\frac{\partial \boldsymbol{H}}{\partial t}+\mu\varepsilon\frac{\partial^2 \boldsymbol{H}}{\partial t^2} \tag{22}$$

式(21)和式(22)具有相同形式，这两式通常称为**电报方程**。

作式(4)与 $\boldsymbol{E}$ 的内积，式(5)与 $\boldsymbol{H}$ 的内积，得

$$\boldsymbol{E}\cdot\nabla\times\boldsymbol{H}=\boldsymbol{E}\cdot\boldsymbol{J}+\boldsymbol{E}\cdot\frac{\partial \boldsymbol{D}}{\partial t} \tag{23}$$

$$\boldsymbol{H}\cdot\nabla\times\boldsymbol{E}=-\boldsymbol{H}\cdot\frac{\partial \boldsymbol{B}}{\partial t} \tag{24}$$

式中，$\boldsymbol{E}\cdot\boldsymbol{J}$ 为热耗能量密度；$\boldsymbol{E}\cdot\frac{\partial \boldsymbol{D}}{\partial t}$ 为电场能量密度随时间的变化率；$\boldsymbol{H}\cdot\frac{\partial \boldsymbol{B}}{\partial t}$ 为磁场能量密度随时间的变化率。

式(24)减式(23)，得

$$\boldsymbol{H}\cdot\nabla\times\boldsymbol{E}-\boldsymbol{E}\cdot\nabla\times\boldsymbol{H}=-\boldsymbol{H}\cdot\frac{\partial \boldsymbol{B}}{\partial t}-\boldsymbol{E}\cdot\boldsymbol{J}-\boldsymbol{E}\cdot\frac{\partial \boldsymbol{D}}{\partial t} \tag{25}$$

或

$$\nabla\cdot(\boldsymbol{E}\times\boldsymbol{H})+\boldsymbol{E}\cdot\frac{\partial \boldsymbol{D}}{\partial t}+\boldsymbol{H}\cdot\frac{\partial \boldsymbol{B}}{\partial t}+\boldsymbol{E}\cdot\boldsymbol{J}=0 \tag{26}$$

令 $\boldsymbol{S}=\boldsymbol{E}\times\boldsymbol{H}$，则 $\boldsymbol{S}$ 称为**坡印亭矢量或坡印亭向量**，它表示电磁场能量流动密度，是电磁

波垂直于传播方向上单位面积的电磁功率。于是式(26)可写成

$$\nabla \cdot \boldsymbol{S} + \boldsymbol{E} \cdot \frac{\partial \boldsymbol{D}}{\partial t} + \boldsymbol{H} \cdot \frac{\partial \boldsymbol{B}}{\partial t} + \boldsymbol{E} \cdot \boldsymbol{J} = 0 \tag{27}$$

式(27)称为**坡印亭定理**或**坡印亭方程**。坡印亭定理于1884年提出，它描述了电磁场能量守恒与转换规律，从理论上揭示了电磁场的物质性，它也可以表示为

$$\nabla \cdot \boldsymbol{S} + \frac{\partial}{\partial t}\left(\frac{1}{2}\varepsilon \boldsymbol{E}^2 + \frac{1}{2}\mu \boldsymbol{H}^2\right) + \boldsymbol{E} \cdot \boldsymbol{J} = 0 \tag{28}$$

例 10.2.3 求声场泛函 $J[\boldsymbol{\eta}] = \dfrac{1}{2}\int_{t_0}^{t_1}\iiint_V [\rho \boldsymbol{\eta}_t^2 + 2p\nabla \cdot \boldsymbol{\eta} - kp(\nabla \cdot \boldsymbol{\eta})^2]\mathrm{d}V\,\mathrm{d}t$ 的欧拉方程，其中，$\boldsymbol{\eta}$ 为声场中气体粒子偏离正常位置的位移向量，ρ 为气体的平衡质量密度，p 为气体的平衡压强，k 为气体绝热指数(这里 k 为常数)。

解 令被积函数 $F = \rho \boldsymbol{\eta}_t^2 + 2p\nabla \cdot \boldsymbol{\eta} - kp(\nabla \cdot \boldsymbol{\eta})^2$，计算各偏导数

$$\frac{\partial F}{\partial \nabla \cdot \boldsymbol{\eta}} = 2p(1 - k\nabla \cdot \boldsymbol{\eta}),\quad \frac{\partial F}{\partial \boldsymbol{\eta}_t} = 2\rho \boldsymbol{\eta}_t \tag{1}$$

泛函的欧拉方程为

$$-\nabla \frac{\partial F}{\partial \nabla \cdot \boldsymbol{\eta}} - \frac{\partial}{\partial t}\frac{\partial F}{\partial \boldsymbol{\eta}_t} = 2kp\nabla(\nabla \cdot \boldsymbol{\eta}) - 2\rho \boldsymbol{\eta}_{tt} = 0 \tag{2}$$

或

$$a^2\nabla(\nabla \cdot \boldsymbol{\eta}) - \boldsymbol{\eta}_{tt} = \boldsymbol{0} \tag{3}$$

式中，$a^2 = \dfrac{kp}{\rho}$，a 为声场的当地声速。式(3)称为声音传输的**向量波动方程**或**气体粒子运动方程**。

令 $\sigma = -\nabla \cdot \boldsymbol{\eta}$，$\sigma$ 表示气体密度的相对变化，将其代入式(3)，并取散度的负值，得标量方程

$$\Delta \sigma - \frac{1}{a^2}\sigma_{tt} = 0 \tag{4}$$

式中，$\Delta = \nabla \cdot \nabla$ 为拉普拉斯算子。可见，式(4)是三维波动方程。

例 10.2.4 量子力学中与时间有关的粒子状态波函数泛函为

$$J[\psi, \psi^*] = \int_{t_0}^{t_1}\iiint_V \left[\frac{-\hbar^2}{2m}\nabla \psi^* \cdot \nabla \psi + \frac{\mathrm{i}\hbar}{2}(\psi^*\psi_t - \psi_t^*\psi) - V\psi^*\psi\right]\mathrm{d}V\,\mathrm{d}t$$

式中，$\hbar = h/2\pi$，而 $h = 6.626 \times 10^{-34}\ \mathrm{J \cdot s}$；$\hbar$ 和 h 均为**普朗克常量**或**普朗克常数**，有时 $\hbar$ 也称为**狄拉克常量**或**狄拉克常数**；m 为自由粒子的质量；ψ 为粒子的波函数；ψ^* 为 ψ 的复共轭；V 为粒子的势能。试求其欧拉方程组。

解 令被积函数 $F = \dfrac{-\hbar^2}{2m}\nabla \psi^* \cdot \nabla \psi + \dfrac{\mathrm{i}\hbar}{2}(\psi^*\psi_t - \psi_t^*\psi) - V\psi^*\psi$，式中，$\psi^*$ 是 ψ 的复共轭波函数，各偏导数为

$$\frac{\partial F}{\partial \psi^*} = \frac{\mathrm{i}\hbar}{2}\psi_t - V\psi,\quad \nabla \cdot \frac{\partial F}{\partial \nabla \psi^*} = -\frac{\hbar^2}{2m}\Delta \psi,\quad \frac{\partial}{\partial t}\frac{\partial F}{\partial \psi_t^*} = -\frac{\mathrm{i}\hbar}{2}\psi_t$$

$$\frac{\partial F}{\partial \psi} = -\frac{\mathrm{i}\hbar}{2}\psi_t^* - V\psi^*,\quad \nabla \cdot \frac{\partial F}{\partial \nabla \psi} = -\frac{\hbar^2}{2m}\Delta \psi^*,\quad \frac{\partial}{\partial t}\frac{\partial F}{\partial \psi_t} = -\frac{\mathrm{i}\hbar}{2}\psi_t^*$$

泛函的欧拉方程组为

$$\begin{cases}\dfrac{\mathrm{i}\hbar}{2}\psi_t - V\psi + \dfrac{\hbar^2}{2m}\Delta\psi + \dfrac{\mathrm{i}\hbar}{2}\psi_t = 0 \\ -\dfrac{\mathrm{i}\hbar}{2}\psi_t^* - V\psi^* + \dfrac{\hbar^2}{2m}\Delta\psi^* - \dfrac{\mathrm{i}\hbar}{2}\psi_t^* = 0\end{cases} \tag{1}$$

或

$$\begin{cases}-\dfrac{\hbar^2}{2m}\Delta\psi + V\psi = \mathrm{i}\hbar\psi_t \\ -\dfrac{\hbar^2}{2m}\Delta\psi^* + V\psi^* = -\mathrm{i}\hbar\psi_t^*\end{cases} \tag{2}$$

式(2)称为时间相关共轭表示的**薛定谔方程**。

令 $\hat{H} = -\dfrac{\hbar^2}{2m}\Delta + V = \dfrac{1}{2m}\dfrac{\hbar}{\mathrm{i}}\nabla\cdot\dfrac{\hbar}{\mathrm{i}}\nabla + V = \dfrac{1}{2m}\hat{\boldsymbol{p}}\cdot\hat{\boldsymbol{p}} + V$，式中，$\hat{\boldsymbol{p}} = \dfrac{\hbar}{\mathrm{i}}\nabla = -\mathrm{i}\hbar\nabla$，则 $\hat{H}$ 称为微观系统的**哈密顿算子**，$\hat{\boldsymbol{p}}$ 称为粒子的**动量算子**。于是，式(2)可写成更简洁的形式

$$\begin{cases}\hat{H}\psi = \mathrm{i}\hbar\psi_t \\ \hat{H}\psi^* = -\mathrm{i}\hbar\psi_t^*\end{cases} \tag{3}$$

式(3)是以微观系统的哈密顿算子表示的**薛定谔方程**。

例 10.2.5 试求超导体**吉布斯自由能泛函**

$$J = \iiint_V \left(a_n + a_1|\psi|^2 + a_2|\psi|^4 + \frac{1}{2m}\left|-\mathrm{i}\hbar\nabla\psi - e\boldsymbol{A}\psi\right|^2 + \frac{|\boldsymbol{B}|^2}{2\mu_0} - \boldsymbol{B}\cdot\boldsymbol{H}\right)\mathrm{d}V$$

序参量 ψ 和矢势 $\boldsymbol{A}$ 的欧拉方程组和边界条件。其中，参数 a_n、a_1 和 a_2 都只与温度有关；m 为电子对的质量；$\hbar$ 为普朗克常量；e 为电子对的电荷；μ_0 为磁介质的真空(或自由空间)磁导率；它们都是常量，$\boldsymbol{B} = \nabla\times\boldsymbol{A}$ 为磁感应强度；$\boldsymbol{H}$ 为恒定的外磁场强度。

解 注意到 $|\psi|^2 = \psi^*\psi$，$\left|-\mathrm{i}\hbar\nabla\psi - e\boldsymbol{A}\psi\right|^2 = (\mathrm{i}\hbar\nabla\psi^* - e\boldsymbol{A}\psi^*)\cdot(-\mathrm{i}\hbar\nabla\psi - e\boldsymbol{A}\psi)$，被积函数为

$$\begin{aligned}F &= a_n + a_1|\psi|^2 + a_2|\psi|^4 + \frac{1}{2m}\left|-\mathrm{i}\hbar\nabla\psi - e\boldsymbol{A}\psi\right|^2 + \frac{|\boldsymbol{B}|^2}{2\mu_0} - \boldsymbol{B}\cdot\boldsymbol{H} = a_n + a_1\psi^*\psi + \\ &\quad a_2(\psi^*\psi)^2 + \frac{1}{2m}(\mathrm{i}\hbar\nabla\psi^* - e\boldsymbol{A}\psi^*)\cdot(-\mathrm{i}\hbar\nabla\psi - e\boldsymbol{A}\psi) + \frac{(\nabla\times\boldsymbol{A})^2}{2\mu_0} - (\nabla\times\boldsymbol{A})\cdot\boldsymbol{H}\end{aligned} \tag{1}$$

各偏导数为

$$\frac{\partial F}{\partial\psi^*} = a_1\psi + 2a_2|\psi|^2\psi + \frac{1}{2m}e\boldsymbol{A}\cdot(\mathrm{i}\hbar\nabla\psi + e\boldsymbol{A}\psi), \quad \frac{\partial F}{\partial\nabla\psi^*} = \frac{\mathrm{i}\hbar}{2m}(-\mathrm{i}\hbar\nabla\psi - e\boldsymbol{A}\psi)$$

$$\frac{\partial F}{\partial\boldsymbol{A}} = \frac{e^2}{m}|\psi|^2\boldsymbol{A} + \frac{\mathrm{i}e\hbar}{2m}(\psi^*\nabla\psi - \psi\nabla\psi^*), \quad \frac{\partial F}{\partial\nabla\times\boldsymbol{A}} = \frac{\nabla\times\boldsymbol{A}}{\mu_0} - \boldsymbol{H} = \frac{\boldsymbol{B}}{\mu_0} - \boldsymbol{H}$$

泛函的欧拉方程组为

$$\begin{cases}a_1\psi + 2a_2|\psi|^2\psi + \dfrac{1}{2m}e\boldsymbol{A}\cdot(\mathrm{i}\hbar\nabla\psi + e\boldsymbol{A}\psi) - \nabla\cdot\left[\dfrac{\mathrm{i}\hbar}{2m}(-\mathrm{i}\hbar\nabla\psi - e\boldsymbol{A}\psi)\right] = 0 \\ \dfrac{e^2}{m}|\psi|^2\boldsymbol{A} + \dfrac{\mathrm{i}e\hbar}{2m}(\psi^*\nabla\psi - \psi\nabla\psi^*) + \dfrac{\nabla\times\boldsymbol{B}}{\mu_0} = \boldsymbol{0}\end{cases} \tag{2}$$

经整理，得著名的**金兹堡−朗道方程组**

$$\begin{cases} a_1\psi + 2a_2|\psi|^2\psi + \dfrac{1}{2m}(-\mathrm{i}\hbar\nabla - e\boldsymbol{A})^2\psi = 0 \\ \boldsymbol{j}_s = \dfrac{\nabla\times\boldsymbol{B}}{\mu_0} = \dfrac{\mathrm{i}e\hbar}{2m}(\psi\nabla\psi^* - \psi^*\nabla\psi) - \dfrac{e^2}{m}|\psi|^2\boldsymbol{A} \end{cases} \tag{3}$$

式中，$\boldsymbol{j}_s$ 为超导电流。这两个方程是低温物理学的重要方程，是金兹堡和朗道于 1950 年建立的。

与绝缘外界接触时的边界条件为

$$(-\mathrm{i}\hbar\nabla - e\boldsymbol{A})\psi\cdot\boldsymbol{n}\big|_S = 0\,,\quad (\boldsymbol{B}-\mu_0\boldsymbol{H})\times\boldsymbol{n}\big|_S = \boldsymbol{0} \tag{4}$$

例 10.2.6 胀缩波在媒质中传播时，其基本方程为 $\rho\dfrac{\partial\boldsymbol{v}}{\partial t} = -\nabla p$，$\dfrac{1}{k}\dfrac{\partial p}{\partial t} + \nabla\cdot\boldsymbol{v} = 0$，式中，$p$ 为声压；k 为压缩模量；$\boldsymbol{v}$ 为质点速度；ρ 为质点有效密度。若时间因子为 $\exp(\mathrm{j}\omega t)$，则基本方程可写成 $\rho\boldsymbol{v} = -\dfrac{1}{\mathrm{j}\omega}\nabla p$，$\dfrac{p}{k} = -\dfrac{1}{\mathrm{j}\omega}\nabla\cdot\boldsymbol{v}$。试证：基本方程对应的泛函为

$$J = \int_{t_0}^{t_1}\iiint_V\left(\frac{p^2}{2k} + \frac{\rho v^2}{2}\right)\mathrm{d}V\,\mathrm{d}t$$

证 原泛函可以写成

$$J = \int_{t_0}^{t_1}\iiint_V\left(\frac{k}{2\omega^2}(\nabla\cdot\boldsymbol{v})^2 + \frac{\rho\boldsymbol{v}\cdot\boldsymbol{v}}{2}\right)\mathrm{d}V\,\mathrm{d}t = \int_{t_0}^{t_1}\iiint_V\left(\frac{p^2}{2k} - \frac{\nabla p\cdot\nabla p}{2\rho\,\mathrm{j}\omega}\right)\mathrm{d}V\,\mathrm{d}t \tag{1}$$

令 $F = \dfrac{k}{2\omega^2}(\nabla\cdot\boldsymbol{v})^2 + \dfrac{\rho\boldsymbol{v}\cdot\boldsymbol{v}}{2}$，$F_1 = \dfrac{p^2}{2k} - \dfrac{\nabla p\cdot\nabla p}{2\rho\,\mathrm{j}\omega}$，各偏导数为

$$\frac{\partial F}{\partial\boldsymbol{v}} = \rho\boldsymbol{v}\,,\quad \nabla\frac{\partial F}{\partial\nabla\cdot\boldsymbol{v}} = \nabla\left(\frac{k}{\omega^2}\nabla\cdot\boldsymbol{v}\right) = -\frac{1}{\mathrm{j}\omega}\nabla p\,,\quad \frac{\partial F_1}{\partial P} = \frac{p}{k}\,,\quad \nabla\cdot\frac{\partial F_1}{\partial\nabla p} = -\frac{\nabla p}{\rho\,\mathrm{j}\omega} = -\frac{\nabla\cdot\boldsymbol{v}}{\mathrm{j}\omega}$$

泛函的欧拉方程组为

$$\rho\boldsymbol{v} + \frac{1}{\mathrm{j}\omega}\nabla p = \boldsymbol{0}\,,\quad \frac{p}{k} + \frac{\nabla\cdot\boldsymbol{v}}{\mathrm{j}\omega} = 0 \tag{2}$$

这正好是基本方程。证毕。

例 10.2.7 求全变分**图像消噪泛函** $J[u] = \iint_D\left[|\nabla u| + \dfrac{\lambda}{2}(u-u_0)^2\right]\mathrm{d}x\,\mathrm{d}y$ 的欧拉方程，式中，u 为原始图像；u_0 为噪声图像；λ 为正则参数。

解 令 $F = |\nabla u| + \dfrac{\lambda}{2}(u-u_0)^2$，写出关于 u 的偏导数

$$F_u = \lambda(u-u_0)\,,\quad \nabla\cdot\frac{\partial F}{\partial|\nabla u|}\frac{\nabla u}{|\nabla u|} = \nabla\cdot\frac{\nabla u}{|\nabla u|} \tag{1}$$

将式(1)代入欧拉方程，得

$$\nabla\cdot\frac{\nabla u}{|\nabla u|} = \lambda(u-u_0) \tag{2}$$

式(2)是信息处理技术中最重要的方程之一，它在诸多领域有着非常广泛的应用。

例 10.2.8 时间–谐和声场问题的泛函为

$$J[w,u] = \int_V(\nabla w\cdot\nabla u - k^2wu - wf)\,\mathrm{d}V + \int_S(\beta wu - wg)\,\mathrm{d}S$$

求以 u 表示的欧拉方程和边界条件。

解 令 $F=\nabla w\cdot\nabla u-k^2wu-wf$，各偏导数为 $\dfrac{\partial F}{\partial\nabla w}=\nabla u$，$\dfrac{\partial F}{\partial w}=-k^2u-f$，泛函的欧拉方程为

$$(\Delta+k^2)u+f=0 \tag{1}$$

此方程称为**亥姆霍兹方程**。

边界条件为

$$\frac{\partial u}{\partial n}+\beta u=g \qquad (\text{在 } S \text{ 上}) \tag{2}$$

例 10.2.9 求泛函 $J=\iiint_V\left[\dfrac{v}{2}(\nabla\times\boldsymbol{a})\cdot(\nabla\times\boldsymbol{a})-\boldsymbol{J}\cdot\boldsymbol{a}\right]\mathrm{d}V$ 的欧拉方程，其中，v 为常量。

解 令 $F=\dfrac{v}{2}(\nabla\times\boldsymbol{a})\cdot(\nabla\times\boldsymbol{a})-\boldsymbol{J}\cdot\boldsymbol{a}$，求各偏导数

$$\frac{\partial F}{\partial\boldsymbol{a}}=-\boldsymbol{J},\quad \frac{\partial F}{\partial\nabla\times\boldsymbol{a}}=v\nabla\times\boldsymbol{a} \tag{1}$$

泛函的欧拉方程为

$$v\nabla\times\nabla\times\boldsymbol{a}-\boldsymbol{J}=0 \tag{2}$$

例 10.2.10 **求埃里克森简化能量泛函** $J=\int_V\left[\varepsilon|\nabla\boldsymbol{u}|^2+|\nabla\times\boldsymbol{u}|^2+\dfrac{1}{2\varepsilon}(1-|\boldsymbol{u}|^2)^2\right]\mathrm{d}V$ 的欧拉方程，其中，ε 为常量。

解 原泛函可写成

$$J=\int_V\left[\varepsilon\nabla\boldsymbol{u}:\nabla\boldsymbol{u}+|\nabla\times\boldsymbol{u}|^2+\frac{1}{2\varepsilon}(1-\boldsymbol{u}\cdot\boldsymbol{u})^2\right]\mathrm{d}V \tag{1}$$

被积函数为 $F=\varepsilon\nabla\boldsymbol{u}:\nabla\boldsymbol{u}+|\nabla\times\boldsymbol{u}|^2+\dfrac{1}{2\varepsilon}(1-\boldsymbol{u}\cdot\boldsymbol{u})^2$，对 $\boldsymbol{u}$ 取变分，各偏导数为

$$\frac{\partial F}{\partial\boldsymbol{u}}=-\frac{2}{\varepsilon}(1-\boldsymbol{u}\cdot\boldsymbol{u})\boldsymbol{u},\quad \frac{\partial F}{\partial\nabla\boldsymbol{u}}=2\varepsilon\nabla\boldsymbol{u},\quad \frac{\partial F}{\partial\nabla\times\boldsymbol{u}}=2\nabla\times\boldsymbol{u} \tag{2}$$

泛函的欧拉方程为

$$-\varepsilon\nabla\cdot\nabla\boldsymbol{u}+\nabla\times\nabla\times\boldsymbol{u}=\frac{1}{\varepsilon}(1-\boldsymbol{u}\cdot\boldsymbol{u})\boldsymbol{u} \tag{3}$$

或

$$-\varepsilon\Delta\boldsymbol{u}+\nabla\times\nabla\times\boldsymbol{u}=\frac{1}{\varepsilon}\left(1-|\boldsymbol{u}|^2\right)\boldsymbol{u} \tag{4}$$

式中，Δ 为拉普拉斯算子，$\Delta=\nabla\cdot\nabla$。

例 10.2.11 求**梯度向量流**能量泛函

$$J=\iiint_V\left[\mu\left(|\nabla u|^2+|\nabla v|^2+|\nabla w|^2\right)+|\nabla f|^2|u\boldsymbol{i}+v\boldsymbol{j}+w\boldsymbol{k}-\nabla f|^2\right]\mathrm{d}V$$

的欧拉方程组，其中，μ 为正则参数；f 为边缘映射。

解 被积函数为

$$F=\mu\left(|\nabla u|^2+|\nabla v|^2+|\nabla w|^2\right)+|\nabla f|^2|u\boldsymbol{i}+v\boldsymbol{j}+w\boldsymbol{k}-\nabla f|^2 \tag{1}$$

或

$$F=\mu\left(|\nabla u|^2+|\nabla v|^2+|\nabla w|^2\right)+|\nabla f|^2\left(u^2+v^2+w^2-2uf_x-2vf_y-2wf_z+|\nabla f|^2\right) \tag{2}$$

求各偏导数

$$\frac{\partial F}{\partial u}=2(u-f_x)|\nabla f|^2,\ \frac{\partial F}{\partial v}=2(v-f_y)|\nabla f|^2,\ \frac{\partial F}{\partial w}=2(w-f_z)|\nabla f|^2,\ \frac{\partial F}{\partial \nabla u}=2\mu\nabla u,\ \frac{\partial F}{\partial \nabla v}=2\mu\nabla v,$$
$$\frac{\partial F}{\partial \nabla w}=2\mu\nabla w$$

将以上各式代入欧拉方程，得

$$\begin{cases}\mu\Delta u-(u-f_x)|\nabla f|^2=0\\ \mu\Delta v-(v-f_y)|\nabla f|^2=0\\ \mu\Delta w-(w-f_z)|\nabla f|^2=0\end{cases}\tag{3}$$

例 10.2.12 试求混合型泛函

$$J[u]=\iiint_V[k(x,y,z)\nabla u\cdot\nabla u+2uf(x,y,z)]\mathrm{d}V+\iint_S u^2h(x,y,z)\mathrm{d}S$$

的欧拉方程和自然边界条件。

解 令 $k=k(x,y,z)$，$f=f(x,y,z)$，$h=h(x,y,z)$，$F=k\nabla u\cdot\nabla u+2uf$，泛函的欧拉方程为

$$\nabla\cdot k\nabla u=\frac{\partial ku_x}{\partial x}+\frac{\partial ku_y}{\partial y}+\frac{\partial ku_z}{\partial z}=f\quad(\text{在}\,V\,\text{内})$$

自然边界条件为

$$k\nabla u\cdot\boldsymbol{n}+hu=0\quad\text{或}\quad k(u_xn_x+u_yn_y+u_zn_z)+hu=0\quad\text{或}\quad k\frac{\partial u}{\partial n}+hu=0\quad(\text{在}\,S\,\text{上})$$

这与例 5.4.3 得到的欧拉方程和边界条件完全相同。

例 10.2.13 试求声场泛函 $J=\frac{1}{2}\iiint_V\left(|\nabla p|^2-k^2p^2-2\mathrm{j}\omega\rho qp\right)\mathrm{d}V+\iint_S\mathrm{j}\omega\rho v_np\,\mathrm{d}S$ 的欧拉方程及相应的边界条件。

解 令 $F=\frac{1}{2}\left(|\nabla p|^2-k^2p^2-2\mathrm{j}\omega\rho qp\right)$，$G=\mathrm{j}\omega\rho v_np$，各偏导数为

$$F_p=-k^2p-\mathrm{j}\omega\rho q,\quad \frac{\partial F}{\partial\nabla p}=\nabla p,\quad G_p=\mathrm{j}\omega\rho v_n$$

泛函的欧拉方程为

$$\Delta p+k^2p+\mathrm{j}\omega\rho q=0$$

边界条件为

$$\nabla p\cdot\boldsymbol{n}+\mathrm{j}\omega\rho v_n=0\quad\text{或}\quad p_xn_x+p_yn_y+p_zn_z=-\mathrm{j}\omega\rho v_n\quad\text{或}\quad\frac{\partial p}{\partial n}=-\mathrm{j}\omega\rho v_n\quad(\text{在}\,S\,\text{上})$$

例 10.2.14 求泛函 $J=\frac{1}{2}\iiint_V\varepsilon|\nabla\varphi|^2\mathrm{d}V-\oiint_S\left(k\rho\frac{\partial\varphi}{\partial N}+\sigma\right)\varphi\,\mathrm{d}S$ 的欧拉方程和边界条件，式中，ε 为常数。

解 令 $F=\frac{1}{2}\varepsilon|\nabla\varphi|^2$，$G=-\left(k\rho\frac{\partial\varphi}{\partial N}+\sigma\right)\varphi$，各偏导数为

$$F_\varphi=0,\quad \nabla\cdot\frac{\partial F}{\partial\nabla\varphi}=\nabla\cdot(\varepsilon\nabla\varphi)=\varepsilon\Delta\varphi,\quad \frac{\partial F}{\partial\nabla\varphi}\cdot\boldsymbol{n}=\varepsilon\nabla\varphi\cdot\boldsymbol{n}=\varepsilon\frac{\partial\varphi}{\partial N},\quad G_\varphi=-k\rho\frac{\partial\varphi}{\partial N}-\sigma$$

泛函的欧拉方程和边界条件为

$$\Delta\varphi=0\,,\quad \left.\left(\frac{\partial\varphi}{\partial N}-\frac{\sigma}{\varepsilon-k\rho}\right)\right|_S=0$$

这是拉普拉斯方程。

例 10.2.15 普拉托问题。普拉托问题的泛函为

$$A=\iint_D\sqrt{1+u_x^2(x,y)+u_y^2(x,y)}\,\mathrm{d}x\,\mathrm{d}y=\iint_D\sqrt{1+\nabla u\cdot\nabla u}\,\mathrm{d}x\,\mathrm{d}y$$

求其欧拉方程和自然边界条件。

解 1 设被积函数 $F=\sqrt{1+\nabla u\cdot\nabla u}$，则 $\dfrac{\partial F}{\partial\nabla u}=\dfrac{\nabla u}{\sqrt{1+\nabla u\cdot\nabla u}}$，泛函的欧拉方程为

$$\nabla\cdot\frac{\nabla u}{\sqrt{1+\nabla u\cdot\nabla u}}=0 \tag{1}$$

自然边界条件为

$$\left.\frac{\nabla u}{\sqrt{1+\nabla u\cdot\nabla u}}\cdot\boldsymbol{n}\right|_\varGamma=0 \tag{2}$$

式中，$\varGamma$ 为 D 的边界。

解 2 设被积函数 $F=\sqrt{1+\nabla u\cdot\nabla u}=\sqrt{1+|\nabla u|^2}$，则 $\dfrac{\partial F}{\partial|\nabla u|}=\dfrac{|\nabla u|}{\sqrt{1+|\nabla u|^2}}$，泛函的欧拉方程为

$$\nabla\cdot\frac{|\nabla u|}{\sqrt{1+|\nabla u|^2}}\frac{\nabla u}{|\nabla u|}=\nabla\cdot\frac{\nabla u}{\sqrt{1+|\nabla u|^2}}=0 \tag{3}$$

自然边界条件为

$$\left.\frac{\nabla u}{\sqrt{1+|\nabla u|^2}}\cdot\boldsymbol{n}\right|_\varGamma=0 \tag{4}$$

由此可见，两种解法结果相同。

例 10.2.16 求泛函 $J[u]=\iiint_V\Big[|\nabla u|+f(x,y,z)u\Big]\mathrm{d}x\,\mathrm{d}y\,\mathrm{d}z$ 的欧拉方程和自然边界条件。

解 设被积函数 $F=|\nabla u|+f(x,y,z)u$，则 $\dfrac{\partial F}{\partial u}=f(x,y,z)$，$\dfrac{\partial F}{\partial|\nabla u|}=1$，泛函的欧拉方程为

$$f(x,y,z)-\nabla\cdot\frac{\nabla u}{|\nabla u|}=0\quad\text{或}\quad\nabla\cdot\frac{\nabla u}{|\nabla u|}=f(x,y,z) \tag{1}$$

自然边界条件为

$$\left.\frac{\nabla u}{|\nabla u|}\cdot\boldsymbol{n}\right|_S=0 \tag{2}$$

式中，S 为包围 V 的面积。

例 10.2.17 理想流体动力学的动能可以表示为

$$T=\iiint_V\frac{1}{2}\rho\dot{\boldsymbol{u}}\cdot\dot{\boldsymbol{u}}\,\mathrm{d}V$$

势能可以表示为

$$U=\iiint_V(-p\boldsymbol{I}:\nabla\boldsymbol{u}-\boldsymbol{f}\cdot\boldsymbol{u})\,\mathrm{d}V-\oiint_{S_f}\boldsymbol{T}\cdot\boldsymbol{u}\,\mathrm{d}S$$

其中，ρ 为流体密度；$\dot{\boldsymbol{u}}$ 为流体速度向量；$\dot{\boldsymbol{u}}=\dfrac{\mathrm{d}\boldsymbol{u}}{\mathrm{d}t}$；$p$ 为流体压强；$\boldsymbol{I}$ 为二阶单位张量；$\boldsymbol{u}$ 为

流体位移；$\boldsymbol{f}$ 为单位体积流体所受的体积力向量；$\boldsymbol{T}$ 为流体所受的面积力向量；S_f 为流体自由表面。求理想流体动力学方程。

解 理想流体动力学的拉格朗日函数为

$$L=\iiint_V\left(\frac{1}{2}\rho\dot{\boldsymbol{u}}\cdot\dot{\boldsymbol{u}}+p\boldsymbol{I}:\nabla\boldsymbol{u}+\boldsymbol{f}\cdot\boldsymbol{u}\right)\mathrm{d}V+\oiint_{S_f}\boldsymbol{T}\cdot\boldsymbol{u}\,\mathrm{d}S \tag{1}$$

哈密顿作用量即泛函为

$$J=\int_{t_0}^{t_1}\left[\iiint_V\left(\frac{1}{2}\rho\dot{\boldsymbol{u}}\cdot\dot{\boldsymbol{u}}+p\boldsymbol{I}:\nabla\boldsymbol{u}+\boldsymbol{f}\cdot\boldsymbol{u}\right)\mathrm{d}V+\oiint_{S_f}\boldsymbol{T}\cdot\boldsymbol{u}\,\mathrm{d}S\right]\mathrm{d}t \tag{2}$$

令被积函数 $F=\frac{1}{2}\rho\dot{\boldsymbol{u}}\cdot\dot{\boldsymbol{u}}+p\boldsymbol{I}:\nabla\boldsymbol{u}+\boldsymbol{f}\cdot\boldsymbol{u}$，则有

$$\frac{\partial F}{\partial\dot{\boldsymbol{u}}}=\rho\dot{\boldsymbol{u}}\text{，}\quad\frac{\partial F}{\partial\nabla\boldsymbol{u}}=p\boldsymbol{I}\text{，}\quad\frac{\partial F}{\partial\boldsymbol{u}}=\boldsymbol{f} \tag{3}$$

泛函的欧拉方程即理想流体动力学方程为

$$-\rho\ddot{\boldsymbol{u}}-\nabla\cdot p\boldsymbol{I}+\boldsymbol{f}=0\qquad(\text{在}\,V\,\text{内}) \tag{4}$$

或

$$\rho\ddot{\boldsymbol{u}}+\nabla\cdot p\boldsymbol{I}-\boldsymbol{f}=\boldsymbol{0}\qquad(\text{在}\,V\,\text{内}) \tag{5}$$

自然边界条件为

$$\boldsymbol{n}\cdot p\boldsymbol{I}+\boldsymbol{T}=\boldsymbol{0}\qquad(\text{在}\,S_f\,\text{上}) \tag{6}$$

10.2.18 求介质扩散泛函 $J[u,v]=\int_{t_0}^{t_1}\iiint_V\left[-D(\nabla u)\cdot(\nabla v)-\frac{1}{2}(vu_t-uv_t)\right]\mathrm{d}V\,\mathrm{d}t$ 的欧拉方程组，其中，D 为扩散常数；u 为扩散介质的浓度；v 为反向扩散介质的浓度。

解 令 $F=-D(\nabla u)\cdot(\nabla v)-\frac{1}{2}(vu_t-uv_t)$，各偏导数为

$$\frac{\partial F}{\partial\nabla u}=-D\nabla v\text{，}\quad\frac{\partial F}{\partial\nabla v}=-D\nabla u\text{，}\quad\frac{\partial}{\partial t}\frac{\partial F}{\partial u_t}=-\frac{v_t}{2}\text{，}\quad\frac{\partial}{\partial t}\frac{\partial F}{\partial v_t}=\frac{u_t}{2}\text{，}\quad\frac{\partial F}{\partial u}=\frac{v_t}{2}\text{，}\quad\frac{\partial F}{\partial v}=-\frac{u_t}{2}$$

泛函的欧拉方程组为

$$\begin{cases}D\Delta u=u_t\\D\nabla v=-v_t\end{cases}$$

式中，第一个方程 $D\Delta u=u_t$ 称为**扩散方程**，第二个方程 $D\nabla v=-v_t$ 称为扩散方程的**伴随方程**或**共轭方程**。

10.3 梯度型泛函的欧拉方程

变量最终可以表示成梯度的泛函称为**梯度型泛函**。或者说如果泛函所依赖的函数最终可以用函数的梯度表示，则这样的泛函称为**梯度型泛函**。本节讨论梯度型泛函的变分问题。以下假设 $\boldsymbol{a}$、$\boldsymbol{b}$ 和 $\boldsymbol{c}$ 等均为向量，u、v 和 w 等均为标量，V 是空间域，S 是围成 V 的边界曲面。为简便起见，变分后面的等于零略去不写。

为了叙述和书写方便，标量、向量或张量的 n 次梯度、散度和旋度可表示为

$$\underbrace{\nabla\nabla\cdots\nabla}_{n}u=\nabla^n u\text{，}\quad\underbrace{\nabla\nabla\cdots\nabla}_{n}\boldsymbol{a}=\nabla^n\boldsymbol{a} \tag{10-3-1}$$

$$\underbrace{\nabla\cdot\nabla\cdot\cdots\nabla}_{n}\cdot\boldsymbol{A}=\nabla^n\cdot\boldsymbol{A}=(\nabla\cdot)^n\boldsymbol{A} \tag{10-3-2}$$

$$\underbrace{\nabla\times\nabla\times\cdots\nabla}_{n}\times\boldsymbol{a}=\nabla^n\times\boldsymbol{a}=(\nabla\times)^n\boldsymbol{a} \tag{10-3-3}$$

例 10.3.1 含 n 个标量连乘取梯度的泛函。求泛函

$$J=\int_V F\left(u_1,u_2,\cdots,u_n,\nabla\prod_{i=1}^n u_i\right)\mathrm{d}V \tag{1}$$

的欧拉方程组和自然边界条件。

解 对泛函取变分，得

$$\delta J=\int_V\left(\sum_{i=1}^n\frac{\partial F}{\partial u_i}\delta u_i+\frac{\partial F}{\partial\nabla\prod_{i=1}^n u_i}\cdot\delta\nabla\prod_{i=1}^n u_i\right)\mathrm{d}V \tag{2}$$

令 $\boldsymbol{a}=\dfrac{\partial F}{\partial\nabla\prod_{i=1}^n u_i}$，对式(2)后一项积分可写成

$$\boldsymbol{a}\cdot\delta\nabla\prod_{i=1}^n u_i=\boldsymbol{a}\cdot\nabla\delta\prod_{i=1}^n u_i=\nabla\cdot\left(\boldsymbol{a}\delta\prod_{i=1}^n u_i\right)-(\nabla\cdot\boldsymbol{a})\delta\prod_{i=1}^n u_i=\nabla\cdot\left(\boldsymbol{a}\delta\prod_{i=1}^n u_i\right)-(\nabla\cdot\boldsymbol{a})\sum_{i=1}^n\frac{\prod_{i=1}^n u_i}{u_i}\delta u_i \tag{3}$$

将式(3)代入式(2)，得

$$\delta J=\int_V\left[\sum_{i=1}^n\left(\frac{\partial F}{\partial u_i}-\frac{1}{u_i}\prod_{i=1}^n u_i\nabla\cdot\boldsymbol{a}\right)\delta u_i+\nabla\cdot\left(\boldsymbol{a}\delta\prod_{i=1}^n u_i\right)\right]\mathrm{d}V \tag{4}$$

泛函的欧拉方程组为

$$\frac{\partial F}{\partial u_i}-\frac{1}{u_i}\prod_{i=1}^n u_i\nabla\cdot\frac{\partial F}{\partial\nabla\prod_{i=1}^n u_i}=0\quad(i=1,2,\cdots,n) \tag{5}$$

自然边界条件为

$$\left.\frac{\partial F}{\partial\nabla\prod_{i=1}^n u_i}\cdot\boldsymbol{n}\right|_S=0 \tag{6}$$

例 10.3.2 含标量的函数取梯度的泛函。设泛函

$$J=\int_V F(u,\nabla f(u))\mathrm{d}V \tag{1}$$

写出其欧拉方程和自然边界条件。

解 对泛函取变分，得

$$\delta J=\int_V\left[\frac{\partial F}{\partial u}\delta u+\frac{\partial F}{\partial\nabla f(u)}\cdot\delta\nabla f(u)\right]\mathrm{d}V \tag{2}$$

令 $\boldsymbol{a}=\dfrac{\partial F}{\partial\nabla f(u)}$，对式(2)第二项积分可写成

$$\boldsymbol{a}\cdot\delta\nabla f(u)=\boldsymbol{a}\cdot\nabla\delta f(u)=\nabla\cdot[\boldsymbol{a}\delta f(u)]-(\nabla\cdot\boldsymbol{a})\delta f(u)=\nabla\cdot[\boldsymbol{a}\delta f(u)]-(\nabla\cdot\boldsymbol{a})f_u(u)\delta u \tag{3}$$

将式(3)代入式(2)，得

$$\delta J=\int_V\left\{\left[\frac{\partial F}{\partial u}-f_u(u)\nabla\cdot\boldsymbol{a}\right]\delta u+\nabla\cdot[\boldsymbol{a}\delta f(u)]\right\}\mathrm{d}V \tag{4}$$

泛函的欧拉方程为

$$\frac{\partial F}{\partial u}-f_u(u)\nabla\cdot\frac{\partial F}{\partial\nabla f(u)}=0 \tag{5}$$

自然边界条件为

$$\left.\frac{\partial F}{\partial\nabla f(u)}\cdot\boldsymbol{n}\right|_S=0 \tag{6}$$

例 10.3.3 含 n 个标量的函数取梯度的泛函。设泛函

$$J=\int_V F(u_1,u_2,\cdots,u_n,\nabla f(u_1,u_2,\cdots,u_n))\,\mathrm{d}V \tag{1}$$

求其欧拉方程组和自然边界条件。

解 令 $f=f(u_1,u_2,\cdots,u_n)$，对泛函取变分，得

$$\delta J=\int_V\left(\sum_{i=1}^n\frac{\partial F}{\partial u_i}\delta u_i+\frac{\partial F}{\partial\nabla f}\cdot\delta\nabla f\right)\mathrm{d}V \tag{2}$$

令 $\boldsymbol{a}=\dfrac{\partial F}{\partial\nabla f}$，对式(2)第二项积分可写成

$$\boldsymbol{a}\cdot\delta\nabla f=\boldsymbol{a}\cdot\nabla\delta f=\nabla\cdot(\boldsymbol{a}\delta f)-(\nabla\cdot\boldsymbol{a})\delta f=\nabla\cdot(\boldsymbol{a}\delta f)-(\nabla\cdot\boldsymbol{a})\left(\sum_{i=1}^n f_{u_i}\delta u_i\right) \tag{3}$$

将式(3)代入式(2)，得

$$\delta J=\int_V\left[\sum_{i=1}^n\left(\frac{\partial F}{\partial u_i}-\frac{\partial f}{\partial u_i}\nabla\cdot\boldsymbol{a}\right)\delta u_i+\nabla\cdot(\boldsymbol{a}\delta f)\right]\mathrm{d}V \tag{4}$$

泛函的欧拉方程组为

$$\frac{\partial F}{\partial u_i}-\frac{\partial f}{\partial u_i}\nabla\cdot\frac{\partial F}{\partial\nabla f}=0 \tag{5}$$

自然边界条件为

$$\left.\frac{\partial F}{\partial\nabla f}\cdot\boldsymbol{n}\right|_S=0 \tag{6}$$

例 10.3.4 含 n 个向量的模连乘取梯度的泛函。推导泛函

$$J=\int_V F\left(\boldsymbol{a}_1,\boldsymbol{a}_2,\cdots,\boldsymbol{a}_n,\nabla\prod_{i=1}^n|\boldsymbol{a}_i|\right)\mathrm{d}V \tag{1}$$

的欧拉方程组和自然边界条件。

解 对泛函取变分，得

$$\delta J=\int_V\left(\sum_{i=1}^n\frac{\partial F}{\partial\boldsymbol{a}_i}\cdot\delta\boldsymbol{a}_i+\frac{\partial F}{\partial\nabla\prod\limits_{i=1}^n|\boldsymbol{a}_i|}\cdot\delta\nabla\prod_{i=1}^n|\boldsymbol{a}_i|\right)\mathrm{d}V \tag{2}$$

令 $\boldsymbol{c}=\dfrac{\partial F}{\partial\nabla\prod\limits_{i=1}^n|\boldsymbol{a}_i|}$，对式(2)后一项积分可写成

$$
\begin{aligned}
\boldsymbol{c}\cdot\delta\nabla\prod_{i=1}^{n}|\boldsymbol{a}_i| &= \boldsymbol{c}\cdot\nabla\delta\prod_{i=1}^{n}|\boldsymbol{a}_i| = \nabla\cdot\left(\boldsymbol{c}\delta\prod_{i=1}^{n}|\boldsymbol{a}_i|\right)-(\nabla\cdot\boldsymbol{c})\delta\prod_{i=1}^{n}|\boldsymbol{a}_i| \\
&= \nabla\cdot\left(\boldsymbol{c}\delta\prod_{i=1}^{n}|\boldsymbol{a}_i|\right)-(\nabla\cdot\boldsymbol{c})\sum_{i=1}^{n}\frac{\boldsymbol{a}_i}{|\boldsymbol{a}_i|^2}\prod_{i=1}^{n}|\boldsymbol{a}_i|\cdot\delta\boldsymbol{a}_i
\end{aligned} \tag{3}
$$

将式(3)代入式(2)，得

$$
\delta J=\int_V\left[\sum_{i=1}^{n}\left(\frac{\partial F}{\partial\boldsymbol{a}_i}-\frac{\boldsymbol{a}_i}{|\boldsymbol{a}_i|^2}\prod_{i=1}^{n}|\boldsymbol{a}_i|\nabla\cdot\boldsymbol{c}\right)\cdot\delta\boldsymbol{a}+\nabla\cdot\left(\boldsymbol{c}\delta\prod_{i=1}^{n}|\boldsymbol{a}_i|\right)\right]\mathrm{d}V \tag{4}
$$

泛函的欧拉方程组为

$$
\frac{\partial F}{\partial\boldsymbol{a}_i}-\frac{\boldsymbol{a}_i}{|\boldsymbol{a}_i|^2}\prod_{i=1}^{n}|\boldsymbol{a}_i|\nabla\cdot\frac{\partial F}{\partial\nabla\prod_{i=1}^{n}|\boldsymbol{a}_i|}=\boldsymbol{0} \tag{5}
$$

自然边界条件为

$$
\left.\frac{\partial F}{\partial\nabla\prod_{i=1}^{n}|\boldsymbol{a}_i|}\cdot\boldsymbol{n}\right|_S=0 \tag{6}
$$

例 10.3.5 含两个标量之商取梯度的泛函。求泛函

$$
J=\int_V F\left(u,v,\nabla\frac{u}{v}\right)\mathrm{d}V \tag{1}
$$

的欧拉方程组和自然边界条件。

解 对泛函取变分，得

$$
\delta J=\int_V\left[\frac{\partial F}{\partial u}\delta u+\frac{\partial F}{\partial v}\delta v+\frac{\partial F}{\partial\nabla(u/v)}\cdot\delta\nabla\frac{u}{v}\right]\mathrm{d}V \tag{2}
$$

令 $\boldsymbol{a}=\dfrac{\partial F}{\partial\nabla(u/v)}$，对式(2)最后一项积分可写成

$$
\boldsymbol{a}\cdot\delta\nabla\frac{u}{v}=\boldsymbol{a}\cdot\nabla\delta\frac{u}{v}=\nabla\cdot\left(\boldsymbol{a}\delta\frac{u}{v}\right)-(\nabla\cdot\boldsymbol{a})\left(\frac{v\delta u-u\delta v}{v^2}\right) \tag{3}
$$

将式(3)代入式(2)，得

$$
\delta J=\int_V\left[\left(\frac{\partial F}{\partial u}-\frac{\nabla\cdot\boldsymbol{a}}{v}\right)\delta u+\left(\frac{\partial F}{\partial v}+\frac{u}{v^2}\nabla\cdot\boldsymbol{a}\right)\delta v+\nabla\cdot\left(\boldsymbol{a}\delta\frac{u}{v}\right)\right]\mathrm{d}V \tag{4}
$$

泛函的欧拉方程组为

$$
\begin{cases}
\dfrac{\partial F}{\partial u}-\dfrac{1}{v}\nabla\cdot\dfrac{\partial F}{\partial\nabla(u/v)}=0\\[2ex]
\dfrac{\partial F}{\partial v}+\dfrac{u}{v^2}\nabla\cdot\dfrac{\partial F}{\partial\nabla(u/v)}=0
\end{cases} \tag{5}
$$

自然边界条件为

$$
\left.\frac{\partial F}{\partial\nabla(u/v)}\cdot\boldsymbol{n}\right|_S=0 \tag{6}
$$

例 10.3.6 含标量与两向量内积相乘取梯度的泛函。推导泛函

$$
J=\int_V F(u,\boldsymbol{a},\boldsymbol{b},\nabla(u\boldsymbol{a}\cdot\boldsymbol{b}))\,\mathrm{d}V \tag{1}
$$

的欧拉方程组和自然边界条件。

解 对泛函取变分，得

$$\delta J=\int_V\left[\frac{\partial F}{\partial u}\delta u+\frac{\partial F}{\partial \boldsymbol{a}}\cdot\delta\boldsymbol{a}+\frac{\partial F}{\partial \boldsymbol{b}}\cdot\delta\boldsymbol{b}+\frac{\partial F}{\partial\nabla(u\boldsymbol{a}\cdot\boldsymbol{b})}\cdot\delta\nabla(u\boldsymbol{a}\cdot\boldsymbol{b})\right]\mathrm{d}V \tag{2}$$

令 $\boldsymbol{c}=\dfrac{\partial F}{\partial\nabla(u\boldsymbol{a}\cdot\boldsymbol{b})}$， $\varphi=\delta(u\boldsymbol{a}\cdot\boldsymbol{b})=\boldsymbol{a}\cdot\boldsymbol{b}\delta u+u\boldsymbol{b}\cdot\delta\boldsymbol{a}+u\boldsymbol{a}\cdot\delta\boldsymbol{b}$， 式(2)最后一项积分可写成

$$\boldsymbol{c}\cdot\nabla\varphi=\nabla\cdot\varphi\boldsymbol{c}-(\nabla\cdot\boldsymbol{c})(\boldsymbol{a}\cdot\boldsymbol{b}\delta u+u\boldsymbol{b}\cdot\delta\boldsymbol{a}+u\boldsymbol{a}\cdot\delta\boldsymbol{b}) \tag{3}$$

将式(3)代入式(2)，得

$$\delta J=\int_V\left[\left(\frac{\partial F}{\partial u}-\boldsymbol{a}\cdot\boldsymbol{b}\nabla\cdot\boldsymbol{c}\right)\delta u+\left(\frac{\partial F}{\partial\boldsymbol{a}}-u\boldsymbol{b}\nabla\cdot\boldsymbol{c}\right)\cdot\delta\boldsymbol{a}+\left(\frac{\partial F}{\partial\boldsymbol{b}}-u\boldsymbol{a}\nabla\cdot\boldsymbol{c}\right)\cdot\delta\boldsymbol{b}+\nabla\cdot(\varphi\boldsymbol{c})\right]\mathrm{d}V \tag{4}$$

泛函的欧拉方程组为

$$\begin{cases}\dfrac{\partial F}{\partial u}-\boldsymbol{a}\cdot\boldsymbol{b}\nabla\cdot\dfrac{\partial F}{\partial\nabla(u\boldsymbol{a}\cdot\boldsymbol{b})}=0\\[2ex]\dfrac{\partial F}{\partial\boldsymbol{a}}-u\boldsymbol{b}\nabla\cdot\dfrac{\partial F}{\partial\nabla(u\boldsymbol{a}\cdot\boldsymbol{b})}=\boldsymbol{0}\\[2ex]\dfrac{\partial F}{\partial\boldsymbol{b}}-u\boldsymbol{a}\nabla\cdot\dfrac{\partial F}{\partial\nabla(u\boldsymbol{a}\cdot\boldsymbol{b})}=\boldsymbol{0}\end{cases} \tag{5}$$

自然边界条件为

$$\left.\frac{\partial F}{\partial\nabla(u\boldsymbol{a}\cdot\boldsymbol{b})}\cdot\boldsymbol{n}\right|_S=0 \tag{6}$$

例 10.3.7 含两个向量内积与另外两个向量内积之商取梯度的泛函。推导泛函

$$J=\int_V F\left(\boldsymbol{a},\boldsymbol{b},\boldsymbol{c},\boldsymbol{d},\nabla\frac{\boldsymbol{a}\cdot\boldsymbol{b}}{\boldsymbol{c}\cdot\boldsymbol{d}}\right)\mathrm{d}V \tag{1}$$

的欧拉方程组和自然边界条件。

解 对泛函取变分，得

$$\delta J=\int_V\left[\frac{\partial F}{\partial\boldsymbol{a}}\cdot\delta\boldsymbol{a}+\frac{\partial F}{\partial\boldsymbol{b}}\cdot\delta\boldsymbol{b}+\frac{\partial F}{\partial\boldsymbol{c}}\cdot\delta\boldsymbol{c}+\frac{\partial F}{\partial\boldsymbol{d}}\cdot\delta\boldsymbol{d}+\frac{\partial F}{\partial\nabla(\boldsymbol{a}\cdot\boldsymbol{b}/\boldsymbol{c}\cdot\boldsymbol{d})}\cdot\delta\nabla(\boldsymbol{a}\cdot\boldsymbol{b}/\boldsymbol{c}\cdot\boldsymbol{d})\right]\mathrm{d}V \tag{2}$$

令 $\boldsymbol{e}=\dfrac{\partial F}{\partial\nabla(\boldsymbol{a}\cdot\boldsymbol{b}/\boldsymbol{c}\cdot\boldsymbol{d})}$，对式(2)最后一项积分可写成

$$\begin{aligned}\boldsymbol{e}\cdot\delta\nabla(\boldsymbol{a}\cdot\boldsymbol{b}/\boldsymbol{c}\cdot\boldsymbol{d})&=\boldsymbol{e}\cdot\nabla\delta(\boldsymbol{a}\cdot\boldsymbol{b}/\boldsymbol{c}\cdot\boldsymbol{d})=\nabla\cdot[\boldsymbol{e}\delta(\boldsymbol{a}\cdot\boldsymbol{b}/\boldsymbol{c}\cdot\boldsymbol{d})]-(\nabla\cdot\boldsymbol{e})\delta(\boldsymbol{a}\cdot\boldsymbol{b}/\boldsymbol{c}\cdot\boldsymbol{d})\\&=\nabla\cdot[\boldsymbol{e}\delta(\boldsymbol{a}\cdot\boldsymbol{b}/\boldsymbol{c}\cdot\boldsymbol{d})]-(\nabla\cdot\boldsymbol{e})\frac{(\boldsymbol{c}\cdot\boldsymbol{d})(\boldsymbol{b}\cdot\delta\boldsymbol{a}+\boldsymbol{a}\cdot\delta\boldsymbol{b})-(\boldsymbol{a}\cdot\boldsymbol{b})(\boldsymbol{d}\cdot\delta\boldsymbol{c}+\boldsymbol{c}\cdot\delta\boldsymbol{d})}{(\boldsymbol{c}\cdot\boldsymbol{d})^2}\end{aligned} \tag{3}$$

将式(3)代入式(2)，得

$$\begin{aligned}\delta J=&\int_V\left[\left(\frac{\partial F}{\partial\boldsymbol{a}}-\frac{\boldsymbol{b}\nabla\cdot\boldsymbol{e}}{\boldsymbol{c}\cdot\boldsymbol{d}}\right)\cdot\delta\boldsymbol{a}+\left(\frac{\partial F}{\partial\boldsymbol{b}}-\frac{\boldsymbol{a}\nabla\cdot\boldsymbol{e}}{\boldsymbol{c}\cdot\boldsymbol{d}}\right)\cdot\delta\boldsymbol{b}+\left(\frac{\partial F}{\partial\boldsymbol{c}}+\frac{\boldsymbol{a}\cdot\boldsymbol{b}}{(\boldsymbol{c}\cdot\boldsymbol{d})^2}\boldsymbol{d}\nabla\cdot\boldsymbol{e}\right)\cdot\delta\boldsymbol{c}\right.\\&\left.+\left(\frac{\partial F}{\partial\boldsymbol{d}}+\frac{\boldsymbol{a}\cdot\boldsymbol{b}}{(\boldsymbol{c}\cdot\boldsymbol{d})^2}\boldsymbol{c}\nabla\cdot\boldsymbol{e}\right)\cdot\delta\boldsymbol{d}\right]\mathrm{d}V+\int_V\nabla\cdot[\boldsymbol{e}\delta(\boldsymbol{a}\cdot\boldsymbol{b}/\boldsymbol{c}\cdot\boldsymbol{d})]\mathrm{d}V\end{aligned} \tag{4}$$

泛函的欧拉方程组为

$$
\begin{cases}
\dfrac{\partial F}{\partial \boldsymbol{a}}-\dfrac{\boldsymbol{b}}{\boldsymbol{c}\cdot\boldsymbol{d}}\nabla\cdot\dfrac{\partial F}{\partial\nabla(\boldsymbol{a}\cdot\boldsymbol{b}/\boldsymbol{c}\cdot\boldsymbol{d})}=\boldsymbol{0} \\
\dfrac{\partial F}{\partial \boldsymbol{b}}-\dfrac{\boldsymbol{a}}{\boldsymbol{c}\cdot\boldsymbol{d}}\nabla\cdot\dfrac{\partial F}{\partial\nabla(\boldsymbol{a}\cdot\boldsymbol{b}/\boldsymbol{c}\cdot\boldsymbol{d})}=\boldsymbol{0} \\
\dfrac{\partial F}{\partial \boldsymbol{c}}+\dfrac{\boldsymbol{a}\cdot\boldsymbol{b}}{(\boldsymbol{c}\cdot\boldsymbol{d})^2}\boldsymbol{d}\nabla\cdot\dfrac{\partial F}{\partial\nabla(\boldsymbol{a}\cdot\boldsymbol{b}/\boldsymbol{c}\cdot\boldsymbol{d})}=\boldsymbol{0} \\
\dfrac{\partial F}{\partial \boldsymbol{d}}+\dfrac{\boldsymbol{a}\cdot\boldsymbol{b}}{(\boldsymbol{c}\cdot\boldsymbol{d})^2}\boldsymbol{c}\nabla\cdot\dfrac{\partial F}{\partial\nabla(\boldsymbol{a}\cdot\boldsymbol{b}/\boldsymbol{c}\cdot\boldsymbol{d})}=\boldsymbol{0}
\end{cases}
\tag{5}
$$

自然边界条件为

$$
\left.\frac{\partial F}{\partial\nabla(\boldsymbol{a}\cdot\boldsymbol{b}/\boldsymbol{c}\cdot\boldsymbol{d})}\cdot\boldsymbol{n}\right|_S=0 \tag{6}
$$

例 10.3.8 含标量与向量之积取散度再取梯度的泛函。推导泛函

$$
J=\int_V F(u,\boldsymbol{a},\nabla\nabla\cdot(u\boldsymbol{a}))\,\mathrm{d}V \tag{1}
$$

的欧拉方程组和自然边界条件。

解 对泛函取变分，得

$$
\delta J=\int_V\left[\frac{\partial F}{\partial u}\delta u+\frac{\partial F}{\partial\boldsymbol{a}}\cdot\delta\boldsymbol{a}+\frac{\partial F}{\partial\nabla\nabla\cdot(u\boldsymbol{a})}\cdot\delta\nabla\nabla\cdot(u\boldsymbol{a})\right]\mathrm{d}V \tag{2}
$$

令 $\boldsymbol{b}=\dfrac{\partial F}{\partial\nabla\nabla\cdot(u\boldsymbol{a})}$，对式(2)最后一项积分可写成

$$
\begin{aligned}
\boldsymbol{b}\cdot\delta\nabla\nabla\cdot(v\boldsymbol{a})&=\boldsymbol{b}\cdot\nabla\delta\nabla\cdot(u\boldsymbol{a})=\nabla\cdot[\boldsymbol{b}\nabla\cdot\delta(u\boldsymbol{a})]-(\nabla\cdot\boldsymbol{b})\nabla\cdot\delta(u\boldsymbol{a})\\
&=\nabla\cdot[\boldsymbol{b}\nabla\cdot\delta(u\boldsymbol{a})]-\nabla\cdot[(\nabla\cdot\boldsymbol{b})\delta(u\boldsymbol{a})]+(\nabla\nabla\cdot\boldsymbol{b})\cdot(\boldsymbol{a}\delta u+u\delta\boldsymbol{a})
\end{aligned}
\tag{3}
$$

将式(3)代入式(2)，得

$$
\delta J=\int_V\left\{\left(\frac{\partial F}{\partial u}+\boldsymbol{a}\cdot\nabla\nabla\cdot\boldsymbol{b}\right)\delta u+\left(\frac{\partial F}{\partial\boldsymbol{a}}+u\nabla\nabla\cdot\boldsymbol{b}\right)\cdot\delta\boldsymbol{a}+\nabla\cdot[\boldsymbol{b}\nabla\cdot\delta(u\boldsymbol{a})]-\nabla\cdot[(\nabla\cdot\boldsymbol{b})\delta(u\boldsymbol{a})]\right\}\mathrm{d}V \tag{4}
$$

泛函的欧拉方程组为

$$
\begin{cases}
\dfrac{\partial F}{\partial u}+\boldsymbol{a}\cdot\nabla\nabla\cdot\dfrac{\partial F}{\partial\nabla\nabla\cdot(u\boldsymbol{a})}=0 \\
\dfrac{\partial F}{\partial\boldsymbol{a}}+u\nabla\nabla\cdot\dfrac{\partial F}{\partial\nabla\nabla\cdot(u\boldsymbol{a})}=\boldsymbol{0}
\end{cases}
\tag{5}
$$

泛函的自然边界条件为

$$
\left.\frac{\partial F}{\partial\nabla\nabla\cdot(u\boldsymbol{a})}\cdot\boldsymbol{n}\right|_S=0,\quad \left.\nabla\cdot\frac{\partial F}{\partial\nabla\nabla\cdot(u\boldsymbol{a})}\right|_S=0 \tag{6}
$$

例 10.3.9 含两个标量各自梯度的内积再取梯度的泛函。求泛函

$$
J=\int_V F(u,v,\nabla(\nabla u\cdot\nabla v))\,\mathrm{d}V \tag{1}
$$

的欧拉方程组和自然边界条件。

解 对泛函取变分，得

$$
\delta J=\int_V\left[\frac{\partial F}{\partial u}\delta u+\frac{\partial F}{\partial v}\delta v+\frac{\partial F}{\partial\nabla(\nabla u\cdot\nabla v)}\cdot\delta\nabla(\nabla u\cdot\nabla v)\right]\mathrm{d}V \tag{2}
$$

令 $\boldsymbol{c}=\dfrac{\partial F}{\partial\nabla(\nabla u\cdot\nabla v)}$，对式(2)最后一项积分可写成

$$
\begin{aligned}
&\boldsymbol{c}\cdot\delta\nabla(\nabla u\cdot\nabla v)=\boldsymbol{c}\cdot\nabla\delta(\nabla u\cdot\nabla v)=\nabla\cdot[\boldsymbol{c}\delta(\nabla u\cdot\nabla v)]-(\nabla\cdot\boldsymbol{c})\delta(\nabla u\cdot\nabla v)\\
&=\nabla\cdot[\boldsymbol{c}\delta(\nabla u\cdot\nabla v)]-(\nabla\cdot\boldsymbol{c})(\nabla v\cdot\delta\nabla u+\nabla u\cdot\delta\nabla v)\\
&=\nabla\cdot[\boldsymbol{c}\delta(\nabla u\cdot\nabla v)]-\nabla\cdot(\nabla\cdot\boldsymbol{c}\nabla v\delta u)+[\nabla\cdot(\nabla\cdot\boldsymbol{c}\nabla v)]\delta u-\nabla\cdot(\nabla\cdot\boldsymbol{c}\nabla u\delta v)+[\nabla\cdot(\nabla\cdot\boldsymbol{c}\nabla u)]\delta v
\end{aligned}
\tag{3}
$$

将式(3)代入式(2)，得

$$
\begin{aligned}
\delta J=&\int_V\left\{\left[\frac{\partial F}{\partial u}+\nabla\cdot(\nabla\cdot\boldsymbol{c}\nabla v)\right]\delta u+\left[\frac{\partial F}{\partial v}+\nabla\cdot(\nabla\cdot\boldsymbol{c}\nabla u)\right]\delta v\right\}\mathrm{d}V\\
&+\int_V\{\nabla\cdot[\boldsymbol{c}\delta(\nabla u\cdot\nabla v)]-\nabla\cdot(\nabla\cdot\boldsymbol{c}\nabla v\delta u)-\nabla\cdot(\nabla\cdot\boldsymbol{c}\nabla u\delta v)\}\mathrm{d}V
\end{aligned}
\tag{4}
$$

泛函的欧拉方程组为

$$
\begin{cases}
\dfrac{\partial F}{\partial u}+\nabla\cdot\left[\nabla v\nabla\cdot\dfrac{\partial F}{\partial\nabla(\nabla u\cdot\nabla v)}\right]=0\\
\dfrac{\partial F}{\partial v}+\nabla\cdot\left[\nabla u\nabla\cdot\dfrac{\partial F}{\partial\nabla(\nabla u\cdot\nabla v)}\right]=0
\end{cases}
\tag{5}
$$

自然边界条件为

$$
\left.\frac{\partial F}{\partial\nabla(\nabla u\cdot\nabla v)}\cdot\boldsymbol{n}\right|_S=0,\quad \left.\nabla\cdot\frac{\partial F}{\partial\nabla(\nabla u\cdot\nabla v)}\nabla u\cdot\boldsymbol{n}\right|_S=0,\quad \left.\nabla\cdot\frac{\partial F}{\partial\nabla(\nabla u\cdot\nabla v)}\nabla v\cdot\boldsymbol{n}\right|_S=0
\tag{6}
$$

例 10.3.10 含三向量混合积取梯度的泛函。推导泛函

$$
J=\int_V F(\boldsymbol{a},\boldsymbol{b},\boldsymbol{c},\nabla[\boldsymbol{a}\cdot(\boldsymbol{b}\times\boldsymbol{c})])\,\mathrm{d}V
\tag{1}
$$

的欧拉方程组和自然边界条件。

解 对泛函取变分，得

$$
\delta J=\int_V\left\{\frac{\partial F}{\partial\boldsymbol{a}}\cdot\delta\boldsymbol{a}+\frac{\partial F}{\partial\boldsymbol{b}}\cdot\delta\boldsymbol{b}+\frac{\partial F}{\partial\boldsymbol{c}}\cdot\delta\boldsymbol{c}+\frac{\partial F}{\partial\nabla[\boldsymbol{a}\cdot(\boldsymbol{b}\times\boldsymbol{c})]}\cdot\delta\nabla[\boldsymbol{a}\cdot(\boldsymbol{b}\times\boldsymbol{c})]\right\}\mathrm{d}V
\tag{2}
$$

令 $\boldsymbol{d}=\dfrac{\partial F}{\partial\nabla[\boldsymbol{a}\cdot(\boldsymbol{b}\times\boldsymbol{c})]}$，$\varphi=\delta(\boldsymbol{a}\cdot\boldsymbol{b}\times\boldsymbol{c})=(\boldsymbol{b}\times\boldsymbol{c})\cdot\delta\boldsymbol{a}+(\boldsymbol{c}\times\boldsymbol{a})\cdot\delta\boldsymbol{b}+(\boldsymbol{a}\times\boldsymbol{b})\cdot\delta\boldsymbol{c}$，有

$$
\boldsymbol{d}\cdot\nabla\varphi=\boldsymbol{d}\cdot\nabla\varphi=\nabla\cdot(\boldsymbol{d}\phi)-(\nabla\cdot\boldsymbol{d})[(\boldsymbol{b}\times\boldsymbol{c})\cdot\delta\boldsymbol{a}+(\boldsymbol{c}\times\boldsymbol{a})\cdot\delta\boldsymbol{b}+(\boldsymbol{a}\times\boldsymbol{b})\cdot\delta\boldsymbol{c}]
\tag{3}
$$

将式(3)代入式(2)，得

$$
\delta J=\int_V\left[\left(\frac{\partial F}{\partial\boldsymbol{a}}-\boldsymbol{b}\times\boldsymbol{c}\nabla\cdot\boldsymbol{d}\right)\cdot\delta\boldsymbol{a}+\left(\frac{\partial F}{\partial\boldsymbol{b}}-\boldsymbol{c}\times\boldsymbol{a}\nabla\cdot\boldsymbol{d}\right)\cdot\delta\boldsymbol{b}+\left(\frac{\partial F}{\partial\boldsymbol{c}}-\boldsymbol{a}\times\boldsymbol{b}\nabla\cdot\boldsymbol{d}\right)\cdot\delta\boldsymbol{c}+\nabla\cdot(\boldsymbol{d}\varphi)\right]\mathrm{d}V
\tag{4}
$$

泛函的欧拉方程组为

$$
\begin{cases}
\dfrac{\partial F}{\partial\boldsymbol{a}}-(\boldsymbol{b}\times\boldsymbol{c})\nabla\cdot\dfrac{\partial F}{\partial\nabla(\boldsymbol{a}\cdot\boldsymbol{b}\times\boldsymbol{c})}=\boldsymbol{0}\\
\dfrac{\partial F}{\partial\boldsymbol{b}}-(\boldsymbol{c}\times\boldsymbol{a})\nabla\cdot\dfrac{\partial F}{\partial\nabla(\boldsymbol{a}\cdot\boldsymbol{b}\times\boldsymbol{c})}=\boldsymbol{0}\\
\dfrac{\partial F}{\partial\boldsymbol{c}}-(\boldsymbol{a}\times\boldsymbol{b})\nabla\cdot\dfrac{\partial F}{\partial\nabla(\boldsymbol{a}\cdot\boldsymbol{b}\times\boldsymbol{c})}=\boldsymbol{0}
\end{cases}
\tag{5}
$$

自然边界条件为

$$
\left.\frac{\partial F}{\partial\nabla[\boldsymbol{a}\cdot(\boldsymbol{b}\times\boldsymbol{c})]}\cdot\boldsymbol{n}\right|_S=0
\tag{6}
$$

例 10.3.11 含由标量的梯度构成的三向量混合积取梯度的泛函。求泛函

$$J=\int_V F(u,v,w,\nabla[\nabla u\cdot(\nabla v\times\nabla w)])\,\mathrm{d}V \tag{1}$$

的欧拉方程组和自然边界条件。

解 对泛函取变分，得

$$\delta J=\int_V\left\{\frac{\partial F}{\partial u}\delta u+\frac{\partial F}{\partial v}\delta v+\frac{\partial F}{\partial w}\delta w+\frac{\partial F}{\partial\nabla[\nabla u\cdot(\nabla v\times\nabla w)]}\cdot\delta\nabla[\nabla u\cdot(\nabla v\times\nabla w)]\right\}\mathrm{d}V \tag{2}$$

令 $\boldsymbol{a}=\dfrac{\partial F}{\partial\nabla[\nabla u\cdot(\nabla v\times\nabla w)]}$， $\varphi=\delta\nabla u\cdot(\nabla v\times\nabla w)=\nabla\delta u\cdot(\nabla v\times\nabla w)+\nabla u\cdot(\nabla\delta v\times\nabla w)+\nabla u\cdot(\nabla v\times\nabla\delta w)$， $\psi=\nabla\cdot\boldsymbol{a}$，并利用三向量混合积公式 $\boldsymbol{a}\cdot(\boldsymbol{b}\times\boldsymbol{c})=\boldsymbol{b}\cdot(\boldsymbol{c}\times\boldsymbol{a})=\boldsymbol{c}\cdot(\boldsymbol{a}\times\boldsymbol{b})$，有

$$\begin{aligned}\boldsymbol{a}\cdot\nabla\delta\nabla u\cdot(\nabla v\times\nabla w)&=\boldsymbol{a}\cdot\nabla\varphi=\nabla\cdot\varphi\boldsymbol{a}-\varphi\nabla\cdot\boldsymbol{a}\\&=\nabla\cdot\varphi\boldsymbol{a}-\psi[\nabla\delta u\cdot(\nabla v\times\nabla w)+\nabla u\cdot(\nabla\delta v\times\nabla w)+\nabla u\cdot(\nabla v\times\nabla\delta w)]\\&=\nabla\cdot\varphi\boldsymbol{a}-\psi(\nabla v\times\nabla w)\cdot\nabla\delta u-\psi(\nabla w\times\nabla u)\cdot\nabla\delta v-\psi(\nabla u\times\nabla v)\cdot\nabla\delta w\\&=\nabla\cdot\varphi\boldsymbol{a}-\nabla\cdot[\psi(\nabla v\times\nabla w)\delta u]-\nabla\cdot[\psi(\nabla w\times\nabla u)\delta v]-\nabla\cdot[\psi(\nabla u\times\nabla v)\delta w]\\&\quad+[\nabla\cdot\psi(\nabla v\times\nabla w)]\delta u+[\nabla\cdot\psi(\nabla w\times\nabla u)]\delta v+[\nabla\cdot\psi(\nabla u\times\nabla v)]\delta w\end{aligned} \tag{3}$$

将式(3)代入式(2)，得

$$\begin{aligned}\delta J&=\int_V\left[\left(\frac{\partial F}{\partial u}+\nabla\cdot\psi\nabla v\times\nabla w\right)\delta u+\left(\frac{\partial F}{\partial v}+\nabla\cdot\psi\nabla w\times\nabla u\right)\delta v+\left(\frac{\partial F}{\partial w}+\nabla\cdot\psi\nabla u\times\nabla v\right)\delta w\right]\mathrm{d}V\\&\quad+\int_V\{\nabla\cdot\varphi\boldsymbol{a}-\nabla\cdot[\psi(\nabla v\times\nabla w)\delta u]-\nabla\cdot[\psi(\nabla w\times\nabla u)\delta v]-\nabla\cdot[\psi(\nabla u\times\nabla v)\delta w]\}\mathrm{d}V\end{aligned} \tag{4}$$

泛函的欧拉方程组为

$$\begin{cases}\dfrac{\partial F}{\partial u}+\nabla\cdot\left\{(\nabla v\times\nabla w)\nabla\cdot\dfrac{\partial F}{\partial\nabla[\nabla u\cdot(\nabla v\times\nabla w)]}\right\}=0\\\dfrac{\partial F}{\partial v}+\nabla\cdot\left\{(\nabla w\times\nabla u)\nabla\cdot\dfrac{\partial F}{\partial\nabla[\nabla u\cdot(\nabla v\times\nabla w)]}\right\}=0\\\dfrac{\partial F}{\partial w}+\nabla\cdot\left\{(\nabla u\times\nabla v)\nabla\cdot\dfrac{\partial F}{\partial\nabla[\nabla u\cdot(\nabla v\times\nabla w)]}\right\}=0\end{cases} \tag{5}$$

自然边界条件为

$$\varphi|_S=0,\quad[(\nabla v\times\nabla w)\nabla\cdot\boldsymbol{a}]\cdot\boldsymbol{n}|_S=0,\quad[(\nabla w\times\nabla u)\nabla\cdot\boldsymbol{a}]\cdot\boldsymbol{n}|_S=0,\quad[(\nabla u\times\nabla v)\nabla\cdot\boldsymbol{a}]\cdot\boldsymbol{n}|_S=0 \tag{6}$$

例 10.3.12 含正弦函数与向量相乘取散度再取梯度的泛函。设泛函

$$J=\int_V F(u,\boldsymbol{a},\nabla\nabla\cdot\sin(ku)\boldsymbol{a})\,\mathrm{d}V \tag{1}$$

式中，k 为常数，推导泛函的欧拉方程组和自然边界条件。

解 对泛函取变分，得

$$\delta J=\int_V\left[\frac{\partial F}{\partial u}\delta u+\frac{\partial F}{\partial\boldsymbol{a}}\cdot\delta\boldsymbol{a}+\frac{\partial F}{\partial\nabla\nabla\cdot\sin(ku)\boldsymbol{a}}\cdot\delta\nabla\nabla\cdot\sin(ku)\boldsymbol{a}\right]\mathrm{d}V \tag{2}$$

式中，函数 $\sin(ku)\boldsymbol{a}$ 的变分可写成 $\delta\sin(ku)\boldsymbol{a}=k\cos(ku)\boldsymbol{a}\delta u+\sin(ku)\delta\boldsymbol{a}$ 。

令 $\boldsymbol{b}=\dfrac{\partial F}{\partial\nabla\nabla\cdot\sin(ku)\boldsymbol{a}}$，对式(2)被积函数最后一项可写成

$$\begin{aligned}\boldsymbol{b}\cdot\delta\nabla\nabla\cdot\sin(ku)\boldsymbol{a}&=\boldsymbol{b}\cdot\nabla\delta\nabla\cdot\sin(ku)\boldsymbol{a}=\nabla\cdot[\boldsymbol{b}\delta\nabla\cdot\sin(ku)\boldsymbol{a}]-(\nabla\cdot\boldsymbol{b})\delta\nabla\cdot\sin(ku)\boldsymbol{a}\\&=\nabla\cdot[\boldsymbol{b}\delta\nabla\cdot\sin(ku)\boldsymbol{a}]-\nabla\cdot[(\nabla\cdot\boldsymbol{b})\delta\sin(ku)\boldsymbol{a}]+\nabla\nabla\cdot\boldsymbol{b}\cdot[k\cos(ku)\boldsymbol{a}\delta u+\sin(ku)\delta\boldsymbol{a}]\end{aligned} \tag{3}$$

将式(3)代入式(2)，得

$$\delta J=\int_V\left\{\left[\frac{\partial F}{\partial u}+k\cos(ku)\boldsymbol{a}\cdot\nabla\nabla\cdot\boldsymbol{b}\right]\delta u+\left[\frac{\partial F}{\partial \boldsymbol{a}}+\sin(ku)\nabla\nabla\cdot\boldsymbol{b}\right]\cdot\delta\boldsymbol{a}\right\}\mathrm{d}V \\ +\int_V\{\nabla\cdot[\boldsymbol{b}\delta\nabla\cdot\sin(ku)\boldsymbol{a}]-\nabla\cdot[(\nabla\cdot\boldsymbol{b})\delta\sin(ku)\boldsymbol{a}]\}\mathrm{d}V \tag{4}$$

泛函的欧拉方程组为

$$\begin{cases}\dfrac{\partial F}{\partial u}+k\cos(ku)\boldsymbol{a}\cdot\nabla\nabla\cdot\dfrac{\partial F}{\partial\nabla\nabla\cdot\sin(ku)\boldsymbol{a}}=0\\ \dfrac{\partial F}{\partial \boldsymbol{a}}+\sin(ku)\nabla\nabla\cdot\dfrac{\partial F}{\partial\nabla\nabla\cdot\sin(ku)\boldsymbol{a}}=\boldsymbol{0}\end{cases} \tag{5}$$

自然边界条件为

$$\left.\frac{\partial F}{\partial\nabla\nabla\cdot\sin(ku)\boldsymbol{a}}\cdot\boldsymbol{n}\right|_S=0\text{，}\quad\left.\nabla\cdot\frac{\partial F}{\partial\nabla\nabla\cdot\sin(ku)\boldsymbol{a}}\right|_S=0 \tag{6}$$

例 10.3.13 含标量与两向量叉积之积取梯度的泛函。设泛函

$$J=\int_V F(u,\boldsymbol{a},\boldsymbol{b},\nabla(u\boldsymbol{a}\times\boldsymbol{b}))\mathrm{d}V \tag{1}$$

式中，二阶张量双内积符合并联运算法则，推导泛函的欧拉方程组和自然边界条件。

解 对泛函取变分，得

$$\delta J=\int_V\left[\frac{\partial F}{\partial u}\delta u+\frac{\partial F}{\partial \boldsymbol{a}}\cdot\delta\boldsymbol{a}+\frac{\partial F}{\partial \boldsymbol{b}}\cdot\delta\boldsymbol{b}+\frac{\partial F}{\partial\nabla(u\boldsymbol{a}\times\boldsymbol{b})}:\delta\nabla(u\boldsymbol{a}\times\boldsymbol{b})\right]\mathrm{d}V \tag{2}$$

令 $\boldsymbol{T}=\dfrac{\partial F}{\partial\nabla(u\boldsymbol{a}\times\boldsymbol{b})}$，$\boldsymbol{c}=\delta(u\boldsymbol{a}\times\boldsymbol{b})$，并利用式(10-2-1)，有

$$\begin{aligned}\boldsymbol{T}:\delta\nabla(u\boldsymbol{a}\times\boldsymbol{b})&=\boldsymbol{T}:\nabla\boldsymbol{c}=\nabla\cdot(\boldsymbol{T}\cdot\boldsymbol{c})-(\nabla\cdot\boldsymbol{T})\cdot\boldsymbol{c}\\&=\nabla\cdot(\boldsymbol{T}\cdot\boldsymbol{c})-(\nabla\cdot\boldsymbol{T})\cdot(\boldsymbol{a}\times\boldsymbol{b}\delta u+u\delta\boldsymbol{a}\times\boldsymbol{b}+u\boldsymbol{a}\times\delta\boldsymbol{b})\\&=\nabla\cdot(\boldsymbol{T}\cdot\boldsymbol{c})-[(\boldsymbol{a}\times\boldsymbol{b})\cdot\nabla\cdot\boldsymbol{T}]\delta u+(u\boldsymbol{b}\times\nabla\cdot\boldsymbol{T})\cdot\delta\boldsymbol{a}+(u\boldsymbol{a}\times\nabla\cdot\boldsymbol{T})\cdot\delta\boldsymbol{b}\end{aligned} \tag{3}$$

将式(3)代入式(2)，得

$$\delta J=\int_V\left\{\left[\frac{\partial F}{\partial u}-(\boldsymbol{a}\times\boldsymbol{b})\cdot\nabla\cdot\boldsymbol{T}\right]\delta u+\left(\frac{\partial F}{\partial \boldsymbol{a}}-u\boldsymbol{b}\times\nabla\cdot\boldsymbol{T}\right)\cdot\delta\boldsymbol{a}+\left(\frac{\partial F}{\partial \boldsymbol{b}}+u\boldsymbol{a}\times\nabla\cdot\boldsymbol{T}\right)\cdot\delta\boldsymbol{b}+\nabla\cdot(\boldsymbol{T}\cdot\boldsymbol{c})\right\}\mathrm{d}V \tag{4}$$

泛函的欧拉方程组为

$$\begin{cases}\dfrac{\partial F}{\partial u}-(\boldsymbol{a}\times\boldsymbol{b})\cdot\nabla\cdot\dfrac{\partial F}{\partial\nabla(u\boldsymbol{a}\times\boldsymbol{b})}=0\\ \dfrac{\partial F}{\partial \boldsymbol{a}}-\boldsymbol{b}\times\nabla\cdot\dfrac{\partial F}{\partial\nabla(u\boldsymbol{a}\times\boldsymbol{b})}=\boldsymbol{0}\\ \dfrac{\partial F}{\partial \boldsymbol{b}}+\boldsymbol{a}\times\nabla\cdot\dfrac{\partial F}{\partial\nabla(u\boldsymbol{a}\times\boldsymbol{b})}=\boldsymbol{0}\end{cases} \tag{5}$$

泛函的自然边界条件为

$$\left.\boldsymbol{n}\cdot\frac{\partial F}{\partial\nabla(u\boldsymbol{a}\times\boldsymbol{b})}\right|_S=\boldsymbol{0} \tag{6}$$

例 10.3.14 含标量乘以向量取左、右梯度的泛函。设二阶张量双内积符合并联运算法则，泛函为

$$J = \int_V F(u, \boldsymbol{a}, \nabla u\boldsymbol{a}, u\boldsymbol{a}\nabla)\,\mathrm{d}V \tag{1}$$

推导它的欧拉方程组和自然边界条件。

解 对泛函取变分，得

$$\delta J = \int_V \left(\frac{\partial F}{\partial u}\delta u + \frac{\partial F}{\partial \boldsymbol{a}} \cdot \delta \boldsymbol{a} + \frac{\partial F}{\partial \nabla u\boldsymbol{a}} : \delta \nabla u\boldsymbol{a} + \frac{\partial F}{\partial u\boldsymbol{a}\nabla} : \delta u\boldsymbol{a}\nabla \right) \mathrm{d}V \tag{2}$$

令 $\boldsymbol{A} = \dfrac{\partial F}{\partial \nabla u\boldsymbol{a}}$， $\boldsymbol{B} = \dfrac{\partial F}{\partial u\boldsymbol{a}\nabla}$，对式(2)后两项积分可写成

$$\boldsymbol{A} : \delta\nabla u\boldsymbol{a} = \nabla\cdot(\boldsymbol{A}\cdot\delta u\boldsymbol{a}) - (\nabla\cdot\boldsymbol{A})\cdot\delta u\boldsymbol{a} = \nabla\cdot(\boldsymbol{A}\cdot\delta u\boldsymbol{a}) - (\nabla\cdot\boldsymbol{A})\cdot\boldsymbol{a}\delta u - u(\nabla\cdot\boldsymbol{A})\cdot\delta\boldsymbol{a} \tag{3}$$

$$\boldsymbol{B} : \delta u\boldsymbol{a}\nabla = \nabla\cdot(\delta u\boldsymbol{a}\cdot\boldsymbol{B}) - (\boldsymbol{B}\cdot\nabla)\cdot\delta u\boldsymbol{a} = \nabla\cdot(\delta u\boldsymbol{a}\cdot\boldsymbol{B}) - (\boldsymbol{B}\cdot\nabla)\cdot\boldsymbol{a}\delta u - u(\boldsymbol{B}\cdot\nabla)\cdot\delta\boldsymbol{a} \tag{4}$$

将式(3)代入式(2)，得

$$\begin{aligned}\delta J = {} & \int_V \left\{ \left[\frac{\partial F}{\partial u} - (\nabla\cdot\boldsymbol{A} + \boldsymbol{B}\cdot\nabla)\cdot\boldsymbol{a} \right]\delta u + \left[\frac{\partial F}{\partial \boldsymbol{a}} - u(\nabla\cdot\boldsymbol{A} + \boldsymbol{B}\cdot\nabla) \right]\cdot\delta\boldsymbol{a} \right\} \mathrm{d}V \\ & + \int_V [\nabla\cdot(\boldsymbol{A}\cdot\delta u\boldsymbol{a}) + \nabla\cdot(\delta u\boldsymbol{a}\cdot\boldsymbol{B})]\,\mathrm{d}V\end{aligned} \tag{5}$$

泛函的欧拉方程组为

$$\begin{cases} \dfrac{\partial F}{\partial u} - \left(\nabla\cdot\dfrac{\partial F}{\partial \nabla u\boldsymbol{a}} + \dfrac{\partial F}{\partial u\boldsymbol{a}\nabla}\cdot\nabla \right)\cdot\boldsymbol{a} = 0 \\ \dfrac{\partial F}{\partial \boldsymbol{a}} - u\left(\nabla\cdot\dfrac{\partial F}{\partial \nabla u\boldsymbol{a}} + \dfrac{\partial F}{\partial u\boldsymbol{a}\nabla}\cdot\nabla \right) = \boldsymbol{0} \end{cases} \tag{6}$$

自然边界条件为

$$\boldsymbol{n}\cdot\frac{\partial F}{\partial \nabla u\boldsymbol{a}}\bigg|_S = \boldsymbol{0}，\quad \frac{\partial F}{\partial u\boldsymbol{a}\nabla}\cdot\boldsymbol{n}\bigg|_S = \boldsymbol{0} \tag{7}$$

例 10.3.15 含标量的函数乘以向量取左、右梯度的泛函。设二阶张量双内积符合并联运算法则，试推导泛函

$$J = \int_V F(u, \boldsymbol{a}, \nabla f(u)\boldsymbol{a}, f(u)\boldsymbol{a}\nabla)\,\mathrm{d}V \tag{1}$$

的欧拉方程组和自然边界条件。

解 令 $f = f(u)$，对泛函取变分，得

$$\delta J = \int_V \left(\frac{\partial F}{\partial u}\delta u + \frac{\partial F}{\partial \boldsymbol{a}}\cdot\delta\boldsymbol{a} + \frac{\partial F}{\partial \nabla f\boldsymbol{a}}\cdot\delta f\boldsymbol{a} + \frac{\partial F}{\partial f\boldsymbol{a}\nabla} : \delta f\boldsymbol{a}\nabla \right) \mathrm{d}V \tag{2}$$

令 $\boldsymbol{A} = \dfrac{\partial F}{\partial \nabla f\boldsymbol{a}}$， $\boldsymbol{B} = \dfrac{\partial F}{\partial f\boldsymbol{a}\nabla}$，对式(2)后两项积分可写成

$$\boldsymbol{A} : \delta\nabla f\boldsymbol{a} = \nabla\cdot(\boldsymbol{A}\cdot\delta f\boldsymbol{a}) - (\nabla\cdot\boldsymbol{A})\cdot\delta f\boldsymbol{a} = \nabla\cdot(\boldsymbol{A}\cdot\delta f\boldsymbol{a}) - (\nabla\cdot\boldsymbol{A})\cdot\boldsymbol{a}f_u\delta u - f(\nabla\cdot\boldsymbol{A})\cdot\delta\boldsymbol{a} \tag{3}$$

$$\boldsymbol{B} : \delta f\boldsymbol{a}\nabla = \nabla\cdot(\delta f\boldsymbol{a}\cdot\boldsymbol{B}) - (\boldsymbol{B}\cdot\nabla)\cdot\delta f\boldsymbol{a} = \nabla\cdot(\delta f\boldsymbol{a}\cdot\boldsymbol{B}) - (\boldsymbol{B}\cdot\nabla)\cdot\boldsymbol{a}f_u\delta u - f(\boldsymbol{B}\cdot\nabla)\cdot\delta\boldsymbol{a} \tag{4}$$

将式(3)代入式(2)，得

$$\begin{aligned}\delta J = {} & \int_V \left\{ \left[\frac{\partial F}{\partial u} - f_u(\nabla\cdot\boldsymbol{A} + \boldsymbol{B}\cdot\nabla)\cdot\boldsymbol{a} \right]\delta u + \left[\frac{\partial F}{\partial \boldsymbol{a}} - f(\nabla\cdot\boldsymbol{A} + \boldsymbol{B}\cdot\nabla) \right]\cdot\delta\boldsymbol{a} \right\} \mathrm{d}V \\ & + \int_V [\nabla\cdot(\boldsymbol{A}\cdot\delta f\boldsymbol{a}) + \nabla\cdot(\delta f\boldsymbol{a}\cdot\boldsymbol{B})]\,\mathrm{d}V\end{aligned} \tag{5}$$

泛函的欧拉方程组为

$$\begin{cases}\dfrac{\partial F}{\partial u}-f_u(u)\left(\nabla\cdot\dfrac{\partial F}{\partial\nabla f(u)\boldsymbol{a}}+\dfrac{\partial F}{\partial f(u)\boldsymbol{a}\nabla}\cdot\nabla\right)\cdot\boldsymbol{a}=0\\ \dfrac{\partial F}{\partial\boldsymbol{a}}-f(u)\left(\nabla\cdot\dfrac{\partial F}{\partial\nabla f(u)\boldsymbol{a}}+\dfrac{\partial F}{\partial f(u)\boldsymbol{a}\nabla}\cdot\nabla\right)=\boldsymbol{0}\end{cases}\tag{6}$$

自然边界条件为

$$\boldsymbol{n}\cdot\frac{\partial F}{\partial\nabla f(u)\boldsymbol{a}}\bigg|_S=\boldsymbol{0}\text{，}\quad\frac{\partial F}{\partial f(u)\boldsymbol{a}\nabla}\cdot\boldsymbol{n}\bigg|_S=\boldsymbol{0}\tag{7}$$

10.4 散度型泛函的欧拉方程

变量最终可以表示成散度的泛函称为**散度型泛函**。或者说如果泛函所依赖的函数最终可以用函数的散度表示，则这样的泛函称为**散度型泛函**。本节讨论散度型泛函的变分问题。

例 10.4.1 含拉普拉斯算子的泛函。写出泛函

$$J=\int_V F(u,\nabla\cdot\nabla u)\,\mathrm{d}V=\int_V F(u,\Delta u)\,\mathrm{d}V\tag{1}$$

的欧拉方程和自然边界条件。

解 对泛函取变分，得

$$\delta J=\int_V\left(\frac{\partial F}{\partial u}\delta u+\frac{\partial F}{\partial\nabla\cdot\nabla u}\delta\nabla\cdot\nabla u\right)\mathrm{d}V\tag{2}$$

令 $\varphi=\dfrac{\partial F}{\partial\nabla\cdot\nabla u}=\dfrac{\partial F}{\partial\Delta u}$，对于式(2)右端第二项，有

$$\varphi\delta\nabla\cdot\nabla u=\varphi\nabla\cdot\nabla\delta u=\nabla\cdot\varphi\nabla\delta u-\nabla\varphi\cdot\nabla\delta u=\nabla\cdot\varphi\nabla\delta u-\nabla\cdot(\nabla\varphi\delta u)+(\nabla\cdot\nabla\varphi)\delta u\tag{3}$$

将式(3)代入式(2)，得

$$\delta J=\int_V\left[\left(\frac{\partial F}{\partial u}+\Delta\varphi\right)\delta u+\nabla\cdot(\varphi\nabla\delta u)-\nabla\cdot(\nabla\varphi\delta u)\right]\mathrm{d}V\tag{4}$$

泛函的欧拉方程为

$$\frac{\partial F}{\partial u}+\Delta\frac{\partial F}{\partial\Delta u}=0\tag{5}$$

自然边界条件为

$$\frac{\partial F}{\partial\Delta u}\bigg|_S=0\text{，}\quad\nabla\frac{\partial F}{\partial\Delta u}\cdot\boldsymbol{n}\bigg|_S=0\tag{6}$$

例 10.4.2 具有双重拉普拉斯算子的泛函，其表达式为

$$J=\int_V F(u,\Delta\Delta u)\,\mathrm{d}V\tag{1}$$

写出泛函的欧拉方程和自然边界条件。

解 对泛函取变分，得

$$\delta J=\int_V\left(\frac{\partial F}{\partial u}\delta u+\frac{\partial F}{\partial\Delta\Delta u}\delta\Delta\Delta u\right)\mathrm{d}V\tag{2}$$

对于式(2)右端第二项，令 $\varphi=\dfrac{\partial F}{\partial\Delta\Delta u}$，$v=\Delta u$，利用例10.4.1的结果，有

$$
\begin{aligned}
\varphi\delta\nabla\cdot\nabla v &= \varphi\nabla\cdot\nabla\delta v = \nabla\cdot\varphi\nabla\delta v - \nabla\varphi\cdot\nabla\delta v = \nabla\cdot\varphi\nabla\delta v - \nabla\cdot(\nabla\varphi\delta v) + \Delta\varphi\delta v \\
&= \nabla\cdot\varphi\nabla\delta v - \nabla\cdot(\nabla\varphi\delta v) + \Delta\varphi\delta\nabla\cdot\nabla u \\
&= \nabla\cdot\varphi\nabla\delta v - \nabla\cdot(\nabla\varphi\delta v) + \nabla\cdot(\Delta\varphi\nabla\delta u) - \nabla\cdot(\nabla\Delta\varphi\delta u) + \Delta\Delta\varphi\delta u \\
&= \nabla\cdot(\varphi\nabla\Delta\delta u) - \nabla\cdot(\nabla\varphi\Delta\delta u) + \nabla\cdot(\Delta\varphi\nabla\delta u) - \nabla\cdot(\nabla\Delta\varphi\delta u) + \Delta\Delta\varphi\delta u
\end{aligned} \tag{3}
$$

将式(3)代入式(2)，得

$$
\delta J = \int_V \left[\left(\frac{\partial F}{\partial u} + \Delta\Delta\varphi \right)\delta u + \nabla\cdot(\varphi\nabla\Delta\delta u) - \nabla\cdot(\nabla\varphi\Delta\delta u) + \nabla\cdot(\Delta\varphi\nabla\delta u) - \nabla\cdot(\nabla\Delta\varphi\delta u) \right] \mathrm{d}V \tag{4}
$$

泛函的欧拉方程为

$$
\frac{\partial F}{\partial u} + \Delta\Delta \frac{\partial F}{\partial \Delta\Delta u} = 0 \tag{5}
$$

自然边界条件为

$$
\varphi\big|_S = 0，\quad \nabla\varphi\cdot\boldsymbol{n}\big|_S = 0，\quad \Delta\varphi\big|_S = 0，\quad \nabla\Delta\varphi\cdot\boldsymbol{n}\big|_S = 0 \tag{6}
$$

推论　设泛函

$$
J = \int_V F(u, \Delta^n u)\,\mathrm{d}V \tag{1}
$$

式中，$\Delta^n = \underbrace{\Delta\Delta\cdots\Delta}_{n}$，其欧拉方程为

$$
\frac{\partial F}{\partial u} + \Delta^n \frac{\partial F}{\partial \Delta^n u} = 0 \tag{2}
$$

自然边界条件为

$$
\varphi\big|_S = 0，\quad \nabla\varphi\cdot\boldsymbol{n}\big|_S = 0，\quad \Delta\varphi\big|_S = 0，\quad \cdots，\quad \nabla\Delta^{n-1}\varphi\cdot\boldsymbol{n}\big|_S = 0 \tag{3}
$$

例 10.4.3　含拉普拉斯算子作用于 n 个标量连乘的泛函。求泛函

$$
J = \int_V F\left(u_1, u_2, \cdots, u_n, \Delta\prod_{i=1}^n u_i \right)\mathrm{d}V \tag{1}
$$

的欧拉方程组和自然边界条件。

解　对泛函取变分，得

$$
\delta J = \int_V \left(\sum_{i=1}^n \frac{\partial F}{\partial u_i}\delta u_i + \frac{\partial F}{\partial \Delta\prod_{i=1}^n u_i}\delta\Delta\prod_{i=1}^n u_i \right)\mathrm{d}V \tag{2}
$$

令 $\varphi = \dfrac{\partial F}{\partial \Delta\prod_{i=1}^n u_i}$，式(2)后一项积分可写成

$$
\begin{aligned}
\varphi\delta\Delta\prod_{i=1}^n u_i &= \varphi\delta\nabla\cdot\nabla\prod_{i=1}^n u_i = \varphi\nabla\cdot\nabla\delta\prod_{i=1}^n u_i = \nabla\cdot\varphi\nabla\delta\prod_{i=1}^n u_i - \nabla\varphi\cdot\nabla\delta\prod_{i=1}^n u_i \\
&= \nabla\cdot\varphi\nabla\delta\prod_{i=1}^n u_i - \nabla\cdot\left[(\nabla\varphi)\delta\prod_{i=1}^n u_i \right] + \Delta\varphi\sum_{i=1}^n\prod_{i=1}^n u_i\frac{\delta u_i}{u_i}
\end{aligned} \tag{3}
$$

将式(3)代入式(2)，得

$$
\delta J = \int_V \left\{ \sum_{i=1}^n \left(\frac{\partial F}{\partial u_i} + \frac{\Delta\varphi}{u_i}\prod_{i=1}^n u_i \right)\delta u_i + \nabla\cdot\left(\varphi\nabla\delta\prod_{i=1}^n u_i \right) - \nabla\cdot\left[(\nabla\varphi)\delta\prod_{i=1}^n u_i \right] \right\}\mathrm{d}V \tag{4}
$$

泛函的欧拉方程组为

$$\frac{\partial F}{\partial u_i}+\frac{1}{u_i}\prod_{i=1}^{n}u_i\,\Delta\frac{\partial F}{\partial\Delta\prod\limits_{i=1}^{n}u_i}=0 \tag{5}$$

自然边界条件为

$$\left.\frac{\partial F}{\partial\Delta\prod\limits_{i=1}^{n}u_i}\right|_S=0\,,\quad \left.\nabla\frac{\partial F}{\partial\Delta\prod\limits_{i=1}^{n}u_i}\cdot\boldsymbol{n}\right|_S=0 \tag{6}$$

例 10.4.4 含标量与向量相乘取散度的泛函。推导泛函

$$J=\int_V F(u,\boldsymbol{a},\nabla\cdot u\boldsymbol{a})\,\mathrm{d}V \tag{1}$$

的欧拉方程组和自然边界条件。

解 对泛函取变分，得

$$\delta J=\int_V\left(\frac{\partial F}{\partial u}\delta u+\frac{\partial F}{\partial\boldsymbol{a}}\cdot\delta\boldsymbol{a}+\frac{\partial F}{\partial\nabla\cdot u\boldsymbol{a}}\delta\nabla\cdot u\boldsymbol{a}\right)\mathrm{d}V \tag{2}$$

令 $\varphi=\dfrac{\partial F}{\partial\nabla\cdot u\boldsymbol{a}}$，对式(2)最后一项积分可写成

$$\varphi\delta\nabla\cdot u\boldsymbol{a}=\varphi\nabla\cdot\delta u\boldsymbol{a}=\nabla\cdot\varphi\delta u\boldsymbol{a}-\nabla\varphi\cdot\delta u\boldsymbol{a}=\nabla\cdot\varphi\delta u\boldsymbol{a}-\nabla\varphi\cdot(\boldsymbol{a}\delta u+u\delta\boldsymbol{a}) \tag{3}$$

将式(3)代入式(2)，得

$$\delta J=\int_V\left[\left(\frac{\partial F}{\partial u}-\boldsymbol{a}\cdot\nabla\varphi\right)\delta u+\left(\frac{\partial F}{\partial\boldsymbol{a}}-u\nabla\varphi\right)\cdot\delta\boldsymbol{a}+\nabla\cdot(\varphi\delta u\boldsymbol{a})\right]\mathrm{d}V \tag{4}$$

泛函的欧拉方程组为

$$\begin{cases}\dfrac{\partial F}{\partial u}-\boldsymbol{a}\cdot\nabla\dfrac{\partial F}{\partial\nabla\cdot u\boldsymbol{a}}=0\\[2ex]\dfrac{\partial F}{\partial\boldsymbol{a}}-u\nabla\dfrac{\partial F}{\partial\nabla\cdot u\boldsymbol{a}}=\boldsymbol{0}\end{cases} \tag{5}$$

自然边界条件为

$$\left.\frac{\partial F}{\partial\nabla\cdot u\boldsymbol{a}}\right|_S=0 \tag{6}$$

注意，式(6)给出的自然边界条件只是简单的形式，如果泛函附加其他边界条件，则需要把面积分的 $\delta(u\boldsymbol{a})$ 展开，与 φ 相乘构成自然边界条件，再与其他边界条件构成完整的边界条件。对于其他一些例题也是如此。将 $\varphi\delta u\boldsymbol{a}$ 展开，有

$$\varphi\delta u\boldsymbol{a}=\varphi(\boldsymbol{a}\delta u+u\delta\boldsymbol{a})=\varphi\boldsymbol{a}\delta u+\varphi u\delta\boldsymbol{a} \tag{7}$$

于是，泛函的自然边界条件可更加具体地写成

$$\left.\frac{\partial F}{\partial\nabla\cdot u\boldsymbol{a}}\boldsymbol{a}\cdot\boldsymbol{n}\right|_S=0\,,\quad \left.u\frac{\partial F}{\partial\nabla\cdot u\boldsymbol{a}}\boldsymbol{n}\right|_S=0 \tag{8}$$

显然，由于 $u\boldsymbol{a}\neq\boldsymbol{0}$，故式(8)的两式可化为式(6)。

例 10.4.5 含标量的函数与向量的乘积取散度的泛函。推导泛函

$$J=\int_V F(u,\boldsymbol{a},\nabla\cdot f(u)\boldsymbol{a})\,\mathrm{d}V \tag{1}$$

的欧拉方程组和自然边界条件。

解 令 $f=f(u)$，对泛函取变分，得

$$\delta J = \int_V \left(\frac{\partial F}{\partial u}\delta u + \frac{\partial F}{\partial \boldsymbol{a}}\cdot\delta\boldsymbol{a} + \frac{\partial F}{\partial \nabla\cdot f\boldsymbol{a}}\delta\nabla\cdot f\boldsymbol{a} \right)\mathrm{d}V \tag{2}$$

令 $\varphi = \dfrac{\partial F}{\partial \nabla\cdot f\boldsymbol{a}}$，$\boldsymbol{b} = \delta(f\boldsymbol{a}) = \boldsymbol{a}f_u\delta u + f\delta\boldsymbol{a}$，有

$$\begin{aligned}\varphi\delta\nabla\cdot f\boldsymbol{a} &= \varphi\nabla\cdot\boldsymbol{b} = \nabla\cdot\varphi\boldsymbol{b} - \nabla\varphi\cdot\boldsymbol{b} = \nabla\cdot\varphi\boldsymbol{b} - \nabla\varphi\cdot(\boldsymbol{a}f_u\delta u + f\delta\boldsymbol{a}) \\ &= \nabla\cdot\varphi\boldsymbol{b} - (f_u\boldsymbol{a}\cdot\nabla\varphi)\delta u + f\nabla\varphi\cdot\delta\boldsymbol{a} \end{aligned} \tag{3}$$

将式(3)代入式(2)，得

$$\delta J = \int_V \left[\left(\frac{\partial F}{\partial u} - f_u\boldsymbol{a}\cdot\nabla\varphi \right)\delta u + \left(\frac{\partial F}{\partial \boldsymbol{a}} - f\nabla\varphi \right)\cdot\delta\boldsymbol{a} + \nabla\cdot\varphi\boldsymbol{b} \right]\mathrm{d}V \tag{4}$$

泛函的欧拉方程组为

$$\begin{cases} \dfrac{\partial F}{\partial u} - f_u(u)\boldsymbol{a}\cdot\nabla\dfrac{\partial F}{\partial \nabla\cdot f(u)\boldsymbol{a}} = 0 \\ \dfrac{\partial F}{\partial \boldsymbol{a}} - f(u)\nabla\dfrac{\partial F}{\partial \nabla\cdot f(u)\boldsymbol{a}} = \boldsymbol{0} \end{cases} \tag{5}$$

自然边界条件为

$$\left.\frac{\partial F}{\partial \nabla\cdot f(u)\boldsymbol{a}}\right| = 0 \tag{6}$$

例 10.4.6 含标量与两向量叉积相乘取散度的泛函。推导泛函

$$J = \int_V F(u,\boldsymbol{a},\boldsymbol{b},\nabla\cdot(u\boldsymbol{a}\times\boldsymbol{b}))\mathrm{d}V \tag{1}$$

的欧拉方程组和自然边界条件。

解 对泛函取变分，得

$$\delta J = \int_V \left[\frac{\partial F}{\partial u}\delta u + \frac{\partial F}{\partial \boldsymbol{a}}\cdot\delta\boldsymbol{a} + \frac{\partial F}{\partial \boldsymbol{b}}\cdot\delta\boldsymbol{b} + \frac{\partial F}{\partial \nabla\cdot(u\boldsymbol{a}\times\boldsymbol{b})}\delta\nabla\cdot(u\boldsymbol{a}\times\boldsymbol{b}) \right]\mathrm{d}V \tag{2}$$

令 $\varphi = \dfrac{\partial F}{\partial \nabla\cdot(u\boldsymbol{a}\times\boldsymbol{b})}$，$\boldsymbol{c} = \delta(u\boldsymbol{a}\times\boldsymbol{b})$，并利用三向量混合积公式，有

$$\begin{aligned}\varphi\delta\nabla\cdot(u\boldsymbol{a}\times\boldsymbol{b}) &= \varphi\nabla\cdot\delta(u\boldsymbol{a}\times\boldsymbol{b}) = \varphi\nabla\cdot\boldsymbol{c} = \nabla\cdot\varphi\boldsymbol{c} - \boldsymbol{c}\cdot\nabla\varphi \\ &= \nabla\cdot\varphi\boldsymbol{c} - \nabla\varphi\cdot(\boldsymbol{a}\times\boldsymbol{b}\delta u + u\delta\boldsymbol{a}\times\boldsymbol{b} + u\boldsymbol{a}\times\delta\boldsymbol{b}) \\ &= \nabla\cdot\varphi\boldsymbol{c} - [(\boldsymbol{a}\times\boldsymbol{b})\cdot\nabla\varphi]\delta u - (u\boldsymbol{b}\times\nabla\varphi)\cdot\delta\boldsymbol{a} + (u\boldsymbol{a}\times\nabla\varphi)\cdot\delta\boldsymbol{b}\end{aligned} \tag{3}$$

将式(3)代入式(2)，得

$$\delta J = \int_V \left\{ \left[\frac{\partial F}{\partial u} - (\boldsymbol{a}\times\boldsymbol{b})\cdot\nabla\varphi \right]\delta u + \left(\frac{\partial F}{\partial \boldsymbol{a}} - u\boldsymbol{b}\times\nabla\varphi \right)\cdot\delta\boldsymbol{a} + \left(\frac{\partial F}{\partial \boldsymbol{b}} + u\boldsymbol{a}\times\nabla\varphi \right)\cdot\delta\boldsymbol{b} + \nabla\cdot(\varphi\boldsymbol{c}) \right\}\mathrm{d}V \tag{4}$$

泛函的欧拉方程组为

$$\begin{cases} \dfrac{\partial F}{\partial u} - (\boldsymbol{a}\times\boldsymbol{b})\cdot\nabla\dfrac{\partial F}{\partial \nabla\cdot(u\boldsymbol{a}\times\boldsymbol{b})} = 0 \\ \dfrac{\partial F}{\partial \boldsymbol{a}} - u\boldsymbol{b}\times\nabla\dfrac{\partial F}{\partial \nabla\cdot(u\boldsymbol{a}\times\boldsymbol{b})} = \boldsymbol{0} \\ \dfrac{\partial F}{\partial \boldsymbol{b}} + u\boldsymbol{a}\times\nabla\dfrac{\partial F}{\partial \nabla\cdot(u\boldsymbol{a}\times\boldsymbol{b})} = \boldsymbol{0} \end{cases} \tag{5}$$

自然边界条件为

$$\left.\frac{\partial F}{\partial\nabla\cdot(u\boldsymbol{a}\times\boldsymbol{b})}\right|_S=0 \tag{6}$$

例 10.4.7 含两向量叉积与另两向量内积之商取散度的泛函。推导泛函

$$J=\int_V F\left(\boldsymbol{a},\boldsymbol{b},\boldsymbol{c},\boldsymbol{d},\nabla\cdot\frac{\boldsymbol{a}\times\boldsymbol{b}}{\boldsymbol{c}\cdot\boldsymbol{d}}\right)\mathrm{d}V \tag{1}$$

的欧拉方程组和自然边界条件。

解 对泛函取变分，得

$$\delta J=\int_V\left[\frac{\partial F}{\partial\boldsymbol{a}}\cdot\delta\boldsymbol{a}+\frac{\partial F}{\partial\boldsymbol{b}}\cdot\delta\boldsymbol{b}+\frac{\partial F}{\partial\boldsymbol{c}}\cdot\delta\boldsymbol{c}+\frac{\partial F}{\partial\boldsymbol{d}}\cdot\delta\boldsymbol{d}+\frac{\partial F}{\partial\nabla\cdot(\boldsymbol{a}\times\boldsymbol{b}/\boldsymbol{c}\cdot\boldsymbol{d})}\delta\nabla\cdot(\boldsymbol{a}\times\boldsymbol{b}/\boldsymbol{c}\cdot\boldsymbol{d})\right]\mathrm{d}V \tag{2}$$

令 $\varphi=\dfrac{\partial F}{\partial\nabla\cdot(\boldsymbol{a}\times\boldsymbol{b}/\boldsymbol{c}\cdot\boldsymbol{d})}$，并利用三向量混合积公式，对式(2)最后一项积分可写成

$$\begin{aligned}&\varphi\delta\nabla\cdot(\boldsymbol{a}\times\boldsymbol{b}/\boldsymbol{c}\cdot\boldsymbol{d})=\varphi\nabla\cdot\delta(\boldsymbol{a}\times\boldsymbol{b}/\boldsymbol{c}\cdot\boldsymbol{d})=\nabla\cdot[\varphi\delta(\boldsymbol{a}\times\boldsymbol{b}/\boldsymbol{c}\cdot\boldsymbol{d})]-(\nabla\varphi)\cdot\delta(\boldsymbol{a}\times\boldsymbol{b}/\boldsymbol{c}\cdot\boldsymbol{d})\\&=\nabla\cdot[\varphi\delta(\boldsymbol{a}\times\boldsymbol{b}/\boldsymbol{c}\cdot\boldsymbol{d})]-(\nabla\varphi)\cdot\frac{(\boldsymbol{c}\cdot\boldsymbol{d})(\boldsymbol{a}\times\delta\boldsymbol{b}+\delta\boldsymbol{a}\times\boldsymbol{b})-(\boldsymbol{a}\times\boldsymbol{b})(\boldsymbol{c}\cdot\delta\boldsymbol{d}+\boldsymbol{d}\cdot\delta\boldsymbol{c})}{(\boldsymbol{c}\cdot\boldsymbol{d})^2}\\&=\nabla\cdot[\varphi\delta(\boldsymbol{a}\times\boldsymbol{b}/\boldsymbol{c}\cdot\boldsymbol{d})]+\frac{(\boldsymbol{a}\times\nabla\varphi)\cdot\delta\boldsymbol{b}-(\boldsymbol{b}\times\nabla\varphi)\cdot\delta\boldsymbol{a}}{(\boldsymbol{c}\cdot\boldsymbol{d})}+\frac{(\nabla\varphi)\cdot(\boldsymbol{a}\times\boldsymbol{b})(\boldsymbol{c}\cdot\delta\boldsymbol{d}+\boldsymbol{d}\cdot\delta\boldsymbol{c})}{(\boldsymbol{c}\cdot\boldsymbol{d})^2}\end{aligned} \tag{3}$$

将式(3)代入式(2)，得

$$\begin{aligned}\delta J=&\int_V\left\{\left(\frac{\partial F}{\partial\boldsymbol{a}}-\frac{\boldsymbol{b}\times\nabla\varphi}{(\boldsymbol{c}\cdot\boldsymbol{d})}\right)\cdot\delta\boldsymbol{a}+\left(\frac{\partial F}{\partial\boldsymbol{b}}+\frac{\boldsymbol{a}\times\nabla\varphi}{(\boldsymbol{c}\cdot\boldsymbol{d})}\right)\cdot\delta\boldsymbol{b}+\left[\frac{\partial F}{\partial\boldsymbol{c}}+\frac{\nabla\varphi\cdot(\boldsymbol{a}\times\boldsymbol{b})}{(\boldsymbol{c}\cdot\boldsymbol{d})^2}\boldsymbol{d}\right]\cdot\delta\boldsymbol{c}\right.\\&\left.+\left[\frac{\partial F}{\partial\boldsymbol{d}}+\frac{\nabla\varphi\cdot(\boldsymbol{a}\times\boldsymbol{b})}{(\boldsymbol{c}\cdot\boldsymbol{d})^2}\boldsymbol{c}\right]\cdot\delta\boldsymbol{d}\right\}\mathrm{d}V+\int_V\nabla\cdot\left(\varphi\delta\frac{\boldsymbol{a}\times\boldsymbol{b}}{\boldsymbol{c}\cdot\boldsymbol{d}}\right)\mathrm{d}V\end{aligned} \tag{4}$$

泛函的欧拉方程组为

$$\begin{cases}\dfrac{\partial F}{\partial\boldsymbol{a}}-\dfrac{\boldsymbol{b}}{\boldsymbol{c}\cdot\boldsymbol{d}}\times\nabla\dfrac{\partial F}{\partial\nabla\cdot(\boldsymbol{a}\times\boldsymbol{b}/\boldsymbol{c}\cdot\boldsymbol{d})}=\boldsymbol{0}\\\dfrac{\partial F}{\partial\boldsymbol{b}}+\dfrac{\boldsymbol{a}}{\boldsymbol{c}\cdot\boldsymbol{d}}\times\nabla\dfrac{\partial F}{\partial\nabla\cdot(\boldsymbol{a}\times\boldsymbol{b}/\boldsymbol{c}\cdot\boldsymbol{d})}=\boldsymbol{0}\\\dfrac{\partial F}{\partial\boldsymbol{c}}+\left[\dfrac{\boldsymbol{a}\times\boldsymbol{b}}{(\boldsymbol{c}\cdot\boldsymbol{d})^2}\cdot\nabla\dfrac{\partial F}{\partial\nabla\cdot(\boldsymbol{a}\times\boldsymbol{b}/\boldsymbol{c}\cdot\boldsymbol{d})}\right]\boldsymbol{d}=\boldsymbol{0}\\\dfrac{\partial F}{\partial\boldsymbol{d}}+\left[\dfrac{\boldsymbol{a}\times\boldsymbol{b}}{(\boldsymbol{c}\cdot\boldsymbol{d})^2}\cdot\nabla\dfrac{\partial F}{\partial\nabla\cdot(\boldsymbol{a}\times\boldsymbol{b}/\boldsymbol{c}\cdot\boldsymbol{d})}\right]\boldsymbol{c}=\boldsymbol{0}\end{cases} \tag{5}$$

泛函的自然边界条件为

$$\left.\frac{\partial F}{\partial\nabla\cdot(\boldsymbol{a}\times\boldsymbol{b}/\boldsymbol{c}\cdot\boldsymbol{d})}\right|_S=0 \tag{6}$$

例 10.4.8 含标量、向量的模和向量三者乘积取散度的泛函。推导泛函

$$J=\int_V F(u,\boldsymbol{a},\nabla\cdot u|\boldsymbol{a}|\boldsymbol{a})\mathrm{d}V \tag{1}$$

的欧拉方程组和自然边界条件。

解 对泛函取变分，得

$$\delta J=\int_V\left[\frac{\partial F}{\partial u}\delta u+\frac{\partial F}{\partial\boldsymbol{a}}\delta\boldsymbol{a}+\frac{\partial F}{\partial\nabla\cdot(u|\boldsymbol{a}|\boldsymbol{a})}\delta\nabla\cdot(u|\boldsymbol{a}|\boldsymbol{a})\right]\mathrm{d}V \tag{2}$$

令 $\varphi=\dfrac{\partial F}{\partial\nabla\cdot(u|\boldsymbol{a}|\boldsymbol{a})}$，式(2)被积函数最后一项可写成

$$\begin{aligned}\varphi\delta\nabla\cdot\left(u|\boldsymbol{a}|\boldsymbol{a}\right)&=\varphi\nabla\cdot\delta\left(u|\boldsymbol{a}|\boldsymbol{a}\right)=\nabla\cdot\left[\varphi\delta\left(u|\boldsymbol{a}|\boldsymbol{a}\right)\right]-\nabla\varphi\cdot\left(|\boldsymbol{a}|\boldsymbol{a}\delta u+u\boldsymbol{a}\delta|\boldsymbol{a}|+u|\boldsymbol{a}|\delta\boldsymbol{a}\right)\\&=\nabla\cdot\left[\varphi\delta(u|\boldsymbol{a}|\boldsymbol{a})\right]-\nabla\varphi\cdot\left(|\boldsymbol{a}|\boldsymbol{a}\delta u+u\boldsymbol{a}\delta|\boldsymbol{a}|+u|\boldsymbol{a}|\delta\boldsymbol{a}\right)\\&=\nabla\cdot\left[\varphi\delta(u|\boldsymbol{a}|\boldsymbol{a})\right]-\left(|\boldsymbol{a}|\boldsymbol{a}\cdot\nabla\varphi\right)\delta u-(u\boldsymbol{a}\cdot\nabla\varphi)\frac{\boldsymbol{a}}{|\boldsymbol{a}|}\cdot\delta\boldsymbol{a}-\left(u|\boldsymbol{a}|\nabla\varphi\right)\cdot\delta\boldsymbol{a}\end{aligned}\tag{3}$$

将式(3)代入式(2)，得

$$\delta J=\int_V\left\{\left(\frac{\partial F}{\partial u}-|\boldsymbol{a}|\boldsymbol{a}\cdot\nabla\varphi\right)\delta u+\left[\frac{\partial F}{\partial\boldsymbol{a}}-(u\boldsymbol{a}\cdot\nabla\varphi)\frac{\boldsymbol{a}}{|\boldsymbol{a}|}-u|\boldsymbol{a}|\nabla\varphi\right]\cdot\delta\boldsymbol{a}+\nabla\cdot\left[\varphi\delta\left(u|\boldsymbol{a}|\boldsymbol{a}\right)\right]\right\}\mathrm{d}V\tag{4}$$

泛函的欧拉方程组为

$$\begin{cases}\dfrac{\partial F}{\partial u}-|\boldsymbol{a}|\boldsymbol{a}\cdot\nabla\dfrac{\partial F}{\partial\nabla\cdot\left(u|\boldsymbol{a}|\boldsymbol{a}\right)}=0\\[2ex]\dfrac{\partial F}{\partial\boldsymbol{a}}-\left[u\boldsymbol{a}\cdot\nabla\dfrac{\partial F}{\partial\nabla\cdot\left(u|\boldsymbol{a}|\boldsymbol{a}\right)}\right]\dfrac{\boldsymbol{a}}{|\boldsymbol{a}|}-u|\boldsymbol{a}|\nabla\dfrac{\partial F}{\partial\nabla\cdot\left(u|\boldsymbol{a}|\boldsymbol{a}\right)}=\boldsymbol{0}\end{cases}\tag{5}$$

泛函的自然边界条件为

$$\left.\frac{\partial F}{\partial\nabla\cdot\left(u|\boldsymbol{a}|\boldsymbol{a}\right)}\right|_S=0\tag{6}$$

例 10.4.9 含拉普拉斯算子的泛函。设二阶张量双内积符合张量并联内积运算法则，推导泛函

$$J=\int_V F(u,\boldsymbol{a},\nabla\cdot\nabla(u\boldsymbol{a}))\,\mathrm{d}V\tag{1}$$

的欧拉方程组和自然边界条件。

解 对泛函取变分，得

$$\delta J=\int_V\left[\frac{\partial F}{\partial u}\delta u+\frac{\partial F}{\partial\boldsymbol{a}}\cdot\delta\boldsymbol{a}+\frac{\partial F}{\partial\nabla\cdot\nabla(u\boldsymbol{a})}\cdot\delta\nabla\cdot\nabla(u\boldsymbol{a})\right]\mathrm{d}V\tag{2}$$

令 $\boldsymbol{b}=\dfrac{\partial F}{\partial\nabla\cdot\nabla(u\boldsymbol{a})}$，对式(2)最后一项积分可写成

$$\begin{aligned}\boldsymbol{b}\cdot\delta\nabla\cdot\nabla(u\boldsymbol{a})&=\boldsymbol{b}\cdot\nabla\cdot\nabla\delta(u\boldsymbol{a})=\nabla\cdot[\nabla\delta(u\boldsymbol{a})\cdot\boldsymbol{b}]-\nabla\boldsymbol{b}:\nabla\delta(u\boldsymbol{a})\\&=\nabla\cdot[\nabla\delta(u\boldsymbol{a})\cdot\boldsymbol{b}]-\nabla\cdot[\nabla\boldsymbol{b}\cdot\delta(u\boldsymbol{a})]+(\nabla\cdot\nabla\boldsymbol{b})\cdot(u\delta\boldsymbol{a}+\boldsymbol{a}\delta u)\end{aligned}\tag{3}$$

将式(3)代入式(2)，得

$$\delta J=\int_V\left\{\left(\frac{\partial F}{\partial u}+\boldsymbol{a}\cdot\nabla\cdot\nabla\boldsymbol{b}\right)\delta u+\left(\frac{\partial F}{\partial\boldsymbol{a}}+u\nabla\cdot\nabla\boldsymbol{b}\right)\cdot\delta\boldsymbol{a}+\nabla\cdot[\nabla\delta(u\boldsymbol{a})\cdot\boldsymbol{b}]-\nabla\cdot[\nabla\boldsymbol{b}\cdot\delta(u\boldsymbol{a})]\right\}\mathrm{d}V\tag{4}$$

泛函的欧拉方程组为

$$\begin{cases}\dfrac{\partial F}{\partial u}+\boldsymbol{a}\cdot\nabla\cdot\nabla\dfrac{\partial F}{\partial\nabla\cdot\nabla(u\boldsymbol{a})}=0\\[2ex]\dfrac{\partial F}{\partial\boldsymbol{a}}+u\nabla\cdot\nabla\dfrac{\partial F}{\partial\nabla\cdot\nabla(u\boldsymbol{a})}=\boldsymbol{0}\end{cases}\tag{5}$$

泛函的自然边界条件为

$$\left.\frac{\partial F}{\partial\nabla\cdot\nabla(u\boldsymbol{a})}\right|_S=\boldsymbol{0}\text{，}\quad \boldsymbol{n}\cdot\nabla\left.\frac{\partial F}{\partial\nabla\cdot\nabla(u\boldsymbol{a})}\right|_S=\boldsymbol{0} \tag{6}$$

例 10.4.10 含标量与另一标量的梯度乘积取散度的泛函。求泛函

$$J=\int_V F(u,v,\nabla\cdot(u\nabla v))\,\mathrm{d}V \tag{1}$$

的欧拉方程组和自然边界条件。

解 对泛函取变分，得

$$\delta J=\int_V\left[\frac{\partial F}{\partial u}\delta u+\frac{\partial F}{\partial v}\delta v+\frac{\partial F}{\partial\nabla\cdot(u\nabla v)}\delta\nabla\cdot(u\nabla v)\right]\mathrm{d}V \tag{2}$$

令 $\varphi=\dfrac{\partial F}{\partial\nabla\cdot(u\nabla v)}$，对式(2)最后一项积分可写成

$$\begin{aligned}\varphi\delta\nabla\cdot(u\nabla v)&=\varphi\nabla\cdot(\delta u\nabla v)=\nabla\cdot(\varphi\delta u\nabla v)-\nabla\varphi\cdot(\nabla v\delta u+u\delta\nabla v)\\&=\nabla\cdot(\varphi\delta u\nabla v)-\nabla\varphi\cdot\nabla v\delta u-u\nabla\varphi\cdot\nabla\delta v\\&=\nabla\cdot(\varphi\delta u\nabla v)-\nabla\varphi\cdot\nabla v\delta u-\nabla\cdot(u\nabla\varphi\delta v)+(\nabla\cdot u\nabla\varphi)\delta v\end{aligned} \tag{3}$$

将式(3)代入式(2)，得

$$\delta J=\int_V\left[\left(\frac{\partial F}{\partial u}-\nabla v\cdot\nabla\varphi\right)\delta u+\left(\frac{\partial F}{\partial v}+\nabla\cdot u\nabla\varphi\right)\delta v+\nabla\cdot(\varphi\delta u\nabla v)-\nabla\cdot(u\nabla\varphi\delta v)\right]\mathrm{d}V \tag{4}$$

泛函的欧拉方程组为

$$\begin{cases}\dfrac{\partial F}{\partial u}-\nabla v\cdot\nabla\dfrac{\partial F}{\partial\nabla\cdot(u\nabla v)}=0\\[2ex]\dfrac{\partial F}{\partial v}+\nabla\cdot u\nabla\dfrac{\partial F}{\partial\nabla\cdot(u\nabla v)}=0\end{cases} \tag{5}$$

自然边界条件为

$$\left.\frac{\partial F}{\partial\nabla\cdot u\nabla v}\right|_S=0\text{，}\quad u\nabla\left.\frac{\partial F}{\partial\nabla\cdot u\nabla v}\cdot\boldsymbol{n}\right|_S=0 \tag{6}$$

例 10.4.11 含两个标量各自梯度的内积乘以向量再取散度的泛函。推导泛函

$$J=\int_V F(u,v,\boldsymbol{a},\nabla\cdot(\nabla u\cdot\nabla v)\boldsymbol{a})\,\mathrm{d}V \tag{1}$$

的欧拉方程组和自然边界条件。

解 对泛函取变分，得

$$\delta J=\int_V\left[\frac{\partial F}{\partial u}\delta u+\frac{\partial F}{\partial v}\delta v+\frac{\partial F}{\partial\boldsymbol{a}}\cdot\delta\boldsymbol{a}+\frac{\partial F}{\partial\nabla\cdot(\nabla u\cdot\nabla v)\boldsymbol{a}}\delta\nabla\cdot(\nabla u\cdot\nabla v)\boldsymbol{a}\right]\mathrm{d}V \tag{2}$$

令

$$\varphi=\frac{\partial F}{\partial\nabla\cdot(\nabla u\cdot\nabla v)\boldsymbol{a}}$$

$$\boldsymbol{b}=\delta(\nabla u\cdot\nabla v)\boldsymbol{a}=\boldsymbol{a}(\nabla v\cdot\nabla\delta u+\nabla u\cdot\nabla\delta v)+(\nabla u\cdot\nabla v)\delta\boldsymbol{a}$$

式(2)被积函数最后一项可写成

$$\begin{aligned}\varphi\nabla\cdot\boldsymbol{b}&=\nabla\cdot\varphi\boldsymbol{b}-\nabla\varphi\cdot[\boldsymbol{a}(\nabla v\cdot\nabla\delta u+\nabla u\cdot\nabla\delta v)+(\nabla u\cdot\nabla v)\delta\boldsymbol{a}]\\&=\nabla\cdot\varphi\boldsymbol{b}-(\boldsymbol{a}\cdot\nabla\varphi)\nabla v\cdot\nabla\delta u-(\boldsymbol{a}\cdot\nabla\varphi)\nabla u\cdot\nabla\delta v-(\nabla u\cdot\nabla v)\nabla\varphi\cdot\delta\boldsymbol{a}\\&=\nabla\cdot\varphi\boldsymbol{b}-\nabla\cdot[(\boldsymbol{a}\cdot\nabla\varphi)\nabla v\delta u]+[\nabla\cdot(\boldsymbol{a}\cdot\nabla\varphi\nabla v)]\delta u\\&\quad-\nabla\cdot[(\boldsymbol{a}\cdot\nabla\varphi)\nabla u\delta v]+[\nabla\cdot(\boldsymbol{a}\cdot\nabla\varphi\nabla u)]\delta v-(\nabla u\cdot\nabla v)\nabla\varphi\cdot\delta\boldsymbol{a}\end{aligned} \tag{3}$$

将式(3)代入式(2)，得

$$\delta J=\int_V\left\{\left[\frac{\partial F}{\partial u}+\nabla\cdot(\boldsymbol{a}\cdot\nabla\varphi\nabla v)\right]\delta u+\left[\frac{\partial F}{\partial v}+\nabla\cdot(\boldsymbol{a}\cdot\nabla\varphi\nabla u)\right]\delta v+\left[\frac{\partial F}{\partial \boldsymbol{a}}-(\nabla u\cdot\nabla v)\nabla\varphi\right]\cdot\delta\boldsymbol{a}\right\}\mathrm{d}V \\ +\int_V\{\nabla\cdot\varphi\boldsymbol{b}-\nabla\cdot[(\boldsymbol{a}\cdot\nabla\varphi\nabla v)\delta u]-\nabla\cdot[(\boldsymbol{a}\cdot\nabla\varphi\nabla u)\delta v]\}\mathrm{d}V \tag{4}$$

利用高斯公式把第二个体积分化为面积分，有

$$\int_V\{\nabla\cdot\varphi\boldsymbol{b}-\nabla\cdot[(\boldsymbol{a}\cdot\nabla\varphi\nabla v)\delta u]-\nabla\cdot[(\boldsymbol{a}\cdot\nabla\varphi\nabla u)\delta v]\}\mathrm{d}V \\ =\oint_S[\varphi\boldsymbol{a}(\nabla v\cdot\nabla\delta u)+\varphi\boldsymbol{a}(\nabla u\cdot\nabla\delta v)+\varphi(\nabla u\cdot\nabla v)\delta\boldsymbol{a}-(\boldsymbol{a}\cdot\nabla\varphi\nabla v)\delta u-(\boldsymbol{a}\cdot\nabla\varphi\nabla u)\delta v]\cdot\mathrm{d}\boldsymbol{S} \tag{5}$$

泛函的欧拉方程组为

$$\begin{cases}\dfrac{\partial F}{\partial u}+\nabla\cdot\left[\boldsymbol{a}\cdot\nabla\dfrac{\partial F}{\partial\nabla\cdot(\nabla u\cdot\nabla v)\boldsymbol{a}}\right]\nabla v=0\\ \dfrac{\partial F}{\partial v}+\nabla\cdot\left[\boldsymbol{a}\cdot\nabla\dfrac{\partial F}{\partial\nabla\cdot(\nabla u\cdot\nabla v)\boldsymbol{a}}\right]\nabla u=0\\ \dfrac{\partial F}{\partial \boldsymbol{a}}-(\nabla u\cdot\nabla v)\nabla\dfrac{\partial F}{\partial\nabla\cdot(\nabla u\cdot\nabla v)\boldsymbol{a}}=\boldsymbol{0}\end{cases} \tag{6}$$

自然边界条件为

$$\left.\frac{\partial F}{\partial\nabla\cdot(\nabla u\cdot\nabla v)\boldsymbol{a}}\right|_S=0,\quad \boldsymbol{a}\cdot\frac{\partial F}{\partial\nabla\cdot(\nabla u\cdot\nabla v)\boldsymbol{a}}\nabla u\cdot\boldsymbol{n}\Big|_S=0,\quad \left.\boldsymbol{a}\cdot\frac{\partial F}{\partial\nabla\cdot(\nabla u\cdot\nabla v)\boldsymbol{a}}\nabla v\cdot\boldsymbol{n}\right|_S=0 \tag{7}$$

例 10.4.12 含三向量向量积取散度的泛函。设泛函

$$J=\int_V F(\boldsymbol{a},\boldsymbol{b},\boldsymbol{c},\nabla\cdot\boldsymbol{a}\times(\boldsymbol{b}\times\boldsymbol{c}))\mathrm{d}V \tag{1}$$

推导它的欧拉方程组和自然边界条件。

解 对泛函取变分，得

$$\delta J=\int_V\left[\frac{\partial F}{\partial\boldsymbol{a}}\cdot\delta\boldsymbol{a}+\frac{\partial F}{\partial\boldsymbol{b}}\cdot\delta\boldsymbol{b}+\frac{\partial F}{\partial\boldsymbol{c}}\cdot\delta\boldsymbol{c}+\frac{\partial F}{\partial\nabla\cdot[\boldsymbol{a}\times(\boldsymbol{b}\times\boldsymbol{c})]}\delta\nabla\cdot\boldsymbol{a}\times(\boldsymbol{b}\times\boldsymbol{c})\right]\mathrm{d}V \tag{2}$$

令

$$\varphi=\frac{\partial F}{\partial\nabla\cdot\boldsymbol{a}\times(\boldsymbol{b}\times\boldsymbol{c})}$$

$$\boldsymbol{d}=\delta[\boldsymbol{a}\times(\boldsymbol{b}\times\boldsymbol{c})]=\delta\boldsymbol{a}\times(\boldsymbol{b}\times\boldsymbol{c})+\boldsymbol{a}\times(\delta\boldsymbol{b}\times\boldsymbol{c})+\boldsymbol{a}\times(\boldsymbol{b}\times\delta\boldsymbol{c})$$

再根据三向量混合积公式，有

$$\begin{aligned}\varphi\delta\nabla\cdot[\boldsymbol{a}\times(\boldsymbol{b}\times\boldsymbol{c})]&=\varphi\nabla\cdot\delta[\boldsymbol{a}\times(\boldsymbol{b}\times\boldsymbol{c})]=\varphi\nabla\cdot\boldsymbol{d}=\nabla\cdot\varphi\boldsymbol{d}-\nabla\varphi\cdot\boldsymbol{d}\\&=\nabla\cdot\varphi\boldsymbol{d}-\nabla\varphi\cdot[\delta\boldsymbol{a}\times(\boldsymbol{b}\times\boldsymbol{c})+\boldsymbol{a}\times(\delta\boldsymbol{b}\times\boldsymbol{c})+\boldsymbol{a}\times(\boldsymbol{b}\times\delta\boldsymbol{c})]\\&=\nabla\cdot\varphi\boldsymbol{d}-[(\boldsymbol{b}\times\boldsymbol{c})\times\nabla\varphi]\cdot\delta\boldsymbol{a}+\boldsymbol{a}\times\nabla\varphi\cdot(\delta\boldsymbol{b}\times\boldsymbol{c})+\boldsymbol{a}\times\nabla\varphi\cdot(\boldsymbol{b}\times\delta\boldsymbol{c})\\&=\nabla\cdot\varphi\boldsymbol{d}-[(\boldsymbol{b}\times\boldsymbol{c})\times\nabla\varphi]\cdot\delta\boldsymbol{a}+[\boldsymbol{c}\times(\boldsymbol{a}\times\nabla\varphi)]\cdot\delta\boldsymbol{b}+[(\boldsymbol{a}\times\nabla\varphi)\times\boldsymbol{b}]\cdot\delta\boldsymbol{c}\end{aligned} \tag{3}$$

将式(3)代入式(2)，得

$$\delta J=\int_V\left\{\left[\frac{\partial F}{\partial\boldsymbol{a}}-(\boldsymbol{b}\times\boldsymbol{c})\times\nabla\varphi\right]\cdot\delta\boldsymbol{a}+\left[\frac{\partial F}{\partial\boldsymbol{b}}+\boldsymbol{c}\times(\boldsymbol{a}\times\nabla\varphi)\right]\cdot\delta\boldsymbol{b}+\left[\frac{\partial F}{\partial\boldsymbol{c}}-\boldsymbol{b}\times(\boldsymbol{a}\times\nabla\varphi)\right]\cdot\delta\boldsymbol{c}+\nabla\cdot\varphi\boldsymbol{d}\right\}\mathrm{d}V \tag{4}$$

泛函的欧拉方程组为

$$\begin{cases}\dfrac{\partial F}{\partial \boldsymbol{a}}-(\boldsymbol{b}\times\boldsymbol{c})\times\nabla\dfrac{\partial F}{\partial\nabla\cdot\boldsymbol{a}\times(\boldsymbol{b}\times\boldsymbol{c})}=\boldsymbol{0}\\ \dfrac{\partial F}{\partial \boldsymbol{b}}+\boldsymbol{c}\times\left[\boldsymbol{a}\times\nabla\dfrac{\partial F}{\partial\nabla\cdot\boldsymbol{a}\times(\boldsymbol{b}\times\boldsymbol{c})}\right]=\boldsymbol{0}\\ \dfrac{\partial F}{\partial \boldsymbol{c}}-\boldsymbol{b}\times\left[\boldsymbol{a}\times\nabla\dfrac{\partial F}{\partial\nabla\cdot\boldsymbol{a}\times(\boldsymbol{b}\times\boldsymbol{c})}\right]=\boldsymbol{0}\end{cases} \tag{5}$$

自然边界条件为

$$\left.\frac{\partial F}{\partial\nabla\cdot\boldsymbol{a}\times(\boldsymbol{b}\times\boldsymbol{c})}\right|_S=0 \tag{6}$$

例 10.4.13 含三向量向量积取散度的泛函，其中有一个向量是标量的梯度。设泛函

$$J=\int_V F(u,\boldsymbol{a},\boldsymbol{b},\nabla\cdot\nabla u\times(\boldsymbol{a}\times\boldsymbol{b}))\,\mathrm{d}V \tag{1}$$

推导它的欧拉方程组和自然边界条件。

解 对泛函取变分，得

$$\delta J=\int_V\left[\frac{\partial F}{\partial u}\delta u+\frac{\partial F}{\partial \boldsymbol{a}}\cdot\delta\boldsymbol{a}+\frac{\partial F}{\partial \boldsymbol{b}}\cdot\delta\boldsymbol{b}+\frac{\partial F}{\partial\nabla\cdot\nabla u\times(\boldsymbol{a}\times\boldsymbol{b})}\delta\nabla\cdot\nabla u\times(\boldsymbol{a}\times\boldsymbol{b})\right]\mathrm{d}V \tag{2}$$

令

$$\varphi=\frac{\partial F}{\partial\nabla\cdot\nabla u\times(\boldsymbol{a}\times\boldsymbol{b})}$$

$$\boldsymbol{c}=\delta\nabla u\times(\boldsymbol{a}\times\boldsymbol{b})=\nabla\delta u\times(\boldsymbol{a}\times\boldsymbol{b})+\nabla u\times(\delta\boldsymbol{a}\times\boldsymbol{b})+\nabla u\times(\boldsymbol{a}\times\delta\boldsymbol{b})$$

并利用三向量混合积公式，有

$$\begin{aligned}\varphi\delta\nabla\cdot[\nabla u\times(\boldsymbol{a}\times\boldsymbol{b})]&=\varphi\nabla\cdot\delta[\nabla u\times(\boldsymbol{a}\times\boldsymbol{b})]=\varphi\nabla\cdot\boldsymbol{c}=\nabla\cdot\varphi\boldsymbol{c}-\boldsymbol{c}\cdot\nabla\varphi\\&=\nabla\cdot\varphi\boldsymbol{c}-\nabla\varphi\cdot[\nabla\delta u\times(\boldsymbol{a}\times\boldsymbol{b})+\nabla u\times(\delta\boldsymbol{a}\times\boldsymbol{b})+\nabla u\times(\boldsymbol{a}\times\delta\boldsymbol{b})]\\&=\nabla\cdot\varphi\boldsymbol{c}-(\boldsymbol{a}\times\boldsymbol{b})\times\nabla\varphi\cdot\nabla\delta u-(\nabla\varphi\times\nabla u)\cdot(\delta\boldsymbol{a}\times\boldsymbol{b})-(\nabla\varphi\times\nabla u)\cdot(\boldsymbol{a}\times\delta\boldsymbol{b})\\&=\nabla\cdot\varphi\boldsymbol{c}-\nabla\cdot[(\boldsymbol{a}\times\boldsymbol{b})\times\nabla\varphi\delta u]+\nabla\cdot[(\boldsymbol{a}\times\boldsymbol{b})\times\nabla\varphi]\delta u\\&\quad-[\boldsymbol{b}\times(\nabla\varphi\times\nabla u)]\cdot\delta\boldsymbol{a}-[(\nabla\varphi\times\nabla u)\times\boldsymbol{a}]\cdot\delta\boldsymbol{b}\end{aligned} \tag{3}$$

将式(3)代入式(2)，得

$$\begin{aligned}\delta J=\int_V&\left\{\left[\frac{\partial F}{\partial u}+\nabla\cdot(\boldsymbol{a}\times\boldsymbol{b})\times\nabla\varphi\right]\delta u+\left[\frac{\partial F}{\partial \boldsymbol{a}}-\boldsymbol{b}\times(\nabla\varphi\times\nabla u)\right]\cdot\delta\boldsymbol{a}\right.\\&\left.+\left[\frac{\partial F}{\partial \boldsymbol{b}}+\boldsymbol{a}\times(\nabla\varphi\times\nabla u)\right]\cdot\delta\boldsymbol{b}\right\}\mathrm{d}V+\int_V\{\nabla\cdot\varphi\boldsymbol{c}-\nabla\cdot[(\boldsymbol{a}\times\boldsymbol{b})\times\nabla\varphi\delta u]\}\,\mathrm{d}V\end{aligned} \tag{4}$$

泛函的欧拉方程组为

$$\begin{cases}\dfrac{\partial F}{\partial u}+\nabla\cdot\left[(\boldsymbol{a}\times\boldsymbol{b})\times\nabla\dfrac{\partial F}{\partial\nabla\cdot\nabla u\times(\boldsymbol{a}\times\boldsymbol{b})}\right]=0\\ \dfrac{\partial F}{\partial \boldsymbol{a}}+\boldsymbol{b}\times\left[\nabla u\times\nabla\dfrac{\partial F}{\partial\nabla\cdot\nabla u\times(\boldsymbol{a}\times\boldsymbol{b})}\right]=\boldsymbol{0}\\ \dfrac{\partial F}{\partial \boldsymbol{b}}-\boldsymbol{a}\times\left[\nabla u\times\nabla\dfrac{\partial F}{\partial\nabla\cdot\nabla u\times(\boldsymbol{a}\times\boldsymbol{b})}\right]=\boldsymbol{0}\end{cases} \tag{5}$$

自然边界条件为

$$\left.\frac{\partial F}{\partial\nabla\cdot\nabla u\times(\boldsymbol{a}\times\boldsymbol{b})}\right|_S=0\,,\quad\left.\left[(\boldsymbol{a}\times\boldsymbol{b})\times\nabla\frac{\partial F}{\partial\nabla\cdot\nabla u\times(\boldsymbol{a}\times\boldsymbol{b})}\right]\cdot\boldsymbol{n}\right|_S=0 \tag{6}$$

例 10.4.14 含三向量向量积取散度的泛函，其中有一个向量是标量的梯度。设泛函

$$J=\int_V F(u,\boldsymbol{a},\boldsymbol{b},\nabla\cdot\boldsymbol{a}\times(\nabla u\times\boldsymbol{b}))\,\mathrm{d}V \tag{1}$$

推导它的欧拉方程组和自然边界条件。

解 对泛函取变分，得

$$\delta J=\int_V\left[\frac{\partial F}{\partial u}\delta u+\frac{\partial F}{\partial\boldsymbol{a}}\cdot\delta\boldsymbol{a}+\frac{\partial F}{\partial\boldsymbol{b}}\cdot\delta\boldsymbol{b}+\frac{\partial F}{\partial\nabla\cdot\boldsymbol{a}\times(\nabla u\times\boldsymbol{b})}\delta\nabla\cdot\boldsymbol{a}\times(\nabla u\times\boldsymbol{b})\right]\mathrm{d}V \tag{2}$$

令

$$\varphi=\frac{\partial F}{\partial\nabla\cdot\boldsymbol{a}\times(\nabla u\times\boldsymbol{b})}$$

$$\boldsymbol{c}=\delta[\boldsymbol{a}\times(\nabla u\times\boldsymbol{b})]=\delta\boldsymbol{a}\times(\nabla u\times\boldsymbol{b})+\boldsymbol{a}\times(\nabla\delta u\times\boldsymbol{b})+\boldsymbol{a}\times(\nabla u\times\delta\boldsymbol{b})$$

并利用三向量混合积公式，有

$$\begin{aligned}\varphi\delta\nabla\cdot\boldsymbol{a}\times(\nabla u\times\boldsymbol{b})&=\varphi\nabla\cdot\delta[\boldsymbol{a}\times(\nabla u\times\boldsymbol{b})]=\varphi\nabla\cdot\boldsymbol{c}=\nabla\cdot\varphi\boldsymbol{c}-\boldsymbol{c}\cdot\nabla\varphi\\&=\nabla\cdot\varphi\boldsymbol{c}-\nabla\varphi\cdot[\delta\boldsymbol{a}\times(\nabla u\times\boldsymbol{b})+\boldsymbol{a}\times(\nabla\delta u\times\boldsymbol{b})+\boldsymbol{a}\times(\nabla u\times\delta\boldsymbol{b})]\\&=\nabla\cdot\varphi\boldsymbol{c}-[(\nabla u\times\boldsymbol{b})\times\nabla\varphi]\cdot\delta\boldsymbol{a}-(\nabla\varphi\times\boldsymbol{a})\cdot(\nabla\delta u\times\boldsymbol{b})-(\nabla\varphi\times\boldsymbol{a})\cdot(\nabla u\times\delta\boldsymbol{b})\\&=\nabla\cdot\varphi\boldsymbol{c}-[(\nabla u\times\boldsymbol{b})\times\nabla\varphi]\cdot\delta\boldsymbol{a}+[\boldsymbol{b}\times(\boldsymbol{a}\times\nabla\varphi)]\cdot\nabla\delta u-[\nabla u\times(\boldsymbol{a}\times\nabla\varphi)]\cdot\delta\boldsymbol{b}\\&=\nabla\cdot\varphi\boldsymbol{c}-[(\nabla u\times\boldsymbol{b})\times\nabla\varphi]\cdot\delta\boldsymbol{a}+\nabla\cdot[\boldsymbol{b}\times(\boldsymbol{a}\times\nabla\phi)\delta u]\\&\quad-[\nabla\cdot\boldsymbol{b}\times(\boldsymbol{a}\times\nabla\phi)]\delta u-[\nabla u\times(\boldsymbol{a}\times\nabla\varphi)]\cdot\delta\boldsymbol{b}\end{aligned} \tag{3}$$

将式(3)代入式(2)，得

$$\begin{aligned}\delta J=&\int_V\left\{\left[\frac{\partial F}{\partial u}-\nabla\cdot\boldsymbol{b}\times(\boldsymbol{a}\times\nabla\varphi)\right]\delta u+\left[\frac{\partial F}{\partial\boldsymbol{a}}-(\nabla u\times\boldsymbol{b})\times\nabla\varphi\right]\cdot\delta\boldsymbol{a}\right.\\&\left.+\left[\frac{\partial F}{\partial\boldsymbol{b}}-\nabla u\times(\boldsymbol{a}\times\nabla\varphi)\right]\cdot\delta\boldsymbol{b}\right\}\mathrm{d}V+\int_V[\nabla\cdot\varphi\boldsymbol{c}+\nabla\cdot\boldsymbol{b}\times(\boldsymbol{a}\times\nabla\varphi)\delta u]\,\mathrm{d}V\end{aligned} \tag{4}$$

泛函的欧拉方程组为

$$\begin{cases}\dfrac{\partial F}{\partial u}-\nabla\cdot\boldsymbol{b}\times\left[\boldsymbol{a}\times\nabla\dfrac{\partial F}{\partial\nabla\cdot\boldsymbol{a}\times(\nabla u\times\boldsymbol{b})}\right]=0\\\dfrac{\partial F}{\partial\boldsymbol{a}}+(\boldsymbol{b}\times\nabla u)\times\nabla\dfrac{\partial F}{\partial\nabla\cdot\boldsymbol{a}\times(\nabla u\times\boldsymbol{b})}=\boldsymbol{0}\\\dfrac{\partial F}{\partial\boldsymbol{b}}-\nabla u\times\left[\boldsymbol{a}\times\nabla\dfrac{\partial F}{\partial\nabla\cdot\boldsymbol{a}\times(\nabla u\times\boldsymbol{b})}\right]=\boldsymbol{0}\end{cases} \tag{5}$$

自然边界条件为

$$\left.\frac{\partial F}{\partial\nabla\cdot\boldsymbol{a}\times(\nabla u\times\boldsymbol{b})}\right|_S=0\,,\quad\left.\left\{\boldsymbol{b}\times\left[\boldsymbol{a}\times\nabla\frac{\partial F}{\partial\nabla\cdot\boldsymbol{a}\times(\nabla u\times\boldsymbol{b})}\right]\right\}\cdot\boldsymbol{n}\right|_S=0 \tag{6}$$

例 10.4.15 含三向量向量积取散度的泛函，其中三个向量分别是三个标量的梯度。设泛函

$$J=\int_V F(u,v,w,\nabla\cdot\nabla u\times(\nabla v\times\nabla w))\,\mathrm{d}V \tag{1}$$

求它的欧拉方程组和自然边界条件。

解 对泛函取变分，得

$$\delta J=\int_V\left[\frac{\partial F}{\partial u}\delta u+\frac{\partial F}{\partial v}\delta v+\frac{\partial F}{\partial w}\delta w+\frac{\partial F}{\partial\nabla\cdot\nabla u\times(\nabla v\times\nabla w)}\delta\nabla\cdot\nabla u\times(\nabla v\times\nabla w)\right]\mathrm{d}V \tag{2}$$

令

$$\varphi=\frac{\partial F}{\partial\nabla\cdot\nabla u\times(\nabla v\times\nabla w)}$$

$$\boldsymbol{a}=\delta\nabla u\times(\nabla v\times\nabla w)=\nabla\delta u\times(\nabla v\times\nabla w)+\nabla u\times(\nabla\delta v\times\nabla w)+\nabla u\times(\nabla v\times\nabla\delta w)$$

并利用三向量混合积公式，有

$$\begin{aligned}\varphi\nabla\cdot\delta[\nabla u\times(\nabla v\times\nabla w)]&=\varphi\nabla\cdot\boldsymbol{a}=\nabla\cdot\varphi\boldsymbol{a}-\nabla\varphi\cdot\boldsymbol{a}\\&=\nabla\cdot\varphi\boldsymbol{a}-\nabla\varphi\cdot[\nabla\delta u\times(\nabla v\times\nabla w)+\nabla u\times(\nabla\delta v\times\nabla w)+\nabla u\times(\nabla v\times\nabla\delta w)]\\&=\nabla\cdot\varphi\boldsymbol{a}-[(\nabla v\times\nabla w)\times\nabla\varphi]\cdot\nabla\delta u+(\nabla u\times\nabla\varphi)\cdot(\nabla w\times\nabla\delta v)-(\nabla u\times\nabla\varphi)\cdot(\nabla v\times\nabla\delta w)\\&=\nabla\cdot\varphi\boldsymbol{a}-\nabla\cdot[(\nabla v\times\nabla w)\times\nabla\varphi\delta u]+[\nabla\cdot(\nabla v\times\nabla w)\times\nabla\varphi]\delta u\\&\quad+[(\nabla u\times\nabla\varphi)\times\nabla w]\cdot\nabla\delta v-[(\nabla u\times\nabla\varphi)\times\nabla v]\cdot\nabla\delta w\\&=\nabla\cdot\varphi\boldsymbol{a}-\nabla\cdot[(\nabla v\times\nabla w)\times\nabla\varphi\delta u]+[\nabla\cdot(\nabla v\times\nabla w)\times\nabla\varphi]\delta u+\nabla\cdot[(\nabla u\times\nabla\varphi)\times\nabla w\delta v]\\&\quad-[\nabla\cdot(\nabla u\times\nabla\phi)\times\nabla w]\delta v-\nabla\cdot[(\nabla u\times\nabla\varphi)\times\nabla v\delta w]+[\nabla\cdot(\nabla u\times\nabla\varphi)\times\nabla v]\delta w\end{aligned} \tag{3}$$

将式(3)代入式(2)，得

$$\begin{aligned}\delta J=&\int_V\left\{\left[\frac{\partial F}{\partial u}+\nabla\cdot(\nabla v\times\nabla w)\times\nabla\varphi\right]\delta u+\left[\frac{\partial F}{\partial v}-\nabla\cdot(\nabla u\times\nabla\varphi)\times\nabla w\right]\delta v\right.\\&\left.+\left[\frac{\partial F}{\partial w}+\nabla\cdot(\nabla u\times\nabla\varphi)\times\nabla v\right]\delta w\right\}\mathrm{d}V+\int_V\{\nabla\cdot\varphi\boldsymbol{a}-\nabla\cdot[(\nabla v\times\nabla w)\times\nabla\varphi\delta u]\\&+\nabla\cdot[(\nabla u\times\nabla\varphi)\times\nabla w\delta v]-\nabla\cdot[(\nabla u\times\nabla\varphi)\times\nabla v\delta w]\}\mathrm{d}V\end{aligned} \tag{4}$$

泛函的欧拉方程组为

$$\begin{cases}\dfrac{\partial F}{\partial u}+\nabla\cdot(\nabla v\times\nabla w)\times\nabla\dfrac{\partial F}{\partial\nabla\cdot\nabla u\times(\nabla v\times\nabla w)}=0\\\dfrac{\partial F}{\partial v}+\nabla\cdot\nabla w\times\left[\nabla u\times\nabla\dfrac{\partial F}{\partial\nabla\cdot\nabla u\times(\nabla v\times\nabla w)}\right]=0\\\dfrac{\partial F}{\partial w}-\nabla\cdot\nabla v\times\left[\nabla u\times\nabla\dfrac{\partial F}{\partial\nabla\cdot\nabla u\times(\nabla v\times\nabla w)}\right]=0\end{cases} \tag{5}$$

自然边界条件为

$$\varphi|_S=0\text{，}[(\nabla v\times\nabla w)\times\nabla\varphi]\cdot\boldsymbol{n}|_S=0\text{，}[(\nabla u\times\nabla\varphi)\times\nabla v]\cdot\boldsymbol{n}|_S=0\text{，}[(\nabla u\times\nabla\varphi)\times\nabla v]\cdot\boldsymbol{n}|_S=0 \tag{6}$$

例 10.4.16 含两个标量各自梯度的向量积取散度的泛函。设泛函

$$J=\int_V F(u,v,\nabla\cdot\nabla u\times\nabla v)\mathrm{d}V \tag{1}$$

求它的欧拉方程组和自然边界条件。

解 对泛函取变分，得

$$\delta J=\int_V\left(\frac{\partial F}{\partial u}\delta u+\frac{\partial F}{\partial v}\delta v+\frac{\partial F}{\partial\nabla\cdot\nabla u\times\nabla v}\delta\nabla\cdot\nabla u\times\nabla v\right)\mathrm{d}V \tag{2}$$

令

$$\varphi=\frac{\partial F}{\partial\nabla\cdot\nabla u\times\nabla v}$$

$$\boldsymbol{a}=\delta(\nabla u\times\nabla v)=\nabla\delta u\times\nabla v+\nabla u\times\nabla\delta v$$

并利用三向量混合积公式，有

$$\begin{aligned}\varphi\nabla\cdot\delta(\nabla u\times\nabla v)&=\varphi\nabla\cdot\boldsymbol{a}=\nabla\cdot\varphi\boldsymbol{a}-\nabla\varphi\cdot\boldsymbol{a}=\nabla\cdot\varphi\boldsymbol{a}-\nabla\varphi\cdot(\nabla\delta u\times\nabla v+\nabla u\times\nabla\delta v)\\&=\nabla\cdot\varphi\boldsymbol{a}-(\nabla v\times\nabla\varphi)\cdot\nabla\delta u+(\nabla u\times\nabla\varphi)\cdot\nabla\delta v\\&=\nabla\cdot\varphi\boldsymbol{a}-\nabla\cdot[(\nabla v\times\nabla\varphi)\delta u]+[\nabla\cdot(\nabla v\times\nabla\varphi)]\delta u+\nabla\cdot[(\nabla u\times\nabla\varphi)\delta v]-[\nabla\cdot(\nabla u\times\nabla\varphi)]\delta v\end{aligned}\tag{3}$$

将式(3)代入式(2)，得

$$\begin{aligned}\delta J=&\int_V\left[\left(\frac{\partial F}{\partial u}+\nabla\cdot\nabla v\times\nabla\varphi\right)\delta u+\left(\frac{\partial F}{\partial v}-\nabla\cdot\nabla u\times\nabla\varphi\right)\delta v\right]\mathrm{d}V\\&+\int_V[\nabla\cdot\varphi\boldsymbol{a}-\nabla\cdot(\nabla v\times\nabla\varphi)\delta u+\nabla\cdot(\nabla u\times\nabla\varphi)\delta v]\mathrm{d}V\end{aligned}\tag{4}$$

泛函的欧拉方程组为

$$\begin{cases}\dfrac{\partial F}{\partial u}+\nabla\cdot\nabla v\times\nabla\dfrac{\partial F}{\partial\nabla\cdot\nabla u\times\nabla v}=0\\\dfrac{\partial F}{\partial v}-\nabla\cdot\nabla u\times\nabla\dfrac{\partial F}{\partial\nabla\cdot\nabla u\times\nabla v}=0\end{cases}\tag{5}$$

自然边界条件为

$$\left.\frac{\partial F}{\partial\nabla\cdot\nabla u\times\nabla v}\right|_S=0,\quad\left.\left(\nabla v\times\nabla\frac{\partial F}{\partial\nabla\cdot\nabla u\times\nabla v}\right)\cdot\boldsymbol{n}\right|_S=0,\quad\left.\left(\nabla u\times\nabla\frac{\partial F}{\partial\nabla\cdot\nabla u\times\nabla v}\right)\cdot\boldsymbol{n}\right|_S=0\tag{6}$$

例 10.4.17 含两个标量乘以各自梯度的向量积取散度的泛函。求泛函

$$J=\int_V F(u,v,\nabla\cdot u\nabla u\times v\nabla v)\,\mathrm{d}V\tag{1}$$

的欧拉方程组和自然边界条件。

解 对泛函取变分，得

$$\delta J=\int_V\left(\frac{\partial F}{\partial u}\delta u+\frac{\partial F}{\partial v}\delta v+\frac{\partial F}{\partial\nabla\cdot u\nabla u\times v\nabla v}\delta\nabla\cdot u\nabla u\times v\nabla v\right)\mathrm{d}V\tag{2}$$

令

$$\varphi=\frac{\partial F}{\partial\nabla\cdot u\nabla u\times v\nabla v}$$

$$\boldsymbol{a}=\delta(u\nabla u\times v\nabla v)=(\nabla u\times v\nabla v)\delta u+u\nabla\delta u\times v\nabla v+(u\nabla u\times\nabla v)\delta v+u\nabla u\times v\nabla\delta v$$

并利用三向量混合积公式，有

$$\begin{aligned}\varphi\nabla\cdot\delta(u\nabla u\times v\nabla v)&=\varphi\nabla\cdot\boldsymbol{a}=\nabla\cdot\varphi\boldsymbol{a}-\nabla\varphi\cdot\boldsymbol{a}\\&=\nabla\cdot\varphi\boldsymbol{a}-\nabla\varphi\cdot[(\nabla u\times v\nabla v)\delta u+u\nabla\delta u\times v\nabla v+(u\nabla u\times\nabla v)\delta v+u\nabla u\times v\nabla\delta v]\\&=\nabla\cdot\varphi\boldsymbol{a}-[(\nabla u\times v\nabla v)\cdot\nabla\varphi]\delta u-uv(\nabla v\times\nabla\varphi)\cdot\nabla\delta u\\&\quad-[u(\nabla u\times\nabla v)\cdot\nabla\varphi]\delta v+uv(\nabla u\times\nabla\varphi)\cdot\nabla\delta v\\&=\nabla\cdot\varphi\boldsymbol{a}-[(\nabla u\times v\nabla v)\cdot\nabla\varphi]\delta u-\nabla\cdot[uv(\nabla v\times\nabla\varphi)\delta u]+[\nabla\cdot uv(\nabla v\times\nabla\varphi)]\delta u\\&\quad-[u(\nabla u\times\nabla v)\cdot\nabla\varphi]\delta v+\nabla\cdot[uv(\nabla u\times\nabla\varphi)\delta v]-[\nabla\cdot uv(\nabla u\times\nabla\varphi)]\delta v\end{aligned}\tag{3}$$

将式(3)代入式(2)，得

$$\begin{aligned}\delta J=&\int_V\left\{\left[\frac{\partial F}{\partial u}-(\nabla u\times v\nabla v)\cdot\nabla\varphi+\nabla\cdot uv(\nabla v\times\nabla\varphi)\right]\delta u+\left[\left(\frac{\partial F}{\partial v}-(u\nabla u\times\nabla v)\cdot\nabla\varphi\right.\right.\right.\\&\left.\left.\left.-\nabla\cdot uv(\nabla u\times\nabla\varphi)\right]\delta v\right\}\mathrm{d}V+\int_V\{\nabla\cdot\varphi\boldsymbol{a}-\nabla\cdot[uv(\nabla v\times\nabla\varphi)\delta u]+\nabla\cdot[uv(\nabla u\times\nabla\varphi)\delta v]\}\mathrm{d}V\end{aligned}\tag{4}$$

泛函的欧拉方程组为

$$\begin{cases}\dfrac{\partial F}{\partial u}-(\nabla u\times v\nabla v)\cdot\nabla\dfrac{\partial F}{\partial\nabla\cdot\nabla u\times\nabla v}+\nabla\cdot uv\left(\nabla v\times\nabla\dfrac{\partial F}{\partial\nabla\cdot\nabla u\times\nabla v}\right)=0\\ \dfrac{\partial F}{\partial v}-(u\nabla u\times\nabla v)\cdot\nabla\dfrac{\partial F}{\partial\nabla\cdot\nabla u\times\nabla v}-\nabla\cdot uv\left(\nabla u\times\nabla\dfrac{\partial F}{\partial\nabla\cdot\nabla u\times\nabla v}\right)=0\end{cases}\tag{5}$$

自然边界条件为

$$\varphi|_S=0\text{，}\ uv(\nabla v\times\nabla\varphi)\cdot\boldsymbol{n}|_S=0\text{，}\ uv(\nabla u\times\nabla\varphi)\cdot\boldsymbol{n}|_S=0\tag{6}$$

例 10.4.18 含两向量并矢取散度的泛函。设泛函

$$J=\int_V F(\boldsymbol{a},\boldsymbol{b},\nabla\cdot(\boldsymbol{ab}))\,\mathrm{d}V\tag{1}$$

式中，二阶张量双内积符合并联运算法则，推导它的欧拉方程组和自然边界条件。

解 对泛函取变分，得

$$\delta J=\int_V\left[\frac{\partial F}{\partial\boldsymbol{a}}\cdot\delta\boldsymbol{a}+\frac{\partial F}{\partial\boldsymbol{b}}\cdot\delta\boldsymbol{b}+\frac{\partial F}{\partial\nabla\cdot(\boldsymbol{ab})}\cdot\delta\nabla\cdot(\boldsymbol{ab})\right]\mathrm{d}V\tag{2}$$

令 $\boldsymbol{c}=\dfrac{\partial F}{\partial\nabla\cdot(\boldsymbol{ab})}$，$\boldsymbol{T}=\delta(\boldsymbol{ab})$，并利用式(10-2-1)，有

$$\begin{aligned}\boldsymbol{c}\cdot\delta\nabla\cdot(\boldsymbol{ab})&=\boldsymbol{c}\cdot\nabla\cdot\delta(\boldsymbol{ab})=\boldsymbol{c}\cdot(\nabla\cdot\boldsymbol{T})=\nabla\cdot(\boldsymbol{T}\cdot\boldsymbol{c})-\nabla\boldsymbol{c}:\boldsymbol{T}\\&=\nabla\cdot(\boldsymbol{T}\cdot\boldsymbol{c})-\nabla\boldsymbol{c}:(\delta\boldsymbol{ab}+\boldsymbol{a}\delta\boldsymbol{b})=\nabla\cdot(\boldsymbol{T}\cdot\boldsymbol{c})-[(\nabla\boldsymbol{c})\cdot\boldsymbol{b}]\cdot\delta\boldsymbol{a}-\boldsymbol{a}\cdot(\nabla\boldsymbol{c})\cdot\delta\boldsymbol{b}\end{aligned}\tag{3}$$

将式(3)代入式(2)，得

$$\delta J=\int_V\left\{\left[\frac{\partial F}{\partial\boldsymbol{a}}-(\nabla\boldsymbol{c})\cdot\boldsymbol{b}\right]\cdot\delta\boldsymbol{a}+\left[\frac{\partial F}{\partial\boldsymbol{b}}-\boldsymbol{a}\cdot(\nabla\boldsymbol{c})\right]\cdot\delta\boldsymbol{b}+\nabla\cdot(\boldsymbol{T}\cdot\boldsymbol{c})\right\}\mathrm{d}V\tag{4}$$

泛函的欧拉方程组为

$$\begin{cases}\dfrac{\partial F}{\partial\boldsymbol{a}}-\nabla\dfrac{\partial F}{\partial\nabla\cdot(\boldsymbol{ab})}\cdot\boldsymbol{b}=\boldsymbol{0}\\ \dfrac{\partial F}{\partial\boldsymbol{b}}-\boldsymbol{a}\cdot\nabla\dfrac{\partial F}{\partial\nabla\cdot(\boldsymbol{ab})}=\boldsymbol{0}\end{cases}\tag{5}$$

自然边界条件为

$$\left.\frac{\partial F}{\partial\nabla\cdot(\boldsymbol{ab})}\right|_S=\boldsymbol{0}\tag{6}$$

10.5 旋度型泛函的欧拉方程

变量最终可以表示成旋度的泛函称为**旋度型泛函**。或者说如果泛函所依赖的函数最终可以用函数的旋度表示，则这样的泛函称为**旋度型泛函**。本节讨论旋度型泛函的变分问题。

例 10.5.1 含向量取二次旋度的泛函。设泛函

$$J=\int_V F(\boldsymbol{a},\nabla\times\nabla\times\boldsymbol{a})\,\mathrm{d}V\tag{1}$$

推导它的欧拉方程和自然边界条件。

解 对泛函取变分，得

$$\delta J=\int_V\left(\frac{\partial F}{\partial\boldsymbol{a}}\cdot\delta\boldsymbol{a}+\frac{\partial F}{\partial\nabla\times\nabla\times\boldsymbol{a}}\cdot\delta\nabla\times\nabla\times\boldsymbol{a}\right)\mathrm{d}V\tag{2}$$

令 $\boldsymbol{b}=\dfrac{\partial F}{\partial\nabla\times\nabla\times\boldsymbol{a}}$，利用公式 $\nabla\cdot(\boldsymbol{a}\times\boldsymbol{b})=-\nabla\cdot(\boldsymbol{b}\times\boldsymbol{a})=\boldsymbol{b}\cdot\nabla\times\boldsymbol{a}-\boldsymbol{a}\cdot\nabla\times\boldsymbol{b}$，有

$$\begin{aligned}\boldsymbol{b}\cdot\delta(\nabla\times\nabla\times\boldsymbol{a})&=\boldsymbol{b}\cdot\nabla\times\delta\nabla\times\boldsymbol{a}=-\nabla\cdot(\boldsymbol{b}\times\delta\nabla\times\boldsymbol{a})+\nabla\times\boldsymbol{b}\cdot\delta\nabla\times\boldsymbol{a}\\&=-\nabla\cdot(\boldsymbol{b}\times\delta\nabla\times\boldsymbol{a})+\nabla\times\boldsymbol{b}\cdot\nabla\times\delta\boldsymbol{a}\\&=-\nabla\cdot(\boldsymbol{b}\times\delta\nabla\times\boldsymbol{a})-\nabla\cdot[(\nabla\times\boldsymbol{b})\times\delta\boldsymbol{a}]+(\nabla\times\nabla\times\boldsymbol{b})\cdot\delta\boldsymbol{a}\end{aligned}\tag{3}$$

将式(3)代入式(2)，得

$$\delta J=\int_V\left[\left(\frac{\partial F}{\partial\boldsymbol{a}}+\nabla\times\nabla\times\boldsymbol{b}\right)\cdot\delta\boldsymbol{a}-\nabla\cdot(\boldsymbol{b}\times\delta\nabla\times\boldsymbol{a})-\nabla\cdot(\nabla\times\boldsymbol{b}\times\delta\boldsymbol{a})\right]\mathrm{d}V\tag{4}$$

泛函的欧拉方程为

$$\frac{\partial F}{\partial\boldsymbol{a}}+\nabla\times\nabla\times\frac{\partial F}{\partial\nabla\times\nabla\times\boldsymbol{a}}=\boldsymbol{0}\tag{5}$$

或

$$\frac{\partial F}{\partial\boldsymbol{a}}+\nabla\nabla\cdot\frac{\partial F}{\partial\nabla\times\nabla\times\boldsymbol{a}}-\Delta\frac{\partial F}{\partial\nabla\times\nabla\times\boldsymbol{a}}=\boldsymbol{0}\tag{6}$$

自然边界条件为

$$\boldsymbol{n}\times\frac{\partial F}{\partial\nabla\times\nabla\times\boldsymbol{a}}\bigg|_S=\boldsymbol{0},\quad \boldsymbol{n}\times\nabla\times\frac{\partial F}{\partial\nabla\times\nabla\times\boldsymbol{a}}\bigg|_S=\boldsymbol{0}\tag{7}$$

从式(3)可知，$\boldsymbol{b}\cdot\delta(\nabla^n\times\boldsymbol{a})=(\nabla^n\times\boldsymbol{b})\cdot\delta\boldsymbol{a}+$散度项。

推论 泛函

$$J=\int_V F(\boldsymbol{a},\nabla^n\times\boldsymbol{a})\,\mathrm{d}V\tag{1}$$

的欧拉方程为

$$\frac{\partial F}{\partial\boldsymbol{a}}+\nabla^n\times\frac{\partial F}{\partial\nabla^n\times\boldsymbol{a}}=\boldsymbol{0}\tag{2}$$

自然边界条件为

$$\boldsymbol{n}\times(\nabla\times)^{i-1}\frac{\partial F}{\partial\nabla^n\times\boldsymbol{a}}\bigg|_S=\boldsymbol{0}\qquad(i=1,2,\cdots,n)\tag{3}$$

例 10.5.2 标量与向量相乘取二次旋度的泛函。推导泛函

$$J=\int_V F(u,\boldsymbol{a},\nabla\times\nabla\times u\boldsymbol{a})\,\mathrm{d}V\tag{1}$$

的欧拉方程组和自然边界条件。

解 对泛函取变分，得

$$\delta J=\int_V\left(\frac{\partial F}{\partial u}\delta u+\frac{\partial F}{\partial\boldsymbol{a}}\cdot\delta\boldsymbol{a}+\frac{\partial F}{\partial\nabla\times\nabla\times u\boldsymbol{a}}\cdot\delta\nabla\times\nabla\times u\boldsymbol{a}\right)\mathrm{d}V\tag{2}$$

令 $\boldsymbol{b}=\dfrac{\partial F}{\partial\nabla\times\nabla\times u\boldsymbol{a}}$，利用例10.5.1的结果，$\delta u\boldsymbol{a}=\boldsymbol{a}\delta u+u\delta\boldsymbol{a}$，有

$$\delta J=\int_V\left[\frac{\partial F}{\partial u}\delta u+\frac{\partial F}{\partial\boldsymbol{a}}\cdot\delta\boldsymbol{a}-\nabla\cdot(\boldsymbol{b}\times\delta\nabla\times u\boldsymbol{a})-\nabla\cdot(\nabla\times\boldsymbol{b}\times\delta u\boldsymbol{a})+(\nabla\times\nabla\times\boldsymbol{b})\cdot(\boldsymbol{a}\delta u+u\delta\boldsymbol{a})\right]\mathrm{d}V\tag{3}$$

泛函的欧拉方程组为

$$\begin{cases}\dfrac{\partial F}{\partial u}+\boldsymbol{a}\cdot\nabla\times\nabla\times\dfrac{\partial F}{\partial\nabla\times\nabla\times u\boldsymbol{a}}=0\\[2ex]\dfrac{\partial F}{\partial\boldsymbol{a}}+u\nabla\times\nabla\times\dfrac{\partial F}{\partial\nabla\times\nabla\times u\boldsymbol{a}}=\boldsymbol{0}\end{cases}\tag{4}$$

自然边界条件为

$$\boldsymbol{n}\times\left.\frac{\partial F}{\partial\nabla\times\nabla\times u\boldsymbol{a}}\right|_S=\boldsymbol{0},\quad \boldsymbol{n}\times\nabla\times\left.\frac{\partial F}{\partial\nabla\times\nabla\times u\boldsymbol{a}}\right|_S=\boldsymbol{0} \tag{5}$$

推论 泛函

$$J=\int_V F(u,\boldsymbol{a},(\nabla\times)^n u\boldsymbol{a})\,\mathrm{d}V \tag{1}$$

的欧拉方程组为

$$\begin{cases}\dfrac{\partial F}{\partial u}+\boldsymbol{a}\cdot(\nabla\times)^n\dfrac{\partial F}{\partial(\nabla\times)^n u\boldsymbol{a}}=0\\[2ex] \dfrac{\partial F}{\partial\boldsymbol{a}}+u(\nabla\times)^n\dfrac{\partial F}{\partial(\nabla\times)^n u\boldsymbol{a}}=\boldsymbol{0}\end{cases} \tag{2}$$

自然边界条件为

$$\boldsymbol{n}\times(\nabla\times)^{i-1}\left.\frac{\partial F}{\partial\nabla^n\times u\boldsymbol{a}}\right|_S=\boldsymbol{0}\qquad(i=1,2,\cdots,n) \tag{3}$$

例 10.5.3 含标量的函数与向量的乘积取旋度的泛函。推导泛函

$$J=\int_V F(u,\boldsymbol{a},\nabla\times f(u)\boldsymbol{a})\,\mathrm{d}V \tag{1}$$

的欧拉方程组和自然边界条件。

解 令 $f=f(u)$，对泛函取变分，得

$$\delta J=\int_V\left(\frac{\partial F}{\partial u}\delta u+\frac{\partial F}{\partial\boldsymbol{a}}\cdot\delta\boldsymbol{a}+\frac{\partial F}{\partial\nabla\times f\boldsymbol{a}}\cdot\delta\nabla\times f\boldsymbol{a}\right)\mathrm{d}V \tag{2}$$

令 $\boldsymbol{b}=\dfrac{\partial F}{\partial\nabla\times f\boldsymbol{a}}$，$\boldsymbol{c}=\delta(f\boldsymbol{a})=\boldsymbol{a}f_u\delta u+f\delta\boldsymbol{a}$，有

$$\begin{aligned}\boldsymbol{b}\cdot\delta\nabla\times f\boldsymbol{a}&=-\nabla\cdot(\boldsymbol{b}\times\boldsymbol{c})+\boldsymbol{c}\cdot\nabla\times\boldsymbol{b}=-\nabla\cdot(\boldsymbol{b}\times\boldsymbol{c})+\nabla\times\boldsymbol{b}\cdot(\boldsymbol{a}f_u\delta u+f\delta\boldsymbol{a})\\&=-\nabla\cdot(\boldsymbol{b}\times\boldsymbol{c})+(f_u\boldsymbol{a}\cdot\nabla\times\boldsymbol{b})\delta u+f\nabla\times\boldsymbol{b}\cdot\delta\boldsymbol{a}\end{aligned} \tag{3}$$

将式(3)代入式(2)，得

$$\delta J=\int_V\left[\left(\frac{\partial F}{\partial u}+f_u\boldsymbol{a}\cdot\nabla\times\boldsymbol{b}\right)\delta u+\left(\frac{\partial F}{\partial\boldsymbol{a}}+f\nabla\times\boldsymbol{b}\right)\cdot\delta\boldsymbol{a}-\nabla\cdot(\boldsymbol{b}\times\boldsymbol{c})\right]\mathrm{d}V \tag{4}$$

泛函的欧拉方程组为

$$\begin{cases}\dfrac{\partial F}{\partial u}+f_u(u)\boldsymbol{a}\cdot\nabla\times\dfrac{\partial F}{\partial\nabla\times f(u)\boldsymbol{a}}=0\\[2ex] \dfrac{\partial F}{\partial\boldsymbol{a}}+f(u)\nabla\times\dfrac{\partial F}{\partial\nabla\times f(u)\boldsymbol{a}}=\boldsymbol{0}\end{cases} \tag{5}$$

自然边界条件为

$$\left.\frac{\partial F}{\partial\nabla\times f(u)\boldsymbol{a}}\times\boldsymbol{n}\right|_S=\boldsymbol{0} \tag{6}$$

例 10.5.4 含两个向量叉乘取旋度的泛函。设泛函

$$J=\int_V F(\boldsymbol{a},\boldsymbol{b},\boldsymbol{a}\times\boldsymbol{b},\nabla\times(\boldsymbol{a}\times\boldsymbol{b}))\,\mathrm{d}V \tag{1}$$

推导它的欧拉方程组和自然边界条件。

解 对泛函取变分，得

$$\delta J=\int_V\left[\frac{\partial F}{\partial \boldsymbol{a}}\cdot\delta\boldsymbol{a}+\frac{\partial F}{\partial \boldsymbol{b}}\cdot\delta\boldsymbol{b}+\frac{\partial F}{\partial(\boldsymbol{a}\times\boldsymbol{b})}\cdot\delta(\boldsymbol{a}\times\boldsymbol{b})+\frac{\partial F}{\partial\nabla\times(\boldsymbol{a}\times\boldsymbol{b})}\cdot\delta\nabla\times(\boldsymbol{a}\times\boldsymbol{b})\right]\mathrm{d}V \tag{2}$$

令 $\boldsymbol{c}=\dfrac{\partial F}{\partial(\boldsymbol{a}\times\boldsymbol{b})}$，$\boldsymbol{d}=\dfrac{\partial F}{\partial\nabla\times(\boldsymbol{a}\times\boldsymbol{b})}$，对式(2)后两项取变分可写成

$$\boldsymbol{c}\cdot\delta(\boldsymbol{a}\times\boldsymbol{b})=\boldsymbol{c}\cdot(\delta\boldsymbol{a}\times\boldsymbol{b}+\boldsymbol{a}\times\delta\boldsymbol{b})=(\boldsymbol{b}\times\boldsymbol{c})\cdot\delta\boldsymbol{a}+(\boldsymbol{c}\times\boldsymbol{a})\cdot\delta\boldsymbol{b} \tag{3}$$

$$\begin{aligned}\boldsymbol{d}\cdot\delta\nabla\times(\boldsymbol{a}\times\boldsymbol{b})&=\boldsymbol{d}\cdot\nabla\times\delta(\boldsymbol{a}\times\boldsymbol{b})=-\nabla\cdot[\boldsymbol{d}\times\delta(\boldsymbol{a}\times\boldsymbol{b})]+(\nabla\times\boldsymbol{c})\cdot\delta(\boldsymbol{a}\times\boldsymbol{b})\\&=-\nabla\cdot[\boldsymbol{d}\times\delta(\boldsymbol{a}\times\boldsymbol{b})]+(\nabla\times\boldsymbol{d})\cdot(\delta\boldsymbol{a}\times\boldsymbol{b}+\boldsymbol{a}\times\delta\boldsymbol{b})\\&=-\nabla\cdot[\boldsymbol{d}\times\delta(\boldsymbol{a}\times\boldsymbol{b})]-(\boldsymbol{a}\times\nabla\times\boldsymbol{d})\cdot\delta\boldsymbol{b}+(\boldsymbol{b}\times\nabla\times\boldsymbol{d})\cdot\delta\boldsymbol{a}\end{aligned} \tag{4}$$

将式(3)和式(4)代入式(2)，得

$$\delta J=\int_V\left\{\left[\frac{\partial F}{\partial \boldsymbol{a}}+\boldsymbol{b}\times(\boldsymbol{c}+\nabla\times\boldsymbol{d})\right]\cdot\delta\boldsymbol{a}+\left[\frac{\partial F}{\partial \boldsymbol{b}}-\boldsymbol{a}\times(\boldsymbol{c}+\nabla\times\boldsymbol{d})\right]\cdot\delta\boldsymbol{b}-\nabla\cdot[\boldsymbol{d}\times\delta(\boldsymbol{a}\times\boldsymbol{b})]\right\}\mathrm{d}V \tag{5}$$

泛函的欧拉方程组为

$$\begin{cases}\dfrac{\partial F}{\partial \boldsymbol{a}}+\boldsymbol{b}\times\left[\dfrac{\partial F}{\partial(\boldsymbol{a}\times\boldsymbol{b})}+\nabla\times\dfrac{\partial F}{\partial\nabla\times(\boldsymbol{a}\times\boldsymbol{b})}\right]=\boldsymbol{0}\\[2ex]\dfrac{\partial F}{\partial \boldsymbol{b}}-\boldsymbol{a}\times\left[\dfrac{\partial F}{\partial(\boldsymbol{a}\times\boldsymbol{b})}+\nabla\times\dfrac{\partial F}{\partial\nabla\times(\boldsymbol{a}\times\boldsymbol{b})}\right]=\boldsymbol{0}\end{cases} \tag{6}$$

自然边界条件为

$$\left.\frac{\partial F}{\partial\nabla\times(\boldsymbol{a}\times\boldsymbol{b})}\times\boldsymbol{n}\right|_S=\boldsymbol{0} \tag{7}$$

例 10.5.5 含两向量叉乘取二次旋度的泛函。设泛函

$$J=\int_V F(\boldsymbol{a},\boldsymbol{b},\nabla\times\nabla\times(\boldsymbol{a}\times\boldsymbol{b}))\mathrm{d}V \tag{1}$$

推导它的欧拉方程组和自然边界条件。

解 对泛函取变分，得

$$\delta J=\int_V\left[\frac{\partial F}{\partial \boldsymbol{a}}\cdot\delta\boldsymbol{a}+\frac{\partial F}{\partial \boldsymbol{b}}\cdot\delta\boldsymbol{b}+\frac{\partial F}{\partial\nabla\times\nabla\times(\boldsymbol{a}\times\boldsymbol{b})}\cdot\delta\nabla\times\nabla\times(\boldsymbol{a}\times\boldsymbol{b})\right]\mathrm{d}V \tag{2}$$

令 $\boldsymbol{c}=\dfrac{\partial F}{\partial\nabla\times\nabla\times(\boldsymbol{a}\times\boldsymbol{b})}$，$\boldsymbol{d}=\delta(\boldsymbol{a}\times\boldsymbol{b})$，得

$$\begin{aligned}\boldsymbol{c}\cdot\nabla\times\nabla\times\boldsymbol{d}&=-\nabla\cdot(\boldsymbol{c}\times\nabla\times\boldsymbol{d})+\nabla\times\boldsymbol{c}\cdot\nabla\times\boldsymbol{d}\\&=-\nabla\cdot(\boldsymbol{c}\times\nabla\times\boldsymbol{d})-\nabla\cdot(\nabla\times\boldsymbol{c}\times\boldsymbol{d})+(\nabla\times\nabla\times\boldsymbol{c})\cdot(\boldsymbol{a}\times\delta\boldsymbol{b}-\boldsymbol{b}\times\delta\boldsymbol{a})\\&=-\nabla\cdot(\boldsymbol{c}\times\nabla\times\boldsymbol{d})-\nabla\cdot(\nabla\times\boldsymbol{c}\times\boldsymbol{d})+(\boldsymbol{b}\times\nabla\times\nabla\times\boldsymbol{c})\cdot\delta\boldsymbol{a}-(\boldsymbol{a}\times\nabla\times\nabla\times\boldsymbol{c})\cdot\delta\boldsymbol{b}\end{aligned} \tag{3}$$

将式(3)代入式(2)，得

$$\delta J=\int_V\left[\left(\frac{\partial F}{\partial \boldsymbol{a}}+\boldsymbol{b}\times\nabla\times\nabla\times\boldsymbol{c}\right)\cdot\delta\boldsymbol{a}+\left(\frac{\partial F}{\partial \boldsymbol{b}}-\boldsymbol{a}\times\nabla\times\nabla\times\boldsymbol{c}\right)\cdot\delta\boldsymbol{b}-\nabla\cdot(\boldsymbol{c}\times\nabla\times\boldsymbol{d})-\nabla\cdot(\nabla\times\boldsymbol{c}\times\boldsymbol{d})\right]\mathrm{d}V \tag{4}$$

泛函的欧拉方程组为

$$\begin{cases}\dfrac{\partial F}{\partial \boldsymbol{a}}+\boldsymbol{b}\times\nabla\times\nabla\times\dfrac{\partial F}{\partial\nabla\times\nabla\times(\boldsymbol{a}\times\boldsymbol{b})}=\boldsymbol{0}\\[2ex]\dfrac{\partial F}{\partial \boldsymbol{b}}-\boldsymbol{a}\times\nabla\times\nabla\times\dfrac{\partial F}{\partial\nabla\times\nabla\times(\boldsymbol{a}\times\boldsymbol{b})}=\boldsymbol{0}\end{cases} \tag{5}$$

自然边界条件为

$$\boldsymbol{n}\times\frac{\partial F}{\partial\nabla\times\nabla\times(\boldsymbol{a}\times\boldsymbol{b})}\bigg|_S=\boldsymbol{0}\text{，}\quad \boldsymbol{n}\times\nabla\times\frac{\partial F}{\partial\nabla\times\nabla\times(\boldsymbol{a}\times\boldsymbol{b})}\bigg|_S=\boldsymbol{0} \tag{6}$$

推论 泛函

$$J=\int_V F(\boldsymbol{a},\boldsymbol{b},\nabla^n\times(\boldsymbol{a}\times\boldsymbol{b}))\,\mathrm{d}V \tag{1}$$

的欧拉方程组为

$$\begin{cases}\dfrac{\partial F}{\partial\boldsymbol{a}}+\boldsymbol{b}\times\nabla^n\times\dfrac{\partial F}{\partial\nabla^n\times(\boldsymbol{a}\times\boldsymbol{b})}=\boldsymbol{0}\\[2ex]\dfrac{\partial F}{\partial\boldsymbol{b}}-\boldsymbol{a}\times\nabla^n\times\dfrac{\partial F}{\partial\nabla^n\times(\boldsymbol{a}\times\boldsymbol{b})}=\boldsymbol{0}\end{cases} \tag{2}$$

自然边界条件为

$$\boldsymbol{n}\times\frac{\partial F}{\partial\nabla^n\times(\boldsymbol{a}\times\boldsymbol{b})}\bigg|_S=\boldsymbol{0}\text{，}\quad \boldsymbol{n}\times\nabla\times\frac{\partial F}{\partial\nabla^n\times(\boldsymbol{a}\times\boldsymbol{b})}\bigg|_S=\boldsymbol{0}\text{，}\quad\ldots\text{，}\quad \boldsymbol{n}\times\nabla^{n-1}\times\frac{\partial F}{\partial\nabla^n\times(\boldsymbol{a}\times\boldsymbol{b})}\bigg|_S=\boldsymbol{0} \tag{3}$$

或

$$\boldsymbol{n}\times\nabla^{i-1}\times\frac{\partial F}{\partial\nabla^n\times(\boldsymbol{a}\times\boldsymbol{b})}\bigg|_S=\boldsymbol{0}\qquad(i=1,2,\cdots,n) \tag{4}$$

例 10.5.6 含标量与另一标量的梯度乘积取旋度的泛函。设泛函

$$J=\int_V F(u,v,\nabla\times u\nabla v)\,\mathrm{d}V \tag{1}$$

求它的欧拉方程组和自然边界条件。

解 对泛函取变分，得

$$\delta J=\int_V\left(\frac{\partial F}{\partial u}\delta u+\frac{\partial F}{\partial v}\delta v+\frac{\partial F}{\partial\nabla\times u\nabla v}\cdot\delta\nabla\times u\nabla v\right)\mathrm{d}V \tag{2}$$

令 $\boldsymbol{b}=\dfrac{\partial F}{\partial\nabla\times u\nabla v}$，$\boldsymbol{c}=\delta(u\nabla v)=\nabla v\delta u+u\delta\nabla v$，有

$$\begin{aligned}\boldsymbol{b}\cdot\nabla\times\boldsymbol{c}&=-\nabla\cdot(\boldsymbol{b}\times\boldsymbol{c})+(\nabla\times\boldsymbol{b})\cdot\boldsymbol{c}=-\nabla\cdot(\boldsymbol{b}\times\boldsymbol{c})+(\nabla\times\boldsymbol{b})\cdot(\nabla v\delta u+u\delta\nabla v)\\&=-\nabla\cdot(\boldsymbol{b}\times\boldsymbol{c})+(\nabla v\cdot\nabla\times\boldsymbol{b})\delta u+u\nabla\times\boldsymbol{b}\cdot\nabla\delta v\\&=-\nabla\cdot(\boldsymbol{b}\times\boldsymbol{c})+(\nabla v\cdot\nabla\times\boldsymbol{b})\delta u+\nabla\cdot[(u\nabla\times\boldsymbol{b})\delta v]-(\nabla\cdot u\nabla\times\boldsymbol{b})\delta v\end{aligned} \tag{3}$$

将式(3)代入式(2)，得

$$\delta J=\int_V\left\{\left(\frac{\partial F}{\partial u}+\nabla v\cdot\nabla\times\boldsymbol{b}\right)\delta u+\left(\frac{\partial F}{\partial v}+\nabla\cdot u\nabla\times\boldsymbol{b}\right)\delta v-\nabla\cdot(\boldsymbol{b}\times\boldsymbol{c})+\nabla\cdot[(u\nabla\times\boldsymbol{b})\delta v]\right\}\mathrm{d}V \tag{4}$$

泛函的欧拉方程组为

$$\begin{cases}\dfrac{\partial F}{\partial u}+\nabla v\cdot\nabla\times\dfrac{\partial F}{\partial\nabla\times u\nabla v}=0\\[2ex]\dfrac{\partial F}{\partial v}+\nabla\cdot u\nabla\times\dfrac{\partial F}{\partial\nabla\times u\nabla v}=0\end{cases} \tag{5}$$

自然边界条件为

$$\left(\frac{\partial F}{\partial\nabla\times u\nabla v}\times\boldsymbol{n}\right)\cdot\nabla v\bigg|_S=0\text{，}\quad u\frac{\partial F}{\partial\nabla\times u\nabla v}\times\boldsymbol{n}\bigg|_S=\boldsymbol{0}\text{，}\quad \boldsymbol{n}\cdot u\nabla\times\frac{\partial F}{\partial\nabla\times u\nabla v}\bigg|_S=0 \tag{6}$$

例 10.5.7 含标量与向量的旋度乘积取旋度的泛函。设泛函

$$J=\int_V F(u,\boldsymbol{a},\nabla\times u\nabla\times\boldsymbol{a})\,\mathrm{d}V \tag{1}$$

推导它的欧拉方程组和自然边界条件。

解 对泛函取变分，得

$$\delta J=\int_V\left(\frac{\partial F}{\partial u}\delta u+\frac{\partial F}{\partial \boldsymbol{a}}\cdot\delta\boldsymbol{a}+\frac{\partial F}{\partial\nabla\times u\nabla\times\boldsymbol{a}}\cdot\delta\nabla\times u\nabla\times\boldsymbol{a}\right)\mathrm{d}V \tag{2}$$

令 $\boldsymbol{b}=\dfrac{\partial F}{\partial\nabla\times u\nabla\times\boldsymbol{a}}$，$\boldsymbol{c}=\delta(u\nabla\times\boldsymbol{a})=\nabla\times\boldsymbol{a}\delta u+u\nabla\times\delta\boldsymbol{a}$，有

$$\begin{aligned}\boldsymbol{b}\cdot\nabla\times\boldsymbol{c}&=-\nabla\cdot(\boldsymbol{b}\times\boldsymbol{c})+(\nabla\times\boldsymbol{b})\cdot\boldsymbol{c}=-\nabla\cdot(\boldsymbol{b}\times\boldsymbol{c})+(\nabla\times\boldsymbol{b})\cdot(\nabla\times\boldsymbol{a}\delta u+u\delta\nabla\times\boldsymbol{a})\\&=-\nabla\cdot(\boldsymbol{b}\times\boldsymbol{c})+(\nabla\times\boldsymbol{a}\cdot\nabla\times\boldsymbol{b})\delta u+u\nabla\times\boldsymbol{b}\cdot\nabla\times\delta\boldsymbol{a}\\&=-\nabla\cdot(\boldsymbol{b}\times\boldsymbol{c})+(\nabla\times\boldsymbol{a}\cdot\nabla\times\boldsymbol{b})\delta u-\nabla\cdot(u\nabla\times\boldsymbol{b}\times\delta\boldsymbol{a})+(\nabla\times u\nabla\times\boldsymbol{b})\cdot\delta\boldsymbol{a}\end{aligned} \tag{3}$$

将式(3)代入式(2)，得

$$\delta J=\int_V\left[\left(\frac{\partial F}{\partial u}+\nabla\times\boldsymbol{a}\cdot\nabla\times\boldsymbol{b}\right)\delta u+\left(\frac{\partial F}{\partial\boldsymbol{a}}+\nabla\times u\nabla\times\boldsymbol{b}\right)\cdot\delta\boldsymbol{a}-\nabla\cdot\boldsymbol{b}\times\delta(u\nabla\times\boldsymbol{a})-\nabla\cdot(u\nabla\times\boldsymbol{b}\times\delta\boldsymbol{a})\right]\mathrm{d}V \tag{4}$$

泛函的欧拉方程组为

$$\begin{cases}\dfrac{\partial F}{\partial u}+\nabla\times\boldsymbol{a}\cdot\nabla\times\dfrac{\partial F}{\partial\nabla\times u\nabla\times\boldsymbol{a}}=0\\[2ex]\dfrac{\partial F}{\partial\boldsymbol{a}}+\nabla\times u\nabla\times\dfrac{\partial F}{\partial\nabla\times u\nabla\times\boldsymbol{a}}=\boldsymbol{0}\end{cases} \tag{5}$$

自然边界条件为

$$\left.\frac{\partial F}{\partial\nabla\times u\nabla\times\boldsymbol{a}}\times\boldsymbol{n}\right|_S=\boldsymbol{0},\quad \left.\boldsymbol{n}\cdot u\nabla\times\frac{\partial F}{\partial\nabla\times u\nabla\times\boldsymbol{a}}\right|_S=0 \tag{6}$$

例 10.5.8 含两标量之商乘以向量的旋度再取旋度的泛函。设泛函

$$J=\int_V F\left(u,v,\boldsymbol{a},\nabla\times\frac{u}{v}\nabla\times\boldsymbol{a}\right)\mathrm{d}V \tag{1}$$

推导它的欧拉方程组和自然边界条件。

解 对泛函取变分，得

$$\delta J=\int_V\left(\frac{\partial F}{\partial u}\delta u+\frac{\partial F}{\partial v}\delta v+\frac{\partial F}{\partial\boldsymbol{a}}\cdot\delta\boldsymbol{a}+\frac{\partial F}{\partial\nabla\times\dfrac{u}{v}\nabla\times\boldsymbol{a}}\cdot\delta\nabla\times\frac{u}{v}\nabla\times\boldsymbol{a}\right)\mathrm{d}V \tag{2}$$

令 $\boldsymbol{b}=\dfrac{\partial F}{\partial\nabla\times\dfrac{u}{v}\nabla\times\boldsymbol{a}}$，$\boldsymbol{c}=\delta\dfrac{u}{v}\nabla\times\boldsymbol{a}=\dfrac{\nabla\times\boldsymbol{a}}{v}\delta u+\dfrac{u}{v}\nabla\times\delta\boldsymbol{a}-\dfrac{u\nabla\times\boldsymbol{a}}{v^2}\delta v$，有

$$\begin{aligned}\boldsymbol{b}\cdot\nabla\times\boldsymbol{c}&=-\nabla\cdot(\boldsymbol{b}\times\boldsymbol{c})+\nabla\times\boldsymbol{b}\cdot\left(\frac{\nabla\times\boldsymbol{a}}{v}\delta u+\frac{u}{v}\nabla\times\delta\boldsymbol{a}-\frac{u\nabla\times\boldsymbol{a}}{v^2}\delta v\right)\\&=-\nabla\cdot(\boldsymbol{b}\times\boldsymbol{c})+\frac{\nabla\times\boldsymbol{b}\cdot\nabla\times\boldsymbol{a}}{v}\delta u+\frac{u\nabla\times\boldsymbol{b}}{v}\cdot\nabla\times\delta\boldsymbol{a}-\frac{u\nabla\times\boldsymbol{b}\cdot\nabla\times\boldsymbol{a}}{v^2}\delta v\\&=-\nabla\cdot(\boldsymbol{b}\times\boldsymbol{c})+\frac{\nabla\times\boldsymbol{b}\cdot\nabla\times\boldsymbol{a}}{v}\delta u-\nabla\cdot\left(\frac{u\nabla\times\boldsymbol{b}}{v}\times\delta\boldsymbol{a}\right)+\left(\nabla\times\frac{u\nabla\times\boldsymbol{b}}{v}\right)\cdot\delta\boldsymbol{a}-\frac{u\nabla\times\boldsymbol{b}\cdot\nabla\times\boldsymbol{a}}{v^2}\delta v\end{aligned} \tag{3}$$

将式(3)代入式(2)，得

$$\delta J=\int_V\left[\left(\frac{\partial F}{\partial u}+\frac{\nabla\times\boldsymbol{b}\cdot\nabla\times\boldsymbol{a}}{v}\right)\delta u+\left(\frac{\partial F}{\partial v}-\frac{u\nabla\times\boldsymbol{b}\cdot\nabla\times\boldsymbol{a}}{v^2}\right)\delta v+\left(\frac{\partial F}{\partial\boldsymbol{a}}+\nabla\times\frac{u\nabla\times\boldsymbol{b}}{v}\right)\cdot\delta\boldsymbol{a}\right]\mathrm{d}V$$
$$-\int_V\left[\nabla\cdot(\boldsymbol{b}\times\boldsymbol{c})+\nabla\cdot\left(\frac{u\nabla\times\boldsymbol{b}}{v}\times\delta\boldsymbol{a}\right)\right]\mathrm{d}V \tag{4}$$

泛函的欧拉方程组为

$$\begin{cases}\dfrac{\partial F}{\partial u}+\dfrac{\nabla\times\boldsymbol{a}}{v}\cdot\nabla\times\dfrac{\partial F}{\partial\nabla\times\dfrac{u}{v}\nabla\times\boldsymbol{a}}=0\\ \dfrac{\partial F}{\partial v}-\dfrac{u\nabla\times\boldsymbol{a}}{v^2}\cdot\nabla\times\dfrac{\partial F}{\partial\nabla\times\dfrac{u}{v}\nabla\times\boldsymbol{a}}=0\\ \dfrac{\partial F}{\partial\boldsymbol{a}}+\nabla\times\dfrac{u}{v}\nabla\times\dfrac{\partial F}{\partial\nabla\times\dfrac{u}{v}\nabla\times\boldsymbol{a}}=\boldsymbol{0}\end{cases} \tag{5}$$

自然边界条件为

$$\left.\frac{\partial F}{\partial\nabla\times\dfrac{u}{v}\nabla\times\boldsymbol{a}}\times\boldsymbol{n}\right|_S=\boldsymbol{0}，\quad \left.\frac{u}{v}\left(\nabla\times\frac{\partial F}{\partial\nabla\times\dfrac{u}{v}\nabla\times\boldsymbol{a}}\right)\times\boldsymbol{n}\right|_S=\boldsymbol{0} \tag{6}$$

例 10.5.9 含三向量向量积取旋度的泛函，其中有两个向量相同。设泛函

$$J=\int_V F(\boldsymbol{a},\boldsymbol{b},\nabla\times[\boldsymbol{a}\times(\boldsymbol{a}\times\boldsymbol{b})])\,\mathrm{d}V \tag{1}$$

推导它的欧拉方程组和自然边界条件。

解 对泛函取变分，得

$$\delta J=\int_V\left\{\frac{\partial F}{\partial\boldsymbol{a}}\cdot\delta\boldsymbol{a}+\frac{\partial F}{\partial\boldsymbol{b}}\cdot\delta\boldsymbol{b}+\frac{\partial F}{\partial\nabla\times[\boldsymbol{a}\times(\boldsymbol{a}\times\boldsymbol{b})]}\cdot\delta\nabla\times[\boldsymbol{a}\times(\boldsymbol{a}\times\boldsymbol{b})]\right\}\mathrm{d}V \tag{2}$$

根据 $\boldsymbol{a}\times(\boldsymbol{a}\times\boldsymbol{b})=(\boldsymbol{a}\cdot\boldsymbol{b})\boldsymbol{a}-(\boldsymbol{a}\cdot\boldsymbol{a})\boldsymbol{b}$，令

$$\boldsymbol{c}=\frac{\partial F}{\partial\nabla\times[\boldsymbol{a}\times(\boldsymbol{a}\times\boldsymbol{b})]}$$

$$\boldsymbol{d}=\delta[\boldsymbol{a}\times(\boldsymbol{a}\times\boldsymbol{b})]=\delta[(\boldsymbol{a}\cdot\boldsymbol{b})\boldsymbol{a}-(\boldsymbol{a}\cdot\boldsymbol{a})\boldsymbol{b}]=\boldsymbol{a}(\boldsymbol{b}\cdot\delta\boldsymbol{a})+\boldsymbol{a}(\boldsymbol{a}\cdot\delta\boldsymbol{b})+(\boldsymbol{a}\cdot\boldsymbol{b})\delta\boldsymbol{a}-\boldsymbol{b}(2\boldsymbol{a}\cdot\delta\boldsymbol{a})-(\boldsymbol{a}\cdot\boldsymbol{a})\delta\boldsymbol{b}$$

有

$$\begin{aligned}\boldsymbol{c}\cdot\delta\nabla\times[\boldsymbol{a}\times(\boldsymbol{a}\times\boldsymbol{b})]&=\boldsymbol{c}\cdot\nabla\times\boldsymbol{d}\\&=-\nabla\cdot\boldsymbol{c}\times\boldsymbol{d}+(\nabla\times\boldsymbol{c})\cdot[\boldsymbol{a}(\boldsymbol{b}\cdot\delta\boldsymbol{a})+\boldsymbol{a}(\boldsymbol{a}\cdot\delta\boldsymbol{b})+(\boldsymbol{a}\cdot\boldsymbol{b})\delta\boldsymbol{a}-\boldsymbol{b}(2\boldsymbol{a}\cdot\delta\boldsymbol{a})-(\boldsymbol{a}\cdot\boldsymbol{a})\delta\boldsymbol{b}]\\&=-\nabla\cdot\boldsymbol{c}\times\boldsymbol{d}+(\boldsymbol{a}\cdot\nabla\times\boldsymbol{c})\boldsymbol{b}\cdot\delta\boldsymbol{a}+(\boldsymbol{a}\cdot\nabla\times\boldsymbol{c})\boldsymbol{a}\cdot\delta\boldsymbol{b}+(\boldsymbol{a}\cdot\boldsymbol{b})\nabla\times\boldsymbol{c}\cdot\delta\boldsymbol{a}\\&\quad-(\boldsymbol{b}\cdot\nabla\times\boldsymbol{c})2\boldsymbol{a}\cdot\delta\boldsymbol{a}-(\boldsymbol{a}\cdot\boldsymbol{a})\nabla\times\boldsymbol{c}\cdot\delta\boldsymbol{b}\\&=-\nabla\cdot\boldsymbol{c}\times\boldsymbol{d}+[(\boldsymbol{a}\cdot\nabla\times\boldsymbol{c})\boldsymbol{b}+(\boldsymbol{a}\cdot\boldsymbol{b})\nabla\times\boldsymbol{c}-2\boldsymbol{a}(\boldsymbol{b}\cdot\nabla\times\boldsymbol{c})]\cdot\delta\boldsymbol{a}\\&\quad+[(\boldsymbol{a}\cdot\nabla\times\boldsymbol{c})\boldsymbol{a}-(\boldsymbol{a}\cdot\boldsymbol{a})\nabla\times\boldsymbol{c}]\cdot\delta\boldsymbol{b}\end{aligned} \tag{3}$$

将式(3)代入式(2)，得

$$\begin{aligned}\delta J=\int_V\Big\{&\left[\frac{\partial F}{\partial\boldsymbol{a}}+(\boldsymbol{a}\cdot\nabla\times\boldsymbol{c})\boldsymbol{b}+(\boldsymbol{a}\cdot\boldsymbol{b})\nabla\times\boldsymbol{c}-2\boldsymbol{a}(\boldsymbol{b}\cdot\nabla\times\boldsymbol{c})\right]\cdot\delta\boldsymbol{a}\\&+\left[\frac{\partial F}{\partial\boldsymbol{b}}+(\boldsymbol{a}\cdot\nabla\times\boldsymbol{c})\boldsymbol{a}-(\boldsymbol{a}\cdot\boldsymbol{a})\nabla\times\boldsymbol{c}\right]\cdot\delta\boldsymbol{b}-\nabla\cdot\boldsymbol{c}\times\boldsymbol{d}\Big\}\mathrm{d}V\end{aligned} \tag{4}$$

泛函的欧拉方程组为

$$\begin{cases}\dfrac{\partial F}{\partial \boldsymbol{a}}+\left\{\boldsymbol{a}\cdot\nabla\times\dfrac{\partial F}{\partial\nabla\times[\boldsymbol{a}\times(\boldsymbol{a}\times\boldsymbol{b})]}\right\}\boldsymbol{b}+(\boldsymbol{a}\cdot\boldsymbol{b})\nabla\times\dfrac{\partial F}{\partial\nabla\times[\boldsymbol{a}\times(\boldsymbol{a}\times\boldsymbol{b})]}\\ -2\left\{\boldsymbol{b}\cdot\nabla\times\dfrac{\partial F}{\partial\nabla\times[\boldsymbol{a}\times(\boldsymbol{a}\times\boldsymbol{b}]}\right\}\boldsymbol{a}=\boldsymbol{0}\\ \dfrac{\partial F}{\partial \boldsymbol{b}}+\left\{\boldsymbol{a}\cdot\nabla\times\dfrac{\partial F}{\partial\nabla\times[\boldsymbol{a}\times(\boldsymbol{a}\times\boldsymbol{b})]}\right\}\boldsymbol{a}-(\boldsymbol{a}\cdot\boldsymbol{a})\nabla\times\dfrac{\partial F}{\partial\nabla\times[\boldsymbol{a}\times(\boldsymbol{a}\times\boldsymbol{b})]}=\boldsymbol{0}\end{cases}\tag{5}$$

自然边界条件为

$$\left.\frac{\partial F}{\partial\nabla\times[\boldsymbol{a}\times(\boldsymbol{a}\times\boldsymbol{b})]}\times\boldsymbol{n}\right|_S=\boldsymbol{0}\tag{6}$$

例 10.5.10 含三向量向量积取旋度的泛函。推导泛函

$$J=\int_V F(\boldsymbol{a},\boldsymbol{b},\boldsymbol{c},\nabla\times[\boldsymbol{a}\times(\boldsymbol{b}\times\boldsymbol{c})])\,\mathrm{d}V\tag{1}$$

的欧拉方程组和自然边界条件。

解 对泛函取变分，得

$$\delta J=\int_V\left\{\frac{\partial F}{\partial\boldsymbol{a}}\cdot\delta\boldsymbol{a}+\frac{\partial F}{\partial\boldsymbol{b}}\cdot\delta\boldsymbol{b}+\frac{\partial F}{\partial\boldsymbol{c}}\cdot\delta\boldsymbol{c}+\frac{\partial F}{\partial\nabla\times[\boldsymbol{a}\times(\boldsymbol{b}\times\boldsymbol{c})]}\cdot\delta\nabla\times[\boldsymbol{a}\times(\boldsymbol{b}\times\boldsymbol{c})]\right\}\mathrm{d}V\tag{2}$$

令

$$\boldsymbol{d}=\frac{\partial F}{\partial\nabla\times[\boldsymbol{a}\times(\boldsymbol{b}\times\boldsymbol{c})]}$$

$$\boldsymbol{e}=\delta[\boldsymbol{a}\times(\boldsymbol{b}\times\boldsymbol{c})]=\delta\boldsymbol{a}\times(\boldsymbol{b}\times\boldsymbol{c})+\boldsymbol{a}\times(\delta\boldsymbol{b}\times\boldsymbol{c})+\boldsymbol{a}\times(\boldsymbol{b}\times\delta\boldsymbol{c})$$

有

$$\begin{aligned}\boldsymbol{d}\cdot\delta\nabla\times[\boldsymbol{a}\times(\boldsymbol{b}\times\boldsymbol{c})]&=\boldsymbol{d}\cdot\nabla\times\delta[\boldsymbol{a}\times(\boldsymbol{b}\times\boldsymbol{c})]=\boldsymbol{d}\cdot\nabla\times\boldsymbol{e}=-\nabla\cdot(\boldsymbol{d}\times\boldsymbol{e})+(\nabla\times\boldsymbol{d})\cdot\boldsymbol{e}\\&=-\nabla\cdot(\boldsymbol{d}\times\boldsymbol{e})+(\nabla\times\boldsymbol{d})\cdot[\delta\boldsymbol{a}\times(\boldsymbol{b}\times\boldsymbol{c})+\boldsymbol{a}\times(\delta\boldsymbol{b}\times\boldsymbol{c})+\boldsymbol{a}\times(\boldsymbol{b}\times\delta\boldsymbol{c})]\\&=-\nabla\cdot(\boldsymbol{d}\times\boldsymbol{e})+[(\boldsymbol{b}\times\boldsymbol{c})\times\nabla\times\boldsymbol{d}]\cdot\delta\boldsymbol{a}+[(\nabla\times\boldsymbol{d})\times\boldsymbol{a}]\cdot(\delta\boldsymbol{b}\times\boldsymbol{c})+[(\nabla\times\boldsymbol{d})\times\boldsymbol{a}]\cdot(\boldsymbol{b}\times\delta\boldsymbol{c})\\&=-\nabla\cdot(\boldsymbol{d}\times\boldsymbol{e})+[(\boldsymbol{b}\times\boldsymbol{c})\times\nabla\times\boldsymbol{d}]\cdot\delta\boldsymbol{a}+\boldsymbol{c}\times[(\nabla\times\boldsymbol{d})\times\boldsymbol{a}]\cdot\delta\boldsymbol{b}-\boldsymbol{b}\times[(\nabla\times\boldsymbol{d})\times\boldsymbol{a}]\cdot\delta\boldsymbol{c}\\&=-\nabla\cdot(\boldsymbol{d}\times\boldsymbol{e})+[(\boldsymbol{b}\times\boldsymbol{c})\times\nabla\times\boldsymbol{d}]\cdot\delta\boldsymbol{a}-\boldsymbol{c}\times(\boldsymbol{a}\times\nabla\times\boldsymbol{d})\cdot\delta\boldsymbol{b}+\boldsymbol{b}\times(\boldsymbol{a}\times\nabla\times\boldsymbol{d})\cdot\delta\boldsymbol{c}\end{aligned}\tag{3}$$

将式(3)代入式(2)，得

$$\begin{aligned}\delta J=\int_V\Bigg\{&\left[\frac{\partial F}{\partial\boldsymbol{a}}+(\boldsymbol{b}\times\boldsymbol{c})\times\nabla\times\boldsymbol{d}\right]\cdot\delta\boldsymbol{a}+\left[\frac{\partial F}{\partial\boldsymbol{b}}-\boldsymbol{c}\times(\boldsymbol{a}\times\nabla\times\boldsymbol{d})\right]\cdot\delta\boldsymbol{b}\\&+\left[\frac{\partial F}{\partial\boldsymbol{c}}+\boldsymbol{b}\times(\boldsymbol{a}\times\nabla\times\boldsymbol{d})\right]\cdot\delta\boldsymbol{c}-\nabla\cdot(\boldsymbol{d}\times\boldsymbol{e})\Bigg\}\mathrm{d}V\end{aligned}\tag{4}$$

泛函的欧拉方程组为

$$\begin{cases}\dfrac{\partial F}{\partial\boldsymbol{a}}+(\boldsymbol{b}\times\boldsymbol{c})\times\nabla\times\dfrac{\partial F}{\partial\nabla\times[\boldsymbol{a}\times(\boldsymbol{b}\times\boldsymbol{c})]}=\boldsymbol{0}\\ \dfrac{\partial F}{\partial\boldsymbol{b}}-\boldsymbol{c}\times\left\{\boldsymbol{a}\times\nabla\times\dfrac{\partial F}{\partial\nabla\times[\boldsymbol{a}\times(\boldsymbol{b}\times\boldsymbol{c})]}\right\}=\boldsymbol{0}\\ \dfrac{\partial F}{\partial\boldsymbol{c}}+\boldsymbol{b}\times\left\{\boldsymbol{a}\times\nabla\times\dfrac{\partial F}{\partial\nabla\times[\boldsymbol{a}\times(\boldsymbol{b}\times\boldsymbol{c})]}\right\}=\boldsymbol{0}\end{cases}\tag{5}$$

自然边界条件为

$$\left.\frac{\partial F}{\partial\nabla\times[\boldsymbol{a}\times(\boldsymbol{b}\times\boldsymbol{c})]}\times\boldsymbol{n}\right|_S=\boldsymbol{0} \tag{6}$$

例 10.5.11 含三向量向量积取二重旋度的泛函。设泛函

$$J=\int_V F(\boldsymbol{a},\boldsymbol{b},\boldsymbol{c},\nabla\times\nabla\times[\boldsymbol{a}\times(\boldsymbol{b}\times\boldsymbol{c})])\,\mathrm{d}V \tag{1}$$

推导它的欧拉方程组和自然边界条件。

解 对泛函取变分，得

$$\delta J=\int_V\left\{\frac{\partial F}{\partial\boldsymbol{a}}\cdot\delta\boldsymbol{a}+\frac{\partial F}{\partial\boldsymbol{b}}\cdot\delta\boldsymbol{b}+\frac{\partial F}{\partial\boldsymbol{c}}\cdot\delta\boldsymbol{c}+\frac{\partial F}{\partial\nabla\times\nabla\times[\boldsymbol{a}\times(\boldsymbol{b}\times\boldsymbol{c})]}\cdot\delta\nabla\times\nabla\times[\boldsymbol{a}\times(\boldsymbol{b}\times\boldsymbol{c})]\right\}\mathrm{d}V \tag{2}$$

令

$$\boldsymbol{d}=\frac{\partial F}{\partial\nabla\times\nabla\times[\boldsymbol{a}\times(\boldsymbol{b}\times\boldsymbol{c})]}$$

$$\boldsymbol{e}=\delta[\boldsymbol{a}\times(\boldsymbol{b}\times\boldsymbol{c})]=\delta\boldsymbol{a}\times(\boldsymbol{b}\times\boldsymbol{c})+\boldsymbol{a}\times(\delta\boldsymbol{b}\times\boldsymbol{c})+\boldsymbol{a}\times(\boldsymbol{b}\times\delta\boldsymbol{c})$$

有

$$\begin{aligned}
\boldsymbol{d}\cdot\delta\nabla\times\nabla\times[\boldsymbol{a}\times(\boldsymbol{b}\times\boldsymbol{c})]&=\boldsymbol{d}\cdot\nabla\times\nabla\times\delta[\boldsymbol{a}\times(\boldsymbol{b}\times\boldsymbol{c})]\\
&=\boldsymbol{d}\cdot\nabla\times\nabla\times\boldsymbol{e}=-\nabla\cdot(\boldsymbol{d}\times\nabla\times\boldsymbol{e})+(\nabla\times\boldsymbol{d})\cdot\nabla\times\boldsymbol{e}\\
&=-\nabla\cdot(\boldsymbol{d}\times\nabla\times\boldsymbol{e})-\nabla\cdot[(\nabla\times\boldsymbol{d})\times\boldsymbol{e}]\\
&\quad+(\nabla\times\nabla\times\boldsymbol{d})\cdot[\delta\boldsymbol{a}\times(\boldsymbol{b}\times\boldsymbol{c})+\boldsymbol{a}\times(\delta\boldsymbol{b}\times\boldsymbol{c})+\boldsymbol{a}\times(\boldsymbol{b}\times\delta\boldsymbol{c})]\\
&=-\nabla\cdot(\boldsymbol{d}\times\nabla\times\boldsymbol{e})-\nabla\cdot[(\nabla\times\boldsymbol{d})\times\boldsymbol{e}]+[(\boldsymbol{b}\times\boldsymbol{c})\times\nabla\times\nabla\times\boldsymbol{d}]\cdot\delta\boldsymbol{a}\\
&\quad+[(\nabla\times\nabla\times\boldsymbol{d})\times\boldsymbol{a}]\cdot(\delta\boldsymbol{b}\times\boldsymbol{c})+[(\nabla\times\nabla\times\boldsymbol{d})\times\boldsymbol{a}]\cdot(\boldsymbol{b}\times\delta\boldsymbol{c})\\
&=-\nabla\cdot(\boldsymbol{d}\times\nabla\times\boldsymbol{e})-\nabla\cdot[(\nabla\times\boldsymbol{d})\times\boldsymbol{e}]+[(\boldsymbol{b}\times\boldsymbol{c})\times\nabla\times\nabla\times\boldsymbol{d}]\cdot\delta\boldsymbol{a}\\
&\quad+\boldsymbol{c}\times[(\nabla\times\nabla\times\boldsymbol{d})\times\boldsymbol{a}]\cdot\delta\boldsymbol{b}-\boldsymbol{b}\times[(\nabla\times\nabla\times\boldsymbol{d})\times\boldsymbol{a}]\cdot\delta\boldsymbol{c}\\
&=-\nabla\cdot(\boldsymbol{d}\times\nabla\times\boldsymbol{e})-\nabla\cdot[(\nabla\times\boldsymbol{d})\times\boldsymbol{e}]+[(\boldsymbol{b}\times\boldsymbol{c})\times\nabla\times\nabla\times\boldsymbol{d}]\cdot\delta\boldsymbol{a}\\
&\quad-\boldsymbol{c}\times(\boldsymbol{a}\times\nabla\times\nabla\times\boldsymbol{d})\cdot\delta\boldsymbol{b}+\boldsymbol{b}\times(\boldsymbol{a}\times\nabla\times\nabla\times\boldsymbol{d})\cdot\delta\boldsymbol{c}
\end{aligned} \tag{3}$$

将式(3)代入式(2)，得

$$\begin{aligned}
\delta J=\int_V\Bigg\{&\left[\frac{\partial F}{\partial\boldsymbol{a}}+(\boldsymbol{b}\times\boldsymbol{c})\times\nabla\times\nabla\times\boldsymbol{d}\right]\cdot\delta\boldsymbol{a}+\left[\frac{\partial F}{\partial\boldsymbol{b}}-\boldsymbol{c}\times(\boldsymbol{a}\times\nabla\times\nabla\times\boldsymbol{d})\right]\cdot\delta\boldsymbol{b}\\
&+\left[\frac{\partial F}{\partial c}+\boldsymbol{b}\times(\boldsymbol{a}\times\nabla\times\nabla\times\boldsymbol{d})\right]\cdot\delta c-\nabla\cdot(\boldsymbol{d}\times\nabla\times\boldsymbol{e})-\nabla\cdot[(\nabla\times\boldsymbol{d})\times\boldsymbol{e}]\Bigg\}\mathrm{d}V
\end{aligned} \tag{4}$$

泛函的欧拉方程组为

$$\begin{cases}
\dfrac{\partial F}{\partial\boldsymbol{a}}+(\boldsymbol{b}\times\boldsymbol{c})\times\nabla\times\nabla\times\dfrac{\partial F}{\partial\nabla\times\nabla\times[\boldsymbol{a}\times(\boldsymbol{b}\times\boldsymbol{c})]}=\boldsymbol{0}\\
\dfrac{\partial F}{\partial\boldsymbol{b}}-\boldsymbol{c}\times\left\{\boldsymbol{a}\times\nabla\times\nabla\times\dfrac{\partial F}{\partial\nabla\times\nabla\times[\boldsymbol{a}\times(\boldsymbol{b}\times\boldsymbol{c})]}\right\}=\boldsymbol{0}\\
\dfrac{\partial F}{\partial c}+\boldsymbol{b}\times\left\{\boldsymbol{a}\times\nabla\times\nabla\times\dfrac{\partial F}{\partial\nabla\times\nabla\times[\boldsymbol{a}\times(\boldsymbol{b}\times\boldsymbol{c})]}\right\}=\boldsymbol{0}
\end{cases} \tag{5}$$

自然边界条件为

$$\left.\frac{\partial F}{\partial\nabla\times\nabla\times[\boldsymbol{a}\times(\boldsymbol{b}\times\boldsymbol{c})]}\times\boldsymbol{n}\right|_S=\boldsymbol{0}\text{，}\quad\left.\nabla\times\frac{\partial F}{\partial\nabla\times\nabla\times[\boldsymbol{a}\times(\boldsymbol{b}\times\boldsymbol{c})]}\times\boldsymbol{n}\right|_S=\boldsymbol{0} \tag{6}$$

推论 设泛函

$$J=\int_V F(\boldsymbol{a},\boldsymbol{b},\boldsymbol{c},\nabla^n\times[\boldsymbol{a}\times(\boldsymbol{b}\times\boldsymbol{c})])\,\mathrm{d}V \tag{1}$$

其变分为

$$\delta J=\int_V\left\{\frac{\partial F}{\partial \boldsymbol{a}}\cdot\delta\boldsymbol{a}+\frac{\partial F}{\partial \boldsymbol{b}}\cdot\delta\boldsymbol{b}+\frac{\partial F}{\partial \boldsymbol{c}}\cdot\delta\boldsymbol{c}+\frac{\partial F}{\partial\nabla^n\times[\boldsymbol{a}\times(\boldsymbol{b}\times\boldsymbol{c})]}\cdot\delta\nabla^n\times[\boldsymbol{a}\times(\boldsymbol{b}\times\boldsymbol{c})]\right\}\mathrm{d}V \tag{2}$$

令

$$\boldsymbol{d}=\frac{\partial F}{\partial\nabla^n\times[\boldsymbol{a}\times(\boldsymbol{b}\times\boldsymbol{c})]}$$

$$\boldsymbol{e}=\delta[\boldsymbol{a}\times(\boldsymbol{b}\times\boldsymbol{c})]=\delta\boldsymbol{a}\times(\boldsymbol{b}\times\boldsymbol{c})+\boldsymbol{a}\times(\delta\boldsymbol{b}\times\boldsymbol{c})+\boldsymbol{a}\times(\boldsymbol{b}\times\delta\boldsymbol{c})$$

有

$$\begin{aligned}\delta J=\int_V\Bigg\{&\left[\frac{\partial F}{\partial \boldsymbol{a}}+(\boldsymbol{b}\times\boldsymbol{c})\times\nabla^n\times\boldsymbol{d}\right]\cdot\delta\boldsymbol{a}+\left[\frac{\partial F}{\partial \boldsymbol{b}}-\boldsymbol{c}\times(\boldsymbol{a}\times\nabla^n\times\boldsymbol{d})\right]\cdot\delta\boldsymbol{b}\\&+\left[\frac{\partial F}{\partial \boldsymbol{c}}+\boldsymbol{b}\times(\boldsymbol{a}\times\nabla^n\times\boldsymbol{d})\right]\cdot\delta\boldsymbol{c}-\sum_{i=0}^{n-1}\nabla\cdot(\nabla^i\times\boldsymbol{d})\times\nabla^{n-1-i}\times\boldsymbol{e}\Bigg\}\mathrm{d}V\end{aligned} \tag{3}$$

泛函的欧拉方程组为

$$\begin{cases}\dfrac{\partial F}{\partial \boldsymbol{a}}+(\boldsymbol{b}\times\boldsymbol{c})\times\nabla^n\times\dfrac{\partial F}{\partial\nabla^n\times[\boldsymbol{a}\times(\boldsymbol{b}\times\boldsymbol{c})]}=\boldsymbol{0}\\ \dfrac{\partial F}{\partial \boldsymbol{b}}-\boldsymbol{c}\times\left\{\boldsymbol{a}\times\nabla^n\times\dfrac{\partial F}{\partial\nabla^n\times[\boldsymbol{a}\times(\boldsymbol{b}\times\boldsymbol{c})]}\right\}=\boldsymbol{0}\\ \dfrac{\partial F}{\partial \boldsymbol{c}}+\boldsymbol{b}\times\left\{\boldsymbol{a}\times\nabla^n\times\dfrac{\partial F}{\partial\nabla^n\times[\boldsymbol{a}\times(\boldsymbol{b}\times\boldsymbol{c})]}\right\}=\boldsymbol{0}\end{cases} \tag{4}$$

自然边界条件为

$$\nabla^{i-1}\times\frac{\partial F}{\partial\nabla\times\nabla\times[\boldsymbol{a}\times(\boldsymbol{b}\times\boldsymbol{c})]}\times\boldsymbol{n}\Bigg|_S=\boldsymbol{0}\qquad(i=1,2,\cdots,n) \tag{6}$$

例 10.5.12 含三向量积取旋度的泛函，其中三个向量都是标量的梯度。求泛函

$$J=\int_V F(u,v,w,\nabla\times[\nabla u\times(\nabla v\times\nabla w)])\,\mathrm{d}V \tag{1}$$

的欧拉方程组和自然边界条件。

解 对泛函取变分，得

$$\delta J=\int_V\left\{\frac{\partial F}{\partial u}\delta u+\frac{\partial F}{\partial v}\delta v+\frac{\partial F}{\partial w}\delta w+\frac{\partial F}{\partial\nabla\times[\nabla u\times(\nabla v\times\nabla w)]}\cdot\delta\nabla\times[\nabla u\times(\nabla v\times\nabla w)]\right\}\mathrm{d}V \tag{2}$$

令

$$\boldsymbol{a}=\frac{\partial F}{\partial\nabla\times[\nabla u\times(\nabla v\times\nabla w)]}$$

$$\boldsymbol{b}=\delta[\nabla u\times(\nabla v\times\nabla w)]=\nabla\delta u\times(\nabla v\times\nabla w)+\nabla u\times(\nabla\delta v\times\nabla w)+\nabla u\times(\nabla v\times\nabla\delta w)$$

$$\boldsymbol{c}=\nabla\times\boldsymbol{a}$$

并利用三向量混合积公式，有

$$
\begin{aligned}
\boldsymbol{a}\cdot\nabla\times\delta[\nabla u\times(\nabla v\times\nabla w)] &= \boldsymbol{a}\cdot\nabla\times\boldsymbol{b} = -\nabla\cdot(\boldsymbol{a}\times\boldsymbol{b})+(\nabla\times\boldsymbol{a})\cdot\boldsymbol{b} = -\nabla\cdot(\boldsymbol{a}\times\boldsymbol{b})+\boldsymbol{c}\cdot\boldsymbol{b}\\
&= -\nabla\cdot(\boldsymbol{a}\times\boldsymbol{b})+\boldsymbol{c}\cdot[\nabla\delta u\times(\nabla v\times\nabla w)+\nabla u\times(\nabla\delta v\times\nabla w)\\
&\quad+\nabla u\times(\nabla v\times\nabla\delta w)]\\
&= -\nabla\cdot(\boldsymbol{a}\times\boldsymbol{b})+[(\nabla v\times\nabla w)\times\boldsymbol{c}]\cdot\nabla\delta u-(\nabla u\times\boldsymbol{c})\cdot(\nabla\delta v\times\nabla w)\\
&\quad-(\nabla u\boldsymbol{c})\cdot(\nabla v\times\nabla\delta w)]\\
&= -\nabla\cdot(\boldsymbol{a}\times\boldsymbol{b})+[(\nabla v\times\nabla w)\times\boldsymbol{c}]\cdot\nabla\delta u-[\nabla w\times(\nabla u\times)]\cdot\nabla\delta v\\
&\quad+[\nabla v\times(\nabla u\times)]\cdot\nabla\delta w\\
&= -\nabla\cdot(\boldsymbol{a}\times\boldsymbol{b})+\nabla\cdot[(\nabla v\times\nabla w)\times\boldsymbol{c}\delta u]-[\nabla\cdot(\nabla v\times\nabla w)\times\boldsymbol{c}]\delta u\\
&\quad-\nabla\cdot[\nabla w\times(\nabla u\times\boldsymbol{c})\delta v]+\{\nabla\cdot[\nabla w\times(\nabla u\times\boldsymbol{c})]\}\delta v+\nabla\cdot[\nabla v\times(\nabla u\times\boldsymbol{c})\delta w]\\
&\quad-\nabla\cdot[\nabla v\times(\nabla u\times\boldsymbol{c})]\delta w
\end{aligned}
\tag{3}
$$

将式(3)代入式(2)，得

$$
\begin{aligned}
\delta J &= \int_V\left\{\left[\frac{\partial F}{\partial u}+\nabla\cdot(\nabla v\times\nabla w)\times\boldsymbol{c}\right]\delta u+\left[\frac{\partial F}{\partial v}+\nabla\cdot\nabla w\times(\nabla u\times\boldsymbol{c})\right]\delta v\right.\\
&\quad\left.+\left[\frac{\partial F}{\partial w}-\nabla\cdot\nabla v\times(\nabla u\times\boldsymbol{c})\right]\delta w\right\}\mathrm{d}V+\int_V[\nabla\cdot\boldsymbol{a}\times\boldsymbol{b}+\nabla\cdot(\nabla v\times\nabla w)\times\boldsymbol{c}\delta u\\
&\quad-\nabla\cdot\nabla w\times(\nabla u\times\boldsymbol{c})\delta v+\nabla\cdot\nabla v\times(\nabla u\times\boldsymbol{c})\delta w]\mathrm{d}V
\end{aligned}
\tag{4}
$$

泛函的欧拉方程组为

$$
\begin{cases}
\dfrac{\partial F}{\partial u}+\nabla\cdot(\nabla v\times\nabla w)\times\nabla\times\dfrac{\partial F}{\partial\nabla\times[\nabla u\times(\nabla v\times\nabla w)]}=0\\
\dfrac{\partial F}{\partial v}+\nabla\cdot\nabla w\times\left\{\nabla u\times\nabla\times\dfrac{\partial F}{\partial\nabla\times[\nabla u\times(\nabla v\times\nabla w)]}\right\}=0\\
\dfrac{\partial F}{\partial w}-\nabla\cdot\nabla v\times\left\{\nabla u\times\nabla\times\dfrac{\partial F}{\partial\nabla\times[\nabla u\times(\nabla v\times\nabla w)]}\right\}=0
\end{cases}
\tag{5}
$$

自然边界条件为

$$
\boldsymbol{a}\times\boldsymbol{n}\big|_S=\boldsymbol{0},\quad [(\nabla v\times\nabla w)\times\nabla\times\boldsymbol{a}]\cdot\boldsymbol{n}\big|_S=0,\quad [\nabla w\times(\nabla u\times\nabla\times\boldsymbol{a})]\cdot\boldsymbol{n}\big|_S=0,
$$
$$
[\nabla w\times(\nabla u\times\nabla\times\boldsymbol{a})]\cdot\boldsymbol{n}\big|_S=0 \tag{6}
$$

例 10.5.13 含两个标量各自梯度的向量积取旋度的泛函。设泛函

$$
J=\int_V F(u,v,\nabla\times(\nabla u\times\nabla v))\,\mathrm{d}V \tag{1}
$$

求它的欧拉方程组和自然边界条件。

解 对泛函取变分，得

$$
\delta J=\int_V\left[\frac{\partial F}{\partial u}\delta u+\frac{\partial F}{\partial v}\delta v+\frac{\partial F}{\partial\nabla\times(\nabla u\times\nabla v)}\cdot\delta\nabla\times(\nabla u\times\nabla v)\right]\mathrm{d}V \tag{2}
$$

令

$$
\boldsymbol{a}=\frac{\partial F}{\partial\nabla\times(\nabla u\times\nabla v)}
$$
$$
\boldsymbol{b}=\delta(\nabla u\times\nabla v)=\nabla\delta u\times\nabla v+\nabla u\times\nabla\delta v
$$
$$
\boldsymbol{c}=\nabla\times\boldsymbol{a}
$$

并利用三向量混合积公式，有

$$\begin{aligned}\boldsymbol{a}\cdot\nabla\times\delta(\nabla u\times\nabla v)&=\boldsymbol{a}\cdot\nabla\times\boldsymbol{b}=-\nabla\cdot(\boldsymbol{a}\times\boldsymbol{b})+(\nabla\times\boldsymbol{a})\cdot\boldsymbol{b}=-\nabla\cdot(\boldsymbol{a}\times\boldsymbol{b})+\boldsymbol{c}\cdot\boldsymbol{b}\\&=-\nabla\cdot(\boldsymbol{a}\times\boldsymbol{b})+\boldsymbol{c}\cdot(\nabla\delta u\times\nabla v+\nabla u\times\nabla\delta v)\\&=-\nabla\cdot(\boldsymbol{a}\times\boldsymbol{b})+(\nabla v\times\boldsymbol{c})\cdot\nabla\delta u-(\nabla u\times\boldsymbol{c})\cdot\nabla\delta v\\&-\nabla\cdot(\boldsymbol{a}\times\boldsymbol{b})+\nabla\cdot[(\nabla v\times\boldsymbol{c})\delta u]-(\nabla\cdot\nabla v\times\boldsymbol{c})\delta u-\nabla\cdot[(\nabla u\times\boldsymbol{c})\delta v]+(\nabla\cdot\nabla u\times\boldsymbol{c})\delta v\end{aligned}\tag{3}$$

将式(3)代入式(2)，得

$$\begin{aligned}\delta J&=\int_V\left[\left(\frac{\partial F}{\partial u}-\nabla\cdot\nabla v\times\nabla\times\boldsymbol{a}\right)\delta u+\left(\frac{\partial F}{\partial v}+\nabla\cdot\nabla u\times\nabla\times\boldsymbol{a}\right)\delta v\right]\mathrm{d}V\\&+\int_V\{-\nabla\cdot(\boldsymbol{a}\times\boldsymbol{b})+\nabla\cdot[(\nabla v\times\nabla\times\boldsymbol{a})\delta u]-\nabla\cdot[(\nabla u\times\nabla\times\boldsymbol{a})\delta v]\}\mathrm{d}V\end{aligned}\tag{4}$$

泛函的欧拉方程组为

$$\begin{cases}\dfrac{\partial F}{\partial u}-\nabla\cdot\nabla v\times\nabla\times\dfrac{\partial F}{\partial\nabla\times(\nabla u\times\nabla v)}=0\\\dfrac{\partial F}{\partial v}+\nabla\cdot\nabla u\times\nabla\times\dfrac{\partial F}{\partial\nabla\times(\nabla u\times\nabla v)}=0\end{cases}\tag{5}$$

自然边界条件为

$$\boldsymbol{a}\times\boldsymbol{n}|_S=\boldsymbol{0}\,,\quad(\nabla v\times\nabla\times\boldsymbol{a})\cdot\boldsymbol{n}|_S=0\,,\quad(\nabla u\times\nabla\times\boldsymbol{a})\cdot\boldsymbol{n}|_S=0\tag{6}$$

例 10.5.14 含正弦函数与向量乘积取二重旋度的泛函。推导泛函

$$J=\int_V F(u,\boldsymbol{a},\nabla\times\nabla\times\sin(ku)\boldsymbol{a})\,\mathrm{d}V\tag{1}$$

的欧拉方程组和自然边界条件。

解 对泛函取变分，得

$$\delta J=\int_V\left[\frac{\partial F}{\partial u}\delta u+\frac{\partial F}{\partial\boldsymbol{a}}\cdot\delta\boldsymbol{a}+\frac{\partial F}{\partial\nabla\times\nabla\times\sin(ku)\boldsymbol{a}}\cdot\delta\nabla\times\nabla\times\sin(ku)\boldsymbol{a}\right]\mathrm{d}V\tag{2}$$

令 $\boldsymbol{b}=\dfrac{\partial F}{\partial\nabla\times\nabla\times\sin(ku)\boldsymbol{a}}$，$\boldsymbol{c}=\delta\sin(ku)\boldsymbol{a}=k\cos(ku)\boldsymbol{a}\delta\boldsymbol{u}+\sin(ku)\delta\boldsymbol{a}$，有

$$\begin{aligned}\boldsymbol{b}\cdot\delta\nabla\times\nabla\times\sin(ku)\boldsymbol{a}&=\boldsymbol{b}\cdot\nabla\times\delta\nabla\times\sin(ku)\boldsymbol{a}\\&=-\nabla\cdot[\boldsymbol{b}\times\delta\nabla\times\sin(ku)\boldsymbol{a}]+(\nabla\times\boldsymbol{b})\cdot\delta\nabla\times\sin(ku)\boldsymbol{a}\\&=-\nabla\cdot[\boldsymbol{b}\times\delta\nabla\times\sin(ku)\boldsymbol{a}]-\nabla\cdot[(\nabla\times\boldsymbol{b})\times\delta\sin(ku)\boldsymbol{a}]\\&\quad+\nabla\times\nabla\times\boldsymbol{b}\cdot[k\cos(ku)\boldsymbol{a}\delta u+\sin(ku)\delta\boldsymbol{a}]\end{aligned}\tag{3}$$

将式(3)代入式(2)，得

$$\begin{aligned}\delta J&=\int_V\left\{\left[\frac{\partial F}{\partial u}+k\cos(ku)(\nabla\times\nabla\times\boldsymbol{b})\cdot\boldsymbol{a}\right]\delta u+\left[\frac{\partial F}{\partial\boldsymbol{a}}+\sin(ku)\nabla\times\nabla\times\boldsymbol{b}\right]\cdot\delta\boldsymbol{a}\right\}\mathrm{d}V\\&-\int_V\{\nabla\cdot[\boldsymbol{b}\times\delta\nabla\times\sin(ku)\boldsymbol{a}]+\nabla\cdot[(\nabla\times\boldsymbol{b})\times\delta\sin(ku)\boldsymbol{a}]\}\,\mathrm{d}V\end{aligned}\tag{4}$$

泛函的欧拉方程组为

$$\begin{cases}\dfrac{\partial F}{\partial u}+k\cos(ku)\boldsymbol{a}\cdot\nabla\times\nabla\times\dfrac{\partial F}{\partial\nabla\times\nabla\times\sin(ku)\boldsymbol{a}}=0\\\dfrac{\partial F}{\partial\boldsymbol{a}}+\sin(ku)\nabla\times\nabla\times\dfrac{\partial F}{\partial\nabla\times\nabla\times\sin(ku)\boldsymbol{a}}=\boldsymbol{0}\end{cases}\tag{5}$$

自然边界条件为

$$\left.\frac{\partial F}{\partial\nabla\times\nabla\times\sin(ku)\boldsymbol{a}}\times\boldsymbol{n}\right|_S=\boldsymbol{0}\,,\quad\left.\left[\nabla\times\frac{\partial F}{\partial\nabla\times\nabla\times\sin(ku)\boldsymbol{a}}\right]\times\boldsymbol{n}\right|_S=\boldsymbol{0}\tag{6}$$

例 10.5.15 含两向量并矢取旋度的泛函。设泛函

$$J=\int_V F(\boldsymbol{a},\boldsymbol{b},\nabla\times(\boldsymbol{ab}))\,\mathrm{d}V\tag{1}$$

式中，二阶张量双内积符合并联运算法则，推导它的欧拉方程组和自然边界条件。

解 对泛函取变分，得

$$\delta J=\int_V\left[\frac{\partial F}{\partial\boldsymbol{a}}\cdot\delta\boldsymbol{a}+\frac{\partial F}{\partial\boldsymbol{b}}\cdot\delta\boldsymbol{b}+\frac{\partial F}{\partial\nabla\times(\boldsymbol{ab})}:\delta\nabla\times(\boldsymbol{ab})\right]\mathrm{d}V\tag{2}$$

令 $\boldsymbol{T}=\dfrac{\partial F}{\partial\nabla\times(\boldsymbol{ab})}$，式(2)最后一项可写成

$$\begin{aligned}\boldsymbol{T}:\delta\nabla\times(\boldsymbol{ab})&=\boldsymbol{T}:\nabla\times\delta(\boldsymbol{ab})=\nabla\cdot[\delta(\boldsymbol{ab})\overset{\times}{\cdot}\boldsymbol{T}]+(\nabla\times\boldsymbol{T}):\delta(\boldsymbol{ab})\\&=\nabla\cdot[\delta(\boldsymbol{ab})\overset{\times}{\cdot}\boldsymbol{T}]+(\nabla\times\boldsymbol{T}):(\delta\boldsymbol{ab}+\boldsymbol{a}\delta\boldsymbol{b})\\&=\nabla\cdot[\delta(\boldsymbol{ab})\overset{\times}{\cdot}\boldsymbol{T}]+[(\nabla\times\boldsymbol{T})\cdot\boldsymbol{b}]\cdot\delta\boldsymbol{a}+[\boldsymbol{a}\cdot(\nabla\times\boldsymbol{T})]\cdot\delta\boldsymbol{b}\end{aligned}\tag{3}$$

将式(3)代入式(2)，得

$$\delta J=\int_V\left\{\left[\frac{\partial F}{\partial\boldsymbol{a}}+(\nabla\times\boldsymbol{T})\cdot\boldsymbol{b}\right]\cdot\delta\boldsymbol{a}+\left[\frac{\partial F}{\partial\boldsymbol{b}}+\boldsymbol{a}\cdot(\nabla\times\boldsymbol{T})\right]\cdot\delta\boldsymbol{b}+\nabla\cdot[\delta(\boldsymbol{ab})\overset{\times}{\cdot}\boldsymbol{T}]\right\}\mathrm{d}V\tag{4}$$

泛函的欧拉方程组为

$$\begin{cases}\dfrac{\partial F}{\partial\boldsymbol{a}}+\nabla\times\dfrac{\partial F}{\partial\nabla\times(\boldsymbol{ab})}\cdot\boldsymbol{b}=\boldsymbol{0}\\\dfrac{\partial F}{\partial\boldsymbol{b}}+\boldsymbol{a}\cdot\nabla\times\dfrac{\partial F}{\partial\nabla\times(\boldsymbol{ab})}=\boldsymbol{0}\end{cases}\tag{5}$$

自然边界条件为

$$\left.\boldsymbol{n}\times\frac{\partial F}{\partial\nabla\times(\boldsymbol{ab})}\right|_S=\boldsymbol{0}\tag{6}$$

例 10.5.16 含向量与向量的旋度的叉积取旋度的泛函。设泛函

$$J=\int_V F(\boldsymbol{a},\boldsymbol{b},\nabla\times(\boldsymbol{b}\times\nabla\times\boldsymbol{a}))\,\mathrm{d}V\tag{1}$$

的欧拉方程组和自然边界条件。

解 对泛函取变分，得

$$\delta J=\int_V\left[\frac{\partial F}{\partial\boldsymbol{a}}\cdot\delta\boldsymbol{a}+\frac{\partial F}{\partial\boldsymbol{b}}\cdot\delta\boldsymbol{b}+\frac{\partial F}{\partial\nabla\times(\boldsymbol{b}\times\nabla\times\boldsymbol{a})}\cdot\delta\nabla\times(\boldsymbol{b}\times\nabla\times\boldsymbol{a})\right]\mathrm{d}V\tag{2}$$

令 $\boldsymbol{c}=\dfrac{\partial F}{\partial\nabla\times(\boldsymbol{b}\times\nabla\times\boldsymbol{a})}$，$\boldsymbol{d}=\delta(\boldsymbol{b}\times\nabla\times\boldsymbol{a})=\delta\boldsymbol{b}\times\nabla\times\boldsymbol{a}+\boldsymbol{b}\times\nabla\times\delta\boldsymbol{a}$，有

$$\begin{aligned}\boldsymbol{c}\cdot\nabla\times\boldsymbol{d}&=-\nabla\cdot(\boldsymbol{c}\times\boldsymbol{d})+(\nabla\times\boldsymbol{c})\cdot\boldsymbol{d}=-\nabla\cdot(\boldsymbol{c}\times\boldsymbol{d})+(\nabla\times\boldsymbol{c})\cdot(\delta\boldsymbol{b}\times\nabla\times\boldsymbol{a}+\boldsymbol{b}\times\nabla\times\delta\boldsymbol{a})\\&=-\nabla\cdot(\boldsymbol{c}\times\boldsymbol{d})+(\nabla\times\boldsymbol{a})\times(\nabla\times\boldsymbol{c})\cdot\delta\boldsymbol{b}-\boldsymbol{b}\times(\nabla\times\boldsymbol{c})\cdot\nabla\times\delta\boldsymbol{a}\\&=-\nabla\cdot(\boldsymbol{c}\times\boldsymbol{d})+(\nabla\times\boldsymbol{a})\times(\nabla\times\boldsymbol{c})\cdot\delta\boldsymbol{b}+\nabla\cdot[\boldsymbol{b}\times(\nabla\times\boldsymbol{c})\times\delta\boldsymbol{a}]-\nabla\times(\boldsymbol{b}\times\nabla\times\boldsymbol{c})\cdot\delta\boldsymbol{a}\end{aligned}\tag{3}$$

将式(3)代入式(2)，得

$$
\begin{aligned}
\delta J=&\int_V\left\{\left[\frac{\partial F}{\partial \boldsymbol{a}}-\nabla\times(\boldsymbol{b}\times\nabla\times\boldsymbol{c})\right]\cdot\delta\boldsymbol{a}+\left[\frac{\partial F}{\partial \boldsymbol{a}}+(\nabla\times\boldsymbol{a})\times(\nabla\times\boldsymbol{c})\right]\cdot\delta\boldsymbol{b}\right\}\mathrm{d}V\\
&+\int_V\{\nabla\cdot[\boldsymbol{b}\times(\nabla\times\boldsymbol{c})\times\delta\boldsymbol{a}]-\nabla\cdot(\boldsymbol{c}\times\boldsymbol{d})\}\mathrm{d}V
\end{aligned}\tag{4}
$$

泛函的欧拉方程组为

$$
\begin{cases}
\dfrac{\partial F}{\partial \boldsymbol{a}}-\nabla\times\left[\boldsymbol{b}\times\nabla\times\dfrac{\partial F}{\partial\nabla\times(\boldsymbol{b}\times\nabla\times\boldsymbol{a})}\right]=\boldsymbol{0}\\
\dfrac{\partial F}{\partial \boldsymbol{b}}+(\nabla\times\boldsymbol{a})\times\nabla\times\dfrac{\partial F}{\partial\nabla\times(\boldsymbol{b}\times\nabla\times\boldsymbol{a})}=\boldsymbol{0}
\end{cases}\tag{5}
$$

自然边界条件为

$$
\boldsymbol{n}\times\frac{\partial F}{\partial\nabla\times(\boldsymbol{b}\times\nabla\times\boldsymbol{a})}\bigg|_S=\boldsymbol{0}\,,\quad\left[\boldsymbol{b}\times\nabla\times\frac{\partial F}{\partial\nabla\times(\boldsymbol{b}\times\nabla\times\boldsymbol{a})}\right]\times\boldsymbol{n}\bigg|_S=\boldsymbol{0}\tag{6}
$$

除个别意义相似的外，把 10.3 节～10.5 节的各泛函都纳入到式(10-2-12)，可得到内容更多的欧拉方程组和相应的自然边界条件。

10.6 含并联式内积张量和哈密顿算子的泛函变分问题

在数学、物理学、弹性力学、非线性弹性力学、热力学、流体力学、材料学以及其他一些学科领域中，有时会遇到用张量和哈密顿算子表示的泛函，求解这种类型的泛函的变分问题，同样是自然科学和工程技术所研究的主要内容，其中重要的一步是求出这类泛函的欧拉方程，而如何求出泛函的欧拉方程则是一个比较困难的问题，通常是针对某个具体问题，从泛函变分的定义出发推导出相应的欧拉方程，推导过程繁琐，工作难度大且需要人们具有比较高深的专业知识。本节讨论含张量和哈密顿算子即用梯度、散度和旋度表示的泛函的变分问题，通过直接对张量的梯度、散度和旋度进行变分，得到相应的欧拉方程(组)和自然边界条件，通过一些实例来说明其用法，从而验证其正确性。提出哈密顿算子串的概念，并找到哈密顿算子串的运算规律，在此基础上讨论更复杂的泛函变分问题，给出相应的欧拉方程和自然边界条件。

10.6.1 并联式内积张量的梯度、散度和旋度变分公式推导

设 $\boldsymbol{A}$ 为 n 阶张量，$\boldsymbol{A}=A_{j_1j_2\cdots j_n}\boldsymbol{e}_{j_1}\boldsymbol{e}_{j_2}\cdots\boldsymbol{e}_{j_n}$，$\boldsymbol{D}$ 为 $n-1$ 阶张量，$\boldsymbol{D}=D_{k_1k_2\cdots k_{n-1}}\boldsymbol{e}_{k_1}\boldsymbol{e}_{k_2}\cdots\boldsymbol{e}_{k_{n-1}}$，记 $\partial_i=\dfrac{\partial}{\partial x_i}$，$\nabla=\partial_i\boldsymbol{e}_i=\dfrac{\partial}{\partial x_i}\boldsymbol{e}_i$，作 $\boldsymbol{A}$ 和 $\boldsymbol{D}$ 的 $n-1$ 次内积，然后取散度，注意到 $\boldsymbol{A}\overset{n-1}{\bullet}\boldsymbol{D}$ 的运算结果是一个向量，而对于一个向量 $\boldsymbol{a}$，有 $\nabla\cdot\boldsymbol{a}=\boldsymbol{a}\cdot\nabla$，根据逗号约定，$F_{,i}=\dfrac{\partial F}{\partial x_i}=\partial_i F$，有

$$
\begin{aligned}
&\nabla\cdot(\boldsymbol{A}\overset{n-1}{\bullet}\boldsymbol{D})=(\boldsymbol{A}\overset{n-1}{\bullet}\boldsymbol{D})\cdot\nabla=\partial_i\boldsymbol{e}_i\cdot(A_{j_1j_2\cdots j_n}\boldsymbol{e}_{j_1}\boldsymbol{e}_{j_2}\cdots\boldsymbol{e}_{j_n}\overset{n-1}{\bullet}D_{k_1k_2\cdots k_{n-1}}\boldsymbol{e}_{k_1}\boldsymbol{e}_{k_2}\cdots\boldsymbol{e}_{k_{n-1}})\\
&=(A_{j_1j_2\cdots j_n,i}D_{k_1k_2\cdots k_{n-1}}+A_{j_1j_2\cdots j_n}D_{k_1k_2\cdots k_{n-1},i})(\boldsymbol{e}_i\cdot\boldsymbol{e}_{j_1})(\boldsymbol{e}_{j_2}\cdot\boldsymbol{e}_{k_1})\cdots(\boldsymbol{e}_{j_n}\cdot\boldsymbol{e}_{k_{n-1}})\\
&=A_{j_1j_2\cdots j_n,i}D_{k_1k_2\cdots k_{n-1}}(\boldsymbol{e}_i\cdot\boldsymbol{e}_{j_1})(\boldsymbol{e}_{j_2}\cdot\boldsymbol{e}_{k_1})\cdots(\boldsymbol{e}_{j_n}\cdot\boldsymbol{e}_{k_{n-1}})+A_{j_1j_2\cdots j_n}D_{k_1k_2\cdots k_{n-1},i}(\boldsymbol{e}_{j_1}\cdot\boldsymbol{e}_i)(\boldsymbol{e}_{j_2}\cdot\boldsymbol{e}_{k_1})\cdots(\boldsymbol{e}_{j_n}\cdot\boldsymbol{e}_{k_{n-1}})\\
&=(\partial_i\boldsymbol{e}_i\cdot A_{j_1j_2\cdots j_n}\boldsymbol{e}_{j_1}\boldsymbol{e}_{j_2}\cdots\boldsymbol{e}_{j_n})\overset{n-1}{\bullet}D_{k_1k_2\cdots k_{n-1}}\boldsymbol{e}_{k_1}\boldsymbol{e}_{k_2}\cdots\boldsymbol{e}_{k_{n-1}}+A_{j_1j_2\cdots j_n}\boldsymbol{e}_{j_1}\boldsymbol{e}_{j_2}\cdots\boldsymbol{e}_{j_n}\overset{n}{\bullet}\partial_i\boldsymbol{e}_iD_{k_1k_2\cdots k_{n-1}}\boldsymbol{e}_{k_1}\boldsymbol{e}_{k_2}\cdots\boldsymbol{e}_{k_{n-1}}\\
&=\nabla\cdot\boldsymbol{A}\overset{n-1}{\bullet}\boldsymbol{D}+\boldsymbol{A}\overset{n}{\bullet}\nabla\boldsymbol{D}=\boldsymbol{D}\overset{n-1}{\bullet}\nabla\cdot\boldsymbol{A}+\nabla\boldsymbol{D}\overset{n}{\bullet}\boldsymbol{A}
\end{aligned}
$$

(10-6-1)

在式(10-6-1)中，将 $\boldsymbol{D}$ 换成 $\delta\boldsymbol{A}$，将 $\boldsymbol{A}$ 换成 $\dfrac{\partial F}{\partial\nabla\boldsymbol{A}}$，则有 $\boldsymbol{A}$ 的左梯度变分公式

$$\frac{\partial F}{\partial\nabla\boldsymbol{A}}\overset{n+1}{\cdot}\nabla\delta\boldsymbol{A}=\nabla\cdot\left(\frac{\partial F}{\partial\nabla\boldsymbol{A}}\overset{n}{\cdot}\delta\boldsymbol{A}\right)-\nabla\cdot\frac{\partial F}{\partial\nabla\boldsymbol{A}}\overset{n}{\cdot}\delta\boldsymbol{A} \tag{10-6-2}$$

在式(10-6-1)中，将 $\boldsymbol{A}$ 换成 $\delta\boldsymbol{A}$，令 $\boldsymbol{D}=\dfrac{\partial F}{\partial\nabla\cdot\boldsymbol{A}}$，则有 $\boldsymbol{A}$ 的左散度变分公式

$$\frac{\partial F}{\partial\nabla\cdot\boldsymbol{A}}\overset{n-1}{\cdot}\nabla\cdot\delta\boldsymbol{A}=\nabla\cdot\left(\delta\boldsymbol{A}\overset{n-1}{\cdot}\frac{\partial F}{\partial\nabla\cdot\boldsymbol{A}}\right)-\nabla\frac{\partial F}{\partial\nabla\cdot\boldsymbol{A}}\overset{n}{\cdot}\delta\boldsymbol{A} \tag{10-6-3}$$

式(10-6-2)和式(10-6-3)就是所要的结果。

再作 $\boldsymbol{D}$ 和 $\boldsymbol{A}$ 的 $n-1$ 次内积，然后取散度，有

$$\begin{aligned}
\nabla\cdot(\boldsymbol{D}\overset{n-1}{\cdot}\boldsymbol{A})&=(\boldsymbol{D}\overset{n-1}{\cdot}\boldsymbol{A})\cdot\nabla=\partial_i\boldsymbol{e}_i\cdot(D_{k_1k_2\cdots k_{n-1}}\boldsymbol{e}_{k_1}\boldsymbol{e}_{k_2}\cdots\boldsymbol{e}_{k_{n-1}}\overset{n-1}{\cdot}A_{j_1j_2\cdots j_n}\boldsymbol{e}_{j_1}\boldsymbol{e}_{j_2}\cdots\boldsymbol{e}_{j_n})\\
&=(D_{k_1k_2\cdots k_{n-1},i}A_{j_1j_2\cdots j_n}+D_{k_1k_2\cdots k_{n-1}}A_{j_1j_2\cdots j_n,i})(\boldsymbol{e}_i\cdot\boldsymbol{e}_{j_n})(\boldsymbol{e}_{k_1}\cdot\boldsymbol{e}_{j_1})\cdots(\boldsymbol{e}_{k_{n-1}}\cdot\boldsymbol{e}_{j_{n-1}})\\
&=D_{k_1k_2\cdots k_{n-1},i}A_{j_1j_2\cdots j_n}(\boldsymbol{e}_{k_1}\cdot\boldsymbol{e}_{j_1})\cdots(\boldsymbol{e}_{k_{n-1}}\cdot\boldsymbol{e}_{j_{n-1}})(\boldsymbol{e}_i\cdot\boldsymbol{e}_{j_n})+D_{k_1k_2\cdots k_{n-1}}A_{j_1j_2\cdots j_n,i}(\boldsymbol{e}_{k_1}\cdot\boldsymbol{e}_{j_1})\cdots(\boldsymbol{e}_{k_{n-1}}\cdot\boldsymbol{e}_{j_{n-1}})(\boldsymbol{e}_{j_n}\cdot\boldsymbol{e}_i)\\
&=D_{k_1k_2\cdots k_{n-1}}\boldsymbol{e}_{k_1}\boldsymbol{e}_{k_2}\cdots\boldsymbol{e}_{k_{n-1}}\partial_i\boldsymbol{e}_i\overset{n}{\cdot}A_{j_1j_2\cdots j_n}\boldsymbol{e}_{j_1}\boldsymbol{e}_{j_2}\cdots\boldsymbol{e}_{j_n}+D_{k_1k_2\cdots k_{n-1}}\boldsymbol{e}_{k_1}\boldsymbol{e}_{k_2}\cdots\boldsymbol{e}_{k_{n-1}}\overset{n-1}{\cdot}A_{j_1j_2\cdots j_n}\boldsymbol{e}_{j_1}\boldsymbol{e}_{j_2}\cdots\boldsymbol{e}_{j_n}\cdot\partial_i\boldsymbol{e}_i\\
&=\boldsymbol{D}\nabla\overset{n}{\cdot}\boldsymbol{A}+\boldsymbol{D}\overset{n-1}{\cdot}\boldsymbol{A}\cdot\nabla=\boldsymbol{A}\overset{n}{\cdot}\boldsymbol{D}\nabla+\boldsymbol{A}\cdot\nabla\overset{n-1}{\cdot}\boldsymbol{D}
\end{aligned} \tag{10-6-4}$$

在式(10-6-4)中，将 $\boldsymbol{D}$ 换成 $\delta\boldsymbol{A}$，将 $\boldsymbol{A}$ 换成 $\dfrac{\partial F}{\partial\boldsymbol{A}\nabla}$，则有 $\boldsymbol{A}$ 的右梯度变分公式

$$\frac{\partial F}{\partial\boldsymbol{A}\nabla}\overset{n+1}{\cdot}\delta\boldsymbol{A}\nabla=\nabla\cdot\left(\delta\boldsymbol{A}\overset{n}{\cdot}\frac{\partial F}{\partial\boldsymbol{A}\nabla}\right)-\frac{\partial F}{\partial\boldsymbol{A}\nabla}\cdot\nabla\overset{n}{\cdot}\delta\boldsymbol{A} \tag{10-6-5}$$

在式(10-6-4)中，将 $\boldsymbol{A}$ 换成 $\delta\boldsymbol{A}$，令 $\boldsymbol{D}=\dfrac{\partial F}{\partial\boldsymbol{A}\cdot\nabla}$，则有 $\boldsymbol{A}$ 的右散度变分公式

$$\frac{\partial F}{\partial\boldsymbol{A}\cdot\nabla}\overset{n-1}{\cdot}\delta\boldsymbol{A}\cdot\nabla=\nabla\cdot\left(\frac{\partial F}{\partial\boldsymbol{A}\cdot\nabla}\overset{n-1}{\cdot}\delta\boldsymbol{A}\right)-\frac{\partial F}{\partial\boldsymbol{A}\cdot\nabla}\nabla\overset{n}{\cdot}\delta\boldsymbol{A} \tag{10-6-6}$$

式(10-6-5)和式(10-6-6)就是所要的结果。

设 $\boldsymbol{A}$ 与 $\boldsymbol{B}$ 均为 n 阶张量，$\boldsymbol{A}=A_{j_1j_2\cdots j_n}\boldsymbol{e}_{j_1}\boldsymbol{e}_{j_2}\cdots\boldsymbol{e}_{j_n}$，$\boldsymbol{B}=B_{k_1k_2\cdots k_n}\boldsymbol{e}_{k_1}\boldsymbol{e}_{k_2}\cdots\boldsymbol{e}_{k_n}$，作 $\boldsymbol{A}$ 与 $\boldsymbol{B}$ 的一次叉积，$n-1$ 次内积，然后取散度，利用三向量混合积公式，有

$$\begin{aligned}
\nabla\cdot\left[\boldsymbol{A}\underset{(n-1)\cdot}{\overset{\times}{}}\boldsymbol{B}\right]&=-\nabla\cdot\left[\boldsymbol{B}\underset{(n-1)\cdot}{\overset{\times}{}}\boldsymbol{A}\right]=\partial_i\boldsymbol{e}_i\cdot\left[A_{j_1j_2\cdots j_n}\boldsymbol{e}_{j_1}\boldsymbol{e}_{j_2}\cdots\boldsymbol{e}_{j_n}\underset{(n-1)\cdot}{\overset{\times}{}}B_{k_1k_2\cdots k_n}\boldsymbol{e}_{k_1}\boldsymbol{e}_{k_2}\cdots\boldsymbol{e}_{k_n}\right]\\
&=(A_{j_1j_2\cdots j_n,i}B_{k_1k_2\cdots k_n}+A_{j_1j_2\cdots j_n}B_{k_1k_2\cdots k_n,i})\boldsymbol{e}_i\cdot(\boldsymbol{e}_{j_1}\times\boldsymbol{e}_{k_1})(\boldsymbol{e}_{j_2}\cdot\boldsymbol{e}_{k_2})\cdots(\boldsymbol{e}_{j_n}\cdot\boldsymbol{e}_{k_n})\\
&=A_{j_1j_2\cdots j_n,i}B_{k_1k_2\cdots k_n}\boldsymbol{e}_i\times\boldsymbol{e}_{j_1}\boldsymbol{e}_{j_2}\cdots\boldsymbol{e}_{j_n}\overset{n}{\cdot}\boldsymbol{e}_{k_1}\boldsymbol{e}_{k_2}\cdots\boldsymbol{e}_{k_n}+A_{j_1j_2\cdots j_n}B_{k_1k_2\cdots k_n,i}(-\boldsymbol{e}_{j_1}\boldsymbol{e}_{j_2}\cdots\boldsymbol{e}_{j_n}\overset{n}{\cdot}\boldsymbol{e}_i\times\boldsymbol{e}_{k_1}\boldsymbol{e}_{k_2}\cdots\boldsymbol{e}_{k_n})\\
&=\partial_i\boldsymbol{e}_i\times A_{j_1j_2\cdots j_n}\boldsymbol{e}_{j_1}\boldsymbol{e}_{j_2}\cdots\boldsymbol{e}_{j_n}\overset{n}{\cdot}B_{k_1k_2\cdots k_n}\boldsymbol{e}_{k_1}\boldsymbol{e}_{k_2}\cdots\boldsymbol{e}_{k_n}-A_{j_1j_2\cdots j_n}\boldsymbol{e}_{j_1}\boldsymbol{e}_{j_2}\cdots\boldsymbol{e}_{j_n}\overset{n}{\cdot}\partial_i\boldsymbol{e}_i\times B_{k_1k_2\cdots k_n}\boldsymbol{e}_{k_1}\boldsymbol{e}_{k_2}\cdots\boldsymbol{e}_{k_n}\\
&=\nabla\times\boldsymbol{A}\overset{n}{\cdot}\boldsymbol{B}-\boldsymbol{A}\overset{n}{\cdot}\nabla\times\boldsymbol{B}=\boldsymbol{B}\overset{n}{\cdot}\nabla\times\boldsymbol{A}-\nabla\times\boldsymbol{B}\overset{n}{\cdot}\boldsymbol{A}
\end{aligned} \tag{10-6-7}$$

在式(10-6-7)中，把 $\boldsymbol{A}$ 换成 $\delta\boldsymbol{A}$，令 $\boldsymbol{B}=\dfrac{\partial F}{\partial\nabla\times\boldsymbol{A}}$，得 $\boldsymbol{A}$ 的左旋度变分公式

$$\frac{\partial F}{\partial\nabla\times\boldsymbol{A}}\overset{n}{\cdot}\nabla\times\delta\boldsymbol{A}=\nabla\cdot\left[\delta\boldsymbol{A}\underset{(n-1)\cdot}{\overset{\times}{}}\frac{\partial F}{\partial\nabla\times\boldsymbol{A}}\right]+\left(\nabla\times\frac{\partial F}{\partial\nabla\times\boldsymbol{A}}\right)\overset{n}{\cdot}\delta\boldsymbol{A} \tag{10-6-8}$$

作 $\boldsymbol{A}$ 与 $\boldsymbol{B}$ 的 $n-1$ 次内积和 1 次叉积，然后取散度，有

$$
\begin{aligned}
&\nabla\cdot\left[\boldsymbol{A}\overset{(n-1)}{\underset{\times}{\cdot}}\boldsymbol{B}\right]=-\nabla\cdot\left[\boldsymbol{B}\overset{(n-1)}{\underset{\times}{\cdot}}\boldsymbol{A}\right]=\partial_i\boldsymbol{e}_i\cdot\left[A_{j_1j_2\cdots j_n}\boldsymbol{e}_{j_1}\boldsymbol{e}_{j_2}\cdots\boldsymbol{e}_{j_n}\overset{(n-1)}{\underset{\times}{\cdot}}B_{k_1k_2\cdots k_n}\boldsymbol{e}_{k_1}\boldsymbol{e}_{k_2}\cdots\boldsymbol{e}_{k_n}\right]\\
&=(A_{j_1j_2\cdots j_n,i}B_{k_1k_2\cdots k_n}+A_{j_1j_2\cdots j_n}B_{k_1k_2\cdots k_n,i})\boldsymbol{e}_i\cdot(\boldsymbol{e}_{j_n}\times\boldsymbol{e}_{k_n})(\boldsymbol{e}_{j_1}\cdot\boldsymbol{e}_{k_1})\cdots(\boldsymbol{e}_{j_{n-1}}\cdot\boldsymbol{e}_{k_{n-1}})\\
&=A_{j_1j_2\cdots j_n,i}B_{k_1k_2\cdots k_n}(-\boldsymbol{e}_{j_1}\boldsymbol{e}_{j_2}\cdots\boldsymbol{e}_{j_n}\times\boldsymbol{e}_i\overset{n}{\cdot}\boldsymbol{e}_{k_1}\boldsymbol{e}_{k_2}\cdots\boldsymbol{e}_{k_n})+A_{j_1j_2\cdots j_n}B_{k_1k_2\cdots k_n,i}\boldsymbol{e}_{j_1}\boldsymbol{e}_{j_2}\cdots\boldsymbol{e}_{j_n}\overset{n}{\cdot}\boldsymbol{e}_{k_1}\boldsymbol{e}_{k_2}\cdots\boldsymbol{e}_{k_n}\times\boldsymbol{e}_i\\
&=-A_{j_1j_2\cdots j_n}\boldsymbol{e}_{j_1}\boldsymbol{e}_{j_2}\cdots\boldsymbol{e}_{j_n}\times\partial_i\boldsymbol{e}_i\overset{n}{\cdot}B_{k_1k_2\cdots k_n}\boldsymbol{e}_{k_1}\boldsymbol{e}_{k_2}\cdots\boldsymbol{e}_{k_n}+A_{j_1j_2\cdots j_n}\boldsymbol{e}_{j_1}\boldsymbol{e}_{j_2}\cdots\boldsymbol{e}_{j_n}\overset{n}{\cdot}B_{k_1k_2\cdots k_n}\boldsymbol{e}_{k_1}\boldsymbol{e}_{k_2}\cdots\boldsymbol{e}_{k_n}\times\partial_i\boldsymbol{e}_i\\
&=-\boldsymbol{A}\times\nabla\overset{n}{\cdot}\boldsymbol{B}+\boldsymbol{A}\overset{n}{\cdot}\boldsymbol{B}\times\nabla=-\boldsymbol{B}\overset{n}{\cdot}\boldsymbol{A}\times\nabla+\boldsymbol{B}\times\nabla\overset{n}{\cdot}\boldsymbol{A}
\end{aligned}
\tag{10-6-9}
$$

在式(10-6-9)中，将 $\boldsymbol{A}$ 换成 $\delta\boldsymbol{A}$，令 $\boldsymbol{B}=\dfrac{\partial F}{\partial\boldsymbol{A}\times\nabla}$，得 $\boldsymbol{A}$ 的右旋度变分公式

$$
\frac{\partial F}{\partial\boldsymbol{A}\times\nabla}\overset{n}{\cdot}\delta\boldsymbol{A}\times\nabla=\nabla\cdot\left[\frac{\partial F}{\partial\boldsymbol{A}\times\nabla}\overset{(n-1)}{\underset{\times}{\cdot}}\delta\boldsymbol{A}\right]+\left(\frac{\partial F}{\partial\boldsymbol{A}\times\nabla}\times\nabla\right)\overset{n}{\cdot}\delta\boldsymbol{A}
\tag{10-6-10}
$$

式(10-6-8)和式(10-6-10)就是所要的结果。

设 $\boldsymbol{A}$ 为 n 阶张量，$\boldsymbol{B}$ 为 $n+m$ 阶张量，则 $\nabla^m\boldsymbol{A}$ 为 $n+m$ 阶张量，把 $\nabla^{m-1}\boldsymbol{A}$ 看作 $\boldsymbol{A}$，根据式(10-6-1)，有

$$
\boldsymbol{B}\overset{n+m}{\cdot}\nabla^m\boldsymbol{A}=\nabla\cdot(\boldsymbol{B}\overset{n+m-1}{\cdot}\nabla^{m-1}\boldsymbol{A})-\nabla\cdot\boldsymbol{B}\overset{n+m-1}{\cdot}\nabla^{m-1}\boldsymbol{A}
\tag{10-6-11}
$$

在式(10-6-11)中，$\boldsymbol{B}$ 是 $\nabla^m\boldsymbol{A}$ 的伴随张量。对 $\nabla^m\boldsymbol{A}$ 取变分，有

$$
\begin{aligned}
\boldsymbol{B}\overset{n+m}{\cdot}\delta\nabla^m\boldsymbol{A}&=\boldsymbol{B}\overset{n+m}{\cdot}\nabla\delta\nabla^{m-1}\boldsymbol{A}=\nabla\cdot(\boldsymbol{B}\overset{n+m-1}{\cdot}\delta\nabla^{m-1}\boldsymbol{A})-\nabla\cdot\boldsymbol{B}\overset{n+m-1}{\cdot}\delta\nabla^{m-1}\boldsymbol{A}\\
&=\nabla\cdot(\boldsymbol{B}\overset{n+m-1}{\cdot}\delta\nabla^{m-1}\boldsymbol{A})-\nabla\cdot\boldsymbol{B}\overset{n+m-1}{\cdot}\nabla\delta\nabla^{m-2}\boldsymbol{A}
\end{aligned}
\tag{10-6-12}
$$

在式(10-6-12)的最后一项中，把 $\nabla\cdot\boldsymbol{B}$ 看作 $\boldsymbol{B}$，把 $\nabla^{m-2}\boldsymbol{A}$ 看作 $\nabla^{m-1}\boldsymbol{A}$，应用式(10-6-11)，得

$$
\begin{aligned}
\boldsymbol{B}\overset{n+m}{\cdot}\delta\nabla^m\boldsymbol{A}&=\boldsymbol{B}\overset{n+m}{\cdot}\nabla\delta\nabla^{m-1}\boldsymbol{A}=\nabla\cdot(\boldsymbol{B}\overset{n+m-1}{\cdot}\delta\nabla^{m-1}\boldsymbol{A})-\nabla\cdot\boldsymbol{B}\overset{n+m-1}{\cdot}\delta\nabla^{m-1}\boldsymbol{A}\\
&=\nabla\cdot(\boldsymbol{B}\overset{n+m-1}{\cdot}\delta\nabla^{m-1}\boldsymbol{A})-\nabla\cdot\boldsymbol{B}\overset{n+m-1}{\cdot}\nabla\delta\nabla^{m-2}\boldsymbol{A}\\
&=\nabla\cdot(\boldsymbol{B}\overset{n+m-1}{\cdot}\delta\nabla^{m-1}\boldsymbol{A})-\nabla\cdot(\nabla\cdot\boldsymbol{B}\overset{n+m-2}{\cdot}\delta\nabla^{m-2}\boldsymbol{A})+(\nabla\cdot)^2\boldsymbol{B}\overset{n+m-2}{\cdot}\delta\nabla^{m-2}\boldsymbol{A}
\end{aligned}
\tag{10-6-13}
$$

对式(10-6-13)的最后一项继续重复上述过程，直到最后一项的变分不含哈密顿算子 ∇，最后可得

$$
\boldsymbol{B}\overset{n+m}{\cdot}\nabla^m\delta\boldsymbol{A}=\sum_{i=1}^{m}(-1)^{i-1}\nabla\cdot\left[(\nabla\cdot)^{i-1}\boldsymbol{B}\overset{n+m-i}{\cdot}\nabla^{m-i}\delta\boldsymbol{A}\right]+(-1)^m(\nabla\cdot)^m\boldsymbol{B}\overset{n}{\cdot}\delta\boldsymbol{A}
\tag{10-6-14}
$$

式(10-6-14)就是所要的结果。

设 $\boldsymbol{A}$ 为 n 阶张量，$\boldsymbol{D}$ 为 $n-m$ 阶张量，其中 $m<n$，根据式(10-6-1)，有

$$
\boldsymbol{D}\overset{n-m}{\cdot}(\nabla\cdot)^m\boldsymbol{A}=\nabla\cdot[(\nabla\cdot)^{m-1}\boldsymbol{A}\overset{n-m}{\cdot}\boldsymbol{D}]-\nabla\boldsymbol{D}\overset{n-m+1}{\cdot}(\nabla\cdot)^{m-1}\boldsymbol{A}
\tag{10-6-15}
$$

在式(10-6-15)中，$(\nabla\cdot)^m\boldsymbol{A}$ 和 $\boldsymbol{D}$ 都是 $n-m$ 阶张量，且 $\boldsymbol{D}$ 是 $\nabla^m\cdot\boldsymbol{A}$ 的伴随张量，对 $\nabla^m\cdot\boldsymbol{A}$ 取变分，有

$$
\begin{aligned}
\boldsymbol{D}\overset{n-m}{\cdot}\delta(\nabla\cdot)^m\boldsymbol{A}&=\boldsymbol{D}\overset{n-m}{\cdot}\nabla\cdot\delta(\nabla\cdot)^{m-1}\boldsymbol{A}\\
&=\nabla\cdot\left[\delta(\nabla\cdot)^{m-1}\boldsymbol{A}\overset{n-m}{\cdot}\boldsymbol{D}\right]-\nabla\boldsymbol{D}\overset{n-m+1}{\cdot}\delta(\nabla\cdot)^{m-1}\boldsymbol{A}\\
&=\nabla\cdot\left[\delta(\nabla\cdot)^{m-1}\boldsymbol{A}\overset{n-m}{\cdot}\boldsymbol{D}\right]-\nabla\boldsymbol{D}\overset{n-m+1}{\cdot}\nabla\cdot\delta(\nabla\cdot)^{m-2}\boldsymbol{A}
\end{aligned}
\tag{10-6-16}
$$

在式(10-6-16)中，把最后一项的 $(\nabla\cdot)^{m-2}\boldsymbol{A}$ 看作 $(\nabla\cdot)^{m-1}\boldsymbol{A}$，把 $\nabla\boldsymbol{D}$ 看作 $\boldsymbol{D}$，应用式(10-6-15)的关系，可得

$$\begin{aligned}
\boldsymbol{D}\overset{n-m}{\cdot}\delta(\nabla\cdot)^m\boldsymbol{A} &= \boldsymbol{D}\overset{n-m}{\cdot}\nabla\cdot\delta(\nabla\cdot)^{m-1}\boldsymbol{A}\\
&= \nabla\cdot\left[\delta(\nabla\cdot)^{m-1}\boldsymbol{A}\overset{n-m}{\cdot}\boldsymbol{D}\right]-\nabla\boldsymbol{D}\overset{n-m+1}{\cdot}\delta(\nabla\cdot)^{m-1}\boldsymbol{A}\\
&= \nabla\cdot\left[\delta(\nabla\cdot)^{m-1}\boldsymbol{A}\overset{n-m}{\cdot}\boldsymbol{D}\right]-\nabla\boldsymbol{D}\overset{n-m+1}{\cdot}\nabla\cdot\delta(\nabla\cdot)^{m-2}\boldsymbol{A} \qquad (10\text{-}6\text{-}17)\\
&= \nabla\cdot\left[\delta(\nabla\cdot)^{m-1}\boldsymbol{A}\overset{n-m}{\cdot}\boldsymbol{D}\right]-\nabla\cdot\left[\delta(\nabla\cdot)^{m-2}\boldsymbol{A}\overset{n-m+1}{\cdot}\nabla\boldsymbol{D}\right]\\
&\quad +\nabla^2\boldsymbol{D}\overset{n-m+2}{\cdot}\nabla\cdot\delta(\nabla\cdot)^{m-3}\boldsymbol{A}
\end{aligned}$$

对式(10-6-7)的最后一项继续重复上述过程，直到最后一项的变分不含哈密顿算子 ∇，最后可得

$$\boldsymbol{D}\overset{n-m}{\cdot}(\nabla\cdot)^m\delta\boldsymbol{A}=\sum_{i=1}^{m}(-1)^{i-1}\nabla\cdot\left[\delta(\nabla\cdot)^{m-i}\boldsymbol{A}\overset{n-m+i-1}{\cdot}\nabla^{i-1}\boldsymbol{D}\right]+(-1)^m\nabla^m\boldsymbol{D}\overset{n}{\cdot}\delta\boldsymbol{A} \qquad (10\text{-}6\text{-}18)$$

式中，$m\leqslant n$。

令 $\boldsymbol{A}$ 和 $\boldsymbol{E}$ 都是 n 阶张量，由式(10-6-8)得

$$\boldsymbol{E}\overset{n}{\cdot}\nabla\times\delta\boldsymbol{A}=\nabla\cdot\left[\delta\boldsymbol{A}\,\overset{\times}{{}_{(n-1)}\cdot}\,\boldsymbol{E}\right]+(\nabla\times\boldsymbol{E})\overset{n}{\cdot}\delta\boldsymbol{A} \qquad (10\text{-}6\text{-}19)$$

式(10-6-19)就是 n 阶张量 $\boldsymbol{A}$ 取旋度的变分公式。

在式(10-6-19)中，将 $\boldsymbol{A}$ 换成 $(\nabla\times)^m\boldsymbol{A}$，此时 $(\nabla\times)^m\boldsymbol{A}$ 和 $\boldsymbol{E}$ 仍是 n 阶张量，则有

$$\boldsymbol{E}\overset{n}{\cdot}\delta(\nabla\times)^m\boldsymbol{A}=\boldsymbol{E}\overset{n}{\cdot}\nabla\times\delta(\nabla\times)^{m-1}\boldsymbol{A}=\nabla\cdot\left[(\nabla\times)^{m-1}\delta\boldsymbol{A}\,\overset{\times}{{}_{(n-1)}\cdot}\,\boldsymbol{E}\right]+(\nabla\times\boldsymbol{E})\overset{n}{\cdot}\nabla\times\delta(\nabla\times)^{m-1}\boldsymbol{A} \qquad (10\text{-}6\text{-}20)$$

将式(10-6-19)的关系用于式(10-6-20)第二个等号右边的第二项，可得

$$\begin{aligned}
\boldsymbol{E}\overset{n}{\cdot}\delta(\nabla\times)^m\boldsymbol{A}&=\boldsymbol{E}\overset{n}{\cdot}\nabla\times\delta(\nabla\times)^{m-1}\boldsymbol{A}=\nabla\cdot\left[(\nabla\times)^{m-1}\delta\boldsymbol{A}\,\overset{\times}{{}_{(n-1)}\cdot}\,\boldsymbol{E}\right]+(\nabla\times\boldsymbol{E})\overset{n}{\cdot}\delta(\nabla\times)^{m-1}\boldsymbol{A}\\
&=\nabla\cdot\left[(\nabla\times)^{m-1}\delta\boldsymbol{A}\,\overset{\times}{{}_{(n-1)}\cdot}\,\boldsymbol{E}\right]+\nabla\cdot\left[(\nabla\times)^{m-2}\delta\boldsymbol{A}\,\overset{\times}{{}_{(n-1)}\cdot}\,\nabla\times\boldsymbol{E}\right]+(\nabla\times)^2\boldsymbol{E}\overset{n}{\cdot}\delta(\nabla\times)^{m-2}\boldsymbol{A}
\end{aligned} \qquad (10\text{-}6\text{-}21)$$

对式(10-6-21)的最后一项继续重复上述过程，直到最后一项的变分不含哈密顿算子 ∇，最后可得

$$\boldsymbol{E}\overset{n}{\cdot}(\nabla\times)^m\delta\boldsymbol{A}=\sum_{i=1}^{m}\nabla\cdot\left[(\nabla\times)^{m-i}\delta\boldsymbol{A}\,\overset{\times}{{}_{(n-1)}\cdot}\,(\nabla\times)^{i-1}\boldsymbol{E}\right]+(\nabla\times)^m\boldsymbol{E}\overset{n}{\cdot}\delta\boldsymbol{A} \qquad (10\text{-}6\text{-}22)$$

同理，可得到右梯度、右散度和右旋度相应的变分公式。

10.6.2 含并联式内积张量和哈密顿算子的泛函的欧拉方程及自然边界条件

将式(10-1-6)、式(10-6-2)、式(10-6-3)、式(10-6-5)、式(10-6-6)、式(10-6-8)和式(10-6-10)写在一起并重新排列，有

$$\frac{\partial F}{\partial\boldsymbol{A}}\overset{n}{\cdot}\delta\boldsymbol{A}^{\mathrm{T}}=\delta\boldsymbol{A}^{\mathrm{T}}\overset{n}{\cdot}\frac{\partial F}{\partial\boldsymbol{A}}=\delta\boldsymbol{A}\overset{n}{\cdot}\left(\frac{\partial F}{\partial\boldsymbol{A}}\right)^{\mathrm{T}}=\left(\frac{\partial F}{\partial\boldsymbol{A}}\right)^{\mathrm{T}}\overset{n}{\cdot}\delta\boldsymbol{A} \qquad (10\text{-}6\text{-}23)$$

$$\frac{\partial F}{\partial\nabla\boldsymbol{A}}\overset{n+1}{\cdot}\nabla\delta\boldsymbol{A}=\nabla\cdot\left(\frac{\partial F}{\partial\nabla\boldsymbol{A}}\overset{n}{\cdot}\delta\boldsymbol{A}\right)-\nabla\cdot\frac{\partial F}{\partial\nabla\boldsymbol{A}}\overset{n}{\cdot}\delta\boldsymbol{A} \qquad (10\text{-}6\text{-}24)$$

$$\frac{\partial F}{\partial \nabla\cdot\boldsymbol{A}}\overset{n-1}{\cdot}\nabla\cdot\delta\boldsymbol{A}=\nabla\cdot\left(\delta\boldsymbol{A}\overset{n-1}{\cdot}\frac{\partial F}{\partial\nabla\cdot\boldsymbol{A}}\right)-\nabla\frac{\partial F}{\partial\nabla\cdot\boldsymbol{A}}\overset{n}{\cdot}\delta\boldsymbol{A} \tag{10-6-25}$$

$$\frac{\partial F}{\partial \nabla\times\boldsymbol{A}}\overset{n}{\cdot}\nabla\times\delta\boldsymbol{A}=\nabla\cdot\left[\delta\boldsymbol{A}_{\overset{\times}{(n-1)\cdot}}\frac{\partial F}{\partial\nabla\times\boldsymbol{A}}\right]+\left(\nabla\times\frac{\partial F}{\partial\nabla\times\boldsymbol{A}}\right)\overset{n}{\cdot}\delta\boldsymbol{A} \tag{10-6-26}$$

$$\frac{\partial F}{\partial \boldsymbol{A}\nabla}\overset{n+1}{\cdot}\delta\boldsymbol{A}\nabla=\nabla\cdot\left(\delta\boldsymbol{A}\overset{n}{\cdot}\frac{\partial F}{\partial\boldsymbol{A}\nabla}\right)-\frac{\partial F}{\partial\boldsymbol{A}\nabla}\cdot\nabla\overset{n}{\cdot}\delta\boldsymbol{A} \tag{10-6-27}$$

$$\frac{\partial F}{\partial \boldsymbol{A}\cdot\nabla}\overset{n-1}{\cdot}\delta\boldsymbol{A}\cdot\nabla=\nabla\cdot\left(\frac{\partial F}{\partial\boldsymbol{A}\cdot\nabla}\overset{n-1}{\cdot}\delta\boldsymbol{A}\right)-\frac{\partial F}{\partial\boldsymbol{A}\cdot\nabla}\nabla\overset{n}{\cdot}\delta\boldsymbol{A} \tag{10-6-28}$$

$$\frac{\partial F}{\partial \boldsymbol{A}\times\nabla}\overset{n}{\cdot}\delta\boldsymbol{A}\times\nabla=\nabla\cdot\left[\frac{\partial F}{\partial\boldsymbol{A}\times\nabla}^{\underset{\times}{(n-1)}\cdot}\delta\boldsymbol{A}\right]+\left(\frac{\partial F}{\partial\boldsymbol{A}\times\nabla}\times\nabla\right)\overset{n}{\cdot}\delta\boldsymbol{A} \tag{10-6-29}$$

有了式(10-6-23)～式(10-6-29)，就可方便得到含哈密顿算子即以张量的梯度、散度和旋度表示的泛函所对应的欧拉方程及相应的自然边界条件。

定理 10.6.1 设泛函

$$J=\iiint_V F(\boldsymbol{A},\boldsymbol{A}^{\mathrm{T}},\nabla\boldsymbol{A},\nabla\cdot\boldsymbol{A},\nabla\times\boldsymbol{A},\boldsymbol{A}\nabla,\boldsymbol{A}\cdot\nabla,\boldsymbol{A}\times\nabla)\,\mathrm{d}V \tag{10-6-30}$$

式中，$\boldsymbol{A}$ 为 n 阶张量，则泛函的欧拉方程为

$$\frac{\partial F}{\partial\boldsymbol{A}}+\left(\frac{\partial F}{\partial\boldsymbol{A}}\right)^{\mathrm{T}}-\nabla\cdot\frac{\partial F}{\partial\nabla\boldsymbol{A}}-\nabla\frac{\partial F}{\partial\nabla\cdot\boldsymbol{A}}+\nabla\times\frac{\partial F}{\partial\nabla\times\boldsymbol{A}}-\frac{\partial F}{\partial\boldsymbol{A}\nabla}\cdot\nabla-\frac{\partial F}{\partial\boldsymbol{A}\cdot\nabla}\nabla+\frac{\partial F}{\partial\boldsymbol{A}\times\nabla}\times\nabla=\boldsymbol{0} \tag{10-6-31}$$

泛函的自然边界条件为

$$\begin{aligned}&\boldsymbol{n}\cdot\frac{\partial F}{\partial\nabla\boldsymbol{A}}\bigg|_S=\boldsymbol{0},\quad \boldsymbol{n}\frac{\partial F}{\partial\nabla\cdot\boldsymbol{A}}\bigg|_S=\boldsymbol{0},\quad \boldsymbol{n}\times\frac{\partial F}{\partial\nabla\times\boldsymbol{A}}\bigg|_S=\boldsymbol{0}\\&\frac{\partial F}{\partial\boldsymbol{A}\nabla}\cdot\boldsymbol{n}\bigg|_S=\boldsymbol{0},\quad \frac{\partial F}{\partial\boldsymbol{A}\cdot\nabla}\boldsymbol{n}\bigg|_S=\boldsymbol{0},\quad \frac{\partial F}{\partial\boldsymbol{A}\times\nabla}\times\boldsymbol{n}\bigg|_S=\boldsymbol{0}\end{aligned} \tag{10-6-32}$$

式中，并向量的 $\boldsymbol{n}$ 不与其他边界条件一起出现时可去掉。

证 对式(10-6-30)取变分并利用式(10-6-23)～式(10-6-29)，有

$$\delta J=\iiint_V\left(\frac{\partial F}{\partial\boldsymbol{A}}\overset{n}{\cdot}\delta\boldsymbol{A}+\frac{\partial F}{\partial\boldsymbol{A}}\overset{n}{\cdot}\delta\boldsymbol{A}^{\mathrm{T}}+\frac{\partial F}{\partial\nabla\boldsymbol{A}}\overset{n+1}{\cdot}\nabla\delta\boldsymbol{A}+\frac{\partial F}{\partial\nabla\cdot\boldsymbol{A}}\overset{n-1}{\cdot}\nabla\cdot\delta\boldsymbol{A}+\frac{\partial F}{\partial\nabla\times\boldsymbol{A}}\overset{n}{\cdot}\nabla\times\delta\boldsymbol{A}\right)\mathrm{d}V$$

$$+\iiint_V\left(\frac{\partial F}{\partial\boldsymbol{A}\nabla}\overset{n+1}{\cdot}\delta\boldsymbol{A}\nabla+\frac{\partial F}{\partial\boldsymbol{A}\cdot\nabla}\overset{n-1}{\cdot}\delta\boldsymbol{A}\cdot\nabla+\frac{\partial F}{\partial\boldsymbol{A}\times\nabla}\overset{n}{\cdot}\delta\boldsymbol{A}\times\nabla\right)\mathrm{d}V$$

$$=\iiint_V\left[\frac{\partial F}{\partial\boldsymbol{A}}+\left(\frac{\partial F}{\partial\boldsymbol{A}}\right)^{\mathrm{T}}-\nabla\cdot\frac{\partial F}{\partial\nabla\boldsymbol{A}}-\nabla\frac{\partial F}{\partial\nabla\cdot\boldsymbol{A}}+\nabla\times\frac{\partial F}{\partial\nabla\times\boldsymbol{A}}-\frac{\partial F}{\partial\boldsymbol{A}\nabla}\cdot\nabla-\frac{\partial F}{\partial\boldsymbol{A}\cdot\nabla}\nabla+\frac{\partial F}{\partial\boldsymbol{A}\times\nabla}\times\nabla\right]\overset{n}{\cdot}\delta\boldsymbol{A}\mathrm{d}V$$

$$+\iiint_V\nabla\cdot\left[\frac{\partial F}{\partial\nabla\boldsymbol{A}}\overset{n}{\cdot}\delta\boldsymbol{A}+\delta\boldsymbol{A}\overset{n-1}{\cdot}\frac{\partial F}{\partial\nabla\cdot\boldsymbol{A}}-\frac{\partial F}{\partial\nabla\times\boldsymbol{A}}_{\overset{\times}{(n-1)\cdot}}\delta\boldsymbol{A}+\delta\boldsymbol{A}\overset{n}{\cdot}\frac{\partial F}{\partial\boldsymbol{A}\nabla}+\frac{\partial F}{\partial\boldsymbol{A}\cdot\nabla}\overset{n-1}{\cdot}\delta\boldsymbol{A}-\delta\boldsymbol{A}^{\underset{\times}{(n-1)}\cdot}\frac{\partial F}{\partial\boldsymbol{A}\times\nabla}\right]\mathrm{d}V$$

$$=\iiint_V\left[\frac{\partial F}{\partial\boldsymbol{A}}+\left(\frac{\partial F}{\partial\boldsymbol{A}}\right)^{\mathrm{T}}-\nabla\cdot\frac{\partial F}{\partial\nabla\boldsymbol{A}}-\nabla\frac{\partial F}{\partial\nabla\cdot\boldsymbol{A}}+\nabla\times\frac{\partial F}{\partial\nabla\times\boldsymbol{A}}-\frac{\partial F}{\partial\boldsymbol{A}\nabla}\cdot\nabla-\frac{\partial F}{\partial\boldsymbol{A}\cdot\nabla}\nabla+\frac{\partial F}{\partial\boldsymbol{A}\times\nabla}\times\nabla\right]\overset{n}{\cdot}\delta\boldsymbol{A}\mathrm{d}V$$

$$+\iint_S\left[\frac{\partial F}{\partial\nabla\boldsymbol{A}}\overset{n}{\cdot}\delta\boldsymbol{A}+\delta\boldsymbol{A}\overset{n-1}{\cdot}\frac{\partial F}{\partial\nabla\cdot\boldsymbol{A}}-\frac{\partial F}{\partial\nabla\times\boldsymbol{A}}_{\overset{\times}{(n-1)\cdot}}\delta\boldsymbol{A}+\delta\boldsymbol{A}\overset{n}{\cdot}\frac{\partial F}{\partial\boldsymbol{A}\nabla}+\frac{\partial F}{\partial\boldsymbol{A}\cdot\nabla}\overset{n-1}{\cdot}\delta\boldsymbol{A}-\delta\boldsymbol{A}^{\underset{\times}{(n-1)}\cdot}\frac{\partial F}{\partial\boldsymbol{A}\times\nabla}\right]\cdot\boldsymbol{n}\mathrm{d}S$$

$$=\iiint_V\left[\frac{\partial F}{\partial\boldsymbol{A}}+\left(\frac{\partial F}{\partial\boldsymbol{A}}\right)^{\mathrm{T}}-\nabla\cdot\frac{\partial F}{\partial\nabla\boldsymbol{A}}-\nabla\frac{\partial F}{\partial\nabla\cdot\boldsymbol{A}}+\nabla\times\frac{\partial F}{\partial\nabla\times\boldsymbol{A}}-\frac{\partial F}{\partial\boldsymbol{A}\nabla}\cdot\nabla-\frac{\partial F}{\partial\boldsymbol{A}\cdot\nabla}\nabla+\frac{\partial F}{\partial\boldsymbol{A}\times\nabla}\times\nabla\right]\overset{n}{\cdot}\delta\boldsymbol{A}\mathrm{d}V$$

$$+\iint_S\left(\boldsymbol{n}\cdot\frac{\partial F}{\partial\nabla\boldsymbol{A}}+\boldsymbol{n}\frac{\partial F}{\partial\nabla\cdot\boldsymbol{A}}-\boldsymbol{n}\times\frac{\partial F}{\partial\nabla\times\boldsymbol{A}}+\frac{\partial F}{\partial\boldsymbol{A}\nabla}\cdot\boldsymbol{n}+\frac{\partial F}{\partial\boldsymbol{A}\cdot\nabla}\boldsymbol{n}-\frac{\partial F}{\partial\boldsymbol{A}\times\nabla}\times\boldsymbol{n}\right)\overset{n}{\because}\delta\boldsymbol{A}\,\mathrm{d}S=0 \tag{10-6-33}$$

式中，面积项的积分为0。

由于$\delta\boldsymbol{A}$的任意性和面积积分中各项的独立性，根据变分法基本引理，可知式(10-6-33)最后一个体积积分的括号项给出式(10-6-31)，式(10-6-33)最后一个面积积分的括号项给出式(10-6-32)。证毕。

从式(10-6-33)最后一个体积积分和面积积分的比较可以明显看出，边界上的单位法向向量$\boldsymbol{n}$与哈密顿算子∇相对应，只是符号相反。

同含向量和哈密顿算子的泛函一样，若泛函还有其他附加边界条件，则泛函的自然边界条件要和这些附加边界条件相结合，一起构成总的边界条件。

当$\boldsymbol{A}$仅是零阶张量即标量时，已没有标量转置、散度和旋度概念，此时令$\boldsymbol{A}=u$，且对于标量u来说，$\nabla u=u\nabla$，此时的泛函为

$$J=\iiint_V F(u,\nabla u)\,\mathrm{d}V \tag{10-6-34}$$

泛函的欧拉方程为

$$\frac{\partial F}{\partial u}-\nabla\cdot\frac{\partial F}{\partial\nabla u}=0 \tag{10-6-35}$$

当$\boldsymbol{A}$仅是一阶张量即向量时，已没有向量转置，此时令$\boldsymbol{A}=\boldsymbol{a}$，且对于向量$\boldsymbol{a}$来说，$\nabla\cdot\boldsymbol{a}=\boldsymbol{a}\cdot\nabla$，$\nabla\times\boldsymbol{a}=-\boldsymbol{a}\times\nabla$，此时的泛函为

$$J=\iiint_V F(\boldsymbol{a},\nabla\boldsymbol{a},\nabla\cdot\boldsymbol{a},\nabla\times\boldsymbol{a},\boldsymbol{a}\nabla)\,\mathrm{d}V \tag{10-6-36}$$

泛函的欧拉方程为

$$\frac{\partial F}{\partial\boldsymbol{a}}-\nabla\cdot\frac{\partial F}{\partial\nabla\boldsymbol{a}}-\nabla\frac{\partial F}{\partial\nabla\cdot\boldsymbol{a}}+\nabla\times\frac{\partial F}{\partial\nabla\times\boldsymbol{a}}-\frac{\partial F}{\partial\boldsymbol{a}\nabla}\cdot\nabla=\boldsymbol{0} \tag{10-6-37}$$

将式(10-6-34)和式(10-6-36)合并，有

$$J=\iiint_V F(u,\nabla u,\boldsymbol{a},\nabla\boldsymbol{a},\nabla\cdot\boldsymbol{a},\nabla\times\boldsymbol{a},\boldsymbol{a}\nabla)\,\mathrm{d}V \tag{10-6-38}$$

泛函的欧拉方程组为

$$\frac{\partial F}{\partial u}-\nabla\cdot\frac{\partial F}{\partial\nabla u}=0 \tag{10-6-39}$$

$$\frac{\partial F}{\partial\boldsymbol{a}}-\nabla\cdot\frac{\partial F}{\partial\nabla\boldsymbol{a}}-\nabla\frac{\partial F}{\partial\nabla\cdot\boldsymbol{a}}+\nabla\times\frac{\partial F}{\partial\nabla\times\boldsymbol{a}}-\frac{\partial F}{\partial\boldsymbol{a}\nabla}\cdot\nabla=\boldsymbol{0} \tag{10-6-40}$$

其自然边界条件为

$$\left.\frac{\partial F}{\partial\nabla u}\cdot\boldsymbol{n}\right|_S=0\text{，}\left.\boldsymbol{n}\cdot\frac{\partial F}{\partial\nabla\boldsymbol{a}}\right|_S=\boldsymbol{0}\text{，}\left.\frac{\partial F}{\partial\nabla\cdot\boldsymbol{a}}\right|_S=0\text{，}\left.\frac{\partial F}{\partial\nabla\times\boldsymbol{a}}\times\boldsymbol{n}\right|_S=\boldsymbol{0}\text{，}\left.\frac{\partial F}{\partial\boldsymbol{a}\nabla}\cdot\boldsymbol{n}\right|_S=\boldsymbol{0} \tag{10-6-41}$$

从式(10-6-33)可知，对于$\boldsymbol{A}$的左梯度的变分，若令$T=\nabla$，$u=\delta\boldsymbol{A}$，$v=\dfrac{\partial F}{\partial\nabla\boldsymbol{A}}$，则有$T^*=-\nabla\cdot$，即负的左散度算子是左梯度算子的伴随算子。对于$\boldsymbol{A}$的左散度的变分，若令$T=\nabla\cdot$，$u=\delta\boldsymbol{A}$，$v=\dfrac{\partial F}{\partial\nabla\cdot\boldsymbol{A}}$，则有$T^*=-\nabla$，即负的左梯度算子是左散度算子的伴随算子。对于$\boldsymbol{A}$的左旋度的变分，若令$T=\nabla\times$，$u=\delta\boldsymbol{A}$，$v=\dfrac{\partial F}{\partial\nabla\times\boldsymbol{A}}$，则有$T^*=\nabla\times$，即左旋度算子是左自伴算子。同理，对于$\boldsymbol{A}$的右梯度的变分，若令$T=\nabla$，$u=\delta\boldsymbol{A}$，$v=\dfrac{\partial F}{\partial\boldsymbol{A}\nabla}$，则有$T^*=-\cdot\nabla$，即

负的右散度算子是右梯度算子的伴随算子。对于 $\boldsymbol{A}$ 的右散度的变分，若令 $T=\cdot\nabla$，$u=\delta\boldsymbol{A}$，$v=\dfrac{\partial F}{\partial\boldsymbol{A}\cdot\nabla}$，则有 $T^*=-\nabla$，即负的右梯度算子是右散度算子的伴随算子。对于 $\boldsymbol{A}$ 的右旋度的变分，若令 $T=\times\nabla$，$u=\delta\boldsymbol{A}$，$v=\dfrac{\partial F}{\partial\boldsymbol{A}\times\nabla}$，则有 $T^*=\times\nabla$，即右旋度算子是右自伴算子。

10.6.3 含并联式内积张量和哈密顿算子的泛函的算例

在变分计算中，经常要用到下列二阶张量恒等式

$$\begin{aligned}\boldsymbol{A}:\boldsymbol{B}\cdot\boldsymbol{C}&=\boldsymbol{A}^{\mathrm T}\cdot\boldsymbol{B}:\boldsymbol{C}^{\mathrm T}=\boldsymbol{B}\cdot\boldsymbol{C}:\boldsymbol{A}=\boldsymbol{C}\cdot\boldsymbol{A}^{\mathrm T}:\boldsymbol{B}^{\mathrm T}=\boldsymbol{B}^{\mathrm T}:\boldsymbol{C}\cdot\boldsymbol{A}^{\mathrm T}\\&=\boldsymbol{C}^{\mathrm T}:\boldsymbol{A}^{\mathrm T}\cdot\boldsymbol{B}=\boldsymbol{B}:\boldsymbol{A}\cdot\boldsymbol{C}^{\mathrm T}=\boldsymbol{C}:\boldsymbol{B}^{\mathrm T}\cdot\boldsymbol{A}\end{aligned}\tag{10-6-42}$$

例 10.6.1 设 V 是弹性体的区域，$S=S_u+S_\sigma$ 是 V 的边界，$\boldsymbol{N}$ 为曲面 S 上的外法向单位向量，在位移边界 S_u 上给定位移：$\boldsymbol{u}|_{S_u}=\bar{\boldsymbol{u}}$，在应力边界 S_σ 上给定单位面积的面力：$\boldsymbol{X}|_{S_\sigma}=\bar{\boldsymbol{X}}$，$\boldsymbol{f}$ 为单位质量的体力，$\bar\rho$ 为质量密度，$\boldsymbol{F}$ 为变形梯度，$\boldsymbol{T}$ 为基尔霍夫(Kirchhoff)应力张量，$\boldsymbol{\tau}=\boldsymbol{F}\cdot\boldsymbol{T}$ 为皮奥拉(Count Gabrio Piola Daverio, 1794.7.15—1850)应力张量。定义弹性体的总(全)能量泛函 $\varPhi$ 为

$$\begin{aligned}\varPhi&=\int_V[(\boldsymbol{F}\cdot\boldsymbol{T}):(\boldsymbol{u}\nabla)-\bar\rho\boldsymbol{f}\cdot\boldsymbol{u}]\mathrm{d}V-\int_{S_u}\bar{\boldsymbol{u}}\cdot(\boldsymbol{F}\cdot\boldsymbol{T})\cdot\boldsymbol{N}\,\mathrm{d}S-\int_{S_\sigma}\boldsymbol{u}\cdot\bar{\boldsymbol{X}}\,\mathrm{d}S\\&=\int_V[\boldsymbol{\tau}:(\boldsymbol{u}\nabla)-\bar\rho\boldsymbol{f}\cdot\boldsymbol{u}]\mathrm{d}V-\int_{S_u}\bar{\boldsymbol{u}}\cdot(\boldsymbol{F}\cdot\boldsymbol{T})\cdot\boldsymbol{N}\,\mathrm{d}S-\int_{S_\sigma}\boldsymbol{u}\cdot\bar{\boldsymbol{X}}\,\mathrm{d}S\end{aligned}\tag{1}$$

求位移 $\boldsymbol{u}$ 变分满足的欧拉方程。

解 令被积函数 $F=(\boldsymbol{F}\cdot\boldsymbol{T}):(\boldsymbol{u}\nabla)-\bar\rho\boldsymbol{f}\cdot\boldsymbol{u}$，对位移 $\boldsymbol{u}$ 取变分，偏导数为

$$\frac{\partial F}{\partial\boldsymbol{u}}=-\bar\rho\boldsymbol{f}\,,\quad\frac{\partial F}{\partial\boldsymbol{u}\nabla}=\boldsymbol{F}\cdot\boldsymbol{T}=\boldsymbol{\tau}\tag{2}$$

泛函的欧拉方程即平衡方程为

$$\boldsymbol{\tau}\cdot\nabla+\bar\rho\boldsymbol{f}=0\qquad(\text{在 }V\text{ 内})\tag{3}$$

或

$$(\boldsymbol{F}\cdot\boldsymbol{T})\cdot\nabla+\bar\rho\boldsymbol{f}=0\qquad(\text{在 }V\text{ 内})\tag{4}$$

在式(1)的应力边界 S_σ 上，有

$$(\boldsymbol{F}\cdot\boldsymbol{T})\cdot\boldsymbol{N}=\bar{\boldsymbol{X}}\qquad(\text{在 }S_\sigma\text{ 上})\tag{5}$$

或

$$\boldsymbol{\tau}\cdot\boldsymbol{N}=\bar{\boldsymbol{X}}\qquad(\text{在 }S_\sigma\text{ 上})\tag{6}$$

需要指出的是，本例中的变形梯度 $\boldsymbol{F}$ 没有参与变分。

例 10.6.2 设 V 是超弹性物体的区域，曲面 A 为包围 V 的边界，且 $A=A_{\boldsymbol{P}}$，$\boldsymbol{N}$ 为曲面 A 上的外法向单位向量，在应力边界 $A_{\boldsymbol{P}}$ 上给定单位面积的面力：$\boldsymbol{P}_N|_{A_{\boldsymbol{P}}}=\boldsymbol{P}\cdot\boldsymbol{N}|_{A_{\boldsymbol{P}}}=\boldsymbol{P}_{1N}$，$\boldsymbol{u}$ 为位移向量，$\bar\rho$ 为质量密度，$\boldsymbol{b}$ 为单位质量的体力，$\boldsymbol{F}=\boldsymbol{I}+\boldsymbol{u}\nabla$ 为**变形梯度**，$\boldsymbol{I}$ 为单位二阶张量。可能位移场函数类系统**总势能泛函**可表示为

$$\varPi[\boldsymbol{u}]=\int_V[\varSigma(\boldsymbol{F})-\boldsymbol{u}\cdot\bar\rho\boldsymbol{b}]\mathrm{d}V-\int_{A_{\boldsymbol{P}}}\boldsymbol{u}\cdot\boldsymbol{P}_{1N}\,\mathrm{d}A\tag{1}$$

式中，$\varSigma(\boldsymbol{F})$ 为物体的应变能密度，且有共轭本构关系 $\boldsymbol{P}=\dfrac{\mathrm{d}\varSigma(\boldsymbol{F})}{\mathrm{d}\boldsymbol{F}}$，$\boldsymbol{F}=\dfrac{\mathrm{d}\varSigma^{c2}(\boldsymbol{P})}{\mathrm{d}\boldsymbol{P}}$，$\varSigma^{c2}(\boldsymbol{P})$ 为应变余能密度。试求泛函的欧拉方程和边界条件。

解 令被积函数 $F=\varSigma(\boldsymbol{F})-\boldsymbol{u}\cdot\bar\rho\boldsymbol{b}$，其中 $\varSigma(\boldsymbol{F})$ 的变分为

$$\delta\Sigma(\boldsymbol{F})=\frac{\mathrm{d}\Sigma(\boldsymbol{F})}{\mathrm{d}\boldsymbol{F}}:\delta\boldsymbol{F}=\frac{\mathrm{d}\Sigma(\boldsymbol{F})}{\mathrm{d}\boldsymbol{u}\nabla}:\delta\boldsymbol{F}=\boldsymbol{P}:\delta\boldsymbol{u}\nabla \tag{2}$$

于是有

$$\frac{\partial F}{\partial \boldsymbol{u}}=-\bar{\rho}\boldsymbol{b}，\quad \frac{\partial F}{\partial \boldsymbol{u}\nabla}=\boldsymbol{P} \tag{3}$$

泛函的欧拉方程为

$$\boldsymbol{P}\cdot\nabla+\bar{\rho}\boldsymbol{b}=0 \qquad (\text{在} V \text{内}) \tag{4}$$

在式(1)的应力边界 $A_{\boldsymbol{P}}$ 上，有

$$\boldsymbol{P}\cdot\boldsymbol{N}-\boldsymbol{P}_{1N}=0 \qquad (\text{在} A_{\boldsymbol{P}} \text{上}) \tag{5}$$

又由于 $\boldsymbol{P}\cdot\boldsymbol{N}=\boldsymbol{P}_{\boldsymbol{N}}$，应力边界条件也可写成

$$\boldsymbol{P}_{\boldsymbol{N}}=\boldsymbol{P}_{1\boldsymbol{N}} \qquad (\text{在} A_{\boldsymbol{P}} \text{上}) \tag{6}$$

例 10.6.3 可能位移场函数类的泛函为

$$J[u]=\int_V \boldsymbol{\tau}:(\boldsymbol{I}+\boldsymbol{u}\nabla)\,\mathrm{d}V-\int_{A_t}\boldsymbol{u}\cdot\mathring{\boldsymbol{T}}_{\boldsymbol{n}}\,\mathrm{d}A \tag{1}$$

它表示系统的总势能。求位移 $\boldsymbol{u}$ 变分的欧拉方程和边界条件。

解 令被积函数 $F=\boldsymbol{\tau}:(\boldsymbol{I}+\boldsymbol{u}\nabla)$，对 $\boldsymbol{u}\nabla$ 取偏导数，有 $\dfrac{\partial F}{\partial \boldsymbol{u}\nabla}=\boldsymbol{\tau}$，于是，泛函的欧拉方程和边界条件为

$$\boldsymbol{\tau}\cdot\nabla=\boldsymbol{0} \qquad (\text{在} V \text{内}) \tag{2}$$

$$\boldsymbol{\tau}\cdot\boldsymbol{n}=\mathring{\boldsymbol{T}}_{\boldsymbol{n}} \qquad (\text{在} A_t \text{上}) \tag{3}$$

例 10.6.4 **赖斯纳泛函**(即系统广义总余能)为

$$\begin{aligned}\Pi^{*c}=&\int_V\left\{\Sigma^{c1}(\boldsymbol{K})+\frac{1}{2}[(\nabla\boldsymbol{u})\cdot(\boldsymbol{u}\nabla)]:\boldsymbol{K}+\boldsymbol{u}\cdot[(\boldsymbol{F}\cdot\boldsymbol{K})\cdot\nabla+\rho_0\boldsymbol{b}]\right\}\mathrm{d}V\\&-\int_{A_u}\boldsymbol{u}_1\cdot\boldsymbol{F}\cdot\boldsymbol{K}\cdot\boldsymbol{N}\,\mathrm{d}A+\int_{A_P}\boldsymbol{u}\cdot(\boldsymbol{F}\cdot\boldsymbol{K}\cdot\boldsymbol{N}-\boldsymbol{P}_{1N})\,\mathrm{d}A\end{aligned} \tag{1}$$

求泛函的欧拉方程组和边界条件。

解 令被积函数 $F=\Sigma^{c1}(\boldsymbol{K})+\dfrac{1}{2}[(\nabla\boldsymbol{u})\cdot(\boldsymbol{u}\nabla)]:\boldsymbol{K}+\boldsymbol{u}\cdot[(\boldsymbol{F}\cdot\boldsymbol{K})\cdot\nabla+\rho_0\boldsymbol{b}]$，在 $\dfrac{1}{2}[(\nabla\boldsymbol{u})\cdot(\boldsymbol{u}\nabla)]:\boldsymbol{K}$ 项中，对含有 $\boldsymbol{u}$ 的梯度项取变分，有

$$\begin{aligned}\frac{1}{2}\delta(\nabla\boldsymbol{u}\cdot\boldsymbol{u}\nabla):\boldsymbol{K}&=\frac{1}{2}(\nabla\delta\boldsymbol{u}\cdot\boldsymbol{u}\nabla+\nabla\boldsymbol{u}\cdot\delta\boldsymbol{u}\nabla):\boldsymbol{K}=\frac{1}{2}(\nabla\delta\boldsymbol{u}\cdot\boldsymbol{u}\nabla:\boldsymbol{K}+\nabla\boldsymbol{u}\cdot\delta\boldsymbol{u}\nabla:\boldsymbol{K})\\&=\frac{1}{2}(\boldsymbol{u}\nabla\cdot\boldsymbol{K}:\delta\boldsymbol{u}\nabla+\boldsymbol{u}\nabla\cdot\boldsymbol{K}:\delta\boldsymbol{u}\nabla)=\boldsymbol{u}\nabla\cdot\boldsymbol{K}:\delta\boldsymbol{u}\nabla\\&=\frac{1}{2}(\nabla\delta\boldsymbol{u}:\boldsymbol{K}\cdot\nabla\boldsymbol{u}+\nabla\delta\boldsymbol{u}:\boldsymbol{K}\cdot\nabla\boldsymbol{u})=\boldsymbol{K}\cdot\nabla\boldsymbol{u}:\nabla\delta\boldsymbol{u}\end{aligned} \tag{2}$$

将 $\boldsymbol{u}\cdot[(\boldsymbol{F}\cdot\boldsymbol{K})\cdot\nabla]$ 展开，有

$$\begin{aligned}\boldsymbol{u}\cdot[(\boldsymbol{F}\cdot\boldsymbol{K})\cdot\nabla]&=(\boldsymbol{u}\cdot\boldsymbol{F}\cdot\boldsymbol{K})\cdot\nabla-\boldsymbol{u}\nabla:\boldsymbol{F}\cdot\boldsymbol{K}\\&=(\boldsymbol{u}\cdot\boldsymbol{F}\cdot\boldsymbol{K})\cdot\nabla-\nabla\boldsymbol{u}\cdot\boldsymbol{F}:\boldsymbol{K}=(\boldsymbol{u}\cdot\boldsymbol{F}\cdot\boldsymbol{K})\cdot\nabla-\boldsymbol{u}\nabla\cdot\boldsymbol{K}:\boldsymbol{F}\end{aligned} \tag{3}$$

由于 $\boldsymbol{K}$ 是对称张量，故有

$$\boldsymbol{u}\nabla\cdot\boldsymbol{K}:\boldsymbol{F}=\boldsymbol{K}^{\mathrm{T}}\cdot\nabla\boldsymbol{u}:\boldsymbol{F}^{\mathrm{T}}=\boldsymbol{K}\cdot\nabla\boldsymbol{u}:(\boldsymbol{I}+\nabla\boldsymbol{u}) \tag{4}$$

又 $\boldsymbol{F}=\boldsymbol{I}+\boldsymbol{u}\nabla$，$-\boldsymbol{F}:\boldsymbol{u}\nabla\cdot\boldsymbol{K}$ 项对 $\boldsymbol{F}$ 取变分，有

$$-\delta\boldsymbol{F}:\boldsymbol{u}\nabla\cdot\boldsymbol{K}=-\boldsymbol{u}\nabla\cdot\boldsymbol{K}:\delta\boldsymbol{F}=-\boldsymbol{u}\nabla\cdot\boldsymbol{K}:\delta\boldsymbol{u}\nabla=-\boldsymbol{K}\cdot\nabla\boldsymbol{u}:\nabla\delta\boldsymbol{u} \tag{5}$$

对含 $\boldsymbol{K}$ 的各项求偏导数，有

$$\frac{\partial F}{\partial \boldsymbol{K}}=\frac{\partial F}{\partial \Sigma^{c1}(\boldsymbol{K})}\frac{\mathrm{d}\Sigma^{c1}(\boldsymbol{K})}{\mathrm{d}\boldsymbol{K}}-\frac{1}{2}[\nabla\boldsymbol{u}+\boldsymbol{u}\nabla+(\nabla\boldsymbol{u})\cdot(\boldsymbol{u}\nabla)]=\frac{\mathrm{d}\Sigma^{c1}(\boldsymbol{K})}{\mathrm{d}\boldsymbol{K}}-\frac{1}{2}(\nabla\boldsymbol{u}+\boldsymbol{u}\nabla+\nabla\boldsymbol{u}\cdot\boldsymbol{u}\nabla) \tag{6}$$

对含 $\boldsymbol{u}$ 的各项求偏导数，得

$$\frac{\partial F}{\partial \boldsymbol{u}}=(\boldsymbol{F}\cdot\boldsymbol{K})\cdot\nabla+\rho_0\boldsymbol{b}\,,\quad \frac{\partial F}{\partial \boldsymbol{u}\nabla}=\boldsymbol{u}\nabla\cdot\boldsymbol{K}-\boldsymbol{u}\nabla\cdot\boldsymbol{K}=\boldsymbol{0} \tag{7}$$

当然 F 对 $\boldsymbol{u}$ 的左梯度取偏导数，其结果也是零，即 $\dfrac{\partial F}{\partial \nabla\boldsymbol{u}}=\boldsymbol{K}\cdot\nabla\boldsymbol{u}-\boldsymbol{K}\cdot\nabla\boldsymbol{u}=\boldsymbol{0}$。

泛函的欧拉方程组为

$$(\boldsymbol{F}\cdot\boldsymbol{K})\cdot\nabla+\rho_0\boldsymbol{b}=\boldsymbol{0}\qquad(\text{在}\,V\,\text{内}) \tag{8}$$

$$\frac{\mathrm{d}\Sigma^{c1}(\boldsymbol{K})}{\mathrm{d}\boldsymbol{K}}-\frac{1}{2}(\nabla\boldsymbol{u}+\boldsymbol{u}\nabla+\nabla\boldsymbol{u}\cdot\boldsymbol{u}\nabla)=\boldsymbol{0}\qquad(\text{在}\,V\,\text{内}) \tag{9}$$

将 $\boldsymbol{u}\cdot(\boldsymbol{F}\cdot\boldsymbol{K})\cdot\nabla$ 项对应的面积分的变分 $\int_A[\boldsymbol{u}\cdot\delta(\boldsymbol{F}\cdot\boldsymbol{K})]\cdot\boldsymbol{N}\,\mathrm{d}A$ 与位移边界面积分的变分 $-\int_{A_u}\boldsymbol{u}_1\cdot\delta(\boldsymbol{F}\cdot\boldsymbol{K})\cdot\boldsymbol{N}\,\mathrm{d}A$ 合并为 $\int_{A_u}(\boldsymbol{u}-\boldsymbol{u}_1)\cdot\delta(\boldsymbol{F}\cdot\boldsymbol{K})\cdot\boldsymbol{N}\,\mathrm{d}A$，应力边界面积分的变分为 $\int_{A_P}(\boldsymbol{F}\cdot\boldsymbol{K}\cdot\boldsymbol{N}-\boldsymbol{P}_{1N})\cdot\delta\boldsymbol{u}\,\mathrm{d}A$，于是，泛函的边界条件为

$$\boldsymbol{u}=\boldsymbol{u}_1\qquad(\text{在}\,A_{\boldsymbol{u}}\,\text{上}) \tag{10}$$

$$\boldsymbol{F}\cdot\boldsymbol{K}\cdot\boldsymbol{N}=\boldsymbol{P}_{1N}\qquad(\text{在}\,A_{\boldsymbol{P}}\,\text{上}) \tag{11}$$

例 10.6.5　胡海昌−鹫津久一郎广义变分原理(广义总位能驻值原理)的泛函为

$$\begin{aligned}\Pi^*[\boldsymbol{u},\boldsymbol{E},\boldsymbol{K}]=&\int_V\left\{\Sigma(\boldsymbol{E})+\left[\frac{1}{2}(\boldsymbol{u}\nabla+\nabla\boldsymbol{u}+\nabla\boldsymbol{u}\cdot\boldsymbol{u}\nabla)-\boldsymbol{E}\right]:\boldsymbol{K}-\boldsymbol{u}\cdot\rho_0\boldsymbol{b}\right\}\mathrm{d}V\\&-\int_{A_P}\boldsymbol{u}\cdot\boldsymbol{P}_{1N}\,\mathrm{d}A-\int_{A_u}(\boldsymbol{u}-\boldsymbol{u}_1)\cdot\boldsymbol{F}\cdot\boldsymbol{K}\cdot\boldsymbol{N}\,\mathrm{d}A\end{aligned} \tag{1}$$

式中，$\boldsymbol{K}$ 为对称张量，求泛函的欧拉方程组和边界条件。

解　令被积函数 $F=\Sigma(\boldsymbol{E})+\left[\dfrac{1}{2}(\boldsymbol{u}\nabla+\nabla\boldsymbol{u}+\nabla\boldsymbol{u}\cdot\boldsymbol{u}\nabla)-\boldsymbol{E}\right]:\boldsymbol{K}-\boldsymbol{u}\cdot\rho_0\boldsymbol{b}$，$\boldsymbol{K}$ 是对称张量，有

$$\boldsymbol{K}:(\boldsymbol{u}\nabla+\nabla\boldsymbol{u})=\boldsymbol{K}:(\nabla\boldsymbol{u}+\boldsymbol{u}\nabla)=2\boldsymbol{K}:\nabla\boldsymbol{u}=2\boldsymbol{K}:\boldsymbol{u}\nabla \tag{2}$$

$\nabla\boldsymbol{u}\cdot\boldsymbol{u}\nabla:\boldsymbol{K}$ 可写成

$$\nabla\boldsymbol{u}\cdot\boldsymbol{u}\nabla:\boldsymbol{K}=\boldsymbol{u}\nabla\cdot\boldsymbol{K}:\boldsymbol{u}\nabla=\boldsymbol{K}\cdot\nabla\boldsymbol{u}:\nabla\boldsymbol{u} \tag{3}$$

$\boldsymbol{K}:\delta(\nabla\boldsymbol{u}\cdot\boldsymbol{u}\nabla)$ 可写成

$$\begin{aligned}\boldsymbol{K}:\delta(\nabla\boldsymbol{u}\cdot\boldsymbol{u}\nabla)&=\boldsymbol{K}:(\nabla\delta\boldsymbol{u}\cdot\boldsymbol{u}\nabla+\nabla\boldsymbol{u}\cdot\delta\boldsymbol{u}\nabla)=\boldsymbol{u}\nabla\cdot\boldsymbol{K}:\delta\boldsymbol{u}\nabla+\boldsymbol{u}\nabla\cdot\boldsymbol{K}:\delta\boldsymbol{u}\nabla\\&=2\boldsymbol{u}\nabla\cdot\boldsymbol{K}:\delta\boldsymbol{u}\nabla=\boldsymbol{K}\cdot\nabla\boldsymbol{u}:\nabla\delta\boldsymbol{u}+\boldsymbol{K}\cdot\nabla\boldsymbol{u}:\nabla\delta\boldsymbol{u}=2\boldsymbol{K}\cdot\nabla\boldsymbol{u}:\nabla\delta\boldsymbol{u}\end{aligned} \tag{4}$$

求各偏导数，有

$$\frac{\partial F}{\partial \boldsymbol{E}}=\frac{\mathrm{d}\Sigma(\boldsymbol{E})}{\mathrm{d}\boldsymbol{E}}-\boldsymbol{K}\,,\quad \frac{\partial F}{\partial \boldsymbol{K}}=\boldsymbol{E}-\frac{1}{2}(\boldsymbol{u}\nabla+\nabla\boldsymbol{u}+\nabla\boldsymbol{u}\cdot\boldsymbol{u}\nabla) \tag{5}$$

$$\frac{\partial F}{\partial \boldsymbol{u}\nabla}=\boldsymbol{K}+\boldsymbol{u}\nabla\cdot\boldsymbol{K}=(\boldsymbol{I}+\boldsymbol{u}\nabla)\cdot\boldsymbol{K}=\boldsymbol{F}\cdot\boldsymbol{K}\,,\quad \frac{\partial F}{\partial \boldsymbol{u}}=-\rho_0\boldsymbol{b} \tag{6}$$

式中，$\boldsymbol{F}$ 为变形梯度，$\boldsymbol{F}=\boldsymbol{I}+\boldsymbol{u}\nabla$。

将式(5)和式(6)代入欧拉方程，欧拉方程组为

$$\begin{cases}(\boldsymbol{F}\cdot\boldsymbol{K})\cdot\nabla+\rho_0\boldsymbol{b}=\boldsymbol{0}\\ \dfrac{\mathrm{d}\Sigma(\boldsymbol{E})}{\mathrm{d}\boldsymbol{E}}-\boldsymbol{K}=\boldsymbol{0}\\ \boldsymbol{E}=\dfrac{1}{2}(\boldsymbol{u}\nabla+\nabla\boldsymbol{u}+\nabla\boldsymbol{u}\cdot\boldsymbol{u}\nabla)\end{cases}\quad(\text{在}\,V\,\text{内})\tag{7}$$

边界条件为

$$\boldsymbol{u}=\boldsymbol{u}_1\quad(\text{在}\,A_{\boldsymbol{u}}\,\text{上})\tag{8}$$

$$\boldsymbol{F}\cdot\boldsymbol{K}\cdot\boldsymbol{N}=\boldsymbol{P}_{1N}\quad(\text{在}\,A_{\boldsymbol{P}}\,\text{上})\tag{9}$$

若对 $\nabla\boldsymbol{u}$ 求偏导数，则有

$$\frac{\partial F}{\partial\nabla\boldsymbol{u}}=\boldsymbol{K}+\boldsymbol{K}\cdot\nabla\boldsymbol{u}=\boldsymbol{K}\cdot(\boldsymbol{I}+\nabla\boldsymbol{u})=\boldsymbol{K}\cdot\boldsymbol{F}^{\mathrm{T}}\tag{10}$$

式中，$\boldsymbol{F}^{\mathrm{T}}$ 为变形梯度的转置，$\boldsymbol{F}^{\mathrm{T}}=(\boldsymbol{I}+\boldsymbol{u}\nabla)^{\mathrm{T}}=(\boldsymbol{I}+\nabla\boldsymbol{u})$。

式(7)的第一个方程可写成

$$\nabla\cdot(\boldsymbol{K}\cdot\boldsymbol{F}^{\mathrm{T}})+\rho_0\boldsymbol{b}=\boldsymbol{0}\quad(\text{在}\,V\,\text{内})\tag{11}$$

例 10.6.6　广义列文森原理的无约束余能泛函为

$$J[\boldsymbol{\tau},\boldsymbol{u}]=\int_V[\tilde{\Sigma}^c(\boldsymbol{\tau})-\operatorname{tr}\boldsymbol{\tau}+\boldsymbol{u}\cdot(\boldsymbol{\tau}\cdot\nabla)]\mathrm{d}V-\int_{A_u}\mathring{\boldsymbol{u}}\cdot\boldsymbol{\tau}\cdot\boldsymbol{n}\,\mathrm{d}A-\int_{A_t}\boldsymbol{u}\cdot(\boldsymbol{\tau}\cdot\boldsymbol{n}-\mathring{\boldsymbol{T}}_{\boldsymbol{n}})\,\mathrm{d}A\tag{1}$$

式中，$\tilde{\Sigma}^c=\boldsymbol{\tau}:F(\boldsymbol{\tau})-\Sigma[F(\boldsymbol{\tau})]$，并且有 $\boldsymbol{F}(\boldsymbol{\tau})=\dfrac{\mathrm{d}\tilde{\Sigma}^c}{\mathrm{d}\boldsymbol{\tau}}$。求应力 $\boldsymbol{\tau}$ 和位移 $\boldsymbol{u}$ 变分的欧拉方程组和边界条件。

解　令被积函数 $F=\tilde{\Sigma}^c(\boldsymbol{\tau})-\operatorname{tr}\boldsymbol{\tau}+\boldsymbol{u}\cdot(\boldsymbol{\tau}\cdot\nabla)$，其中 $\tilde{\Sigma}^c(\boldsymbol{\tau})$ 的变分为 $\delta\tilde{\Sigma}^c(\boldsymbol{\tau})=\dfrac{\partial\tilde{\Sigma}^c(\boldsymbol{\tau})}{\partial\boldsymbol{\tau}}:\delta\boldsymbol{\tau}=\boldsymbol{F}:\delta\boldsymbol{\tau}$，于是有

$$\frac{\partial F}{\partial\boldsymbol{\tau}}=\boldsymbol{F},\quad\frac{\partial F}{\partial\operatorname{tr}\boldsymbol{\tau}}\frac{\partial\operatorname{tr}\boldsymbol{\tau}}{\partial\boldsymbol{\tau}}=\boldsymbol{I},\quad\frac{\partial F}{\partial\boldsymbol{\tau}\cdot\nabla}=\boldsymbol{u},\quad\frac{\partial F}{\partial\boldsymbol{u}}=\boldsymbol{\tau}\cdot\nabla\tag{2}$$

将 $\boldsymbol{u}\cdot(\boldsymbol{\tau}\cdot\nabla)$ 对应的面积分的变分 $\int_A(\boldsymbol{u}\cdot\delta\boldsymbol{\tau})\cdot\boldsymbol{n}\,\mathrm{d}A$ 与位移边界面积分的变分 $-\int_{A_u}\mathring{\boldsymbol{u}}\cdot\delta\boldsymbol{\tau}\cdot\boldsymbol{n}\,\mathrm{d}A$ 合并为 $\int_{A_u}(\boldsymbol{u}-\mathring{\boldsymbol{u}})\cdot\delta\boldsymbol{\tau}\cdot\boldsymbol{n}\,\mathrm{d}A$，应力边界面积分的变分为 $-\int_{A_t}(\boldsymbol{\tau}\cdot\boldsymbol{n}-\mathring{\boldsymbol{T}}_{\boldsymbol{n}})\cdot\delta\boldsymbol{u}\,\mathrm{d}A$，于是，泛函的欧拉方程组和边界条件为

$$\boldsymbol{u}\nabla=\boldsymbol{F}-\boldsymbol{I}\quad(\text{在}\,V\,\text{内})\tag{3}$$

$$\boldsymbol{\tau}\cdot\nabla=\boldsymbol{0}\quad(\text{在}\,V\,\text{内})\tag{4}$$

$$\boldsymbol{u}=\mathring{\boldsymbol{u}}\quad(\text{在}\,A_{\boldsymbol{u}}\,\text{上})\tag{5}$$

$$\boldsymbol{\tau}\cdot\boldsymbol{n}=\mathring{\boldsymbol{T}}_{\boldsymbol{n}}\quad(\text{在}\,A_t\,\text{上})\tag{6}$$

例 10.6.7　广义浮贝克(Baudouin M. Fraeijs de Veubeke, 1917.8.3—1976.9.16)原理的总余能泛函为

$$\begin{aligned}\Pi_2^{*c}[\boldsymbol{P},\boldsymbol{R},\boldsymbol{u}]=&\int_V[\Sigma^{c2}(\boldsymbol{J}(\boldsymbol{P}\cdot\boldsymbol{R}))-\operatorname{tr}\boldsymbol{P}+\boldsymbol{u}\cdot(\boldsymbol{P}\cdot\nabla+\rho_0\boldsymbol{b})]\mathrm{d}V\\&-\int_{A_u}\boldsymbol{u}_1\cdot\boldsymbol{P}\cdot\boldsymbol{N}\,\mathrm{d}A+\int_{A_P}\boldsymbol{u}\cdot(\boldsymbol{P}\cdot\boldsymbol{N}-\boldsymbol{P}_{1N})\,\mathrm{d}A\end{aligned}\tag{1}$$

求泛函的欧拉方程组和边界条件。其中

$$\Sigma^{c2}(\boldsymbol{J}(\boldsymbol{P}\cdot\boldsymbol{R}))=\boldsymbol{U}(\boldsymbol{J}):\boldsymbol{J}-\Sigma(\boldsymbol{U}(\boldsymbol{J}))=\boldsymbol{F}(\boldsymbol{P}):\boldsymbol{P}-\Sigma(\boldsymbol{F}(\boldsymbol{P}))\tag{2}$$

$$J(\boldsymbol{P}\cdot\boldsymbol{R})=\frac{1}{2}(\boldsymbol{K}\cdot\boldsymbol{U}+\boldsymbol{U}\cdot\boldsymbol{K})=\frac{1}{2}(\boldsymbol{P}^{\mathrm{T}}\cdot\boldsymbol{R}+\boldsymbol{R}^{\mathrm{T}}\cdot\boldsymbol{P}) \tag{3}$$

式中，$\boldsymbol{J}$ 为**耀曼**(或**尧曼**)(Gustav Jaumann, 1863.4.18—1924.7.21)**应力张量**，且 $\boldsymbol{J}$ 、$\boldsymbol{K}$ 和 $\boldsymbol{U}$ 均为对称张量。

解 令被积函数 $F=\Sigma^{c2}(\boldsymbol{J}(\boldsymbol{P}\cdot\boldsymbol{R}))-\operatorname{tr}\boldsymbol{P}+\boldsymbol{u}\cdot(\boldsymbol{P}\cdot\nabla+\rho_0\boldsymbol{b})$，对余能项取变分，有

$$\begin{aligned}\frac{\mathrm{d}\Sigma^{c2}}{\mathrm{d}\boldsymbol{J}}:\delta\boldsymbol{J}&=\boldsymbol{U}:\delta(\boldsymbol{P}^{\mathrm{T}}\cdot\boldsymbol{R})=\boldsymbol{U}:(\delta\boldsymbol{P}^{\mathrm{T}}\cdot\boldsymbol{R}+\boldsymbol{P}^{\mathrm{T}}\cdot\delta\boldsymbol{R})=\boldsymbol{R}\cdot\boldsymbol{U}:\delta\boldsymbol{P}+\boldsymbol{P}:\delta\boldsymbol{R}\cdot\boldsymbol{U}\\&=\boldsymbol{R}\cdot\boldsymbol{U}:\delta\boldsymbol{P}+\boldsymbol{P}:\delta\boldsymbol{R}\cdot\boldsymbol{R}^{\mathrm{T}}\cdot\boldsymbol{F}=\boldsymbol{R}\cdot\boldsymbol{U}:\delta\boldsymbol{P}+\boldsymbol{P}\cdot\boldsymbol{F}^{\mathrm{T}}:\delta\boldsymbol{R}\cdot\boldsymbol{R}^{\mathrm{T}}\\&=\boldsymbol{R}\cdot\boldsymbol{U}:\delta\boldsymbol{P}+\frac{1}{2}(\boldsymbol{P}\cdot\boldsymbol{F}^{\mathrm{T}}-\boldsymbol{F}\cdot\boldsymbol{P}^{\mathrm{T}}):\delta\boldsymbol{R}\cdot\boldsymbol{R}^{\mathrm{T}}\\&=\boldsymbol{R}\cdot\boldsymbol{U}:\delta\boldsymbol{P}+\frac{1}{2}(\boldsymbol{P}\cdot\boldsymbol{F}^{\mathrm{T}}-\boldsymbol{F}\cdot\boldsymbol{P}^{\mathrm{T}})\cdot\boldsymbol{R}:\delta\boldsymbol{R}\end{aligned} \tag{4}$$

式中，$\boldsymbol{F}=\boldsymbol{R}\cdot\boldsymbol{U}$ 为变形梯度的极分解；$\delta\boldsymbol{R}\cdot\boldsymbol{R}^{\mathrm{T}}$ 为反对称张量，故 $\boldsymbol{P}\cdot\boldsymbol{F}^{\mathrm{T}}:\delta\boldsymbol{R}\cdot\boldsymbol{R}^{\mathrm{T}}=\frac{1}{2}(\boldsymbol{P}\cdot\boldsymbol{F}^{\mathrm{T}}-\boldsymbol{F}\cdot\boldsymbol{P}^{\mathrm{T}}):\delta\boldsymbol{R}\cdot\boldsymbol{R}^{\mathrm{T}}$ 成立。

计算各偏导数

$$\frac{\partial F}{\partial\boldsymbol{P}}=\boldsymbol{R}\cdot\boldsymbol{U}-\boldsymbol{I}，\quad\frac{\partial F}{\partial\boldsymbol{P}\cdot\nabla}=\boldsymbol{u}，\quad\frac{\partial F}{\partial\boldsymbol{R}}=\frac{1}{2}(\boldsymbol{P}\cdot\boldsymbol{F}^{\mathrm{T}}-\boldsymbol{F}\cdot\boldsymbol{P}^{\mathrm{T}})\cdot\boldsymbol{R}，\quad\frac{\partial F}{\partial\boldsymbol{u}}=\boldsymbol{P}\cdot\nabla+\rho_0\boldsymbol{b} \tag{5}$$

将 $\boldsymbol{u}\cdot(\boldsymbol{P}\cdot\nabla)$ 项对应的面积分的变分 $\int_A(\boldsymbol{u}\cdot\delta\boldsymbol{P})\cdot\boldsymbol{N}\,\mathrm{d}A$ 与位移边界面积分的变分 $\int_{A_{\boldsymbol{u}}}\boldsymbol{u}_1\cdot\delta\boldsymbol{P}\cdot\boldsymbol{N}\,\mathrm{d}A$ 合并为 $\int_{A_{\boldsymbol{u}}}(\boldsymbol{u}-\boldsymbol{u}_1)\cdot\delta\boldsymbol{P}\cdot\boldsymbol{N}\,\mathrm{d}A$，应力边界面积分的变分为 $\int_{A_{\boldsymbol{P}}}(\boldsymbol{P}\cdot\boldsymbol{N}-\boldsymbol{P}_{1N})\cdot\delta\boldsymbol{u}\,\mathrm{d}A$，于是，泛函的欧拉方程组和边界条件为

$$\boldsymbol{P}\cdot\nabla+\rho_0\boldsymbol{b}=\boldsymbol{0}\qquad(\text{在}\,V\,\text{内}) \tag{6}$$

$$\nabla\boldsymbol{u}=\boldsymbol{R}\cdot\boldsymbol{U}-\boldsymbol{I}\qquad(\text{在}\,V\,\text{内}) \tag{7}$$

$$\boldsymbol{P}\cdot\boldsymbol{F}^{\mathrm{T}}=\boldsymbol{F}\cdot\boldsymbol{P}^{\mathrm{T}}\qquad(\text{在}\,V\,\text{内}) \tag{8}$$

$$\boldsymbol{u}=\boldsymbol{u}_1\qquad(\text{在}\,A_{\boldsymbol{u}}\,\text{上}) \tag{9}$$

$$\boldsymbol{P}\cdot\boldsymbol{N}=\boldsymbol{P}_{1N}\qquad(\text{在}\,A_{\boldsymbol{P}}\,\text{上}) \tag{10}$$

例 10.6.8 1981年，霍恩(Horn)和顺克(Schunck)提出了总能量泛函

$$J=\int_\Omega[(f_xu+f_yv+f_t)^2+\alpha(|\nabla u|^2+|\nabla v|^2)]\,\mathrm{d}x\,\mathrm{d}y \tag{1}$$

式中，f_x、f_y 和 f_t 均为已知函数；α 为常数。试求泛函的欧拉方程组。

解 令被积函数为

$$F=(f_xu+f_yv+f_t)^2+\alpha(|\nabla u|^2+|\nabla v|^2)=(f_xu+f_yv+f_t)^2+\alpha(\nabla u\cdot\nabla u+\nabla v\cdot\nabla v)$$

各偏导数为

$$\frac{\partial F}{\partial u}=2f_x(f_xu+f_yv+f_t)，\quad\frac{\partial F}{\partial v}=2f_y(f_xu+f_yv+f_t)，\quad\frac{\partial F}{\partial\nabla u}=2\alpha\nabla u，\quad\frac{\partial F}{\partial\nabla v}=2\alpha\nabla v \tag{2}$$

泛函的欧拉方程组为

$$\begin{cases}\alpha\Delta u-f_x(f_xu+f_yv+f_t)=0\\\alpha\Delta v-f_y(f_xu+f_yv+f_t)=0\end{cases} \tag{3}$$

例 10.6.9 金兹堡–朗道能量泛函为

$$G(u,\boldsymbol{A})=\frac{1}{2}\int_V\left[\left|\nabla u-\mathrm{i}\,\boldsymbol{A}u\right|^2+\left|\nabla\times\boldsymbol{A}-\boldsymbol{H}_0\right|^2+\frac{k^2}{2}\left(1-|u|^2\right)^2\right]\mathrm{d}V \tag{1}$$

求泛函的欧拉方程组。

解 令被积函数 $F=\frac{1}{2}\left[\left|\nabla u-\mathrm{i}\,\boldsymbol{A}u\right|^2+\left|\nabla\times\boldsymbol{A}-\boldsymbol{H}_0\right|^2+\frac{k^2}{2}\left(1-|u|^2\right)^2\right]$，注意到 $\left|\nabla u-\mathrm{i}\,\boldsymbol{A}u\right|^2=\left(\left|\nabla u-\mathrm{i}\,\boldsymbol{A}u\right|\right)\cdot\left(\left|\nabla u+\mathrm{i}\,\boldsymbol{A}u\right|\right)$，求各偏导数

$$\frac{\partial F}{\partial u}=\boldsymbol{A}u\cdot\boldsymbol{A}-k^2u\left(1-|u|^2\right),\quad \frac{\partial F}{\nabla u}=\nabla u,\quad \frac{\partial F}{\partial \boldsymbol{A}}=\boldsymbol{A}u^2,\quad \frac{\partial F}{\partial\nabla\times\boldsymbol{A}}=\nabla\times\boldsymbol{A}-\boldsymbol{H}_0 \tag{2}$$

泛函的欧拉方程组为

$$\begin{cases}\Delta u-\boldsymbol{A}u\cdot\boldsymbol{A}+k^2u\left(1-|u|^2\right)=0\\ \nabla\times\nabla\times\boldsymbol{A}+\boldsymbol{A}u^2=\boldsymbol{0}\end{cases} \tag{3}$$

如果泛函中的张量是用指标记法表示的，在运用欧拉公式前要将其转换成直接形式，有下面两个例题。

例 10.6.10 求式(9-8-14)的欧拉方程组和边界条件。

解 因 $\boldsymbol{\sigma}$ 是对称张量，故原泛函可改写为

$$J_{HR}=\iiint_V[U_0^c(\boldsymbol{\sigma})+(\nabla\cdot\boldsymbol{\sigma}+\bar{\boldsymbol{F}})\cdot\boldsymbol{u}]\mathrm{d}V-\iint_{S_u}\boldsymbol{n}\bar{\boldsymbol{u}}:\boldsymbol{\sigma}\,\mathrm{d}S-\iint_{S_\sigma}(\boldsymbol{\sigma}\cdot\boldsymbol{n}-\bar{\boldsymbol{X}})\cdot\boldsymbol{u}\,\mathrm{d}S \tag{1}$$

令被积函数 $F=U_0^c(\boldsymbol{\sigma})+(\nabla\cdot\boldsymbol{\sigma}+\bar{\boldsymbol{F}})\cdot\boldsymbol{u}$，各偏导数为

$$\frac{\partial F}{\partial\boldsymbol{\sigma}}=\frac{\partial F}{\partial U_0^c(\boldsymbol{\sigma})}\frac{\mathrm{d}U_0^c(\boldsymbol{\sigma})}{\mathrm{d}\boldsymbol{\sigma}}=\frac{\mathrm{d}U_0^c(\boldsymbol{\sigma})}{\mathrm{d}\boldsymbol{\sigma}}=\boldsymbol{\varepsilon},\quad \frac{\partial F}{\partial\nabla\cdot\boldsymbol{\sigma}}=\boldsymbol{u},\quad \frac{\partial F}{\partial\boldsymbol{u}}=\nabla\cdot\boldsymbol{\sigma}+\bar{\boldsymbol{F}}$$

注意到 $\boldsymbol{\varepsilon}$ 是对称张量，于是泛函的欧拉方程组为

$$\begin{cases}\nabla\cdot\boldsymbol{\sigma}+\bar{\boldsymbol{F}}=\boldsymbol{0}\\ \boldsymbol{\varepsilon}=\dfrac{1}{2}(\nabla\boldsymbol{u}+\boldsymbol{u}\nabla)\end{cases} \tag{2}$$

边界条件为

$$\begin{cases}(\boldsymbol{u}-\bar{\boldsymbol{u}})\big|_{S_u}=\boldsymbol{0}\\ (\boldsymbol{\sigma}\cdot\boldsymbol{n}-\bar{\boldsymbol{X}})\big|_{S_\sigma}=\boldsymbol{0}\end{cases} \tag{3}$$

例 10.6.11 求式(9-9-20)的欧拉方程组和边界条件。

解 因 $\boldsymbol{\sigma}$ 是对称张量，故原泛函可改写为

$$J_{HW}=\iiint_V[\boldsymbol{\sigma}:\boldsymbol{\varepsilon}-U_0(\boldsymbol{\varepsilon})+(\nabla\cdot\boldsymbol{\sigma}+\bar{\boldsymbol{F}})\cdot\boldsymbol{u}]\mathrm{d}V-\iint_{S_u}\boldsymbol{n}\bar{\boldsymbol{u}}:\boldsymbol{\sigma}\,\mathrm{d}S-\iint_{S_\sigma}(\boldsymbol{\sigma}\cdot\boldsymbol{n}-\bar{\boldsymbol{X}})\cdot\boldsymbol{u}\,\mathrm{d}S \tag{1}$$

令被积函数 $F=\boldsymbol{\sigma}:\boldsymbol{\varepsilon}-U_0(\boldsymbol{\varepsilon})+(\nabla\cdot\boldsymbol{\sigma}+\bar{\boldsymbol{F}})\cdot\boldsymbol{u}$，各偏导数为

$$\frac{\partial F}{\partial\boldsymbol{\varepsilon}}=\boldsymbol{\sigma}-\frac{\partial F}{\partial U_0(\boldsymbol{\varepsilon})}\frac{\mathrm{d}U_0(\boldsymbol{\varepsilon})}{\mathrm{d}\boldsymbol{\varepsilon}}=\boldsymbol{\sigma}-\frac{\mathrm{d}U_0(\boldsymbol{\varepsilon})}{\mathrm{d}\boldsymbol{\varepsilon}},\quad \frac{\partial F}{\partial\boldsymbol{\sigma}}=\boldsymbol{\varepsilon},\quad \frac{\partial F}{\partial\nabla\cdot\boldsymbol{\sigma}}=\boldsymbol{u},\quad \frac{\partial F}{\partial\boldsymbol{u}}=\nabla\cdot\boldsymbol{\sigma}+\bar{\boldsymbol{F}}$$

注意到 $\boldsymbol{\varepsilon}$ 是对称张量，于是泛函的欧拉方程组为

$$\begin{cases}\nabla\cdot\boldsymbol{\sigma}+\bar{\boldsymbol{F}}=\boldsymbol{0}\\ \dfrac{\mathrm{d}U_0(\boldsymbol{\varepsilon})}{\mathrm{d}\boldsymbol{\varepsilon}}=\boldsymbol{\sigma}\\ \boldsymbol{\varepsilon}=\dfrac{1}{2}(\nabla\boldsymbol{u}+\boldsymbol{u}\nabla)\end{cases} \tag{2}$$

边界条件为

$$\begin{cases}(\boldsymbol{u}-\overline{\boldsymbol{u}})\big|_{S_u}=\boldsymbol{0}\\(\boldsymbol{\sigma}\cdot\boldsymbol{n}-\overline{\boldsymbol{X}})\big|_{S_\sigma}=\boldsymbol{0}\end{cases}\tag{3}$$

10.6.4 含并联式内积张量和哈密顿算子串的泛函的欧拉方程

用哈密顿算子表示的梯度、散度和旋度的某种排列称为**哈密顿算子串**。如 $\nabla\cdot\nabla\nabla\times$、$\nabla\nabla\times\nabla\times\nabla\cdot$、$\nabla\cdot\nabla\nabla\times\nabla\times$、$\cdot\nabla\nabla\cdot\nabla\times\nabla$ 和 $\times\nabla\times\nabla\times\nabla\nabla\cdot\nabla$ 等都是哈密顿算子串。作用于张量左边的哈密顿算子串称为**左哈密顿算子串**，记作 ∇_t 或 ∇_T。作用于张量右边的哈密顿算子串称为**右哈密顿算子串**，记作 ${}_t\nabla$ 或 ${}_T\nabla$。把哈密顿算子串的左边第一项放到右边第一项，左边第二项放在右边第二项，以此类推，直到把哈密顿算子串的右端项换到左端项为止，经这样变换后的哈密顿算子串称为**哈密顿算子串的转置**，记作 ∇_t^{T} 或 ∇_T^{T}。如 $\nabla\nabla\times\nabla\times\nabla\cdot$ 的哈密顿算子串的转置为 $\nabla\cdot\nabla\times\nabla\times\nabla$，这两个哈密顿算子串互为转置；又 $\nabla\times\nabla\times\nabla\cdot\nabla$ 是 $\nabla\nabla\cdot\nabla\times\nabla\times$ 的转置哈密顿算子串，这两个哈密顿算子串也互为转置。将转置哈密顿算子串中的梯度算子和散度算子易位，而旋度算子保持不变，经这样变换后得到的哈密顿算子串称为**共轭哈密顿算子串**或**伴随哈密顿算子串**，记作 ∇_t^c 或 ∇_T^C，∇_t^a 或 ∇_T^A 等。对于伴随哈密顿算子串，它的符号这样确定：哈密顿算子串中梯度数量与散度数量之和为偶数时取正号，为奇数时取负号。例如，$\nabla\cdot\nabla\nabla\times$ 是 $\nabla\times\nabla\cdot\nabla$ 的伴随哈密顿算子串，这两个哈密顿算子串互为伴随；$-\nabla\cdot\nabla\nabla\times\nabla\cdot$ 是 $\nabla\nabla\times\nabla\cdot\nabla$ 的伴随哈密顿算子串，它们也互为伴随。每个哈密顿算子串都有它的哈密顿算子串的转置和伴随哈密顿算子串。若 $\nabla_t=\nabla_t^a$，则 ∇_t 称为**自共轭哈密顿算子串**或**自伴哈密顿算子串**。显然，拉普拉斯算子串 Δ^n 和旋度算子串 $(\nabla\times)^n$ 均是自共轭哈密顿算子串或自伴哈密顿算子串，当然它们也是自伴算子。

张量的迹可表示为 $\operatorname{tr}\boldsymbol{A}=\boldsymbol{I}\overset{n}{\cdot}\boldsymbol{A}$，其变分为 $\delta\operatorname{tr}\boldsymbol{A}=\boldsymbol{I}\overset{n}{\cdot}\delta\boldsymbol{A}$。

有了哈密顿算子串的概念后，可以讨论更复杂的变分问题。

定理 10.6.2 设 $\boldsymbol{A}$ 为 n 阶张量，∇_t 为左哈密顿算子串，∇_t^c 为左共轭哈密顿算子串，${}_t\nabla$ 为右哈密顿算子串，${}_t^c\nabla$ 为右共轭哈密顿算子串，若含哈密顿算子串的泛函可表示为

$$J=\iiint_V F(\boldsymbol{A},\boldsymbol{A}^{\mathrm{T}},\operatorname{tr}\boldsymbol{A},\nabla_t\boldsymbol{A}_t\nabla)\,\mathrm{d}V\tag{10-6-43}$$

则泛函的欧拉方程为

$$\frac{\partial F}{\partial\boldsymbol{A}}+\left(\frac{\partial F}{\partial\boldsymbol{A}}\right)^{\mathrm{T}}+\boldsymbol{I}+(-1)^k\nabla_t^c\frac{\partial F}{\partial\nabla_t\boldsymbol{A}_t\nabla}{}_t^c\nabla=\boldsymbol{0}\tag{10-6-44}$$

式中，k 表示左右哈密顿算子串中梯度数量与散度数量之和，此时不再考虑伴随算子的符号。可用加括号的方法确定左、右哈密顿算子串的运算次序。若不加括号，则先计算左哈密顿算子串，后计算右哈密顿算子串，或根据实际情况确定运算次序。

证 式(10-6-44)的最后一项证明如下：

在对 $\nabla_t\boldsymbol{A}$ 取变分时，对于哈密顿算子串 ∇_t，可在变分符号 δ 左边每次只保留一个哈密顿算子，把 δ 右边看作一个张量，视 δ 左边这个哈密顿算子是梯度、散度还是旋度，分别代入上面相应的变分公式，使变分符号 δ 所作用的哈密顿算子数量减少，$\nabla_t\boldsymbol{A}$ 的左边每减少一个梯度算子，它的伴随张量的左边就增加一个散度算子，$\nabla_t\boldsymbol{A}$ 的左边每减少一个散度算子，它的伴随张量的左边就增加一个梯度算子，$\nabla_t\boldsymbol{A}$ 的左边每减少一个旋度算子，它的伴随张量的左边就增加一个旋度算子，$\delta\nabla_t\boldsymbol{A}$ 最后可化成 $\delta\boldsymbol{A}$ 的形式，同时也得到了相应的边界条件。同理，

可把$\delta \boldsymbol{A}_t \nabla$也化成$\delta \boldsymbol{A}$的形式。注意到梯度算子和散度算子每运算一次，它们的符号就改变一次，而旋度算子运算过程中不改变符号。这样就能得到式(10-6-44)的最后一项。证毕。

例 10.6.12 设$\boldsymbol{A}$和$\boldsymbol{B}$均为n阶张量，构造泛函

$$J=\iiint_V(\boldsymbol{A}\overset{n}{\cdot}\boldsymbol{B}+\nabla\boldsymbol{A}\overset{n+1}{\cdot}\nabla\nabla\times\boldsymbol{B}+\nabla\times\nabla\cdot\nabla\cdot\nabla\boldsymbol{A}\overset{n-1}{\cdot}\nabla\cdot\boldsymbol{B})\mathrm{d}V \tag{1}$$

试求其欧拉方程组和自然边界条件。

解 设被积函数$F=\boldsymbol{A}\overset{n}{\cdot}\boldsymbol{B}+\nabla\boldsymbol{A}\overset{n+1}{\cdot}\nabla\nabla\times\boldsymbol{B}+\nabla\times\nabla\cdot\nabla\cdot\nabla\boldsymbol{A}\overset{n-1}{\cdot}\nabla\cdot\boldsymbol{B}$，求各偏导数

$$\frac{\partial F}{\partial \boldsymbol{A}}=\boldsymbol{B}，\quad \frac{\partial F}{\partial \nabla\boldsymbol{A}}=\nabla\nabla\times\boldsymbol{B}，\quad \frac{\partial F}{\partial \nabla\times\nabla\cdot\nabla\cdot\nabla\boldsymbol{A}}=\nabla\cdot\boldsymbol{B} \tag{2}$$

$$\frac{\partial F}{\partial \boldsymbol{B}}=\boldsymbol{A}，\quad \frac{\partial F}{\partial \nabla\nabla\times\boldsymbol{B}}=\nabla\boldsymbol{A}，\quad \frac{\partial F}{\partial \nabla\cdot\boldsymbol{B}}=\nabla\times\nabla\cdot\nabla\cdot\nabla\boldsymbol{A} \tag{3}$$

泛函的欧拉方程组为

$$\begin{cases}\boldsymbol{A}-\nabla\times\nabla\cdot\nabla\boldsymbol{A}-\nabla\nabla\times\nabla\cdot\nabla\cdot\nabla\boldsymbol{A}=\boldsymbol{0}\\ \boldsymbol{B}-\nabla\cdot\nabla\nabla\times\boldsymbol{B}-\nabla\cdot\nabla\nabla\nabla\times\nabla\cdot\boldsymbol{B}=\boldsymbol{0}\end{cases} \tag{4}$$

自然边界条件为

$$\boldsymbol{n}\cdot\nabla\boldsymbol{A}\big|_S=\boldsymbol{0}，\quad \boldsymbol{n}\times\nabla\cdot\nabla\boldsymbol{A}\big|_S=\boldsymbol{0}，\quad \nabla\times\nabla\cdot\nabla\cdot\nabla\boldsymbol{A}\big|_S=\boldsymbol{0} \tag{5}$$

$$\boldsymbol{n}\cdot\nabla\nabla\times\boldsymbol{B}\big|_S=\boldsymbol{0}，\ \boldsymbol{n}\times\nabla\cdot\boldsymbol{B}\big|_S=\boldsymbol{0}，\ \nabla\times\nabla\cdot\boldsymbol{B}\big|_S=\boldsymbol{0}，\ \nabla\nabla\times\nabla\cdot\boldsymbol{B}\big|_S=\boldsymbol{0}，\ \boldsymbol{n}\cdot\nabla\nabla\nabla\times\nabla\cdot\boldsymbol{B}\big|_S=\boldsymbol{0} \tag{6}$$

例 10.6.13 设$\boldsymbol{A}$为n阶张量，$\boldsymbol{B}$为$n-1$阶张量，构造泛函

$$J=\iiint_V(\boldsymbol{A}\overset{n}{\cdot}\boldsymbol{B}\nabla+\nabla\cdot\nabla\boldsymbol{A}\overset{n}{\cdot}\boldsymbol{B}\times\nabla\nabla+\nabla\times\boldsymbol{B}\overset{n-1}{\cdot}\boldsymbol{A}\cdot\nabla\times\nabla)\mathrm{d}V \tag{1}$$

试求其欧拉方程组和自然边界条件。

解 设被积函数$F=\boldsymbol{A}\overset{n}{\cdot}\boldsymbol{B}\nabla+\nabla\cdot\nabla\boldsymbol{A}\overset{n}{\cdot}\boldsymbol{B}\times\nabla\nabla+\nabla\times\boldsymbol{B}\overset{n-1}{\cdot}\boldsymbol{A}\cdot\nabla\times\nabla$，求各偏导数

$$\frac{\partial F}{\partial \boldsymbol{A}}=\boldsymbol{B}\nabla，\quad \frac{\partial F}{\partial \nabla\cdot\nabla\boldsymbol{A}}=\boldsymbol{B}\times\nabla\nabla，\quad \frac{\partial F}{\partial \boldsymbol{A}\cdot\nabla\times\nabla}=\nabla\times\boldsymbol{B} \tag{2}$$

$$\frac{\partial F}{\partial \boldsymbol{B}\nabla}=\boldsymbol{A}，\quad \frac{\partial F}{\partial \boldsymbol{B}\times\nabla\nabla}=\nabla\cdot\nabla\boldsymbol{A}，\quad \frac{\partial F}{\partial \nabla\times\boldsymbol{B}}=\boldsymbol{A}\cdot\nabla\times\nabla \tag{3}$$

泛函的欧拉方程组为

$$\begin{cases}\boldsymbol{A}\cdot\nabla+\nabla\cdot\nabla\boldsymbol{A}\cdot\nabla\times\nabla-\nabla\times\boldsymbol{A}\cdot\nabla\times\nabla=\boldsymbol{0}\\ \boldsymbol{B}\nabla+\nabla\cdot\nabla\boldsymbol{B}\times\nabla\nabla-\nabla\times\boldsymbol{B}\times\nabla\nabla=\boldsymbol{0}\end{cases} \tag{4}$$

自然边界条件为

$$\boldsymbol{A}\cdot\boldsymbol{n}\big|_S=\boldsymbol{0}，\quad \nabla\cdot\nabla\boldsymbol{A}\cdot\boldsymbol{n}\big|_S=\boldsymbol{0}，\quad \nabla\cdot\nabla\boldsymbol{A}\cdot\nabla\times\boldsymbol{n}\big|_S=\boldsymbol{0}，\quad \boldsymbol{n}\times\boldsymbol{A}\cdot\nabla\times\nabla\big|_S=\boldsymbol{0} \tag{5}$$

$$\boldsymbol{B}\times\nabla\nabla\big|_S=\boldsymbol{0}，\quad \boldsymbol{n}\cdot\nabla\boldsymbol{B}\times\nabla\nabla\big|_S=\boldsymbol{0}，\quad (\nabla\times\boldsymbol{B})\times\boldsymbol{n}\big|_S=\boldsymbol{0}，\quad (\nabla\times\boldsymbol{B})\times\nabla\big|_S=\boldsymbol{0} \tag{6}$$

例 10.6.14 设$\boldsymbol{A}$为n阶张量，这里$n=0,1,2,\cdots$，证明$\nabla\times\nabla\boldsymbol{A}=\boldsymbol{0}$。

证 将算子串$\nabla\times\nabla$展开，有

$$\begin{aligned}\nabla\times\nabla&=\left(\frac{\partial}{\partial x}\boldsymbol{i}+\frac{\partial}{\partial y}\boldsymbol{j}+\frac{\partial}{\partial z}\boldsymbol{k}\right)\times\left(\frac{\partial}{\partial x}\boldsymbol{i}+\frac{\partial}{\partial y}\boldsymbol{j}+\frac{\partial}{\partial z}\boldsymbol{k}\right)\\&=\frac{\partial^2}{\partial x\partial x}\boldsymbol{i}\times\boldsymbol{i}+\frac{\partial^2}{\partial x\partial y}\boldsymbol{i}\times\boldsymbol{j}+\frac{\partial^2}{\partial x\partial z}\boldsymbol{i}\times\boldsymbol{k}+\frac{\partial^2}{\partial y\partial x}\boldsymbol{j}\times\boldsymbol{i}+\frac{\partial^2}{\partial y\partial y}\boldsymbol{j}\times\boldsymbol{j}\\&\quad+\frac{\partial^2}{\partial y\partial z}\boldsymbol{j}\times\boldsymbol{k}+\frac{\partial^2}{\partial z\partial x}\boldsymbol{k}\times\boldsymbol{i}+\frac{\partial^2}{\partial z\partial y}\boldsymbol{k}\times\boldsymbol{j}+\frac{\partial^2}{\partial z\partial z}\boldsymbol{k}\times\boldsymbol{k}\end{aligned}$$

$$=\frac{\partial^2}{\partial x\partial y}(\boldsymbol{i}\times\boldsymbol{j}+\boldsymbol{j}\times\boldsymbol{i})+\frac{\partial^2}{\partial x\partial z}(\boldsymbol{i}\times\boldsymbol{k}+\boldsymbol{k}\times\boldsymbol{i})+\frac{\partial^2}{\partial y\partial z}(\boldsymbol{j}\times\boldsymbol{k}+\boldsymbol{k}\times\boldsymbol{j})=\boldsymbol{0}$$

即$\nabla\times\nabla\boldsymbol{A}=\boldsymbol{0}$。证毕。

例 10.6.15 设$\boldsymbol{A}$为n阶张量，这里$n=1,2,\cdots$，证明$\nabla\cdot\nabla\times\boldsymbol{A}=\boldsymbol{0}$。

证 设$\boldsymbol{A}=A_{k_1k_2\cdots k_n}\boldsymbol{e}_{k_1}\boldsymbol{e}_{k_2}\cdots\boldsymbol{e}_{k_n}$，且令$\boldsymbol{e}_{k_1}=\boldsymbol{i}$，那么有

$$\begin{aligned}
\nabla\cdot\nabla\times\boldsymbol{A}&=\left(\frac{\partial}{\partial x}\boldsymbol{i}+\frac{\partial}{\partial y}\boldsymbol{j}+\frac{\partial}{\partial z}\boldsymbol{k}\right)\cdot\left(\frac{\partial}{\partial x}\boldsymbol{i}+\frac{\partial}{\partial y}\boldsymbol{j}+\frac{\partial}{\partial z}\boldsymbol{k}\right)\times A_{k_1k_2\cdots k_n}\boldsymbol{e}_{k_1}\boldsymbol{e}_{k_2}\cdots\boldsymbol{e}_{k_n}\\
&=\left(\frac{\partial}{\partial x}\boldsymbol{i}+\frac{\partial}{\partial y}\boldsymbol{j}+\frac{\partial}{\partial z}\boldsymbol{k}\right)\cdot\left(\frac{\partial}{\partial x}\boldsymbol{i}\times\boldsymbol{e}_{k_1}+\frac{\partial}{\partial y}\boldsymbol{j}\times\boldsymbol{e}_{k_1}+\frac{\partial}{\partial z}\boldsymbol{k}\times\boldsymbol{e}_{k_1}\right)A_{k_1k_2\cdots k_n}\boldsymbol{e}_{k_2}\cdots\boldsymbol{e}_{k_n}\\
&=\left(\frac{\partial}{\partial x}\boldsymbol{i}+\frac{\partial}{\partial y}\boldsymbol{j}+\frac{\partial}{\partial z}\boldsymbol{k}\right)\cdot\left(\frac{\partial}{\partial x}\boldsymbol{i}\times\boldsymbol{i}+\frac{\partial}{\partial y}\boldsymbol{j}\times\boldsymbol{i}+\frac{\partial}{\partial z}\boldsymbol{k}\times\boldsymbol{i}\right)A_{k_1k_2\cdots k_n}\boldsymbol{e}_{k_2}\cdots\boldsymbol{e}_{k_n}\\
&=\left(\frac{\partial}{\partial x}\boldsymbol{i}+\frac{\partial}{\partial y}\boldsymbol{j}+\frac{\partial}{\partial z}\boldsymbol{k}\right)\cdot\left(\frac{\partial}{\partial x}\boldsymbol{0}-\frac{\partial}{\partial y}\boldsymbol{k}+\frac{\partial}{\partial z}\boldsymbol{j}\right)A_{k_1k_2\cdots k_n}\boldsymbol{e}_{k_2}\cdots\boldsymbol{e}_{k_n}\\
&=\left(-\frac{\partial}{\partial x\partial y}\boldsymbol{i}\cdot\boldsymbol{k}+\frac{\partial}{\partial x\partial z}\boldsymbol{i}\cdot\boldsymbol{j}-\frac{\partial}{\partial y\partial y}\boldsymbol{j}\cdot\boldsymbol{k}+\frac{\partial}{\partial y\partial z}\boldsymbol{j}\cdot\boldsymbol{j}-\frac{\partial}{\partial z\partial y}\boldsymbol{k}\cdot\boldsymbol{k}+\frac{\partial}{\partial z\partial z}\boldsymbol{k}\cdot\boldsymbol{j}\right)A_{k_1k_2\cdots k_n}\boldsymbol{e}_{k_2}\cdots\boldsymbol{e}_{k_n}\\
&=\left(\frac{\partial}{\partial y\partial z}-\frac{\partial}{\partial z\partial y}\right)A_{k_1k_2\cdots k_n}\boldsymbol{e}_{k_2}\cdots\boldsymbol{e}_{k_n}=\boldsymbol{0}
\end{aligned}$$

类似地，令$\boldsymbol{e}_{k_1}=\boldsymbol{j}$或$\boldsymbol{e}_{k_1}=\boldsymbol{k}$，也能得到上述结果。证毕。

由于梯度的旋度和旋度的散度均为零，故当哈密顿算子串中出现这两种运算之一时，其结果必然为零。

10.6.5 其他含并联式内积张量和哈密顿算子的泛函的欧拉方程

关于各种结构的含哈密顿算子的并联式内积张量泛函，像含哈密顿算子的向量泛函一样，也可以推导出相应的欧拉方程组和自然边界条件。

例 10.6.16 设$\boldsymbol{A}$为n阶张量，推导泛函

$$J=\int_V F(u,\boldsymbol{A},\nabla u\boldsymbol{A},\nabla\cdot u\boldsymbol{A},\nabla\times u\boldsymbol{A})\,\mathrm{d}V \tag{1}$$

的欧拉方程组和自然边界条件。

解 对泛函取变分，得

$$\delta J=\int_V\left(\frac{\partial F}{\partial u}\delta u+\frac{\partial F}{\partial \boldsymbol{A}}\overset{n}{:}\delta\boldsymbol{A}+\frac{\partial F}{\partial\nabla u\boldsymbol{A}}\overset{n+1}{:}\delta\nabla u\boldsymbol{A}+\frac{\partial F}{\partial\nabla\cdot u\boldsymbol{A}}\overset{n-1}{:}\delta\nabla\cdot u\boldsymbol{A}+\frac{\partial F}{\partial\nabla\times u\boldsymbol{A}}\overset{n}{:}\delta\nabla\times u\boldsymbol{A}\right)\mathrm{d}V \tag{2}$$

令$\boldsymbol{B}=\dfrac{\partial F}{\partial\nabla u\boldsymbol{A}}$，$\boldsymbol{C}=\dfrac{\partial F}{\partial\nabla\cdot u\boldsymbol{A}}$，$\boldsymbol{D}=\dfrac{\partial F}{\partial\nabla\times u\boldsymbol{A}}$，对于式(2)后三个变分，有

$$\delta J=\int_V\left(\frac{\partial F}{\partial u}\delta u+\frac{\partial F}{\partial \boldsymbol{A}}\overset{n}{:}\delta\boldsymbol{A}+\frac{\partial F}{\partial\nabla u\boldsymbol{A}}\overset{n+1}{:}\delta\nabla u\boldsymbol{A}+\frac{\partial F}{\partial\nabla\cdot u\boldsymbol{A}}\overset{n-1}{:}\delta\nabla\cdot u\boldsymbol{A}+\frac{\partial F}{\partial\nabla\times u\boldsymbol{A}}\overset{n}{:}\delta\nabla\times u\boldsymbol{A}\right)\mathrm{d}V \tag{3}$$

$$\boldsymbol{C}\overset{n-1}{:}\nabla\cdot\delta u\boldsymbol{A}=\nabla\cdot(\delta u\boldsymbol{A}\overset{n-1}{:}\boldsymbol{C})-\nabla\boldsymbol{C}\overset{n}{:}(\boldsymbol{A}\delta u+u\delta\boldsymbol{A}) \tag{4}$$

$$\boldsymbol{D}\overset{n}{:}\nabla\times\delta u\boldsymbol{A}=-\nabla\cdot\left[\boldsymbol{D}\underset{(n-1)}{\overset{\times}{\cdot}}\delta u\boldsymbol{A}\right]+\nabla\times\boldsymbol{D}\overset{n}{:}(\boldsymbol{A}\delta u+u\delta\boldsymbol{A}) \tag{5}$$

将式(3)～式(5)代入式(2)，得

$$\delta J=\int_V\left\{\left[\frac{\partial F}{\partial u}-(\nabla\cdot\boldsymbol{B}+\nabla\boldsymbol{C}-\nabla\times\boldsymbol{D})\overset{n}{\cdot}\boldsymbol{A}\right]\delta u+\left[\frac{\partial F}{\partial\boldsymbol{A}}-u(\nabla\cdot\boldsymbol{B}+\nabla\boldsymbol{C}-\nabla\times\boldsymbol{D})\right]\overset{n}{\cdot}\delta\boldsymbol{A}\right\}\mathrm{d}V$$
$$+\int_V\left\{\nabla\cdot(\boldsymbol{B}\overset{n}{\cdot}\delta u\boldsymbol{A})+\nabla\cdot(\delta u\boldsymbol{A}\overset{n-1}{\cdot}\boldsymbol{C})-\nabla\cdot\left[\boldsymbol{D}\underset{(n-1)}{\overset{\times}{\cdot}}\delta u\boldsymbol{A}\right]\right\}\mathrm{d}V \tag{6}$$

泛函的欧拉方程组为

$$\begin{cases}\dfrac{\partial F}{\partial u}-\boldsymbol{A}\overset{n}{\cdot}\left(\nabla\cdot\dfrac{\partial F}{\partial\nabla u\boldsymbol{A}}+\nabla\dfrac{\partial F}{\partial\nabla\cdot u\boldsymbol{A}}-\nabla\times\dfrac{\partial F}{\partial\nabla\times u\boldsymbol{A}}\right)=0\\ \dfrac{\partial F}{\partial\boldsymbol{A}}-u\left(\nabla\cdot\dfrac{\partial F}{\partial\nabla u\boldsymbol{A}}+\nabla\dfrac{\partial F}{\partial\nabla\cdot u\boldsymbol{A}}-\nabla\times\dfrac{\partial F}{\partial\nabla\times u\boldsymbol{A}}\right)=\boldsymbol{0}\end{cases} \tag{7}$$

自然边界条件为

$$\boldsymbol{n}\cdot\frac{\partial F}{\partial\nabla u\boldsymbol{A}}\bigg|_S=\boldsymbol{0}\text{，}\quad\frac{\partial F}{\partial\nabla\cdot u\boldsymbol{A}}\bigg|_S=\boldsymbol{0}\text{，}\quad\boldsymbol{n}\times\frac{\partial F}{\partial\nabla\times u\boldsymbol{A}}\bigg|_S=\boldsymbol{0} \tag{8}$$

例 10.6.17 设 $\boldsymbol{A}$ 为 m 阶张量，$\boldsymbol{B}$ 为 n 阶张量，推导泛函

$$J=\int_V F(u,\boldsymbol{A},\boldsymbol{B},u\boldsymbol{AB},\nabla u\boldsymbol{AB},\nabla\cdot u\boldsymbol{AB},\nabla\times u\boldsymbol{AB})\mathrm{d}V \tag{1}$$

的欧拉方程组和自然边界条件。

解 对泛函取变分，得

$$\delta J=\int_V\left(\frac{\partial F}{\partial u}\delta u+\frac{\partial F}{\partial\boldsymbol{A}}\overset{m}{\cdot}\delta\boldsymbol{A}+\frac{\partial F}{\partial\boldsymbol{B}}\overset{n}{\cdot}\delta\boldsymbol{B}+\frac{\partial F}{\partial u\boldsymbol{AB}}\overset{m+n}{\cdot}\delta u\boldsymbol{AB}+\frac{\partial F}{\partial\nabla u\boldsymbol{AB}}\overset{m+n+1}{\cdot}\delta\nabla u\boldsymbol{AB}\right.$$
$$\left.+\frac{\partial F}{\partial\nabla\cdot u\boldsymbol{AB}}\overset{m+n+1}{\cdot}\delta\nabla\cdot u\boldsymbol{AB}+\frac{\partial F}{\partial\nabla\times u\boldsymbol{AB}}\overset{m+n}{\cdot}\delta\nabla\times u\boldsymbol{AB}\right)\mathrm{d}V \tag{2}$$

令 $\boldsymbol{C}=\dfrac{\partial F}{\partial u\boldsymbol{AB}}$，$\boldsymbol{D}=\dfrac{\partial F}{\partial\nabla u\boldsymbol{AB}}$，$\boldsymbol{E}=\dfrac{\partial F}{\partial\nabla\cdot u\boldsymbol{AB}}$，$\boldsymbol{F}=\dfrac{\partial F}{\partial\nabla\times u\boldsymbol{AB}}$，对于式(2)后四个变分，有

$$\boldsymbol{C}\overset{m+n}{\cdot}\delta u\boldsymbol{AB}=\boldsymbol{C}\overset{m+n}{\cdot}\boldsymbol{AB}\delta u+u\boldsymbol{C}\overset{n}{\cdot}\boldsymbol{B}\overset{m}{\cdot}\delta\boldsymbol{A}+u\boldsymbol{A}\overset{m}{\cdot}\boldsymbol{C}\overset{n}{\cdot}\delta\boldsymbol{B} \tag{3}$$

$$\begin{aligned}\boldsymbol{D}\overset{m+n+1}{\cdot}\nabla\delta u\boldsymbol{AB}&=\nabla\cdot(\boldsymbol{D}\overset{m+n}{\cdot}\delta u\boldsymbol{AB})-\nabla\cdot\boldsymbol{D}\overset{m+n}{\cdot}\delta u\boldsymbol{AB}\\&=\nabla\cdot(\boldsymbol{D}\overset{m+n}{\cdot}\delta u\boldsymbol{AB})-\nabla\cdot\boldsymbol{D}\overset{m+n}{\cdot}(\boldsymbol{AB}\delta u+u\delta\boldsymbol{AB}+u\boldsymbol{A}\delta\boldsymbol{B})\\&=\nabla\cdot(\boldsymbol{D}\overset{m+n}{\cdot}\delta u\boldsymbol{AB})-\nabla\cdot\boldsymbol{D}\overset{m+n}{\cdot}\boldsymbol{AB}\delta u-u(\nabla\cdot\boldsymbol{D}\overset{n}{\cdot}\boldsymbol{B})\overset{m}{\cdot}\delta\boldsymbol{A}\\&\quad-u\boldsymbol{A}\overset{m}{\cdot}\nabla\cdot\boldsymbol{D}\overset{n}{\cdot}\delta\boldsymbol{B}\end{aligned} \tag{4}$$

$$\begin{aligned}&\boldsymbol{E}\overset{m+n+1}{\cdot}\nabla\cdot\delta u\boldsymbol{AB}=\nabla\cdot(\delta u\boldsymbol{AB}\overset{m+n+1}{\cdot}\boldsymbol{E})-\nabla\boldsymbol{E}\overset{m+n}{\cdot}(\boldsymbol{AB}\delta u+u\delta\boldsymbol{AB}+u\boldsymbol{A}\delta\boldsymbol{B})\\&=\nabla\cdot(\delta u\boldsymbol{AB}\overset{m+n+1}{\cdot}\boldsymbol{E})-\nabla\boldsymbol{E}\overset{m+n}{\cdot}\boldsymbol{AB}\delta u-u(\nabla\boldsymbol{E}\overset{n}{\cdot}\boldsymbol{B})\overset{m}{\cdot}\delta\boldsymbol{A}-u\boldsymbol{A}\overset{m}{\cdot}\nabla\boldsymbol{E}\overset{n}{\cdot}\delta\boldsymbol{B}\end{aligned} \tag{5}$$

$$\begin{aligned}&\boldsymbol{F}\overset{m+n}{\cdot}\nabla\times\delta u\boldsymbol{AB}=-\nabla\cdot\left[\boldsymbol{F}\underset{(m+n-1)}{\overset{\times}{\cdot}}\delta u\boldsymbol{AB}\right]+\nabla\times\boldsymbol{F}\overset{m+n}{\cdot}(\boldsymbol{AB}\delta u+u\delta\boldsymbol{AB}+u\boldsymbol{A}\delta\boldsymbol{B})\\&=-\nabla\cdot\left[\boldsymbol{F}\underset{(m+n-1)}{\overset{\times}{\cdot}}\delta u\boldsymbol{AB}\right]+\nabla\times\boldsymbol{F}\overset{m+n}{\cdot}\boldsymbol{AB}\delta u+u(\nabla\times\boldsymbol{F}\overset{n}{\cdot}\boldsymbol{B})\overset{m}{\cdot}\delta\boldsymbol{A}+u\boldsymbol{A}\overset{m}{\cdot}\nabla\times\boldsymbol{F}\overset{n}{\cdot}\delta\boldsymbol{B}\end{aligned} \tag{6}$$

将式(3)～式(6)代入式(2)，得

$$\delta J=\int_V\left\{\left[\frac{\partial F}{\partial u}+(\boldsymbol{C}-\nabla\cdot\boldsymbol{D}-\nabla\boldsymbol{E}+\nabla\times\boldsymbol{F})\overset{m+n}{\cdot}\boldsymbol{AB}\right]\delta u\right.$$
$$+\left[\frac{\partial F}{\partial\boldsymbol{A}}+u(\boldsymbol{C}-\nabla\cdot\boldsymbol{D}-\nabla\boldsymbol{E}+\nabla\times\boldsymbol{F})\overset{n}{\cdot}\boldsymbol{B}\right]\overset{m}{\cdot}\delta\boldsymbol{A}$$

$$+\left[\frac{\partial F}{\partial \boldsymbol{B}}+u\boldsymbol{A}\overset{m}{\cdot}(\boldsymbol{C}-\nabla\cdot\boldsymbol{D}-\nabla\boldsymbol{E}+\nabla\times\boldsymbol{F})\right]\overset{n}{\cdot}\delta\boldsymbol{B}\Bigg\}\mathrm{d}V$$

$$+\int_V\left\{\nabla\cdot(\boldsymbol{D}\overset{m+n}{\cdot}\delta u\boldsymbol{A}\boldsymbol{B})+\nabla\cdot(\delta u\boldsymbol{A}\boldsymbol{B}\overset{m+n-1}{\cdot}\boldsymbol{E})-\nabla\cdot\left[\boldsymbol{F}\underset{(m+n-1)}{\overset{\times}{\cdot}}\delta u\boldsymbol{A}\boldsymbol{B}\right]\right\}\mathrm{d}V \tag{7}$$

泛函的欧拉方程组为

$$\begin{cases}\dfrac{\partial F}{\partial u}+\left(\dfrac{\partial F}{\partial u\boldsymbol{A}\boldsymbol{B}}-\nabla\cdot\dfrac{\partial F}{\partial\nabla u\boldsymbol{A}\boldsymbol{B}}-\nabla\dfrac{\partial F}{\partial\nabla\cdot u\boldsymbol{A}\boldsymbol{B}}+\nabla\times\dfrac{\partial F}{\partial\nabla\times u\boldsymbol{A}\boldsymbol{B}}\right)\overset{m+n}{\cdot}\boldsymbol{A}\boldsymbol{B}=0\\ \dfrac{\partial F}{\partial\boldsymbol{A}}+u\left(\dfrac{\partial F}{\partial u\boldsymbol{A}\boldsymbol{B}}-\nabla\cdot\dfrac{\partial F}{\partial\nabla u\boldsymbol{A}\boldsymbol{B}}-\nabla\dfrac{\partial F}{\partial\nabla\cdot u\boldsymbol{A}\boldsymbol{B}}+\nabla\times\dfrac{\partial F}{\partial\nabla\times u\boldsymbol{A}\boldsymbol{B}}\right)\overset{n}{\cdot}\boldsymbol{B}=\boldsymbol{0}\\ \dfrac{\partial F}{\partial\boldsymbol{B}}+u\boldsymbol{A}\overset{m}{\cdot}\left(\dfrac{\partial F}{\partial u\boldsymbol{A}\boldsymbol{B}}-\nabla\cdot\dfrac{\partial F}{\partial\nabla u\boldsymbol{A}\boldsymbol{B}}-\nabla\dfrac{\partial F}{\partial\nabla\cdot u\boldsymbol{A}\boldsymbol{B}}+\nabla\times\dfrac{\partial F}{\partial\nabla\times u\boldsymbol{A}\boldsymbol{B}}\right)=\boldsymbol{0}\end{cases} \tag{8}$$

自然边界条件为

$$\boldsymbol{n}\cdot\frac{\partial F}{\partial\nabla u\boldsymbol{A}\boldsymbol{B}}\bigg|_S=\boldsymbol{0},\quad \frac{\partial F}{\partial\nabla\cdot u\boldsymbol{A}\boldsymbol{B}}\bigg|_S=\boldsymbol{0},\quad \boldsymbol{n}\times\frac{\partial F}{\partial\nabla\times u\boldsymbol{A}\boldsymbol{B}}\bigg|_S=\boldsymbol{0} \tag{9}$$

例 10.6.18 设 $\boldsymbol{A}$ 为 m 阶张量，$\boldsymbol{B}$ 为 n 阶张量，且 $m\leqslant n$，推导泛函

$$J=\int_V F(u,\boldsymbol{A},\boldsymbol{B},u\boldsymbol{A}\overset{m}{\times}\boldsymbol{B},\nabla u\boldsymbol{A}\overset{m}{\times}\boldsymbol{B},\nabla\cdot u\boldsymbol{A}\overset{m}{\times}\boldsymbol{B},\nabla\times u\boldsymbol{A}\overset{m}{\times}\boldsymbol{B})\mathrm{d}V \tag{1}$$

的欧拉方程组和自然边界条件。

解 对泛函取变分，得

$$\delta J=\int_V\left(\frac{\partial F}{\partial u}\delta u+\frac{\partial F}{\partial\boldsymbol{A}}\overset{m}{\cdot}\boldsymbol{A}+\frac{\partial F}{\partial\boldsymbol{B}}\overset{n}{\cdot}\delta\boldsymbol{B}+\frac{\partial F}{\partial u\boldsymbol{A}\overset{m}{\times}\boldsymbol{B}}\overset{n}{\cdot}\delta u\boldsymbol{A}\overset{m}{\times}\boldsymbol{B}+\frac{\partial F}{\partial\nabla u\boldsymbol{A}\overset{m}{\times}\boldsymbol{B}}\overset{n+1}{\cdot}\delta\nabla u\boldsymbol{A}\overset{m}{\times}\boldsymbol{B}\right.$$
$$\left.+\frac{\partial F}{\partial\nabla\cdot u\boldsymbol{A}\overset{m}{\times}\boldsymbol{B}}\overset{n-1}{\cdot}\delta\nabla\cdot u\boldsymbol{A}\overset{m}{\times}\boldsymbol{B}+\frac{\partial F}{\partial\nabla\times u\boldsymbol{A}\overset{m}{\times}\boldsymbol{B}}\overset{n}{\cdot}\delta\nabla\times u\boldsymbol{A}\overset{m}{\times}\boldsymbol{B}\right)\mathrm{d}V \tag{2}$$

令 $\boldsymbol{C}=\dfrac{\partial F}{\partial u\boldsymbol{A}\overset{m}{\times}\boldsymbol{B}}$，$\boldsymbol{D}=\dfrac{\partial F}{\partial\nabla u\boldsymbol{A}\overset{m}{\times}\boldsymbol{B}}$，$\boldsymbol{E}=\dfrac{\partial F}{\partial\nabla\cdot u\boldsymbol{A}\overset{m}{\times}\boldsymbol{B}}$，$\boldsymbol{F}=\dfrac{\partial F}{\partial\nabla\times u\boldsymbol{A}\overset{m}{\times}\boldsymbol{B}}$，对于式(2)的后四个变分，有

$$\boldsymbol{C}\overset{n}{\cdot}\delta u\boldsymbol{A}\overset{m}{\times}\boldsymbol{B}=\boldsymbol{C}\overset{n}{\cdot}\boldsymbol{A}\overset{m}{\times}\boldsymbol{B}\delta u+u\boldsymbol{B}\underset{(n-m)}{\overset{m\times}{\cdot}}\boldsymbol{C}\overset{m}{\cdot}\delta\boldsymbol{A}+(-1)^m u\boldsymbol{A}\overset{m}{\times}\boldsymbol{C}\overset{n}{\cdot}\delta\boldsymbol{B} \tag{3}$$

$$\begin{aligned}\boldsymbol{D}\overset{n+1}{\cdot}\nabla\delta u\boldsymbol{A}\overset{m}{\times}\boldsymbol{B}&=\nabla\cdot(\boldsymbol{D}\overset{n}{\cdot}\delta u\boldsymbol{A}\overset{m}{\times}\boldsymbol{B})-\nabla\cdot\boldsymbol{D}\overset{n}{\cdot}\delta u\boldsymbol{A}\overset{m}{\times}\boldsymbol{B}\\&=\nabla\cdot(\boldsymbol{D}\overset{n}{\cdot}\delta u\boldsymbol{A}\overset{m}{\times}\boldsymbol{B})-\nabla\cdot\boldsymbol{D}\overset{n}{\cdot}(\boldsymbol{A}\overset{m}{\times}\boldsymbol{B}\delta u+u\delta\boldsymbol{A}\overset{m}{\times}\boldsymbol{B}+u\boldsymbol{A}\overset{m}{\times}\delta\boldsymbol{B})\\&=\nabla\cdot(\boldsymbol{D}\overset{n}{\cdot}\delta u\boldsymbol{A}\overset{m}{\times}\boldsymbol{B})-\nabla\cdot\boldsymbol{D}\overset{n}{\cdot}\boldsymbol{A}\overset{m}{\times}\boldsymbol{B}\delta u-u\boldsymbol{B}\underset{(n-m)}{\overset{m\times}{\cdot}}\nabla\cdot\boldsymbol{D}\overset{m}{\cdot}\delta\boldsymbol{A}-(-1)^m u\boldsymbol{A}\overset{m}{\times}\nabla\cdot\boldsymbol{D}\overset{n}{\cdot}\delta\boldsymbol{B}\end{aligned} \tag{4}$$

$$\begin{aligned}\boldsymbol{E}\overset{n-1}{\cdot}\nabla\cdot\delta u\boldsymbol{A}\overset{m}{\times}\boldsymbol{B}&=\nabla\cdot(\delta u\boldsymbol{A}\overset{m}{\times}\boldsymbol{B}\overset{n-1}{\cdot}\boldsymbol{E})-\nabla\boldsymbol{E}\overset{n}{\cdot}(\boldsymbol{A}\overset{m}{\times}\boldsymbol{B}\delta u+u\delta\boldsymbol{A}\overset{m}{\times}\boldsymbol{B}+u\boldsymbol{A}\overset{m}{\times}\delta\boldsymbol{B})\\&=\nabla\cdot(\delta u\boldsymbol{A}\overset{m}{\times}\boldsymbol{B}\overset{n-1}{\cdot}\boldsymbol{E})-\nabla\boldsymbol{E}\overset{n}{\cdot}\boldsymbol{A}\overset{m}{\times}\boldsymbol{B}\delta u-u\boldsymbol{B}\underset{(n-m)}{\overset{m\times}{\cdot}}\nabla\boldsymbol{E}\overset{m}{\cdot}\delta\boldsymbol{A}-(-1)^m u\boldsymbol{A}\overset{m}{\times}\nabla\boldsymbol{E}\overset{n}{\cdot}\delta\boldsymbol{B}\end{aligned} \tag{5}$$

$$\begin{aligned}&\boldsymbol{F}\overset{n}{\cdot}\nabla\times\delta u\boldsymbol{A}\overset{m}{\times}\boldsymbol{B}=-\nabla\cdot\left[\boldsymbol{F}\underset{(n-1)}{\overset{\times}{\cdot}}\delta u\boldsymbol{A}\overset{m}{\times}\boldsymbol{B}\right]+\nabla\times\boldsymbol{F}\overset{n}{\cdot}(\boldsymbol{A}\overset{m}{\times}\boldsymbol{B}\delta u+u\delta\boldsymbol{A}\overset{m}{\times}\boldsymbol{B}+u\boldsymbol{A}\overset{m}{\times}\delta\boldsymbol{B})\\&=-\nabla\cdot\left[\boldsymbol{F}\underset{(n-1)}{\overset{\times}{\cdot}}\delta u\boldsymbol{A}\overset{m}{\times}\boldsymbol{B}\right]+\nabla\times\boldsymbol{F}\overset{n}{\cdot}\boldsymbol{A}\overset{m}{\times}\boldsymbol{B}\delta u+u\boldsymbol{B}\underset{(n-m)}{\overset{m\times}{\cdot}}\nabla\times\boldsymbol{F}\overset{m}{\cdot}\delta\boldsymbol{A}+(-1)^m u\boldsymbol{A}\overset{m}{\times}\nabla\times\boldsymbol{F}\overset{n}{\cdot}\delta\boldsymbol{B}\end{aligned} \tag{6}$$

将式(3)～式(6)代入式(2)，得

$$
\begin{aligned}
\delta J = & \int_V \left\{ \left[\frac{\partial F}{\partial u} + (\boldsymbol{C} - \nabla\cdot\boldsymbol{D} - \nabla\boldsymbol{E} + \nabla\times\boldsymbol{F}) \overset{n}{\cdot} \boldsymbol{A} \overset{m}{\times} \boldsymbol{B} \right] \delta u \right. \\
& + \left[\frac{\partial F}{\partial \boldsymbol{A}} + u\boldsymbol{B} \underset{(n-m)}{\overset{m\times}{\cdot}} (\boldsymbol{C} - \nabla\cdot\boldsymbol{D} - \nabla\boldsymbol{E} + \nabla\times\boldsymbol{F}) \right] \overset{m}{\cdot} \delta\boldsymbol{A} \\
& \left. + \left[\frac{\partial F}{\partial \boldsymbol{B}} + (-1)^m u\boldsymbol{A} \overset{m}{\times} (\boldsymbol{C} - \nabla\cdot\boldsymbol{D} - \nabla\boldsymbol{E} + \nabla\times\boldsymbol{F}) \right] \overset{n}{\cdot} \delta\boldsymbol{B} \right\} \mathrm{d}V \\
& + \int_V \left\{ \nabla\cdot(\boldsymbol{D} \overset{n}{\cdot} \delta u\boldsymbol{A} \overset{m}{\times} \boldsymbol{B}) + \nabla\cdot(\delta u\boldsymbol{A} \overset{m}{\times} \boldsymbol{B} \overset{n-1}{\cdot} \boldsymbol{E}) - \nabla\cdot\left[\boldsymbol{F} \underset{(n-1)}{\overset{\times}{\cdot}} \delta u\boldsymbol{A} \overset{m}{\times} \boldsymbol{B} \right] \right\} \mathrm{d}V
\end{aligned} \tag{7}
$$

泛函的欧拉方程组为

$$
\begin{cases}
\dfrac{\partial F}{\partial u} + \left(\dfrac{\partial F}{\partial u\boldsymbol{A} \overset{m}{\times} \boldsymbol{B}} - \nabla\cdot\dfrac{\partial F}{\partial \nabla u\boldsymbol{A} \overset{m}{\times} \boldsymbol{B}} - \nabla\dfrac{\partial F}{\partial \nabla\cdot u\boldsymbol{A} \overset{m}{\times} \boldsymbol{B}} + \nabla\times\dfrac{\partial F}{\partial \nabla\times u\boldsymbol{A} \overset{m}{\times} \boldsymbol{B}} \right) \overset{n}{\cdot} \boldsymbol{A} \overset{m}{\times} \boldsymbol{B} = 0 \\
\dfrac{\partial F}{\partial \boldsymbol{A}} + u\boldsymbol{B} \underset{(n-m)}{\overset{m\times}{\cdot}} \left(\dfrac{\partial F}{\partial u\boldsymbol{A} \overset{m}{\times} \boldsymbol{B}} - \nabla\cdot\dfrac{\partial F}{\partial \nabla u\boldsymbol{A} \overset{m}{\times} \boldsymbol{B}} - \nabla\dfrac{\partial F}{\partial \nabla\cdot u\boldsymbol{A} \overset{m}{\times} \boldsymbol{B}} + \nabla\times\dfrac{\partial F}{\partial \nabla\times u\boldsymbol{A} \overset{m}{\times} \boldsymbol{B}} \right) = \boldsymbol{0} \\
\dfrac{\partial F}{\partial \boldsymbol{B}} + (-1)^m u\boldsymbol{A} \overset{m}{\times} \left(\dfrac{\partial F}{\partial u\boldsymbol{A} \overset{m}{\times} \boldsymbol{B}} - \nabla\cdot\dfrac{\partial F}{\partial \nabla u\boldsymbol{A} \overset{m}{\times} \boldsymbol{B}} - \nabla\dfrac{\partial F}{\partial \nabla\cdot u\boldsymbol{A} \overset{m}{\times} \boldsymbol{B}} + \nabla\times\dfrac{\partial F}{\partial \nabla\times u\boldsymbol{A} \overset{m}{\times} \boldsymbol{B}} \right) = \boldsymbol{0}
\end{cases} \tag{8}
$$

自然边界条件为

$$
\boldsymbol{n}\cdot\left.\frac{\partial F}{\partial \nabla u\boldsymbol{A} \overset{m}{\times} \boldsymbol{B}}\right|_S = \boldsymbol{0}, \quad \left.\frac{\partial F}{\partial \nabla\cdot u\boldsymbol{A} \overset{m}{\times} \boldsymbol{B}}\right|_S = \boldsymbol{0}, \quad \boldsymbol{n}\times\left.\frac{\partial F}{\partial \nabla\times u\boldsymbol{A} \overset{m}{\times} \boldsymbol{B}}\right|_S = \boldsymbol{0} \tag{9}
$$

例 10.6.19 设 $\boldsymbol{A}$ 为 n 阶张量，$\boldsymbol{B}$ 为 m 阶张量，且 $m \leqslant n$，推导泛函

$$
J = \int_V F(u, \boldsymbol{A}, \boldsymbol{B}, u\boldsymbol{A} \overset{m}{\times} \boldsymbol{B}, \nabla u\boldsymbol{A} \overset{m}{\times} \boldsymbol{B}, \nabla\cdot u\boldsymbol{A} \overset{m}{\times} \boldsymbol{B}, \nabla\times u\boldsymbol{A} \overset{m}{\times} \boldsymbol{B}) \mathrm{d}V \tag{1}
$$

的欧拉方程组和自然边界条件。

解 对泛函取变分，得

$$
\begin{aligned}
\delta J = \int_V \bigg(& \frac{\partial F}{\partial u}\delta u + \frac{\partial F}{\partial \boldsymbol{A}} \overset{n}{\cdot} \delta\boldsymbol{A} + \frac{\partial F}{\partial \boldsymbol{B}} \overset{m}{\cdot} \delta\boldsymbol{B} + \frac{\partial F}{\partial u\boldsymbol{A} \overset{m}{\times} \boldsymbol{B}} \overset{n}{\cdot} \delta u\boldsymbol{A} \overset{m}{\times} \boldsymbol{B} + \frac{\partial F}{\partial \nabla u\boldsymbol{A} \overset{m}{\times} \boldsymbol{B}} \overset{n+1}{\cdot} \delta\nabla u\boldsymbol{A} \overset{m}{\times} \boldsymbol{B} \\
& + \frac{\partial F}{\partial \nabla\cdot u\boldsymbol{A} \overset{m}{\times} \boldsymbol{B}} \overset{n-1}{\cdot} \delta\nabla\cdot u\boldsymbol{A} \overset{m}{\times} \boldsymbol{B} + \frac{\partial F}{\partial \nabla\times u\boldsymbol{A} \overset{m}{\times} \boldsymbol{B}} \overset{n}{\cdot} \delta\nabla\times u\boldsymbol{A} \overset{m}{\times} \boldsymbol{B} \bigg) \mathrm{d}V
\end{aligned} \tag{2}
$$

令 $\boldsymbol{C} = \dfrac{\partial F}{\partial u\boldsymbol{A} \overset{m}{\times} \boldsymbol{B}}$，$\boldsymbol{D} = \dfrac{\partial F}{\partial \nabla u\boldsymbol{A} \overset{m}{\times} \boldsymbol{B}}$，$\boldsymbol{E} = \dfrac{\partial F}{\partial \nabla\cdot u\boldsymbol{A} \overset{m}{\times} \boldsymbol{B}}$，$\boldsymbol{F} = \dfrac{\partial F}{\partial \nabla\times u\boldsymbol{A} \overset{m}{\times} \boldsymbol{B}}$，对于式(2)的后四个变分，有

$$
\boldsymbol{C} \overset{n}{\cdot} \delta u\boldsymbol{A} \overset{m}{\times} \boldsymbol{B} = \boldsymbol{C} \overset{n}{\cdot} \boldsymbol{A} \overset{m}{\times} \boldsymbol{B}\delta u + (-1)^m u\boldsymbol{C} \overset{m}{\times} \boldsymbol{B} \overset{n}{\cdot} \delta\boldsymbol{A} + u\boldsymbol{C} \overset{(n-m)}{\underset{m\times}{\cdot}} \boldsymbol{A} \overset{m}{\cdot} \delta\boldsymbol{B} \tag{3}
$$

$$\boldsymbol{D}\overset{n+1}{:}\nabla\delta u\boldsymbol{A}\overset{m}{\times}\boldsymbol{B}=\nabla\cdot(\boldsymbol{D}\overset{n}{:}\delta u\boldsymbol{A}\overset{m}{\times}\boldsymbol{B})-\nabla\cdot\boldsymbol{D}\overset{n}{:}\delta u\boldsymbol{A}\overset{m}{\times}\boldsymbol{B}$$

$$=\nabla\cdot(\boldsymbol{D}\overset{n}{:}\delta u\boldsymbol{A}\overset{m}{\times}\boldsymbol{B})-\nabla\cdot\boldsymbol{D}\overset{n}{:}(\boldsymbol{A}\overset{m}{\times}\boldsymbol{B}\delta u+u\delta\boldsymbol{A}\overset{m}{\times}\boldsymbol{B}+u\boldsymbol{A}\overset{m}{\times}\delta\boldsymbol{B}) \tag{4}$$

$$=\nabla\cdot(\boldsymbol{D}\overset{n}{:}\delta u\boldsymbol{A}\overset{m}{\times}\boldsymbol{B})-\nabla\cdot\boldsymbol{D}\overset{n}{:}\boldsymbol{A}\overset{m}{\times}\boldsymbol{B}\delta u-(-1)^m u\nabla\cdot\boldsymbol{D}\overset{m}{\times}\boldsymbol{B}\overset{n}{:}\delta\boldsymbol{A}-u\nabla\cdot\boldsymbol{D}\overset{(n-m)}{\underset{m\times}{\cdot}}\boldsymbol{A}\overset{m}{:}\delta\boldsymbol{B}$$

$$\boldsymbol{E}\overset{n-1}{:}\nabla\cdot\delta u\boldsymbol{A}\overset{m}{\times}\boldsymbol{B}=\nabla\cdot(\delta u\boldsymbol{A}\overset{m}{\times}\boldsymbol{B}\overset{n-1}{:}\boldsymbol{E})-\nabla\boldsymbol{E}\overset{n}{:}(\boldsymbol{A}\overset{m}{\times}\boldsymbol{B}\delta u+u\delta\boldsymbol{A}\overset{m}{\times}\boldsymbol{B}+u\boldsymbol{A}\overset{m}{\times}\delta\boldsymbol{B})$$

$$=\nabla\cdot(\delta u\boldsymbol{A}\overset{m}{\times}\boldsymbol{B}\overset{n-1}{:}\boldsymbol{E})-\nabla\boldsymbol{E}\overset{n}{:}\boldsymbol{A}\overset{m}{\times}\boldsymbol{B}\delta u-(-1)^m u\nabla\boldsymbol{E}\overset{m}{\times}\boldsymbol{B}\overset{n}{:}\delta\boldsymbol{A}-u\nabla\boldsymbol{E}\overset{(n-m)}{\underset{m\times}{\cdot}}\boldsymbol{A}\overset{m}{:}\delta\boldsymbol{B} \tag{5}$$

$$\boldsymbol{F}\overset{n}{:}\nabla\times\delta u\boldsymbol{A}\overset{m}{\times}\boldsymbol{B}=-\nabla\cdot\left[\boldsymbol{F}\underset{(n-1)}{\overset{\times}{\cdot}}\delta u\boldsymbol{A}\overset{m}{\times}\boldsymbol{B}\right]+\nabla\times\boldsymbol{F}\overset{n}{:}(\boldsymbol{A}\overset{m}{\times}\boldsymbol{B}\delta u+u\delta\boldsymbol{A}\overset{m}{\times}\boldsymbol{B}+u\boldsymbol{A}\overset{m}{\times}\delta\boldsymbol{B})$$

$$=-\nabla\cdot\left[\boldsymbol{F}\underset{(n-1)}{\overset{\times}{\cdot}}\delta u\boldsymbol{A}\overset{m}{\times}\boldsymbol{B}\right]+\nabla\times\boldsymbol{F}\overset{n}{:}\boldsymbol{A}\overset{m}{\times}\boldsymbol{B}\delta u+(-1)^m u(\nabla\times\boldsymbol{F}\overset{m}{\times}\boldsymbol{B})\overset{n}{:}\delta\boldsymbol{A} \tag{6}$$

$$+u\nabla\times\boldsymbol{F}\overset{(n-m)}{\underset{m\times}{\cdot}}\boldsymbol{A}\overset{m}{:}\delta\boldsymbol{B}$$

将式(3)～式(6)代入式(2)，得

$$\begin{aligned}\delta J=\int_V\Bigg\{&\left[\frac{\partial F}{\partial u}+(\boldsymbol{C}-\nabla\cdot\boldsymbol{D}-\nabla\boldsymbol{E}+\nabla\times\boldsymbol{F})\overset{n}{:}\boldsymbol{A}\overset{m}{\times}\boldsymbol{B}\right]\delta u\\&+\left[\frac{\partial F}{\partial\boldsymbol{A}}+(-1)^m u(\boldsymbol{C}-\nabla\cdot\boldsymbol{D}-\nabla\boldsymbol{E}+\nabla\times\boldsymbol{F})\overset{m}{\times}\boldsymbol{B}\right]\overset{n}{:}\delta\boldsymbol{A}\\&+\left[\frac{\partial F}{\partial\boldsymbol{B}}+u(\boldsymbol{C}-\nabla\cdot\boldsymbol{D}-\nabla\boldsymbol{E}+\nabla\times\boldsymbol{F})\overset{(n-m)}{\underset{m\times}{\cdot}}\boldsymbol{A}\right]\overset{m}{:}\delta\boldsymbol{B}\Bigg\}\mathrm{d}V\\&+\int_V\left\{\nabla\cdot(\boldsymbol{D}\overset{n}{:}\delta u\boldsymbol{A}\overset{m}{\times}\boldsymbol{B})+\nabla\cdot(\delta u\boldsymbol{A}\overset{m}{\times}\boldsymbol{B}\overset{n-1}{:}\boldsymbol{E})-\nabla\cdot[\boldsymbol{F}\underset{(n-1)}{\overset{\times}{\cdot}}\delta u\boldsymbol{A}\overset{m}{\times}\boldsymbol{B}]\right\}\mathrm{d}V\end{aligned} \tag{7}$$

泛函的欧拉方程组为

$$\begin{cases}\dfrac{\partial F}{\partial u}+\left(\dfrac{\partial F}{\partial u\boldsymbol{A}\overset{m}{\times}\boldsymbol{B}}-\nabla\cdot\dfrac{\partial F}{\partial\nabla u\boldsymbol{A}\overset{m}{\times}\boldsymbol{B}}-\nabla\dfrac{\partial F}{\partial\nabla\cdot u\boldsymbol{A}\overset{m}{\times}\boldsymbol{B}}+\nabla\times\dfrac{\partial F}{\partial\nabla\times u\boldsymbol{A}\overset{m}{\times}\boldsymbol{B}}\right)\overset{n}{:}\boldsymbol{A}\overset{m}{\times}\boldsymbol{B}=0\\\dfrac{\partial F}{\partial\boldsymbol{A}}+(-1)^m u\left(\dfrac{\partial F}{\partial u\boldsymbol{A}\overset{m}{\times}\boldsymbol{B}}-\nabla\cdot\dfrac{\partial F}{\partial\nabla u\boldsymbol{A}\overset{m}{\times}\boldsymbol{B}}-\nabla\dfrac{\partial F}{\partial\nabla\cdot u\boldsymbol{A}\overset{m}{\times}\boldsymbol{B}}+\nabla\times\dfrac{\partial F}{\partial\nabla\times u\boldsymbol{A}\overset{m}{\times}\boldsymbol{B}}\right)\overset{m}{\times}\boldsymbol{B}=\boldsymbol{0}\\\dfrac{\partial F}{\partial\boldsymbol{B}}+u\left(\dfrac{\partial F}{\partial u\boldsymbol{A}\overset{m}{\times}\boldsymbol{B}}-\nabla\cdot\dfrac{\partial F}{\partial\nabla u\boldsymbol{A}\overset{m}{\times}\boldsymbol{B}}-\nabla\dfrac{\partial F}{\partial\nabla\cdot u\boldsymbol{A}\overset{m}{\times}\boldsymbol{B}}+\nabla\times\dfrac{\partial F}{\partial\nabla\times u\boldsymbol{A}\overset{m}{\times}\boldsymbol{B}}\right)\overset{(n-m)}{\underset{m\times}{\cdot}}\boldsymbol{A}=\boldsymbol{0}\end{cases} \tag{8}$$

自然边界条件为

$$\boldsymbol{n}\cdot\left.\frac{\partial F}{\partial\nabla u\boldsymbol{A}\overset{m}{\times}\boldsymbol{B}}\right|_S=\boldsymbol{0}\text{，}\quad\left.\frac{\partial F}{\partial\nabla\cdot u\boldsymbol{A}\overset{m}{\times}\boldsymbol{B}}\right|_S=\boldsymbol{0}\text{，}\quad\boldsymbol{n}\times\left.\frac{\partial F}{\partial\nabla\times u\boldsymbol{A}\overset{m}{\times}\boldsymbol{B}}\right|_S=\boldsymbol{0} \tag{9}$$

例 10.6.20 含 n 个向量并矢取旋度的泛函。设泛函

$$J=\int_V F(\boldsymbol{a}_1,\boldsymbol{a}_2,\cdots,\boldsymbol{a}_n,\nabla\times(\boldsymbol{a}_1\boldsymbol{a}_2\cdots\boldsymbol{a}_n))\mathrm{d}V \tag{1}$$

式中，n 阶张量双内积符合并联运算法则，推导它的欧拉方程组和自然边界条件。

解 对泛函取变分，得

$$\delta J=\int_V\left[\frac{\partial F}{\partial\boldsymbol{a}_1}\cdot\delta\boldsymbol{a}_1+\frac{\partial F}{\partial\boldsymbol{a}_2}\cdot\delta\boldsymbol{a}_2+\cdots+\frac{\partial F}{\partial\boldsymbol{a}_n}\cdot\delta\boldsymbol{a}_n+\frac{\partial F}{\partial\nabla\times(\boldsymbol{a}_1\boldsymbol{a}_2\cdots\boldsymbol{a}_n)}\overset{n}{\because}\delta\nabla\times(\boldsymbol{a}_1\boldsymbol{a}_2\cdots\boldsymbol{a}_n)\right]\mathrm{d}V \tag{2}$$

令$\boldsymbol{T}=\dfrac{\partial F}{\partial\nabla\times(\boldsymbol{a}_1\boldsymbol{a}_2\cdots\boldsymbol{a}_n)}$，式(2)的最后一项可写成

$$\begin{aligned}\boldsymbol{T}\overset{n}{\because}\nabla\times\delta(\boldsymbol{a}_1\boldsymbol{a}_2\cdots\boldsymbol{a}_n)&=\nabla\cdot\left[\delta(\boldsymbol{a}_1\boldsymbol{a}_2\cdots\boldsymbol{a}_n)\underset{(n-1)}{\overset{\times}{\cdot}}\boldsymbol{T}\right]+(\nabla\times\boldsymbol{T})\overset{n}{\because}\delta(\boldsymbol{a}_1\boldsymbol{a}_2\cdots\boldsymbol{a}_n)\\&=\nabla\cdot\left[\delta(\boldsymbol{a}_1\boldsymbol{a}_2\cdots\boldsymbol{a}_n)\underset{(n-1)}{\overset{\times}{\cdot}}\boldsymbol{T}\right]\\&\quad+(\nabla\times\boldsymbol{T})\overset{n}{\because}(\delta\boldsymbol{a}_1\boldsymbol{a}_2\cdots\boldsymbol{a}_n+\boldsymbol{a}_1\delta\boldsymbol{a}_2\cdots\boldsymbol{a}_n+\cdots+\boldsymbol{a}_1\boldsymbol{a}_2\cdots\delta\boldsymbol{a}_n)\\&=\nabla\cdot\left[\delta(\boldsymbol{a}_1\boldsymbol{a}_2\cdots\boldsymbol{a}_n)\underset{(n-1)}{\overset{\times}{\cdot}}\boldsymbol{T}\right]\\&\quad+[(\nabla\times\boldsymbol{T})\,{}^{n}\overset{-1}{\because}\,\boldsymbol{a}_2\cdots\boldsymbol{a}_n]\cdot\delta\boldsymbol{a}_1+[\boldsymbol{a}_1\cdot(\nabla\times\boldsymbol{T})\,{}^{n}\overset{-2}{\because}\,\boldsymbol{a}_3\cdots\boldsymbol{a}_n]\cdot\delta\boldsymbol{a}_2\\&\quad+\cdots+[\boldsymbol{a}_1\boldsymbol{a}_2\cdots\boldsymbol{a}_{n-1}\,{}^{n}\overset{-1}{\because}\,\cdot(\nabla\times\boldsymbol{T})]\cdot\delta\boldsymbol{a}_n\end{aligned} \tag{3}$$

将式(3)代入式(2)，得

$$\begin{aligned}\delta J&=\int_V\left\{\sum_{i=1}^{n}\left[\frac{\partial F}{\partial\boldsymbol{a}_i}+\boldsymbol{a}_1\boldsymbol{a}_2\cdots\boldsymbol{a}_{i-1}\,{}^{i}\overset{-1}{\because}\,(\nabla\times\boldsymbol{T})\,{}^{n}\overset{-i}{\because}\,\boldsymbol{a}_{i+1}\boldsymbol{a}_{i+2}\cdots\boldsymbol{a}_n\right]\cdot\delta\boldsymbol{a}_i\right\}\mathrm{d}V\\&\quad+\int_V\left\{\nabla\cdot\left[\delta(\boldsymbol{a}_1\boldsymbol{a}_2\cdots\boldsymbol{a}_n)\underset{(n-1)}{\overset{\times}{\cdot}}\boldsymbol{T}\right]\right\}\mathrm{d}V\end{aligned} \tag{4}$$

泛函的欧拉方程组为

$$\frac{\partial F}{\partial\boldsymbol{a}_i}+\boldsymbol{a}_1\boldsymbol{a}_2\cdots\boldsymbol{a}_{i-1}\,{}^{i}\overset{-1}{\because}\,(\nabla\times\boldsymbol{T})\,{}^{n}\overset{-i}{\because}\,\boldsymbol{a}_{i+1}\boldsymbol{a}_{i+2}\cdots\boldsymbol{a}_n=\boldsymbol{0}\quad(i=1,2,\cdots,n) \tag{5}$$

自然边界条件为

$$\boldsymbol{n}\times\left.\frac{\partial F}{\partial\nabla\times(\boldsymbol{a}_1\boldsymbol{a}_2\cdots\boldsymbol{a}_n)}\right|_S=\boldsymbol{0} \tag{6}$$

把例 10.6.16～例 10.6.20 的各泛函都纳入到式(10-6-30)或式(10-6-43)，可得到内容更多的欧拉方程组和相应的自然边界条件。

10.7 含串联式内积张量和哈密顿算子的泛函变分问题

本节讨论含串联式内积张量和哈密顿算子即含梯度、散度和旋度的泛函变分问题，其中所用的方法与上一节所用的方法相同，只是运算结果有所不同。同时也可以看到，张量的串联式运算有时会比并联式运算更复杂，对于某些运算，有的张量已不能用整体来表示，得分解成两部分才行，这体现出数学美的奇异性。

10.7.1 串联式内积张量的梯度、散度和旋度变分公式推导

设$\boldsymbol{A}$为n阶张量，$\boldsymbol{A}=A_{j_1j_2\cdots j_n}\boldsymbol{e}_{j_1}\boldsymbol{e}_{j_2}\cdots\boldsymbol{e}_{j_n}$，$\boldsymbol{D}$为$n-1$阶张量，$\boldsymbol{D}=D_{k_1k_2\cdots k_{n-1}}\boldsymbol{e}_{k_1}\boldsymbol{e}_{k_2}\cdots\boldsymbol{e}_{k_{n-1}}$，记$\partial_i=\dfrac{\partial}{\partial x_i}$，$\nabla=\partial_i\boldsymbol{e}_i=\dfrac{\partial}{\partial x_i}\boldsymbol{e}_i$，作$\boldsymbol{A}$和$\boldsymbol{D}$的$n-1$次内积，然后取散度，利用逗号约定，

$F_{,i}=\dfrac{\partial F}{\partial x_i}=\partial_i F$，有

$$
\begin{aligned}
\nabla\cdot(\boldsymbol{A}\overset{n-1}{\cdot}\boldsymbol{D}) &= (\boldsymbol{A}\overset{n-1}{\cdot}\boldsymbol{D})\cdot\nabla=\partial_i\boldsymbol{e}_i\cdot(A_{j_1j_2\cdots j_n}\boldsymbol{e}_{j_1}\boldsymbol{e}_{j_2}\cdots\boldsymbol{e}_{j_n}\overset{n-1}{\cdot}D_{k_1k_2\cdots k_{n-1}}\boldsymbol{e}_{k_1}\boldsymbol{e}_{k_2}\cdots\boldsymbol{e}_{k_{n-1}}) \\
&= (A_{j_1j_2\cdots j_n,i}D_{k_1k_2\cdots k_{n-1}}+A_{j_1j_2\cdots j_n}D_{k_1k_2\cdots k_{n-1},i})(\boldsymbol{e}_i\cdot\boldsymbol{e}_{j_1})(\boldsymbol{e}_{j_2}\cdot\boldsymbol{e}_{k_{n-1}})\cdots(\boldsymbol{e}_{j_n}\cdot\boldsymbol{e}_{k_1}) \\
&= A_{j_1j_2\cdots j_n,i}D_{k_1k_2\cdots k_{n-1}}(\boldsymbol{e}_i\cdot\boldsymbol{e}_{j_1})(\boldsymbol{e}_{j_2}\cdot\boldsymbol{e}_{k_{n-1}})\cdots(\boldsymbol{e}_{j_n}\cdot\boldsymbol{e}_{k_1}) \\
&\quad + A_{j_1j_2\cdots j_n}D_{k_1k_2\cdots k_{n-1},i}(\boldsymbol{e}_i\cdot\boldsymbol{e}_{j_1})(\boldsymbol{e}_{j_2}\cdot\boldsymbol{e}_{k_{n-1}})\cdots(\boldsymbol{e}_{j_n}\cdot\boldsymbol{e}_{k_1}) \\
&= (\partial_i\boldsymbol{e}_i\cdot A_{j_1j_2\cdots j_n}\boldsymbol{e}_{j_1}\boldsymbol{e}_{j_2}\cdots\boldsymbol{e}_{j_n})\overset{n-1}{\cdot}D_{k_1k_2\cdots k_{n-1}}\boldsymbol{e}_{k_1}\boldsymbol{e}_{k_2}\cdots\boldsymbol{e}_{k_{n-1}} \\
&\quad + A_{j_1j_2\cdots j_n}\boldsymbol{e}_{j_1}\boldsymbol{e}_{j_2}\cdots\boldsymbol{e}_{j_n}\overset{n}{\cdot}D_{k_1k_2\cdots k_{n-1}}\boldsymbol{e}_{k_1}\boldsymbol{e}_{k_2}\cdots\boldsymbol{e}_{k_{n-1}}\partial_i\boldsymbol{e}_i \\
&= (\nabla\cdot\boldsymbol{A}\overset{n-1}{\cdot}\boldsymbol{D}+\boldsymbol{A}\overset{n}{\cdot}\boldsymbol{D}\nabla=\boldsymbol{D}\overset{n-1}{\cdot}(\nabla\cdot\boldsymbol{A})+\boldsymbol{D}\nabla\overset{n}{\cdot}\boldsymbol{A}
\end{aligned}
\tag{10-7-1}
$$

式中，$\boldsymbol{D}\nabla$ 为张量 $\boldsymbol{D}$ 的右梯度。

在式(10-7-1)中，将 $\boldsymbol{D}$ 换成 $\delta\boldsymbol{A}$，将 $\boldsymbol{A}$ 换成 $\dfrac{\partial F}{\partial\boldsymbol{A}\nabla}$，注意到 $\boldsymbol{A}$ 是 n 阶张量，则有 $\boldsymbol{A}$ 的右梯度变分公式

$$
\frac{\partial F}{\partial\boldsymbol{A}\nabla}\overset{n+1}{\cdot}\delta\boldsymbol{A}\nabla=\nabla\cdot\left(\frac{\partial F}{\partial\boldsymbol{A}\nabla}\overset{n}{\cdot}\delta\boldsymbol{A}\right)-\nabla\cdot\frac{\partial F}{\partial\boldsymbol{A}\nabla}\overset{n}{\cdot}\delta\boldsymbol{A}
\tag{10-7-2}
$$

在式(10-7-1)中，将 $\boldsymbol{A}$ 换成 $\delta\boldsymbol{A}$，令 $\boldsymbol{D}=\dfrac{\partial F}{\partial\nabla\cdot\boldsymbol{A}}$，则有 $\boldsymbol{A}$ 的左散度变分公式

$$
\frac{\partial F}{\partial\nabla\cdot\boldsymbol{A}}\overset{n-1}{\cdot}\nabla\cdot\delta\boldsymbol{A}=\nabla\cdot\left(\delta\boldsymbol{A}\overset{n-1}{\cdot}\frac{\partial F}{\partial\nabla\cdot\boldsymbol{A}}\right)-\frac{\partial F}{\partial\nabla\cdot\boldsymbol{A}}\nabla\overset{n}{\cdot}\delta\boldsymbol{A}
\tag{10-7-3}
$$

式(10-7-2)和式(10-7-3)就是所要的结果。

再作 $\boldsymbol{D}$ 和 $\boldsymbol{A}$ 的 $n-1$ 次内积，然后取散度，有

$$
\begin{aligned}
\nabla\cdot(\boldsymbol{D}\overset{n-1}{\cdot}\boldsymbol{A}) &= (\boldsymbol{D}\overset{n-1}{\cdot}\boldsymbol{A})\cdot\nabla=\partial_i\boldsymbol{e}_i\cdot(D_{k_1k_2\cdots k_{n-1}}\boldsymbol{e}_{k_1}\boldsymbol{e}_{k_2}\cdots\boldsymbol{e}_{k_{n-1}}\overset{n-1}{\cdot}A_{j_1j_2\cdots j_n}\boldsymbol{e}_{j_1}\boldsymbol{e}_{j_2}\cdots\boldsymbol{e}_{j_n}) \\
&= (D_{k_1k_2\cdots k_{n-1},i}A_{j_1j_2\cdots j_n}+D_{k_1k_2\cdots k_{n-1}}A_{j_1j_2\cdots j_n,i})(\boldsymbol{e}_i\cdot\boldsymbol{e}_{j_n})(\boldsymbol{e}_{k_1}\cdot\boldsymbol{e}_{j_{n-1}})\cdots(\boldsymbol{e}_{k_{n-1}}\cdot\boldsymbol{e}_{j_1}) \\
&= D_{k_1k_2\cdots k_{n-1},i}A_{j_1j_2\cdots j_n}(\boldsymbol{e}_i\cdot\boldsymbol{e}_{j_n})(\boldsymbol{e}_{k_1}\cdot\boldsymbol{e}_{j_{n-1}})\cdots(\boldsymbol{e}_{k_{n-1}}\cdot\boldsymbol{e}_{j_1}) \\
&\quad + D_{k_1k_2\cdots k_{n-1}}A_{j_1j_2\cdots j_n,i}(\boldsymbol{e}_i\cdot\boldsymbol{e}_{j_n})(\boldsymbol{e}_{k_1}\cdot\boldsymbol{e}_{j_{n-1}})\cdots(\boldsymbol{e}_{k_{n-1}}\cdot\boldsymbol{e}_{j_1}) \\
&= (\partial_i\boldsymbol{e}_iD_{k_1k_2\cdots k_{n-1}}\boldsymbol{e}_{k_1}\boldsymbol{e}_{k_2}\cdots\boldsymbol{e}_{k_{n-1}})\overset{n}{\cdot}A_{j_1j_2\cdots j_n}\boldsymbol{e}_{j_1}\boldsymbol{e}_{j_2}\cdots\boldsymbol{e}_{j_n} \\
&\quad + D_{k_1k_2\cdots k_{n-1}}\boldsymbol{e}_{k_1}\boldsymbol{e}_{k_2}\cdots\boldsymbol{e}_{k_{n-1}}\overset{n-1}{\cdot}A_{j_1j_2\cdots j_n}\boldsymbol{e}_{j_1}\boldsymbol{e}_{j_2}\cdots\boldsymbol{e}_{j_n}\cdot\partial_i\boldsymbol{e}_i \\
&= \nabla\boldsymbol{D}\overset{n}{\cdot}\boldsymbol{A}+\boldsymbol{D}\overset{n-1}{\cdot}\boldsymbol{A}\cdot\nabla=\boldsymbol{A}\overset{n}{\cdot}\nabla\boldsymbol{D}+\boldsymbol{A}\cdot\nabla\overset{n-1}{\cdot}\boldsymbol{D}
\end{aligned}
\tag{10-7-4}
$$

在式(10-7-4)中，把 $\boldsymbol{D}$ 换成 $\delta\boldsymbol{A}$，$\boldsymbol{A}$ 换成 $\dfrac{\partial F}{\partial\nabla\boldsymbol{A}}$，注意到 $\boldsymbol{A}$ 是 n 阶张量，则有 $\boldsymbol{A}$ 的左梯度变分公式

$$
\frac{\partial F}{\partial\nabla\boldsymbol{A}}\overset{n+1}{\cdot}\nabla\delta\boldsymbol{A}=\nabla\cdot\left(\delta\boldsymbol{A}\overset{n}{\cdot}\frac{\partial F}{\partial\nabla\boldsymbol{A}}\right)-\frac{\partial F}{\partial\nabla\boldsymbol{A}}\cdot\nabla\overset{n}{\cdot}\delta\boldsymbol{A}
\tag{10-7-5}
$$

在式(10-7-4)中，把 $\boldsymbol{A}$ 换成 $\delta\boldsymbol{A}$，令 $\boldsymbol{D}=\dfrac{\partial F}{\partial\boldsymbol{A}\cdot\nabla}$，则有 $\boldsymbol{A}$ 的右散度变分公式

$$
\frac{\partial F}{\partial\boldsymbol{A}\cdot\nabla}\overset{n-1}{\cdot}\delta\boldsymbol{A}\cdot\nabla=\nabla\cdot\left(\frac{\partial F}{\partial\boldsymbol{A}\cdot\nabla}\overset{n-1}{\cdot}\delta\boldsymbol{A}\right)-\nabla\frac{\partial F}{\partial\boldsymbol{A}\cdot\nabla}\overset{n}{\cdot}\delta\boldsymbol{A}
\tag{10-7-6}
$$

式(10-7-5)和式(10-7-6)就是所要的结果。

设 $\boldsymbol{A}$ 与 $\boldsymbol{B}$ 均为 n 阶张量，$\boldsymbol{A}=A_{j_1j_2\cdots j_n}\boldsymbol{e}_{j_1}\boldsymbol{e}_{j_2}\cdots\boldsymbol{e}_{j_n}$，$\boldsymbol{B}=B_{k_1k_2\cdots k_n}\boldsymbol{e}_{k_1}\boldsymbol{e}_{k_2}\cdots\boldsymbol{e}_{k_n}$，作它们的一次叉积，$n-1$ 次内积，然后取散度，利用三向量混合积公式，有

$$\begin{aligned}
\nabla\cdot\left[\boldsymbol{A}\underset{(n-1)\cdot}{\overset{\times}{}}\boldsymbol{B}\right]&=-\nabla\cdot\left[\boldsymbol{B}\overset{(n-1)\cdot}{\underset{\times}{}}\boldsymbol{A}\right]=\partial_i\boldsymbol{e}_i\cdot\left[A_{j_1j_2\cdots j_n}\boldsymbol{e}_{j_1}\boldsymbol{e}_{j_2}\cdots\boldsymbol{e}_{j_n}\underset{(n-1)\cdot}{\overset{\times}{}}B_{k_1k_2\cdots k_n}\boldsymbol{e}_{k_1}\boldsymbol{e}_{k_2}\cdots\boldsymbol{e}_{k_n}\right]\\
&=(A_{j_1j_2\cdots j_n,i}B_{k_1k_2\cdots k_n}+A_{j_1j_2\cdots j_n}B_{k_1k_2\cdots k_n,i})\boldsymbol{e}_i\cdot(\boldsymbol{e}_{j_1}\times\boldsymbol{e}_{k_n})(\boldsymbol{e}_{j_2}\cdot\boldsymbol{e}_{k_{n-1}})\cdots(\boldsymbol{e}_{j_n}\cdots\boldsymbol{e}_{k_1})\\
&=A_{j_1j_2\cdots j_n,i}B_{k_1k_2\cdots k_n}\boldsymbol{e}_{k_n}\cdot(\boldsymbol{e}_i\times\boldsymbol{e}_{j_1})(\boldsymbol{e}_{j_2}\cdot\boldsymbol{e}_{k_{n-1}})\cdots(\boldsymbol{e}_{j_n}\cdots\boldsymbol{e}_{k_1})\\
&\quad+A_{j_1j_2\cdots j_n}B_{k_1k_2\cdots k_n,i}\boldsymbol{e}_{j_1}\cdot(\boldsymbol{e}_{k_n}\times\boldsymbol{e}_i)(\boldsymbol{e}_{j_2}\cdot\boldsymbol{e}_{k_{n-1}})\cdots(\boldsymbol{e}_{j_n}\cdot\boldsymbol{e}_{k_1})\\
&=\partial_i\boldsymbol{e}_i\times A_{j_1j_2\cdots j_n}\boldsymbol{e}_{j_1}\boldsymbol{e}_{j_2}\cdots\boldsymbol{e}_{j_n}\overset{n}{\cdot}B_{k_1k_2\cdots k_n}\boldsymbol{e}_{k_1}\boldsymbol{e}_{k_2}\cdots\boldsymbol{e}_{k_n}\\
&\quad+A_{j_1j_2\cdots j_n}\boldsymbol{e}_{j_1}\boldsymbol{e}_{j_2}\cdots\boldsymbol{e}_{j_n}\overset{n}{\cdot}B_{k_1k_2\cdots k_n}\boldsymbol{e}_{k_1}\boldsymbol{e}_{k_2}\cdots\boldsymbol{e}_{k_n}\times\partial_i\boldsymbol{e}_i\\
&=\nabla\times\boldsymbol{A}\overset{n}{\cdot}\boldsymbol{B}+\boldsymbol{A}\overset{n}{\cdot}\boldsymbol{B}\times\nabla=\boldsymbol{B}\overset{n}{\cdot}\nabla\times\boldsymbol{A}+\boldsymbol{B}\times\nabla\overset{n}{\cdot}\boldsymbol{A}
\end{aligned}\tag{10-7-7}$$

式中，$\boldsymbol{B}\times\nabla$ 为 $\boldsymbol{B}$ 的右旋度。

将式(10-7-7)中的 $\boldsymbol{A}$ 和 $\boldsymbol{B}$ 易位，有

$$\begin{aligned}
\nabla\cdot\left[\boldsymbol{B}\underset{(n-1)\cdot}{\overset{\times}{}}\boldsymbol{A}\right]&=-\nabla\cdot\left[\boldsymbol{A}\overset{(n-1)\cdot}{\underset{\times}{}}\boldsymbol{B}\right]=\nabla\times\boldsymbol{B}\overset{n}{\cdot}\boldsymbol{A}+\boldsymbol{B}\overset{n}{\cdot}\boldsymbol{A}\times\nabla\\
&=\boldsymbol{A}\overset{n}{\cdot}\nabla\times\boldsymbol{B}+\boldsymbol{A}\times\nabla\overset{n}{\cdot}\boldsymbol{B}
\end{aligned}\tag{10-7-8}$$

在式(10-7-7)中，把 $\boldsymbol{A}$ 换成 $\delta\boldsymbol{A}$，令 $\boldsymbol{B}=\dfrac{\partial F}{\partial\nabla\times\boldsymbol{A}}$，可得 $\boldsymbol{A}$ 的左旋度变分公式

$$\frac{\partial F}{\partial\nabla\times\boldsymbol{A}}\overset{n}{\cdot}\nabla\times\delta\boldsymbol{A}=\nabla\cdot\left[\delta\boldsymbol{A}\underset{(n-1)\cdot}{\overset{\times}{}}\frac{\partial F}{\partial\nabla\times\boldsymbol{A}}\right]-\frac{\partial F}{\partial\nabla\times\boldsymbol{A}}\times\nabla\overset{n}{\cdot}\delta\boldsymbol{A}\tag{10-7-9}$$

在式(10-7-8)中，把 $\boldsymbol{A}$ 换成 $\delta\boldsymbol{A}$，令 $\boldsymbol{B}=\dfrac{\partial F}{\partial\boldsymbol{A}\times\nabla}$，可得 $\boldsymbol{A}$ 的右旋度变分公式

$$\frac{\partial F}{\partial\boldsymbol{A}\times\nabla}\overset{n}{\cdot}\delta\boldsymbol{A}\times\nabla=\nabla\cdot\left[\frac{\partial F}{\partial\boldsymbol{A}\times\nabla}\underset{(n-1)\cdot}{\overset{\times}{}}\delta\boldsymbol{A}\right]-\nabla\times\frac{\partial F}{\partial\boldsymbol{A}\times\nabla}\overset{n}{\cdot}\delta\boldsymbol{A}\tag{10-7-10}$$

式(10-7-9)和式(10-7-10)就是所要的结果。

在式(10-7-2)中，把 $\boldsymbol{A}$ 换成 $\boldsymbol{A}\nabla$，有

$$\frac{\partial F}{\partial\boldsymbol{A}\nabla\nabla}\overset{n+2}{\cdot}\delta\boldsymbol{A}\nabla\nabla=\nabla\cdot\left(\frac{\partial F}{\partial\boldsymbol{A}\nabla\nabla}\overset{n+1}{\cdot}\delta\boldsymbol{A}\nabla\right)-\nabla\cdot\frac{\partial F}{\partial\boldsymbol{A}\nabla\nabla}\overset{n+1}{\cdot}\delta\boldsymbol{A}\nabla\tag{10-7-11}$$

在式(10-7-11)等号右边第二项中，把 $\nabla\cdot\dfrac{\partial F}{\partial\boldsymbol{A}\nabla\nabla}$ 看作 $\dfrac{\partial F}{\partial\boldsymbol{A}\nabla}$，利用式(10-7-2)，得

$$\frac{\partial F}{\partial\boldsymbol{A}\nabla\nabla}\overset{n+2}{\cdot}\delta\boldsymbol{A}\nabla\nabla=\nabla\cdot\left(\frac{\partial F}{\partial\boldsymbol{A}\nabla\nabla}\overset{n+1}{\cdot}\delta\boldsymbol{A}\nabla\right)-\nabla\cdot\left(\nabla\cdot\frac{\partial F}{\partial\boldsymbol{A}\nabla\nabla}\overset{n}{\cdot}\delta\boldsymbol{A}\right)+\nabla\cdot\nabla\cdot\frac{\partial F}{\partial\boldsymbol{A}\nabla\nabla}\overset{n}{\cdot}\delta\boldsymbol{A}\tag{10-7-12}$$

重复上述过程，可得递推公式

$$\begin{aligned}
\frac{\partial F}{\partial\boldsymbol{A}(\nabla)^m}\overset{n+m}{\cdot}\delta\boldsymbol{A}(\nabla)^m&=\sum_{i=1}^{m}(-1)^{i-1}\nabla\cdot\left[(\nabla\cdot)^{i-1}\frac{\partial F}{\partial\boldsymbol{A}(\nabla)^m}\overset{n+m-i}{\cdot}\delta\boldsymbol{A}(\nabla)^{m-i}\right]\\
&\quad+(-1)^m(\nabla\cdot)^m\frac{\partial F}{\partial\boldsymbol{A}(\nabla)^m}\overset{n}{\cdot}\delta\boldsymbol{A}
\end{aligned}\tag{10-7-13}$$

在式(10-7-6)中，把 $\boldsymbol{A}$ 换成 $\boldsymbol{A}\cdot\nabla$，有

$$\frac{\partial F}{\partial\boldsymbol{A}\cdot\nabla\cdot\nabla}\overset{n-2}{\cdot}\delta\boldsymbol{A}\cdot\nabla\cdot\nabla=\nabla\cdot\left(\frac{\partial F}{\partial\boldsymbol{A}\cdot\nabla\cdot\nabla}\overset{n-2}{\cdot}\delta\boldsymbol{A}\cdot\nabla\right)-\nabla\frac{\partial F}{\partial\boldsymbol{A}\cdot\nabla\cdot\nabla}\overset{n-1}{\cdot}\delta\boldsymbol{A}\cdot\nabla\tag{10-7-14}$$

对式(10-7-14)等号右边的第二项利用式(10-7-6)，可得

$$\frac{\partial F}{\partial \boldsymbol{A}\cdot\nabla\cdot\nabla}\overset{n-2}{\cdot}\delta\boldsymbol{A}\cdot\nabla\cdot\nabla=\nabla\cdot\left(\frac{\partial F}{\partial \boldsymbol{A}\cdot\nabla\cdot\nabla}\overset{n-2}{\cdot}\delta\boldsymbol{A}\cdot\nabla\right)-\nabla\cdot\left(\nabla\frac{\partial F}{\partial \boldsymbol{A}\cdot\nabla\cdot\nabla}\overset{n-1}{\cdot}\delta\boldsymbol{A}\right)+\nabla\nabla\frac{\partial F}{\partial \boldsymbol{A}\cdot\nabla\cdot\nabla}\overset{n}{\cdot}\delta\boldsymbol{A} \tag{10-7-15}$$

重复上述过程，可得递推公式

$$\frac{\partial F}{\partial \boldsymbol{A}(\cdot\nabla)^m}\overset{n-m}{\cdot}\delta\boldsymbol{A}(\cdot\nabla)^m=\sum_{i}^{m}(-1)^{i-1}\nabla\cdot\left[(\nabla)^{i-1}\frac{\partial F}{\partial \boldsymbol{A}(\cdot\nabla)^m}\overset{n-m+i-1}{\cdot}\delta\boldsymbol{A}(\nabla)^{m-i}\right]+(-1)^m(\nabla)^m\frac{\partial F}{\partial \boldsymbol{A}(\cdot\nabla)^m}\overset{n}{\cdot}\delta\boldsymbol{A} \tag{10-7-16}$$

式中，$m\leqslant n$。

在式(10-7-10)中，把 $\boldsymbol{A}$ 换成 $\boldsymbol{A}\times\nabla$，此时 $\boldsymbol{A}\times\nabla$ 仍是 n 阶张量，有

$$\frac{\partial F}{\partial \boldsymbol{A}\times\nabla\times\nabla}\overset{n}{\cdot}\delta\boldsymbol{A}\times\nabla\times\nabla=\nabla\cdot\left[\frac{\partial F}{\partial \boldsymbol{A}\times\nabla\times\nabla}\underset{(n-1)}{\overset{\times}{\cdot}}\delta\boldsymbol{A}\times\nabla\right]-\nabla\times\frac{\partial F}{\partial \boldsymbol{A}\times\nabla\times\nabla}\overset{n}{\cdot}\delta\boldsymbol{A}\times\nabla \tag{10-7-17}$$

把式(10-7-17)等号右边第二项利用式(10-7-10)，可得

$$\frac{\partial F}{\partial \boldsymbol{A}\times\nabla\times\nabla}\overset{n}{\cdot}\delta\boldsymbol{A}\times\nabla\times\nabla=\nabla\cdot\left[\frac{\partial F}{\partial \boldsymbol{A}\times\nabla\times\nabla}\underset{(n-1)}{\overset{\times}{\cdot}}\delta\boldsymbol{A}\times\nabla\right]-\nabla\cdot\left[\nabla\times\frac{\partial F}{\partial \boldsymbol{A}\times\nabla\times\nabla}\underset{(n-1)}{\overset{\times}{\cdot}}\delta\boldsymbol{A}\right]+\nabla\times\nabla\times\frac{\partial F}{\partial \boldsymbol{A}\times\nabla\times\nabla}\overset{n}{\cdot}\delta\boldsymbol{A} \tag{10-7-18}$$

重复上述过程，可得递推公式

$$\frac{\partial F}{\partial \boldsymbol{A}(\times\nabla)^m}\overset{n}{\cdot}\delta\boldsymbol{A}(\times\nabla)^m=\sum_{i=1}^{m}(-1)^{i-1}\nabla\cdot\left[(\nabla\times)^{i-1}\frac{\partial F}{\partial \boldsymbol{A}(\times\nabla)^m}\underset{(n-1)}{\overset{\times}{\cdot}}\delta\boldsymbol{A}(\times\nabla)^{m-i}\right]+(-1)^m(\nabla\times)^m\frac{\partial F}{\partial \boldsymbol{A}(\times\nabla)^m}\overset{n}{\cdot}\delta\boldsymbol{A} \tag{10-7-19}$$

10.7.2 含串联式内积张量和哈密顿算子的泛函的欧拉方程及自然边界条件

把式(10-7-2)、式(10-7-3)、式(10-7-5)、式(10-7-6)、式(10-7-9)和式(10-7-10)写在一起并重新排列，有

$$\frac{\partial F}{\partial \nabla\boldsymbol{A}}\overset{n+1}{\cdot}\nabla\delta\boldsymbol{A}=\nabla\cdot\left(\delta\boldsymbol{A}\overset{n}{\cdot}\frac{\partial F}{\partial \nabla\boldsymbol{A}}\right)-\frac{\partial F}{\partial \nabla\boldsymbol{A}}\cdot\nabla\overset{n}{\cdot}\delta\boldsymbol{A} \tag{10-7-20}$$

$$\frac{\partial F}{\partial \boldsymbol{A}\nabla}\overset{n+1}{\cdot}\delta\boldsymbol{A}\nabla=\nabla\cdot\left(\frac{\partial F}{\partial \boldsymbol{A}\nabla}\overset{n}{\cdot}\delta\boldsymbol{A}\right)-\nabla\cdot\frac{\partial F}{\partial \boldsymbol{A}\nabla}\overset{n}{\cdot}\delta\boldsymbol{A} \tag{10-7-21}$$

$$\frac{\partial F}{\partial \nabla\cdot\boldsymbol{A}}\overset{n-1}{\cdot}\nabla\cdot\delta\boldsymbol{A}=\nabla\cdot\left(\delta\boldsymbol{A}\overset{n-1}{\cdot}\frac{\partial F}{\partial \nabla\cdot\boldsymbol{A}}\right)-\frac{\partial F}{\partial \nabla\cdot\boldsymbol{A}}\nabla\overset{n}{\cdot}\delta\boldsymbol{A} \tag{10-7-22}$$

$$\frac{\partial F}{\partial \boldsymbol{A}\cdot\nabla}\overset{n-1}{\cdot}\delta\boldsymbol{A}\cdot\nabla=\nabla\cdot\left(\frac{\partial F}{\partial \boldsymbol{A}\cdot\nabla}\overset{n-1}{\cdot}\delta\boldsymbol{A}\right)-\nabla\frac{\partial F}{\partial \boldsymbol{A}\cdot\nabla}\overset{n}{\cdot}\delta\boldsymbol{A} \tag{10-7-23}$$

$$\frac{\partial F}{\partial \nabla\times\boldsymbol{A}}\overset{n}{\cdot}\nabla\times\delta\boldsymbol{A}=\nabla\cdot\left[\delta\boldsymbol{A}\underset{(n-1)}{\overset{\times}{\cdot}}\frac{\partial F}{\partial \nabla\times\boldsymbol{A}}\right]-\frac{\partial F}{\partial \nabla\times\boldsymbol{A}}\times\nabla\overset{n}{\cdot}\delta\boldsymbol{A} \tag{10-7-24}$$

$$\frac{\partial F}{\partial \boldsymbol{A}\times\nabla}\overset{n}{\cdot}\delta\boldsymbol{A}\times\nabla=\nabla\cdot\left[\frac{\partial F}{\partial \boldsymbol{A}\times\nabla}\underset{(n-1)}{\overset{\times}{\cdot}}\delta\boldsymbol{A}\right]-\nabla\times\frac{\partial F}{\partial \boldsymbol{A}\times\nabla}\overset{n}{\cdot}\delta\boldsymbol{A} \tag{10-7-25}$$

定理 10.7.1 设 $\boldsymbol{A}$ 为 n 阶张量，含哈密顿算子的泛函为

$$J=\iiint_V F(\boldsymbol{A},\nabla\boldsymbol{A},\nabla\cdot\boldsymbol{A},\nabla\times\boldsymbol{A},\boldsymbol{A}\nabla,\boldsymbol{A}\cdot\nabla,\boldsymbol{A}\times\nabla)\,\mathrm{d}V \tag{10-7-26}$$

则泛函的欧拉方程为

$$\frac{\partial F}{\partial\boldsymbol{A}}-\frac{\partial F}{\partial\nabla\boldsymbol{A}}\cdot\nabla-\frac{\partial F}{\partial\nabla\cdot\boldsymbol{A}}\nabla-\frac{\partial F}{\partial\nabla\times\boldsymbol{A}}\times\nabla-\nabla\cdot\frac{\partial F}{\partial\boldsymbol{A}\nabla}-\nabla\frac{\partial F}{\partial\boldsymbol{A}\cdot\nabla}-\nabla\times\frac{\partial F}{\partial\boldsymbol{A}\times\nabla}=0 \tag{10-7-27}$$

自然边界条件为

$$\begin{gathered}\frac{\partial F}{\partial\nabla\boldsymbol{A}}\cdot\boldsymbol{n}\bigg|_S=\boldsymbol{0},\quad \frac{\partial F}{\partial\nabla\cdot\boldsymbol{A}}\boldsymbol{n}\bigg|_S=\boldsymbol{0},\quad \frac{\partial F}{\partial\nabla\times\boldsymbol{A}}\times\boldsymbol{n}\bigg|_S=\boldsymbol{0}\\ \boldsymbol{n}\cdot\frac{\partial F}{\partial\boldsymbol{A}\nabla}\bigg|_S=\boldsymbol{0},\quad \boldsymbol{n}\frac{\partial F}{\partial\boldsymbol{A}\cdot\nabla}\bigg|_S=\boldsymbol{0},\quad \boldsymbol{n}\times\frac{\partial F}{\partial\boldsymbol{A}\times\nabla}\bigg|_S=\boldsymbol{0}\end{gathered} \tag{10-7-28}$$

式中，并向量的 $\boldsymbol{n}$ 不与其他边界条件一起出现时可去掉。

证 对式(10-7-26)取变分并利用式(10-7-20)～式(10-7-25)，有

$$\begin{aligned}\delta J=&\iiint_V\left(\frac{\partial F}{\partial\boldsymbol{A}}\overset{n}{\cdot}\delta\boldsymbol{A}+\frac{\partial F}{\partial\nabla\boldsymbol{A}}\overset{n+1}{\cdot}\delta\nabla\boldsymbol{A}+\frac{\partial F}{\partial\nabla\cdot\boldsymbol{A}}\overset{n-1}{\cdot}\delta\nabla\cdot\boldsymbol{A}+\frac{\partial F}{\partial\nabla\times\boldsymbol{A}}\overset{n}{\cdot}\delta\nabla\times\boldsymbol{A}\right)\mathrm{d}V\\ &+\iiint_V\left(\frac{\partial F}{\partial\boldsymbol{A}\nabla}\overset{n+1}{\cdot}\delta\boldsymbol{A}\nabla+\frac{\partial F}{\partial\boldsymbol{A}\cdot\nabla}\overset{n-1}{\cdot}\delta\boldsymbol{A}\cdot\nabla+\frac{\partial F}{\partial\boldsymbol{A}\times\nabla}\overset{n}{\cdot}\delta\boldsymbol{A}\times\nabla\right)\mathrm{d}V\\ =&\iiint_V\left(\frac{\partial F}{\partial\boldsymbol{A}}-\frac{\partial F}{\partial\nabla\boldsymbol{A}}\cdot\nabla-\frac{\partial F}{\partial\nabla\cdot\boldsymbol{A}}\nabla-\frac{\partial F}{\partial\nabla\times\boldsymbol{A}}\times\nabla-\nabla\cdot\frac{\partial F}{\partial\boldsymbol{A}\nabla}-\nabla\frac{\partial F}{\partial\boldsymbol{A}\cdot\nabla}-\nabla\times\frac{\partial F}{\partial\boldsymbol{A}\times\nabla}\right)\overset{n}{\cdot}\delta\boldsymbol{A}\mathrm{d}V\\ &+\iiint_V\nabla\cdot\left[\delta\boldsymbol{A}\overset{n}{\cdot}\frac{\partial F}{\partial\nabla\boldsymbol{A}}+\delta\boldsymbol{A}\overset{n-1}{\cdot}\frac{\partial F}{\partial\nabla\cdot\boldsymbol{A}}+\delta\boldsymbol{A}\underset{(n-1)}{\overset{\times}{\cdot}}\frac{\partial F}{\partial\nabla\times\boldsymbol{A}}+\frac{\partial F}{\partial\boldsymbol{A}\nabla}\overset{n}{\cdot}\delta\boldsymbol{A}+\frac{\partial F}{\partial\boldsymbol{A}\cdot\nabla}\overset{n-1}{\cdot}\delta\boldsymbol{A}+\frac{\partial F}{\partial\boldsymbol{A}\times\nabla}\underset{(n-1)}{\overset{\times}{\cdot}}\delta\boldsymbol{A}\right]\mathrm{d}V\\ =&\iiint_V\left(\frac{\partial F}{\partial\boldsymbol{A}}-\frac{\partial F}{\partial\nabla\boldsymbol{A}}\cdot\nabla-\frac{\partial F}{\partial\nabla\cdot\boldsymbol{A}}\nabla-\frac{\partial F}{\partial\nabla\times\boldsymbol{A}}\times\nabla-\nabla\cdot\frac{\partial F}{\partial\boldsymbol{A}\nabla}-\nabla\frac{\partial F}{\partial\boldsymbol{A}\cdot\nabla}-\nabla\times\frac{\partial F}{\partial\boldsymbol{A}\times\nabla}\right)\overset{n}{\cdot}\delta\boldsymbol{A}\mathrm{d}V\\ &+\iint_S\left[\delta\boldsymbol{A}\overset{n}{\cdot}\frac{\partial F}{\partial\nabla\boldsymbol{A}}+\delta\boldsymbol{A}\overset{n-1}{\cdot}\frac{\partial F}{\partial\nabla\cdot\boldsymbol{A}}+\delta\boldsymbol{A}\underset{(n-1)}{\overset{\times}{\cdot}}\frac{\partial F}{\partial\nabla\times\boldsymbol{A}}+\frac{\partial F}{\partial\boldsymbol{A}\nabla}\overset{n}{\cdot}\delta\boldsymbol{A}+\frac{\partial F}{\partial\boldsymbol{A}\cdot\nabla}\overset{n-1}{\cdot}\delta\boldsymbol{A}+\frac{\partial F}{\partial\boldsymbol{A}\times\nabla}\underset{(n-1)}{\overset{\times}{\cdot}}\delta\boldsymbol{A}\right]\cdot\boldsymbol{n}\mathrm{d}S\\ =&\iiint_V\left(\frac{\partial F}{\partial\boldsymbol{A}}-\frac{\partial F}{\partial\nabla\boldsymbol{A}}\cdot\nabla-\frac{\partial F}{\partial\nabla\cdot\boldsymbol{A}}\nabla-\frac{\partial F}{\partial\nabla\times\boldsymbol{A}}\times\nabla-\nabla\cdot\frac{\partial F}{\partial\boldsymbol{A}\nabla}-\nabla\frac{\partial F}{\partial\boldsymbol{A}\cdot\nabla}-\nabla\times\frac{\partial F}{\partial\boldsymbol{A}\times\nabla}\right)\overset{n}{\cdot}\delta\boldsymbol{A}\mathrm{d}V\\ &+\iint_S\left(\frac{\partial F}{\partial\nabla\boldsymbol{A}}\cdot\boldsymbol{n}+\frac{\partial F}{\partial\nabla\cdot\boldsymbol{A}}\boldsymbol{n}+\frac{\partial F}{\partial\nabla\times\boldsymbol{A}}\times\boldsymbol{n}+\boldsymbol{n}\cdot\frac{\partial F}{\partial\boldsymbol{A}\nabla}+\boldsymbol{n}\frac{\partial F}{\partial\boldsymbol{A}\cdot\nabla}+\boldsymbol{n}\times\frac{\partial F}{\partial\boldsymbol{A}\times\nabla}\right)\overset{n}{\cdot}\delta\boldsymbol{A}\mathrm{d}S=0\end{aligned} \tag{10-7-29}$$

式中，面积项的积分为零。

由于 $\delta\boldsymbol{A}$ 的任意性和面积积分中各项的独立性，根据变分法基本引理，可知式(10-7-29)最后一个体积积分的括号项给出式(10-7-27)，式(10-7-29)最后一个面积积分的括号项给出式(10-7-28)。证毕。

从式(10-7-29)最后一个体积积分和面积积分的对比可见，边界上的单位法向向量 $\boldsymbol{n}$ 仍然与哈密顿算子 ∇ 相对应，只是符号相反。

从式(10-7-29)可知，对于 $\boldsymbol{A}$ 的左梯度的变分，若令 $T=\nabla$，$u=\delta\boldsymbol{A}$，$v=\dfrac{\partial F}{\partial\nabla\boldsymbol{A}}$，则有 $T^*=-\cdot\nabla$，即负的右散度算子是左梯度算子的伴随算子。对于 $\boldsymbol{A}$ 的左散度的变分，若令 $T=\nabla\cdot$，$u=\delta\boldsymbol{A}$，$v=\dfrac{\partial F}{\partial\nabla\cdot\boldsymbol{A}}$，则有 $T^*=-\nabla$，即负的右梯度算子是左散度算子的伴随算子。对于 $\boldsymbol{A}$ 的左旋度的变分，若令 $T=\nabla\times$，$u=\delta\boldsymbol{A}$，$v=\dfrac{\partial F}{\partial\nabla\times\boldsymbol{A}}$，则有 $T^*=-\times\nabla$，即负的右旋度算子是左

旋度算子的伴随算子。同理，对于 $\boldsymbol{A}$ 的右梯度的变分，若令 $T=\nabla$，$u=\delta\boldsymbol{A}$，$v=\dfrac{\partial F}{\partial \boldsymbol{A}\nabla}$，则有 $T^*=-\nabla\cdot$，即负的左散度算子是右梯度算子的伴随算子。对于 $\boldsymbol{A}$ 的右散度的变分，若令 $T=\cdot\nabla$，$u=\delta\boldsymbol{A}$，$v=\dfrac{\partial F}{\partial \boldsymbol{A}\cdot\nabla}$，则有 $T^*=-\nabla$，即负的左梯度算子是右散度算子的伴随算子。对于 $\boldsymbol{A}$ 的右旋度的变分，若令 $T=\times\nabla$，$u=\delta\boldsymbol{A}$，$v=\dfrac{\partial F}{\partial \boldsymbol{A}\times\nabla}$，则有 $T^*=-\nabla\times$，即负的左旋度算子是右旋度算子的伴随算子。

设 u 为标量，$\boldsymbol{a}$ 为向量，则有 $\nabla u=u\nabla$，$\nabla\cdot\boldsymbol{a}=\boldsymbol{a}\cdot\nabla$。作 $\nabla\delta u$ 与 $\boldsymbol{a}$ 的内积，有 $(\nabla\delta u,\boldsymbol{a})=(\delta u,-\nabla\cdot\boldsymbol{a})$，$(\delta u\nabla,\boldsymbol{a})=(\delta u,-\boldsymbol{a}\cdot\nabla)$，$(\nabla\delta u,\boldsymbol{a})=(\delta u,-\boldsymbol{a}\cdot\nabla)$，$(\delta u\nabla,\boldsymbol{a})=(\delta u,-\nabla\cdot\boldsymbol{a})$。作 $\nabla\cdot\delta\boldsymbol{a}$ 与 u 的内积也可得到类似的结果。设 $\boldsymbol{a}$ 和 $\boldsymbol{b}$ 均为向量，有 $\nabla\times\boldsymbol{a}=-\boldsymbol{a}\times\nabla$，作 $\nabla\times\delta\boldsymbol{a}$ 与 $\boldsymbol{b}$ 的内积，有 $(\nabla\times\delta\boldsymbol{a},\boldsymbol{b})=(\delta\boldsymbol{a},\nabla\times\boldsymbol{b})$，$(\delta\boldsymbol{a}\times\nabla,\boldsymbol{b})=(\delta\boldsymbol{a},\boldsymbol{b}\times\nabla)$，$(\nabla\times\delta\boldsymbol{a},\boldsymbol{b})=(\delta\boldsymbol{a},-\boldsymbol{b}\times\nabla)$，$(\delta\boldsymbol{a}\times\nabla,\boldsymbol{b})=(\delta\boldsymbol{a},-\nabla\times\boldsymbol{b})$，这表明在特定情况下，对于含有旋度的内积，这四种变分问题都可归结为符合式(7-4-6)定义的运算。前两种情况下 $\nabla\times$ 和 $\times\nabla$ 都是自伴算子。后两种情况下 $\nabla\times$ 和 $\times\nabla$ 都是式(7-4-6)定义下的自伴算子。

例 10.7.1 设 V 是弹性体的区域，$S=S_u+S_p$ 是 V 的边界，$\boldsymbol{n}$ 为曲面 S 上的外法向单位向量，在位移边界 S_u 上给定位移：$\boldsymbol{u}|_{S_u}=\bar{\boldsymbol{u}}$，在应力边界 S_p 上给定单位面积的力：$\boldsymbol{p}|_{S_p}=\bar{\boldsymbol{p}}$，$\boldsymbol{e}$ 为应变张量，$\boldsymbol{\sigma}$ 为应力张量，$\boldsymbol{f}$ 为单位体积力，$\boldsymbol{a}$ 为互逆四阶张量。定义弹性体的能量泛函为

$$G_I[\boldsymbol{u},\boldsymbol{e},\boldsymbol{\sigma}]=\int_V[A(\boldsymbol{e},\boldsymbol{\sigma})+\boldsymbol{u}\cdot\boldsymbol{f}-\boldsymbol{e}:\boldsymbol{a}:\nabla\boldsymbol{u}]\mathrm{d}V+\int_{S_p}\boldsymbol{u}\cdot\bar{\boldsymbol{p}}\,\mathrm{d}S-\int_{S_u}(\bar{\boldsymbol{u}}-\boldsymbol{u})\cdot(\boldsymbol{a}:\boldsymbol{e})\cdot\boldsymbol{n}\,\mathrm{d}S \tag{1}$$

式中，$A(\boldsymbol{e},\boldsymbol{\sigma})=\boldsymbol{e}:\boldsymbol{\sigma}-\dfrac{1}{2}\sigma:\boldsymbol{b}:\boldsymbol{\sigma}$ 为广义位能密度，其中 $\boldsymbol{b}$ 为互逆四阶张量，且 $\boldsymbol{\sigma}:\boldsymbol{b}=\boldsymbol{b}:\boldsymbol{\sigma}$。试求其欧拉方程组和边界条件。

解 令 $F=A(\boldsymbol{e},\boldsymbol{\sigma})+\boldsymbol{u}\cdot\boldsymbol{f}-\boldsymbol{e}:\boldsymbol{a}:\nabla\boldsymbol{u}$，求各偏导数

$$\frac{\partial F}{\partial\boldsymbol{\sigma}}=\frac{\partial F}{\partial A}\frac{\partial A}{\partial\boldsymbol{\sigma}}=\boldsymbol{e}-\boldsymbol{b}:\boldsymbol{\sigma},\quad \frac{\partial F}{\partial\boldsymbol{u}}=\boldsymbol{f},\quad \frac{\partial F}{\partial\nabla\boldsymbol{u}}=-\boldsymbol{e}:\boldsymbol{a}=-\boldsymbol{a}:\boldsymbol{e},$$

$$\frac{\partial F}{\partial\boldsymbol{e}}=\boldsymbol{\sigma}-\boldsymbol{a}:\nabla\boldsymbol{u}=\boldsymbol{\sigma}-\frac{1}{2}(\nabla\boldsymbol{u}+\boldsymbol{u}\nabla):\boldsymbol{a}$$

泛函的欧拉方程组为

$$\begin{cases}\boldsymbol{e}-\boldsymbol{b}:\boldsymbol{\sigma}=\boldsymbol{0}\\(\boldsymbol{a}:\boldsymbol{e})\cdot\nabla+\boldsymbol{f}=\boldsymbol{0}\qquad(\text{在}\,V\,\text{内})\\\boldsymbol{\sigma}-\dfrac{1}{2}(\nabla\boldsymbol{u}+\boldsymbol{u}\nabla):\boldsymbol{a}=\boldsymbol{0}\end{cases} \tag{2}$$

边界条件为

$$\bar{\boldsymbol{p}}-(\boldsymbol{a}:\boldsymbol{e})\cdot\boldsymbol{n}=\boldsymbol{0}\qquad(\text{在}\,S_p\,\text{上}) \tag{3}$$

$$\bar{\boldsymbol{u}}-\boldsymbol{u}=\boldsymbol{0}\qquad(\text{在}\,S_u\,\text{上}) \tag{4}$$

例 10.7.2 设 V 是弹性体的区域，S 是 V 的边界，$\boldsymbol{n}$ 为曲面 S 上的外法向单位向量，在应力边界 S_σ 上给定单位面积的力：$\boldsymbol{\sigma}|_{S_\sigma}=\bar{\boldsymbol{\sigma}}$，$\boldsymbol{\sigma}$ 为应力张量，$\boldsymbol{f}$ 为单位体积力，构造弹性体的能量泛函为

$$J[\boldsymbol{u}]=\int_V(\boldsymbol{u}\nabla:\boldsymbol{\sigma}-\boldsymbol{u}\cdot\boldsymbol{f})\mathrm{d}V-\int_{S_\sigma}\boldsymbol{u}\cdot\bar{\boldsymbol{\sigma}}\cdot\boldsymbol{n}\,\mathrm{d}S \tag{1}$$

试求其欧拉方程和边界条件。

解 令被积函数 $F=\boldsymbol{u}\nabla:\boldsymbol{\sigma}-\boldsymbol{u}\cdot\boldsymbol{f}$，求各偏导数，有

$$\frac{\partial F}{\partial \boldsymbol{u}}=-\boldsymbol{f}\,,\quad \frac{\partial F}{\partial \boldsymbol{u}\nabla}=\boldsymbol{\sigma}$$

泛函的欧拉方程为

$$\nabla\cdot\boldsymbol{\sigma}+\boldsymbol{f}=\boldsymbol{0}\qquad(\text{在}\,V\,\text{内})\tag{2}$$

根据边界条件，有 $\int_{S_\sigma}\delta\boldsymbol{u}\cdot\boldsymbol{\sigma}\cdot\boldsymbol{n}\,\mathrm{d}S-\int_{S_\sigma}\delta\boldsymbol{u}\cdot\bar{\boldsymbol{\sigma}}\cdot\boldsymbol{n}\,\mathrm{d}S=\int_{S_\sigma}\delta\boldsymbol{u}\cdot(\boldsymbol{\sigma}-\bar{\boldsymbol{\sigma}})\cdot\boldsymbol{n}\,\mathrm{d}S=0$，即

$$(\boldsymbol{\sigma}-\bar{\boldsymbol{\sigma}})\big|_{S_\sigma}=\boldsymbol{0}\qquad(\text{在}\,S_\sigma\,\text{上})\tag{3}$$

例 10.7.3 在存在磁场和预应变的情况下，超导体的有效自由能为

$$f=\alpha|\psi|^2+\frac{1}{2}\beta|\psi|^4+\frac{1}{2m^*}\left|-\mathrm{i}\hbar\nabla\psi-e^*\boldsymbol{A}\psi\right|^2+\frac{1}{2\mu_0}|\nabla\times\boldsymbol{A}|^2+\frac{1}{2}C_{ijkl}\varepsilon_{ij}\varepsilon_{kl}-a\theta|\psi|^2-\frac{1}{2}b\theta|\psi|^4\tag{1}$$

式中，ψ 为波函数；ε_{ij} 为应变项；θ 为超导体的体积改变；α 和 β 均为常数；C_{ijkl} 为弹性张量；$\boldsymbol{A}$ 为磁场的矢量势。求泛函的欧拉方程和边界条件。

解 根据共轭函数的性质，有

$$\left|-\mathrm{i}\hbar\nabla\psi-e^*\boldsymbol{A}\psi\right|^2=(-\mathrm{i}\hbar\nabla\psi-e^*\boldsymbol{A}\psi)\cdot(\mathrm{i}\hbar\nabla\psi^*-e^*\boldsymbol{A}\psi^*)\,,\quad |\psi|^2=\psi\psi^*$$

将式(1)改写为

$$f=(\alpha-a\theta)\psi\psi^*+\frac{1}{2}(\beta-b\theta)\psi^2\psi^{*2}+\frac{1}{2m^*}(-\mathrm{i}\hbar\nabla\psi-e^*\boldsymbol{A}\psi)\cdot(\mathrm{i}\hbar\nabla\psi^*-e^*\boldsymbol{A}\psi^*)$$
$$+\frac{1}{2\mu_0}|\nabla\times\boldsymbol{A}|^2+\frac{1}{2}C_{ijkl}\varepsilon_{ij}\varepsilon_{kl}$$

求各偏导数

$$\frac{\partial f}{\partial\psi^*}=(\alpha-a\theta)\psi+(\beta-b\theta)\psi^2\psi^*-\frac{e^*\boldsymbol{A}}{2m^*}(-\mathrm{i}\hbar\nabla\psi-e^*\boldsymbol{A}\psi)$$

$$\frac{\partial f}{\partial\nabla\psi^*}=\frac{\mathrm{i}\hbar}{2m^*}(-\mathrm{i}\hbar\nabla\psi-e^*\boldsymbol{A}\psi)$$

$$\frac{\partial f}{\partial\boldsymbol{A}}=\frac{e^{*2}}{m^{*2}}\boldsymbol{A}|\psi|^2+\frac{\mathrm{i}e^*\hbar}{2m^{*2}}(\psi^*\nabla\psi-\psi\nabla\psi^*)\,,\quad \frac{\partial f}{\partial\nabla\times\boldsymbol{A}}=\frac{1}{\mu_0}\nabla\times\boldsymbol{A}$$

对于向量 $\boldsymbol{a}$，由于 $\nabla\cdot\boldsymbol{a}=\boldsymbol{a}\cdot\nabla$，$\boldsymbol{a}\times\nabla=-\nabla\times\boldsymbol{a}$，故泛函的欧拉方程组为

$$\begin{cases}(\alpha-a\theta)\psi+(\beta-b\theta)\psi^2\psi^*-\dfrac{e^*\boldsymbol{A}}{2m^*}(-\mathrm{i}\hbar\nabla\psi-e^*\boldsymbol{A}\psi)-\dfrac{\mathrm{i}\hbar}{2m^*}(-\mathrm{i}\hbar\nabla\cdot\nabla\psi-e^*\nabla\cdot\boldsymbol{A}\psi)=0\\[2ex] \dfrac{1}{\mu_0}\nabla\times\nabla\times\boldsymbol{A}+\dfrac{e^{*2}}{m^{*2}}\boldsymbol{A}|\psi|^2+\dfrac{\mathrm{i}e^*\hbar}{2m^{*2}}(\psi^*\nabla\psi-\psi\nabla\psi^*)=\boldsymbol{0}\end{cases}\tag{2}$$

根据公式 $\nabla\times\nabla\times\boldsymbol{A}=\nabla\nabla\cdot\boldsymbol{A}-\nabla\cdot\nabla\boldsymbol{A}=\nabla\nabla\cdot\boldsymbol{A}-\nabla^2\boldsymbol{A}=\nabla\nabla\cdot\boldsymbol{A}-\Delta\boldsymbol{A}$，注意在库仑规范中，矢量势的限制条件为 $\nabla\cdot\boldsymbol{A}=0$，即 $\nabla\nabla\cdot\boldsymbol{A}=0$，将其代入式(2)并经整理，可得**修正的金兹堡–朗道方程**

$$\begin{cases}\dfrac{1}{2m^*}(-\mathrm{i}\hbar\nabla-e^*\boldsymbol{A})^2\psi+(\alpha-a\theta)\psi+(\beta-b\theta)|\psi|\psi=0\\[2ex] \nabla^2\boldsymbol{A}=\dfrac{\mu_0\,\mathrm{i}e^*\hbar}{2m^{*2}}(\psi^*\nabla\psi-\psi\nabla\psi^*)+\dfrac{\mu_0e^{*2}}{m^{*2}}\boldsymbol{A}|\psi|^2\end{cases}\tag{3}$$

自然边界条件为

$$(-\mathrm{i}\hbar\nabla\psi - e^*\boldsymbol{A}\psi)\cdot\boldsymbol{n}\big|_S = 0\,,\quad \nabla\times\boldsymbol{A}\times\boldsymbol{n}\big|_S = \boldsymbol{0} \tag{4}$$

例 10.7.4 作为静电势ϕ的一阶变分原理，静电能费曼表达式为下列泛函

$$J = \iiint_V \left[\frac{\varepsilon}{2}(\nabla\phi)^2 + \rho\phi\right]\mathrm{d}V \tag{1}$$

式中，ε为介电常数；ρ为电荷密度。试求它的欧拉方程。

解 令$F = \dfrac{\varepsilon}{2}(\nabla\phi)^2 + \rho\phi$，两个偏导数为$\dfrac{\partial F}{\partial\nabla\phi} = \varepsilon\nabla\phi$，$\dfrac{\partial F}{\partial\phi} = \rho$，于是泛函的欧拉方程为

$$\rho - (\varepsilon\nabla\phi)\cdot\nabla = 0 \tag{2}$$

或

$$\Delta\phi = \frac{\rho}{\varepsilon} \tag{3}$$

这就是**泊松方程**。

10.7.3 含串联式内积张量和哈密顿算子串的泛函的欧拉方程

以哈密顿算子串对所作用的张量为中心轴，对哈密顿算子串取镜像后得到的哈密顿算子串称为**镜像哈密顿算子串**，记作∇_t^m或∇_T^M等。将哈密顿算子串先取镜像，后取转置，或先取转置，后取镜像，这样得到的哈密顿算子串称为**镜像转置哈密顿算子串**或**转置镜像哈密顿算子串**。将镜像转置哈密顿算子串中的梯度算子和散度算子易位，而旋度算子保持不变，由此所得到的哈密顿算子串称为**镜像共轭哈密顿算子串**或**共轭镜像哈密顿算子串**，或**镜像伴随哈密顿算子串**，或**伴随镜像哈密顿算子串**，简称**共轭哈密顿算子串**或**伴随哈密顿算子串**，记作∇_t^c或∇_T^C等。对于伴随哈密顿算子串，它的符号这样确定：哈密顿算子串中哈密顿算子的数量为偶数时取正号，为奇数时取负号。例如，$\times\nabla\times\nabla\nabla\cdot\nabla$是$\nabla\cdot\nabla\nabla\times\nabla\times$的镜像哈密顿算子串，而$\nabla\cdot\nabla\times\nabla\times\nabla$则是$\nabla\cdot\nabla\nabla\times\nabla\times$的镜像伴随哈密顿算子串；$\times\nabla\nabla\cdot\nabla$是$\nabla\cdot\nabla\nabla\times$的镜像哈密顿算子串，而$-\nabla\cdot\nabla\times\nabla$则是$\nabla\cdot\nabla\nabla\times$的镜像伴随哈密顿算子串。每个哈密顿算子串都有它的镜像转置哈密顿算子串和镜像共轭哈密顿算子串。

同理，利用上述哈密顿算子串的概念，也可以讨论更复杂的变分问题。

定理 10.7.2 设$\boldsymbol{A}$为n阶张量，∇_t为左哈密顿算子串，${}_t^c\nabla$为左哈密顿算子串的共轭哈密顿算子串，${}_t\nabla$为右哈密顿算子串，∇_t^c为右哈密顿算子串的共轭哈密顿算子串，若含张量和哈密顿算子串的标量泛函可表示为

$$J = \iiint_V F(\boldsymbol{A}, \boldsymbol{A}^{\mathrm{T}}, \operatorname{tr}\boldsymbol{A}, \nabla_t\boldsymbol{A}_t\nabla)\,\mathrm{d}V \tag{10-7-30}$$

则泛函的欧拉方程为

$$\frac{\partial F}{\partial\boldsymbol{A}} + \left(\frac{\partial F}{\partial\boldsymbol{A}}\right)^{\mathrm{T}} + \boldsymbol{I} + (-1)^k\nabla_t^c\frac{\partial F}{\partial\nabla_t\boldsymbol{A}_t\nabla}{}_t^c\nabla = 0 \tag{10-7-31}$$

式中，k表示左、右哈密顿算子中梯度算子、散度算子与旋度算子的数量之和，此时不再考虑共轭哈密顿算子串的符号。可用加括号的方法确定左、右哈密顿算子的运算次序。若不加括号，则先计算左哈密顿算子，后计算右哈密顿算子，或根据实际情况确定运算次序。

证 式(10-7-31)的最后一项证明如下：

在对$\nabla_t\boldsymbol{A}$取变分时，对于哈密顿算子串∇_t，可在变分符号δ左边每次只保留一个哈密顿算子，将δ右边看作一个张量，视δ左边这个哈密顿算子是梯度、散度还是旋度，分别代入上面相应的变分公式，使变分符号δ所作用的哈密顿算子数量减少，$\nabla_t\boldsymbol{A}$的左边每减少一个梯

度算子，它的伴随张量的右边就增加一个散度算子，$\nabla_t \boldsymbol{A}$ 的左边每减少一个散度算子，它的伴随张量的右边就增加一个梯度算子，$\nabla_t \boldsymbol{A}$ 的左边每减少一个旋度算子，它的伴随张量的右边就增加一个旋度算子，$\delta\nabla_t \boldsymbol{A}$ 最后可化成 $\delta \boldsymbol{A}$ 的形式，同时也得到了相应的边界条件。同理可把 $\delta \boldsymbol{A}_t \nabla$ 也化成 $\delta \boldsymbol{A}$ 的形式。注意到梯度算子、散度算子和旋度算子每运算一次，它们的符号就改变一次。这样就能得到式(10-7-31)的最后一项。证毕。

例 10.7.5 三维弹性力学的广义变分问题。设 $\boldsymbol{u}=(u,v,w)$ 是位移向量，$\boldsymbol{\Phi}=(\Phi_{ij})$，$\boldsymbol{\Phi}^0=(\Phi_{ij}^0)$，$\boldsymbol{T}=(\sigma_{ij})$，$\tilde{\boldsymbol{T}}=(\tilde{\sigma}_{ij})$，$\boldsymbol{E}=(\varepsilon_{ij})$，$\tilde{\boldsymbol{E}}=(\tilde{\varepsilon}_{ij})$，$\boldsymbol{Q}=(Q_{ij})$ 是 7 个三维二阶对称张量，以 $\boldsymbol{u}$、$\boldsymbol{\Phi}$、$\boldsymbol{\Phi}^0$、$\boldsymbol{T}$、$\tilde{\boldsymbol{T}}$、$\boldsymbol{E}$、$\tilde{\boldsymbol{E}}$ 和 $\boldsymbol{Q}$ 八组未知量为自变函数，武际可教授提出的能量泛函为

$$
\begin{aligned}
\Pi=&\int_V [W(\boldsymbol{E})+V(\tilde{\boldsymbol{T}})-\boldsymbol{T}:\boldsymbol{E}-\tilde{\boldsymbol{T}}:\tilde{\boldsymbol{E}}-\boldsymbol{\Phi}:\boldsymbol{Q}-(\nabla\cdot\boldsymbol{T}+\boldsymbol{f})\cdot\boldsymbol{u}+(\boldsymbol{Q}-\nabla\times\tilde{\boldsymbol{E}}\times\nabla):\boldsymbol{\Phi}^0]\mathrm{d}V\\
&+\int_{\partial uV}\boldsymbol{n}\cdot\boldsymbol{T}\cdot\boldsymbol{u}^0\,\mathrm{d}S+\int_{\partial vV}(\boldsymbol{n}\cdot\boldsymbol{T}-\boldsymbol{p}_0)\cdot\boldsymbol{u}\,\mathrm{d}S+\int_{\partial uV}\tilde{\boldsymbol{E}}\times\nabla:\boldsymbol{R}_1\,\mathrm{d}S-\int_{\partial uV}\tilde{\boldsymbol{E}}\times\boldsymbol{n}:\boldsymbol{R}_2\,\mathrm{d}S \qquad (1)\\
&+\int_{\partial vV}(\tilde{\boldsymbol{E}}\times\nabla-\boldsymbol{P}_1):\boldsymbol{\Phi}\times\boldsymbol{n}\,\mathrm{d}S+\int_{\partial vV}(\tilde{\boldsymbol{E}}\times\boldsymbol{n}-\boldsymbol{P}_2):\boldsymbol{\Phi}\times\nabla\,\mathrm{d}S
\end{aligned}
$$

式中，W 和 V 分别为定义在 $\boldsymbol{E}$ 和 $\tilde{\boldsymbol{T}}$ 上的标量函数；$\boldsymbol{f}=(f_1,f_2,f_3)$ 为作用在弹性体上的体力向量；$\boldsymbol{u}^0$ 和 $\boldsymbol{p}_0$ 分别为定义在位移边界 $\partial \boldsymbol{u}V$ 和应力边界 $\partial \boldsymbol{v}V$ 上的已知张量函数；$\boldsymbol{R}_1$、$\boldsymbol{R}_2$、$\boldsymbol{P}_1$ 和 $\boldsymbol{P}_2$ 分别为定义在 $\partial \boldsymbol{u}V$ 和 $\partial \boldsymbol{v}V$ 上的张量函数；$\boldsymbol{n}$ 为 $\partial \boldsymbol{V}$ 的外法向单位向量。试求泛函的欧拉方程组和边界条件。

解 令被积函数

$$
F=W(\boldsymbol{E})+V(\tilde{\boldsymbol{T}})-\boldsymbol{T}:\boldsymbol{E}-\tilde{\boldsymbol{T}}:\tilde{\boldsymbol{E}}-\boldsymbol{\Phi}:\boldsymbol{Q}-(\nabla\cdot\boldsymbol{T}+\boldsymbol{f})\cdot\boldsymbol{u}+(\boldsymbol{Q}-\nabla\times\tilde{\boldsymbol{E}}\times\nabla):\boldsymbol{\Phi}^0
$$

求各偏导数，有

$$
\frac{\partial F}{\partial \boldsymbol{E}}=\frac{\partial W}{\partial \boldsymbol{E}}-\boldsymbol{T},\quad \frac{\partial F}{\partial \tilde{\boldsymbol{T}}}=\frac{\partial V}{\partial \tilde{\boldsymbol{T}}}-\tilde{\boldsymbol{E}},\quad \frac{\partial F}{\partial \boldsymbol{T}}=-\boldsymbol{E},\quad \frac{\partial F}{\partial \tilde{\boldsymbol{E}}}=-\tilde{\boldsymbol{T}},\quad \frac{\partial F}{\partial \boldsymbol{\Phi}}=-\boldsymbol{Q},\quad \frac{\partial F}{\partial \boldsymbol{Q}}=\boldsymbol{\Phi}^0-\boldsymbol{\Phi}
$$

$$
\frac{\partial F}{\partial \nabla\cdot\boldsymbol{T}}=-\boldsymbol{u},\quad \frac{\partial F}{\partial \boldsymbol{u}}=\nabla\cdot\boldsymbol{T}+\boldsymbol{f},\quad \frac{\partial F}{\partial \nabla\times\tilde{\boldsymbol{E}}\times\nabla}=-\boldsymbol{\Phi}^0,\quad \frac{\partial F}{\partial \boldsymbol{\Phi}^0}=\boldsymbol{Q}-\nabla\times\tilde{\boldsymbol{E}}\times\nabla
$$

由 F 关于 $\boldsymbol{u}$、$\boldsymbol{\Phi}^0$、$\boldsymbol{Q}$、$\boldsymbol{\Phi}$、$\tilde{\boldsymbol{E}}$、$\boldsymbol{E}$ 和 $\tilde{\boldsymbol{E}}$ 的偏导数得到下列关系

$$
\begin{cases}
\nabla\cdot\boldsymbol{T}+\boldsymbol{f}=\boldsymbol{0}\\
\boldsymbol{Q}=\nabla\times\tilde{\boldsymbol{E}}\times\nabla\\
\boldsymbol{\Phi}^0=\boldsymbol{\Phi}\\
\boldsymbol{Q}=\boldsymbol{0} \qquad\qquad (\text{在} V \text{内})\\
\tilde{\boldsymbol{T}}=-\nabla\times\boldsymbol{\Phi}^0\times\nabla\\
\dfrac{\partial W}{\partial \boldsymbol{E}}=\boldsymbol{T}\\
\dfrac{\partial V}{\partial \tilde{\boldsymbol{T}}}=\tilde{\boldsymbol{E}}
\end{cases} \qquad (2)
$$

注意，$\boldsymbol{T}$ 是二阶对称张量，由 F 关于 $\boldsymbol{T}$ 的偏导数得到应变与位移的关系：

$$
\boldsymbol{E}=\frac{1}{2}(\nabla\boldsymbol{u}+\boldsymbol{u}\nabla) \qquad (\text{在} V \text{内}) \qquad (3)
$$

在位移边界 $\partial \boldsymbol{u}V$ 上，$\dfrac{\partial F}{\partial \nabla\cdot\boldsymbol{T}}$ 的边界项与第一个位移边界的变分合并，$\dfrac{\partial F}{\partial \nabla\times\tilde{\boldsymbol{E}}\times\nabla}$ 的两个边界项分别与第二个和第三个位移边界的变分合并，有

$$\begin{cases}\boldsymbol{u}-\boldsymbol{u}^0=\boldsymbol{0}\\ \boldsymbol{\Phi}\times\boldsymbol{n}=\boldsymbol{R}_1 & (\text{在 }\partial\boldsymbol{u}V\text{ 上})\\ \boldsymbol{\Phi}\times\nabla=\boldsymbol{R}_2\end{cases}\tag{4}$$

在应力边界 $\partial\boldsymbol{v}V$ 上，分别对 $\boldsymbol{u}$ 和 $\boldsymbol{\Phi}$ 进行变分，有

$$\begin{cases}\boldsymbol{n}\cdot\boldsymbol{T}=\boldsymbol{p}_0\\ \tilde{\boldsymbol{E}}\times\nabla=\boldsymbol{p}_1 & (\text{在 }\partial\boldsymbol{v}V\text{ 上})\\ \tilde{\boldsymbol{E}}\times\boldsymbol{n}=\boldsymbol{p}_2\end{cases}\tag{5}$$

例 10.7.6 设 $\boldsymbol{A}$ 和 $\boldsymbol{B}$ 均为 n 阶张量，构造泛函

$$J=\iiint_V(\boldsymbol{A}\overset{n}{\cdot}\boldsymbol{B}+\nabla\cdot\boldsymbol{A}\overset{n-1}{\cdot}\nabla\times\nabla\cdot\boldsymbol{B})\mathrm{d}V\tag{1}$$

求它的欧拉方程组和自然边界条件。

解 令被积函数 $F=\boldsymbol{A}\overset{n}{\cdot}\boldsymbol{B}+\nabla\cdot\boldsymbol{A}\overset{n-1}{\cdot}\nabla\times\nabla\cdot\boldsymbol{B}$，求各偏导数

$$\frac{\partial F}{\partial\boldsymbol{A}}=\boldsymbol{B},\quad\frac{\partial F}{\partial\nabla\cdot\boldsymbol{A}}=\nabla\times\nabla\cdot\boldsymbol{B},\quad\frac{\partial F}{\partial\boldsymbol{B}}=\boldsymbol{A},\quad\frac{\partial F}{\partial\nabla\times\nabla\cdot\boldsymbol{B}}=\nabla\cdot\boldsymbol{A}\tag{2}$$

泛函的欧拉方程组为

$$\begin{cases}\boldsymbol{A}+\nabla\cdot\boldsymbol{A}\times\nabla\nabla=\boldsymbol{0}\\ \boldsymbol{B}-\nabla\times\nabla\cdot\boldsymbol{B}\nabla=\boldsymbol{0}\end{cases}\tag{3}$$

自然边界条件为

$$\nabla\times\nabla\cdot\boldsymbol{B}\big|_S=\boldsymbol{0},\quad(\nabla\cdot\boldsymbol{A})\times\boldsymbol{n}\big|_S=\boldsymbol{0},\quad(\nabla\cdot\boldsymbol{A})\times\nabla\big|_S=\boldsymbol{0}\tag{4}$$

例 10.7.7 设 $\boldsymbol{A}$ 和 $\boldsymbol{B}$ 均为 n 阶张量，构造泛函

$$J=\iiint_V(\boldsymbol{A}\overset{n}{\cdot}\boldsymbol{B}+\nabla\times\nabla\times\boldsymbol{A}\overset{n}{\cdot}\nabla\times\nabla\cdot\nabla\boldsymbol{B})\mathrm{d}V\tag{1}$$

求它的欧拉方程组和自然边界条件。

解 令被积函数 $F=\boldsymbol{A}\overset{n}{\cdot}\boldsymbol{B}+\nabla\times\nabla\times\boldsymbol{A}\overset{n}{\cdot}\nabla\times\nabla\cdot\nabla\boldsymbol{B}$，求各偏导数

$$\frac{\partial F}{\partial\boldsymbol{A}}=\boldsymbol{B},\quad\frac{\partial F}{\partial\nabla\times\nabla\times\boldsymbol{A}}=\nabla\times\nabla\cdot\nabla\boldsymbol{B},\quad\frac{\partial F}{\partial\boldsymbol{B}}=\boldsymbol{A},\quad\frac{\partial F}{\partial\nabla\times\nabla\cdot\nabla\boldsymbol{B}}=\nabla\times\nabla\times\boldsymbol{A}\tag{2}$$

泛函的欧拉方程组为

$$\begin{cases}\boldsymbol{A}-\nabla\times\nabla\times\boldsymbol{A}\times\nabla\nabla\cdot\nabla=\boldsymbol{0}\\ \boldsymbol{B}+\nabla\times\nabla\cdot\nabla\boldsymbol{B}\times\nabla\times\nabla=\boldsymbol{0}\end{cases}\tag{3}$$

自然边界条件为

$$(\nabla\times\nabla\times\boldsymbol{A})\times\boldsymbol{n}\big|_S=\boldsymbol{0},\quad(\nabla\times\nabla\times\boldsymbol{A})\times\nabla\big|_S=\boldsymbol{0},\quad(\nabla\times\nabla\times\boldsymbol{A}\times\nabla\nabla)\cdot\boldsymbol{n}\big|_S=\boldsymbol{0}\tag{4}$$

$$(\nabla\times\nabla\cdot\nabla\boldsymbol{B})\times\boldsymbol{n}\big|_S=\boldsymbol{0},\quad(\nabla\times\nabla\cdot\nabla\boldsymbol{B}\times\nabla)\times\boldsymbol{n}\big|_S=\boldsymbol{0}\tag{5}$$

例 10.7.8 设 $\boldsymbol{A}$ 为 n 阶张量，$\boldsymbol{B}$ 为 $n+1$ 阶张量，构造泛函

$$J=\iiint_V(\boldsymbol{A}\times\nabla\overset{n}{\cdot}\boldsymbol{B}\cdot\nabla+\boldsymbol{A}\times\nabla\times\nabla\overset{n}{\cdot}\nabla\times\nabla\cdot\boldsymbol{B})\mathrm{d}V\tag{1}$$

求它的欧拉方程组和自然边界条件。

解 令被积函数 $F=\boldsymbol{A}\times\nabla\overset{n}{\cdot}\boldsymbol{B}\cdot\nabla+\boldsymbol{A}\times\nabla\times\nabla\overset{n}{\cdot}\nabla\times\nabla\cdot\boldsymbol{B}$，求各偏导数

$$\frac{\partial F}{\partial \boldsymbol{A}\times\nabla}=\boldsymbol{B}\text{，}\quad \frac{\partial F}{\partial \boldsymbol{A}\times\nabla\times\nabla}=\nabla\times\nabla\cdot\boldsymbol{B}\text{，}\quad \frac{\partial F}{\partial \boldsymbol{B}\cdot\nabla}=\boldsymbol{A}\times\nabla\text{，}\quad \frac{\partial F}{\partial \nabla\times\nabla\cdot\boldsymbol{B}}=\boldsymbol{A}\times\nabla\times\nabla \tag{2}$$

泛函的欧拉方程组为

$$\begin{cases}\nabla\boldsymbol{A}\times\nabla-\boldsymbol{A}\times\nabla\times\nabla\times\nabla\nabla=\boldsymbol{0}\\ \nabla\times\boldsymbol{B}\cdot\nabla-\nabla\times\nabla\times\nabla\times\nabla\cdot\boldsymbol{B}=\boldsymbol{0}\end{cases} \tag{3}$$

自然边界条件为

$$\boldsymbol{A}\times\nabla|_S=\boldsymbol{0}\text{，}\quad (\boldsymbol{A}\times\nabla\times\nabla)\times\boldsymbol{n}|_S=\boldsymbol{0}\text{，}\quad \boldsymbol{A}\times\nabla\times\nabla\times\nabla|_S=\boldsymbol{0} \tag{4}$$

$$\boldsymbol{n}\times\boldsymbol{B}\cdot\nabla|_S=\boldsymbol{0}\text{，}\quad \boldsymbol{n}\times\nabla\times\nabla\cdot\boldsymbol{B}|_S=\boldsymbol{0}\text{，}\quad \boldsymbol{n}\times\nabla\times\nabla\times\nabla\cdot\boldsymbol{B}|_S=\boldsymbol{0} \tag{5}$$

10.7.4 其他含串联式内积张量和哈密顿算子的泛函的欧拉方程

例 10.7.9 设 $\boldsymbol{A}$ 为 m 阶张量，$\boldsymbol{B}$ 为 n 阶张量，推导泛函

$$J=\int_V F(u,\boldsymbol{A},\boldsymbol{B},u\boldsymbol{AB},\nabla u\boldsymbol{AB},\nabla\cdot u\boldsymbol{AB},\nabla\times u\boldsymbol{AB})\,\mathrm{d}V \tag{1}$$

的欧拉方程组和自然边界条件。

解 对泛函取变分，得

$$\begin{aligned}\delta J=\int_V\Big(&\frac{\partial F}{\partial u}\delta u+\frac{\partial F}{\partial \boldsymbol{A}}\overset{m}{\cdot}\delta\boldsymbol{A}+\frac{\partial F}{\partial \boldsymbol{B}}\overset{n}{\cdot}\delta\boldsymbol{B}+\frac{\partial F}{\partial u\boldsymbol{AB}}\overset{m+n}{\cdot}\delta u\boldsymbol{AB}+\frac{\partial F}{\partial \nabla u\boldsymbol{AB}}\overset{m+n+1}{\cdot}\delta\nabla u\boldsymbol{AB}+\\&\frac{\partial F}{\partial \nabla\cdot u\boldsymbol{AB}}\overset{m+n-1}{\cdot}\delta\nabla\cdot u\boldsymbol{AB}+\frac{\partial F}{\partial \nabla\times u\boldsymbol{AB}}\overset{m+n}{\cdot}\delta\nabla\times u\boldsymbol{AB}\Big)\mathrm{d}V\end{aligned} \tag{2}$$

令 $\boldsymbol{C}=\dfrac{\partial F}{\partial u\boldsymbol{AB}}$，$\boldsymbol{D}=\dfrac{\partial F}{\partial \nabla u\boldsymbol{AB}}$，$\boldsymbol{E}=\dfrac{\partial F}{\partial \nabla\cdot u\boldsymbol{AB}}$，$\boldsymbol{F}=\dfrac{\partial F}{\partial \nabla\times u\boldsymbol{AB}}$，对于式(2)后四个变分，有

$$\boldsymbol{C}\overset{m+n}{\cdot}\delta u\boldsymbol{AB}=\boldsymbol{C}\overset{m+n}{\cdot}\boldsymbol{AB}\delta u+u\boldsymbol{B}\overset{n}{\cdot}\boldsymbol{C}\overset{m}{\cdot}\delta\boldsymbol{A}+u\boldsymbol{C}\overset{m}{\cdot}\boldsymbol{A}\overset{n}{\cdot}\delta\boldsymbol{B} \tag{3}$$

$$\begin{aligned}\boldsymbol{D}\overset{m+n+1}{\cdot}\nabla\delta u\boldsymbol{AB}&=\nabla\cdot(\delta u\boldsymbol{AB}\overset{m+n}{\cdot}\boldsymbol{D})-\boldsymbol{D}\cdot\nabla\overset{m+n}{\cdot}\delta u\boldsymbol{AB}\\&=\nabla\cdot(\delta u\boldsymbol{AB}\overset{m+n}{\cdot}\boldsymbol{D})-\boldsymbol{D}\cdot\nabla\overset{m+n}{\cdot}(\boldsymbol{AB}\delta u+u\delta\boldsymbol{AB}+u\boldsymbol{A}\delta\boldsymbol{B})\\&=\nabla\cdot(\delta u\boldsymbol{AB}\overset{m+n}{\cdot}\boldsymbol{D})-\boldsymbol{D}\cdot\nabla\overset{m+n}{\cdot}\boldsymbol{AB}\delta u-u\boldsymbol{B}\overset{n}{\cdot}\boldsymbol{D}\cdot\nabla\overset{m}{\cdot}\delta\boldsymbol{A}-u\boldsymbol{D}\cdot\nabla\overset{m}{\cdot}\boldsymbol{A}\overset{n}{\cdot}\delta\boldsymbol{B}\end{aligned} \tag{4}$$

$$\begin{aligned}\boldsymbol{E}\overset{m+n-1}{\cdot}\nabla\cdot\delta u\boldsymbol{AB}&=\nabla\cdot(\delta u\boldsymbol{AB}\overset{m+n-1}{\cdot}\boldsymbol{E})-\boldsymbol{E}\nabla\overset{m+n}{\cdot}(\boldsymbol{AB}\delta u+u\delta\boldsymbol{AB}+u\boldsymbol{A}\delta\boldsymbol{B})\\&=\nabla\cdot(\delta u\boldsymbol{AB}\overset{m+n-1}{\cdot}\boldsymbol{E})-\boldsymbol{E}\nabla\overset{m+n}{\cdot}\boldsymbol{AB}\delta u-u\boldsymbol{B}\overset{n}{\cdot}\boldsymbol{E}\nabla\overset{m}{\cdot}\delta\boldsymbol{A}-u\boldsymbol{E}\nabla\overset{m}{\cdot}\boldsymbol{A}\overset{n}{\cdot}\delta\boldsymbol{B}\end{aligned} \tag{5}$$

$$\begin{aligned}\boldsymbol{F}\overset{m+n}{\cdot}\nabla\times\delta u\boldsymbol{AB}&=\nabla\cdot\left[\delta u\boldsymbol{AB}\underset{(m+n-1)}{\overset{\times}{\cdot}}\boldsymbol{F}\right]+\boldsymbol{F}\times\nabla\overset{m+n}{\cdot}(\boldsymbol{AB}\delta u+u\delta\boldsymbol{AB}+u\boldsymbol{A}\delta\boldsymbol{B})\\&=\nabla\cdot\left[\delta u\boldsymbol{AB}\underset{(m+n-1)}{\overset{\times}{\cdot}}\boldsymbol{F}\right]+\boldsymbol{F}\times\nabla\overset{m+n}{\cdot}\boldsymbol{AB}\delta u+u\boldsymbol{B}\overset{n}{\cdot}\boldsymbol{F}\times\nabla\overset{m}{\cdot}\delta\boldsymbol{A}+u\boldsymbol{F}\times\nabla\overset{m}{\cdot}\boldsymbol{A}\overset{n}{\cdot}\delta\boldsymbol{B}\end{aligned} \tag{6}$$

将式(3)～式(6)代入式(2)，得

$$\begin{aligned}\delta J=\int_V\Big\{&\left[\frac{\partial F}{\partial u}+(\boldsymbol{C}-\boldsymbol{D}\cdot\nabla-\boldsymbol{E}\nabla+\boldsymbol{F}\times\nabla)\overset{m+n}{\cdot}\boldsymbol{AB}\right]\delta u\\&+\left[\frac{\partial F}{\partial \boldsymbol{A}}+\boldsymbol{B}\overset{n}{\cdot}(\boldsymbol{C}-\boldsymbol{D}\cdot\nabla-\boldsymbol{E}\nabla+\boldsymbol{F}\times\nabla)\right]\overset{m}{\cdot}\delta\boldsymbol{A}\\&+\left[\frac{\partial F}{\partial \boldsymbol{B}}+u(\boldsymbol{C}-\boldsymbol{D}\cdot\nabla-\boldsymbol{E}\nabla+\boldsymbol{F}\times\nabla)\overset{m}{\cdot}\boldsymbol{A}\right]\overset{n}{\cdot}\delta\boldsymbol{B}\Big\}\mathrm{d}V\\&+\int_V\left\{\nabla\cdot(\delta u\boldsymbol{AB}\overset{m+n}{\cdot}\boldsymbol{D})+\nabla\cdot(\delta u\boldsymbol{AB}\overset{m+n-1}{\cdot}\boldsymbol{E})+\nabla\cdot\left[\delta u\boldsymbol{AB}\underset{(m+n-1)}{\overset{\times}{\cdot}}\boldsymbol{F}\right]\right\}\mathrm{d}V\end{aligned} \tag{7}$$

泛函的欧拉方程组为

$$\begin{cases}\dfrac{\partial F}{\partial u}+\left(\dfrac{\partial F}{\partial u\boldsymbol{AB}}-\dfrac{\partial F}{\partial \nabla u\boldsymbol{AB}}\cdot\nabla-\dfrac{\partial F}{\partial \nabla\cdot u\boldsymbol{AB}}\nabla+\dfrac{\partial F}{\partial \nabla\times u\boldsymbol{AB}}\times\nabla\right)\overset{m+n}{\cdot}\boldsymbol{AB}=0\\ \dfrac{\partial F}{\partial \boldsymbol{A}}+u\boldsymbol{B}\overset{n}{\cdot}\left(\dfrac{\partial F}{\partial u\boldsymbol{AB}}-\dfrac{\partial F}{\partial \nabla u\boldsymbol{AB}}\cdot\nabla-\dfrac{\partial F}{\partial \nabla\cdot u\boldsymbol{AB}}\nabla+\dfrac{\partial F}{\partial \nabla\times u\boldsymbol{AB}}\times\nabla\right)=\boldsymbol{0}\\ \dfrac{\partial F}{\partial \boldsymbol{B}}+u\left(\dfrac{\partial F}{\partial u\boldsymbol{AB}}-\dfrac{\partial F}{\partial \nabla u\boldsymbol{AB}}\cdot\nabla-\dfrac{\partial F}{\partial \nabla\cdot u\boldsymbol{AB}}\nabla+\dfrac{\partial F}{\partial \nabla\times u\boldsymbol{AB}}\times\nabla\right)\overset{m}{\cdot}\boldsymbol{A}=\boldsymbol{0}\end{cases}\tag{8}$$

自然边界条件为

$$\left.\frac{\partial F}{\partial \nabla u\boldsymbol{AB}}\cdot\boldsymbol{n}\right|_S=\boldsymbol{0}\,,\quad \left.\frac{\partial F}{\partial \nabla\cdot u\boldsymbol{AB}}\right|_S=\boldsymbol{0}\,,\quad \left.\frac{\partial F}{\partial \nabla\times u\boldsymbol{AB}}\times\boldsymbol{n}\right|_S=\boldsymbol{0}\tag{9}$$

例 10.7.10 设 $\boldsymbol{A}$ 为 m 阶张量，$\boldsymbol{B}$ 为 n 阶张量，且 $m\leqslant n$，推导泛函

$$J=\int_V F(u,\boldsymbol{A},\boldsymbol{B},u\boldsymbol{A}\overset{m}{\times}\boldsymbol{B},\nabla u\boldsymbol{A}\overset{m}{\times}\boldsymbol{B},\nabla\cdot u\boldsymbol{A}\overset{m}{\times}\boldsymbol{B},\nabla\times u\boldsymbol{A}\overset{m}{\times}\boldsymbol{B})\,\mathrm{d}V\tag{1}$$

的欧拉方程组和自然边界条件。

解 对泛函取变分，得

$$\begin{aligned}\delta J=\int_V\Bigg(&\frac{\partial F}{\partial u}\delta u+\frac{\partial F}{\partial \boldsymbol{A}}\overset{m}{\cdot}\delta\boldsymbol{A}+\frac{\partial F}{\partial \boldsymbol{B}}\overset{n}{\cdot}\delta\boldsymbol{B}+\frac{\partial F}{\partial u\boldsymbol{A}\overset{m}{\times}\boldsymbol{B}}\overset{n}{\cdot}\delta u\boldsymbol{A}\overset{m}{\times}\boldsymbol{B}+\frac{\partial F}{\partial \nabla u\boldsymbol{A}\overset{m}{\times}\boldsymbol{B}}\overset{n+1}{\cdot}\delta\nabla u\boldsymbol{A}\overset{m}{\times}\boldsymbol{B}\\ &+\frac{\partial F}{\partial \nabla\cdot u\boldsymbol{A}\overset{m}{\times}\boldsymbol{B}}\overset{n-1}{\cdot}\delta\nabla\cdot u\boldsymbol{A}\overset{m}{\times}\boldsymbol{B}+\frac{\partial F}{\partial \nabla\times u\boldsymbol{A}\overset{m}{\times}\boldsymbol{B}}\overset{n}{\cdot}\delta\nabla\times u\boldsymbol{A}\overset{m}{\times}\boldsymbol{B}\Bigg)\mathrm{d}V\end{aligned}\tag{2}$$

令 $\boldsymbol{C}=\dfrac{\partial F}{\partial u\boldsymbol{A}\overset{m}{\times}\boldsymbol{B}}$，$\boldsymbol{D}=\dfrac{\partial F}{\partial \nabla u\boldsymbol{A}\overset{m}{\times}\boldsymbol{B}}$，$\boldsymbol{E}=\dfrac{\partial F}{\partial \nabla\cdot u\boldsymbol{A}\overset{m}{\times}\boldsymbol{B}}$，$\boldsymbol{F}=\dfrac{\partial F}{\partial \nabla\times u\boldsymbol{A}\overset{m}{\times}\boldsymbol{B}}$，对于式(2)后四个变分，利用式(10-1-13)，有

$$\boldsymbol{C}\overset{n}{\cdot}\delta u\boldsymbol{A}\overset{m}{\times}\boldsymbol{B}=\boldsymbol{C}\overset{n}{\cdot}\boldsymbol{A}\overset{m}{\times}\boldsymbol{B}\delta u+u[\boldsymbol{B}_{n\,\overset{m\times}{(n-m)}}\cdot\boldsymbol{C}_{n-m}\boldsymbol{C}^{\mathrm{T}}_{n-m+1,n}]\overset{m}{\cdot}\delta\boldsymbol{A}+u\boldsymbol{C}_{n-m}\boldsymbol{C}^{\mathrm{T}}_{n-m+1,n}\overset{m}{\times}\boldsymbol{A}^{\mathrm{T}}\overset{n}{\cdot}\delta\boldsymbol{B}\tag{3}$$

$$\begin{aligned}&\boldsymbol{D}\overset{n+1}{\cdot}\nabla\delta u\boldsymbol{A}\overset{m}{\times}\boldsymbol{B}=\nabla\cdot(\delta u\boldsymbol{A}\overset{m}{\times}\boldsymbol{B}\overset{n}{\cdot}\boldsymbol{D})-\boldsymbol{D}\cdot\nabla\overset{n}{\cdot}\delta u\boldsymbol{A}\overset{m}{\times}\boldsymbol{B}\\ &=\nabla\cdot(\delta u\boldsymbol{A}\overset{m}{\times}\boldsymbol{B}\overset{n}{\cdot}\boldsymbol{D})-\boldsymbol{D}\cdot\nabla\overset{n}{\cdot}(\boldsymbol{A}\overset{m}{\times}\boldsymbol{B}\delta u+u\delta\boldsymbol{A}\overset{m}{\times}\boldsymbol{B}+u\boldsymbol{A}\overset{m}{\times}\delta\boldsymbol{B})\\ &=\nabla\cdot(\delta u\boldsymbol{A}\overset{m}{\times}\boldsymbol{B}\overset{n}{\cdot}\boldsymbol{D})-\boldsymbol{D}\cdot\nabla\overset{n}{\cdot}\boldsymbol{A}\overset{m}{\times}\boldsymbol{B}\delta u-u[\boldsymbol{B}_{\overset{m\times}{(n-m)}}\cdot(\boldsymbol{D}\cdot\nabla)_{n-m}(\boldsymbol{D}\cdot\nabla)^{\mathrm{T}}_{n-m+1,n}]\overset{m}{\cdot}\delta\boldsymbol{A}\\ &-u(\boldsymbol{D}\cdot\nabla)_{n-m}(\boldsymbol{D}\cdot\nabla)^{\mathrm{T}}_{n-m+1,n}\overset{m}{\times}\boldsymbol{A}^{\mathrm{T}}\overset{n}{\cdot}\delta\boldsymbol{B}\end{aligned}\tag{4}$$

$$\begin{aligned}&\boldsymbol{E}\overset{n-1}{\cdot}\nabla\cdot\delta u\boldsymbol{A}\overset{m}{\times}\boldsymbol{B}=\nabla\cdot(\delta u\boldsymbol{A}\overset{m}{\times}\boldsymbol{B}\overset{n-1}{\cdot}\boldsymbol{E})-\boldsymbol{E}\nabla\overset{n}{\cdot}(\boldsymbol{A}\overset{m}{\times}\boldsymbol{B}\delta u+u\delta\boldsymbol{A}\overset{m}{\times}\boldsymbol{B}+u\boldsymbol{A}\overset{m}{\times}\delta\boldsymbol{B})\\ &=\nabla\cdot(\delta u\boldsymbol{A}\overset{m}{\times}\boldsymbol{B}\overset{n-1}{\cdot}\boldsymbol{E})-\boldsymbol{E}\nabla\overset{n}{\cdot}\boldsymbol{A}\overset{m}{\times}\boldsymbol{B}\delta u-u[\boldsymbol{B}_{\overset{m\times}{(n-m)}}\cdot(\boldsymbol{E}\nabla)_{n-m}(\boldsymbol{E}\nabla)^{\mathrm{T}}_{n-m+1,n}]\overset{m}{\cdot}\delta\boldsymbol{A}\\ &-u(\boldsymbol{E}\nabla)_{n-m}(\boldsymbol{E}\nabla)^{\mathrm{T}}_{n-m+1,n}\overset{m}{\times}\boldsymbol{A}^{\mathrm{T}}\overset{n}{\cdot}\delta\boldsymbol{B}\end{aligned}\tag{5}$$

$$
\begin{aligned}
&\boldsymbol{F}\overset{n}{\cdot}\nabla\times\delta u\boldsymbol{A}\overset{m}{\times}\boldsymbol{B}=\nabla\cdot\left[\delta u\boldsymbol{A}\overset{m}{\times}\boldsymbol{B}\underset{(n-1)}{\overset{\times}{\cdot}}\boldsymbol{F}\right]+\boldsymbol{F}\times\nabla\overset{n}{\cdot}(\boldsymbol{A}\overset{m}{\times}\boldsymbol{B}\delta u+u\delta\boldsymbol{A}\overset{m}{\times}\boldsymbol{B}+u\boldsymbol{A}\overset{m}{\times}\delta\boldsymbol{B})\\
&=\nabla\cdot\left[\delta u\boldsymbol{A}\overset{m}{\times}\boldsymbol{B}\underset{(n-1)}{\overset{\times}{\cdot}}\boldsymbol{F}\right]+\boldsymbol{F}\times\nabla\overset{n}{\cdot}\boldsymbol{A}\overset{m}{\times}\boldsymbol{B}\delta u+u[\boldsymbol{B}\underset{(n-m)}{\overset{m\times}{\cdot}}(\boldsymbol{F}\times\nabla)_{n-m}(\boldsymbol{F}\times\nabla)^{\mathrm{T}}_{n-m+1,n}]\overset{m}{\cdot}\delta\boldsymbol{A}\\
&+u(\boldsymbol{F}\times\nabla)_{n-m}(\boldsymbol{F}\times\nabla)^{\mathrm{T}}_{n-m+1,n}\overset{m}{\times}\boldsymbol{A}^{\mathrm{T}}\overset{n}{\cdot}\delta\boldsymbol{B}
\end{aligned}
\tag{6}
$$

将式(3)～式(6)代入式(2)，得

$$
\begin{aligned}
\delta J=&\int_V\left\langle\left[\frac{\partial F}{\partial u}+(\boldsymbol{C}-\boldsymbol{D}\cdot\nabla-\boldsymbol{E}\nabla+\boldsymbol{F}\times\nabla)\overset{n}{\cdot}\boldsymbol{A}\overset{m}{\times}\boldsymbol{B}\right]\delta u\right.\\
&+\left\{\frac{\partial F}{\partial\boldsymbol{A}}+u\boldsymbol{B}_n\underset{(n-m)}{\overset{m\times}{\cdot}}\left[\boldsymbol{C}_{n-m}\boldsymbol{C}^{\mathrm{T}}_{n-m+1,n}-(\boldsymbol{D}\cdot\nabla)_{n-m}(\boldsymbol{D}\cdot\nabla)^{\mathrm{T}}_{n-m+1,n}-(\boldsymbol{E}\nabla)_{n-m}(\boldsymbol{E}\nabla)^{\mathrm{T}}_{n-m+1,n}\right.\right.\\
&\left.\left.+(\boldsymbol{F}\times\nabla)_{n-m}(\boldsymbol{F}\times\nabla)^{\mathrm{T}}_{n-m+1,n}\right]\right\}\overset{m}{\cdot}\delta\boldsymbol{A}\\
&+\left\{\frac{\partial F}{\partial\boldsymbol{B}}+u\left[\boldsymbol{C}_{n-m}\boldsymbol{C}^{\mathrm{T}}_{n-m+1,n}-(\boldsymbol{D}\cdot\nabla)_{n-m}(\boldsymbol{D}\cdot\nabla)^{\mathrm{T}}_{n-m+1}-(\boldsymbol{E}\nabla)_{n-m}(\boldsymbol{E}\nabla)^{\mathrm{T}}_{n-m+1}\right.\right.\\
&\left.\left.\left.+(\boldsymbol{F}\times\nabla)_{n-m}(\boldsymbol{F}\times\nabla)^{\mathrm{T}}_{n-m+1}\right]\overset{m}{\times}\boldsymbol{A}^{\mathrm{T}}\right\}\overset{n}{\cdot}\delta\boldsymbol{B}\right\rangle\mathrm{d}V\\
&+\int_V\left\{\nabla\cdot(\delta u\boldsymbol{A}\overset{m}{\times}\boldsymbol{B}\overset{n}{\cdot}\boldsymbol{D})+\nabla\cdot(\delta u\boldsymbol{A}\overset{m}{\times}\boldsymbol{B}\overset{n-1}{\cdot}\boldsymbol{E})+\nabla\cdot\left[\delta u\boldsymbol{A}\overset{m}{\times}\boldsymbol{B}\underset{(n-1)}{\overset{\times}{\cdot}}\boldsymbol{F}\right]\right\}\mathrm{d}V
\end{aligned}
\tag{7}
$$

泛函的欧拉方程组为

$$
\left\{
\begin{aligned}
&\frac{\partial F}{\partial u}+\left(\frac{\partial F}{\partial u\boldsymbol{A}\overset{m}{\times}\boldsymbol{B}}-\frac{\partial F}{\partial\nabla u\boldsymbol{A}\overset{m}{\times}\boldsymbol{B}}\cdot\nabla-\frac{\partial F}{\partial\nabla\cdot u\boldsymbol{A}\overset{m}{\times}\boldsymbol{B}}\nabla+\frac{\partial F}{\partial\nabla\times u\boldsymbol{A}\overset{m}{\times}\boldsymbol{B}}\times\nabla\right)\overset{n}{\cdot}\boldsymbol{A}\overset{m}{\times}\boldsymbol{B}=0\\
&\frac{\partial F}{\partial\boldsymbol{A}}+u\boldsymbol{B}\underset{(n-m)}{\overset{m\times}{\cdot}}\left[\left(\frac{\partial F}{\partial u\boldsymbol{A}\overset{m}{\times}\boldsymbol{B}}\right)_{n-m}\left(\frac{\partial F}{\partial u\boldsymbol{A}\overset{m}{\times}\boldsymbol{B}}\right)^{\mathrm{T}}_{n-m+1,n}-\left(\frac{\partial F}{\partial\nabla u\boldsymbol{A}\overset{m}{\times}\boldsymbol{B}}\cdot\nabla\right)_{n-m}\left(\frac{\partial F}{\partial\nabla u\boldsymbol{A}\overset{m}{\times}\boldsymbol{B}}\cdot\nabla\right)^{\mathrm{T}}_{n-m+1,n}\right.\\
&\left.-\left(\frac{\partial F}{\partial\nabla\cdot u\boldsymbol{A}\overset{m}{\times}\boldsymbol{B}}\nabla\right)_{n-m}\left(\frac{\partial F}{\partial\nabla\cdot u\boldsymbol{A}\overset{m}{\times}\boldsymbol{B}}\nabla\right)^{\mathrm{T}}_{n-m+1,n}+\left(\frac{\partial F}{\partial\nabla\times u\boldsymbol{A}\overset{m}{\times}\boldsymbol{B}}\times\nabla\right)_{n-m}\left(\frac{\partial F}{\partial\nabla\times u\boldsymbol{A}\overset{m}{\times}\boldsymbol{B}}\times\nabla\right)^{\mathrm{T}}_{n-m+1,n}\right]=\boldsymbol{0}\\
&\frac{\partial F}{\partial\boldsymbol{B}}+u\left[\left(\frac{\partial F}{\partial u\boldsymbol{A}\overset{m}{\times}\boldsymbol{B}}\right)_{n-m}\left(\frac{\partial F}{\partial u\boldsymbol{A}\overset{m}{\times}\boldsymbol{B}}\right)^{\mathrm{T}}_{n-m+1,n}-\left(\frac{\partial F}{\partial\nabla u\boldsymbol{A}\overset{m}{\times}\boldsymbol{B}}\cdot\nabla\right)_{n-m}\left(\frac{\partial F}{\partial\nabla u\boldsymbol{A}\overset{m}{\times}\boldsymbol{B}}\cdot\nabla\right)^{\mathrm{T}}_{n-m+1,n}\right.\\
&\left.-\left(\frac{\partial F}{\partial\nabla\cdot u\boldsymbol{A}\overset{m}{\times}\boldsymbol{B}}\nabla\right)_{n-m}\left(\frac{\partial F}{\partial\nabla\cdot u\boldsymbol{A}\overset{m}{\times}\boldsymbol{B}}\nabla\right)^{\mathrm{T}}_{n-m+1,n}+\left(\frac{\partial F}{\partial\nabla\times u\boldsymbol{A}\overset{m}{\times}\boldsymbol{B}}\times\nabla\right)_{n-m}\left(\frac{\partial F}{\partial\nabla\times u\boldsymbol{A}\overset{m}{\times}\boldsymbol{B}}\times\nabla\right)^{\mathrm{T}}_{n-m+1,n}\right]\overset{m}{\times}\boldsymbol{A}^{\mathrm{T}}=\boldsymbol{0}
\end{aligned}
\right.
\tag{8}
$$

自然边界条件为

$$
\left.\frac{\partial F}{\partial\nabla u\boldsymbol{A}\overset{m}{\times}\boldsymbol{B}}\cdot\boldsymbol{n}\right|_S=\boldsymbol{0},\quad\left.\frac{\partial F}{\partial\nabla\cdot u\boldsymbol{A}\overset{m}{\times}\boldsymbol{B}}\right|_S=\boldsymbol{0},\quad\left.\frac{\partial F}{\partial\nabla\times u\boldsymbol{A}\overset{m}{\times}\boldsymbol{B}}\times\boldsymbol{n}\right|_S=\boldsymbol{0}
\tag{9}
$$

当 $m=n$ 时，式(8)可化成

$$\begin{cases}\dfrac{\partial F}{\partial u}+\left(\dfrac{\partial F}{\partial uA\overset{n}{\times}B}-\dfrac{\partial F}{\partial\nabla uA\overset{n}{\times}B}\cdot\nabla-\dfrac{\partial F}{\partial\nabla\cdot uA\overset{n}{\times}B}\nabla+\dfrac{\partial F}{\partial\nabla\times uA\overset{n}{\times}B}\times\nabla\right)\overset{n}{:}A\overset{n}{\times}B=0\\ \dfrac{\partial F}{\partial \boldsymbol{A}}+uB\overset{n}{\times}\left(\dfrac{\partial F}{\partial uA\overset{n}{\times}B}-\dfrac{\partial F}{\partial\nabla uA\overset{n}{\times}B}\cdot\nabla-\dfrac{\partial F}{\partial\nabla\cdot uA\overset{n}{\times}B}\nabla+\dfrac{\partial F}{\partial\nabla\times uA\overset{n}{\times}B}\times\nabla\right)^{\mathrm{T}}=\boldsymbol{0}\\ \dfrac{\partial F}{\partial \boldsymbol{B}}+u\left(\dfrac{\partial F}{\partial uA\overset{n}{\times}B}-\dfrac{\partial F}{\partial\nabla uA\overset{n}{\times}B}\cdot\nabla-\dfrac{\partial F}{\partial\nabla\cdot uA\overset{n}{\times}B}\nabla+\dfrac{\partial F}{\partial\nabla\times uA\overset{n}{\times}B}\times\nabla\right)^{\mathrm{T}}\overset{n}{\times}A^{\mathrm{T}}=\boldsymbol{0}\end{cases}\tag{10}$$

例 10.7.11 设 A 为 n 阶张量；B 为 m 阶张量，且 $m\leqslant n$，推导泛函

$$J=\int_V F(u,A,B,uA\overset{m}{\times}B,\nabla uA\overset{m}{\times}B,\nabla\cdot uA\overset{m}{\times}B,\nabla\times uA\overset{m}{\times}B)\,\mathrm{d}V\tag{1}$$

的欧拉方程组和自然边界条件。

解 对泛函取变分，得

$$\delta J=\int_V\left(\frac{\partial F}{\partial u}\delta u+\frac{\partial F}{\partial A}\overset{n}{:}\delta A+\frac{\partial F}{\partial B}\overset{m}{:}B+\frac{\partial F}{\partial uA\overset{m}{\times}B}\overset{n}{:}\delta uA\overset{m}{\times}B+\frac{\partial F}{\partial\nabla uA\overset{m}{\times}B}\overset{n+1}{:}\delta\nabla uA\overset{m}{\times}B\right.$$
$$\left.+\frac{\partial F}{\partial\nabla\cdot uA\overset{m}{\times}B}\overset{n-1}{:}\delta\nabla\cdot uA\overset{m}{\times}B+\frac{\partial F}{\partial\nabla\times uA\overset{m}{\times}B}\overset{n}{:}\delta\nabla\times uA\overset{m}{\times}B\right)\mathrm{d}V\tag{2}$$

令 $C=\dfrac{\partial F}{\partial uA\overset{m}{\times}B}$，$D=\dfrac{\partial F}{\partial\nabla uA\overset{m}{\times}B}$，$E=\dfrac{\partial F}{\partial\nabla\cdot uA\overset{m}{\times}B}$，$F=\dfrac{\partial F}{\partial\nabla\times uA\overset{m}{\times}B}$

对于式(2)后四个变分，利用式(10-1-14)，有

$$C\overset{n}{:}\delta uA\overset{m}{\times}B=C\overset{n}{:}A\overset{m}{\times}B\delta u+(-1)^m u(C_m\overset{m}{\times}B^{\mathrm{T}})C_{m+1,n}\overset{n}{:}\delta A+(-1)^m uA^{(n-m)\cdot}_{\quad m\times}C\overset{m}{:}\delta B\tag{3}$$

$$\begin{aligned}D\overset{n+1}{:}\nabla\delta uA\overset{m}{\times}B&=\nabla\cdot(\delta uA\overset{m}{\times}B\overset{n}{:}D)-D\cdot\nabla\overset{n}{:}\delta uA\overset{m}{\times}B\\&=\nabla\cdot(\delta uA\overset{m}{\times}B\overset{n}{:}D)-D\cdot\nabla\overset{n}{:}(A\overset{m}{\times}B\delta u+u\delta A\overset{m}{\times}B+uA\overset{m}{\times}\delta B)\\&=\nabla\cdot(\delta uA\overset{m}{\times}B\overset{n}{:}D)-D\cdot\nabla\overset{n}{:}A\overset{m}{\times}B\delta u-(-1)^m u[(D\cdot\nabla)_m\overset{m}{\times}B^{\mathrm{T}}](D\cdot\nabla)_{m+1,n}\overset{n}{:}\delta A\\&\quad-(-1)^m uA^{(n-m)\cdot}_{\quad m\times}D\cdot\nabla\overset{m}{:}\delta B\end{aligned}\tag{4}$$

$$\begin{aligned}E\overset{n-1}{:}\nabla\cdot\delta uA\overset{m}{\times}B&=\nabla\cdot(\delta uA\overset{m}{\times}B\overset{n-1}{:}E)-E\nabla\overset{n}{:}(A\overset{m}{\times}B\delta u+u\delta A\overset{m}{\times}B+uA\overset{m}{\times}\delta B)\\&=\nabla\cdot(\delta uA\overset{m}{\times}B\overset{n-1}{:}E)-E\nabla\overset{n}{:}A\overset{m}{\times}B\delta u-(-1)^m u[(E\nabla)_m\overset{m}{\times}B^{\mathrm{T}}](E\nabla)_{m+1,n}\overset{n}{:}\delta A\\&\quad-(-1)^m uA^{(n-m)\cdot}_{\quad m\times}E\nabla\overset{m}{:}\delta B\end{aligned}\tag{5}$$

$$\begin{aligned}F\overset{n}{:}\nabla\times\delta uA\overset{m}{\times}B&=\nabla\cdot\left[\delta uA\overset{m}{\times}B\underset{(n-1)}{\overset{\times}{}}\cdot F\right]+F\times\nabla\overset{n}{:}(A\overset{m}{\times}B\delta u+u\delta A\overset{m}{\times}B+uA\overset{m}{\times}\delta B)\\&=\nabla\cdot\left[\delta uA\overset{m}{\times}B\underset{(n-1)}{\overset{\times}{}}\cdot F\right]+F\times\nabla\overset{n}{:}A\overset{m}{\times}B\delta u+(-1)^m u[(F\times\nabla)_m\overset{m}{\times}B^{\mathrm{T}})(F\times\nabla)_{m+1,n}\overset{n}{:}\delta A\\&\quad+(-1)^m uA^{(n-m)\cdot}_{\quad m\times}F\times\nabla\overset{m}{:}\delta B\end{aligned}\tag{6}$$

将式(3)～式(6)代入式(2)，得

$$\begin{aligned}\delta J=&\int_V\left\langle\left[\frac{\partial F}{\partial u}+(\boldsymbol{C}-\boldsymbol{D}\cdot\nabla-\boldsymbol{E}\nabla+\boldsymbol{F}\times\nabla)\overset{n}{\cdot}\boldsymbol{A}\overset{m}{\times}\boldsymbol{B}\right]\delta u\right.\\&+\left\{\frac{\partial F}{\partial \boldsymbol{A}}+(-1)^m u[\boldsymbol{C}_m\overset{m}{\times}\boldsymbol{B}^{\mathrm{T}}\boldsymbol{C}_{m+1,n}-(\boldsymbol{D}\cdot\nabla)_m\overset{m}{\times}\boldsymbol{B}^{\mathrm{T}}(\boldsymbol{D}\cdot\nabla)_{m+1,n}\right.\\&\left.-(\boldsymbol{E}\nabla)_m\overset{m}{\times}\boldsymbol{B}^{\mathrm{T}}(\boldsymbol{E}\nabla)_{m+1,n}+(\boldsymbol{F}\times\nabla)_m\overset{m}{\times}\boldsymbol{B}^{\mathrm{T}}(\boldsymbol{F}\times\nabla)_{m+1,n}]\right\}\overset{n}{\cdot}\delta\boldsymbol{A}\\&\left.+\left[\frac{\partial F}{\partial \boldsymbol{B}}+(-1)^m u\boldsymbol{A}^{(n-m)}{}_{m\times}\cdot(\boldsymbol{C}-\boldsymbol{D}\cdot\nabla-\boldsymbol{E}\nabla+\boldsymbol{F}\times\nabla)\right]\overset{m}{\cdot}\delta\boldsymbol{B}\right\rangle\mathrm{d}V\\&+\int_V\left\{\nabla\cdot(\delta u\boldsymbol{A}\overset{m}{\times}\boldsymbol{B}\overset{n}{\cdot}\boldsymbol{D})+\nabla\cdot(\delta u\boldsymbol{A}\overset{m}{\times}\boldsymbol{B}\overset{n-1}{\cdot}\boldsymbol{E})+\nabla\cdot\left[\delta u\boldsymbol{A}\overset{m}{\times}\boldsymbol{B}\underset{(n-1)}{\overset{\times}{\cdot}}\boldsymbol{F}\right]\right\}\mathrm{d}V\end{aligned}\tag{7}$$

泛函的欧拉方程组为

$$\begin{cases}\dfrac{\partial F}{\partial u}+\left(\dfrac{\partial F}{\partial u\boldsymbol{A}\overset{m}{\times}\boldsymbol{B}}-\dfrac{\partial F}{\partial\nabla u\boldsymbol{A}\overset{m}{\times}\boldsymbol{B}}\cdot\nabla-\dfrac{\partial F}{\partial\nabla\cdot u\boldsymbol{A}\overset{m}{\times}\boldsymbol{B}}\nabla+\dfrac{\partial F}{\partial\nabla\times u\boldsymbol{A}\overset{m}{\times}\boldsymbol{B}}\times\nabla\right)\overset{n}{\cdot}\boldsymbol{A}\overset{m}{\times}\boldsymbol{B}=0\\ \dfrac{\partial F}{\partial\boldsymbol{A}}+(-1)^m u\left[\left(\dfrac{\partial F}{\partial u\boldsymbol{A}\overset{m}{\times}\boldsymbol{B}}\right)_m\overset{m}{\times}\boldsymbol{B}^{\mathrm{T}}\left(\dfrac{\partial F}{\partial u\boldsymbol{A}\overset{m}{\times}\boldsymbol{B}}\right)_{m+1,n}-\left(\dfrac{\partial F}{\partial\nabla u\boldsymbol{A}\overset{m}{\times}\boldsymbol{B}}\cdot\nabla\right)_m\overset{m}{\times}\boldsymbol{B}^{\mathrm{T}}\left(\dfrac{\partial F}{\partial\nabla u\boldsymbol{A}\overset{m}{\times}\boldsymbol{B}}\cdot\nabla\right)_{m+1,n}\right.\\ \left.-\left(\dfrac{\partial F}{\partial\nabla\cdot u\boldsymbol{A}\overset{m}{\times}\boldsymbol{B}}\nabla\right)_m\overset{m}{\times}\boldsymbol{B}^{\mathrm{T}}\left(\dfrac{\partial F}{\partial\nabla\cdot u\boldsymbol{A}\overset{m}{\times}\boldsymbol{B}}\nabla\right)_{m+1,n}+\left(\dfrac{\partial F}{\partial\nabla\times u\boldsymbol{A}\overset{m}{\times}\boldsymbol{B}}\times\nabla\right)_m\overset{m}{\times}\boldsymbol{B}^{\mathrm{T}}\left(\dfrac{\partial F}{\partial\nabla\times u\boldsymbol{A}\overset{m}{\times}\boldsymbol{B}}\times\nabla\right)_{m+1,n}\right]=\boldsymbol{0}\\ \dfrac{\partial F}{\partial\boldsymbol{B}}+(-1)^m\boldsymbol{A}^{(n-m)}{}_{m\times}\cdot\left(\dfrac{\partial F}{\partial u\boldsymbol{A}\overset{m}{\times}\boldsymbol{B}}-\dfrac{\partial F}{\partial\nabla u\boldsymbol{A}\overset{m}{\times}\boldsymbol{B}}\cdot\nabla-\dfrac{\partial F}{\partial\nabla\cdot u\boldsymbol{A}\overset{m}{\times}\boldsymbol{B}}\nabla+\dfrac{\partial F}{\partial\nabla\times u\boldsymbol{A}\overset{m}{\times}\boldsymbol{B}}\times\nabla\right)=\boldsymbol{0}\end{cases}\tag{8}$$

自然边界条件为

$$\left.\frac{\partial F}{\partial\nabla u\boldsymbol{A}\overset{m}{\times}\boldsymbol{B}}\cdot\boldsymbol{n}\right|_S=\boldsymbol{0},\quad\left.\frac{\partial F}{\partial\nabla\cdot u\boldsymbol{A}\overset{m}{\times}\boldsymbol{B}}\right|_S=\boldsymbol{0},\quad\left.\frac{\partial F}{\partial\nabla\times u\boldsymbol{A}\overset{m}{\times}\boldsymbol{B}}\times\boldsymbol{n}\right|_S=\boldsymbol{0}\tag{9}$$

当 $m=n$ 时，式(8)变为

$$\begin{cases}\dfrac{\partial F}{\partial u}+\left(\dfrac{\partial F}{\partial u\boldsymbol{A}\overset{n}{\times}\boldsymbol{B}}-\dfrac{\partial F}{\partial\nabla u\boldsymbol{A}\overset{n}{\times}\boldsymbol{B}}\cdot\nabla-\dfrac{\partial F}{\partial\nabla\cdot u\boldsymbol{A}\overset{n}{\times}\boldsymbol{B}}\nabla+\dfrac{\partial F}{\partial\nabla\times u\boldsymbol{A}\overset{n}{\times}\boldsymbol{B}}\times\nabla\right)\overset{n}{\cdot}\boldsymbol{A}\overset{n}{\times}\boldsymbol{B}=0\\ \dfrac{\partial F}{\partial\boldsymbol{A}}+(-1)^n u\left(\dfrac{\partial F}{\partial u\boldsymbol{A}\overset{n}{\times}\boldsymbol{B}}-\dfrac{\partial F}{\partial\nabla u\boldsymbol{A}\overset{n}{\times}\boldsymbol{B}}\cdot\nabla-\dfrac{\partial F}{\partial\nabla\cdot u\boldsymbol{A}\overset{n}{\times}\boldsymbol{B}}\nabla+\dfrac{\partial F}{\partial\nabla\times u\boldsymbol{A}\overset{n}{\times}\boldsymbol{B}}\times\nabla\right)\overset{n}{\times}\boldsymbol{B}^{\mathrm{T}}=\boldsymbol{0}\\ \dfrac{\partial F}{\partial\boldsymbol{B}}+(-1)^n\boldsymbol{A}\overset{n}{\times}\left(\dfrac{\partial F}{\partial u\boldsymbol{A}\overset{n}{\times}\boldsymbol{B}}-\dfrac{\partial F}{\partial\nabla u\boldsymbol{A}\overset{n}{\times}\boldsymbol{B}}\cdot\nabla-\dfrac{\partial F}{\partial\nabla\cdot u\boldsymbol{A}\overset{n}{\times}\boldsymbol{B}}\nabla+\dfrac{\partial F}{\partial\nabla\times u\boldsymbol{A}\overset{n}{\times}\boldsymbol{B}}\times\nabla\right)=\boldsymbol{0}\end{cases}\tag{10}$$

式(10)就是例 10.7.10 的式(10)，欧拉方程组中的后两式有两种写法。

将例 10.7.9～例 10.7.11 的各泛函都纳入到式(10-7-26)或式(10-7-30)，可得到内容更多的欧拉方程组和相应的自然边界条件。

10.8 结论

(1) 从向量的散度出发，通过对含标量、向量、张量和哈密顿算子的泛函的变分推导，得到了相应的欧拉方程(组)和自然边界条件。

(2) 若不同阶数的张量有相同的结构形式，则它们的解也应该具有相同的结构形式。

(3) 通过若干经典算例，验证了所得到的欧拉方程(组)和自然边界条件的正确性，同时也验证了所用方法和推导过程的正确性。

(4) 利用哈密顿算子串的有关概念，可以方便地获得泛函所对应的欧拉方程(组)和自然边界条件。

(5) 含哈密顿算子的泛函变分问题实质上是希尔伯特空间的共轭算子运算，特别是对于其中的旋度算子来说，是希尔伯特空间的自共轭算子运算。

(6) 对于含标量、向量、张量和哈密顿算子的其他同类泛函，运用本章提出的方法，都可以获得相应的欧拉方程(组)和自然边界条件。

10.9 名家介绍

库仑(Charles-Augustin de Coulomb, 1736.6.14—1806.8.23)　法国物理学家。生于昂古莱姆，卒于巴黎。1761 年毕业于梅济耶尔军事工程学校。1764 年起在加勒比海的马提尼克岛等地服役，任建造要塞的军事工程师。1772 年回国，1776 年回到巴黎。1777 年发明扭力天平。1881 年他的《简单机械论》一文获得法兰西科学院奖，并于当年当选为法兰西科学院院士。1785 年提出库仑定律。1802 年任教育委员会委员。为纪念库仑对电磁学的贡献，电荷量的国际单位被命名为库仑。他的研究兴趣十分广泛，在材料力学、结构力学、电磁学和摩擦理论等方面都取得过成就。由于他善于从工程实践中归纳出理论规律，故被誉为“18 世纪欧洲伟大的工程师”。著有《库仑论文集》(1884)、《电气与磁性》(7 卷，1785—1789)。

安培(Ampère, Andrè Marie, 1775.1.22—1836.6.10)　法国物理学家。生于里昂，卒于马赛。1802 年任布尔让-布雷斯中央学校物理学和化学教授。1809 年任巴黎理工学院教授。1814 年当选为帝国学院数学部委员。1819 年主持巴黎大学哲学讲座，1820 年任天文学助理教授。1824 年任法兰西学院实验物理学教授。1827 年当选为英国皇家学会会员。柏林科学院和斯德哥尔摩科学院院士。研究领域为物理学、数学、化学、心理学、伦理学和哲学等。1820—1827 年研究电和磁的相互作用，论述了带电导线的磁效应，奠定了电动力学基础。为纪念他在电磁学方面的杰出贡献，电流单位以他的姓氏命名。著有《电动力学观察文集》(1822)、《电动力现象的原理概论》(1826)、《电动力学现象的数学理论》(1827)和《人类知识自然分类的分析》(1834，1843)等。

法拉第(Faraday, Michael, 1791.9.22—1867.8.25)　英国物理学家和化学家，电磁场理论的奠基人。生于英格兰萨里郡的纽因顿镇，卒于伦敦附近的汉普顿。1813 年进伦敦皇家学院实验室当化学家戴维(Davy, Sir Humphry, 1778.12.17—1829.5.29)的助手，1825 年任该实验室主任。1833—1862 年任皇家研究所富勒化学教授。1824 年当选为英国皇家学会会员。1830 年当选为圣彼得堡科学院院士。研究领域为电学、磁学、磁光学和电化学等。1825 年发现苯。1831 年发现电磁感应现象，后来建立了电磁感应定律。1832 年建立电解定律。1837 年发现电介质极化现象并引进介电常数概念。1843 年用实验证明电荷守恒定律。1845 年发现反磁性并使用磁场这个术语，1847 年发现顺磁性。1846 年获伦福德奖和皇家勋章。著有《蜡烛的历史》、《电学实验研究》和《有关光的振动的想法》等。

亥姆霍兹(Helmholtz, Hermann Ludwig Ferdinand von, 1821.8.31—1894.9.8) 德国物理学家，能量守恒和转换定律的奠基人之一。生于波茨坦，卒于夏洛腾堡。1838—1843 年在柏林威廉医学院学习，1843 年获医学博士学位。1843—1848 年任波茨坦驻军军医。1849—1855 年任柯尼斯堡大学副教授和柯尼斯堡生理研究所所长。1855 年任波恩大学教授。1858 年任海德堡大学教授。1871 年任柏林大学教授，1877 年任该校校长。1887 年任国家科学技术局主席。1888 年兼任柏林夏洛腾堡帝国物理技术研究所所长。1860 年当选为英国皇家学会会员，1870 年成为普鲁士科学学会会员。对生理学、物理学、光学、电动力学、数学、热力学、气象学和哲学等均有重要贡献。发明了验目镜、角膜计和立体望远镜。著有《力的守恒》(1853)、《生理光学手册》(1856—1867)和《音调的生理基础》(1863)等。

基尔霍夫(Kirchhoff, Gustav Robert, 1824.3.12—1887.10.17) 德国物理学家，光谱学的奠基者之一。生于柯尼斯堡，卒于柏林。1847 年毕业于柯尼斯堡大学。1848—1850 年在柏林大学任教，1850—1854 年任布雷斯劳大学教授，1854—1875 年任海德堡大学教授，1875—1886 年任柏林大学教授。1862 年当选圣彼得堡科学院院士，1875 年当选英国皇家学会会员，还是柏林科学院院士。1845 年提出基尔霍夫电路定律，1859 年提出热辐射定律，同年制成分光仪，与化学家本生(Robert Wilhelm Eberhard Bunsen, 1811.3.30–1899.8.16)共创光谱化学分析法。1860 年和 1861 年先后发现铯和铷元素。1862 年提出黑体概念。进一步研究光谱学后，测定了太阳光谱。在力学方面，解决了杆弯曲、扭转和板弯曲的理论问题。著有《关于太阳和化学元素光谱的研究》(1861-1863)、《数学物理讲座汇编》(1876—1894)和《论文集》(1882)等。

麦克斯韦(Maxwell, James Clerk, 1831.6.13—1879.11.5) 苏格兰数学家和物理学家。生于爱丁堡，卒于英格兰剑桥。1847 年入爱丁堡大学学习，1850 年转入剑桥大学三一学院，1854 年毕业，1855 年在该校工作。1856—1860 年在阿伯丁马里沙尔学院任自然哲学教授。1860—1865 年任伦敦皇家学院自然哲学教授。1871 年任剑桥大学首任实验物理学教授，1874 年兼任卡文迪许(Cavendish, Henry, 1731.10.10—1810.3.24, 英国化学家和物理学家)实验室首任主任。英国皇家学会会员。气体分子运动论和经典电磁理论的奠基者。在数学、热力学、光学、天文学、粘弹性力学和物理学等方面都有重要贡献。发表论文 100 多篇，绝大部分收集在《麦克斯韦论文集》中。著有《热的理论》(1871，1908)、《电磁学通论》(1873)、《物质和运动》(1877)和《电学的基本特性》(1881)等。

吉布斯(Gibbs, Josiah Willard, 1839.2.11—1903.4.28) 美国物理学家，化学家。生、卒于康涅狄格州纽黑文。1854 年入耶鲁大学，1863 年获哲学博士学位，是美国第一位工程学博士。1863—1866 年任该校助教。1866 年赴欧洲，在巴黎、柏林和海德堡等地深造。1869 年回国。1871 年起任耶鲁大学教授。1897 年任英国皇家学会会员。1869 年获得铁道制动器专利。1873 年创立几何热力学。1875 年发现相律。1876 年提出热力学平衡判据，并首先将此用于化学平衡，奠定化学热力学基础。19 世纪 80 年代，研究麦克斯韦电磁理论，得到出比麦克斯韦四元法记号更简单的向量分析方法，成为现代向量计算的创始人之一。1901 年获英国皇家学会的科普利奖。1902 年提出并发展统计平均、统计涨落和统计相似三种方法，完成建立经典统计力学工作。

坡印亭(Poynting, John Henry, 1852.9.9—1914.3.30) 英国物理学家。生于曼彻斯特附近的蒙通，卒于伯明翰。1867—1872 年就读于曼彻斯特大学的前身欧文学院，1872—1876 就读于曼彻斯特大学、伦敦大学和剑桥大学，并毕业于剑桥大学，获理学博士学位。1876—1879 年在欧文学院任教。1878 年兼任剑桥大学三一学院研究员。1880 年任梅森科学学院教授，1892 年梅森科学学院与伯明翰医学院合并成伯明翰大学，任该校教授。1884 年推导出坡印亭定理。1891 年测定地球平均密度，1893 年测定万有引力常数。1903 年提出太阳辐射效应的存在，1937 年得到美国物理学家霍华德·罗伯逊的发展，并同相对论联系起来，成为著名的坡印亭–罗伯逊效应。英国皇家学会会员。著有《地球平均密度》(1894)、《光压》(1910)、《地球》(1913)和《物理教科书》(1914-1920)等。

洛伦兹(Lorentz, Hendrik, Antoon, 1853.7.18—1928.2.4)　荷兰物理学家和数学家。生于阿纳姆，卒于哈勒姆。1870 年入莱顿大学，1875 年获博士学位。1877 年任莱顿大学教授。1896 年创立经典电子论。由于在磁光效应方面的发现，1902 年获诺贝尔物理学奖。1904 年提出洛伦兹变换和质量与速度关系式，为爱因斯坦创立狭义相对论奠定了基础。1911—1927 年任索尔维物理学会议的常任主席。1912 年任哈勒姆的泰勒自然博物馆馆长。1921 年任高等教育部部长。在物理学、力学、光学、电磁学和相对论等多个领域均有贡献，巴黎大学和剑桥大学名誉博士，曾获英国皇家学会的伦福德奖和科普利奖，是世界上许多科学院的外国院士和科学学会的外国会员。著有《电子论》(1909)、《理论物理讲义》(8 卷，1927—1931)和《洛伦兹论文集》(9 卷，1935—1939)等。

普朗克(Planck, Max Karl Ernst Ludwig, 1858.4.23—1947.10.3)　德国物理学家。生于基尔，卒于格丁根。量子物理学的创始人。1874 年入慕尼黑大学，1877—1878 年曾在柏林大学学习，1879 年获慕尼黑大学博士学位。1880 年任慕尼黑大学讲师，1885 年任基尔大学教授。1889 年任柏林大学副教授，1892 年任教授。1894 年当选普鲁士科学院院士。1900 年提出辐射能只能以量子这个基本单位的整数倍形式辐射出来的量子假说，由此创立量子理论，1918 年获诺贝尔物理学奖。1926 年成为英国皇家学会会员。1930—1937 年任德国威廉皇家科学协会会长。在热力学和统计物理学方面都有重要贡献。著有《热力学教程》(1897)、《能量守恒原理》(第二版 1908)、《热辐射理论》(1914)、《热学理论》(1932)、《理论物理学引论》(共 5 卷，1916—1930)和《物理的哲学》(1959)等。

德布罗意(Louis Victor Pierre Raymond Prince de Broglie, 1892.8.15—1987.3.19)　法国理论物理学家，量子力学创始人之一。生于迪埃普，卒于Louveciennes。1909 年入索邦大学攻读历史，1910 年获学士学位。1913 年获巴黎大学理学学士学位。1924 年获巴黎大学博士学位。1926 年任索邦大学讲师，1932—1962 年任巴黎大学理论物理学教授。1942—1975 年任法兰西科学院常务秘书。1929 年获诺贝尔物理学奖。1933 年当选为法兰西科学院院士，还是英国皇家学会会员，美国国家科学院等 18 个科学院的院士，许多大学的名誉博士。主要从事经典力学、量子力学、场论、量子电动力学、物理学史和方法论等研究。著有《波动力学》(1828)、《物质与光》(1937)、《波动力学的新解释：关键的学科》(1963)和《海森伯不确定关系和波动力学的概率诠释》(1982)等。

狄拉克(Dirac, Paul Adrien Maurice, 1902.8.8—1984.10.20)　英国物理学家，量子力学创始人之一。生于布里斯托尔，卒于美国塔拉哈西(Tallahassee)。1921 年获布里斯托尔大学学士学位，1926 年获剑桥大学博士学位。1927 年成为圣约翰逊学院研究员。1931 年在普林斯顿大学工作，1932 年任剑桥大学卢卡斯讲座数学教授。1940 年起任都柏林高级研究所教授。1971 年任美国佛罗里达大学教授。1930 年成为英国皇家学会会员，还是许多外国科学院院士和科学学会会员。1928 年建立描述电子运动并满足相对论的波动方程即狄拉克方程。1930 年提出空穴理论，1931 年预言正电子的存在。因发现原子理论新的有效形式，与薛定谔共获 1933 年诺贝尔物理学奖。著有《量子力学原理》(1930)、《量子场论讲义》(1966)、《希尔伯特空间中的旋量》(1974)和《广义相对论》(1975)等。

朗道(Ландау, Лев Давыдович, 1908.1.22—1968.4.1) 苏联物理学家。生于阿塞拜疆的巴库，卒于莫斯科。1927 年毕业于列宁格勒大学。1934 年获博士学位。1932—1937 年任哈尔科夫物理技术研究所理论研究室主任。1943—1947 年和 1955 年以后兼任莫斯科大学教授。1946 年当选为苏联科学院院士，美国国家科学院、丹麦和荷兰科学院院士，英国皇家学会会员。1930 年提出自由电子抗磁性理论。1937 年建立二级相变理论。1950 年建立超导的唯象理论。1956 年发展了量子流体理论。因对凝聚态物质特别是液氦的开创性研究，于 1962 年获诺贝尔物理学奖。1946 年、1949 年和 1953 年三次获苏联国家奖。1954 年获苏联社会主义劳动英雄称号。1962 年获列宁奖。著有《理论物理学教程》(10 卷，1938—1962)、《场论》(1941)、《量子力学》(1948)和《统计物理学》(1951)等。

列文森(Levinson, Norman, 1912.8.11—1975.10.10) 美国数学家。生于马萨诸塞州的林恩，卒于波士顿。1935 年获马萨诸塞理工学院博士学位。在普林斯顿研究所进修后，于 1937 年回母校任教，1945 年任副教授，1949 年任教授。研究范围包括复数域上的傅里叶变换、复分析、微分方程、数论、信号处理、代数几何、概率论和规划论等。1954 年获美国数学会博谢纪念奖。1971 年获美国数学协会肖夫内奖。著有《间隙与密度定理》(1940)、《常微分方程论》(与哥丁顿合著，1955)和《列文森文集》(2 卷，1998)等。

金兹堡(Гинзбург, Виталий Лазаревич, 1916.10.4—2009.11.8) 苏联物理学家。生、卒于莫斯科。1938 年毕业于莫斯科大学。1940 年起在苏联科学院物理研究所理论研究室工作，1971 年任该室主任。1945—1968 年兼任高尔基市大学教授。1953 年当选为苏联科学院通讯院士，获苏联国家奖，1966 年当选为院士，获列宁奖。1940 年提出瓦维洛夫—切连科夫效应的量子理论。1945 年建立铁电现象的热力学理论。1946 年预言了跃迁辐射。1950 年同朗道合作建立超导的唯象理论。1958 年与他人合作建立超流的半唯象理论，提出太阳偶见辐射理论。1960 年在二级相变理论中提出平均场理论适用准则，提出宇宙空间研究方法。2003 年获诺贝尔物理学奖。著有《无线电波在电离层中的传播理论》(1949)、《电磁波在等离子体中的传播》(1967)和《物理学与天体物理学新论》(1974)等。

费曼(Feynman, Richard Phillips, 1918.5.11—1988.2.15) 美国物理学家，现代量子电动力学创始人之一。生于纽约，卒于洛杉矶。1939 年毕业于马萨诸塞理工学院，1942 年获普林斯顿大学博士学位。1943—1945 年参与洛斯阿拉莫斯原子弹研制工作。1945—1950 年任康奈尔大学副教授，1948 年独立建立现代量子电动力学。1950 年任加利福尼亚理工学院教授。1954 年当选为美国国家科学院院士，1965 年成为英国皇家学会会员。1955 年发展了超流氦的量子湍流理论。1958 年与盖尔曼共同建立普适费密型弱相互作用理论。1969 年提出强子结构的部分子(parton)模型。1954 年获爱因斯坦奖，1965 年获诺贝尔物理学奖，1980 年获美国国家科学奖。著有《量子电动力学》(1961)、《费曼物理学讲义》(3 卷本，1963—1964)、《量子力学与路径积分》(1965)和《统计力学》(1972)等。

习题 10

10.1 求泛函 $J=\int_V F(u,v,\nabla u\times\nabla v)\,\mathrm{d}V$ 的欧拉方程组和自然边界条件。

10.2 推导泛函 $J=\int_V F(u,\boldsymbol{a},\boldsymbol{a}\times\nabla u)\,\mathrm{d}V$ 的欧拉方程组和自然边界条件。

10.3 写出泛函 $J=\int_V F(u,\nabla\Delta u)\,\mathrm{d}V$ 的欧拉方程和自然边界条件。

10.4 推导泛函 $J=\int_V F(u,\boldsymbol{a},\nabla(\nabla u\cdot\boldsymbol{a}))\mathrm{d}V$ 的欧拉方程组和自然边界条件。

习题 10.1 答案　习题 10.2 答案　习题 10.3 答案　习题 10.4 答案

10.5 推导泛函 $J=\int_V F(u,\boldsymbol{a},(\boldsymbol{a}\cdot\nabla)u)\mathrm{d}V$ 的欧拉方程组和自然边界条件，其中，$\boldsymbol{a}$ 与 ∇ 是内积关系，不是取右散度。

10.6 写出泛函 $J=\int_V F(u,f(|\nabla u|))\mathrm{d}V$ 的欧拉方程和自然边界条件。

10.7 推导泛函 $J=\int_V F(\boldsymbol{a},\boldsymbol{b},\nabla|\boldsymbol{a}\times\boldsymbol{b}|)\mathrm{d}V$ 的欧拉方程组和边界条件。

10.8 写出泛函 $J=\int_V F(u,\nabla\cdot u\nabla u)\mathrm{d}V$ 的欧拉方程和自然边界条件。

习题 10.5 答案　习题 10.6 答案　习题 10.7 答案　习题 10.8 答案

10.9 求泛函 $J=\int_V F(u,v,\nabla\cdot v\nabla\Delta u)\mathrm{d}V$ 的欧拉方程组和自然边界条件。

10.10 求泛函 $J=\int_V F(u,v,\nabla\cdot\Delta u\nabla v)\mathrm{d}V$ 的欧拉方程组和自然边界条件。

10.11 求泛函 $J=\int_V F(u,v,\Delta(v\Delta u))\mathrm{d}V$ 的欧拉方程组和自然边界条件。

10.12 推导泛函 $J=\int_V F\left(u,v,\boldsymbol{a},\nabla\cdot\frac{u}{v}\boldsymbol{a}\right)\mathrm{d}V$ 的欧拉方程组和自然边界条件。

习题 10.9 答案　习题 10.10 答案　习题 10.11 答案　习题 10.12 答案

10.13 推导泛函 $J=\int_V F(\boldsymbol{a},\boldsymbol{b},\nabla\cdot(\boldsymbol{a}\times\nabla\times\boldsymbol{b}))\mathrm{d}V$ 的欧拉方程组和自然边界条件。

10.14 写出泛函 $J=\int_V F(u,\nabla\times u\nabla u)\mathrm{d}V$ 的欧拉方程和自然边界条件。

10.15 推导泛函 $J=\int_V F(u,\boldsymbol{a},\nabla\times(\nabla u\times\boldsymbol{a}))\mathrm{d}V$ 的欧拉方程组和自然边界条件。

10.16 推导泛函 $J=\int_V F(\boldsymbol{a},\boldsymbol{b},\boldsymbol{a}\times\nabla\times\boldsymbol{b},(\nabla\times\boldsymbol{a})\times(\nabla\times\boldsymbol{b}))\mathrm{d}V$ 的欧拉方程组和自然边界条件。

习题 10.13 答案　习题 10.14 答案　习题 10.15 答案　习题 10.16 答案

10.17 求泛函 $J=\int_V\sqrt{1+(\nabla u)^2}\,\mathrm{d}V$ 的欧拉方程。

10.18 在金属氧化物半导体(MOS)器件中，有关于量子力学修正变分原理的静电势 φ 的泛函为

$$J[\phi]=\iiint_V\left[\frac{\varepsilon}{2}(\nabla\varphi)^2-(1-\mathrm{e}^{-x^2/\lambda^2})\rho\varphi\right]\mathrm{d}V$$

式中，ε 为电容率；ρ 为电荷密度；λ 为热激发粒子的德布罗意(Louis, 1892.8.15—1987.3.15)波长；x 为界面到基体的距离。试求泛函的欧拉方程和边界条件。

10.19 时间相关的薛定谔方程的泛函为

$$J[\varphi]=\int_V[(V\varphi+2\mathrm{i}\varphi_0-\mathrm{i}\varphi)\varphi+k\nabla\varphi\cdot\nabla\varphi]\mathrm{d}V$$

求它的欧拉方程。

10.20 求泛函 $J[u]=\dfrac{1}{m}[\iiint_V(2fu+|\nabla u|^2)\mathrm{d}V]^n$ 的奥氏方程($n\geqslant 1$)。

习题 10.17 答案 习题 10.18 答案 习题 10.19 答案 习题 10.20 答案

10.21 试求泛函 $J[u]=\dfrac{1}{2}\iiint_V\left(\dfrac{1}{\mu}|\nabla u|^2+\mathrm{i}\omega\sigma u^2-2\mathrm{j}u\right)\mathrm{d}V$ 的欧拉方程及相应的自然边界条件。

10.22 求泛函 $J[u,v]=\iiint_V(|\nabla u|^2+|\nabla v|^2+\alpha u^2+\beta v^2-\gamma u^2 v)\mathrm{d}V$ 的欧拉方程组。

10.23 复声强场分析中有拉格朗日函数

$$L=\frac{G_0}{\rho c^2}\mathrm{e}^{\psi}\left[\frac{(\nabla\varphi)^2}{k^2}+\frac{(\nabla\psi)^2}{4k^2}-1\right]$$

式中，G_0 为声压自动波谱；ρ 为介质密度；c 为声速；k 为波数。试写出它的欧拉方程组和自然边界条件。

10.24 在磁约束等离子绝热压缩加热过程中，有拉格朗日函数

$$L=\left[\frac{(\nabla\psi)^2}{2R^2}\left(1-\frac{F^2}{\rho}\right)-\frac{1}{2}\frac{\rho}{\rho-F^2}\left(\frac{I}{R}+RF\Omega\right)^2-\frac{\rho R^2\Omega^2}{2}+\frac{\rho^\gamma S}{\gamma-1}-\rho H\right]R$$

式中，F、I、Ω 和 S 均为 ψ 的函数，求泛函的欧拉方程和边界条件。

习题 10.21 答案 习题 10.22 答案 习题 10.23 答案 习题 10.24 答案

10.25 非达西水流问题。泛函为 $J=\iint_A K(|\nabla\phi|)(\phi_x^2+\phi_y^2)\mathrm{d}x\mathrm{d}y$，其中，$\phi$ 为测压管水头；$K(|\nabla\phi|)$ 为导水度。试求它的欧拉方程。

10.26 求泛函 $J[u]=\int_V\left[|\nabla u|\ln(1+|\nabla u|)+\lambda_1\dfrac{f}{u}+\lambda_2\left(\dfrac{f}{u}+a\right)^2\right]\mathrm{d}V$ 的欧拉方程。

10.27 求全变分图像复原泛函 $J[u]=\iint_D\left[\sqrt{1+|\nabla u|^2}-1+\frac{\lambda}{2}(u-u_0)^2\right]\mathrm{d}D$ 的欧拉方程。

10.28 求自适应混合图像消噪泛函 $J[u]=\iint_D\left[\alpha|\nabla u|+\frac{(1-\alpha)}{2}|\nabla u|^2+\frac{\lambda}{2}(u-u_0)^2\right]\mathrm{d}x\mathrm{d}y$ 的欧拉方程，其中，α 为自适应权重参数或扩散权重参数；u 为原始图像；u_0 为噪声图像；λ 为正则参数。

习题 10.25 答案　习题 10.26 答案　习题 10.27 答案　习题 10.28 答案

10.29 求广义全变分去噪泛函 $J[u]=\iint_D\left[\frac{|\nabla u|^p}{p}+\frac{\lambda}{2}(u-u_0)^2\right]\mathrm{d}x\mathrm{d}y$ 的欧拉方程，其中，p 为与高斯滤波器有关的参数，且 $p>1$；u 为原始图像；u_0 为噪声图像；λ 为正则参数。

10.30 求泛函 $J[u]=\iint_D\left(\frac{k}{2}\nabla u\cdot\nabla u+\varepsilon u\right)\mathrm{d}D-\int_\Gamma qu\,\mathrm{d}\Gamma$ 的欧拉方程和边界条件，其中，D 为平面上一个有界闭区域，Γ 为 D 的边界曲线。

10.31 求泛函 $J[\boldsymbol{E},\boldsymbol{H}]=\iint_D(\boldsymbol{E}\cdot\nabla\times\boldsymbol{H}+\boldsymbol{H}\cdot\nabla\times\boldsymbol{E}-\mathrm{i}\omega\varepsilon\boldsymbol{E}^2+\mathrm{i}\varepsilon\mu\boldsymbol{H}^2)\mathrm{d}D$ 的欧拉方程组和自然边界条件，其中，D 为平面上一个有界闭区域，Γ 为 D 的边界曲线。

10.32 求泛函 $J[u]=\int_V|\nabla u-\boldsymbol{a}|^2\,\mathrm{d}V$ 的欧拉方程。

习题 10.29 答案　习题 10.30 答案　习题 10.31 答案　习题 10.32 答案

10.33 求泛函 $J[f]=\int_V\left(\frac{1}{2}f^2+\frac{b^2}{6}\nabla f\cdot\nabla g+ugf\right)\mathrm{d}V$ 的欧拉方程。

10.34 求泛函 $J[u]=\int_S\left[\frac{g}{2}|\nabla u|^2+(1-g)|\nabla u|+\frac{\lambda}{2}(I-u)^2\right]\mathrm{d}S$ 的欧拉方程。

10.35 求泛函 $J[T]=\int_V\left(\frac{k}{2}\nabla T\cdot\nabla T-q_vT+\rho c_p\frac{\partial T}{\partial t}T\right)\mathrm{d}V+\int_S\alpha\left(\frac{1}{2}T^2-T_fT\right)\mathrm{d}S$ 的欧拉方程和边界条件。

10.36 人工心瓣最佳膜面形状的泛函为 $J=\iint_D(\sqrt{1+\nabla u\cdot\nabla u}+\lambda u)\mathrm{d}x\mathrm{d}y+\oint_C u\,\mathrm{d}l$，试确定它的欧拉方程和边界条件。

习题 10.33 答案　习题 10.34 答案　习题 10.35 答案　习题 10.36 答案

10.37 求泛函 $J=\int_V[p(\nabla u)^2+qu^2-2fu]\mathrm{d}V+\int_S(\sigma u^2-2ku)\mathrm{d}S$ 的欧拉方程和边界条件。

10.38 求泛函

$$J[u,v]=\int_V\left\{\alpha u^2(v_{\text{str}}-c)^2\frac{1}{|\nabla v|^2+\varepsilon}+\beta|\nabla u\times\nabla v|^2+\gamma[\delta+(1-\delta)|\nabla v|](u-u_{\text{ind}})^2\right\}\mathrm{d}V$$

的欧拉方程组和自然边界条件。

10.39 求泛函 $J=\int_V F(u,\boldsymbol{a},\nabla\cdot\mathrm{e}^u\,\boldsymbol{a})\mathrm{d}V$ 的欧拉方程组和自然边界条件。

10.40 温度扩散问题中有如下泛函的变分问题

$$J=\int_V\left[\frac{\sigma(\nabla T)^2}{2}+T\left(\nabla\cdot\sigma\nabla T-\rho C_v\frac{\partial T}{\partial t}\right)\right]\mathrm{d}V \tag{1}$$

式中，σ 为已知函数，求它的欧拉方程。

习题 10.37 答案　习题 10.38 答案　习题 10.39 答案　习题 10.40 答案

10.41 求泛函 $J=\int_V[(\Delta u)^2-2fu]\mathrm{d}V$ 的欧拉方程。

10.42 求泛函 $J=\int_V\left[\frac{1}{2\rho C_V}(\nabla\cdot\boldsymbol{H})^2+\frac{\boldsymbol{H}}{k}\cdot\frac{\partial\boldsymbol{H}}{\partial t}\right]\mathrm{d}V+\int_S\theta\boldsymbol{H}\cdot\boldsymbol{n}\,\mathrm{d}S$ 的欧拉方程和边界条件。

10.43 求能量泛函 $J[\boldsymbol{E},\boldsymbol{E}^*]=\int_V(\nabla\times\boldsymbol{E}^*\cdot\mu^{-1}\nabla\times\boldsymbol{E}-\omega^2\boldsymbol{E}^*\cdot\varepsilon\boldsymbol{E})\mathrm{d}V$ 的欧拉方程组。

10.44 在线性、静态、非均匀、各向异性介质的电磁场问题中有拉格朗日密度函数

$$L=\left(\boldsymbol{H}-\frac{\boldsymbol{B}}{\tilde{\mu}}\right)\cdot\left(\nabla\times\boldsymbol{E}+\frac{\partial\boldsymbol{B}}{\partial t}+\boldsymbol{K}\right)-\left(\boldsymbol{E}-\frac{\boldsymbol{D}}{\tilde{\varepsilon}}\right)\cdot\left(\nabla\times\boldsymbol{H}-\frac{\partial\boldsymbol{D}}{\partial t}-\boldsymbol{J}\right)$$

式中，$\boldsymbol{B}$ 为磁感应强度；$\boldsymbol{D}$ 为电位移向量；$\boldsymbol{E}$ 为电场强度；$\boldsymbol{H}$ 为磁场强度；$\boldsymbol{J}$ 为电流密度；$\boldsymbol{K}$ 为磁流密度；磁导率 $\tilde{\mu}$ 和介电常数 $\tilde{\varepsilon}$ 只是坐标的函数，且有 $\boldsymbol{B}=\tilde{\mu}\boldsymbol{H}$，$\boldsymbol{D}=\tilde{\varepsilon}\boldsymbol{E}$。求相应的欧拉方程组。

习题 10.41 答案　习题 10.42 答案　习题 10.43 答案　习题 10.44 答案

10.45 求泛函

$$\begin{aligned}\Pi=&\int_V\left[\frac{1}{2}(\nabla\times\boldsymbol{A}^*\cdot\nu\nabla\times\boldsymbol{A}+\nabla\times\boldsymbol{A}\cdot\nu\nabla\times\boldsymbol{A}^*)+\boldsymbol{A}^*\cdot\sigma\frac{\partial\boldsymbol{A}}{\partial t}-\boldsymbol{A}\cdot\sigma\frac{\partial\boldsymbol{A}^*}{\partial t}\right]\mathrm{d}V\\&+\int_V(\sigma\boldsymbol{A}^*\cdot\nabla\varphi+\sigma\boldsymbol{A}\cdot\nabla\varphi^*)\mathrm{d}V+\frac{1}{2}\int_V(\nabla\varphi^*\cdot\sigma\nabla\Phi+\nabla\varphi\cdot\sigma\nabla\Phi^*)\mathrm{d}V\\&-\int_V(\boldsymbol{J}_s^*\cdot\boldsymbol{A}+\boldsymbol{J}_s\cdot\boldsymbol{A}^*)\mathrm{d}V-\int_S(\boldsymbol{H}_t\cdot\boldsymbol{A}^*+\boldsymbol{H}_t^*\cdot\boldsymbol{A})\mathrm{d}S\end{aligned}$$

用 $\boldsymbol{A}$ 表示的欧拉方程和边界条件。

10.46 在静磁学中，有含有拉格朗日乘子 λ 的泛函

$$J[\boldsymbol{H},\lambda]=\int_V\left[\frac{1}{2}(\boldsymbol{H}\cdot\nabla\times\boldsymbol{H})-\boldsymbol{H}\cdot\boldsymbol{J}-\lambda\nabla\cdot\mu\boldsymbol{H}\right]\mathrm{d}V$$

式中，$\boldsymbol{H}$ 为磁场强度；μ 为磁介质的磁导率(是常数)。试求泛函的欧拉方程组。

10.47 在磁流体研究中会遇到如下拉格朗日密度函数

$$L=\frac{1}{2\mu_0}\boldsymbol{B}^2-\frac{1}{2}k_0\boldsymbol{E}^2+\frac{1}{2}\rho\boldsymbol{v}^2-\rho\varepsilon-\alpha\left(\frac{\mathrm{d}\rho}{\mathrm{d}t}+\rho\nabla\cdot\boldsymbol{v}\right)-\beta\rho\frac{\mathrm{d}S}{\mathrm{d}t}$$

式中，μ_0 和 k_0 均为常数；α 和 β 均为拉格朗日乘子；ε 和 S 分别为比内能和比熵，并且有

$$\boldsymbol{E}=\frac{1}{\mu_0}(\nabla\times\boldsymbol{M}-\boldsymbol{P}),\quad \boldsymbol{B}=\mu_0\left(\nabla\psi+\boldsymbol{P}\times\boldsymbol{v}+\frac{\partial\boldsymbol{M}}{\partial t}\right)$$

式中，$\boldsymbol{P}$ 为极化强度；ψ 和 $\boldsymbol{M}$ 分别为磁流体中的标势和矢势。试求相应的欧拉方程组。

10.48 在电动力学中，由拉格朗日密度函数构成的泛函为

$$J=\int_{t_0}^{t_1}\iiint_V L\,\mathrm{d}V\,\mathrm{d}t=\int_{t_0}^{t_1}\iiint_V\left[\frac{1}{8\pi}(\boldsymbol{E}^2-\boldsymbol{B}^2)+\frac{\boldsymbol{A}\cdot\boldsymbol{j}}{c}-\rho\varphi\right]\mathrm{d}V\,\mathrm{d}t$$

式中，标量势 φ、向量势 $\boldsymbol{A}$ 与 $\boldsymbol{E}$、$\boldsymbol{B}$ 有关系式，$\boldsymbol{E}=-\frac{1}{c}\frac{\partial\boldsymbol{A}}{\partial t}-\nabla\varphi$，$\boldsymbol{B}=\nabla\times\boldsymbol{A}$，试求麦克斯韦方程组。

习题 10.45 答案　　习题 10.46 答案　　习题 10.47 答案　　习题 10.48 答案

10.49 求能量泛函

$$J=\iiint_V(\nabla\times\boldsymbol{v}^*\cdot p\nabla\times\boldsymbol{v}-\omega^2\boldsymbol{v}^*\cdot q\boldsymbol{v}+\boldsymbol{v}^*\cdot\boldsymbol{g}+\boldsymbol{g}^*\cdot\boldsymbol{v})\mathrm{d}V-\oiint_S(\boldsymbol{v}^*\times p\nabla\times\boldsymbol{v})\cdot\boldsymbol{n}\,\mathrm{d}S$$

的欧拉方程和边界条件。

10.50 求泛函

$$J[\boldsymbol{A}]=\int_V\frac{1}{2}\left[\frac{1}{\mu}(\nabla\times\boldsymbol{A})^2+\frac{1}{\mu}(\nabla\cdot\boldsymbol{A})^2+(\sigma+\mathrm{j}\varepsilon\omega)\mathrm{j}\omega\boldsymbol{A}^2-2\boldsymbol{A}\cdot\boldsymbol{J}_f\right]\mathrm{d}V-$$

$$\int_{S_2}(\boldsymbol{H}\times\boldsymbol{n})_{S_2}\cdot\boldsymbol{A}\,\mathrm{d}S-\int_{S_2}\left(\frac{1}{\mu}\nabla\cdot\boldsymbol{A}\right)_{S_2}\boldsymbol{A}\cdot\boldsymbol{n}\,\mathrm{d}S$$

的欧拉方程和边界条件，其中，$\mu\boldsymbol{H}=\nabla\times\boldsymbol{A}$。

10.51 非线性广义变分原理(势能形式)的泛函为

$$\Pi_G^{J1}[\boldsymbol{U},\boldsymbol{S},\boldsymbol{u}]=\int_V[\varSigma(\boldsymbol{U})+\boldsymbol{S}:(\boldsymbol{R}^{\mathrm{T}}\cdot\boldsymbol{F}-\boldsymbol{U})-\boldsymbol{u}\cdot\bar{\boldsymbol{F}}]\mathrm{d}V-\int_{S_\sigma}\boldsymbol{u}\cdot\bar{\boldsymbol{P}}\mathrm{d}S-\int_{S_u}(\boldsymbol{u}-\bar{\boldsymbol{u}})\cdot\boldsymbol{R}\cdot\boldsymbol{S}\cdot\boldsymbol{N}\mathrm{d}S$$

试写出泛函的欧拉方程组和边界条件。

10.52 非线性广义变分原理(余能形式)的泛函为

$$\Pi_G^{J2}[\boldsymbol{S},\boldsymbol{u}]=\int_V\{\varSigma^c(\boldsymbol{S})-\boldsymbol{R}^{\mathrm{T}}:\boldsymbol{S}+\boldsymbol{u}\cdot[(\boldsymbol{R}\cdot\boldsymbol{S})\cdot\nabla+\bar{\boldsymbol{F}}]\}\mathrm{d}V$$

$$-\int_{S_\sigma}\boldsymbol{u}\cdot(\boldsymbol{R}\cdot\boldsymbol{S}\cdot\boldsymbol{N}-\bar{\boldsymbol{P}})\mathrm{d}S-\int_{S_u}\bar{\boldsymbol{u}}\cdot\boldsymbol{R}\cdot\boldsymbol{S}\cdot\boldsymbol{N}\mathrm{d}S$$

已知变形梯度 $\boldsymbol{F}$ 的右极分解为 $\boldsymbol{F}=\boldsymbol{R}\cdot\boldsymbol{U}$。试写出泛函的欧拉方程组和边界条件。

习题 10.49 答案　　习题 10.50 答案　　习题 10.51 答案　　习题 10.52 答案

10.53 以Atluri应力$\boldsymbol{T}'$和左伸长张量$\boldsymbol{V}$为共轭变量的广义变分原理(势能形式)的泛函为

$$\Pi_{gJ}^{p}=\int_V[W(\boldsymbol{V})+\boldsymbol{T}':(\boldsymbol{F}\cdot\boldsymbol{R}^{\mathrm{T}}-\boldsymbol{V})-\boldsymbol{u}\cdot\bar{\boldsymbol{F}}]\mathrm{d}V-\int_{S_\sigma}\boldsymbol{u}\cdot\bar{\boldsymbol{P}}\mathrm{d}S-\int_{S_u}(\boldsymbol{u}-\bar{\boldsymbol{u}})\cdot\boldsymbol{T}'\cdot\boldsymbol{R}\cdot\boldsymbol{N}\mathrm{d}S$$

式中，$\boldsymbol{u}$是位移向量；$\boldsymbol{F}$为变形梯度，$\boldsymbol{F}=\boldsymbol{I}+\boldsymbol{u}\nabla=\boldsymbol{V}\cdot\boldsymbol{R}$，其中$\boldsymbol{R}$为正交转动张量；$\bar{\boldsymbol{F}}$和$\bar{\boldsymbol{P}}$分别为单位体积和面积的外力；$\boldsymbol{N}$为曲面边界外法线方向的单位向量。试写出泛函的欧拉方程组和边界条件。

10.54 以 Atluri 应力$\boldsymbol{T}'$和左伸长张量$\boldsymbol{V}$为共轭变量的广义变分原理(余能形式)的泛函为

$$\Pi_{gJ}^{c}[\boldsymbol{T}',\boldsymbol{V}]=\int_V\{W_c(\boldsymbol{T}')-\boldsymbol{T}':\boldsymbol{R}^{\mathrm{T}}+\boldsymbol{u}\cdot[(\boldsymbol{T}'\cdot\boldsymbol{R})\cdot\nabla+\bar{\boldsymbol{F}}]\}\mathrm{d}V$$
$$-\int_{S_\sigma}\boldsymbol{u}\cdot(\boldsymbol{T}'\cdot\boldsymbol{R}\cdot\boldsymbol{N}-\bar{\boldsymbol{P}})\mathrm{d}S-\int_{S_u}\bar{\boldsymbol{u}}\cdot\boldsymbol{T}'\cdot\boldsymbol{R}\cdot\boldsymbol{N}\mathrm{d}S$$

已知变形梯度$\boldsymbol{F}$的右极分解为$\boldsymbol{F}=\boldsymbol{R}\cdot\boldsymbol{U}$，试写出泛函的欧拉方程组和边界条件。

10.55 求泛函

$$\Pi=\int_V\left[\Sigma^c(\boldsymbol{T})+(\boldsymbol{F}-\boldsymbol{I}-\boldsymbol{u}\nabla):\boldsymbol{\tau}+\frac{1}{2}\boldsymbol{T}:(\boldsymbol{I}-\boldsymbol{F}^{\mathrm{T}}\cdot\boldsymbol{F})\right]\mathrm{d}V$$
$$+\int_{A_\tau}\boldsymbol{u}\cdot\mathring{\boldsymbol{T}}_N\mathrm{d}A+\int_{A_u}(\boldsymbol{u}-\mathring{\boldsymbol{u}})\cdot\boldsymbol{\tau}\cdot\boldsymbol{N}\mathrm{d}A$$

的欧拉方程组和边界条件，式中，$\boldsymbol{T}$为对称张量。

10.56 赫林格–赖斯纳广义变分原理的总余能泛函为

$$\Pi_{H-R}=\iiint_V\left[\frac{1}{2}\sigma_{ij}(u_{i,j}+u_{j,i})-U_0^c(\sigma_{ij})-\bar{F}_iu_i\right]\mathrm{d}V-\iint_{S_u}n_j\sigma_{ij}(u_i-\bar{u}_i)\mathrm{d}S-\iint_{S_\sigma}\bar{X}_iu_i\,\mathrm{d}S$$

试求它的欧拉方程组和边界条件。

习题 10.53 答案　　习题 10.54 答案　　习题 10.55 答案　　习题 10.56 答案

10.57 胡海昌–鹫津久一郎广义变分原理的总势能泛函为

$$\Pi_{H-W}=\iiint_V\left\{U_0(\varepsilon_{ij})+\sigma_{ij}[\varepsilon_{ij}-\frac{1}{2}(u_{i,j}+u_{j,i})]-\bar{F}_iu_i\right\}\mathrm{d}V-\iint_{S_u}\sigma_{ij}n_j(u_i-\bar{u}_i)\cdot\mathrm{d}S-\iint_{S_\sigma}\bar{X}_iu_i\,\mathrm{d}S$$

试求它的欧拉方程组和边界条件。

10.58 求泛函$\Pi_{OOCO}^{P}=\iiint_V[A(e_{ij})-e_{ij}\sigma_{ij}-(\sigma_{ij,j}+\bar{F}_i)u_i]\mathrm{d}V+\iint_{S_u}\sigma_{ij}n_j\bar{u}_i\,\mathrm{d}S$的欧拉方程组和边界条件，其中，$A(e_{ij})$为应变能密度，应变张量$e_{ij}$和应力张量$\sigma_{ij}$均为对称张量。

10.59 求泛函$\Pi_{OOOd}^{C}=\iiint_V[B(\sigma_{ij})-\sigma_{ij}u_{i,j}+\bar{F}_iu_i]\mathrm{d}V+\iint_{S_p}\bar{p}_iu_i\,\mathrm{d}S$的欧拉方程组和边界条件，其中，$B(\sigma_{ij})$为余能密度，应力张量$\sigma_{ij}$为对称张量。

10.60 求泛函$\Pi_{OOcd}^{P}=\iiint_V[A(e_{ij})-e_{ij}\sigma_{ij}-(\sigma_{ij,j}+\bar{F}_i)u_i]\mathrm{d}V+\iint_{S_u}\sigma_{ij}n_j\bar{u}_i\,\mathrm{d}S$的欧拉方程组和边界条件，其中，$A(e_{ij})$为应变能密度，应变张量$e_{ij}$和应力张量$\sigma_{ij}$均为对称张量。

习题 10.57 答案　　习题 10.58 答案　　习题 10.59 答案　　习题 10.60 答案

10.61 试讨论泛函 $J=\int_V F(\boldsymbol{a},\nabla\boldsymbol{a}\cdot\boldsymbol{a}\nabla)\,\mathrm{d}V$ 的变分问题。

10.62 推导泛函 $J=\int_V F(\boldsymbol{a},\boldsymbol{b},\nabla\boldsymbol{a}\overset{\times}{\cdot}\nabla\boldsymbol{b})\,\mathrm{d}V$ 的欧拉方程组和自然边界条件，其中二阶张量双内积符合并联运算法则。

10.63 推导泛函 $J=\int_V F(\boldsymbol{a},\boldsymbol{b},\nabla\boldsymbol{a}\underset{\times}{\cdot}\nabla\boldsymbol{b})\,\mathrm{d}V$ 的欧拉方程组和自然边界条件，其中二阶张量双内积符合并联运算法则。

10.64 推导泛函 $J=\int_V F(\boldsymbol{a},\boldsymbol{b},\nabla\boldsymbol{a}\overset{\times}{\cdot}\nabla\boldsymbol{b})\,\mathrm{d}V$ 的欧拉方程组和自然边界条件，其中二阶张量双内积符合串联运算法则。

习题 10.61 答案　　习题 10.62 答案　　习题 10.63 答案　　习题 10.64 答案

10.65 推导泛函 $J=\int_V F(\boldsymbol{a},\boldsymbol{b},\nabla\boldsymbol{a}\underset{\times}{\cdot}\nabla\boldsymbol{b})\,\mathrm{d}V$ 的欧拉方程组和自然边界条件，其中二阶张量双内积符合串联运算法则。

习题 10.65 答案

附录　索引

按照《辞海》汉语拼音字母顺序排列，个别词条除外。

A

埃德曼第二角点条件　second Erdmann corner condition，Erdmann's second corner condition　207
埃德曼第一角点条件　first Erdmann corner condition，Erdmann's first corner condition　207
埃尔米特方程　Hermite equation　292
埃尔米特算子　Hermitian operator，Hermite operator　283
埃里克森简化能量泛函　Ericksen's simplified energy functional，Ericksen's reduced energy functional　426
爱因斯坦求和约定　Einstein summation convention　37
奥氏方程　Ostrogradski equation　108
奥氏公式　Ostrogradski formula　16
奥斯特罗格拉茨基方程　Ostrogradski equation　108
奥斯特罗格拉茨基公式　Ostrogradski formula　16

B

巴拿赫空间　Banach space　274
摆线　cycloid　92
半径　radius　272
半完整约束　semi-holonomic constraint　350
伴随方程　adjoint equation　429
伴随哈密顿算子串　adjoint Hamiltonian operator train　476，490
伴随镜像哈密顿算子串　adjoint mirror image Hamiltonian operator train　490
伴随算子　adjoint operator　283，283
伴随空间　adjoint space　283
伴随张量　adjoint tensor　411
包络面　enveloping surface　146
包络线　envelope, envelope curve　146
保范算子　norm-preserving operator，operator preserving norm　282
保守场　conservative field　18
保守力　conservative force　354
保守力场　conservative field of force　354
保守系统　conservative system　354
保守系统的拉格朗日方程组　Lagrange's equations for conservative system　374
贝塞尔不等式　Bessel inequality　280
贝塞尔方程　Bessel equation　292
被包含在极值曲线场中　included in extremal curve field　141
被包含在极值曲线中心场中　included in central field of extremal curve　141
本构方程　constitutive equation　354
本构关系　constitutive relation　354
本征方程　eigenequation，characteristic equation　333
本征函数　eigenfunction　333
本征谱　eigenspectrum　333
本征元素　eigenelement　333
本征值　eigenvalue　333
本征值问题　eigenvalue problem　333
本质边界条件　essential boundary conditions　171
比功　specific work　352
比较曲线　comparison curve　76
比应变能　specific strain energy　352
必要条件　necessary condition　76
闭包　closure　272
闭集　closed set　272

闭球　closed ball 272
闭区域　closed domain 278
边界　boundary 272
边界法　boundary method 323
边界内积　boundary inner product，inner product on boundary 323
边界加权函数　boundary weighted function，weighted function on boundary 323
边界剩余　boundary residual 322
边界条件　boundary conditions 66
变动边界　variable boundary 168
变动端点　variable endpoint，mobile endpoint 168
变分　variation 67，67，67，71，75
变分被积函数　variational integrand，variational integrand function 69
变分导(函)数　variational derivative 78
变分(的)力学原理　variational principle of mechanics 349
变分法　calculus of variations，variational calculus，variational methods 60，60，60
变分法的古典理论　classical theory in the calculus of variations，classical theory of the calculus of variations 149
变分方程　variational equation，variation equation，equation in variation 76
变分方法　method of variation，variational principle，variational method，variational approach 60，267
变分符号　variational symbol 67
变分积分　variational integral 69
变分记号　variational notation 67
变分算子　variational operator 67
变分条件　variational condition 66
变分问题　variational problem，variation problem 60
变分问题的反问题　contrary problem of variational problem，inverse problem of variational problem 267
变分问题的间接方法　indirect method of variational problem，indirect method in variational problem 312
变分问题的解　solution of variational problem 66
变分问题的直接方法　direct methods of variational problems，direct methods in variational problems 312
变分学　calculus of variations，variational calculus，variational methods 60
变分原理　variational principle，variation principle 60，76，267，267，267，267，349
变分约束条件　variational constraint condition 66
变函数　argument function 63
变换　transformation 269
变换系数　coefficient of transformation 42
变形　deformation 350
变形梯度　deformation gradient 470
变形协调条件　condition of deformation compatibility 351
标量场　scalar field 5
标量函数　scalar function 5
标量拉普拉斯算子　scalar Laplacian, scalar Laplace operator 13
标量位势　scalar potential 10
标(量)势　scalar potential 10
标准正交系　normal orthogonal system 278，278
并　union 268
并集　union set，union of sets 268
并矢　dyad 45
并向量　dyad 45
波尔查问题　Bolza('s) problem 240
泊松方程　Poisson('s) equation 113，419，490
泊松方程第二边值问题　second boundary value problem for the Poisson('s) equation 296
泊松方程第三边值问题　third boundary value problem for the Poisson('s) equation 296
泊松方程第一边值问题　first boundary value problem for the Poisson('s) equation 296
薄板弯曲控制微分方程　control differential equation for thin plate bending，control

differential equation for thin slab bending 114
薄膜接触问题　membrane contact problem 203
补集　complementary set 269
不变量　invariant 42
不等时变分　anisochronous variation，anisochronal variation 68
不可解约束　irremoval constraint 350
不完全的广义变分原理　incompletely generalized variational principle 267
不相交　disjoint 268
布勃诺夫—伽辽金法　Bubnov-Galerkin method 322
布尼亚可夫斯基不等式　Bunjakovski inequality 35
部分和　partial sum 279

C

参数　parameter 3
残差　residual 323
测地线　geodesic line，geodesic 61
测地线问题　geodesic line problem 228
测试函数　trial function 317
差　difference 268
差集　difference set 268
场　field 5，141
超几何微分方程　hypergeometric differential equation 292
重调和方程　biharmonic equation 111
重调和函数　biharmonic functtion 31，111
重调和算子　biharmonic operator 31
抽象函数　abstract function 281
抽象空间　abstract space 270
稠定算子　densely defined operator，operator with dense domain 284
稠密　dense 271
稠密集　dense set 271
初始条件　initial condition 66
磁场的高斯定理　Gauss theorem of magic field 421
n次变分　n-th variation 161
n次近似解　n-th approximate solution 317
α次利普希茨条件　α-th Lipschitz condition 301，301
n次齐次函数　n-th homogeneous function 254
n次齐次泛函　n-th homogeneous functional 63
次一特征值　next eigenvalue 333

D

达朗贝尔方程　D'Alembert equation 422
达朗贝尔—拉格朗日方程　D'Alembert-Lagrange's equation 369
达朗贝尔原理　D'Alembert('s) principle 369
达朗贝尔原理的拉格朗日形式　Lagrangian form of D'Alembert's principle 369
大圆　great circle 87
待定边界　undetermined boundary 168
待定边界的变分问题　variational problem of undetermined boundary 168
待定边界的最简泛函　simplest functional of undetermined boundary 168
待定端点　undetermined endpoint 168
单边连续　one-sided continuity 63
单侧变分问题　one-sided variational problem 211
单侧约束　unilateral constraint 350
单射　injection 269
单位法线向量　unit normal vector 9
单位法向量　unit normal vector 9
单位基矢量　unit basis vector 7
单位基向量　unit basis vector 7
单位矢(量)　unit vector，vector of unit length 5，7
单位算子　unit operator 281
单位向量　unit vector，vector of unit length 5，7
单位元素　identity element 272
单位张量　unit tensor 43
单元素集　singleton，one-element set 268

导集　derived set　272
等价　equivalence，equivalent　270
等距算子　isometric operator　282
等时变分　isochronal variation，isochronous variation，contemporaneous variation　67
等时曲线　tautochrone，isochrone　92
等势　equivalence，equipollence　270
等值面　contour surface　8
等值面方程　contour surface equation　8
等值线　contour line，level line，isoline，isoplethic curve　8
等值线方程　contour line equation，level line equation，isoline equation　8
等周条件　isoperimetric condition　62，231
等周问题　isoperimetric problem　62，62，62，232
等周问题的目标泛函　objective functional of isoperimetric problem　231
等周约束　isoperimetric constraint　231
狄多问题　Dido’s problem　233
狄拉克常量　Dirac constant　423
狄拉克常数　Dirac constant　423
狄利克雷边界条件　Dirichlet boundary condition　171
狄利克雷泛函　Dirichlet functional　109
狄利克雷积分　Dirichlet integral　109
狄利克雷内积　Dirichlet inner product　275
狄利克雷问题　Dirichlet problem　109，296，313
笛卡儿二阶张量　Cartesian second order tensor　43
笛卡儿积　Cartesian product　269
笛卡儿基　Cartesian basis　37
笛卡儿空间　Cartesian space　269
第 n (次)近似解　n-th approximate solution　317
第二不变量　second invariant　46
第二类弗雷德霍姆积分方程　Fredholm('s) integral equation of the second kind　97
第三不变量　third invariant　46
第三类弗雷德霍姆积分方程　Fredholm('s) integral equation of the third kind　98
第一不变量　first invariant　46
第一基本齐式　first fundamental form　260
第一基本微分形式　first fundamental differential form　260
第一类弗雷德霍姆积分方程　Fredholm('s) integral equation of the first kind　138，556
第一类基本量　first kind of fundamental quantity，fundamental quantity of the first kind　261
第一特征值　first eigenvalue　333
典范形式　canonical form　391
点　point　270，270
点函数　point function　5
点集　point set，set of points　268
电报方程　telegragh equation　422
电场的高斯定理　Gauss theorem of eletric field　421
电磁场问题　electromagnetic field problem　419
电荷守恒定律　conservation law of charge　421
电流连续性方程　continuity equation of electric current　421
定常约束　scleronomic constraint，scleronomous constraint，steady constraint　350
定解条件　conditions for determining solution　66
定解问题　problem for determining solution　66
定义域　domain of definition，domain　63，269，280
动力学普遍方程　general equation of dynamics　369
动量算子　momentum operator　424
动能密度　kinetic energy density　371
逗号约定　comma convention　41
逗留函数　stationary function　79
逗留曲线　stationary curve　79
独立函数　independent function　62
独立坐标　independent coordinates　373
杜布瓦—雷蒙引理　Du Bois-Reymond lemma　36

度量　metric　270
度量公理　metric axiom　270
度量空间　metric space　270
度量张量　metric tensor　261
度量子空间　metric subspace　271
短程线　geodesic line，geodesic　61
短程线问题　geodesic line problem，shortest distance problem　61
对称双线性泛函　symmetric bilinear functional　71
对称算子　symmetric operator　284
对等　equipollence，equivalence　270
对偶空间　dual space　283
对偶原理　duality principle，principle of duality　239
对射　correlation　269
多元函数的极值定理　extremal theorem of function of several variables　3
多元函数的泰勒中值定理　Taylor mean value theorem of function of several variables　2

E

二次变分　quadratic variation　160，160
二次泛函　quadratic functional　71，163
二阶变分　second variation　160，160，161
二阶对称张量　symmetric tensor of (the) second order　43
二阶张量　second order tensor　43
二维拉普拉斯算子　two-dimensional Laplacian operator，two-dimensional Laplace operator　285
二元函数的极值定理　extremal theorem of function of two variables　2
二元函数的泰勒中值定理　Taylor mean value theorem of function of two variables　2

F

法拉第电磁感应定律　Faraday law of electromagnetic induction　421
法向导数算子　normal derivative operator　9
反对称张量　anti-symmetric tensor，inverse symmetric tensor，skew-symmetric tensor　43
泛函　functional　62，62，63，281，281
泛函变量　functional variable　63
泛函的变分　variation of a functional　71
泛函的核　kernel of a functional　69
泛函的线性化　linearization of a functional　71
泛函数　functional　281
泛函形式　functional form　69
泛函 $J[y(x)]$ 在 $y=y(x)$ 处的变分　variation of a functional $J[y(x)]$ at $y=y(x)$　75
范数　norm　273，281
l_∞ 范数　l_∞-norm　274
l_1 范数　l_1-norm　274
l_2 范数　l_2-norm　274
l_p 范数　l_p-norm　274
p 方可和序列空间　p-th power summable sequence space　273
方向导数　directional derivative　6
非变分(的)力学原理　nonvariational principle of mechanics　349
非变分原理　nonvariational principle　349
非达西水流　non-Darcy flow　503，729
非等时变分　anisochronous variation，anisochronal variation，noncontemporaneous variation　68
非定常约束　unsteady constraint，rheonomic constraint，rheonomous constraint，time-dependent constraint　350
非固定约束　unfixed constraint　350
非均匀场　nonuniform field　5
非平凡解　nontrivial solution　333
非齐次重调和方程　inhomogeneous biharmonic equation，nonhomogeneous biharmonic equation，　111
非齐次双调和方程　inhomogeneous biharmonic equation，nonhomogeneous biharmonic equation，　111
非完整系统　nonholonomic system　350

非完整约束　nonholonomic constraint　350
非稳定场　unsteady field　5
非自由系　unfree system　350
非自由系统　unfree system　350
非自由质点系统　system of unfree particles，unfree particle system　350
费马原理　Fermat('s) principle　177
分段极值曲线　piecewise extremal curve　207
分段连续可微路径　piecewise continuously differentiable path　206
分量　component　43，269
弗里德里希斯不等式　Friedrichs inequality　301
弗里德里希斯第二不等式　Friedrichs second inequality　302
弗里德里希斯第一不等式　Friedrichs first inequality　302
辅助泛函　auxiliary functional　223
负元素　negative element　272
复合映射　composite mapping　269
复内积空间　complex inner product space　274
复线性空间　complex linear space　273
赋范线性空间　normed linear space　273
赋范向量空间　normed vector space　273
傅里叶级数　Fourier series　280
傅里叶系数　Fourier coefficient　280
傅里叶系数集　Fourier coefficient set　280

G

刚体位移　rigid (body) displacement　350
高斯—奥斯特罗格拉茨基定理　Gauss-Ostrogradski theorem　13
高斯定理　Gauss theorem　13
高斯公式　Gauss formula　13，17，27，359
高斯微分方程　Gaussian differential equation　292
格林第二定理　Green's second theorem　16
格林第二公式　Green's second formula　16
格林第三定理　Green's third theorem　16
格林第三公式　Green's third formula　16
格林第一定理　Green's first theorem　16
格林第一公式　Green's first formula　16
格林定理　Green's theorem　15
格林公式　Green's formula　15，352
功　work　351
共轭变量　conjugate variable　391
共轭点　conjugate point　144
共轭对称性　conjugate symmetry　274
共轭方程　conjugate equation　429
共轭哈密顿算子串　conjugate Hamiltonian operator train　476，490
共轭镜像哈密顿算子串　conjugate mirror image Hamiltonian operator train　490
共轭空间　conjugate space　283
共轭算子　conjugate operator　283，283
共轭张量　conjugate tensor　43
共轭值　conjugate value　144
共轭指数　conjugate exponent　48
孤立点　isolated point　272
古典变分法　classical theory in the calculus of variations，classical variational method　149，312
固定边界变分问题　fixed boundary variational problem　66
固定端点变分问题　fixed end point variational problem，variational problem with fixed ends，variational problem with fixed endpoints　66
固定约束　fixed constraint　350
固定终点变分问题　fixed end point variational problem，variational problem with fixed ends，variational problem with fixed endpoints　66
固有曲线场　inherent curve field　140
固有值问题　eigenvalue problem　333
管状场　solenoidal field，tubular field　11
贯截条件　condition of transversality，transversality condition　172，262，264，264
光的反射定律　law of reflection of light　209
光的折射定律　law of refraction of light　210

广义变分问题　generalized variational problem　239
广义变分原理　generalized variational principle　267
广义等周问题　generalized isoperimetric problem　232
广义动量　generalized momentum　373，373，391
广义泛函　generalized functional　239，395
广义浮贝克原理　generalized Fraeijs de Veubeke principle　473
广义高斯公式　generalized Gauss formula　30
广义列文森原理　generalized Levinson principle　473
广义势能　generalized potential energy　397，397，399
广义斯托克斯公式　generalized Stokes formula　29
广义速度　generalized velocity　373
广义虚功原理　principle of generalized virtual work　359
广义虚位移原理　principle of generalized virtual displacement　359
广义余能　generalized complementary energy　396，396，399
广义坐标　generalized coordinates　373
规范正交系　orthonormal system　278，278

H

哈密顿变量　Hamiltonian variable　391
哈密顿方程　Hamilton('s) equation，Hamiltonian equation　392
哈密顿方程的坐标　coordinate of Hamilton('s) equation，coordinate of Hamiltonian equation　392
哈密顿函数　Hamiltonian function　391
哈密顿算子　del operator，Hamiltonian，Hamiltonian operator，Hamilton operator，nabla operator　7，286，424
哈密顿算子串　Hamiltonian operator train，Hamiltonian operator string　476
哈密顿算子串的转置　transposition of Hamiltonian operator train　476
哈密顿形式　Hamiltonian form　391
哈密顿原理　Hamilton('s) principle　370
哈密顿原理的广义形式　generalized form of Hamilton('s) principle　370
哈密顿正则方程　Hamilton's canonical equations　392
哈密顿作用量　Hamilton's action　371
亥姆霍兹方程　Helmholtz equation　426
含参变量积分　integral with parameter　3
函数　function　5，269，280
E 函数　E-function　149
函数的变分　variation of a function　67，170
函数 F 的变分　variation of a function F　73
函数行列式　functional determinant　224
函数空间　function space　270
函数类　class of functions, function class, class function　62
和范数　sum norm　274
赫尔德不等式　Hölder inequality　49
赫尔德范数　Hölder norm　274
赫林格–赖斯纳变分原理　Hellinger-Reissner variational principle　395
赫林格–赖斯纳广义变分原理　Hellinger-Reissner generalized variational principle　395
赫林格–赖斯纳原理　Hellinger-Reissner principle　395
$\varepsilon-\delta$ 恒等式　$\varepsilon-\delta$ identity，epsilon-delta identity　39
恒等算子　identity operator　281
恒等性　identity　270
恒等映射　identity mapping　270
横截(性)条件　condition of transversality，transversality condition　172，181，201，262，264，264
胡海昌—鹫津久一郎变分原理　Hu Haichang-Kyuichiro Washizu variational principle　397

胡海昌—鹫津久一郎广义变分原理 Hu Haichang-Kyuichiro Washizu generalized variational principle 397，472
胡—鹫津原理 Hu-Washizu principle 397
互不相交 mutually disjoint 268
互易原理 principle of reciprocity 239
环量 circulation 18，18
环量面密度 circulation surface density 18
混合变分问题 mixed variational problem 239
混合法 mixed method 323
混合泛函 mixed functional 239，395
混合型泛函 functional of mixed type，mixed type functional 239，395
混合自伴算子 mixed self-adjoint operator 283
混合自共轭算子 mixed self-conjugate operator 283
火箭飞行问题 rocket flight problem 81

J

积分变分原理 integral variational principle 349
积分泛函 integral functional，functional with integral 62
积分号下求积分 integrating under the integral sign 4
积分号下求极限 finding limit under the integral sign，taking limit under the integral sign 3
积分号下求微商 differentiating under the integral sign，differentiation under the integral sign 4
积分曲线 integral curve 78
积分型泛函 integral functional，functional of integral type 62
积分因子 integral factor 125，295
积分约束 integral constraint 231
积集 produce set，product set 269
基 base，basis 37
基本集 basic set，fundamental set 268，270
基本数列 fundamental sequence 271
基本序列 fundamental sequence 271
基函数 base function 317
基矢量 base vector 37
基向量 base vector 37
吉布斯自由能泛函 Gibbs free energy functional 424
n级距离 n-th order distance，distance of n-th order 64
n级δ邻域 δ neighborhood of n-th order 64
级数 series 279
极大化序列 maximizing sequence 313
极带 extremal 66
极化恒等式 polarization identity 277
极限 limit 271
极小化序列 minimizing sequence 313
极小曲面 minimal surface 64
极值 extremum，extreme value，extremum value 67
极值函数 extremal function，extremum function 66
极值曲线 extremal，extremal curve 66，79
极值曲线场 extremal curve field 141
极值曲线中心场 central field of extremal curves 141
极值曲线簇 variety of extremal curves 78
极值曲线族 family of extremal curves 78
集 set 267
集合 set 267
集类 class of sets 267
集族 class of sets，family of sets 267
几何边界条件 geometric boundary conditions 171
几何方程 geometrical equation 351
几何约束 geometrical constraint 223，350
计数 count 268
迹 trace，trail 46
加法算子 additive operator 281
加权残数法 weighted residual method 322
加权函数 weighted function 323

加权剩余法　weighted residual method　322
加权余量法　weighted residual method　322
伽辽金法　Galerkin method　322
伽辽金方程组　Galerkin's equations　323
伽辽金系数　Galerkin coefficient　323
价值泛函　cost functional　69
尖点　cusp，cuspidal point　206
交　intersection，meet　268
交错张量　alternating tensor　39
交集　intersection set　268
角点　corner point，corner　206
n阶变分　n-th variation　161
n阶导数　n-th derivative　287
n阶的δ接近度　δ approach degree of n-th-order，n-th order δ approach degree　65
n阶距离　n-th order distance，distance of n-th order　64
n阶拉格朗日型余项　n-th-order Lagrange('s) remainder　2
n阶δ邻域　δ neighborhood of n-th-order　64
n阶线性微分算子　n-th linear differential operator　285
节点　node　315
捷线问题　brachistochrone problem，problem of curve of steepest descent，problem of brachistochrone　60，91
界点　boundary point，frontier point　272
金兹堡—朗道方程组　Ginzburg-Landau equations　424
金兹堡—朗道能量泛函　Ginzburg-Landau energy functional　475
经典变分法　classical variational method　312
镜像伴随哈密顿算子串　mirror image adjoint Hamiltonian operator train　490
镜像共轭哈密顿算子串　mirror image conjugate Hamiltonian operator train　490
镜像哈密顿算子串　mirror image Hamiltonian operator train　490
镜像转置哈密顿算子串　mirror image transposition Hamiltonian operator train　490
局部极大值　local maximum　66
局部极小值　local minimum　66
局部极值　local extremum　66
距离　distance，metric　270
距离公理　axiom of distance，distance axioms　270
距离结构　distance structure　270
距离空间　metric space　270
距离子空间　metric subspace　271
聚点　accumulation point　272
绝对极大值　absolute maximum　66
绝对极大值函数　absolute maximum function　66
绝对极小值　absolute minimum　66
绝对极小值函数　absolute minimum function　66
绝对极值　absolute extremum　66
绝对极值函数　absolute extremum function　66
绝对收敛　absolutely convergent，absolute convergence　279
均匀场　uniform field　5

K

开集　open set　272
开普勒第二定律　Kepler's second law　686
开普勒面积定律　Kepler's law of areas　686
开普勒问题　Kepler problem　401，404，685
开球　open ball　272
开区域　open domain　278
坎托罗维奇法　Kantorovich method　321
柯西不等式　Cauchy inequality　50，52
柯西方程　Cauchy equations　351，358
柯西—施瓦茨不等式　Cauchy-Schwarz inequality　275
柯西数列　Cauchy sequence　271
柯西序列　Cauchy sequence　271
可变边界　variable boundary　168
可变端点　variable endpoint，mobile endpoint　168

可导　derivable　287
可动边界　variable boundary，moving boundary　168
可动边界的变分问题　variational problem of variable boundary　168
可动边界的最简泛函　simplest functional of variable boundary　168
可动端点　variable endpoint，mobile endpoint　168
可积微分约束　integrable differential constraint　350
可加算子　additive operator　281
可加性　additivity　274
可解约束　removal constraint　350
可列集　countable set，denumerable set，enumerable set　270
可能功原理　principle of possible work　359
可能位移　possible displacement　359
可能应变　possible strain　359
可能应力　possible stress　359
可逆算子　invertible operator　282
可逆线性算子　invertible linear operator　282
可逆映射　invertible mapping　269
可取函数　admissible function　63，66
可取类函数　admissible class function　66
可取曲面簇　variety of admissible surfaces　66
可取曲面类　family of admissible surfaces　66
可取曲线簇　variety of admissible curves　66
可取曲线类　family of admissible curves　66
可数集　countable set，denumerable set，enumerable set　270
可微　differentiable　71
可遗坐标　ignorable coordinate　374
克莱罗定理　Clairaut theorem　126
克罗内克符号　Kronecker delta，Kronecker symbol　38
空集　empty set，null set，vacant set　267
空间　space　270
空间结构　space structure　270
柯朗条件　Courant condition　200
扩散方程　diffusion equation　429

L

拉格朗日变换　Lagrange transformation　77
拉格朗日乘数　Lagrange multiplier　200，223
拉格朗日乘子　Lagrange multiplier　200，223
拉格朗日定理　Lagrange theorem　223，227
拉格朗日定义的泛函变分　variation of a functional defined by Lagrange　75
拉格朗日方程　Lagrange's equation　330
拉格朗日函数　Lagrange function，Lagrangian function　69，370，381
拉格朗日函数密度　Lagrange function density，Lagrngian function density　370
拉格朗日密度函数　Lagrange density function，Lagrangian density function　370
拉格朗日问题　Lagrange problem　227，240
拉格朗日型余项　Lagrange's remainder　1
拉格朗日引理　Lagrange lemma　33
拉格朗日原理　Lagrange principle　401
拉格朗日最小作用(量)原理　Lagrange principle of least action　401
拉格朗日作用量　Lagrange's action　400
拉普拉斯方程　Laplace('s) equation　21，113，296，428
拉普拉斯方程第三边值问题　third boundary value problem for the Laplace('s) equation　296
拉普拉斯方程第二边值问题　second boundary value problem for the Laplace('s) equation　296
拉普拉斯方程第一边值问题　first boundary value problem for the Laplace('s) equation　296
拉普拉斯积分　Laplace('s) integral　235
拉普拉斯算子　Laplacian，Laplace operator　13，20
莱布尼茨公式　Leibniz formula　4
赖斯纳泛函　Reissner functional　471

勒让德强条件　Legendre strong condition，strengthened Legendre condition　151
勒让德条件　Legendre condition　79，151
类函数　class function　62
离散谱　discrete spectrum　333
黎曼变换　Riemann transformation　77
黎曼定理　Riemann theorem　36
里奇符号　Ricci symbol　39
里茨法　Ritz method　317
理想约束　ideal constraint，idealized constraint　369
力场　field of force　354
力学(的)变分原理　variational principle of mechanics，variational principle in mechanics　349
力学(的)非变分原理　nonvariational principle of mechanics，nonvariational principle in mechanics　349
力学系统　mechanical system　349
力学原理　principle of mechanics　349
利普希茨边界　Lipschitz boundary，Lipschitzian　301
利普希茨连续　Lipschitz continuous　301
利普希茨条件　Lipschitz condition　301，301
连带拉盖尔方程　associated Laguerre equation　292
连带勒让德方程　associated Legendre equation　292
连续　continuous　283
连续泛函　continuous functional　65，283
连续谱　continuous spectrum　333
连续算子　continuous operator　281
连续线性算子　continuous linear operator　281
连续映射　continuous mapping　270
梁振动方程　vibrating beam equation　382
劣弧　inferior arc　87
邻(近)曲线　neighbo(u)ring curve　76
邻域　neighborhood　272
δ邻域　δ neighborhood　272
临界变分　critical variation　223
零级距离　zero-th order distance　64
零阶距离　zero-th order distance　64
零矢量　zero vector　5
零算子　zero operator，null operator　281
零向量　zero vector　5
零元素　zero element，null element　272
零张量　zero tensor　43
绿洲问题　oasis problem　177
罗宾问题　Robin problem　296
洛仑兹条件　Lorentz condition　421

M

迈耶问题　Mayer problem　240
麦克斯韦—安培环路定律　Maxwell-Ampère circulation law　421
麦克斯韦第二方程　second Maxwell('s) equation　421
麦克斯韦第三方程　third Maxwell('s) equation　421
麦克斯韦第四方程　forth Maxwell('s) equation　421
麦克斯韦第一方程　first Maxwell('s) equation　421
麦克斯韦方程组　Maxwell('s) equations　421，421，421，421
满射　surjection，surmorphism，epimorphism　269
毛细管　capillary tube　243
毛细管问题　capillary tube problem　243
毛细现象　capillary phenomena，capilarity　243
幂集　power set　269
闵可夫斯基不等式　Minkowski inequality　51
莫培督—拉格朗日最小作用量原理　Maupertuis-Lagrange principle of least action　400
莫培督原理　Maupertuis' principle　400
莫培督最小作用(量)原理　Maupertuis' principle of least action　400

N

纳布拉算子　nabla operator　7
纳维方程　Navier's equations　358
内部　interior　272
内部法　internal method　323
内乘法　inner multiplication　45
内点　inner point，interior point，internal point　272
内积　inner product，scalar product　45，274，323
内积空间　inner product space　274，274
内射　injection，injective mapping　269
能量法　energy method　267，267，349
能量泛函　energy functional，functional of energy　267
能量范数　energy norm　275
能量方法　energy method　267
能量积分　energy integral　267
能量原理　energy principle　349
逆变分问题　contrary variational problem，inverse variational problem　267
逆算子　inverse operator　282
逆象　inverse image　269
逆映射　inverse mapping　269
逆元素　inverse element　272
诺伊曼边界条件　Neumann boundary condition　171
诺伊曼问题　Neumann problem　296

O

欧几里得范数　Euclidean norm　273，274
欧拉一泊松方程　Euler-Poisson's equation　99
欧拉方程　Euler equation　77，78，80，99，108
欧拉方程的不变性　invariance of Euler equation　122
欧拉方程的维尔斯特拉斯形式　Weierstrass form of Euler equation　257，257
欧拉方程(组)　Euler (system of) equations，(system of) Euler equations　119
欧拉-拉格朗日方程　Euler-Lagrange('s) equation　78
欧拉齐次函数定理　Euler('s) homogeneous function theorem　255

P

帕塞瓦尔等式　Parseval equality　280
排列符号　permutation symbol　39
C-判别曲线　C-discriminant curve　146
C-判别式　C-discriminant　146
庞加莱不等式　Poincaré inequality　304
旁路　nearby path，neighboring path，varied path　350
偏微分算子　partial differential operator　116
平凡解　trivial solution　333
平方可和序列空间　square summable sequence space　273
平衡方程　equations of equilibrium　358
平衡微分方程　differential equations of equilibrium　358
平均曲率　mean curvature　244
平稳函数　stationary function　79
平稳曲线　stationary curve　79
平稳值　stationary value　79
平行四边形公式　parallelogram formula　277
坡印亭定理　Poynting theorem　423
坡印亭方程　Poynting equation　423
坡印亭矢量　Poynting('s) vector　422
坡印亭向量　Poynting('s) vector　422
普拉托问题　Plateau('s) problem　64，428
普朗克常量　Planck's constant　423
普朗克常数　Planck's constant　423
谱　spectrum　333

Q

齐次边界条件　homogeneous boundary condition　281
齐次方程　homogeneous equation　281

齐次函数　homogeneous function　254
齐次算子　homogeneous operator　281
齐次性　homogeneity　273，274
奇点　singular point　148，148
气体粒子运动方程　gas particle equation of motion　423
气体流动的最小阻力问题　least drag problem on gas flow　94
强变分　strong variation　67
强极大值　strong maximum　66
强极小值　strong minimum　66
强极值　strong extremum　66
强邻域　strong neighborhood　64
强δ邻域　strong δ neighborhood　64
强相对极大值　strong relative maximum　66
强相对极小值　strong relative minimum　66
强制边界条件　forcing boundary condition　171
强制函数　forcing function　290
切比雪夫方程　Chebyshev equation　292
球面　sphere，spherical surface　272
球心　center of a ball，center of sphere，spherical center　272
区域　domain，region　278
曲面函数　surface function　63
曲线场　curve field　141
曲线的变分　variation of a curve　170
曲线函数　curve function　63
驱动函数　driving function　290
权函数　weight function，weighting function　275，323
全变分　total variation　68，69，170
全变分符号　total variation notation，total variation symbol　68
全集　total set，universal set　268
全局极大值　global maximum　66
全局极大值函数　global maximum function　66
全局极小值　global minimum　66
全局极小值函数　global minimum function　66
全局极值　global extremum　66
全局极值函数　global extremum function　66
全内积　complete inner product　411
全能量泛函　total energy functional，full energy functional　470

R

容许函数　admissible function　63，66
容许类函数　admissible class function　66
容许曲面簇　variety of admissible surfaces　66
容许曲面类　family of admissible surfaces　66
容许曲线　admissible curve　76
容许曲线簇　variety of admissible curves　66
容许曲线类　family of admissible curves　66
容许条件　admissible condition　63
容许位移　admissible displacement　359
容许应变　admissible strain　359
容许应力　admissible stress　359
软化子　mollifier　34
润湿方程　wetting equation　245
弱变分　weak variation　67
弱极大值　weak maximum　66
弱极小值　weak minimum　66
弱极值　weak extremum　66
弱邻域　weak neighborhood　64
弱δ邻域　weak δ neighborhood　64
弱相对极大值　weak relative maximum　66
弱相对极小值　weak relative minimum　66

S

三角不等式　triangle inequality　270，273
三维拉普拉斯方程　three-dimensional Laplace('s) equation　21
三维拉普拉斯算子　three-dimensional Laplacian operator，three-dimensional Laplace operator　285
散度　divergence　11，15
散度定理　divergence theorem　13

散度型泛函　divergence type functional　439，439
上界　upper bound　268
上确界　supremum　268
剩余　residual，residue，remainder　323
剩余函数　residual function　323
施图姆-刘维尔型二阶微分方程　Sturm-Liouville second order differential equation　291
施图姆-刘维尔型 $2n$ 阶微分方程　Sturm-Liouville $2n$ -th order differential equation　291
施瓦茨不等式　Schwarz inequality　35，275
识别拉格朗日乘子　identifying Lagrange multiplier，identification of Lagrange multiplier　223
实功　actual work，real work　351
实内积空间　real inner product space　274
实位移　actual displacement，real displacement　350
实线性空间　real linear space　273
实直线　real line　268
矢量　vector　5，42
矢量场　vector field　5
矢量函数　vector function　5
矢量势　vector potential　20
矢量微分算子　vector differential operator　7
矢量位势　vector potential　20
矢势　vector potential　20
势场　potential field　10
势函数　potential function　10，370
势能　potential energy　354
势能函数　potential energy function　370
势能密度　potential energy density　371
收敛数列　convergent sequence of numbers　271
收敛于和 S　converge to sum S　279
首次积分　first integral　86
束心　center　140
数集　set of numbers　268
数空间　space of numbers　270
数量场　scalar field　5
数量函数　scalar function　5
数域　algebraic number field，number domain，number field　270
数直线　number line　268
双侧约束　bilateral constraint　350
双射　bijection，bijective mapping　269
双调和方程　biharmonic equation　111
双调和函数　biharmonic function　31，111
双调和算子　biharmonic operator　31
双线性泛函　bilinear functional　71
斯托克斯定理　Stokes theorem　26
斯托克斯公式　Stokes formula　26，29
算子　operator　116，269，280，281
Del 算子　Del operator　7
∇ 算子　∇ operator　7
算子 T 的范数　norm of an operator T　283
算子方程　operator equation　281
算子方程的谱　spectrum of operator equation　333
缩并　contraction　44

T

泰勒定理　Taylor theorem　1
泰勒公式　Taylor formula　1
泰勒级数展开　Taylor series expansion　1
泰勒中值定理　Taylor mean value theorem　1
弹性　elasticity　350
弹性体　elastic body　350
弹性体的位移　displacement of elastic body　350
弹性体的总势能　total potential energy of an elastic body　363
弹性系统　elastic system，system of elasticity　350
特里科米问题　Tricomi problem　310，646
特殊等周问题　special isoperimetric problem　232
特征方程　characteristic equation　333
特征方向　characteristic direction　46
特征函数　eigenfunction，characteristic function　333

特征曲线　characteristic curve　146
特征向量　eigenvector，characteristic vector　333
特征元素　characteristic element，eigenelement　333
特征值　eigenvalue，characteristic value　46，333，613
特征值问题　eigenvalue problem，characteristic value problem　333
梯度　gradient　7，287
梯度场　gradient field　10
梯度定理　gradient theorem　17
梯度公式　gradient formula　17
梯度算子　gradient operator　286
梯度向量流　gradient vector flow　426
梯度型泛函　gradient type functional　429，429
条件极值　conditional extremum　223
条件极值的变分问题　variational problem of conditional extremum　223
条件极值问题　conditional problem of extremum，conditional extremum problem　62
调和场　harmonic field　21
调和函数　harmonic function　21
调和量　harmonic quantity　21
调和算子　harmonic operator　13
通量　flux　10，14
同构　isomorphism　282
同构映射　isomorphic mapping　282
统一高斯公式　united Gauss formula　30
统一欧拉方程组　united Euler system of equations，united system of Euler equations　119
统一斯托克斯公式　united Stokes fomula　29
投影　projection　269
凸集　convex set　273
图像消噪泛函　image denoising functional　425
椭圆型方程第二边值问题　second boundary value problem of elliptic equation　296
椭圆型方程第三边值问题　third boundary value problem of elliptic equation　296
椭圆型方程第一边值问题　first boundary value problem of elliptic equation　296
拓扑结构　topological structure　270
拓扑空间　topological space　270

W

外部　exterior　272
外乘法　outer multiplication　44
外点　exterior point　272
外积　outer product，exterior product　44
外力的势能　potential energy of external force　363
弯路　nearby path，neighboring path，varied path　350
完全(备)的　complete　272
完全(备)度量空间　complete metric space　272
完全(备)赋范线性空间　complete normed linear space　274
完全(备)距离空间　complete metric space　272
完全(备)空间　complete space　272
完全(备)内积空间　complete inner product space　275
完全的广义变分原理　completely generalized variational principle　267
完全泛函　complete functional　116
完全泛函的极值函数定理　extremal function theorem of complete functional　119
完全集　complete set，perfect set　272
完全欧拉方程组　complete Euler system of equations，complete system of Euler equations　119
完整系统　holonomic system　350
完整约束　holonomic constraint　223，350
完整约束的目标泛函　objective functional with holonomic constraint　223
微分变分原理　differential variational principle　349

微分算子　differential operator 9，285，285，285
微分形式的不变性　invariance of differential form 121
微分约束　differential constraint 227，350
微分约束的目标泛函　objective functional with differential constraint 227
微元功　elementary work 351
n 维点　n-dimensional point 272
n 维空间　n-dimensional space 272
n 维拉普拉斯方程　n-dimensional Laplace('s) equation 109
n 维欧几里得距离　n-dimensional Euclidean distance 272
n 维欧几里得空间　n-dimensional Euclidean space 274
位场　potential field 10
位函数　potential function 10
位能　potential energy 354
位势场　potential field 10
位势方程　potential equation 113
位势算子　potential operator 286
位形　configuration 350
位形空间　configuration space 373，373
位移　displacement 350
位移边界　displacement boundary 358
位移矢量　displacement vector 350
位置约束　position constraint 350
魏尔斯特拉斯–埃德曼角点条件　Weierstrass-Erdmann corner conditions，corner conditions of Weierstrass-Erdmann 207
魏尔斯特拉斯函数　Weierstrass function 149
魏尔斯特拉斯强条件　Weierstrass strong condition 150
魏尔斯特拉斯弱条件　Weierstrass weak condition 150
魏尔斯特拉斯条件　Weierstrass condition 150
稳定场　steady field 5
稳定作用量原理　principle of stable action 371
无界线性算子　unbounded linear operator 281
无穷集　infinite set 268
无穷可微函数　infinite differentiable function 63
无散场　zero-divergence field，solenoidal field 11
无限集　infinite set 268
无旋场　irrotational field 18
无源场　field without source, source-free field，solenoidal field 11
无约束变分问题　unconstrained variational problem 168

X

希尔伯特伴随算子　Hilbert adjoint operator 283
希尔伯特不变积分　Hilbert invariant integral，invariant Hilbert integral 148
希尔伯特空间　Hilbert space 275
希尔伯特内积　Hilbert inner product 275
系统　system 349，350
下界　lower bound 268
下确界　infimum 268
下有界算子　bounded below operator 335
下有界线性算子　linear operator bounded below 282
弦振动方程　vibrating string equation, chord oscillation equation, equation of the vibrating string 374
线性泛函　linear functional 70，281
线性赋范空间　linear normal space 273
线性集合　linear set 268
线性空间　linear space 270，273
线性空间结构　linear space structure 270，273
线性算子　linear operator 281
线性算子空间　linear operator space 283
线性微分算子　linear differential operator 285
线性无关　linear independence，linearly

independent 278
线性相关 linear dependence，linearly dependent 278
线性运动约束 linear kinematic constraint 350
线性运算 linear operation 273
线性性 linearity 274
线性组合 linear combination 278
相伴数 adjoint number 48
相等 equality 43，268
相对极大值 relative maximum 66
相对极小值 relative minimum 66
相对极值 relative extremum 66
相容(性)方程 compatibility equation 351
相容(性)条件 compatibility condition 351
相似算子 similar operator 281
向量 vector 5，42，273
向量波动方程 vector wave equation 423
向量场 vector field 5
向量的长度 length of vector 5
向量的模 modulus of vector 5
向量格林第二公式 Green's second vector formula 58，517
向量格林第一公式 Green's first vector formula 58，517
向量函数 vector function 5
向量空间 vector space 273
向量拉普拉斯算子 vector Laplacian，vector Laplace operator 20
向量势 vector potential 20
向量微分算子 vector differential operator 7
向量位势 vector potential 20
相空间 phase space 269
象 image 269，280
斜对称张量 skew-symmetric tensor 43
斜截角 angle of transversality 172
斜截条件 condition of transversality，transversality condition 172，262，264，264
斜率 slope 140
斜率函数 slope function 140
修正变分原理 modified variational principle 267
修正的金兹堡—朗道方程 modified Ginzburg-Landau equation 489
虚功 virtual work 351
虚功方程 equation of virtual work 356，361
虚功原理 principle of virtual work 356
虚位移 virtual displacement 350，350
虚位移原理 principle of virtual displacement 326，356
虚应变能 virtual strain energy 353
虚应变能密度 density of virtual strain energy 353
虚应变与虚位移关系式 relational expressions of virtual strains and virtual displacements 360
虚应力 virtual stress 354，366
虚应力原理 principle of virtual stress 367
序对 ordered pair 269
悬链面 catenoid 94
悬链线方程 catenary equation 94，236
旋度 rotation, curl, rotor 19
旋度定理 rotation theorem 27
旋度型泛函 rotation type functional 451，451
旋轮线 cycloid 91
旋转矩阵 rotation matrix 42
薛定谔方程 Schrödinger equation(s) 331，424，424
循环积分 cyclic integral 374
循环坐标 cyclic coordinate，ignorable coordinate 374

Y

压杆稳定问题 problem of compression bar stability 355
哑标 dummy index 37
哑指标 dummy index 37
雅可比方程 Jacobi equation 142
雅可比行列式 Jacobian determinant 224
雅可比配连方程 Jacobi accessory equation

142
雅可比强条件 Jacobi strong condition 145
雅可比算子 Jacobi operator 286
雅可比条件 Jacobi condition 144
杨不等式 Young inequality 49
杨方程 Young equation 245
杨氏不等式 Young inequality 49
尧曼应力张量 Jaumann stress tensor 474
耀曼应力张量 Jaumann stress tensor 474
一般椭圆型(微分)方程 general elliptic (differential) equation 296
一般约束条件 general constraint condition 66
一次变分 first variation 71，160
一对一的映射 one-to-one mapping 269
一级距离 first order distance 64
一阶变分 first variation 71，160
一阶距离 first order distance 64
一阶张量 first order tensor 43
一一对应映射 one-to-one mapping 269
一一映射 one-one correspondence，one-one mapping 269
一元函数的极值定理 extremal theorem of function of one variable 1
应变能 strain energy，energy of deformation 352，352，354
应变能的变分 variation of strain energy 353
应变能密度 strain energy density 352
应变能密度的变分 variation of strain energy density 353
应变协调方程 equation of strain compatibility 351
应变张量 strain tensor 351
应力边界 stress boundary 358
应力的变分 variation of stress 366
应力能密度 stress energy density 367
映射 mapping，map 269，280
映照 mapping，map 269
优弧 superior arc 87
由内积导出的范数 norm generated by the inner product，norm induced by the inner product 275
油膜轴承问题 oil-film bearing problem 84
有界集 bounded set 272
有界算子 bounded operator 281
有界线性泛函 bounded linear functional 281
有界线性算子 bounded linear operator 281
有界线性算子空间 bounded linear operator space 283
有势场 potential field 10，354
有势力 potential force 354
有限单元 finite element 315
有限集 finite set 268
有限约束 finite constraint 223，350
酉算子 unitary operator 283
右伴随算子 right adjoint operator 283，283
右共轭算子 right conjugate operator 283，283
右哈密顿算子串 right Hamiltonian operator train 476
右自伴算子 right self-adjoint operator 283
右自共轭算子 right self-conjugate operator 283
右左混合自伴算子 right and left mixed self-adjoint operator 283
右左混合自共轭算子 right and left mixed self-conjugate operator 283
余集 complementary set 269
余量 residual 323
余能 complementary energy 367
余能密度 complementary energy density 367
余能密度函数 complementary energy density function 367
余虚功 complementary virtual work 368
余虚功原理 principle of complementary virtual work 367
余虚能 complementary virtual energy 368
余虚应变能 complementary virtual strain energy 354，367
余虚应变能密度 density of complementary virtual strain energy 367

余应变能 complementary strain energy 354，367
余应变能的变分 variation of complementary strain energy 367
余应变能密度 complementary strain energy density 367
余应变能密度的变分 variation of density of complementary strain energy 367
域内加权函数 weighted function in domain 323
域内内积 inner product in domain 323
域内剩余 residual in domain 322
元功 elementary work 351
元素 element 267
原象 preimage，inverse image 269
约束 constraint 66，350
约束反力 reactive force of constraint 350
约束反作用力 reactive force of constraint 350
约束方程 constraint equation 62，350
约束极值问题 constrained extremum problem，constrained problem of extremum 62
约束力 constraint force，force of constraint，constraining force 350
约束条件 constraint condition 66
运动边界条件 kinetic boundary condition 171
运动方程 equation of motion 358
运动微分方程 differential equation of motion 358
运动约束 kinematic constraint 350

Z

在区间 (x_0,x_1) 上的连续函数类 continuous function class in an interval (x_0,x_1) 63
在区间 $[x_0,x_1]$ 上的连续函数类 continuous function class in an interval $[x_0,x_1]$ 63
在区间 (x_0,x_1) 上 n 阶导数连续的函数类 function class of continuous n-th derivative in an interval (x_0,x_1) 63
在区间 $[x_0,x_1]$ 上 n 阶导数连续的函数类 function class of continuous n-th derivative in an interval $[x_0,x_1]$ 63
张量场 tensor field 5
张量的商定理 quotient theorem of tensors 45，45
张量分解定理 tensor decomposition theorem，decomposition theorem for tensor 44
张量函数 tensor function 5
张量识别定理 tensor recognition theorem，recognition theorem of tensor 45
张量特性的间接检验 indirect test for tensor character 45
折点 broken point 206
折极值曲线 broken extremal curve 206
折曲线 broken curve 206
折线 broken line，polygonal line 206
真路 actual path，natural path，proper path，true path 350
真实位移 actual displacement，real displacement 350
真实运动 actual motion，true motion 350
真子集 proper subset 268
正常场 proper field 140
正常算子 normal operator 283
正 n 次齐次函数 positively n-th homogeneous function，positively homogeneous function of order n 254
正定函数 positive definite function 352
正定算子 positive definite operator 285，285，285
正定性 positive definiteness 270，273，274
正规点 regular point 79
正规算子 normal operator 283
正规特征函数 normal eigenfunction 333
正交 orthogonal 278，278
正交系 orthogonal system 278
正路 actual path，natural path，proper path，true path 350
正算子 positive operator 285
正则变量 regular variable 391
正则点 regular point 79
正则方程 canonical equation 392

正则问题　regular problem　79
正则形式　canonical form　391
直积　direct product　269
直角笛卡儿基　rectangle Cartesian basis　37
值域　range，value field　269，281
指定指标　assigned index　38
质点　particle，mass point　349
质点系　particle system，system of particles　349
质能关系(式)　mass-energy relation　402
秩　rank　333
置换符号　permutation symbol　39
置换算子　permutation operator，substitution operator　38
置换张量　permutation tensor，substitution tensor　38
中心　center，centre　140
中心曲线场　central curve field　140
主动力　active force　350
主值　principal value　46
主轴方向　direction of principal axis　46
驻值　stationary value　79
驻值条件　condition of stationary value　76
转置镜像哈密顿算子串　transposition mirror image Hamiltonian operator train　490
转置张量　transposed tensor　43
子集　subset　268
子空间　subspace　271
自伴哈密顿算子串　self-adjoint Hamiltonian operator train　460
自伴算子　self-adjoint operator　283，283
自伴张量　self-adjoint tensor　411
自变函数　independent function　62
自共轭常微分方程　self-conjugate ordinary differential equation　291
自共轭哈密顿算子串　self-conjugate Hamiltonian operator train　476
自共轭算子　self-conjugate operator　283，283
自然边界条件　natural boundary conditions　171
自然数集　set of natural numbers　268
自由边界　free boundary　66
自由边界条件　free boundary condition　66
自由度　degrees of freedom　373
自由度数目　number of degrees of freedom　373
自由系　free system　349
自由系统　free system　349
自由项　free term　281
自由指标　free index　38
自由质点系统　system of free particles　349
宗量　argument　63
宗量函数　argument function　63
总动能　total kinetic energy　370
总(全)能量泛函　total energy functional　470
总势能　total potential energy　381
总势能的二次变分　second variation of total potential energy　364
总势能的一次变分　first variation of total potential energy　364
总势能泛函　total potential energy functional　470
总余能　total complementary energy　368
总余能泛函　total complementary energy functional　395
总余能原理　principle of total complementary energy　368
最大范数　maximum norm　274
最简单的积分型泛函　simplest functional of integral type　69
最简泛函　simplest functional cost functional　69
最速降线问题　brachistochrone problem，problem of curve of steepest descent，problem of brachistochrone　60
最小二乘法　method of least squares，least square method　332
最小势能原理　principle of minimum potential energy　326，363
最小特征值　minimal eigenvalue，smallest eigenvalue　333
最小旋转面问题　problem of least surface of revolution，problem of minimal surface of revolution，problem of minimum surface of

revolution 93
最小余能原理 principle of minimum complementary energy 368
最小作用(量)原理 principle of least action 371
最小作用(量)原理的雅可比形式 Jacobi's form of the principle of least action 401
最优价格策略问题 optimal price policy problem 83
左伴随算子 left adjoint operator 283，283
左共轭算子 left conjugate operator 283，283
左哈密顿算子串 left Hamiltonian operator train 476
左右混合自伴算子 left and right mixed self-adjoint operator 283
左右混合自共轭算子 left and right mixed self-conjugate operator 283
左自伴算子 left self-adjoint operator 283，283
左自共轭算子 left self-conjugate operator 283，283
坐标 coordinates 373
坐标的变分 variation of coordinate 373
坐标函数 coordinate function 317
坐标集 coordinate set 269
作用力 applied force 350
作用量 action 371

参考文献

[1] Philip Rosen. On variational principles for irreversible processes[J]. The Journal of Chemical Physics, 1953, 21(7): 1220-1221.

[2] КОЧИН Н Е. 向量计算及张量计算初步[M]. 史福培，译. 上海：商务印书馆，1954.

[3] 拉弗林契叶夫，留斯切尔涅克. 变分学教程[M]. 曾鼎鉌，邓汉英，王梓坤，译. 北京：高等教育出版社，1955.

[4] 米赫林 С Г. 数学物理中的直接方法[M]. 周先意，译. 北京：高等教育出版社，1957.

[5] 柯朗 R，希伯尔特 D. 数学物理方法(卷 I)[M]. 钱敏，郭敦仁，译. 北京：科学出版社，1958.

[6] 艾利斯哥尔兹 Л З. 变分法[M]. 李世晋，译. 北京：人民教育出版社，1958.

[7] 加藤敏夫. 变分法及其应用[M]. 周怀生，译. 上海：上海科学技术出版社，1961.

[8] Morton E G. Variational principle for the time-dependent schrodinger equation[J]. Journal of Mathematical Physics, 1965, 6(10): 1506-1507.

[9] Ioan Merches. Variational principle in magnetohydrodynamics[J]. The Physics of Fluids, 1969, 12(10): 2225-2227.

[10] Mccorquodale J A. Variational approach to non-darcy flow[J]. Journal of the Hydraulics Division, ASCE, 96(HY11), Proc., 1970: 2265-2278.

[11] Brownstein K R. Quantum mechanical momentum operators and Hamilton's variational principle[J]. American Journal of Physics, 1976, 44(7): 677-679.

[12] Konrad A. vector variational formulation of electromagnetic fields in anisotropic media[J], IEEE Transactionos on Microwave Theory and Techniques, 1976, 24(9): 553-559.

[13] 铁摩辛柯 S，沃诺斯基 S. 板壳理论[M].《板壳理论》翻译组，译. 北京：科学出版社，1977.

[14] Donald T Greenwood. Classical Dynamics[M]. Englewood Cliffs: Prentice-Hall, Inc., 1977.

[15] Edward Guancial, Sujan Das Gupta. Three-dimensional finite element program for magnetic field problems[J]. IEEE Transactions on Magnetics, 1997, 13(3):1012-1015.

[16] 陈庆益. 数学物理方程[M]. 北京：人民教育出版社，1979.

[17] 赵松令. 劈形吸声结构的研究[J]. 同济大学学报(自然科学版)，1979，(1)，96-104.

[18] 葛新石，郭宽良，孙孝兰. 固体热传导问题的变分原则[J]. 中国科技大学学报，1979，(2)：87-104.

[19] 糜解. 关于变分学最简单问题的一个推广[J]. 上海交通大学学报，1979，(3)：181-182.

[20] Karel Rektorys. Variational methods in mathematics, science and engineering[M]. 2ed. Dordrecth: D. Reidel Publishing Company, 1980.

[21] Reichl L E. A modern course in statistical physics[M]. Austin: University of Texas Press, 1980.

[22] Herbert Goldstein. Classical Mechanics[M]. 2ed. Reading: Addison-Wesley Publishing Company, 1980.

[23] 钱伟长. 变分法及有限元(上册)[M]. 北京：科学出版社，1980.

[24] 郭仲衡. 非线性弹性理论[M]. 北京：科学出版社，1980.

[25] Guo Zhongheng. Unified theory of variation principles in non-linear theory of elasticity[J]. Applied Mathematics and Mechanics(English Edition) , 1980, 1(1): 1-22.

[26] 徐秉业. 弹性与塑性力学例题和习题[M]. 北京：机械工业出版社，1981.

[27] 吴海容. 有限元法在磁场计算中的应用[J]. 哈尔滨电工学院学报，1981，4(2)：63-73.

[28] 曾少潜. 世界著名科学家简介[M]. 北京：科学技术文献出版社，1982.

[29] 汪家詠. 分析力学[M]. 北京：高等教育出版社，1982.

[30] 吴望一. 流体力学(上册)[M]. 北京：北京大学出版社，1982.

[31] 黄坤仪，周雄. 数值滤波器设计的一种新定义和推广的威特克问题的变分解[J]. 天文学报，1982，23(3)：280-286.

[32] 戴天民．论非线性弹性理论的各种变分原理[J]．应用数学和力学，1982，3(5)：585-596.
[33] 彭旭麟，罗汝梅．变分法及其应用[M]．武汉：华中理工大学出版社，1983.
[34] Carl T A 约翰克．工程电磁场与波[M]．吕继尧，彭铁军，译．北京：国防工业出版社，1983.
[35] Neal Moore E. Theretical Mechanics[M]. New York: John Wiley & Sons, Inc., 1983.
[36] 张秋光．场论(上册)[M]．北京：地质出版社，1983.
[37] 郭友中，岳菡．弹塑性理论中的变分原理(Ⅱ)[J]．武汉建材学院学报，1983，(3)：257-271.
[38] 章社生．变分泛函摄动法及其示例[J]．武汉水运工程学院学报，1983，(2)：95-103.
[39] Савостицккй А В，等．缝纫机针尖最佳形状的确定[J]．曹寿珍，译．国外纺织技术(针织服装分册)，1983，(16)：23-24.
[40] 盛剑霓．电磁场中的变分原理[J]．高等学校电工课程教学工作通讯，1983，(24)：1-7.
[41] 鹫津久一郎．弹性和塑性力学中的变分法[M]．老亮，郝松林，译．北京：科学出版社，1984.
[42] 周联刚．重积分的横截条件[J]．成都科技大学学报，1984，(1)：73-78.
[43] Dym C L，Shames I H．固体力学变分法[M]．袁祖贻，姚金山，应达之，译．北京：中国铁道出版社，1984.
[44] 谢羲，樊明武，缪一心，等．交变电磁场的变分原理[J]．哈尔滨电工学院学报，1984，7(1)：1-6.
[45] 郑泉水．非线性弹性理论的泛变分原理[J]．应用数学和力学，1984，5(2)：205-216.
[46] Brownstein K R. Variational principle for electromagnetic problems in a linear, static, inhomogeneous anisotropic medium[J]. J. Math. Phys., 1984, 25(6): 1784-1786.
[47] 梁浩云．关于非线性弹性理论的变分原理[J]．力学学报，1984，16(4)：389-400.
[48] 钱伟长．弹性理论中各种变分原理的分类[J]．应用数学和力学，1984，5(5)：765-770.
[49] 毕德显．电磁场理论[M]．北京：电子工业出版社，1985.
[50] 谢树艺．矢量分析与场论[M]．北京：高等教育出版社，1985.
[51] 武际可．对胡海昌-鹭津久一郎原理的推广[J]．北京大学学报(自然科学版)，1985，(3)：27-31.
[52] Reddy J N. Applied functional analysis and variational methods in engineering[M]. New York: McGraw-Hill Book Company, 1986.
[53] 房腾祥，张裕良．大曲率杆扭转问题的变分法[J]．华南工学院学报，1986，14(2)：103-112.
[54] 刘诗俊．变分法有限元法和外推法[M]．北京：中国铁道出版社，1986.
[55] 冯潮清，赵愉深，何浩法．矢量与张量分析[M]．北京：国防工业出版社，1986.
[56] 刘志旺．关于电磁场有限元法中变分原理的探讨[J]．成都电讯工程学院学报，1986，15(2)：32-37.
[57] 吴迪光．变分法[M]．北京：高等教育出版社，1987.
[58] 胡海昌，胡闰莓．变分学[M]．北京：中国建筑工业出版社，1987.
[59] 欧文・克雷斯齐格．泛函分析导论及应用[M]．蒋正新，吕善伟，张式淇，译．北京：北京航空学院出版社，1987.
[60] Tyler. Nobel prize winners an H. W. biographical dictionary[M]. New York: The H. W. Wilson Company, 1987.
[61] 陈景良．近代分析数学概要[M]．北京：清华大学出版社，1987.
[62] 施振东，韩耀新．弹性力学教程[M]．北京：北京航空学院出版社，1987.
[63] 林畛．变分法与最优控制[M]．哈尔滨：哈尔滨工业大学出版社，1987.
[64] 欧雯君，梁建华．变分法及其应用[M]．西安：陕西科学技术出版社，1987.
[65] 杨曙．矢量分析与张量计算(修订版)[M]．北京：国防工业出版社，1987.
[66] 李松年，黄执中．非线性连续统力学[M]．北京：北京航空学院出版社，1987.
[67] 蒋和洋．以 Jaumann 应力和右伸长张量为共轭变量的一对广义变分原理[J]．上海力学，1987，(4)：45-50.
[68] 阿西摩夫 I．古今科技名人辞典[M]．北京：科学出版社，1988.
[69] 熊祝华，刘子廷．弹性力学变分原理[M]．长沙：湖南大学出版社，1988.
[70] Kotiuga P R. Variational principles for three-dimensional magnetostatics based on helicity[J]. J. Appl. Phys., 1988, 63 (8): 3360-3362.
[71] 李哲岩，张永曙．变分法及其应用[M]．西安：西北工业大学出版社，1989.
[72] 陈位宫．力学变分原理[M]．上海：同济大学出版社，1989.
[73] 尤书平．分析力学[M]．北京：水利电力出版社，1989.

[74] 梁宗巨．数学家传略辞典[M]．济南：山东教育出版社，1989.
[75] 魏庆征．外国神话传说大词典[M]．北京：中国国际广播出版社，1989.
[76] 钱仲范，刁颖敏．人工心瓣最佳膜面形状的变分法[J]．工程数学学报，1989，6(1)：123-126.
[77] 蒋和洋．以 Atluri 应力和左伸长张量为共轭变量的有限弹性广义变分原理[J]．计算结构力学及其应用，1989，6(1)：1-7.
[78] Pan L J. Variational method for adiabatic compression of plasma with poloidal and toroidal rotation[J]. Plasma Physics and Controlled Fusion, 1989, 31(6): 1005-1013.
[79] 陆明万，罗学富．弹性理论基础[M]．北京：清华大学出版社，1990.
[80] 邓宗奇．数学家辞典[M]．武汉：湖北教育出版社，1990.
[81] 王毅成．外国科技人物词典，数学 物理学 化学卷[M]．南昌：江西科学技术出版社，1990.
[82] 蒯祥金，李成滋．外国科技人物词典，工程技术卷[M]．南昌：江西科学技术出版社，1990.
[83] 陈世欣，周克定，李朗如．电磁场涡流问题的变分原理[J]．华中理工大学学报，1990，18(4)：23-29.
[84] 黄虎清．电磁场中的最小作用原理及其应用[J]．南京邮电学院学报，1990，10(4)：52-63.
[85] 苏景辉．用微分算子∇表示的欧拉方程[J]．哈尔滨船舶工程学院学报，1991，12(1)：134-139.
[86] 克拉斯诺夫 M L，等．变分法中的问题和练习[M]．任天视，译．贵阳：贵州教育出版社，1991.
[87] 伯纳德 S K．诺贝尔经济学奖获得者传记辞典[M]．香玲，陈勇，编译．北京：中国财政经济出版社，1991.
[88] 丹弟斯 J，米歇尔 S，吐梯尔 E．科学家传记百科全书[M]．刘劲生，张益龙，等译．成都：四川辞书出版社，1992.
[89] 谷超豪．数学词典[M]．上海：上海辞书出版社，1992.
[90] 李继先．自适应网格生成技术及其应用[J]．武汉水运工程学院学报，1992，16(1)：73-81.
[91] Leonid I Rudin, Stanley Osher, Emad Fatemi. Nonlinear total variation based noise removal algorithms[J]. Physica D, 1992, 60: 259-268.
[92] 刘希云，赵润祥．流体力学中的有限元与边界元方法[M]．上海：上海交通大学出版社，1993.
[93] 苏家铎，潘杰，方毅，等．泛函分析与变分法[M]．合肥：中国科学技术大学出版社，1993.
[94] 解恩泽，徐本顺．世界数学家思想方法[M]．济南：山东教育出版社，1994.
[95] 祝同江，谈天民．工程数学—变分法[M]．北京：北京理工大学出版社，1994.
[96] Jefferson Latin．大美百科全书 16[M]．北京：外文出版社，台北：光复书局，1994.
[97] Clifford M Krowne. Vector variational and weighted residual finite element procedures for highly anisotropic media[J]. IEEE Transactions on Antennas and Propagation, 1994, 42(5): 642-650.
[98] 何淑芷，刁元胜，周佐衡，等．数学物理方程中的近代分析方法[M]．广州：华南理工大学出版社，1995.
[99] 侯吉占．简明实用泛函[M]．北京：地质出版社，1995.
[100] 吴文俊．世界著名数学家传记(上、下集)[M]．北京：科学出版社，1995.
[101] 程昌钧．弹性力学[M]．兰州：兰州大学出版社，1995.
[102] Jiang Zhe. Variational principle and energy integrals in a complex sound intensity field[J], J. Acoust. Soc. Am., 1995, 98(2), Pt. 1, 1163-1168.
[103] 康盛亮，桂子鹏．数学物理方程近代方法[M]．上海：同济大学出版社，1996.
[104] 鲍特文尼克 M H，科甘 M A，等．神话辞典[M]．黄鸿森，温乃铮，译．北京：商务印书馆，1997.
[105] Xu Chenyang, Jerry L Prince. Gradient Vector Flow: A New External Force for Snakes[C]. Proc. IEEE Conf. Computer Vision and Pattern Recognition, 1997: 66-71.
[106] 季文美．英汉力学词汇[M]．北京：科学出版社，1998.
[107] 邱秉权．分析力学．北京：中国铁道出版社，1998.
[108] 孔祥谦．有限单元法在传热学中的应用[M]．3 版．北京：科学出版社，1998.
[109] 新华通讯社译名室．德语姓名译名手册[M]．修订本．北京：商务印书馆，1999.
[110] 徐建平，桂子鹏．变分方法．上海：同济大学出版社，1999.
[111] 杜瑞芝．数学史辞典[M]．济南：山东教育出版社，2000.
[112] 张奠宙，等．科学家大辞典[M]．上海：上海辞书出版社，上海科技教育出版社，2000.
[113] Pan Xingbin, Qi Yuanwei. Asymptotics of minimizers of variational problems involving curl functional[J]. Journal of Mathematical Physics, 2000, 41(7): 5033-5063.

[114] 杨建邺．20 世纪诺贝尔奖获奖者辞典[M]．武汉：武汉出版社，2001.
[115] 张奠宙，马国选，等．现代数学家传略词典[M]．南京：江苏教育出版社，2001.
[116] 姜振环．世界科技人名辞典[M]．广州：广东教育出版社，2001.
[117] 黄璞生，等．工程数学题解词典[M]．西安：陕西科学技术出版社，2002.
[118] 莫里斯·克莱因．古今数学思想(2)[M]．朱学贤，申又枨，叶其孝，等译．上海：上海科学技术出版社，2002.
[119] 刘少学，朱元森．数学辞海(第二卷)[M]．太原：山西教育出版社，南京：东南大学出版社，北京：中国科学技术出版社，2002.
[120] 陆善镇．数学辞海(第三卷)[M]．南京：东南大学出版社，北京：中国科学技术出版社，太原：山西教育出版社，2002.
[121] 胡作玄，梅荣照．数学辞海(第六卷)[M]．太原：山西教育出版社，北京：中国科学技术出版社，南京：东南大学出版社，2002.
[122] 金尚年，马永利．理论力学[M]．北京：高等教育出版社，2002.
[123] 王敏中，王炜，武际可．弹性力学教程[M]．北京：北京大学出版社，2002.
[124] 科学出版社名词室．新英汉数学词汇[M]．北京：科学出版社，2002.
[125] 章本照，印建安，张宏基．流体力学数值方法[M]．北京：机械工业出版社，2003.
[126] 温熙森，邱静，陶俊勇．机电系统分析动力学及其应用[M]．北京：科学出版社，2003.
[127] 郑铁生，陈龙，杨树华，等．非定常短轴承油膜力公式的变分修正[J]．计算力学学报，2003，20(4)：451-455.
[128] 彭兴黔，郭子雄．圆拱稳定的变分分析[J]．华侨大学学报(自然科学版)，2003，24(3)：271-274.
[129] Daniel Spirn. Vortex motion law for the Schrödinger-Ginzburg-Landau equations[J]. Society for Industrial and Applied Mathematics, 2003, 34(6): 1435-1476.
[130] Bruce van Brunt. The calculus of variations[M]. New York: Springer-Verlag, New York Inc., 2004.
[131] Norman G Gunther, Ayhan A Mutlu, Mahmud Rahman. Quantum-mechanically corrected variational principle for metal-oxide-semiconductor devices, leading to a deep sub-0.1 micron capacitor model[J]. Journal of Applied Physics, 2004, 95(4): 2063-2072.
[132] Naveen Kummar. An elementary course on variational problems in calculus[M]. Harrow: Alpha Science International Ltd., 2005.
[133] 何时剑．声场的变分原理及有限元分析[J]．荆门职业技术学院学报，2005，20(6)：18-20.
[134] Andrés Bruhn, Joachim Weickert. Lucas/Kanade meets Horn/Schunck: combining local and global optic flow methods[J]. International Journal of Computer Vision, 2005, 61(3): 211-231.
[135] Lonny L. Thompson, Prapot Kunthong. A residual based variational method for reducing dispersion error in finite element methods[C]. Proceedings of IMECE2005, 2005 ASME International Mechanical Engineering Congress and Exposition, Orlando, Frolida USA, IMECE2005-80551, November 5-11, 2005.
[136] 张红英，彭启琮．全变分自适应图像去噪模型[J]．光电工程，2006，33(3)：50-53.
[137] 老大中．论完全泛函的变分问题[J]．北京理工大学学报，2006，26(8)：749-752.
[138] Lao Dazhong，Tan Tianmin. On the variational problems of the functionals with derivatives of higher orders and undetermined boundary[J]. Journal of Beijing Institute of Technology, 2007, 16(1): 116-121.
[139] 徐龙道，等．物理学词典[M]．北京：科学出版社，2007.
[140] Freund L B. A variational principle governing the generating function for conformations of flexible molecules[J]. Journal of Applied Mechanics, 2007, 74: 421-426.
[141] 王有志，孙徐玲．汉英数学词汇[M]．北京：清华大学出版社，2008.
[142] 贾小勇．19 世纪以前的变分法[D]．西安：西北大学，2008.
[143] Xia Zhipeng, Tang Xiaona, Li Fang, et al. Variational method of speckle reduction and boundary detection in SAR imagery[C]. Proc. of SPIE, , 2008, 7147(714715): 1-8.
[144] 唐玄之，卢礼萍，刘桂铃，等．毛细作用的变分法理论[J]．大学物理，2009，28(4)：26-28.
[145] Freiman M, Joskowicz L, Sosna J. A variational method for vessels segmentation: algorithm and application to liver vessels visualization[C]. Proc. of SPIE, 2009, 7261(72610H): 1-8.
[146] Sabry Hassouna M, Aly A Farag. Variational curve skeletons using gradient vector flow[J]. IEEE Transactions

on Pattern Analysis and Machine Intelligence, 2009, 31(12): 2257-2273.
[147] 老大中，赵宝庭．基于简支梁挠度方程展开的傅里叶级数[J]．北京理工大学学报，2010，30(1)：1-4, 54.
[148] 老大中，赵珊珊．基于线性载荷简支梁挠度方程的傅里叶级数[J]．北京理工大学学报，2010，30(11)：1270-1274.
[149] 张文彦．世界科技名人辞典(上卷)[M]．上海：中华地图学社，2012.
[150] 陈明举，杨平先．一种更一般全变分图像复原模型[J]．电视技术，2012，36(23)：18-20, 68.
[151] 胡学刚，张龙涛，李玲．去除图像高强度乘性噪声的变分模型[J]．小型微型计算机系统，2013，34(5)：1172-1175.
[152] 王芳，杨虎山．椭圆型偏微分方程边值问题与变分问题的等价性[J]．忻州师范学院学报，2013，29(5)：8-10.
[153] 陈园园，杨盼杰，张玮芝，等．光子晶体理论研究的新方法——混合变分法[J]．物理学报，2016，65(12)：124206-1-124206-8.
[154] 梁立孚，周平．Lagrange 方程应用于流体动力学[J]．哈尔滨工程大学学报，2018，39(1)：33-39.
[155] 老大中，张彦迪，杨策．含哈密顿算子的并联式内积张量泛函变分问题[J]．京理工大学学报，2019，39(4)：419-426.
[156] 张文福，华俊凯，王珉，等．基于能量变分法的变截面桁架柱弯曲屈曲分析[J]．结构工程师，2021，37(1)：24-31.